U0504002

| 推理、论证与传播文库 |

REASONING, ARGUMENTATION & COMMUNICATION LIBRARY

熊明辉　杨海洋　主编

论证理论手册

上册

【荷兰】范爱默伦（Frans H. van Eemeren）
【荷兰】赫尔森（Bart Garssen）
【荷兰】克罗贝（Erik C. W. Krabbe）
【荷兰】斯诺克·汉克曼斯（A. Francisca Snoeck Henkemans）
【荷兰】维赫雅（Bart Verheij）
【荷兰】瓦格曼斯（Jean H.M. Wagemans）
著

熊明辉 等◎译

熊明辉◎统校

中国社会科学出版社

图字：01－2018－7669 号
图书在版编目（CIP）数据

论证理论手册：全 2 册／（荷）范爱默伦等著；熊明辉等译．—北京：中国社会科学出版社，2020．4

（推理、论证与传播文库）

书名原文：Handbook of Argumentation Theory

ISBN 978－7－5203－5921－4

Ⅰ．①论… Ⅱ．①范…②熊… Ⅲ．①证明—哲学理论—手册 Ⅳ．①B812．4－62

中国版本图书馆 CIP 数据核字（2020）第 033442 号

First published in English under the title Handbook of Argumentation Theory
by Frans H. van Eemeren, Bart Garssen, Erik C. W. Krabbe, Francisca A. Snoeck Henkemans, Bart Verheij and Jean H. M. Wagemans, edition：1

出 版 人　赵剑英
责任编辑　喻　苗
责任校对　胡新芳
责任印制　王　超

出　　版　中国社会科学出版社
社　　址　北京鼓楼西大街甲 158 号
邮　　编　100720
网　　址　http://www.csspw.cn
发 行 部　010－84083685
门 市 部　010－84029450
经　　销　新华书店及其他书店

印刷装订　北京明恒达印务有限公司
版　　次　2020 年 4 月第 1 版
印　　次　2020 年 4 月第 1 次印刷

开　　本　710×1000　1/16
印　　张　85．75
字　　数　1362 千字
定　　价　298．00 元（全二册）

“推理、论证与传播文库”编委会

总出版说明

“推理、论证与传播文库”是由西南财经大学人文学院推理、论证与传播研究中心和中国社会科学出版社共同策划的一套文库，是西南财经大学打造“一流学科”工程的重要组成部分。该文库由熊明辉和杨海洋共同担任主编，入选的是围绕“推理”、“论证”或“传播”这三个关键词展开的专著、译著、教材、论文集等。

“推理、论证与传播文库”涉及的学科范围相当广泛，涵盖了形式逻辑学、非形式逻辑学、心理学、社会学、人类学、论辩学、修辞学、传播学、交流学等多个学科，这些学科对推理、论证和传播这三个主题都有研究传统，又有不同的学术背景、取向、兴趣和各具特色的理论视角。毫无疑问，逻辑学是研究推理的科学，但研究推理的科学并不一定都是逻辑学。比如，心理学也会研究推理，不过，心理学主要是从描述角度来研究推理实践，而逻辑学则主要是从规范角度来研究推理规则与技术标准，易言之，心理学的推理研究是实证取向的，而逻辑学的推理研究是批判取向的。再如，逻辑学研究论证一般也以规范为视角对论证进行分析与评价，试图寻找论证的共通性，而社会学、人类学更侧重论证的文化差异性，论辩学和修辞学的关注焦点则通常是在逻辑合理性与修辞实效性之间实现某种平衡。

论证有零主体论证、单主体论证和多主体论证之分。形式逻辑学致力于零主体论证研究，非形式逻辑学偏爱于单主体论证研究，而论辩学则专注于多主体论证研究。从这个意义上讲，形式逻辑学、非形式逻辑学和论辩学都属于论证理论。在处理单主体论证时，需要考虑目标听众的认同问题；在处理多主体论证时，则还需要处理不同论证主体之间的意见分歧，更不用说目标听众认同了。因此，非形式逻辑家和论辩理论家都必须处理交流与沟通问题。以交流与沟通为研究对象的学问被称作"交流学"或"沟通术"。这门学问有三个研究层面：一是如何准确表达自己的论证；二是如何让目标听众接受论证者所提出的立场、观点、看法或倡议；三是在论辩语境下如何说服对手接受论证者所倡导的立场、观点、看法或所呼吁的行动。以第一个层面为研究对象的学问常常被称为"传播学"，重点是传达论证者的立场、观点、看法或所呼吁的行动；而以第二、第三两个层面为研究对象的学问常常被称为交流学或沟通术，二者与论辩学的研究内容有重合，但思考问题的角度有所不同。

总而言之，"推理、论证与传播文库"是一套跨学科的学术文库，我们欢迎所有形式和类型的相关研究，绝无学科壁垒。我们竭诚欢迎那些研究推理、论证或传播的学者积极参与到文库的建设中来，积极贡献或推荐相关著作，共同打造当代中国的推理学派、论证学派和传播学派。

熊明辉、杨海洋

2018 年 6 月 1 日

论证学之门（代译序）

如今，翻译学术著作其实费力不讨好，但我仍然热衷于翻译，而且还组织了一个年轻学者（主要是我的朋友或博士生）为主的团队一起翻译。

翻译费力不讨好有三大缘由：其一，翻译不是字对字、句对句、段对段就了事的，而是需要用一种文字来诠释另一种文字，需要用一种文化来诠释另一种文化，需要游走于两种文字和两种文化之间。其二，在很多高校，译著都不计入科研业绩，除了中华学术外译之外，在大多数出版资助工程中，译著都被排除在外。从这个意义上讲，翻译可谓是“赔了夫人又折兵”。其三，翻译著作一旦出版，假如出现了重大错误，批评还在其次，如果误人子弟就让译者心中不安了。

虽然如此，我仍然热衷于翻译，也有三大理由：第一，我觉得翻译是精读的最佳方式，当我想精读一本英文原著时，我会采用翻译这种模式。单纯地精读一本英文著作可能很容易，对文字与文化的转换没有严格的要求，但翻译就大不一样了，译者需要在两种文字和两种文化之间进行转换，是精读之上的精读。第二，虽然当代年轻学者都能读、听和说英文，但能读并不意味着就读懂了，毕竟“能读”和“读懂了”完全是两回事，翻译可以让他们深度精读英文原著。而且，目前我国年青一代学者英文的听、说、读的能力都不错，但写作能力普遍有待提高，不管是用中文写作还是用英文写作的能力都普遍有待提高，翻译可以帮助他们深深领会英文写作的诀窍，并且提高专业语言表达能力。第三，对初学者来讲，译著仍然非常重要，在不同的学科领域，都有学者不以功利为计，通过译介推广学科理论，比如武宏志教授就在非形式逻辑学领域率先做了翻译工作。我们希望读者可以凭借译著迅速进入相关学术领域，并在两种文字、两种文化之间切换自如。鉴于此，本译著的目标读者定位是那些刚入门的初学者，而不是论证领域的资深专家。当然，我们非常期待资深专家的批评与斧正。

2018 年 5 月 19 日，清华大学校长邱勇宣布："今年开始，清华大学要给新生开设'写作与沟通'必修课，2020 年全校普及这门课程。"这则新闻很快就上了头条。用网友的说法，引来了高等教育界的一片怒赞。之所以引来怒赞，是因为目前我国高教界有一个共识，当代大学生的写作与沟通训练普遍匮乏，包括博士生在内。有好几个学生都向我提过这样的要求："老师，我的毕业论文能用英文写吗？"我说："你少跟我瞎掰，你认为你的英文比中文更好吗？假如一篇文章，你用自己的母语都无法表达清楚，还能用外语来表达清楚？"我的团队以年轻学者居多，虽然很多学校都不将译著认定为科研成果，但大家都秉持前述理念：精读、学习和传播。在他们的科研简历上，这项工作并不能带来现实利益，但我想，在他们各自将深耕数十年的学科领域，这既是学术积累，也是学术贡献，在未来漫长的科研生涯里，这将是相当宝贵的经验。

翻译本手册缘起 2014 年 7 月在阿姆斯特丹举办的第八届国际论证大会（ISSA－8）。国际论证大会由国际论证协会（ISSA）主办，每四年一届，按惯例 7 月初在阿姆斯特丹大学召开，被誉为论证理论、非形式逻辑与批判性思维领域的"奥林匹克盛会"。范爱默伦是该学会及其系列国际学术大会的创始主席。在那次大会上，斯普林格出版社不仅首次展示了本手册的英文版，而且还在港湾音乐大厦举办了一场盛大的发行仪式（见下图）。但当时出版社给出的定价吓倒了绝大多数与会代表，因为当时的定价高达 698 欧元，后来手册面世时的实际定价大大地下调了，但仍然价格不菲，法国亚马逊标价为 449.88 欧元，美国亚马逊标价为 539.85 美元，中国亚马逊的价码更贵，有两个标价：5352.5 元和 6871 元。当然，在中国的这个标价可以视为收藏价，因为只有那些想收藏此书的人才会去买，而一般学者无须购买，因为众多高校图书馆都购买了斯普林格出版社的电子数据库 Springer Link，我们完全可以免费获得此书的电子版。

也就在那次展示时，我第一次见到样书，马上就觉得本书对论证理论与非形式逻辑理论在我国的推广来讲意义重大，决定把它引介到中国的论证理论界和非形式逻辑界。力求通过本手册清晰简明的概览，使初学者能够对论证理论从碎片化了解上升到体系化认识，并在读者产生相关研究兴趣时能够按图索骥，展开拓展性阅读。本书的特色表现在：与一般的理论工具书相比，论证理论手册体系性更强，内容更丰富，学理性更强；与一般的教程相比，本手册更全面、系统，说理充分，而且顺应时代，不陈旧、不脱节落伍。经过精心挑选，我组织了一批年轻学者和我的部分博士生，搭建了 12 位成员的翻译团队，每位成员负责本手册的其中一章。译者分工如下：

第 1 章论证理论由江苏大学吴鹏副教授翻译；

第 2 章古典背景由西南财经大学吴晓静博士翻译；

第 3 章后古典背景由中山大学郭燕销博士生翻译；

第 4 章图尔敏论证模型由中山大学王春穗博士生翻译；

第 5 章新修辞学由北京第二外国语学院陈伟功博士翻译；

第 6 章形式论辩进路由华东政法大学杜文静副教授翻译；

第 7 章非形式逻辑由中山大学谢耘副教授翻译；

第 8 章交流学与修辞学由厦门大学杨颖助理教授翻译；

第 9 章语言学进路由中山大学李洪利博士生翻译；

第 10 章语用论辩论证理论由南开大学于诗洋博士翻译；

第 11 章论证与人工智能由复旦大学陈伟副教授翻译；

第 12 章以及手册的其余部分由我本人（中山大学熊明辉教授）翻译。

最后，我负责全书的中英文统校，这样安排的好处在于，我能行使某些“特权”，可以尽量让书稿翻译得自洽。当然，也只是尽量而已，事实上细心的读者肯定会发现其中许多不自洽之处。假如您发现了这类问题，或者有任何意见、建议，请不吝赐教，以便我们在后续修订版中更正。

翻译一部 988 页的巨著无疑是一项巨大工程，而且本书涉及诸多学科领域，如哲学、逻辑学、修辞学、语用学、交流学、人工智能等。翻译此书不仅仅要游走于中英两种文字以及中西两种论证理论之间，而且还要游走于不同学科之间，因此，这个难度系数增加了不少。尤其是，对于许多关键的英文术语而言，不同的学科领域往往都已有一套盛行的中文术语与之相对应。同样一个英文术语，在国内不同学科领域却对应着两个甚至多个不同的术语，有时还被赋予了不同的内涵与外延。

比如，“argumentation”这一术语，到底译为“论证”还是“论辩”好呢？从传统上看，语言学家习惯将其译为“论辩”，其源头在于 1991 年施旭在翻译范爱默伦与荷罗顿道斯特的《论辩、交际、谬误》（北京大学出版社）时将其译为“论辩”。就该书而言，这种译法显然是正确的，因为范爱默伦明确把“argumentation”定义为“一个交际与交互行为的复合体，其目的是通过提出一组论证者可以为此负责的、能使理性裁判者通过合理评判接受争议立场的命题来消除论证者与听众之间存在的意见分歧”（参见本手册第 1 章），有意见分歧，就会有两个论证主体，然后就会论证互动。然而，这并不意味着，我们可以把“argumentation”的出现都译为“论辩”。比如，约翰逊（Ralph Johnson）也经常使用“argumentation”一词，但他的同事汉森（Hans V. Hansen）2013 年来中山大学讲学时说，约翰逊的“argumentation”并不是真正意义上的“argumentation”，只是“argument”。一方面，这说明汉森的“argumentation”概念与范爱默伦的差不多，都是基于两个论证主体互动的。但另一方面，这也说明，即便在英语世界，“argumentation”与“argument”这两个词也经常交换混用。一个有力的证据是，本书作者在介绍图尔敏论证理论时，总是喜欢用“argumentation”去替代“argument”，而图尔敏本人用的却是后者。

又如，“communication”一词，我国已形成了一个强大的学科群叫“传播学”，其对应的英文术语是“communication studies”，但哲学家关注“communication”这一术语的传统也很悠久，比如哈贝马斯的“communicative rationality”，国内哲学界习惯上译为“交流理性”或“交往理性”。为了在论证理论框架下统合本手册的关键术语，我们选择的术语大多数源自哲学或逻辑学领域的日常用法。这是因为哲学概念和逻辑学概念往往比具体学科中的概念更具统合能力，当然也因为我的学科背景正是哲学和逻辑学。

按原计划，本来2015年中文版就可以跟大家见面了。小伙伴们也很给力，2015年5月底，初稿基本上都已完成。然而，联系版权转让时，斯普林格出版社表示为了不影响英文版的销售，想在英文版发行一段时间之后再转让中文版权。就这样，这些译稿就先搁在我电脑的文件夹中了，但校对工作仍在有序进行。其间，我的研究生团队还专门就译稿展开了一个学期的研讨。2017年，我还在西南财经大学举办了“第一届中国论证（成都）会议”，本手册的内容就是会议的主题之一，主要由各章译者介绍每章内容，然后集思广益、去芜存菁。

一晃三年过去了，经中国社会科学出版社编辑喻苗女士与斯普林格出版社联系，版权转让事宜顺利完成。在此，我要特别感谢喻苗编辑，没有她的精心策划，没有她精雕细琢地编辑，本手册不可能闪亮地出现在您的眼前。我还要特别向武宏志教授致以衷心的感谢。武宏志教授对我开始给出的关键词翻译提供了仔细全面的建设性意见，他的这些灼见都已体现在译著之中。假如我们的工作能够帮助您快速了解论证理论和非形式逻辑，我们就心满意足了。当然，假如你因为读了本手册而迷上论证理论或非形式逻辑研究，那绝对是我们的意外惊喜。

熊明辉

2018年6月6日

中文版序言

自20世纪70年代我与荷罗顿道斯特的合作以来，我一直延续着写作论证理论手册的工作传统，目前出版的这本《论证理论手册》中文版是其最新衍生。早在1984年我们的手册英文版问世以前，20世纪70年代后期和80年代我就与荷罗顿道斯特（Rob Grootendorst）、克瑞格（Tjark Kruiger）一起用荷兰语给出了目前通用的学术语言，展示了几个关于论证理论现状的概述（van Eemeren，Grootendorst & Kruiger 1978，1981，1986）。当前这本手册的最近前身是《论证理论基本原理》，是我与一群杰出的论证学者共同撰写的，1996年出版（van Eemeren *et al.*，1996）。

四十多年来，我一直把写作论证理论现状概述视为服务于该学科的使命，长期以来，我还一直在担任几本国际期刊和系列丛书的主编，因此，七年前我认为自己处于一个可以着手编写一本全新《论证理论手册》的位置。2014年，通过与论证学者赫尔森（Bart Garssen）、克罗贝（Erik C. W. Krabbe）、斯诺克·汉克曼斯（A. Francisca Snoeck Henkemans）、维赫雅（Bart Verheij）和瓦格曼斯（Jean H. M. Wagemans）的合作，我成功完成了这项工作。正如一直所预料的那样，给如此迅速发展的论证理论学科提供一个现状概述是一项复杂工程，但幸运的是我们得到了国际专家团队的慷慨支持，他们担任了我们的顾问和评论者。

虽然论证理论家不可能就关键术语“argumentation”（论证）达成完全一致的定义，但他们都同意这样的观点：论证总是涉及通过理性话语说服或劝服他人。他们大多数也都承认论证研究既有描述维度，又有规范维度。有些论证理论家，特别是那些有语言学、话语分析与修辞学背景的论证理论家，倾向于主要甚至有时专门关注描述性研究。例如，他们的目的是在论证话语中找出人们如何通过使用具体语言技巧来说服或劝服他人。其他论证理论家，常常受逻辑学、哲学或源自法律的洞见的启发，研究论证主要是为了规范性目的。他们感兴趣的是，在确立可靠性标准时，论证必须满足理性标准，防止在论证话语中出现谬误。由于这些差异与其他差异的存在，论证理论现状被刻画为多种理论进路共存，它们在构想、范围和理论细化方面有着很大的不同。

《论证理论手册》旨在给主要的论证进路提供一个全面概述，对这个学科的现状提供一个明确的见解。正如在这个概述中所澄清的那样，我们区分了在论证研究中占主导地位的两种一般理论视角：首先是论辩视角，主要关注论证交换中的程序理性；二是修辞视角，主要关注论证话语中追求实效性的各种方法。正如本手册中所阐述的那样，这两种视角源于古代西方的古典学问。在当代论证理论中，论辩视角与修辞视角均被重新定义过了，而且借助源自哲学、逻辑学、语用学、话语分析、交流学以及其他学科的新洞见得以丰富。自20世纪90年代以来，还有一种倾向是把论辩传统与修辞传统关联在一起，甚至有时将二者整合在一起。用这种方法，相关理论家们既克服了不考虑相关语境与情境因素的论辩视角的局限性，又避免了并不完全探索论证关键维度的纯修辞视角的局限性。

近年来，在这个世界的许多地方，人们对论证研究的兴趣日益浓厚。中国的情况也是如此。不仅在一些知名学者中，而且在许多年轻的研究人员和博士生中，参与到论证研究的人数也大大增加。值得注意的是，在当今中国论证研究中，论证的论辩视角和修辞视角都得到了应有的体现。在这种背景下，出版《论证理论手册》汉译版真的很及时，也会很受欢迎。我很高兴地知道熊明辉教授负责策划、领导和协调了这项复杂的翻译工程，因为根据经验，我知道，他的工作总是非常细致。他和他的翻译团队一起，成功地使所有感兴趣的中国学者都能了解到《论证理论手册》中所展示的当前论证理论现状概述。毫无疑问，我非常热情地欢迎这一对论证研究领域的新贡献。

弗朗斯·H. 范爱默伦

2018年6月27日于阿姆斯特丹

英文版序言

当斯普林格学术部2008年邀请我写一部论证理论手册时，我马上想到了两件事：一是出版论证理论前沿动态新概览的时机的确已经成熟；二是组织一个早就在一起工作的有能力的作者团队来完成这项工程可能是明智之举。这两个考虑均是建立在我对这类工程的经验之上的。

就我而言，当前这项工作始于20世纪70年代，那时我与荷罗顿道斯特（Rob Grootendorst）、克瑞格（Tjark Kruiger）动手写第一部论证理论手册。1978年用荷兰文出版，1981年再版，而且作了较大扩充。英文版则分别于1984年和1987年由两家出版社出版。为了公平对待这个领域的迅猛发展，20世纪90年代早期我认为有必要准备一本新的更新版概览，于是邀请了一群国际上有杰出成就的论证学者加盟我的写作。我们的合作成果《论证理论基本原理》（*Fundamentals of Argumentation Theory*）于1996年出版。

在过去20年期间，作为一个学科，论证理论已经成熟，而且致力于论证研究的出版物数量大增。新经典论证理论进路，如图尔敏模型和新修辞学，一直在鼓舞着新发展。此外，最近的一些杰出进路，如非形式逻辑和语用论辩学，一直在以不同方式扩展。同时，形式论辩学以及其他形式进路也一直有着进一步追求目标。论证理论与人工智能之间大有前途的关联已建立起来。此外，有时受到有别于论证理论但与它相关的学科的刺激，新的重要进路已经出现。另一个值得注意的显著发展是，对论证的理论兴趣现在已蔓延到世界范围。

在完成前一部概览20年后，现在很显然是该做重大更新的时候了。为此，我邀请了5位荷兰作者跟我一起来共同撰写这部新的《论证理论手册》，他们是赫尔森、克罗贝、斯诺克·汉克曼斯、维赫雅和瓦格曼斯。他们都是学养深厚并且非常活跃的学者。他们有着与其他作者合作著述的经历，而且相互之间也有合作。我们大家都居住在荷兰，需要时很容易聚集在一起。我们当然有一定的分工，但是，一开始我们就决定作者们一起负责完成本手册的整个文本，这种共享学识自始就反映在工作进程之中。有些章的第一稿是由两位或更多作者撰写的，在所有情形下，团队其他几位作者都会贡献文本的修改。

在这本《论证理论手册》中，我们试图公平对待这个领域的广度以及接受追寻理论进路的现有多样性。因此，对我们正在处理的所有论题来讲，我们需要这一领域的专家的深刻认真的意见。为此，我们组建了一个编委会，由所讨论论题以及所描述理论进路的领军专家所组成。正如我们所期望的那样，编委会成员对本手册所有章节的早期版都进行了批判性的准确评论，我要向编委会的论证学者致以诚挚的感谢。没有他们非常重要的协助，本手册中所展示的概览肯定不可能给得出来。我代表所有作者特别感谢他们建设性的评论与批评。

另一类不可或缺的帮助来自非英语母语国家的杰出论证学者以及来自与论证理论相关学科的学者。为了能够描述这个领域的发展，他们提供了宝贵的材料。此外，在改善这些描述时，他们也做出了巨大贡献。他们的帮助使得把最后一章增加到本手册成为可能，其中，论证理论的学科扩大与范围拓宽是有争议的。为此，他们的名字以及他们所建议的章节下面将明确提及。在此，我们也向他们表示衷心感谢。

第 4 章：贝尔梅卢克（Lian Bermejo-Luque，格拉纳达大学）和洛卡西欧（Vinceno Lo Casio，阿姆斯特丹大学）

第 9 章：赫曼（Thierry Herman，纳沙泰尔大学和洛桑大学）和科勒（Alaric Kohler，纳沙泰尔大学）

第 11 章：维瑟（Jacky Visser，阿姆斯特丹大学）、弗莱克（Charlotte Vlek，格罗宁根大学）和蒂默（Sjoerd Timmer，乌得勒支大学）

第 12. 2 节：伊莎贝拉·费尔克劳（Isabela Fairclough，中央兰开夏大学）、诺曼·费尔克劳（Norman Fairclough，兰开斯特大学）和若里（Constanza Ihnen Jory，智利大学）

第 12. 3 节：费雷拉（Ademar Ferreira，圣保罗大学）和芝姆普伦（Gábor Á. Zemplén，布达佩斯技术与经济大学）

第 12. 4 节：奥凯弗（Daniel O'Keefe，美国西北大学）

第 12. 5 节：奥斯瓦德（Steve Oswald，弗里堡大学）

第 12. 6 节：凯尔森（Jes E. Kjeldsen，卑尔根大学）、希塔宁（Mika Hietanen，乌普萨拉大学）、里托拉（Juho Ritola，图尔库大学）和马图伦（Miika Marttunen，于韦斯屈莱大学）

第 12. 8 节：扬森（Henrike Jansen，莱顿大学）

第 12. 9 节：杜富尔（Michel Dufour，巴黎新索邦大学）、麦齐利（Raphaël Micheli，洛桑大学）和梅耶（Michel Meyer，布鲁塞尔自由大学）

第 12. 10 节：鲁宾里尼（Sara Rubinelli，卢塞恩大学）

第 12. 11 节：伯金斯卡（Katarzyna Budzynska，波兰科学院）、科斯佐维（Marcin Koszowy，比亚韦斯托克大学）、Igor Ž. Žagar（卢布尔雅那教育研究所和科佩尔普里莫斯卡大学）、亚历山德罗夫（Donka Alexandrova，圣克里蒙特奥里德斯基索菲亚大学）、加塔（Anca Gâtă，加拉茨钢铁冶金大学）、基希史克（Gabrijela Kišiček，萨格勒布大学）、科姆洛希（László I. Komlósi，佩奇大学）、芝姆普伦（Gábor Á. Zemplén，布达佩斯技术与经济大学）和迪米斯科夫斯卡（Ana Dimiškovska，圣基里尔·麦托迪大学）

第 12. 12 节：布鲁廷（Lilit Brutian，埃里温国立大学）、戈鲁别夫（Vadim Golubev，圣彼得堡国立大学）、高德科娃（Kira Goudkova，圣彼得堡国立大学）、瓦西里耶夫（Lev Vasilyev，卡卢加国立师范大学）、米古诺夫（Anatoliy Migunov，圣彼得堡国立大学）与利桑尤克（Elena Lisanyuk，圣彼得堡国立大学）

第 12. 13 节：桑蒂瓦涅斯（Cristián Santibáñez Yáñez，智利圣地亚哥迭戈波塔利斯大学）、若里（Constanza Ihnen Jory，智利大学）、莱亚尔（Fernando Leal，瓜达拉哈拉大学）与马西内斯（María Cristina Martínez，瓦尔大学）

第 12. 14 节：里贝罗（Henrique Jales Ribeiro，科英布拉）、穆罕默德（Dima Mohammed，新里斯本大学）和莱温斯基（Marcin Lewiński，新里斯本大学）

第 12. 15 节：亚诺谢夫斯基（Galia Yanoshevsky，巴伊兰大学）

第 12.16 节：穆罕默德（Dima Mohammed，新里斯本大学）和莎拉菲（Abdul Gabbar Al Sharafi，阿曼苏丹卡布斯大学）

第 12.17 节：铃木健（Takeshi Suzuki，东京明治大学）

第 12.18 节：熊明辉（Minghui Xiong，中山大学）与谢耘（Yun Xie，中山大学）

范爱默伦

2013 年 8 月 31 日

致　谢

从根本上说，《论证理论手册》的下列编委会成员帮助作者确保了手册质量：

布莱尔（J. Anthony Blair，加拿大温莎大学）：第 1 章和第 7 章

杜里（Marianne Doury，是巴黎国家科研中心）：第 9 章

法恩斯托克（Jeanne D. Fahnestock，马里兰大学）：第 5 章

菲诺基亚罗（Maurice Finocchiaro，内华达大学拉斯维加斯）分校：第 3 章和第 6 章

弗里曼（James Freeman，纽约城市大学）：第 4 章

戈维尔（Trudy Govier，亚伯达莱斯布里奇大学）：第 7 章

汉森（Hans V. Hansen，加拿大温莎大学）：第 7 章

哈斯伯（Pieter Sjoerd Hasper，印第安纳大学）：第 2 章

希契柯克（David Hitchcock，麦克马斯特大学）：第 4 章和第 6 章

杰克逊（Sally Jackson，伊利诺伊大学香槟分校）：第 10 章

扬森（Henrike Jansen，莱顿大学）：第 10 章

考菲尔德（Fred Kauffeld，麦迪逊埃奇伍德学院）：第 8 章

基恩波特勒（Manfred Kienpointner，因斯布鲁克大学）：第 12 章

克劳斯（Manfred Kraus，蒂宾根大学）：第 2 章

奥凯弗（Daniel O'Keefe，美国西北大学）：第 8 章

里德（Chris Reed，邓迪大学）：第 11 章

范里斯（Agnès van Rees，阿姆斯特丹大学）：第 3 章和第 10 章

罗希（Andrea Rocci，卢加诺大学）：第 9 章

西马里（Guillermo Simari，阿根廷德尔苏巴哈亚布兰卡大学）：第 11 章

廷戴尔（Christopher Tindale，加拿大温莎大学）：第 5 章
扎里夫斯基（David Zarefsky，美国西北大学）：第 1、4、8 章
芝姆普伦（Gábor Á. Zemplén，布达佩斯技术与经济大学）：第 12 章

总 目 录

上 册

下 册

上册目录

第 1 章

论证理论

1.1 作为研究主题的论证

论证是我们大家所熟知的一种现象。在正式规范的司法辩论与议会辩论中，在不那么正式的工作讨论与新闻报纸上的社论和读者来信中，甚至在日常生活中与家人讨论对某件事的看法，决定应该如何做某件事这样更加非正式的交流中，都有论证的身影。事实上，从我们早晨起床那刻起，论证活动就开始了：早餐时，我们也许会论证为何今天不该去购物；工间休息之余，当我们慷慨陈词为什么同事推荐的电影不值得再看时，我们又在进行论证；回到办公室，当我们试图说服同事改变完成当前工作任务的优先等级时，我们也在论证。我们每天都如此这般在进行论证。换句话说，论证无所不在，无时不有，无处不见。

论证源自论证者对意见分歧的回应或预期，① 该意见分歧可能真实存在，也可能仅是想象出来的。② 意见分歧通常并不完全以分歧、争议或冲突的形式呈现，它可能以一种更为基本的形式存在：甲方持某一观点，乙方则质疑是否要接受甲方的这一观点。当人们认为某一观点可能得不到他人赞同而开始为该观点辩护时，论证就发生了。不仅需要论证，而且必须履行论证，论证结构与产生质疑、潜在反对意见甚至是异议和相反主张的语境密切相关。在提出论证时，论证者通常假定听众还没有信

---

① 从严格意义上来说，在语用论辩学中，人们提出论证的目的就是消除意见分歧，即便他们可能只是形式上走个过场而已。如果一个交际活动并非旨在消除意见分歧，那么它就不能被视为论证。

② 意见分歧可以是外显且明确表达的，也可以是隐晦且含蓄表达的。

服其立场的可接受性，否则进行论证就没有任何意义。

比方说，如果现在有争议的立场是：我认为荷兰国王应该在阿姆斯特丹就职，那么为了维护这个立场、打消你的质疑，我会采取如下论证："阿姆斯特丹是荷兰的首都，荷兰国王应该在荷兰首都就职。"论证总是由一组能够表达思想内容的命题所组成，提出这些命题的目的是维护有争议的立场。论证中的命题种类繁多，纷繁复杂。最简单的立场包含一个主项（即谈论的人或事）和一个谓项（即赋予主项某一特性）。比方说，在"阿姆斯特丹是荷兰的首都"这个立场中，"阿姆斯特丹"（主项）被赋予了"荷兰首都"（谓项）这一特性，而在"荷兰国王应该在阿姆斯特丹就职"这一立场中，"荷兰国王"（主项）被赋予了"应该在首都就职"（谓项）这一特性。

如果被维护的立场是肯定的，即对所涉命题持肯定立场时，论证中提出一组命题的目的是证成立场中的命题，并以此增加立场的可接受性。"我认为荷兰的国王要在阿姆斯特丹就职，因为阿姆斯特丹是荷兰的首都，而荷兰的国王要在首都就职"就是一种肯定性论证。如果被维护的立场是否定的，即对所涉命题持否定立场时，论证中提出一组命题的目的是否定立场中的命题，并以此增加该否定性立场的可接受性。比如，对于上面这个例子，否定性论证的一个例子可能是："我认为荷兰国王不应该在海牙就职，因为海牙不是荷兰的首都，而荷兰国王应该在首都就职。"否定性论证通常被用来回应或预期他人提出的同一立场的肯定版本（如我认为荷兰国王要在海牙就职）。

我们认为，论证理论作为一门学科，它对"论证"一词的定义应该与日常实践中人们所熟知的论证特点相关。这也就是说，对"论证"的界定应该以"论证"一词的日常语义为出发点。在这本《论证理论手册》里，我们无意囊括论证的所有意义，而是以人们对其日常含义的理解为理论起点。通过这种方式，我们试图为更加精确地界定论证奠定坚实的基础，使其能够解释论证理论中的各种话题，并能用以讨论论证的不同理论视角与研究途径。

除了要将"论证"这一核心概念的日常含义考虑在内外，我们还要意识到这个词在英语和其他欧洲语言常见对应词之间存在着显著差异。[①]这些差异与论证的核心特征有关,[②] 很可能影响对论证的界定，因此不能将这些差异简单视作不同特点而予以忽略。[③] 值得注意的是，在英语中，“论证”一词具有一些令人困惑的特征，但这些特征并不存在于与该词语相对应（或者说“准一致”）的其他语言的相关词汇中。此外，其他语言的对应词汇已经显示了论证的某些核心特征，基于这些特征的论证定义更能适用于论证理论。

英语中的“论证”和其他语言中对应词汇之间的一个重要差异是，后者默认论证的含义既指论证的整个过程也指论证结果。以荷兰语中的“argumentatie”为例，这个词的日常含义既可以指论证的过程（“不要干扰我，我正在论证［argumentatie］”），也可以指论证的结果（“我观察了你的论证［argumentatie］，但我觉得论证力度还不够”）[④]。但是，在英语中，“论证”一词的用法并非如此，至少没有这么清楚，该词主要指的是论证过程。认识这点差异很重要，因为在我们对论证的界定中，过程与结果相统一是论证的核心特征之一。

第二个重要差异是，“论证”在非英语对应词汇中专指说服另一方接受争议立场的建设性努力。也就是说，在英语之外的其他语言中，论证是与合理性以及合理行为联系在一起的。[⑤] 不同于英语中的“论证”（argumentation）以及与其相关的“论证”（argument）一词[⑥]，其他语言中的论证与吵架、冲突、口角、争吵、争论等任何带有负面含义的言语活

---

① 论证“argumentation”的对应词包括法语中的“argumentation”、德语中的“argumentation”、意大利语中的“argomentazione”、葡萄牙语中的“argumentação”、西班牙语中的“argumentación”、荷兰语中的“argumentatie”和瑞典语中的“argumentation”。

② 我们对论证特征的调查参见范爱默伦的论文（van Eemeren, 2000, pp. 25－29）。

③ 我们无意做出语言和思想之间存在何种关联的结论，但可以发现，语言上的相关差异影响着人们对论证的看法，对论证理论的建立也有所影响。

④ 由于我们的母语是荷兰语，我们首先倾向于将荷兰语与英语的使用做对比，探究它们之间的异同。然而，这种方法也适用于其他的语言。

⑤ 当然，这并不意味着在实践中论证可以被滥用。在这些情况下，需要采取合理的行动。

⑥ 举例来说，在《谈判：一个无所不包的指南》（*Negotiation: An A-Z Guide*）中，“论证”被描述为“一种消极形式的争论”（Kennedy, 2004, p. 22）。在该指南看来，一些谈判“永远只是争论”。哈姆普（Hample, 2003, p. 448）指出，普通论证者将英语中的“论证”看作“论证一方或者是双方对胜利的迫切追求”。

动都没有关联。例如，荷兰语中的“argumentatie”指的是通过一切努力来合理说服听众，消除（现实或预期的）意见分歧。[①] 使用论证意味着诉诸听众的理性判断，该听众可能是一个人，也可能是潜在的很多人，如新闻报刊的所有潜在读者。当用英语以外其他语言中的对应词汇来定义“论证”时，由于它们的词义中并不含有负面内涵，所以无须人为规定“论证”一词没有令人不悦的攻击性含义。

第三个差异是，不同于英语中的“论证”，它的非英语对应词汇仅指为了维护某个立场而提出的一组命题，而不包括立场本身。[②] 比如，在“你不该听彼得的话，因为他是一个持有偏见的人”这句话中，论证仅包括“彼得是一个持有偏见的人”这一陈述，还有一个未表达前提“持有偏见的人的话不值得听”。该论证的目的是维护“你不该听彼得的话”这个立场，但是这个立场本身并不是论证的组成部分。在定义“论证”时区分立场和论证，明确两者的联系与区别有利于我们分析和评价两者之间的联系以及特定案例中两者建立联系的方式（van Eemeren & Grootendorst，1984，p. 18）。

语言之间的差异在很大程度上都是巧合，我们不能对其过度阐释，[③] 但很清楚的一点是，原则上说，与英语中“论证”一词的语义相比，非英语对应词汇的语义可以更好地解释论证理论中“论证”这一专业术语的定义。希望我们对“论证”一词的简单跨语言对比已经厘清了这一概念的内涵，下面我们将根据非英语对应词汇的语义来界定（英语）术语“论证”（argumentation）。在定义这一术语时，我们还要考虑到论证的一般特性，这些特性是所有语言都共有的。我们着重考虑其中最为重要的特性。

第一，论证不只是一个结构性实体，它首先是一种由各种交际话步功能性结合而成的交际行为复合体。虽然这些交际话步通常是言语性的，

---

① 意见分歧的消除并不意味着论证取得了双方都满意的结果（即双方达成一致意见且该论证永久性结束）。论证结束后，如果论证者对论证结果不满意，论证过程还会继续下去。不管怎样，论证还会在其他问题上继续发生。

② 正如廷戴尔（Tindale，1999，p. 45）所言，“欧洲盛行”的做法是将论证（argument）的前提称作“论证”（argumentation），并用其他术语（如“立场”）指代结论。

③ 例如，在考虑语言和思维之间的关联时，我们无法得出类似于萨丕尔—沃尔夫的结论。

但它们也可以全部或部分是非言语性的，比如视觉上的话步。[1] 因其交际属性，论证可被视作一种交际话语现象，“话语”在这里指的是语用学研究领域广义上的“话语”。论证中各种复杂交际行为的功能性意图主要体现在话语的结构设计上。

第二，论证不是独白的一部分，它是一种互动行为复合体，其目的是让对方接受论证者维护的立场并做出肯定性回应。从这个角度来看，论证原则上是对话的一部分，这种对话是指向受话人的，或与其他互动形式共同发挥作用，一起指向受话人。这种对话可能是显性的，比如发生在一个完整讨论中的论证；也可能是隐性的，比如它所针对的是没有参与互动的听众，或甚至是并不存在的读者。论证中的复杂互动行为是由论证性话语中显性或者隐性的对话构建起来的。

第三，论证不是一种无须承担责任的表达性行为，而是一种理性的推理活动，论证者需要对自己提出的一组命题负责。论证中产生的承诺不但取决于论证者提出的命题组，还取决于该命题组在论证性话语中的交际功能。影响这些承诺的因素既包括所有论证话步做出的不同交际性和互动性选择，也包括这些承诺与论证复杂行为中被维护立场之间的具体关系。

第四，论证并不诉诸听众的本能和情感困惑，而是期望听众是可以做出合理判断的理性裁判者。[2] 论证的目的不是让听众不假思索地接受某一立场，这与主要依赖情感以及偏见来达到目的的劝说行为不同。论证的目的是劝服听众接受自己的立场，方法是让听众了解自己遵守了彼此认同的合理评判标准。因此，能否通过论证劝服听众取决于听众是否愿意积极参与论证并合理评判论证的可靠性。

尽管论证的根本目的是消除双方在某一立场上的意见分歧，但与其

---

① 由于论证也可以是非语言形式的，我们更倾向于将论证宽泛地定义为复杂“交际”行为而非复杂“言语”“（语言的）”行为（参见 van Eemeren *et al.*，1996，p. 2）。也可以参见斯波伯（Sperber，2000）的论著。

② 尽管“理性的”（rational）和“合理的”（reasonable）两个词经常可以被替换使用，但是我们认为有必要区分“理性”行为和“合理”行为。前者是指使用人的推理能力，而后者是指恰当使用人的推理能力。合理行为一定是理性行为，与此同时，合理行为还意味着遵守双方交流中的主要合理标准。

他交际性和互动性行为一样，论证也存在被不当使用的情况。① 比如，当论证者并不在意听众是否认可其立场中维护的措施（因为该措施无论如何都会被执行）、论证行为仅是走走过场而已时，论证就有可能被不当使用。然而，即便如此，由于已经展开了论证，论证者就有义务合理消除意见分歧。再比如，大选期间，参加电视论辩的两个政治对手的首要目标也许是赢取潜在电视观众们的投票，或是给媒体记者留下深刻印象。但在提出各自论证之后，双方就必须表现得如同他们试图理性讨论一样。②

概括起来，我们可以从词义和规范两个角度给“论证”下一个定义：在词义层面，该定义应来源于论证的日常用法；在规范层面，该定义对论证的描述应能更加精确，明晰和全面地解释论证理论。③ 我们的定义明确包含论证的过程和结果两个方面。“过程”指的是，论证是一种旨在消除意见分歧的复杂的交际性和互动性行为；“结果”指的是，论证是由一组旨在维护争议立场可接受性的命题组成的：④

> 论证是一个交际与交互行为的复合体，其目的是通过提出一组论证者可以为此负责的、能使理性裁判者通过合理评判接受争议立场的命题来消除论证者与听众之间存在的意见分歧。

如果论证与一个肯定性立场相关，那么该论证就是一个旨在维护该立场中有关命题的“正向论证”。如果论证与一个否定性立场相关，那么

---

① 当论证者想同时实现一些非论证目标时，如想取悦他人或表现才能时，不当使用论证的情况就会发生。

② 即使是看上去不可解决的矛盾，即“深层分歧”，双方也会继续假装在根据实际情况合理消除意见分歧。这样，外界就不能指责他们不够理性。

③ 我们对“论证”的界定主要基于范爱默伦（van Eemeren，2010，p. 29）给出的定义，该定义囊括了论证的重要特质，强调从非技术性的角度将论证界定为一种试图通过提出充足理由维护立场的方式理性说服或影响他人的行为。

④ 如果论证是通过言语表达出来的，那么这种复杂行为就和其他大部分言语行为一样既包含命题内容也具有交际功能（“言外之意”），不论它是简单的还是复杂的（从混合角度而言）。如果命题内容即一系列的命题被包含在内，同时，言语行为共同的交际功能达到了“等同性条件”，那么，这一组言语行为仅仅是构成了论证这一复杂的言语行为而已（van Eemeren & Grootendorst，1984，pp. 29 – 46）。

该论证就是一个旨在反驳该立场中有关命题的“反向论证”。这两类论证中的“论证”一词都指的是为了维护立场而提出的命题组合。由于该命题组合中的每个命题都对维护争议立场的可接受性有所贡献，因此从原则上来说，每个命题都具有论证功能。这些命题在术语上被称作组成整个论证的“理由”。①

1.2 论证理论的描述维度和规范维度

“论证理论”这一称呼涵盖了所有形式和类型的论证研究，这些研究体现了研究者不同的学术背景、研究兴趣和研究角度。其他较为常用的称呼，如非形式逻辑和修辞学，首先指的是论证研究中的特定理论视角（且通常还包含论证以外的其他研究兴趣）。为给下面章节介绍论证研究领域的主要成就奠定基础，在序篇中我们将简要介绍“论证理论”这一广义术语的内涵。

意见分歧中的争议立场以及维护这一立场的论证可能与任何主题相关，因此论证理论的研究范围非常宽泛，包含了从公共领域和专业领域到私人领域中的各种论证话语。论证维护的立场可能是描述性的（“荷兰的国王在阿姆斯特丹就职”），可能是评价性的（“阿姆斯特丹音乐厅上演的马勒音乐会很棒”），也有可能是规定性的（“你这周六必须和我去教堂”）。② 论证不只是用来追求和维护真理的，认识到这一点是非常重要的。③ 事实上，在判断一个主张真假时，大部分人会诉诸逻辑证明或实证证据。④ 在各行各业中都可以发现，论证通常都是用来赢取他人认可的；如果论证中的立场是评价性的，那么该立场中就包含了道德性或审美性

① 纳什（Naess，1966）用“论证”（arguments）一词指代构成论证的单个命题，但由于“论证”这一英语单词的含义比较宽泛，所以纳什的这种提法令人困惑。

② 描述性立场、评价性立场或规定性立场都可以被研究者重构为让对方接受的“主张”。

③ 一些理论家们持不同观点。比如廷戴尔（Tindale，2004，p. 174）就曾指出，“那些将真理看作是论证的主要标准的人认为论证的主要目的是追求真理”。

④ 总体而言，论证的主要作用是讨论主张的可接受性，除非已经存在其他决定性解决方法。

判断；如果论证中的立场是规范性的，那么该立场中则包含了实践判断或政治判断。①

尽管论证理论涵盖的范围非常广泛，但是这并不意味着它可以被机械地用来评判论证话语中每一个主张的可接受性。在某些情况下，由于无法满足合理论证的必要前提，评判论证不可行。发生这种情况通常是因某些不可控原因，论证参与者的心态或话语的交际情境导致批判性讨论无法展开。② 比如，论证者完全喝醉了，或者论证者不被允许自由说话，否则就要受到相应惩罚。论证理论就是要探讨影响（论证者能够负责的）论证话语消除意见分歧的各种因素。③

旨在合理消除意见分歧的论证话语既有规范的批判维度，也有描述的经验维度。对这两种维度，论证理论都应加以考虑。④ 论证研究者们通常都以自己的实际兴趣作为研究出发点，即提升论证话语的质量，这也是论证话语自身所要求的。为了实现这一目的，学者们必须在其研究中结合实证和批判两种取向：实证取向指的是描述论证话语的实施方式，批判取向指的是规定论证话语的实施方式。结合这两种取向具有一定挑战性，研究者需要为此开展一个综合研究项目。该项目不但要从描述性角度将论证话语视作一种话语交际与互动，还要从合理性的规范标准角度对其加以评判。如果我们把这种对话语交际与互动的描述性研究称作"语用学"（话语分析者通常这么认为）的话，那么就有必要将论证理论视作"规范语用学"的一个研究分支，这样才能实现论证描述性研究和规范性研究的有机结合（van Eemeren，1986，1990）。

我们认为，在规范语用学的研究范式下，论证研究者的主要任务是厘清如何通过系统结合批判和实证两种视角来弥合论证研究的规范维度

---

① 除了本质上有所区别，立场在坚定程度（"可以肯定地说……"和"据我看来……"）和范围（"所有的……"和"至少有一些……"）上也存在着差异。

② 依据巴斯和克罗贝（Barth & Krabbe，1982，p. 75）的看法，在合理论证话语中，我们将和论证参与者的心理状态有关的先决条件称为二阶条件，将和交际情境有关的先决条件称为三阶条件（van Eemeren and Grootendorst，2004，p. 189）。

③ 然而，即便不满足合理论证话语的先决条件，论证理论也能帮助我们理解这些话语。

④ 这两个维度体现在论证话步合理性的双重标准上：足以消除意见分歧（"问题解决有效性"）和主体间可接受（"惯例有效性"）（Barth，1972；Barth & Krabbe，1982，pp. 21 – 22）。也可查看本书3. 8 小节"纳什论讨论分析"。

与描述维度。在我们看来，这个复杂问题只有通过一个综合研究项目才能得以解决，该研究项目由五个相互联系的要素构成（van Eemeren & Grootendorst，2004，pp. 9 –41）。一方面，这一项目包含哲学要素和理论要素，其任务分别是发展论证合理性的哲学基础，以及在论证合理性的哲学基础上设计论证话语的理想模型。另一方面，这一项目还包含了实证要素和分析要素，前者的任务是考察人们交际和互动中实际发生的论证，后者在研究项目中处于核心位置，其任务是通过对论证话语的重构将规范维度和描述维度系统联系起来，这种重构应是理论驱动且经过实证证实的。最后是实用要素，其任务是辨别实际论证中产生的各种问题并提出解决这些问题的方法。[①] 论证理论综合研究项目中的各种组成要素及其关系如图 1. 1 所示。

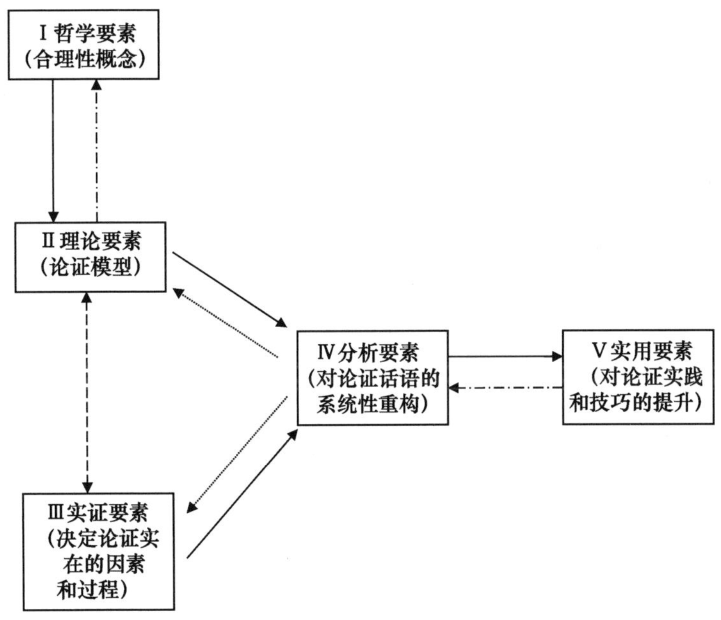

图 1. 1　论证理论综合研究项目中的不同要素

① 关于论证理论中研究规划的五个要素的详细介绍，请参见范爱默伦的文章（van Eemeren，1987a）。

在提出论证合理性哲学时，论证理论研究者要反思他们的论证理论模型究竟需要怎样一种理论基础。判断论证的可接受性是否应该依据“人类学”意义上的合理性概念（即可被某一交际社团内部成员认定为合理）？如果这样的话，相对主义是否会导致合理性概念的内涵过于宽泛？采用“几何学”意义上的合理性概念（即只有建立在没有任何争议的基础上且逻辑建构无任何缺陷的论证方可被接受）是否更加可取？如果这样的话，依赖严格标准的绝对主义是否会导致合理性概念过于狭隘？系统检验论证中所有话步可接受性并以此取代论证证实的“批判性”合理性概念或许更加有用？又或者，这种无穷尽的讨论会让我们最终发现合理性概念其实并不存在？①

在论证理论中，不同的合理性概念会导致人们在建构论证理论模型时采用不同的标准来评估论证的有效性、可靠性或恰当性。采用人类学中的合理性概念会导致人们采用论证的修辞模型，该模型主要识别论证话语中对劝说听众接受争议立场发挥重要作用的特征。这种修辞模型通常都表现为一种劝服性交际和互动方法的合成体，这些方法的劝服性主要依赖语境和论证话语发生时的具体情境。追求确定性的理性主义者更倾向于几何学意义上的合理性概念，采用这一概念的人常被轻率地归属于形式逻辑学者。几何学意义上的合理性概念会导致人们使用论证的逻辑模型，该模型主要为评价论证提供一种普遍标准，即该论证能否确保在前提为真的情况下其维护的立场也为真。批判意义上的合理性概念则会导致人们采用一种论证程序来系统考察争议立场的可接受性。这种论证模型通常以规范性的讨论形式呈现，讨论中论证和批判性回应都受到论证讨论程序规则的制约。

与其他大部分研究领域不同，论证理论中实证研究并不一定是为了检测理论模型。论证模型只是一种规范性工具，其作用是考察实际论证的质量，与理论模型不符并不意味着模型本身错误。② 不过，理论模型为

① 这里提出的哲学性三分法（人类学、几何学和批判学）主要基于图尔敏（Toulmin，1976）的理论。事实上，他区分了为使他人信服而使用的三种推论方式。

② 只有在纯描述理论中，实证研究才是为了检测模型。但迄今为止，不带批判维度的完善论证理论几乎不存在。

实证研究提供了方向，它能表明论证中哪些因素和过程值得研究，以及哪种理论性标准可以用来与实际论证中的主要规范进行比较。

在修辞路径下，论证研究者主要关注论证中起到说服作用的因素和过程。这类实证研究趋向于使用定性研究方法，但实际上又很有可能与定量的劝服研究具有很大关联。[①] 论辩路径下的研究者只对这样一类实证研究特别感兴趣，即可以解释清楚日常论证行为中的相关要素以及这些论证者遵守的标准与论证理论模型中的对应部分在多大程度上吻合。通常，论辩学者既对开拓性的定性研究感兴趣，同时也乐于在这些定性的基础上开展相关定量研究，寻求普遍结论。

在论证理论中，分析研究的目的是依据作为理论出发点的论证模型重构现实论证话语。逻辑分析是从逻辑（如命题逻辑）角度进行论证重构，修辞分析借助修辞概念进行重构，而论证分析则是从论证模型角度对论证话语进行重构。总之，所有重构都需要与作为理论出发点的理论模型提出的要求相一致。另外，重构必须得到实证性语料的佐证，对这些语料的分析要考虑话语发生的具体交际语境。无论倚靠何种理论背景，所有从事论证分析的论证理论研究者都要为其重构论证话语发展合适的工具和方法。

论证理论的实用研究旨在描述不同交际领域中的口头与书面论证实践，并提供改善论证话语质量的手段。这些手段可能包括对交际活动类型的设计，或是提升论证者分析、评价及生成论证话语的技巧。提升论证实践的质量也可以从逻辑学、论辩学或修辞学等多个角度出发。这些方法不仅在理论视角上有所差异，在关注重心和研究焦点上也会有系统差别。比如，从逻辑角度展开的实证研究关注的是论证的推理形式，从修辞角度展开的实证研究则重视劝说过程中的交际方面，而从论证角度展开的实证研究强调批判性论证交流的步骤。此外，不同理论视角下的论证指引教育和教学方法也会有所不同。

最后需要指出的是，论证理论的总体目标是实用取向的，即为论证话语的分析、评价和表达提供合适的手段。因此可以说，论证理论综合

---

① 原则上而言，在独特的历史性文本或讨论中，如特殊的言语活动，定性研究原则上是唯一合适的实证研究类型（尽管其中可能包含一部分的定量研究）。

研究项目中包含的其他要素，最终都是要帮助我们发展这些手段。不管是采用何种研究路径，对论证话语的哲学与理论见地都借由分析手段与论证话语的实证见地发生联系，它们合力促成论证理论在各种论证话语实践中的应用。

论证话语的分析、评价和生成一方面与由直接的或间接的实质性前提和程序性前提构成的出发点有关，另一方面与由明确或含蓄表达的、用以维护争议立场的命题组形成的论证架构有关。对论证出发点和架构的评判都应依据合适的评价标准，该标准应与理性裁判者合理评判论证应该遵守的要求相吻合。这就意味着，能够实现论证理论总体目标的描述性目标和规范性目标可被概括成如下四点：①

（1）描述论证话语中作为出发点的所有要素；

（2）为评价论证出发点设定一套规范性标准，该标准要适合理性裁判者对论证进行合理评判；

（3）描述论证话语中构成论证架构的所有要素；

（4）为评价论证架构设定一套规范性标准，该标准要适合理性裁判者对论证布局进行合理评判。②

1.3 论证理论中的关键概念

在对论证出发点和论证架构的描述性研究和规范性研究中，一些理论概念起着至关重要的作用。这些概念为改善论证话语的分析、评估和表达质量提供了必不可少的系统手段。我们需要考虑的有“立场”、“未表达前提”、“论证型式”、“论证结构”和“谬误”五个重要概念。我们在本小节将简略地讨论这些概念，为后面几章介绍论证的主要理论路径做好必要的铺垫。

---

① 论证理论的描述性目标通常与“主位”研究相关，即从论证者的“内在”视角探究与维护立场相关的要素，以及有助于让对方接受立场的好推理；规范性目标与“客位”研究相关。即主要从批判理论者的“外在”视角来探究上面提及的两个问题。

② 总体而言，范爱默伦、荷罗顿道斯特和克鲁格已经提出了这些总体目标（van Eemeren *et al.*，1978，p. 24）。

在讨论这些概念时，我们很难找到一个绝对“中立”的出发点，所以这里首先介绍我们自己对于这些概念的理解。必要时，我们也会将自己的理解与其他相关概念或术语进行比较，剖析它们的异同。正是由于这些概念在分析、评价和表达论证话语中起着重要作用，它们和论证理论中的一些核心问题有着十分直接的联系。

1.3.1　论证话语中的争论立场

在论证话语中，如果不能清晰地辨别出双方争论的立场，① 我们便无法辨别最终是否能够解决意见分歧。在这种情况下，我们甚至无法确定论证本身是否足以支持立场，也不能确定论证是否与立场相关。所以说，识别立场是论证话语分析的首要任务，同时立场识别的手段也是论证理论中的一个重要问题。而要解决这个问题我们首先要清楚地了解什么是立场。基于这点考虑，论证理论对立场的界定需要更加明确。

我们用立场或观点这一术语来表示论证话语中双方正在争论的问题。在提出某个立场时，说话者或作者对于命题本身持有积极或消极的态度。任何一个提出立场的人在受到听众或读者质疑的时候都有义务为立场进行辩护，这是因为提出自己的立场就意味着对某一命题要承担积极或消极的论证承诺。

针对意见分歧所提出的立场可以是描述性的或评价性的，也可以是规定性的。但是在任何情况下立场都可以被重构成可接受的观点（肯定立场）和不可接受的观点（否定立场）。即便立场不是以直接的“陈述”形式，而是以（修辞）提问的方式被提出（如：我们真的想要这个城市没有剧院吗?），它也可以被重构成上述两种类型的立场。充当立场的言语行为通常在特定语境中提出某一主张的可接受性且预期听话人对此主张的可接受性持怀疑态度。② 比如，一则通告无疑是一种陈述，但通常不能当作立场。

---

① 言语表达并非“天然”就是立场、论证或者其他论证话步。只有当某一言语表达在交际语境中承担特定功能时，它才是立场、论证或者其他论证话步，认识到这一点非常重要。

② 豪特罗斯尔（Houtlosser，2001，p. 32）详细论述了如何依据识别条件和正确条件来定义作为复杂言语行为的立场。

除了立场以外，还有其他诸多术语可以表示类似的概念。由于这些与立场具有类似含义的词一般源自不同的理论背景，所以它们之间通常存在一定差异，这也是我们依然要区别它们的原因。一方面，基于不同的理论视角，主张、结论、论点和辩题这些词实际上与立场的含义是一致的。另一方面，信念、观点和态度等词在某些方面和立场有所不同。这些概念主要为非论证理论研究者所使用。为了阐明其中的异同，我们首先讨论第一组概念，然后再讨论第二组概念。

“**主张**”这一概念由图尔敏 1958 年在其论证理论中提出，并一直沿用至今。图尔敏认为主张一词意味着问题的解决方法，或者更通俗来讲，代表值得关注的断言（Toulmin，2003，pp. 11 – 14）。主张的合理性主要取决于支撑它的论证。图尔敏认为主张和立场最主要的一个区别在于，任何断言都隐含主张，但并非论证话语中的所有断言都必然隐含立场。

“**结论**”这一概念主要是由逻辑学家在论证语境下正式或非正式使用的。在日常话语中，结论通常出现于结尾，但是逻辑学家们可以将其用于开始、中间或者是最后。[①] 结论有许多种用法，它可以指代推理或者一系列假设、前提中所能推导出的部分，也可指代所提出的原因、证据及劝服别人时所维护的观点（Govier，1992，p. 127）——“双方有争议的、我们试图用理由支持的主张或陈述”（p. 5）。此外，“结论”这一术语还可以用来表示探询或调查的结果，在这种情况下，结论是为了解释争议问题而提出的假设，如“分析几个假设之后，我们得出的结论是线路故障引起了火灾”。最后，结论使争议问题易于理解，而不是另外一系列陈述使结论易于理解，其关系就好比一个解释中的解释项和被解释项。相反，在维护立场的论证中，值得关注的是立场的可靠性。

亚里士多德在《论题篇》中就介绍过“论点”这一术语。在《论题篇》中，“论点”指的是一些杰出哲学家的悖论或者是对某个论点不同于常人的看法（Aristotle，1984，*Topics*，I，11，104b19 – 24）。亚里士多德

① 一般而言，结论是论证的结束，而立场是讨论（论证）的开始。如果在论证开始后提出立场（倒退式表达），那么我们在分析过程中就需要论证重构，将立场置于论证开始，因为论证是由它引发的。

将论点的狭义定义拓展为“事实上，所有与论证有关的问题都称之为论点”（Aristotle，1984，*Topics*，I，11，104b34－36）。在由亚里士多德经典论辩学发展而来的当代形式论辩学（Barth & Krabbe，1982）中，论点不仅局限于哲学范畴，发展论点也不仅是哲学家们的专利。在形式论辩学中，只有当论点的支持者准备给予积极承诺，即承担起为论点辩护的责任来反对反方的非议，且论点的反对者给出了消极承诺，即利用无条件权力攻击正方的论点时，对论点的讨论才有意义。由此可见，论点和立场两个概念的意义大体相近。①

“辩题”这一术语源自北美的“学术辩论”。在学术辩论中，辩论双方以论证的方式维护己方观点或反驳对方观点。与立场一样，辩题预设双方存在意见分歧且涉及证明责任，就此意见分歧提出立场的一方只有通过提出论证才能脱卸证明责任。辩题和立场的差异首先是语境性的，即辩题往往出现在受到约束的辩论中，而立场则不同。两者之间的另一个差异是，在辩论中，双方有且仅有讨论所提命题的任务，而在日常论证话语中，双方对立场的讨论可有更多选择。

“信念”这一术语在认知推理、认识论、自然哲学研究以及对信念和知识的正当性解释中都非常重要。比如，艾德勒认为“推理是思想的转变，是某些信念或想法变成另外一种想法的过程”（Adler，2008，p. 1）。哈曼（Harman，1986）认为信念是对于某个对象与其特征之间关系的心理态度（如“保罗在花园里”）或者是对事件既定状态的心理态度（“现在正在下雨”）。与立场不同，信念一般是一种内在的心理状态。此外，坚持某个信念和提出某个立场所需要承担的责任也不同。人们起初在持有某种信念时也许需要给出充分的理由，但当该信念遭遇挑战时我们并没有义务提出论证去维护这一信念。

“观点”这一术语在论证话语分析中是个常见的概念。比如，希夫林（Schiffrin，1990）就将观点定义为一种个人性、主观性和评价性的陈述，这种陈述通常和客观存在、可能发生或期待发生的某种状态有关。与信念不同的是，观点本身就是存在争议的。观点和立场都表达一个具有争

① 基于哈贝马斯的交际行为理论，科珀希米德用论点这一术语表示立场。这两者之间的唯一区别在于，他把论点重构成“虚拟的有效主张”，而不是断言（Kopperschmidt，1989，p. 97）。

议的态度，但是表达观点不需要承担证明责任（p. 248）。[①] 即使在讨论结束时没让质疑者信服，人们也可以仍然坚持他们的观点，这一点和立场也是不同的。观点和立场另外一个很重要的区别在于，人们在表达观点时并没有主张他们是正确的，他们只说自己是真诚的。但在提出立场时，我们通常假定作者或者说话者是真诚的，即使这样做可能是不正确的。

“态度”这一术语不仅是认知心理学和认知哲学的研究对象之一，同时也是社会心理学的重要研究对象，且已成为所谓“说服研究”的重点。态度是内心持久的一种状态并且在某种意义上具有执行的意向，但是在遭遇挑战时态度持有者并无义务去论证。[②] 立场这一概念并不一定具备上述所有特征。[③]

1.3.2 论证话语中的未表达前提

如果不把论证话语中一些隐性要素考虑在内，我们就很难解释在论证中意见分歧如何消除。同样地，在立场和出发点中也存在这样的隐性要素，所以在论证中特别提出了“未表达前提”这一概念。一旦离开这些隐性要素，我们就不可能正确评价论证。在将论证中明示前提的可接受性推移至被维护立场的过程中，未表达前提发挥着关键作用。这种含有隐性要素的论证在日常论证话语中是相当常见的，我们把它称为省略三段论。[④]

识别省略三段论中的隐性要素通常并不存在问题，即使在没有相对信息的前提下，未表达前提对于所有人来说都是显而易见的。譬如：“阿摩司是个固执的人，因为他是一名教师”，这句话中的未表达前提是“教师（通常）是固执的”。再比如说“托马斯是一名老师”是“我确信托马斯很固执，因为老师都是固执的”的未表达前提。按照这种方式在识

① 观点这一术语有多种使用方式。正如布莱尔谈到的私人通信那样，内科医生给出的医疗诊断观点需要承担证明责任。在希夫林的分析中，观点和有争议的信念并不等同。

② 著名说服研究者奥凯弗认为态度并非人生来就有的，而是经验的残留（O'Keefe，2002，pp. 18 – 19）。

③ 关于立场和类似概念的详细研究，参见豪特罗斯尔（Houtlosser，2001）。

④ 省略三段论最初指的是想法或考虑，现在用来表示一系列省略了某些部分的论证（不仅仅是三段论）。

别未表达前提时，分析者通过增添另外一个前提来重构论证潜在的推理方式，最终得到逻辑上有效的论证。在上面两个例子中，逻辑有效性等同于演绎有效性，但是在其他情况下，其他逻辑有效性标准可能更合适。[①]

一些论辩学者认为面对现实中的论证时，仅仅依靠逻辑分析是不够的。分析者不但要从逻辑分析开始，也需要对论证进行语用分析，即根据已知语境和背景知识识别隐含在论证者可以负责的命题中的未表达前提。[②] 由于论证总是发生在真实环境中，语用线索有助于识别未表达前提。这些语用线索一般可以从言语活动的语言语境、情景语境、宏观语境或是文本间的互文关系中获得。另外一些语用线索也可能从与事件有关的背景知识中探知。[③] 如果分析者缺少对相关语境信息和背景知识的清晰了解，也就是说分析者本身对于论证发生的情境不熟悉，那么语用分析就难以实现。为避免把一些论证者不承认的未表达前提强加于他们，在这种情况下只能用逻辑分析。

出于不同的理论进路，论证理论中有不同的术语来指代未表达前提，包括隐含的、隐瞒的、隐性的、丢失的前提、理由或论证。除此之外，表达类似含义的术语还有保证、隐含、推测，甚至假设、推断、蕴涵等。这些不同理论进路包括传统逻辑进路、现代“演绎论”进路、多元逻辑进路、保证进路、传统修辞进路、现代修辞进路、话语分析进路和语用论辩进路。在这一章导论中，我们只在自己的术语体系（语用论辩学）下简要介绍这些理论视角的区别性特征。

在传统逻辑学路径中，省略三段论中的未表达前提需要通过演绎逻辑中的有效性规则明示化且被补充完整，论证方能形式上有效（如 Copi, 1986）。在现代演绎论中，有效性规则首先是一种启发性工具，这也意味着分析者局限于严格意义上的演绎推理，比如所有好的论证都必须保证

---

① 更多关于未表达前提的逻辑分析，参见希契柯克（Hitchcock，1980a）。

② 有的研究路径把逻辑分析当作语用分析的启发性工具，以此获得一个更为具体或更为总体的结果，参见范爱默伦和荷罗顿道斯特（van Eemeren & Grootendorst，1992a，pp. 64 – 67；2004，pp. 117 – 118）。

③ 重构未表达前提和论辩话语中其他元素需要借助各种类型的资源，参见范爱默伦（van Eemeren，2010，pp. 16 – 19）。

演绎有效性这一观点（Hitchcock，1980b）。多元逻辑认为无论是演绎论证、归纳论证、协同论证、回溯论证还是其他的论证方式都需要自己的阐释架构（Govier，1987）。从图尔敏（Toulmin，2003）论证模型中的“保证”角度看，形式逻辑起不到明示隐性要素的作用。

传统修辞学路径是建立在亚里士多德《修辞学》中省略三段论思想上的。在亚氏那里，省略三段论是一种针对特定听众、发生在特定情境下、为实现特定目标的论证形式。在省略三段论中，论证者了解，即使不在句中直接将信息传达给听众，听众也能理解其中的意思。在现代修辞学中，在识别未表达前提的时候，我们通常也不考虑形式逻辑。事实上，现代修辞学家并不十分关注未表达前提，相反，他们十分关注文本、语境以及听众效果之间的关系。鉴于某些相关信息被隐藏这一事实，他们认为在识别未表达前提时要把三者之间的关系考虑进去。在话语分析路径下，比如杰克逊和雅各布斯（Jackson & Jacobs，1980）的研究就十分强调上述三个要素之间的互动关系。他们把省略三段论定义成针对接受者所提问题和反对意见而提出的论证。在语用论辩学路径下，未表达前提的处理方式并不排除逻辑分析法，而是倾向于将逻辑分析、语用分析和话语分析结合起来（van Eemeren & Grootendorst，1992a）。①

1.3.3 用于描述论证类型的论证型式

如果我们不能识别用以维护某个立场的论证类型，那么就很难确定论证本身是否有利于维护立场。因为在这种情况下，我们很难提出与潜藏在论证之下的论证型式相关的批判性问题。例如：“他是一名运动员”是用来维护“施科特一定很关注吃什么”这一立场的。论证者之所以用这样的论证来支撑“施科特一定很关注吃什么”这一立场，是考虑到运动者都十分关注吃什么是一个典型特征，并且可以被看作不证自明的未表达前提。在这种论证中，论证者采用了征兆关系型论证。征兆关系型论证通常使用一种固定的论证型式来将前提中的某个迹象或征兆转换成为立场。这种类型的论证型式可以称为征兆论证。在上述例子中，运动员和关注食物之间存在着一种固定关系。

---

① 关于未表达前提的详细综述研究，参见格里森（Gerritsen，2001）。

论证型式是对于某种特定论证类型的抽象描述。在这种特定的论证类型中，前提通常和立场之间有一定关系，即通过这个前提来增加立场的可接受性从而来支撑立场。在这种依靠某种特定关系形成的论证型式中需要明确用来评价论证本身的评价性问题，通常也被称为批判性问题。这些与论证型式相关的批判性问题要符合一定的语用原理才能完成从前提到立场的转变。所以说，不同类型的论证中使用的论证型式界定了如何评判论证中的内部结构。

自佩雷尔曼和奥尔布赖切斯—泰提卡（Perelman & Olbrechts-Tyteca，1969）在1958年非正式地介绍过这一概念以来，论证型式就成了论证理论中的核心概念。[①] 论证型式在构建用于分析和评价论证话语的理论工具中起到重要作用，它即便不能取代逻辑的形式有效标准，也可以作为一种有益补充。论辩学者认为，不应理所当然地把提出论证的过程等同于依据逻辑将某些前提推导出结论的过程。在他们看来，论证中传递可接受性的其他方式，如在不同论证型式中体现出来的论证语用原则，可能比形式蕴含更为贴切。因此论证型式的定义、分类、识别方式、未表达前提和论题都是论证理论中的主要研究主题。

经典传统中提出的论题系统是经典构思理论中的一部分，其目的是帮助论证者发现与评价论证以及其他论证话步。就论证而言，传统概念中的论题和现代概念中的论证型式大致对等。亚里士多德曾介绍过论证论题和修辞论题。在修辞论题中，他区分了一般论题和特定论题。一般论题是推理的抽象原则，可适用于所有话语语类之中，特定论题在亚里士多德区分的三种演讲中主要用于联系前提和论点，且通常是现成的陈述。波修斯在《论论题的差异性》（Boethius，1978）中提到的论证论题可被视为亚里士多德的论证论题系统与西塞罗《论题篇》（Cicero，1949）中修辞论题系统的结合。

怀特莱（Richard Whately，1963）提出的论证形式类型是美国辩论教科书区分论辩类型的主要依据，这种分类方法受到亚里士多德修辞发明体系的影响，为发现论证提供一种工具（Garssen，1997，p. 118）。弗里

① 佩雷尔曼和奥尔布赖切斯—泰提卡（Perelman & Olbrechts-Tyteca，1958）在他们的英译本（Perelman & Olbrechts-Tyteca，1969）中用了 *schèmesargumentatifs-argumentation* schemes 一词。

利（Austin Freeley，1993）在其教科书《辩论式论证》中区分了“例证推理”、“类比推理”、“因果论证”和“迹象论证”四类论证，其他教材中的分类方法并无实质性区别。哈斯廷斯（Hastings，1962）把论证类型的分类等同于保证的分类，这可以说是一种创新。在图尔敏论证模型的基础上，哈斯廷斯依据推理过程解释了保证的最重要分类，即“基于保证权威的从证据材料到结论的移动”（p. 21）。这个推理过程产生了三种一般模式的识别：“语词推理”、“因果推理”和“自由漂移推理”。虽然这种分类并没有得到大多数教材的认可，但为其他关注论证型式的学者提供了研究起点，比如谢伦斯（Schellens，1985）的研究就主要基于这一理论。

在《新修辞学》中，佩雷尔曼和奥尔布赖切斯—泰提卡（Perelman & Olbrechts-Tyteca，1969）在“关联”和“分离”原则的基础上区分了不同的论证型式。事实上，他们讨论的论证型式仅是基于关联原则的，例如：将原先认为分离的元素联系在一起。在“你准备了食物，所以你也应该喜欢吃它”这句话中，论证者通过关联将“准备好食物”和“喜欢吃它”联系在一起，这是“基于实在结构”的论证型式。“分离”指的是将原属一个实体的若干元素分解开来，其中并不涉及论证型式的使用。基恩波特勒（Kienpointner，1992）区分的论证型式类型是为了完整描述论证型式的分类。在他看来，论证型式在日耳曼语族中的应用和评价都是积极的。基恩波特勒的分类包括了我们之前讨论的经典分类和现代分类，是对于两种分类的整合。在对不同种类的保证进行分类后，基恩波特勒又做了三种主要的分类：“使用保证的论证型式”、“建立保证的论证型式”和“既不使用也不建立保证的论证型式”。

在语用论辩学视角下，论证型式呈现了前提到立场合理化过程的语用原则（van Eemeren & Grootendorst，1992a，pp. 158 - 168）。在评价基于某种论证型式的论证时，我们需要检查论证型式在相关交际语境中的适切性，还需要检查该论证型式是否被恰当使用。恰当使用论证型式意味着所有与此论证型式相关的批判性问题都能得到令人满意的回答。在语用论辩学路径下，区分论证型式的依据是与其对应的不同批判性问题，这是因为前提和立场之间通常由不同的方式联系在一起。通过实证研究，赫尔森（Garssen，1997）指出，普通论证者针对语用论辩学中不同类型的论辩可能提出的批判性问题与语用论辩学制定的标准批判性问题是大致吻合的。这个研究结果证明，普通论证者对不同论证型式中前提与立场之间的不同语用关系早有认识。

沃尔顿（Walton，1996，p. 17）为“假定推理”列举了 25 种论证型式。当论证中反驳意见有效时，这些论证型式起着一定作用（p. 17）。他为大多数论证型式制定了用于反驳的批判性问题。沃尔顿的 25 种论证型式选择性地整合了哈斯廷斯（Hastings，1962）、佩雷尔曼和奥尔布赖切斯—泰提卡（Perelman & Olbrechts-Tyteca，1969）以及其他学者的思想。与此同时，他还将一些论证的谬误形式也包括进来。在沃尔顿等人（Walton *et al.*，2008）的书中，论证型式被增加到了 25 种。同样地，这里面也包括了一些谬误推理。这些论证型式大致分为四类：（1）基于类比、分类、先例的论证型式；（2）基于知识、实际和其他类型的论证型式；（3）基于普遍接受的观点、承诺、品质的论证型式；（4）因果型论证型式。此外，一些研究者初步尝试了论证型式的形式化，探究能否将这些论证型式运用到计算机系统中。①

1.3.4　作为逻辑实体与功能实体的论证结构

如果不能清楚了解论证中支撑立场的诸论证之间的关系，我们就无法认定论证整体对立场的维护是否令人满意。由于这个原因，我们有必要提出“论证结构”一词来表示论证的“外部组织”。在论证理论中，理由之间不同的组合方式构成了有助于维护立场的不同论证结构。

尽管论辩学者大都承认研究任务之一是区分不同类型的论证结构，但他们在如何区分这一问题上并未达成一致。为了给论证中的不同理由组合命名，研究者发展了不同的术语规约，但区分方法并不一致。造成这样结果的部分原因是论辩学者对论证结构的区分是基于不同理论视角的。他们中有的从逻辑学视角出发，研究论证推理过程中所呈现的理由组合方式。另外一些论辩学者则选择从语用视角，关注论证过程中不同

---

① 关于论证型式的详细综述研究，参见赫尔森（Garssen，2001）；对于形式化和计算机含义的尝试，参见沃尔顿等人（Walton *et al.*，2008，第 11 章“论证与人工智能”，第 12 章“相关学科与非英语世界的研究”）。

理由组合方式能够达到的不同功能。这就意味着，在分析论证结构时，逻辑取向的论辩学者主要勾勒论证结构的逻辑模型，而语用取向的论辩学者则主要勾勒论证互动中各种理由的功能。①

形式逻辑学家和非形式逻辑学家通常选择逻辑视角或逻辑认知视角区分论证结构。他们希望概括出论证中的前提组合是如何借助逻辑学和逻辑认知学得到最终结论的。从1973年托马斯（Thomas，1986）开始，他们区分了闭合型论证和收敛型论证。在闭合型论证中，论证（或前提）之间是相互联系共同支撑立场（或结论）的。在收敛型论证中，论证是独立支撑立场的。② 逻辑学家通常将闭合型论证和演绎论证联系在一起，而将收敛型论证和归纳推理联系起来（Govier，1992③；Fisher，2004）④，但有些学者并不遵循这一模式（Pinto & Blair，1993）。除了闭合型论证和收敛型论证之外，非形式逻辑学家还区分了序列型论证。在序列型论证中，用于支撑结论的某个论证本身也依靠另一个论证的支撑（并且这个过程可能重复）。

读者也许可以想到，在语用论辩学路径下，分析论证结构采用的是语用学与论辩学双重视角。语用论辩学者试图通过论证分析把握论证者提出理由的不同方式，这些理由的作用是回应现实或想象中与之对话者的怀疑或批判。⑤ 范爱默伦和荷罗顿道斯特（van Eemeren & Grootendorst，1992a）对论证结构的分类是从最“基础”的论证结构——单一论证——开始的。在单一论证中，支撑立场的是一个明示“理由”（通常包含一个前提和一个未表达前提）。他们认为，“复杂”论证中包含的多个论证总是可以被分解为几个单一论证的组合，而这几个单一论证之间通过特定方式联系在一起，共同维护立场。在多重论证中，不同单一论证维护同

---

① 两种论辩结构路径的区别性特征主要基于与布莱尔的私人交流。

② 如果某个论证的可接受性不会影响其他论证的论证力度，那么这些论证是单独支撑立场的。

③ 戈维尔（Govier，1992）将类比归于结合式论证。

④ 在演绎论证中，不同前提无须共同“维护”结论，而在归纳论证中，每一个前提都或多或少起到维护结论的作用。

⑤ 在语用论辩理论中，由于论证的结构主要取决于论证者提出的质疑或批判以及他们对于质疑和批判的处理方式，因此这种研究路径也可以被视为争议点理论（stasis）（继而辩论理论）中功能路径的延续。

一个立场。原则上，这些单一论证具有等同权重，并不相互依赖，同时它们又是针对不同类型的批判性回应。在并列型复合论证中，不同单一论证共同支撑一个立场。这些单一论证相互依赖并且原则上仅仅针对对方提出的（所表达的或所能预料的）批判性回应。[①] 在从属型复合论证中，单一或复杂论证被用来支撑论证中提出的某个前提，这是因为有人提出了或我们所能预料到与该前提相关的批判性回应。汉克曼斯（Snoeck Henkemans，1992）详细介绍了语用论辩学中的论证结构是如何在实际论证活动中发挥作用的。[②]

上述论证结构在经典修辞学和 18 世纪启蒙修辞学中便有了雏形，不过与之相关的概念在那时尚未得以充分发展。在启蒙修辞学者的著作中（如 Campbell，1991），逻辑学路径的论证结构研究占据了显著位置。在这里，论证结构指的是不同推断类型中前提之间的关系。功能路径在经典修辞学和启蒙修辞学两大研究传统中都有所体现。在该路径下，论证者需要满足的证明责任要求决定了论证结构，例如：争议点理论和怀特莱理论（Whately，1963，p. 112）。以图解方式呈现论证结构这种当代常规方法并没有很长的历史，但我们知道比尔兹利 1950 年就开始使用这种图解方式了（Beardsley，1950），他列举了论证中的相关陈述并用箭头标记它们的相互支撑关系。[③] 此外，比尔兹利还借用非形式逻辑学家使用的部分术语来指代不同的论证结构。

弗里曼（James Freeman，1991）提出的论证结构主要基于图尔敏（Toulmin，2003）的论证理论模型，这与其他非形式逻辑学家有所不同。该理论模型提供了“区分不同类型的论证元素和结构形式的基本原理”

---

① 并列型复合论证的目的是回应反方提出的理由充足性质疑，在这种类型的论证结构内部，我们还要区分“直接”和“间接”两种维护立场的方式。“直接”维护指的是试图通过增加更多充足的理由来回应对方的理由充足性质疑；“间接”维护指的是通过增加一个或多个理由来反驳反方的论证。汉克曼斯（Snoeck Henkemans，1992）将第一种论证结构称为累积型论证结构，将第二种论证结构称为补充型论证结构，这与布莱尔和平托未发表的手稿中提出的建议一致。

② 虽然语用论辩理论中不同类型论辩结构某种程度上与非形式逻辑中的分类相似，但是概念的差异使两个路径中术语的一对一翻译对照更为复杂。

③ 正如布莱尔（在私人交流中）指出的那样，在比尔兹利之前，美国法学理论家威格莫尔（Wigmore，1931）已经介绍了论证图解。

（Freeman，1991，p. 37）。弗里曼认为，在一般论证情境中，当“应答者”或“提议者”的“挑战者”提出某个立场（主张）的时候可以问三种类型的“基础论证”或“论证生成”问题。这三种类型分别是“可接受性”问题、“相关性”问题和“证据充分性”问题。每一类问题都要求应答者对论证进行详细的阐释，而这些阐释产生了不同类型的论证结构。

沃尔顿（Walton，1996）的论证结构研究旨在为收敛型论证和闭合型论证提供更为精简的识别方法，进而帮助和改善论证图解技巧。他声称自己采用了语用论辩学视角（p. xiv），其识别方法与弗里曼（Freeman，1991）和汉克曼斯（Soneck Henkemans，1992）采用的方法类似。在区分闭合型论证和收敛型论证时，沃尔顿采取了功能视角，揭示了“论证中的前提是如何从功能上共同支撑对话语境中的结论的”（Walton，1996，p. 177）。他认为，在很多情况下我们很难，甚至无法区分包含多个论证的论证到底是闭合型的还是收敛型的，这是因为我们“并没有足够证据来确定特定语境中的论证是如何被使用的”（p. 178）。这种看法是正确的，但在现实实践中，我们通常能通过一些连接表达式看出论证中的理由是如何组合起来共同维护立场的，这些表达式包括“除了 X，还有 Y”（收敛型论证）、“不仅有 X，还有 Y”（闭合型论证）、“因为 Y，所以 X”（序列型论证）等。在其他情况下，论证内容也能明确显示论证的结构。另外，在识别论证结构时，我们还需要挖掘和充分利用各种类型的语用信息。①

1.3.5 “污染”论证话语的谬误

如果论证交际中出现了论证者没有察觉的“污染物”，那么论辩话语中的意见分歧就不能得以合理消除。我们把那些在论证交际中不易察觉的“污染物”称作谬误。找出识别谬误的方法是论证学者面临的核心任务之一。

在论证理论中，不同谬误类型的定义以及现实论证活动中谬误的正确识别方式仍有较大探索空间。事实上，所有规范论证理论都包含了对

① 对论辩结构详细研究综述请参见汉克曼斯（Soneck Henkemans，2001）。

谬误的处理。能在多大程度上充分处理谬误甚至成为检验某种论证理论质量最为直接的方法。

谬误的理论研究始于亚里士多德，他在《论题篇》中深入介绍了谬误，在《辩谬篇》中又专门探讨了谬误，在《前分析篇》和《修辞学》中也对谬误做出了有价值的评论。特别值得一提的是，亚里士多德将谬误置于论证语境下，在该语境中一个人攻击某一论点，而另一个人则为之辩护。他将那些在论证语境中错误使用的反驳分为依赖语言的反驳和独立于语言的反驳，但这种区分后来被证明是有问题的。亚里士多德对谬误的定义在很长一段时间里都具有权威性，他认为谬误就是看上去有效、事实上无效的论证。但是，亚氏之后的学者常常忽略谬误定义的论证语境。

对亚氏谬误清单最为重要的补充是洛克 1690 年首次提出的“诉诸谬误”论证，如人身攻击（Locke，1961）。随后，逻辑学教科书对谬误的研究从亚里士多德提出的论证视角转向了独白视角。谬误理论随之转向讨论论证过程中的错误，一方想要战胜另一方所运用的操控性手段不再是谬误研究的重点。[①] 1970 年，汉布林在他具有影响力的专著《谬误》注意到了当代谬误处理的一致性，他将这种处理方式称为谬误的标准处理：“就像在当代一般教科书中出现的典型短章或附录那般典型和普通。”（Hamblin，1970，p. 12）谬误的标准处理把谬误定义为看起来有效实则无效的论证，但教科书对大部分谬误的解释实际上并不符合这一定义。汉布林的著作给了谬误标准处理毁灭性的一击，最重要的是，它激发了论辩学者研究谬误的灵感。

汉布林之后的学者尝试提出一种与谬误标准处理进路目标、方法和重点完全不同的谬误处理方式。汉布林（Hamblin，1970）本人对此的贡献是构建了被称为“形式论辩学”的一套规则组合。例如，受到汉布林的启发，辛迪卡（Hintikka，1987）认为亚里士多德提出的谬误从论证角度来看不应当仅被视为错误推测，而是应当视为问答对话中的错误质疑。比罗和西格尔（Biro & Siegel，1992，1995，2006）从早期认知的角度提

① 在亚里士多德列举的谬误中，由于有一部分谬误本质上就是和对话情境相联系的，这也就导致脱离论辩语境会使得特定谬误变得难以理解。

供了一种不同的谬误处理方式，他们把谬误看成拓展知识的失败尝试。菲诺基亚罗（Finocchiaro，1987）的看法与其说是提出了另外一种理论视角，还不如说是从方法论的角度在抽象理论思辨和数据取向的实证观察之间选择了一条中间道路。为向汉布林的研究致敬，汉森和平托（Hansen & Pinto，1995）出版了一系列具有代表性的后汉布林式谬误理论论文集。这本论文集展现了当代非形式逻辑学者和其他论辩理论研究者对谬误性论证话步生成条件的积极研究。

伍兹和沃尔顿（Woods & Walton，1989）也对谬误理论研究做出了重要贡献。他们对谬误标准处理的补救方式是在处理各种类型的谬误时不是简单地运用三段论逻辑、命题逻辑和谓词逻辑，而是借助了更加复杂的现代逻辑。伍兹和沃尔顿认为，谬误本身就能决定其理论处理方式。伍兹和沃尔顿的谬误研究路径存在这样一个方法论起点，即我们可以借助理论概念和逻辑系统包括论证系统的术语来有效分析谬误，同时一个成功的谬误分析在多数情况下应该在某种程度上具有形式化的特点。伍兹和沃尔顿在其分析中采用了汉布林的“承诺库”和“撤回”两个概念，这也因此使得他们的谬误理论不仅具有形式化取向的特点，还具有论辩学特点。他们认为，用相同的方法分析历史上不同时期、不同情况下被称为谬误的论证没有任何意义，因为这种做法就如同对所有疾病采用相同的诊断和处理。伍兹和沃尔顿理论的另一个典型特点是多元化。①

形式论辩学持有另外一种不同的谬误观，在其看来，论证理论就是一个理性论证的生成规则无穷集（Barth & Krabbe，1982）。只有由这些规则生成的论证才是理性论证，而谬误则被视为不能由这些规则产生的论证话步。《论辩、交际、谬误》一书中提出了语用论辩理论。虽然该理论与形式论辩学有一定联系，但它认为把谬误理解为论证话语交际过程中的错误话步最为恰当（van Eemeren & Grootendorst，1992a）。这也就是说它保留了逻辑有效性评判标准，但绝不仅从逻辑层面评判论证。语用论辩学既没有沿用标准处理的观点将谬误归于松散的术语范畴，也没有采用以逻辑为中心的演绎推理方法，认为谬误是违反了某一个或同一个

① 从20世纪80年代开始，伍兹和沃尔顿各自发展了不同的理论，开始从不同角度研究谬误。参见沃尔顿（Walton，1992b）和伍兹（Woods，2004）。

有效性标准，而是采用多种功能标准。谬误通常难以发现的欺骗特征被视作策略操控的脱轨，即超出了合理性边界的策略操控（van Eemern，2010）。

20 世纪 80 年代以后，独立于伍兹，沃尔顿个人为谬误理论研究做出了巨大贡献。在《非形式谬误》（Walton，1987）一书中，他解决了谬误分析过程中存在的问题。在此方面，他不仅使形式逻辑学从属于论辩学，还从广义上转向了语用学。沿着这条思路，沃尔顿发表了大量有关谬误（以及论证理论中存在的其他问题）的著作。这些著作中一部分解决理论问题，另一部分则专门探讨某个特定谬误，如《乞题：作为论证策略的循环论证》（Walton，1991）。在这一书中，沃尔顿发展了对话的语用研究路径，发展了作为非形式谬误的循环论证理论。在该路径下，循环论证可以被理解为通过阻碍对话或者剥夺对方提出批判性问题的机会来试图规避证明责任。在《滑坡论证》（Walton，1992a）中，沃尔顿讨论了评价滑坡论证过程中存在的问题。在与克罗贝合作的《对话中的承诺》（Walton & Krabbe，1995）一书中，沃尔顿的谬误研究路径发生了新的转向，即引入了论证性话语所属对话类型的实证语境。[①]

1.4　论证研究的不同理论进路

论证理论由来已久。当代论证理论就是在古代三段论逻辑（当时被称为分析学）、古代论辩学和修辞学（当下被称为经典论辩学和经典修辞学）的基础上发展而成的。这些经典理论主要处理推理、讨论和公共演说中论证的不同方面，其中一些创见至今仍有借鉴价值。

谈到经典论辩学和经典修辞学，我们好像就默认它们是独立学科，但其实关于这两门学科的独立性和理论性，学者们从古希腊罗马时期就开始争论不休，一直到后经典主义时期都没能达成一致。为使读者有更清晰的了解，下面将具体指出我们到底会参考、讨论哪些观点。比如说，我们说的到底是柏拉图的论辩学、亚里士多德的论辩学、智者学派的修

① 谬误研究的详细综述请参见范爱默伦（van Emeren，2001）。

辞学，还是赫尔马戈拉斯（Hermagoras of Temnos）的修辞学？当谈到三段论逻辑时，我们还须指明一点，那就是我们所提到的逻辑学到底是亚里士多德提出的逻辑学，还是19世纪逻辑学家践行的逻辑学理论。在引言部分，我们将对本书做简单介绍，并重点介绍由亚里士多德提出的最具影响力的逻辑学、论辩学和修辞学。[①]

亚氏逻辑学的核心是对形式和实体的区分。在亚里士多德那里，逻辑学的任务并不是要分析某个特定论证的优缺点，而是要识别能将真值从已知为真的陈述推导至未知真假的陈述上的论证模式。这些论证模式应具有普遍适用性，这样，无论用何种内容去替换抽象论证模式中相应内容，结果都是一样的。这种将看起来合理或者不合理论证的推导结构形式化的要求得到了当代符号逻辑学的直接回应。当代论证研究部分继承了亚氏逻辑学抛却内容专门分析论证推理形式的研究传统。

对亚氏论辩学概念的最好理解是将其看作一门通过批判性讨论方式达成共识的探究艺术。[②] 论辩学在亚氏那里是批判性检验想法的一种方式，其做法是站在对立立场反驳并消除这些想法，即一方提出一个立场，然后回答反方的问题。苏格拉底式对话中的问答技巧是亚氏论辩学的典型案例，但在其他非论证性的对话中也有可能采用与此相似的断言—同意模式。在亚里士多德看来，如果一段对话是论证性的，那么检验对话中特定断言是否充分必须首先从双方认可的共同出发点中引出若干前提，再挖掘这些出发点的意涵，最后判断出发点是否和问题相关。在这个过程中如果出现了争议，那就必须修改声明，以避免这些问题的产生。这种管控式的反对检验方法实际上相当于逻辑学的语用化应用，即以双方共同运用逻辑学将推测和意见转化为更为安全的信念。

亚氏修辞学主要探究有效说服，进而达成共识的相关原则。它与当代说服理论并不完全一致，后者更倾向于分析态度的形成与变化，但并不关注说服过程本身产生的问题（Eagly & Chaiken，1993；O'keefe，2002）。亚氏修辞学更加关注针对特定听众的有效论证的生成，其研究客

① 我们这里介绍的亚氏逻辑学、修辞学和论辩学主要基于范爱默伦（van Eemeren，2010）发表的论文，具体介绍参见第2章“经典背景”。

② 这并不排除劝服也是目的之一。

体并不是确定性的逻辑演证。说到逻辑演证，就不得不提到三段论。省略三段论是三段论的修辞对应物，它一般被认为是三段论的不完整形式，其中部分未表达前提是听众原本就接受的。省略三段论是三段论推理的省略形式，其中前提之间的逻辑关系通常由听众自行补充。

我们认为，当代提到论证理论人们很容易认为就是在“研究逻辑学”、“研究论辩学”或是“研究修辞学”。在第一种情况下，论证被视为形式逻辑的一个特殊组成部分或分支，这种看法本身并不是不合理的，但它限制了论证理论的发展空间与范围，这种限制既不必要，也无任何益处。比如，隐含性很有可能被视作一种原本就存在的抽象形式，这样在具体分析时就无须把未表达因素系统考虑进去，当然也就不会适用于交际语境中。因此，分析就会集中在脱离语境的前提和结论上，重点只是那些于逻辑学者而言有特殊意义的表达式（“逻辑常项”）。[①]

同理，把论证理论仅仅看作在做论辩学或者修辞学研究也是不妥的。[②] 如果仅从论辩学出发，那么所有与语境和情景相关的因素就存在被忽视的危险。如果只是从修辞学视角出发，虽然语境和情景会被考虑进去，但又有可能无法充分考察论证的批判维度。因此，我们认为，最好将论证理论视作一门独立的跨学科研究，它应兼顾逻辑、修辞、论辩三个方面，由哲学、逻辑学、语言学、话语分析、交际学、修辞学、心理学、法学等研究者和可能为此领域贡献智慧的相关学者们共同推进发展。

但是目前并没有哪个独立论证理论能涵盖逻辑学、论辩学、修辞学三个研究维度且被广为接受。论证理论的最大特色是多种理论视角和方法并存，这些理论视角与方法在概念、范围和理论细化上都有较大差异。一些原来研究语言学、话语分析或者修辞学的学者认为论证理论的第一要义是客观描述话语。比如，他们最关注的往往是论证语篇中陈述者或作者是如何通过特定语言机制或者修辞辞令来说服听众的。还有一些受逻辑学、哲学或法学影响的论证研究者，他们研究论证是出于规范的目

① 在伯杰（Berger，1997，p. 3）的观念里，逻辑学者眼中的论证就是一系列句子，其中一句是结论，其他都是为结论提供的支撑。而论证理论者却认为论证包含的东西其实更多。

② 例如，希亚帕（Schiappa，2002）认为论辩学就等同于修辞学，因为两者的区别微乎其微。

的，感兴趣的是合理或理性论证必须满足的合理性标准。比如，他们会检验论证满足的认识功能以及论证中可能存在的谬误。在研究论证的学者中确实存在着两种极端例子（要么描述取向，要么规范取向），但是大多数学者还是认为论证研究既要有描述维度，还要有规范维度，因此论辩理论必须将两种研究兴趣结合起来。

虽然很多研究者并未明确承认，但毋庸置疑当代大多数论证研究方法受到经典论证研究视角的深刻影响，特别是其中的论辩学视角（当下通常被包含到逻辑学视角中）和修辞学视角。论辩学视角下的论证研究更加关注规约化批判性对话中用以维护立场的论证质量，研究重点是通过严格管控来保证论证的合理性。值得注意的是，在修辞取向的论证研究中，对影响论证有效性因素的重视通常被视作说话人或作者享有的“接受权力”，这种“接受权力”与其说是着眼于实际说服效果，还不如说是基于论证本身的质量。真正考察论证实际有效性的研究一般被称作说服研究。实践中，说服研究几乎等同于实证主义的定量研究，其目的是考察在论证（或者是其他方式的劝服）[①] 的影响下话语接受者的态度转变程度。

现代论证理论同时复兴了论辩学和修辞学。和亚里士多德提出的路径不同，在当代论证研究中，论辩学视角和修辞学视角的论证研究之间有着很大的概念鸿沟，与之相随的是持两种视角的论证研究者之间也存在巨大的沟通鸿沟。正是由于这两大鸿沟，两种视角下的论证研究在十六七世纪的时候逐渐分离成意识形态上不同的两个独立理论，甚至发展到后来变成两个相互冲突的理论。近来，有学者认为论辩学和修辞学本身其实并非不可调和，[②] 两者反而可能是互补的，所以两个理论之间的分歧应该被弱化。甚至有的学者认为应该重新建立两个理论之间的联系以丰富论证语篇的分析和评价。[③] 根据这种看法，我们应该把这两个理论的不同观点结合起来，以此更好、更为全面地理解论证话语。

---

① 奥凯弗的说服研究是论辩学中实证研究的一个重要推动力。他测试了论辩动机的认知性，使用元分析的方法论辩理论的有效性。

② 关于这两个学科的关系，可以参见收录在《论证与修辞》（van Eemeren & Houtlosser, Eds.，2002）这本书上的相关论文。

③ 请参见范爱默伦（van Eeemren，2010）的著作以及第3章文献综述部分。

接下来的章节中我们将介绍各种与论证理论有关的理论方法，在此，我们将给出这些方法论的综述，重点讨论这些理论方法对相关经典理论的处理。在讨论现在盛行的理论方法前，我们先来讨论 20 世纪 50 年代的新经典主义理论方法，即图尔敏模型和新修辞学。两种路径都是为了发展一种能够与形式化论证分析方法分庭抗礼的论证理论，这种形式化论证分析方法主要基于当代逻辑学对分析推理的处理。

图尔敏在他 1958 年首次出版的《论证的运用》一书中明确反驳了当时占据显要位置的逻辑学观点，即论证只是推理的另外一种特例，只有形式化方法才能对其进行分析。与此相对，图尔敏提出了论证的“程序形式”。他的论证模式图旨在考察维护立场的论证中的每个功能性要素或步骤。图尔敏认为这个程序形式具有“场域独立性”，这就意味着，不论论证的话题如何变化，论证中的每个步骤——就像出现在模式中的每个步骤那样——都是相同的。值得注意的是，从概念上看，图尔敏模型实际上是三段论推理的变体，也就是类似于古希腊罗马时期的带证式省略三段论。

在评判论证的有效性时，图尔敏为“有效性”下了一个与形式逻辑学截然不同的定义。在他看来，论证有效性主要取决于负责将论证中“证据材料”与争议“主张”连接起来的“保证”（通常是隐含的）的可接受性，或者，在遭遇挑战时，“支撑”能在多大程度上使论证仍然合理。在特定案例中需要何种支撑主要取决于该支撑维护立场所处的场域。比如，维护伦理立场和维护法律立场的支撑肯定是截然不同的。也就是说，在图尔敏看来，论证有效性的评价标准是“场域依赖性”的。因此，图尔敏主张在实证和历史的语境中评判论证的有效性。

在同样于 1958 年首次出版的《新修辞学》中，佩雷尔曼和奥尔布赖切斯—泰提卡（Perelman & Olbrechts-Tyteca，1969）认为，只有在提出或加强了听众对争议立场的认同时，论证才是合理的，这种看法与经典修辞学理论高度一致。在新修辞学中，衡量论证是否合理的标准是看它是否有效说服了目标听众。目标听众既可以是由说话人或作者选定的“特定”个体或群体，也可以是“普遍”听众，即在论证者看来具有理性的那类（真正的或想象出来的听众）。

佩雷尔曼和奥尔布赖切斯—泰提卡概括介绍了论证中可充当出发点

的一致要素（事实、真理、预设、价值、价值层级和话题[①]），还提供了可用于说服听众的一系列论证型式。这些论证型式在很大程度上更接近经典修辞学里的话题传统。他们认为，论证中不但可能内含一种准逻辑（或准数学的）的论证型式，还有可能内含一种基于实体结构的论证型式，或者一种构建实体的论证型式。佩雷尔曼认为，这些论证型式可服务于"关联"这一论证技巧，除此之外，他还区分了"分离"这种论证技巧。分离可以把一个既存概念体（如"虚荣"）切分成两个彼此分离的概念个体（如原初概念"虚荣的"和新概念"喜欢漂亮衣服的"）。

尽管图尔敏路径和佩雷尔曼的新修辞学路径有明显不同，但是两者之间也有惊人的相似之处。他们的哲学背景大致相同，都对通过论证性话语证实观点感兴趣，两者都关注价值在论证中的地位，都反对用形式逻辑的理论工具来分析论证话语，并且都从司法程序中寻找灵感，试图找出替代形式分析路径的论证分析模式。图尔敏模型和佩雷尔曼的新修辞学之间其实也存在一定理论联系，新修辞学中的各种出发点要素可以视作图尔敏模型中的证据材料，论证型式则可被视作图尔敏模型中不同类型的保证或支撑。

除此之外，两种路径中概念及其区别都在经典修辞学中有迹可循。这点不仅体现在图尔敏模型和西塞罗的带证式省略三段论之间的相似性上，还体现在保证、支撑的作用和经典话题的作用之间的相似性上。在新修辞学中，根据听众需求划分出发点的方法与经典修辞学的做法也很相似。另外，基于实在结构的论证模式所划分的论证类型和亚里士多德在《论题篇》的处理方法也极为相似。对于论证图式和实在结构的区分也类似于经典修辞学中对修辞三段论和修辞归纳法的区分。总之，新修辞学与经典修辞学所想达到的目的是一样的，尽管经典修辞学系统起初只被视作一种启发性工具。

在近年发展起来的论证研究路径中，由汉布林（Hamblin，1970）提出的形式论辩学最为接近形式逻辑，或者说它是披着论辩学外衣的逻辑学。20 世纪后半叶致力于复兴论辩学的学者渐渐开始把论证看作通过检

① 佩雷尔曼和奥尔布赖切斯—泰提卡（Perelman and Olbrechts-Tyteca）使用的是拉丁语的等同语。

验针对挑战的争议“议题”来消除意见分歧的形式化讨论程序。在设计这种讨论程序时，他们不但考虑了汉布林提出的形式论证学，还借鉴了爱尔朗根学派的“对话逻辑”（Lorenzen & Lorenzen，1978）、科劳塞—威廉姆斯（Crawshay-Williams，1957）和纳什（Arne Næss，1966）的观点。其中最完整的方案是由巴斯和克罗贝在《从公理到对话》（Barth & Krabbe，1982）一书中提出的。在他们的形式论辩学中，论证被描述为正方与反方之间进行的一种受规约的对话游戏，而该学说的主要任务是设计一套评价系统来确定以反方“承让”作为前提的正方论点能否被接受。形式论辩学认为，正方应巧妙利用让反方的承让令其处于自相矛盾的境地。如果正方成功达此目的，那么正方的论点就得以成功维护。

基于爱尔朗根学派的对话逻辑，巴斯和克罗贝的形式论辩学将形式逻辑系统转译为了对话的形式化规则。在《对话中的承诺》一书中，沃尔顿和克罗贝整合了爱尔朗根学派的提议和汉布林论证系统中倡导的更为宽松的对话类型（Walton & Krabbe，1995）。他们首先对主要话语类型进行分类，继而讨论不同对话类型中，在不违反相应对话规则的情况下承诺得以保持或被撤销的条件。在沃尔顿和克罗贝的论证研究路径中，承诺只在特定情况下可被撤销。其他形式与非形式逻辑学者也提出了与此路径相关的研究方法，接下来我们就开始逐一讨论这些方法。

出于对逻辑学教科书中论证分析方法的不满，同时也受到图尔敏模型和新修辞学的启发，一些加拿大和美国的学者自 20 世纪 70 年代开始推广一种新的研究路径，即“非形式逻辑”。非形式逻辑这个标签下聚集了日常推理的各种逻辑取向的规范性研究方法，相比形式逻辑学范畴内的推理形式，非形式逻辑研究的日常推理似乎更贴近论证实践。非形式逻辑学家的首要目标是发展一套用于解释、评价和分析论证话语的规则。1978 年以来，布莱尔和约翰逊（Anthony Blair & Ralph Johnson）编辑出版杂志《非形式逻辑》[①]，并使之成为非形式逻辑发展的主阵地，随之而来的是一场名为“批判性思维”教育改革运动。

约翰逊和布莱尔在《合逻辑的自我防卫》（Johnson & Blair，2006）一书中明确指出了他们对“非形式逻辑”的理解。在书中，他们指出，

① 最初的名字叫作《非形式逻辑新闻通讯》。

论证的前提必须满足可接受性、相关性和充分性三个标准。可接受性关注的问题是前提是否为真、可能为真，或在某种程度上是值得相信的。相关性关注的问题是论证的前提和结论是否相关。充分性关注的问题是前提是否足以支撑结论。其他非形式逻辑学家也大多采用这三个标准，只是对标准的说法可能不太一样（如 Govier，1987）。

在《可接受前提》一书中，弗里曼从非形式逻辑的认识论视角首次提出了前提可接受性理论（Freeman，2005）。但一般情况下，研究非形式逻辑的学者们都会首先关注论证中前提和结论之间的关系（Walton，1989）。他们中大多数人仍然认为论证必须是逻辑有效的，但在实践中一般并不严格依照形式逻辑学中的有效推论标准。在《谬误》一书中，伍兹和沃尔顿（Woods & Walton，1989）收录了自己的谬误研究成果，他们采用的仍旧是广义上的形式逻辑路径。在他们看来，每种谬误都应有自己的理论基础，因此，他们采用了不同的逻辑系统来处理不同类型的谬误。

约翰逊（Johnson，2000）的论证研究路径也是逻辑取向的，但是在其《展示理性》一书中，他为自己的研究路径增补上了“论辩外层”。菲诺基亚罗也对非形式逻辑学做出了理论贡献，他整合了逻辑路径和论辩路径，但重心主要在论辩学视角上，同时还加入了历史方法和实证方法（Finocchiaro，2005）。其他非形式逻辑学者也试着寻找其他研究路径。图尔敏模型通常是他们的首要选择（Freeman，1991）。但是修辞视角，特别是佩雷尔曼和奥尔布赖切斯—泰提卡推进的新修辞学视角却很少受到非形式逻辑学者的关注。不过，廷戴尔是一个例外，他的著作《论证行为》（Tindale，1999）和《修辞论证》（Tindale，2004）都是从修辞学视角研究论证的。

当下，美国学者对修辞学的发展远远超过了欧洲。从 19 世纪开始，经典修辞学就走进了美国的学术课程中，当代修辞路径的论证研究也得以迅猛发展。20 世纪，美国修辞学家伯克（Burke，1966）对修辞下了一个影响深刻的定义——“一方通过语言使用让另一方改变其态度或引导其行为”。初看之下，这个定义与修辞的传统定义一样，关注焦点都是修辞的“说服”作用。但与传统概念所不同的是，伯克把说服看作与“共识”的结果。他认为，说服听众需要与听众达成“共识”。当然，将修辞与发现恰当说服方法能力相互联系的论证观仍旧占据显著地位，大多数学者认为这是论证的主要研究范式。

20世纪的最后十年，人们对修辞学原本的印象也有所改观，不再认为它是不理性的或是反理性的。得益于佩雷尔曼和奥尔布赖切斯—泰提卡的努力，新修辞学让不同国家的学者开始致力于复兴修辞学路径的论证研究。尽管20世纪60年代，美国学者已经把修辞学概念扩大到无与伦比的程度，甚至认为“任何事，或者几乎是任何事都可以用修辞的概念来解读”（Swearingen & Schiappa，2009，p. 2），温泽（Wenzel，1987）强调了修辞的理性问题。在法国学界，勒布尔（Reboul，1990）几乎同一时间呼吁在论证研究中不要只用论辩学视角，还应给予修辞学应有的位置。他认为，论辩学和修辞学尽管有所重叠，但是两个不同的学科；公共讨论中，修辞学会运用到论辩学知识，论辩学与此同时也是修辞学的一个部分，因为它为修辞学提供必要的知识工具。在德国学界，科珀希米德（Kopperschmidt，1989）认为从历史视角来看，修辞学应该是论证理论的核心。

美国（言语）交际领域一些当前从事论证研究的学者虽然也可被视作广义上的修辞学者，但是他们并没有明确统一的学术视角，其研究最为显著的共同点是大都聚焦声明与参与论证实践者之间的关系。扎里夫斯基（Zarefsky，1995）认为这一共同点实际上就是将论证视作“一种在不确定情况下证实决定的实践”。这种论证实践观与将论证视作逻辑结构的分析观形成了巨大反差。实践观主要受到19世纪以来美国学院和大学辩论传统的影响。在20世纪早期和中叶，经典修辞学理论被引入美国学院和大学的辩论实践，造就了以“核心议题”为核心的辩论传统。

艾宁格和布鲁克里德撰写的《辩论式决策》（Ehninger & Brockriede，1963）挑战了这一辩论传统。他们通过图尔敏模型指出，论证是一种达成关键决定的合作性而非竞争性手段。从这一观点出发在19世纪70年代后期和80年代早期催生了另外一些辩论模式，但传统“核心议题”辩论模式仍旧占据重要位置。辩论传统对美国论证研究影响深远。即便是哈普尔的《论证》（Hample，2005）一书也不可避免地受到了传统论证思潮的影响，虽然该书探讨的主要是论证生成问题。

美国学界还有一大批学者多少并不遵循上述论辩传统，他们主要从经典修辞学的角度研究论证，研究过程中有时也借鉴新修辞学。这些学者包括扎里夫斯基（Zarefsky，2006，2009）、利夫（Leff，2003）、希亚帕（Schiappa，2002）等。他们每个人同时也对历史修辞分析有所贡献。法恩斯托克（Fahnestock，1999，2009）对修辞格和文体学进行了理论研究，侧重点是科学论证分析。另外，影响美国交际学界论证研究的另外一股力量是复兴后的"实践哲学"，该种哲学源自"实践智慧"这一经典概念，即特定案例中的实用智慧。

"二战"后，美国学界对说服和态度改变的相关研究激发了交际的社会科学研究路径。该研究路径不再只是关注个例，而是试图提出普遍化的、能经得起检验的交际理论。这个转变让更多学者去关注描写性和实证性研究，而不只是之前的规范性研究。20 世纪 70 年代，这种社科研究路径被一群致力于"建构主义"的学者引入论证研究。比如，维拉德（Willard，1983）就把论证定义为持不相容主张者之间的互动，在此定义的基础上，他开始发展论证的建构主义理论。还有一些学者，例如比策（Bitzer，1968）将省略三段论视作一种交际行为，并把修辞证明看作说话者和听话者的共同产物。

杰克逊和雅各布斯（Jackson & Jacobs，1982）20 世纪开启了一项针对非正式对话中论证的研究项目，该项目主要聚焦言语行为的公共特征。他们的合作研究旨在理解日常对话中个体做出推断和消除意见分歧时的推理过程。在美国学界，和论证相关的实证研究大都是基于自然环境的，如校董事会会议、咨询会、公共运动关系等，其目的在于生成"扎根理论"，即针对个案的理论。

图尔敏提出的"场域"概念在很大程度上影响了美国论证研究。在其发表的《人类理解力》（Toulmin，1972）一文中，图尔敏把场域描述为"理性事业"，将它等同于知识学科，探索不同场域中推理的本质区别。图尔敏提出的场域概念引发了一场关于"论证领域"的激烈讨论，讨论的焦点是究竟根据什么来界定论证领域：论证话题、总体视角、世界观还是论证者目的？论证场域概念让研究者们认识到论证的合理性并不是普适和必然的，而是语境依赖性的、偶然的。对场域的重新界定也激发了学者们重新从修辞的角度来研究论证。他们不再讨论论证是否合理，而是去讨论"论证对谁而言合理?""在什么语境下是合理的?"等问题，其核心观点是维护知识主张的依据是某一知识领域内的认知行为和认同程度。

20 世纪 60 年代末，斯科特（Scott，1967）考察了修辞构建而成的不同知识以及知识的论证生成方式，并在此基础上确认了一种新兴观念，即真理是因论证语境和听众而异的。比起场域，古德莱特更喜欢使用“空间”这个词，他认为空间就是“论证赖以成立的根基和论证诉诸的权威”（Goodnight 1982，p. 216）。古德莱特那里的“论证”指的是基于不同观点的互动，因此立场是建立在怀疑和不确定的基础上的。与哈贝马斯（Habermas，1984）的观点类似，古德莱特确定了三种论证空间：“个人”空间、“公共”空间和“专业”空间。区分这三种空间的依据是论证相关性的适用范围：“个体”空间的论证主要针对论证双方，“公共”空间的论证主要对普遍意义上的人们有意义，“专业”空间的论证主要针对专门或有限社团。

过去几十年里，美国交际研究领域的论证研究还受到另外一股力量的影响，那就是社会与文化批判。其中影响较大的是“后现代主义”理论，在此基础上，论证被视作批判的一种方式。这种理论视角下最为极端的做法是否认存在任何公认的论证评价标准，认为那些所谓的标准都是社会构建起来的。如果说制定公认标准仅服务于某个群体或社会中的权势阶层，那么作为批判方式的论证目的就是揭示这种压制行为，解救被排除在外或者被边缘化群体。

同时，自 20 世纪 70 年代开始，论证的描述性研究路径在欧洲也开始逐渐发展起来。在该路径下，论证被视为一种语言现象，因为它不仅体现于语言使用之中，甚至还内含于大多数语言使用之中。支持这种路径的论证研究者（几乎都是法国学者），如迪克罗和安孔布尔，出版了许多论著对论证进行语言学分析，分析结果显示，几乎所有言语都会引导听众或读者——通常以默会的方式——得出某些结论，因此，这些言语表达实际上都是具有论证意义的。在《语言中的论证》（Anscombre & Ducrot，1983）一书中，安孔布尔和迪克罗将他们持有的理论立场命名为“激进论证主义”。

迪克罗和安孔布尔共同发展的论证研究方法有一个突出的特征，即对一些充当论证“操作词”或“联结词”的词语十分感兴趣。他们认为这些词语赋予了语言表达一个特定的"论证力"和"论证方向"（如，"只"、"不少于"、"但是"、"甚至"、"仍然"、"因为"、"所以"）。比如，即使脱离语境，我们也知道"但是"这个词指向的是结论。不管现实语境是什么，"但是"这个词的出现都意味着结论和之前的论述相反，甚至强于前面的结论。这一点可以从修辞学知识中得以解释，那是因为"但是"一词指向的相反立场选择了与"但是"之前陈述不同的"论证原则"。安孔布尔（Anscombre，1994）观察发现，这里讨论的论证原则其实等同于经典修辞学中的话题。在出现"但是"这个词的语境中，"但是"之后的话题比之前的话题具有更大的论证力，之前的话题因此之后的话题被排除出去，或者说是被"否决"了。举例来说，如果"保罗很帅，但他是同性恋"这句话是说给一个打算追求保罗的女士听的，那么"但是"一词的使用就会引发一个暗含结论"追求保罗没用"。

描述性语言视角下的论证研究在欧洲一大批研究者那里（特别是法语区）已经成为一种研究传统。他们中的一部分学者继续着之前迪克罗和安孔布尔的研究。另外一部分学者，比如普兰丁和杜里，虽然也基于迪克罗和安孔布尔的研究路径，但常常更加受到会话分析和话语分析的影响。还有一些法国学者，如格赖兹（Grize，1982）和他在纽夏特大学的同事们使用的研究路径被称作自然逻辑学。自然逻辑学和语言学的关系不那么密切，它与心理学还有认知学更为相关。研究自然逻辑的学者主要受到皮亚杰儿童思维发展阶段思想，特别是其中的"行为图式"概念的影响（Piaget & Beth，1961，p. 251）。

瑞士的论证研究者，如瑞高蒂（Rigotti，2009）、罗希（Rocci，2009）、莫拉索（Morasso，2011）等，主要受意大利研究传统的影响，他们更倾向于从语言学的角度研究论证，但也认可论证的规范性研究。他们通常把语言学方法和其他路向（比如语用论辩学）的方法相结合。

阿姆斯特丹大学范爱默伦和荷罗顿道斯特以经典论辩学和语用学为理论核心创立并发展的语用论辩学则兼具规范性和描述性。随着范里斯、斯诺克、汉克曼斯、豪特罗斯尔、菲特丽丝、赫尔森和一些其他学者的加入，语用论辩学的研究队伍日益壮大。正如范爱默伦和荷罗顿道斯特在《论证中的言语行为》（van Eemeren & Grootendors，1984）一书中解释的那样，语用论辩学者认为论证的目的是通过检验争议立场的可接受性来合理消除意见分歧。语用论辩学中的论辩维度主要受到批判理性主义和形式论辩学的启发，而语用维度则是受到言语行为理论、格赖兹语言学和话语分析的洞见所激发。为了系统结合论辩学和语用学的相关知识，语用论辩学者采取了四个元理论出发点：第一，研究目标的功能化。在论证性话语中，交际通过言语行为发挥功能。第二，社会化。只有将言语行为视角拓展到社会互动层面，另一方的立场和质疑以及一方对立场的维护方式才能得以解释。第三，外显化。只要识别论证双方言语行为创造的交际和互动义务，论证话语中的承诺就可以被外显化。第四，论辩化。论证话语的论辩规约可以通过设计一个理想模型而得以实现，在该理想模型中，正反双方以批判性讨论的方式规范化地交流言语行为。

在语用论辩理论中，论辩双方以批判性交流言语行为的方式合理消除意见分歧必须经过不同论证阶段，这些阶段被凝练成了一个批判性讨论的理想模型。从分析的角度来看，该模型由四个阶段组成。首先是“冲突阶段”，其任务是确定意见分歧。其次是“开始阶段”，任务是确定正反方以及程序性出发点和实质性出发点。再次是“论辩阶段”，正方为自己的观点辩护，尽力消除反方的异议或疑惑。与此同时，反方可能会针对正方的观点和论证提出异议。最后是“结束阶段”，任务是确定批判性讨论的结果。这个模式实际上也界定了在消除意见分歧不同阶段中发挥建设性作用的言语行为的性质和分布规律。此外，语用论辩学还为不同讨论阶段实施的不同言语行为制定了合理性标准，该标准组成了一套论辩规则。这些规则包括从冲突阶段的自由规则——论证双方不得彼此阻止对方提出立场，或者阻止对方质疑立场，到结束阶段的结束规则——双方都不得错误解读讨论结果（van Eemeren & Houtlosser，2004）。任何违反批判性讨论规则的行为，不管它发生在哪个阶段，都相当于生成了一种阻止意见分歧正确解决的论证话步，也就是说产生了谬误。这样，谬误就和批判性讨论规则系统联系到了一起（van Eemeren & Grootendorst，1992a）①。

在实际论证中，由于各种原因，论辩话语通常会偏离上述理想模型，

① 检验批判性讨论规则对传统谬误论证的约束程度被视作论证评判的“问题解决有效性”标准。论证评价“主体间性”标准的实证性试验研究请参见范爱默伦（van Eemeren，2009）。

因此，语用论辩学者认为在分析论证性话语时需要对所有合理消除意见分歧的言语行为进行重构，并在此基础上形成一个“分析概览”。在《重构论证性话语》一书中，范爱默伦及其他学者强调，重构应该以理论模型作为引导，同时还要忠于通过实证观察而归结至论证者身上的不同承诺。通过定性和定量的实证研究，学者们发现了更多可以用来确定论证话步的线索（van Eemeren *et al.*，2007）。在考虑论证合理性的同时，我们还要考虑论证者对修辞有效性的追求，只有这样我们才能更为贴切、更为精确和更好地解释对论证性话语的重构分析和评价。为此，范爱默伦和荷罗顿道斯特（van Eemeren & Grootendorst，2002b）发展了策略操控这个概念。策略操控概念将相关修辞洞见系统融入论证话语的语用论辩分析和评价之中，这种分析和评价照顾到了论证话语实际所处的不同交际活动类型（van Eemeren，2010）。

1.5 全书概览

由于看待论证性话语的角度不同，作为理论出发点的路径选取角度也不同，论辩理论对分析、评价和生成论证话语过程中涌现的问题的处理方式也不尽相同。[①] 因此，描述论辩理论现状最好的方式就是调查各种理论视角与方法，重点关注其中最为成熟、最具影响力的视角与方法。这也是我们在接下来的章节里要做的事情。

---

① 论辩学理论领域中的不同学会、期刊和丛书在一定程度上反映了这种理论视角上的差异。美国辩论协会（The American Forensic Association，AFA）和美国传播协会共同创办的期刊《论证和辩护》（*Argumentation and Advocacy*）主要关注论证、传播和辩论。安大略论证研究学会（The Ontario Society for the study of Argumentation，OSSA）、非形式逻辑与批判性思维协会（The Association for Informal Logic and Critical Thinking，AILACT）以及电子期刊《非形式逻辑》（*Informal Logic*）主要关注非形式逻辑。国际论证研究学会（The international Society for the Study of Argumentation，ISSA）创办的期刊《论证》（*Argumentation*）和《语境中的论证》（*Argumentation in Context*），以及与之相配套的丛书《论证文库》（*Argumentation Library*）和《语境论证》（*Argumentation in Context*）旨在覆盖所有论证理论。与论证相关的其他国际性期刊还包括《哲学与修辞》（*Philosophy and Rhetoric*）、《逻辑分析》（*Logique et Analyse*）、《论证与计算》（*Argumentation and Computation*）、《争议》（*Controversia*）、《语用与认知》（*Pragmatics and Cognition*）和《说服力》（*Cogency*）。

在我们的研究中，首先要讨论当代论证理论共有的经典逻辑学、修辞学和论辩学历史背景。然后我们将对这部分背景知识进行补充，讨论一些后经典时期的理论，尤其关注 20 世纪中期发展起来的、对现在论辩理论构建仍然有意义的理论背景。特别需要关注的还有图尔敏的论证模式，以及佩雷尔曼和奥尔布赖切斯—泰提卡的新修辞学，这两个理论对于当今论辩学的复兴意义重大。最后我们会将目光转向一些决定论辩理论发展现状的重要研究。

区分不同论证理论的方法主要看该理论研究者的不同学术背景以及该理论仰仗的不同合理性哲学基础，特别要看这些研究者对可以合理评判论证的理性裁判者的不同定义。一些学者从纯粹描述性的角度将理性裁判者视作论证的真正听众，而另一些学者则从规范性角度将理性裁判者视作抽象的合理性表征，主张对其进行分析性界定。当然也有学者兼顾上述两个方面，认为既要从描述性也要从规范性角度，用互补联系的眼光去看待合理性。学者的学科背景决定了他们的首要目标是更好地理解论证，还是“诊断”和“治疗”现实论证。也正是学科背景决定了一个学者对理性裁判者评判出发点和设计论证时理应使用的有效性标准的实证性或分析性定义方式，这种方式可能是形式的，可能是语用学的，也有可能是其他方式。一般来说，论证学者用以指代合理性标准的专业术语都显示了他们学科背景的不同，比如：逻辑有效性、语用有效性、可靠性、适当性和正确性（或其他术语），等等。

论证理论中每种完善的论证研究理论路径实际上都明确了该路径对理性裁判者合理评判行为的理解，同时也会对该路径所倾向的有效性类型做出明确定义。[①] 围绕本手册的写作目的，我们有必要注意，能够做出合理评判的理想裁判者可能呈现出不同类型，且有可能被投射到不同类型的（具体或抽象的）听众身上。在介绍论证理论中主要理论进路时，我们不仅关注这些路径对合理性的界定，还关注它们的逻辑学、论辩学或修辞学背景、它们的描述性或规范性目标，以及它们总体论证理论研

① 论证研究者的任务就是去细化理性裁判者在评价论证时需要采用的合理性标准。没有人能垄断“有效性”或其他具有等同术语的解释，因此每个学者都可以从自己采用的理论路径出发赋予该术语以特定含义。

究项目中的不同组成部分。此外，在讨论某一研究路径时，我们一般会使用该路径研究者使用的术语。当他们使用的术语或者意义与这个引言里介绍的不一致时，我们会指出来并做适当转译。

作为一本工具书，《论证理论手册》的目的是让学生们可以在众多论证理论中发现适合自己的研究方法。本章大体介绍完这个领域后，接下来的章节将更详细地介绍论证理论的发展现状以及重要研究路径。首先介绍的是当代论证理论的经典研究背景和后经典研究背景。其次向读者展示的是图尔敏模型和佩雷尔曼、奥尔布赖切斯—泰提卡的新经典主义研究路径，这两者共同促进了“二战”后论证理论的复兴。介绍完图尔敏模型和新修辞学之后，我们将逐一介绍更近一段时间兴起的形式论辩学、非形式逻辑学、美国交际与修辞学、语言学、语用论辩学等路径下的论证研究以及论证与人工智能研究。最后我们还关注了与论证理论密切相关但又不属于论证研究的其他研究项目，此外，我们还将介绍非英语国家的论证理论发展。为了方便读者查阅，我们在按字母顺序排列的参考文献之前附上了一个参考阅读清单，其中系统罗列了与各种研究路径相关的文献。

第 2 章“古典背景”将综述古代论证理论的经典理论背景。我们将介绍对当下论证研究仍有巨大影响的芝诺、智者学派、柏拉图、伊索克拉底、亚里士多德、斯多葛学派、赫尔马戈拉斯、西塞罗、昆体良、波修斯以及其他先贤的论证理论，以此阐明论证理论的历史根源，包括亚里士多德式论辩学和谬误理论、经典三段论逻辑、命题逻辑、古希腊和古罗马时期的修辞学等。在本章结尾，我们还会简要概述论辩学、逻辑学和修辞学在中世纪和文艺复兴时期的发展，以及它们对现今论证理论的影响。

第 3 章“后古典背景”主要介绍论证理论的后经典理论背景。首先，我们通过一个例子阐明逻辑学者研究论证和推理时使用的抽象研究方法与论证研究兴趣之间的差异。然后我们会根据逻辑中对有效性的不同定义展开调查研究，探究有效性的语义概念和句法概念，但这里使用的是自然推理法（第 6 章讲形式论辩学的时候我们会探讨有效性的语用概念）。其次，我们将追溯谬误研究的历史，探究后世对亚里士多德谬误研究的接受，解释人们对一些“声名狼藉”的谬误的传统看法。这些看法主要源自洛克和怀特莱的研究。再次，我们也会关注谬误研究所谓的标准理论以及汉布林对它的批判。最后我们将介绍现代论证理论的三位先驱或领军人物及其理论，即科劳塞—威廉姆斯的争论分析、纳什对讨论的分类以及巴斯的逻辑有效性双重研究路径。

第4章“图尔敏论证模型”主要介绍图尔敏的论证分析模式。图尔敏的论证图式和佩雷尔曼与奥尔布赖切斯—泰提卡提出的新修辞学为论证研究随后五十年的发展奠定了基础。在解释说明图尔敏模型时，我们将介绍图尔敏对分析性和实质性推理的看法，对论证形式和有效性之间的关系的看法，以及对场域独立性和场域依赖性的论述。在讨论后世对图尔敏模型的接受时，我们不仅会谈到图尔敏模型的应用情况，还会关注它对后续论证研究的影响方式。

第5章“新修辞学”主要介绍佩雷尔曼和奥尔布赖切斯—泰提卡的新修辞学。首先介绍给读者的是这两个作者的生平、学术背景，以及他们的理论特色。然后我们要介绍新修辞学的核心概念——“听众”。介绍完新修辞学论证研究的理论出发点后，我们将进入新修辞学的核心部分，讨论佩雷尔曼和奥尔布赖切斯—泰提卡对论证型式的分类。本章结尾部分将讨论新修辞学中哪些部分已经被论证学者所接受并被运用到其（特定类型的）论证研究之中，或者被融入他们自己的论证理论中，同时我们还将讨论新修辞学遭遇的一些指责。

第6章“形式论辩进路”主要介绍论辩理论的形式论辩学路径。我们首先介绍的是爱尔朗根学派的逻辑预备教育。接着介绍辛迪卡和雷斯彻，特别是巴斯和克罗贝的非形式论证系统对该理论的贡献。其次我们将简要介绍汉布林的形式论辩学、麦肯泽的论证程序、伍兹和沃尔顿对谬误的处理方法，以及沃尔顿和克罗贝整合各种方法论后形成的系统。最后我们会简要解释一下会话轮廓的半形式分析法。

在第7章“非形式逻辑”部分，我们对现阶段论证理论的调查研究是从非形式逻辑的产生和复兴开始的。为了弄清非形式逻辑学的主要研究话题，我们重点讨论了布莱尔和约翰逊对非形式逻辑共同或个人做出的贡献、菲诺基亚罗的历史和实证研究、戈维尔对非形式逻辑中关键概念的批判性分析、平托和其他学者从认知学方向做出的努力、弗里曼基于图尔敏模型的论证结构分析及其对于论证可接受性的研究以及沃尔顿对论证型式和会话类型的看法。另外，我们还会介绍其他对非形式逻辑做出贡献的学者，比如：汉森、希契柯克和廷戴尔。

第 8 章“交流学与修辞学”关注的是美国交际学和修辞学研究领域内论证理论的发展情况。首先，我们会讨论论证在美国辩论传统中的角色，因为交际学领域的论证研究主要发端于辩论传统。其次，我们将关注该路径下论证理论的出发点，包括论证的概念、论证的表现形式、论证研究与逻辑学、论辩学以及修辞学之间的联系。再次，我们会把目光转向两大研究传统上，一种是对论证性话语的历史—政治分析路向，我们称之为“修辞批判”，另一种是直接用修辞理论研究论证的特点。依照图尔敏对论证语境依赖性特点的看法，复次，我们还要关注两个重点的概念：“论证场域”和“论证空间”。最后，我们要讨论“规范语用学”，在此，我们将借助格赖兹和其他语用学家的理论洞见来讨论各种规范是如何在实际论证语篇中起作用的。这章最后会总结概括说服研究和人际交际学中的论证研究。

第 9 章“语言学进路”讨论论证的语言学研究路径的理论来源。这种路径并不起源于英语国家的论证研究者，而是起源于瑞士学者格赖兹发展的心理学和认知取向的自然逻辑学。然后，我们会关注法国语言学家迪克罗和安孔布尔的研究，介绍重点是他们的激进论证主义和他们关于复调的看法。接着，我们要讨论法国论证学者普兰丁和杜里，以及以色列学者阿摩西和他的会话分析和话语分析理论。最后介绍的是主要由瑞士意语区学者瑞高蒂、罗希和莫拉索发展的语义论辩学方法论。

第 10 章“语用论辩论证理论”主要讨论由荷兰学者范爱默伦和荷罗顿道斯特提出的语用论辩学研究路径。本章介绍了论证的批判性讨论模式以及贯穿其中的批判性讨论准则。此外，我们还介绍了论证话语重构和谬误研究的语用论辩学。本章介绍的其他内容还包括由范爱默伦、荷罗顿道斯特以及汉克曼斯对论证指示词的研究，范爱默伦、荷罗顿道斯特和墨菲尔斯对讨论规则是否符合主体间性论证评价标准的实验研究，以及范爱默伦和荷罗顿道斯特通过策略操控概念将修辞学理论引入语用论辩学的努力。在讨论如何根据语境分析和评价论证话语以及如何区分各种制度语境下的交际活动类型时，我们的重点放在了菲特丽丝和其他一些学者从事的法律论证研究，以及其他语用论辩学者从事的政治、媒体和学术论证研究上。

第 11 章“论证与人工智能”着重讨论论证理论在计算机科学和人工智领域的应用发展，这方面的研究现在已经发展成了一个学术领域。本章我们讨论的话题不仅是非单调逻辑和可废止推理，还包括个案推理以及用法律规则进行推理。本章特别关注了作为抽象形式联系的论证攻击研究，该研究已经具有较大影响力。由于当前数字化语境中频繁用到论证理论中的一个重要概念——论证型式，我们在本章将会解读人们对它的理解和运用。在吸收利用论证理论的过程中，数字化语境内部还产生了“对话协议”这一术语。本章将解释这一术语的内涵及其在论证理论中的使用。最后，我们还将讨论人工智能如何通过支持论证的软件对论证结构进行处理。

第 12 章“相关学科与非英语世界的研究”主要介绍多少独立于前几章介绍的研究传统的论证理论的发展。我们首先关注一些与论证理论有关，甚至有些重合的学科和研究项目，（如批判话语分析、历史争议分析、说服研究）、相关定量研究项目以及源自关联理论的研究，这些研究促成了“认知心理学的论证转向”。其次本章关注的是论证理论在非英语地区的发展。在这些地区，论证研究成果主要是以当地语言，而非英语发表的。我们主要介绍了其他章节没有提及的、发展于北欧地区、德语地区、荷兰语地区、法语地区、意大利语地区、俄罗斯和部分苏联地区、西班牙语地区、葡萄牙语地区、以色列、阿联酋、日本以及中国的论证研究。

参考文献

Adler, J. E. & Rips, L. J. (Eds., 2008). *Reasoning. Studies of human inference & its foundations.* Cambridge: Cambridge University Press.

Anscombre, J. C. (1994). La nature des topoï. In J. C. Anscombre (Ed.), *La théorie des topoï.* Paris: Kimé, 49 – 84.

Anscombre, J. C., & Ducrot, O. (1983). *L'argumentation dans la langue* [Argumentation in language]. Brussels: Pierre Mardaga.

Aristotle (1928a). *Prior analytics* (W. D. Ross, Ed.). Oxford: Clarendon Press.

Aristotle (1928b). *Sophistical refutations* (W. D. Ross, Ed.). Oxford: Clarendon Press.

Aristotle (1960). *Topics* (E. S. Forster, Trans.). Cambridge, MA: Harvard University Press.

Aristotle (1991). On rhetoric. In G. A. Kennedy, *Aristotle. On rhetoric: A theory of civic discourse* (pp. 23 – 282). New York, NY: Oxford University Press.

Barth, E. M. (1972). *Evaluaties* [Evaluations]. Inaugural address University of Utrecht, June 2. Assen: Van Gorcum.

Barth, E. M., & Krabbe, E. C. W. (1982). *From axiom to dialogue. A philosophical study of logics & argumentation.* Berlin: de Gruyter.

Beardsley, M. C. (1950). *Thinking straight. Principles of reasoning for readers & writers.* Englewood Cliffs, NJ: Prentice-Hall, 1950.

Berger, F. R. (1977). *Studying deductive logic.* London: Prentice-Hall.

Biro, J., & Siegel, H. (1992). Normativity, argumentation & an epistemic theory of fallacies. In F. H. van Eemeren, R. Grootendorst, J. A. Blair & C. A. Willard (Eds.), *Argumentation illuminated* (pp. 85 – 103). Amsterdam: Sic Sat.

Biro, J., & Siegel, H. (1995). Epistemic normativity, argumentation, & fallacies. In F. H. van Eemeren, R. Grootendorst, J. A. Blair & C. A. Willard (Eds.), *Analysis & Evaluation. Proceedings of the Third ISSA Conference on Argumentation* (University of Amsterdam, June 21 – 24, 1994), Volume II (pp. 286 – 299). Amsterdam: Sic Sat.

Biro, J., & Siegel, H. (2006). In defense of the objective epistemic approach to argumentation. *Informal Logic*, 26 (1), 91 – 101.

Bitzer, L. (1968). The rhetorical situation. *Philosophy & Rhetoric*, 1, 1 – 14.

Boethius, De topicis differentiis. In E. Stump (1978, Ed.), *Boethius's De topicis differentiis* (pp. 159 – 261). Ithaca/London: Cornell University Press.

Borel, M. J., Grize, J. B., & Miéville, D. (1983). *Essai de logique naturelle [A treatise on natural logic]*. Bern/Frankfurt/New York: Peter Lang.

Burke, K. D. (1966). *Language as symbolic action. Essays on life, literature, & method.* Berkeley etc.: University of California Press.

Campbell, G. (1991). *The philosophy of rhetoric.* (Ed. L. Bitzer). Carbondale & Edwardsville: Southern Illinois University Press. (1st ed. 1776).

Cicero (1949). *De inventione. De optimo genere oratorum. Topica* (M. Hubbell, Ed.).

London: Heinemann.

Copi, I. M. (1986). *Introduction to logic* (7th Ed.). New York, NY: Macmillan. (1st ed. published in 1953).

Crawshay-Williams, R. (1957). *Methods & criteria of reasoning. An inquiry into the structure of controversy.* London: Routledge & Kegan Paul.

Doury, M. (1997). *Le débat immobile: L'argumentation dans le débat médiatique sur les parasciences.* Paris; Kimé.

Eagly, A. H., & Chaiken, S. (1993). *The psychology of attitudes.* Fort Worth, TX: Harcourt Brace Jovanovich.

Eemeren, F. H. van (1986). Dialectical analysis as a normative reconstruction of argumentative discourse. *Text*, 6 (1), 1-16.

Eemeren, F. H. van (1987a). Argumentation studies' five estates. In J. W. Wenzel (Ed.), *Argument & critical practices: Proceedings of the fifth SCA/AFA conference on argumentation* (pp. 9-24). Annandale, Virginia: Speech Communication Association.

Eemeren, F. H. van (1987b). For reason's sake: Maximal argumentative analysis of discourse. In F. H. van Eemeren, R. Grootendorst, J. A. Blair & C. A. Willard (Eds.), *Argumentation: Across the lines of discipline. Proceedings of the Conference on Argumentation*, 1986 (pp. 201-215). Dordrecht: Foris.

Eemeren, F. H. van (1990). The study of argumentation as normative pragmatics. *Text*, 10 (1/2), 37-44.

Eemeren, F. H. van (2001). Fallacies. In F. H. van Eemeren (Ed.), *crucial concepts in argumentation theory* (pp. 135-164). Amsterdam: Amsterdam University Press.

Eemeren, F. H. van. (2010). *Strategic Maneuvering in Argumentative Discourse. Extending the Pragma-Dialectical Theory of Argumentation.* Amsterdam-Philadelphia: John Benjamins.

Eemeren, F. H. van, Garssen, B., & Meuffels, B. (2009). *Fallacies & judgments of reasonableness. Empirical research concerning the pragma-dialectical discussion rules.* Dordrecht: Springer.

Eemeren, F. H. van, & Grootendorst, R. (1984). *Speech acts in argumentative discussions. A theoretical model for the analysis of discussions directed towards solving conflicts of opinion.* Berlin: de Gruyter.

Eemeren, F. H. van, & Grootendorst, R. (1992). *Argumentation, communication, & fallacies. A pragma-dialectical perspective.* Hillsdale, NJ: Lawrence Erlbaum.

Eemeren, F. H. van, & Grootendorst, R. (2004). *A systematic theory of argumentation: The pragma-dialectical approach.* Cambridge: Cambridge University Press.

Eemeren, F. H. van, Grootendorst, R., Jackson, S., & Jacobs, S. (1993). *Reconstructing argumentative discourse.* Tuscaloosa, AL: University of Alabama Press.

Eemeren, F. H. van, Grootendorst, R., Snoeck Henkemans, A. F., Blair, J. A., Johnson, R. H., Krabbe, E. C. W., Plantin, C., Walton, D. N., Willard, C. A., Woods, J., & Zarefsky, D. (1996). *Fundamentals of argumentation theory. Handbook of historical backgrounds & contemporary developments.* Mawhah, NJ: Lawrence Erlbaum.

Eemeren, F. H. van, Grootendorst, R., Jackson, S., & Jacobs, S. (2010). Argumentation. In T. A. van Dijk (Ed.), *Discourse as Structure & Process* (chapter 5). London: Sage.

Eemeren, F. H. van, & Houtlosser, P. (Eds.). (2002). *Dialectic & rhetoric: The warp & woof of argumentation analysis.* Dordrecht: Kluwer Academic.

Eemeren, F. H. van, & Houtlosser, P. (2002). Strategic maneuvering in argumentative discourse: Maintaining a delicate balance. In F. H. van Eemeren & P. Houtlosser (Eds.), *Dialectic & rhetoric: The warp & woof of argumentation analysis* (pp. 131 – 159). Dordrecht: Kluwer Academic.

Eemeren, F. H. van, Houtlosser, P. & Snoeck Henkemans, A. F. (2007). *Argumentative indicators in discourse. A pragma-dialectical study.* Dordrecht: Springer.

Ehninger, D., & Brockriede, W. (1963). *Decision by debate.* New York, NY: Dodd, Mead & Company.

Fahnestock, J. (1999). *Rhetorical figures in science.* New York, NY: Oxford University Press.

Fahnestock, J. (2009). Quid pro nobis. Rhetorical stylistics for argument analysis. In F. H. van Eemeren (Ed.), *Examining argumentation in context. Fifteen studies on strategic maneuvering* (pp. 131 – 152). Amsterdam: John Benjamins.

Finocchiaro, M. A. (1987). Six types of fallaciousness: Toward a realistic theory of logical criticism. *Argumentation*, 1, 263 – 282.

Finocchiaro, M. A. (2005). *Arguments about arguments. Systematic, critical & historical essays in logical theory.* Cambridge etc.: Cambridge University Press.

Fisher, A. (2004). *The logic of real arguments.* (2nd ed.) Cambridge: Cambridge University Press. (1st ed. 1988).

Freeley, A. J. (1993). *Argumentation & debate: Critical thinking for reasoned decision making*. Belmont, CA: Wadsworth.

Freeman, J. B. (1991). *Dialectics & the macrostructure of arguments*. Berlin: de Gruyter.

Freeman, J. B. (2005). *Acceptable premises. An informal approach to an informal logic problem*. Cambridge: Cambridge University Press.

Garssen, B. J. (1997). *Argumentatieschema's in pragma-dialectical perspectief. Een theoretisch en empirisch onderzoek* [Argument schemes in a pragma-dialectical perspctive. A theoretical & empirical study]. Amsterdam: IFOTT.

Garssen, B. (2001). Argument schemes. In F. H. van Eemeren (Ed.), *Crucial concepts in argumentation theory* (pp. 81 – 100). Amsterdam: Amsterdam University Press.

Gerritsen, S. (2001). Unexpressed premises. In F. H. van Eemeren (Ed.), *Crucial concepts in argumentation theory* (pp. 51 – 79). Amsterdam: Amsterdam University Press.

Goodnight, G. T. (1982). The personal, technical, & public spheres of argument: A speculative inquiry into the art of public deliberation. *Journal of the American Forensic Association*, 18, 214 – 227.

Goodnight, G. T. (2012). The personal, technical, & public spheres: A note on 21st century critical communication inquiry. *Argumentation & Advocacy*, 48 (4), 258 – 267.

Govier, T. (1987). *Problems in argument analysis & evaluation*. Dordrecht: Foris.

Govier, T. (1992). *A practical study of argument*. 2nd ed. Belmont, CA: Wadsworth. (1st ed. 1985).

Greco Morasso, S. (2011). *Argumentation in dispute mediation. A reasonable way to handle conflict*. Amsterdam-Philadelphia: John Benjamins.

Grize, J. B. (1982). *De la logique à l'argumentation* [From logic to argumentation]. Genéve: Librairie Droz.

Habermas, J. (1984). *The theory of communicative action*. Vol. 1, *Reason & the rationalization of society*. Boston: Beacon. (English trans.; original work in German published in 1981).

Hamblin, C. L. (1970). *Fallacies*. London: Methuen.

Hample, D. (2005). *Arguing. Exchanging reasons face to face*. Mahwah, NJ: Lawrence Erlbaum.

Hansen, H. V., & Pinto, R. C. (Eds.). (1995). *Fallacies: Classical & contemporary readings*. University Park, PA: Penn State Press.

Harman, G. (1986). *Change in view. Principles of reasoning*. Cambridge, MA: MIT

Press.

Hastings, A. C. (1962). *A reformulation of the modes of reasoning in argumentation. Unpublished doctoral dissertation.* Northewestern University, Evanston, IL.

Hintikka, J. (1987). The Fallacy of Fallacies. *Argumentation*, 1, 211 – 238.

Hitchcock, D. (1980). Deductive & inductive: Types of validity, not of argument. *Informal Logic Newsletter*, 2 (3), 9 – 10.

Houtlosser, P. (2001). Points of view. In F. H. van Eemeren (Ed.), *Crucial concepts in argumentation theory* (pp. 27 – 50). Amsterdam: Amsterdam University Press.

Jackson, S., & Jacobs, S. (1980). Structure of conversational argument: Pragmatic bases for the enthymeme. *Quarterly Journal of Speech*, 66, 251 – 265.

Jackson, S., & Jacobs, S. (1982). The collaborative production of proposals in conversational argument & persuasion: A study of disagreement regulation. *Journal of the American Forensic Association* 18, 77 – 90.

Johnson, R. H. (2000). *Manifest rationality. A pragmatic theory of argument.* Mahwah, NJ: Lawrence Erlbaum.

Johnson, R. H., & Blair, J. A. (2006). *Logical self-defense.* International Debate Education Association. (reprint of 1st U. S. ed., 1994, 1st ed. 1977).

Kennedy, G. (2004). *Negotiation: An A-Z guide.* The Economist.

Kienpointner, M. (1992). *Alltagslogik. Struktur und Funktion vom Argumentationsmustern* [Everyday logic. Structure & function of samples of argumentation]. Stuttgart/Bad Cannstatt: Frommann-Holzboog.

Kopperschmidt, J. (1989). *Methodik der Argumentationsanalyse* [Methodology of argumentation analysis]. Stuttgart: Frommann-Holzboog.

Leff, M. (2003). Rhetoric & dialectic in Martin Luther King's 'Letter from Birmingham Jail'. In F. H. van Eemeren, J. A. Blair, C. A. Willard & A. F. Snoeck Henkemans (Eds.), *Anyone who has a view* (pp. 255 – 268). Dordrecht: Kluwer Academic.

Locke, J. (1961). *An Essay Concerning Human Understanding.* Edited & with an introduction by J. W. Yolton. London: Dent (1st ed. published in 1690).

Lorenzen, P., & Lorenz, K. (1978). *Dialogische Logik* [Dialogic logic]. Darmstadt: Wissenschaftliche Buchgesellschaft.

Naess, A. (1966). *Communication & argument. Elements of applied semantics.* Oslo: Allen & Unwin.

O'Keefe, D. J. (2002). *Persuasion: Theory & research* (2nd ed.). Thousand Oaks,

CA: Sage. (1st ed. 1990).

O'Keefe, D. J. (2006). Pragma-dialectics & persuasion effect research. In P. Houtlosser & M. A. van Rees (Eds.), *Considering pragma-dialectics: A festschrift for Frans H. van Eemeren on the occasion of his 60th birthday* (pp. 235 – 244). Mahwah, NJ: Lawrence Erlbaum.

Perelman, C., & Olbrechts-Tyteca, L. (1958). *La nouvelle rhétorique: Traité de l'argumentation* [The new rhetoric: Treatise on argumentation] (2 volumes). Paris: Presses Universitaires de France.

Perelman, Ch., & Olbrechts-Tyteca, L. (1969). *The new rhetoric: A treatise on argumentation.* (J. Wilkinson & P. Weaver, Trans.) Notre Dame, IN: University of Notre Dame Press (original work published in 1958). [English translation of La nouvelle rhétorique: Traité de l'argumentation].

Piaget, J., & Beth, E. W. (1961). *Epistémologie mathématique et psychologie. Essai sur les relations entre la logique formelle et la pensée réelle* [Mathematical epistemology & psychology. Study on the relation between formal logic & natural thought] Paris: PUF, EEG XIV.

Pinto, R. C, & Blair, J. A. (1993). *Reasoning: A practical guide.* Englewood Cliffs, NJ: Prentice Hall.

Plantin, C. (1996). *L'argumentation.* Paris: Le Seuil.

Reboul, O. (1990). Rhétorique et dialectique chez Aristote. *Argumentation*, 4, 35 – 52.

Rigotti, E. (2009). Whether & how classical topics can be revived within contemporary argumentation theory. In F. H. van Eemeren & B. Garssen, *Pondering on problems of argumentation* (pp. 157 – 178). Dordrecht: Springer.

Rocci, A. (2009). Manoeuvring with tropes. The case of the metaphorical polyphonic & framing of arguments. In F. H. van Eemeren (Ed.), *Examining argumentation in context. Fifteen studies on strategic maneuvering* (pp. 257 – 282). Amsterdam: John Benjamins.

Schellens, P. J. (1985). *Redelijke argumenten: een onderzoek naar normen voor kritische lezers* [Reasonable arguments: a study of norms for critical readers]. Dordrecht/Cinnaminson N. J.: Foris.

Schiappa, E. (2002). Evaluating argumentative discourse from a rhetorical perspective. In F. H. van Eemeren & P. Houtlosser (Eds.), *Rhetoric & dialectic: The warp & woof of argumentation analysis* (pp. 65 – 80). Dordrecht: Kluwer Academic.

Schiffrin, D. (1990). The management of a co-operative self during argument: the role of opinions & stories. In A. D. Grimshaw (Ed.), *Conflict talk* (pp. 241 – 259). Cambridge/New York: Cambridge University Press.

Scott, R. L. (1967). On viewing rhetoric as epistemic. *Central States Speech Journal*, 18, 9 – 16.

Snoeck Henkemans, A. F. (1992). *Analysing complex argumentation. The reconstruction of multiple & coordinatively compound argumentation in a critical discussion.* Amsterdam: Sic Sat.

Snoeck Henkemans, A. F. (2001). Argumentation structures. In F. H. van Eemeren (Ed.), *Crucial concepts in argumentation theory* (pp. 101 – 134). Amsterdam: Amsterdam University Press.

Sperber, D. (2000). Metarepresentations in an evolutionary perspective. In D. Sperber (Ed.), *Metarepresentations: A multidisciplinary perspective.* Oxford: Oxford University Press.

Swearingen, C. J., & Schiappa, E. (2009). Historical studies in rhetoric: Revisionist methods & new directions. In A. A. Lunsford, K. H. Wilson & R. A. Eberly (Eds.), *The Sage handbook of rhetorical studies* (pp. 1 – 12). Los Angeles, CA: Sage.

Thomas, S. N. (1986). *Practical reasoning in natural language* (3rd ed.). Englewood Cliffs, NJ: Prentice-Hall. (1st edition 1973).

Tindale, C. W. (1999). *Acts of arguing. A rhetorical model of argument.* New York: SUNY.

Tindale, C. W. (2004). *Rhetorical argumentation: Principles of theory & practice.* London: Sage.

Toulmin, S. E. (1972). *Human understanding.* Princeton, NJ: Princeton University Press.

Toulmin, S. E. (1976). *Knowing & acting.* New York, NY: Macmillan.

Toulmin, S. E. (2003). *The uses of argument.* Cambridge: Cambridge University Press. (1st ed. published in 1958).

Walton, D. N. (1987). *Informal fallacies: Towards a theory of argument criticisms.* Amsterdam: John Benjamins.

Walton, D. N. (1989). *Informal Logic. A handbook for critical argumentation.* Cambridge etc.: Cambridge University Press.

Walton, D. N. (1991). *Begging the question.* New York: Greenwood Press.

Walton, D. N. (1992a). *Slippery slope arguments.* Oxford: Oxford University Press.

Walton, D. N. (1992b). Types of Dialogue, Dialectical Shifts & Fallacies. In F. H. van Eemeren, R. Grootendorst, J. A. Blair, & C. A. Willard (Eds.), *Argumentation illuminat-*

ed (pp. 133 – 147). Amsterdam: Sic Sat.

Walton, D. (1996). *Argumentation schemes for presumptive reasoning.* Mahwah, New Jersey: Lawrence Erlbaum.

Walton, D. N., & Krabbe, E. C. W. (1995). *Commitment in dialogue: Basic concepts of interpersonal reasoning.* Albany, NY: SUNY Press.

Walton, D., Reed, C., & Macagno, F. (2008). *Argumentation schemes.* Cambridge: Cambridge University Press.

Wenzel, J. W. (1987). The rhetorical perspective on argument. In F. H. van Eemeren, R. Grootendorst, J. A. Blair, & C. A. Willard (Eds.), *Argumentation: Across the lines of discipline. Proceedings of the conference on argumentation* 1986 (pp. 101 – 109). Dordrecht/Providence: Foris.

Whately, R. (1963). *Elements of rhetoric: Comprising an analysis of the laws of moral evidence & of persuasion, with rules for argumentative composition & elocution* (D. Ehninger, Ed.). Carbondale & Edwardsville, IL: Southern Illinois University Press. (1st ed. published in 1846).

Wigmore, J. H. (1931). *The principles of judicial proof.* Boston: Little Brown & Company. (1st ed. published in 1913).

Willard, C. A. (1983). *Argumentation & the social grounds of knowledge.* Tuscaloosa: The University of Alabama Press.

Woods, J. H. (2004). *The death of argument: Fallacies in agent based reasoning.* Dordrecht: Springer.

Woods, J., & Walton, D. N. (1989). *Fallacies: Selected papers* 1972 – 1982. Berlin: de Gruyter.

Zarefsky, D. (1995). Argumentation in the tradition of speech communication studies. In F. H. van Eemeren, R. Grootendorst, J. A. Blair, & C. A. Willard (Eds.), *Perspectives & approaches. Proceedings of the Third International Conference on Argumentation.* Vol. 1. Amsterdam: Sic Sat, 32 – 52.

Zarefsky, D. (2006). Strategic maneuvering through persuasive definitions: Implications for dialectic & rhetoric. *Argumentation*, 20 (4), 399 – 416.

Zarefsky, D. (2009). Strategic maneuvering in political argumentation. In F. H. van Eemeren (Ed.), *Examining argumentation in context: Fifteen studies on strategic maneuvering* (pp. 115 – 130). Amsterdam: John Benjamins.

第 2 章

古典背景

2.1 论辩学、逻辑学与修辞学

现代论证理论方法所使用的大量理论概念和大部分术语，都承袭或受启迪于论辩学、逻辑学和修辞学这样的经典学科。在这一章中，我们将讨论这些古老学科的起源及其进一步发展，也就是，我们的讨论将延伸自公元前 5 世纪至公元 17 世纪。

在第 2.2 节，我们会讨论论辩学、逻辑学和修辞学的古希腊起源。就论辩学和逻辑学而言，我们将会集中于爱尼亚的芝诺“悖论”和柏拉图在其对话中的学术贡献。而关于修辞学的起源，我们将关注智者的学术成果和展现在教学中的雅典的伊索克拉底的观点，以及未具名的《亚历山大修辞学》等学术贡献。

随后的三节我们将致力于介绍古典论辩学。在第 2.3 节中，我们会讨论亚里士多德在《论题篇》中提出的“论辩学”概念。在重构亚里士多德关于论辩型辩论的结构与目标的观点后，我们将回到核心概念“论题”，然后讨论一些亚里士多德关于恰当辩论行为的见解。我们对亚里士多德论辩学的讨论会持续至第 2.4 节中描述亚里士多德在《辩谬篇》中提出的谬误清单。在第 2.5 节，也是对古典论辩学介绍的最后一节中，我们会呈现一个西塞罗和波修斯关于论题理论贡献的重构。

在接下来的两节中，我们将会详述关于两个重要的逻辑论证理论的古老根源。在第 2.6 节中，我们将详细说明亚里士多德影响深远的三段论理论，它是谓词逻辑的前身。在第 2.7 节中，我们将会专注于相对来说不太熟悉但却饶有趣味的由斯多葛逻辑发展起来的思想，它是命题逻辑的前身。

在随后的两节中，我们将会致力于古典修辞学的介绍。由于亚里士多德是第一个系统思考“说服”现象的学者，我们将在第 2.8 节首先展示他对修辞术的贡献。亚里士多德以后，修辞学慢慢发展为指导进行说服性演说的教学体系。各种古典作者都对这个体系有所贡献，我们将不再一一讨论他们的贡献。在第 2.9 节中，我们将通过有组织的原则或演讲者的任务来展示在学科内发展的下属学说。有组织的原则，即修辞“准则”，所谓演讲者的任务也就是演讲者在准备实际演说运用时必须完成的系列任务。在处理各种任务和学说时，我们将提到学术发展所涉及的最重要的古典学者。

最后，我们将在第 2.10 节中简要地勾勒出这些学科在中世纪和文艺复兴时期的进一步发展，并且通过简单考察古代逻辑学、论辩学和修辞学以及本手册所讨论的现代论证理论之间的关系来结束本章内容。为了方便读者，一个古代作者及其著作年代的表格已附于最后一节。

2.2　论辩学、逻辑学和修辞学的开端

古希腊人常常思考人类的各种技艺，并将该技艺的发明归因于某位神明、某位英雄或生活在过去的某人。就论辩学和修辞学来说，第欧根尼（Diogenes Laertius，前 3 世纪）在其希腊哲学史巨著《著名哲学家的生活》[①] 一书中说，亚里士多德提到爱尼亚的芝诺是论辩学的发明人，而恩培多克勒（Empedocles of Agrigentum）则是修辞学的发明人。但第欧根尼并没有就谁发明了逻辑给出任何信息，这很可能是因为逻辑在那个时代还没有作为一门独立学科从论辩学中分离出来，因为在斯多葛以及后来的古代传统中，“论辩学”这个概念包含了逻辑。

① 参见第欧根尼·拉尔修的著作（Diogenes Laertius，1925）。这本著作是用希腊文写的，并且在希腊文和拉丁文中有多个标题，如希腊文标题有“*Bioi kai gnômai tôn en philosophiai eudokimêsantôn*”（《著名哲学家的生活和见解》），或仅用“*Bioi philosophôn*”（《哲学家的生活》）；拉丁文标题有“*Vitae philosophorum*”（《哲学家的生活》）。在参考书目中，我们将用缩写“LP”代替。

考虑到其他来源，似乎这两者的归属并不总是能形成共识。就论辩学而言，亚里士多德认为芝诺、苏格拉底和柏拉图是这门技艺的发明人，但也声称他自己才是首位给出理论的描述者。就修辞学而言，亚里士多德还坚持认为，两个从西西里来的律师克拉克斯和提西阿斯发明了它。

归属问题一直有差异，论辩学和修辞学起源的一个重要不同之处在于：论辩学成长于私人聚会语境，哲学家在其中讨论实在与人类的本质，而修辞学成长于公共生活，公民要在裁判听众面前就法律与政治议题发表演说。

在这一节中，我们首先提供论辩学与逻辑学的起源概观，正如它们在芝诺悖论和柏拉图对话中展示的那样。所反映的事实是：在早期发展时，论辩学和逻辑学并没有清晰区分，故目前在描述它们的起源时，我们把这些学科视为同一学科。然后，我们将提供修辞学的起源概观，正如它们在智者教学法、雅典伊索克拉底以及未具名的《亚历山大修辞学》中所表明的那样。①

2.2.1 论辩学和逻辑学的开端

爱尼亚的芝诺（前490—前430年）因其留给我们大量的悖论而闻名。这些悖论并非直接而是通过他人的著作流传给我们的。从这些记述中，我们可以重构的是，似乎芝诺在有些悖论里采用了反驳方法，即从待反驳立场推导出两个互相矛盾的后承。在后来的论辩学与逻辑学著作中，这种方法称为“归谬法”或“归于不可能”的论辩技巧。

这种记载的一个例子可以从《柏拉图对话录·巴门尼德》中找到。在这篇对话的一个片段中，苏格拉底和芝诺讨论了为巴门尼德提出的“存在为一”的一元本体论进行辩护的尝试。“存在为一”是芝诺的老师巴门尼德提出的，他来自爱尼亚，生卒年不详，约前500年，而这种观点是针对其他哲学家提出的多元本体论“存在为多”观点而提出的。

---

① 关于“论辩学与逻辑学的开端”这一小节引自涅尔夫妇的著作（Kneale & Kneale, 1962）和瓦格曼斯的博士论文（Wagemans, 2009）。“修辞学的开端”这一小节引用的是肯尼迪（Kennedy, 2001）和佩尔诺特（Pernot, 2005）的观点。

苏格拉底：芝诺，你认为这是什么意思：如果事物为多，则它们必须同时相似又不相似，但这是不可能的，因为不相似的事物不会相似，相似的事物也不会不相似？这就是你所说的意思，是吗？

芝诺：是的。

苏格拉底：那么，如果不相似的事物不会相似，相似的事物也不会不相似，那么也就是说，事物也不可能多？因为假定确实存在多个事物本源，那么它们就会有许多不能兼容的属性。这就是你论证的观点吗？简单地说，你的立场并不是大家通常所说的那样，而是认为事物不是多样化的？你认为你的每个论证都是对你这个观点的证明，因此你认为你给出了和你书中论证一样多的“事物不是多”的证明？这是你的意思吗，或者说我误解了你的意思？（Plato，1997，*Parmenides*，pp. 127e－128a）

追随芝诺对这个问题的肯定回应，苏格拉底指责他把这种实在本质观点表达为自己的原创，而实际上芝诺的这个观点与其老师巴门尼德所持的观点是一样的。苏格拉底认为，说实在并不是由多种事物构成，也就等于说，实在是由唯一的事物构成。芝诺否认了这个指责，并且更详细地解释说他这部哲学著作的目的在于：

芝诺：事实上这卷的目的是为巴门尼德的论证做出辩护，以反对那些企图取笑他的人。这些人声称，如果事物是一，许多荒谬和自相矛盾便会从中导出。因此，这卷是对那些断言多的人的一个驳斥，另外也对他们进行同等回击。它旨在澄清：如果“事物是多”的假设通过彻底的考察，那么从中推导出来的结论比假定“一存在”更加可笑。（Plato，1997，*Parmenides*，p. 128c－d）

然而，苏格拉底认为，芝诺旨在证明“实在为一”观点，这是一个不可能的证明，而芝诺自己却解释说，他仅仅只是想展示那些认为“实在为多”的观点会导致许多荒谬，即归谬法以及不可能性，即归于不可能。

这个以及其他对芝诺悖论的记载，表明他已经因其为反驳观点采用

“归谬”的论证技巧而闻名了。从论辩学的后来发展来看，对这个学科来讲，这种反对立场的方式明显居于核心地位，尤其是从柏拉图在早期对话中以“苏格拉底反驳”或“间接反驳”（希腊文为 *elegchos*）为特征的辩论范本来看，以及从亚里士多德《论题篇》和《辩谬篇》强调的论辩程序来看，更是如此。因此，我们也许可以假定，正是因为芝诺对归谬这种论证技巧的出色运用，才使后来的作者赋予他论辩学“发明人”的地位。①

鉴于芝诺所采用的论证技巧只能从回顾上贴上“论辩的”标签，柏拉图才是明确使用“论辩学”这一专业术语的第一人。总的来说，综观柏拉图对话录，他是将论辩作为一种杰出的哲学研究方法而提出的，也就是将其作为一种借助引导讨论探寻与详细说明哲学真理的方式。大多数学者都同意柏拉图给出的这种方法意味着什么的三种不同描述。在一些通常被打上“早期”标签的对话中，尤其在《申辩篇》、《莱瑟·希庇亚斯》、《游叙弗伦》、《拉凯斯篇》、《吕西斯篇》、《卡尔弥德篇》、《普罗泰戈拉篇》和《高尔吉亚篇》中，论辩学都采用“苏格拉底式反驳辩论”形式。在某些“中期”对话中，尤其在《枚农篇》、《斐多篇》、《理想国》和《巴门尼德篇》中，论辩学又采用“假设方法”形式。最后，在某些“晚期”对话中，尤其在《斐德若篇》、《智者篇》、《政治家篇》和《费雷泊士篇》中，论辩学又采用了“合成与分解方法”。② 下面我们将简要介绍上述三种不同形式在对话录中所体现的论辩学。

苏格拉底式反驳辩论是一种在柏拉图早期对话中凸显的辩论方式，其中，苏格拉底（作为提问者）旨在反驳对话者（回答者）的立场。典型情形是，苏格拉底用提出开场问题的方式引出辩论的主题。对话者借由回答问题就谈论的主题表达自己的立场。苏格拉底接着提出若干跟进问题。对话者对这些问题通过“是”或“否”的回答承认自己做出若干妥协。在辩论的最后，苏格拉底再根据对话者所做的妥协驳斥其立场和

① 参见第欧根尼著作《著名哲学家的生活》（Dioggenes Laertius，1925，VIII，p. 57；IX，p. 57）以及恩披里柯著作《反对逻辑学家 I》（Sextus Empricius，1933，pp. 6 – 8）。

② 关于柏拉图对话录年代分组的批判性说明，参见柏拉图的著作（Plato，1997，pp. xii – xviii）以及克劳特的论文（Kraut，1992）。

观点。反驳可以是直接的，其中，苏格拉底从对话者的妥协中推导出一个与对话者回答开场问题的答案相反的立场和观点；反驳也可以是间接的，其中苏格拉底展示对话者由其立场和妥协构成的内部不一致的系列观点。

苏格拉底式反驳辩论与另一种出现在柏拉图早期对话中的辩论类型有着惊人的相似，也就是智者们常常使用的所谓“雄辩式辩论”。在苏格拉底式反驳辩论中，提问者在雄辩式辩论中的目的是，根据回答者所做出的妥协驳斥其观点。而在柏拉图所提供的这种辩论例子中，提问者却使用含混词项来达到他的目的。提问者用某种含有特殊意义的词项诱使回答者做出妥协，最后得出一个该词项在其中具有不同意义的结论。

在《欧绪德谟篇》的一段中，柏拉图描述苏格拉底对一个带有含混词项问题的回应，使我们看清，在雄辩式辩论中妨碍回答者为自己论题做恰当辩护的程序性问题在于，他仅仅只能被允许回答“是”或“否”，无权要求提问者归还所使用的词项。

欧绪德谟：那么你知道那个你凭着它才知道自己知道的东西吗，或者说你是依靠别的什么东西？

苏格拉底：依靠它我才知道自己知道的那个东西，我想你指的是灵魂，或者说你指的不是灵魂，对吗？

他说，苏格拉底，你这样说不感到耻辱吗？别人向你提问题，而你却反问对方？

我说，噢，我该怎么办？我愿意按你说的去做。但要是我对你的问题不太清楚，我仍旧只能回答，而不能提出自己的疑问来吗？

听了我的话你必定悟出某些什么来，对吗？

我答道，是的。

那么就按照你悟出来的意思回答好了。

好吧，我说，可是如果你提出一个疑问是某种意思，而我却将它理解为另一种意思并且按照我的理解去回答它，那么我毫无目标的回答会让你满意吗？

我当然会满意，他说，但我想你不会这样做。

我当然不会这样回答问题了，我说，直到我理解问题之前。

> 你理解问题但你却自始至终都在回避它，因为你一直在讲废话而且简直是老态龙钟。
>
> 这时候我意识到他对我生气了，因为我对他的用词进行辨别和区分，而他却想用模糊的词来迷惑我，企图将我驳倒。(Plato，1997，*Euthydemus*，p. 295b – d)

如果允许回答者可以要求澄清争议问题中的词项意义，那么他就能避免被用不合理的方式反驳。通过揭露雄辩式辩论的潜在作用机制，柏拉图批评智者们为了赢得辩论而利用辩驳博弈规则，以牺牲哲学合理性为代价。

在其中期对话中，柏拉图描述了第二种论辩形式，即所谓“假设方法”。苏格拉底式反驳辩论的目的是，审视立场在经过某些妥协后是否依然站得住脚，而假设方法的目的则是实际展示某观点或立场确实站不住脚。这种方法源自数学实践。首先，讨论者从他所支持的立场中推衍出其“假设”，即某些通过他的立场推导出的观点，也即“后承”。其次，如果这些结果相互之间是内部一致的，那么这个假设被接受；而如果这些后果内部不一致，那么假设即被摒弃。在后一种情形中，讨论者可能用这样的方式通过修正原先的假设以最终达成一个可接受立场，即一系列从调整后的假设中推衍出的后承集确实遵守要求内部一致的条件。

在寻找达到终极哲学真理的方法中，柏拉图在《理想国》中将论辩学定义为一种引导讨论者理解“非假设”第一原则的方法，即“善的理念”：

> ……任何时候当一个人试图通过一个论证而不是通过所有的感觉直觉去发现每一件事的本质存在自身，而且坚持不放弃指导他通过理解善本身去把握善，他就达到了理智的尽头，正如其他人达到视觉的尽头。
>
> 完全如此。
>
> 那么这个过程呢？难道你不是称它为论辩吗？
>
> 是的。(Plato，1997，Republic，p. 534a – b)

因为柏拉图认为这种论辩学可以使讨论者获得最高可能哲学水平的知识，因此，在他培养未来政治统治者的教育规划中，他将论辩学置于“就像压顶石一样处于其他学科之上”的地位（Plato，1997，Republic，p. 534e）。

在他的后期对话中，柏拉图描述了另一种论辩学，既不同于苏格拉底式反驳辩论，也不同于假设方法。这种形式的论辩学被称为“合成与分解方法”，它旨在对某个词项达到哲学上充分的定义。尽管我们并没有在柏拉图对话中找到对这种合成与分解之方法的明确描述，我们依然可以将这种方法重构为两个组成部分。在第一部分“合成”中，将被定义词项与其他相关词项聚集在一起以便确定被聚拢的词中哪一个意义最全面。在这种方法的第二部分“分解”中，这个意义最全面的词被分解为几个种和亚种，直到讨论者达到欲被定义词项为止。在《智者篇》中，柏拉图对这种分解给出了这样一个例子。从词项“专业技艺”开始，这个词的分解亚种是为了找到“捕鱼”这个词的定义。[①] 由于这个辩论也有提问者和回答者，因此它和其他论辩学形式相似。然而在这种情形下提问者并不是旨在驳倒回答者的立场，而是以一种论辩方式详细说明他对某事的看法。

> 拜访者：如果每种专业技术都归于某种获取或是生产，那么泰阿泰德，我们应该将钓鱼放到哪一类呢？
>
> 泰阿泰德：显然是属于获取这一类。
>
> 拜访者：难道不是有两种不同的获取技艺吗？一种不是通过馈赠、雇佣和购买相互自愿的交换吗？而另一种通过行动或语言取得事物所有权的不就是占有的技艺吗？
>
> 泰阿泰德：无论如何，就你所言似乎看上去是这样。
>
> 拜访者：那么，让我们对占有的技艺再一分为二吧。
>
> 泰阿泰德：怎么分？
>
> 拜访者：公开的那一部分我们称之为争斗，而秘密进行的我们

① 基尔（Gill，2012，Chaps. 5－6）对此提供了一个详细的描述，还有许多其他的划分请参见柏拉图的《智者篇》和《政治家篇》。

叫猎取。

泰阿泰德：是的。

（Plato，1997，Sophist，p. 219d－e）

在这个讨论的最后，通过根据上述顺序总结所有与被定义词项相关的种和亚种，而对这个词得到最为全面理解的定义。

通过促使讨论者根据属种关系发现事物的定义，合成与分解方法可被描述为一种旨在获取对“思想”和“形式”之间相互关系之哲学知识的方法。然而，由于这种获取知识的方法严重依赖于谈话者按照正确方式分解词项的技能，亚里士多德曾批评它不是严格意义上的演绎（*Prior Analysis*，46a31－37；*Posterior Analysis*，91b12－27）。根据这种批评，亚里士多德在他自己的著作中用“论辩学”这个词来指称辩论技艺，而不是获得哲学和科学真理的终极方法。

在《柏拉图对话录》所描述的上述三种不同形式论辩讨论中，苏格拉底式反驳很可能反映了哲学辩论，正如它们在柏拉图学园中所践行的那样。曾在柏拉图学园求学、授课二十年的亚里士多德，据说是第一个对论辩型讨论进行理论解释的人，这部分内容我们将在本章第2.3节和第2.4节中进行讨论。稍后，西塞罗和波修斯详述了亚里士多德解释中一种非常重要的功能，“论题学”学说。我们将会在第2.5节中介绍这些后来的发展。

2.2.2 修辞学的开端

就像论辩学和逻辑学的开端一样，修辞学的开端也并没有明确的标志。古代资料将修辞学的发明归功于不同的人物形象，两个来自西西里的律师克拉克斯和提西阿斯以及哲学家恩培多克勒。[①] 已经有证据显示早在公元5世纪，某些关于写作和有效表达演说的手册（*technai logôn*）就已经在流通。柏拉图《斐德若篇》（*Phaedrus*，266d－267d）和亚里士多德《修辞学》（*Rhetoric*，I. 1，1354a11－1355a20；III. 13，1414a37－b7）

① 参见西塞罗的《布鲁图斯》（Cicero，Brutus，pp. 46－48）；又参见第欧根尼著作《著名哲学家的生活》（Dioggenes Laertius，1925，VIII，p. 57）。

对这些手册进行了批评。从中我们可以推测这些手册中可能已经包含了一些关于演说、文体学机制的运用，以及使用某些情感说服手段的例子或指导。其他关于柏拉图《斐德若篇》（*Phaedrus*，273a－b）和亚里士多德《修辞学》（*Rhetoric*，II. 24，1402a17－20）的引用提示我们，这些手册还可能含有说服的逻辑手段说明，尤其是诉诸可能性论证（*eikos*）。

大概是在同样的时间，许多思想家，一般称他们为“智者”，开始声称他们自己是教授修辞学的老师。[①] 他们中最著名的有阿夫季拉的普罗泰戈拉、雷昂底恩的高尔吉亚、喀俄斯岛的普罗狄克斯以及伊利斯的希庇亚斯。虽然智者指一个群体，然而他们却在独自行动。从一个城市到另一个城市，智者们介绍他们的培养方案，目的是让年轻人为未来的公共生活角色做好准备。他们的教学集中于教授有效演说的写作与展示技巧。然而，他们却并不给出演说的技巧规则，而是为学生们提供某些演说范本供学生模仿。这些存留下来的演说范本有高尔吉亚写的《海伦的赞美》、《帕拉墨得斯的辩护》和拉谟努斯的安提丰（Rhamnus，ca. 480－411 BC）所著的《四部曲》。[②]

在智者们的教学中，一个隐含假设是相对的思想：每个议题总是有两面的，因此最终的真理是不能被发现的。[③] 另一个隐含假设则是为了说服对方，演讲者并不一定得是某个主题的专家。然而，柏拉图却在他的《高尔吉亚篇》中批评这种观点，在一段中，苏格拉底否认智者高尔吉亚的修辞学具有真理技艺地位，而将它描述为一种可与烹饪相比的“奉承”形式：

> 烹饪假冒医学，声称它知道什么食物对身体最好，以致假如一个厨师和一位医生不得不在孩童们面前或者在跟孩童一样愚蠢的成

① 根据希亚帕（Schiappa，1990）的观点，并不存在智者的“修辞学”一说，因其在柏拉图之前的任何一个文本中都无法证实，如《高尔吉亚篇》（Gorgias，449c），可能是柏拉图最早在争论意义上杜撰了这个词。

② 阿提卡拉谟努斯的安提丰也被称作演说家安提丰，也可能与大家所熟知的那个智者安提丰是同一个人。

③ 就智者为某个议题双方进行论辩的思想，请参见门德尔森（Mendelson，2002）和廷戴尔（Tindale，2010）的著作。

> 人面前较量谁对食物的好坏知识才专业的话，恐怕医生最后会死于饥饿……因此，正如我所说，烹饪不过是假冒医学的奉承……烹饪对医学的关系就好比雄辩对正义……现在你已知道我是如何看待雄辩的了。它在我们灵魂中对应的作用就如同烹饪对身体一样。（Plato，1997，*Gorgias*，pp. 464d－465d）

柏拉图对智者修辞学的批评要点在于，它教授演讲者通过如何取悦听众而不是通过理性指出最好决策的方式去说服听众。在政治辩论和协商型辩论中，这可能会导致错误决策的产生。根据柏拉图的观点，演说者不应通过欺骗听众的手段去获取或维持政治力量，而是应该通过诚实理性地说服听众接受最佳决策的方式来增加大众的普遍利益。演说者应该像医生一样为他的听众提供苦涩却健康的药物，而不是像厨师那样用美味却不健康的事物取悦听众。

在《高尔吉亚篇》的最后（*Gorgias*，p. 503a－b），柏拉图为提出规避智者修辞缺陷的修辞学揭开了序幕。在《斐德若篇》中，他详述了这种哲学上合法的修辞学之条件。[①] 如下面的段落所显示，这种修辞学预设了一种称为合成与分解方法的论辩类型，以作为教学方法或劝说自己的听众接受真理的有效方式：

> 首先你必须知道所有与你演说或写作有关事情的真理；你必须学会怎样定义每件事的本事；定义完以后，你必须知道怎样将它分解成不同种类，直到知道能诉诸视觉经验。其次，你必须理解灵魂的本质；你必须决定哪种演说对哪类灵魂最适合，据此准备和组织你的演说，复杂的灵魂采用复杂详细的演说，简单的灵魂采用简洁的演说。只有到这时，你才可以使之在其本质允许的范围内有技巧地进行演说，或者是为了教学或者是为了劝说。这才是我们一直采用的全部论证要点。（Plato，1997，Phaedrus，p. 277b－c）

① 对《斐德若篇》中强调对话修辞内容的评论，请参见尤尼斯编的《柏拉图》（Yunis，2011）。

与哲学合法的修辞学类型有所不同，雅典的伊索克拉底（Isocrates，436－338 BC）提出一种与智者们相像的教学方案，他也试图教授学生们怎样在公共生活中成功运作。然而，由于以下几个原因，伊索克拉底并不被人们当作智者：第一，与大多数智者们不同，他并不四处周游，而是在他在雅典开办的一所学校里教书；第二，伊索克拉底被推测为从不自己发表演说，因其写作演说稿的能力比发表演说的能力更佳，他的演说范本有21本留存至今；第三，他对修辞技巧的教学根植于更大的由伦理学和政治哲学组成的教学方案；第四，也是最为重要的，他不但教给学生演说范本供其模仿，还跟学生解释说明这些技巧背后的原理。在一个段落中有这样一个例子，其中，伊索克拉底在修辞学史上第一次提到了“构思”、“布局”和“文体”这些后来被吸收进修辞学教学作为“演讲者五大重要任务”或“修辞五艺”之三种：

> 但为了从离开我们做或写的所有话语的这些要素中挑选出那些我们针对每一主题应当采用的要素，为了能够把它们结合在一起，合理组织它们，而且不是错过机会所需要的东西，而是要恰当地赋予整个演说以惊人的思想，用流利优美的词汇润色它，我认为，这些东西有待大量的研究，而且是有活力、有想象力的思想任务。(Isocrate，1929，*Against the sophist*，pp. 13，16－17)

最后一本对修辞学早期发展起重要作用的著作是被称为《亚历山大修辞学》的手册，完成于大约公元前34年。由于它以一封信件开头，其中亚里士多德将他的工作献给亚历山大大帝，人们就猜想是亚里士多德撰写了它。然而，昆体良在其著作《演说教育》（Quintilian，*Oratorical Education*，III. 4. 9）似乎认为兰萨库斯的阿那克西美尼（Anaximenes，ca. 380－320 BC）才是这卷的作者。

与其他手册不同，这本《亚历山大修辞学》不仅包含了供模仿的范本或例子，还或多或少地组织收集了一些与不同类型演说有关的规则或指引。从协商型演说、辞藻型演说、司法型演说三大基本语类开始，作者区分了七种演说类型：劝告型、讨论型、称赞型、归咎型、谴责型、辩护型和考察型。[①] 作者在第1—6章中展示了针对上述每一类型都很具体的主题，第1—17章给出了论证的总体分析，第18—20章和第21—28章分别讨论了策略操控和文体。该著作最后的第29—37章用七种具体演说类型的结构综述结尾。

正如我们所解释，智者、柏拉图、伊索克拉底以及《亚历山大修辞学》中的那些人们的贡献都被视为修辞学发展的开端，是一套针对有效说服提出与传递的、融贯的教诲式实用指南。而第一个系统思考这些指导原则的作者是亚里士多德，我们将在第2.8节讨论他的《修辞学》。在前4世纪之后的诸多世纪中，希腊和罗马作家们修正并扩充了修辞学的指导说明，使我们现在常常称之为“古典修辞学体系”得以产生，我们将在第2.9节讨论它。

2.3 亚里士多德的论辩理论

正如我们已经提及，柏拉图学园的师生们参加哲学辩论，而这些辩论与苏格拉底式反驳辩论非常相关。亚里士多德（Aristotle，384－322 BC），曾在这个学园求学执教长达20年。他是首个广泛地就这种辩论之目的、结构、规则和策略写作的人。他的哲学辩论手册《论题篇》[②] 由八卷组成。《论题篇》与单行本《辩谬篇》[③] 常常归在一起，后者被作为第9卷的补充卷。它们一起可以被看作首部包括了逻辑学的论辩学著作。这部作品显然是受到柏拉图在其早期对话中对苏格拉底式反驳辩论描述的启发，然而，这些对话并不足以构成论辩学专著。在《辩谬篇》的末尾提及《论题篇》的那一段，亚里士多德自己认为，与修辞情形相对应，他的论辩研究已经从杂乱无章的草稿中开始：

---

① 三大语类的区分通常被认为是后人的添加，旨在对亚里士多德标准理论进行同化合并。昆体良的著作《演说教育》（Quintilian, *Oratorial Education*, III. 4. 9）似乎认为作者只提出两种语类：司法类和协商类。

② 英译本参见亚里士多德（Aristotle，1984，Vol. 1）的著作。

③ 英译本请参见亚里士多德（Aristotle，1984，Vol. 1；Aristotle，2012）的著作。

……就我的探究而言，工作并非已在事前完成，有些并没完成，甚至还有空白一片全然无从下手的。（Aristotle，2012，*Soph. ref.*，34，183b34－36）

就术语“论辩的”意义而言，所有辩论，只要是会话，就都是论辩的。然而，亚里士多德的探究属于具体辩论类型，即提问者与回答者之间的辩论，而且回答者试图反驳。然而，遗憾的是，并没有将这些辩论的学习者指南留给我们。亚里士多德也仅仅只是假定他的听众或读者熟知这些基础知识。因此，我们将首先给出一种方式的重构，其中这种辩论可以被预设为已经进行了。[①]

2.3.1　论辩程序

雅典哲学辩论，即后面的“论辩型辩论”，基本上是我们前述的苏格拉底式反驳辩论的一个标准版。这种辩论有两个参与者，即提问者与回答者，每个参与者需要扮演不同的角色。一般来讲，辩论发生于听众面前。从语用论辩视角来看，在称之为辩论的“开始阶段”，首先决定参与者扮演什么角色。其次，提问者会通过提出一个命题问题来提出一个辩论议题，这个问题往往给出两个相矛盾的命题作为回答选项，如“宇宙是否无穷？”“美德是否可教？”回答者要么选择肯定回答作为其论题，要么选择否定回答作为其论题，而回答者论题的矛盾命题即为提问者的论题。这些都包含在开始阶段。

提问者的首要目标是，建立一个对回答者的反驳，也就是一个由至少两个前提和一个结论构成的演绎论证或演绎，其中，该演绎论证的结论与回答者的论题相矛盾，但却与提问者自己论题等同。“演绎”概念被定义为如下：

---

① 我们对学术的论辩讨论或辩论的重构是基于莫劳克斯的论文（Moraux，1968）和斯罗姆科瓦斯基的著作（Slomkowski，1997）、克罗贝的总结（Krabbe，2012a）以及哈斯伯和克罗贝在《辩谬篇》荷兰文版中的引言（Aristotle，2014）。

> 演绎是这样一种论证，其中，某些东西被断定，其他与之不同的东西必然地通过它们产生。（Aristotle，1984，Vol. 1，*Topics*，I. 1，100a25 – 27）

就其语言结构而言，这个演绎概念显然不仅仅局限于我们现在称之为“三段论”的东西。然而，在其他方面，亚里士多德的演绎论证概念比当代演绎概念要严格。根据亚里士多德的观点，并不存在什么无效演绎的东西。而我们现在倾向于称呼的这个名字根本完全就不是演绎，尽管它仍然可能是个论证。另外，亚里士多德的概念并不允许有如下演绎论证：（1）不止两个前提的论证；（2）结论与某个前提等同的论证；（3）某个前提对获取结论并不需要的论证。

请注意，回答者并不能建立对提问者的反驳，也不能通过论证维护他自己的论题，只有提问者才可以论证。回答者的首要目的是坚持他的论题，避免被驳倒。

为了建构反驳，提问者会找到前提或命题，以便于他可以演绎出其论题。而提问者不能决定哪些前提他可以采用，因为回答者首先需要同意提问者使用的任一前提。为了获取回答者的同意，提问者再次采用命题式问题，然而这些问题会与引入辩论议题的问题表述稍有不同，如“宇宙存在吗?”“美德是知识吗?”如果回答者以肯定或否定方式回答这样的问题，那么他就同意了前提。[①] 然而，回答者并不是在所有情况下都必须要立刻给出肯定或否定答案。他可以先寻求问题的澄清，或者他可以拒斥问题。比如，如果问题含混，那么必须首先解决含混。

现在，看上去似乎回答者总是能赢得辩论，因为他仅仅只需拒绝提问者提出的任何前提。但这是不允许的，因为在论辩型辩论中，除非他们退化成为雄辩型辩论，听众会期待讨论者展示理性行为，并在某种程度上在共同事业中相互合作产生出好论证。因此，回答者若拒绝承认可

---

① 奇怪的是，提出问题的两种不同功能，即针对要求承认前提的引入议题与引入问题，被涅尔夫妇（Kneale & Kneale，1962，pp. 34 – 35）和范爱默伦等人（van Eemeren *et al.*，1996，p. 38）互换了，但在后者的荷兰文版中已做了纠正，参见斯罗姆科瓦斯基的著作（Slomkowski，1997，p. 21，note 60）。

接受的似真或极好的前提，就会被听众所厌恶，最后可能会被自己愚弄。[①] 回答者如果固执地使用这种计策，就会使自己的坏脾气一览无余，当然不会得到赞赏。通过承认提问者想要回答者承认问题的对立面去回答问题的话，可能会使情况变得更糟。因为如果这个被要求问题的前提为真，那么它的对立面必定为假；而如果这个前提可接受，那么它的对立面即为不可接受的。如此，坏脾气的回答者就会卷入虚假和不似真从而削弱他自己的立场。同样，提问者也并不容易找到能支持自己论题的可接受前提。便利这个任务正是亚里士多德撰写《论题篇》的主要目的。《论题篇》中有很大一部分内容都是在描述大约300种“论题”（Rubineli，2009，p. 29）。根据某些学者的看法，这已经可以与我们现在所熟知的论证型式进行比较了。

在某些情况下，可接受性的考虑以及来自听众的压力，通过论题的提示，足以使回答者愿意承认某个前提了，但常常还是有必要去为前提进行论证。由于对前提的论证可能又是演绎的，那么也可能有必要在某个“子演绎”中对某个为提问者最终演绎论题服务的前提进行论证，并且再次对这些子演绎前提进行论证，如此这般进行下去。这使得辩论的论辩程序变成了递归程序。然而，虽然提问者论题的最终论证被认为要求是演绎的，也并非所有提问者试图从中得出有利于自己前提的论证都需要这样。为了论证前提，非演绎方式也被允许：可以用归纳得出一个被认可的全称前提，直接从个例到个例的类比论证直接跳过了全称命题的建立。

论证前提的第一个非演绎方式——归纳的定义如下：

> ……归纳是一种从个别到一般的进程，如假定熟练的领航员是最高效的，熟练的战车驾驶员也是最高效的，那么普遍来说熟手在他的具体工作中都是表现最好的。（Aristotle，1984，Vol. 1，*Topics*，1.12，105a13－16）

---

① 如果命题“被每个人、大多数人或明智的人所接受，即被所有人、多数人或最显赫最有名望的人所接受”，那就是可接受的（Aristotle，1984，Vol. 1，Topics，I. 1，100b21－23）。正如引文表明，这个词项不单适用于命题，也适用于人。在《论题篇》第8卷第5—6章（Topics，VIII. 5，VIII. 6）中，就回答者来说，亚里士多德提出某些与前提可接受性有关的精练规则，即前提必须比从中得出的结论更加似真。请参见弗洛达奇克的论文（Wlodarczyk，2000）。

当作为归纳前提的特定个例们被承认，回答者被认为应该承认它们的全称结论。在上述例子中即为“在每一种工作中，熟手都是表现最好的”唯一可以逃避的不是拒斥前提，而是通过举出反例来否定归纳本身。在上例中，可以找出在特定工作中熟手也并不是表现最好的。如果回答者承认特定的前提却举不出反例，但却拒绝承认全称的结论，那么他就会被看作“蛮不讲理”。①

第二种非演绎论证前提方式，采用的是类比论证。亚里士多德这样说：

> 此外，应该借助相似性来保证认可；这种认可是似真的，并且较少涉及全称；如知识和无知是相反的，同样，知觉的相反也是这样；或者反之亦可，由于知觉是同样的，那么知识也是这样。这个论证与归纳很相似，但却不是同样的事物。在归纳中，全称命题的认可是通过个例来保证的，而在类比论证中，被保证的并不是在其之下所有个例都成立的全称命题。（Aristotle，1984，Vol. 1，Topics，VIII. 1，156b10－17）

在获得其最终演绎的前提后，即反驳性论证的最后一步，提问者继续演绎出他的结论。这时他声称通过已经得出回答者论题的矛盾命题驳倒了其论题。对这位回答者来说，他仍旧可以通过展示这个宣称成立的反驳为谬误来拒绝这个结果，参见在下节中对亚里士多德谬误理论所进行的讨论。

那么论辩型辩论是怎样结束的呢？如果提问者成功建立出一个不容拒斥的反驳，那么我们可以说提问者赢得胜利，并且回答者失败。而如果这个辩论因为某些原因在提问者成功之前终止了，那么回答者胜利而提问者失败了。有迹象显示这样的辩论是有固定的时间限制的。② 然而，通过这种方式的输赢并不全面，一个人通过怎样的方式输赢也很重要。

---

① 参见《论题篇》第 8 卷第 5 章（Topics，VIII. 5）。

② 参见《论题篇》第 8 卷第 10 章（Topics，VIII. 10，161a9－12）和《辩谬篇》第 33 章（*Soph. ref.*，33，183a21－26），另见《论题篇》第 8 卷第 2 章（Topics，VIII. 2，158a25－16）以及莫劳克斯（Moraux，1968，p. 285）。

这取决于一个人相对于任务难度的辩论质量（Moraus，1968，pp. 285 - 286）。

2.3.2 论辩型辩论与其他对话类型的目标：它们的论辩特性

亚里士多德对论辩型辩论的目标并不十分明确。这种活动的目标不能与从事活动的参与者的目标混为一谈。在论辩型辩论中，各方的目标都是旨在以一种无瑕疵方式去赢得辩论。然而，即便有这样的观察经验，人们对为什么要加入这种争执这个问题却完全无法回答。

在《论题篇》第8卷第5章开篇，亚里士多德区分了三种具有不同目标的对话类型：（1）真诚的论辩型辩论，它与训练有素有关，与批判性审视有关，或与探求新知有关；（2）教诲型讨论，它与教学有关；（3）竞争型论辩，或称雄辩型或好辩型辩论，其唯一的关注是获胜。另外，亚里士多德还区分了对各种对话类型来说各有特色的四种论证域，虽然对话类型和论证域二者无须是排斥的[①]。

> 在讨论中，有四种论证域：教诲域、论辩域、批判域和雄辩域。教诲型论证是基于学科领域中对所讨论之问题适宜原则进行演绎，而不是基于回答者的个人观点，因此，对学生来说它们是可以信任的。论辩型论证是基于可接受的观点，并且以一个矛盾来构成演绎。批判审视型论证是基于回答者的观点或是任何一个声称想获得科学知识的人所应该知道的事……而那些雄辩型论证则是基于似是而非的观点构成或看上去构成一个演绎。[②]（Aristotle，2012，*Soph. ref.* 2. 165338 - b8）

① 在引用的这段里，我们将教诲型论证解释为具有教诲型讨论特征的论证。同样地，我们将论辩型论证解释为具有真诚论辩型辩论特征的论证；把批判审视型论证解释为具有批判性审视对话特征的论证，一种论辩型辩论的子类型；把争论型论证解释为具有雄辩型辩论特征的论证。沃尔夫（Wolf，2010）提供了一种基于三种标准的亚里士多德“论辩形式”分析，并产生了七种不同的形式。

② 这里我们可以加上：“或者仅仅只是看上去将一个结论从可接受前提中演绎出来”，参见《论题篇》第1卷第1章（Topics，I. 1，100b23 - 25）。

批判审视型对话通过提问者对一个可能是专家的回答者进行批判性审视。这个专家真的对他所声称知道的事学识丰富吗？亚里士多德有时将这种审视型对话当成另一种不同的对话类型，但是大多数时候将它划到论辩型辩论之下。审视型对话从对某个问题的意见分歧开始，这个问题在于回答者是否在某个领域中知识渊博，并且使用论证来解决意见分歧而最终构成一种论证型讨论。[①] 当然，雄辩型辩论虽然关注的是让人争论，而不是获取解决方案，然而，因其也是从意见分歧开始，并且使用了论证，所以它仍然是一种论证活动。由于在论辩型辩论中，总有雄辩话步混入的威胁，因此，它是一种很接近于论辩型的辩论类型。另外，教诲型讨论的是有关教师向学生展示示范或证明，构成了一个主要是信息型的讨论。

在《论题篇》第1卷第2章中，亚里士多德简要地讨论了著作使用的方式。通过这样，他对论辩型辩论的目标也阐述了自己的真知灼见：

> 在前述之后，我们必须要谈谈，为了什么样的目的这篇论述才是有用的，有多少用处呢？其目的有三：智力训练、偶然对峙、哲学科学。作为训练，它的用处是显而易见的。拥有一个探究计划使我们更容易为提出的议题而争论。它对偶然对峙的目的也有用处，因为当我们在思考大多数人持有的观点时，我们应该根据这些观点自己的理由才相信它们，而不是因为其他人的迷信。我们应该抛弃任何看上去不可靠的论证理由。这篇论述对哲学科学也有用处，因为就一个对象的两面都进行思索的能力，使我们在众说纷纭时更容易发现真理和错误。对许多科学中采用的原则来说，它的运用价值更为深远。我们完全不可能从手头的某个特定学科的适合原则来讨论它们，原因在于原则对于任何其他事情来说都是很粗浅的。只有通过跟某些原则有关的受到尊敬的观点才能使这些原则得以被讨论，而这个任务适宜于或最适宜于论辩学。因为论辩是一个批判过程，

① 在罕见情形下，提问者和回答者都不认为回答者是或者不是某个领域的专家，而只是都想探寻事情的情况，这就不存在意见分歧了。因此，批判性审视就不再是论证的了，而仍然是一种测试。

它通向所有我们所探究之原则的进路。（Aristotle，1984，Vol. 1，Topics，V. 2，101a25 – b4）

上一段中提到的第一种用途叫作“训练”。它也在《论题篇》第 8 卷第 5 章（参见上文）中被述及。练习论辩型辩论会让人们对建立和批判论证更为熟练。

第二种我们提到的用途是发生在偶然对峙中。给出的描述向我们呈现了一种审视型对话的镜像：就像后者一样，在这种偶然对峙中，论辩型辩论发生在专家和外行之间，不过现在专家是试图纠正外行的提问者，并通过外行的迷信，而不是从科学原则提出论证理性说服外行关于某事的真理，因为对外行来说，科学原则太过于深奥，难于理解。[①] 这段话并没有提及论辩型辩论在其他对峙场景中的用处，如导致审视型对话的对峙场景，或这样的对峙场景，其中来自相互竞争的哲学流派，而急需回应的学者们容易被诱惑而持有立场，从而进入论辩型辩论。在第二种用途的每种情形下，都有意见分歧和论证的使用，因而讨论将会是论证性的。

第三种用途与哲学科学的研究有关。这种用途对应于我们早些时候提及的探究的目标。当讨论者们一起探讨一个科学问题时，他们并不必然会有意见分歧，因此这种讨论类型是证明性的、探索性的，而不是论证性的。然而，由于参与者可能在任何时间会对某个问题持有不同的观点，因此，讨论也可能会嵌入一些论证成分。实际上，在这个标题下有两种用途需要考虑：其一，就论辩型辩论而言，我们可能找到关于某个特定论题，是支持还是反对的理由，进而发现某个真理；其二，论辩型辩论可能会提供一种方式获知或检验科学的第一原则。[②]

我们可以得出结论，论辩型辩论具有各种用途，讨论遵循它的各种规则，虽然不总是，但却时常是论证性的。因此，对这些辩论的研究是关于特殊语境论证中论证理论的一部分。

---

① 这段翻译为亚里士多德《修辞学》中的一段落所证实（Rhet. I. 1，1355a24 – 29），其中，包括参考了《论题篇》。

② 最后一点解释非常不确定。

2.3.3 论题

《论题篇》第1卷介绍了论辩型辩论的一些根本概念和方法，第8卷对辩论者提出了一些策略建议，而第2卷到第7卷，也即我们所谓的中间卷，致力于描述和讨论“论题”。希腊词语“*topoi*”（复数形式“*topos*”）的核心意义是“地方”，然而，在论辩学和修辞学的语境下它有术语含义，在英文中有时用希腊文“*topos*”表达，有时用英文“*topic*”表达。对“*topos*”究竟应该是什么，其精确意义在专家中还存在大量的争论。[①]“*topoi*”的功能是帮助我们建构论证，这似乎很显然。既然“地方”如何用于建构论证这件事并不能直截了当，那么这个词的专业用法也许应该与比喻有关。最有可能的是，它是从一种叫作“记忆术”的技艺演化而来的，其中，在某人心中，需要记忆的证据材料被储存在一个复杂和网状的心理表征中的某个确定位置（*topoi*）。[②] 鲁宾里尼（Rubinnelli，2009，p. 13）认为“*topos*”这个词与4世纪的军事用途有联系，里托克（Ritoók，1975，pp. 112，114）提到它代表一个权力可以被展开的地点。实际上，我们同样可以说，在论证中，论题可以是一个观点，根据我们可能建构论证攻击对手。

在翻译《论题篇》导论时，布蓝史维赫（Brunschwig）用了另一个比喻，他将“*topos*”刻画为一种从给定结论出发给出前提的机器（Aristotle，1967，p. xxxix），因为在给定要达到结论情形下，论题的功能是让提问者能够找到可以从中演绎出结论的前提。正如一台机器是由许多零件组成一样，一个论题也是由许多不同元素组成的。[③]

在《修辞学》中，亚里士多德将论题描述为“许多省略论证都可以归于其下的某东西”（*Rheoric*，II. 26，1403a19，as translated by Slomkowski，1997，p. 43）。由于省略三段论在修辞学中对应于论辩学中的演绎，

---

① 例如，参见德佩特（de Pater，1965，1968）、亚里士多德（Aristotle，1967，2007）、塞拉提（Sainti，1968）、斯罗姆科瓦斯基（Slokkowski，1997）、亚里士多德（Aristotle，1997）以及鲁宾里尼（Rubinelli，2009）的著作。

② 参见索尔姆森的著作（Solmsen，1929，pp. 171－175）。

③ 鲁宾里尼（Rubinelli，2009，p. 20）区分了六种“论题描述中可能出现的元素”：适用性要求、名称、指令、规则、例子和目的。

我们可以推断他持有这种观点：论辩学中的论题可以被刻画为许多演绎都归于其下的某个东西。[①] 这种刻画强调了论题一般性：许多演绎例证了同一论题。在这个方面，论题与现代论证型式相像。实际上，论题体系可以被看作古代论证型式体系。[②]

论题的核心部分在于可用于许多相似演绎的一般规律，即一个全称命题。有人可能认为，这条规律与论题本身相同，但是，我们仍需解释这条规律在寻求其他前提过程中扮演着怎样的角色。[③] 论证的另一个重要部分在于指示，它告诉提问者，如果要得出的结论具有某些特征的话，那么他应该研究一下，对于借助论题所提供的一般规律演绎出给定结论来讲，这些先决条件是否得以满足。[④] 下面我们将就这个评论举出些例子：

> （1）源自两个反对词项的论题[⑤]：再者，如果假想一个具有反对面的意外事件，那么看看承认这个意外事件是否也会承认其反对面，因为同样的事物会承认有反对面。比如，考虑这样的情形，他（回答者）断言欲望的官能是无知的（意外事件）。因为假如它能承认无知，那么它也就能承认知识（反对事件）。而这看上去并非如此——我的意思是欲望的官能可以被承认为知识。那么，为了抛弃一个观点，就应该像我们已经说的那样进行下去；但是为了建立一个观点，尽管规则（论题）不会帮助你去断定某个事件的实际成立，它会帮助你去肯定它可能的成立。因为已经证明了我们所讨论的东西是不会承认它的反对面的，而我们本来应该证明事件既不会也不可能成立；另一方面，如果我们证明反对面的成立，或者那个事件承认反对面，我们将实际上不用再去证明肯定的事件也成立；我们的证明

① 参见斯罗姆科瓦斯基的著作（Slomkowski，1997，p. 45）。

② 对修辞学来说，论题和论证型式之间的关系已经被布拉特（Braet，2005）分析过。

③ 根据斯罗姆科瓦斯基的观点，论题是一个在假言三段论演绎中充当前提的全称命题（Slomkowski，1997，p. 67）。

④ 论题的这两部分对应于德佩特称之为命题或公式证明（de Pater，1965，pp. 115 – 117；1968，p. 166）。

⑤ 这种论题是德佩特论文（de Pater，1968，pp. 164 – 165）中给出第一个论题的例子，引文中的无知例子由德佩特在他论文的结尾部分进行分析（pp. 185 – 188）。

> 将仅仅针对这一点，即它是可能成立的。(Aristotle，1984，Vol. Topics，II. 7，113a33 - 35 &113b3 - 14)

对这种论题的描述，始于对提问者给予策略性建议的说明：如果回答者的论题断定了主词 *S* 的谓词事件 *P*（“*S* 意外是 *P*”），那么提问者就要审视 *P* 是否有对立面，比如 *Q*，还要考察 *S* 是否可能也是 *Q*。[①] 这个说明之后紧跟的是一般规律（“同样的事物承认有对立面”），这也提供了这种策略建议的正当性。接下来是两个例子（我们引用的第二个）和论题应用方式的更详尽讨论。这种首先是说明紧接着用一般规律和例子再进行评论的顺序在《论题篇》中非常常见，然而，正如我们将会见到，并非所有这些元素都总是会呈现。规律可以被这样表述：

> 如果 P 和 Q 是互为矛盾的事件，并且，如果 S 是 P，或者 S 可能是 P，那么 S 可能是 Q。

这条规律被假定为可接受，并因此会被回答者所承认，可用作大前提去演绎或者“*S* 是非 *P*”或者“*S* 不可能是 *P*”，但只有当小前提“*S* 不可能是 *Q*”也被回答者承认。正如亚里士多德所注意到，假如回答者承认或者“*S* 是 *P*”或者“*S* 可能是 *P*”，它还可以用来建立“*S* 可能是 *Q*”的演绎。

> (2) 源自矛盾词项的论题：……在推翻或建立一个观点时，你应该仔细看看你的词项间的矛盾，并且颠倒它们的顺序看看；而你应该通过归纳方式理解它。举例而言，如果人是动物，那么非动物者就是非人；同样地，在其他矛盾示例中也是这样，因为这里的顺序已被颠倒；由于动物是人，而非动物者却并不是非人，而是颠倒过来——非人是非动物者。因此，在所有情况下，都应该做出这样的主张，比如，假如荣誉的是令人愉悦的，那么非愉悦的就是非荣

① 一个意外事件可能属于，也可能不属于它的主词（Topics，102b6 - 7）。它属于亚里士多德在他《论题篇》的开头时提出的四种“可断定之物”之一。参见例（5）。

> 誉的，然而，后者并非如此，前者也并非如此。同样地，如果非愉悦的是非荣誉的，那么荣誉的就是令人愉悦的。（Aristotle，1984，Vol. 1，Topics，II. 8，113b15－24）

这种论题的一般规则虽并未为亚里士多德明确陈述，但却通过例子来暗示，可以表达如下①：

> *A* 是 *B*，当且仅当，非 *B* 是非 *A*。

这条规律，或者其相关部分"'如果 *A* 是 *B*，那么，非 *B* 是非 *A*'，或'其逆蕴涵'"，可用作大前提去建立"*A* 是 *B*"和"非 *B* 是非 *A*"的演绎及其否定，然而，只有当对应的小前提被回答者再次承认才可以。例如，如果待证结论是"A 是 B"，比如"荣誉的是令人愉悦的"，需要的小前提就可能是"非 B 是非 A"，即"令人不悦的不是荣誉的"。假如这个小前提被回答者认为是可接受前提，提问者才可以完成他的演绎。这种论题的说明表达得相当简洁，它告诉提问者去考察这种适宜的小前提是否可获得。

> （3）源自程度大小的论题：……看看较大程度的谓项是否能被较大程度的主项推导出，例如，如果快乐是好的，那么，我们看看是否较大程度的快乐就是更加好的；如果做错事是罪恶的，那么，看看较大的错误是否是更加邪恶的。现在这条规则（论题）可以为两个目的所使用，因为如果谓项的增加是伴随着主项的增加，正如我们所说，显然谓项是主项的属性；而如果它并未伴随主项的增加而增加，那么，谓项便不能被归因于主项了。你应该通过归纳来建立它。（Aristotle，1984，Vol. 1，Topics，II. 10，114b38－115a6）

在这里，一般规则陈述"如果谓项事件的程度增加是因为主项程度的增加……那么，谓项事件是主项属性；而如果谓项事件并未伴随主项

① 参见斯罗姆科瓦斯基（Slomkowski，1997，pp. 141－142）。

程度改变的话，那么，谓项事件也不成立为主项属性。”它可以表达如下：

> *A* 是 *B*，当且仅当，程度增大的 *A* 是程度增大的 *B*。

给定恰当的小前提之后，这条规律就可以用来建构“为了两个目的”的演绎：一是为了获得“*A* 是 *B*”或“较大程度的 *A* 是较大程度的 *B*”；二是为了获得它们的否定命题。

> （4）另一种源自程度大小的论题：……如果一个谓项被归属于两个主词，那么，设想它并不属于它更加有可能属于的主词，它也就不会属于它不大可能属于的主词；而假如它属于不太可能属于的主词，那么它也会属于更加可能的主词。（Aristotle，1984，Vol. 1，Topics，II. 10，115a6 –8）

这种论题的一般规律可以被补充为：

> 如果 *A* 是 *B* 比 *C* 是 *B* 更加有可能，那么，当 *A* 是非 *B* 时，*C* 也是非 *B*，当 *C* 是 *B* 时，*A* 也是 *B*。①

不存在伴随这个论题的说明或事例，但是，要弄明白提问者应该考察什么这个问题却并不困难。

> （5）源自属种划分的论题：再者，如果对于给定种来说，没有属于属的种差被断定为其谓项，那么属也不能被断定为谓项。例如，既不能断定灵魂是奇数，也不能断定它是偶数，那么，数也不能被断定。（Aristotle，1984，Vol. 1，Topics，IV. 2，123a11 –14）

---

① 这个表述根据的是亚里士多德的文本。一个等值的简要表达如下：如果 *A* 是 *B* 比 *C* 是 *B* 更有可能，那么当 *C* 是 *B* 时，*A* 是 *B*。

这种论题取决于谓词理论，它告诉我们一个谓词 B 可以有四种方式被主词 A 断定。如果 A 是 B，那么，B 可以被 A 断定为：（1）A 的定义，它赋予 A 以本质，即“人根据定义是理性动物”；（2）A 的属，即“人有动物作为其属”，它只给出部分本质，或者 A 的种差[①]使 A 在属中特别，即“人有理性作为种差”，它也只给出部分本质；（3）A 的一个性质[②]，它并未全部给出或部分给出 A 的本质，但却通过与 A 范围相同描述了 A，使 A 也属于 B，即“人有无羽毛两足行走的性质”；（4）在其他情况下的意外。[③] 这种论题的一般规律可表达为[④]：

> 如果通过准确种差 $D_1 \cdots\cdots D_n$ 把属 G 划分为种，那么，对于 D_i $(1 \leqslant i \leqslant n)$，$S$ 是非 D_i，那么，G 不是 S 的属。

此处又没有进一步说明，在段落中只引用了一个简单例子。我们可以通过假定来补充这个例子，即回答者的论题是数（G）是灵魂（S）的属。数可以被分解为奇数（D_1）和偶数（D_2）。但是，灵魂既不是奇数，也不是偶数。承认这三个前提，可以使提问者通过论题提供的一般规律手段驳斥回答者。

2.3.4　辩论指引[⑤]

在提供了一个论题清单后，提问者可以找到他需要用来确立其论题的最终演绎前提，亚里士多德在《论题篇》第8卷中给出一些如何进行实际辩论的指引。[⑥] 需要给出这些指引是如下观察推导出来的：不像某些仅仅为自己着想的人，在论辩型辩论中提问者将不得不从回答者的结论

---

① 种差并不是单独谓词，而是居于属之下。

② 这个词在这个语境中有术语的意义。

③ 亚里士多德在《论题篇》第1卷第5—8章解释谓词理论。《论题篇》的宏观结构就是基于谓词的：第2卷和第3卷是关于意外的论题，第4卷是关于属的，第5卷是关于性质的，第6卷和第7卷是关于定义的。

④ 参见布蓝史维赫在亚里士多德中的分析（Aristotle，1967，p. XLII）。

⑤ 这个小节是基于克罗贝（Krabbe，2009）和瓦格曼斯（Wagemans，2009）观点的。

⑥ 我们不想暗示亚里士多德是按照这样的顺序撰写《论题篇》的，他完全可能是以其他的顺序。

去获取所需的前提，而回答者被假定为不情愿收回明显会导致他自己论题被驳倒的前提：

> 第一，任何一个想要设计问题的人，必须首先选择一个根基，从中他可以形成他的攻击；第二，他必须设计好它们，并且自己一个一个地安排好；第三，也是最后一点，他必须实际继续把它们推给对方。那么，现在就他对根基的选择来说，是一个很像哲学家和辩手的问题；然而，如何安排他的观点，设计他的问题，然后继续下去，却只跟辩手有关了；因为，在每个那类问题中，总是涉及提及对方。跟哲学家以及自我研究的人也不同：他推理的前提，虽然真且熟悉，但可能被回答者拒绝，因为它们太相近于初始命题，因此，回答者能预见，如果他同意它们将会导致什么；而这些是哲学家所不关心的。（Aristotle，1984，Vol. 1，Topics，VIII. 1，155b4－14）

亚里士多德建议，提问者要尽可能小心地隐瞒自己会以何种方式从什么前提推导出结论。这个总体隐瞒策略涉及构思、布局和问题表达。

关于构思，亚里士多德建议提问者不是要将自己局限于寻求结论演绎所依赖的承让，也即所谓必要条件，而是要寻求不直接有利于回答者论题反驳成立的承让。这种前提有四种：（1）用于归纳的前提；（2）用于给论证增加权重或修饰的前提；（3）专门用于隐蔽的前提；（4）用于澄清的前提。（*Topics*，VIII. 1，155b20－24，157a6－13）

在实际辩论中，关于问题布局，亚里士多德建议提问者不要辩论一开始就提出所有必要前提，而是要先与它们保持一定距离，寻求“远距离”让步，在稍后阶段从这些让步推导出必要前提（*Topics*，VIII. 1，155b29－30，156b27－30）。我们也不应当接二连三地要求同意共同导向同一个直接结论的所有前提，而是应该将它们与可能得出其他结论的前提混合在一起去迷惑回答者，使他觉得只有一个结论试图被演绎出来（*Topics*，VIII. 1，156a23－26）。亚里士多德也建议，要考虑大多数回答者在辩论一开始倾向于拒绝所提出的前提，而后来会变得容易接受。因为这个原因，提问者应该将寻求最重要的前提置于辩论的末尾。然而，正如他评论，对某些回答者来说，换句话说，对那些性情暴躁者或自以为是者，是另一回事。由于他们会变得越来越不肯承认任何事，提问者应该将寻求最重要的前提放在辩论的开头（*Topics*，VIII. 1，156b30－157a1）。

关于问题表达，亚里士多德注意到，下列情况回答者很可能毫不犹豫地承认前提：（1）当涉及前提的问题用相似形式表达时；（2）当提问者已经通过不时提及他对他自己论题的反对意见而增加了自己信任度时；（3）当提问者除了提出问题外还评论某个答案会被普遍接受时（*Topics*，VIII. 1，156b10－23）。根据亚里士多德的观点，当提问者隐藏他想获得的承让（所提出的前提或其矛盾命题）时，或隐瞒某个特定回答对于最终建立演绎的重要性时，事情也会变得有帮助（Topics，VIII. 1，156b4－9）。对于最终演绎的结论，也即回答者试图支持论题的对立命题，亚里士多德力劝提问者不要用问题形式提出结论，这样才不会给回答者以逃脱被驳倒的可能。

> 不应该用问题形式提出结论，否则，如果他拒绝它，会使得演绎看上去失败了。通常情况下，即使不用问题形式提出问题，而是用结果形式呈现，人们都会否认它，而那些没发现之前承让能导出什么结果来的人，意识不到拒绝接受的人已被驳倒了；只有当一个人提出问题却没有告知它导出某个后果，而其他人否认它时，它才看上去好像演绎完全失败了。（Aristotle，1984，Vol. 1，*Topics*，VIII. 2，158a7－13）

这些策略中有些也跟其他策略一起在《辩谬篇》第15节中列出，比如你应该快速进行，以免人们发现你想达到什么目的，并且你应该尽量激怒回答者，以使他注意力分散。也许这些后续策略仅仅是针对纯竞争性的争论型或雄辩型讨论，亚里士多德并非真正拥护，在真正的论辩型讨论中它们可能会弱化，然而，在《论题篇》第8卷第1章中所列出的策略看上去更像是旨在针对一种亚里士多德所认同的论辩交流的。

亚里士多德推荐这些策略并不意味着在论辩中怎样都行：真正的论辩型辩论是有共同目标的，它与纯竞争性的争论型或雄辩辩论是有区别的。

> 阻碍这项共同事业的人是低劣的合作者，这条原则显然适用于论证；因为在论证中，鉴于除了那些无法达到共同目的的纯竞争者外，也有共同目标；因为只能有一个以上的人获胜。某个人到底是回答者还是提问者都没有区别，只要他提出好辩问题，只要他未给明确答案以肯定回答或无法接受任何提问者希望提出的问题，他就是差劲的辩手。(Aristotle，1984，Vol. 1，Topics，VIII. 11，161a37－b5)

在给出提问者在论辩型辩论中应该如何进一步推进其目标的指引后，亚里士多德在《论题篇》第8卷第5—8章给出了许多指引，回答者应该对哪些事物赋予肯定，以保证用正确方式进行操作。在这里，他首先关注讨论者为了提出好论证的“共同事业”，胜过关注回答者支持自己论题的具体目标。因此，他指导回答者不要承认一个与提问者要证成的结论相比不大可被接受的前提，因为如果他这样做了，就会损坏提问者即将建立的论证质量。① 由于这些指引实际上要求回答者帮助提问者建立好论证，并因此为以一个好论证对他自己的反驳做出贡献，可以把它们理解为回答者为了论辩型辩论可用合作的非雄辩的最大化方式进行而必须遵循的规则。

然而，亚里士多德的某些指引看上去试图成为一种对回答者完成自己目标的策略性建议，也就是针对提问者保持自己论题免遭反驳的目标，尽管是用一种真正论辩方式，而非好辩或雄辩方式。② 例如，亚里士多德力劝，回答者在他不理解问题的情况下，要利用其权力要求澄清，并且取消他在辩论较早前还没留意到时所做的承让，即当时所问问题中含有的含糊性（*Topics*，VIII. 7）。亚里士多德进一步建议，回答者要为即将到来的辩论做好准备，研究一下他想维护的论题会遭受何种方式的攻击（*Topics*，VIII. 9）。通过这样做，回答者可以发现怎样反对提问者在实际辩论中试图要演绎出相反论题的前提。

---

① 根据亚里士多德的观点，好论证必须具有比结论更加可接受和更加熟悉的前提（Wlodarczyk，2000，p. 156）。

② 亚里士多德还在《辩谬篇》第17章中讨论过回答者的策略。

一旦提问者获得了前提，回答者还可以试图阻止提问者得出结论。在《论题篇》第 8 卷第 10 章中，亚里士多德提到了回答者可以尝试四种方式：（1）他可以尝试通过“破坏虚假产生的依赖点”方式（Aristotle，1984，Vol. 1，*Topics*，VIII. 10，161a2），即通过表明推理为何谬误的方式，这被称为给出解决方案；[①]（2）他可以尝试通过“陈述直接针对提问者的反对意见”方式（同上，161a2－3），即通过一种虽没给出解决方案却使提问者不可能再将他的论证继续下去的方式；（3）可以进一步通过“反对所提出问题”的方式（同上，161a5），即通过指出结论尚不能推出，或者说结论尚需其他前提辅助才可以推出，在这种情形下提问者才可以继续；（4）“第四种是最差的一种反对方式，是直接指出讨论超时，对某些人来说，提出某种反对意见可能会花更长的时间去回答，甚至比当下讨论本身的时间还长”（同上，161a9－12）。亚里士多德看上去支持第一种方式：“那么，如我们所说，有四种方式提出反对意见；但只有第一种才是解决方案，其他的只是为阻止结论设置的障碍和困难而已。”（同上，161a13－5）

在前面提及的亚里士多德针对提问者和回答者的指引中有一种明显的张力。有时这些指引看上去像设置了一种理性合作行为标准，而在其他时候却又像提出一种十分不理性且充满竞争的更适合于雄辩争吵而不是哲学事业的策略。由于亚里士多德区分了真正论辩和雄辩式讨论，并且认为那种非合作性的好辩的讨论者因其行为是“不好的辩手”，那么，有人可能会好奇为什么在他的真正论辩型辩论中他会选择认可如此敌对。然而，底线在于，很多好辩的竞争性元素都不可避免：

> 用来掩盖结论的那些命题是为好辩的目的服务的，然而，由于这些举措总是针对另一个人实施的，我们不得不也采用它们。（Aristotle，1984，Vol. 1，*Topics*，VIII. 1，155b26－28）

你究竟需要多少好辩性，这取决于论辩的情境和你对手的性格，他也许只是自认为非常聪明，或者脾气极其暴躁。但是，在你需要运用一

① 关于“解决方案”的概念，请参见本章第 2. 4 节末尾。

些好辩策略的辩论中，只能是因为你不是唯一一个使用它们的人。作为一个好辩手，你不应该在不需要的时候使用好辩手段，以便不使自己变成破坏辩论的那个人。

当提问者假装从某些前提中得出结论时，他就犯了谬误，而此时如果回答者使用了上述四种阻止提问者得出结论途径中的第一种方式，即给出解决方案，那么，回答者将完全不会表现得很好辩。实际上，指出谬误是一种正当的自我辩护，并且同时能为辩论的质量做出贡献。亚里士多德通过给出谬误清单和讨论其解决方案的方式详述了这种情况。

2.4 亚里士多德的谬误理论

亚里士多德是第一个对谬误做出系统研究的人。他对这个主题用了整整一卷的篇幅来探讨即《辩谬篇》，① 本卷书的核心由一个有 13 种谬误类型清单构成，并附有智者反驳的解释、例子（有 131 个之多）和解决方案。另外一个由 9 种谬误构成的清单在《修辞学》第 2 前卷第 24 章中（参见第 2.8 节）。② 由于《辩谬篇》与《论题篇》紧密相关，亚里士多德在《辩谬篇》中呈现的谬误理论是其论辩理论的一个重要部分，而且他所讨论的谬误必须置于论辩的语境下来解释。③

2.4.1 亚里士多德的谬误概念

亚里士多德拥有什么样的谬误概念呢？他用不正确论证、不合逻辑推论、诡辩式或雄辩式演绎、诡辩式反驳、雄辩式论证等来谈论谬误。

---

① 希腊文：*Sophistikoi elegchoi*，拉丁文：*Sophistici elenchi*；另外一个书名叫《论智者的反驳》（*On sophistical refutations*）（希腊文：*Peri tôn sophistikôn elegchôn*，拉丁文：*De sophisticis elenchis*）。

② 除此之外，亚里士多德在《论题篇》第 8 卷第 11 章（Topics，VIII. 11，161b11 – 18）以及第 13 章（Topics，VIII. 13，162b31 – 163a13）中讨论了乞题谬误，另外也在《前分析篇》第 1 章第 24 节和第 2 章第 16 节和《后分析篇》第 1 章第 3 节中讨论过循环证明。他还在《前分析篇》第 2 章第 17 节中讨论过因果谬误。

③ 对于谬误理论在《辩谬篇》中与更逻辑的谬误解释相应的论辩解释的合理程度尚存争议（Hintikka，1987，1997；Woods & Hansen，1997）。

这些词都不是同义词，但是它们也并不总是有清晰的区分。在《论题篇》第8卷第12章中，在下列四种情况下，论证是不正确的：

(1) 非决定性（即雄辩演绎，[①] 给出诡辩式反驳）：仅仅只是看上去得出结论的论证。亚里士多德13种谬误清单中大多数都属于这一类。

(2) 不相干结论（也产生诡辩式反驳）：论证得出一个结论，但是却不是情境中要求的那个结论。[②] 例如，如果要反驳论题 T，结论就应该与非 T 相似，但不能与非 T 相同。或者这个论证从 T 正确地推导出不可能性和某些其他被承认的前提，却错误地将它归咎于 T，使得这个不可能的结论不相干。这些谬误对应于亚里士多德清单（参见表2.1）中轻率概括或不相干谬误和因果谬误的例子。

表2.1　亚里士多德的谬误清单

中文	希腊文	拉丁文
A. 依赖于表达或语言（使用）	*para tên lexin*	*in dictione*
同音谬误或含混谬误	*Homônumia*	*aequivocatio*
模棱两可谬误	*amphibolia*	*amphibologia*
合成或语词组合谬误	*sunthesis*	*compositio*
（语词）分解谬误	*diairesis*	*divisio*
重音或强调谬误	*prosôidia*	*accentus*
表达形式或风格表达谬误	*schêma lexeôs*	*figura dictionis*
B. 独立于表达或语言（使用）	*exô tês lexeôs*	*extra dictionem*
偶性谬误	*para to sumbebêkos*	*fallacia accidentis*

① 在这里，亚里士多德似乎头脑中只有演绎论证。请注意这些雄辩式演绎实际上根本不是演绎，智者的反驳也很少是反驳。

② 第（2）种的不正确论证似乎满足了要求的结论。

续表

中文	希腊文	拉丁文
轻率概括谬误	*para to pêi kai haplôs*	*secundum quid et simpliciter*
不相干结论、无知或误解反驳谬误	*para tên tou elegchou agnoian*	*ignoratio elenchi*
后件或后承谬误	*para to hepomenon*	*fallacia consequentis*
乞题谬误	*para to to en archêi aiteisthai* (*lambanein*)	*petitio principii*
无因当有因或虚假原因	*para to mê aition hôs aition tithenai*	*non causa ut/pro causa*
复杂问语谬误	*para to ta pleiô erôtêmata hen poiein*	*secundum plures interrogationes ut unam*

(3) 错误方法（另一种雄辩式演绎[①]）：论证用了错误方法证明了相干结论，而看上去似乎用的是正确方法。这种方法包含了：(a) 看上去与某个科学领域一致而实际上却并非如此，如看上去像医学论证或几何论证却实际上使用的是外行的概念或原理（《辩谬篇》第11章）；(b) 仅仅只是看上去像是论辩式论证，因某些前提仅仅只是看上去是可接受的。

(4) 错误前提：即使一个论证通过正确方式证明了一个相干结论，也可能使用了错误前提，“与科学学科一致”的概念并不能被理解为就能完全排除错误了，当然“可接受前提”也可能是错误的。例如，几何学中的很多错误证明，其中虽然采用了正确几何方法，却在某些地方画错了线条。

在这个文本里，“不正确的论证”似乎是亚里士多德最为概括的词项。不正确论证 (1)、(2) 和 (4) 也被称作“不合逻辑的推论”[②]。雄辩式和诡辩式论证或反驳组成了 (1)、(2) 和 (3)，因此与“不合逻辑

① 雄辩式演绎在这里就是演绎。

② 对于 (3)，有证据显示亚里士多德这样的叫法比较少见。

的推论”有所重合。①《辩谬篇》中大部分论述都是关于谬误（1）、（2）的亚里士多德清单。在本章中，我们将仅对这些谬误做简要讨论。②

2.4.2 亚里士多德的谬误清单

亚里士多德清单上的条目就是诡辩式反驳的类型：他们看上去似乎是反驳，而实际上却非真正如此。在这个语境下，反驳是一种演绎论证，其中，以论辩交流方式从已承认前提推导出回答者论题的矛盾命题。在《论题篇》中，把演绎论证或演绎定义如下：前提不仅必须使结论成为必然，还必须不能是冗余的，且所有前提都必须与结论不同。所谓的反驳要么是基于非演绎但看上去像演绎的论证，要么有错误但看似需要的结论，要么有一个错误但看似正确的前提。

这种分解将每种诡辩式反驳都指派到上述的（1）、（2）和（3b）中。然而，亚里士多德却将诡辩式反驳以一种不同方式分类：依赖于“语言使用”的反驳和不依赖于“语言使用”的反驳。与第一组谬误所不同的似乎在于，其欺骗性是因为表述问题。汉布林认为，它们是源自自然语言的不完美性：

> 区分这些依赖于语言的反驳在于，它们都是源于这样的事实：语言是表达我们思想的不完美工具，而在理论上其他反驳则源自完美语言。（Hamblin，1970，p. 81）

① 参见《论题篇》第 1 卷第 1 章和《辩谬篇》第 8 章和第 11 章。

② 欲进一步了解亚里士多德谬误清单和《辩谬篇》的详述内容，可参见汉布林（Hamblin，1970，Chap. 2）。简要概述可参见伍兹（Woods，1999）。读者亦可参见伍兹和欧文在《亚里士多德早期逻辑》中的手册性文章（Woods & Iverine，2004，尤见第 12 节）。《辩谬篇》概述可参见克罗贝（Krabbe，2012）。其他翻译者也有好的介绍（其他非英语语言）：多里翁（Aristotle，1995）、法伊特（Aristotle，2007）、哈斯伯和克罗贝（Aristotle，2014）。施赖伯（Schreiber，2003）对亚里士多德谬误清单还有专著，分门别类地详细讨论了谬误，其中，施赖伯通过展示每种谬误是如何从错误语言预设或本体论中产生，重构或者说纠正了亚里士多德系统。哈斯伯（Hasper，2013）提出一个被亚里士多德的谬误清单就其完全性主张的重构（参见《辩谬篇》第 8 章），该重构可通过分析达成反驳的论辩任务完成，如使用命题、引用命题、提问和推论，其中每个都涉及正确性的条件。关于论辩式反驳的概念请参见博廷（Botting，2012）。

根据亚里士多德的观点，我们能够通过归纳和演绎方式表明这一组共有 6 种诡辩式反驳（Soph. ref. 4，165b27 – 30）。除此之外，还有 7 种不依赖于语言使用的方式。这 13 种谬误类型已被列举在表 2. 1 中，并附希腊文和拉丁文名称。

产生依赖于语言使用的谬误，是因为话语可以携带不止一个信息。因此，提问者的结论可能仅仅只是看上去已然从回答者承认的命题中演绎出来了——如果提问者以一种与回答者不同的方式理解回答者的话语——或者只是看上去与提问者的论题相矛盾。这样的差异性也许是因为两种考量而产生的[①]：（a）因为一个话语对应着两个或更多不同语句（合成谬误、分解谬误和重音谬误）；（b）因为即使一个话语可以对应唯一语句，这个语句也是模糊不清的（歧义谬误、含混谬误和变形谬误）（*Soph. ref.*，6，168a23 – 28）。这些谬误也许源自语速层、语词层或语句层。

（1）歧义谬误。这是谬误（b）的一种，源自语词层。在问题中使用模糊性词语，问题本身将会变得模糊，回答者可能会取其中一种意义而承认前提，而提问者使用另一种意义去演绎其结论。如果模糊语词出现在提问者和回答者的论题中，那么由于它们可能各自在不同论题中有不同意义，因此，这里没有真正的矛盾。

（2）模棱两可谬误。若某语句不包含模糊词语，它仍可能因为允许两种解析方式而成为模糊语句。含混谬误对应于谬误（b）中，属于源自语句层的类型。

（3）合成谬误。在《辩谬篇》中，合成谬误与分解谬误与它们同时代的同名物有着显著不同，其他同名物意味着从部分到整体和从整体到部分的推理谬误。[②] 在这里是指依赖于语言使用和与词语组合有关的谬误。例如，在一个话语“［he is］being able to walk while sitting”（Aristotle，2012，*Soph. ref.*，4，166a23 – 24），词语可以被组合为要么“［he is］［（being able to（walk）（while sitting）］”（分解解读：“while sitting”被置

---

① 这种分类思想必须构成演绎证明（展示了 6 种依赖于语言的诡辩式反驳），正如我们所见，亚里士多德在《辩谬篇》（4. 165b27 – 30）中有暗示。

② 同时代的合成与分解谬误的例子请参见“修辞学”（参见第 2. 8 节）。

于“being able to”同等水平位置），要么被组合为“［he is］［being able to（walk）（while sitting）］”（合成解读：“while sitting”被置于“being able to”的辖域内）。亚里士多德并未将这两种解读方式当成含混语句，而是两个不同的语句。因此，合成谬误和分解谬误是属于（a）组谬误，并且与含混谬误相区分，虽然它们都源自语句层。在这个例子中，分解读法并无问题，而合成读法则是荒谬且可能被提问者误用。一个提问者从分解解读到合成解读的转变构成合成谬误。

（4）分解谬误。相反，提问者从合成解读到分解解读的转移就构成了分解谬误。因此，这里合成解读并无问题，而分解解读则是荒谬的。

（5）重音谬误。古希腊语是一种声调语言，语词的重音就是声调，而不是强调：音高的不同可能足以区分两个词语。在某些情境中，如果发音正确的话，两个通过书写或粗心的发音而很难区分的词可以通过不同的重音而加以区分。所以，如果语句话语 *S* 含有这样一个词，这个话语可能有时会被当成对应于另一个语句 *S'*，因此携带两种不同的信息：*S* 和 *S'*。如果提问者通过从一个信息转移到另一个而利用了这个事实，他就犯了重音谬误了，即一种（a）组中的源自语词层的谬误。

（6）变形谬误。这是唯一一种源自词素水平的谬误。根据亚里士多德的观点，它是一种群组（b）中的含混谬误。然而，在歧义谬误和含混谬误中，从语言学观点看，有两种合法的解读。而变形谬误例子通常会展示出一种合法和一种不合法的解读。古希腊语有许多词素，它们使得人们可以推断某个指定实体属于哪种特定类，如个体类、质量类、数量类、行动类、情感类（一种情感状态）等。例如，以主动语态结尾的动词指称行动，而以被动语态结尾的动词指称情感。当然，也存在许多例外，以至于基于这种属性的解读可以导致某些非法解读。更进一步讲，这种将每个实体都视作一个个体的总体倾向，使人们将某些指称其他类实体的短语误解成指称的是个体。举例如下：

> 如果某人现在拥有的东西后来不再拥有，他就失去了它。对某个已经失去一个骰子的人而言，是不会拥有十个骰子的。（Aristotle，2012，Soph. ref.，22，178a29－31）

这个表达精练的例子可以重构如下：

> 如果某人不再拥有他曾经拥有的东西，那么我们是否可以说他已经失去了它？
>
> 是的，我们可以这样定义什么是失去某样东西。
>
> 那么，假设约翰有十个骰子，但丢了其中一个。在这种情况下，难道不是约翰不再拥有十个骰子吗，而他曾经有过它们？
>
> 的确是这样。
>
> 所以，根据我们的定义，约翰本来应该丢掉十个骰子的？
>
> 当然。
>
> 但是，我们假设的是他只丢了一个！
>
> 太不幸了！（改编自 Krabbe，2012，p. 246）

这个谬误在于"十个骰子"被当成个体而不是质数量的错译。由于"东西"和"它"在前提"如果一个人不再拥有他曾经拥有的东西，他就失去了它"指称了个体类，替代了词项"十个骰子"，因其需要这个词项被理解为指称的是一个个体。①

上述六种谬误都是依赖于语言使用的谬误，我们现在转向不依赖于语言使用的谬误。

（7）偶性谬误。这是一种演绎谬误。如果承认某个实体 x 有性质 y（y 被称为 x 的偶然②）且 y 有性质 z，那么，当一个人假装从 x 有性质 z 这个前提演绎，这种谬误便会产生。例如，如果克里斯科斯（x）是一个人（y），并且人（y）是与克里斯科斯（z）有所不同的，这并不能推出克里斯科斯（x）与克里斯科斯（z）有所不同。同样地，从前提 x 具有性质 y，且 x 具有性质 z，我们不能推出 y 具有性质 z。例如，如果苏格拉

---

① 另一种分析这个例子的方法是说，"什么"和"它"均被错解为指称的是数量。（克罗贝，2012，pp. 246 – 247）根据克罗贝（2012，p. 247，也见 1998），"变形谬误看上去虽然有点陌生，却可以与 20 世纪罗素和维特根斯坦之间的关于一个语句的表面和逻辑形式的讨论有关，还与赖尔的关于系统性误导表达的概念有关……"

② "偶然"的意思也有变化，但是这里它可能代表没有进一步谓项模式具体例示的任意的谓词属性。词项"性质"这里不是术语的用法，它不代表所谓的谓词。

底（x）是一个人（y），并且苏格拉底（x）与克里斯科斯（z）有所不同，那么，我们不能推出人（y）与克里斯科斯（z）有所不同。①

另一个偶性谬误②的例子可从柏拉图的《欧绪德谟篇》中找到。说话人是雄辩辩论者狄奥尼索多洛（D）和一个名叫克忒西波斯的旁观者（C）：

> D：假如你回答我的问题的话，你会同意所有这些吧，其中包括克忒西波斯的父亲是一条狗？告诉我，你有一条狗吗？
>
> C：有，一条很凶残的狗。
>
> D：那他有小狗吗？
>
> C：有，小狗们长得很像它。
>
> D：所以，那只狗是它们的父亲？
>
> C：是的，我亲眼看见它爬上母狗的。
>
> D：那么，难道那只狗不是你的吗？
>
> C：当然是我的。
>
> D：那么由于它是父亲，并且它是你的，那只狗就是你的父亲，而你就是那群小狗的兄弟了，不是吗？【迅速打断别人的插嘴】请再回答我一个小问题：你打你自己的这只狗吗？
>
> C（大笑中）：天哪，当然了，就是因为我打不了你！
>
> D：那你就是打自己父亲咯？
>
> （改编自 Plato，1997，*Euthydemus*，298d－e）

当D说"……由于它是父亲，并且它是你的，那只狗就是你的父亲……"，偶性谬误就产生了。稍作努力，我们就能将它根据上述图式重构为：这条狗（x）是父亲（y），并且这条狗（x）是你的（z），因此，（偶性谬误）这个父亲（y）是你的（z）；换句话说，这个父亲是你的父亲，因为这条狗是这个父亲，或第二种偶性谬误，这条狗是你的父亲。

---

① 参见《辩谬篇》（5，166b28－36）。这里的观点并不是"人是与克里斯科斯有所不同的"不是真的，而是即使它是真的也不能从前提中推论出来。

② 亚里士多德在《辩谬篇》（24，179a34－35）中提及。

（8）轻率概括谬误。短语“轻率概括”是从希腊文 *pêi*（在某方面有限制）翻译过来的，但是正如表 2.1 所示，这种谬误的全名更长一些。它可以被理解为“添加或遗漏限制而谈论事物的谬误”。例如，回答者承认黑人的牙齿是白色的，他就被认为承认了黑人既是白色的又是非白色的。[①] 但遗漏限制“牙齿的”是不正确的。添加限制也可能是不正确的：“……疾病是不好的，而不是摆脱疾病。”（Aristotle，2012，*Soph. ref.*，25，180b20 - 21）这里“摆脱 x”是一个不正确添加的限制，如果有人假定承认疾病是不好的，就要承认摆脱疾病也是不好的。这种谬误，不仅会导致演绎仅仅只是看上去基于回答者肯定的前提，还会导致演绎只是仅仅看上去导出了回答者论题的矛盾命题。

在后来的传统中，“*secundum quid*”这个名称的意义发生了转变，它指从个例到全称命题的不当推理，也被人们称作“轻率概括”（*hasty generalization*）。它是我们一直保持在运用的谬误标签，只是人们不再管理它的内容了。[②]

（9）不相干谬误。这个短语根据希腊文“*tou elegchou agnoia*”（不相干谬误）翻译而来。这种谬误提出一个论证，该论证看上去是一个对回答者论题的反驳，而实际上却违反了反驳定义中的某个条件，也就是包含了演绎的那些反驳。这里，大部分亚里士多德举出的例子都与描述轻率概括的例子很相似。如：

> 某些人遗漏上述事情中的一件，看上去似乎给出了一个反驳，如同样的事物既是双倍的又不是双倍的论证。因为 2 是 1 的两倍，但不是 3 的两倍。或者当同一件事物既是双倍的又不是同一事物的双倍，却不是在同一方面——双倍长度，却并非双倍宽度。或者当同一件事既是双倍又不是双倍的，在同一个方面以同一种方式，却不在同一个时间；因为如此它们只是表面上的反驳。（Aristotle，2012，Soph. ref.，5，167a28 - 34）

① 参见《辩谬篇》（Soph. ref.，5. 167a7 - 9）。

② 伍兹（Woods，1993）指出这种新的意义如何与旧意义相关联。

上述对无知反驳谬误的描述使得亚里士多德把这个谬误的具体情形与反驳定义的具体条件链接起来，使得清单里所有其他诡辩式反驳都还原为这种谬误的特定事例（参见 Soph. ref.，6）。相似分析使得他得以声称自己清单的完全性，其中已经不再包括无知反驳谬误了（参见 Soph. ref.，8）①：

> 因此，我们应该知道究竟有多少原因可以产生谬误，因为它们也不可能更多了；它们将取决于上述提及的原因。（Aristotle，2012，Soph. ref.，8，170a9－11）

在后来的传统中，“*ignoratio elenchi*”这个名称的意义发生了改变，是指那些不相干结论的论证，也就是在《论题篇》第8卷第12章中所描述的（2）类谬误中的不正确论证。这个现代概念扩展超越了在提问者和回答者之间论辩讨论的反驳语境。另外，它不包含所有的诡辩式反驳种类了。

（10）后件谬误。根据亚里士多德的观点，后件谬误是偶性谬误的一个子类型。它不只包含了肯定后件谬误，还包含了否定前件谬误，这两种谬误的全称概括版，以及一般情况下后承关系换位。例如：

> ……既然天下过雨后地会变湿，我们认为，如果地湿，那么，天下过雨。但那不是必然的。在修辞学中，迹象证明是建立在结果之上的。因为，想要表明某人是奸夫，那么，他们要抓住结果：他衣冠楚楚，或者有人看到他在深夜四处游荡。然而，这种特征很多人都会有，而这个指控却并非如此。例如，与演绎论证类似，麦里梭的论证“宇宙无限，因为宇宙不存在，因为不存在无中生有的事物，而且存在皆有开始；现在，如果宇宙不存在，它也就无开始，

① 在完全性主张上，“谬误”一词显然指的是诡辩式反驳，而不是指科学中带虚假前提的证明，即《论题篇》第8卷第12章中的第（4）组谬误。亚里士多德的完全性证明概要中暗示的反驳定义（Soph. ref.，8，169b40－170a11）似乎是《辩谬篇》第1章中给出定义的精简版（Hasper，2013）。

> 因此，它是无限的”。然而，这并非必然。因为并非“如果存在皆有开始，那么，凡有开始的事物均存在”，正如并非“如果发烧的人会很热，那么，很热的人一定发烧了”。（Aristotle，2012，Soph. ref.，5，167b6－20）

（11）乞题谬误。演绎的定义并未允许任一前提与结论相同。亚里士多德也没有在《辩谬篇》中给出任何事例，然而从 Topics，VIII. 13 的讨论中我们还是可以清晰地看出，乞题谬误并未局限于前提与结论相同的情况，或者前提是等同于结论的同义词替换的情况。然而也有一些其他的等值关系，或者前提表达了一种结论全称肯定的特殊个例，或者反过来结论表达了一种前提全称肯定的特殊个例，或者前提肯定了结论的一个合取支。并非所有这些情况在今天看来都是谬误的。

（12）因果谬误。这个谬误名称指的并非物理因果关系，而是指逻辑根基。它指的是归谬论证或归于不可能论证[①]的错误用法，其中从许多已承认前提推出不可能性，但其中错误的那个前提受到指责推出了不可能性，因此被否定。[②] 这种情况发生在不可能结论不依赖于被否定的错误前提的情形，正如下例所示：

> ……灵魂和生命不是同一回事。因为如果存在是过世的反对面，那么存在的形式也就是过世形式的反对面。然而，死亡是一种过世形式，并且与生命相反，因此，生命是一种存在，而生活就是存在。不过，那是不可能的。因此，灵魂和生命也不是一回事。当然，这并不是演绎，因为即使一个人没有说生命与灵魂是一回事，只承认生命是作为过世形式的死亡之反对面，并且没有说存在是过世的对立面，这个不可能结论也能推导出来。（Aristotle，2012，Soph. ref.，5. 167b27－34）

---

① 有些学者区分“归谬”和“归于不可能”，但并没有这种区分的统一方式。不过，二者仍然有些不同之处，归谬中的“谬”指的是逻辑矛盾、仅被接受为假的或者难以置信的事。亚里士多德（Aristotle，2012，Soph. ref.，5，167b23）说因果谬误常发生在“不可能演绎”中。

② 归咎于某个前提，当然必须是要假定其他前提和不可能结论都是毋庸置疑的，并且这个演绎也就无瑕疵。

受指责的这个前提很可能是“生命，而非出生，是死亡的反对面”。

（13）复杂问题。提问者通过要求回答者要么肯定要么否定具体命题来获得前提肯定。这些命题每个都将某种属性归于某个事物，如“*S* 具有属性 *P* 吗?”，但不能几种属性归于同一个事物（*S* 有属性 *P* 和 *Q* 吗?），或者一个属性归于不止一个事物（*S* 和 *T* 均具有属性 *P* 吗?）（Soph. ref.，30，181a36 –39）。后两种问题都不恰当，而且依赖于它们的反驳会是诡辩式的。因此，依赖于下列问题的反驳也不恰当：

> ……关于有些是好的而其余都不好的事物，“它们都是好的还是不好的?”（Aristotle，2012，Soph. ref.，5，168a7 –8）

2.4.3 谬误破斥方案

《辩谬篇》的后半部分主要是与回答者策略有关。亚里士多德特别地专注于回答者面对论辩式反驳时该如何应对的问题。理想情形是，回答者应该当即提出一个破斥，即他应该指出谬误所在，并且对其哪里出错给出解释，然而，亚里士多德意识到，在辩论最激烈之时，这也许会很困难（Soph. ref.，18，177a6 –8）。

有一个严格破斥方案概念，即指向论证的破斥方案；还有一个相对宽泛概念，即指向提问者或某个人的破斥。根据严格破斥概念，每个实例都有一个唯一的有理论根基的破斥方案（Soph. ref.，24，179b18，23 –24）。另外，“依赖同一点的论证具有相同的破斥方案”（Aristotle，2012，Soph. ref.，20，177b31 –32），真正破斥方案必须是：如果这个论证破斥的否定被添加进前提之中，则由此产生论证则变得不可破斥（Soph. ref.，22，178b16 –21）。[①] 而根据相对宽泛的概念，不通过准确定位并归咎于某个具体前提来展示结论的虚假，这也是一种破斥方案（Soph. ref.，18，176b40）。当然，有时也可以不止一种破斥方案（Soph. ref.，30，181b19）。

根据卢策尔曼斯的观点（Nuchelmans，1993），指向人而不是指向论

① 例如，如果某个谬误是因为某个词项 *t* 的模糊性而产生，那么，添加前提“t 总有相同含义”使得论证不可破斥，当然除非破坏这个前提。

证的破斥概念，是如今通常被人们看成“人身攻击”谬误的四大亚里士多德根源之一。①

2.5 西塞罗与波修斯谈论题学

亚里士多德以后，论辩传统在《论题篇》和《辩谬篇》评论中得以延续，还有一些学者以更具原创性的特点体现在学术贡献中。② 亚里士多德所创始的逍遥学派的几位领军人物对论辩学表现了兴趣，其中，有伊勒苏斯的德奥弗拉斯特斯（Theophrastus，371 –287 BC）和拉普塞基的斯特拉图（Strato，335 –269 BC），但这些哲学家们没有任何论辩学著述，阿弗罗狄西亚的亚历山大（Alexander，生卒年不详，公元 200 年）对《论题篇》的评论名为《评亚里士多德〈论题篇〉八卷》，被认为对后世的学者产生了巨大的影响，并且他本人被认为也撰写了亚里士多德《辩谬篇》的评论。

然而，亚里士多德之后，论辩学的最重要著作是罗马学者撰写的。第一位就是西塞罗（Cicero，106 –43 BC），生于拉提乌姆界内的阿尔皮诺，后来在罗马成了一名成功的律师和政治家。西塞罗被宣布为国家敌人后，被其政敌马克·安东尼（Mark Antony）和屋大维（奥古斯都）杀害。他的头和手被钉死在罗马他生前常常发表演说的讲台上，但他的大量著作包括演说、哲学和修辞学著作以及信件等得以幸存下来。

第二位著有对论辩学颇具影响力著作的学者是波修斯（Boethius，480 –525）。波修斯生于罗马，公元 510 年位居执政官。在东哥特人国王西奥多里克的庇护下，他的政治生涯非常成功，而后被国王怀疑谋反而

① 其他三大根源是：（1）在《修辞学》第 1 卷第 1 章中，亚里士多德批评修辞概念“片面地聚焦不属于真实例子的特征”，如“争论者个人”（Nuchelmans，1993，p. 43）；（2）亚里士多德评论了由对方所承认东西开始的论证，如《辩谬篇》第 2 章中提到的批判审视论证；（3）亚里士多德在《形而上学》第 9 卷第 5 章中提及与特定人相关的证明，如这个证明可用来驳斥某个否认无矛盾律的人。

② 这一节是根据鲁宾里尼和施通普（Rubinelli & Stump，2009）关于波修斯著作翻译（Boethius，1978）文本的论文。

被处死。除了著名的《哲学的慰藉》外，波修斯还写了神学、数学、音乐和逻辑学方面的专著。对后来的学科而言，他还翻译并评论了亚里士多德大部分的逻辑学著作、波菲利给亚里士多德《范畴篇》的《引论》，以及西塞罗的《论题学》。波修斯对中世纪哲学产生了巨大的影响。

明确了“论题”（希腊文：*topos*，拉丁文：*locus*）这个概念在论辩学与修辞学传统中的重要性后，现在我们具体讨论西塞罗和波修斯的论题观。西塞罗在一部未完成的名为《论构思》著作中曾提到“论题”这一词项。在《论演说者》和《论题篇》中对亚里士多德的论题学说都有更为详细的讨论。在我们对西塞罗对“论题”观的描述中，我们将着重关注于其后两种工作。波修斯就这个主题撰写了两部专著：第一部是《论西塞罗论题学》这一非常初级的著作，是对西塞罗关于这个主题后期论著的评论；第二部是一本简要但却更高阶的研究著作，名为《论题差异性》。在我们对波修斯关于“论题”观的描述中，我们将集中于后者的工作。

2.5.1　西塞罗的论题观

在西塞罗的专著《论演说者》中，“论题”被定义为“所有论证的居所”（II. 162）。而对于论题的应用，值得注意的是，演说者可以使用它们在多种语境中寻找论证：“然而，我最膜拜的亚里士多德给出可以找到所有论证的具体论题，不仅针对哲学家之间的讨论，而且也针对我们在法庭案件中使用的那种演说（II. 152）。”在同一部专著中，西塞罗还提供了一个由两种主要类型构成的论题清单：“源自手边事物的本质属性推演出来的”论题和“源于外在推演出的”论题（II. 163 – 173）。第一种主要类型被进一步分解为两个子类，第二种主要类型则未做细分。既然西塞罗在《论演说者》中列出的论题清单和在《论题学》中列出的几乎一样，那么，我们将重构他在后一部著作中给出的论题观来继续我们的讨论。

与《论演说者》不同的是，西塞罗的《论题学》是专门针对论题而著的。《论题学》可以说是一本发现论证手册。它由主题概述、论题简明处理、相同论题详尽处理、法律纠纷中不同类型问题解释，以及涉及这些不同类型问题和涉及找到针对指控的恰当回应修辞学说（状态理论）

和演讲构成要素的应用解释。

西塞罗两次论述了论题，先简后详，使得学者们认为西塞罗可能是匆忙完成这部著作的，因此并未太注意文章的写作。《论题学》中的某些部分似乎是取自他较早的著作，使这种印象得以加强。简要处理论题似乎是他在《论演说者》中处理同样主题的拓展版，而且在西塞罗的《论演说者》第3卷（III，111ff）和《布局》（61ff.）中，隐约有不同种类问题解释的轮廓。

《论题学》是西塞罗献给法学家特列巴奇乌斯（Trebatius）的，正是因为他西塞罗才在著作开篇中解释了论题在发现论证和判断论证中多么有用。由于这一段具有历史学和术语学趣味，我们将它全文引用：

> 每个系统论证处理都有两个分支：一个涉及论证构思，另一个涉及其有效性判定。我认为，亚里士多德是这二者的创始人。斯多葛学派仅仅只是研究这两个领域中的一个。这就是说，他们仅仅通过他们称之为“论辩学”的科学追随了判断方式，但完全忽略了一种称之为“论题学”的技艺，这是一种既更有实用价值又在本质顺序上必定优先的技艺。对我来讲，既然两者都在最高程度上有用，我将从较早处开始，并且，如果我有时间的话，我打算二者都追随。做一个对比也许可能更有帮助：要是隐藏之处被指出和标记出来，那就很容易找到隐藏的东西；同样地，要是我们希望追踪某个论证，我们应该知晓其所在或论题，因为那是亚里士多德给这些“范围”命的名，可以说是从这些领域做出的结论。因此，我们可以把论题定义为一个论证范围以及一个推理进程的论证，其中，坚固确立了存在怀疑的事项。（Cicero，2006，Topica，pp. 6 – 8）

就论题本身而言，西塞罗区分了两个基本的“内部论题”和“外部论题”。内部论题是“所讨论主题的固有属性”（Cicero，2006，Topica，8），它包括了不同的分类：（1）从主题整体中提取的论题；（2）从主题部分中提取的论题；（3）从主题语源中提取的论题；（4）从与主题有某种相关的事物中提取的论题。外部论题是“从主题之外引入”的论题。它

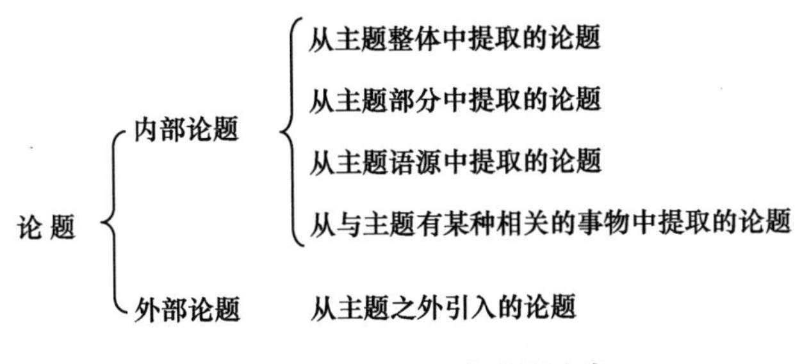

图 2.1　西塞罗的基本论题分类

们属于"诉诸外在环境的论证"，即"与主题相去甚远且远远脱离主题"的论证（Cicero，2006，Topica，8；图 2.1）。

西塞罗所给出的不同类型论题的大部分例子都来自法律领域。从主题整体中提取的论题具体化为定义，类似于我们今天称之为"诉诸定义论证"。西塞罗给出了下列例子："民法是一个确立成员间公平的体系，其目标是为了确保国家每个成员的财产权；这个公平体系知识是有用的；因此，民法学有用。"（Cicero，2006，Topica，9）下面我们对西塞罗例子的重构，将使我们明白如何用定义论题来构建维护"民法学有用"立场的论证。

（1）立场	民法学有用
（2）理由	对于确保国家每个成员的财产权来讲，国家成员间的这个公平体系知识是有用的
（3）链接（1）和（2）的前提	民法是一个确立成员间公平的体系，其目标是确保国家每个成员的财产权

从主题部分中提取的论题被称为列出部分。这种论题可用于构建基于把整体分解为部分的论证。西塞罗的例子是："某人不是自由人，除非借助人口普查、触摸权杖或意志条款获得自由。这些条件均未得以满足，因此，他不自由。"（Cicero，2006，Topica，10）在这个例子中，用从主题部分中提取的论题来构建维护"某个人不是自由人"立场的论证：

(1)立场	某人不是自由人
(2)理由	某人没有借助人口普查、触摸权杖或意志条款获得自由
(3)链接(1)和(2)的前提	某人只有借助人口普查、触摸权杖或意志条款获得自由,他才会是自由人

从主题语源中提取的论题被称为意义。西塞罗给出如下例子:“既然法律规定一个纳税人或保有权所有人可以代表另一个纳税人或保有权所有人,那就规定了一个有钱人可以代表另一个有钱人;因为这就是‘纳税人’的意义,如埃利乌斯所说,它可以从‘纳税人’一词的意义源于‘交钱’的意义所推导出来。”(Cicero,2006,Topica,10)[①] 在这个例子中,其论证上用来服务于支持立场“被告的代表应该是有钱人”。既然在西塞罗时代作为有钱人的“纳税人”意义变得很陈旧,那么,这个论证便包含了提及这个术语的词源意义为正如权威所提出的那样。这个例子可以被重构如下:

(1)立场	被告的代表应该是有钱人
(2)理由(2a)	被告是有钱人,且(2b)法律规定有钱人的代表应该是有钱人
(3)支持(2b)的理由	法律规定纳税人的代表应该是纳税人
(4)链接(3)和(2b)的前提	纳税人的意义是“有钱人”
(5)支持(4)的理由	纳税人的意义是从“交钱”推导出的
(6)支持(5)的理由	埃利乌斯如是说

最后一种从与主题有某种相关的事物中提取的内部论题,被进一步分解为15个子类。[②] 我们将详细讨论以下两种子类,西塞罗不仅给出了

① 虽然埃利乌斯所给出的链接“纳税人”和“交钱”(准确地说,是“交点儿钱的人”)的语源是错误的,但是“纳税人”其中的一个意义是“居民”,因此,“有钱且应当交税”。

② 它们的名字是“诉诸同一词根”、“诉诸属”、“诉诸种”、“诉诸相似”、“诉诸差异”、“诉诸相反”、“诉诸附属”、“诉诸前件”、“诉诸后件”、“诉诸对立、矛盾和不兼容”、“诉诸原因”、“诉诸结果”、“诉诸与较大事物比较”、“诉诸与较小事物比较”、“诉诸与相同事物比较”。

它们的名称，而且给出了它们的规律，即“提供推论强度”的原则（Rubineelli，2009，p. 128）。

第一种即“诉诸属论证”。西塞罗给出了下列例子：“由于所有银两都被遗赠给妻子了，这个留在屋里的硬币一定也已被赠出。因为只要专名保持，这些种是永远不会脱离属的；硬币保持了银两的名称，因此，它看上去已被包括在遗产之中了。”（Cicero，2006，Topica，13）下列重构澄清了这个例子中提及的所有元素的论证作用，包括语句“因为只要专名保持，这些种是永远不会脱离属的”，这是与该主题有关的规律：

（1）立场	留在屋里的硬币（银币）一定已经被遗赠给妻子了
（2）理由	所有的银两都已被遗赠给妻子
（3）链接（2）和（1）的前提	硬币（银币）属于银两
（4）支持（3）的理由	硬币（银币）保持了银的名称
（5）链接（4）和（3）的前提	只要专名保持，种是永远不会脱离属的

第二种即“诉诸比较论证”。针对这个子类，西塞罗给出了三个例子，其中每个都包括了一个与所讨论论题有关联的规律描述。我们讨论第三个，它与语用论辩学的“相似性论证”或“基于比较论证”类似。西塞罗称这种特殊论题为“相同比较论证”。他给出了下列例子：“在两种相同情况下，对其中某一情形有效的应该在另一情形下也有效。例如，既然农田的使用与担保追查两年，那么，这对城市住宅也应如此。”（Cicero，2006，Topica，23）就像前文我们所讨论的论题一样，当前这个论题的规律也可以被重构为一个链接型前提，使得这个规律在该论证中的不同层次发挥作用：

（1）立场	城市住房的使用与担保应当追查两年
（2）理由	城市住房的使用与担保追查两年
（3）链接（1）和（2）的前提	在两种相同情况下，对其中某一情形有效的应该在另一情形下也有效

不像内部论题被分解为四个子类，外部论题并未被进一步分解成子类。根据西塞罗的描述，可以推断出它们可以被用于构建我们今天称之为“诉诸权威论证”：“外在的论证主要取决于权威……因为司凯沃拉（Publius Scaevola）曾说，屋檐仅指为了防止顶板水顺界墙流进建造屋顶者的屋内而建造的屋顶所遮挡的那部分间，这似乎就是屋檐的意义。”（Cicero，2006，Topica，24）由于西塞罗并未提供与诉诸权威论证相应的论题的规律，因此，重构对这个例子只能包含这个立场和辩护理由：

（1）立场	屋檐仅指为了防止顶板水顺界墙流进建造屋顶者的屋内而建造的屋顶所遮挡的那个空间
（2）理由	司凯沃拉曾说过

关于内部论题和外部论题的应用，西塞罗指出，它们并非在所有情况下都同样适当。在某些情形下，具体论题比其他论题都更恰当。在《论题学》余下章节中，西塞罗通过将不同论题使用与演说写作其他方面联系起来的方式，给出论题应用的解释。如，演说者采用的不同的提问类型，演说者发表的不同演说类型，演说者辩护的立场类型以及构成演说的不同要件。

2.5.2 波修斯的论题观

波修斯研究论题的两部著作是《论西塞罗的论题学》和《论题差异性》，后者才是他的经典著作。因此，我们主要将我们的讨论集中于他在《论题差异性》中的学说。这部著作有四卷：涉及关键词定义与讨论的引论（第4卷），阐述4世纪演说家、哲学家塞米斯丢斯（Themistius）的论辩论题观（第2卷），阐述西塞罗的论辩论题观以及对西塞罗和塞米斯丢斯两位作者分歧的比较与调和（第3卷），紧接着通过对论辩论题和修辞论题与讨论修辞本质的比较，阐明了修辞论题（第4卷）。

值得注意的是，波修斯把论证定义为一种应改变受众对某个立场信念态度的东西：“论证即提出相信怀疑事项的理由。”（Boethius，1978，1174D）这个定义表明，波修斯的著作旨在成为在论辩性争论和修辞演说语境下的信念生成指南，而不是在逻辑证明或哲学语境下的有效论证生成手册。由于论题是理由的概括，论证者可以在论题基础上寻找具体的理由维护其立场，因此，论题在争论和演说中扮演着重要的角色。论题功能反映在波修斯对论题的定义中："论题即论证所在地，从中论证者做一个与考虑问题相适合的论证。"（Boethius，1978，1174D）

波修斯区分了两类论题：第一类他称之为"最大命题"，第二类称之为"最大命题差"。这两个概念都很难解释。以下我们对两种论题都给出单独重构，且假如有的话，在发现与证成论证中澄清它们各自的功能。

波修斯把第一类论题最大命题当作一种自明真理意义上的命题，这种真理可用以充当受怀疑之物的证成：

> 存在一些命题，它们不仅本身已被知晓，并且没有其他更为根本的东西可证明之，这种命题被称为最大命题和首要命题。还存在一些由首要命题和最大命题为之提供信念的其他命题。（Boethius，1978，1185A）

这个定义有两种不同解释：其一，波修斯可能认为，最大命题是一种在第一原则或公理意义上的自明真理，其他命题都可以从中推导出来；其二，他可能认为，最大命题是一种潜藏在给定理由（前提）和该论证所支持的立场（结论）间的链接中证成原则意义上的自明真理。

从波修斯给出的最大命题例子来看，显然第二种解释更恰当。例如，当立场"摩尔人没有武器"为理由"他们缺乏铁"所维护时，他把"缺乏某种物质的地方，就缺乏由这种物质制成的物品"作为最大命题来提及（Boethius，1978，1189C－D）。下面这个重构表明，在这个例子中，最大命题作为理由和立场间隐含链接的证成，可以表达为"如果摩尔人缺乏铁，那么，他们缺乏武器"：

（1）立场	摩尔人没有武器
（2）理由	他们缺乏铁

续表

(3) 链接 (2) 和 (1) 的隐性前提	如果摩尔人缺乏铁，他们就没有武器
(4) 支持 (3) 的最大命题	缺乏某种物质的地方，就缺乏这种物质制品

除了隐性链接，最大命题还可以证成理由和立场间的显性链接。如下面这个例子，立场“医学技术是有益的”为理由“驱赶疾病、照顾健康和治疗创伤是有益的”和“如果驱赶疾病、照顾健康和治疗创伤是有益的，那么医学技术是有益的”所维护。波修斯在这个例子中提到最大命题“个体部分的固有属性必为整体所具有”（Boethius，1978，1188D）。下面的重构表明，在这个例子中最大命题的论证功能和前例一样，即为了支持条件前提使得从前件到后件的过渡在肯定前件式中有效：

(1) 立场	医学技术是有益的
(2) 理由	驱赶疾病、照顾健康和治疗创伤是有益的
(3) 链接 (2) 和 (1) 的隐性前提	如果驱赶疾病、照顾健康和治疗创伤是有益的，那么医学技术是有益的
(4) 支持 (3) 的最大命题	个体部分的固有属性必为整体所具有

总的来说，我们可以把波修斯称为最大命题的东西重构为在理由与立场间的某种隐性或显性链接的概括。同样，这种概括还可用来作为寻找立场辩护理由的启发式工具。而当最大命题外显时，它也可作为不需要任何进一步证成的“原则”，因而最终会提出一种相对于另一方立场的信念状态。

波修斯区分的第二类论题是最大命题差。这个术语有些令人迷惑，由于这类论题用于为第一类论题即最大命题的子类命名，这种分类也许会基于其与两类论题的不同用法相关而找到其基本原理。“差”只适用于启发式目标，即为给定立场寻求理由；而最大命题往往首先适用于论辩目标，即为理由与立场之间的链接辩护，尽管它们也可用于启发式目的。

波修斯在《论题差异性》中区分了内在差、外在差和中间差："所有论题，即最大命题差，必须从问题中的主项和谓项推出，或者取自外在词项，或者定位于主项与谓项的中间词项。"（Boethius，1978，1186D）内在差取自问题的主项或谓项，即受质疑的立场。如我们上文中所讨论的最大命题中，一种被称为诉诸物质原因的差，"某种物质缺乏，那么由这种物质所制造的东西也会缺乏"，即为一例。

外在差的词项并非取自立场，有个样本叫"诉诸相似原因"。最大命题的一个示例是，"如果某物以一种与被询问物相似方式而生来即存在，但该物并非一种特性，那么被询问之物也不是一种特性"。（Boethius，1978，1190D）在下例中，最大命题起链接前提的作用："马有四条腿与人有两条腿相似，然而，四条腿并非马的特性，因此，两条腿也并非人的特性。"（Boethius，1978，1190C－D）这种"外在"差的分类实际上有些不清晰，因为根据它能推演出的最大命题的确与争议立场词项有关，某物指谓理由主项的方式与指谓立场主项的方式相同。这个群组中的其他差也是如此。唯一可以称之为"外在"差的只有诉诸判断差，诉诸权威论证可以从中推演出：在这种情形下，某个完整命题被认为为真，因为某人说它是真的。

最后，中间差是指那些从某个方面来说与争议立场词项有关而从另一方面来说则无关的差。一个例子称之为"诉诸聚合差"。这种最大命题的一个例示为："如果正直的人是善的，那么，公正也是善的。"（Boethius，1978，1192C）这样的论题被称为"中间论题"，因为它们蕴含了所涉及词项的"某种小的变化"（Boethius，1978，1192C）。

就像论题在最大命题意义上一样，论题在差的意义上也可用来为某个给定立场寻求理由。这种启发式程序可以描述如下：例如，为了维护立场"摩尔人没有武器"，论证者可以采用内在差"诉诸物质原因"找到最大命题"缺乏某种物质的地方，就缺乏由这种物质制成的物品"。这个最大命题使得他能够构建理由"摩尔人缺铁"。与论题在最大命题的意义上所不同的是，论题在差的意义上不被看作证成理由和立场之间的链接前提。它们只是表达最大命题的属，因此只能作为论证者提出一个适合于当下情境之最大命题的启发式工具。

2.6 亚里士多德的三段论

在前一小节中，我们将诸如归于荒谬的结构、演绎论证定义以及各种演绎谬误等逻辑问题视为归为一种论辩论证语境之下。逻辑的进一步发展，使它成为一种可以应用于分析和评价论证的工具，这是由亚里士多德本人率先开展的。其最为著名的成果就是亚里士多德三段论理论，我们将随后介绍它。这个理论的主要阐释在他的《前分析篇》[①] 中可以找到。出于演示的目的，我们选择他理论中短小但是却至关重要的非模态部分进行介绍，这部分如今被称为直言三段论（AnPr.，[②] I. 4 – 7）。[③]《前分析篇》中，很大一部分都在讨论模态逻辑（AnPr.，I. 8 – 22），而直言三段论构成了亚里士多德逻辑的核心和最具影响力部分。[④] 根据罗素的观点，“在今天任何人想要学习逻辑，如果他读亚里士多德或他的任何一个门徒的论著，那都是在浪费时间” （Russel，1961，Chap. 22，p. 212）。不过，我们认为，通过学习亚里士多德逻辑的这个核心部分，读者将对大量逻辑概念有一个浅易的了解途径，并对逻辑理论的重要思想变得熟悉。这个理由对逻辑学学生和论证理论学生同样适用。[⑤]

我们在第 2.3 节和第 2.4 节中遇到了“*syllogismos*”这个希腊文，在

① 这项工作的英译本在《亚里士多德全集》第 1 卷（Aristotle，1984）中可找到。

② 在参考文献中，“AnPr.”代表《前分析篇》。

③ 这里“断言”代表了这个理论的非模态性质，在论证形式的前提和结论中，没有诸如“必然”和“可能”这样的量词部分，“直言”被用来描述这个理论中后来被人称为谓词逻辑的部分，以区别于假言逻辑或假言三段论构成命题逻辑的一部分。

④ 亚里士多德的模态三段论被普遍认为不融贯。将其以融贯方式描述的最新尝试参见马林克的论著（Malink，2006，2013）。

⑤ 我们的阐述必须简洁。欲知更多亚里士多德三段论的读者请参见亚里士多德的教材，还可参见下列文献，如史密斯的教材（Smith，1995）中的亚里士多德逻辑简介；涅尔夫妇的著作（Kneale & Kneale，1962）中长长的历史追述；博格尔的一篇讨论直言三段论的长论文（Boger，2004）；科科伦“对亚里士多德作为逻辑学家为其完满的想象力和技巧之声望的恢复”的现代诠释（Cororan，1974，p. 85）；巴尼斯推荐了许多阅读材料（Barnes，1995，pp. 287 – 293，esp. 291）和一个详尽书目（Barnes *et al.*，1995），其中提及由卢卡西维茨开始的各种三段论的现代诠释（Łukasiewica，1957）。

那里我们处理《论题篇》和《辩谬篇》并将它译为“演绎”和“演绎论证”。在这两部著作中，“*syllogismos*”这个词的定义几乎一字不差地在《前分析篇》中重现（AnPr.，I. 1，24b18－20），而实际上这个词是以一种更加严格的方式被使用，因此在当前语境下，最好还是将它译为“三段论”。这种严格是由于亚里士多德对这种可作为前提或结论出现在三段论中命题的详细规定。他的理论仅仅只适用于由这种命题或可重构为这种命题构成的论证。

2.6.1　三段论的语言

为了精确地表达三段论理论，亚里士多德在《解释篇》[①]和《前分析篇》中分析和收编了一部分希腊文，以便能毫无歧义地表达其理论所适用的所有论证中出现的命题。虽然他并没有定义出一套现代逻辑学式的形式语言，但他引入了不同类型命题的标准形式化方法达到了同样的目的。因此，亚里士多德是形式逻辑学的先驱。同时，我们必须理解，他的论证形式化并没有替代自然语言在论证中的使用，而只是给出一个清晰的解释表达。

在《前分析篇》中，亚里士多德引入了命题类型：

> 命题是一个有所肯定或有所否定的陈述句；[②]它要么是全称命题，要么是特称命题，要么是不确定命题。全称命题是指全部个体都具有某种属性或者无一具有某种属性的陈述句；特称命题是指部分个体具有某种属性而部分个体则不具有[③]或并非全部个体具有某种属性的陈述句；不确定命题是指对是否具有还是不具有某种属性，语句中没有任何全称或特称的标记，如“相反的事物是同一种科学的主体”，或“快乐是不好的。”（Aristotle，1984，Vol.，AnPr.，I. 1，24a16－22）

① 英译版见《亚里士多德全集》第1卷（Aristotle，1984）。

② 在论辩语境下，有时把希腊词“*protasis*”译作“前提”，有时又译作“命题”，这里必须解释为后者。

③ “Not to some”应解释为“to some not”，跟后面的“not to all”同样的意义。

由于每个命题必须要么肯定，即肯定某事，要么否定，即否定某事；而且每个命题要么全称，要么特称，要么不确定，因此，我们一共就有六种不同类型命题。[①] 这并不是说，亚里士多德就没有意识到还有其他类型命题。比如，他很清楚地知道还有一种单称命题，即只有单独词项的命题，如“苏格拉底是白人”。[②] 那仅仅只意味着其他类型命题在这个理论中并不起作用。然而，在亚里士多德对这个理论的应用范围非常有信心，他似乎认为，通过分析，所有演绎推理与证明最终都可以在狭义理论意义上划归为三段论（Smith，1995，pp. 42 – 43），因此，这六种命题并没真正限制。[③]

在六种命题中，两种不确定命题（即肯定和否定）被论述得很少。通常情况下，它们的性质被认为与对应的特称命题相似。[④] 如果不考虑不确定命题的话，我们在表 2. 2 中有正好四种命题，它们被称为直言命题。[⑤]

表2. 2 用类似亚里士多德集成部分希腊文的方式集成了部分英文。在例子中，直言命题是通过在命题形式中替换不同的[⑥]一般词项（在单称短语或等价短语中的可数名词[⑦]）为 *P* 和 *S* 而获得的。替换 *S* 的词项是主项，替换 *P* 的词项是谓项。亚里士多德的集成命题考虑到的表达式形式比我们引入的英文对应物有更多变种，而我们只对每种直言命题只规定一种命题形式。另外，他在命题形式中更常用的主谓词顺序是 *P*—*S*，而不是 *S*—*P*，意为“*P* 被断定为（或属于）所有 *S*”。因此，有些学者写成

① 这六种命题在《解释篇》第 8 章中同样有介绍。

② 参见《解释篇》第 7 章。

③ 史密斯参考了《前分析篇》第 1 章第 23 节和第 1 章第 32—44 节。另参见涅尔夫妇的著作（Kneale & Kneale，1962，p. 44）。当然，如果考虑模态词的话，这个理论会有更多命题类型。然而，无论如何，这种划归看上去似乎并不完全，亚里士多德曾承认，有些演绎是无法被划归为三段论的，比如，假言三段论和归于不可能论证（AnPr.，I. 44）。

④ 安全一点来说，在从某些前提到结论的论证中，不确定前提应该被看成特称的，而不确定结论则被看成全称。

⑤ 大写字母 A 和 I 在中世纪用来代表两种肯定命题：它们是拉丁词 *affirmo*（我肯定）的前两个元音字母。同样地，*nego*（我否认）的两个元音字母 E 和 O，被用来代表两种否定命题。

⑥ 总的来说，亚里士多德避免了自我断定（“所有 *S* 都是 *S*”）；见科科伦的著作（Corcoran，1974，p. 99）。

⑦ 如：天鹅、肉食动物、动物、骨、人类、无羽毛两足动物、白色物体、知道更多的人。

“*PaS*”、“*PeS*” 等，而我们则写成 “*SaP*”、“*SeP*” 等（如 Smith，1995；Boger，2004）。无论如何，亚里士多德并没有这样表达。

表 2.2　　　　四种直言命题：对当方阵

	肯定	否定
全称	全称肯定命题（A） 形式：所有 *S* 都是 *P* 符号化：*SaP* 例子：所有天鹅都是肉食动物	全称否定命题（E） 形式：所有 S 都不是 P 形式：*SeP* 例子：所有天鹅都不是肉食动物
特称	特称肯定命题（I） 形式：有 *S* 是 *P* 符号化：*SiP* 例子：有的天鹅是肉食动物	特称否定命题（O） 形式：有 *S* 不是 *P* 符号化：*SoP* 例子：有的天鹅不是肉食动物

亚里士多德解释到，O 命题是对应 A 命题的否定，反之亦然；因而“所有 *S* 都是 *P*” 和 “有 *S* 不是 *P*” 形成一对矛盾，即它们二者必然是一个真则另一个假。同样地，I 命题和 E 命题 “有 *S* 是 *P*” 和 “所有 *S* 都不是 *P*” 也是一对矛盾（*De Int.*，7，17b16 – 20）。A 命题与对应的 E 命题之间的关系则不同。根据亚里士多德的观点，它们是反对的：“所有 S 都是 P” 和 “所有 S 都不是 P” 不可同真，然而它们可以同假（*De Int.*，7，17b20 – 23）。进一步地说，很显然，根据亚里士多德的观点，全称命题比对应的特称命题在逻辑上更强一些：“所有 *S* 都是 *P*” 蕴含 “有 *S* 是 *P*” 且 “所有 *S* 都不是 *P*” 蕴含 “有 *S* 不是 *P*”。①

所有这些直言命题间的逻辑关系看上去都是合理的，然而，不幸的是，当不存在一般词项 *S*，即所有集合 S 为空时，无条件地全部接受它们，会导致不合理的结果。令所有集合 S 为空集，且 *P* 为其他任意一般词项，此时 “有 *S* 是 *P*” 显然为假。由于 “所有 *S* 都是 *P*” 蕴含了 “有 *S*

① A 命题为真蕴含对应的 I 命题真，这是根据《前分析篇》第 1 章第 2 节中的反对关系所推出（见后）。我们也可以如此推论，当 “所有 *S* 都是 *P*” 为真，它的反对命题 “所有 *S* 都不是 *P*” 必为假，因此，后者的否定 “有 *S* 是 *P*” 必为真。用同样推理方式，*E* 命题真也蕴含 *O* 命题真。

是 *P*”，那么“所有 *S* 都是 *P*” 也为假。因为“有 *S* 不是 *P*” 是“所有 *S* 都是 *P*” 的否定，则“有 *S* 不是 *P*” 必为真，因此所有集合 S 必不为空集，与假设矛盾。

这意味着，如果我们想要让亚里士多德提出的直言命题间的关系成立，我们必须约束三段论一般词项的语言，使得它可以适用于至少一个个体，即为非空词项。这有时被称为无限制存在引入假设。当然，也完全可以没有这个假设，只是我们将会得到另一种不同的逻辑，而不再是亚里士多德的三段论理论。

在我们转向三段论语言之前，必须再进一步评论一下直言命题的语义。我们可以假定：对于每个一般词项而言，都有一个相关概念和一个非空对象集合归入这个概念。在现代语言哲学中，一个常常被称为词项的“内涵”（用 S 表示），另一个则被称为外延。二者都是词项的意义。因此，对应于词项“天鹅”，有一个天鹅概念作为其内涵，还有一个所有天鹅构成的集合作为其外延。虽然并没有理由假定内涵对亚里士多德或我们来讲都不太重要，但为了把握亚里士多德逻辑，比较容易的是采取一种外延观点，即只考虑外延。因此，我们将“所有 *S* 都是 *P*” 译为集合 S 是 *P* 集合的子集，即没有 *S* 是非 *P*，而“所有 *S* 都不是 *P*” 意即集合 *S* 与集合 *P* 没有共同元素。进一步地我们将“有 *S* 是 *P*” 译为“所有 *S* 都不是 *P*” 的否定，即集合 *S* 和集合 *P* 至少有一个共同元素。最后，我们将“有 *S* 不是 *P*” 译作“所有 *S* 都是 *P*” 的否定，即至少存在一个元素属于所有集合 S 却不是集合 P 的元素。①

2.6.2 换位规则演绎

在讨论严格意义上的三段论之前，亚里士多德讨论了换位规则（An-Pr.，I.2）。这些规则使得，我们可以通过交换主谓项两个词项，而从一个直言命题推导出另一个直言命题。一个可以使用换位规则的直言命题被称为“可换位命题”。E 命题和 I 命题是可换位命题，“所有 *B* 都不是 *C*” 是“所有 *C* 都不是 *B*” 的换位后承，而“有 *B* 是 *C*” 是“有 *C* 是 *B*” 的换位后承。A 命题只能是部分换位命题，即“有 *B* 是 *C*” 是“所有 *C*

① 三段论语言的解释请参见涅尔夫妇（Kneale & Kneale，1962，pp. 64 – 66）。

是 *B*”的换位后承，而不能得出“所有 *B* 都是 *C*”。E 命题不仅可换位还可部分换位，即“有 *B* 不是 *C*”是“所有 *B* 都不是 *C*”的换位后承。然而，O 命题是完全不能换位的。

2.6.3　格的演绎

在三段论语言中，亚里士多德论证理论的核心部分，在于由两个满足特定条件的直言命题，可以借助它们的形式[①]产生出一个新的直言命题作为结论。最终，我们可以说，亚里士多德是以一种所谓三段论格的方式来研究论证的。我们将很快详述这些格。目前，我们可以简单地知道，格论证是这种论证：（1）具有两个前提和一个结论，每个都是由三段论语言构成；（2）只有正好三个不同的一般词项；（3）每两个命题都有一个共同词项。接下来的问题是，借助于它们的形式[②]，哪个格论证是三段论?[③]

两个前提中均出现的词项被称为中项。另外两个词项被称为极项。每个极项在前提和结论中都出现，其中一个称为大项，且出现大项的前提称为大前提；另一个称为小项，且出现小项的前提称为小前提。亚里士多德的“大项”和“小项”概念有点问题，而且有些特别。在后来 6 世纪的传统中，我们将依据此把大项定义为结论的谓项，而把小项定义为结论的主项。[④] 这里有一个格论证例子，且它是有效的，即它是一个三段论：[⑤]

---

① 一对直言前提的形式是通过确定每个前提代表四种直言命题（A、E、I、O）中的种类以及相同一般词项在这对前提中重复出现的情形来决定的。亚里士多德的问题并不针对通过一般词项的意义所获得的结论。

② 同样地，正如在那对直言前提的情形一样，论证形式是根据确定每个前提或结论代表四种直言命题（A、E、I、O）中的种类，且在论证中能够找到相同一般词项重复出现的情形来决定。亚里士多德的问题在此不针对通过一般词项意义所获得的结论。

③ 或者，我们可以说，根据形式，哪些论证格是有效的。在这里，我们要牢记，亚里士多德的三段论定义（包含有效性概念）与现代逻辑方法是不同的，因为根据亚里士多德的定义，三段论是不能循环论证的，也不能含有多余的前提。

④ 参见涅尔夫妇（Kneale & Kneale，1962，pp. 68 – 72）。

⑤ 亚里士多德曾经把三段论形式化为一个条件句，而不是像我们这里的三个不同命题。就现在这个例子而言，一个更加“亚里士多德式”的形式化为“如果所有天鹅都不是肉食动物，且有些鸟是天鹅，那么，有些鸟不是肉食动物，或者并非所有鸟都是肉食动物”。

(1) 所有天鹅都不是肉食动物。
(2) 有的鸟是天鹅。
所以，(3) 有的鸟不是肉食动物。

例 1　三段论的格

在例 1 论证中，(1) 和 (2) 是前提，(3) 是结论；“天鹅”是中项，“肉食动物”和“鸟”是极项，“肉食动物”充当大项，“鸟”充当小项；(1) 是大前提，(2) 是小前提。我们这个例子的论证形式如下：

(1) 所有 *S* 都不是 *P*。
(2) 有 *B* 是 *S*。
所以，(3) 有 *B* 不是 *P*。

这个形式可以符号化为：

(1) *SeP*。
(2) *BiS*。
所以，(3) *BoP*。

在这个符号化版本中，小写字母“a”、“e”、“i”和“o”显然代表了直言命题的种类。一个非三段论格的论证例子如下：

(1) 所有天鹅都是动物。
(2) 所有天鹅都是鸟。
所以，(3) 所有鸟都是动物。

例 2　无效论证格

在例 2 中，“天鹅”是中项，“动物”和“鸟”是极项；“动物”是大项，“鸟”是小项。其论证形式如下：

所有 S 都是 A。

所有 S 都是 B。

所以，(3) 所有 B 都是 A。

这个论证形式的无效性可通过给出反例来展示，即用通过展示论证前提真而结论假的形式：将“天鹅”替换为 S，“鸟”替换为 A，“动物”替换为 B，这就有了真前提“所有天鹅都是鸟”且“所有天鹅都是动物”，而其结论为假“所有动物都是鸟”。

为了组织这一部分研究，根据中项在前提中的位置，亚里士多德将三段论区分为三个格。在每个前提中，中项必须要么是主项，要么是谓项，但不可同时兼具。对于两个前提来说，有三种可能性：(1) 中项充当第一个前提的主项和第二个前提的谓项（第一格）；(2) 中项充当两个前提的谓项（第二格）；(3) 中项充当两个前提的主项（第三格）。对每个格来讲，亚里士多德考察了构成三段论各种前提组合。在处理第一格时，亚里士多德自己首先（AnPr.，I. 4）把论证限制为结论的谓项（大项）也是它出现的前提（大前提）谓项的论证，如在例 1 和例 2 中。因此，他跳过了大项（P）是大前提主项而小项是小前提谓项的三段论形式，如：

(1) 所有 P 都不是 M。

(2) 所有 M 都是 S。

所以，(3) 有 S 不是 P。

这并不是说，亚里士多德没有意识到还有这些三段论，只有一个可理解的例外，其他所有三段论都在《前分析篇》中被涉及（AnPr.，I. 7，29a19－27 和 AnPr.，II. 1，53a3－12）。这个例外是这种三段论，其结论比从前提中可演绎出的最强结论要弱。亚里士多德从未提及这种三段论。在后来的传统中，第一格论证形式（其中大项是大前提主项）被转换成单独的第四格，使得我们有一个整齐的三段论格之表，如表 2. 3 所示。

表 2.3　　　　　　　　三段论的四个格

	第一格	第二格	第三格	第四格
大前提	*M—P*	*P—M*	*M—P*	*P—M*
小前提	*S—M*	*S—M*	*M—P*	*M—S*
结　论	*S—P*	*S—P*	*S—P*	*S—P*

上述例 1 属于第一格，无效的例 2 属于第三格。[①] 例 1 的三段论形式或式在今天被称为“EIO－I”，其中，前三个大写字母代表论证中的直言命题类型（依次是大前提、小前提和结论），最后一个罗马数字代表格，在这个例子中是第一格。这个式被以一个学者名字“*Ferio*”来命名。[②]

在论证格中出现的每个命题都属于四种直言命题类型中的一种，每一格就有 4×4×4＝64 个式，四个格总共 256 个式。它们中的 24 个式（每个格 6 个式），其结论都是必然地从前提推出的，当然，要满足无限制的存在预设。如果不考虑存在引入预设，那么这个数字下降到 15 个，这 15 个式中前三格各占 4 个，第四格占 3 个。正如上文所述，亚里士多德并未讨论较弱结论的情况。有五个式是具有这样的特性，不过，亚里士多德肯定了其他所有式，因此，亚里士多德认可了共 19 种三段论格的式。由于三段论的第四格是在后来才被处理，故所谓亚里士多德三段论格式的数量经常被缩减到 14 个。[③]

2.6.4　有效性证明

对每个第二格或第三格的三段论以及后来属于第四格的情况而言，亚里士多德都通过展示为何结论必然地从前提得出而在元层面上提供了证明[④]。对第一格三段论（除后来被认定属于第四格的那些外）来讲，无需这种证明：第一格三段论被称为“完美三段论”，其含义是“除了陈述

① 某个论证属于三段论的某个格，并不代表它就是一个合理三段论。

② 请注意这个名字中的元音字母对应于直言命题的种类。

③ 请记住，第四格只含有一种较弱结论的式，我们已经减去它了。

④ 在元层面上，亚里士多德的证明展示了某些论证形式是三段论，但是，如果把它的一般词项替换为变元，这个证明依然可以在三段论语言层面上被阅读，以展示以这种语言的结论为真。

使必然明确外，其他什么都不用做”（Aristotle，1984，Vol. 1，AnPr.，I. 1，24b22－24）。作为证明的一个例子，我们引用亚里士多德为 EIO－II 三段论的一个证明，又叫作“*Festino*”：

（1）所有 *N* 都不是 *M*。
（2）有 *O* 是 *M*。
所以，（3）有 *O* 不是 *N*。

亚里士多德写道：

……如果所有 *N* 都不是 *M*，而有 *O* 是 *M*，那么，必然有 *O* 不是 *N*。因为这个否定命题是可以换位的，那么，所有 *M* 都不是 *N*，而有 *O* 是 *M*，所以，有 *O* 不是 *N*。通过第一格，可以发现一个演绎。（Aristotle，1984，Vol. 1，AnPr.，I. 5，27a32－36）

用我们的直言命题格式，我们可以将这个证明写为：

（1）所有 *N* 都不是 *M*（前提）。
（2）有 *O* 是 *M*（前提）。
（3）所有 *M* 都不是 *N*（从（1）通过 E 命题换位所得）。
（4）有 *O* 是 *M*（（2）重复）。[①]
（5）有 *O* 不是 *N*（从（3）、（4）通过 EIO－I（*Ferio*）完美式得到）。

这个证明是建立换位规则以及简单把这些程序链接起来（称为“直接证明”[②]）的第一格完美三段论之上的。然而，并非所有三段论都可以像这样来证明：有时必须采取间接证明，即归于不可能。在这种证明中，

① 在这里使用“重复”是为了在下一行更加清晰地应用“*Ferio*”。
② 亚里士多德采用的意为“直接”的词在这个语境中是“*deiktikos*”即明示的、提供证据的。

要假设结论的否定成立，再结合前提，通过连锁完美三段论和运用换位规则，我们可以得到一对矛盾。这表明并非所有假定都可以为真，因此，如果原来的前提为真，那么原结论的否定必然为假，因此，结论本身一定为真。为了说明这种程序，我们可以引用一个应用完美式 AAA－I 的例子，也称为“*Barbara*”式，来得到一个 AOO－II 式三段论证明，它也被称为“*Baroco*”。*Barbara* 和 *Baroco* 可以写为：

(1) 所有 *M* 都是 *P*。
(2) 所有 *S* 都是 *M*。
所以，(3) 所有 *S* 都是 *P*（AAA－I，*Barbara*）。

(1) 所有 *N* 都是 *M*。
(2) 有 *O* 不是 *M*。
所以，(3) 有 *O* 不是 *N*（AOO－II，*Baroco*）。

亚里士多德写道：

> 再者，如果所有 *N* 都是 *M*，且有 *O* 不是 *M*，那么，必然有 *O* 不是 *N*；因为如果所有 *O* 都是 *N*，且所有 *N* 都是 *M*，那么，必然所有 *O* 都是 *M*；而我们的假定是有 *O* 不是 *M*。(Aristotle，1984，Vol. 1，An-Pr.，I. 5，27a36－b1)

用我们的格式来看：

(1) 所有 *N* 都是 *M*（前提）。
(2) 有 *O* 不是 *M*（前提）。
(3) 假设：所有 *O* 都是 *N*（结论的否定）。
(4) [假设 (3) 成立] 所有 *N* 都是 *M* [(1) 重复]。
(5) [假设 (3) 成立] 所有 *O* 都是 *N* [(3) 复复]。
(6) [假设 (3) 成立] 所有 *O* 都是 *M* [由 (3)、(4) 通过 *Barbara* 得出]。

(7)［假设（3）成立］有 *O* 不是 *M*［（2）重复］。

到此，亚里士多德证明不再讲了，将剩余部分留给读者：由于（6）和（7）构成一对矛盾，假设（3）为假［假定（1）和（2）为真］，那么，它的否定"有 *O* 不是 *N*"必为真。

2.6.5 亚里士多德的反例法

在逻辑学中，表明某个论证形式无效，与表明它有效同等重要。在前面，当我们要证明例2论证形式的无效性时，我们已经看到如何通过反例手段来达成。亚里士多德用一种非常有效的方式选择反例，这被称为"反例法"。[①]

为了演示，我们举个例子。在第一格中有一对前提形式为"所有 *M* 都是 *P*，所有 *S* 都不是 *M*"，它是得不出任何 *S*—*P* 结论的（*P* 是大项，*S* 是小项）。我们不用去依次寻找四个反例，即为每种直言命题形式都找到反例，而仅仅只用提出两个相互反对的示例，即找到两个替换项 *P*、*M* 和 *S* 的方法，使得它们都源自真前提，却得出其中一个如"所有 *S* 都是 *P*"为真的结论和另一个如"所有 *S* 都不是 *P*"也为真的结论。第一个反例排除了两个否定结论，第二个则排除了两个肯定结论。[②] 用亚里士多德的话来说（词项顺序为 *P*、*M*、*S*）：

> ……如果所有 *M* 都是 *P*，且所有 *M* 都不是 *S*，那么，就不会有涉及极项的演绎了，因为从相关词项推不出任何必然的东西，可能所有 *S* 都是 *P*，也可能所有 *S* 都不是 *P*，因此，无论是特称还是全称结论，都不是必然的。然而，如果没有必然的结果能得出，那么，通过这两个命题就得不出任何演绎。作为一个极项间全称肯定关系的例子，我们可采用项为动物、人和马，作为一个全称否定关系，

① 参见涅尔夫妇的著作（Kneale & Kneale，1962，pp. 75 – 76）。

② 这种方法并不旨在排除其中 *P* 为小项的情形，如"有 *P* 不是 *S*"这样的结论。"有 *P* 不是 *S*"实际上来诉诸作为这里给出的例子的一对前提。然而，这种方法可以排除其他三个形式，如 *P*—*S* 的结论，其中，*P* 是小项。因此，这种方法可以被用来拒斥七种无效形式，而只采用两种项变元指派。

> 我们采用项为动物、人和石头。（Aristotle，1984，Vol. 1，AnPr.，I. 4，26a2－9）

对词项的第一个指派是：*P* 为动物，*M* 为人，*S* 为马。这使得我们得到两个真前提：“所有人都是动物”和“所有马都不是人”，且“所有马都是动物”也真，因此“所有马都不是动物”和“有些马不是动物”都假，这使得我们得到两个需要的反例，以示没有 *S*—*P* 的否定前提可以推出。

对词项的第二个指派是：*P* 为动物，*M* 为人，*S* 为石头。这使得我们再次获得两个真前提“所有人都是动物”和“所有石头都不是人”，且“所有石头都不是动物”也真，因此“所有石头都是动物”和“有些石头是动物”都假，这就得到我们需要的反例以示 *S*—*P* 的肯定结论也无法推出。

2.6.6 三段论的完全性

亚里士多德将所有第二格和第三格三段论都化归为第一格，因为亚里士多德表明了它们都可以通过三段论直接或间接证明方式只采用第一格和换位规则得到。亚里士多德还成功地进一步将第一格中的三段论化归为 AAA－I（*Barhara*）和 EAE－I（*Celarent*）。然而，这并未回答 *Barhara* 和 *Celarent* 以及换位规则是否足以用三段论语言对任意三段论都能给出直接或间接证明，而不论前提的数量。在提出一个更为包容的化归时，亚里士多德至少有这么多主张：

> 我们说得已经很清楚，这些格的演绎都可以通过第一格全称演绎（*Barhara* 和 *Celarent*）的手段变得完美并最终归结为它们。任何一个没有量词的演绎都可以这样处理，当任一演绎被证明都能通过这些格中的某一个或这些格的其他形式而形成时，这将很快变得清晰。（Aristotle，1984，Vol. 1，AnPr.，I. 23，40b17－22）

然而，在《前分析篇》第 1 章第 23 节中，证明尝试是不完全的，在其他方面，是有缺失的（Corcoran，1974，pp. 120－122）。尽管如此，它也证明了这个问题可以做出肯定回答（Corcoran，1972）。这意味着，在三段论语言内，作为直接或间接的形式演绎系统，这个系统由 *Barhara*、*Celarent*、重复规则和换位规则（I－换位和 E－换位）构成，它实际上是完全的。

2.7　斯多葛逻辑

斯多葛哲学为人所知，主要是因其伦理思想以及生活理念，然而，这些思想是源自逻辑学（包括语言哲学和认识论）和物理学（自然科学）研究所支撑的开端。在逻辑学中，斯多葛延续了约前400年由欧几里得创立的麦加拉学派传统，与亚里士多德以及亚里士多德学派后继者——逍遥学派相对立。这种对立由大约前300年芝诺在雅典创立的斯多葛学派继承，他本人则师承第奥多鲁（Diodorus Cronus）和斯蒂尔波（Stilpo）而受教于麦加拉传统。因而，就逻辑论证进路来讲，麦加拉学派和斯多葛学派，尤其是旧斯多葛学派（约前300年至公元130年），为我们提供了除了亚里士多德古典背景之外的第二种古典背景。

然而，第二种背景的概要更加难以辨别：与亚里士多德全集相对比的是，并没有麦加拉或斯多葛学派的逻辑研究著作得以流传至今。但这并不是说他们没有写这类著作。第欧根尼在他的《著名哲学家的生活》[①]中提到，斯多葛学派的第三位领导者克里西波（Chriysippus，circa. 280－206 BC）著有705本书，其中，311本都是关于逻辑的（O'Toole & Jennings，2004，p. 413）。即使考虑到通常七本古“书”才能算作如今意义的一本书，数量也相当多。不幸的是，不管是关于逻辑的还是关于其他的，我们现在一本都没有。我们甚至没有任何一本斯多葛学者过去撰写的叫作《逻辑导论》的书，而他们写得就像当代逻辑学教授所写得这么多。我们必须要处理观点的描述、解释与总结，而且引用几个世纪以后的其他古典作者的观点，但这些作者并不总是精通逻辑，他们常常是反对甚至是歧视斯多葛学派的观点。

---

① 参见第2.2节注释1。

我们主要的资源源自怀疑论医师恩披里柯（Sextus Empiricus，约公元200年）的著作《皮浪学说要旨》[①] 和《驳数学家》[②]，以及前述第欧根尼·拉尔修的流行著作。除此之外，我们还会补充一些其他学者的重要信息，如阿弗罗狄西亚的亚历山大（Alexander of Aphrodisias）、冒牌阿普列乌斯（Pseudo-Apuleius）、奥鲁斯·格利乌斯（Aulus Gellius）、波修斯、西塞罗、盖伦（Galen）、奥利金（Origen）和菲洛波努斯（Philoponus）的信息。

恩披里柯是一个极其认真的作者，不过，作为怀疑论者，他对斯多葛学派的看法却不友好。众所周知，第欧根尼是一位不值得信任之人，然而，对于斯多葛逻辑却并非如此，因为他能利用狄奥克莱斯（Diocles of Magnesia，前1世纪）的著作，"一个看上去公平对待斯多葛逻辑的人"（Mates，1961，p. 9）。总的来说，由于这些来源也不足以对斯多葛哲学家的具体观点进行梳理，我们必须梳理一些我们通过对不加选择的材料进行重构后的观点，从早期的斯多葛哲学家，其中克里西波是最重要的一位，到冒着风险得到的一组从整体上看无名的观点（Mates，1961，p. 8）。然而，这些来源虽然很少，这幅图景起因于高度原创和对逻辑的精细研究进路，这条进路只有在现代逻辑发展之后才能获得评价，这种发展从布尔开始到1935年弗雷格使卢卡西维茨得以将旧文本注入新解读的尝试变为可能（Łuksiewicz，1967）。

在这一节中，我们只能简要地勾勒出潜藏在他们的逻辑、他们引入的逻辑算子以及他们的形式三段论系统之下的斯多葛语言哲学。[③] 很快将变得清晰的是，很遗憾逍遥学派和斯多葛学派却极少倾趋于合作，而它

---

① 希腊名字 *Purrhôneioi Hupotupôseis*，缩写为"*PH*"（Sextus Empiricus，1933－1949）。

② 对这部作品集（Sextus Empiricus，1933－1949），各种希腊和英文标题都有被使用，或者对整部或者对部分："驳数学家"（英文：*Against the mathematicians* 希腊文：*Prosma thêmatikous*）、"驳专家"（*Against the professors*）、"驳独断论者"（*Against the dogmatists*）、"反对逻辑学家"（*Against the logicians*），等等，不过大多数时候拉丁文标题都是 *Adverslls mathematicos*，其缩写为"*AM*"。*AM* VII 和 VIII 就是书 I 和 II，分别对应地，就是《反对逻辑学家》（Sextus Empiricus，1933－1949，II）。

③ 这一节主要取自梅兹的专著（Mates，1961）、涅尔夫妇更加简要的阐释（Kneanle & Kneale，1962）和奥图尔和詹宁斯更长最新的阐释（O'Toole & Jennings，2004），尤其是博布青（Bobzien，1996）和希契柯克（Hitchcock，2002d，2005b）对形式系统的解释。

们的研究进路显然是互补的。简单地说，逍遥学派提出一种谓词逻辑，即亚里士多德三段论，而斯多葛学派则提出一种命题逻辑。公平地说，逍遥学派也致力于一种命题逻辑的研究，有标志表明亚里士多德曾指向那个方向，他的学生及合作者德奥弗拉斯特斯给出了一种“假言三段论”理论（Kneale & Kneale，1962，pp. 96 – 100，1055ff）。不幸的是，这两个学派并没有将它们的努力联合起来实现双赢，而是各自独立发展自己的逻辑术语。当西方古代晚期他们的术语融合时，逻辑最具创造力的时代已经结束，而那时逻辑术语的融合是混乱的，而不是有利的了。

2.7.1　符号及其意义

斯多葛学派将哲学分解为逻辑学（或论辩学）、物理学和伦理学。在这几个领域中，伦理学的研究对象是人们如何通向道德、和谐、幸福的生活。然而，美好生活要求人们能够洞察自然事件的过程（物理学），以及在这个过程中获取知识的方式，即逻辑学，广义上还包括语言哲学和认识论。

斯多葛学派是唯物主义者，他们把外在世界物体和每个人的精神表象都构想为有形的实体。我们的有些表象是理性的，其内容可以用语词来表达。而这些语词无论是作为声音还是文字的字符也都是物质的，它们是物理世界的组成部分；然而，语词所表达的内容和意义却被认为是非物质的，因而并不像物质实体一样实存（英文：*exist*，拉丁文：*huparchein*），它们只是虚存（英文：*subsist*，拉丁文：*huphistasthai/paruphistasthai*）。[①] 这种本体论的区分类似于梅隆（Alexius Meinong）的实存（英文：exist，拉丁文：*existieren*）与虚存（英文：subsist，拉丁文：*bestehen*）的区别（O'Toole & Jennings，2004，p. 463）。

举个马的例子，可以区分下列四种存在：

（1）外在世界真实的马。

（2）人心中马的理性表象。

（3）“马”这个语词的声音或文字表现。

---

① 其他虚存的非物质实体有“空间”、“位置”和“时间”，而虚构的实体也许属于另一种序列的存在（O'Toole & Jennings，2004，p. 461）。

（4）（2）的内容或（3）的意义。

其中，前三种是物质的、实存的，而最后一种则是非物质的且只是虚存的。斯多葛学派对最后一种存在的专业术语叫“可说之物”（*lekton*，复数：*lekta*），这个词的字面意思为“所说的东西”或“可被谈论的东西”，或更直接地翻译为“意谓之事”。“听不懂希腊语的人就是野蛮人”，虽然没有什么能阻止他们听到说出的声音。① 虽然能听到“*hippos*”这个词，他们却不能将这个词的意义与它相联系，因此，也不能形成马的理性表象，虽然他们可能对真实的马颇为熟知。

可说之物可以被分为两类：完全可说之物，其内容由语句表达，以及不完全可说之物，即其内容只能由部分语句表达，尤其是语法谓词。②完全可说之物还可以被分为好几种，分别对应于非物质内容的不同语句类型，还对应于命题、疑问、命令、祷告、诅咒和宣誓等不同言语行为类型（O'Toole & Jennings，2004，p. 443）。正如疑问句可以表达疑问，也可以用来提出疑问一样，陈述语句既可表达命题，也可以用来做出陈述。斯多葛学派将所谓“*axiôma*”（这里我们用命题来表示）定义为“一个由自身断定的完全可说之物”。③ 它们的概念就像所有命题的概念一样有其独特性：首先，概念名称不应混乱，“*axiôma*”与我们今天称之为公理（虽然它并非命题）的东西并不一样，命题并不需要一定为真，更不用说作为演绎系统的起点了。而只有这种可说之物才能明显地先要评定为真或假。④ 其次，说疑问、命令等是真还是假的，这毫无意义。命题是通过陈述句而不是疑问句和祈使句等来表达的。“可说之物”是非物质的。

到现在为止，斯多葛命题的特性看上去与现代概念的命题很相似，如弗雷格的思想，然而，它们之间仍然存在许多不同之处：第一，斯多

---

① 梅兹（Mates，1961，p. 11）根据《恩披里柯全集·反对逻辑家》中的表述改写（Sextus Empricius，*AM*，VIII. 12）。

② 此处我们无法就语法主词是否也是不完全可说之物的问题进行争论（O'Toole & Jennings，2004，pp. 450 – 456）。

③ 奥鲁斯·格利乌斯的《阿提卡之夜》第16章第8节（Mates，1961，pp. 27 – 28）。这个定义也可以参阅塞克斯都·恩披里柯《皮浪学说要旨》第8章第104节和第欧根尼《著名哲学家的生活和见解》第7章第65节。

④ “Axiôma”这个词显然是从动词“axiousthai”演变而来，意为“断定、断言”（O'Toole & Jennings，2004，p. 443），也可能是“评价、评估”（为真或假）的意义。

葛命题是时态命题，而我们宁愿认为时态是语句的一个属性。从弗雷格的角度来看，一个人在今天说“明天是约翰的生日”与在明天说“今天是约翰的生日”以及在后天说“昨天是约翰的生日”表达的命题是同一命题。然而，这三个语句表达了不同的斯多葛命题，因为时态既是这些命题的属性，也是这三个表达命题的语句的属性。斯多葛命题具有时态性的一个结果是，命题也能改变它们的真值，上述三个命题中任意一个只能在一年当中的某一天为真。

更引人注目的是，斯多葛命题有时会失效。例如，“这个人死了”——这里的“这个人”指某个叫狄昂的具体人，表达了一个斯多葛命题，然而当狄昂死去“这个人”不再指他的时候，这个斯多葛命题便不再存在。因此，命题“这个人死了”便不可能真了，因为命题必须存在才能有真值。然而，“狄昂死去了”这个命题是被允许为真的。因此，后面这个命题必须被算作一个不同的斯多葛命题（Kneale & Kneale, 1962, pp. 154 – 155）。

这种性质将斯多葛命题推至离那种孕育弗雷格式和波普尔式第三个存在领域中不食人间烟火的命题非常遥远的距离，而二者常常被拿来对比。不同的学者对这种对比有不同的看法。涅尔夫妇（Kneale & Kneale, 1962, p. 156）认为两种命题很相似，还因为它们“存在某种时态而不管我们是否想到”。而卢策尔曼斯（Nuchelmans, 1973, pp. 85 – 87）则反对这种看法。在这里，也许不大适合提出这样的讨论，然而，尽管存在这些困难，我们仍可以清楚看到斯多葛学派命题的概念为出现在现代论证理论中的“命题内容”的概念提供了一个重要的背景。

2.7.2　简单命题与复合命题

根据命题是否借助联结词由其他多个命题或某个命题被反复使用数次构成，斯多葛学派将命题分为复合命题和简单命题（Sextus Empiricus, AM, VIII. 93 – 95）。显然，他们在谈论命题构成时，与人们在谈论表达命题的陈述句构成时的方式几乎一样。

可以理解的是，由于否定词是不联结命题的，他们并没有将否定词算作联结词，因此，简单命题的否定仍然是简单命题。一个命题被假定为与自己的双重否定相等（Diogenus Laertius, LP, VIII. 69）。可以推测，真命题的否定便是假命题了，反之亦然。那些不是否定命题的命题则可以通过另外方式变为否定：它们的主词可以是等于“没有人”或“没有什么东西”，谓词也可以是否定前缀词（如“不仁慈的”）。[①] 另一种简单命题的分类方式是用主项的性质：除了变为否定（“没有人”或“没有什么东西”）外，主项还可以是：（1）在被提及情形下的指示性短语（“这个人在行走”），其中，演讲者指着某个具体人；（2）不确定的（“有人在行走”）；或（3）在被提及情形下的名词（“狄昂在行走”）。第一类简单命题为真，当且仅当，谓词确是归属于指示短语所意指的对象。第二类命题为真，当且仅当，某个对应的具有指示主词的命题为真。[②]

涅尔夫妇（Kneale & Kneale，1962，p. 146）评论说，在亚里士多德全称肯定命题中，是不存在斯多葛简单命题的，如“所有人都是终有一死的理性动物”，并给出斯多葛学者也许已经将全称肯定命题分析为概括性假言命题的证据，如：“如果有任何东西是人，那么，他是终有一死的理性动物。”在这个例子中，全称肯定语句可以表达一个复合命题。

复合命题可根据其主要命题联结词进行分类。[③] 第欧根尼列出七种（Diogenes Laertius，LP，VII. 71 – 73）。最重要的有：

（1）假言命题，如“如果是白天，那么天是亮的”。

（2）合取命题，如“现在是白天，且天是亮的”。

（3）析取命题，如“或者是白天，或者是夜晚”。[④]

合取命题和析取命题并不必然局限于两个支命题，实际上可以各自通过多个“并且”或“或者”反复出现而联结，如“现在天是亮点，并

① 这种转化否定的方式可以合并：“并非无人是不善良的。”

② 请参见涅尔夫妇（Kneale & Kneale，1962，pp. 145 – 147）、奥图尔和詹尼斯（O'Toole & Jennings，2004，pp. 465 – 466）、恩披里柯（Sextus Empiricus，*AM*，VIII. 96 – 100）和第欧根尼（Diogenes Laertius，*LP*，VII. 69 – 70）的论著。当一个对应的第一类命题为真时，第三种命题才为真，但这也不尽然如此，因为当指示词不可能指称狄昂时，“狄昂死去了”也可能为真。

③ 主要联结词即是决定整个命题而不只是一部分命题的联结词。

④ 其他类型例子还有如：“由于是白天，所以，天是亮的”（推论性的），“因为是白天，天才是亮的”（因果性的），“宁愿现在是白天，而不是夜晚”（暗示更大的程度）和“现在与其说是晚上，还不是如说是白天”（暗示更小的程度）。请参见涅尔夫妇的著作（Kneale & Kneale，1962，pp. 147 – 148）。

且，现在是白天，并且，狄昂常常跑步，并且，苏格拉底常常步行，并且……”。

在麦加拉学派和斯多葛学派之间，假言命题的语义颇有争议。在诸多讨论的提案中，芝诺的同时代人斐洛（Philo of Megara）成功提出现在称之为实质蕴含的真值条件：条件命题“如果 A，那么 B”为真，当且仅当，并非 A 真且 B 假。另一方面，芝诺的老师第奥多鲁也认为条件句“如果 A，那么 B”为真，当且仅当，任何时候都不可 A 为真而 B 为假。这预设了命题是可以根据时间来判定真值的，因此，我们将第奥多鲁的条件句写为“对任意时间 t，如果在 t 时 A 为真，那么，在 t 时 B 也为真”。

然而，斯多葛学派最常见的观点常被认为归于克里西波，认为前件（A）和后件（B）之间有某种密切联系，因而在前件为真的情况下，后件也必须得真（O'Toole & Jennings，2004，pp. 484 – 489）。因此，条件句“如果 A，那么 B”为真，当且仅当，B 的矛盾命题（cB）与 A“有冲突”。这里提及的所谓“有冲突”的概念，是指 A 和 cB 不能同真，但那并不是说 A 和 cB 必须是逻辑不一致的。也可以是 A 和 cB 因为某些物理原因而不能同真。进一步地讲，如果是冲突的，A 和 cB 必须是彼此不同的，并且仅仅因为 A 和 cB 其中一个是必然假而无法同真的情况也必须排除（Hitchcock，2002d，pp. 10 – 11）。[①] 在这一节中，我们将假定斯多葛条件句是用这种方式来解释的。

合取的斯多葛语义与现代古典逻辑是一致的：一个合取命题为真，当且仅当，任意一个合取支（相互联结而构成合取命题的命题）真。和否定一起，合取命题产生了现代古典命题逻辑的全部表达力，这并不是说斯多葛学派拥有了那种逻辑。

关于斯多葛析取命题语义，其来源则不同，不过，它看上去很可能是：一个析取命题被认为真，当且仅当，它由一个由联结命题（其析取支）序列（无重复）构成，使得不同析取支之间有冲突，而其中一个析

① 没有一个命题自我冲突，逻辑虚假的命题也不行。因此，对任意命题 A，条件句“如果 A，那么 cA”也是假的（因为 $ccA = A$）。显然，斯多葛条件句并非古典条件：我们不如说它是一种联结词逻辑（Wansing，2010）。

取支为真（Hitchcock，2002d，pp. 12 – 14）。①

2.7.3 论证

根据斯多葛学派的观点，论证是一个由前提和结论组成的体系（Diogenus Laertius，LP，VII. 45）。显然，前提和结论都必须是命题。然而，论证并不是复合命题，因为以之组成论证的命题之间并不是用联结词联结在一起的。当然，并不排除结论与前提相同的情况，但是通常可以排除只有一个前提或没有前提的情形。②

一个论证是有效的，当且仅当，其结论的矛盾命题与前提的合取相冲突（Diogenus Laertius，LP，VII. 77）。考虑到对条件命题的最常见斯多葛语义，它将斯多葛学派引向下列条件化原则：一个论证是有效的，要恰好那个条件命题即所谓关联条件句为真，且这个条件命题的前件是一个由这个论证的所有前提构成的合取命题，而其后件正等于论证的结论（Sextus Empiricus，PH，II. 137）。③

一个论证被认为是真的，当且仅当，它是有效的且其所有前提为真，并且结论也为真。一个论证是演证性论证，当且仅当，它有效且为真，并且是由预先明显的前提推导至非明显的结论。最后，如果一个论证是有效的、真的、演证性的，并且还引导我们发现了结论，如并非仅仅是基于诉诸权威论证而接受结论，那么，这个论证是一个证明（Sextus Empiricus，PH，II. 138 – 143）。

① 我们同意希契柯克（Hitchcock，2002d，p. 14）的观点，他曾假设“一个析取命题为真，当且仅当，其中一个析取支真并且每一个析取支都与其他析取支相冲突”（“半联结词”解释）。依照句法地，一个析取支可以在一个序列里反复出现，然而，这样的话，这个析取命题就为假了，因为没有命题与自身冲突。

② 然而，曾在约公元前 150 年位居斯多葛学派之首的安提帕特（Antipater of Tarsus）“断言还可能构建只有一个前提的论证”［Sextus Empiricus，1933 – 1949，II，*Against the logicians* II（= *AM* VIII），443］。

③ 恩披里柯的这个段落中所表达的条件化原则可以通过梅兹下面的话来补充：“有些论证是有效的，而有些是无效的：有效是指任何前提的合取为前件且其后件为结论的条件命题为真。”（Mates，1961，p. 110）

2.7.4 斯多葛形式系统

某些有效论证被称为三段论。它们即为所谓非演证式论证[①]和那些化归为非演证式论证的论证（Diogenus Laertius，LP，VII. 78）。词项“非演证的”和“化归”指的是斯多葛学派为表明某种论证有效而提出的形式系统。显然，这个系统并非旨在描述所有有效论证：首先，它仅针对命题逻辑（负命题、假言命题、合取命题和析取命题），然而即使在这个领域内，这个系统看上去依然并不完全。判断这个系统是否真的完全也很困难，因为只有一部分系统流传给我们。[②]

在斯多葛形式系统中，“化归”从一个必须被表明为三段论的给定论证开始。运用被称为“泰马”（*Thema*）[③] 的化归规则，这个论证被替换为另外一个或两个论证。借助化归规则所引入的论证，或者属于不再需要化归的五种（见以下清单）非演证式论证之一，或者进一步需要继续使用化归规则进行化归。一旦所有不再继续化归的论证都属于非演证式论证，化归便完成。在那种情况下，从那个化归开始的论证都被表明是三段论。非演证式论证显然是有效的，而且在化归中，所有化归都照顾到其他论证的有效性。

完全化归也可以被看成演绎，非演证式论证可以看成公理，化归规则的逆否命题可以看成演绎规则，而给定论证可被看作其结论。不过，请注意它可能是一个由论证而不是命题构成的元演绎。[④]

五种非演证式论证对于我们来说实质上是简单描述。一个描述可以涵盖不止一种论证形式，而这个描述可能容许比这里展示的论证形式还

---

① 单数形式：*anapodeiktos*。这里使用的这个语词与上述词项“演证式的”并不相关。它可被解释为“非演证式的”或“不可演证的”。

② 此外，对“冲突”这个词的解释也有不确定性，因而对“有效性”的范围也一样不确定。一个具有多余前提的论证可以是有效的吗？很可能是无效的，因为恩披里柯否认它（Sextus Empiricus，*AM*，VIII. 429，431），不过，从根据上述词项“冲突”而来的有效性概念来看，这并非立即显然（Diogenes Laertius，*LP*，VII. 77）。

③ 复数形式为 *themata*。

④ 在这方面，斯多葛形式系统类似于现代逻辑中的相继式演算或舞台系统。

要多的论证。[①] 我们将呈现不同类型的描述，且对于每个类型来讲，那个描述只涵盖了一种论证型式。在论证型式中，斯多葛学派用序数表示命题变元，而我们则使用大写字母。前提与结论将通过一条斜线分开。引号内的描述我们采用的是博布青（Bobzien，1996，p. 136）的做法，用“非演证式论证”替换“不可演证式论证”，且将引入某些微小的改动：

> (1) 第一种非演证式论证是一个由假言命题构成的论证，其中由前提构成前件，而假言命题的后件为结论。(Sextus Empiricus，AM，VIII. 224；Diogenus Laertius，LP，VII. 80)
>
> 论证型式：如果 A，那么 B；A / B。

在后来的传统中，这个推理模式变成为人熟知的肯定前件式推理，或简称为分离规则：

> (2) 第二种非演证式论证是一个由条件命题构成的论证，其中由后件的矛盾命题作为其前提，而其前件的矛盾命题作为结论。(Sextus Empiricus，AM，VIII. 225；Diogenus Laertius，LP，VII. 80)
>
> 论证型式：如果 A，那么 B；非 B / 非 A。

在后来的传统中，这个推理模式变成为人熟知的否定后件式推理或简称为逆分离规则。

斯多葛学派能明确地识别出遵循肯定前件式和否定后件式模式的论证是有效的，我们也毫不奇怪，他们能意识到遵循否定前件论证（Sextus Empiricus，AM，VIII. 432 – 433；Diogenus Laertius，LP，VII. 78）和肯定后件论证是谬误的（Sextus Empiricus，PH，II. 147 – 149）。这种论证被认为无效，是因为其用不好的形式提出来。

---

① 例如，第二种非演证式论证还包括“如果非 A，那么非 B，B；所以 A”等形式的示例，并且合取必须被看作等值于包括“A 并且 B，B；所以非 A”形式之示例的所谓第三种，析取也一样。此外，根据其他文本，描述可能被扩充至涵盖不止两个合取支的合取命题和不止两个析取支的析取命题（Hitchcock，2002d，pp. 24 – 28）。

> (3) 第三种非演证式论证是一个论证，其中由合取命题的否定以及其合取支作为前提，而剩余合取支的矛盾命题作为结论。(Sextus Empiricus，AM，VIII. 226；Diogenus Laertius，LP，VII. 80)
>
> 论证型式：并非A且B，A/非B。

在后来的传统中，这种推理模式及其导出模式，曾被称为肯定否定式。

> (4) 第四种非演证式论证是一个论证，其中由一个析取命题及其某一析取支作为前提，而该析取命题剩余析取支的矛盾命题作为结论。(Diogenus Laertius，LP，VII. 81)
>
> 论证型式：要么A，要么B；A/非B。

在后来的传统中，这种推理模式及导出模式，曾被称为肯定否定式。

> (5) 第五种非演证式论证是一个论证，其中以一个析取命题和其中一个析取支的矛盾命题作为前提，而其剩余析取支则为结论。(Diogenus Laertius，LP，VII. 81)
>
> 论证型式：或者A或者B，非A/B。

在后来的传统中，这种推理模式曾被称为否定肯定式。

因此，我们对什么是非演证式论证有了一个很好的考察。而对于 *themata* 规则，即用来将论证化归为其他论证并最终化为非演证式论证的化归规则，我们则不那么幸运了。大体有四种化归规则，但我们只有其中的第一、第三种的版本，后者还有两个不同版本。我们也知道第二、第四种化归与第三种相似。[①] 此外，还有些论证我们已知是三段论和另外许多我们假定不是三段论的论证。这种情况导致了把剩余论证重构为斯多葛系统的努力。在给出新重构之前，希契柯克（Hitchcock，2002d，p. 3）列出了较早的十种重构，其中有一种是他自己的。我们并不打算试图添

① 在相继式演算中，后三种化归一起承担起切割规则工作。

加进这个清单，我们只想通过描述第一种和第三种化归版本来结束我们对斯多葛系统的讨论，然后给出两个只使用这些规则的化归例子。

第一种化归规则允许我们将一个有前提 P 和结论 C 的给定论证转化为另一个论证，其中结论为 P 的矛盾命题（cP），而前提相同，只是 P 被替换为 C 的矛盾命题（cC）：

化归规则 1：论证 X，P/C 化归为论证 X，cC/cP。

这里“X”代表其他前提。

我们将在例子中使用的第三种化归版本，允许我们可用下述方式把给定论证化归为两个其他论证：

化归规则 3：论证 X，P/C 化归为论证 X/Q 和 Q，P/C。

由于化归规则的逆否命题就是演绎规则，即从一个论证演绎至另一个论证，化归规则还可以表达如下，也就是我们通常表达它的方式：

化归规则 1：从有效论证 X，P/C，我们可得到有效论证 X，cC/cP。[①]

化归规则 3：从有效论证 X/Q 和 Q，P/C，我们可得到有效论证 X，P/C。

作为斯多葛命题系统的第一个化归例子，我们将从怀疑论哲学家埃奈西德穆（Aenesidemus）提出的论证开始：“如果明显的东西以同样方式出现在相似条件（A）下，并且这些迹象也是明显的东西（S），那么，这些迹象也以同样方式出现在相似条件下（L）；明显事物以同样方式出现在相似条件下；并且这些迹象并未以同样方式出现在相似条件下；因此，这些迹象不是明显事物。”［Sextus Empiricus，1933 – 1949，II，*Against the logicians* II（=*AM* VIII）. 234］我们可以对这个论证进行化归，

① 请不要忘记 $ccA = A$。

然而，对其论证形式做化归更容易[①]：

1. 如果 *A* 并且 *S*，那么 *L*，*A*，非 *L*/非 *S*。

由化归规则3，论证1可化归为

1.1 如果 *A* 并且 *S*，那么 *L*，非 *L*/并非 *A* 并且 *S*（非演证式类型2）

且

1.2 *A*，并非 *A* 且 *S*/非 *S*（非演证式类型3）。

这个化归即完成，其化归为两个非演证式论证，表明初始论证为有效，甚至是一个三段论。

第二个例子稍微有点复杂。[②] 我们只给出论证形式：

1. 如果如果 A 那么 B，且 *C*，那么 *D*；如果 *D* 那么 *E*；非 *E*；*C*/并非如果 A 那么 B。

通过化归规则1，论证1化归为

2. 如果如果 A 那么 B，且 *C*，那么 *D*；如果 *D* 那么 *E*；如果 A，那么 B；*C*/*E*。

通过化归规则3，论证2化归为

2.1 如果如果 A，那么 B，且 *C*，那么 *D*；如果 A，那么 B；*C*/*D*

① 这个化归或分析由恩披里柯提出（Sextus Empiricus，*AM*. VIII. 235 - 236）。虽然我们只展示了形式，我们将继续讲“论证”。

② 参见博布青（Bobzien，1996，p. 161，n. 54）和希契柯克（Hitchcock，2002d，p. 58，S14）。

并且

2.2 D，如果 D 那么 E/E（非演证式类型 1）。

通过化归规则 3，论证 2.1 可化归为

2.2.1 如果 A，那么 B，*C*/既如果 A，那么 B，又 *C*

并且

2.2.2 如果 A，那么 B，且 C；如果如果 A，那么 B 且 C，那么 D/D（非演证式类型 1）。

通过化归规则 1，论证 2.2.1 可化归为

2.2.1.1 如果 A，那么 B，并非既如果 A，那么 B，又 C/非 C（不可演证式类型 3）。

既然所有非化归论证都属于非演证式论证，初始论证化归已完成。这表明论证有效且是三段论。

即使斯多葛系统究竟想产生何种论证，以及是否做到了，这并不清楚，我们仍然对其精巧性和系统构建的严格性感到由衷钦佩，并认可他们对论证理论的贡献。①

2.8 亚里士多德修辞学

在第 2.2 节中，我们提到修辞学早期发展的几个关键人物。他们中有些人被归功为“发明”了修辞学，克拉克斯、提西阿斯和恩培多克勒；

① 希契柯克提出了这个系统的一个新重构，要找到仅以命题变元和该系统逻辑算子组成而又有效却不能在该系统内证明有效的论证极其困难。“困难是令人吃惊的，因为这个系统初看有明显的缺陷。”此外，他认为值得注意的是这个系统“可以证明系统内形式有效模式（即论证形式）可表达的那些论证的有效性，而这种论证我们倾向于在真实推理和论证中使用”（Hitchcock，2002d，pp. 67 – 68）。

有些因教授修辞学而为人熟知，如智者和伊索克拉底；还有些因批评并且进一步发展学科而著名，如柏拉图和《亚历山大修辞学》的匿名作者。虽然这些作者已经形成了关于说服现象的有用洞见，亚里士多德却对他们的进路不满意，在他眼中，那太过局限了（*Rhet.*，I. 1，1354a11－18）。他的《修辞学》包含了一个修辞的新定义，对前辈教授的批评以及对修辞学重要概念的阐述。在这一节中，我们将讨论亚里士多德发展的主要见解。①

2. 8. 1　修辞学的定义

根据亚里士多德的观点，修辞术与论辩术相同，因为它并不局限于任何具体对象领域，亚里士多德认为科学就是如此，而且是可以被一般地应用。就像其他技艺一样，它并不能保证成功，却能使人看清什么是真实的而什么仅是表面看上去的说服手段（Rhet.，I. 1，1355b7－17）。

与他的前辈把修辞定义为“语言技能”或“说服工作者”所不同，比如，柏拉图在 1997 年版《高尔吉亚》中描述的高尔吉亚定义，亚里士多德把修辞术定义为：②

> 修辞术可定义为一种在任何给定情形下观察可用说服手段的能力。这不是任何其他技能的功能。其他每种技能都指导或说服其自身特定主题内容，如：医学是关于何为健康和不健康的；几何学是关于空间数量程度性质的；算术是关于数的；其他技艺和科学亦是如此。而修辞学，我们却将它看作是一种觉察几乎能呈现给我们任何主题说服手段的能力，这也是为什么我们说，在技术上，修辞学与任何具体明确主题类无关的原因。

从这个定义开始，亚里士多德在其《修辞学》第 1 卷和第 2 卷中讨

① 这一节选自肯尼迪（Kennedy，2001）和拉普（Rapp，2010）的论著。参见拉普（Rapp，2002）将亚里士多德的《修辞学》译成德语并附有详细评论，包括对二级文献的讨论。

② 参见亚里士多德在《论题篇》（Topics，VI. 12，149b26－27）中对修辞学家即为能在任何给定情形下看见可用说服手段之人的定义。

论了寻找他称之为思想的演说材料。在第 3 卷中，他讨论了演说措辞（称为“风格”）、演说不同部分的排序（称为“布局”）以及范围非常有限的实际演说表演（称为“发表”）。这些概念为后来的作者所采纳，并收入“演讲者的任务”的标题下，即演讲者为了产生说服性演说所必须完成的一个连续程序步骤清单。最终，这个清单包括如下项目：（1）构思；（2）布局；（3）措辞；（4）记忆；（5）发表。在修辞学中，亚里士多德的主要关注在于演讲者任务的第一项，即论证构思。第 1 卷和第 2 卷完全致力于这个论题。有些学者甚至相信致力于其他项目的第 3 卷，起初是一项独立的工作，只是后来才与第 1 卷和第 2 卷合并在一起（Aristotle，1984，Vol. 2，Rhet.，1. 2，1355b26 – 35）。

2. 8. 2 说服模式

就演说内容构思而言，亚里士多德做出了几个区分。这些区分后来被推崇为古典修辞学体系。其中，说服模式有一个基本区分。根据亚里士多德的观点，某些说服手段是非技术，即它们是修辞学技能之外的：它们并非由演讲者所构造，而是显然一开始就有的。他提到了证人提供的证据、饱受折磨的奴隶所提供的证据以及书面合同所提供的证据的例子。在属于修辞技巧意义上，其他说服手段都是技术，因为它们是由演讲者在说服听众接受某个争议问题立场的过程语境中所提供的（Rhet.，I. 2，1355b35 – 39）。

根据观察，演说总涉及演讲者、主题和听众（Rhet.，I. 3，1358a36 – b2），亚里士多德区分了三种技术说服手段或“模式”：

> 由口头语词所提供的说服模式有三种：第一种取决于演讲者的个人品格；第二种取决于将听众置于具体心境；第三种取决于演说语词自身提供的证明或表面证明。（Aristotle，1984，Vol. 2，Rhet.，I. 2，1356a1 – 4）

有趣的是，亚里士多德为前两种说服技巧模式的说服效果提供了心理解释。当演讲者通过将他自己作为值得信任之人而企图达到说服目的之时，伦理学说服模式的实效性是建立在心理事实之上的，即“比之其他人，我们更加完全和乐意相信好人：大体上来说无论什么问题都是这样，而当精确确定性不可能获得而意见又不统一时更是完全如此”（Aristotle，1984，Vol. 2，Rhet.，I. 2，1356a6－8）。当他在《修辞学》第 2 卷中返回说服手段时，亚里士多德评论道：“有三种东西可以激发演说者自身的性格自信心，这三种东西就是诱使我们抛开任何证明都会相信的东西，即强判断力、卓越才能和善良意志。”（Aristotle，1984，Vol. 2，Rhet.，II. 1，1378a6－8）

当演讲者企图以激起听众情感方式达到说服目的，诉诸情感说服模式的实效性是建立心理事实“当我们愉悦和友好时，与当我们痛苦和愤怒时，我们的判断是不同的”之上的（Aristotle，1984，Vol. 2，Rhet.，I. 2，1356a15－16）。由于这个原因，亚里士多德在《修辞学》第 2 卷第 2 章第 17 节中给出了几种情感定义。这些知识使演讲者可以突出争议主题的那些方面，以唤起听众与促进己方观点相关的情感。

虽然亚里士多德在《修辞学》第 1 卷中谈到，演讲者自身性格“也许几乎可以被称作最有实效的说服手段”（Aristotle，1984，Vol. 2，Rhet.，I. 2，1356a13），他其后的各种说服模式都是关注于逻辑的。以在《论题篇》和《分析篇》中区分演绎和归纳作为起点，亚里士多德在《修辞学》第 1 卷第 2 章中将逻辑说服手段分解为省略三段论和例证。在省略三段论中，某些东西通过迹象或可能性用演绎方式得以证明；而在例证中，某些东西却以归纳方式得以证明。亚里士多德注意到，在演讲者针对听众的演说修辞语境下，省略三段论中所采用的演绎并不需要完全。听众成员通常都可以在涉及争议问题背景知识的协助下自行添加缺失部分：“省略三段论必须由少量命题构成，其数量通常少于以其构成的基本演绎。因为这些命题中的任何一个只要是熟悉的事实，都无须再提到它；听者可自行添加它。”（Aristotle，1984，Vol. 2，Rhet.，I. 2，1356a16－19）至于迹象，亚里士多德在使用非必然迹象和使用必然迹象之间做出区分，前者构成一个可反驳论证，而后者则构成一个不可反驳论证。

亚里士多德对可用于演讲者的技术说服手段的区分将在图 2.2 中总结。

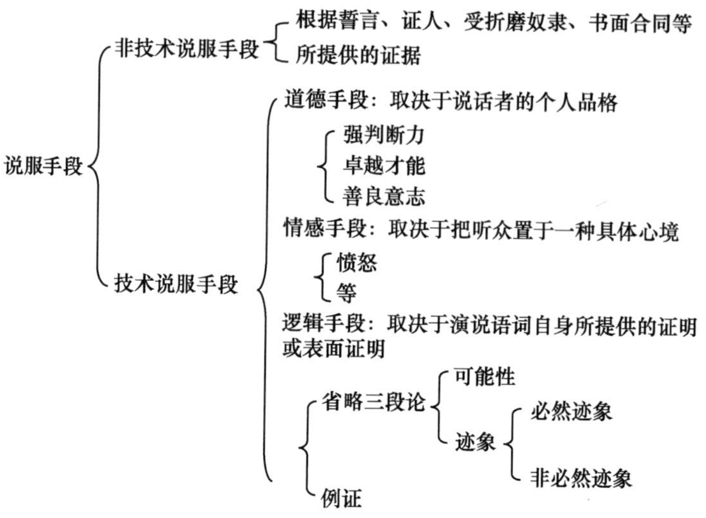

图 2.2　亚里士多德对说服手段或模式的区分

2.8.3　三种体裁

另一个亚里士多德做出且为大多数学者所采用的重要区分，是演说三种体裁或“修辞体裁”区分（参见 Rhet.，I.3）。亚里士多德对这个区分提出了下列基本原理：在听演讲时，听众要么判断演讲者所辩护的观点是否值得接受，要么观察演讲者的修辞质量。在前者情况下，争议问题可能是涉及过去实施的行为，或可能是涉及未来要实施的行为。沿着这个考虑，有三种演说体裁需要处理：（1）协商型体裁，其中，听众要判断演讲者把未来行为作为有利或不利资格的可接受性；（2）司法型体裁，其中，听众要判断演讲者把过去行为作为公正或不公正资格的可接受性；（3）仪式型体裁，其中，听众观察演讲者的修辞质量，且针对要么赞扬要么谴责的某人或某事，演讲者提出了无争议的立场。这三种体裁及其特性均在表 2.4 中得到总结。

2.8.4　修辞论题

正如在《论题篇》中所出现的那样，《修辞学》为论题提出了描述，它有助于演讲者找到针对立场的具体论证（参见第 2.3 节）。利用这个涉及演说体裁的区分，在《修辞学中》亚里士多德还区分了公共论题与特殊论题，前者是指那些可用于所有体裁中构建省略三段论的论题，后者是指那些建立在属于与具体演说体裁相关的科学命题基础之上的论题。

表 2.4　亚里士多德对三种演说风格的描述

体裁	听众功能	主题	子体裁
协商型体裁	裁判者	未来行为的利弊	劝告和讨论
司法型体裁	裁判者	过去行为的公正性	起诉和辩护
仪式型体裁	观察者	人或事件的荣誉	赞扬或谴责

在《修辞学》第 2 卷第 23 章中，亚里士多德介绍了一个有 28 种公共论题清单。正如在《论题篇》中那样，每种论题描述通常但并非总出现下列要素：论题名称、通则、论证者指引、一些例证以及一些进一步评论。虽然《修辞学》中提及的论题与我们在《论题篇》中发现的有所重叠，这个清单并不只是《论题篇》中所提供材料的缩小版，而是对正准备演说的演讲者来说特别有用的论题精选。根据布拉特的观点，“亚里士多德并未像他的修辞论题一样达到他的论辩论题：从修辞实践来看，前者看上去更像演绎设计，而后者更像归纳设计”，并且这就是“《修辞学》中的论题具有所有并未出现在《论题篇》中的因果类型论题，更接近于今天的论证型式的原因”（Braet，2005，p. 67）。[①]

根据布拉特的观点，《修辞学》中提到的公共论题根据它们各自所属主题而得以分类：反对、比较、分类、归纳[②]、权威和因果（Braet，2007，pp. 168 – 171）。对每个主题来讲，亚里士多德都给出了一个或多个论题来帮助论证者建立适合于说服听众的省略三段论。

2.8.5　修辞谬误

列举出公共论题后，亚里士多德在《修辞学》第 2 卷第 24 章中提出

① 关于《修辞学》第 2 卷第 23 章中论题清单的来源和背景等，请参见兰伯格的著作（Rambourg，2011）。

② 请注意，这里的修辞归纳例子被认为属于省略三段论的修辞演绎。

了仅仅表面上像省略三段论的10个论题，正是我们要说的10个或9个谬误类型。这个清单被认为是修辞实践的源头，在某种程度上，与《辩谬篇》中所包含的清单相去甚远。在《辩谬篇》中，13种谬误类型中只有三种重新列入，那就是我们所能分辨而未改变的：模棱两可谬误、轻率概括谬误、诉诸后果谬误。五种谬误已经改变，常常只保留了原来的名字，它们是合成谬误、分解谬误、表达形式谬误、偶性谬误和非因谬误，而另外五种则完全没有纳入：含混谬误、重音谬误、不相干谬误、乞题谬误和复杂问语谬误。图2.4给出了一个览表。这个表中的前两项通常被认为是一种谬误类型的两个子类，亚里士多德认为它们是依赖于语言使用的谬误。

表2.5　　修辞学中的谬误

中文	希腊语	翻译	特征	与《辩谬篇》对比
1. 表达形式谬误	*parα toschêma tês lexeôs*	基于表达形式	用语言风格使人误以为确有省略三段论	不同
2. 模棱两可谬误	*para tên homδnumian*	基于模棱两可	利用含糊性	相同
3. 合成谬误和分解谬误	*to diêirêmenon suntithenta legein ê to sugkeimenon diairounta*	在合成分解的东西或分解合成的东西时所进行的论证	假定整体所具有的属性也为部分所具有	不同
4. 夸张谬误	*deinôsei kataskeuazein ê anaskeuazein*	通过夸张建构或摧毁论证	使用言辞暴力和情感，一种“推不出”谬误	在《辩谬篇》中没有出现
5. 诉诸迹象谬误	*to ek sêmeiou*	诉诸迹象	从非必然迹象到被认为是迹象的推理	一种诉诸后果谬误的特例
6. 偶性谬误	*dia to sumbebêkos*	通过偶然事件	将某人的推理基于偶然影响	不同
7. 诉诸后果谬误	*para to hepomenon*	基于结果	混淆必要条件和充分条件	相同

续表

中文	希腊语	翻译	特征	与《辩谬篇》对比
8. 以先后定因果谬误	*para to anaition hδs aition*	基于将非原因当成原因	以时间顺序为因果的充分条件	与非因谬误不同
9. 轻率概括谬误（时间和方式）	*para tên elleipsin lou pote kai pôs*	基于时间和方式的缺失	疏忽缺少量词而成立的命题与特殊时间和方式下成立的命题间的不同	轻率概括谬误的特殊情况
10. 轻率概括谬误（其他情况）	*para to haplδs kai mê haplôs, alla ti*	基于缺少量词而成立却并非如此，仅在特殊情况下才成立	疏忽命题得以成立所需要的其他量词或因由	轻率概括谬误的其他情况

2.8.6　其他贡献

与上述对构思的贡献相比，亚里士多德关于演讲者其他任务的贡献和影响力较弱。至于布局，他在《修辞学》第3卷第13—19章中讨论了演说部分，其中，他认为，立场和论证最重要。而对演说措辞，亚里士多德在《修辞学》第3卷第1—12章中强调了“明晰性”的重要性，并说明了“明喻”和“隐喻”（Rhet.，I. 2－4；III. 10－11）。

2.9　古典修辞学体系

亚里士多德对古典论辩学和逻辑学有举足轻重的贡献，然而与这些学科不同的是，修辞学的创始人却有很多。从前5世纪到公元2世纪，不同的希腊罗马作者都对系统描述过如何有实效地发表说服性演说。昆体良的《雄辩术原理》（英语：*Oratorical education*，拉丁：*Institutio orato-*

ria)，写于约公元150年，被大体上看成古典修辞学体系的最详尽总结。①

古典修辞学体系有多种组成部分，它们大部分都可被看成演说生成过程不同方面的次级要义。② 在这些组成部分中，有演讲者系列任务学说、不同的演说体裁或修辞体裁学说、对指责的可能回应类型（争点理论）、演说构成学说以及其他或多或少有点系统性的修辞学教义。由于这些下级学说相互关联，古典修辞学体系可以做多种阐释。例如，我们可以首先解释一个演说是由哪些部分构成，再解释对任一演说构成部分演讲者应该采用什么样的说服手段。大部分修辞学家要么采用演讲者任务说，要么采用演说构成部分说，作为体系各种组件教学阐述的组织原理。在我们的描述中，我们将依循前一组织原理。古典修辞学体系的其他主要构件可以包含在演讲者的各种任务之中，参见表2.6。

表2.6　各种古典修辞学体系构件概观

任务	下级学说
立场构思（*heuresis*；*inventio*）	演说体裁（*genê tou logou or tês rhetorikês genê*；*genera causarum or rhetorices genera*） 辩护程度（*causarum genera*） 争点理论
论证构思（*noêsis*；*intellectio*）	说服模式 论题（*topoi*；*loci*）
布局（*taxis*；*dispositio or sometimes ordo*）	演说构成要件（*logou merê*；*orationis partes*）
措辞（*lexis*；*elocutio*）	风格优美（*virtutes*） 风格种类（*genera dicendi*） 润色（*ornatus*）：比喻语和修辞格
记忆（*mnemê*；*memoria*）	记忆术（*mnemonics*）

① 关于这个修辞体系的详细阐释，请参见劳斯伯格（Lausberg，1998）、富尔曼（Fuhrmann，2008）、马丁（Martin，1974）的著作，还有从史学角度的观点，如肯尼迪（Kennedy，1994，2001）和佩尔诺特（Pernot，2005）的观点。

② 在整个我们对这个体系组成部分的讨论中，我们将大部分采用讨论部分的中文名称，但后面我们将以斜线字体提示希腊名称或拉丁名称。

续表

任务	下级学说
表演（*hupokrisis*；*actio or pronundatio*）	姿势的技巧 面部表情的技巧 声音语调的技巧

2.9.1　构思

演讲者必须完成的第一个任务被称为“构思”，即构思演说内容。这项任务由立场构思和分析构思组成，有时构思还有被称为“理智”的子任务以及构思支持立场的论证，即构思本身。

关于构思，人们提出了几种理论来分类演说中的争议立场，其中一种就是在第 2.2 节中用《亚历山大修辞学》中七种演说来举例说明的各种体裁说。在第 2.8 节中，我们讨论亚里士多德对司法型体裁、协商型体裁和仪式型体裁两两之间的区别。另一个例子是立场可维护程度学说。这个学说有点让人混淆，可以指“确定问题”体裁。可是，这次“确定问题”指的并非演说而是其立场，尤其是指听众在发表演说之前判断的立场。如果演讲者试图维护某个立场，而这个立场却对应于听众对某争议问题的判断和偏见，那么这个立场属于荣誉型体裁。如果该立场挑战听众的正义感或真理感，那么它属于怀疑型体裁。而假如它震动了听众的正义感或真理感，那么它属于震撼型体裁。除了这三种基本分类，有些修辞学家区分了针对与听众意见完全一致的立场的琐碎型体裁以及针对超出听众认知能力的复杂体裁。维护程度说的相关性是建立在不同类型立场需要不同修辞策略以达到最佳说服效果这一事实基础之上的。例如，如果立场属于震撼型体裁，就会建议演讲者不要在演说开始阶段就直白地陈述他要维护的立场，而是要通过迂回方式引入。

构思的另一重要贡献源是前 2 世纪的赫尔马戈拉斯（Hermagoras of Temnos），他撰写了一本修辞学手册，其中包含决定争议立场理论，即所谓“争点”理论。虽然这本手册已经遗失，但其理论仍可通过西塞罗、昆体良等后来的论述得以重构。① 争点理论与刚才提到的理论本质上是不

① 沃尔特（Woerther，2012）对赫尔马戈拉斯的工作给了一个新版本。

同的。演说体裁理论根据其命题内容时间方面来解释立场，维护程度论根据听众针对某个主题的初始信念态度来解释立场，而争点理论则根据起源于法律争议双方对峙的意见分歧来解释立场。这个理论以正在考虑中的演说作为一种对另一方所做指控的回应为起点。对一个指控可能做出的回应可以分解为四种：（1）否认；（2）重新定义；（3）证成或免罪；（4）对法官合法性的质疑。

争点取决于选择的回应，是法官将不得不回答的主要问题。在否认指控情形下，原告与被告之间意见分歧涉及事实。这种回应产生了“争点推测”，比如，其意思是法官将不得不回应“他是否真杀了人?”这样的问题。在重新定义指控的情况下，控辩双方间的意见分歧在于事实的司法资格。这个回应生成“争点定义”，比如，其意思是法官将不得不回答“这桩杀人案究竟算谋杀还是过失杀人?”之类的问题。在证成行为情形下，控辩双方间的意见分歧主要是行为的可证成性。这种回应产生了“争点质量”，比如，其意思是法官将不得不回答这样的问题：“这种杀人正当吗?”在这个体系中所区分的最后一种可能回应是质疑法官合法性。这种回应产生了争点翻译，它与其他种类有些许不同，因为它关注的问题是，案件是否被置于正确的法庭，而这些问题在现代法律中大多数很初步。

虽然争点理论尤其适用于司法演说，通过必要的调整后，它亦可应用于协商型和展示型演说的立场决策。继赫尔马戈拉斯之后，争点理论为很多学者所扩充和完善。它特别应用于争点质量，描述了被告可能证成其行为的方式。争点理论的最重要拓展在于埃莫赫内斯（生卒年不详，其鼎盛时期约在公元161—180年），他在《论争点》（*Peri staseôn*）描述了挑选立场的十四种不同选择。

一旦演讲者已决定将在演说中维护某个立场，他就进入寻找何种说辞，使得听众接受其立场的任务，即自我构思。第一个系统的构思理论即为亚里士多德提出的。在第2.8节中他区分了伦理、逻辑和情感三种说服。对于逻辑说服手段来讲，大多数修辞学家继承了亚里士多德区分的例证和省略三段论或修辞三段论。然而，未署名作者的《赫伦尼修辞》

(*Rhetorica ad Herennium*)（约公元 85 年）① 对这些逻辑说服手段做了重要添加，被称为"偶性三段论"（*epicheirêma*）。在这部著作中，偶性三段论被认为是上述两种手段的组合，涉及五种元素：要维护的论题（*propositio*）、理由（*ratio*）、支持理由的子论证（*rationis confirmatio*）、理由的进一步详述（*exornatio*）和可能取自摘要（*enumeratio*）或结论（*conclusio*）的论辩精髓（*complexio*）（*Rhetorica ad Herennium*，II. 28）。

偶性论证的基本结构为后世作者所采纳。他们中的有些认为，一个论证被称为"偶性三段论"，这五种元素并非同等重要或同等不重要。其他人则重新定义偶性论证为一种拓展的三段论，加入涉及某一个或两个前提子论证的例子。根据西塞罗的观点（*De invention*，I. 67），偶性三段论由大前提（也被称为"命题"，虽然它与要维护的论题并不相同）、支持大前提的子论证（*propositionis adprohatio*）、小前提（*adsumptio*）、支持小前提的子论证（*adsumptionis adprobatio*）和结论（*complexio*）构成。

至于伦理和情感的说服手段，多数修辞学家都遵循亚里士多德的定义。其他人则遵从西塞罗在《论演说者》中的重新定义，将这两种模式作为诉诸情感的两种不同形式。根据西塞罗的观点，伦理说服手段利用了长期情感信任，而情感说服则依赖于短期情感，如愤怒。

第二种构思的重要理论是论题（*loci*）。亚里士多德区分的普通论题和特殊论题为后世作者所拓展和改善，大部分工作由西塞罗和波修斯完成（参见第 2. 5 节）。有些学者则单独将论题理论看作一种论证可维护立场的各种方式的理论，而另一些学者则坚持认为，它还是一种演讲者可找到维护自己立场的恰当论证方式的理论。正如我们在本章早些时候所解释的那样，这些解读彼此互为补充，而并非排斥。根据他们的表述，大部分论题也许可归因于启发功能和证成功能。

有些论题是一般的，意即它们可为演讲者在所有演说体裁中使用。另一些则是特殊的，意即它们尤其适用于司法演说、政治演说或展示演说的构建。例如，既然政治决策是通过评估支持或反对某个被提出行动或政策的论证来进行，那么政治演说的论题清单就由这种行动可维护或批评的典型方式构成。支持这一行动的演讲者可能强调，这一行动是公

① 有时也归功于科尔尼菲西乌斯（Quintus Cornificius）。

正合法的、有利的且可带来愉悦的，或者说所提出的行动是可能的、必要的或简单易行的。

2.9.2 布局

演讲者必须要完成的第二个任务是布局（*dispositio*），也即演说的谋篇安排。除演说内容以外，修辞学家们认为立场、理由以及支持立场的话语呈现给听众的顺序也很重要。他们对这个问题的建议，慢慢发展成为一个标准演说构成理论。从论辩学观点来说，这个理论提供了一个解释其他修辞指示的理想框架。在下列讨论中，我们将谈及与最重要的修辞学指示相关的每个主要部分。

第一部分引论被分为几个子部分。演讲者应该给出一个对问题与可获得的相关信息的阐述。① 他还应该提出他对相关问题的立场。最后，他还应该给听众提供一份演说其余元素的概观。演说第一部分的主要作用就在于抓住听众的注意力，并且使听众理解争议中的论题，赢得听众的善意。至于问题和能获取信息的阐述，演讲者被建议为以清晰、充分和合情合理的方式呈现。

第二部分即证明中间部分，其中，演讲者应该提出他的论证。大多数修辞学家将这一演说部分分解为包含支持演讲者立场论证的子部分和包含反驳演讲者对手立场论证的子部分。

第三部分即演说最后的一部分，也就是结论的收尾部分，其中，演讲者被建议重述立场和主要论证。演说最后一部分的作用在于，通过诉诸听众的认知情感能力，强化听众对争议议题所采取立场的可接受性。

修辞学家们并不同意上述演说部分的必要性和相对重要性。根据亚里士多德的观点，只有命题和论证部分才是演说的唯一必要的（Rhet.，III. 13）。其他人则认为，命题部分只是可选，或者说，在第一部分和第二部分之间增加的题外话。另外，修辞学家们还不同意说服模式理论与演说部分之间的关系。有人主张，演讲者应该在演说初始采用伦理手段，中间采用逻辑手段，最后采取情感手段。而还有些人则认为，不但说服的各种模式间无优先性，主要部分内的元素亦无排序。最重要的内部排

① 修辞学家经常将引论的第一个子部分当作演说的单独部分（*pars orationis*）。

序也充满争论。根据某些修辞学家的观点，演讲者应该以渐强或渐弱顺序来布局论证。另一些修辞学家则建议，将较弱论证置于中间，而较强论证置于首尾。这被称为内斯特式顺序（*Nestorian order*）或荷马式位置（*Homeric disposition*）（Quintilian，*Oratorical Education*，V. 12. 14），它是以荷马时代英雄和指挥官内斯特命名，人们认为将较弱部分的军队置于中间战场策略为他所发明。[①]

2.9.3　风格

演讲者必须完成的第三个任务称为措辞、体裁或风格（*elocutio*），也就是用什么样的语言表达所构想的演说。与我们所讨论的亚里士多德的其他任务评论相比，他的这个任务评论对后来作者影响不大。而是他的学生德奥弗拉斯特斯（Theophrastus）提出了风格特点说，而这一学说很晚才在古典修辞学体系内受到推崇。后世撰写风格特点的重要作者包括哈利卡尔那索斯的狄俄尼索斯（Dionysius，生卒年代不详，前30年就这一主题写了几本著作）和塔苏斯的埃莫赫内斯（Hermogenes，我们已在争点理论中提及过）。埃莫赫内斯在他的《论思想》（或《论风格的类型》）（*Peri ideôn*）中区分了七种主要风格特点，但大部分修辞学家只区分了四种。第一种是语法正确性，它有时被区分为语法特点而不是修辞特点。其他三种是清晰性、修饰性和适合性。在涉及这些特别的指示中，涉及修饰的最为详尽。它们常常包括转义描述（如隐喻、夸张和曲言）和辞格描述（如反复法、省略法、倒置法和矛盾修饰法）。

德奥弗拉斯特斯也可能是第一个给出风格类型论的人。在后来的著作中，诸如匿名撰写的《赫伦尼修辞》和西塞罗的《布鲁特斯》（*Brutus*）和《论演说者》中，给出了三重分类："简朴"风格、"中等"风格和"华丽"风格。在德米特里厄斯（Demetrius）的《论表达》（*De elocutione*）（很可能写作于前1世纪）中，描述了另一个备选分类："严肃"风格、"朴实"风格、"高雅"风格和"强有力"风格。可以把对这些风

① 在《伊利亚特》（Iliad，4. 297 – 9）中，内斯特用这样的顺序安排他的部队："他首先以马和战车布局他的骑兵，其后是步兵，人数多且勇猛，来作为战场壁垒。不过，他将虚弱者赶至中间。"也参见佩雷尔曼的著作（Perelman，1982，p. 148）。

格类型的性质描述解读为涉及适合性的修辞指示总结。①

2.9.4 记忆

演讲者必须完成的第四个任务称为记忆（*memoria*），也就是对所有演说元素进行记忆。这项任务的相关性源于如下事实：在古代，不允许别人，比如律师，代表某人在陪审团面前演讲，而且从技术上，在议会上写读政治演讲稿也是不可能的，至少是无效的。因此，在完成前三项任务后，演说者不仅要将演说内容而且要将其顺序以及措辞熟记于胸。为此，他可以采用“记忆术”指示。记忆方法的基本思想在于，演讲者应该把他的演说内容与他想象的置于像他家这样的熟悉位置的许多物体建立符号关系或意义关系。在发表演说时，通过想象一个穿过家和会议厅的步行，其中物体都以这样的顺序放置，演讲者便回忆起他演说的内容和他演说的措辞。② 记忆术作为一门技艺本身发展缓慢，并且越来越不被人们看作修辞学体系的恰当部分。③

2.9.5 表演

演说者必须完成的第五个即最后一个任务称为表演（actio），即实际发表演说。这个标题下，修辞学家汇集了他们关于发表演讲的非言辞方面的建议，如面部表情、声音和手势的运用。像记忆情形一样，后来许多伟大的修辞学家不再把这项任务考虑为构成修辞学的基本部分。其中，有些部分慢慢发展成为他们自己的技巧，如面部表情技巧和手势技巧。

2.10 经典传承

在展示了古代论辩学、逻辑学和修辞学这些经典学科的形成与发展

---

① 要想了解各种转义、辞格和风格类型的系统描述，比如可参见劳斯伯格的著作（Lausberg，1998）。

② 参见第2.3节我们提及的词项论题也可能是这种记忆术的源头。

③ 关于记忆术的讨论，请参见耶茨（Yates，1966）。

后，我们将简短勾勒它们如何与后来的中世纪、文艺复兴时期、现代和当代论证理论发展相关。

2.10.1　论辩学与逻辑学

在古代晚期，论辩学和逻辑学越来越趋于靠近，以至于最后在中世纪融合在一起。描绘这个组合学科的学者大多数是指称论辩学，其主要目的是保留古代发展起来的推理有效性观点。① 中世纪学者们撰写亚里士多德、西塞罗和波修斯关于论题著述的评论，以及对亚里士多德谬误处理方法的评论。② 在教学中，论辩学（现在包括逻辑学）被认为是“三个经典学科”的一部分：七个人文学科中与语言有关的三种（语法学、论辩学和修辞学）。③ 三个经典学科以及教学顺序背后的思想是，学生应首先学会如何以正确方法使用语言（语法学），再学习如何用有效方式进行推理（论辩学），最后再学习与听众交流时如何适应和修饰其推理（修辞学）。

在中世纪，论辩性辩论逐渐变化为具体逻辑博弈：守与攻的传统。④ 在文艺复兴时期，拉姆斯（Ramus）和阿格里科拉（Agricola）等人文学者，使这种论辩传统以亚里士多德式意义得以复兴，也就是用引导讨论而不以推理技巧的方式。⑤

在19世纪，逻辑学转化为一种纯形式学科，其中推理研究已不考虑其讨论的语境。在这个时期的哲学著作中，“*dialectic*”一词主要指费希特、黑格尔和马克思所描述的思想、历史和社会的转化过程，即“辩证法”。在20世纪，对亚里士多德谬误理论的不同解读，不管是逻辑学进

---

① 参见施通普中世纪逻辑发展中论辩的地位（Stump，1989）。

② 参见格林·彼德森对中世纪论题著作的全面综述（Green-Pedersen，1984）；巴特沃斯对阿威洛依就亚里士多德《论题篇》的评论（Butterworth，1977）；埃布森对后亚里士多德时代及中世纪对亚里士多德《辩谬篇》评论研究（Ebbesen，1981）；埃布森（Ebbesen，1993），格林·彼德森（Green-Pedersen，1987）和平博格（Pinborg，1969）中世纪论题理论。

③ 其他“四门经典学科”是算术、几何学、天文学、音乐（或和声学）。

④ 参见杜提尔·诺瓦埃斯（Dutilh Novaes，2005）、斯巴德（Spade，1982）、施通普（Stump，1982）、于尔延苏里（Yrjönsurri，1993）和于尔延苏里（Yrjönsurri，2001）的论著。

⑤ 对中世纪和文艺复兴时期论辩学发展的讨论，参见马克（Mack，1993）、斯普兰兹（Spranzi，2011）、莫斯与沃莱士（Moss & Wallance，2003）以及翁华特（Ong，1958）的论著。

路或论辩学进路，均反映了谬误研究的现代进路。在20世纪大部分教科书中，谬误都被构想为推理中的错误，而不是非理性的讨论话步，因此，那更是一种逻辑学研究的对象，而不是论辩学研究的对象。此外，经过几个中间世纪后，亚里士多德在《辩谬篇》中原本的谬误清单已被学者们做了许多改动、扩充和重新解释。有时，甚至竟然是，古代和现代对某些谬误类型除了名称之外已无任何彼此共同之处。到20世纪中叶，谬误研究已然陷入尴尬的困境。[①]

汉布林在他极具影响力的《谬误》（Hamblin，1970）一书中注意到这个消极事件。在书中，他讨论了亚里士多德的谬误清单，并且考察了自亚里士多德之后的谬误研究史。汉布林考察并强烈批评了他所处时代逻辑学导论书籍中对谬误的处理方法（参见本手册第3.5节和第3.6节）。[②] 汉布林认为，亚里士多德的谬误理论是其论辩学理论的重要部分，而亚里士多德的谬误必须在论辩语境下讨论。因此，汉布林鼓励谬误理论家回归古典传统，并采取论辩导向的研究进路。参见第3.8节纳什的论辩观讨论、第6章“形式论辩进路”之形式论辩进路、第7章“非形式逻辑”中的论辩要素、第10章“语用论辩论证理论”以及第11章“论证与人工智能”中论证与人工智能研究的论辩进路。

除了“谬误”思想之外，在古代论辩传统中提出的其他几个思想在当代论证进路中也扮演着重要角色。如，论题的概念就作为一种被提出以支持立场的理由与立场之间的关系被描述。这个概念看上去与今天论证理论中“论证型式”（argument scheme，argumentation scheme）的概念相近。具有影响力的论证图式进路的讨论见第5章“新修辞学”就新修辞的研究，“非形式逻辑”就非形式逻辑的研究见第7章，“语用论辩论证理论”就语用论辩学的研究见第10章，“论辩和人工智能”就论辩和人工智能的研究见第11章。

论证研究的几种当代主要进路甚至都可以被描述为是论辩的。这对

---

① 就所谓标准处理中的事态来讲，请参见本手册第3.5节。

② 汉布林注意到在教科书中处理谬误方式的统一性，因此他为这一章命名为“标准方法”。然而，在教科书中的统一性并不如汉布林所提出的那样引人注目，参见汉森的论文（Hansen，2002）。关于在人身攻击谬误时标准方法内的差异，参见范爱默伦和荷罗顿道斯特（van Eemeren & Grootendorst，1993，pp. 54－57）。

形式论辩学也适用，其中，形式逻辑工具通过给出形式讲座模型而得以扩展（参见第6章“形式论辩进路”）。在非形式逻辑中分析与评价论证性语篇时，论辩视角常常扮演着重要角色，尤其在菲诺基亚罗和沃尔顿的论著中（参见第7章“非形式逻辑”）。而在语用论辩学中，理想的批判性讨论模型是建立在组合了论辩观点和语用观点的基础上提出来的（参见第10章“语用论辩论证理论”）。

2.10.2　修辞学

在第2.9节中所描述的古典修辞学体系自古代晚期起便在学校里被教授。到了中世纪，修辞学成为三个经典学科的组成部分。在文艺复兴时期以及现代早期，在修辞学教学中强调的重点逐渐从构思转移到措辞，尤其是在构思被纳入论辩学以后。与这种发展一致的是，构成古典修辞学的一系列指示应用范围，从构建和评价论辩性话语逐渐转向了文学批评。①

20世纪后半叶，在论证研究中对运用古典修辞学洞见的兴趣出现回归，包括对以构思为目的这种洞见的应用。在图尔敏论证研究中，这种兴趣非常明显（参见本手册第4章“图尔敏论证模型”）；更为明确的观点见佩雷尔曼和奥尔布赖切斯—泰提卡的《新修辞学》（参见第5章“新修辞学”），其中古典修辞学体系是他们灵感的主要来源。可是，在更早些时候，美国交流学者与修辞学者已把古典修辞学洞见较好地应用于他们的论证话语研究中，这些研究常常基于案例的研究。他们的贡献在第8章“交流学与修辞学”中进行了讨论。一个例外是，在非形式逻辑中，廷戴尔在理论化工作中使用古典修辞学的可能性颇为引人注目（参见第7.11节）。

2.10.3　古典著作

为了结束本章，我们提供了一个我们所讨论和提及的古典作者及其相关著作的年代顺序表（参见表2.7）。关于我们引用的翻译或二级文献

① 中世纪修辞学发展，参见麦基翁（Mckeon，1987）、米勒等（Miller et. al. Eds.，1973）和穆尔费（Murphy，2001）的论著；关于文艺复兴时期修辞学的发展，参见马克（Mack Ed.，1994）、马克（Mack，2011）、穆尔费（Murhpy Ed.，1983）和舍格尔（Seigel，1968）。

信息，请参阅“参考文献”。

表 2.7　　古典作者及其相关著作

	逻辑学与论辩学	修辞学
前 5 世纪	爱尼亚的芝诺（很可能是约前 490—前 430 年） 悖论	克拉克斯和提西阿斯（约前 460 年） 恩培多克勒（约前 490—前 430 年） 《写作者手册》（参见柏拉图《斐德罗篇》，266d—276d） 智者 高尔吉亚（约前 485—前 380 年） 《海伦的赞美》 《帕拉墨得斯的辩护》 普罗泰戈拉（约前 485—前 410 年） 《反论证》 拉谟努斯的安提丰（?）（约前 475—前 411 年） 《四部曲》
前 4 世纪	柏拉图（约前 427—前 347 年） （1）苏格拉底式反驳辩论 《自辩篇》、《莱瑟 · 希庇亚斯》、《游叙弗伦》、《拉凯斯篇》、《吕西斯篇》、《卡尔弥德篇》、《普罗泰戈拉篇》、《高尔吉亚篇》 （2）假设方法 《枚农篇》、《斐多篇》、《理想国》、《巴门尼德篇》 （3）合成与分解方法 《斐德若篇》、《智者篇》、《政治家篇》和《费雷泊士篇》 亚里士多德（前 384—前 322 年） 《范畴篇》 《解释篇》 《前分析篇》	伊索克拉底（前 436—前 338 年） 《泛希腊集会演说辞》 《驳智者》 《换物》 柏拉图（约前 427—前 347 年） 《高尔吉亚篇》 《斐德若篇》 亚里士多德（前 384—前 322 年） 《艺术收藏》（现已遗失） 《修辞学》（约前 335 年） 阿那克西美尼（?）（约前 380—前 320 年） 《亚历山大修辞学》（约前 340 年） 德奥弗拉斯特斯（约前 371—前 286 年） 《论风格》（约前 371—前 286 年）

续表

	逻辑学与论辩学	修辞学
前4世纪	《后分析篇》 《论题篇》 《辩谬篇》 《形而上学》 逍遥学派 德奥弗拉斯特斯（约前371—前286年） 斯特拉图（约前335—前269年） 麦加拉学派 欧几里得（约前430—前360年） 斯蒂尔波（约前370—前290年） 第奥多鲁（约前284年卒）	
前3世纪	麦加拉学派（续） 斐洛（全盛时期前300年） 斯多葛学派 季蒂昂的芝诺（约前335—前264年） 克里西波（约前280—前206年）	
前2世纪	斯多葛学派（续） 安提帕特（约前150年）	赫尔马戈拉斯 《修辞术》（约前135年）
前1世纪	西塞罗（前106—前43年） 《论题学》（前44年） 狄奥克莱斯（约前40年） 《哲学家考察》	科尼菲修斯（全盛时期前69年） 可能是作者： 《赫伦尼乌斯修辞学》（约前85年） 西塞罗（前106—前43年） 《论构思》（约前89年） 《论最佳演说者》（前56年） 《论演说者》（前55年） 《修辞学分解》（？约前53年） 《谈论事物的最佳方式》（前46年） 《布鲁特斯》（前46年） 《论演说者》（前46年）

续表

	逻辑学与论辩学	修辞学
前1世纪	西塞罗（前106—前43年） 《论题学》（前44年） 狄奥克莱斯（约前40年） 《哲学家考察》	德米特里厄斯（?）（前1世纪或公元后1世纪） 《论风格》（前1世纪或公元后1世纪） 狄俄尼索斯（全盛时期前30年） 《论古代演说者》 《关于修昔底德》 《文学书信》 《论文学写作》 《论模仿》 《修辞技巧》（?）
公元1世纪		昆体良（约公元40—96年） 《论修辞学被破坏的原因》 《雄辩术原理》（约公元94年）
公元2世纪	阿普列乌斯 《论解释》 盖伦（约公元129—199年） 《论辩导论》 奥鲁斯·格利乌斯（约公元130—180年） 《雅典之夜》 恩披里柯（约公元200年） 《皮浪学说要旨》 《驳数学家》 阿弗罗狄西亚的亚历山大（全盛时期公元200年） 《亚里士多德〈论题篇〉八书评注》 《亚里士多德〈前分析篇〉第1卷评注》	埃莫赫内斯（全盛时期公元170年） 《准备措施》（?） 《论构思问题》（?） 《论思想》（《论风格类型》） 《论雄辩方法》

续表

	逻辑学与论辩学	修辞学
公元3世纪	第欧根尼（约公元3世纪） 《著名哲学家的生活》 奥利金（约公元185—253年） 《驳塞尔苏斯》 波菲利 《导论》	
公元4—6世纪	波修斯（约公元480—525年） 《直言三段论导论》 《论假言三段论》 菲洛波努斯（公元490—570年） 《亚里士多德〈前分析篇〉评注》	

参考文献

Aristote (1967). *Topiques. Tome I: Livres I – IV* [Topics. Vol. I: Books I – IV]. Text edited, translated, introduced, and annotated by Brunschwig, J. Paris: Les belles lettres.

Aristote (1995). *Les réfutations sophistiques* [Sophistical refutations]. Translated, introduced, and annotated by Dorion, L. A. Paris: Vrin & Quebec City: Laval.

Aristote (2007). *Topiques. Tome II: Livres V – VIII* [Topics. Vol. II: Books V – VIII]. Text edited, translated, introduced, and annotated by Brunschwig, J. Paris: Les belles lettres.

Aristotele (2007). *Le confutazioni sofistiche* [Sophistical refutations]. Translated, introduced, and with comment by Fait, P. Rome: Laterza.

Aristoteles (2014). *Over drogredenen. Sofistische weerleggingen* [On fallacies. Sophistical refutations]. Translated, introduced, and annotated by Hasper, P. S., & Krabbe, E. C.

W. Groningen: Historische uitgeverij (To be published).

Aristotle (1984). *The complete works of Aristotle. The revised Oxford translation* (2 Vols.). J. Bames (Ed.). Translated a. o. by Pickard-Cambridge, W. A. (Topics and Sophistical refutations, 1928), Ackrill, J. L. (Categories and De interpretatione, 1963), Jenkinson, A. J. (Prior analytics), and Rhys Roberts, W. (Rhetoric, 1924). Princeton: Princeton University Press.

Aristotle (1997). *Topics. Books I and VIII with excerpts from related texts. Clarendon Aristotle Series.* Translated with a commentary by Smith, R. Oxford: Clarendon Press.

Aristotle (2012). Aristotle's *Sophistical refutations.* A translation (trans: Hasper, P. S.). *Logical analysis and history of philosophy* [*Philosophiegeschichte und logische Analyse*], 15, 13 – 54.

Barnes, J. (Ed.). (1995). *The Cambridge companion to Aristotle.* Cambridge: Cambridge University Press.

Bames, J., Schofield, M., & Sorabji, R. (1995). Bibliography. In J. Bames (Ed.), *The Cambridge companion to Aristotle* (pp. 295 – 384). Cambridge: Cambridge University Press.

Bobzien, S. (1996). Stoic syllogistic. ln C. C. W. Taylor (Ed.), *Oxford studies* in ancient *philosophy* (Vol. XIV, pp. 133 – 192). Oxford: Clarendon.

Boethius (1978). *Boethius's De topicis differentiis* [On topical distinctions]. Translated, with notes and essays on the text, by Stump, E. Ithaca-London: Cornell University Press.

Boger, G. (2004). Aristotle's underlying logic. In D. M. Gabbay & 1. Woods (Eds.), *The handbook of the history of logic* (Greek, lndian and Arabic logic, Vol. 1, pp. 101 – 246). Amsterdam: EIsevier.

Botting, D. (2012). What is a sophistical refutation? *Argumentation*, 26 (2), 213 – 232.

Braet, A. C. (2005). The common topic in Aristotle's*Rhetoric.* Precursor of the argumentation scheme. Argumentation, 19, 65 – 83.

Braet, A. C. (2007). *De redelijkheid van de klassieke retorica. De bijdrage van klassieke* retorici aan *de argumentatietheorie* [The reasonablenes of classical rhetoric. The contribution of classical rhetoricians to the theory of argumentation]. Leiden: Leiden University Press.

Butterworth, C. E. (1977). *Averroes' three short commentaries on Aristotle' s "Topics", "Rhetoric", and "Poetics"*. Albany: State University of New York Press.

Cicero. (2006). *On invention*, *The best kind of orator*, *Topics* (trans: Hubbell, H. M.; Loeb Classical Libray 386). Cambridge, MA: Harvard University Press.

Corcoran, J. (1972). Completeness of an ancient logic. *Journal of Symbolic Logic*, 37, 696 – 702.

Corcoran, J. (1974). Aristotle's natural deduction system. In J. Corcoran (Ed.),

Ancient logic and its modern interpretations. Proceedings of the Buffalo symposium on modernist interpretations of ancient logic, 21 *and* 22 *April*, 1972. Dordrecht: Reidel.

Diogenes Laertius (1925). *Diogenes Laertius. Lives of eminent philosophers*, *I*: *Books* 1 – 5, *II*: *Books* 6 – 10 (trans: Hicks, R. D.; Loeb classical library 184, 185). London: William Heinemann.

Dutilh Novaes, C. (2005). Medieval *obligationes* as logical games of consistency maintenance. *Synthese*, 145 (3), 371 – 395.

Ebbesen, S. (1981). *Commentators and commentaries on Aristot! e's* Sophistici elenchi. *A study of post-aristotelianancient and medieval writings on fallacies* (Vol. 3). Leiden: Brill.

Ebbesen, S. (1993). The theory of loci in antiquity and the middle ages. In K. Jacobi (Ed.), Argumentationstheorie. *Scholastische Forschungen zu den logischen und semantischen Regeln korrekten Folgerns* [Argumentation theory. Scholastic research into logical and semantical rules of correct inference] (pp. 15 – 39). Leiden: Brill.

van Eemeren, F. H., & Grootendorst, R. (1993). The history of the*argumentum ad hominem* since the seventeenth century. In E. C. W. Krabbe, R. J. Dalitz, & P. A. Smit (Eds.), *Empirical logicand public debate. Essays in honour of Else M. Barth* (pp. 49 – 68). Amsterdam-Atlanta: Rodopi.

van Eemeren, F. H, Grootendorst, R. Snoeck Henkemans, A. F., Blair, J. A., Johnson, R. H., Krabbe, E. C. W., Plantin, C., Walton, D. N., Willard, C. A., Woods, J., & Zarefsky, D. (1996). *Fundamentals of argumentation theory. Handbook of historical backgrounds and contemporary developments.* Mawhah: Lawrence Erlbaum (Transl. into Dutch (1997)).

Fuhrmann, M. (2008). *Die antike Rhetorik* [Ancient rhetoric]. Düsseldorf: Patmos.

Gill, M. L. (2012). *Philosophos. Plato' s missing dialogue.* Oxford: Oxford University Press.

Green-Pedersen, N. 1. (1984). *The tradition of the topics in the Middle Ages. The commentaries on Aristotle's and Boethius' 'Topics.'* . Munich-Vienna: Philosophia Verlag.

Green-Pedersen, N. J. (1987). The topics in medieval logic. *Argumentation*, *1*, 401 – 417.

Hamblin, C. L. (1970). *Fallacies.* London: Methuen. Reprinted in 1986, with a preface by Plecnik, J., & Hoaglund, J. Newport News: Vale Press.

Hansen, H. V. (2002). The straw thing of fallacy theory. The standard definition of fallacy. *Argumentation*, 16 (2), 133 – 155.

Hasper, P. S. (2013). The ingredients of Aristotle's theory of fallacy. *Argumentation*, 27 (1), 31 –47.

Hintikka, J. (1987). The fallacy of fallacies. *Argumentation*, *I* (3), 211 –238.

Hintikka, J. (1997). What was Aristotle doing in his early logic, anyway? A reply to Woods and Hansen. *Synthese*, 113 (2), 241 –249.

Hitchcock, D. L. (2002d). Stoic propositional logic. A new reconstruction. Presented at "Mistakes of Reason," a conference in honor of John Woods, University of Lethbridge, Alberta, 19 –21 April 2002. Accessible at the digital commons of McMaster University, Ontario (Philosophy Publications, Paper 2), http: //digitalcommons. mcmaster. ca/philosophy_coll/2.

Hitchcock, D. L. (2005b). The peculiarities of Stoic propositional logic. In K. A. Peacock & A. D. Irvine (Eds.), *Mistakes in reason. Essays in honour of John Woods* (pp. 224 –242). Toronto: University of Toronto Press.

Isocrates. (1929). *1socrates*, *Volume II*: *On the peace*, *Aeropagiticus*, *Against the sophists*, *Antidosis*, *Panathenaicus* (trans: Norlin, G.; Loeb Classical Library, 229). Cambridge, MA: Harvard University Press.

Kennedy, G. A. (1994). *A new history of classical rhetoric*. Princeton: Princeton University Press.

Kennedy, G. A. (2001). Historical survey ofrhetoric. In S. E. Porter (Ed.), *Handbook of classical rhetoric in the Hellenistic Period* 330*B. C.* –*A. D.* 400 (pp. 3 –41). Leiden: Brill.

Kneale, W., & Kneale, M. (1962). *The development of logic*. Oxford: Clarendon.

Krabbe, E. C. W. (1998). Who is afraid of figure of speech? *Argumentation*, 12, 281 –294.

Krabbe, E. C. W. (2009). Cooperation and competition in argumentative exchanges. In H. J. Ribeiro (Ed.), *Rhetoric and argumentation in the beginning of the XXIst century* (pp. 111 –126). Coimbra: Imprensa da Universidade de Coimbra.

Krabbe, E. C. W. (2012). Aristotle'*son sophistical* refutations. *Topoi*, 31 (2), 243 –248. doi: 10. 1007 /s11245 –012 –9124 –0.

Kraut, R. (1992). Introduction to the study of Plato. In R. Kraut (Ed.), *The Cambriclge companion to Plato* (pp. 1 –50). Cambridge: Cambridge University Press.

Lausberg, H. (1998). *Handbook of literary* rhetoric. *A foundation for literary study*. Foreword by Kennedy, G. A (trans: Bliss, M. T., Jansen, A., & Orton, D. E.; Eds.: D. E. Orton & R. D. Anderson). Leiden-Boston-Köln: Brill.

Łukasiewicz, J. (1957). *Aristotle's syllogistíc from the standpoint of modern formal logic* (2nd enlarged ed.) Oxford: Oxford University Press. First edition 1951.

Łukasiewicz, J. (1967). On the history of the logic of propositions. In S. McCall (Ed.), *Polish Logic*: 1920 – 193 (pp. 67 – 87). Oxford: Oxford University Press (a Gerrnan version appeared as "Zur Geschichte der Aussagenlogik" in *Erkenntnís*, 5 (1935), 111 – 131).

Mack, P. (1993). *Renaissance argument. Valla and Agricola in the traditions of rhetoric and dialectic.* Leiden-New York-Köln: Brill.

Mack, P. (Ed.). (1994). *Renaissance rhetoric.* New York: St. Martin's Press.

Mack, P. (2011). *A history of Renaissance rhetoric* 1380 – 1620. Oxford: Oxford University Press.

Malink, M. (2006). A reconstruction of Aristotle's modal syllogistic. *History and Philosophy of Logic*, 27 (2), 95 – 141.

Malink, M. (2013). *Aristotle's modal syllogistic.* Cambridge, MA: Harvard University Press.

Martin, J. (1974). *Antike Rhetorik. Technik und Methode* [Ancient rhetoric. Technique and method]. Munich: Beck.

Mates, B. (1961). *Stoic logic* (2nd ed.). Berkeley: University of Califonia Press (First edition 1953).

McKeon, R. (1987). Rhetoric in the middle ages. In M. Backman (Ed.), *Rhetoric. Essays in invention and discovery* (pp. 121 – 166). Woodbridge: Ox Bow.

Mendelson, M. (2002). *Many sides. A Protagorean approach to the theory, practice, and pedagogy of argument.* Dordrecht: Kluwer.

Miller, J. M., Prosser, M. H., & Benson, T. W. (Eds.). (1973). *Readings in medieval rlzetoríc.* Bloomington: Indiana University Press.

Moraux, P. (1968). *La joute dialectique d'après le huítième lívre des Topíques* [The dialectical joust according to the eighth book of the Topics]. In G. E. L. Owen (Ed.), *Aristotle on dialectíc: The Topics. Proceedings of the third symposium aristotelicum* (pp. 277 – 311). Oxford: Clarendon Press.

Moss, J. D., & Wallace, W. A. (2003). *Rhetoric & dialectic in the time of Galileo.* Washington, DC: Catholic University of America Press.

Murhy, J. J. (Ed.). (1983). *Renaissance eloquence. Studies in the theory and practice of* Renaiss*ance rhetoric.* Berkeley: University of Califomia Press.

Murphy, J. J. (2001). *Rhetoric in the* middle ages. *A history of the rhetorical theory from*

*Saint Augustine to the*Renaissance. Tempe: Arizona Center for Medieval and Renaissance Studies (Medieval and Renaissance Texts and Studies, 227; MRTS Reprint Series, 4).

Nuchelmans, G. (1973). *Theories of the proposition. Ancient and medieval conceptions of the bearers of truth and falsity.* Amsterdam: North-Holland (North-Holland linguistic series, 8).

Nuchelmans, G. (1993). On the fourfold root of the*argumentum ad hominem.* In E. C. W. Krabbe, R. J. Dalitz, & P. A. Smit (Eds.), *Empirical logic and public debate. Essays in honour of Else M. Barth* (pp. 37 – 47). Amsterdam-Atlanta: Rodopi.

Ong, W. J. (1958). *Ramus, method, and the decay of dialogue. From the art of discourse to the art of reason.* Cambridge, MA-London: Harvard University Press.

O'Toole, R. R., & Jennings, R. E. (2004). The Megarians and the Stoics. In D. M. Gabbay & J. Woods (Eds.), *The handbook of the history of logic* (Greek, Indian and Arabic logic, Vol. 1, pp. 397 – 522). Amsterdam: Elsevier.

Pater, W. A. de. (1965). Les topiques d'Aristote et la dialectique platonicienne. La*méthodologie de la*définition* [Aristotle's *Topics* and platonic dialectic. The methodology of definition] (Etudes thomistiques 10). Fribourg: Editions St. Paul.

Pater, W. A. de. (1968). *La fonction du lieu et de l' instrwnent dans les Topiques* [The function of commonplace (*topos*) and instrument in the *Topics*]. In G. E. L. Owen (Ed.), *Aristotle on dialectic: The topics. Proceedings of the third symposium aristotelicum* (pp. 164 – 188). Oxford: Clarendon Press.

Perelman, C. (1982). *The realm of rhetoric* (trans: Kluback, W.). Introduction by Arnold, C. C. Notre Dame: University of Notre Dame Press.

Pernot, L. (2005). *Rhetoric in antiquity* (trans: Higgins, W. E.). Washington, DC: Catholic University of America Press.

Pinborg, J. (1969). Topik und Syllogistik im Mittelalter. In F. Hoffmann, L. Scheffczyk, & K. Feiernis (Eds.), *Sapienter* ordinare. *Festgahe für Erich Kleineidam* (pp. 157 – 178). Leipzig: St. Benno (Ehrfurter Theologischen Studien, 24).

Plato (1997). *Complete works.* Ed. by J. M. Cooper, & D. S. Hutchinson. Indianapolis-Cambridge, MA: Hackett.

Rambourg, C. (2011). *Les topoi d'Aristote*, *Rhetorique II*, 23. *Enquête sur les origins de la notion de lielu rhétorique* [The *topoi* in Aristotle, *Rhetoric* II, 23. An examination of the origins of the notion of a rhetorical topic]. Unpublished doctoral dissertation, Université Paris XII.

Rapp, C. (2002). *Aristoteles. Rhetorik* [Aristotle. Rhetoric]. Translated with a commentary by Rapp, C. (2 Vols.) Berlin: Akademie Verlag.

Rapp, C. (2010). Aristotle's rhetoric. In E. N. Zalta (Ed.), *The Stanford encyclopedia of* philosophy (Spring 2010 ed.). http://plato. stanford. edu/archives/spr20 10/entries/aristotle-rhetoric/.

Ritoók, Z. (1975). *Zur Geschichte des Topos-Begriffes* [On the history of the concept of *topos*]. In *Actes de la XIIe conférence internationale d' études classiques* [Proceedings of the 12th international conference on classical studies] "Eirene," Cluj-Napoca, 2 – 7 October 1972 (pp. 111 – 114). Bucharest: Ed. Academiei Republicii Socialiste România.

Rubinelli, S. (2009). *Ars topica . The classical techniqlte of constructing arguments from Aristotle to Cicero.* Dordrecht-Boston: Springer (Argumentation library 15).

Russell, B. (1961). *History of Western philosophy and its connection with political and social circumstances from the earliest times to the present day.* (New ed. ; First ed. 1946). London: Allen & Unwin.

Sainati V. (1968). *Storia dell' 'organon' aristotelico* 1: *Dai 'Topici' al 'De interpretatione'* [History of the Aristotelian*Organon* I: From the *Topics* to *De interpretatione*]. Florence: Le Monnier.

Schiappa, E. (1990). Did Plao coin the term *rhêtorikê*? *American Journal of Philology*, *III*, 460 – 473.

Schreiber, S. G. (2003). *Aristotle on false reasoning. Language and the world in the Sophistical refutations.* Albany: State University of New York Press.

Seigel, J. E. (1968). *Rhetoric and philosophy in Renaissance humanism. The union of eloquence* and *wisdom*, *Petrarclz to Valla.* Princeton: Princeton University Press.

Sextus Empiricus (1933 – 1949). *Sextus Empiricus*, *I*: *Outlines of Pyrrhonism* (1933), *II*: *Against logicians* [*Adversus matlzematicos* VII, VIII] (1935), *III*: *Against physicists* [*Adversus mathematicos* IX, X], *Against ethicists* [*Adversus mathematicos* XI] (1936), *IV*: *Against professors* [*Adversusmathematicos* 1 – VI] (1949) (trans: Bury, R. G. ; Loeb classical library 273, 291, 311, 382). London: William Heinemann.

Slomkowski, P. (1997). *Aristote's topics.* Leiden: Brill.

Smith, R. (1995). Logic, Chapter 2. In J. Barnes (Ed.), *The Camhridge companion to Aristotle* (pp. 27 – 65). Cambridge: Cambridge University Press.

Solmsen, F. (1929). *Die Entwicklung der aristotelischen Logik and Rhetorik* [The development of Aristotelian logic and rhetoric]. Berlin: Weidmannsche Buchhandlung.

Spade, P. V. (1982). Obligations: B. Developments in the fourteenth century. In N. Kretzmann, A. Kenny, & 1. Pinborg (Eds.), *The Cambridge history of later medieval philosophy* (335 – 341). Cambridge: Cambridge University Press.

Spranzi, M. (2011). *The art of dialectic between dialogue and rhetoric. The Aristotelian tradition.* Amsterdam-Philadelphia: Benjamins (Controversies, 9).

Stump, E (1982). Obligations: A. From the beginning to the early fourteenth century. In N. Kretzmann, A. Kenny, &J. Pinborg (Eds.), *The Camhridge history of later medieval philosophy* (315 – 334). Cambridge: Cambridge University Press.

Stump, E (1989). *Dialectic and its place in the development of medieval logic.* Ithaca: Cornell University Press.

Tindale, C. (2010). *Reason's dark champions. Constructive strategies of sophistic argument.* Columbia: University of South Carolina Press.

Wagemans, J. H. M. (2009). *Redelijkheid en overredingskracht van* argumentatie. *Een historischfische studie over de combinatie van het dialectische en het retorische perspectief op argumentatie in de pragma-dialectische argumentatietheorie* [Reasonableness and persuasiveness of argumentation. A historical-philosophical study on the combination of the dialectical and the rhetorical perspective on argumentation in the pragma-dialectical theory of argumentation]. Unpublished doctoral dissertation, University of Amsterdam.

Wansing, H. (2010). Connexive logic. In E. N. Zalta (Ed.), *The Stanford encyclopedia of philosophy* (Fall 2010 ed.). http: //plato. stanford. edu/archives/fal12010/entries/logic-connexive/.

Wlodarczyk, M. (2000). Aristotelian dialectic and the discovery of truth. *Oxford Studies in Ancient Philosophy*, 18, 153 – 210.

Woerther, F. (2012). *Hermagoras. Fragments et témoignages* [Hermagoras. Fragments and testimonies]. Paris: Les belles lettres.

Wolf, S. (2010). A system of argumentation forms in Aristotle. *Argumentation*, 24 (1), 19 – 40. doi: 10. 1007/s10503 – 009 – 9127 – 1.

Woods, J. (1993). *Secundum quid* as a research programme. In E. C. W. Krabbe, R. J. Dalitz, & P. A. Smit (Eds.), *Empirical logic and public dehate. Essays in honour of Else M. Barth* (pp. 27 – 36). Amsterdam-Atlanta: Rodopi.

Woods, J. (1999). Files of fallacies: Aristotle (384 – 322 B. C.). *Argumentation*, 13 (2), 203 – 220.

Woods, J., & Hansen, H. V. (1997). Hintikka on Aristotle's fallacies. *Synthese*, 113

(2), 217 – 239.

Woods, J., & Irvine, A. (2004). Aristotle's early logic. In D. M. Gabbay & J. Woods (Eds.), *The handhook of the history of logic* (Greek, Indian and Arabic logic, Vol. 1, pp. 27 – 99). Amsterdam: Elsevier.

Yates, F. A. (1966). *The art of memory.* London: Routledge & Kegan Paul.

Yrjönsuuri, M. (1993). Aristotle's topics and medieval obligational disputations. *Synthese*, 96, 59 – 82.

Yrjönsuuri, M. (Ed.). (2001). *Medieval formal logic.* Dordrecht: Kluwer.

Yunis, H. (Ed., 2011). *Plato.* Phaedrus. Cambridge: Cambridge University Press.

第 3 章

后古典背景

3.1 论证理论的后古典贡献

在古代发展起来的分析、论辩和修辞方法仍在为当代论证研究提供重要背景。在第 2 章“古典背景”中，我们已经讨论了论证理论主要的古典背景，在本章我们将转向更晚近一点的一些历史贡献。

直到 20 世纪 50 年代，论证领域在很大程度上还是由现代逻辑主导的。导致的结果之一，就是论证研究往往被认为是“做逻辑”的。但这种认识太草率了。在第 3. 2 节，我们将首先阐明基于抽象逻辑观点和论证理论家兴趣点之间的不同。然而，逻辑领域里的一些发展已经成了论证理论背景的一部分。也正因为如此，我们已经在第 2. 6 节和第 2. 7 节讨论了古代逻辑。现在我们将要在第 3. 3 节通过聚焦至关重要的论证有效性概念，继续讨论论证理论的逻辑背景。由于这一概念曾以许多不同的方式被定义，所以我们将要呈现和讨论的就不只是一个而是一些在逻辑或逻辑哲学及其相关论证理论中发展出来的有效性概念。这将包括形式的概念和无形式的概念，它们当中的一些建立在语义概念之上，与构成一个反例的各种思想有关，而其他的则是建立在语形或语用有效性概念之上。

谬误是一种不可靠论证的固定形式，谬误研究是现代论证理论的又一重要背景。在第 2. 4 节和第 2. 8 节，我们已经讨论过亚里士多德对该研究的重要贡献。多年以来，亚里士多德原来的谬误清单已经被许多作者重新解释和扩展过。最重要的扩展是增加了一种由洛克引介的被称为“诉诸谬误”的论证种类。洛克和其他谬误理论的传统进路在第 3. 4 节讨论。描述过谬误研究史的汉布林（1970 年）检视了被他同时代的逻辑教科书普遍采用的谬误处理——标准处理。这是一种被汉布林严厉批评的谬误标准处理，我们将在第3.5节讨论。汉布林的批评及其在现代谬误理论家中激起的反应则会在第3.6节讨论。

在20世纪50年代，一些哲学家为论证研究注入了新的动力。他们更倾向于创设新的视角，而不是试图与古典传统决裂。该说法对图尔敏，佩雷尔曼和奥尔布赖切斯—泰提卡是适用的，他们的进路会在第4章“图尔敏的论证模型”和第5章“新修辞学”中予以讨论。同样地，该说法还适用于科劳塞—威廉姆斯和纳什。后两位作者在20世纪40年代和20世纪50年代出版了他们的著作。虽然他们对论证理论的贡献不如佩雷尔曼和图尔敏的那样为人们所熟知，但这并不意味着其有更少的基础性。他们的想法沿各自理路相互独立地展开，但又表现出了同类研究在很大程度上的同质性。两位作者都同样关心论证性讨论的清晰性，且两人都想要对在以消除意见分歧为目的的讨论中所采取的立场予以澄清——一种可以通过更充分的表达准确性来达至的澄清。

纳什把讨论参与者清楚将要讨论什么视为理性意见交换的先决条件。科劳塞—威廉姆斯则选择了一种强调确定与讨论命题相关的确切意图的可比较方法。两人都给讨论中关于语言使用的协商一致赋予了一项主要功能，因为他们假定意见分歧只有在对话者能够就检验争议观点的标准达成一致时才能被解决。在他们看来，提供这种可能标准是论证理论家或某些有着近似兴趣的人们的部分任务。

虽然不管是科劳塞—威廉姆斯还是纳什都没有提供一个完全成熟的论证理论，但他们已经为该理论的发展做出了原创性贡献。这也是我们会在该章讨论这些哲学家著作中的一系列重要观点的原因。科劳塞—威廉姆斯进路会在第3.7节处理，纳什的进路则会在第3.8节讨论。

最后，在第3.9节，我们会回到逻辑有效性，不是要再次讨论定义它的技术，而是要研究选择某一而不是另一逻辑系统或原则的理由，这是一个逻辑哲学的问题。在本节中，我们将简要讨论巴斯在纳什和科劳塞—威廉姆斯想法启发下进一步发展出来的两个有效性概念，即客观有效性和主体间有效性，因为它们二者对论证理论和逻辑哲学都同样重要。在巴斯看来，从根本上说，任何有用的有效性概念，不仅要对它的使用者们来说可接受，即主体间有效，还要证明它具有一种能够有效解决逻辑或语言使用问题的品质，即客观有效性。

3.2 论证与逻辑

在外行看来，论证研究通常很容易被认为是“做逻辑”的。为了说明论证理论家们和那些主要在逻辑理论领域理论家们不同的学术兴趣，让我们从下列口语对话开始：

戴尔：玛丽说过她要去买牛排和鳕鱼。你知道我们今晚会吃什么吗？

萨莉：不知道，但如果她已经买了的话，就会放在冰箱里。

戴尔：哦，她打过电话和我讨论她的论文，她说她已经买过东西了，因为她想今天下午继续工作。

萨莉：我去看看冰箱。它被塞满了。但无论如何我都闻不到鱼味。

戴尔：好吧。我们弄点蘑菇和牛排一起？

在该会话中，戴尔从萨莉言行及玛丽告诉他的推断出冰箱里有牛排。因为玛丽已经买过东西且她有将所买的东西放进冰箱的习惯，萨莉和戴尔两人都推断出说所买的东西已经在冰箱了。戴尔得出了玛丽买了牛排的结论，因为她是要去买牛排或者鳕鱼的，而她没有买鳕鱼。尽管戴尔没有明确说出该结论，在萨莉看来他显然是已得出该结论的。这在他的问题“我们弄点蘑菇和牛排一起？”中已经被隐含了。

尽管戴尔和萨莉通过推理得到了他们的结论，但他们并没有涉及论证。他们的结论是通过隐性演绎方式得到的。没有立场被他们中的任何一人辩护，不管是明确的还是隐含的。在此，在论证理论家及其同时代逻辑学家的基本兴趣之间的一个主要不同之处被提及。论证理论家研究人们所采取的立场并面向他们的对手辩护这些立场的方式，而逻辑学家则倾向于关注一个结论是否从所给出的前提中得出的问题。

其余的不同之处与当前逻辑被建立为“形式的”推理模式的一种研究有关。这些不同可以通过对我们的例子稍作修改得到说明，修改后它就不只是推理而且还是论证了。让我们假设戴尔在他最后一轮会话中做了如下总结：

> 戴尔：好吧。在我看来，今晚是牛排，因为要么是牛排要么是鳕鱼，且没有鱼。我们弄点蘑菇和牛排一起？

在修改后的例子里，戴尔得出“今晚吃牛排”的结论，该推理和戴尔与萨莉两人在没被修改过的例子中所用的是一样的，但现在戴尔通过给出论证辩护了与萨莉相对的作为立场的结论。从逻辑视角出发，推理是否被用来辩护一个与其他人相对的立场没什么不同，但从论证理论视角出发就会有很大差别。

在研究推理时，现代逻辑学家通常将自己局限于论证的“逻辑有效性或无效性”，常常只是“形式有效或无效性”，无视实际的推理过程及其交流和互动目标，以及它们发生所在的背景。① 虽然对实际讨论的抽象从逻辑发展中一直获益良多，但它对论证理论家们所设想的论证理论是不利的。将论证研究局限于逻辑有效性，甚或只是形式的推理模式，这会导致理性话语的许多重要问题被排除了，而这些问题对论证理论家来讲又至关重要。结果是，在理性裁决裁判者面前，我们无法把论证性话语研究完全处理为试图证成或反驳立场（参见第3.1节）。修改版例子表明：逻辑学家在把实际论证性话语转译为逻辑推理模式时，可采取哪些方法抽象步骤。②

抽象过程的第一步将论证研究与论证发生的情境、相关参与者甚至是一般意义上的人分离。从会话或文本的文辞出发，把话语重构为一组命题。每一个推理或论证都被看作一组与背景无关、零主体的若干个前

① 逻辑有效性概念会在第3.3节讨论。在那里，它将被看作一系列不同概念，不都是“形式的”。在这一节，我们只是关注逻辑学家关心的形式有效性。

② 对形式逻辑抽象步骤的揭示，在很大程度上是以卢策尔曼斯的说法为依据的（Nuchelmans，1976，pp. 173 – 180）。

提和一个结论。在“直觉”观照下，隐含要素得以明晰，如缺省前提。余下要研究的是，结论表达的观点与前提表达的用来辩护命题之间的联系。[①] 在戴尔论证例子中，会变成下面这样子：

论证 1

要么吃牛排，要么吃鳕鱼，但没有鱼。如果没有鱼，我们将不会吃鱼。因此，今晚吃牛排。

戴尔和萨莉两人的推理之另一部分可以重排成下面的样子：

论证 2

如果玛丽买过了东西，那么它们会在冰箱里。玛丽买过东西了。因此，买到的东西在冰箱里。

第二个抽象步骤使论证研究独立于前提与结论的实际措辞。这关系到用标准形式表达论证。相同信息的不同措辞被排除了，这样表达命题的变体就被以统一方式确切阐述。对逻辑学家（逻辑常项）来说，表达具有特殊意义变得更为突出。比如，这涉及一些将一些语句与另一个语句联结起来的语词，如“或者”、“并且”、“如果……那么……”以及同样在例子中出现的语词“否定”。为避免辖域歧义，我们在此应该做的是把逻辑常项“或者”写成“或者……或者……”，逻辑常项“并且”写成“……并且……”，而逻辑常项“否定”写作“并非……”。另外，再加上前提标识词与结论标识词，就产生了如下论证标准形式：

论证 1

前提 1：我们要么吃牛排，要么吃鳕鱼，而且还没有鱼。

前提 2：如果并非有鱼，那么并非我们要吃鳕鱼。

结论：我们将吃牛排。

---

① 这一抽象步骤被用来阐明逻辑教科书中的“论证”的定义。伯杰（Berger，1977，p. 3）注意到逻辑学家通常把论证定义为句子清单。这引发一个问题：是谁把前提看作结论的基础？一些著者（如 Mates，1972，p. 5）通过从“论证”的定义中去除任何前提支持结论的主张或预设的方式，消解了该问题。如此，该问题便不再成为问题。

论证 2

前提 1：如果玛丽买过东西，那么买到的东西在冰箱里。

前提 2：玛丽买过东西了。

结论：买到的东西在冰箱里。

第三个抽象步骤使论证研究事实上摆脱被用像英语这样的某一具体自然语言表达出来。在该步，所有不包含逻辑常项的单个语句（原子命题）都将被缩写。因为现在这些语句用英语或任何其他语言以何种方式措辞已经无关紧要，它们可被诸如 A、B、C 的任意大写字母替换，不同命题由不同字母代表。指派给这些字母的意义由一个“关键信息清单”给出，该清单可以被另一其他语言的清单替换。逻辑学家们把这些“缩写”称为语句常项或命题常项，或者简称为常项。它们是非逻辑的常项。[①] 在我们的例子中，该抽象步骤标记如下：

关键信息清单

B：我们将吃牛排。

C：我们将吃鳕鱼。

F：这是鱼。

S：玛丽买过东西了。

R：买到的东西在冰箱里。

论证 1

前提 1：不仅或者 B，或者 C，而且并非 F。

前提 2：如果非 F，那么非 C。

结论：B。

论证 2

前提 1：如果 S，那么 R。

前提 2：S。

结论：R。

① 我们在此所用的非逻辑常项是语句（命题）常项，因为我们所选的例子是适合用于命题逻辑的。其他逻辑用不同种类的非逻辑常项。

在第四个抽象步骤中，论证研究充分地从自然语言的逻辑常项的确切阐述中独立出来。直到现在仍在用英语表达的逻辑常项，在该步被逻辑语言的特殊符号代替。这些符号有标准化技术的特定含义。我们例子中最后剩余的日常语言就此去除。我们在这说的逻辑语言的逻辑常项是命题逻辑意义上的，命题逻辑是一种处理这类逻辑常项的逻辑。[①] 在命题逻辑的语言里，逻辑常项我们通常记作∨（或者……或者……）、∧（……并且……）、→（如果……那么……）和¬（并非）。[②] 用符号"∴"指示结论，我们例子中的论证就可被翻译如下：

论证 1

(B∨ C) ∧ ¬ F

¬ F→ ¬ C

∴ B

论证 2

S→ R

S

∴ R

在这些例子中出现的逻辑常项是∨（析取）、∧（合取）、→（条件）和¬（否定）。与它们在日常语言对应的相比，这些逻辑常项被更明确地定义。这些逻辑常项的定义可以不同方式进行，但我们在此只要讨论"古典语义学进路"。在该进路中，逻辑常项的含义与真值概念相联系。[③]

由真值二元概念出发，像"我们将吃牛排"这样的命题必定或者为真，或者为假，且不能既为真又为假。因此，命题常项"A"有两种可能

---

① 存在好几种命题逻辑，在不同的命题逻辑系统中，常项的意义可能有所不同。关于斯多葛逻辑中命题逻辑的根源，参见本手册第 2.7 节。

② 这些逻辑常项的符号系统也是通用的。参见波纳维克的著作（Bonevac，1987，p. 43）。

③ 此外，还有决定逻辑常项含义的非古典语义方式以及语形（推演）方式与语用（对话）方式（参见第 3.3 节）。

真值："真"和"假"。两个命题常项可以在诸如"∨"（析取）和"→"（条件）之类逻辑常项的帮助下相互联结；一个单独命题常项之前也可以加上逻辑常项"¬ "（并非）。它们的所有这些事例、复述与结合都会产生新的复合命题，该复合命题的真值由其子命题的真值和用以联结子命题的逻辑常项决定。

在古典命题逻辑中，这种逻辑常项的意义，或者说，它们影响自己所在的语句或命题真值的方式，是由基本"真值表"来规定的，每一个逻辑常项都有一个与之对应的真值表。基本真值表以其直接成分的真值方式明确一个复合命题的真值。例如，当A或B为真或两者均真时，复合命题A∨B为真，否则为假。同样地，如果命题B（"我们将吃牛排"）为真，则复合命题¬ B（"我们不会吃牛排"）为假，如果命题B为假则为真。

将如"或者……或者……"和"如果……那么……"这样的表达式翻译为命题逻辑语言，牵涉到对这些语词日常意义的各个方面进行抽象。例如，在"形式"逻辑常项"→"的定义中，使用措辞"如果……那么……"通过假定其他各种信息都被忽略了。形式逻辑常项的意义被限制在与由它所构成的那些命题的可能真值的相关方面。因此，用"→"来翻译像"如果这个男人从一座塔跳下去，那么他会摔死"这种句子中的"如果……那么……"，不可避免地导致了意义的约减，比如，没有考虑到摔下与死亡之间的因果关系。

虽然也许由于通过命题常项对命题进行缩写而马上变得明显易见，但即便在第四个抽象步骤之后，要处理的论证仍然是涉及具体论题的特定论证。由于逻辑学家们的目的并不是通过检验所有的每一个论证的方式来处理论证，因此将采取更进一步的抽象步骤，这对逻辑理论来说是至关重要的。

在第五个抽象步骤中，论证研究要独立于前提和结论的命题内容。关于具体论题的特定论证被看作由一个命题形式序列所组成的论证形式例示，这个序列仍然被设计为前提和结论。在逻辑领域，与其说关注的焦点是单个论证，不如说是论证形式。在这些论证形式的标记中，字母A、B、C……不再代表关键信息清单中给出的特定语句或命题，而是用作可以被替代的任何种类的陈述句变元。[①] 由于不是命题，变元不会有任何真值；它们只有在关键信息清单中指派给它们命题时，或者通过解释功能给它们指派真值且该指派可能是任意指派之时才为真或为假。关注论证形式意味着单个论证被看作用以填充某种抽象的推理模式（论证形式）的“替换事例”。

这五个抽象步骤一旦完成，逻辑学家们就可以着手实现他们区分有效和无效两种论证形式的总目标，也就是，要区分这些论证形式替换事例的形式有效与形式无效。在命题逻辑中，一个论证形式是有效的，当且仅当它的替换事例中没有一个构成它的替代反例，也就是说，当且仅当这些替换事例中没有一个是有着真前提和假结论的论证。[②] 一个论证形式的所有替换事例都是形式有效的论证，而且只有这些有效事例。[③]

为了检验论证的有效性，逻辑学家们要判定有关论证是不是有效论证形式的替换事例，努力使用了一种方法，这种方法相当于在系统寻找一个会证伪给定论证的“理想论证形式”有效性的反例。[④] 在命题逻辑中，如果这个形式的某个替换事例被发现是前提真而结论假，那么论证形式连同论证本身均无效。另外，如果不存在这样一个替换事例，而寻找过程确实是系统且完善的，那么论证形式与论证都有效。对于古典命题逻辑来说，像真值表方法之类的系统且完善的方法是建立在对上文讨论的逻辑常项基本真值表（Wittgenstein，1922）以及被称为“巴斯表法”的语义舞台方法（Bath，1955）的分析之上的。巴斯方法是直接建立在寻找反例之上的。

---

① 有人可能更喜欢用明确的字母（如 p 和 q）作为变元以使它们和常项区别开来，但这不是必要的，只要在每一个情形下清楚这些字母是如何被使用的。在我们的例子中，早前给出的关键信息清单就足够了。

② 与逻辑有效性相关的不同种类的反例，请参见第 3.3 节。

③ 因此，在命题逻辑中，如果论证有效，那么其结论为假而所有前提均真是不可能的。重要的是要认识到，这并不意味要求前提为真。一个有效论证可能恰好有假前提。那些具有真前提的论证有时候叫作“可靠论证”，但一般来说，论证可靠性并不是逻辑学家们所关心的内容。另外，逻辑学家除了命题逻辑相关的有效性之外，也研究其他有效性类型。一个论证，在命题逻辑中无效，但在其他逻辑中可能有效，如谓词逻辑：见后文。

④ 对给定论证来说，最理想的论证形式是通过缜密而彻底的逻辑分析来发现的。在命题逻辑中，每个命题变元的使用应当和每个确切原子命题一一对应（没有任何逻辑常项会被遗漏）。

我们用来充当例子的论证是论证形式的替换事例，在这些论证形式中使用了逻辑常项∨（析取）、∧（合取）、→（条件）和¬（否定）。在命题逻辑中，使用这些逻辑常项的论证形式的有效性经受住了检验，它们就被证明是形式有效的。论证 2 这种有效的论证形式被称为肯定前件式，它早已被斯多葛学派所知晓（参见第 2.7.4 小节）。

为检验我们没有讨论过的其他类型逻辑常项论证形式的有效性，逻辑理论需要超越命题逻辑。用命题逻辑无法确立有效性的论证，用其他逻辑也许可以证明有效。这种逻辑就是谓词逻辑，它处理的是论证中所使用的被称为“量词”的逻辑常项，如“全称量词”和“存在量词”。在其他逻辑中，最新发展起来的有模态逻辑，它检验逻辑常项的逻辑特性如“必然”和“可能”；道义逻辑关注的是诸如“应当”和“允许”之类的逻辑常项；认知逻辑研究逻辑常项的逻辑行为，如“知道”和“相信”；时态逻辑研究时态指称的逻辑影响。

为了追求将有效与无效论证形式区别开来的一般性目标，简述逻辑学家从论证实体进行抽象的不同方式，应当能充分说明他们与论证理论家感兴趣的问题是不同的。它表明，逻辑学家并不研究在日常话语中自然而然发生的论证，而关注根据逻辑常项从形式上构建起来的抽象推理模式。在这种努力中，大量言语因素、背景因素、条件因素以及其他在交流与互动中起作用的语用因素都不在考虑范围之内，使其无法充分处理论证性话语问题。论证研究应当比逻辑所提供的标准主题要更为宽广。

需要更清楚地补充说明的一点是，得出这个结论，我们并不是说论证研究可以全然没有任何逻辑，也不是说逻辑学家和论证理论家之间的交流不会有成果。逻辑学家有不同的类型，有一种逻辑学家的学术兴趣会更倾向于论证性实践。无论如何，逻辑学家中已经形成一种把他们的兴趣拓宽至论证性话语现象的趋势，那些兴趣脱离他们的视线太久了。与此同时，不同论证理论家们试图在其理论中整合进一些形式或其他与逻辑相关的方面。从目前来看，由于多种复杂性被卷入论证性会话研究中，最好是追求合理的分工，把论证研究看作由哲学家、逻辑学家、语言学家、言语交际专家、心理学家、律师和其他人共同努力滋养的独立学科。

3.3 逻辑有效性概念

不同的逻辑有效性概念（演绎有效性或有效性）① 嵌入论证理论有三种方式：首先，虽然论证理论并不局限于演绎论证研究，但后者当然地构成前者的部分研究主题，使得与这种论证有关的有效性思想都应该予以考量。其次，涉及形式或型式、推演结构与人际论证的逻辑观念都与论证理论中重要的类似概念密切相关，这些概念有论证型式、论证结构和讨论模型。最后，既然是多个世纪以来逻辑学都致力于研究论证的主要学科，那么在该学科发展起来的何谓好论证的思想也会让今天学习论证的学生感兴趣。

可以把逻辑学区别的有效性分为语义有效性、语形有效性和语用有效性。② 语义有效性语义概念的特征是，它们涉及真，而且可以根据“反例”来表达它们。上一节中，我们简要地讨论了一个例子，即古典命题逻辑中的形式有效性的语义概念。根据这一概念，论证有效性是建立在发现反例的不可能性之上的，其中，论证的严格意义是指由多个前提和一个结论组成的。③ 另外，语形有效性是根据一步一步演绎出结论的恰当方式的可获得性来定义论证有效性的，而语用有效性则是面对怀疑与挑战维护结论的方式的可获得性来定义的。

语义有效性概念以两种方式出现。一种方式取决于必然性思想：在不可能前提真而结论为假的意义上，即不存在任何反例的情形，如果前提使得结论成为必然，那么该论证有效。这些思想可能会在对“不可能”的解释上有所不同。其他语义有效性概念，如在前一节中讨论过的形式有效性概念，是建立在论证形式或型式的语义特征之上的：论证形式有

---

① 本节中“逻辑”一词是指演绎逻辑。演绎逻辑涉及演绎论证的分析和评价，即被认为或假定为演绎的有效的论证。事实上，这可以指任何论证。随着现代逻辑历史的发展，这种有效性主张的可能意义是本节的主题。

② 有时“语义”一词会在更广意义上使用，涵盖了语形有效性与语用有效性概念，因为在某种意义上这类系统赋予了逻辑常项意义。

③ 本节中的“论证”将会被限于这个意义上使用。

效，当且仅当，该论证例示了一个有效型式，即一种有效性的论证形式；并且，论证型式有效，当且仅当，不允许任何反例。① 在论证形式或型式意义上，反例不是可能情形，而是一个图型例示，使得前提为真而结论为假。

根据某个具体的语形有效性概念，如果论证的结论可能借助一组具体推演规则，如分离规则和逆分离规则，从它的前提中推导出来，那么该论证推演有效。根据某个具体的语用有效性概念，在某个具体讨论规则体系语境中，面对承认前提的任何对手，如果存在结论提出者的必胜策略，那么该论证就是对话有效。

这里提及的不同概念将会在本手册中更详细地讨论：本节将讨论语义有效性和推演有效性概念，对话有效性概念将在第6.2节和第6.5.12小节讨论。

3.3.1 逻辑教科书中的语义有效性

20世纪主流逻辑教科书通常从最容易把握的必然有效性概念开始，但很快就转到形式概念，并致力于解释与形式概念相关的分析和评价技术。如柯匹（Copi，1961）首先如下介绍必然有效性概念：

> 如果一个演绎论证的所有前提为真，且的确为其结论提供了确凿证据，也就是说，前提与结论如此相关，使得所有前提为真绝对不可能，除非其结论也为真，那么该论证有效。（pp. 8 –9）

后来，为了建立论证无效性，他引入了“逻辑分析反驳法”（p. 253）。这种方法是建立在形式有效性概念之上的：

> 要证明任一论证的无效性，构造另一个如下论证就够了：（1）与第一个论证有着相同形式；（2）有着真前提和假结论。该方

① “不允许任何反例”可以是指“没有任何反例”，或者“不能有反例”。然而，对与通常使用的逻辑有关的论证形式种类来说，这两个短语的意义是相同的，即如能够有反例，那就有反例，特别是数学结构被允许提供反例时更是如此。

> 法是建立在这样的一个事实之上，即有效性和无效性是论证的纯粹形式特征……（Copi，1961，p. 254）①

然而，作为论证特征，并非必然明显是“一个纯粹形式特征”。梅兹（Mates，1972）看来注意到了这一点，他用“可靠”论证代替了“有效”论证，其必然概念如下：

> ……一个论证是可靠的，当且仅当，不可能其所有前提为真而结论为假……我们还可以换个方式表达该标准：一个论证可靠，当且仅当，能够使得所有前提真的每种情形也会使其结论为真。（p. 5）

但当他在讨论逻辑形式即论证形式时，梅兹评论说，人们可以“将可靠论证区分为根据其逻辑形式可靠的论证以及根据同义替换从这些论证中获得的论证”（p. 15）。例如，论证“史密斯是未婚男子，因此史密斯没结婚”，根据其逻辑形式，即“x 是一个不是 B 的 A，因此，x 不是 B”，该论证有效。用同义词“单身汉”替换“未婚男子”，我们得到论证“史密斯是单身汉，因此史密斯没结婚”，这是有效的，但不是根据逻辑形式，即“x 是一个 C，因此，x 不是 B”，来判定其有效的（cf. Mates，Ibid. ）。

因此，在梅兹看来，形式上有效的论证形式构成了那些根据必然有效性概念有效的论证（即“可靠”论证）的一个子类。那些从形式有效论证能通过同义替换中获得的论证通常都不是形式有效的，但根据必然有效概念，它们仍然有效。然而，正如梅兹看到那样，所有形式上非有效的有效论证都是在形式有效性论证中通过同义替换得来的，这种情形并不是很明显的。

3. 3. 2　两种语义概念的根源

这些教科书是从哪里继承了必然有效性概念和形式有效性概念？其实两者都源于亚里士多德。正如我们在第 2. 3. 1 小节所看到，亚里士多德

---

① 在其后文中，柯匹是在基于逻辑分析的范围里描述反驳方法的。

把演绎有效论证定义为：

> 演绎论证是这样一种论证：某些事情被主张，除这些事情之外，其他一些事情必然地随之而来。（Aristotle，1984，Vol. 1，Topics I. 1，100a25 – 27）

由此看来，除了要满足诸如前提的多数性与非冗余性以及非循环性条件之外，有效演绎论证至少满足必然条件（必然地）。

亚里士多德使用的形式有效性概念仍然不明显，但从他关于三段论的格的讨论来看，这特别明显，尤其是他运用事例对比方法使用反例时更加明显（参见第2.6节）。像亚里士多德在其三段论研究中的情形那样，论证有效性被后知之明地认为取决于论证的形式而不是其内容（词项）。古代阐释者沿着该方向，进一步阐明了该有效性的形式观点，其中的代表是区分了形式和内容的亚历山大（活跃在公元200年前后）以及后来的阿伯拉尔（1079—1142年）。在词项替代词项情形下，他的完美推论被刻画为不会发生变化。与其他观点相比，形式有效性观点在14世纪的后果论中变得更为重要（Novaes，2012）。

在14世纪，作为我们当前语义有效性思想基础的概念被不同学派的作者广泛讨论。通过举例，我们将简要介绍一下后承分类，即有效论证的后承及其关联条件分类[①]，其作者认为是伪司各脱（Pseudo-Scotus）。[②]威廉·涅尔和玛莎·涅尔认为，他的解释是“现存中世纪作者中最为清楚的解释”（Kneale & Kneale，1962，p. 278）。司各脱认为，有效论证或者形式有效即形式后承，或者实质有效即实质后承。在第一种有效论证中，即便我们用另一些词项替代某些词项，只要我们不改变论证形式以及语词在论证中分布方式，该论证依然有效。论证形式的要素包括逻辑常项（助范畴词），如“合取”、“析取”、“否定”和“全称”，系动词

① 论证的相关条件是条件命题，该命题的前件是一个由该论证所有前提组成的合取式，其后件则相当于该论证的结论。

② 这里给出的司各脱“关于亚里士多德《前分析篇》的问题：问题10”（参见Pseudo-Scotus，2001）的段落说明是基于威廉·涅尔和玛莎·涅尔对它的引用与讨论的（Kneale & Kneale，1962，pp. 278ff）。还可参见诺瓦埃斯的著作（Novaes，2012，pp. 22 – 23）。

“是”，以及前提的数量。根据其前提是直言命题还是假言命题，形式有效论证还可以细分，然后进一步区分不同的式。

实质有效论证是指那些形式上并非有效的有效论证。它们可以分为简单有效论证和暂时有效论证两种类型。这两种论证的差别在于省略前提地位之不同。借助这些省略前提，我们可以把论证化归为形式有效的论证：在第一种情形下，必须是必然真；在第二种情形下，则为偶然真。简单有效论证的一个例子是，“有人在跑，因此，有动物在奔跑”。为了使得论证形式有效，我们需要的前提是“所有人都是动物”。根据“人类”和“动物”的意义，该前提成立。那么，很清楚，简单有效论证是实质有效的，是由于其词项的意义，因而看起来符合必然有效性概念。因此，实际上，在这些例子中并不存在省略前提。但对于那些仅仅暂时有效的论证来讲，这一点并不成立。这种论证的一个例子是，“苏格拉底在跑，因此，有白色东西在奔跑”，假定苏格拉底是白色的。这些论证就有了一个真正的省略前提，并且不满足必然有效概念，因为只要苏格拉底不在当前环境中，即便论证所有前提为真，但它的结论也可为假。

3.3.3 博尔扎诺的形式有效性概括

19 世纪，神学家、哲学家、数学家和逻辑学家博尔扎诺（Bolzano，1781－1848）在很大程度上提炼和概括了 14 世纪逻辑学家们的形式有效性概念。[①] 博尔扎诺的逻辑进路与其中世纪前辈们的一个不同方面与命题概念有关。对于之前的逻辑学家而言，在大多数情况下，命题即是陈述句。陈述句即是表达某个客观思想的语句。但对于博尔扎诺来说，命题只是一种思想，而命题内容不管是否由陈述句表达，都被认为是某人心里思考过。如今哲学家们明确区分命题与语句以及命题与主观思想。这些问题博尔扎诺显然等于弗雷格（Gottlob Frege，1848－1925）。博尔扎诺把“命题”称为“命题本身”，而弗雷格称其“思想”。博尔扎诺把语句叫称“用语词表达的命题”，而弗雷格称为“语句”。博尔扎诺把作为思想的“主观思想”称为“心智命题”，而弗雷格称为“观点”。（Bolza-

① 这并不等于说在相当大程度上他主要受他们的影响。威廉·涅尔和玛莎·涅尔认为，“他似乎对中世纪逻辑学家们的成就知之甚少”（Kneale & Kneale，1962，p. 359）。

no 1837，1972，§19）。

然而，博尔扎诺的命题又与语句十分相似：它们都是由部分构成。构成命题的观念本身差不多与表达这些命题的语句构成要素完全一致（Bolzano 1837，1972，§48）。[①] 这样一来，认为某些观点可以被其他观点替代，从而形成不同命题就变得可能，就像中世纪逻辑学家们认为语句中某些词项可被另一些词项所代替，从而形成新语句一样。这开启了在博尔扎诺意义上根据命题层级来重构形式有效性概念的变革。

在博尔扎诺看来，论证是由作为前提（A，B，C，D，……）的命题和作为结论（M，N，O，……）的命题所构成的。然后，他定义了前提与结论之间的可演绎性关系[②]，使得：如果该关系成立，我们就可以说 A，B，C，D，……作为前提加上从 M，N，O，……中挑选一个结论出来所组成的不同论证，在某种意义上，均形式有效。博尔扎诺认为，最典型的是，定义可演绎性是相对于观点（i，j，……）选择的，而这些观点被认为是出现在论证中一个或一个以上命题的可替代部分。[③] 其他观点则保持不变。然后，把可演绎性定义为：

> 对于变元部分 i，j，……来讲，如果替代 i，j，……的每个观点类都使得，所有命题 A，B，C，D，……为真并且所有 M，N，O，……也为真，那么，我就可以说，M，N，O，……可以从命题 A，B，C，D，……演绎出来。既然那是习惯，那么有时候，我会说命题 M，N，O，……是或者能够从 A，B，C，D，……推导、推论或推演出来的。（Bolzano，1972，§155（2）p. 209）

让我们给出一些例子。令前提为“没有人是天使”和“每个精神病医生都是人”，结论为“没有精神病医生是天使”以及“没有天使是精神

① 博尔扎诺通常只简单地写的是“观点”而不是“观点本身”。博尔扎诺的观点概念与弗雷格的观点概念很不一样，弗雷格的观点指的是精神实体。

② 选择语词“可演绎性”来表达这一关系有点儿不合适，因为该关系是语义关系，并不涉及语形演绎思想。

③ 在语言层面上，这些观点与普通非逻辑词项相符，如三段论的词项，但它们也与其他成分相符。

病医生”。如果我们现在设定可变部分是概念“人”、“天使”和“精神病医生”，那么，关于这些部分，在博尔扎诺所提供的意义上，这些结论是可能从前提演绎出来的。同样的事实可表达为两个论证：(1)“没有人是天使，每个精神病医生都是人，因此，没有精神病医生是天使”；(2)“没有人是天使，每个精神病医生都是人，因此，没有天使是精神病医生”。这两个论证形式上都是有效的。之所以如此，是因为二者都是两个有效形式的替换事例，这两个有效形式分别是“没有 H 是 A，每个 P 都是 H，因此，没有 P 是 A”以及“没有 H 是 A，每个 P 是 H，因此，没有 A 是 P”。该例子充分表明，正如博尔扎诺设想的那样，在某种意义上，亚氏三段论是由可演绎性构成的。

然而，对所有论证来讲，形式有效性和博尔扎诺可演绎性并非实质上都在做同样的事。如果唯一的前提是“苏格拉底是人”，且唯一的结论是“苏格拉底是动物”，然后，把“苏格拉底”看作唯一可变概念，那么，在博尔扎诺意义上，该结论是可以从前提演绎出来的。然而，如果把“苏格拉底”和“动物”看作可变概念，那么，在那个意义上，该结论就不再可能从前提中演绎出来。虽然在必然有效性概念下，论证“苏格拉底是人，因此，苏格拉底是动物”肯定有效，但它并非形式有效，因为其型式“x 是 H，因此，x 是 A”无效。对于这种无效性，我们可能通过给出反例“苏格拉底是人，因此苏格拉底是鱼”来表明。

博尔扎诺对形式有效性概念的处理，也许是中世纪以后该领域取得的最重要进展。关注博尔扎诺如何定义其概念以及如何提出其理论是值得的，尤其是当人们把它看作先于逻辑形式化时。博尔扎诺引入选取一组可变观点，这当然地丰富了定义可演绎性概念或有效性概念的可能性，尽管并非每种选取都会导致同样的让人感兴趣的结果。有些选取产生了在博尔扎诺时代就已经存在的逻辑，如三段论逻辑，或者后来发展起来的逻辑，如谓词逻辑；其他选取让某些具体观点固定起来，看起来像逻辑常项一样，也许产生了面向具体领域的有趣的逻辑。

3.3.4 反例的三种意义

前面我们看到了两种语义有效性概念，必然有效性概念和形式有效性概念，其中，每种概念都由什么构成了反例的自己相应的思想。虽然两种语义概念都共享这样一种思想：在一定程度上，有效性是建立在不存在反例基础上的，但二者各自都对这种思想有着不同的扭曲。

在必然有效性概念情形下，不存在以词项替换词项的情况。寻找反例时，人们不需要改变前提或结论，而是要在不改变论证的基础上，人们设想论证前提与结论可能指向的不同情形或可能世界，而其中一种情形就是实际情形。在实际情形中，如果前提真而结论假，实际情况构成了该情形的反例，那么，该论证无效。此外，人们还可以在非实际但可能的情形中寻找反例。如果存在一个使前提为真而结论为假的情形，这同样构建出一个情形反例，论证将再次归于无效。针对对方论证，提出一个情形反例，是真实生活论辩的一项重要策略（Krabbe，1996）。

用例子来说明该思想可能会有帮助。即便其前提和结论实际上都为真，“约翰今天是三十岁，因此，一年以后他是三十一岁”是无效的，因为反驳可以是，在某些可能情况下，约翰会在不到一年的时间里去世。另外，“约翰今天三十岁，因此，他在一年前是二十九岁”是有效的（但并非形式有效），因为不存在构成反例的可能情形。

在形式有效性概念情形下，人们无须去寻找不同情形。只有真实世界才需要寻找反例。其思路是，研究与给定论证有着相同论证形式表达的论证，看看其中一个是否可算作这个形式的反例，也就是说，是否的确存在真前提和假结论。针对对方论证，提出这种反例，同样是真实生活论辩中的一项重要策略（Woods & Hudak，1989）。

但人们如何找到一个论证的论证形式？在博尔扎诺之后，逻辑学家们并没有选择采用他的方法来使形式有效性概念与命题中可变构成要素选择相关联，而是使它与逻辑理论（如三段论逻辑、命题逻辑、谓词逻辑）① 的选择关联起来，这种选择提供了发现相对于那个理论的最佳论证形式分析方法。② 根据这个逻辑理论，为了表明一个论证的形式无效性，人们必须表明不存在这种有效论证形式。因此，根据这个理论，表明这

① 关于选择逻辑理论的详细情形，参见第3.9节。

② 最佳论证形式概念与所选逻辑理论有关。参见第3.2节，该最佳论证形式概念是相对于谓词逻辑的。

个最优论证形式无效就足够了。

因此，论证有效性问题就被切换到论证形式有效性问题。正是在这个层面上运用了反例思想：论证形式有效，当且仅当，它不能有任何反例。在该语境中，反例思想与情形反例显然不同。形式有效反例可用两种明确方式详细说明：一种是替代性反例；另一种是解释性反例，即相反解释或相反模型。我们在上文简要提及过第一种方式：论证形式或型式的替代性反例是此形式的例示论证，使得所有前提为真而结论为假。第二种方式是当代模型论语义学的方式。模型论语义学是从塔斯基（Alfred Tarski，1901－1983）那里获得主要动力的一个逻辑分支。虽然论证形式的前提和结论本身并不具有真值，它们包含了作为其构成成分的型式字母，这些字母并没有具体语言意义，但一旦通过规定把意义或相关部分意义指派给它们，它们就有真值了。给型式字母指派恰当意义被称"解释功能"，或者简单地称为"解释"或"模型"。若某个论证形式的解释使得每一个前提为真而结论为假，那么这个解释就是该论证形式的解释性反例或反例模型。①

再者，例子也许更有助于理解。在上文中，我们通过替代性反例"苏格拉底是人，因此，苏格拉底是鱼"表明，相对谓词逻辑，形式"x是H，因此，x是A"无效。一个相应的解释性反例将会是一项解释功能I：将"苏格拉底"指派给x，"所有人的集合"指派给H，"所有鱼的集合"指派给A。对此，通常记法是，$I(x)$ ＝苏格拉底，$I(H)=\{x\mid x$是人$\}$以及$I(A)=\{x\mid x$是鱼$\}$。

显然，任意替代性反例都可改写成一个解释性反例，因为任意给定替换事例都向我们针对的每一变元提供了实体，这些实体是解释必须指派给变元的。在前面给出的例子中，很显然是从替代性反例"苏格拉底是人，因此，苏格拉底是鱼"出发，在解释性反例时，必须把"苏格拉底"指派给x。这种转换并不总是明显，因为至少可以设想：某个解释性反例在把实体指派给某些变元时，在这个语言中不存在针对那些变元的

① 在真值表方法中，型式字母是命题变元，而唯一相关的语句意义部分是其真值（真或假）。然后，解释或模型就是命题变元的指派真值。

语词和描述，但又必须明确表达替代性反例。① 不管怎样，根据解释方法任何形式有效论证，根据替代方法也会是形式有效的，且对许多逻辑语言来说，这种转换也成立。

同样明显的是，任一论证情形反例必须具有某些结构特征，这些特征要映射到包括数学实体在内的真实实体王国中的结构，因此，会产生一个相对于那个论证形式的解释性反例，不管其中用何种可接受逻辑理论来判定形式。举例来讲，我们令论证为“有些天鹅是黑的，因此，有些天鹅是白的”。一种可能情形是，恰好有两只黑天鹅，一只黑鸦，两只白鸥。这构成了一个情形反例：在这种情形中，前提为真而结论为假。从三段论逻辑来看，该论证的形式是“有S是B，因此，有S是W”。我们必须借助现实世界实体通过映射设想的反例结构来表明该形式无效，即，我们必须找到S、B和W的解释，使得两个S情形的集合包含在三个B事情的集合之中，而且后一个集合是从两个W情形的集合析取而来的。这种解释很容易被找到，如：I（S）＝｛1，2｝，I（B）＝｛1，2，3｝，I（W）＝｛4，5｝②。

因此，任一根据某个可接受的逻辑理论形式有效的论证，也必须实质有效，也就是说，其前提必须必然地推导出结论。当我们讨论诸如“史密斯是单身汉，因此，史密斯没结婚”，或者“苏格拉底是人，因此，苏格拉底是动物”之类的例子时，就已经发现该转换不成立了。

3.3.5　语形有效性概念

语形有效性概念和语用有效性概念都不涉及真概念，而是关注在论证前提基础上演绎或维护结论的方式。语用有效性概念是以受控对话（形式论辩系统）为基础的，其中，一方（正方）设法让另一方（反方）接受一个论题，而反方则试图避免这一点。如果对于论证结论之正方来讲，与开始承认论证前提的任何对手面对面进行对话，都有一个必胜策

---

① 对一阶语言来说，如果已知存在任一反例，那就总是存在一个能够用初等算术语表达的例子，并产生一个替代性反例，使得两种方法等价（Quine，1970，pp. 53－55）。还可参见塔斯基的论文（Tarski，2002）。

② 其中，“｛1，2｝”代表其元素为1和2的集合，｛1，2，3｝代表其元素为1，2和3的集合，如此类推。

略，那就可以说，相对于这种对话系统来讲，该论证对话有效。由于形式对话系统将会在第 6 章“形式论辩进路”得到充分处理，我们建议读者去阅读第 6 章，特别是第 6. 2 节和第 6. 5. 12 小节。

语形有效性概念同样是以受控对话系统为基础，但这是独白式的，而不是对话式的：它们由从前提逐步推导出结论的明确规则组成。对于给定系统，如果一个论证的结论可以依据该系统中的规则从其前提中推导出来，那么我们就说，相对于该系统来讲，这个论证推演有效。

为了表明算术可以还原为逻辑（逻辑主义观点），弗雷格给出一个推演系统。要实现逻辑主义理想，就必须表明：（1）所有算术概念都能根据逻辑概念来定义；（2）所有算术真理都可以从逻辑真理中推导出来。为此，用逻辑术语来定义算术初始概念，并且从逻辑公理推导出算术公理，这就够了。这些推演不可能以只采用直观上可接受的步骤的非形式数学方式进行，因为这些步骤可能把某些算术假定隐藏得很好，而该推演却只应当建立在逻辑之上。因此，弗雷格提出了一个逻辑公理系统，其中包括了几个逻辑公理以及很少的简单推演规则。该系统使得无缝证明成为可能（Frege，1879）。在这种证明中，没有中间步骤被遗漏，且每一步骤都为该系统的某条逻辑推演规则所证成。

然而，逻辑公理系统和人们实际推理的方式并不完全相符，即便他们在进行演绎推理时也是如此。之所以如此，是因为许多演绎推理都包含了假设部分，其中，为探究其后承，推理者把某些命题设为假定。推理的假设部分取决于其假定。然而，假定有时可以撤回，就在某个假定被撤回的同时，其他某个命题得以确立，而且该命题不再依赖该假定。例如，在归谬法推理中，为了拒斥某个命题 P，某人把 P 设为假定，然后，由它推导出荒谬情形。一旦荒谬情形出现，假定就被撤回，P 的对立命题就得以确立，而这个对立命题可能是相对于其他还没有被撤回的假定的。逻辑公理系统缺乏直接反映这种推理程序的机制。

然而，假设性推理是所谓自然演绎系统的重要组成部分。因此，这些系统更为接近实际推理，实际推理通常是假设性推理。也正因为如此，论证研究对它很感兴趣。在这些系统中推演所展示的结构很容易被看作论证理论中论证结构的对应物，尤其是在后者包含假定性推理的时候（如 Fisher，1988）。自然演绎系统最早在 1934 年由根岑（Gerhard

Gettzen，1909 - 1945）（Gentzen，1934）和雅斯可夫斯基（Stanisław Jaśkowshi，1906 - 1965）分别独立引入（Jaskowshi，1934）。

为了总结一下本小节，我们给出两个演绎例子，在自然演绎系统中它们是经得起分析的。让我们先介绍一些推演规则。它们中大部分来自根岑和雅斯可夫斯基，但并非整个系统都源自他们。每个例子我们都会先用非形式方式表达，然后是两个形式版本：一个是根岑版；另一个是雅斯可夫斯基版。

我们要用到的规则如下[①]：

（MP）分离规则：从条件命题“如果p，那么Q”及其前件P，我们可以推出其后件Q。

（DS）析取三段论：从析取式“或者P或者Q”及其其中一个析取支非P或非Q，我们可以推出另一个析取支Q或P。

（Con）组合规则：从命题P和Q，我们可以推出它们的合取式“P并且Q”。

（Sep）分解规则：从合取命题“P并且Q”，我们可以推出P，还可以推出Q。

上述规则并没有指向假言推演，比如下面这两条更加复杂的规则：

（CP）条件证明规则：如果从假定P出发，我们完成了结论Q的推演，那么，我们就可以撤回该假定，并假定条件命题“如果P，那么Q”，这个条件命题是独立于假定P的。[②]

（RAA）经典归谬法规则：如果从假定非P出发，我们可能完成一个明显矛盾命题，比如“Q并且非Q”或“非Q并且Q”的推演，那么，我们就可以撤回该假定，并且假定P，该假定是独立于非P的。

---

① 这里所说的推演规则只是为了演示目的。我们认为，它们并不属于任何意义上的自然演绎系统，即便它们中的每一个都出现在某些这类系统中。若需要更进一步的自然演绎系统相关介绍，我们建议读者去阅读逻辑教科书。

② 需要强调的是，由于这条规则以及下一条规则很复杂，并且涉及假言部分，所以，我们在此并不处理“逻辑公理系统”或其中某个部分，而是处理自然演绎系统。

1.（B ∨C） ∧¬F	前提
2. ¬F→¬C	前提
3. ¬F	（由第 1 步根据分解规则）
4. ¬C	（由第 2 和第 3 步根据分离规则）
5. B ∨C	（由第 1 步根据分解规则）
6. B	（由第 5 和第 4 步根据分解规则）

图 3.1　雅斯可夫斯基式自然演绎的第一个例子

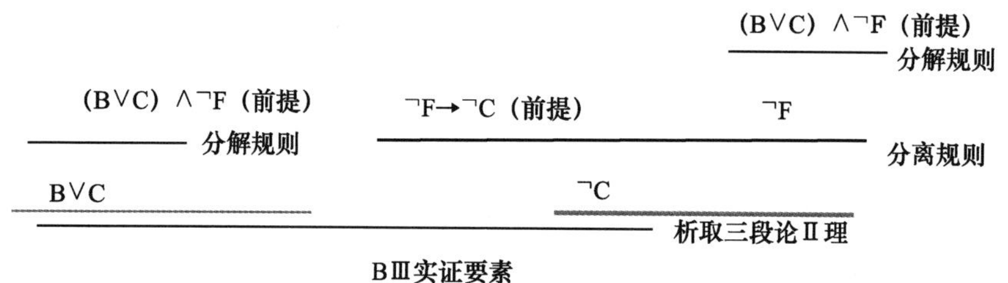

图 3. 2　根岑式自然演绎的第一个例子Ⅳ

我们第一个演绎例子是在第 3. 2 节中的戴尔论证（“论证 1”）。前提说的是：（1）我们将或者吃牛排或者吃鳕鱼，并且没有鱼；（2）如果没有鱼，那么，我们将不吃鳕鱼。由（1）推出没有鱼，再由这个结论与（2）一起推出我们将不吃鳕鱼。由（1）还可以得出我们将或者吃牛排或者吃鳕鱼，由于我们将不吃鳕鱼，故可以推出结论我们将吃牛排。

在图 3. 1 中，我们用雅斯可夫斯基式自然演绎展示了该简单推理的形式版本。可以看出，这和非形式版本关系很密切。我们所用的缩写也与第 3. 2 节中“关键信息清单”一致，即 B 代表“我们将吃牛排”，C 代表“我们将吃鳕鱼”，F 代表“有鱼”。这也与第 3. 2 节中一样，“∨”代表“或者……或者……”，“∧”代表“……并且……”，“→”代表“如果……那么……”以及“¬”代表“并非”。

在某种程度上，图 3. 2 所展示的相应根岑式自然演绎可视为离非形式版本相去甚远，因为它缺少对非形式版本所刻画的推理中的命题进行线性排序。但是，通过写出论证中每一步直接得出局部结论的局部前提，根岑版本给出了推理中这种依赖性的更好图景，这与在论证分析中论证结构所刻画的方式很像。

1. F→C	（前提）
2. C	引入假设 1 （假设 1）
3. F	引入假设 2 （假设 2）
4. C	（由第 1 和第 3 步根据分离规则）
5. CC	（由第 2 和第 4 步合取规则）
6. F	撤回假定 2 （由第 3—5 步根据归纳法规则）
C→F	（由第 2—6 步根据条件证明规则）

图 3.3　雅斯可夫斯基式自然演绎的第二个例子

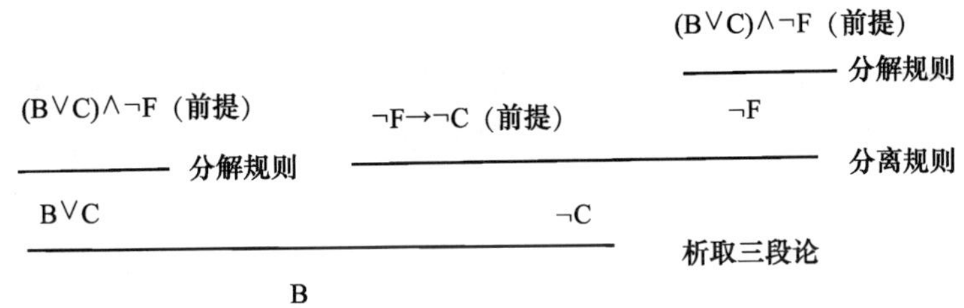

图 3.4　根岑式自然演绎的第二个例子

在第二个例子中，只有一个前提（1）：如果没有鱼，我们将不吃鳕鱼。可得到的结论是，如果我们将吃鳕鱼，则一定有鱼。为了从前提中推演出该结论，需要假设（2）：我们将吃鳕鱼。现在，我们必须表明，在那种情形下，一定有鱼。为了表明这一点，假定其矛盾命题，即（3）没有鱼。然后，从（1）和（3）推出我们将不吃鳕鱼。因此，我们就得到了一个矛盾式：我们既将吃又将不吃鳕鱼。因此，必须拒斥最后一个假设“没有鱼”，而我们表明了（2）是成立的，确实有鱼。由于假设

（2）允许我们推出有鱼，我们可以得出结论：如果我们将吃鳕鱼，那么则一定有鱼。图3.3表明如何用雅斯可夫斯基式自然推演看待该推演，而图3.4表明的是相应的根岑表述。

本节讨论的很多逻辑思想，在论证理论中都有对应思想。作为好论证的特征，逻辑有效性思想与论证学者使用的“可靠性”或“充分性”的各种条件相对应。两种情形下，都对论证好坏做了区分。逻辑论证型式与论证理论中的论证型式或论辩型式相对应。在两种情况下，表明论证好的开始方式也会表明它例示了一个好型式。对逻辑来说，根据形式有效性概念，这可能是充分的。但对于论证理论来说，这通常只是第一步。逻辑学家的自然演绎系统结构非常接近于论证结构。它们都能较好地运用于假设性论证，尤其是假设性论证作为某个无法认为是演绎有效性的论证的一部分时，更是如此。我们还要看到，各种反例在逻辑与论证理论中都扮演着某种角色。

3.4 传统谬误进路

亚里士多德认为，不正确论证是因其非决定性所致，是指这样一种论证：它只提供看似有效实则无效的推理。长期以来，这一概念保持着它作为谬误标准定义的权威性。[①] 然而，亚里士多德之后，作者们常常忽视这一概念的论辩背景。他们还忽视了他们自己的演绎有效论证概念与亚里士多德的好演绎推理之间的差异。从亚里士多德进路来看，在好演绎推理中，不仅结论从前提必然地推出，而且还要不同于这些前提，但又要基于它们。可很长时期以来，大部分学者很多时候看上去只是在重复亚里士多德的观点。文艺复兴时期，一些作者如法国论辩学家拉莫斯（Petrus Ramus，1515－1572）开始崭露头角，他们摒弃亚里士多德的该观点，甚至将谬误研究也一并遗弃了。

英国哲学家、拉莫斯主义者培根（Francis Bacon，1561－1626）认为，亚里士多德已经把谬误研究“处理得相当漂亮了”。不过，他在1605

① 参见第2.4.1节之（1）“非决定性”。

年《学术进展》（Bacon，1975）中提出，还有更重要的谬误，如：思维错误以及由假象或幻象引致的“无用观点”。由培根称为市场幻象所引起的交际错误在这些谬误之列。“市场幻象是指会影响语词的假象，这些语词是根据幻想与通俗能力来设计与运用的。”（Bacon，1975，p. 134）

亚里士多德的谬误清单还被《逻辑或思维艺术》继续使用。该书又名“王港逻辑”，据说由法国学者阿尔诺（Antonie Arnauld）和尼可（Pierre Nicole）在1662—1865年匿名撰写。他们也可能是与帕斯卡（Blaise Pascal）一起写的。在这第一批现代进路中，人们讨论了亚里士多德的谬误，并把谬误当作科学方法的诡辩。接着，所列谬误被广泛论及，比如使用威胁的力量但这还不是指诉诸武力论证，以及从不完全归纳推出一般结论。区分了与科学话语相关和与公众话语相关的两种谬误，该区分取代了亚里士多德的依赖语言和不依赖语言的谬误区分。

在谬误史上对亚里士多德谬误清单的最重要增加，被认为是诉诸型谬误，一个由17世纪哲学家洛克（John Locke，1632 - 1704）首先区别的论证范畴。其中，诉诸个人论证或者针对个人的论证最为人所熟知。

我们并不十分清楚1690年洛克在《人类理解论》中讨论诉诸个人论证时是怎么想的。他在“关于理性”一章中，介绍了另外三种诉诸型论证：诉诸权威、诉诸无知和诉诸裁定。[①] 这使洛克获得诉诸型谬误的“发明者”的荣誉。但洛克并没有明确地说过他将任何一个诉诸型论证看作谬误：

> ……也许值得花点时间去仔细考虑四种论证，在与他人一起进行推理时，人们确实常常利用劝说来使他人同意，或者至少是通过使他人敬畏，以达到让他们的命题保持沉默之目的。（Essay，IV，p. iii）

洛克将诉诸个人论证的特征归结为：

> 第三条道路是，利用从某人自己的原则与承诺得出的后果来逼

① 诉诸裁定当然不是谬误，而是为使用从知识或可能性基础上推出结论的证明设定标准。

迫他。在诉诸个人论证名义之下，这已众所周知。（Essay，IV，p. iii）

诉诸个人论证这个名字已众所周知的评论表明，洛克并不认为他正在引入任何新东西。很难对该评论进行溯源。汉布林（Hamblin，1970，pp. 161－162）认为，洛克是参考了亚里士多德《辩谬篇》中一段拉丁文翻译以及几个出现该术语的中世纪论著（还可参见 Nuchelmans，1993）。

洛克的诉诸个人论证定义成了悠久传统的组成部分。根据该传统，诉诸个人论证被看作由利用论证中对方的承诺所组成的[①]。按照这种观点，对成功的论证而言，诉诸人身论证必不可少。然而，从20世纪50年代以来，在论证理论中，诉诸个人论证主要是在贬义上使用。[②] 它变成了攻击对方个人谬误的代名词，或者直接地把他们描绘成愚蠢的、不好的或不可靠的，即辱骂型人身攻击，或者间接地对他们的动机表示怀疑，即偏见型人身攻击或境况型人身攻击，或者指出他们言行矛盾，即“你也是”型人身攻击谬误。[③]

以下是洛克意义上的诉诸个人论证的一个现代例子（一个“你也一样”变体）：

---

① 把诉诸个人论证定义为从已经承认的出发原则上可接受论争类型可以在怀特莱（Whately，1836，III. 15，pp. 195－197）、叔本华（Schopenhauer，1970，p. 677）、约翰斯通（Johnstone，1959，pp. 73，81）以及佩雷尔曼和奥尔布赖切斯—泰提卡（Perelman & Olbrechts-Tyteca，1969，pp. 110－114）的著作中找到。参见范爱默伦与荷罗顿道斯特（van Eemeren & Grootendorst，1993）、汉布林（Hamblin，1970，pp. 41，158－163）以及菲诺基亚罗（Finocchiaro，1974）的著作。

② 关于诉诸个人论证这一术语的贬义与非贬义含义之亚里士多德根源，参见卢策尔曼斯（Nuchelmans，1993）的著作。另请参见本手册第 2. 4. 3 节。

③ 许多作者也用境况型诉诸个人论证来不加区分地指诉诸个人论证（如 Copi，1961），或是指其中一个变体：或者是偏见型变体（如 Rescher，1964），或者“你也是”型变体（如 Walton，1985，1998）。参见克罗贝与沃尔顿的著作（Krabbe & Walton，1994）。怀特莱（Whately，1836，III. 15，pp. 195－197）倒没有对不同类型的诉诸个人做明确的区分，而是指出诉诸个人论证通常被描述为“强调具体境况、品格、公开承认观点或过去个人行为”。他还给出一个广为人知的“你也是”型论证例子，即著名的“运动员反驳”。在这一例子中，一位运动员被指控杀害无辜的动物，他为自己辩护时采用了这样的问语“那你为什么要吃无害的牛羊的鲜肉呢?”（Whately，1836，III. 15，p. 196n）

> 你怎么能说拉斯维加斯的赌场都应该关掉？你总说每个人都应拥有自行决定做什么或不做什么的自由的。

在接下来的段落中，洛克所提到的四种论证的另两种论证被使用，先是诉诸权威论证，然后是诉诸无知论证：

> 贝多芬当然可以为露丝玛丽·布朗口授交响乐：著名女作家伊丽莎白·库伯勒·罗斯在《花花公子》上解释说，与逝者交流是十分可能的。况且，从不曾有人证明了已逝的作曲家们没有以该方式显灵。

诉诸权威论证通常被描述为错误地诉诸权威。这和权威一词的字面意思（分歧、敬畏、羞惭、难堪、谦逊）并不十分一致，虽然它貌似和洛克所要表达的意思是相符的。就洛克而言，诉诸权威论证是指在一些例子中，说者援引了一个权威，并造成一个印象：如果听者将自己置于权威的对立面，那么他就是自大的。洛克强调，诉诸无知论证是与论争中的证明责任相关的。该论证发生在一个论证要求对方要么接受他已给出的为其立场辩护的论证，要么给出一个更好的反对其立场的论证的时候。如今，诉诸无知论证通常因为诉诸了无知或缺乏证明而被看作是谬误的（就如上述露丝玛丽的例子中一样）。在没有迹象表明事实如此的情况下，可以得出结论说，事实并非如此。反之亦然。

一个（非洛克意义上的）现代贬义上的诉诸个人论证的例子是这样的：

因为不可以限制言论自由所以不可以考虑缩减有线电视的快速增长，该论证只不过是看起来可靠而已。该推理不过是既得利益集团用来表明有线电视应当继续发展的而已。因此这是一个伪论证。

诉诸个人论证强调不关心事实和所给出的论证。相反，它强调提出观点的人的动机和背景。对诉诸个人论证的现代解释中，最为普遍的方式是，它由于间接地攻击了对方的人品缺陷而不是对方的论证而成为谬误。

根据《逻辑要义》一书中的说法，逻辑学家和修辞学家怀特莱

(1787—1863 年) 意图在 1826 年从逻辑的视角对谬误做进一步的考量。通过在附录将谬误定义为"任何自称事实在握而事实上并非如此的论证或表面上的论证",他给出了更宽泛的谬误定义。和(三段论)逻辑谬误的分类(如违反三段论是一种有不超过三个词项的推理形式这一规则的四词项)一样,怀特莱识别出他的树形分类中大量的非逻辑的(或者实质的)谬误,根据他的说法,这些谬误"结论确实由前提推导出来"(1836, Ⅲ.4, p.155)。后一分类是从属于那些涉及"错误预设前提(循环论证,虚假前提)"的谬误,以及那些关系到不相干结论(诡辩论)的谬误的,如诉诸型谬误。怀特莱对英国和美国的教科书传统有着强大的影响(参见本手册 8.2 部分)。

与怀特莱认为推理应当符合三段论规则所不同,英国哲学家弥尔(1806—1873 年)在 1843 年的《逻辑体系》中提出了一个完全不同的观点。他主张,只有归纳推理才算是推理。虽然弥尔确实发展了一系列的归纳谬误,但他的观点和基于这些观点所做的经验研究并没有导致谬误理论的重大变革。

3.5 标准谬误处理

20 世纪五六十年代,许多逻辑导论教材对谬误的说明一直把汉布林(Hamblin, 1970)对自亚里士多德以来谬误研究史富有影响的审视命名为"标准谬误处理"。标准处理的一个重要特征是,由亚里士多德的论辩视角转向了独白视角。在这种现代考量中,谬误理论处理的是推理错误,而不是一方企图用批判性交流瞒骗另一方的欺骗性操控。由于亚里士多德清单中某些谬误与对话情景有着本质关联,抛弃批判性辩论语境的一个后果是,在标准处理中具体谬误被视为谬误的原因变得模糊。

根据汉布林的说法(Hamblin, 1970, pp. 73 - 74),亚里士多德《辩谬篇》(Aristotle, 1984, 2012)中的复杂问语谬误是一个不错的例子,它属于亚里士多德不依赖语言谬误类型中的一种。[①] 虽然在批判性辩论语境

① 参见第 2.4.2 节。

下，亚里士多德把建立在复杂问语之上的反驳视作谬误的原因是清楚的，但在独白式推理中很难确定错在哪里。复杂问语取决于对话情景，这种谬误只有用对话进路才能进行充分分析。复杂问语谬误发生在：问了一个问题，但要回答这一问题，必须通过同时回答另一个问题才行，而这个问题是"隐藏"在原问题之中。在亚里士多德所讨论的辩论中，允许辩护者将这类问题拆分成几个问题（*Soph. ref.* 30，181a36－37）。根据复杂问语的现代解释，对原问题的回答预设了对一个或多个隐性问题的具体回答。通过或明或暗迫使对方一次性回答不止一个问题，复杂问语谬误就出现了。①

下面是一个如今被广泛使用的复杂问语例子：

(1) 你还在打你的妻子吗？

(2) 你什么时候停止打你的妻子的？

某人要是按照预期用简单的"是"或"不是"来回答问题（1），那就意味着他承认了还在或一直在打其妻子的习惯。这是因为（1）包括了下列预设：

(1a) 你曾经打过你的妻子。

同样的预设也存在于问题（2）中，但在（2）的情形中还存在一个预设：

(2a) 你不再打你的妻子。

复杂问语型问题可以困住一个不能识破这种问题狡诈本质的对手。这种问题被认为是以错误方式使对手在辩论中自相矛盾。举例来说，这种错误用法发生的情形是：要维护的论题是"辩护者从未打过其妻子"，

① 恰恰是设计问题方式提供了将死对手论战的可能性，故我们不太明白为什么亚里士多德会把这一错误行为划入不依赖语言谬误范畴。

该论题同样和辩护者对攻击者提出的问题（1）回答“没有”相矛盾。当然，如果辩护者对问题（1）的回答是“停止了”的话，他的情况会更糟糕。

通过指出这些相互纠缠在一起的预设，辩护者可以避免直接回答原问题。以问题（2）为例，依照该策略将会给出下列回答：

（2’）我仍然打她。

（2’’）我从没打过她。

如果这个讨论取决于辩护者是现有还是过去有打他妻子的习惯，那么回答（2’’）是回避问题（2）的最佳方式。在辩论中，直接回答，如“上星期”，会导致不可改变的直接击败。问题（1）的措辞强迫论题辩护者回答“是”或“否”，这样就等于承认了他的对手想要证明的：辩护者现在还在或曾经有打他妻子的习惯。

亚里士多德把依赖语言谬误和不依赖语言谬误区别开来，但在逻辑教科书中通常区分为模糊或清晰谬误与相干谬误（如 Copi，1972）。第一种谬误是由词汇或语法模糊所致，如“Pleasing student can be trying”（这既可以理解为“讨人喜欢的学生们可能试试”，又可理解为“学生可以试试是一件令人愉快的事”）；或者由重读转移所致，“为什么亚当吃了那只苹果?”（既可以说“为什么亚当吃了那只苹果?”，其意思是“为什么吃苹果的不是夏娃?”，也可以说“为什么亚当吃了那只苹果?”，其意思是“为什么亚当吃的不是橙子?”。这类谬误与亚里士多德的依赖语言谬误多少有点相符。相干谬误包括诉诸型谬误。它们被认为不相干的原因是，它们没有为被表达观点提供任何逻辑证成，但它们仍然为说服听众提供了一种修辞有效的工具。除了各种重复解释亚里士多德的轻率概括谬误、偶性谬误[①]和复杂问语谬误以及诉诸个人、诉诸权威和诉诸无知等传统谬误之外，相干谬误范畴还包括虚假类比、伦理谬误和情感谬误。情感谬误是一种炫耀自己品格和玩弄听众情感的谬误。其他相干谬误则包括下

① 在标准处理中，轻率概括通常被解释为将具体当成一般的错误推理形式，而偶性谬误则正好是反过来的推论，即忽视例外的情形。参见汉布林（Hamblin，1970，pp. 26 – 31）。

面要讨论的乞题谬误。

乞题谬误，又被称循环推理，① 是指论证者假定待证事实即争议问题已经被表明成立，故只需对它做简单的重申即可。一个著名的例子是：

> 上帝存在，是因为《圣经》上是这样说的，而《圣经》就是上帝的话。

在标准处理解释中，不相干结论谬误是这样一种论证：它针对的不是针对争议点发生的论题，而是指向其他事情。例如，某人认为政府控制住宅项目是缓解住宅不足的有效手段，但他论证的论题却是住房严重不足。但这并不是争议点所在。

推不出谬误是一种论证形式，它与不相干结论谬误很相似。其中，所用的论据以及所推导出来的结论本身都正确，但该结论并不能从论据中推导出来。荷兰学者吉烈斯（Piet Grijs）曾给出这个荒谬例子：

> 那个魔鬼画了这个世界。但不允许从其纳税推导出成本。后来，他侄子 1982 年出现了。他侄子和首相有染，这就是为什么树会重新变绿的原因。

从名称上看，以先后定因果谬误即是“在此之前，故为原因”，其意思是：既然某事件时序上在另一事件之后，那么，前一事件就是后一事件的原因。举例来讲，新政府当政后就业率提高了，于是认为就业率提高是新政府政策的结果，这就犯了以先后定因果谬误。

诉诸威力论证或棍棒论证是一种强力诉诸，相当于针对拒绝接受其立场的对手诉诸威胁运用。这种威胁可能涉及物理暴力，也可能涉及其他方式。通常情况下，这种威胁是间接发出的，有时甚至之前会带有有力保障，这种保证没有任何压力施加给听众或读者。

> 当然，你完全可以自由地选取你的立场，但你必须认识到，我

① 有些作者对这些概念进行区分。

们是你最好的广告客户。如果你将关于我们在尼日利亚的角色的文章刊登出来，那么你可以忘掉我们继续合作这回事。

诉诸怜悯论证或怜悯论证是这样一种谬误，其中，为了促进自身利益，针对听众的同情心，做出不正当诉诸。

如果你不把我这门课的成绩等级调高，我会丧失自尊，发现很难活下去。

诉诸公众论证或针对公众的论证，有时被称作“诉诸民众”或“诉诸势利小人”，诉诸的是听众的偏见。比如，可以通过对比“我们”（说话者及其听众）和“他们”（话语所针对的那些人）来做到这一点。在说服某个特殊听众，下列可能是个例子：

从这些建议中不会得到任何东西：我们所有社会学家都知道，军备竞赛被军工企业小心翼翼地维持着，最终结论是，这不过是肥了一群寡廉鲜耻的股东。

在诉诸公众论证标题之下，所谓流行论证有时包含在其中（Copi，1982，p. 105）。在这种论证中，认为应当接受一个立场，是因为大多数人都认为它可接受。

诉诸后果论证，又称后果取向论证或如意算盘，是指这样一种谬误，其中，通过指出其想要或不想要的可能后果，事实性论题被赋予了个人好恶色彩。例如：

我们可以认为不会有氢弹命中荷兰，因为我们的国家太小了，一旦被氢弹命中，就什么都没有了。

或：

上帝存在，否则，生活就没有希望。

滑坡论证是一种因果论证，其中，对于拟采取行动，一系列毫无根据的推测后果被推向了极端。犯这种谬误的论证者错误地认为，借助采取拟采取的行动，情况就会越来越糟。在讨论堕胎与安乐死合法化时，这种论证经常出现：

如果我们使安乐死合法化，我们最终将死于像纳粹德国那样的毒气室。

“稻草人”是指认为一个假想或曲解的立场属于对方，使得攻击对方立场变得更容易的谬误名称。

大多数标准处理作者都把合成谬误和分离谬误视为含混谬误。合成谬误出现在如下情形：为了使涉及整体的立场可接受，把部分的特征也归属于整体的特征。例如：

这台机器的所有零件都很轻，因此，这台机器很轻。

我们用真正的牛肉、奶油和新鲜生菜，所以，我们这餐饭会是美味的。

分解谬误正好相反：

这台机器很重，所以，这台机器的所有零件都很重。

天主教堂很富，因此，天主教徒很富。

这些例子表明，部分的属性并不会自动地传送到整体，反之亦然。例如，语词“轻”和“重”指的是相对属性。只要有足够多的轻零件，它们也会使机器很重（参见 van Eemeren & Garssen，2010）。

3.6　汉布林对标准处理的批评

在《谬误》一书中，汉布林论及标准谬误处理，是因为他注意到了在他同时代的主流逻辑教科书对谬误的处理有惊人的一致之处。

标准处理是“在一般现代教科书中，最典型或最一般的考量是，谬误出现在具有代表性的短章或附录之中”（Hamblin，1970，p. 12）。

汉布林的描述是以下列这些作者的教科书为依据的：科恩和纳格尔（Cohen & Nagel，1934/1964）、布拉克（Black，1952）、厄斯特勒（Oesterle，1952）、柯匹（Copi，1953）、希普尔和舒艾德华（Schipper & Schuh，1960）以及萨尔蒙（Salmon，1963）。同时，还用到了其他人的教科书，如比尔兹利（Beardsley，1950a）、费恩赛德和霍特尔（Fearnside，1959）、卡雷和舍尔（Carney & Scheer，1964）、雷切尔（Rescher，1964）、卡亨（Kahane，1969，1971）、麦卡洛斯（Michalos，1970）、古藤普兰和塔姆尼（Gutenplan & Tammy，1971）以及珀蒂尔（Purtill，1972）。可是，还应当注意教科书完全一致不如汉布林提出的那样引人注目。①

汉布林的专著还包括了他自己对谬误研究的理论贡献，已成为关于这个主题的标杆性著作。该著作重要不仅因为它提供了谬误研究的优秀历史概览，而且因为它对标准处理缺陷的诊断。② 汉布林对标准处理的批评是致命的：

> ……我认为应当承认，我们在大多数例子中发现的与能够设想的一样：质量低劣的破旧的教条式处理，令人难以置信地被传统束缚，还缺乏逻辑和历史意义上的相似性，而且与现代逻辑的其他东西几乎没有关联。（Hamblin，1970，p. 12）

以上引文阐明了汉布林早前的痛心之语：

> 在我们拥有正确推理或推论意义上，我们根本没有谬误理论。

① 就标准处理在诉诸个人论证解释上的差别，参见范爱默伦和荷罗顿道斯特的著作（van Eemeren & Grootendorst，1993，pp. 54 – 57）。

② 麦肯泽认为，汉布林的《谬误》是较宏大项目的一部分。据他所言，汉布林用谬误这一主题“例示了怎样以别的方式将逻辑的棘手问题转为在对话背景下予以考虑”（Mackenzie，2011，p. 262）。

（Hamblin，1971，p. 11）

根据汉布林的说法，“谬误”一词的标准定义本身就已经昭示了标准处理的缺陷[①]：

> 正如亚里士多德之后每一解释所告诉你那样，谬误论证是指看起来有效实际并非如此的论证。（Hamblin，1970，p. 12）

该定义的问题在于，标准处理讨论的大多数谬误和它并不一致。事实上，根据该定义，只有一些形式谬误没有问题。[②] 下列把充分条件当作必要条件或反过来的两个例子可用来说明这一点：（1）肯定后件：从前提“如果 A，那么 B”和“B”推出“A”；（2）否定前件：从前提“如果 A，那么 B”和“并非非 A”推出“并非非 B”。

该定义与谬误之间的不匹配能够在其他大多数谬误中观察到。有时，这种不匹配源自不存在对应的论证；在另一些情况下，原因则是根据现代解释所谓论证根本无效。作为前一种情形的一个例子，汉布林提到了复杂问语谬误；作为后一种情形的例子，他用了乞题谬误（*petitio principii*，循环论证）。对于复杂问语谬误，汉布林是这么说的：

> ……无论如何，问一个误导性问题的人几乎不能说在论证，不管有效或无效。他的前提在哪儿？结论在哪儿呢？（Hamblin，1970，p. 39）

在论及乞题谬误时，他说：

> 然而，在很大程度上，围绕乞题谬误的最重要争议涉及弥尔的

① 然而，令人疑惑的是这一概念的外延却是被一般地接受的。参见汉森的文章（Hansen，2012b）。

② 甚至就形式谬误而言，这一定义也不是完全没有问题的：为什么这些谬误看起来是有效问题仍悬而未决。

主张：所有有效推理都具有成为谬误的倾向性。（Hamblin，1970，p. 35）①

这可以用一个例子来说明：

> 这是我的自行车；因此，这是我的自行车。

在关于这是谁的自行车的争论中，该论证看起来没有什么效力，因为前提只是对结论的重复。但根据标准逻辑，该论证却有效，因为它例示了一个有效论证形式：

> A，因此 A。

但在其他的一些例子中里，如果一个人把错误仅仅归咎于论证无效，将导致无法清楚地阐明和不得要领，因为谬误主要与未表达前提的不正确有关（Hamblin，1970，p. 43）。这对诸如诉诸权威论证和诉诸公众论证（诉诸流行类型）而言确实如此，同时对诉诸个人论证而言也是真的。我们可以通过援引早前一个诉诸权威论证的例子来证明这一点：

> 贝多芬当然可以对露丝玛丽·布朗口授交响乐：著名女作家伊丽莎白·库伯勒·罗斯在《花花公子》上解释说，与逝者交流是十分可能的。况且，从不曾有人证明了已逝的作曲家们没有以该方式显灵。

在该例子中表现出来的错误与论证形式之间的关系不如与未表达前提的不正确那般密切（参见范爱默伦和荷罗顿道斯特的著作，1992a，pp. 60 – 72）。如果使未表达前提变清晰，那么论证本身就不会是无效的：

---

① 还可参见汉布林（Hamblin，1970，p. 226）。根据伍兹的说法（Woods，1999，pp. 317 – 323），这实际上并不是弥尔的立场。

(1) 伊丽莎白·库伯勒·罗斯说过与逝者交流是十分可能的。

(2) 与逝者交流是可能的说法属于神秘学领域。

(3) 库伯勒·罗斯是神秘学领域的权威；她说的每一件与之相关的事情都是真的。

(4) 如果与逝者交流是可能的，贝多芬对露丝玛丽·布朗口授交响乐也会是可能的。

因此，

(5) 贝多芬对露丝玛丽·布朗口授交响乐是可能的。

该论证有如下形式：

(1') X说C是可能的。

(2') C是可能的说法是一个O型陈述。

(3') X所说的每一件关于O型陈述的事情都是真的。

(4') 如果C是可能的，S也会是可能的。

因此，

(5') S是可能的。

如果针对原论证提出异议，那么它似乎和论证形式没有多大关联。看起来更像是它的内容引起问题。例如，这个异议会是“库伯勒·罗斯说那样的事情太容易了”或“那么库伯勒·罗斯个人怎么知道那么多的?”

另一个通过聚焦论证形式而不得要领的例子是，柯匹对辱骂型诉诸个人论证的解释。辱骂型诉诸个人论证是一种迎头痛击式的人身攻击。在该攻击里，论证者将对方刻画成愚蠢的、不诚实的、不可靠的，以此来破坏对方的可信性：

培根的哲学是不值得相信的，因为他曾由于不诚实而被免职。(Hamblin，1972，p. 75)

在此例中，论证是确实存在的，但论证的谬误似乎是隐藏于一个未表达前提的不可接受性之中，而不在于论证的无效性，即为什么骗子就不能有令人感兴趣的哲学观点？诉诸个人论证的许多例子都没有前提—结论式命题序列形式。确实，不费什么劲就能把它们中的一部分重构为那样的形式，但另一些则不能被那样重构。下列例子来自叔本华（Schopenauer，1970）写于1818年至1830年的《雄辩论辩学》（Erististische Dialektik）：

> 例如，如果对方为自杀辩护，一个人马上大叫“你为什么不把自己吊死？”（Hamblin，1970，p. 685）

该例子的重构并不是马上清楚的：

（1）你前后矛盾因为你为自杀辩护但你却不吊死自己。
（2）你对自杀的辩护是无意义的，因为你不吊死自己。
（3）自杀是错的，因为你不吊死自己。
（4）因为你为自杀辩护，所以你应该吊死自己。

在这些选项中，很难做出一个理由充分的选择，因为很难确定说话者所持有的观点。每一个重构使得大叫“你为什么不吊死自己”的人的立场要比之前更荒谬一些。

我们现在所面临的是，用汉布林的话来说，是“定位”谬误的问题：指责可以自欺欺人地维持没有论证往前推进。汉布林描述了在面向诉诸个人论证时可以采取的辩护方式：

> A 作出陈述 S：B 说“是 C 把那告诉你的，我恰好知道她的继母和一个俄罗斯人充满罪恶地生活在一起”：有个异议，“S 的错误在于不能从关于 C 的继母的任何道德事实中推断论出来：这是诉诸个人论证”：B 可以回答说“我没有说它能从中推断出来。我只是顺便提到这个陈述作出的历史因素。你可以得出自己喜欢的结论。如果恰当的话……”（Hamblin，1970，p. 224）

汉布林的研究引发各种反响。[1] 但在逻辑教科书中。汉布林的批评一开始并没有引起注意。比如，在柯匹（Copi，1953）、雷切尔（Rescher，1964）、卡雷和舍尔（Carney & Sheer，1964）著作的再版中，都没有试图去回应汉布林的异议。[2]

针对汉布林的出乎意料的极端反应是，兰伯特和乌利希的教科书（Lambert & Ulrich，1980）。第三章标题为“非形式谬误”，其中，读者发现讨论的不是非形式谬误，而是为何在逻辑教科书中不再讨论该主题会比较好。兰伯特和乌利希的主要理由是，在读了汉布林的批评后，他们发现，从系统理论视角出发，非形式谬误研究是一项无用的冒险（pp. 24 –28）。他们是通过讨论诉诸个人论证的方式来逐步显示其激烈态度的，他们将诉诸个人论证定义为企图把某人的名声变坏方式，将其立场置于可疑境地。兰伯特和乌利希认为，不可能通过诉诸其形式或内容来获得对诉诸个人论证的令人满意的刻画。他们的一般性结论如下：

> ……人们知道，对判定给定论证是否可接受而言，如何标记谬误或错误推理图式并不真正有用。除非在这种情况下，我们仍可以给出非形式谬误的一般性描述，借助该描述，人们可以分辨出任一论证是否是其中一个非形式谬误的展示。（Hamblin，1980，p. 28）

对其他作者来说，汉布林的专著则成了一个重要的洞见来源。许多谬误研究都提到了他对标准处理的批评，并试图发展更好的替代方案。汉布林之后的研究在目标、进路、方法和重点上都有很大的差异。

首先是加拿大逻辑学家伍兹和沃尔顿采取的进路。从 1972 年开始，他们通过在一大批论著中对谬误逐一探讨，把谬误研究提升到一个更高水平。一开始，在他们的合作研究中，他们主要使用的理论工具来自他们的学科：逻辑。后来，他们受到了语用视角的影响，这在沃尔顿著作

① 对于这些反应的批评性回顾，参见荷罗顿道斯特的论文（Grootendorst，1987）。

② 在其《逻辑学导论》第四版的“前言”中，柯匹（Copi，1972）说他在处理谬误的章节大量运用了汉布林的批评性评论；然而，更进一步的比较发现，除了一些次要修改外，柯匹仍严格地遵从着标准处理。

中表现得尤其明显。[①] 伍兹—沃尔顿进路会在第六章“形式论辩进路”做进一步谈论（参见第6.7节），而沃尔顿后来的语用进路则在第7章“非形式逻辑”（参见第7.8节）。

这里要提到的第二种谬误研究进路是由荷兰话语论辩理论家范爱默伦和荷罗顿道斯特在20世纪80年代早期发展起来的语用论辩进路。在语用论辩进路中，谬误被定义为言语行为，其中违背一个或一个以上批判性讨论规则，从而危害了从实质上消除意见分歧。谬误的语用论辩进路会在第10章“论证的语用论辩理论”被更细致地处理（参见第10.7节）。

我们要提到的第三种变革是美国哲学家比罗和西格尔为谬误研究发展一种认识论的进路的目标。比罗和西格尔（Biro & Siegel，1992，2006a）把谬误定义为理性认识失败。他们对论证理论的贡献会在第七章“非形式逻辑”讨论（参见第7.6节）。[②]

3.7 科劳塞—威廉姆斯的争论分析

英国哲学家科劳塞—威廉姆斯（Crawshay-William，1908－1977）为早期论证理论做出了原创性的贡献，但在某种程度上该贡献被低估了。科劳塞—威廉姆斯和他的朋友罗素有同样的智识兴趣，从他发表的作品可以看出他们观点的密切联系。[③] 20世纪30年代获得流行音乐评论领军者的美誉后，他在1947年出版了《非理性的慰藉》，一部引人注目的关于非理性思考背后动机的令人愉快的分析性著作，书中他关注的是“谬论”和其他谬误。科劳塞—威廉姆斯（Crawshay-William，1957）对论证

① 从沃尔顿论著来年，其语用转向发生在1985年左右，以《论证者立场》（Arguer's Position）出版为标志。在讨论沃尔顿（Walton，1987）的语用进路中，范爱默伦和荷罗顿道斯特（van Eemeren & Grootendorst，1989）呼吁大家要关注沃尔顿的这一立场转变。

② 此外，还有其他进路，包括约翰逊和布莱尔的非形式逻辑进路（参见第7.2节）和具体修辞进路（Brinton，1995；Crosswhite，1993；Tindale，1999）。

③ 科劳塞—威廉姆斯（Crawshay-William，1970）在《纪念罗素》中深情地记录了他们的关系。

理论最主要的贡献是《推理的方法与标准：基于争论结构的探究》。[①]

自始至终，科劳塞—威廉姆斯在其工作中对作为争论之源的言语误解倾注了大量心血。在奥格登和理查兹（Ogden & Richards，1949）的影响下，他很强调语言在讨论指向意见分歧消除中的使用。在《推理的方法和标准》中，科劳塞—威廉姆斯是这样定义其研究主题的：[②]

> 本书探究我们如何使用作为推理工具的语言以及我们当前对它的使用是否有效。（Crawshay-William，1957，p. 3）

在最后一章，他描述了他的想法：

> 事实上，如果我能确保“逻辑”一词不是在专业（形式演绎）意义上而是在通俗意义上解释的；反过来，“修辞”一词是专业意义上而不是在通俗意义上解释，即理查兹说的“修辞是持久、系统且细致探究语词如何运作的……是研究误解及其纠正的”意义上解释，那么我几乎可以把本书称之为“逻辑与修辞导论”。（Crawshay-William，1957，p. 261）

科劳塞—威廉姆斯从回应“争论如何在讨论中出现”问题开始。他特别想弄明白“为什么某些类型的理论和哲学争论会以如此吊诡的方式让人们感到棘手”（Crawshay-William，1957，p. 3）。为何这类分歧总是不能解决。

就检验相关陈述的标准来讲，如果在给定观点的维护者与反对者之间存在一致性，根据这些标准相关陈述得以检验，如科劳塞—威廉姆斯认为那就不应当花很多时间去判定：（1）陈述为真；（2）陈述为假；

① 科劳塞—威廉姆斯的一些重要观点可参见早前的出版物（Crawshay-William，1946，1947，1948，1951）。也可以参见科劳塞—威廉姆斯的文章（Crawshay-William，1968）。他于1977年去世后，留下了一部即将完成，却至今仍未出版的书稿《语言的指令功能》。

② 《推理的方法和标准》的相关书评，参见约翰斯通（Johnstones，1957 - 1958，1958 - 1959）、西蒙斯（Simons，1959）、拉泽罗维茨（Lazerowitz，1958 - 1959）、雷切尔（Rescher，1959）和哈丁（Hardin，1960）的论著。

(3) 陈述可能为真;(4) 陈述可能为假;或者 (5) 不可能判定陈述是真是假,因为还没能获得足够证据。然而,经常出现的是,争论者并不能就上述结论中的某一个达成一致。在科劳塞—威廉姆斯看来,这可以被解释为他们没有就用以检验陈述的标准达成一致,且他们并没认识到这正是他们分歧所在。在该意义上,存在一种根本性误解。①

在通常情况下,讨论是由一群人中两个或两个以上成员进行的,科劳塞—威廉姆斯称之为"同伴"。为了消除两个同伴之间在某个具体陈述上的分歧,有三种标准可获得:(1) 逻辑标准;(2) 规约标准;(3) 经验标准。

逻辑标准必须处理有效推理与好论证的规则,而且同伴们接受了这些规则,有些是公开接受的,有些是隐含接受的。

在使用规约标准时,对话者诉诸同伴业已达成一致的其他陈述。这种一致可能是根据接受定义、确定程序或谈判创设出来的。在科劳塞—威廉姆斯看来,规约标准还包括被同伴以隐晦方式视为理所当然的那些规则 (Crawshay-William, 1957, p. 10)。讨论中被隐晦接受规约的一个例子是,词项的意义不能超出同伴通常使用的范围。另一个例子是"作出与世界矛盾的陈述是没用的"这一原则 (Crawshay-William, 1957, p. 30)。正如科劳塞—威廉姆斯所强调,应当注意隐晦规约标准,请看下文:

> 未被清晰表达的规约规则当然被视为有效力的规则,只要它们仍然被特定同伴全体接受。(Crawshay-William, 1957, p. 11)

如在会议中,某人可能想宣称刚刚结束的选举无效,因为投票未到法定人数。然而,为了达成目标,这需要同伴们集体假定有效选举需要达到法定人数的投票。而且,"法定人数"的含义必须可以追溯到相关法规或标准规定。

---

① 这类根本性误解与福吉林 (Fogelin, 1985) 称为"深层分歧"的"框架命题"的棘手分歧有点相似,但福吉林关注的是因信念结构冲突而不是因为方法论进路冲突而导致的深层分歧。

经验标准与经验陈述相关。因此，它们与其他种类的陈述的讨论无关。经验标准分为客观标准和语境标准（Crawshay-Williams，1957，pp. 34 – 36）。客观标准是指陈述必须与事实保持一致。语境标准是对描述事实的方式必须与做出该陈述的目标保持一致。

科劳塞—威廉姆斯认为，相对于具体目标，经验陈述的主项和谓项总相互关联。因为与具体目标的内在联系，他把每个经验陈述都看作方法论陈述（Crawshay-Williams，1957，pp. 5 – 7）。[①] 在科劳塞—威廉姆斯看来，陈述“S是P”与“在目标M的观照下，S是P”是等价的，因此等于说方法论陈述“与目标M相关，把S视为一般认为是P的某东西是一种好方法”（Crawshay-Williams，1957，pp. 34 – 37）。[②]

对科劳塞—威廉姆斯来说，经验陈述的目标构成了该陈述的语境[③]：

> 在某种程度上，恐怕我还得继续不加区别地使用“目标”和“语境”这两个语词。正如你看到的那样，我真正需要的是一个会涵盖这两个意思的语词。（Crawshay-William，1957，p. 32）

科劳塞—威廉姆斯认为，只有在明晰了陈述语境的基础上，才可能判定经验陈述的真假。该陈述真假的意见分歧，不可能仅通过对“事实”的关注，即适用客观标准本身，而得到解决。该意见分歧的解决，总是需要借助描述这些事实的目标才可以。换句话说，还必须运用语境标准。客观标准和语境标准一起构成了经验标准。这个经验标准现在可以被表述为：“存在使得与相关语境有关且我们可以说陈述‘S是P’正确的事实吗?”（Crawshay-Williams，1957，p. 36）

实际上，陈述的语境通常未被表达。在科劳塞—威廉姆斯看来，这就是根本性误解会出现以及讨论会失败的一个主要原因。他把那些语境未被表达出来并仍然模糊的陈述称为未决陈述（Crawshay-Williams，

---

① 在使用“方法”和“方法论”两个语词时，科劳塞—威廉姆斯指的是它们作为“……的方式”的“日常”意义。

② 一般情况下，经验陈述会以比“S是P”更复杂的形式出现。科劳塞—威廉姆斯的分析如此改变，使得“从方法论上”这类陈述得以阐述。

③ 在用这种特殊方式使用“语境”一词时，科劳塞—威廉姆斯扩充了该词的既有意义。

1957，pp. 14 – 17）。以下是一些例子：

（1）莫扎特的全部作品分为十四个乐章。
（2）语言是一组语句。
（3）神经衰弱是由对正常的控制系统的干扰引发的。

为了消除误解，科劳塞—威廉姆斯在《推理的方法和标准》中提供了一种与未决陈述相关的讨论分析。在他看来，这种陈述具有误导性在于它似乎在暗示：要看这些陈述是否为真，只要关注“事实”就可以了。在对未决陈述的讨论中，那些相信讨论可以仅通过适用客观标准就可以的参与者，往往会成为该暗示的受害者。即便列举出在他们看来能加强争议陈述的所有事实，他们也不能成功消除意见分歧。打破该僵局的办法只能在他们认识到讨论各方可能对该陈述有着不同的语境假设时才找得到。

科劳塞—威廉姆斯认为关于未决陈述的意见分歧，只能在该陈述提出伊始通过明确其语境来消除：每一方都必须将他们心中与该陈述相关的语境清晰地表达出来。他用下面例子证明了这一点：

布朗先生是位男老师，他正站在一条地面上画有白线的附近。琼斯和史密斯是两位男生，他们正从同样的方向快速向布朗先生跑来。琼斯在下午三点四十五分越过白线。史密斯则在半秒后越过白线。这就是当时的情形，这通常被称为“客观事实”。现在我们怎样描述这些事实呢？我们是准备说琼斯和史密斯同时到达还是他们在不同的时间到达呢？（Crawshay-William，1957，p. 22）

对这一问题的正确回答，取决于老师在让这两位男生过来时的目的。如果他喊他们过来只是为了让他们帮他取一张凳子，那么显然他们是同时到达的。另外，如果他正在指导他们赛跑，那么人们就会说他们不是同时到达的了。因此，陈述“男孩们同时到达老师所在的地方”和陈述“男孩们不是同时到达老师所在的地方”都可能是真的。

科劳塞—威廉姆斯认为，这两个经验陈述只是看起来矛盾，实际上它们是互补的。这并没有立刻变得很明显的原因是，它们现在的形式是未决的，因为没有指明做出两个陈述的目的所在。当每个陈述的目的被清晰地表达时，不是相互矛盾而是相互补充就会变得明显。

(4a) 未决形式的陈述1：

男孩们同时到达老师所在的地方。

(4b) 决定形式的陈述1：

就通过比较到达时间来确定男孩们是否在老师一喊他们就跑过来的目标而言，男孩们同时到达老师所在的地方。

(5a) 未决形式的陈述2：

男孩不是同时到达老师所在的地方。

(5b) 决定形式的陈述2：

就通过比较到达时间来确定谁赢得比赛的目标而言，男孩们不是同时到达老师所在的地方。

对这个例子分析的一个明显异议是，“严格地说”，“事实上”，或者“实际上”，男孩们没有同时到达老师所在的地方，因为码表会显示有半秒的差别。科劳塞—威廉姆斯认为这种异议并没有区分其正确性和精确性（Crawshay-Williams，1957，pp. 111 – 113）。这两者之间的不同之处，同样可以用例子来说明。

假设有个买窗帘的人测量一个窗子，然后说它是2米高；一个木匠测量同一个窗子，然后说它是2.02米高。那么，木匠的说法“才”正确而买窗帘的人的说法不正确吗？不，木匠的说法只是更精确，正如在木匠看来，它应当如此。木匠的说法更精确，但并不因为这样就说它“才”正确，因为精确性是可以被不断地提高的。照此下去，即便是可获得的最精确的描述，也不会是“真正”正确，因为更好的新测量工具会使得我们的描述无止境地一次比一次更精确。

科劳塞—威廉姆斯认为，如果相对于其目的而言，一个描述的精确度适当，那它就正确。提出异议说买窗帘的人“没有真正地”量好窗子的尺寸，或者说男孩们“没有真正地”同时到达老师所在地方的人，都犯了使所有可能语境从属于单个语境的错误：在该语境里，两厘米或半秒之差很重要。因此，异议者自己的语境被宣称为普遍语境。

科劳塞—威廉姆斯认为，误解的一个主要来源是将某人自己的语境等同于普遍语境，没有意识到其他的讨论者心目中有不同的语境。这种情形发生在下列什么是语言的讨论中。其中一个人说：

> (6) 语言是一组语句。
>
> 另一个讨论者说：
>
> (7) 不是这样的，语言是揭示和展现我们人性的方式。

两个人似乎都使自己的陈述在普遍语境下为真。于是，他们发现自己处于不能直接通过讨论消除分歧的处境之中。要使讨论富有成效，争论者必须说明“在何种语境下”把谓词指派给主项“语言”。这样一来，陈述（6）的判定形式可能是这样的：

> (6a) 为了研究语言的结构，把语言看作一组语句是个好方法。

在这一形式里，该陈述的方法论特征就清楚了。现在，陈述（6）的语境被清晰地表达了出来，从而陈述也转变成判定形式的了。[①] 稍稍麻烦一点，陈述（7）的语境也可以被明确表达，使得当前的误解，可能还有意见分歧，均可消除。

如果讨论涉及的是非经验陈述，那会面临更多难以应付的问题。在那种情况下，即便各方指明他们陈述的语境，讨论也不能通过关注“事实”得以决断。在这种情况下，经验标准就没有用了。逻辑标准和规约标准又能在何种程度上为问题求解提供帮助呢？

我们可以用科劳塞—威廉姆斯（Crawshay-Williams，1957，pp. 181 - 182）提及的一个例子来回答这一问题。一群同伴正在讨论下列问题：

---

① 参见由语法学家哈恩、科夫德和汤姆比提供的对“语言是一组语句”这一陈述的语境说明：“这一假设有点平庸，因为一个人同样可以选择另一个假设，如语言是人们赖以交流的媒介……区别在于选择假设将所有的注意力集中于语言的形式上……而不是用途上。”（Haan，Keofoed & des Tombs，1974，p. 3，我们的翻译）很显然，这些作者并没有把他们的语境看作普遍语境。

(8) 道德陈述可以有真假吗?

其中，一方对这一问题的回答是否定的，并援引了下面的论证：

(9) a不表达任何事实的陈述都不可能有真假。

且

b在道德陈述中，没有表达任何事实。

因此，

c道德陈述不可以为真或为假。

另一方的回答则是肯定的，并用下列论证证成了这一点：

(10) a道德陈述可以分别用“真”和“假”语词来代表确认与否认，如“和平很好，那是真的”。

且

b能用“真”和“假”予以确认和否认的陈述可以有真假。

因此，

c道德陈述可以有真假。

论证(9)和论证(10)都是有效的，这样一来逻辑标准就不会对消除与(8)相关的意见分歧有所帮助。讨论各方现在可以开始讨论这些论证的前提，但那并不能使他们在消除意见分歧上有所进展，因为他们不容易通过经验标准获得检验上的帮助。而如果提出新的论证来支持(9a)、(9b)、(10a)或(10b)，讨论就会转向这些新论证的前提。

换言之，除了通过规约标准努力达成对陈述(8)的一致同意之外，各方别无选择。也就是说，他们将不得就他们要用到的词项“道德陈述”、“真”和“假”的意义进行协商，并就此达成一致。为了解决这一问题，他们必须决定用如下方式定义这些词项：将结论(9c)，或结论(10c)整合到必然为真的分析性陈述中。科劳塞—威廉姆斯提醒说，关于这些词项的意义，各方不应该任意做出决定。和经验标准的情况一样，他们的决定必须建立在语境考量基础之上。

该讨论的主题现在就不再是陈述（8）了，而是陈述（11）：

（11）将道德陈述视为有真假的陈述是合情理的吗？

因为在该表述中并没有指明语境，问题仍是未决的。如果各方继续把语境表述清楚，他们可能就会在陈述（11）的语境基础上做出决定，不管他们是否希望把（9c）或（10c）看作一个分析性陈述。

在不能通过适用经验标准或逻辑标准决断的讨论中，就只能通过规约标准的各种尝试来解决他们的问题。科劳塞—威廉姆斯相信，由于逻辑规则和规律最终都会被同伴成员接受为有效，不管是根据公开一致还是心照不宣地同意，故它们从根本上说都有效①：

形式有效的逻辑演绎的规则仅仅是指那些被人们接受为形式有效的规则。(Crawshay-Williams, 1957, p. 175)

逻辑规则和规律被同伴所接受，赋予了它们规约有效性。然而，这并不够：它们还必须成为方法论意义上的必然规则和规律。科劳塞—威廉姆斯认为，同伴赋予它们逻辑规则或规律规约身份的决定，必须建立在某种方法论的语境考量基础之上，如同定义陈述（8）中的词项“道德陈述”、“真”和“假”一样。就拿被称为“不矛盾律”这一基本逻辑原则为例：

（12）没有陈述可以同时既真又假。

该规律的有效性不仅取决于使其同伴公开或心照不宣地接受它，而且取决于其方法论的必然性。事实上，正是基于方法论上的理由，才赋予了矛盾律或不矛盾律作为逻辑规律的地位。（12）的方法论表述是这样的：

① 在这方面，虽然逻辑规则和规律与（6）和（9c）这类陈述相似，但区别当然也还是存在的。逻辑规则和法则与非描述性的词项有关，但（6）和（9c）这样的陈述则是描述性的。

(12a) 为了能够自由地谈论世界，无论如何不把任何陈述看作同时既真又假是个好方法。

如果没有任何方法论意义上的考虑，同伴们就没有任何理由将某个给定规则当作逻辑规律。科劳塞—威廉姆斯通过谈到“同一律”澄清了为何如此：

例如，同一律似乎要断言除了女人没有人真正怀疑：如果A不是A，那么我们大家都绝望到吃掉自己的帽子。当然，为什么仅仅A必须是A的理由是，如果不这样的话，借助符号的思考和交流就无法进行。如果我们没有思考或交流的愿望，那该理由就不会成其为理由。(Crawshay-Williams，1957，p. 224)

科劳塞—威廉姆斯认为，当告知某人必须接受某条规则为“必然真”时，听到导致同伴们接受该规律的方法论考量后，怀疑主义者往往会说：

你说我这样处理是明智的，那可能是个好理由。但那仍然没有说明白你为什么用“必须”这个词。谁说我必须如此？(Crawshay-Williams，1957，p. 225)

对此，唯一可能的回答是：

显然是我们这些同伴说的。(Crawshay-Williams，1957，p. 225)

然后，根据科劳塞—威廉姆斯的观点，逻辑有效性既取决于同伴的协商一致，又取决于在这些一致背后的方法论考量。换句话说，它既有规约基础，又有语境基础。① 从这个视角来看，一般理性标准总是依赖于

① 与规约主义者将逻辑有效性看作仅仅是用法一致性的观点不同，这里维护的有效性概念要求这些一致性受方法论驱动，故不是任意选择的。参见涅尔夫妇(Kneale & Kneale，1962，Chapter X. 5)。

两个基础，即它们必须具有主体间的规约基础和客观语境基础。正是清楚地揭示了理性标准的双重基础这一点，使得《推理的方法和标准》对论证理论基础具有了重要意义。[①]

3.8 纳什论讨论分析

挪威哲学家纳什（Arne Nass，1912－2009）在其著作中一直关注论证和论证理论。[②] 源自其哲学态度，纳什的论证进路属于语义进路和经验进路。他秉持怀疑论者的态度，希望在不将任何具体出发点视为先验证据或必然的情况下，对现有意见分歧进行概念上和哲学上的澄清。[③]

根据巴斯（Barth，1978，p. 155）的观点，纳什是从“反先验论者”发展成为“非先验论者”，前者反对固定起点，后者自己不使用任何固定起点，哪怕是反经验论起点。起初，他的怀疑主义和反犬儒主义是等同的，而后变成在抽象哲学内容中拒绝承认任何具体立场，导致了他不停追问和探索的态度。[④] 纳什的这一态度，在下面这段他和英国哲学家艾耶尔（A. J. Ayer）的讨论中表露无遗（NOS Dutch television，1971）：

---

① 科劳塞—威廉姆斯对论证的理论思考之影响，在以下论著中清晰可见：巴斯和克罗贝（Barth & Krabbe，1982）；范爱默伦和荷罗顿道斯特（van Eemeren & Grootendorst，1984，1992a，2004）；范爱默伦、荷罗顿道斯特、杰克逊与雅各布斯（van Eemeren，Grootendorst，Jackson & Jacobs，1993）；范爱默伦、赫尔森和墨菲尔斯（van Eemeren，Garssen & Meuffels，2009）；范爱默伦（van Eemeren，2010）。

② 纳什担任奥斯陆大学哲学系主任直到他 1970 年退休前不久，占了他大半个职业生涯。克罗贝为纳什写的讣告论及了纳什对论证理论发展的贡献。

③ 在经验语义学和论证理论之外，纳什还写过许多哲学文章。古尔瓦格和威特列森编的论文集（Gullvåg & Wetlesen Eds.，1982）讨论了纳什哲学的不同面向。2005 年，《纳什选集》（10 卷）出版。

④ 纳什的怀疑主义可以被描述为皮浪主义，皮浪主义是在 4 世纪由皮浪及其追随者发展出来的怀疑主义。在《怀疑主义》一书中，纳什希望针对“不该受到的异议”为皮浪主义提供辩护（Nass，1968，p. 168）。按照波斯塔德的说法，虽然皮浪主义是怀疑主义的典范，坚持怀疑任何学说中或遵守任何学说的任何信念。用纳什的解释，皮浪主义者也许有确信，但不是在维护断言或教条意义上的，而是借助演证“相信”或“自信”的形式”来确信（Bostad，2011，p. 44）。

纳什：到目前为止，当你点燃一根香烟时，它就会被点着。地面从未塌陷。食物能充饥。但你能推导出未来事情仍会一成不变吗？这仍是循环论证，它建立在某些无法被证明的基础之上。许多哲学理论都在为这样的问题寻找答案。

纳什的哲学态度与他对论证理论的经验语义观的重要意义，在他的文章《当下如何促进经验运动？关于纽拉特和卡尔纳普经验主义的讨论》[①] 中很好地表现出来：

让我们假定心理学家中存在某个意见分歧，而且他们希望通过讨论来解决分歧。针对某某哲学澄清什么，有位代言人提出应当暂时采纳某些具体规则作为讨论说明的技巧。其中一个规则如下：

当某个参与者做了陈述A，而其他人则说非A，且不清楚在这两种说法背后包含着什么分歧，那么，在这种情况下，两方参与者都要指明相应的条件，而且必须是在研究过程中能实现的条件。在这些条件下，他们会把A看成证实或证伪的。如果双方都同意不存在这样的条件，那么这可以作为既不用继续该讨论也不会有其他研究来消除其间言辞上的意见分歧的一个指示。与此同时，这还可以作为他们之间的言辞意见分歧与任何言辞之外的实质意见分歧无关的一个指示。（Nass，1992b，p. 140）

纳什进一步指出，为达到哲学澄清的目的，代言人不可以扮演“裁判者”，而应当是“中间人”和“中立者”：这样的角色会使人们不得不为使讨论富有成效而给出指引，而这些指引会依其所在的情况表现不同。与逻辑经验主义标准、语用标准或操作主义标准不同的是，“会出现针对不同情况的系列讨论模型”（同上）。在该澄清中，中间人关于“何种陈述可以被恰当认为是知识”的问题观不再必须被看作评估的标准。换言之，他的认知意义观或者涉及认知意义与可检验性间关系的看法，不再

① 卡尔纳普的第一个名字被拼写错误了：它是Rudolf。这篇论文原来写于1937—1939年；在1956年以油印版重印时增加了重要的评论。

对评估陈述起作用。纳什认为这样做的“目标是用哲学方式卸下负担，并缓和与此相联系的张力”。此外，事实是，“多多少少有点权宜意味的讨论说明规则，与针对认知意义的一般性标准完全不是一回事”（Nass，1992b，p. 141）。

纳什显然把讨论中的意见分歧看作他的起点。论辩理论家不必把自己的标准，如关于具体意义标准，放大到无所不包。相反，他必须把自己限制在提供“多少有点效用的辩论与表述规则”范围之内。这些规则可以因情况各异而有所不同。

纳什把讨论或辩论看作一种论辩学，即一个“系统的主体间言语交际”形式：

> 为了描述我所要表达的意思，“论辩学”一词或许更加可取，由此人们必须在雄辩术（修辞学）与论辩学、诡辩术与哲学探究之间做出区分，大体相当于亚里士多德和柏拉图的做法。在我的术语体系中，辩论或论辩构成了科学过程的一部分，即系统的主体间言语交际，凭借它，误解得以消除，各种观点得到了必要的准确化检验，使得研究项目的推荐经受检验。（Nass，1992b，p. 138）①

涉及论辩学的言语交际必须遵循具体讨论规则的指引，这些规则包括程序性的和实质性的。消除误解是论辩的首要目的，然后要准备个人立场接受检验。② 纳什心目中的论辩学与古典意义上的论辩学相近：

> 至于这是几个哲学家共同努力后的一种方法，对我来讲，用这种方式理解哲学论辩学（dialektike）似乎就是古典对话（dialogos）

---

① 在英语中，并没有与德语名词“prazisierung”（挪威语为：presisering）和动词 prazisiren 直接对应的译法，而这两个词在纳什的著作中十分关键。我们采纳了巴斯在她对纳什（Nass，1992a，b）的翻译中的建议，用了两个新词，它们同样被纳什的翻译者汉内在翻译纳什的著作（Nass，1996）时使用：（1）准确化一个表达或一种表述，是指通过用另一种表述的表达来替代前者，在不添加新解释的基础上，消除掉某些合理的解释；（2）表达或表述标准的准确化是准确化运算和运算本身的结果。其替换词语有 precify 或 precisify 以及 precification 或 precisification。

② 纳什对通过讨论方式消除非经验表述特别感兴趣（Nass，1992b，p. 111）。

今天的新版。（Nass，1992b，p. 138）

在《解释与准确性》（Nass，1953）中，针对牛津与其他地方实践“安乐椅语义学”，纳什提出了一种经验主义语义学。针对具体圈内通过表达式理解什么，他把自己表现为一位激进经验主义者，且更倾向于使用社会科学方法，如问卷和个案访谈。[①] 纳什想要开展的经验主义研究是设计用来更加精确判定存在不一致的陈述的。

在分歧消除之前，必须消除误解。因此，在《交流与论证》中，纳什（Nass，1996）提供了消除误解的规则。[②] 这本处理解释、澄清和论证的书，是要为实践中的讨论及其分析提供帮助的。[③]

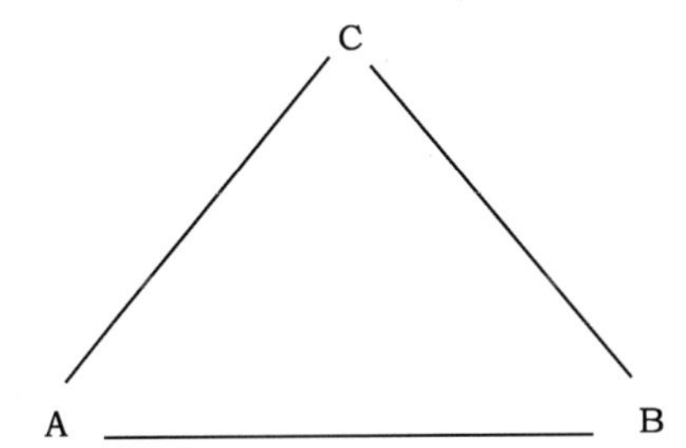

A——实体=语言表达式：语词、词项和语句（表述）
B——实体=概念实体：用语词、词项或语句表达的概念和陈述（命题）
C——实体=真实世界实体：通过语词、词项和语句指称的客体和事态

图 3. 5　符号三角

《交流与论证》的一大中心论题仍是参与者可以通过澄清来消除误解。纳什（Nass，1966，p. 38）把这种澄清称为将他们的陈述准确化。既然准确化利用了表达式的可能解释域，那首先就有必要解释纳什是如

① 《解释与准确性》充当着“奥斯陆学派”的哲学背景，这一学派的研究者通过问卷方式研究语义关联，如同义词。

② 1966 年出版的《交流与论证》是纳什的挪威语教科书《几个基本逻辑论题》（Nass，1947）的英译版。该教科书最早在 1941 年以油印版的面目出现。1947 年后，出现了好几个新版本。

③ 虽然是为实践目标而写，但《交流与论证》也会介绍一些理论视角。出版后，纳什参考了非常罕见论证理论家们的讨论。一个例外是纳什的文章（Nass，1993）。

何理解“解释”这一词项的。他是通过援引斯多葛学派的语句、陈述和事态区分来阐明该思想的。[①] 该区分通常用三角形（Nass，1966，p. 13）来展示。参见图3.5。

根据纳什的说法，解释语句就是为表述指派陈述（命题）。[②] 假设表述为“他两点到家”。对于该表述，我们可以给它指派陈述“他是凌晨两点到家的”，也可以给它指派陈述“他是下午两点到家的”。不管何种指派，我们都对原初表述进行了解释。由于我们并没有触及实体C，故我们给原初表述指派的陈述只是语词本身（实体A）而已。我们也会看到，这就是纳什把“解释”词项定义为实体A而不是实体C的原因。在纳什看来，解释并不发生在真空环境之中，而是发生在有说者、听者与情境的具体语境之中。通过这一解释定义，该进路也必定会得以证实。

纳什（Nass，1966）提出了如下解释定义：表述U是表述T的解释，是指：至少在一个语境中，等同于U的陈述能够表达与等同于T的陈述。（Nass，1966，p. 28）[③] 有两点需要注意：第一，在给定语境中，合理解释必须与不合理解释区别开来。纳什注意到了这一点，试图阐明经常发生在真实或想象语境中的合理解释概念。需要强调是，在该思想中，合理性是允许有分级的，也正因为如此，它比如“正确性”之类有着绝对内涵的概念更好（Nass，1966，pp. 31 – 32）。第二，在许多情形下，表述解释中表述的具体部分决定了整体的所有差异。在我们的例子里，这个差异取决于“两点”一词。为了处理这一复杂情况，纳什（Nass，1966，p. 34）提供了第二解释定义：“说词项b是词项a的一个解释，是指如果在表述 F_0 中用b替换a，那么结果是表述 T_1 给我们一个 T_0 的解释。”

由于真实分歧不是与表述而是与它们表达的陈述有关，在讨论或辩论中为了避免误解，对话者必须确保他们为所使用的表述指派了正确陈述。如果对话者有理由认为他们没有为某个表述指派正确的陈述，他们

① 参见本手册第2.7.1节。不过，斯多葛学派的是正方形而不是三角形。

② 纳什的“借助表述”是指用于表达陈述的语言表达式（通常是语句）。

③ 在这里，纳什是把U和T当作不同的陈述。在前面给出定义中，我们略去了这一规定，因为纳什在后来的版本中也略去了它，而且因为在后一页纳什也主张T总是T的解释。

就必须要求或提供准确化。

纳什（Nass，1966，p.42）指出，不应当把准确化与明细化相混。如果表述U断言表述T所断言的，又同时断言涉及主题事件上其他情况，那么U就将T明细化了。与准确化不一样的是，明细化并不增添信息，用于辨别究竟断言了什么，也就是使人能够知道是接受还是拒绝该主张的东西，它只是添加了已经辨别出来的断言。

纳什建议把准确化定义为：表述U是表述T的准确化，其含义等同于：至少存在一个T的合理解释不是U的合理解释，但不可能U的任何合理解释都不是T的合理解释。① 准确化对可能指派给表述的陈述数量有所限制。

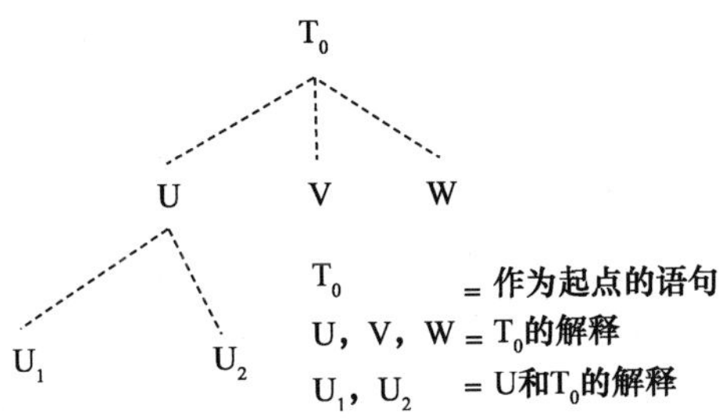

图3.6　T_0的准确化U

在图3.6中，V和W是T_0的合理解释，但不是U的合理解释。U本身是T_0的合理解释。U_1和U_2是U的合理解释，同时也是T_0的。因此，U是T_0的准确化。

纳什（Nass，1966，p.39）指出，U比T准确，与U是T的准确化是一样的。由此可见，准确化显然不是一个绝对概念，而是一个比较概

① 对某个情形来讲是明细化，但对于其他情形来讲则是准确化。例如，“她正走路离开我们而远去”，可以是“她正离开我们”的明细化，这个明细化增添了关于她离开的方式信息，即步行。然而，对于那些想要把“她正离开我们”解释为“她快要死了”的人们来说，“她正走路离我们而远去”可能主要是对“她正离开我们”的准确化。虽然“她正走路离开我们而远去”的所有合理解释都可以是“她正在离开我们”的合理解释，“她正在离开我们”至少有一个合理解释，即“她快要死了”，而这是“她正走路离开我们而远去”所没有的。因此，“她正走路离开”就可以被看作对可以指派给表述“她正在离开我们”解释数量的限制，故那是准确化。

念。在后来的版本中，纳什还注意到，他的定义废止了充分定义应当包含的两个变元。其中一个涉及准确化所指向的人，而另一个则涉及讨论的一般背景：在语境 Y 中，对某人 X 而言，U 比 T 更为准确（Nass，1978，p. 27）。

纳什的意图并不是要讨论参与者持续准确化他们的表达式，或者要达到像理论上可能的那样准确度。这样做的话，讨论在实践上会变得不可能。准确化只需要发生在确实有必要如此的地方：分歧与把不同的陈述指派给同一个表述相关，也许只是可能相关。因为在那种情况下，参与者心中同一个表述实际上是对应不同的陈述的，这只是一种言语分歧，而不是真正的分歧。言语分歧致使不可能权衡各种相对的立场。

如果分歧是或已经是真正分歧，那么那个立场就能够且必须进行权衡。①为了给出这样的一种方法，纳什从论辩观念开始，重要的是要确定哪个主张比另一个或另一些更具有可接受性。就像准确性一样，可接受性也是一个比较概念：对于某个人 X 或某群人 X 而言，主张 T_1 比主张 T_2 更可接受。

为了判定两个冲突主张中哪个更可接受，有必要对这些立场的支持证据与反对证据进行审视。② 在这里，纳什思想与古典论辩进路间的关联变得更为清楚。在纳什的评估立场实践方法中，要对每个证据进行权衡，不管支持证据还是反对证据。为了能够熟练应对这种审视，纳什建议对可获得的证据进行收集调查的练习。他区分了两种调查：（1）支持与反对调查；（2）支持或反对调查。

“支持与反对调查”是要汇总已经提出或可能提出的最重要证据，这些证据既包括某个立场的支持证据也包括反对证据即支持对立立场的证据。③“支持与反对调查”总是发生在充分准确表述争议立场之后。该类

① 纳什的解决程序所面向的这类意见分歧是混合型意见分歧，其中，相关各方对某个命题采取了对立立场，而不是一方提出立场而另一方犹疑要不要接受它的那种意见分歧（参见本手册第 1.1 节）。

② 对这一联系，纳什（Nass，1966，p. 101）参考了古希腊哲学家卡尔尼德斯（Carneades，ca. 214 – ca. 129 B. C.）的观点，卡尔尼德斯相信观点总有支持与反对的东西。根据纳什的说法，绝对确定性是不可能的，而且对于评估论证来说，也不必要。

③ 在“支持与反对调查”中所刻画的论证类型与威尔曼（Wellman，1971）“协同论证”或“权衡论证”概念有点类似，在非形式逻辑学家中这种论证已经成为许多讨论的主题（参见本手册第 7.5 节）。

型调查所包括的全部就是，对话者被视为某个具体立场的支持者或反对者。那么，争议仍然未决，故该调查不包含结论。

“支持与反对调查”指明了论证的层级结构：复杂论辩被分解为简单论证。图 3.7 是从纳什（Nass，1978，p. 109）那里引用过来说明该方法的。

“支持与反对调查”是对每一单独证据进行权衡的基础，每个证据都是通过表述表达的。① 这个权衡的结果被表达在证据的第二次调查即“支持或反对调查”之中。“支持或反对调查”包含了在收集者看来或者是支持或者是反对立场的证据。争议立场是收集者根据证据得出的结论，不管是肯定的还是否定的。“支持或反对调查”不应当包含任何自相矛盾的表述。

纳什（Nass，1978，pp. 112－113）把“支持或反对调查”描绘为两个对立结论之间的拔河比赛，F_0和非 F_0分别为对应于绳索的两端（参见图 3.8；Nass，1978，p. 113）。他把论证可视化为边绳系在主绳上。他把论证中引入的每条证据的可维持性可视化为在相应边绳拔河者的数量，图中每个拔河者用一个小十字线表示，并且 F_0或非 F_0的证成力用边绳与主绳之间的锐角来表示。在调查者眼中，这个角度被描绘得越锐，论证就越有证成力。拔河的结果不仅取决于绳索每边拔河者的数量，而且取决于拔河方向的实效。用纳什的术语来讲，论证的证成力越大，其“证明潜能”就越高，角度就越锐，因此，论证对结论 F_0或其对立结论非 F_0的贡献也就越多。

在调查者看来，结论 F_0是否能被认为比结论非 F_0更可接受，取决于他如何判断两方的每个证据的可维持性与证明力。② 单个证据的可维持性是由其真值、正确性或似真性来决定的，其证明力相当于其证明潜能，纳什也把这称为其“相关性”。纳什（Nass，1966，p. 110）给出了下面例子：

① 尤其是在公开讨论中，“支持与反对调查”包含了各方提出的各种论证，包括站不住脚的和不相关的论证，为“支持或反对调查”选取在他看来值得考虑的论证提供了宽广的基础。

② 支持或反对证据的同样权衡，往往会要求用证据相互证明。因此，独立的“拔河”可能会变成复杂的网状结构。

F_0:

P_1:
P_2:
P_3:
P_1P_3:
P_2P_3:
C_1P_3:
P_4:

C_1:
P_1C_1:
P_2C_1:
$P_1P_2C_1$:
$P_2P_2C_1$:
$C_1P_2C_1$:
C_2:

F_0 =立场的初始表达（初始语句）

P_{1etc} =支持 F_0 的证据

C_{1etc} =反对 F_0 的证据

P_1P_3 =支持 F_0 的证据（P_3）的证据

P_1C_1 =反对 F_0 的证据（C_1）的证据

图 3.7　支持与反对调查

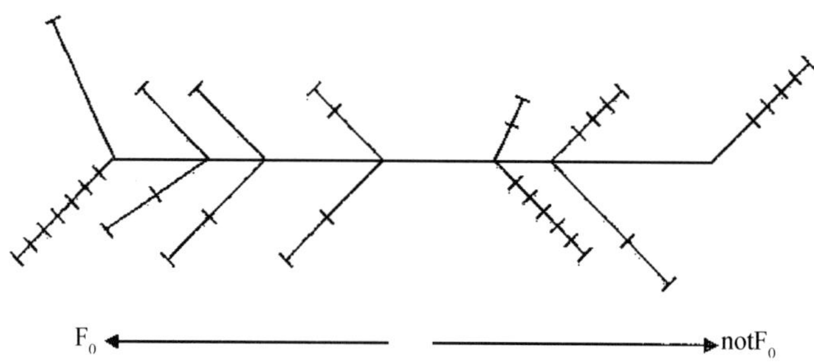

图 3.8　支持或反对调查的拔河

F_0：今晚会下雨。

P_1：天空乌云笼罩。

P_2：燕子低飞。

C_1：晴雨表的读数在上升。

把它们放在一起，相对于 F_0 而言，P_1 和 P_2 的证明潜能相当于下列假设的确定度："如果天空被云笼罩，燕子低飞，那么今晚会下雨。"针对非 F_0 而言，C_1 的证明潜能则相当于该假设的确定度"如果晴雨表读数在上升，那么今晚不会下雨"。

关于论证权衡所要遵守的程序，纳什区分了描述性论题和规范性论题。描述性论题断言"某事如此"，规范性论题则认为"某事应该如此或应当做”（Nass，1966，pp. 109 – 110）。就描述性论题来说，在某种程度上证明潜能与有效性有点类似。然而，当有效性被看作绝对的，即论证要么有效要么无效，会暗示有效论证不可能同时有真前提（证据）和假结论（立场）时，更不用说证明潜能概念会更严格。无论如何，证明潜能是个比较概念：对描述性结论而言，一个证据比另一个证据更有证明潜能，其意思是说，用第一个证据支持的结论为真的假定，要比用第二个证据支持的结论为真的假定更确定。

如何立场中建议的情景或行动主张可以实现，如果结论是规范性的，证据是由跟着发生的后果组成的，那么该证据的证明潜能就会随着现实这些后果的期望值不同而不同。下例摘自纳什的著作（Nass，1966，p. 111）：

> F_0：只要我是一位学生，我就要将我的所有时间用来学习备考。
> 反论题：我必须从我的学习时间中留出一部分用来读诗。①
> P_1：我会提前一年获得稳定的收入。
> P_2：我要提前一年成为对社会有用的成员。
> C_1：我应当迷恋文学。
> C_2：我应当单方面发展。

每个证据都包含着一个将所有时间用于学习备考的可能后果。所以，诸如 P_1、P_2 之类的就应当被看作假定性陈述：“如果我将我的所有时间用来学习备考，我将提前一年获得稳定收入”，等等。假设该支持或反对证据调查的收集者发现 P_1、P_2、C_1 和 C_2 都同样站得住脚，那么要在 P_1 和 P_2 之间做出选择以及要在 C_1 和 C_2 之间做出选择就取决于证明潜能。这种证明潜能要在具体价值规范体系中取决于各个证据。如果早一点挣钱和成为对社会有用的成员被收集者认为是比获得更丰富的内在生活更重要，那么 P_1 和 P_2 对他来说，就比 C_1 和 C_2 有更大的证明潜能。

当然，在实践中论证所涉及的可能要比这复杂得多。比如，某人不

① 为了清楚地表达论题，通常值得把论题 F_0 的另一实际值得考虑的替代论题（即反题）表述出来。

得不考虑证据 P_1P_1，即去年同期在这个国家买那栋漂亮小别墅是可能的（这会提高 P_1 的证明潜能），而另一个人也可能不得不考虑证据 C_1C_1，即学习课程设计本身就是成为一个心胸开阔之人的保证（这会减损 C_2 的可维性），等等。

除了涉及准确化，做论证调查以及支持或反对立场的论证权衡建议之外，纳什（Nass，1966，pp. 122 – 132）提供了一些规则或原则。这些规则或原则是设计来推动思想充分交流。简而言之，它们之中有“紧扣主题”和“不要把对方不曾要表达的观点强加给他”。纳什用他自己的方法，准确地阐明了这些规则，并且说明了何种行为算作违反了这些规则。

《交流与论证》对提升论证质量的重要实践意义被巴斯（Barth，1978）很好地记录下来：

> 奥斯陆大学每届新生都要把这本书作为规定的入门读物。唯一例外是那些即将成为牙医和药剂师的人。对于这两个专业来说，也只有这两个专业，言语交流被视为是第二重要的。（Barth，1978，p. 162；手册作者翻译）

纳什对论证研究理论发展的影响相当有限。可是，在许多作者的论著中，纳什工作的重要性仍然得到了明确承认。①

3.9 巴斯逻辑有效性的双重进路

在这最后一节，我们来讨论巴斯对论证理论基础的贡献。追溯到巴斯 1972 年的就职演讲，受纳什的启发，他运用了科劳塞—威廉姆斯的思

① 其中包括梅兹（Mates，1967）和约翰斯通（Johnstone，Jr.，1968）的评论以及高特尔特（Göttert，1978）、贝尔克（Berk，1979）、奥尔斯拉格尔（Öhlschläger，1979）、巴斯和克罗贝（Barth & Krabbe，1982）、克罗贝（Krabbe，1987）、范爱默伦和荷罗顿道斯特（van Eemeren & Grootendorst，1984，1992a，2004）、鲁尔（Rühl，2001）和范爱默伦（van Eemeren，2010）的论著。

想，从两个维度对逻辑有效性进行了细化。[①] 通过这些研究，他提出了一些对理性概念评估有重要意义的洞见。

巴斯的研究涉及逻辑规律及规则的权威性与特征。在对其理论地位进行总结之前，我们应当先对有关哲学背景进行概览，这将有助于我们理解巴斯的理论地位。

在研究逻辑哲学时，从理性主义视角出发，巴斯想方设法试图为逻辑或证成逻辑提供基础，但就像当时所认识到的一样，这些理性主义策略竟然都失败了，且不只是在相关逻辑原则上失败，而且相对于一般意义上的科学与哲学原则来讲也失败了。既然某个待证论题的任何推演都会用到一个或一个以上的前提和逻辑原则，那么一个完全证成就会要求证成者也为这些前提和原则提供证成。因此，任何这类尝试都会陷入所谓“明希豪森三难困境”（Albert，1969，p. 13）的三个分支之一：（1）陷入无穷倒退；（2）陷入循环论证；（3）某个起点的武断假定。然而，这并没有迫使人们放弃理性主义。追随波普尔（Karl Popper，1902 – 1994）的思想，仍然有选择，可以将理性主义重述为批判理性主义，也就是说，理性主义的目标应当重新定义：人们应该通过批判性检验继续朝理性主义的目标进发，而不是试图提供证成。只要它们能够经受检验，只有那些经受了检验的命题才可接受。

波普尔的学生巴特利三世 1962 年提出了他的批判理性主义品牌，称为“全盘批判理性主义”或“全面批判理性主义”，强调全盘批判理性主义者不需要也不应该使自己的哲学立场免于接受批评性检验：“……对全盘批判理性主义者来说，对自己效忠理性的继续批判明显是其理性主义的组成部分。”（Bartley，1984，p. 120）在实践中，全盘批判理性主义延伸到了所有可能论题或立场。唯独逻辑看起来有点不同。作为批评的工具，逻辑不能被完全抛弃，至少在缺乏批判性论证情形下不能（Bartley，1984，Section 5. 4 & Appendix 5）。

现在问题出现了：在不破坏批判可能性情况下，哪部分逻辑不能抛弃。伦克（Hans Lenk）试图回答这个问题，他把某些逻辑常项（如否定

---

① 不幸的是，这个就职演讲稿并没有英文版；不过，其最重要的部分可以在巴斯和克罗贝的著作（Barth & Krabbe，1982，I. 4，pp. 19 – 22）中找到。

和蕴含)、逻辑规则（如分离规则、逆分离规则、蕴含的传递性与自反性）以及无矛盾原则视为理性批判必不可少的（Lenk，1970，pp. 202 - 203）。

在巴斯（Barth，1972）看来，不必像巴特利和伦克提出的那样去限制理性批判的范围。巴斯把巴特利全盘批判理性主义称为一种接近无所不包的批判理性主义（Barth，1972，p. 7，本手册作者翻译为英语），这可以用全面批判理性主义来取代（p. 18）。但为明白这一点，人们一开始就必须意识到这个问题想错了，也就是，总是错误地认为存在独一无二的被称为“逻辑”的实体。事实上，“逻辑”一词并不是指任何界限清楚的学说或理论，而是指一个包含着理论多元性的研究领域，既有传统领域也有现代领域。

> 如果人们看到这一点，那么他就很容易意识到，古老的证成问题实际上是选择问题。现在给定两个或两个以上的逻辑系统。然后，问题是，要判定在这些系统中任何一个是否优于其余的一个或一些。这是一种比较关系：基于某些理由，优先选择一个系统而不是另一个。就像任何其他理论一样，逻辑系统不是绝对正确或绝对不正确，不是绝对有效或绝对无效，而是基于客观理由优先选择或不优先选择其他系统。（Barth，1972，pp. 9 - 10，本手册作者翻译成英语）

这一观点与科劳塞—威廉姆斯思想直接相关。马上要想到的问题是，人们要进行比较的理由类型转向了其中一个被比较逻辑系统的优势。选择逻辑系统必须与该系统和与之进行比较的其他系统的服务目的有某种关联。正如科劳塞—威廉姆斯指出，必须在“方法论”基础上做出这一选择。

接下来，问题是逻辑系统必须适合于哪个或哪些目的。巴斯采纳了罗素的建议，即逻辑系统应当被看作解决难题或问题的方案。① 逻辑问题

---

① 巴斯（Barth，1972，p. 12，note 15）引用了罗素 1905 年的文章《论指称》，其中罗素写道：“逻辑理论可以通过其处理难题的能力得到检验。在思考逻辑时，这是一个健全的计划，用尽可能多的难题充塞心灵，因为这些难题与在物理学中实验要达到的目的很相似。因此，关于指称，我会说一个理论应当能够解决的三个难题，稍后我将表明我的理论解决了这些难题。”（Russell，1956，p. 47）

是什么？根据巴斯的观点，逻辑系统必须要有解决“逻辑知识语言问题”的能力，同时还要追求理论逻辑的主要目标。巴斯对“逻辑知识语言问题”定义如下：

> 用下面这种方式构建语言片段的问题是一个逻辑知识语言问题：在满足某个具体共同需求时，还要追求逻辑的主要目标。每个逻辑知识语言问题都包含因借助任意解决办法都必须满足的系列条件。(Barth & Krabbe，1982，p. 20)①

在巴斯看来，更进一步的是：

> 理论逻辑的主要目标是，对语句结构进行分析，重新定义非指称性的、结构性的新旧语言要素，即逻辑常项，要能够较好地区分推论或论证的好坏以及可靠与否。(Barth & Krabbe，1982，p. 19)②

在所有逻辑系统中，这就是要追寻的东西。

逻辑系统的一部分由该系统所涉及的逻辑常项定义或用法规则构成。这些定义决定了用法意义，即在该系统中指派给这些逻辑常项的意义，这对判定其所在论证的有效性来说至关重要。但对于具体逻辑常项的具体定义形成解决方案来说，逻辑知识语言问题究竟是什么呢？让我们以否定的定义为例。在这种关联中，首要问题会是：在日常推理中，只要正确性取决“并非”的用法，为了使区分正确推论与不正确推论成为可能，必须如何定义逻辑常项“并非”呢？

这个问题的一种解决方案是把“并非”这个词定义为：在命题 P 前加上逻辑常项“并非”，产生命题非 P，其中，当 P 为真时非 P 为假，并且当 P 为假非 P 为真。这个定义使得：只要涉及“并非”，借助真值表方法或语义舞台方法（参见第 3.2 节）来判定推论正确性就成为可能。对这一逻辑知识语言问题来说，这只是众多可能解决方案中的一个；其他

① 参见巴斯的就职演讲稿（Barth，1972，p. 14）。

② 同上书，p. 13。

方案也是可能构想的，如已提出的三值方案。其他逻辑知识语言问题同样承认多元解决方案。如果提出的解决方案确实能够解决这一问题，即它能满足这一问题所设定的条件，那么，对于这一问题而言，它就是充分的。①

由于一个问题可以有不止一个解决方案，故新问题又出现了：人们应该依据什么来优先选择一个具体解决方案而不是另一个。巴斯（Barth，1972）认为，在这种选择背后隐藏着两种考量：一是与客观有效性相关的考量；二是与主体间有效性相关的考虑。

客观有效性或问题求解有效性考量相当于下列情形：一个逻辑系统或一条原则客观上优于另一个逻辑系统或另一条规则，当且仅当，至少存在一个逻辑知识语言问题，且对于这一问题而言，该系统或原则充分且另一个不充分，但反过来则不存在这样的问题。如果一个系统或原则优于其他所有竞争系统或原则，那它就客观有效。因此，命题形式"……客观有效"可以被看作"……逻辑有效"的哲学上第一重要的准确化。在这种准确化中，逻辑有效性是一个层级概念。作为客观有效性，逻辑有效性的准确化与科劳塞—威廉姆斯的方法论必然语境标准是一致的。

另外，主体间有效性考量则相当于下列情形：就某个具体逻辑知识语言问题来讲，并非每位语言使用者都永远确信具体解决方案的充分性。这意味着把逻辑有效性标准视为客观有效性或问题求解有效性是不充分的。我们需要第二种准确化，巴斯称为主体间有效性或规约有效性。根据这一准确化，把一个逻辑系统或一条原则视为逻辑约定，当且仅当，界限明晰的同伴成员自己必须用书面形式明确地承认那个系统或那条原则。巴斯把命题形式"……目前是同伴的一个规约规则"看作"……逻辑有效"的"哲学上第二重要的准确化"（Barth，1972，p. 16；本手册作者翻译为英语）。在这一准确化中，逻辑有效性取决于同伴的接受，因而具有时间依赖性。作为主体间有效性，逻辑有效性的准确化与科劳塞

① 关于日常推理的逻辑常项"并非"的定义问题，上面给出的预设了真假概念的解决方案也许是充分的，但是，对于数学推理来说，关于无穷的类似问题则不充分，至少在直觉主义数学哲学家们看来不充分。后一问题需要借助充分演绎规则来解决。

—威廉姆斯的规约标准是一致的。

很显然，人们很少能在实践中找到一个逻辑系统或一条原则，它满足了前述条件且称得上约定有效。更常见的是，既不存在界限清楚的同伴，也不存在用签署文件形式明确的声明。最好的情形是，现有实践也许导致某人推导出结论：就某个具体但未精确界定的人群来讲，具体原则显然有规约地位。巴斯把这种情形称为“逻辑半规约”和具有“半规约有效性”的“半规约原则”（Barth，1972，p. 16）。[①]

因此，根据巴斯提出的双重标准，我们会发现，优势逻辑系统或原则的规范力来自两类不同源泉：（1）问题求解有效性或客观有效性；（2）规约有效性、半规约有效性或主体间有效性（ibid）。只有把这两类有效性结合起来，才足以获得“独白式和对话式语言行为的最佳过程”（Barth & Krabbe，1982，p. 22）。[②]

既然逻辑有效性必须用问题求解有效性的层级思想和规约有效性的时间依赖性思想方式来准确化，就不存在附着于任一逻辑系统或原则的绝对价值。这些准确化还导致了拒斥完全相对主义立场，这种立场意味着一个逻辑系统或一条原则的价值仅仅取决于正在评判的听众或同伴。从图尔敏（Toulmin，1976）区分的三个合理性概念开始，巴斯所选择的概念最好被刻画成批判概念，他追随了科劳塞—威廉姆斯的脚步。图尔敏的三个合理性概念分别是合理性的人类学概念、几何学概念和批判概念，在第 1.2 节讨论过。虽然巴斯的阐述是关于逻辑有效性的，但它还为论证评估理性规范的准确化提供了有用的起点。[③]

对于论证理论来讲，这一批判概念的结果明显是，人们不应该从假定“规则必须普遍”开始。换句话说，论证的有效性、可靠性或适切性规则既不是绝对的，也不是永恒的。它们的可接受性既取决于它们解决具体问题的能力，又取决于论证者准备拥护它们的程度。因此，在论证研究领域，理论家必须给出多元的论证规则系统，并评估其优缺点。对

① 参见巴斯与克罗贝的著作（Cf. Barth & Krabbe，1982，p. 22）。

② 参见巴斯的就职演讲稿（Cf. Barth，1972，p. 17）。

③ 在范爱默伦和荷罗顿道斯特的著作（van Eemeren & Grootendorst，1984）中，论证了为何巴斯的理性概念比图尔敏或佩雷尔曼的更适合论证研究。

每个被提出的系统来讲，必须指明依据这些规则能够解决哪些问题，以及在何种程度上这些规则会被（潜在）对话者群体所接受。

参考文献

Albert, H. (1969). *Traktat Über kritische Vernunft* [Treatise on critical reason] (2nd ed.). Tübingen: Mohr. (1st ed. 1968, 2nd ed. 1975, 5th improved & enlarged ed. 1991).

Aristotle (1984). *The complete works of Aristotle. The revised Oxford translation.* 2 *volumes.* In J. Barnes (Ed.). Trans.: a. o. Pickard-Cambridge W. A. (Topics & Sophistical refutations, 1928), Ackrill J. L. (Categories & De interpretatione, 1963), Jenkinson, A. J. (Prior analytics) & Rhys Roberts, W. (Rhetoric, 1924). Princeton: Princeton University Press.

Aristotle (2012). Aristotle's Sophistical refutations. A translation (trans.: Hasper, P. S). *Logical analysis & history of philosophy/Philosophiegeschichte und logische Analyse*, 15, pp. 13 – 54.

Arnauld, A. & Nicole, P. (1865). *The Port-Royal logic.* In T. S. Baynes (trans.), La logique ou l'art de penser (6th ed.). Edinburgh: Oliver & Boyd. (1st ed. 1662).

Bacon, F. (1975). *The advancement of learning. Ed. by W. A. Armstrong.* London: Athlone Press. (1st ed. 1605).

Barth, E. M. (1972). *Evaluaties. Rede uitgesproken bij de aanvaarding van het ambt van gewoon lector in de logica met inbegrip van haar geschiedenis en de wijsbegeerte van de logica in haar relatie tot de wijsbegeerte in het algemeen aan de Rijksuniversiteit te Utrecht op vrijdag* 2 *juni* 1972 [Evaluations. Address given at the assumption of duties as regular lecturer of logic including its history & philosophy of logic in relation to philosophy in general at the University of Utrecht on Friday, 2 June 1972]. Assen: van Gorcum.

Barth, E. M. (1978). Arne Næss en de filosofische dialectiek [Arne Næss & philosophical dialectics]. In A. Næss (Ed.), *Elementaire argumentatieleer* (pp. 145 – 166). Baarn: Ambo.

Barth, E. M. & Krabbe, E. C. W. (1982). *From axiom to dialogue. A philosophical study of logics & argumentation.* Berlin-New York: Walter de Gruyter.

Bartley, W. W., III (1984). *The retreat to commitment* (2nd ed.). La Salle: Open Court. (1st ed. 1962).

Beardsley, M. C. (1950). *Practical logic.* Englewood Cliffs: Prentice-Hall. Berger, F. R. (1977). Studying deductive logic. London: Prentice-Hall.

Berk, U. (1979). *Konstruktive Argumentationstheorie* [A constructive theory of argumentation]. Stuttgart-Bad Cannstatt: Frommann-Holzboog.

Beth, E. W. (1955). Semantic entailment & formal derivability. Amsterdam: North-Holland, 1955 (Mededelingen der Koninklijke Nederlandse Akademie van Wetenschappen, afdeling letterkunde, nieuwe reeks, 18). Reprinted in J. Hintikka (Ed.), (1969), *The philosophy of mathematics* (pp. 9 – 41). London: Oxford University Press.

Biro, J. & Siegel, H. (1992). Normativity, argumentation & an epistemic theory of fallacies. In F. H. van Eemeren, R. Grootendorst, J. A. Blair & C. A. Willard (Eds.), *Argumentation illuminated* (pp. 85 – 103). Amsterdam: Sic Sat.

Biro, J. & Siegel, H. (2006). In defense of the objective epistemic approach to argumentation. *Informal Logic*, 26 (1), 91 – 101.

Black, M. (1952). Critical thinking. *An introduction to logic & scientific method* (2nd ed.). Englewood Cliffs: Prentice-Hall. (1st ed. 1946).

Bolzano, B. (1837). *Wissenschaftslehre. Versuch einer ausführlichen und größtentheils neuen Darstellung der Logik mit steter Rucksicht auf deren bisherige Bearbeiter* [Theory of science. Attempt at a detailed & in the main novel exposition of logic with constant attention to earlier authors writing on this subject] (4 vols). Sulzbach: Seidel.

Bolzano, B. (1972). *Theory of science. Attempt at a detailed & in the main novel exposition of logic with constant attention to earlier authors.* (ed. & trans.: George, R.). Oxford: Blackwell (English transl. & summaries of selected parts of Wissenschaftslehre: Versuch einer ausführlichen und größtentheils neuen Darstellung der Logik mit steter Rucksicht auf deren bisherige Bearbeiter (2nd ed.). Leipzig: Felix Mieher, 1929 – 1931.

Bonevac, D. (1987). *Deduction. Introductory symbolic logic.* Mountain View: Mayfield.

Bostad, I. (2011). The life & learning of Arne Næss. Scepticism as a survival strategy. *Inquiry. An Interdisciplinary Journal of Philosophy*, 54 (1), 42 – 51.

Brinton, A. (1995). The ad hominem. In H. V. Hansen & R. C. Pinto (Eds.), *Fallacies. Classical & contemporary readings* (pp. 213 – 222). University Park: The Pennsylvania State University Press.

Carney, J. D. & Scheer, R. K. (1964). *Fundamentals of logic.* New York: Macmillan.

Cohen, M. R. & Nagel, E. (1964). *An introduction to logic & scientific method.* London: Routledge & Kegan Paul. (1st ed. 1934).

Copi, I. M. (1953). Introduction to logic. New York: Macmillan.

Copi, I. M. (1961). *Introduction to logic* (2nd ed.). New York: Macmillan. (1st ed. 1953). Copi, I. M. (1972). Introduction to logic (4th ed.). New York: Macmillan. (1st ed. 1953). Copi, I. M. (1982). Introduction to logic (6th ed.) New York: Macmillan. (1st ed. 1953). Crawshay-Williams, R. (1946). The obstinate universal. Polemic, 2, 14 – 21.

Crawshay-Williams, R. (1947). *The comforts of unreason. A study of the motives behind irrational thought.* London: Routledge & Kegan Paul.

Crawshay-Williams, R. (1948). Epilogue. In A. Koestler et al. (Eds.), *The challenge of our time* (pp. 72 – 78). London: Routledge & Kegan Paul.

Crawshay-Williams, R. (1951). Equivocal confirmation. *Analysis*, 11, 73 – 79.

Crawshay-Williams, R. (1957). *Methods & criteria of reasoning. An inquiry into the structure of controversy.* London: Routledge & Kegan Paul.

Crawshay-Williams, R. (1968). Two intellectual temperaments. *Question*, 1, 17 – 27. Crawshay-Williams, R. (1970). Russell remembered. London: Oxford University Press.

Crosswhite, J. (1993). Being unreasonable. Perelman & the problem of fallacies. *Argumentation*, 7, 385 – 402.

Dutilh Novaes, C. (2012). Medieval theories of consequence. In*Stanford encyclopedia of philosophy*. http://plato. stanford. edu/entries/consequence-medieval。

van Eemeren, F. H. (2010). *Strategic maneuvering in argumentative discourse. Extending the pragma-dialectical theory of argumentation.* Amsterdam-Philadelphia: John Benjamins. (Trans. into Chinese (in preparation), Italian (2014), Japanese (in preparation), Spanish (2013b).)

van Eemeren, F. H. & Garssen, B. (2010). *Linguistic criteria for judging composition & division fallacies.* (Transl. into Chinese (in preparation), Italian (2014), Japanese (in preparation), Spanish (2013b).) In A. Capone (Ed.), Perspectives on language use & pragmatics. A volume in memory of Sorin Stati (pp. 35 – 50). Munich: Lincom Europa.

van Eemeren, F. H., Garssen, B. & Meuffels, B. (2009). *Fallacies & judgments of reasonableness. Empirical research concerning the pragma-dialectical discussion rules.* Dordrecht: Springer.

van Eemeren, F. H. & Grootendorst, R. (1984). *Speech acts in argumentative discussions. A theoretical model for the analysis of discussions directed towards solving conflicts of opinion.* Dordrecht/Cinnaminson: Foris & Berlin: de Gruyter. (Transl. into Russian (1994c) & Spanish (2013).)

van Eemeren, F. H. & Grootendorst, R. (1989). A transition stage in the theory of fallacies. *Journal of Pragmatics*, 13, 99 - 109.

van Eemeren, F. H. & Grootendorst, R. (1992a). *Argumentation, communication & fallacies. A pragma-dialectical perspective.* Hillsdale: Lawrence Erlbaum. (Trans. into Bulgarian (2006), Chinese (1991b), French (1996), Romanian (2010), Russian (1992b), Spanish (2007).)

van Eemeren, F. H. & Grootendorst, R. (1992b). *The history of the argumentum ad hominem since the seventeenth century.* (Transl. into Bulgarian (2009), Chinese (1991b), French (1996), Romanian (2010), Russian (1992b), Spanish (2007)). In E. C. W. Krabbe, R. J. Dalitz, & P. A. Smit (Eds.), *Empirical logic & public debate. Essays in honour of Else M. Barth* (pp. 49 - 68). Amsterdam/Atlanta: Rodopi.

van Eemeren, F. H. & Grootendorst, R. (2004). *A systematic theory of argumentation. The pragma-dialectical approach.* Cambridge: Cambridge University Press. (Trans. into Bulgarian (2009), Chinese (2002), Italian (2008), Spanish (2011).)

van Eemeren, F. H., Grootendorst, R., Jackson, S. & Jacobs, S. (1993). *Reconstructing argumentative discourse.* Tuscaloosa/London: The University of Alabama Press.

Eveling, H. S. (1959). Methods & criteria of reasoning. Philosophical Quarterly, 9, 188 - 189. Fearnside, W. W. & Holther, W. B. (1959). *Fallacy. The counterfeit of argument.* Englewood Cliffs: Prentice Hall.

Finocchiaro, M. A. (1974). The concept of ad hominem argument in Galileo & Locke. *The Philosophical Forum*, 5, 394 - 404.

Fisher, A. (1988). The logic of real arguments. Cambridge: Cambridge University Press. Fogelin, R. J. (1985). The logic of deep disagreements. *Informal Logic*, 7 (1), 1 - 8.

Frege, G. (1879). *Begriffsschrift, eine der arithmetischen nachgebildete Formelsprache des reinen Denkens* [Concept-script, a formalized language of pure thought, modeled upon that of arithmetic]. Halle: Nebert.

Gentzen, G. (1934). Untersuchungenüber das logische Schließen [Investigations into logical deduction]. Mathematische Zeitschrift, 39, 176 - 210 & 405 - 431. English trans. in M. E. Szabo (Ed.), *the collected papers of Gerhard Gentzen* (pp. 68 - 131). Amsterdam: North-Holland, 1969.

Göttert, K. H. (1978). *Argumentation. Grundzüge ihrer Theorie im Bereich theoretischen Wissens und praktischen Handelns* [Argumentation. Theoretical & practical characteristics of argu-mentation theory]. Tübingen: Niemeyer.

Grootendorst, R. (1987). Some fallacies about fallacies. In F. H. van Eemeren, R. Grootendorst, J. A. Blair & C. A. Willard (Eds.), *Argumentation. Across the lines of discipline. Proceedings of the conference on argumentation* 1986 (pp. 331 – 342). Dordrecht-Providence: Foris.

Gullvåg, I. & Wetlesen, J. (Eds.). (1982). *In skeptical wonder. Inquiries into the philosophy of Arne Næss on the occasion of his 70th birthday.* Oslo: Universitetsforlaget.

Gutenplan, S. D. & Tamny, M. (1971). *Logic.* New York: Basic Books.

Haan, G. J. de, Koefoed, G. A. T. & Tombe, A. L. des (1974). *Basiskursus algemene taalwetenschap* [Basic course in general linguistics]. Assen: van Gorcum.

Hamblin, C. L. (1970). *Fallacies.* London: Methuen.

Hansen, H. V. (2002). The straw thing of fallacy theory. The standard definition of 'fallacy'. *Argumentation*, 16, 133 – 155.

Hardin, C. L. (1960). Methods & criteria of reasoning. *Philosophy of Science*, 27, 319 – 320.

Jaśkowski, S. (1934). On the rules of suppositions in formal logic. *Studia logica*, 1, 5 – 32. Reprinted in S. McCall (Ed.), *Polish logic*, 1920 – 1939 (pp. 232 – 258). Oxford: Oxford University Press.

Johnson, R. H. & Blair, J. A. (1994). *Logical self-defense*, U. S. ed. New York: McGraw-Hill.

Johnstone, H. W. Jr. (1957 – 1958). Methods & criteria of reasoning. *Philosophy & Phenome-nological Review*, 18, 553 – 554.

Johnstone, H. W. Jr. (1958 – 1959). New outlooks on controversy. *Review of Metaphysics*, 12, 57 – 67. Johnstone, H. W. Jr. (1959). *Philosophy & argument.* University Park: Pennsylvania State University Press.

Johnstone, H. W. Jr. (1968). Theory of argumentation. In R. Klibansky (Ed.), *La philosophie contemporaine* (pp. 177 – 184). Florence: La Nuova Italia Editrice.

Kahane, H. (1969). *Logic & philosophy.* Belmont: Wadsworth.

Kahane, H. (1971). *Logic & contemporary rhetoric. The use of reasoning in everyday life.* Belmont: Wadsworth.

Kneale, W. & Kneale, M. (1962). *The development of logic.* Oxford: Clarendon.

Krabbe, E. C. W. (1987). Næss's dichotomy of tenability & relevance. In F. H. van Eemeren, R. Grootendorst, C. A. Willard & J. A. Blair (Eds.), *Argumentation. Across the lines of discipline. Proceedings of the conference on argumentation* 1986 (pp. 307 – 316). Dordrecht：Foris.

Krabbe，E. C. W.（1996）. Can we ever pin one down to a formal fallacy? In J. van Benthem，F. H. van Eemeren，R. Grootendorst & F. Veltman（Eds.），*Logic & argumentation*（pp. 129 – 141）. Amsterdam：North-Holland.（Koninklijke Nederlandse Akademie van Wetenschappen，Verhandelingen，Afd. Letterkunde，Nieuwe Reeks，deel 170）.

Krabbe，E. C. W.（2010）. Arne Næss（1912 – 2009）. *Argumentation*，24，527 – 530.

Krabbe，E. C. W. & Walton，D. N.（1994）. It's all very well for you to talk! Situationally disqualifying ad hominem attacks. *Informal Logic*，15，79 – 91.

Lambert，K. & Ulrich，W.（1980）. *The nature of argument.* New York-London：Macmillan/ Collier-Macmillan.

Lazerowitz，M.（1958 – 1959）. Methods & criteria of reasoning. *British Journal for the Philosophy of Science*，9，68 – 70.

Lenk，H.（1970）. *Philosophische Logikbegründung und rationaler Kritizismus*［Philosophical justification of logic & rational criticalism］. Zeitschrift für philosophische Forschung，24（2），183 – 205. Locke，J.（1961）. Of reason. In An essay concerning human understanding，Book IV，Chapter XVII，1690. Ed. & with an introd. by J. W. Yolton. London：Dent.（1st ed. 1690）.

Mackenzie，J.（2011）. What Hamblin's book Fallacies was about. Informal Logic，31（4），262 – 278.

Mates，B.（1967）. Communication & argument. *Synthese*，17，344 – 355.

Mates，B.（1972）. *Elementary logic*（2nd ed.）. New York：Oxford University Press.（1st ed. 1965）.

Michalos，A. C.（1970）. *Improving your reasoning.* Englewood Cliffs：Prentice-Hall.

Mill，J. S.（1970）. *A system of logic ratiocinative & inductive*，*being a connected view of the principles of evidence & the methods of scientific investigation.* London：Longman.（1st ed. 1843）.

Næss，A.（1947）. *En del elementære logiske* emner［Some elementary logical topics］. Oslo：Universitetsforlaget.（1st published 1941（mimeographed）. Oslo）.

Næss，A.（1953）. *Interpretation & preciseness. A contribution to the theory of communication.* Oslo：Skrifter utgitt ar der norske videnskaps academie.

Næss，A.（1966）. *Communication & argument. Elements of applied semantics*（trans.：Hannay，A.）. London：Allen & Unwin（English trans. of En del elementære logiske emner. Oslo：Universitetsforlaget，1947）.

Næss, A. (1968). *Scepticism.* Oslo: Universitetsforlaget.

Næss, A. (1978). *Elementaire argumentatieleer. Met een inleiding in de filosofie van Næss door E. M. Barth* [Elementary theory of argumentation: With an introduction into Næss's philoso-phy by E. M. Barth] (trans. Ubbink, S.). Baarn: Ambo (Dutch trans. of the 11th ed. of En del elementære logiske emner. Oslo: Universitetsforlaget, 1976).

Næss, A. (1992a). Arguing under deep disagreement (trans.: Barth, E. M.). In E. M. Barth & E. C. W. Krabbe (Eds.), *Logic & political culture* (pp. 123 – 131). Amsterdam: North-Holland (English trans. selections from Wie fördert man heute die empirische Bewegung? Eine Auseinandersetzung mit dem Empirismus von Otto Neurath und Rudolph Carnap [How can the empirical movement be promoted today? A discussion of the empiricism of Otto Neurath & Rudolph Carnap] (mimeographed). Oslo: Institute for Philosophy & History of Ideas, Oslo University & Universitetsforlaget, 1956.).

Næss, A. (1992b). How can the empirical movement be promoted today? A discussion of the empiricism of Otto Neurath & Rudolph Carnap (trans.: Barth, E. M.). In E. M. Barth, J. Van Dormael & F. Vandamme (Eds.), *From an empirical point of view. The empirical turn in logic* (pp. 107 – 155). Gent: Communication & Cognition (English trans. of Wie fördert man heute die empirische Bewegung? Eine Auseinandersetzung mit dem Empirismus von Otto Neurath und Rudolph Carnap (mimeographed). Oslo: Institute for Philosophy & History of Ideas, Oslo University & Universitetsforlaget, 1956.).

Næss, A. (1993). "You assert this?" An empirical study of weight-expressions. In E. C. W. Krabbe, R. J. Dalitz & P. A. Smit (Eds.), *Empirical logic & public debate. Essays in honour of Else M. Barth* (pp. 121 – 132). Amsterdam-Atlanta: Rodopi.

Næss, A. (2005). *The selected works of Arne NÍss. H. Glasser, Ed., Volumes* 1 – 10. Dordrecht: Springer.

Nuchelmans, G. (1976). *Wijsbegeerte en taal. Twaalf studies* [Philosophy & language. Twelve studies]. Meppel: Boom.

Nuchelmans, G. (1993). On the fourfold root of the argumentum ad hominem. In E. C. W. Krabbe, R. J. Dalitz & P. A. Smit (Eds.), *Empirical logic & public debate. Essays in honour of Else M. Barth* (pp. 37 – 47). Amsterdam-Atlanta: Rodopi.

Oesterle, J. A. (1952). Logic. *The art of defining & reasoning.* Englewood Cliffs: Prentice-Hall.

Ogden, C. K. & Richards, I. A. (1949). *The meaning of meaning. A study of the influence of language upon thought & of the science of symbolism* (10th ed.). London: Routledge

&Kegan Paul. (1st ed. 1923).

Öhlschläger, G. (1979). *Linguistische Überlegungen zu einer Theorie der Argumentation* [Linguistic arguments for a theory of argumentation]. Tübingen: Niemeyer.

Perelman, C. & Olbrechts-Tyteca, L. (1969). *The new rhetoric. A treatise on argumentation.* (Trans. : Wilkinson, J. & Weaver, P.). Notre Dame: University of Notre Dame Press (original work 1958). [English trans. of *La nouvelle rhétorique. Traité de l'argumentation*].

Pseudo-Scotus. (2001). Questions on Aristotle's Prior analytics. In M. Yrjönsuuri (Ed.), Medieval formal logic (pp. 225 – 234). Dordrecht: Kluwer.

Purtill, R. L. (1972). *Logical thinking.* New York: Harper.

Quine, W. V. (1970). *Philosophy of logic.* Englewood Cliffs: Prentice-Hall.

Rescher, N. (1959). Methods & criteria of reasoning. *Modern Schoolman*, 36, 237 – 238.

Rescher, N. (1964). *Introduction to logic.* New York: St Martin's Press.

Rühl, M. (2001). Emergent vs. dogmatic arguing. Starting points for a theory of the argumentative process. *Argumentation*, 15, 151 – 171.

Russell, B. (1956). On denoting. In B. Russell (Ed.), *Logic & knowledge. Essays* 1901 – 1950 (*R. C. Marsh*, *Ed.*) (pp. 41 – 56). London: Allen & Unwin. (first published in Mind, n. s. 14 (1905), 479 – 493).

Salmon, W. C. (1963). *Logic.* Englewood Cliffs: Prentice-Hall.

Schipper, E. W. & Schuh, E. (1960). A first course in modern logic. London: Routledge & Kegan Paul. Schopenhauer, A. (1970). Eristische Dialektik [Eristic dialectic]. In A. Hübscher (Ed.), *Der Handschriftliche Nachlass*, *III*: *Berliner Manuskripte* (1818 – 1830) (pp. 666 – 695). Frankfurt am Main: Berliner Manuskripte. (1st ed. 1818 – 1930).

Simmons, E. D. (1959). Methods & criteria of reasoning. *New Scholasticism*, 32, 526 – 530.

Tarski, A. (2002). *On the concept of following logically* (M. Stroin′ska Aristotle (1965). *On sophistical refutations* (trans. : Forster, E. S.). In Aristotle (Ed.), *On sophistical refutations. On coming-to-be & passing-away*; *On the cosmos.* Cambridge, MA-London: Harvard University Press 1965. (1st ed. 1955).

Tindale, (1999). *Acts of arguing. A rhetorical model of argument.* Albany: SUNY Press.

Toulmin, S. E. (1976). *Knowing & acting. An invitation to philosophy.* New York: Macmillan.

Walton, D. N. (1985). *Arguer's position. A pragmatic study of ad hominem attack*, *criticism*, *refutation & fallacy.* Westport: Greenwood.

Walton, D. N. (1987). *Informal fallacies.* Towards a theory of argument criticisms. Amsterdam: John Benjamins.

Walton, D. N. (1998). *Ad hominem arguments.* Tuscaloosa: University of Alabama Press.

Wellman, C. (1971). *Challenge & response. Justification in ethics.* Carbondale: Southern Illinois University Press.

Whately, R. (1936). *Elements of logic. Comprising the substance of the article in the Encyclopaedia Metropolitana. With additions & c.* New York: W. Jackson. (1st ed. 1826).

Wittgenstein, L. (1922). *Tractatus logico-philosophicus.* London: Routledge & Kegan Paul.

Woods, J. (1999). File of fallacies. John Stuart Mill (1806 – 1873). *Argumentation*, 13, 317 – 334.

Woods, J. & Hudak, B. (1989). By parity of reasoning. *Informal Logic*, 11, 125 – 140.

第 4 章

图尔敏论证模型

4.1 图尔敏的学术渊源

英裔美籍哲学家图尔敏（Toulmin，1922－2009），因其于 1958 年首次出版的《论证的运用》一书在论证理论学界声名大噪。图尔敏在该书中首次介绍了一种"论证布局"的新模型（Toulmin，2003）[①]。尽管在《论证的运用》中，图尔敏只使用了"狭义论证"（argument）这一概念，而没有提及"广义论证"（argumentation）这一概念，但是本书认为这一模型也同样适用于广义论证或论辩（参见本手册第 1.1 节）。[②] 图尔敏在这一模型使用了一个全新研究进路，即对主张可以通过对反主张的反击来实现自身证成这一现象的分析。图尔敏模型以"主张""证据材料""保证""模态限定词""反驳"以及"支撑"等新概念[③]，取代了"前提""结论"这些传统概念。图尔敏关于逻辑以及日常推理的观点对论证理论产生了极大的影响，因此他被认为是现代论证理论的奠基人之一。

---

① 尽管图尔敏后来的哲学著作中没有再提及这一模型，但是在图尔敏和雷基、雅尼克合著的《推理入门》（Toulmin，Rieke & Janik，1979）这一实用性专著中再次提及了这一模型。为了方便读者，我们在本章中将会使用读者更易获取的《论证的运用》（Toulmin，2003 年修订版）。从 1958 年首次面世以来，该书的正文从未修改过。2003 年修订版中只是新增了再版前言以及修订了目录。要注意的是 2003 年修订版的标记页码与原版不同。

② 在讨论图尔敏的学术观点时，我们将会遵循图尔敏的本意，使用"狭义论证"（argument）这一概念。但当如他所提出的模型中那样，提及论证的主要作用乃是支持主张时，我们将会按照第 1.1 节所进行的概念解释，使用"论辩"（argumentation，即广义论证）这一概念。

③ 在描述图尔敏论证模型时，我们将使用他原用的术语。在其与雷基、雅尼克合著的专著中，图尔敏将"证据材料"（data）这一概念变更为"根基"（ground）。

图尔敏青年时期在剑桥大学皇家学院学习数学和物理学。1942 年毕业后，他成为航空器生产部的初级研究员，主要负责雷达研发等工作。1945 年，他放弃了在剑桥大学的伦理学博士研究工作，当时他师从维特根斯坦以及威兹德姆（John Wisdom）。他也曾在牛津大学跟随赖尔（Gilbert Ryle）以及奥斯汀（John Austin）学习。图尔敏的哲学研究受到源自剑桥以及牛津的“日常语言哲学”的影响。1949 年，他开始在牛津大学讲授科学哲学课程，并到澳大利亚以及美国多所大学访学。1955 年至 1959 年，图尔敏任英国利兹大学教授，在此期间，他出版了《论证的运用》这一名著。1965 年，图尔敏迁往美国居住，先后任教于布兰迪斯大学、密歇根州立大学、芝加哥大学和西北大学。1993 年，图尔敏成为南加州大学跨种族跨国境研究中心的教授。

作为哲学家，图尔敏对很多不同方面的问题进行了探讨，贯穿其中的主题则是理性在日常对话中的应用问题。他的第一篇论文于 1948 年面世。博士论文《伦理学中的理性地位探讨》（Toulmin，1950）于 1950 年出版发行。在该书中，图尔敏贯彻了他的图尔敏式理论脉络，并认为道德哲学家应当停止对伦理概念进行孤立的分析，而应当转而研究伦理判断在具体语境下生效的路径。图尔敏自早期研究开始就重视语境问题，后来这成为贯穿图尔敏全部著作包括其最后的一本著作《回归理性》（Toulmin，2001）的一个标志性观点。他的系列论著包括了对逻辑学、哲学、认识论、科学哲学、科学历史以及元伦理学的研究。他的专著大部分都与论证理论相关，其中包括了《人类理解力》（Toulmin，1972）、《维特根斯坦的维也纳》（Toulmin & Janik，1973）、《知与行》（Toulmin，1976）以及《世界城邦》（Toulmin，1990）。

在本章中，我们将会讨论图尔敏对论证理论的贡献。第 4.2 节介绍《论证的运用》，在该书中他对自己观点进行详细阐述，并对其提出的模型进行了解释。第 4.3 节聚焦于有效性的几何学理论，图尔敏认为这是终结误解的核心所在。第 4.4 节讨论分析论证及实质论证的区分。第 4.5 节解释论证性话语所具有的领域不变性与领域依赖性的区别，这一点对于从形式进路转向图尔敏提出的分析论证是极为重要的。第 4.6 节讨论论证形式以及其有效性，这也将引领读者进入第 4.7 节中对图尔敏新论证模型的展示。在第 4.8 节中，将聚焦来自不同理论背景的论证理论研究者对图尔敏模型的借鉴，而在第 4.9

节中，则讨论对图尔敏模型的各种应用情况。在第 4.10 节中，我们将会以对图尔敏为论证理论发展所做贡献的评价来结束本章。

4.2　论证的运用

贯彻图尔敏全部学术研究的核心主题是，探讨断言以及在日常生活或者学术研究中如何证成不同论题的主张。图尔敏对于支持上述断言与观点论证的理性评价标准特别感兴趣（Toulmin，2006，p. 111）。他思考的问题是，是否存在可用于评价涉及所有领域的一般性论证规范系统？抑或是不同领域的论证应当适用不同的评价规范系统？

《论证的运用》一书于 1958 年首次出版发行。在这本书中，图尔敏系统地阐述了他对论证评价问题所进行的思考。[①] 他批判了仅仅将推理视为一种逻辑推断的传统，尤其是以 20 世纪后认识论为代表的哲学研究。[②] 图尔敏的主要论点是，实践推理标准和价值并非纯粹抽象的和形式的；而评价论证可靠性的标准在很大程度上是依赖于论争问题的本身性质[③]。

图尔敏不认同存在可用于评价涉及所有领域所有论证的普遍性规范系统，同时他也不认为这些普遍论证评价规范来自形式逻辑。他认为，当代形式逻辑的研究范围和功能过于受限，以至于其不能实现普遍论证的评价功能。[④]

图尔敏认为，论证评价规范之间存在根本不同。这些规范一方面包括适用于日常论证以及那些涉及不同学科内容的论证规范，另一方面则

---

① 图尔敏在利兹大学的同事亚历山大（Alexander）将该书称为“图尔敏的反逻辑之书”。多年后，图尔敏在剑桥大学的博士导师布雷思韦特（Richard Braithwaite）也曾表示“对自己的学生攻击自己致力研究的归纳逻辑一事深表痛心”（Toulmin，2003，p. viii）。

② 《论证的运用》1964 年平装版序言说道，图尔敏主要是针对“数理逻辑以及 20 世纪以来的认识论”（Toulmin，1964，p. viii）。

③ 在讨论论证评价问题时，图尔敏（Toulmin，2003）使用了“可靠性”“有效性”“一致性”以及“强度”这一系列概念。他并没有对这些概念加以前提性的解释以及区别，因此，这给人留下了这些概念在图尔敏的使用中是可以互换使用的印象。

④ 在《人类理解力》（Toulmin，1972）一书中，图尔敏重述了自己在《论证的运用》一书的主要观点。

包括形式逻辑所使用的形式有效性标准。[①] 他确信，逻辑学使用的形式标准并不适用于实践生活中的论证评价。[②] 如果说逻辑是评价实践论证的基础，那么它就不可能是纯粹形式科学了。图尔敏认为，要解决这一问题，则必须对逻辑学彻底重新定位。[③]

4.3 有效性的几何模型

图尔敏认为，逻辑学家普遍认为论证可被普遍性规范所评价，这是因为逻辑学家错误地认为论证有效性完全取决于其形式，即在判断某个论证是否有效时，无须考虑前提的具体内容。但论证的主题是什么，论证想要解决什么问题，这些都很重要。在《知与行》（Toulmin，1976）一书中，图尔敏将这种观点称为“有效性的‘几何’模型”。[④]

有效性的几何模型理论认为，自然语言论证可以满足那些“与几何

① 无论图尔敏是在何意义上使用“形式有效性”这一概念的，但事实就是他同样使用了这一概念。当他仅仅使用“有效性”而没有加上模态词“形式的”时，他似乎是像日常语言习惯的那样以一种不准确方式在使用这一概念。考虑到他所受到的日常语言哲学的学术影响，他可能是故意这样使用的。

② 图尔敏认为形式标准应当适用于数学论证（Toulmin，2003，p. 118）。

③ 这种彻底重新定位使得图尔敏回归逻辑学在亚里士多德的源头。他多次提及亚里士多德在《前分析篇》的开篇首句就指出逻辑具有两重目的：逻辑关注与证明（*apodeixis*）相关的事项，比如，如何证成结论。同时，逻辑也是关于上述证成的一门形式演绎的且最好是不言自明的普遍必然知识（*episteme*）。不过，大卫·希契柯克私下曾说道，图尔敏曲解了亚里士多德《前分析篇》的开篇首句。首先，这句话是对整个《分析篇》进行整体性的介绍，而非仅仅针对《前分析篇》（Toulmin，2003，pp. 2，163，173）。同时，事实上这句话对什么是证明（*apodeixis*）以及什么是普遍必然知识形式（*epistêmê apodeiktikê*）也并没有述明，而是留到《后分析篇》才进行了相应的解释。从整体上来说，《分析篇》并不是一篇逻辑文章，而是演绎科学的文章。在《前分析篇》中，对逻辑的叙述是《后分析篇》讨论科学证明（演证）的基础。因此，开篇首句说的并不是逻辑关注的客体问题，而是从哲学角度陈述了演绎科学的客体问题。其次，普遍必然的知识并不是关于证据（证明）的知识，而是存在于人们证明能力中的一种认识（知识、科学知识）。

④ 在《知与行》一书中，图尔敏为了对这一概念进行阐述，他将理性的“几何”观点或模型与理性或可靠性的“人类学”及“批判性”观点进行了比较（参见本手册第 1.2 节中对这三个概念的解释）。图尔敏将几何模型的崇高地位追溯到柏拉图处。他认为，柏拉图将通过推定自明、不容挑战的公理演绎得来并加以公理化的几何学，视为一种知识模型（Toulmin，1976，pp. 70－71）。

学理论同样严格的论证标准”的要求（Toulmin，1976，p. 71）。从以往研究来看，证明某个信念“有理有据”的任务，可被“分成两个相对简单的独立任务。首先，我们必须确立可适用于论争涉及研究领域中一些不证自明的基本原则。其次，我们再将论争信念与该领域的基本原则相结合，以检验该论证的形式有效性”（Toulmin，1976，pp. 71 –72）。

下列这个古典三段论的例子可用于说明上述的论述：

所有短跑运动员是运动员。

所有参赛者是运动员。

因此，所有短跑运动员是运动员。[①]

在这个例子中，论证形式如下：

所有 A 是 B。

所有 B 是 C。

因此，所有 A 是 C。

图尔敏借助亚里士多德三段论来建立上述论证的有效性[②]，但如果使用欧拉图展示这一论证有效性，也许能更直观地理解他所想表达的意思。在欧拉图中，A、B、C 分别以一个圆圈来代表。[③] 前提是 A 圆所代表的集合是 B 圆所代表集合的子集，并且 B 圆所代表集合是 C 圆所代表集合

① 为了简明起见，我们使用了那些普遍接受的推定自明前提，尽管它们可能事实上并非如此。以下这个数学论证可能是其中一个最为恰当的例子：$x + 0 = x$；$x + sy = s(x + y)$，所以，$s0 + s0$。在这个论证中，“s”是承继结果（the successor of）的简写，同时“x”和“y”是变量。这一结论表明了 1 + 1 = 2。

② 在《论证的运用》一书中，图尔敏在讨论形式进路时借助了三段论逻辑，但是在该书 2003 年修订版的序言中，他补充他的批判同样适用于“那些建立在欧几里得几何学基础上的僵硬演绎证明”（Toulmin，2003，p. vii）。

③ 在其论述中，图尔敏把例子中芭芭拉式三段论论证形式的有效性视为是自明的。参见本手册的第 2. 6 节。

的子集。[①] 我们可以从图 4.1 左侧欧拉图看出这一点。

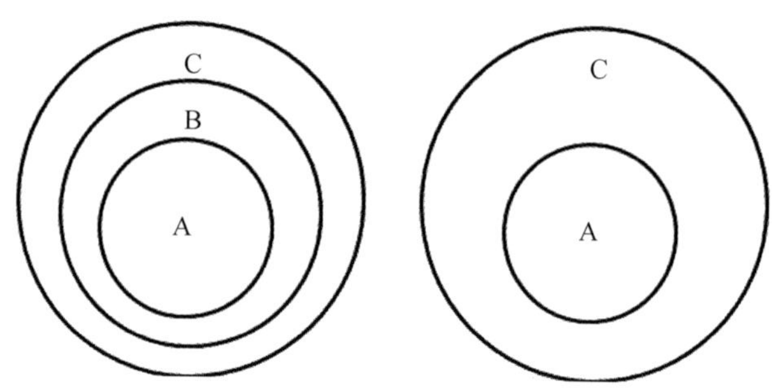

图 4.1　论证的几何形式

图 4.1 展示了结论"所有 A 都是 C"的形式必然性；但如果 A 圆不包含于 C 圆或与 C 圆完全重叠，[②] 那么该图则无法正确地重现该三段论的前提。图 4.1 右侧欧拉图则展示了这一三段论的结论。

图尔敏认为，在逻辑学中，"有效性"等同于几何模型理论中的"形式有效性"。形式有效论证也可以说成"演绎"有效或"分析"有效。这意味着结论可以从前提中必然推出：

> "如果我们误以为分析三段论才是'演绎'论证的理想型的话"，那么唯一能被"演绎"标准所评价的论证，只可能是那些本身就是形式有效的分析必然的论证。所有明显的实质论证都将变成"非演绎的"，这似乎暗示着这些论证并非形式有效的。（Toulmin，2003，p. 143）

图尔敏否定了这段话首句中提出的主张，他认为这是错误地将"分析三段论"当成"演绎"论证的理想型所致。因为从这一角度出发，"实质"论证的形式有效性将会变得遥不可及。这一主张不可取的原因是实质论证无法通过形式方法来展现其具有的说服力（Toulmin，2003，

① 事实上，这一图示还包含了超出原前提的内容，也即是集合 A 是集合 B 的真子集，且集合 B 是集合 C 的真子集。但是我们知道这样的图示并非在所有情况下都为真。

② 由于圆圈与圆圈之间重叠的可能性，故实际上需要四个不同的欧拉图以容纳四个不同可能性，并且这四个图的共同前提之一，是某一作为小项的圆圈在另一命题中是大项。

p. 154）。据此，图尔敏认为，对实质论证形式有效性的否定，源自将分析论证当作理想型的观点。

图尔敏不赞同这一狭隘的“几何学”意义上的有效性概念。他赋予“有效性”更广泛的意义，并认为逻辑不应当仅仅是一门与数学紧密相关的追求“理想化状态”的学科，而且应当是一门建立在论证实践基础上的，追求与知识论更紧密相关的学科（Toulmin，2003，p. 234）。

4.4　分析论证与实质论证

图尔敏认为，符合逻辑学家形式有效性标准的论证并不能代表日常实践中发生的论证。事实上，除了在逻辑学和数学等专著中，我们很难在其他地方看到这样的论证。这些专著也往往不会讨论发生在日常生活或学术领域中的论证。如果我们以形式有效性标准对上述论证加以评价，那么大多数在日常生活或学科研究中完全可接受的论证，将被评价为无效。正如我们在前面所提到的那样，导致这种情况的原因是这些论证是非分析性的，也即是图尔敏所说的“实质的”。[①]

图尔敏所说的“实质”论证，指的是那些结论并非推演出来的论证（Toulmin，2003，p. 116）。如果用非图尔敏语言表达，就是指那些结论未包含在前提中的论证[②]。图尔敏认为，造成这种情况的原因是，这些论证结论是基于与结论从属于不同“逻辑类型”的前提而建立的，后来他对这些类型作了进一步区分。他还提到，从这个意义上来说，实质论证往往涉及了“类型跳跃”（Toulmin，2003，p. 155）。[③] 因此，这种论证通常

---

① 正如哈比（Hamby，2012）明确说，要完全理解图尔敏区分分析论证和实质论证的方法非常困难。

② 图尔敏并没有使用“包含”一词，“如果并且只有授权保证的支撑或明或暗地包含了结论本身所传达的信息时”（Toulmin，2003，p. 116），他才会用同样方式提及分析论证。但不同于本手册的是，图尔敏并没有使用“前提”一词，而是使用了“证据材料”“保证”以及“支撑”。我们将在第 4.6 节对图尔敏模型进行介绍时对这些概念进一步解释。

③ 希契柯克（David Hitchcock）私下曾批评这一说法的不一致性。要是实质论证经常涉及类型跳跃，那就是说有些实质论证不涉及类型跳跃。希契柯克认为，前提到结论之间的类型跳跃不能解释为什么结论包含在前提中。实质论证中可能会发生类型跳跃，也可能不会发生类型跳跃。

不具有形式有效性，因为其结论不是必然的[①]：这种结论最多只能说是可能的。[②]

下列例子可以用于厘清这一困境。例如，通过观测 2014 年 5 月 24 日当天的月相，天文学家可以预测到 100 年后，也就是 2114 年 5 月 24 日那一天的月相。天文学家所使用的推理包含了一个与未来相关的断言，以及一个与过去相关的前提。因此，前提与结论分别属于不同的逻辑类型。尽管天文学家的这一预测结论可以说是可能的，或者说是似真的，但它肯定不可以从前提中必然推出。

对于想要确定这一预测的准确性的人来说，研究该论证本身只是浪费时间。因为他们必须等到 2114 年 5 月 24 日那天才能确定这一预测是否准确。与此相类似，逻辑断层还会出现在那些基于现有数据来做出与过去相关结论的论证中，也会出现在那些基于特定观察或实验而得出某个自然规律结论的论证中，或者出现在参照了形状和颜色属性而做出审美判断结论的论证中。

图尔敏认为，那些认为前提与结论逻辑类型不一致的论证无效的人，还认为有效性乃理性的最高准则，而这种有效论证只会出现在逻辑学和数学领域。这种观点带来的结果之一就是，那些允许前提和结论之间存在逻辑类型跳跃的学科领域所发生的论证被认为是非理性的，或者至少没有逻辑学或数学论证那样符合可靠性要求。在图尔敏看来，这是很荒谬的想法。他认为，这种想法违反直觉，甚至可以说很危险。另外，他认为，在实践中，无论是在日常论证领域还是学科论证领域，逻辑有效性都与论证可靠性评价无关。

图尔敏认为，对于论证可靠性来说，逻辑学意义上的形式有效性既不是必要条件，也不是充分条件。在他看来，为了证成某个主张，我们需要一个“另一层面意义上”的“形式有效性”。可靠性论证，即是具有

① 更确切地说，图尔敏认为，某些实质论证的结论必然性是来自证据材料，这种必然性并不是逻辑学意义上的必然性（Toulmin，2005，pp. 18 – 20）。

② 这并不意味着图尔敏认为分析论证总形式有效，而实质论证通常不是形式有效的：“在任何领域，论证都可以通过形式有效方式来呈现，只需要论证的保证是准确地依据构成保证规则构建，同时能够在论争的这一类推理中很好运作……另一方面，分析论证也可通过非形式有效方式来呈现：如当该分析论证使用了保证本身其支撑。”（Toulmin，2003，p. 125）

更广义“有效性”的论证。图尔敏所说的这种论证（argument），或者我们所说的论辩（argumentation），按照某种适当程序进行，同时符合论证所涉领域所要求的具体可靠性要求[①]。图尔敏认为，就前提能否证成其结论这个问题来说，并不存在单一的能够普遍适用于所有论证的逻辑规范。最终，评价标准还是取决于论争问题自身性质。例如，在某次讨论中，我们试图就“今年夏天将会是又热又干燥”这一断言达成理性共识，那么我们就必须适用气象学标准，而不是逻辑学标准。

图尔敏扩大解释了有效性概念，这对逻辑研究产生了深远影响。逻辑学家不再局限于研发形式有效的推理形式系统，而不顾该论证所适用的领域了。因为这些发生在不同领域或学科背景中的论证不是分析论证，而是实质论证，因此，其前提与结论的构成命题间可以存在逻辑类型差异。尽管在这些论证中毫无疑问地存在会导致这些论证出现形式瑕疵的不可逾越的逻辑断层，但是，实质论证并非有天然缺陷，或者说，分析论证的理想型并不适用于此类论证。

图尔敏认为，既然分析论证的理想模型并不适用于处理实质论证，那么逻辑学家就应当抛弃严格意义上的形式有效性标准。相反地，逻辑学家应当更多关注数学以外评价论证的实践方面。图尔敏认为，逻辑学应当与认识论相结合。由是而生的认知逻辑应致力于研究不同学科或科学领域中的论证结构及内容，并借此发现因领域不同所决定的各种论证的各自特点和缺陷。

比起以分析论证的绝对理想型作为研究起点，逻辑学家更应当用不同论证类型在原则上一律平等的这一观点作为研究起点。论证可靠性，即广义“有效性”，乃是一个“领域内”概念，而非“跨领域”概念。这意味着论证评价必须以该论证发生领域所适用的特定规范为依据。换言之，评价标准不能简单地从一个领域照搬到另一个领域。因此，借助比较方法，识别简单论证及复合论证的不同种类论证之异同，就是逻辑学家不可推卸的责任。必须审慎对待论证的差异性。如何完善研究者所处领域的论证方法是个开放问题，但如果以“存在一个所有论证方法都

---

① 依照适当程序进行并符合相关可靠性条件的论证，可被认为具有程序意义上的“形式”有效性。参见本手册的第 6.1 节关于程序（规准）意义上的“形式”（即形式$_3$）。

会变得天然不可靠的领域”的假设作为研究起点的话，则一开始就错了。

扩大解释后，图尔敏加给有效性概念的最后一个隐义是，希望借此使逻辑学具有较少先验科学的意味，并变得更加经验取向和历史取向。“经验取向”意味着逻辑学家开始关注那些在各个领域中实际发生的论证形式；“历史取向”则意味着逻辑学将会和思想史变迁相结合。[①] 图尔敏认为，历史上那些伟大的科学发现不仅改变了发现者所处的领域以及我们的常识水平，同时也改变了我们辩论的方式以及我们评价何为好论证的规范。要是逻辑学早些朝向这种认识论意义上可比较的、历史经验取向发展的话，那么也许制定与日常生活及不同实证学科所用论证相隔离的抽象形式化论证系统的工作就可以留给数学来完成了。[②]

对于图尔敏自己而言，非理想型实践性逻辑的发展，并不意味着只有精通具体领域的最新发展的专家才能对涉及该领域的论证可靠性做出评价。图尔敏提出前述观点的主要意图在于，改变传统论证评价排他地只关注普遍评价标准的情况，同时在论证评价中引入领域依赖以及主体关联的实践性考量。

图尔敏个人对逻辑学的观点也在《论证的运用》一书中反复出现。总的来说，图尔敏对于逻辑学的异议，实际上来自其对于形式有效性这一逻辑学家普遍用作论证评价标准概念的异议。他自己对该标准的理解不仅更为宽泛，而且甚至可以说与形式有效性有本质的不同。这种不同包括了对“形式”这一概念的理解。在逻辑学中，“形式”是一个准几何学概念，恰如我们可以借助欧拉图来展示论证那样。而图尔敏则将“形式”视为程序术语，恰如法律实务工作者也在类似意义上使用“形式”一词那样。

图尔敏认为，对于“形式”这一概念的准几何学解释导致论证模型过于简单，这也导致这种模型无法处理日常生活及学科研究论证中可能出现的复杂问题。他将这一数学解释模型，与他自己提出的法学解释模型进行了对比。对“形式”这一概念的程序性解释有助于形成更精确充分的论证模型。而这一模型应当能够对更广泛的领域中不同类型论证间

① 图尔敏将自己提出的领域依存理论拓展到了诸如道德和美学这类科学研究以外的领域。

② 需要注意的是，图尔敏认为即使数学标准也应当朝向这一取向发展（Toulmin，2006）。

的个性化差异加以考量。

4.5　领域不变性与领域依赖性

图尔敏（Toulmin，2003）认为论证（argument）的运用，即我们说的“论辩”（argumentation），实际是对某个命题的证成。① 对他而言，这一证成功能表明：对某事所做的断言，即是提出一个“主张”；某人对某事做出的断言，实际上是他所认为会获得潜在对话者认同的主张。有时候，这一主张需要通过针对对话者提出挑战的论辩来加以证成。

在某种程度上，任何主张都要求证成，这一主张可以是气象学家做出的天气预报、雇员认为雇主存在过失的指控、医生的诊断、商家对不诚信客户所做的黑名单处理，也可以是评论家对某幅画作所做的批评。图尔敏试图明确同一论证模型在何种程度上能应用于这些涉及极为不同主题的论证，以及同一论证评价标准在何种程度上能用于对这些论证进行评价。他通过比对在司法程序中如何使某个主张合理化，为上述问题提供了一个可能答案。②

法律实践也是如此，其更多地关注命题的合理化问题，同时法庭上诉争焦点可能涉及各种不同领域。在多种研究进路中，法学研究更侧重于法律程序，而论证理论研究则更追求一般意义上的“理性过程”。在司法程序中，相关证据不仅因应案情不同而各有不同，而且因应案件种类不同也会有所不同。例如，涉及诽谤的民事案件所需的证据显然不同于涉及故意杀人罪的刑事案件。尽管案件各异，但是它们所遵循的司法程序却基本相同。首先是要对案件主张或者指控罪名进行陈述，其次是举

---

① 正如我们在本手册第 1.1 节中对“论证”一词所进行的类似讨论那样，图尔敏似乎将他所讨论的论证理解为论证性话语通过论辩程序所得到的一种论证性语言产物。

② 奥辛（Ausín，2006）认为，在这方面，图尔敏的做法与莱布尼茨相似，莱布尼茨的研究也是最终转向将司法论证作为一种推理模型。此外，从其他方面来说，图尔敏提出的理性概念并不像他自己主张的那样，与莱布尼茨所提出的对应概念之间存在那么显著的差别。莱布尼茨对偶然真理和必然真理加以区别。因为逻辑演算无法天然地适用于这种情况，所以应当适用衡平的论证方法。在图尔敏和莱布尼茨试图证成偶然性命题时，他们都一致地认为理性应当对个体差异、多元性和争议抱开放态度。

证阶段和质证阶段，最后是法官宣判或者宣读陪审团裁定阶段。

图尔敏认为，一般来说，论证无须考虑上文所提到的那些常项要素，然而在具体论证中还会涉及一些变项要素。他认为，我们应当明确哪些要素是某个具体领域所有论证的共同要素，哪些要素是具体论证的非共同要素。为此，图尔敏引入了一些技术性术语，如：我们已经介绍过的“逻辑类型”的概念、论证领域、领域依赖要素或非共同要素、领域不变要素或共同要素、模态词的语力以及使用模态词的标准。

图尔敏并没有明确界定“逻辑类型”这一概念，但我们可以从他所举的例子中得知其赋予这一概念的含义①。举例来说，对现在或者过去发生事件的报告、对未来事件的预测、刑事犯罪的判决、与审美相关的臧否以及对几何公理的证明，都是属于不同逻辑类型的命题。图尔敏认为下列命题均属于不同逻辑类型：

(1) 政府各部长们已经集体请辞了。

(2) 本届政府刚刚失去了众议院的信任。

(3) 提前大选可能势在必行。

(4) 过错方表现不当。

(5) 想要辨别谁应当为此次危机负责任很困难。

(6) 采取措施必须注意避免重复。

(7) 贝多芬后期的四重奏要优于他早期的作品。

例（1）、例（2）、例（3）分别是有关于过去、现在和未来的命题，例（4）是道德判断，例（5）是因果关系判断，例（6）是关于将要采取的系列行动的观点，例（7）则是审美判断。图尔敏认为这些命题都属于不同的逻辑类型。但上面的列举并没有穷尽可能的命题类型。例如，我们还可以增加几何公理命题。

① 图尔敏对概念的使用，很可能是如赖尔在1949年提出“逻辑类型”这一概念时所主张的那样：“某个概念所归属的逻辑类型或逻辑范畴，指的是对该概念的处理具有逻辑合理性的一套方法。”（Ryle，1975，p. 10）赖尔在其著作中提出的这个概念极具影响力，所以图尔敏可能认为这个概念已经得到广泛的认知，所以无须对其给出明确定义。

若待证成命题同属于某逻辑类型，同时其所有支持的命题都属于同一逻辑类型，那么图尔敏就会认为该论证是属于同一“论证领域”。但支持命题并非必须与待证成命题来自同一逻辑类型。例如，道德判断（如“他是个坏人”）可能会引证事实陈述命题（如“他殴打自己的母亲，他毒死了自己的几只猫，而且他还逃税”）来作为支持。

论证要素可以分为：(1) 在所有论证领域均一致的共同要素；(2) 视论证领域不同而有所不同的非共同要素。图尔敏将这些在所有论证领域都保持不变的论证要素之普遍属性称为“领域不变性”；而将那些随论证领域变化而变化的特定要素属性称为“领域依赖性”。

各种各样的命题都可能会出现在论证中。在充分认识到这一事实后，图尔敏开始思考不同论证领域的论证形式和可靠性在何种程度上是领域不变或者领域依赖的。他认为，正如在司法领域中那样，所有论证都应当符合某个可识别的固定程序。在此意义上，论证具有了领域不变的形式。该程序或形式由多个需要遵循的步骤构成。这些步骤的顺序是按照主张最可能得以证成的顺序来进行排列的。

图尔敏认为，论证程序始于将议题转化为问题形式，其次列举可能的解决方案，筛除那些不够直截了当的方案，然后对这些可能的方案加以权衡。有时候，这一过程会使某一个方案脱颖而出，成为唯一正确方案。在这种情况下，我们称之为“必然”解决方案。除此之外，我们需要在若干个可能解决方案中选择出“最佳”解决方案。这一方案应当或最起码看起来优于其他方案。在某些具体论证领域，想要确定某个解决方案可被称为“必然”方案或“最佳”方案，会显得更为困难。例如，当涉及道德观念或者个人喜好问题时，试图确定一个“必然”方案或“最佳”方案的行为可能会引出大问题。不过，在所有论证领域中，我们都能辨识出上述步骤。就这一点来说，图尔敏认为论证的程序形式是普遍的，或者说是领域不变的。

模态词可能会出现在不同的步骤中，如“不可能”“可能”“必要”和“可能”。这些模态词的功能在于，标识出该步骤中所涉及命题的确定程度，或者说话人对这一命题的确信度。从所有可能解决方案中脱颖而出的唯一正确方案，被称为“必然”方案或“确定”方案。如果解决方案并不那么确定，或者受限于特定条件，那么则需要使用“可能”或者

“大概”这样的模态词。

那么如何分别模态词是领域不变还是领域依赖的呢？图尔敏认为可以参考下面示例中“不能”这一模态词在各种语境中的运用来回答这个问题：

(1) 你不能单手举起一大块金属。
(2) 你不能让市政厅容纳一万人。
(3) 你不能讨论狐狸尾巴。
(4) 你不能有男的“姐妹”。
(5) 你不能在非吸烟车厢吸烟。
(6) 你不能将你儿子身无分文地赶到街上。

在上述例子中，“不能”有时意指“没有能力”或者“不可能”（例1—4），有时意指“不应当”（例5—6）。但是，“不能”这一模态词在这六个例子中所发挥的作用都一样：它排除了某种情况，虽然排除这些情况的理由各不相同。例（1）中的理由是人的力量有限；例（2）中的理由是建筑物的可容纳人数；例（3）中的理由是使用语言的传统；例（4）中的理由是词语的含义；例（5）中的理由是社会规范；例（6）中的理由是道德规范。在所有例子中，模态动态“能”与逻辑算子“不”均是用于限制特定命题的可能性，尽管这些限制的根基视情况不同而各有不同。图尔敏（Toulmin，2003）将模态词所起的作用称为模态词的“语力”：语力是指模态词在上下文中所传递的有用观点或信息①。他将证成模态词使用的合理性根基称为模态词正确使用的“标准”（Toulmin，2003，p. 28）。

图尔敏认为，模态词的语力是领域不变的，但在具体语境中确定是否正确地适用模态词标准是领域依赖的。例如，当我们说某种情况“不可能”的时候，我们则必须通过提出相应根基或理由来证成这一主张。但是我们证成的本质，也即是用于评判“不可能”这一模态词使用的标准，在不同论证领域中各不相同。图尔敏认为这种情况在所有模态词使

① 图尔敏还将“寓意”（moral）一词用作模态词，如“一则寓言的寓意”。

用中都会出现，包括像“有可能”这样的模态词。[①]

4.6　论证所具有的形式及其有效性

论证有效性如何取决于塑造它们的模子？要是我们想进行论证评价，那么我们应当如何看待论证形式与有效性呢？这些问题都是图尔敏从论证“微观层面”考量“主张”时要面对的问题。他将这些问题作为自己从宏观层面对之进行长期研究与证成的停靠站。在回答这些问题时，他选择了法律论证作为自己的例证。他引入的论证布局模型是一个程序性模型。在这一模型中，有效论证步骤的各方面作用都被给予了充分考虑。图尔敏继续考察了共同要素或领域不变要素以及非共同要素或领域依赖要素如何发挥各自作用。

> 论证的第一步是，表达主张 C，也可以表达断言、观点、喜好、意见、判断等等。当该主张被质疑时，提出主张者理所应当地承担对其的证成责任。总而言之，当挑战者要求提出主张者证成其主张时，他就责无旁贷。那么如何证成受质疑的主张呢？首先可以指出该主张依赖的某种事实，也即证据材料 D。论证的第二步则需要提供证据材料以支持主张。一般来说，挑战者不会自然而然承认这些证据材料的准确性。在这种情况下，论证者则需要为排除异议做好准备。

即使所提供证据材料的准确性已被认可，其他论证要求也可能接踵而来。比起要求论证者提供更多的证据材料，挑战者可能要求论证者解释论证材料何以能证明所论证的主张。论证的第三步要求论证者说明证据材料能够合理证明主张的理由或称“保证（W）”。保证可以是陈述某

---

① 图尔敏赋予这一观察的某些含义与在此不直接相关的哲学语义问题相关。这些含义的提出涉及能够充分说明模态词的语义理论发展，以及在 20 世纪 60 年代那场震动学界的概率大讨论。在那场大讨论中，图尔敏在概率研究方面，提出了与卡尔纳普（Carnap，1950）以及威廉·涅尔（Kneale，1949）针锋相对的观点。

条规则、原则等具有普遍性内容的命题。一般来说，这一普遍性命题会以假设形式出现（“如果‘证据材料’成立，那么‘主张’成立”）。保证起到了连接证据材料和主张的桥梁作用。图尔敏认为，保证可以不同形式出现。比如说，它可以非常简明扼要：

1. 如果D，那么C。

当然，保证也可以进行扩充，以更明确详细的各种面貌出现。图尔敏通过举例方式来表明了这一扩充的必要性。下面是他给出的两个例子（Toulmin，2003，p. 91）：

2. 像D这样的证据材料使得我们可以认为像C这样的主张成立。

3. 若存在证据材料D，那么我们可以认为主张C成立。

这两种扩充形式使得保证的作用更为明确。其作用就是在特定种类证据材料基础上，准予论述者做出关于特定种类的主张。对保证的扩充表明：对于涉及某一特定种类的主张以及其对应种类的证据材料的这一论证集来说，这一保证具有普遍性；同时保证具有授权的作用，它就像是批准逮捕的逮捕证，或者对私人财产进行搜查的搜查证。

证据材料与保证之间的差别在于，证据材料指向主张的事实基础（“你用什么作为对主张的支持?”），而保证则展示了证据材料是如何指向待证主张的（“你是如何从证据材料得出主张的?”）。此外，两者次要的差别还包括“证据材料是明示的，而保证则是隐含的”（Toulmin，2003，p. 92）。图尔敏（Toulmin，2003）认为，各种论证领域中证据材料和保证之间都存在着极为紧密的关系：

> 当主张遭遇质疑时，我们所引用的证据材料乃是基于在该论证所涉领域中运作的保证；而这些我们认可并使用的保证又隐含于从证据材料到我们预备接受的主张这一过程的特定步骤中。（Toulmin，2003，p. 93）

因此，保证隐含于从证据材料到主张的步骤之中，反之，证据材料的性质取决于保证的性质。这并不意味在实践中我们能很轻易地从命题的语法结构识别其到底是证据材料还是保证。正如图尔敏（Toulmin，2003）坦陈的那样：

> ……区分的标准远不能说是明确的，同一英语表达语句可能起到双重的作用：在某些情况下，它传达了某条信息；在某些情况下，它对论证的某一步骤起到了授权的作用。甚至在某些语境中，它可能同时起到上述两种作用。（Toulmin，2003，pp. 91－92）

有时候，想对证据材料和保证做出明确的区分，确实显得不太可能。但是，这显然也并不意味着，在所有情况中区分论证中各命题所起到的作用都不可能：

> 无论如何，我们应当认为，在有些情况下，它们所起到的这两种不同逻辑功能是可以被明确区分的。（Toulmin，2003，p. 92）

4.7　新论证模型

接下来，我们将参照图尔敏所举的一个例子制作一个初步的简单论证模型。为了表明“证据材料”和“保证”所起到的作用，我们将引入程序问题，这类问题由挑战者提问。

主张（C）　哈里是英国公民。

挑战者：你用什么作为主张的支持？

证据材料（D）　哈里出生于百慕大群岛。

挑战者：你是如何从证据材料得出主张的？

保证	在百慕大群岛出生的
（W）	人是英国公民。

我们将通过图 4.2 系统地展示上述例子。

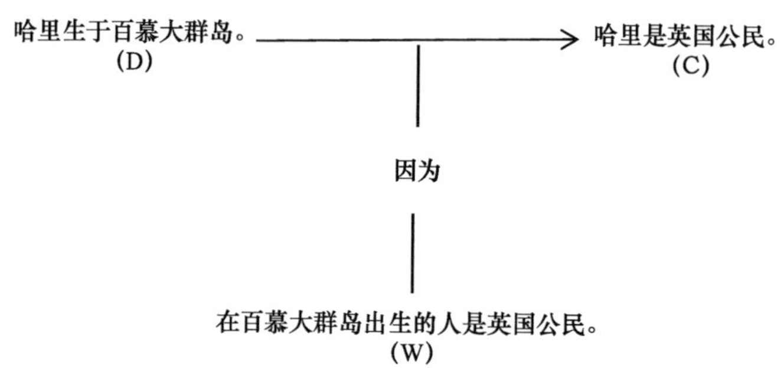

图 4.2　用图尔敏基本模型展现的一个论证示例

在这个例子中，我们假设该保证是无例外的规则，同时我们也不讨论保证的准确性问题。如果规则存在例外，那么保证的强度将会被削弱。在这种情况下，我们必须插入例外或称反驳（rebuttal，R）。[①] 然后，这个主张本身必须借助模态限定词（qualifier，Q）来削弱。[②] 如果保证的权威没有得到当即的接受，那么我们则需要引入支撑（backing，B）。也即是说对于论证过程来说，上述三个辅助步骤是必要的。[③] 我们将会在图尔敏模型中进一步解释这些辅助步骤。

因为上述辅助步骤出现的可能性，图尔敏模型的扩展模型包括了六个要素。我们将沿用基本模型的例子来对扩展模型的要素进行解释。同样地，我们将引入挑战者来展现这些依次出现的命题之功用：

---

① 法学家哈特对图尔敏关于可废止性以及反驳的必要性观点的影响，可以参见本手册的第 11.3 节。

② 模态限定词并不必然会削弱主张。正如图尔敏所说："有些保证使得我们可以毫不犹豫地接受某个主张，假如给定适当的证据材料，这些保证将使我们得以在合适的情况下用'必然地'这一副词对论证的结论加以模态限定。"（Toulmin，2003，p. 93）

③ 古德莱特（Goodnight，1993）在其著作中认为可能存在更为复杂的情形，因为可能存在需要对待证保证的支撑进行选择的情况。古德莱特所作的合理性推理并不是要证明从支撑到保证这一步骤的合理性，而是要证明选择这一支撑的合理性（参见 Goodnight，2006）。

主张（C）	哈里是英国公民	
		挑战者：
		你用什么作为主张的支持？
证据材料（D）	哈里出生于百慕大群岛。	
		挑战者：
		你是如何从证据材料得出主张的？
保证（W）	在百慕大群岛出生的人是英国公民。	
		挑战者：
		这是必然的吗？
模态限定词（Q）	这是一种应然的情况。	
		挑战者：
		什么情况下不能适用这一普遍规则？
反驳（R）	如果他的父母是外国人，或者如果他已经归化入籍成为美国公民，或者入了其他排斥双重国籍国家的国籍。	
		挑战者：
		你从D（某人出生于百慕大群岛）得到C（某人应当是英国公民）这一结论的依据是什么？
支撑（B）	法律明文规定：……	

我们将通过图4.3系统地展示上述例子。

扩展模型包括的这六个要素中，主张、证据材料以及保证是存在于每一个论证中。但这并不意味着保证总会以明示的方式出现；它也可能是隐含在论证之中的。事实上，这也是很常见的。而反驳、模态限定词

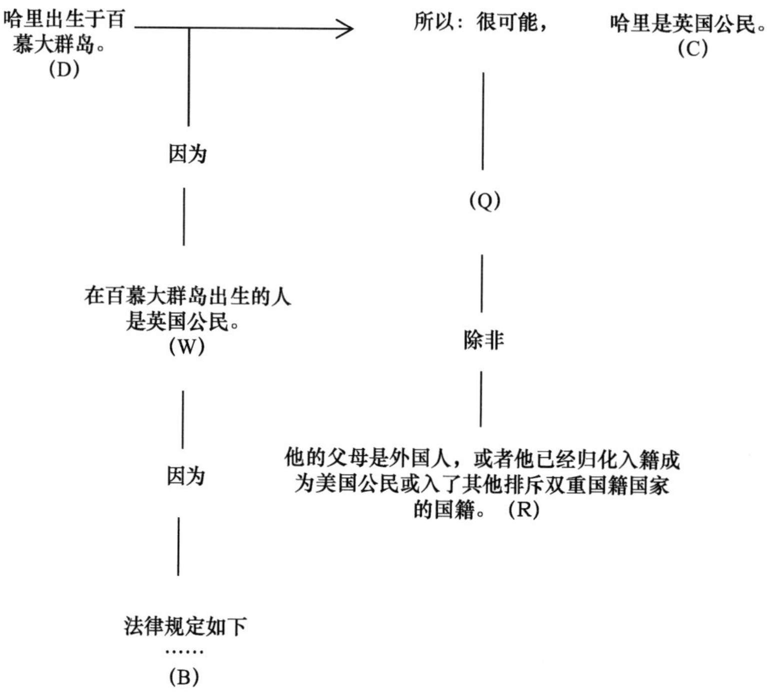

图 4.3　用图尔敏扩展模型展现的一个论证示例

以及支撑则不一定会出现[①]；它们只会在需要它们时才会出现。[②] 关于图尔敏的这一扩展模型可以参见图 4.4。

至于支撑在论证中是否必需则取决于这一保证是否通俗易懂。如果是，那么则无须支撑；如果否，那么就需要支撑。图尔敏（Toulmin, 2003）指出，在讨论中要求每个保证都具有支撑是不可能的，因为这会使得实践中发生的讨论无法进行下去：

> ……无论在哪个论证领域中，除非我们都预设某些保证的存在，否则想要对该领域的论证进行理性评价就变得不可能。（Toulmin,

① 图尔敏将“D, W/B, 所以 C”这一模型与亚里士多德直言三段论论证“小前提；大前提；所以结论”模型进行了对比。参见本手册第 2.6 节。

② 据特伦特（Trent, 1968）所说，图尔敏并不认为他的模型是完善的，但他认为他的模型足以达成讨论的目的。

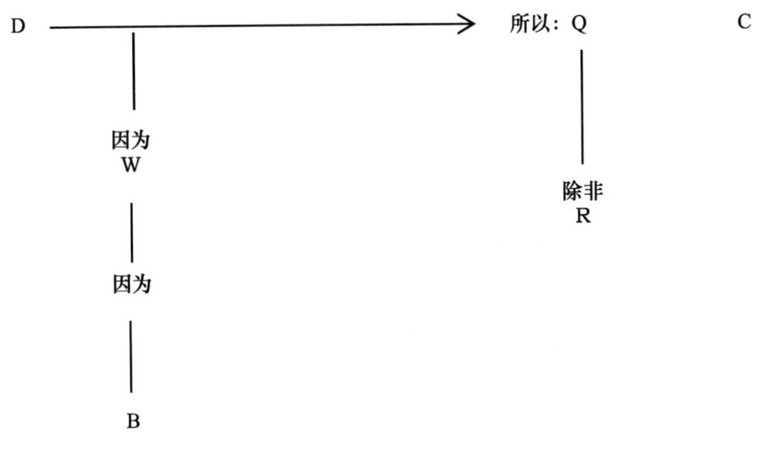

图 4.4　图尔敏的扩展模型

2003，p. 93）

以及：

> 有些保证必须被假设成不会受到进一步的质疑，如果对于我们来说，论证在论涉领域中还有讨论余地的话：那么如果我们不暂时假设这些保证适用于我们面临的这一状况，我们甚至不可能分辨哪些证据材料是与结论相关联的。（Toulmin，2003，p. 98）

图尔敏认识到，反驳发生的条件与模态限定词的发生之间存在先后关系。当反驳条件出现时，就必须引入模态限定词对主张加以削弱。[①] 不过，反过来说，当主张中出现了模态限定词，这并不意味着必然存在反驳条件。这种情况也可能是因为保证中出现的规则并不是绝对的，而是

① 就模态限定词的使用而言，恩尼斯（Ennis，2006）运用言语行为理论对图尔敏对“可能”这一限定词的语境定义进行了限定性的阐释。和图尔敏一样，恩尼斯认为“当我说‘S 可能是 P’时，我谨慎地、暂时地、有保留地认可了‘S 是 P’这一观点，同时我也同样谨慎地将我论证的权力让渡给这一观点”（Ennis，2006，p. 163）。恩尼斯认为限定词“可能”体现了说话人对某个命题的谨慎认可。任何试图通过量化方式对这一限定词进行的价值削减，如形式化，都无法完全体现这一限定词在实际应用中的价值，因为这样会使我们永远无法明了尝试性认可的真正含义。恩尼斯强调应当将重点放在真实发生的论证上，而不是虚拟发生的论证上。

增加了诸如“一般来说”这样的限制，但却没有明确提出例外的情况。图 4.5 展示了一个这样的例子。

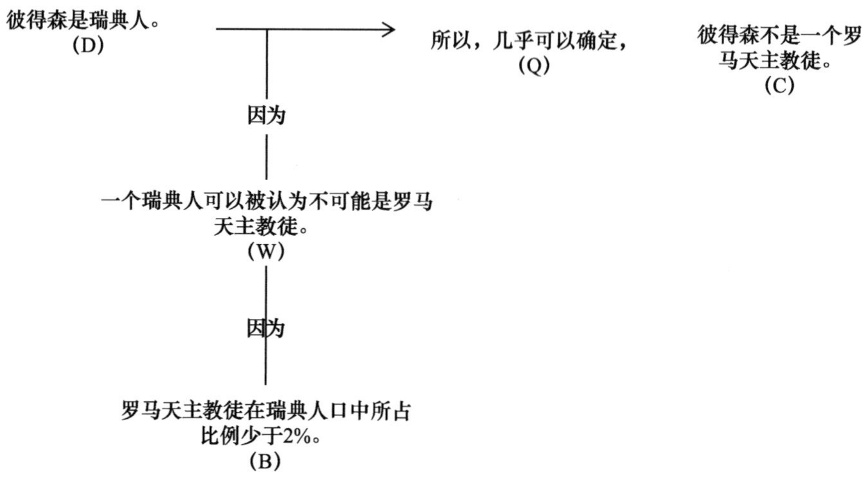

图 4.5 论证中使用了模态限定词但却没有反驳的示例

此外，还有一个我们不得不提的略微复杂的情况。图尔敏模型中所说的证据材料包括了为支持主张而引入的各种事实。但是，在论证中，事实也可能起到其他的作用。例如，它们可以用作支持保证的支撑（参见图 4.5 的示例），或者用作对反驳所发生的某种特定条件的肯定或者否定。

在上述哈里例子（参见图 4.3）中，如果附加了下列命题提供的信息，那么保证就可能被无条件适用①：

他的父亲或母亲并非外国人。

他并没有入美国籍成为美国公民。

在这种情况下，模态限定词“很可能”可以被去掉，因为该主张可

① 为了便于说明，我们不实地假设哈里例子中所列举的两种条件即是全部可能的情况。

以借由保证，而“必然地”从证据材料中推出。[①]

另外，如果附加信息表明哈里具有反驳条件任意一种例外情形的话，那么“保证的普遍权威将被撤销”（Toulmin，2003，p. 94）。由此导致的结果则是主张不能被证成，至少不能在“哈里出生于百慕大群岛”这一根基上被证成。

现在，我们来看看到底图尔敏模型以及法律论证两者所说的论证之间有何关系呢？图尔敏模型以及法律论证中都具备在命题的证成过程中起到不同作用的步骤，并且这些步骤必须依照特定的程序进行。从这一现象来看，图尔敏模型和法律论证两者所说的论证之间是存在明显的关系的。图尔敏认为，除此之外，两者还存在更多的相似之处。主张相当于刑事诉讼中的检察机关提出的指控，证据材料相当于证据，保证相当于案件相关的法定或约定的规范内容，支撑则可以类比为法条或者法律专著中与本案相关的理论内容。法律论证，也像一般的论证那样，需要就特定的法条、规范或者规则可以在何种程度上适用于具体情况这一问题加以讨论。这一问题又可以细分为：是否必须适用特定的法条、规范或者规定；是否存在会导致不能适用的例外情况？规则是否需要加以弱化才能加以适用？

在图尔敏模型中，预设若出现的证据材料准确无误，或用法律用语来说，这个案件是已决案。那么，在图尔敏看来，论证有效性是基于什么产生的呢？他并没有明确地回答这个问题，但他似乎认为，如果论证是依据必要程序进行的，那么这个论证就“有效”。也即是说，如果该论证已经或可以套用本模型呈现，同时关键是，从证据材料到主张这一步骤所提供的保证充分并且被认为具有权威性，那么论证就“有效”。

保证是否充分，要看其是否能证成从证据材料到主张的这一步骤，并由此确保主张的准确性，明确主张是否需要引入模态限定词。图尔敏

---

① 谢伦斯（Schellens，1979）指出，在这种情况下，R 将不再是反驳的一个条件。取而代之，我们会得到三个证据材料：“哈里出生于百慕大群岛”，“他的父母都不是外国人”和“他并没有归化入籍成为美国公民”以及一个复杂的保证“诞生于百慕大群岛的人一般是英国公民，除非他的父母是外国人或者他已经成为归化入籍的美国公民。”如果反反驳也被视为证据材料，则该保证就会变为“如果一个人出生在百慕大，且其父母至少有一个不是外国人或者他并没有归化入籍成为美国公民，那么你可以认为他一定是英国公民”。

认为，保证是决定论证有效性的关键要素，因为保证明示了从证据材料到主张步骤的合理性以及原因。保证是否具有权威性，则要看其是否能获得即时的接受，或者从其支撑处获得权威。《论证的运用》一书详细阐述了上述观点，不过有时阐述得比较隐晦。

那么从这个角度来说，论证形式在何种程度上决定了其有效性？而在图尔敏模型中，论证的形式和有效性又在何种程度上是领域不变或者领域依赖的呢？图尔敏（Toulmin，2003）是这样回答上面第一个问题的：

> 然而，有一点是我们必须首先关注的，那就是如果给予正确的保证，那么所有的论证都可以用“证据材料；保证；所以，结论”这一形式来表现，同时因此该论证会获得形式有效性。[①] 确切地说，也就是，任何能以这一形式表现的论证，都可以简单地从其形式获得有效性……（Toulmin，2003，p. 110）

图尔敏继续说道：

> 从另一方面来说，如果我们以支撑替换掉保证……那么，在我们这一论证中就没有必要再讨论形式有效性的问题了。（Toulmin，2003，p. 111）

图尔敏对于第二个问题的回答则是，论证形式是领域不变的。基本上，不论是法律论证还是其他领域中的论证都能以相同的形式展现。图尔敏认为，论证有效性则不完全是领域不变的，其既有领域不变的一面又有领域依赖的一面。在一定程度上，有效性体现了形式的作用，即程序必须准备无误地被实施。从这个意义来说，有效性是领域不变的。但论证的有效性同时在一定程度上，主要取决于保证，因而导致有效性本

① 需要指出的是，图尔敏认识到“证据材料；保证；所以，结论”这一论证的有效性，与其说是来自论证本身适当性，还不如说是来自保证的适用性和充分性（Toulmin，2003，p. 111）。

质上是领域依赖的。[①]

最后，保证从支撑获得其权威性，而支撑因领域不同而各有不同。例如，在哈里例子中那样，在法律领域，支撑可能指的是某条法律规定。但是，如在彼得森例子中那样，在其他领域中支撑可能指的是人口普查结果。支撑还可能是审美规范、道德判断、心理模式或者数学公理。在不同的论证领域中，我们都需要明确哪些保证可被认为是权威，以及它们需要得到什么样的支撑。

在《论证的运用》一书出版 30 年后，图尔敏（Toulmin，1992）是这样评价自己早年提出的领域依赖性观的：

> 如果我现在重写该书的话，我将会进一步拓展该书的内涵，以表明不仅“保证”以及“支撑”是领域依赖的；甚至论证所发生的场合、面临的风险以及作为人类活动的“论证”的语境细节也应当包含在内。(Toulmin，1992，p. 9)

我们可以清晰地看到，图尔敏对于“形式”和“有效性”及这两者之间关系的概念，完全不同于他所反对的形式逻辑的相应观点。图尔敏认为，发生这一冲突的其中一个重要原因是经典三段论对于“大前提”和“小前提”的区分（图尔敏将此称为“逻辑学角度”）。[②] 图尔敏认为这种区分过于简单，容易导致误解。在他看来，两种前提的作用极为不同，乃至我们甚至不应当将它们统称为“前提”。

图尔敏借用了前面图 4. 5 中彼得森例子来说明自己的观点：

> （1）彼得森是瑞典人。
> （2）没有瑞典人是罗马天主教徒。
> 所以，肯定（3）彼得森不是罗马天主教徒。

---

① 图尔敏认为，有效性本质上是领域依存的这一观点，表明了原则上来说每个论证领域都可以主张其领域中所使用的论证是理性的。图尔敏所要求的唯一条件就是，该论域所涉的保证必须具有权威性。

② 参见本手册第 2. 6 节关于亚里士多德三段论的讨论。

在图尔敏三段论中，（1）是小前提，（2）是大前提。图尔敏认为，大前提隐含了一个重要的区别，那就是它既可以被解释为保证（W），也可以被解释为支撑（B）。这两种不同的解释在下面对该示例的“扩写”中表现得更为明显（Toulmin，1992，p. 111）：

（2a）瑞典人可被视为肯定不是罗马天主教徒。

（2b）在册的瑞典籍罗马天主教徒人数为零。

把大前提解释为保证（W）还是支撑（B），对于作为证据材料（D）的小前提来说，其产生的作用极为不同。（2a）表示的是 W 型解释，（2b）表示的是 B 型解释，这两种解释所起到的作用是不同的。在三段论中，大前提并没有考虑到保证和支撑两者起到的不同作用，因而它隐藏了问题复杂性。

图尔敏认为，从逻辑学角度来看彼得森例子，“小前提（1），大前提（2），所以，结论（3）”的形式，使得这一论证具有有效性。他指出若对大前提进行 W 型解释（2a），那么论证是形式有效的；但若对大前提进行 B 型解释（2b）的话，问题就出现了。在 B 型解释中，即使该解释是完全可接受的，但论证仍明显不具有逻辑学角度的形式有效性，因此我们只能从更广义的角度说这一论证是可靠的。图尔敏对此的结论是以（2b）作为前提的论证的有效性并非来自其形式特性，同理以（2）或（2a）作为前提的论证有效性也同样不取决于其形式：

> 一旦我们揭示出论证的可靠性是来自于后一类型解释的支撑时，论证有效性源自“形式特性”的这一主张，在几何学意义上就失去了似真性。（Toulmin，1992，p. 111）

图尔敏认为，逻辑学家之所以没有意识到这个问题，是因为大前提的模糊性隐藏了保证和支撑之间存在的重要区别。因此，论证有效性最终取决于支撑的这一事实就被遮盖了（Toulmin，1992，pp. 100 – 114）。

图尔敏认为，形式逻辑中盛行有效性的几何学解释，使得确定日常论证的有效性这一问题显得更加复杂了。从几何学观点来说，如果结论蕴含于前提中，那么论证形式就是有效的。正如在图尔敏的表述中，若结论仅仅是前提的“变形”（Toulmin，2003，p. 110），那么论证形式就是有效的。图尔敏是这样概述这一观点的：“如果我们论证入手所依据的信息，也即是大前提和小前提所提供的信息，能够仅仅因为其形式，就能使我们推出结论；那么，这只能是因为结论不过是对构成前提各个部分的简单洗牌和重组而已。”（Toulmin，2003，p. 110）① 在图尔敏看来，这一观点是不正确的。这一概念源自逻辑学家对分析论证的片面关注，而图尔敏并不认为分析论证是所有论证的范式。同时，逻辑学角度的形式有效性只与论证构成形式有关，而图尔敏认为形式有效性和有效性的真正来源毫无关系。

图尔敏又举出了另一个例子来阐明分析论证的概念（Toulmin，2003，pp. 115 – 118）：

> 安妮是杰克的姐妹之一。
> 所有杰克的姐妹都是红头发的。
> 所以，安妮是红头发的。

大前提（2）可以被改写为保证（2a）和支撑（2b）：

> （2a）任何一个杰克的姐妹都是或可被认为是红头发的。
> （2b）每一个杰克的姐妹都经逐个检验有一头红头发。

图尔敏指出，支撑（2b）中明确地蕴含了结论（3）中的信息：

---

① 希契柯克曾在私下强调这一观点不正确。他认为，这没有充分考虑当代逻辑学家赋予形式有效性的全部设想。首先，并非所有通过重组前提构成部分而得到的论证结论都是形式有效的。例如“没有马是人类；所有人类都是动物；所以，没有马是动物”。其次，并非所有形式有效论证的结论都是通过重组前提构成部分而得到的。例如：“你已经取得了三门为期一学期的哲学课程学分，所以，你满足了报读本课程的先决条件，也即是要么报名参加哲学方面的学习项目，要么取得最少两门为期一学期的哲学课程的学分。”在其著作的第113页，图尔敏（Toulmin，2003）给出了形式有效性的一个更优定义：“列举所有的证据材料和支撑，若否定结论则会导致与证据材料和支撑的正向不一致或矛盾。”

> ……事实上，人们很可能会以“换句话说”或者“那也就是说”这样的词语来取代结论前面的“所以”。(Toulmin，2003，p. 115)

出于这个理由，图尔敏将这类论证称为“分析性”论证：

> 在这一情况下，接受了证据材料和支撑，也就代表接受了隐含其中的结论。如果我们将证据材料、支撑和结论串联在一起组成一个单句，那么我们实际上会得到一个同语重复。（Toulmin，2003，p. 115）①

图尔敏假设在此例子中的支撑蕴含了所有杰克姐妹的头发颜色都已经经过检验这一层含义。但在这种情况下，安妮的头发颜色理所当然地也已经经过检验了，换句话说，（3）中安妮是红头发的这一结论并没有超越前提中已经提供的信息。

在非分析论证即图尔敏所说的实质论证中，结论蕴含了新信息。图尔敏认为，如果我们将安妮例子改写成下面形式，这种区别就变得十分明显了（Toulmin，2003，p. 117）：

> (1 ’) 安妮是杰克的姐妹之一。
> (2a’) 任何一个杰克的姐妹都可被认为是红头发的。
> (2b’) 所有杰克的姐妹都曾被观察到是红头发的。
> 所以
> (3 ’) 很可能，安妮现在是红头发的。

结论（3’）被模态限定词“很可能”削弱了，因为在说话当时安妮可能已经改变了她头发的颜色，甚至失去了头发。因此我们有必要对保

① 图尔敏可能并不是从逻辑学角度使用了同语重复（tautology）这一概念，也即是其所指的并不是从维特根斯坦的逻辑哲学角度所说的那种不论世界如何，其都为真的命题［维特根斯坦将其称为“重言式”（tautology），译者注］。而是指向更传统意义上，盛行于文学批评中的那种重复某个论点的话语。

证（2a'）加以限制：

（2a''）除非安妮染发、头发变白或失去了她的头发……

在这个例子中，支撑（2b'）不再蕴含和结论完全一致的信息，但在图尔敏看来，从建立假说的角度，这一论证仍然有效，因为保证从支撑（2b'）取得了权威，因而完成了从证据材料（1'）到适格主张（3'）的证成。参见图 4. 6。

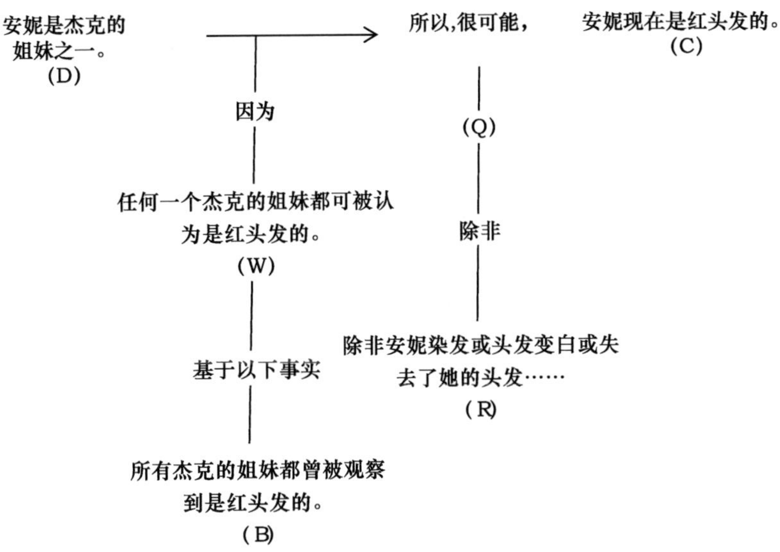

图 4. 6　非分析性但"图尔敏有效"论证的示例

这个例子清楚地表明，在图尔敏看来，实质论证这一在实践中最为常见的论证，同样可以有效，尽管这种有效性与分析论证的有效性是不同意义上的。图尔敏对为何在日常论证中实质论证比分析论证更为常见这一现象做出了解释：

> 如果论证的目的乃是通过将我们不太确信的结论与那些我们更加比较确信的信息相关联起来，并以此证成该结论，那么我们就应当怀疑任何真正的实践论证是否有可能是分析性的。（Toulmin，2003，p. 117）

因为分析论证的结论蕴含与前提基本相同的信息，所以结论中所蕴含的信息并没有任何的不确定性。也正因为如此，图尔敏认为，在此情况下甚至完全不需要论证。[①] 不同于分析论证，实质论证正如图尔敏所见，确实能够实现论证的目的。[②]

通过对安妮、彼得森以及哈里例子的再分析，论证或论辩有效性的领域依赖性就显而易见了。在安妮例子中，论证的保证可以通过检验所有杰克姐妹原来天生的头发颜色来得到支撑；在彼得森例子中，可以通过一次全国人口普查或者一次相关调研来得到支撑；同样地，在哈里例子中，可以通过检索相关的法律规定或者检索已发布的立法概况来得到支撑。为了正确地获得支撑，在第一个例子中我们需要一个不是色盲的化学家或有渊博化学知识的美发师；第二个例子中我们需要一个人口学家；第三个例子则需要一个律师。这些不同的论证在原则上应当同样有效。在图尔敏看来，即使相较于分析论证，我们也没有任何理由认为这些论证是天然的较不理性的，甚或认为它们是非理性的。

图尔敏认为，只有像标准逻辑中那样认为有效性源自分析论证的形式特性，那么“存在普遍的有效性标准”的这一主张才能成立。图尔敏的结论是：将这样的有效性概念适用于日常论证是非常勉强的，因为这会使得逻辑在日常论证评价中变得无关紧要。

---

① 希契柯克（私人谈话）曾主张这种说法是错误的。在形式有效论证中，其结论蕴含前提信息的这种情况，有时是完全不显见的。例如，罗素在 1902 年寄给弗雷格的信中，证明了弗雷格在《算术原理》（Grundgesetze，1893 年首版）中提出的第五公理蕴含了矛盾。事实上，根据哥德尔的不完全性定理（该证明过程首版于 1931 年），任何一致的算数公理必然包含了该公理所援引的基础逻辑所不能证明也不能证伪的信息。希契柯克认为，图尔敏关于形式有效推理能力所持的怀疑态度显然是不能成立的。数学证明有时会推出惊人的结论，但这些结论从论证的角度来说都是符合“分析性”这一概念的要求的。

② 其例子包括正方形的两条对角线是不可比较的；或 2 的平方根是无理数；或没有任何一致的算术公理是完全的；或在逻辑上并不存在机械的决定流程以确定是否适用模态限定词“所有”或“有的”；又或只存在五种正多面体（Toulmin，1976，p. 67；cf.，Aberdein，2006，pp. 332 – 334），等等。鉴于图尔敏获得的学士学位是数学和物理，希契柯克认为图尔敏在形式有效推理能力上的盲区是难以理解的。

4.8　对图尔敏模型的借鉴

《论证的运用》一书在 1958 年首次发行时，当时的哲学期刊极少甚或基本没有关注到该书除了图尔敏模型之外的其他内容，且对于该书其他内容的评价多数都是负面的。尽管如此，正如图尔敏（Toulmin，2006）所说，在该书出版后不久，图尔敏模型就受到了美国的传播学界的关注（参见本书第 8.2 节），并成为一个在论辩和辩论中分析与构建论证的广受欢迎的实用性工具。自此之后，图尔敏学说的受众发生了很大的变化，很多具有传播学知识背景的论证学者，以及具有哲学和逻辑学背景的论证学者都开始关注图尔敏的学说。①

在美国，《论证的运用》一书首先变成了传播学领域的论证理论以及修辞学理论的灵感之源。其后，在该书和其他因素的影响下，又促进了“探究的修辞”运动（参见本手册第 8.5 节）的继续发展以及对论证领域及相关领域的理论发展（参见本书第 8.6 节）。

传播学及修辞学领域对图尔敏模型的其中一个重要借鉴是由古德莱特（G. Thomas Goodnight）提出的。该借鉴提出的契机是，哈贝马斯（Habermas，1981）批评图尔敏的领域分析无法分辨不同领域的本质特性和偶然特性对保证之权威取得的不同之处。古德莱特认为，哈贝马斯批判的是，图尔敏无法清晰区分论证偶发性的结构变异与论证内在结构所决定的论证形式（Goodnight，2006，p. 35）。

哈贝马斯在自己的交往理性理论中抛弃了图尔敏的领域理论，转而从主张的类型入手，提出了另一种取代的分类系统。他区分了理论论证、实践论证、审美论证、医疗论证、解释性对话以及批判性论证。而相较于否定图尔敏的哈贝马斯，古德莱特在反驳哈贝马斯的批评时认为，就

① 洛易（Loui，2006）认为图尔敏学说具有广泛的影响力，他的统计表明图尔敏《论证的运用》一书是图尔敏著作中被引用得最多的一本，同时社会科学、人类学以及科技领域的权威期刊对该书的广泛引用，使得图尔敏足以名列 20 世纪最具影响力的科学哲学家以及哲学逻辑学家的前十名。

论证理论而言，最好的方法是改良图尔敏的理论而不是抛弃图尔敏的基于领域的推理理论。因为在古德莱特看来，图尔敏模型缺少了一个必要的重要组成部分，于是他引入了“合理性保证”这一概念作为补充（Goodnight，2006，p. 40）。这一保证关系到在具体领域中证成某个决定的基础，古德莱特将之称为“合理性推论”（Goodnight，1993）。此外，古德莱特还对合理性推论进行了分类。

在哲学研究中，图尔敏理论也对非形式逻辑的兴起产生了影响[①]，自20世纪80年代以来他的理论已经被吸收到非形式逻辑的理论构成当中（参见本手册第7章“非形式逻辑”）。尽管出于不同的原因，但非形式逻辑学家们和图尔敏一样，也倾向于形式逻辑并不是最好也当然不是唯一的分析和评价论证的工具。[②] 一些具有非形式逻辑知识背景的论证理论研究者，如弗里曼（Freeman，1985，1988，1991，1992）、韦恩斯坦（Weinstein，1990a，b）以及希契柯克（Hitchcock，2003，2006a）在仔细研究图尔敏的哲学抱负基础上，也借鉴了其提出的模型。[③] 他们认为，图尔敏理论为论证分析和论证评价提供了极有意义的理论工具。在本节中，我们将会介绍一些借鉴了图尔敏模型的哲学研究。

较早期的一个借鉴研究来自赫利（Healy，1987），他认为图尔敏模型结构完整，但是仍有局限，因此，他建议要对该模型进行扩展以解决这一局限。弗里曼（Freeman，1991）则从图尔敏的理论构想着手。众多论证理论研究者认为图尔敏的保证可以表达为：如果D，那么C；其中D代表证据材料，C代表主张（Freeman，1991，p. 53）。弗里曼也是这些学者的其中一员。希契柯克（Hitchcock，2003，2006a）是另一位研究图尔敏的专家。他认为，保证并不一定是直陈条件句。他主张对图尔敏来说

① 在列举影响非形式逻辑的兴起的原因时，约翰逊和布莱尔（Johnson & Blair，1980）特别地提到了图尔敏模型所起的影响。

② 正如本手册第7.2节所阐述的那样，图尔敏激进的批评，以及他提供的论证理论新视角，不断激励着后来者通过形式逻辑以外的其他模型或工具来探索这一理论“新大陆”。

③ 对图尔敏模型的最新研究是由大卫·希契柯克在安大略论证大会（OSSA）上面提出的，希契柯克所主办的这次会议于2005年5月在麦克麦斯特大学举办，会议的部分议题涉及图尔敏模型。比起对图尔敏模型进行批评性评价，大会论证主要集中在对模型本身未够明确的要素进行解释，对未被足够重视的要素进行重新评价以及在图尔敏模型中引入新的必要要素（see Hitchcock & Verheij，2006）。

保证从来不应当是“从这些证据材料中，你可以认为这一主张为真”这样的形式。反而，保证应当归纳为“从这一类证据材料，你可以认为与之相对应的这一类主张为真”这样的形式。希契柯克认为他和图尔敏的看法是一致的，也即是保证应当视为推论的一种许可。

希契柯克倡导在论证分析和论证评价中使用图尔敏模型。他对图尔敏模型的讨论，主要集中在证据材料或根基的作用以及保证是如何取代形式论证中前提和结论的这一建模推论形式。如果论证的作用在于通过提供支持某个命题的根基以证成该命题的话，那么我们也可以称这些根基为某个“主张”的“理由”或者“证据材料”，以取代传统意义上的“前提”和“结论”。这种论证暗示主张是从根基而来的。但这种情况只可能在下列条件下成立：该论证包含了某种已被证成的普遍化规则，且该主张中可能包含了模态限定词诸如“一般来说”或者“很可能”。希契柯克（Hitchcock，2003）认为，这样已被证成的普遍化规则才能成为图尔敏所说的“保证”。[①] 因此，保证应当是准予或许可从某类型的根基到对应主张的某种普遍化规则。

图尔敏区分保证与论证的其他构成要素的判断标准是，所有的保证都是对挑战者所问的不同种类问题的回答。希契柯克认为，保证相当于佩雷尔曼和奥尔布赖切斯—泰提卡所提出的论证型式。[②] 希契柯克认为，他的主张不同于其他研究者对图尔敏的解读：“保证并不是论证分析的一部分，也不是论证图解中的构成部分。”（Hitchcock，2003，p. 79）他认为，识别保证是论证评价的一部分，因为人们只有在对论证进行评价时才会提出对保证的质疑，尤其当人们试图了解论证结论是如何从已有前提中得出时。他们提出的质疑不会是“你是如何从证据材料得出主张的?”，而是“你如何可能从证据材料得出主张?”而紧接着的质疑则会

---

① 希契柯克认为，“尽管在书中用两页来讨论，但图尔敏在保证到底是命题还是规则这件事情上还是含糊其词”（Hitchcock，2003，p. 70）。希契柯克认为，这种含糊是无伤大雅的，因为命题性的保证不过是规则性的保证的一种口头表达形式而已。

② 在进行这一比较时，首先要指出的是，如果保证被视为桥接性前提，这一观点是不同于希契柯克的解释，那么它只能是论证型式的一部分。当然，这也不意味着保证不能用于对论证型式进行分类。如果我们承认佩雷尔曼和奥尔布赖切斯—泰提卡所使用的论证型式这一概念的话，那么我们必须认识到这一概念是相当松散的。他们所列举的一部分结合类论证型式并不代表普遍性规则。参见本手册第 1. 3 节论证型式的概念。

是："在可能得出主张的路径之中，你所选择的路径是否可靠?"换言之，可能会存在若干个候选的保证。如果任一个候选保证被支撑所证成，那么我们就可以说这一推论得到了真正的保证。

希契柯克（Hitchcock，2003）指出，在他看来，有些研究者对图尔敏的批判来源于对图尔敏的错误解读。他对这些错误解读的主要回应有三项：（1）保证并不是某种前提；（2）保证并不是某种隐含前提；（3）保证并不是某种未普遍规则化的直陈条件。

希契柯克（Hitchcock，2003）认为，尽管图尔敏暗示说证据材料和保证不能被视为两种不同类型的前提。但图尔敏的证据材料可被视为传统意义上的前提："主张并不是从保证中得到的，而是从和保证'相一致'的根基中得到的。保证是对推论的许可，而不是前提。"（Hitchcock，2003，p. 71）这一解读同样表明保证并不是某种隐含的前提。图尔敏本人主张保证是隐含的，但希契柯克强调说将论证的某个隐含的要素称为"保证"或"前提"之间存在重要差别。希契柯克认为，区分某个要素是保证、根基或是证据材料的关键，不在于它们是不是隐含的，而在于它们在论证中所起的作用。在这一点上，希契柯克和其他研究者的意见是完全一致的。希契柯克说道："隐含前提假定一个好论证要么是形式有效的论证，要么是模态限定的形式有效的论证，要么是形式上的强归纳论证，或者是其他具有充分的形式关联性的论证。"（Hitchcock，2003，p. 72）他认为，那些主张能够直观说服我们的论证不是形式正确论证的观点是违背图尔敏理论的：

> 为了在那些能够直观说服我们的论证中，套用"好论证的前提和结论之间应当具有充分的形式关联性"的这一假说，他们创造了……所谓"隐含前提"。然后问题就变成了我们要去寻找一个并不存在的东西。特别是，当我们在寻找某个其显性化会使论证具有形式有效性的隐含前提时，那么所说的隐含前提最少应当具有"前提假结论真"这样的命题强度。但是至少从逻辑角度来说，相对于复合论证分析者用于标注论证的隐含假设来说，这一命题没那么强。因此，人们只能诉诸特设理论来对这一较强的假说进行解释和预测。（Hitchcock，2003，p. 72）

在希契柯克看来，比起隐含前提，图尔敏的保证所表达的其实是从证据材料到主张的推论规则，即保证具有普遍性，因为它本身是一种规则。

希契柯克认为，将隐含假设视为隐含前提或保证会导致的另一个不同则是，当我们寻找某个隐含前提时，“我们假设每个问题都对应一个独一无二的答案”（Hitchcock，2003，p. 73）。[①] 而当我们采用保证这一进路时，我们要想从论证明示的根基中寻找结论的推导过程所隐含内容，并不需要假设存在一个独一无二的答案。因为可能存在多个可能保证。如果情况不允许我们追问论证的构建者：“你是如何从你的根基得到你的主张的?”那么也许将这个问题改写为：“你如何可能从根基得出主张?”会更恰当。接下来的问题则是，在已有可能保证中是否存在已确立的保证，换句话说，从根基推出主张的步骤是否已被证成。（Hitchcock，2003，p. 73）

继图尔敏和希契柯克之后，宾度（Pinto，2006）提出了保证应当是实质推理规则的论点。[②] 因为论辩中所发生推论具有实质性，而非完全取决于其逻辑形式，所以宾度提出保证应当视为认识论意义上的普遍化规则，而不是逻辑学意义上的。当证据材料为听众接受结论提供了充分的理由时，就可以认为这一结论得到了保证。因此，宾度将自己的研究重点从“确保真实”转移到了“确保权威”之上。[③] 这一转变最终使得，他从对逻辑真值的关注转移到对认识论的关注上。宾度认为，保证的权威取决于取得“好”结果的客观可能性，因此保证并不必然是领域依赖的。

当我们尝试依据“某个推论规则是否逻辑真”来梳理“推论规则”这一概念时，要处理三个问题：（1）表达这一规则的命题应当采用什么样的形式?（2）如果某个论证或推论被认为是有效的，那么它应当具备什么样的特点?（3）如果规则命题意在取得规范性的强制力，那么它应

① 顺带一提，这显然不是语用论辩学者等将之视为隐含前提的支持者通常会采取的立场。对此可参见本手册第 10. 5 节。

② 宾度对论证理论所做出的贡献，可以参见本手册第 7. 6 节。

③ 宾度认为，论证或推论有效，当且仅当，它是权威确保的。

当具备什么样的特点？在参考了希契柯克部分关于推论规则的理论基础上，宾度提出了一套确立保证权威的标准体系。简单地说，一个可靠的保证能确保某个推论行为也是可靠的。①

贝尔梅卢克（Bermejo-Luque，2006）重新定义了保证。② 与希契柯克不同的是，她认为保证代表了论证这一言语行为的推论主张。在格里兰（Grennan，1997）的研究基础上，贝尔梅卢克得出了在论证这一言语行为中推论主张并不是明示的结论。她认为，推论主张应当是前件为预先提出的理由的合取而后承为结论的条件句。

作为断言式言语行为的一种，推论主张应当具有一定的语用用意，③其语用用意与论证者如何证成其结论相一致。例如，在论证“此物是红色的；所以，此物必然是有颜色的”，可用“如果此物是红色的，那么它是有颜色的”作为保证。因为在此论证中其结论包含了模态限定词“必然”，所以，我们可以认为论证者是将这一条件句当作必然真理使用。贝尔梅卢克认为，如果论证所提出的推论主张的语用用意正好与论证所提出的条件句必须具有的语用用意相吻合，那么这一论证就是有效的。换而言之，从这个观点来说，有效论证应当是其保证取得了恰当权威的论证。

贝尔梅卢克认为，保证应当被解读为相应的条件句。这一点是她与图尔敏的“保证”概念的不同之处。她认为，推论主张并不是从理由到主张这一步骤的证成，而是我们明示这一步骤的一种方式。在她看来，推论是由支撑证成的，而非保证。④

贝尔梅卢克认为，认识论的相对主义并不是图尔敏模型的必然结果。她对图尔敏模型中领域的地位进行了分析。她力图证明，对领域依赖性

① 宾度试图通过赋予“可靠性”恰当的内涵，以确定是什么赋予了保证规范性的强制力。

② 对于贝尔梅卢克对论证理论所做出的贡献，可以参见本手册第12.13节。

③ 贝尔梅卢克所提出的语用用意大致类似于塞尔提出的言外之力的强度（译者注：原文脚注此处为 the degree of the strength of the illocutionary point，台湾颜厥安教授将此称为“语行点”，也有译为语行目的。但从文献上来看通常会将语用用意相对应的多数是塞尔的言外之力，即 the illocutionary。从上下文来看似乎译为言外之力更为恰当）。

④ 在贝尔梅卢克看来，希契柯克和宾度为了弥合理由和结论之间存在的间隙，他们设想通过保证来证成推论的这种方法会导致论证陷入无限倒退。所以她试图通过证明“支撑证成了论证”以避免陷入无限倒退。

的误解导致了在论证评价中不可接受的相对主义。领域并不能提供论证评价的标准，它不过是进行论证评价的一个出发点而已。在她看来，论证评价标准取决于作为言外行为的论证所需的适格构成要件，而这些构成要件是领域不变的。领域仅仅为论证中构成具体论证所需的理由和主张所使用的特定模态词提供了归属而已。如果论证属于某个具体领域，那么我们可以将特定模态词对该领域的归属包含在对该论证的评价之中，也即是说，我们需要评价论证者所采用的模态词，是否归属于该领域，并在该领域中被认为是正确、必然、可能、更可能或更不可能、更似真或更不似真。

在与雷基、雅尼克合著的专著中，图尔敏亦将自己在《论证的运用》一书中提出的模型用于论证评价（Toulmin *et al.*，1979）。希契柯克（Hitchcock，2006a）指出，图尔敏模型适用于评价那些证成与论证者在先形成的信念相连贯的主张过程中所产生的微观论证。但是，图尔敏（Toulmin，2003）的文章并没有解决论证者为何会优先选择某个信念的问题。在图尔敏研究基础上，希契柯克提出了好证成或好推理必备的认知论标准：支撑必须是已证成并且是充分的，保证必须是已证成的，论证者必须满足“无废止者”的假定状态。上述标准有助于区分“创立假说”和“击败假说”的主要不同之处。而在论证形式研究方向中，上述两类情况经常会被混同。

在论证评价中，对图尔敏模型的另一项借鉴则是由论证与人工智能领域的研究者维赫雅提出的。维赫雅（Verheij，2003，2006）重新构建了图尔敏模型。他认为，相较于传统的“前提—结论”模型，图尔敏“型式”丰富了论证分析的研究内容。在新兴的可废止论辩研究影响下，他将“反驳”这一可适用于他重构的图尔敏模型中所有要素的要素，解释为可使主张在即使获得证据材料支持时，仍能导致主张失去受众支持或被击败的某种可能性。其后，维赫雅使用其所在研究领域的术语对论证形式化评价进行转述，从而进一步扩充了这一解释（关于维赫雅对论证理论的贡献的更多内容可以参见本手册第 11.5 节）。

4.9 对图尔敏模型的应用

图尔敏的论证理论被来自不同学术背景的众多研究者广泛应用。他们中的一些研究者套用了图尔敏的理论框架，而另外一些则吸纳了其观点中的具体要素。对图尔敏的论证理论的应用中最具影响力的当数“论证领域”这一概念以及与之相关的语境依赖理论和论证模型。[①] 在美国，交往理论研究者对论证领域这一概念进行了不同的应用，其中，包括对这一概念进行社会学解释的维拉德（Willard，1983，1989）以及我们在第4.8节中曾经讨论过的古德莱特（Goodnight，1982）。[②] 在本节中，我们将集中介绍对图尔敏模型的不同应用。

自20世纪70年代开始，许多研究者都力图将图尔敏模型适用于分析具体领域的论证性话语，其中，最为突出的包括语言学方面的研究（如Botha，1970；Wunderlich，1974）；对语境的解释（Huth，1975）以及对文学语境的解释（Grewendorf，1975）；在法律领域中的应用（如Pratt，1970；Rieke & Stutman，1990；Newell & Rieke，1986）。图尔敏模型也被应用于真理及理性相关的研究（Gottlieb，1968；Habermas，1973，1981）；论辩和交往行动的研究（Kopperschmidt，1989）；以及对论辩性论证方法的验证（Healy，1987；Freeman，1992）。

有些研究者将图尔敏模型与说服的心理过程联系起来（如Cronkhite，1969；Reinard，1984；Voss *et al.*，1993）。其中，对图尔敏模型的一个有趣心理学研究应用是由沃斯提出的。沃斯列举了自己在心理学研究中应用该模型的多种方式（Voss，2006，p. 303），然后他将自己应用修改版的图尔敏模型对其他专家提出的结构不良问题的解决方案进行验证的实证性研究汇总成论文。针对专家方案中研究对象的复杂性，他对图尔

① 与来自论证及交往理论研究背景的美国研究者们在图尔敏理论基础上发展出领域依赖性的相关理论背道而驰的是，来自非形式逻辑研究背景的一些哲学家们坚定不移地反对上述理论，如弗里曼（James Freeman）、希契柯克（David Hitchcock）、约翰逊（Ralph Johnson）以及宾度（Robert Pinto）。

② 本手册的第8.6节将会详细介绍他们各自对论证理论的贡献。

敏模型提出了六项修改以实现递归组合。这六项修改包括：（1）证据材料可以是自身所在领域中的主张；（2）每个论证中都存在隐含保证；（3）支撑可以是一个论证；（4）反驳可以存在一个支撑；（5）反驳可以是一个论证；（6）模态限定词可以是一个论证。在沃斯的研究中，明示的保证几乎不可见，而且想要区分证据材料和支撑显得十分困难。虽然图尔敏模型确实对沃斯区分论证步骤发挥了作用，但是这不足以让它成为适用于问题解决过程的恰当模型。

有些研究者应用保证这一概念对推理或论证的步骤进行了分类。他们包括交往理论研究学者哈斯廷斯（Arthur Hastings）、布鲁克里德（Wayne Brockriede）、艾宁格（Douglas Ehninger）以及特伦特（Jimmie D. Trent）。接下来，我们将深入讨论他们对图尔敏模型的应用。

哈斯廷斯（Hastings，1962）对传统论证与辩论教材中所描述的推理进行了新的分类（参见本手册第 8.2 节）。以图尔敏模型为起点，按照“基于保证权威的从证据材料到结论”的推理过程（Hastings，1962，p. 210），他对保证进行了描述和分类。哈斯廷斯将推理过程区分为 9 类，他认为其中的 3 类是常见的推理过程：语词推理、因果推理以及自由漂移的推理形式。正如其他辩论讨论手册那样，他的研究也为不同种类的推理形式制定了不同的推理评价标准。

哈斯廷斯认为，在语词推理中，从证据材料到主张的这一步骤，从某种形式来说是建立在论证中所用词项的词义基础上的：“它们建立在对已有语言和使用者通过语义补强对语言象征的阐明之上。”（Hastings，1962，p. 139）。在“从实例到描述性概括”的这类推理中，一个普遍性命题通过一个参考了某个或多个具体例子或情况的前提而获得证成，如“抢劫犯罪的增加表明我们的社会变得越来越暴力了”。在“从标准到语词归类”的这类推理中，某个人或情况被按照是否具有某种特性而被归类，如“麦斯威尔很聪明，因为他的数学很好”。在“从定义到特征”的这类推理中，事件或情况以某种方式被定义，而在此定义基础上，该事件或情况的属性或逻辑特征得以彰显。

因果推理的共同特点是，保证是由某种因果性的规则化构成的。在“从迹象到未观察到的事件”这类推理中，某项已知的或已观察到的事件被认为表明了另一项未观察到的事件出现的迹象，其中，该未观察到的事件是已观察到事件的原因。在“从因到果”这类推理中，论证者基于某项事件而预测另一特定事项会发生。正如“从迹象到未观察到的事件推理”那样，“从情况证据到假说”的这类推理也是从果到因的论证。在此类推理中，论证者会举出一系列的迹象以证明主张所称的假说为真。

自由漂移的推理形式则包括了比较推理、类比推理以及诉诸权威推理。与前两类推理形式不同的是，我们很难归纳出此类推理形式中保证的普遍特性。同时，这三种自由漂移的推理形式也不要求具备某种特定类型的结论。

除了与温德合著的教材（Windes & Hastings，1969）[①] 之外，哈斯廷斯的“重构”并没有被讨论辩论的主流专著所采纳。相形之下，作为哈斯廷斯理论灵感的图尔敏模型却受到广泛的关注，其中以关于论证、辩论、讨论以及演说等方面的著作尤为突出。图尔敏模型出现在大量关于交往技巧的教材中。这些书大多来自美国，同时受到了艾宁格与布鲁克里德（Ehninger & Brockriede，1963）合著的教材《通过辩论来决策》的启发。[②] 艾宁格与布鲁克里德对图尔敏模型的应用被实践性论证相关的教材广泛引用。

布鲁克里德与艾宁格这一影响深远的教材是以他们俩在 1960 年发表的论文为基础的（Brockriede & Ehninger，1960）。在这篇论文中，他们首先对图尔敏模型进行了介绍，其次将该模型应用于对论证进行系统性分类。总体来说，他们赞同图尔敏对逻辑学的批评。他们认为，比起传统论证著作所使用的基于逻辑的方法，图尔敏模型更适于描述、分析、评价论证。因此，他们认为图尔敏模型是符合日常实践的更优方案。

布鲁克里德与艾宁格将图尔敏模型解释为一种修辞模型，这一点也反映在他们对论证的分类中。他们的分类法追溯到亚里士多德对于说服方法的三分法，也即是逻辑、情感以及道德。他们将第一种称为实质论证，第二种为动机论证，第三种为权威论证。他们认为要区分这三种论

---

① 不过，哈斯廷斯的分类法被诸如基恩波特勒（Keinpointner，参见本手册第 12.7 节）以及谢伦斯（Schellens）等其他学者作为他们理论的出发点。

② 在此书中，艾宁格与布鲁克里德使用了证据（evidence）以及保留（reservation）这两个概念取代了图尔敏模型中的证据材料（data）和例外条件（或称反驳，condition of exception or rebuttal）。

证，必须要回顾图尔敏模型中保证的性质。在实质论证中，保证告诉我们“与我们相关的事物”是如何互相发生关系的。在动机论证中，保证告诉我们哪些能够使论证的听众更容易接受论证主张的情感、价值、需求或者动机。[①] 而在权威论证中，保证则提供了与证据材料来源的可靠性有关的信息。[②]

让我们检视一下从艾宁格和布鲁克里德《通过论辩来决策》（1963）一书中所列举的每一个类型。两位作者对实质论证的每个子类都加以区分和举例。其中，第一个例子则是“原料钢的价格上涨了，因此，钢制品的价格很可能也会上涨”。这个论证包含了图 4.7 中的一系列因果关系论证。

动机论证和权威论证的例子分别是：

动机论证

继续进行核武器试验是维护美国军事安全必需的，因此，继续进行核武器试验是符合美国意愿的，因为美国是受维护军事安全这一价值的欲望所驱动的。

权威论证（本书示例）

霍金说，外星生命存在于宇宙的其他部分这一点几乎可以肯定。这很可能是真的，因为霍金对宇宙的观点具有权威性。

另一个将图尔敏模型适用于实践的学者是特伦特（Trent，1968）。他

---

① 科克（Kock，2006）认为，布鲁克里德与艾宁格对实践中主张所涉的保证分类对于教学应用来说是不足够的。在科克的论文《实践推理中的多种保证》中，他认为应当要对单一的动机论证的保证进行扩展和完善。而为了进行扩展和完善，他追溯到了古典修辞学著作《亚历山大修辞学》。在这本著作的学说基础上，他将“与行为有关的论证”所涉及保证进行了分类（Kock，2006，p. 254）。当涉及普遍性行为时，保证可以分为以下种类：（1）公平型；（2）合法型；（3）权宜型；（4）荣誉型；（5）愉快型；（6）易达型。对于更复杂的行为来说，保证还可能包括两类：（1）可行型；（2）必要型（Kock，2006，p. 255）。

② 布鲁克里德与艾宁格关于实质论证、动机论证以及权威论证的区分与在本手册第 2 章“古典背景”中提及的逻辑、情感与道德的传统三分法略有不同。尤其对于权威论证来说，古典修辞学中对于论证者的可靠性以及良善品格的排他性关注显得更为重要。因此，为了更好地说明亚里士多德的修辞学，我们要强调一点，那就是亚里士多德认为只有逻辑才是通过论证方法进行的说服，而情感和道德则都是非论证方法（参见本手册第 12. 8 节）。

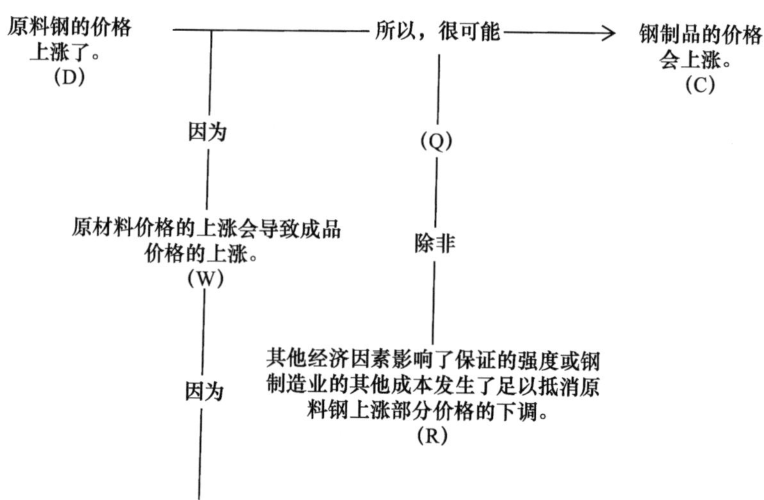

图 4.7　包含了因果关系保证的实质论证示例

对图尔敏模型的解释与布鲁克里德和艾宁格的类似，但是相比之下影响力则小很多。特伦特认为图尔敏的论证研究成果与西塞罗的带证式省略三段论基本一致，因此他将图尔敏模型也认作三段论模型。他借鉴了一些研究者（其中包括马里卡斯）认为三段论本身存在缺点的观点，这使得三段论不适合对诸如分离规则这样的非三段论推理进行分析。不过，特伦特并不觉得三段论存在很严重的局限。他认为，绝大部分实践中发生的论证要么本身就是三段论，要么可以简单地还原成三段论形式。而对于公开演讲和辩论来说，更是如是。

特伦特认为，图尔敏模型的最大优点是相较于形式有效性，其更强调实质有效性，这一点更符合日常实践的需要。不过，他认为图尔敏模型是不完善的，因此该模型不足以对论证的实质有效性进行评价。通过对图尔敏模型进行修改，他试图在实际应用该模型前先对其不完善之处进行弥补。首先，他在模型与保证相关的原有支撑、模态限定词、反驳基础上，通过在证据材料中又增加了支撑、模态限定词以及反驳的方法，对图尔敏模型进行了拓展。特伦特认为，这样使得该模型更为完善，同时主张确定性或不确定性的来源会显得更为明确。其次，他对三类论证类型进行了区分。他将这三类带证式省略三段论分别称为：选择型、推理型和修辞型。在选择型中，主张是从保证的支撑中选择而来；在推理型中，主张是从证据材料或保证中推理得出；而在修辞型中，主张则是由说话人的权威性予以确保的。[①]

特伦特通过援引图尔敏所举的安妮例子来对三种带证式省略三段论间的区别进行了说明。不过，即使我们在图 4.8 中对推理型进行了示例，这些例子还是不足以使我们完全了解他的所思所想。

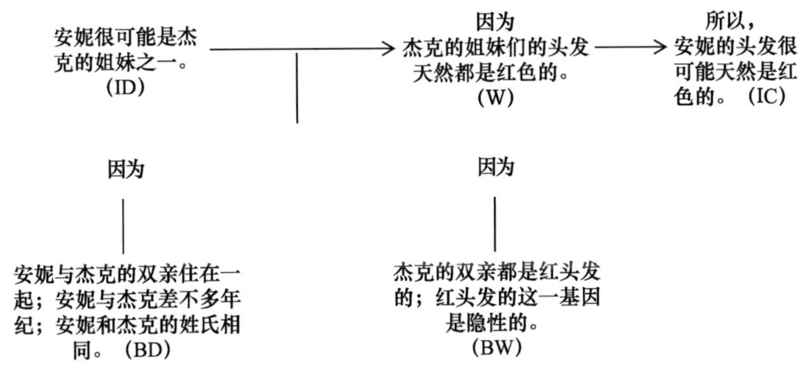

图 4.8 推理型带证式省略三段论示例

在这个示例中，推理主张（IC）不可能是绝对确定的断言，因为在推理证据材料（ID）中包含了一个模态限定词。证据材料的不确定性来自证据材料的支撑（BD）。尽管如此，保证的支撑（BW）仍然可能是一个绝对确定的保证。

特伦特认为，自己的拓展模型以及布鲁克里德和艾宁格对这一模型的解释，都是使逻辑学更贴近论证实践的一种尝试。这也是图尔敏写作《论证的运用》一书的目的。不过，图尔敏认为要实现这一目的，必须要对逻辑学进行彻底的重新定位。事实上，图尔敏对这一模型的阐述意在表明，从支持微观论证的证据材料和支撑的角度来说，微观论证一般都

① 修辞型带证式省略三段论类似于布鲁克里德和艾宁格的权威论证，该论证同样是通过基于道德的修辞方法来达到说服的目的。

是实质性的，但这一特性并不必然会传递给结论，以及论证评价的标准最终应当是领域依赖的[①]。当然，这并不意味着图尔敏模型可以作为论证分析的一般模型。

其他众多研究者将图尔敏模型作为论证分析的一般模型或者用作写作教学。在这些著作中特别具有代表性的包括雷基与西拉尔斯合著的《论证与决策过程》（Richard Rieke & Malcolm Sillars，1975）、克瑞博的《作为交往的论辩》（Crable，1976）、埃森伯格与伊拉多合著的《论证：形式与非形式辩论手册》（Abné Eisenberg & Joseph Ilard，1980）。[②] 此外，这类主题的著作还包括图尔敏与雷基、雅尼克合著的《推理导论》[③]（Toulmin，Rieke & Janik，1979）。[④] 在这本书的前言中，作者明确指出：

> 本手册第二部分所列举的“分析基本模式”，包括 1958 模型中所有要素，适用于所有领域、所有类型的论证。（Toulmin，Rieke & Janik，1979，p. v）[⑤]

令人惊讶的是，包括布鲁克里德、艾宁格、特伦特甚至 20 年后的图尔敏本人在内的大部分人将图尔敏模型作为论证分析一般模型的研究者，都忽略了图尔敏试图通过该模型，以图尔敏意义上的程序有效性取代几何学意义上形式有效性的逻辑学野心。于是，这一模型出现在论证分析

---

① 图尔敏通过这种方法反驳了 20 世纪 60 年代出现的英国分析主义哲学对其提出的普遍性主张、心理主张以及道德主张的怀疑。甚至在对方否定保证可以被简单划一地归入某个学科这一主张时，图尔敏所说的这种情况仍然能够成立。

② 在美国以外的国家和地区，图尔敏模型也出现在不同的著作中。例如，在谢伦斯和韦尔霍文（Schellens & Verhoeven，1988）合著的著作中（参见本手册第 12.8 节）。

③ 在这本专著中，图尔敏、雷基和雅尼克使用“根基”这一概念替代了“证据材料”；厘清了保证的概念；著作中的五章涵盖了不同具体领域的论证（法律论证、科学论证、艺术论证、管理论证以及道德论证）。正如图尔敏（Toulmin，1992）指出的那样，并非只有保证和支撑是随领域不同而不同的。

④ 值得注意的是，与其他研究者不同的是，图尔敏、雷基和雅尼克（Toulmin，Rieke & Janik，1979）并未对保证或论证型式进行一般性分类。

⑤ 在不同研究者对《论证的运用》的书评中，都假设图尔敏认为他提出的模型是普遍适用。如科万在书评中说道：“图尔敏认为这一模式可以覆盖所有论证的全部必要范围。”（Cowan，1964，p. 29）

和建构的实践性著作中的方式，与其原本的哲学起点完全分离了。不过，图尔敏提出的领域依赖性理论，包括论证程序是如何依据不同领域的目标不同而改变的理论，被广泛地接受了。在图尔敏、雷基及雅尼克合著的著作（Toulmin，Rieke & Janik，1979）中，第四部分专门阐述了"推理的特殊领域"："法律论证""科学论证""艺术论证""管理论证"和"道德论证"。[①]

但这一理论规划还是存在一些例外情况。雷基与西拉尔斯在《论证与决策过程》（Rieke & Sillars，1975）一书中对一些重要论证理论进行了检视，并就图尔敏模型在论证理论中的重要地位做出了简要的总结（Rieke & Sillars，1975，pp. 16 – 19）。在克瑞博的《作为交往的论证》[②]（Crable，1976）一书中也数次提及要将图尔敏模型置于更广阔的理论背景中进行讨论。[③] 不过，这两本著作也是将图尔敏模型的实际应用与图尔敏对逻辑学的激进观点相分离开来的。

图尔敏模型在语言学方面应用的突出代表之一是，意大利裔荷兰语言学家洛卡西欧（Vincenzo Lo Cascio）。他使用乔姆斯基生成语法来进行论证处理。在假设论证性话语是受潜在语法规则支配的一种语言应用方式的前提下，洛卡西欧（Lo Cascio，1991，2009）提出了将处理在话语中起到特定作用的子句或者连锁复句的论证性语法。这一语法规则从某种程度上来说是受限于特定语言的。

要想试图说服听众存在某种真理或者接受某个观点，说话者可以通过不同方式塑造他们表达的讯息。洛卡西欧将从语言上组织论证讯息的各种方法称为"轮廓"。每个使用某种语言的说话者都必须学会构建该语言中许可使用的轮廓，以及将这些轮廓恰当地应用于不同交往情境之下。而对轮廓的运用要受实用规则的限制。

---

① 图尔敏、雷基及雅尼克的这本著作（Toulmin，Rieke & Janik，1979）中的这一部分也预告了本手册第 4.7 节中所引用的图尔敏 1990 年在国际论证大会（ISSA）会议上发言的主要内容。这段发言假设：如果他要重写《论证的运用》一书，那么图尔敏将会如何扩大论证的领域依赖性这一概念的内涵。

② 和艾宁格及布鲁克里德（Ehninger & Brockeriede，1963）一样，克瑞博（Crable，1976）也使用了证据及保留这两个概念指代证据材料和反驳。

③ 克瑞博的这一看法丝毫不出人意料，因为他曾提到图尔敏是他"最深刻的学术影响来源"，也是他"挑战和理论洞悉的来源"（Crable，1976，p. vi）。

洛卡西欧的语法包括了语法规则、范畴原则以及完整论证文本与轮廓背后的语言条件。他以图尔敏模型作为理论发想点，提出了论证性文本轮廓的一系列范畴规则和表述规则。在论证链中，范畴分层以及诸如证据材料、保证以及主张之类功能范畴的排列则用表述规则彰显出来。在区别主要范畴与可选范畴时，洛卡西欧指出，在论证性文本中能起重要作用的那些范畴的层级地位。然后，他定义了可用于约束这些范畴的语法工具和表述规则，确立了这些范畴能够出现的规则。

在论证性文本中，有两个范畴必须存在的，即“观点（O）”以及“证成”或“支持”（JS），这两个分类构成了论证（A）以及一般规则（GR）。同时，JS 与 O 可以构成复杂的“论证”节点（ARG）。JS 可以由单个论证（A）构成，也可以由被子证成所支持的多个论证构成。换言之，论证既可以是简单论证或复杂论证，也可以是并列结构论证或从属结构结论证。

第三类必须存在的论证构成要件则是“保证”，即一般规则（GR）。它决定了论题有无得到很好的支持。这一构成要件必须存在于深层论证结构层面上：总是语义上隐含的，在文本中并不必然要提及或词汇化。

每个论证都应当由单个一般规则所支持及证成。这将导致，在完整论证性文本中，每个一般规则只能出现一次。

洛卡西欧所提出的语法具有递归性。每个论证或子论证，都可以被子论辩所拓展，正如节点 A 可以改写为 ARG 那样。要实现这一点，需要新话题或观点 O 与上级论证节点 ARG 中的论证 A 有同标关系，并且同时被论证 A2 所支持。

在论证结构中，可选范畴包括作为模态标记的模态限定词（Q），以及作为信息权威渊源的支撑（B）。这两个范畴具有标识功能。对于每个论证 A 或者观点或论题 O，甚至对于一般规则 GR 来说，都可能增加以情态动词、副词或者其他模态形式出现的模态限定词。作为支持的支撑（B）则为一般规则 GR 提供了效力渊源或权威担保。另外三类可选范畴“补强”“反驳”“备选”附属于上级节点 ARG。它们要么具有对抗性的论辩价值，起到了“强化剂”的作用，要么具有外围保护价值，在论证中起到了提供更精确的信息、做出限制或附加条件的作用。

洛卡西欧的文本分析特别强调论证和叙事之间关系，由此他的理论得以进一步拓展（Lo Cascio，1995，2003，2009）。洛卡西欧认为，这两种类型的话语有许多共同点，而且两者常常伴生。叙事可分为两个主要类型：事件（E）和情境（S）。事件是由封闭的时间间隔形成的，而情境则是由开放的时间间隔形成的。时间间隔 S 总是包含时间间隔 E。标志着某个给定事件的情境 A 可以描绘该事件所属世界的特征。例如：

约翰既累又渴，所以，他走进一间酒吧并要了一杯水。

在这个句子中，约翰“既累又渴”（情境）的这个世界描绘并包含事件“走进一间酒吧”以及“要了一杯水”，同时也为走进酒吧喝点什么的这一动作给出了合理理由。由此，我们可以推测，进入酒吧的这一决定可以在“约翰既累又渴”这句话中找到解释。因此，情境（既累又渴）起到了作为事件（进入酒吧）的证成理由的作用。我们对这句话进行叙事和论证的解读的区别在于两者关系的模态价值，这一价值是如何在事件中发挥作用的。例如，假设某人累了会影响其做出走进酒吧的这个决定。

洛卡西欧认为，叙事与论证十分相近。不过，叙事表现了事件和情境的确定性，而论证表现了情境和事件的可能性。因此，洛卡西欧提出了“事件”与“主张”之间，“情境”与“论证”（证成）之间存在某种关联，但是这种关联可能是很投机性的（Lo Cascio，1995，2003，2009）。

图尔敏模型及其关于论证的哲学思想，特别是其关于领域依赖性以及论证评价过程的认识论本质的观点，对“批判性思维”这一教育改革运动产生了极为重要的影响（参见本手册第 7.2 节）。这种影响最为显著的代表包括麦克皮克的《批判性思维与教育》（Mcpeck，1981）以及《传道授业与批判性思维》（Mcpeck，1990）这两本著作。

在其著作中，麦克皮克很明显地借用了图尔敏“推理及论证标准不可能领域不变，因为这样的标准不存在”的这一观点。他认同图尔敏关于推理及论证标准应当体现对相关领域或学科认识的观点。从证据材料到主张提供权威的保证取决于对该领域的一般性认知。因此，学习文学论证或历史论证的最佳方法应当是学习文学或历史学的批判标准。麦克皮克说道，要想学会批判性地思考，需要我们了解不同领域的认识论。麦克皮克的一些重要理论内容被韦恩斯坦（Weinstein）所继承和发展（Mcpeck，1990a，b）。

近年来，图尔敏模型也被大量地应用于人工智能及计算机领域（这一重要的学术发展详见本手册第 11 章“论证与人工智能”）。[①] 其中，突出的代表包括福克斯与莫德吉尔（Fox & Modgil，2006）将图尔敏模型应用于以计算机构建医疗决策的研究。因为在医疗决策领域，图尔敏模型被认为非常有效，所以，该模型保留了其根本的特性。“不过，主张之间存在竞争关系的这一观点，要求研究者要对图尔敏当初没有研究的一些决策方面问题进行进一步的探索，尤其是论证权衡以及汇总，以便决策者可以将决策选项进行排序。”（Fox & Modgil，2006，p. 287）另外一个代表则是坦斯（Olaf Tans）。他将图尔敏模型应用于动态的论证研究，尤其是以人工智能处理法律论证时的保证问题研究。[②]

此外，图尔敏模型的要素也被应用于基于神经元网络的自由裁量决策系统研发之中。例如，芝尼兹柯夫（Zeleznikow，2006）将图尔敏模型应用于在线网络的庭前纠纷解决系统软件的开发中。

图尔敏模型还被应用于人工智能的多个领域。例如，阿伯丁（Aberdein，2006）认为，相较于在自然语言中的应用，图尔敏模型在元数学论证的应用显得简单了。图尔敏模型适用于数学论证。该模型的主要价值在于识别那些由于证据本身的不确定性而导致的非结构化步骤或证明瑕疵。以四色定理中两种明显不同的布局为例，阿伯丁对是否有必要将普

① 帕肯（Prakken，2006）认为，在对论证型式的反复应用中，《论证的运用》中的很多内容在人工智能与法领域已经深入人心。我们已经意识到前提可以在论证中扮演不同的角色（类似于图尔敏的证据材料和反反驳）以及论证是可废止的。对论证型式进行领域相关的处理证实了图尔敏提出的论证评价的标准视领域不同而有所不同的这一理论。帕肯认为，人工智能与法领域已经找到可适用于不同论证的推理有效性理论，它不仅是形式的，而且也是符合计算机特点的。

② 坦斯（Tans，2006）认为，保证应当是从证据材料中抽象出来的，保证通过对其权威性的推论检测而得以抽象化。坦斯用于支持自己观点的例子来自诸如美国最高院这一背景中发生法律实践。坦斯还提出了图尔敏模型的另一种图示法。

洛克提出的底切击败理由纳入图尔敏提出的“反驳”以对之进行拓展进行了讨论。

里德与罗维（Reed & Rowe，2006）在他们的论文中阐述了他们在利用计算机自动运算实现图尔敏模型与比尔兹利（Beardsley，1950）在《清晰思考》一书中所提出的方框箭头表示法间的互相转化时要处理的一些有趣理论问题。他们使用的拓展版图尔敏模型中包括了原模型中绝大部分要素的多层叠加，以此实现模型的递归。与阿伯丁想法不同的是，他们认为图尔敏提出的“反驳”本来就和普洛克提出的底切废止相类似。

帕格里尼与卡斯蒂弗兰齐初步确定是否能应用图尔敏模型处理论证时相同概念框架覆盖信念的修正。他们的研究出发点是信念修正与论证实际上是“一枚硬币的两面”，这两面分别是认知层面和社会层面（Paglieri & Castelfranchi，2006，p. 306）。帕格里尼与卡斯蒂弗兰齐的研究成果主要应用于处理论证理论中更深层次的问题（对论证与人工智能的进一步讨论，详见本手册的第11章“论证与人工智能”）。

4.10　对图尔敏为论证理论发展所做贡献的评价

图尔敏的哲学著作在获得很多积极回应的同时，也受到了相当多的批评。本书仅限于讨论对图尔敏论证理论成果的主要批判意见。批判者最为关注的是图尔敏论证模型以及在《论证的运用》中提出的与该模型相关的学术观点。在本节中，我们将首先对与图尔敏研究进路相关的批评性意见以及图尔敏对之的回应进行概述，然后我们将集中讨论几个针对图尔敏模型的主要批评性意见，包括对图尔敏提出以图尔敏模型取代形式逻辑进路观点的批判以及对模型中要素定义的批判。

图尔敏对标准形式逻辑的激烈攻击受到了逻辑学家和一些哲学家的强烈批评，出现这种情况丝毫不令人意外。批评者对《论证的运用》的批评几乎可以概括为同心协力的、激烈的“逻辑学辩护”。[①] 在获得最多支持的批评性意见中（如 Abelson，1960 – 1961），也有一些对图尔敏改善逻辑实用性的努力表示认同。不过，图尔敏理论一开始并没有得到他同代的哲学研究者的接纳。绝大部分评论对他著作提出的论证过程都持否定态度。[②] 事实上，这些批评主要都集中在对图尔敏关于论证形式与有效性的观点（如 Castaneda，1960；Cowan，1964）以及关于可能性的观点上（如 Cooley，1959；King-Farlow，1973）。

在《论证的运用》1964 年平装版的序言中，图尔敏写到对该书首版的批评更加坚定了他的信念：

> 本书论证内容所遇到的批评意见不过是更加磨砺了我的主要观点，即实践推理的标准与价值与依赖于数理逻辑和 20 世纪许多认识论的抽象形式标准之对比。(Toulmin，1964，p. viii)

这个序言在后来多次的再印版中也未做修改。图尔敏认为，在过去很长一段时间，逻辑都不愿意放弃其狭隘的形式有效性概念，导致了逻辑在实践论证的评价中逐渐式微。他写《论证的运用》的主要目的是，促使逻辑更适应于发生在日常生活与学科研究中的论证。他认为，要实现这一目的，必须要彻底改变逻辑的研究方向。

图尔敏长久以来思索得出了研究方向彻底转向的结论后，他所选择这一研究进路被不同研究者做出了不同解释。尽管图尔敏认为自己提出的论证模型与亚里士多德的三段论分类中的论证分析并不相同，但是有

---

① 参见阿贝尔森（Abelson，1960 – 1961）、比尔德（Bird，1959）、卡斯塔尼达（Castaneda，1960）、柯林斯（Collins，1959）、库里（Cooley，1959）、科万（Cowan，1964）、哈丁（Hardin，1959）、金法洛（King-Farlow，1973）、科勒（Körner，1959）、梅森（Mason，1961）、奥康诺尔（O'Connor，1959）、西科拉（Sikora，1959）以及威尔（Will，1960）的论文。1975 年《论证的运用》德文版面世时，又涌现了一批相对来说对图尔敏的理论敌意不那么明显但也比较重要的批评性意见。这些著作包括：胡斯（Huth，1975）、施维塔拉（Schwitalla，1976）、梅岑（Metzing，1976）、施密特（Schmidt，1977）、高特尔特（Göttert，1978）、贝尔克（Berk，1979）、奥尔斯拉格尔（Öhlschläger，1979）以及科珀希米德（Kopperschmidt，1980）的论著。

② 对图尔敏模型更近期、更积极的评论可以参见哈普尔（Hample，1977b）、伯利森（Burleson，1979）、雷纳德（Reinard，1984）和赫利（Healy，1987）的论文。

些研究者认为图尔敏模型与三段论中存在相同点（如 Manicas，1966）。还有些研究者认为，图尔敏模型与经典论辩学以及经典修辞学存在关联，尤其是在论题以及经典带证式省略三段论的定义方面（Kienpointner，1983，1992）。[①] 正如我们在第4.9节中所看到，特伦特认为图尔敏的论证布局与西塞罗带证式省略三段论布局是基本相同的（参见第4.9节）。比尔德认为，图尔敏模型与中世纪逻辑学所讨论的主题是类似的，[②] 而中世纪逻辑源自波伊修斯，从阿伯拉尔（Abelard）到威尼斯的保罗（Paul of Venice）的理论中均可找到。他将图尔敏的保证对应解释为论题最大化，又将支撑对应解释为论题差别。[③]

范爱默伦、荷罗顿道斯特以及克鲁格（Frans H. van Eemeren，Rob Grootendorst & Tjark Kruiger，1984）对《论证的运用》更早期的荷兰语版本（van Eemeren *et al.*，1978）进行了更细致讨论。他们讨论的其中一个主要问题是，作为论证分析及评价工具，图尔敏模型出现的语义模糊及歧义，在图尔敏使用关键术语时，有时甚至会出现前后矛盾（p. 200）。在图尔敏《论证的运用》一书中解释支撑的领域依赖性时，他给读者的感觉是他是将“论证领域”“论题”以及“学科领域”这些概念当作同义词来使用的。概念语义模糊的其中一个例子是，图尔敏试图用“逻辑类型”这又一模糊概念来对“论证领域”下定义。这一定义多少与二十年后图尔敏与雷基及雅尼克合著的专著（Toulmin *et al.*，1979）中所采用的对论证领域的规范化解释有些出入。[④]

范爱默伦、荷罗顿道斯特与克鲁格另外一个极为关注的要点则是图尔敏在使用“有效”及“有效性”时出现的混乱。他有时将“有效”作为逻辑学术语那样使用。但更多的时候，他似乎是在通常意义上，将其作为“可靠的”“可拥护的”“有充分根据的”“切实可行的”“好的”

---

① 参见本手册第12.7节中对基恩波特勒观点的概述。

② 希契柯克（私人谈话）说道，图尔敏误以为比尔德在其书评中将《论证的运用》一书说成是“对亚里士多德论题学的重新发掘”（Toulmin，2006，p. 26）。

③ 希契柯克（私人谈话）认为比尔德的分析是存疑的，因为中世纪逻辑的论题分歧并无法证成论题最大化（论题最大化与其说像图尔敏的保证，不如说像推理规则），而只能为论题最大化提供某种说明。

④ 对图尔敏的论证领域处理的其他批证性意见，可以参见哈贝马斯（Habermas，1981）。他提出的观点与范爱默伦等人的观点可以说是殊途同归。

或是“可接受的”等意思使用。另外一处语义混乱则出现在图尔敏（Toulmin，2003）阐述自己模型的核心问题的章节中：“那么，当我们需要展现论证的有效性渊源时，我们应当如何构建论证呢？而论证的可接受性和不可接受性在何种程度上依赖于它们‘形式’上的优点以及缺陷呢?”（Toulmin，2003，p. 88）尽管图尔敏第一个问题为从逻辑学意义上理解“有效性”这一词语留下了余地，但是从第二个问题来看他所说的“有效性”实际上相当于可接受性。虽然这样说不一定合适，但是在《论证的运用》一书中，图尔敏似乎并不是在学术层面使用“有效性”这一概念，而是从他理解的该概念的本原含义出发使用这一概念的。

范爱默伦、荷罗顿道斯特与克鲁格认为，综观《论证的运用》全书，图尔敏并没有按照通常的学术要求那样区分“有效性”一词的逻辑学含义以及非学术层面的常见含义。但是，这两者的区别对于回答“论证有效性”究竟是领域不变的还是领域依赖的这一问题非常关键。他们对彼得森这一示例进行了再分析。对图尔敏来讲，由论证“（1）彼得森是瑞典人，（2b）罗马天主教徒在瑞典人中所占的比例为零（B），故（3）彼得森不是罗马天主教徒”的有效性并非形式质量的结果，这意味着论证“（1）彼得森是瑞典人，（2a）一个瑞典人几乎可以被认为不可能是罗马天主教徒（W），故（3）彼得森不是罗马天主教徒”的有效性也不是形式质量的结果。

图尔敏认为，在这个论证中，以（2b）形式出现的大前提（2）在实践中是可靠或者说可接受的，“但这样就再没有借口说论证的可靠性并不是取决于其构成表达式的形式特征了”（Toulmin，2003，p. 111）。[①] 关于这种关联，范爱默伦等人的观察如下：

首先，“可接受”和“可靠”这样常见的未定义概念和逻辑上定义明

① 在《论证的运用》一书中，图尔敏假设论证的主要作用乃是证成结论。科万（Cowan，1964，pp. 32，43）认为论证的作用乃是以清晰简明的组织形式展现论证材料。这一目标只有在分析论证中能得到最大化的体现。科万认为只要将一个或多个隐藏的前提明示出来，图尔敏的实质论证其实可以很简单地改写为分析型论证。由科万所倡导的“重构演绎主义”被非形式逻辑学研究者所批判。关于两者之间的争议以及演绎主义对所受批判进行的回应，可以参见格罗尔克（Groarke，1992）。

确的“有效”概念被图尔敏当作同义词使用①，这一点似乎是非常明显的。其次，他们认为 1 –2b –3 这一论证并不能因其形式而被称为是一个形式有效的论证，尽管在实践意义上这一论证是可靠的或者说是可接受的。同样地，我们也不能因此得出 1 –2a –3 这一论证不能从其形式特征中获得其自身的有效性。② 最后，他们认为即使是在图尔敏自称的“通常”意义上，究竟什么样形式的保证才能使论证获得“有效性”的这个问题也并没有得到明确的论述。③ 这可能是因为图尔敏并不认为这个问题很重要，他只是想要表明自己的这一观点：无论保证的形式如何，一个论证的有效性最终都取决于对该保证（领域依赖）的支撑。不过，这种推测似乎不太可能，因为图尔敏本人曾经说过，判断论证是否具有形式有效性的其中一个标准是，看其保证是否明确地按保证应有的形式进行构建，同时其能否准确地证明有关的推论（Toulmin, 2003, p. 110）。然而，他并没有详细地给出构建保证的公式或提出何为准确保证的标准。

范爱默伦、荷罗顿道斯特与克鲁格在他们对图尔敏模型的第四点评论中指出，在了解到图尔敏对有效性的解释是比“形式有效性”这一概念更广义之后，那么对于形式逻辑学家来说，更容易认同以及采纳图尔敏的论证有效性理论以及对领域依赖性的考虑。如约翰斯通（Johnstone Jr. , 1968）以及马里卡斯（Manicas, 1966）等多位研究者，事实上也同意图尔敏关于对日常生活以及学术领域中发生的论证还需要以除了形式

① 不过，因为图尔敏曾探讨过从几何学意义的论证形式特征来解释有效性这一概念的可行性，所以，这里也可能是他以“有效”和“有效性”概念表达日常对话中常见的“好”这一意思，就好像我们平时说“有效护照”或者“有效观点”那样。

② 顺带一提的是，1 –2a –3 这一论证并不像图尔敏认为那样具有标准三段论逻辑、命题逻辑或谓词逻辑意义上的形式有效性。同理，即使该论证改写为“（1）彼得森是瑞典人，（2a）一个瑞典人几乎不可能是罗马天主教徒，故（3）彼得森几乎不可能是罗马天主教徒”仍然如此。即使这一论证中的保证（2a）被改写为大前提（2）“几乎没有瑞典人是罗马天主教徒”，这一论证也不是形式有效的。

③ 如果像图尔敏所定义的形式有效性那样：如果论证是形式有效的，那么只有一种情形，即当且仅当其结论是对其前提中词项的简单重组而获得，正如图尔敏认为形式有效性可定义那样。就保证来讲，形式有效性的条件应当在结论中包括了不在证据材料中的任何词项，在结论中不必通常也不会包括不在证据材料的任何词项。希契柯克（私人谈话）认为，保证就是从证据材料所说的内容推出证据材料的共同之处或推出结论中所说的内容的一个“许可”。

逻辑以外的其他规范来进行评价的观点。他们也同意这些其他的规范是领域依赖的，而不是对所有的论证都是普遍适用的。但是，他们对图尔敏在使用逻辑学中定义清晰且有固定含义的逻辑概念时的混乱表示不以为然。他们认为，为了能自圆其说，图尔敏对这些固定概念的再解释使得这些概念丧失了其原本的逻辑学意义。此外，对于另一些研究者来说，他们更不能接受的是，图尔敏的学术理论意味着，只有来自该具体领域的专家才有资格评价这一领域发生的论证（如 Abelson，1960 – 1961）。[①]

范爱默伦、荷罗顿道斯特与克鲁格对在实践中是否总能明确区分证据材料和保证表示怀疑。图尔敏也承认，要明确区分这两者，有时很困难。导致这一结果的一个原因是图尔敏所赋予证据材料和保证的两种不同特性。其一是证据材料包含具体的事实信息，而保证则作为主张与证据材料之间的桥梁，确保从证据材料到主张的这一步骤的权威（Toulmin，2003，p. 91）。其二是证据材料是明示的，而保证是隐含的（Toulmin，2003，p. 92）。尽管图尔敏强调这两个概念的主要不同在于其在论证中所发挥的作用。但是范爱默伦等人认为，在实践中想要区分哪一命题起到了证据材料的作用，哪一命题起到了保证的作用[②]，是很困难的，换句话说，即使引入额外的判断标准，也不一定能解决这一问题，也可能使得情况更为复杂。[③] 范爱默伦通过改写图 4.2 的示例来说明了这一观点[④]：

① 确切来说，图尔敏并不认为，只有来自这一个具体领域的专家才有对该领域发生的论证做出评价的资格，但有争议时，该具体领域的专家确实手执确定哪些保证是在该领域可接受保证的最终决定权。图尔敏（Toulmin，2006）似乎也意识到这种情况的存在。

② 为了回应“在实践中难以区分哪些命题是证据材料，哪些命题是保证”的这一观点，希契柯克（Hitchcock，2003）对 50 个随机检索而得的论证样本进行了分析。他认为对于其中的 49 个论证来说，如果按照可适用的“推论授权的普遍化规则”来对它们进行分析，那么区分工作显得并不困难。

③ 关于证据材料和保证之间的区别，类似异议意见可以参见谢伦斯（Schellens，1979）、约翰逊（Johnson，1980）以及弗里曼（Freeman，1991，pp. 49 – 90）的论文。

④ 尽管希契柯克认为，范爱默伦、荷罗顿道斯特以及克鲁格所举的例子不现实，但他也认同这个例子对图尔敏模型提出了新问题。希契柯克认为，这个问题的解决方法是“一阶特定命题在逻辑上是等同于二阶的普遍化规则，因而，其可以起到推论普遍规则的作用”（私人谈话）。

主张（C）	（1）哈里是英国公民。	你用什么作为主张的支持？
证据材料（D）	（2）出生于百慕大群岛的人是英国公民。	你是如何从证据材料得出主张的？
保证（W）	（3）哈里出生于百慕大群岛。	

在图尔敏原来的示例中，命题（3）是证据材料，命题（2）是保证。主张提出者假设挑战者知道哈里的出生地在哪里，但却不熟悉相关法律规定情况，就可能出现上例中两个命题的互换。这也是为什么在上例论证中，命题（3）一开始是隐含的，而命题（2）是明示的。命题（3）以明示方式出现是必要的，因为挑战者的问题表明主张提出者的假设是错误的①；此时，命题（3）起到了连接命题（1）与（2）的桥梁作用。因此，上例中命题（2）是一般性类规则命题，而命题（3）则包含了具体事实信息。② 如果我们仍将命题（2）理解为保证，而将命题（3）理解为证据材料的话，那么，参照保证和证据材料的区分标准，就变成保证已被明示出来而证据材料仍然是隐含的情况了。③

通过这一示例，范爱默伦、荷罗顿道斯特与克鲁格展示了图尔敏赋予证据材料和保证的不同特征有时会导致冲突的这一事实。如果我们想使这些概念变得一致，那么我们需要在图尔敏赋予的特征中做出取舍。

---

① 另外一种处理这个单称命题的方法，可以是指出虽然哈里并非出生于百慕大群岛，但他因为某种原因具有与“出生于百慕大群岛”相同的状态。

② 图尔敏认为保证是一般性类规则命题（Toulmin，2003，p. 91），这也是此处出现问题的原因。他没有明确要求证据材料提供的具体信息必须以单称命题的形式出现。不论在图尔敏（Toulmin，2003）的专著还是他与雷基和雅尼克（Toulmin，Rieke & Janik，1979）的合著中所给出的示例，证据材料或根基几乎都是关于特定个体的单称命题。在图尔敏与雷基和雅尼克的合著中甚至明确地说道，对根基的需要实际上是对具体情况具体特征的需要，而不是对普遍性考虑的需要（Toulmin，Rieke & Janik，1979，p. 33）。不过，图尔敏认为，诸如“所有畸足男子都有行走困难的问题”这样的全称命题，都可以解释为通过我们观察所得到的事实的概括，并起到证据材料的作用（Toulmin，2003，p. 106）。

③ 希契柯克（私人谈话）认为，保证应当是“如果某个出生于百慕大群岛的人是英国公民，那么，哈里是英国公民”。或者“如果知道某个出生于百慕大群岛的人是英国公民，那么，我们可以认为哈里是英国公民”。共同构成推论规则的命题如下：“哈里具有出生于百慕大群岛的人的所有特征。”希契柯克指出这一命题只需要能从“哈里出生于百慕大群岛”命题中通过逻辑操作可得出即可，而不需要在逻辑上等同于原命题。

有一件事情是非常明确的，那就是继续坚持“明示与隐含”这一区分标准无助于解决任何问题。似乎有更多研究者同意应当参照论证型式，将证据材料解释为包含事实信息，而将保证解释为一般性类规则命题。实际上，大多数相关专著都未加说明地直接选择了后一种解释方法，这其中甚至包括了图尔敏本人与雷基和雅尼克合著的专著（Toulmin，Rieke & Janik，1979）。

范爱默伦、荷罗顿道斯特与克鲁格（van Eemeren，Grootendorst & Kruiger，1984）注意到，图尔敏模型很快就被广泛接受为论证分析的一个有效模型。[①] 不管是对口头对话还是书面写作的论证分析来说，该模型都能使论证结构更为清晰，更便于进行论证评估。[②] 尽管图尔敏后来在模型中引入了支撑[③]，使得模型从单一论证模型变成了复合论证模型，但由于对论证性话语进行充分分析的先决条件是厘清复杂的论证结构，范爱默伦、荷罗顿道斯特与克鲁格还是对图尔敏模型是否有能力完成这一工作表示了怀疑。他们认为，另外一个问题则是，图尔敏将支撑引入模型的做法，过度扩张了他提出的“微观论证”。[④]

图尔敏在构建模型时，假设挑战者已经认同了证据材料。但如果挑战者没有认同的话，那么就需要进行初步论证。原论证中的证据材料变为初步论证中的主张。这一种做法同样适用于保证。当保证的权威性受到质疑时，那么就需要将原论证中的保证作为新论证的主张加以证成，以此消除对保证的质疑。如果论证还包含了一个保证的支撑，那么实际上就有两个单一论证，每个论证按从属关系与其他论证相互连接[⑤]，于是这个论证就不再是单一论证而变成复合论证了。

除了上述的批评性意见之外，其他的批评性意见还可以参见基恩波

① 最开始时，图尔敏模型并不常用于论证评价。哈斯廷斯（Hastings，1962）开创了这一先河之后，其他的研究者也加入了这一研究领域。（参见本手册第 4.8 节）

② 关于在应用图尔敏模型进行论证分析的实践中所出现的问题，可以参见谢伦斯（Schellens，1979）的著作。他在该文中也提出了相应的解决方案。

③ 单一论证以及复合论证的分类，可以参见本手册第 1.3 节。

④ 但认为“微观论证”这一概念确实等同于“单一论证”的看法，也许并不符合图尔敏的初衷，因为图尔敏认为，他构建微观论证的方法使得论证有效性源头变得清晰，解决了与涉及多个单一论证的论证对结论的证成度问题。

⑤ “从属型复合论证”的概念，可以参见本手册第 1.3 节。

特勒（Kienpointner，1983，p. 80）对 1975 年出版的《论证的运用》德语版的书评综述。第一，正如范爱默伦、荷罗顿道斯特与克鲁格也注意到的那样，在进行论证分析时，很难区分支持理由是证据材料、保证还是支撑。尤其是图尔敏认为，在有些情况下，同一命题可以在论证中作为不同的要素出现。第二，因为支持保证的支撑与保证构成了一个新的论证，所以这一论证必须也有自己的保证。第三，基恩波特勒（Kienpointner，1983，p. 85）也质疑，明示支持结论的条件句是否一定要解释为保证，隐含支持结论的条件句是否一定要解释为证据材料。他认为，只有当证据材料表明条件句的前件条件已经得到满足时，明示条件句才能被解释为保证。

对图尔敏模型持肯定态度的弗里曼（Freeman，2006）认为①，图尔敏对保证的理解是有问题的。他反对图尔敏将保证等同于规则和事实陈述的说法。弗里曼引用了图尔敏对此的论述："规则、原则、推论、许可、一般陈述以及假言陈述，都可以起到桥梁的作用"，尽管推论规则是以假定陈述的形式出现，但规则与对推论的许可都不是事实陈述（Freeman，2006，pp. 87－88）。弗里曼赞同保证这一概念，但他认为，保证是"某种推理规则，且并不必然是形式的、可证的以及推理有效的"（Freeman，2006，p. 88）。这一定义符合图尔敏认为保证可以通过改写为"在给定诸如 D 这样证据材料的情况下，我们可以接受诸如 C 这样的主张"的形式，而使保证变为明示的观点。这一改写形式可被视为推论规则。不过，像"给定诸如 P 这样的前提，我们可以得出诸如 C 这样的结论"的推论规则，则要求前提必须与结论相关。图尔敏意识到这个问题的存在，这也是挑战者会要求论证者给出保证的支撑的原因。

图尔敏认为，不同领域的保证可以通过不同方式获得支撑。弗里曼认为，这种领域依赖性是有问题的。首先，确定保证及其支撑是来自哪个领域就可能会出现问题，因为领域这个概念是模糊的。其次，因为论证评价标准是领域依赖的，所以，要确立在具体领域中保证的使用规范，我们仍然需要回到论涉领域本身。弗里曼对我们能否在这种情况下评价某个保证是否得到正确的支撑表示怀疑。再者，图尔敏本人也认为：如

① 弗里曼对论证理论做出的贡献，可以参见本手册第 7.7 节。

果我们要求每个保证都必须有自己的支撑，那么就很可能陷入无穷倒退的境地。我们必须要暂时接受某些保证，必须要将那些已被证明是可接受的保证认定为是最可靠的。弗里曼认为，这将会导致认知层面的显著问题：到底是我们简单地暂时接受了某些保证，还是其实存在类似于“可接受的基本前提”的“可接受基本保证”？

为了解决上述问题，弗里曼提出了解决保证可靠性的另一研究进路，这一进路最终使他在认识论推动下对保证进行系统化研究。该研究进路基于对陈述的重新分类：必然性陈述、描述性陈述、解释性陈述以及评价性陈述。在弗里曼看来，描述性陈述不能作为保证。他又进一步将解释性陈述细分为经验保证以及体系保证。最终，他提出的保证分类包括了四类，即先验保证、经验保证、体系保证与评价保证。弗里曼认为，这四类保证体现了不同的思维模式。相对于不同的思维模式，每一分类还可再细分为子分类。

尽管受到了诸多批判，但是图尔敏模型的确对论证分析、论证评价以及论证构建方面的研究产生了巨大影响。该模型的主要学术魅力可能源自它针对在真实生活环境中以日常语言进行的论证，并提出了如何用相对简单的方式进行这样的论证。另一个学术魅力则源自图尔敏提出的应当根据语境依赖的标准来对论证进行评价的学术观点，以及他反对那些认为来自某些具体论证领域的标准是高于其他标准的霸权主义观点。因此，他认为每个领域原则上都可提供适用于所涉领域的理性论证评价标准，从而抛弃了绝对的普遍论证标准观。

在笔者看来，图尔敏学术理论所带来的强烈冲击影响体现在两个主要方面：一是给出了基于保证的论证型式分类标准；二是给出与基于语境的领域相关论证标准。前者体现在非形式逻辑研究者以及人工智能研究者对论证理论所做出的理论贡献（参见本手册第 7 章“非形式逻辑”以及第 11 章“论证与人工智能”）。后者体现在美国交往理论研究者以及修辞学研究者所做的论证理论研究（参见本手册第 8 章“交流学与修辞学”）。值得强调的是其他领域的论证理论研究者也同样得益于图尔敏的学术观点。例如，在对不同交往行为类型中典型论辩形式的语用论辩研究中，也受到了前述两种不同方面的影响（参见本手册第 10 章“语用论辩论证理论”）。

参考文献

Abelson, R. (1960 – 1961). In defense of formal logic. *Philosophy & Phenomenological Research*, 21, 333 – 346.

Aberdein, A. (2006). The uses of argument in mathematics. In D. L. Hitchcock & B. Verheij (Eds.), *Arguing on the Toulmin model. New essays in argument analysis & evaluation* (pp. 327 – 339). Dordrecht: Springer.

Ausin, T. (2006). The quest for rationalism without dogmas in Leibniz en Toulmin. In D. L. Hitchcock & B. Verheij (Eds.), *Arguing on the Toulmin model. New essays in argument analysis & evaluation* (pp. 261 – 272). Dordrecht: Springer.

Beardsley, M. C. (1950). *Practical logic.* Englewood Cliffs: Prentice-Hall.

Berk, U. (1979). *Konstruktive Argumentationstheorie* [A constructive theory of argumentation], Stuttgart-Bad Cannstatt: Frommann-Holzboog.

Bermejo-Luque, L. (2006). Toulmin's model of argument & the question of relativism. In D. L. Hitchcock & B. Verheij (Eds.), *Arguing on the Toulmin model. New essays in argument analysis & evaluation* (pp. 71 – 85). Dordrecht: Springer.

Bird, O. (1959). The uses of argument. *Philosophy of Science*, 9, 185 – 189.

Bird, O. (1961). The re-discovery of the topics: Professor Toulmin's inference warrants. *Mind*, 70, 534 – 539.

Botha, R. P. (1970). *The methodological status of grammatical argumentation. The Hague: Mouton.*

Brockriede, W. & Ehinger, D. (1960). Toulmin on argument. An interpretation & application. *Quarterly Journal of Speech*, 46, 44 – 53.

Burleson, B. R. (1979). On the analysis & criticism of arguments. Some theoretical & methodological considerations. *Journal of the American Forensic Association*, 15, 137 – 147.

Carnap, R. (1950). *Logical foundations of probability.* Chicago: University of Chicago Press.

Castaneda, H. N. (1960). On a proposed revolution in logic. *Philosophy of Science*, 27, 279 – 292.

Collins, J. (1959). The uses of argument. *Cross Currents*, 9, 179.

Cooley, J. C. (1959). On Mr. Toulmin's revolution in logic. *Journal of Philosophy*, 56,

297 – 319.

Cowan, J. L. (1964). The uses of argument-An apology for logic. *Mind*, 73, 27 – 45.

Crable, R. E. (1976). *Argumentation as communication. Reasoning with receivers. Columbus: Charles E. Merill.*

Cronkhite, G. (1969). *Persuasion. Speech & behavioral change.* Indianapolis: Bobbs Merrill.

van Eemeren, F. H., Grootendorst, R. & Kruiger, T. (1978). *Argumentatietheorie* [Argumentation theory]. Utrecht/Antwerpen: Het Spectrum. (2nd extended ed. 1981; 3rd ed. 1986). (English transl. (1984, 1987)).

van Eemeren, F. H., Grootendorst, R. & Kruiger, T. (1984). *The study of argumentation.* New York: Irvington, [trans. Lake, F. H., van Eemeren, R., Grootendorst, R. & T. Kruiger (1981). *Argumentatietheorie* (2nd ed.). Utrecht: Het Spectrum. (1st ed. 1978)].

Ehninger, D. & Brockriede, W. (1963). *Decision by debate.* New York: Dodd, Mead.

Eisenberg, A. & Ilardo, J. A. (1980). *Argument. A guide to formal & informal debate* (2nd ed.). Englewood Cliffs: Prentice-Hall. (1st ed. 1972).

Ennis, R. H. (2006). Probably. In D. L. Hitchcock & B. Verheij (Eds.), *Arguing on the Toulmin model. New essays in argument analysis & evaluation* (pp. 145 – 164). Dordrecht: Springer.

Fox, J. & Modgil, S. (2006). From arguments to decisions. Extending the Toulmin view. In D. L. Hitchcock & B. Verheij (Eds.), *Arguing on the Toulmin model. New essays in argument analysis & evaluation* (pp. 273 – 287). Dordrecht: Springer.

Freeman, J. B. (1985). Dialectical situations & argument analysis. *Informal Logic*, 7, 151 – 162.

Freeman, J. B. (1988). *Thinking logically. Basic concepts for reasoning.* Englewood Cliffs: Prentice-Hall.

Freeman, J. B. (1991). *Dialectics & the macrostructure of arguments. A theory of argument structure. Berlin-New York: Foris-de Gruyter.*

Freeman, J. B. (1992). Relevance, warrants, backing, inductive support. *Argumentation*, 6, 219 – 235.

Freeman, J. B. (2006). Systematizing Toulmin's warrants. An epistemic approach. In D. L. Hitchcock & B. Verheij (Eds.), *Arguing on the Toulmin model. New essays in argument analysis & evaluation* (pp. 87 – 101). Dordrecht: Springer.

Goodnight, G. T. (1982). The personal, technical & public spheres of argument. A speculative inquiry into the art of public deliberation. *Journal of the American Forensic Association*, 18, 214 – 227.

Goodnight, G. T. (1993). Legitimation inferences. An additional component for the Toulmin model. *Informed Logic*, 15, 41 – 52.

Goodnight, G. T. (2006). Complex cases & legitimation inference. Extending the Toulmin model to deliberative argument in controversy. In D. L. Hitchcock & B. Verheij (Eds.), *Arguing on the Toulmin model. New essays in argument analysis & evaluation* (pp. 39 – 48). Dordrecht: Springer.

Göttert, K. H. (1978). *Argumentation* (p. 23). Tübingen: Germanische Arbeitshefte.

Gottlieb, G. (1968). *The logic of choice. An investigation of the concepts of rule & rationality. New York: Macmillan.*

Grennan, W. (1997). *Informal logic. Issues & techniques.* Montreal & Kinston: McGill-Queen's University Press.

Grewendorf, G. (1975). *Argumentation unci Interpretation. Wissenschaftstheoretische Untersuchungen am Beispiel germanistischer Lyrikinterpretationen* [Argumentation & interpretation. Investigations in the philosophy of science on the basis of Germanistic interpretations of lyric poetry], Kronberg: Scriptor.

Groarke, L. (1992). In defense of deductivism. Replying to Govier. In F. H. van Eemeren, R. Grootendorst, J. A. Blair & C. A. Willard (Eds.), *Argumentation illuminated* (pp. 113 – 121). Amsterdam: Sic Sat.

Habermas, J. (1973). Wahrheitstheorien [Theories of truth]. In H. Fahrenbach (Ed.), *Wirklichkeit und Reflexion. Festschrift fur Walter Schulz zum* 60. *Geburtstag* [Reality & reflection. Festschrift for Walter Schulz's sixtieth birthday] (pp. 211 – 265). Pfullingen: Günther Neske.

Habermas, J. (1981). *Theorie des Kommunikativen Handelns* [A theory of communicative action] (Vols. I & II). Frankfurt am Main: Suhrkamp.

Hamby, B. (2012). Toulmin's "Analytic Arguments". *Informal Logic*, 52 (1), 116 – 131.

Hample, D. (1977). The Toulmin model & the syllogism. *Journal of the American Forensic Association*, 14, 1 – 9.

Hardin, C. L. (1959). The uses of argument. *Philosophy of Science*, 26, 160 – 163.

Hastings, A. C. (1962). *A reformulation of the modes of reasoning in argumentation.* Doctoral dissertation, Northwestern University, Evanston.

Healy, P. (1987). Critical reasoning & dialectical argument. *Informal Logic*, 9, 1 – 12.

Hitchcock, D. L. (2003). Toulmin's warrants. In F. H. van Eemeren, J. A. Blair, C. A. Willard & A. F. Snoeck Henkemans (Eds.), *Anyone who has a view. Theoretical contributions to the study of argumentation* (pp. 69 – 82). Dordrecht: Kluwer.

Hitchcock, D. L. (2006a). Good reasoning on the Toulmin model. In D. L. Hitchcock & B. Verheij (Eds.), *Arguing on the Toulmin model. New essays in argument analysis & evaluation* (pp. 203 – 218). Dordrecht: Springer.

Hitchcock, D. L. & Verheij, B. (Eds.). (2006). *Arguing on the Toulmin model. New essays in argument analysis & evaluation. Dordrecht: Springer.*

Huth, L. (1975). Argumentationstheorie und Textanalyse [Argumentation theory & textanalysis]. *Der Deutschunterricht*, 27, 80 – 111.

Johnson, R. H. (1980). Toulmin's bold experiment. *Informal Logic Newsletter*, 3 (2), 16 – 27 (Part I), 5 (3), 13 – 19 (Part II).

Johnson, R. H. & Blair, J. A. (1980). The recent development of informal logic. In J. A. Blair & R. H. Johnson (Eds.), *Informal logic. The first international symposium* (pp. 3 – 28). Inverness: Edge Press.

Johnstone, Jr. H. W. (1968). Theory of argumentation. In R. Klibansky (Ed.), *La philosophie contemporaine* [Contemporary philosophy] (pp. 177 – 184). Firenze: La Nuova Italia Editrice.

Kienpointner, M. (1983). *Argumentationsanalyse* [Argumentation analysis], Innsbruck: Verlag des Instituts für Sprachwissenschaft der Universität Innsbruck. Innsbrucker Beiträge zur Kulturwissenschaft, Sonderheft 56.

Kienpointner, M. (1992). *Alltagslogik. Struktur und Funktion vom Argumentationsmustern* [Everyday logic. Structure & function of specimens of argumentation]. Stuttgart-Bad Cannstatt: Frommann-Holzboog.

King-Farlow, J. (1973). Toulmin's analysis of probability. *Theoria*, 29, 12 – 26.

Kneale, W. (1949). *Probability & induction.* Oxford: Clarendon.

Kock, C. (2006). Multiple warrants in practical reasoning. In D. L. Hitchcock & B. Verheij (Eds.), *Arguing on the Toulmin model. New essays in argument analysis & evaluation* (pp. 247 – 259). Dordrecht: Springer.

Kopperschmidt, J. (1980). *Argumentation. Sprache und Vernunft* [Argumentation. Language & reason] (Vol. 2). Stuttgart: Kohlhammer.

Kopperschmidt, J. (1989). *Methodik der Argumentationsanalyse* [Methodology of argumentation analysis]. Stuttgart: Frommann-Holzboog.

Körner, S. (1959). The uses of argument. *Mind*, 68, 425 – 427.

Lo Cascio, V. (1991). *Grammatica dell'argomentare. Strategie e strutture* [A grammar of arguing. Strategies & structures]. Florence: La Nuova Italia.

Lo Cascio, V. (1995). The relation between tense & aspect in Romance & other languages. InP. M. Bertinetto, V. Bianchi, I. Higginbotham & M. Scartini (Eds.), *Temporal reference, aspect & actionality* (pp. 273 – 293). Turin: Rosenberg & Selber.

Lo Cascio, V. (2003). On the relationship between argumentation & narration. In F. H. van Eemeren, J. A. Blair, C. A. Willard & A. F. Snoeck Henkemans (Eds.), *Proceedings of the fifth conference of the International Society for the Study of Argumentation* (pp. 695 – 700). Amsterdam: Sic Sat.

Lo Cascio, V. (2009). *Persuadere e convincere oggi. Nuovo manuale dell' argomentazione* [Persuading & convincing nowadays. A new manual of argumentation]. Milan: Academia Universa Press.

Loui, R. P. (2006). A citation-based reflection on Toulmin & argument. In D. L. Hitchcock & B. Verheij (Eds.), *Arguing on the Toulmin model. New essays in argument analysis & evaluation* (pp. 31 – 83). Dordrecht: Springer..

Manicas, P. T. (1966). On Toulmin's contribution to logic & argumentation. *Journal of the American Forensic Association*, 3, 83 – 94.

Mason, D. (1961). The uses of argument. *Augustinianum*, 1, 206 – 209.

McPeck, J. (1981). *Critical thinking & education.* Oxford: Martin Robertson.

McPeck, J. (1990). *Teaching critical thinking. Dialogue & dialectic.* New York: Routledge, Chapman & Hall.

Metzing, D. W. (1976). Argumentationsanalyse [Analysis of argumentation]. *Studium Linguistik*, 2, 1 – 23.

Newell, S. E. & Rieke, R. D. (1986). A practical reasoning approach to legal doctrine. *Journal of the American Forensic Association*, 22, 212 – 222.

O'Connor, D. J. (1959). The uses of argument. *Philosophy*, 34, 244 – 245.

Öhlschläger, G. (1979). *Linguistische Überlegungen zu einer Theorie der Argumentation* [Linguistic considerations concerning a theory of argumentation], Tübingen: Niemeyer.

Paglieri, F. & Castelfranchi, C. (2006). Arguments as belief structures. Towards a Toulmin layout of doxastic dynamics? In D. L. Hitchcock & B. Verheij (Eds.), *Arguing on the Toulmin model. New essays in argument analysis & evaluation* (pp. 356 – 367). Dordrecht: Springer.

Pinto, R. (2006). Evaluating inferences. The nature & role of warrants. In D. L. Hitchcock & B. Verheij (Eds.), *Arguing on the Toulmin model. New essays in argument analysis & evaluation* (pp. 115 – 143). Dordrecht: Springer.

Prakken, H. (2006). Artificial intelligence & law, logic & argument schemes. In D. L. Hitchcock & B. Verheij (Eds.), *Arguing on the Toulmin model. New essays in argument analysis & evaluation* (pp. 231 – 245). Dordrecht: Springer.

Pratt, J. M. (1970). The appropriateness of a Toulmin analysis of legal argumentation. *Speaker & Gavel*, 7, 133 – 137.

Reed, C. & Rowe, G. (2006). Translation Toulmin diagrams. Theory neutrality in argumentation representation. In D. L. Hitchcock & B. Verheij (Eds.), *Arguing on the Toulmin model. New essays in argument analysis & evaluation* (pp. 341 – 358). Dordrecht: Springer.

Reinard, J. C. (1984). The role of Toulmin's categories of message development in persuasive communication. Two experimental studies on attitude change. *Journal of the American Forensic Association*, 20, 206 – 223.

Rieke, R. D. & Sillars, M. O. (1975). *Argumentation & the decision-making process.* New York: Wiley.

Rieke, R. D. & Stutman, R. K. (1990). *Communication in legal advocacy.* Columbia: University of South Carolina Press.

Ryle, G. (1976). *The concept of mind* (5 th ed.). Harmondsworth: Penguin. (1st ed. 1949).

Schellens, P. J. (1979). Vijf bezwaren tegen het Toulmin-model [Five objections to the Toulmin model], *Tijdschrift voor Taalh elicer sing* [Journal of speech communication], 7, 226 – 246.

Schellens, P. J. & Verhoeven, G. (1988). *Argument en tegenargument. Een inleiding in de analyse en heoordeling van betogende teksten* [Argument & counter-argument. An introduction to the analysis & evaluation of argumentative texts]. Leiden: Martinus Nijhoff.

Schmidt, S. J. (1977). Argumentationstheoretische aspekte einer rationalen Literaturwissenschaft [Argumentation theoretical aspects of a rational theory of literature]. In M. Schecker (Ed.), *Theorie der Argumentation* [Theory of argumentation] (Voi. 76, pp. 171 – 200). Tübingen: Tübinger Beiträge zur Linguistik.

Schwitalla, J. (1976). Zur Einführung in die Argumentationstheorie. Begründung durch Daten und Begründung durch Handlungsziele in der Alltagsargumentation [Introduction in the theory of argumentation. Foundation based on data & foundation based on action goals in everyday argumentation]. *Der Deutschunterricht*, 28, 22 –36.

Sikora, J. J. (1959). The uses of argument. *New Scholasticism*, 33, 373 –374.

Tans, O. (2006). The fluidity of warrants. Using the Toulmin model to analyse practical discourse. In D. L. Hitchcock & B. Verheij (Eds.), *Arguing on the Toulmin model. New essays in argument analysis & evaluation* (pp. 219 –230). Dordrecht: Springer.

Toulmin, S. E. (1950). *An examination of the'place of reason in ethics.* Cambridge, UK: Cambridge University Press.

Toulmin, S. E. (1972). *Human understanding.* Princeton: Princeton University Press.

Toulmin, S. E. (1976). Knowing & acting. An invitation to philosophy. New York: Macmillan.

Toulmin, S. E. (1990). *Cosmopolis. The hidden agenda of modernity.* New York: Free Press.

Toulmin, S. E. (1992). Logic, rhetoric & reason. Redressing the balance. In F. H. van Eemeren, R. Grootendorst, J. A. Blair & C. A. Willard (Eds.), *Argumentation illuminated* (pp. 3 –11). Amsterdam: Sic Sat.

Toulmin, S. E. (2001). *Return to reason.* Cambridge: Harvard University Press.

Toulmin, S. E. (2003). *The uses of argument* (Updated ed.). Cambridge: Cambridge University Press, (lsted. 1958; paperbacked. 1964).

Toulmin, S. E. (2006). Reasoning in theory & practice. In D. L. Hitchcock & B. Verheij (Eds.), *Arguing on the Toulmin model. New essays in argument analysis & evaluation* (pp. 25 –29). Dordrecht: Springer.

Toulmin, S. E. & Janik, A. (1973). *Wittgenstein s Vienna.* New York: Simon & Schuster.

Toulmin, S. E., Rieke, R. & Janik, A. (1979). *An introduction to reasoning.* New York: Macmillan. (2nd ed. 1984).

Trent, J. D. (1968). Toulmin's model of an argument: An examination & extension. *Quarterly Journal of Speech*, 54, 252 –259.

Verheij, B. (2003). DefLog. On the logical interpretation of prima facie justified assumptions. *Journal of Logic & Computation*, 13 (3), 319 –346.

Verheij, B. (2006). Evaluating arguments based on Toulmin's scheme. In D. L. Hitchcock & B. Verheij (Eds.), *Arguing on the Toulmin model. New essays in argument analysis & evaluation* (pp. 181 –202). Dordrecht: Springer.

Voss, J. F. (2006). Toulmin's model & the solving of ill-structured problems. In D. L. Hitchcock & B. Verheij (Eds.), *Arguing on the Toulmin model. New essays in argument analysis & evaluation* (pp. 303 – 311). Dordrecht: Springer.

Voss, J. F., Fincher-Kiefer, R., Wiley, J. & Ney Silfies, L. (1993). On the processing of arguments. *Argumentation*, 7, 165 – 181.

Weinstein, M. (1990a). Towards an account of argumentation in science. *Argumentation*, 4, 269 – 298.

Weinstein, M. (1990b). Towards a research agenda for informal logic & critical thinking. *Informal Logic*, 2, 121 – 143.

Will, F. L. (1960). The uses of argument. *Philosophical Review*, 69, 399 – 403.

Willard, C. A. (1983). *Argumentation & the social grounds of knowledge.* Tuscaloosa: The University of Alabama Press.

Willard, C. A. (1989). *A theory of argumentation.* Tuscaloosa: The University of Alabama Press.

Windes, R. R. & Hastings, A. C. (1969). *Argumentation & advocacy.* New York: Random House. (1st ed. 1965).

Wunderlich, D. (1974). *Grundlagen der Linguistik* [Foundations of linguistics]. Reinbek bei Hamburg: Rowohlt Taschenbuch.

Zeleznikow, J. (2006). Using Toulmin argumentation to support dispute settlement in discretionary domains. In D. L. Hitchcock & B. Verheij (Eds.), *Arguing on the Toulmin model. New essays in argument analysis & evaluation* (pp. 289 – 301). Dordrecht: Springer.

第 5 章

新修辞学

5.1　作者：佩雷尔曼与奥尔布赖切斯—泰提卡

1958 年，比利时哲学家佩雷尔曼（Chaïm Perelman）与奥尔布赖切斯—泰提卡（Lucie Olbrechts-Tyteca）发表了《新修辞学：论论证》（*La nouvelle rhétorique*：*Traité de l' argumentation*），这是论证理论领域中的一本开创性著作。该著作在其英译本 *The new rhetoric*：*A treatise on argumentation* 于 1969 年出版之后，受欢迎的势头越来越高。借用其书名，一般将佩雷尔曼与奥尔布赖切斯—泰提卡的论证理论称为“新修辞学”。在论证理论作为一门独立学科的发展中，正如图尔敏（Stephen Toulmin）同一年在《论证的运用》中提出论证模型一样，佩雷尔曼与泰提卡的新修辞学业已成为一个重要因素。

佩雷尔曼（Chaïm Perelman，1912－1984）在波兰华沙出生，后来随父母移民到比利时。在布鲁塞尔自由大学，他度过了整个学术生涯。佩雷尔曼学习的是法律和哲学，博士论文的主题是论弗雷格。做了几年讲师之后，佩雷尔曼晋升为逻辑学、伦理学和形而上学教授。从 1944 年直到其去世，他一直在这个教席上工作。他的助手奥尔布赖切斯—泰提卡（Lucie Olbrechts-Tyteca，1900－1987）出生于布鲁塞尔。在布鲁塞尔自由大学，她修读了多种学科，包括文学、社会学、社会心理学以及统计学等，最后毕业于社会科学与经济学专业。1948 年，泰提卡遇到佩雷尔曼，他们决定启动关于修辞与论证的合作研究计划。①

佩雷尔曼撰写了关于正义、法律、论证以及修辞等主题的许多著作和论文。在本章中，我们将集中讨论他与泰提卡的代表作。首先，我们在第5.2节中将描述新修辞学的学术背景，并在第5.3节中概括这种理论的总体特点。然后，在第5.4节中，围绕“听众”这个概念，详细论述这种修辞学的理论框架。接下来，讨论新修辞学的两个主要部分：第5.5节中的论证“出发点”以及第5.6—5.10节中的论证型式。最后，我们在第5.11节中通过其他学者描述了对这种理论的认识，在第5.12节中我们介绍了一些批评性评论。②

5.2 作者的学术背景

佩雷尔曼之所以提出新修辞学的想法，乃是出于他对“价值判断逻辑”的兴趣。③ 在其职业生涯早期，佩雷尔曼就对逻辑理性和价值判断之间的不确定关系产生了兴趣。他关于这个问题的早期思想，似乎没有得到学界非常热烈的认可。佩雷尔曼（Perelman，1933）有一篇文章，题目是“论知识的随意性”，对此，也有一篇评论，其结论是：“作者有一些观点，讨论的是关于建构知识设定方面的随意性，有点与刘易斯（C. I. Lewis）提出的那些观点相类似，而且受到了杜普雷（Dupréel）的启发。作者并没有对它们有多少发展，也没有成功地对它们进行很好的

① 关于“新修辞学”两位作者之间的分工，有一种说法，参见瓦尼克（Warnick，1997）。在佩雷尔曼的女儿马蒂斯（Noémi Perelman Mattis）看来，“在他们撰写的著作中，理论框架完全是佩雷尔曼的，而案例大多是奥尔布赖切斯的，他们在共同写作”。虽然是忠实的朋友，“他们在其接触中从未放弃那些不多见的礼节”。经过36年的合作，“他们还称呼对方为‘奥尔布赖切斯夫人’和‘佩雷尔曼先生’”（个人回忆，1994年8月12日）。关于更多的传记资料，参见加格（Gage，2011，pp. 8－18）。

② 本章是对范爱默伦等人（van Eemeren *et al.*，1996，Ch. 4）类似概述的修订和更新版本。

③ 参见格罗斯与迪林（Gross & Dearin，2003，p. 7）的著作，“简而言之，佩雷尔曼试图发现一种‘价值判断逻辑’，以应用于虽没有确凿证据或形式有效的证明，但每天必须做出决定的实际生活事务”。

阐述。”（Costello，1934，p.613）

后来，逻辑理性与价值判断的关系成为佩雷尔曼的研究主题。20世纪40年代，佩雷尔曼发表了很多文章，其中，他研究了多种哲学问题，特别是在法律方面，那些文章都与这个主题相关。他研究了实体法基础，并得出这样的结论：程序法的可能性要依赖于具体价值判断。[①] 例如，人最好能得到平等对待，关于确定其境遇是否类似以及决定“情况是否属实”所需的准则，在一定程度上要建立在价值判断基础上。与价值判断有关的其他例子，如：在某些情况下，人们无法完全或根本不能为自己的行为负责，对此应如何看待？在决定做出一个判决时，必须考虑到被告人以及社会总体的利益，这又该如何看待？

根据他自己的说法，此时佩雷尔曼遵循的是逻辑经验主义哲学（Perelman，1970，p.280）。然而，这种哲学并不能解释对价值判断的运用，他对此并不能感到满意。在逻辑经验主义领域内，“理性的”与“合理的”这两个形容词被严格地用来表示那些陈述，即其能够通过经验观察被验证，或在形式逻辑系统内能够演绎出来。然而，在实践中，如同哲学家和其他运用语言的人一样，律师很少能为其提出的论题做出完美的形式证明，毋宁说，他们只是在努力对它们进行证成而已。在佩雷尔曼看来，这些在证成上的尝试，很可能被视为是理性的，而逻辑经验主义者认为，基于价值判断的论证并不是理性的，这种观点将使“理性决定”这一观念毫无意义。因而，程序法作为对基于价值判断规则的系统运用，并没有理性基础。[②]

佩雷尔曼注意到逻辑经验主义有上述消极后果，因而促使他探寻一种逻辑，从中有可能对价值进行论证，而不是简单地使证成依赖于兴趣、激情、偏见和神秘基础上的非理性选择。他感到，最近的历史已提供了丰富的证据，这些令人深感悲惨的暴行正是由后面那些态度所导致的。然而，通过对现有哲学文献的批判性研究，并没有为他提供这样一种逻

① 实体法与制定公民的权利与义务有关，并对规则做出规定。程序法则调节实施实体法的方式。

② 对于“理性的”（规则在形式上的应用）和“合理的”（判断和常识的使用）之间的区别，参见佩雷尔曼等人（Perelman *et al.*，1979b）。

辑："我赞同通过各种类型的存在主义对实证主义者的经验主义和理性主义观念论所做的批判，但我并不满足于其纯主观方案或承诺等证成行为。"（Perelman，1970，p. 281）

通过其早期哲学研究，佩雷尔曼得出结论：旨在对选择、决定和行为进行证成的论证，是与形式论证并列的一种理性活动，现有的哲学理论并不能给予其满意解释。基于这一结论，他认为，迫切需要一种理论能够处理这样的论证，这种理论可以作为形式逻辑的一种补充。将要提出的这个理论应当关注那些争议，其中价值起一定作用，而且这些争议既不能通过经验证实或形式证明，也不能通过把二者结合起来而得到解决。它一定是一种论证理论，在此基础上，有可能表明选择、决定和行为如何可以根据理性而得到证成。

1949 年，佩雷尔曼宣布，他想要的那种论证理论快要提出来了。然后，与奥尔布赖切斯—泰提卡一起，他花了 10 年时间来做这个工作。在一些提纲性文章和局部研究之后，他们以一种内容广泛的概述形式出版了其研究结论：《新修辞学：论论证》（Perelman & Olbrechts-Tyteca，1958）。随后，该著作的意大利语译本出版（Perelman & Olbrechts-Tyteca，1966）。英语译本三年后出版（Perelman & Olbrechts-Tyteca，1969）。①

该理论的名称为"新修辞学"，这个名称反映出了它的灵感来源。关于佩雷尔曼和奥尔布赖切斯—泰提卡心中这种可能的论证理论，用形式逻辑与有关哲学方法几乎提供不了什么可推进的工具。相反，他们经过探索，最终重新找到了古典论辩学和修辞学，即由亚里士多德和一些具有相同兴趣的学者在古代提出的那些古典学科。②

正如在古典修辞学中一样，"听众"这个观念在新修辞学中也起着举足轻重的作用。新修辞学假定，论证总是用来在那些所预期的人身上产生具体效果。论证者展开论证的目的是影响听众，或者使他们相信点什

① 佩雷尔曼与奥尔布赖切斯—泰提卡这一著作最新近的是法语译本（Perelman & Olbrechts-Tyteca，2008）。为了方便读者，此后我们参照的是 1969 年的英语译本。

② 关于古典修辞学与新修辞学相遇的自传性叙述，参见奥尔布赖切斯—泰提卡（Olbrechts-Tyteca，1963）。奥尔布赖切斯—泰提卡也承认，佩雷尔曼赞同皮尔士关于"推测修辞"或"客观逻辑"的思想，后者研究的是通过符号从心灵到心灵以及从心灵的一种状态到另一种状态的意义传递问题。

么，应当按照实现这一目标的实效性标准来设计论证。这意味着，论证中所使用的技巧，需要适应听众的参照系。为了实现这一目标，论证者必须使自己尽可能与听众一致，必须以听众的知识、经验、期望、意见、规范为基础。佩雷尔曼和奥尔布赖切斯—泰提卡坚决地强调这一点，这就标志着他们的论证理论是一种修辞理论。这种精心建构的理论用来对知识提供一种系统考察，在论证中，对于要对其进行演说的那些人们而言，应当产生说服效果是必要的。

不过，新修辞学与古典修辞学也有不少差异。例如，新修辞学研究的对象范围要比古典修辞学广泛。后者主要涉及在法律语境、政治或特殊情况下进行的演讲，而新修辞学既要处理书面论证也要处理口头论证，并预设论证可以与任何主题有关，可向任何范围的听众发表。在佩雷尔曼和奥尔布赖切斯—泰提卡看来，新修辞学的论辩成分是如此充实，他们也可以称这种理论为新论辩术或新论辩学（New Dialectics）。然而，如果他们真的这么做了，就会令人产生困惑。在佩雷尔曼和奥尔布赖切斯—泰提卡看来，与新修辞学相比，不仅因为古典论辩学与分析推理更为密切相关，而且也因为与黑格尔、马克思所引入的辩证法（Dialectics）这个术语具有不同的用法，有可能会引起严重的误解。正如佩雷尔曼指出："称'这种理论'为修辞学，不应该有什么犹豫，因为一个多世纪以来，在我们的文化环境中，已把辩证法（Dialectics）定位为黑格尔和马克思的观念，而且修辞学仅仅是传统上关注听众的学科。"（Perelman，1971，p. 118）佩雷尔曼和奥尔布赖切斯—泰提卡将其理论嵌入修辞而非论辩传统，但并不否定论辩学。在他们看来，论辩学是一种与论证技巧相关的理论，而修辞学则是一门实践性学科，它说明可以如何使用这种论辩技巧来使听众信服或说服听众。

5.3　新修辞学的一般特征

佩雷尔曼（Perelman，1970）认为，新修辞学构成了对实证主义经验论与理性主义观念论哲学的回应，后者只是运用于为人所知的理性思维重要领域，如法律推理等。并非要致使这些思维领域成为非理性的，新修辞学的前提是这种观念，即那些声称合理性的人们，必须使用论证来使别人相信他们的主张得到了证成。

这个要求也适用于哲学推理。在通常情况下，哲学家并不提供其观念正当性的形式证明。相反，他们试图运用论证来证成那些观念的合理性。原则上，他们希望以论证使听众相信，这是哲学家自己的选择。一些哲学家希望说服一个具体思想流派或一些公认专家的支持者，另一些哲学家希望说服一般意义上的人。同样的尝试用于说服在“非分析思维”领域，如法律领域的其他人，但已做了必要的修改。① 非分析思维中的论证总是指向说服听众而且设计新修辞学的目的就是要公平对待这一本质特征。根据对非分析思维的分析，该理论之要旨在于，使不同思想家以及不同思想体系的代表人物之间看似矛盾的主张成为符合理性的一种综合。

关于佩雷尔曼和奥尔布赖切斯—泰提卡对非分析思维之合理性的分析，其灵感源泉不仅来自古典论辩学和修辞学，也来自德国数学家、逻辑学家和哲学家弗雷格（Gottlob Frege，1848 - 1925）与比利时社会学家和哲学家杜普雷（Eugène Dupréel，1879 - 1967）。

弗雷格的影响主要关涉到新修辞学所使用的方法论。在对数学推理进行描述性分析基础上，弗雷格提出了他的逻辑理论。同样，佩雷尔曼和奥尔布赖切斯—泰提卡认为，在对法律、历史、哲学和文学领域的价值判断之推理进行描述性分析基础上，他们提出了新修辞学。他们没有阐述价值判断之逻辑的先验可能结构，而是决定探讨不同思想学派的学者在实际上如何论证价值，其目的是以此方式来找到一种价值判断之逻辑形态。②

如上所述，作为一种方法论选择的结果，新修辞学体现为一种描述性而非规范性的论证理论。佩雷尔曼和奥尔布赖切斯—泰提卡并不提出规范，他们认为，论证者应当坚持只给实践中能够成功的各种论证提出描述。③ 同时，在佩雷尔曼（Perelman，1970）看来，新修辞学不仅仅是

---

① 尽管佩雷尔曼没有准确地定义“非分析思维”是什么意思，根据他的阐述，显然，他指的是，基于话语方式的推理以获得思想的支持，而非盛行于现代逻辑和数学中的自明观念。

② 关于这种方法论相似性的叙述，参见佩雷尔曼（Perelman，1970，p. 281）。

③ 新修辞学所描述的理性与合理性规范因而有一种“主位”的基础。

一种描述非形式论证实践的理论。论证理论应该尽可能将不同主张纳入合理的一般视域中，紧随这一观点，新修辞学尝试创建一种合并各种非分析思维形式的单一理论框架。

关于杜普雷对新修辞学的影响，可以从构成这种理论化基础的理性角度追溯。他的社会学预设，价值观在社会团体的形成中有着至关重要的作用，因为这些团体建立在其成员拥有共同价值观的基础上。这个观念反映在佩雷尔曼和奥尔布赖切斯—泰提卡的理性观上，其目的是公平对待体现社会现实的多样性价值观，在这种意义上，它是多元的。

5.4　听众的主导作用

佩雷尔曼和奥尔布赖切斯—泰提卡将新修辞学定义为“研究话语技巧，使我们能够引出或增强在精神上坚持对所提论题的认同”（Perelman & Olbrechts-Tyteca，1969，p.4）。认同观念是这个定义的核心，他们认为这是一个相对渐进的概念。这是一个相对的概念，因为由一个人所认同的论题，可能并不被另一个人所认同。这是一个渐进的概念，因为对这些论题的认同度，可能会有所不同。可能对某人来说，“百分之百”赞同某事，但也可能“在某种程度上”赞同。其结果是，论证也可以旨在加强已经赞同论证者所提论题的那些人的赞同：它可能使一个论题被全面接受，但也可能是使其在程度上更可接受。

既然对赞成的测量取决于评价者即听众的价值判断，那么在新修辞学中对论证技巧的描述始于“听众”。在这方面，新修辞学在根本上与形式逻辑不同。在后者那里，论证的说服力要根据前提与结论之间的关系来界定，因此，对任何接受这种形式系统的人而言，一个有效的演绎推理应该是不可抗拒的。然而，在佩雷尔曼和奥尔布赖切斯—泰提卡看来，日常语言中的论证，决非不可抗拒的。它所使用的符号（词语和句子）在原则上是多义的，它的整个前提使结论的可接受程度可能或大或小。那么，在新修辞学那里，涉及判决的论证可靠性，就不是有效性问题，而是似真性问题。从这个理论角度来看，涉及判决的论证可靠性最终取决于目标听众。

在解释其论证理论框架时，佩雷尔曼和奥尔布赖切斯—泰提卡将

“听众”定义为“言说者通过其论证希望影响的那些人的全体”（Perelman & Olbrechts-Tyteca，1969，p. 19）。在他们看来，听众图景是言说者或书写者自己做出来的。这种观念在较大或较小程度上得到的系统化，是论证者基于论证通过希望影响到的那些人而形成的。在这个意义上，在新修辞学看来，听众是论证者的一种建构。

为了促成听众对论证者所提论题的同意，论证者对听众的描绘必须尽可能准确。在构成这种描绘时，其主要问题是，听众可能在多种方面是异质的。听众往往涉及不同的人，他们有不同的意见。除此类似情况之外，在口头论证中，论证者对听众的建构往往会受制于论证过程中的变化，如受到对已言说内容积极或消极反应的影响。

实效论证需要作为论证者的言说者、书写者与听众之间在一定程度上达到关系融洽。论证者的思路必须与听众的思维方式以某种方式相符合。在实践中，这种情况并不总是自动满足的。常常是在听众准备认真参加论证前，论证者必须先获取听众或读者的注意。就一般而言，如果认为论证会“为自己说话”，并以自己的长处来说服听众，这种假想是一种错觉。不过，在论证取得效果之前，论证者可以通过趣闻、事例和文风设计等得到并保持听众的兴趣。

论证者对听众的知识，也必须包括可以用来影响听众的技巧。所有论证者必须自己决定其希望适应听众到什么程度。佩雷尔曼和奥尔布赖切斯—泰提卡说，关于这方面的伦理学问题，并不在论证理论范围之内。

在新修辞学里，受到一个具体人或一群人赞成的论证，称之为说服论证；而假定为可被任何理性存在可接受的论证，称之为信服论证。可说服这个词的习惯用法是促使他人进入某个行动过程，令人信服是创制强有力的信念，这两者之间的联系仅仅是在间接意义上造成的。至于说服论证与信服论证之间的区分，在根本上正是由论证所预期并证明为有效的听众之类型来确定的。

在这种联系中，佩雷尔曼与奥尔布赖切斯—泰提卡区分特殊听众与普遍听众，特殊听众是由特定人或特定人群组成的，而普遍听众则被认为是由全体理性人组成的。说服论证寻求来自特殊听众的同意；信服论证则寻求来自普遍听众的同意。由于只有论证中某些现实的听众或其他受众才可能被说服采取行动，所以，说服论证显然与特殊听众相联系。普遍听众的构成是由论证者在其意识中形成的理性人的观念来确定的。① 因此，普遍听众的同意以及所伴随的信念变化，与其说是一种经验事实，不如说是一种论证者要求主张的权利。②

论证者对普遍听众的构想，可能因论证者到论证者或因群体到群体而改变。一些人可能会认为某特殊听众体现了一种理性标准，因而实现了普遍听众功能。对于生活在中世纪的人们来说，比如，特定教会精英可能就是理性思维的体现。对于现代哲学家来说，特定同事群体可能就是普遍听众。对于要寄信“致编者”给一家报纸的某人而言，报纸的读者也许被当作即将共同起作用的普遍听众。最终，普遍听众的概念超越了一切特殊听众：一个特殊听众永远只是偶然的、暂时体现了普遍听众。

论证者必须自己决定，是否要把他们的听众纯粹作为特殊听众或普遍听众的体现，换句话说，他们是想说服听众还是想令听众信服。佩雷尔曼和奥尔布赖切斯—泰提卡特别关注两种具体情况：（1）反省，其中论证者构成自己的听众；（2）对话，其中听众是由单个对话者或读者组成的。两种听众都可以被视为接近于普遍听众。这样看待时，论证者自己想出来的批评以及由对话者或读者提出的批评就被视为代表了普遍理性。

反省可能会导致自我批评以及拒绝自己不合理的思路。虽然论证者可能认为这个过程是一个令人信服而不是说服的过程，但别人可能并不同意。例如，极为接近思考的本性，可能不应被视作自称为代表普遍听众的一种保证；它也可以看作会导致自我欺骗。在佩雷尔曼和奥尔布赖切斯—泰提卡看来，人们从修辞角度试图与自己达成共识的论证，只是论证旨在获得听众认可的一个特例。在他们看来，人们自己进行思考，最好可以被视为与可能代表也可能并不代表普遍听众的其他人进行协商。

---

① 在奥尔布赖切斯—泰提卡（Olbrechts-Tyteca，1963，p. 12）看来，普遍听众虽然超越具体听众，但不能代替特定听众，只是尽可能地接近。这个概念在古典修辞学中没有出现，但它与精英听众相关。古典论辩学对普遍听众与精英听众所做的区分，反映在亚里士多德将“公众意见”这个概念构想被所有人、大多数或最聪明的人所接受的意见中（参见第2.3节）。

② 基于相应的令普遍听众信服和说服特殊听众这些概念，意味着做出这种区分需要洞察论证者的想象。因此，对信服论证和说服论证之区分并不精确。在实践中，往往很难说出在哪里达到了令人信服以及说服从哪里开始，反之亦然。

给予单个对话者或读者的论证，必须被视为对话的一部分，即使受话人采取了被动态度，在回应中什么也不说。在他们与论证者的接触中，必须考虑受话人的反应，如皱眉、点头等。即使听众完全是冷漠的，而力图获得成功的论证者也会预见可能的反驳，并试图回应这一异议。

如果对话者确实提出了回应，也许提出一个反论证，那就有一个明显的对话开始。例如，在柏拉图著名的苏格拉底对话中，情况始终如此，其中的话语实际上是一系列问答。在这些对话中，对话者可以看作普遍听众的代表。柏拉图似乎认为，对话方法导向真理，不能把对方的反驳与同意视为特殊或任意听众的偶然反应。

佩雷尔曼和奥尔布赖切斯—泰提卡区分出“启发式”对话与雄辩式或争论式对话，他们称前者为讨论，称后者为辩论。但在实践中这种区分并不那么容易。在讨论中，论证者试图令对方信服，而且将对话者作为普遍听众的体现。在辩论中，论证者试图说服对方，把对话者视为一个特殊听众。然而，没有考虑到他们作为普遍听众的体现，辩手很可能把对话者正确或错误地当作更为广泛的听众代表，诸如圣公会教会、整个曲棍球队或与他们意见有分歧的另一群人。

在新修辞学中，假定论证总是服务于修辞目的，使某个具体观点让听众更可接受。因此，佩雷尔曼和奥尔布赖切斯—泰提卡认为，论证者提出理由来支持他的意见，旨在使这个修辞效果最大化。在某种意义上，这些理由可以被视为由论证者创制的合理化，其目的是对听众通过一种成功的方式来证成一种意见。[①] 这种合理化不必与论证者实际上为何及如何得出那个意见或意见的原因有关。他们在迎合要令之信服或说服的听众，并尽可能地适应论证所发生的特定背景。例如，在给定情况下，法官根据一种模糊而含混的印象，可能已得出关于被告人行为背后犯罪意图的结论，但当宣判被告人有罪时，在法律论证中他会遮蔽这种判断。有一个更明显的例子是，被告人的律师力图给法院提出可接受的论证，他设计这种论证是为了确保其当事人无罪，而在直观上他却相信其当事

① 相对于目前在心理学影响下所赋予的意义而言，佩雷尔曼和奥尔布赖切斯—泰提卡给“合理化”这个术语以不太明确的意义。用今天的话语来说，合理化通常指的是人们在为其行为或态度辩护中提出的理由，没有意识到这些都不是真正的理由（那些真正的理由被抑制了）。

人是有罪的。

佩雷尔曼和奥尔布赖切斯—泰提卡对普遍听众概念的描述在从事论证研究的学者们中引起了长期的激烈争论。① 然而，毋庸置疑，在设计新修辞学时，他们对论证者是否正确，不如对是否把论证者置于正确之中那么感兴趣。他们把可靠论证和实效论证等同起来，把论证的实效性构想为获得其预期听众认可的程度，或在论证指向普遍听众的情况下，它可以被视为获得这样的认同。他们支持的对论证质量评价的标准，并非论证理论家强加的准则，而是论证预期听众所运用的标准，或就普遍听众而言，可能被视为适用属于预期听众的那些人的标准。

5.5　论证的出发点

描绘了新修辞学的总体思路后，我们将转到对这个理论关键概念的更为技巧性的讨论上。为了提出一个在实践中可能会成功的论证技艺概观，佩雷尔曼和奥尔布赖切斯—泰提卡实际上没有描述论证技巧，而是集中在他们认为有说服力的论证型式上。如果它们符合评价听众的前提，这些论证型式只可以成功地用于论证技巧，因此，佩雷尔曼和奥尔布赖切斯—泰提卡首先提出对这些前提的阐述，这些前提可以作为论证的出发点或共识对象。

在新修辞学中，构成论证出发点的前提可分为两类：与实在有关的前提和与偏好相关的前提。在与何为实在有关的前提中，论证者主张普遍听众的认可。这类前提包括事实、真理和假定。关于什么是更可取的前提，这与特定听众的喜好有关。这一类包括价值观、价值层级和论题（参见图5.1）。

事实和真理不属于讨论的前提。“事实”是关于实在的陈述，它被每个理性的人所承认，而不需要进一步的证成。“真理”也是同样的道理，“假定”这个术语用来指事实间更复杂的联系。例如，必须承认，在明确

① 参见第5.11节，佩雷尔曼（Perelman，1984）试图纠正对普遍听众概念的某些误解，其部分原因是出于对其他学者提出批评的回应。

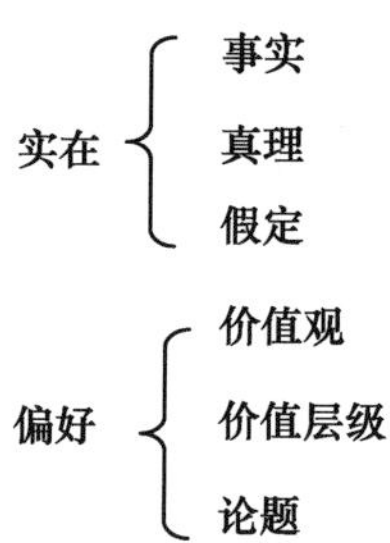

图5.1 可以作为论证出发点的前提

的地域限定、政治划分和历史沿革基础上，人们才可以说“马德里是西班牙的首都”。一旦事实或真理受到挑战或有了争议，那么，它们的身份就岌岌可危，它们就不再是事实或真理了。例如，“地球是平的”这种陈述几个世纪以来一直具有事实的身份，但在科学发现对此产生质疑时，它便失去了这种身份。今天，“地球是圆的”这个陈述才是一个事实。

“假定”是关于什么是正常或通常事件过程的陈述。它们过多地被认为是得到了普遍听众的认可。然而，与事实和真理相反，人们预期甚至假定，在某个阶段所说的陈述会得到证实。假定的一个例子是陈述，“人的行为会说明人的性格的某些东西”。如果把这个假定当作前提，那么就会认为每个人都认可它，预期情况会发生并证实这个假定。①

“价值”是与特定听众选择某物、行动或条件而非做出其他选择有关的前提。② 它们是做出选择的准则，如：“人身安全非常重要，我要投票给将提供更多警察的政党。”价值观也是形成意见的基础：“我喜欢葡萄汁甚于可乐，因为我喜欢自然产品。”论证者不仅在事物、行动或条件中做出选择时，而且一旦做出选择，在证成时也要依赖价值观。在许多情况下，涉及特定行为过程，如与行为过程有关的价值观具有共识时才可以达成共识。

听众的价值观可以作为该听众在决定接受什么或不接受什么时的出

① 涉及人的性格与人的行为的这个假定例子，在佩雷尔曼与奥尔布赖切斯—泰提卡在论证型式的分类中反复出现（Perelman & Olbrechts-Tyteca，1969，pp. 296－305）。

② 在把事实与真理和价值之间的区别与前提对于听众的状况强烈关联起来时，佩雷尔曼和奥尔布赖切斯—泰提卡与那些把事实与真理理解为现实中的事态（“在法国有许多葡萄园”）以及把价值理解为趋向现实之态度（“在法国有许多葡萄园是件好事”）的哲学家是不一样的。

发点。所持的价值观可能会因人或群体而异。事实上，有时某个特定听众怀有某种价值观，这颇具有典型性。例如，对于一个建设项目，一名听众如果是潜在投资者，他会典型地适用盈利价值，而一名听众如果是艺术爱好者，他会典型地适用审美价值。在佩雷尔曼和奥尔布赖切斯—泰提卡看来，第一眼看去似乎普遍的价值观，如果更为精确地限定，将失去其普遍性。每个人都在追求善，但经过仔细考察，关于什么是善，不同的人会有不同的观念。

一般而言，“价值层级”是论证中比价值本身更重要的前提。不同的听众可能怀有不同价值层级中的同一套价值观。由于价值层级源自人们归于有关价值的相应权重，所以，价值会因听众而异，比价值本身的差异更为广泛。价值层级通常比价值更具有因听众而异的典型性，并因此而更为鲜明。就上述建筑项目而言，听众可能既坚持盈利也坚持审美的价值。然而，由潜在投资者组成的听众会典型地将更多的权重归于盈利价值，而由艺术爱好者组成的听众会典型地将更多权重归于审美价值。总之，如上所示，不同听众排在一个价值层级中的价值，不会因此而有特别大的差别。

如价值一样，价值层级通常并不明确。然而，论证者不能简单地忽视听众对价值的衡量。通过提出一个价值从属于另一个价值，论证者将给听众提出一个与论证目的一致的价值层级，但这个层级也要符合听众的层级。为了做到这一点，论证者利用这样的事实：并非所有听众在任何时候认同所有价值的强度都相同。对于听众来说，有时一个价值支配另一个价值，也有时候会倒过来，而且其他听众可能会有不同的选择。

“论题”是用来给价值排序的前提。[①] 它们表达了特定听众的偏好。例如，它可能是特定听众偏好持久而甚于短暂的论题。这个论题可以是将友谊置于爱之上的价值层级基础，这是因为友谊更为持久。论题构成了一个可利用的宝库，是使用价值和价值层级的丰富基础。论题有一种极其普遍的性质，可作为抽象证成，即证成给特定听众阐述的论证中所提出的作为理由的陈述。例如，对于“你应该接受这份工作，而不是等

① 佩雷尔曼和奥尔布赖切斯—泰提卡偏好拉丁语 *loci*（论题，单数为 *locus*）甚于希腊语 *topoi*（论题，单数为 *topos*）。

待你可能决不会得到的机会”，要证成所提出的理由，也许可以运用已有的论题“一鸟在手胜过二鸟在林”来完成。

在对质论题和量论题的讨论中，佩雷尔曼和奥尔布赖切斯—泰提卡赞同亚里士多德的观点。诉诸量的论题，例如，当我们说明选择一个特定行动过程是因为最大多数人将从中受益时：“政府应当把一切私人财产和公园国有化，这样会对每个人都有好处。”诉诸质的论题，例如，宣称必须采取一定行动是因为这是一个最佳选择：“我知道很多学生无法忍受多项选择考试，但我仍然认为这种考试是好主意，因为没有其他方式可以更尽可能快速而且可靠地说明学生是否掌握了必要的知识。”

事实、真理、假定、价值、价值层级以及论题可作为共识对象。作为构成论证出发点的前提，它们不需要总是提前明确地得到说明。在许多情况下，这些起点在论证过程中甚至只有在论证过程之后的仔细检查中才呈现出来。但作为出发点的这些前提不论是否提前得到说明，如果听众不同意这些前提，这种论辩也是不会成功的。

在佩雷尔曼和奥尔布赖切斯—泰提卡看来，在出发点上缺乏共识，可能有三个层面：（1）前提的状况；（2）对前提的选择；（3）对前提的口头陈述。例如，如果对前提的状况缺乏共识，论证者提出某事物作为事实，但听众还是希望看到证明，像“你一直说劳拉病了，但是她真的病了吗?”或者，如果论证者假定一种价值层级，而听众认为并不存在，像“如果安喜欢，她可以说波旁威士忌比苏格兰威士忌好，但我觉得，所有威士忌都是一样的”。如果缺乏前提选择的共识，例如，论证者运用的事实，听众认为与论证不相关，或者宁愿它没有被提及，像“当然哈里去过印度尼西亚，但这与我们谈的内容有什么关系吗?”最后，如果缺乏对前提口头陈述的共识，例如，论证者提出一些事实（事实得到认可，并且被认为与听众相关），但有一种偏见或有听众不能接受的内涵，像“你一直说的恐怖分子，我宁愿称他们为自由战士”。在实践中，共识可能会同时缺乏比上述更多的层面。

使共识对象成为论证出发点，这是论证成功的关键因素。因此，仔细考虑听众可能将某些前提归于什么状况，从而谨慎挑选前提，并且如果它们表述明确的话，要选择正确的措辞，那么，论证者就是明智的。论证者不能简单地假定听众不赞成的价值观，不能陈述听众视为无关紧要的事实，或者不能使用听众会认为有倾向性的措辞，因为这三种情况会阻碍论证的成功。共识对象本身是论证得以成功的修辞手段。论证者完全有权从听众并不赞成的前提开始其论证，但他们必须认识到，这样的前提要求他们自己的支持性论证，因此，不能作为共同的出发点。

5.6　论证型式分类

在对纳入其出发点的达成论辩共识对象的讨论之后，佩雷尔曼和奥尔布赖切斯—泰提卡思考了大量论证型式。他们认为，这些论证型式是特殊种类的论题（希腊语为 topoi；拉丁语为 loci），即，这个概念是在古典修辞学意义上理解的。这意味着，它们被视为一般型式，可能有助于论证者为自己的立场找到论据。

基于他们的观点，即论证旨在促使听众更为认同有关所论的立场（“论题”），佩雷尔曼和奥尔布赖切斯—泰提卡的意见是，如果论证型式与听众的偏好一致，或就向普遍听众阐述的论证而言，与论证者归于构成普遍听众的理性存在者的偏好一致，它们才能有效地用于论证技巧。在这个意义上，对于可以用来使论题更可接受的论证技巧要素，新修辞学提供了一个概览。

佩雷尔曼和奥尔布赖切斯—泰提卡设想的论证技巧，其特点是两个不同的过程：关联与分解（参见图5.2）。关联在于连接听众之前认为独立的元素，而分解在于将听众以前视为整体的某物分解成一些独立的元素。

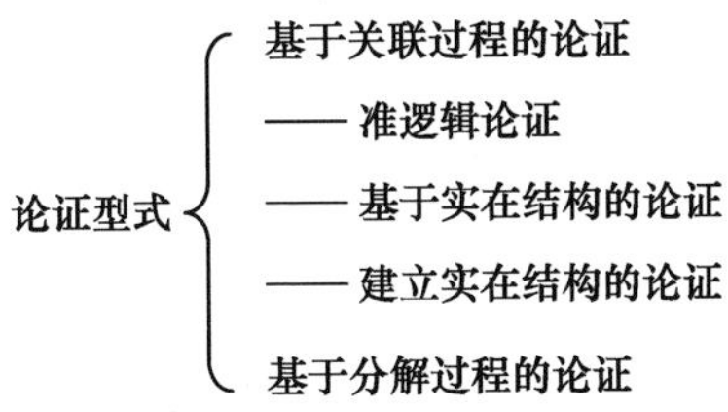

图5.2　作为论证技术要素的论证型式

在提出基于关联过程的论证时，论证者在两种或更多种陈述之间构建了一种具体论证关系。例如，当论证者说“读书好，因为你会从中学到很多”，他创建了基于前面独立元素“读书”和“学习”关联的论证关系。用“因为”这个词表明，“你会从读书中学到很多”这个陈述对于“读书好”这个陈述具有证成功能。

可以通过不同的方式形成基于关联关系的论证。佩雷尔曼和奥尔布赖切斯—泰提卡区分了三种类型的关联关系：准逻辑关系、基于实在结构的关系以及建立实在结构的关系。

基于分解过程的论证，是通过否定听众先前持有的观点而证成意见。这种否定是通过将一个概念从它起初属于其一部分的另一个概念那里区别出来而形成。分解总是在于，将认为在概念上是整体的某物分成两个或多个元素。

在接下来的三节里，我们将讨论由佩雷尔曼和奥尔布赖切斯—泰提卡区别的各种论证型式。我们这样做，就是要关注基于关联过程的三种论证：准逻辑论证（参见第 5.7 节）、基于实在结构论证（参见第 5.8 节）、建立实在结构论证（参见第 5.9 节）。再接下来，我们关注基于分解过程的论证（参见第 5.10 节）。

在考察这些论证之前，我们必须指出，佩雷尔曼和奥尔布赖切斯—泰提卡以及目前的学者们在讨论中所使用的例子时，是从论证通常发生的语境和情况中提出来的。以这种方式提供的例子，其优点是，解释可以适用于揭示的目的；但缺点是，它并不重视论证之间以及论证与其语境之间的相互作用。诸如这样的问题“提出论证的顺序如何影响其效果呢?”以及“一个论证如何加强另一个论证呢?”佩雷尔曼和奥尔布赖切斯—泰提卡在其提出自己的论证型式后做了阐述。在这么做时，他们强调个人在实践中的论证总是属于一个更大的整体，因而是其相互影响的因素中的一部分。不过，在他们看来，要首先提出一种对个人论证的分析，只能适当地讨论论证的综合方面。

5.7 准逻辑论证

在新修辞学中，“准逻辑论证”这个术语意味着，在该论证中其构成要件之间的连接表现出来一种逻辑性。以逻辑或数学中的方式提出观点和论证，论证者创造了一种印象，即这些要件之间的关系，如同逻辑或数学论证中相应的前提与结论之间的关系一样具有说服力。

佩雷尔曼和奥尔布赖切斯—泰提卡认为，逻辑和数学以其前提与结论之间严谨的形式关系取得了声望。论证者提出准逻辑论证，力图在日常语言论证中传递逻辑与数学的权威。然而，只有在术语得到明确构建的独立和精确划定的系统中，形式论证才是可能的。在日常语言里，很难实现这样的精确性。语言形式的运用通常有几种意义，没有精确的界定，人们不一定在相同意义上使用语言。因此，为了使日常语言中的论证具有形式上有效论证的表象，有必要进行某些操作。其中的一个操作是，只要有可能，必须使论证的形式与论证者已选择要模仿的逻辑形式一致。论证必须具有同质、一致且明确的前提，这些前提还可能需要对意义进行一定的还原或阐述。准逻辑论证开发了日常语言在这方面提供的可能性。这种调整不必刻意或有意而为之，但必须达及听众所必要的敏感。

为了使准逻辑论证具有预期的效果，必须保证，让听众认识到其论证形式在逻辑上是有效的。为了强调与逻辑或数学推理所运用的论证形式相类似，论证者应当以这样一种方式来处理论证要件，即，使其看起来好像它们之间具有逻辑联系。也可以明确表示，提出了一种逻辑论证形式。在佩雷尔曼和奥尔布赖切斯—泰提卡看来，只有通过人为的技巧才可能给人以论证要件之间具有逻辑关系的印象。正因为其人工特征，这种尝试也就可能会失败。提出某种逻辑似的关联也可能会产生分歧，因此需要新的论证，这样就失去了论证的说服力。其可能与这些术语的还原和详述有关，也与使论证类似于数学或逻辑的论证形式而进行的操作有关。

根据那被模仿或模拟的形式，佩雷尔曼与奥尔布赖切斯—泰提卡将准逻辑划分为两大类：主张逻辑关系的论证与主张数学关系的论证。第一种类型包括基于矛盾的论证、基于完全或部分同一的论证以及基于传递性的论证。第二种类型的论证中，数学关系是一个重要的因素，如部分与整体关系中的包含（x 是 y）和分解（x 包含 y 和 z），或对比关系（x 大于/小于 y），正如在论证中数学概念“概率”所起的作用一样。在

图5.3中，我们列举的是佩雷尔曼和奥尔布赖切斯—泰提卡所探讨的类型。

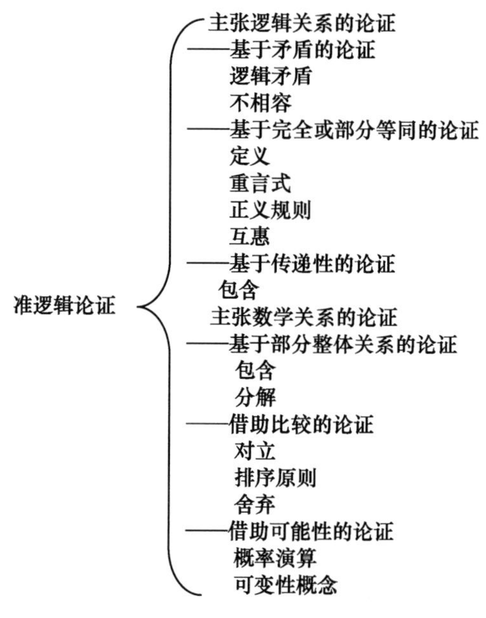

图5.3 准逻辑论证

让我们先看一个例子，其中矛盾的逻辑关系主张："所有人的生命神圣，这一直是我们党的首要原则。如果我们现在同意堕胎合法化的建议，那就是在违背这一原则。"在这个例子中，所有人的生命神圣和堕胎合法化表现为矛盾，这意味着，为二者辩护会陷入逻辑矛盾。这是一种准逻辑论证，因为从逻辑上讲，同时坚持这两个观点的主张是站不住脚的，因此必须至少放弃一个。

真正的逻辑矛盾只能在具有明确界定术语的系统中产生。因为在日常语言中，通常可能对术语意义有不同的解释，通过给予其中术语以不同的解释，就可能得以避免逻辑矛盾："故意结束一个人的生命确实是谋杀，但是就6周的胎儿而言，还算不上是人的生命。"这种操控更可能是因为所使用的陈述不完全明确，而且所使用的术语通常界定不明确，或甚至根本没有界定。那么，一般而言，指责有人自相矛盾的说法本身是一种准逻辑论证，因为做出这种指责的人似乎在运用逻辑标准来对论证做出评估。

在日常言语中，通常可以将明显矛盾还原为不相容性。人们不应该同时赞成两个或两个以上的陈述，必须做出选择，这并不是因为它们有任何形式的矛盾，而是由于同时在为两个陈述而辩护违背“事物本质”，从构建实在方式来看违背了人们恰当的决策，或者违背了应遵循的原则或价值，这个时候不相容就产生了。比如，不相容可能归结为法治和道德规则的对抗。例如，在必须总是告诉真理的规则与不要引起同胞不必要痛苦的规则之间，显然存在着对抗。不相容较少取决于所用语言体系的具体特点，而是取决于听众所持的观点。上述关于堕胎争议的例子表明，给听众的那些陈述明显不相容，甚至出现了矛盾，可能无法导致听众对有区别的道德规范的相容。

在对某种矛盾产生作用的论证之后，佩雷尔曼和奥尔布赖切斯—泰提卡描述了许多其他类型的主张逻辑关系的论证。例如，基于完全或部分同一的论证子群，包括基于定义的论证、基于重言式的论证、基于正义规则的论证以及互惠论证。基于传递性的子类型论证，包括基于包含的论证。

对于佩雷尔曼和奥尔布赖切斯—泰提卡在主张逻辑关系的两种论证子集中所举的例子，我们不做过多的讨论，现在转到一个主张数学关系的准逻辑论证的例子：“我们俱乐部有某些规定的约束，因此，成员也要受到这些规定的约束。”这个例子取决于整体与部分之间的关系。在这里，对部分与包括它们的整体进行比较，而且部分在地位上相当于整体。要考虑的只有一点，就是准数学关系，它使整体与其部分等同，因此才可能“适用于整体也就适用于部分”。

整体与其部分之间的特定关系，并不总是构成一种等价。由于整体包含部分，整体也可以被视为比部分更重要。在这种准数学论证中，假定了整体优于其组成部分的一员或全部。通过整体总是包含部分这个事实，结论以“数学确定性”而得到合法化。佩雷尔曼和奥尔布赖切斯—泰提卡指出，这种准逻辑论证与量的论题密切相关。论证构成了对此论题的支持，或论证本身得到论题的支持。这种紧密相关性可通过以下例子来表述：“你最好买全集，而不只是买《大卫·科波菲尔》，因为全集不会花费太多，而你会拥有狄更斯的其他书籍。”

正如他们在主张逻辑关系的准逻辑论证中一样，佩雷尔曼和奥尔布赖切斯—泰提卡描述了主张数学关系的许多论证类型。由借助比较的论证而构成一组，例如，包括运用对比的论证、运用定量或定性排序原则的论证以及借助舍弃的论证。借助可能性的论证也构成一组，包括使用概率演算的论证以及基于变率概念的论证。

佩雷尔曼和奥尔布赖切斯—泰提卡强调，在论证实践中，逻辑关系可以被视为数学关系，反之亦然。他们认为，还存在有比他们描述的更多逻辑关系和数学关系，因此，他们对准逻辑论证的分类并没有详尽无遗。不过，从给出的例子来看，显而易见的是，他们通过准逻辑论证意味着什么以什么方式可以将这种论证分为不同的子群。

5.8 基于实在结构论证

在论证中，术语“基于实在结构论证”是指这样一种论证，为了证成论题，要通过将其与听众所持有的关于实在的某些特性联系起来。在这种类型的论证中，作者旨在通过诉诸实在被构造的方式而使论题获得赞同。

毫无疑问，在描述这种论证型式时，佩雷尔曼和奥尔布赖切斯—泰提卡采用了某种本体论立场。他们既不想给予实在以客观描述，也不想表达他们关于构造世界方式的观点。他们只是描述一种方式，即在论证中，为了使听众信服或被说服，运用关于实在次序的某些陈述作为共识对象。或显或隐地提出这些对实在或实在中具体关系的陈述，作为事实、真理或推定，这在证成论题时是起作用的。

在基于实在结构论证中，所得出因素间的关系已被听众接受，而且论证者希望提出可接受因素符合听众的实在观念。在讨论基于实在结构论证时，佩雷尔曼和奥尔布赖切斯—泰提卡区分了两种关系：相继关系与共存关系。在图 5.4 中，我们描绘了他们在这些标题下所讨论的论证类型。

相继关系是指与两个或两个以上的系列因素出现次序有关的关系。例如，两个连续事实或事件可能表现为因果：“既然允许他们有发言权，

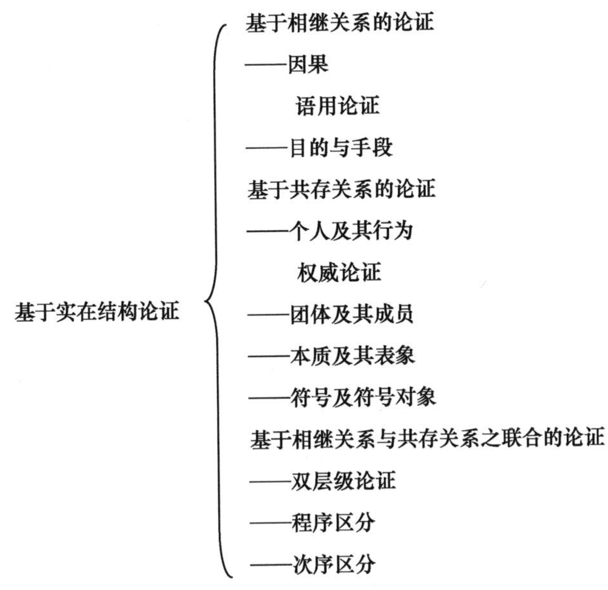

图5.4　基于实在结构的论证

那么就变得一片混乱。”两个连续事件以另一种方式表现为手段与目的：“为这个考试而学习，可以让我获得硕士学位。”

在佩雷尔曼和奥尔布赖切斯—泰提卡看来，在两个事实或事件之间建立因果联系，允许三种类型的论证：第一，因果联系可以将两个事实或事件相互连在一起；第二，它可以揭示原因的存在；第三，这可以表明有结果存在。除了这三种基于因果关系的典型论证之外，佩雷尔曼和奥尔布赖切斯—泰提卡还讨论了基于原因与结果之间相继关系的突出类型论证，他们称之为语用论证。

在语用论证中，涉及某个行动的肯定或否定决策，是通过归因于其行动的有利或不利后果而得到证成的。例如，要对所述措施提出肯定意见，可以通过给听众描述一种其有利后果的构想来促成。属于该后果的肯定价值，必须转到引起后果的事件上。例如，如果有人指出，挖路值得赞许，因为那样你就可以在走路时不会常常受到汽车的干扰，就是这种情况。

如果联系在一起的两个因素之间的因果关系是显而易见的，而且后果的肯定价值不言而喻，那么，语用论证才能成功，这样，两者都可以在“常识”基础上得到接受。只要这些论题之间的联系得到辩护，而且听众非常清楚其有利后果，那么，该论证就会生效。论题真的为事实上要实现所赞同的结果提供了充分条件，一旦听众认为这是合理的，那么，该论题即将获得坚持。当然，运用语用论证的论证者，将会轻视可能作用微小的其他条件以及不太有利的结果之重要性。

如果一个事件被陈述为另一个事件的原因，就会采用基于因果相继关系的一种值得注意的论证类型。例如，如果论证者希望使听众信服，不应该赞同一个具体事件，而且意识到一个事实，即听众反对与该事件相关的另一个事件，那么就会运用这种陈述。标明后一个事件为前一个事件的自然结果，通过提出后者作为前者的后果，以及前者作为后者的原因，论证者可以尝试实现一种否定意见从一个事件到另一个事件的传递。

至于运用目的和手段之间相继关系的论证，事实或事件之间的联系被描述为由人类主体故意创造或将要创造的一种关联。在运用这种论证时，论证者旨在建立从听众对手段的赞同或反对到听众对目的评价的一种传递：“你喜欢做饭，所以，你现在应该把它吃掉。”或者论证者要建立从听众对目的赞同或反对到听众对手段评价的一种传递：“美国应该撤出他们的军队，因为这将会提高他们在世界其他地区的善意。”

有关事实或事件相继关系的其他论证类型有损耗论证、指向论证、无限推广论证。这里不对这些基于相继关系的具体论证子群进行阐述，我们现在要关注基于实在结构的第二种类型的论证，即基于共存关系的论证。

像其他类型的论证一样，论证者提出基于共存关系的论证，旨在创造从已接受的前提到尚未接受观点之间的一种赞同性传递。基于共存关系的论证和基于相继关系的论证之间的差异，在于有关事实或事件之间的关系性质。就相继关系而言，彼此相关的事实或事件都在同一层面上，汇集在一起的因素之间的时序具有重要意义。就共存关系而言，相关的事实或事件不在同一层面上。例如，在论证“他一定是左翼，因为他穿着一件红色衬衫”，第二个事实的出现，表现出对第一个事实的出现具有一种解释力，从而让听众接受了第一个语句所蕴含的观点。

佩雷尔曼和奥尔布赖切斯—泰提卡区分了几种类型的共存关系：第

一种类型是在人及其行为之间得出联系，如“那家伙一定是个和事佬，每个人他都同意”；第二种类型取决于团体及其成员之间的联系，如“那个姑娘一定可靠，因为她已为我的团队工作好多年了”；第三种类型在本质及其表象之间建立了一种联系，如“这张桌子一定是在 18 世纪制造的，你看看那些华贵的装饰”。

在佩雷尔曼和奥尔布赖切斯—泰提卡看来，人与其行为之间的关系是共存关系的一个典型。在这种论证中，假定个人及其行为可以被视为相互直接关联的存在：人以其行为表达自己，而且其行为是对人的表现。在论证中，在人及其行为之间得出的关系，或者可以设计为创造一种可接受性的传递，从一个人已被听众所接受这种意见，传递到听众还没有接受其特定行为这种意见，或者反之亦然。

在人与其行为之间的关系，不像事物与其属性之间的关系那样不可分隔。可以说，事物与属性之间的关系，内在于事物的本质，而人与其行为之间的关系，原则上必须根据每一个新场合而进行重新评估。人与其行为的关联具有相互的性质。为了解释人的行为，需要具体关于人的概念，但有人拥有的关于人的概念又是首先来自人的行为。一个人可能会发生不同程度的改变，而且在听众那里，人的形象会通过其新行为而改变，因而，行为本身也会得到完全不同的评价。对一个人及其行为的这种评价，通常要基于听众在特定时间对实在的构想。

基于人与其行为之间共存关系的一个论证特例是权威论证。在这种论证中，一个具体的人或组织的某些判断或行为，被用作所辩护论题可接受性的证据。通过将论证者希望辩护的观点与听众视为权威的某人的意见连接起来，论证者希望将依附于权威意见的正面价值传递到自己的观点：“我认为，而且碰巧罗素也同样认为，人们必须总是先正确理解文本，才可以开始一种批判性阅读。”这种权威论证的论证力，完全取决于听众赋予作为权威的个人或组织的声望。

在运用基于本质与其表现之间共存关系的论证时，论证者将某现象作为某一本质的特定表现，这也可能在其他事件、事物、存在或机构中找到表述。某现象总是与别的事情一起产生，如“胖子总是快乐”。另外，某事物总有具体特征，如“免费公共交通工具只是意味着，我们都要为它埋单”，如果这些引起听众的注意，就会产生一种相关的论证类型。当然，这适用于所有这种类型的论证，听众如果认可依附于作为论证前提要素的肯定或否定价值，就也认可从这些要素之间得出的关系的正确性，它们的成功只有一次机会。例如，如果听众同意论证者归于某幅画的鲜明特点，并认同这些特点与预期特征相连接的方式，那么，该画在根本上就是“浪漫”的。

另一种指称事实或事件之间的共存关系论证，是运用符号与符号对象之间关系的论证。在佩雷尔曼和奥尔布赖切斯—泰提卡看来，与一个符号不同，一个符号并非纯粹的约定。他们在给符号与事物之间的关系命名为参与关系时有些犹豫。他们用这种方式想表达的是，符号和事物不可能共存于时空实在中，而要视为在超越空间和时间、虚构或冥想的实在中的共同参与者。

佩雷尔曼和奥尔布赖切斯—泰提卡阐述了基于相继和共存关系的更为复杂类型的论证，以此结束其对基于实在结构论证的讨论。在这个标题下，除了基于次序区分论证与基于程度区分论证之外，他们描述了一种称为双层级论证的类型。这种类型的论证利用这个事实，即，除了成为论证出发点的共识对象，层级本身也是讨论的主题。双层级论证旨在支持这个主张，即，很好地建立了某种层级，或某特定要素在该层级内占了一个特殊位置。当有争议的层级通过运用另一层级而得到辩护时，就产生了双层级论证。佩雷尔曼和奥尔布赖切斯—泰提卡提出了以下的例子：“如果愿意让野蛮人一天天地活下去，那么，我们自己的目的一定是为千秋永恒而计议”（Perelman & Olbrechts-Tyteca，1969，p. 341）。在这个例子中，“计议”和“一天天活下去”之间的层级通过借助于“我们”和“野蛮人”之间的层级得到辩护。

5.9 建立实在结构论证

“建立实在结构论证”这个术语表明，在论证中，因素之间的关联表现为这样一种方式，即，对听众来说，它们能引起一种对实在结构的构想。借助这种类型的论证、这种结构的合理性，就会赋予所辩护的论题以其自身一定的合理性。

佩雷尔曼和奥尔布赖切斯—泰提卡区分了论证者可以建立实在结构的两种方式。论证者可以诉诸个案，以此作为对现实中存在事实或事件更为一般的结构或关系的反映，或在已经为听众认可的与论证者希望听众接受的一种结构或关系之间提出一种类比。在图5.5中，我们列出了建立实在结构论证的两种主要类型以及佩雷尔曼和奥尔布赖切斯—泰提卡所区分的子类型名称。

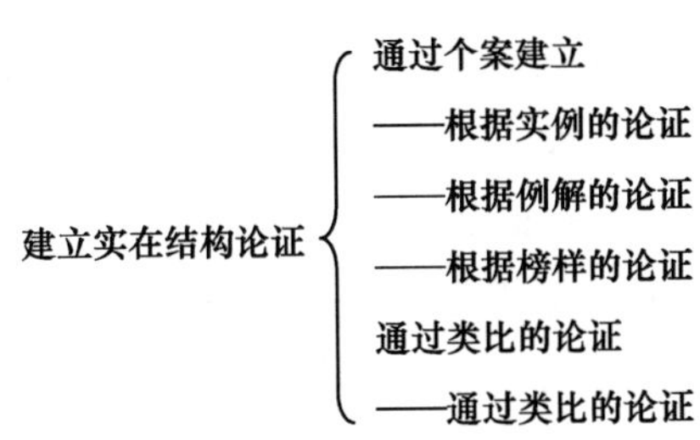

图5.5　建立实在结构论证

通过个案建立实在结构论证，可以采取根据实例论证的形式。具体案例可以当作对实在进行概括的出发点。如果听众熟悉实例，或至少承认它正确，并同意有可能在所提出的案例基础上进行概括，论证者就可能会让听众接受这种概括。

为了使达到一般规则成其可能，作为实例的个案必须在听众看来有事实地位。一旦它受到挑战，就会危及概括。顺便说一句，关于将个案当作概括出发点的地位，只要论证者可以很容易地证明它们的事实本质，这种讨论就会很有用，因为这样一种没有坏处的讨论使注意力能够从进行概括的方式中分散出来。

通常无法预测需要证成这种概括的实例数目，因为自然语言在运用中有歧义性，这就提供了背离预测的许多可能性。往往在一个例外中就可能背离预测。假设一个人通过实例提出论证，说女人比男人更适于做主持人，因为你只需要看看著名女主持法拉奇（Oriana Fallaci）、沃尔特斯（Barbara Walters）或者温弗瑞（Oprah Winfrey）就可以明白，她们可以比男同事从采访对象那里得到更多信息。如果有人反对，认为这没有考虑到像戴维福斯特（David Frost）这样的人，那么，这个人就别无选择，只能说福斯特是该条规则的例外，他假定承认这种反对意见，但仍然可以坚持这个概括。

在通过个案建立实在结构论证中，所说的这个个案不一定是实例。佩雷尔曼和奥尔布赖切斯—泰提卡描述了另外两种可能性：一个是例解，另一个是榜样。

并非要创建一种新的实在结构，例解是要支持先前建立的规则。例解诉诸想象，确保已藏于背景的规则或原则在听众意识中完全“呈现”。根据例解论证与实例论证之间的差异在于相关规则或原则的地位。有计划地用实例来建立对于听众而言是相对新的概括，例解应该强化听众对已知且或多或少已接受概括的赞同。按照这一区分，实例往往会以很短、清楚以及未加修饰的方式被提出来，而例解通常会以一种更宽泛方式被提出来。这种区分取决于听众是否真的认可所说的概括，对于分析者来讲，可能很难决定是否应该将论证重构为例解或实例。

佩雷尔曼和奥尔布赖切斯—泰提卡说，通过引用榜样论证，主要试图通过鼓励其模仿来影响听众的行为。通过从普遍推崇的榜样出发，论证者试图以该榜样的声望来反省其行为或所鼓励的行为，希望这是能够证明听众模仿榜样的充分理由。榜样可能是一个理想化的当代人物，但也可能是一个历史人物或一个完美之人。

建立实在结构论证也可能采取类比论证型式。在这种情况下，论证者指出了论题中所提及因素的结构与听众无疑义且认可的因素结构之间的相似性。通过涉及这种相似性的建议，论证者试图通过创建论题中事实或事件与其关系已被接受的事实或事件之间的关联，从而提高论题的合理性。因此，论证者试图把正在讨论的结构“议题”等同于已被听众所熟知的结构“先例”。例如，如果有人从纪律的缺乏和对现代西方社会不道德的宽容来说，显然，这个社会处于崩溃的拐点（=议题），因为当人们失去其秩序和纪律感且容忍不道德行为时，罗马帝国同样走向了灭亡（=先例）。对于类比论证，示意如下：

结构（议题）=结构（先例）

术语1（议题）：术语2（议题）=术语1（先例）：术语2（先例）

在这个例子中，现代西方社会道德下降（议题术语1）与现代西方社会崩溃（议题术语2）之间的关系，等同于罗马帝国道德衰退（先例术语1）与罗马帝国崩溃（先例术语2）之间的关系。

类比的例子比较容易找到。先例和议题是典型类比的特征，取自不同的领域，20世纪70年代，荷兰的俄罗斯事务专家范海特雷夫（Karel van het Reve）举了一个引人注目的例子：

> 有个事实，几乎未曾引起人们注意，那就是人的复原能力。正如昆虫能抗拒DDT一样，人也能抗拒一种意识形态，而且是以同样方式通过不断地将其暴露于非常高的剂量。就像对待昆虫一样，首先会有数以百万计的牺牲者，但随着时间的推移，这种处理失去了作用，你会发现，在“幸存者”中，俄罗斯的一般知识分子总体上不受马克思主义的影响。（van het Reve，1977，p. 8）

最后，佩雷尔曼和奥尔布赖切斯—泰提卡建议思考源于“类比”概念的“隐喻”概念。在给出几个例子后，他们对其建立实在结构论证的描述做出推断，认为隐喻可以用于论证的目的，而且从论证理论的视角开展研究可能会卓有成效。

5.10 分解论证

除了刚才讨论的所有涉及关联过程的论证型式外，佩雷尔曼和奥尔布赖切斯—泰提卡还提出一种非常不同的涉及分解过程的论证型式。在提出分解论证时，论证者对以前被听众视为一个的概念提出了一种分解。在实践中，这意味着，一个概念不同于它最初只是属于其一部分的那个概念。①

分解的结果是，将一个单一概念分解为两个概念，一个与论证目的为表象（即原始单一概念的边缘或假象方面）相关，另一个与实在（即

① 我们下文的说明参见范里斯（van Rees，2009，pp. 3 -9）。

原始单一概念的中心或真实方面）关联。分解论证示意如下：

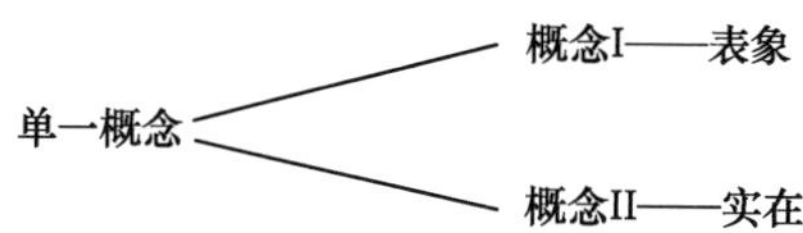

例如，通过将法律这个单一概念分解为法律文字和法律精神，论证者可通过说明其与法律精神一致而为某一判决辩护。在这种情况下，法律文字这个概念与表象相关，法律精神这个概念则与实在相关。分解论证的例子示意如下：

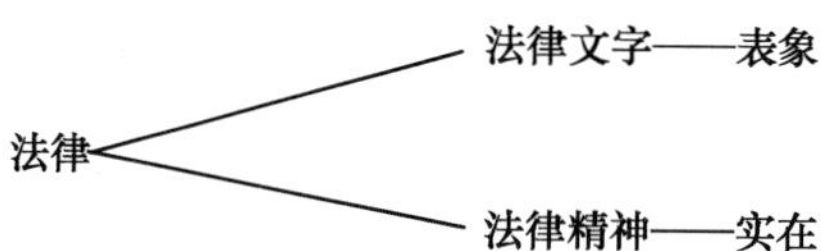

由于分解论证总是或是关涉表象或是关涉实在这两个概念中的一个，因此，它总是关涉用于论证者论证目的的价值层级引入。在大多数情况下，与表象关联的概念会被认为比与实在关联的概念价值低。但情况并不一定都要这样。例如，当蒙台梭利（Maria Montessori）的孙女为其祖母对虚荣的指责进行辩护时声称，她“喜欢漂亮的衣服，但不虚荣”，认为与表象关联的概念比与实在关联的概念有更高的价值。

指称原始概念的术语与指称由原始概念分解成两个概念的术语的关系，存在着几种可能性。在法律例子中，指称原始概念的术语被放弃，取而代之的是两个新术语。但也可能有这种情况，运用指称原始概念的术语，目的是指称从这种分解中获得的两个概念之一。思考一下这个论证：“你不应该从这些艺术家那里购买作品，因为他们创作的不是艺术，只是次生艺术。”在这个例子中，通过将一个新术语与旧术语并列，“艺术”这个单一概念被区分开来，从而引入顺应表象与实在区分的概念之间的层级。

在佩雷尔曼和奥尔布赖切斯—泰提卡看来，分解是对所有原始思想具有重大意义的一个创造过程。将设想的统一体一次又一次地分解成独立的概念，思想就更进了一步。但是，在论证者试图引起听众认可某个具体观点框架内，至关重要的是，论证者提出的分解对论证者希望说服的听众来说可接受。至于分解是由言说者想出来的，还是从别人思维那里借用的，这是次要的。因此，索绪尔的《语言和言语》或乔姆斯基的《能力和表现》的分解，即使他们并没有介绍这些区分本身，却可以成为语言教师要教给学生以一种新方式来思考语言现象的一个有用工具。

为了总结在新修辞学中描述的这种论证型式观，我们必须强调，它们在某种程度上是从综合整体中提出来的。虽然可以在分析意义上进行区分，但在实践中它们会一起产生和相互作用，更确切地说，是相互加强或减弱。事实上，在佩雷尔曼和奥尔布赖切斯—泰提卡看来，每种关联都意味着分解，反之亦然。在不同要素通过关联而统一在一个整体中的同时，从其共同背景中，区分出这些迄今为止一直是其一部分要素的这种分解也在发生。这两个过程是互补且同时发生的。将两个中的一个置于显著位置，而将此刻似乎提供更少修辞可能性的任何一个转变到背景中，这是技巧问题。

在实践中，不同论证型式会一起出现，也可混杂而相互结合，一个型式的效果影响相邻型式的效果。然后，它们得以运用的顺序，再次成为有助于建立论证修辞可靠性的一个因素。影响修辞可靠性的另一个因素是，一个人如何成功地回应听众的中间反应。佩雷尔曼和奥尔布赖切斯—泰提卡考察这些因素的影响，但他们没有做任何深度研究。他们没有描述论证话语在实践中发生的方式，如对话中的特定角色、讨论进行的阶段、某些论证型式的效果所依赖的心理机制，只是提出在修辞意义上借助论证影响听众时所发挥作用的基本要素概要。

5.11　对新修辞学的认知和阐述

佩雷尔曼和奥尔布赖切斯—泰提卡的新修辞学引起其他学者的许多回应。有人对所阐述概念提供了解释或澄清，有人则提出对该理论的批评，还有人将新修辞学作者所介绍的见解应用于自己的理论化或对论证话语具体实例的分析中。在本节中，就其他学者关于新修辞学各方面的著述，我们提出一个简短的概述。

关于修辞的一般著作中，如康利（Conley，1990）、比策尔和赫兹伯格（Bizzell & Herzberg，1990）、肯尼迪（Kennedy，1999）和福斯等人（Foss *et al.*，2002）的著作，均对新修辞学写了一章。例如，福斯等人的著作介绍了关于佩雷尔曼和奥尔布赖切斯—泰提卡的个人及其知识背景，对新修辞学最重要的概念（听众、出发点、在场、表达技巧、论证技巧）提出了清晰的阐述，讨论了对该理论的批评并为该理论进行辩护。

也有完全致力于新修辞学研究的著作。例如，格罗斯与迪林（Gross & Dearin，2003），他们关注新修辞学的哲学背景，还对佩雷尔曼和奥尔布赖切斯—泰提卡的理论框架提出了一种清晰的阐述，他们的见解不仅关涉论证型式，也关涉布局和文风。弗兰克介绍了佩雷尔曼和奥尔布赖切斯—泰提卡对法律、论证和修辞领域研究的影响，并指出其“在新千年中的重要性”（Frank，2004，p. 276）。在一次关于佩雷尔曼传统的会议上，加格（Gage，2011）在其论文集中收录了瓦尼克、法恩斯托克（Fahnestock）、格罗斯、科伦（Koren）、迪林以及克罗斯怀特（Crosswhite）提交的论文。该论文集还包括佩雷尔曼的女儿马蒂斯的一篇英译回忆。

不管最初对佩雷尔曼和奥尔布赖切斯—泰提卡修辞方法如何诋毁，新修辞学已成为在哲学领域研究学者们的一个主要灵感来源。[①] 其中一些学者考察了该理论的哲学背景或理论基础。举例来说，克鲁伯克（Kluback，1980）将新修辞学描述为一种哲学体系。他强调，受杜普雷的启发，佩雷尔曼和奥尔布赖切斯—泰提卡的相对主义是指论证的合理性源于他们对民主与哲学多元论的坚定信念。迪林（Dearin，1989）以及格罗斯和迪林（Gross & Dearin，2003）对新修辞学的哲学基础，包括佩雷尔曼的总体哲学观、知识论、司法推理模型[②]以及修辞推理概念等，提出了一种广泛的讨论。

有一些学者研究了新修辞学和现存哲学的关系。比如托德西利亚斯（Tordesillas，1990）考察了新修辞学概念“论证”与古代哲学中（尤其是智者、柏拉图和亚里士多德）通常观点之间的关系，又比如弗兰克和

① 参见约翰斯通（Johnstone Jr.，1993）与廷戴尔（Tindale，2010）的论文。

② 关于推理的司法模式对新修辞学的影响参见阿博特（Abbott，1989）的论文。

博尔达克（Frank & Bolduc，2003）针对佩雷尔曼对新修辞学哲学出发点与“第一哲学”和“回归哲学”出发点之间关系的观点，进行转述并做出评论。

也有学者根据对构成新修辞学基础的方法论的批判性阐释，或对一些核心概念的修正建议，讨论了新修辞学与其他哲学之间的差异和共性。关于第一种类型的研究，有一个例子是库明斯（Cummings，2002）通过对新修辞学与弗雷格逻辑观的发展进行比较，说明新修辞学运用的理论化方式本身存在的问题。关于第二种类型的研究，有一个例子是莫里希（Morresi，2003）通过考察新修辞学和黑格尔辩证法的相似性，反对佩雷尔曼和奥尔布赖切斯—泰提卡拒绝黑格尔辩证法概念这一背景，他旨在改造有关重言式、类推、哲学多元论以及听众概念等问题。

还有其他一些学者运用新修辞学的见解来说明自己对于某些哲学问题的观点。例如，格拉西奥（Grácio，1993）从新修辞学角度批判伽达默尔的哲学阐释学观念。温特根斯（Wintgens，1993）通过考察在他看来在新修辞学中呈现的哲学和人类学的维度，旨在确定“合理性”的意义。马纳里将佩雷尔曼论证理论看作“一门新社会哲学和社会改革的一种批判性工具”（Maneli，1994，p. 115）。科伦（Koren，2009）辩护的观点是：新修辞学使法国话语分析学派能够重新调整其关于话语伦理学的理论立场。①

新修辞学不仅启发了在哲学领域研究的学者们，而且对法学领域研究的学者们也有很深的影响。这种影响部分来自佩雷尔曼自己在法律论证方面的著述，如《正义观与论证问题》（Perelman，1963），在其中佩雷尔曼表述了他的法律论证哲学；还有《司法逻辑：新修辞学》（Perelman，1976），在其中佩雷尔曼描述了在法律论证中发挥作用的论证技巧。②

在戈尔登和皮洛塔（Golden & Pilotta，1986）编辑的论文集里，作者们在论文中将佩雷尔曼的见解应用于法律领域的研究。其中，阿斯谢尔

① 我们不要深入在以佩雷尔曼为基础的哲学研究上，其中，论证理论并不起主要作用。这类研究的例子是迈耶（Meyer，1982，1986a，1986b，1989）以及阿斯谢尔（Haarscher，1993）的许多论著。

② 从佩雷尔曼的标准出发，科根（Corgan，1987）提出一种对法律论证的分析，用普遍听众作为批判工具。

（Haarscher，1986）讨论了佩雷尔曼关于正义的观念；马卡奥（Makau，1986）把修辞理性模型看作数学模型的一种替代；雷基（Rieke，1986）运用新修辞学理论工具分析法律决策过程。在阿斯谢尔（Haarscher，1993）主编的另一部论文集里，作者们关注的是佩雷尔曼法律理论和法律哲学观念的含义。[①] 例如，霍姆斯特姆—辛迪卡（Holmström-Hintikka，1993）讨论法律中的实践推理。帕维奇尼克（Pavčnik，1993）指出了实践推理理论对法律研究的重要性。[②]

在北美，新修辞学已经引起言语交流研究领域的学者们的关注。在他们看来，听众的概念和有关论证策略的见解是分析法律沟通的有用工具。例如，马卡奥（Makau，1984）介绍了最高法院如何使由各种法律人士和非法律人士构成的复杂听众确保一致性。舒兹（Schuetz，1991）分析了价值层级、先例以及推定在墨西哥法律运行过程中的运用。[③]

许多论证理论家们对新修辞学进行了阐述，将佩雷尔曼的见解应用于自己的兴趣领域。[④] 其中一些为新修辞学的听众概念所吸引，常以批判视角研究该问题。这个概念一直是各种出版物中所关注的焦点，特别是对特定听众与普遍听众之间的区分通过不同方式来加以解释。对这两类听众给出解释的有戈尔登（Golden，1986）、邓拉普（Dunlap，1993）、温特根斯（Wintgens，1993）、克罗斯怀特（Crosswhite，1996）、格罗斯（Gross，1999）、瓦尼克（Warnick，2001）、艾金（Aikin，2008）、亚诺谢夫斯基（Yanoshevsky，2009）以及乔金森（Jørgensen，2009）的论文或著作。[⑤] 戈尔登强调可以针对普遍听众的批判性运用。邓拉普将其与伊

---

① 另一部论文集参见阿斯谢尔与殷格贝尔的著作（Haarscher & Ingber，1986）。

② 其他讨论新修辞学与法律哲学之间关系的学者有阿列克西（Alexy，1978，pp. 197 – 218）、马纳里（Maneli，1978）和威索夫（Wiethoff，1985）的论著。对于佩雷尔曼关于正义概念的哲学论文集参见佩雷尔曼（Perelman，1980）的著作。

③ 对于非诉案件使用佩雷尔曼的论题概念，如参见科克斯（Cox，1989）和华勒斯（Wallace，1989）的论文，他们对发展关于修辞构思的一种现代体系进行了研究。

④ 如参见希亚帕（Schiappa，1993）关于定义的论证以及科伦（Koren，1993）法国出版社关于话语与论证的研究。

⑤ 关于普遍听众概念的其他研究，如参见安德森（Anderson，1972）、克罗斯怀特（Crosswhite，1989）、伊德（Ede，1989）、费希尔（Fisher，1986）、戈尔登（Golden，1986）、拉伊（Ray，1978）、史卡特（Scult，1976，1985，1989）、奥克利（Oakley，1997）、格罗斯与迪林（Gross & Dearin，2003，pp. 31 – 42），以及廷戴尔（Tindale，2004，pp. 133 – 155）的论著。

索克拉底（Isocrates）理想听众的“竞争形象”联系起来，这体现了古希腊文化的理想。温特根斯证明对佩雷尔曼合理性观点可以获得更好的理解，证明论证者构建其听众、将普遍听众概念与一般化他者概念连接起来的意义，这个“一般化他者概念”是由实用主义者米德（George Herbert Mead）提出的符号互动论的一部分。[①] 瓦尼克解释了信服和普遍听众概念之间的关系。艾金提出对普遍听众概念的一种解释，以回应说这种概念不融贯、太空泛以至于不能加以限定的异议。亚诺谢夫斯基（Yanoshevsky）考察新修辞学的听众概念，以实现对法国和美国总统选举的特定背景下互联网受众的一种更好理解。关于政治家如何对普遍听众发表演说以及他们评估论证的各自含义，乔金森比较了格罗斯与克罗斯怀特对此的解释。然后她主张，尽管格罗斯提出了一种更为直接可用的理论，但克罗斯怀特的解释由于诉诸审慎的修辞且范围更广，因而值得推荐。

克罗斯怀特（Crosswhite，1993）运用普遍听众和特定听众的区别，以修辞的方式来处理谬误问题。在克罗斯怀特看来，并非违背“形式”或“准形式”规则，而是当论证者错将特定听众当作普遍听众时，谬误就产生了。[②] 克罗斯怀特认为，判断一个论证是否为谬误，我们首先必须知道演说面对的是什么听众以及它如何得到理解。其他一些出版物也致力于从修辞角度来研究谬误。古德文（Goodwin，1992）做出的显著贡献是，他将佩雷尔曼的分解概念与雷切尔的区别作为论辩反向运动的观念联系起来，并探讨了针对谬误的标准化处理的当代论证是如何通过区分来加强基础的，而这些区分对以前所构想的区分构成一种挑战。

也有学者对新修辞学中所描述的论证型式的具体概念进行阐述。迪林（Dearin，1982）详细考察了准逻辑论证的概念，米塞尔（Measell，1985）讨论了类比论证。希亚帕（Schiappa，1985）运用了分解的概念。为了探讨区别如何可能重建社会价值、层级和实在的概念，古德文（Goodwin，1991）扩展了分解概念。在研究论证讨论中对分解的运用时，

① 根据符号互动论观点，这并不是个体与巧合的意图和反应，而是言说者将他们的对话者归于有着社会共同体基本规则的“一般化他者”的意图和反应。

② 这里与沃尔顿（Walton，1992d）的“论辩转移”相似，但克罗斯怀特关注的是听众转移，而沃尔顿关注的是目的转移。

范里斯（van Rees，2005，2006，2009）对新修辞学对分解的独白，以对这种技巧的论辩式叙述进行了补充。以整合的语用论辩论证理论为起点，她提出了对分解的一种理论叙述，并介绍了涉及该技巧的对论证者策略操控的若干分析（参见本书第 10.11 节）。

另有一些学者对新修辞学的一些更多的中心话题给予了特别关注。我们提到的只是其中已经做过探讨的一部分。法雷尔（Farrell，1986）是其中之一，他研究理由与修辞之间的关系。麦克罗（McKerrow，1982）、拉夫林和休斯（Laughlin & Hughes，1986）深入佩雷尔曼关于理性与合理性的立场。之前在司法证成的语境中提到过的雷基（Rieke，1986）也是如此。麦克罗（McKerrow，1986）注重实用的证成。瓦尼克、沃克和西拉尔斯（Warnick，Walker & Sillars，1990）讨论了佩雷尔曼的价值论。尤班克斯（Eubanks，1986）探讨了价值的普遍性。阿诺德（Arnold，1986）主张将佩雷尔曼的论证理论并入当代实践交往的心理学理论。尼莫和曼斯菲尔德（Nimmo & Mansfield，1986）强调了新修辞学与政治交往研究的相关性。皮洛塔（Pilotta，1986）强调将佩雷尔曼与批判学派结合。麦库纳斯（Mickunas，1986）讨论了佩雷尔曼的正义与政治制度思想，而基恩波特勒（Kienpointner，1993）讨论了新修辞学的经验相关性。在廷戴尔（Tindale，1996）看来，以其对语境更为充分的处理与更为丰富的相关性观念，在对论证的修辞性叙述中为逻辑论证打好基础，新修辞学是特别合适的选择。

还有其他大量的论证研究将新修辞学作为出发点。我们只可以有选择性地提到一些。卡农（Karo，1989）探讨了修辞学的“在场”概念，格拉夫和怀恩（Graff & Winn，2006）对交流的概念提出了详细分析，这在他们看来急需发掘。阿摩西（Amossy，2009b）关注逻各斯的概念，旨在表明新修辞学的见解如何容纳论证研究在语言研究，更具体地说是话语分析中的整合。利维纳特（Livnat，2009）将新修辞学的“事实”概念运用到科学事实的概念中。阿斯谢尔（Haarscher，2009）分析了创世论者与进化论者争论中的修辞策略，他运用了佩雷尔曼的“伪论证”概念，即某人在做论证时，他并没有真的信服其所运用的为获得特定听众认同的前提。波尔思和法德勒（Pearce & Fadely，1992）分析布什讲话的准逻辑框架，在该讲话中，布什努力为自己发动波斯湾战争的行动辩护。李劳斯（Leroux，1994）结合布尔克和佩雷尔曼与奥尔布赖切斯—泰提卡的范式概念“文风”表明，修辞手法（“格”）如何增强论证以及如何预期听众对路德“新年”布道中话语的意义和功能（“形式”）的理解。沃尔泽等人（Walzer *et al.*，1999）从新修辞学视角对斯宾塞伯爵“对戴安娜的讲话”进行了分析。麦可维（Macoubrie，2003）对新修辞学的论证概念提出了一种可用于分析集体决策中产生的可操作的论证逻辑。瓦尼克（Warnick，2004）运用新修辞学的见解来分析在人工智能领域的争议。最后，丹布隆（Danblon，2009）讨论了佩雷尔曼和奥尔布赖切斯—泰提卡的伪论证概念，普兰丁（Plantin，2009）论述了新修辞学对修辞格的处理，并且更为广泛地论述了在论证理论中修辞格的地位。

除了其他学者的所有这些论著外，佩雷尔曼自己的后期著述致力于阐述新修辞学。① 我们这里不打算讨论这些著作，而只是指出几种文献。②

5.12　对新修辞学的批判性评价

在接受新修辞学时，伴随详尽阐述中的大量认知与建构性努力，也可以注意到一些批判性评价。除了对佩雷尔曼和奥尔布赖切斯—泰提卡修辞学事业的高度重视外，③ 尤其是语用论辩学家们表达了一些对理论化

---

① 如参见佩雷尔曼（Perelman，1970，1982）。

② 在一本由比利时国家逻辑研究中心出版的论文集（1963）里，包含“佩雷尔曼文献提要”（pp. 604－611），包括佩雷尔曼在1931年到1963年以多种语言发表的93种出版物。佩雷尔曼等人（Perelman *et al.*，1979）的一个文献提要，包括1933年到1979年的翻译佩雷尔曼的著作（pp. 325－342）。福斯等人（Foss *et al.*，2002）提供了一个由佩雷尔曼和奥尔布赖切斯—泰提卡合写或独著的最重要著作的文献提要（pp. 109－111）。格罗斯与迪林（Gross & Dearin，2003）提出对佩雷尔曼11本最重要书籍、25篇最重要文章以及1篇访谈的文献提要（pp. 157－159）。最后，弗兰克和德里斯科尔（Frank & Driscol，2010）提出一个“新修辞学计划”的文献提要，它致力于维护佩雷尔曼与奥尔布赖切斯—泰提卡的知识遗产。

③ 范爱默伦指出，在新修辞学与扩展的语用论辩论证理论，特别是关于策略操控研究之间，存在着密切的联系（van Eemeren，2010，pp. 31－32，75－76，110－122）。参见本手册第10.8节。

方面的关注。[①] 他们在各种出版物中，尤其在手册里，他们自己或与他人一起提出论证理论技巧发展水平的总看法（如 van Eemeren *et al.*，1978，1981，1984，1986，1987，1996）。其他学者提出另外的批评。在本章里，我们将结束对新修辞学的讨论，并简要总结一下主要的几个关注点。

第一点批评，新修辞学家们低估了逻辑涵盖论证的可能性。佩雷尔曼和奥尔布赖切斯—泰提卡反对"现代形式逻辑"的方式其实很奇怪。他们发现，在过去几百年来，逻辑经历了"辉煌的发展"，但这些发展造成了对所涵盖领域的限制，"因为被数学家所忽视的一切都与它无关"（Perelman & Olbrecths-Tyteca，1969，p. 10）。佩雷尔曼和奥尔布赖切斯—泰提卡认为，论证理论必须研究被逻辑学家忽视的整个领域，因此要包含"非分析思维"的全部范围。没有考虑逻辑扩大其范围和进一步发展的巨大潜力（参见第 6 章"形式论辩方法"）以及形式方法可以有的相当大的优势，例如，没有看到目前在人工智能中使用的论证理论（参见第 11 章"论证与人工智能"），他们就宣称形式逻辑与论证研究无关。

在语用论辩学家们看来，完全排除逻辑造成的一个更具体问题是，在新修辞学中，在日常论证性话语中如何处理逻辑上有效论证，现在还不清楚（van Eemeren *et al.*，1996，p. 120）。对于那些接受逻辑理性规范的人甚至普遍听众来说，这些论证很有说服力，因此没有理由不对它们加以考虑。然而，这样做的唯一可能性似乎是，将它们当作"准"逻辑论证，尽管这个术语不充分而且不希望有否定性内涵。

第二点批评，充分关注听众的合理性标准，就忽视了解决不同意见本身的所有外部标准（van Eemeren *et al.*，1996，pp. 119 - 122）[②]。在判断论证过程质量或双方不同意合理性标准时，这可能会带来某些问题。佩雷尔曼和奥尔布赖切斯—泰提卡坚持纯粹的"人类学"（"主位"）合理性哲学或理性概念，其中，论证可靠性等同于论证适合于那些预期听众的恰当程度，而另一些人，如语用论辩学家们，他们宁愿选择一个

① 在瓦尼克和克莱恩（Warnick & Kline，1992）以及弗兰克（Frank，2004）那里提出了一些对这些批评的回应。

② 在某些人看来，合理性标准一直是或至少部分由一种社会契约来界定，比如法律或其他外部限定。还有些人认为，合理性真有客观的绝对普遍标准。

"批判"（"客位"）的合理性哲学，这就要求论证理论上不仅是"主体间有效"也是"问题有效"（参见第3.9、10.3和10.7节）。①

论证可接受性的成功是相对于听众的，而普遍听众的引入并不能解决这个问题，因为这种变数最终与论证者所做的选择相关，没有任何保证结果会更为"问题有效"。② 论证者毕竟是自由地建构自己的普遍观众。在语用论辩学家看来，普遍听众观念因此仍有问题。为什么在新修辞学中，传统上所列出的谬误无法一致地处理，这是一部分解释，在新修辞学中为什么这些处理受到质疑，另一个原因当然是"问题有效"的外部标准，与解决不同意见本身有关的这些外部标准缺乏（参见 van Eemeren & Grootendorst，1995）。在新修辞学中，对谬误的处理可能不是重要的目的，但在作为一门学科的论证理论中则相反。

像其他论辩学者一样，语用论辩学家们充分认识到，佩雷尔曼和奥尔布赖切斯—泰提卡通过对论证型式观念的引入对论证理论做出了主要贡献。他们从一开始就采纳了这个观念（van Eemeren *et al.*，1978）。③

第三点批评，新修辞学中提出对论证型式的分类有某些不足，这使得它很难得到维持（van Eemeren *et al.*，1996，pp. 121 – 125）。基恩波特勒也承认这些不足（Kienpointner，1983，1992，1993），不过，他在佩雷尔曼和奥尔布赖切斯—泰提卡（Perelman & Olbrecths-Tyteca，1969）所描述的集合中增加了一些论证型式。其他一些学者也采取了新修辞学的分类法，或者区分了类似的论证型式。④

在范爱默伦等人看来（van Eemeren *et al.*，1996），佩雷尔曼和奥尔

---

① 在这方面，值得注意的是，佩雷尔曼和奥尔布赖切斯—泰提卡（Perelman & Olbrecths-Tyteca，1969）仍然在其理论的几个地方介绍了规范性要素，比如雄辩型辩论和合作讨论之间的区别（pp. 37 – 39）以及人身攻击与针对个人论证（这个词的含义非常广泛）之间的区别（pp. 110 – 114）。

② 这并没有基于以下事实而从根本上改变：佩雷尔曼和奥尔布赖切斯—泰提卡坚持相对性，源于其对民主和哲学多元论的坚定信念以及他们对伦理学和道德标准的明确关心。参见佩雷尔曼（Perelman，1979a）和克鲁伯克（Kluback，1980）的论文。

③ 在其对论证型式观念史的简短概述中，赫尔森（Garssen，2001）过于强调该词是由新修辞学家编造的。

④ 赛博尔德等人（Seibold *et al.*，1981）和法雷尔（Farrell，1986）已经努力将这些型式运用于论证实践。

布赖切斯—泰提卡的论证型式分类有同样的不足，如其在整卷中一样令人印象深刻：往往缺乏清晰的定义，给出的解释并不总是同样清楚，而且有时给出的例子在用于其目的前，还需要一种细致的分析。诸如准逻辑论证和基于实在结构论证之类的新概念得到了明确的介绍，但其他像构造实在论证则不然。[①]

佩雷尔曼和奥尔布赖切斯—泰提卡所列的论证型式是否已全部穷尽，还确实不清楚。[②] 可以肯定的是，在新修辞学中所区分的论证型式类别并非且并不意在相互独立。例如，在给定情况下，论证可能被认为是准逻辑论证和基于实在结构论证。同样，在许多类别的某些子类型中，例如在产生实在结构的论证类别中，有实例和例解。因此，当在分析论证中应用分类时，不可能让所有解释者得到同样明确的解释。[③]

一个更严重的问题是，在制定分类时用了不同的排序原则：基于形式标准来区分准逻辑论证，这种论证表现出是否与一种有效逻辑或数学论证形式的结构一致？但基于实在结构论证和建立实在结构论证都是通过内涵标准来区分的，那么，论证产生于独特视角中的实在，还是表明一种独特理念的实在？就基于内涵标准区分的论证型式而言，人们可能奇怪，在结构意义上，人们在什么程度上还能说其是一种论证型式。无论如何，型式观念已剥离其形式主义的意义，虽然形式内涵保持完整。在这种情况下，更加有必要准确指出可以认为哪种情况属于众多论证类型的哪一种以及它们有什么样的经验特征。

在得出分类时使用有分歧的标准；事实上，其范畴并非相互独立，而将这种分类运用于分析论证话语，这种不足可能不会带来明确的结论，更不用说相同的解释：某个解释者可能在论证中所识别的论证型式，与另一个解释者所识别的并不相同，就像在不同听众那里所发生的情况一样。尽管佩雷尔曼和奥尔布赖切斯—泰提卡可能认为这种混乱属于自然现象，在实践中处理论证的真正方式就是如此，但是，另一个不足是，

① 佩雷尔曼后期的很多著述致力于阐述新修辞学，可以用来进一步理解。如参见佩雷尔曼（Perelman，1970，1982）的论著。

② 因为佩雷尔曼和奥尔布赖切斯—泰提卡编制论证型式是基于他们对有点偶然的论证集合的分析，其方法的自然结果是，不能自动地主张这些目录的详尽性。

③ 缺少对许多范畴的定义和明确例子，因而更难以决定哪种解释是合法的。

这种分类不能轻易地用作进行经验研究的起点。[①] 例如，听众在其中起决定性作用的分类，如果首先精确地表明，在何时以及何种情况下，每个特定的论证型式可以成为有效论证技巧的一个工具部分，在有效研究中才能得到实现。[②] 至少在理论上，可以确定在给定情况下这些条件是否得到满足。在新修辞学里，没有对这些条件给出详细说明。[③]

除了这些问题，瓦尼克和克林致力于开展基于佩雷尔曼和奥尔布赖切斯—泰提卡分类的经验研究。他们认可上述的一些批判，[④] 开始澄清并阐述论证型式。他们承认新修辞学中对型式的处理"有时确实缺乏清晰"（Warnick & Kline，1992，p. 5），分类形式和内容有融合，但在他们看来，这种融合并不会阻碍各种解释者去识别这些型式。他们阐述说，考虑"论证情形的语境并关系到论证者的意图"时，大多数的变化可以得到解决。批判地回顾分类，并"为每个型式构建一套重要的可识别属性"（p. 5），瓦尼克和克林研究了佩雷尔曼和奥尔布赖切斯—泰提卡论证型式经验有效性，并发现他们的分类"总体上是完全的，因为几乎所有论证可归类于至少一种形式类型"（p. 14）。有三个能够在"可接受程度一致性"（p. 13）意义上确定13种型式的运用。

有关对新修辞学的其他批判观点是其"真"观念以及对论证中人的作用的处理。格罗斯（Gross，2000）探讨约翰斯通对新修辞学的批判，后者用分解概念作为修辞朝向"真"的鲁棒性的一种检验事例。利夫（Leff，2009）批评佩雷尔曼和奥尔布赖切斯—泰提卡描述人在论证中的作用时，没有过多考虑经典概念"道德"。在利夫看来，新修辞学在叙述论证中的人的作用时，应当通过参考案例研究来补充。通过考虑在杜布瓦（W. E. B. Dubois）著名论文"关于华盛顿先生和其他人"中对"道德"论证的运用，他证实了这个主张。

---

① 通过严格标准来判断，新修辞学并不是提供一种经验相关理论：排除任何反驳的风险，是由于这种理论并不带来任何可验证的预测。

② 事实上，佩雷尔曼和奥尔布赖切斯—泰提卡预料到这里提到的有些问题，对于那些并不具有他们理论预见的人来说，决非可行的解决方案。

③ 标准不能简单的是"在具体情况下，是什么决定有效性即说服效果？"因为并不能确定地知道到底哪个型式是造成这种效果的原因，已经很难决定这些效果了。通过总结可能在具体情况下所有的有效型式，很少得到解决。

④ 他们对范爱默伦等人的回应（van Eemeren *et al.*，1984）。

参考文献

Abbott, D. (1989). The jurisprudential analogy. Argumentation & the new rhetoric. In R. D. Dearin (Ed.), *The new rhetoric of Chaïm Perelman. Statement & response* (pp. 191 – 199). Lanham: University Press of America.

Aikin, S. F. (2008). Perelmanian universal audience & the epistemic aspirations of argument. *Philosophy & Rhetoric*, 41 (3), 238 – 259.

Alexy, R. W. (1978). *Theorie der juristischen Argumentation. Die Theorie des rationale Diskurses als Theorie der juristischen Begründung* [A theory of legal argumentation. The theory of rational discourse as theory of legal justification]. Frankfurt am Main: Suhrkamp.

Amossy, R. (2009b). The new rhetoric's inheritance. Argumentation & discourse analysis. *Argumentation*, 23, 313 – 324.

&erson, J. R. (1972). The audience as a concept in the philosophical rhetoric of Perelman, Johnstone & Natanson. *Southern Speech Communication Journal*, 38 (1), 39 – 50.

Arnold, C. C. (1986). Implications of Perelman's theory of argumentation for theory of persuasion. In J. L. Golden & J. J. Pilotta (Eds.), *Practical reasoning in human affairs. Studies in honor of Chaïm Perelman* (pp. 37 – 52). Dordrecht: Reidel.

Bizzell, P., & Herzberg, B. (1990). *The rhetorical tradition. Readings from classical times to the present.* Boston: Bedford Books of St. Martin's Press.

Centre National Belge de Recherches de Logique. (1963). *La théorie de l'argumentation. Perspectives et applications* [The theory of argumentation. Perspectives & applications]. Louvain-Paris: Nauwelaerts.

Conley, T. M. (1990). *Rhetoric in the European tradition.* Chicago-London: University of Chicago Press.

Corgan, V. (1987). Perelman's universal audience as a critical tool. *Journal of the American Forensic Association*, 23, 147 – 157.

Costello, H. T. (1934). Review of Ch. Perelman, De l'arbitraire dans la connaissance. *The Journal of Philosophy*, 31, 613.

Cox, J. R. (1989). The die is cast. Topical & ontological dimensions of the*locus* of the irreparable. In R. D. Dearin (Ed.), *The new rhetoric of Chaïm Perelman. Statement & response* (pp. 121 – 139). Lanham: University Press of America.

Crosswhite, J. (1989). Universality in rhetoric. Perelman's universal audience. *Philosophy & Rhetoric*, 22, 157 – 173.

Crosswhite, J. (1993). Being unreasonable. Perelman & the problem of fallacies. *Argumentation*, 7, 385 – 402.

Crosswhite, J. (1996). *The rhetoric of reason. Writing & the attractions of argument.* Madison: University of Wisconsin Press.

Cummings, L. (2002). Justifying practical reason. What Chaïm Perelman's new rhetoric can learn from Frege's attack on psychologism. *Philosophy & Rhetoric*, 35 (1), 50 – 76.

Danblon, E. (2009). The notion of pseudo-argument in Perelman's thought. Argumentation, 23, 351 – 359.

Dearin, R. D. (1982). Perelman's concept of "quasi-logical" argument. A critical elaboration. In J. R. Cox & C. A. Willard (Eds.), *Advances in argumentation theory & research* (pp. 78 – 94). Carbondale: Southern Illinois University Press.

Dearin, R. D. (1989). The philosophical basis of Chaïm Perelman's theory of rhetoric. In R. D. Dearin (Ed.), *The new rhetoric of Chaïm Perelman. Statement & response* (pp. 17 – 34). Lanham: University Press of America.

Dunlap, D. D. (1993). The conception of audience in Perelman & Isocrates. Locating the ideal in the real. *Argumentation*, 7, 461 – 474.

Ede, L. S. (1989). Rhetoric versus philosophy. The role of the universal audience in Chaïm Perelman's *The new rhetoric.*

In R. D. Dearin (Ed.), *The new rhetoric of Chaïm Perelman. Statement & response* (pp. 141 – 151). Lanham: University Press of America.

van Eemeren, F. H. (2010). Strategic maneuvering in argumentative discourse. *Extending the pragma-dialectical theory of argumentation.* Amsterdam/Philadelphia: John Benjamins.

van Eemeren, F. H., & Grootendorst, R. (1995). Perelman & the fallacies. *Philosophy & Rhetoric*, 28, 122 – 133.

van Eemeren, F. H., Grootendorst, R., & Kruiger, T. (1978). *Argumentatietheorie* [Argumentation theory]. Utrecht: Het Spectrum.

van Eemeren, F. H., Grootendorst, R., & Kruiger, T. (1981). *Argumentatietheorie* [Argumentation theory] 2nd extended ed. Utrecht: Het Spectrum. (1st ed. 1978; 3rd ed. 1986). (English transl. (1984, 1987)).

van Eemeren, F. H., Grootendorst, R., & Kruiger, T. (1984). *The study of argu-*

mentation. New York: Irvington. (Engl. transl. by H. Lake of F. H. van Eemeren, R. Grootendorst & T. Kruiger (1981). Argumentatietheorie. 2nd ed. Utrecht: Het Spectrum). (1 st ed. 1978).

van Eemeren, F. H., Grootendorst, R., & Kruiger, T. (1986). *Argumentatietheorie* [Argumentation theory] (3rd ed.). Leiden: Martinus Nijhoff (1st ed. 1978, Het Spectrum).

van Eemeren, F. H., Grootendorst, R., & Kruiger, T. (1987). *Handbook of argumentation theory.* A critical survey of classical backgrounds & modern studies. Dordrecht/Providence: Foris. (English transl. by H. Lake of F. H. van Eemeren, R. Grootendorst & T. Kruiger (1981). Argumentatietheorie. Utrecht etc.: Het Spectrum).

van Eemeren, F. H., Grootendorst, R., Snoeck Henkemans, A. F., Blair, J. A., Johnson, R. H., Krabbe, E. C. W., Plantin, C., Walton, D. N., Willard, C. A., Woods, J., &Zarefsky, D. (1996). *Fundamentals of argumentation theory. H&book of historical backgrounds & contemporary developments.* Mawhah: Lawrence Erlbaum (transl. into Dutch (1997)).

Eubanks, R. (1986). An axiological analysis of Chaïm Perelman's theory of practical reasoning. In J. L. Golden & J. J. Pilotta (Eds.), *Practical reasoning in human affairs. Studies in honor of Chaïm Perelman* (pp. 53 – 67). Dordrecht: Reidel.

Farrell, T. B. (1986). Reason & rhetorical practice. The inventional agenda of Chaïm Perelman. In J. L. Golden & J. J. Pilotta (Eds.), *Practical reasoning in human affairs. Studies in honor of Chaïm Perelman* (pp. 259 – 286). Dordrecht: Reidel.

Fisher, W. R. (1986). Judging the quality of audiences & narrative rationality. In J. L. Golden & J. J. Pilotta (Eds.), *Practical reasoning in human affairs. Studies in honor of Chaïm Perelman* (pp. 85 – 103). Dordrecht: Reidel.

Foss, S. K., Foss, K., & Trapp, R. (2002). *Contemporary perspectives on rhetoric* (3rd ed.). Prospect Heights: Wavel& Press (1st ed. 1985).

Frank, D. A. (2004). Argumentation studies in the wake of the new rhetoric. *Argumentation & Advocacy*, 40, 276 – 283.

Frank, D. A., & Bolduc, M. K. (2003). Chaïm Perelman's first philosophies & regressive philosophy. Commentary & translation. *Philosophy & Rhetoric*, 36 (3), 177 – 188.

Frank, D. A., & Driscoll, W. (2010). A bibliography of the new rhetoric project. *Philosophy & Rhetoric*, 43 (4), 449 – 466.

Gage, J. T. (Ed.). (2011). *The promise of reason. Studies in the new rhetoric.* Carbondale: Southern Illinois University Press.

Garssen, B. (2001). Argument schemes. In F. H. van Eemeren (Ed.), *Crucial concepts in argumentation theory* (pp. 81 – 99). Amsterdam: Amsterdam University Press.

Golden, J. L. (1986). The universal audience revisited. In J. L. Golden & J. J. Pilotta (Eds.), *Practical reasoning in human affairs. Studies in honor of Chaïm Perelman* (pp. 287 – 304). Dordrecht: Reidel.

Golden, J. L., & Pilotta, J. J. (Eds.). (1986). *Practical reasoning in human affairs: Studies in honor of Chaïm Perelman.* Dordrecht: Reidel.

Goodwin, D. (1991). Distinction, argumentation, & the rhetorical construction of the real. *Argumentation & Advocacy*, 27, 141 – 158.

Goodwin, D. (1992). The dialectic of second-order distinctions. The structure of arguments about fallacies. *Informal Logic*, 14, 11 – 22.

Grácio, R. A. L. M. (1993). Perelman's rhetorical foundation of philosophy. *Argumentation*, 7, 439 – 450.

Graff, R., & Winn, W. (2006). Presencing "communion" in Chaïm Perelman's new rhetoric. *Philosophy & Rhetoric*, 39 (1), 45 – 71.

Gross, A. G. (1999). A theory of the rhetorical audience. Reflections on Chaïm Perelman. *Quarterly Journal of Speech*, 85, 203 – 211.

Gross, A. G. (2000). Rhetoric as a technique & a mode of truth. Reflections on Chaïm Perelman. *Philosophy & Rhetoric*, 33 (4), 319 – 335.

Gross, A. G., & Dearin, R. D. (2003). *Chaïm Perelman.* Albany: State University of New York Press.

Haarscher, G. (1986). Perelman & the philosophy of law. In J. L. Golden & J. J. Pilotta (Eds.), *Practical reasoning in human affairs. Studies in honor of Chaïm Perelman* (pp. 245 – 255). Dordrecht: Reidel.

Haarscher, G. (Ed.). (1993). *Chaïm Perelman et la pensée contemporaine* [Chaïm Perelman & contemporary thought]. Brussel: Bruylant.

Haarscher, G. (2009). Perelman's pseudo-argument as applied to the creationism controversy. *Argumentation*, 23, 361 – 373.

Haarscher, G., & Ingber, L. (Eds.). (1986). *Justice et argumentation. Autour de la pensée de Chaïm Perelman* [Justice & argumentation. On the philosophy of Chaïm Perelman]. Brussels: Éditions de Université de Bruxelles.

Holmström-Hintikka, G. (1993). Practical reason, argumentation, & law. In G. Haarscher (Ed.), *Chaïm Perelman et la pensée contemporaine* [Chaïm Perelman & contemporary thought] (pp. 179 – 194). Bruxelles: Bruylant.

Johnstone, H. W., Jr. (1993). Editor's introduction. *Argumentation*, 7, 379 – 384.

Jørgensen, C. (2009). Interpreting Perelman's 'universal audience'. Gross versus Crosswhite. *Argumentation*, 23, 11 – 19.

Karon, L. A. (1989). Presence in the new rhetoric. In R. D. Dearin (Ed.), *The new rhetoric of Chaïm Perelman. Statement & response* (pp. 163 – 178). Lanham: University Press of America.

Kennedy, G. A. (1999). *Classical rhetoric & its Christian & secular tradition from ancient to modern times.* Chapel Hill & London: University of North Carolina Press.

Kienpointner, M. (1983). *Argumentationsanalyse* [Argumentation analysis] (Innsbrucker Beiträge zur Kulturwissenschaft, Sonderheft 56). Innsbruck: Verlag des Instituts für Sprachwissenschaft der Universität Innsbruck.

Kienpointner, M. (1992). *Alltagslogik. Struktur und Funktion vom Argumentationsmustern* [Everyday logic. Structure & function of specimens of argumentation]. Stuttgart-Bad Cannstatt: Frommann-Holzboog.

Kienpointner, M. (1993). The empirical relevance of Perelman's new rhetoric. *Argumentation*, 7, 419 – 437.

Kluback, W. (1980). The new rhetoric as a philosophical system. *Journal of the American Forensic Association*, 17, 73 – 79.

Koren, R. (1993). Perelman et l'objectivité discursive. Le cas de l'écriture de presse en France [Perelman & discursive objectivity. The case of the French press]. In G. Haarscher (Ed.), *Chaïm Perelman et la pensée contemporaine* [Chaïm Perleman & contemporary thought] (pp. 469 – 487). Bruxelles: Bruylant.

Koren, R. (2009). Can Perelman's NR be viewed as an ethics of discourse? *Argumentation*, 23, 421 – 431.

Laughlin, S. K., & Hughes, D. T. (1986). The rational & the reasonable. Dialectical or parallel systems? In J. L. Golden & J. J. Pilotta (Eds.), Practical reasoning in human affairs. *Studies in honor of Chaïm Perelman* (pp. 187 – 205). Dordrecht: Reidel.

Leff, M. (2009). Perelman, ad hominem argument, & rhetorical ethos. *Argumentation*, 23, 301 – 311.

Leroux, N. R. (1994). Luther's "Am Neujahrstage". Style as argument. *Rhetorica*, 12 (1), 1 – 42.

Livnat, Z. (2009). The concept of 'scientific fact'. Perelman & beyond. *Argumenta-*

tion, 23, 375 – 386.

Macoubrie, J. (2003). Logical argument structures in decision-making. *Argumentation*, 17, 291 – 313.

Makau, J. M. (1984). The Supreme Court & reasonableness. *Quarterly Journal of Speech*, 70, 379 – 396.

Makau, J. M. (1986). The contemporary emergence of the jurisprudential model. Perelman in the information age. In J. L. Golden & J. J. Pilotta (Eds.), *Practical reasoning in human affairs. Studies in honor of Chaïm Perelman* (pp. 305 – 319). Dordrecht: Reidel.

Maneli, M. (1978). The new theory of argumentation & American jurisprudence. *Logique et Analyse*, 21, 19 – 50.

Maneli, M. (1994). *Perelman's new rhetoric as philosophy & methodology for the next century*. Dordrecht: Kluwer.

McKerrow, R. E. (1982). Rationality & reasonableness in a theory of argument. In J. R. Cox &C. A. Willard (Eds.), *Advances in argumentation theory & research* (pp. 105 – 122). Carbondale: Southern Illinois University Press.

McKerrow, R. E. (1986). Pragmatic justification. In J. L. Golden & J. J. Pilotta (Eds.), *Practical reasoning in human affairs. Studies in honor of Chaïm Perelman* (pp. 207 – 223). Dordrecht: Reidel.

Measell, J. S. (1985). Perelman on analogy. *Journal of the American Forensic Association*, 22, 65 – 71.

Meyer, M. (1982). *Logique, langage et argumentation* [Logic, language, & argumentation]. Paris: Hachette.

Meyer, M. (1986a). *De la problématologie. Philosophie, science et langage* [On problematology: Philosophy, science, & language]. Brussels: Pierre Mardaga.

Meyer, M. (1986b). *From logic to rhetoric* (Pragmatics & beyond VII: 3). Amsterdam: John Benjamins. [trans. of *Logique, langage et argumentation*. Paris: Hachette, 1982].

Meyer, M. (Ed.). (1989). *From metaphysics to rhetori*. Dordrecht: KLuwer. [trans. of M. Meyer (1986). *De la métaphysique à la rhétorique*. Bruxelles: Éditions de l'Université de Bruxelles].

Mickunas, A. (1986). Perelman on justice & political institutions. In J. L. Golden & J. J. Pilotta (Eds.), *Practical reasoning in human affairs. Studies in honor of Chaïm Perelman* (pp. 321 – 339). Dordrecht: Reidel.

Morresi, R. (2003). La "Nouvelle rhétorique" tra dialettica aristotelica e dialettica hegeliana [The "new rhetoric" between Aristotelian dialectic & Hegelian dialectic]. *Rhetorica*, 21 (1), 37 – 54.

Nimmo, D., & Mansfield, M. W. (1986). The teflon president. The relevance of Chaïm Perelman's formulations for the study of political communication. In J. L. Golden & J. J. Pilotta (Eds.), *Practical reasoning in human affairs. Studies in honor of Chaïm Perelman* (pp. 357 – 377). Dordrecht: Reidel.

Oakley, T. V. (1997). The new rhetoric & the construction of value. Presence, the universal audience, & Beckett's" Three dialogues" . *Rhetoric Society Quarterly*, 27 (1), 47 – 68.

Olbrechts-Tyteca, L. (1963). Rencontre avec la rhétorique [Encounter with rhetoric]. In Centre National Belge de Recherches de Logique (Ed.), *La théorie de l'argumentation. Perspectives et application* [The theory of argumentation. Perspectives & applications] (pp. 3 – 18). Louvain-Paris: Editions Nauwelaerts.

Pavčnik, M. (1993). The value of argumentation theory for the quality of reasoning in law. In G. Haarscher (Ed.), *Chaïm Perelman et la pensée contemporaine* [Chaïm Perelman & contemporary thought] (pp. 237 – 244). Bruxelles: Bruylant.

Pearce, K. C., & Fadely, D. (1992). Justice, sacrifice, & the universal audience. George Bush's "Address to the nation announcing allied military action in the Persian Gulf" . *Rhetoric Society Quarterly*, 22 (2), 39 – 50.

Perelman, C. (1933). *De l'arbitraire dans la connaissance* [On the arbitrary in knowledge]. Brussels: Archives de la Societé Belge de Philosophie.

Perelman, C. (1963). *The idea of justice & the problem of argument*. London: Routledge & Kegan Paul.

Perelman, C. (1970). The new rhetoric. A theory of practical reasoning. In *The great ideas today. Part 3: The contemporary status of a great idea* (pp. 273 – 312). Chicago: Encyclopedia Britannica.

Perelman, C. (1971). The new rhetoric. In L. F. Bitzer & E. Black (Eds.), *The prospect of rhetoric* (pp. 115 – 122). Englewood Cliffs: Prentice Hall.

Perelman, C. (1976). *Logique juridique, nouvelle rhétorique* [Judicial logic, new rhetoric]. Paris: Dalloz.

Perelman, C. (1979a). La philosophie du pluralisme et la nouvelle rhétorique [The philosophy of pluralism & the new rhetoric]. *Revue Internationale de Philosophie*, 127 (128),

5 – 17.

Perelman, C. (1979b). The rational & the reasonable. In P. Ch (Ed.), *The new rhetoric & the humanities. Essays on rhetoric & its applications* (pp. 117 – 123). Dordrecht: Reidel (With an introduction by Harold Zyskind).

Perelman, C. (1980). *Justice, law, & argument. Essays on moral & legal reasoning.* Dordrecht: Reidel.

Perelman, C. (1982). *The realm of rhetoric.* Notre Dame-London: University of Notre Dame Press.

Perelman, C. (1984). The new rhetoric & the rhetoricians (trans: Dearin, R. D.). *Quarterly Journal of Speech*, 70, 199 – 196.

Perelman, C., & Olbrechts-Tyteca, L. (1958). *La nouvelle rhétorique. Traité de l'argumentation* [The new rhetoric. A treatise on argumentation]. Paris: Presses Universitaires de France.

Perelman, C., & Olbrechts-Tyteca, L. (1966). Trattato dell' argome-ntazione. La nuova retorica, Torino: Einaudi. [Treatise on argumentation. The new rhetoric] (trans. of C. Perelman, & L. Olbrechts-Tyteca, L. (1958). *La nouvelle rhéorique. Traité de l'argumentation.* Paris: Presses Universitaires de France).

Perelman, C., & Olbrechts-Tyteca, L. (1969). *The new rhetoric. A treatise on argumentation* (trans. of C. Perelman & L. Olbrechts-Tyteca (1958). *La nouvelle rhétorique. Traité de l'argumentation.* Paris: Presses Universitaires de France. Notre Dame-London: University of Notre Dame Press) .

Perelman, C., & Olbrechts-Tyteca, L. (2008). *Traité de l'argume-ntation* [Treatise on argumentation]. Preface by Michel Meyer. Brussels: Éditions de Université libre de Bruxelles.

Perelman, C., Zyskind, H., Kluback, W., Becker, M., Jacques, F., Barilli, R., Olbrechts-Tyteca, L., Apostel, L., Haarscher, G., Robinet, A., Meyer, M., Noorden, S. van, Vasoli, C., Griffin-Collart, E., Maneli, M., Gadamer, H.-G., Raphael, D. D., Wroblewski, J., Tarello, G., & Foriers, P. (1979). *La nouvelle rhétorique-The new rhetoric. Essais en hommage à Chaïm Perelman* (Special issue Revue Internationale de Philosophie, 33, pp. 127 – 128). Bruxelles: Revue Internationale de Philosophie.

Pilotta, J. J. (1986). The concrete-universal. A social science foundation. In J. L. Golden & J. J. Pilotta (Eds.), *Practical reasoning in human affairs. Studies in honor of Chaïm Perelman* (pp. 379 – 392). Dordrecht: Reidel.

Plantin, C. (2009). A place for figures of speech in argumentation theory. *Argumentation*, 23, 325 – 337.

Ray, J. W. (1978). Perelman's universal audience. *Quarterly Journal of Speech*, 64, 361 – 375.

van Rees, M. A. (2005). Dissociation. A dialogue technique. In M. Dascal, F. H. van Eemeren, E. Rigotti, S. Stati, & A.

Rocci (Eds.), *Argumentation in dialogic interaction* (Special issue of Studies in Communication Sciences, pp. 35 – 50).

van Rees, M. A. (2006). Strategic maneuvering with dissociation. *Argumentation*, 20, 473 – 487.

van Rees, M. A. (2009). *Dissociation in argumentative discussions. A pragma-dialectical perspective*. Dordrecht: Springer.

van het Reve, K. (1977, March 11). Hoe anders is de Sowjetmens [How different, these people from the Soviet Union]. *NRC Handelsblad*, p. 8.

Rieke, R. D. (1986). The evolution of judicial justification. Perelman's concept of the rational & the reasonable. In J. L. Golden & J. J. Pilotta (Eds.), *Practical reasoning in human affairs. Studies in honor of Chaïm Perelman* (pp. 227 – 244). Dordrecht: Reidel.

Schiappa, E. (1985). Dissociation in the arguments of rhetorical theory. *Journal of the American Forensic Association*, 22, 72 – 82.

Schiappa, E. (1993). Arguing about definitions. *Argumentation*, 7, 403 – 418.

Schuetz, J. (1991). Perelman's rule of justice in Mexican appellate courts. In F. H. van Eemeren, R. Grootendorst, J. A. Blair, & C. A. Willard (Eds.), *Proceedings of the second international conference on argumentation* (*Organized by the International Society for the Study of Argumentation at the University of Amsterdam*, *June* 19 – 22, 1990) (pp. 804 – 812). Amsterdam: Sic Sat.

Scult, A. (1976). Perelman's universal audience. One perspective. *Central States Speech Journal*, 27, 176 – 180.

Scult, A. (1985). A note on the range & utility of the universal audience. *Journal of the American Forensic Association*, 22, 84 – 87.

Scult, A. (1989). Perelman's universal audience. One perspective. In R. D. Dearin (Ed.), *The new rhetoric of Chaïm Perelman. Statement & response* (pp. 153 – 162). Lanham: University Press of America.

Seibold, D. R., McPhee, R. D., Poole, M. S., Tanita, N. E., & Canary, D. J.

(1981). Argument, group influence, & decision outcomes. In G. Ziegelmueller & J. Rhodes (Eds.), *Dimensions of argument. Proceedings of the Second Summer Conference on Argumentation* (pp. 663 – 692). Ann & ale: Speech Communication Association.

Tindale, C. W. (1996). From syllogisms to audiences. The prospects for logic in a rhetorical model of argumentation. In D. M. Gabbay & H. J. Ohlbach (Eds.), *Practical reasoning. Proceedings of FAPR* 1996 (pp. 596 – 605). Berlin: Springer.

Tindale, C. W. (2004). *Rhetorical argumentation. Principles of theory & practice.* Thous & Oaks: Sage.

Tindale, C. W. (2010). Ways of being reasonable. *Perelman & the philosophers. Philosophy & Rhetoric*, 43 (4), 337 – 361. (transl. into Chinese (in preparation), Italian (2014), Japanese (in preparation), Spanish (2013b)).

Tordesillas, A. (1990). Chaïm Perelman: Justice, argumentation & ancient rhetoric. *Argumentation*, 4, 109 – 124.

Toulmin, S. E. (1958). *The uses of argument.* Cambridge, Engl&: Cambridge University Press.

Walker, G. B., & Sillars, M. O. (1990). Where is argument? Perelman's theory of fallacies. In R. Trapp & J. Schuetz (Eds.), *Perspectives on argumentation. Essays in honor of Wayne Brockriede* (pp. 134 – 150). Prospect Heights: Wavel& Press.

Wallace, K. R. (1989). Topoi & the problem of invention. In R. D. Dearin (Ed.), *The new rhetoric of Chaïm Perelman. Statement & response* (pp. 107 – 119). Lanham: University Press of America.

Walton, D. N. (1992). Types of dialogue, dialectical shifts & fallacies. In F. H. van Eemeren, R. Grootendorst, J. A. Blair, & C. A. Willard (Eds.), *Argumentation illuminated* (pp. 133 – 147). Amsterdam: Sic Sat.

Walzer, A., Secor, M., & Gross, A. G. (1999). The uses & limits of rhetorical theory. Campbell, Whately, & Perelman & Olbrechts-Tyteca on the Earl of Spencer's "Address to Diana". *Rhetoric Society Quarterly*, 29 (4), 41 – 62.

Warnick, B. (1981). Arguing value propositions. *Journal of the American Forensic Association*, 18, 109 – 119.

Warnick, B. (1997). Lucie Olbrechts-Tyteca's contribution to the new rhetoric. In M. Meijer Wertheimer (Ed.), *Listening to their voices. The rhetorical activities of historical women* (pp. 69 – 85). Columbia: University of South Carolina Press.

Warnick, B. (2001). Conviction. In T. Sloane (Ed.), *The encyclopedia of rhetoric* (pp. 171 – 175). New York: Oxford University Press.

Warnick, B. (2004). Rehabilitating AI. Argument loci & the case for artificial intelligence. *Argumentation*, 18, 149 – 170.

Warnick, B., & Kline, S. L. (1992). The new rhetoric's argument schemes. A rhetorical view of practical reasoning. *Argumentation & Advocacy*, 29, 1 – 15.

Wiethoff, W. E. (1985). Critical perspectives on Perelman's philosophy of legal argument. *Journal of the American Forensic Association*, 22, 88 – 95.

Wintgens, L. J. (1993). Rhetoric, reasonableness & ethics. An essay on Perelman. *Argumentation*, 7, 451 – 460.

Yanoshevsky, G. (2009). Perelman's audience revisited. Towards the construction of a new type of audience. *Argumentation*, 23, 409 – 419.

第 6 章

形式论辩进路

6.1 论证的形式论辩之本质

图尔敏、佩雷尔曼和奥尔布赖切斯—泰提卡批判了论证研究之形式方法，但并没有阻止这种形式进路的进一步发展，它不仅研究数学论证，还研究一般意义上的狭义论证和广义论证。本章将讨论许多形式论辩学家的研究成果。不过，通过论证的“形式”进路，我们对这些成果能真正理解吗？在关于论证的理论化或试图分析评价论证时，由于形式变化多端，所以在形式方法与非形式方法之间很难划出来一条界线。

可以说，论证形式进路在于逻辑形式系统或论辩形式系统之运用。而我们仍需要阐明这种运用的目的之所在。在开始讨论这些问题之前，我们首先必须简要解释术语“论辩的”、“形式的”以及术语“形式逻辑系统”与“形式论辩系统”。

首先，“论辩的”。在哲学家中，该术语有诸多含义（Hall，1967），其范围从形式逻辑到社会的发展。不过，我们只注重强调“会话”或“对话”之核心意义，要么是会话实践，要么是某个会话理论。[①] 作为一个形容词，“论辩的”是指这类实践或理论的一种关系。即便我们主要涉

---

① 在这一点上，我们紧跟亚里士多德（参见本手册第 2 章“古典背景”）。可是，他关注具体会话类型。必须注意确保在我们意义上的术语“论辩的”之意义与自 18 世纪以来的哲学家对“dialectic”反常的理解不能产生混淆。直到 17 世纪，拉丁语“论辩”（*dialectica*）是针对逻辑的惯称，不过期间有些中断。参见肖尔兹的著作（see Scholz，1967，p. 8）。

及会话，且其中确实期望出现论证，但“是论证性的”也并非是论辩实践的必要构成要件。沿着汉布林（Charles Hamblin，1922－1985）的思路，我们把“关于天气相互交换的陈述组成的对话”（Hamblin，1970，p. 256）归为论辩系统。可是，在会话中至少存在两方或两个角色是我们使用论辩的必要构成要件。

其次，“形式的”。“形式”和“形式的”这两个术语有很多含义，因此，逻辑系统或论辩系统在许多意义上是形式的。巴斯和克罗贝指出“形式的”有三种不同的意义（Barth & Krabbe，1982，pp. 14－19），并且克罗贝也区分了两种以上的含义（Krabbe，1982b，p. 3）。第一层含义（形式的$_1$，柏拉图意义上的）是指柏拉图哲学的形式，在这里不作考虑。第二层含义（形式的$_2$，语言学意义上的）是指语言形式（即形状）：一个“形式的$_2$”系统是这样一个系统，其中的惯用语是由语用规则严格决定，而且进一步规则是参照这些惯用语的由语言形式决定的逻辑形式来制定。第三层含义（形式的$_3$，规准意义上的）是指规准或系统化。第四层含义（形式的$_4$，先验意义上的）是指设定系统规则的先验方式。“形式的”这层含义可以通过汉布林（Hamblin，1970，p. 256）对描述论辩与形式描述论辩之区别来展示。在描述论辩中，探讨的是在真实讨论中发挥作用的规则，如在国会辩论中和法庭交叉询问中。相对地，形式（形式的$_4$）方法在于制定精确但不必然现实的简单规则系统（同前），并且研究这类系统的性质。汉布林的核心系统（Hamblin，1970，pp. 265－270；参见第6. 6节）所提供的例子就是很好的展示。很明显，形式的$_4$方法需要借助经验方法来补充，而这种经验方法探讨的是人们在法律审判、国会辩论以及对话出现的各种类似情形中进行论争时实际上遵守的规则和约定。第五层含义（形式的$_5$，逻辑意义上的）是指纯粹的逻辑系统，即不提供任何实质规则或行动的系统。实质的规则或行动是那些取决于某些非逻辑术语含义的规则（Krabbe，1982b，p. 4；Barth & Krabbe，1982，pp. 104－112），因此，这类规则不仅依赖于语言形式，而且依赖于事实或解释。而形式的$_5$规则或话步不具有这种依赖性。[①] 形式逻辑的系统在除第一层含义之外的所有意义上都常常是形式的。

最后，我们说的形式逻辑系统或形式论辩系统是什么意思？从根本上讲，在某种意义上是任何形式推理规则系统都可称为形式逻辑系统，并且任何会话规则系统都可称为形式论辩系统。可是，按照我们所理解的形式逻辑系统或形式论辩系统，这里“形式的”必须至少采用形式的$_3$意义。如果逻辑系统或论辩系统只在这个意义上是形式的，那么它在最弱意义上也是形式的，但通常形式逻辑系统和形式论辩系统是在（除形式的$_1$即柏拉图哲学意义上之外的）其他某个意义上也是形式的。因此，从理论上讲，根据给定受规则制约的（形式的$_3$）逻辑或论辩系统是否按照语言形式（形式的$_2$），是不是先验构建（形式的$_4$），并且是否缺少实质规则和话步（形式的$_5$），存在八种可能系统。虽然有些组合比其他的组合更令人熟悉，但这三个问题是相互独立的。在最多情况下，我们说一个形式系统是形式的，不仅是在规准意义（形式的$_3$）上的，而且至少是在语言意义（形式的$_2$）上的。下一节我们提出的大多数例子甚至在（除形式的$_1$之外）所有意义上都是形式的。实质论辩系统都不是形式的$_5$且不是形式的$_1$，而在其他方面（形式的$_2$、形式的$_3$和形式的$_4$）是形式的。构成语用论辩讨论程序的 15 条规则系统（van Eemeren & Grootendorst，2004）是形式的$_3$和形式的$_4$，但在其他方面都不是形式的。

6.1.1　形式系统的用途

现在，我们考虑至少在规准意义上是形式的（形式的$_3$）以及在语言学意义上是形式的（形式的$_2$）形式系统。在论证研究方法中，人们通过什么方式来运用这类系统呢？第一种情形，为了完成个别论证或个别论证性讨论的分析与评价而应用形式系统。例如，为了分析与评价用自然

① “形式的”还有许多其他含义。约翰逊和布莱尔（Johnson & Blair 1991，pp. 134 – 135）区别了七种含义，其中有四种均不与上面提到的五种之一相匹配：“形式的”这一术语也能用于指“数学的”、“演绎的”和“算法的”。约翰逊与布莱尔所区分的其他三种含义分别与“形式的$_2$”、“形式的$_3$”和“形式的$_4$”相对应。

语言阐述的论证“有效”或“无效”，而使用像三段论系统、命题逻辑或谓词逻辑系统之类的逻辑系统。第二种情形，并不直接分析与评价个别案例，而是运用形式化方式致力于理论的发展，比如，通过建构以澄清特定理论概念的形式系统。第三种情形，将形式系统作为在其他某个非形式方法中发展的源泉。

如果形式方法是用来分析与评价个别论证用于形式逻辑系统的方法，那么采用这种方法的论证理论家们被认为是对论证情形特别感兴趣的逻辑学家。他们或者选择合适的系统，这种系统可以是标准系统，也可以是异常系统，如三值逻辑或非单调逻辑，当然还能提出自己的新系统。为了省事，我们先假定理论家们选择了经典命题逻辑。那么，用来分析与评价基本论证的系统是由把每个论证“翻译”成命题逻辑语言，并通过真值表或经典命题逻辑中其他可获得的方法（参见第 3.2 节）判定其有效性组成的。对于这种论证方法，存在以下几种异议：（1）翻译过程并不直截了当；[①]（2）如果结论为否定，并不意味着该论证无效，因为在其他某个逻辑系统，如经典谓词逻辑或其他某种方式中，可能是有效的；[②]（3）这种方法通过忽略必须重构的未表达前提以及所使用论证形式，漏掉了论证的关键要素；（4）这种方法把论证评价还原为论证中所使用的推理有效性评价，忽略了诸如前提恰当性以及给定语境下具体论证模式适当性之类的问题。

因此，可以设想，形式方法不能涵盖所有情形。不过，这种方法在某些情形下有用：假定翻译困难并不是不可克服，甚至不是很严重，并且肯定结果能够用语境上可接受的方式来确立论证的经典命题有效性。如果该论证在经典命题逻辑中并没有证明有效，至少逻辑分析产生了对基本语句的真值分配研究，它等于一个反例。经检查，如果这些分配显然没有一个可实现，那么该论证的有效性最终可以确立，但在命题逻辑中没有确立有效性；如果其中一个分配可实现，那就给了我们一个反例，

① 参见伍兹的著作（Woods，1995，2004，chap. 3）。

② 根据马西（Massey）的非对称性论题，即使某些论证有效能够用理论上合法方式通过逻辑确立起来，对于无效性而言，这仍然不成立（Oliver，1967；Massey，1975a，b，1981）。比如，就批判性回复而言，参见戈维尔的著作（Govier，1987，Chap. 9）以及菲诺基亚罗的论文（Finocciaro，1996）。

即存在一个所有前提真而结论为假的情形，从而确立了原论证的无效性。[①] 因此，我们可以把形式方法设想成逻辑系统之运用，作为涵盖更广的方法要素来讲，那是有用的。我们这里只提及基本论证有效性的语义研究，但还有更多的逻辑技巧能够整合到论证理论之中。例如，谓词逻辑分析有助于分解复杂论证。[②] 再者，对于分析假设性论证和归谬法论证来讲，像自然演绎系统这样的形式逻辑推演系统，能起到很大作用。[③]

形式系统能用于个案的另一种形式方法是形式论辩。它的应用对象是论辩性讨论而不是狭义的论证。形式论辩系统所允许我们不仅是形式化论证，还要形式化整个讨论。正如在逻辑系统情形中一样，的确存在直接对这些系统分析与评价的真实讨论。不过，获得分析与评价的讨论需要首先翻译成论辩系统语言，然后检查其中的话步与形式论辩系统的裁定是否相符。虽然必须要处理真实讨论，但这并不是形式论辩学家的实际工作。

当然，形式论辩系统用于前面提及的三种方式之第二种：它们有助于概念的澄清与理论的发展。通过“规则实验室”，可以完成形式论辩系统的多元性工作，其中我们有针对不同类型论辩互动的各种裁定之思想实验。这类概念有诸如正方、反方、攻击、防卫、承诺、谬误、赢和输之类的概念，可以通过建构形式系统来研究这些概念。对于具体谬误概念来讲，这同样也成立，如乞题谬误、复杂问语谬误以及含混谬误。当然，除了它们在具体情况下作为判定有效性或一致性的工具之外，非论辩逻辑系统也能用于第二种方式并充当诸如“有效性”和“一致性”之类的“逻辑概念实验室”中的工具。

通过这些进路与方法可以展示前面提及的第三种用途。虽然，这些进路与方法本身并不是形式的或半形式化的，但是它们在某种方式上受到了形式研究的启发。其代表性例子有语用论辩进路（参见第 10 章“语用论辩论证理论”）以及对话轮廓方法（参见第 6. 10 节），其中在没有实

① 该反例是在第 3. 3 节意义上的“情形的”。还可参见克罗贝的论文（Krabbe，1996），另一个对马西非对称性论题的批判性回复。

② 参见克罗贝的论文（Krabbe，2012）。

③ 参见第 3. 3 节之“逻辑有效性概念”。还可参见艾里克·费希尔的著作（Fisher，1988）。

际定义形式论辩系统的情况下使用了形式论辩思想。

既然在本章中我们主要涉及形式论辩系统，那么我们的焦点将是第二种用途。

6.1.2 本章内容

图尔敏、佩雷尔曼以及奥布莱希特—泰提卡的开创性著作（1958）出版的那年正好与洛仑岑（Paul Lorenzen，1915－1994）以演讲形式首次提出一些对话逻辑规则是同一年。在他报告其方案的论文（Lorenzen，1960）以及进一步关于其对话逻辑的论著中，其中“形式的”是语言学意义上的（形式的$_2$）、规准意义上的（形式的$_3$）以及先验意义上的（形式的$_4$），但不是逻辑意义上的（形式的$_5$），洛仑岑提出的思想是：逻辑应当关注真实世界中两个有分歧双方之间的讨论，而不是关注在理性心灵中推论或关注所有可能世界中的真值。正是这一思想帮助我们在形式逻辑与论证理论之间架起了一座如图尔敏（Toulmin，1958）和新修辞学的作者（Perelman & Olbrechts-Tyteca，1958，1969）所设想的桥梁。可是，这层含义并不直接明了，因为洛仑岑的见解不是作为论证理论的贡献而是作为针对数学中定义“建构性”问题之解决方案而提出的。洛仑岑及其他的学派，如爱尔朗根学派，后来在20世纪60年代发表的论著与论证理论的相关性就非常明显了，但这些著作几乎都是用德文出版的。爱尔朗根学派将在第6.2节中讨论，辛迪卡提出的类似方案会在第6.3节讨论，而且雷切尔探究语境中的论辩学会在第6.4节中讨论。巴斯与克罗贝（Barth & Krabbe，1982）的形式论辩系统将洛仑岑系统完全融入他们的论证理论中，这将在第6.5节中讨论。

同时，汉布林（Hamblin，1970）出版了《谬误》一书，他在其中首先引入“形式论辩”术语。虽然他并不知道洛仑岑方法，但是即使汉布林提出的系统与爱尔朗根学派学者提出的系统之间存在诸多差别，后者仍被称为形式论辩系统。汉布林方法是形式的（形式的$_2$、形式的$_3$以及形式的$_4$），不像洛仑岑系统那样与逻辑密切相关。不过，汉布林方法对那些想把形式逻辑的本质与直接针对理解（或许是改善）论争常识方式之对话方法组合起来的研究者们来讲有着重要的影响。在这个方面的突出成就是伍兹和沃尔顿的论文（论文集，1989）和麦肯泽的许多论文（如 Mackenzie，1979a， b，1984，1985，1988，1989，1990）。可是，伍兹和沃尔顿方法并不局限于形式论辩。沃尔顿与克罗贝（Walton & Krabbe，1995）试图整合汉布林式系统与洛仑岑式系统。汉布林观点将在第 6.6 节讨论，伍兹—沃尔顿方法将在第 6.7 节中讨论，麦肯泽的一些研究将在第 6.8 节讨论，并且沃尔顿与克罗贝的整合系统将在第 6.9 节中讨论。最后，我们在第 6.10 节中简要讨论对话轮廓的半形式化方法。在人工智能领域中形式论辩的进一步发展将在第 11 章“论证与人工智能”第 6 节中专门讨论。

6.2　爱尔朗根学派

洛仑岑对论证理论研究最重要的工作是与他的同事和学生在德国巴伐利亚州纽伦堡爱尔朗根合作完成的。以他为核心的团队成员包括洛仑兹（Kuno Lorenz）、卡姆拉（Wihelm Kamlah，1905 – 1976）和施韦默尔（Oswald Schwemmer），因此，有时被称为爱尔朗根学派（Erlangen School）。该团队研究并不局限于逻辑，而是延伸到伦理学与科学哲学、数学与社会科学。

爱尔朗根学派关于论证的观点是在卡姆拉和洛仑岑的《逻辑初步：理性话语的预备知识》（Kamlah & Lorenzen，1967）、洛仑岑的《规范逻辑与伦理学》（Lorenzen，1969）和《建构科学哲学教程》（Lorenzen，1987）以及洛仑岑与施韦默尔的《构造逻辑、伦理学与科学哲学》（Lorenzen & Schwemmer，1973）中做了最清晰阐明。① 洛仑岑与洛仑兹的《对话逻辑》（Lorenzen & Lorenz，1978）以爱尔朗根学派内逻辑理论即对话逻辑发展文献而闻名，因为它包括了作者们的早期论著。②

① 卡姆拉和洛仑岑的《逻辑初步》第二版于 1973 年出版（翻译为《逻辑初步：理性话语的预备知识》（Kamlah & Lorenzen，1984），洛仑岑的《规范逻辑与伦理学》第二版于 1984 年出版，并且洛仑岑与施韦默尔的《建构逻辑、伦理学与科学哲学》（Lorenzen & Schwemmer，1975）第二版于 1975 年出版。

② 除了洛仑岑和他的学生洛仑兹（Lorenzen & Lorenz，1961，1968，1973）之外，还有许多其他人都对对话逻辑及其应用的发展具有贡献。关于对话逻辑的历史概览以及参考书目，参见克罗贝的论文（Krabbe，2006）。

自亚里士多德《前分析篇》之后，逻辑学家主要关注演绎的形式有效性，并将讨论中的真实论争活动逐渐发展为演绎的形式有效性研究。洛仑岑及其同事认为，逻辑发展为一门与论证实践渐渐分离的学科。因此，逻辑学与通俗语言讨论只有很少甚至没有直接关系。爱尔朗根学派的研究被认为与这一趋势相矛盾。《逻辑初步》一书是他们在这个方面的首批贡献之一。本书包括了对语言用法进行标准化的方案，其目的是要提供“针对所有理性话语的构件与规则”（Kamlah & Lorenzen，1973，p. 13）。《构造逻辑、伦理学与科学哲学》，“一本技术理性与实践理性的基础读物”（Lorenzen & Schwemmer，1975，p. 5）和《建构科学哲学教程》（Lorenzen，1987）都被用来作为“理性话语预备阶段”中的这类预备级后续。

在他 1958 年演讲中（请参考第 6. 1 节），洛仑岑迈向逻辑重新论辩化过程的第一步是，进一步理解他后来 1960 年才正式发表的论文《逻辑与斗争》（Lorenzen，1960）。可是，这篇论文几乎未被注意到，直到在前面提及的《对话逻辑》中才重新发表。① 在《逻辑与斗争》一文中，洛仑岑把柏拉图《苏格拉底对话》和亚里士多德早期逻辑（《论题篇》、《辩谬篇》）中能够找到的逻辑之斗争根源与他那个时代的单独思维和独白式的逻辑概念进行了深刻对比。

> 如果我们把这种逻辑斗争源头与现代概念相比较，按照逻辑是规则系统，无论将它们应用于某个任意真语句，都会将我们引向进一步的真，那么它就太明显了，希腊斗争开始不过是一种无趣的纸牌游戏。在原来的二人游戏中，只有上帝世俗化为“自然”之后才有资格充当对手，因为他才拥有所有真语句。面对存在人类个体——或许是作为人类代表的——“他”，将做耐心游戏：由他们之前从上帝那里获得或者从上帝那里抢来的语句出发，因此他相信那些语句为真，并且依照逻辑规则，他会得到越来越多的语句。（Lorenzen & Lorenz，1978，p. 1，我们的翻译）

① 关于对话逻辑长期以来最有名的早期论文就是洛仑岑的论文（Lorenzen，1961）。

在这段引文出自的短文中，洛仑岑不仅强调逻辑需要转向论辩观，即有论辩角色的二人互动，如提问者与回答者，或者正方与反方，而且首先提出了攻防之某些形式的$_2$（语言学意义上）规则，即，正如语言形状所表明那样，依赖于受攻击或被防卫语句的逻辑形式规则。在他后来的著作中，他揭示了这类攻防规则如何与定义对话博弈的其他规则一定产生诸如“合取”、“析取”、“并非”、“蕴涵”、“任意”、“存在”等逻辑常项的对话定义。与贝斯（Beth，1955）引入的语义舞台方法相似，洛仑岑提出了一种策略表方法，常称为对话表，来判定关于具体论题的争议在什么情况下正方会输或会赢。①

洛仑岑与逻辑常项之对话定义相关的洞见具有历史意义，因为这些洞见是逻辑语用方法开始的标志。洛仑岑为他自己设定的任务是采用联结词与其他逻辑上重要的非指称语词，并定义使用在争论中使用的描述方式来定义它们，其中争论是关于某事存在分歧的二人讨论。正如巴斯（Barth，1980）所做的如下解释：

> 后来，洛仑岑坚持分析语言非指称要素或决定结构的要素之主体间的运用，正像它们出现在演讲者与认真聆听者之间的互动一样，这类听者并不恰好是被动或服从的听者，并准备允许自己任说者摆布，而是采取批判态度，而且用语言表达了这种态度。（Barth，1980，p. 45，我们的翻译）

巴斯认为（Barth，1980），用这种方法获得的逻辑常项之对话定义的

---

① 语义表方法（Beth，1955）是一种已知的、不同设计的真值树。在贝斯的著作中（Beth，1970，Chaps. 1，2 & 3）还做了阐释。后来，巴斯和克罗贝的著作（Barth & Krabbe，1982，chaps. 10）对原来的设计进行了阐明，而且霍奇斯的著作（Hodges，2001）对真值树设计也做了说明。在1959年8月17日洛仑岑用德文写给贝斯的一封信中说：“如果人们要用明确方式定义利用逻辑粒子的方式，并且如果当时人们写出了对话，那么，运用非本质转换，你的表就画出来了。”［在克罗贝的论文（Krabbe，2008，p. 48）中有引用；在第48页的底部同一封信的照片下面日期“1959年8月10日”是个印刷错误，应当为“1959年8月17日”］实际上，贝斯的演绎表方法（Beth，1959，1970）在技术上比洛仑岑的语义表方法更接近他的对话表方法，但洛仑岑或许并不知道前一种方法。就演绎表方法而言，还可参见巴斯和克罗贝的著作（Barth & Krabbe，1982，chaps. 7）。

重要意义在于，洛仑岑因此演示了现代逻辑“本质上”是语用的：

> 首先，他非常明确地将人，即语言使用者，引入到逻辑理论中，使得逻辑——现代逻辑——以一个崭新的语用打扮出现。其次，他还表明，在那种逻辑中，人已经在那儿，尽管不是人人都可见……（Barth，1980，p. 46，我们的翻译）

通过表明逻辑是语用的，且用很明显的语用特征来重新阐明逻辑或逻辑学，洛仑岑已向着在逻辑与论证理论之间的空缺架起桥梁迈出了一大步。而在图尔敏关于逻辑和佩雷尔曼与奥布莱希特—泰提卡对逻辑的疑虑影响下，这个空缺预示着要拓宽了。

6.2.1 邻位语言

在本章的其余部分，我们将讨论和举例说明爱尔朗根学派的这项针对理性话语建构重组的语言，即邻位语言（Lorenzen & Schwemmer，1975，p. 24）。我们将只给出他们方案的一般性选择勾勒，主要关注逻辑常项的标准化以及涉及攻防的对话规则引入。这样，我们将关注在《逻辑初步》中已讨论过的这种建构一些早期步骤。然而，这些较早步骤表明人们是如何从语言之没有问题部分来建构论证理论的，并且在不得不解决问题的指引下避免所有武断规定。

爱尔朗根学派这项工作所依赖的基本假定是：就哲学与人文科学进步而言，我们需要的不是令人眼花缭乱的观点，而是一门“思想与言语的学科”，它允许我们摆脱用冗长独白方式相互误解的演讲，而是用理性对话方式作为新的开始（Kamlah & Lorenzen，1973，p. 11）。就这一点而言，讨论者的语言运用必须遵循具体规范和规则。关于语言运用，只有当它们共享了许多固定假定时，它们才是有意义的讨论。逻辑初步及其续编的目的就是，使对话者能够进行有意义的论证与讨论过程而建构一种邻位语言。

提出的这种邻位语言是逐步系统建构的，从直接相关的那部分语言开始，而且保持着非语言实践的监视：嵌入语用言语（Lorenzen &

Schwemmer，1975，p. 22）。[①] 为了解释如何这样建构，人们可以充分利用用户已习惯的嵌入语用言语作为语言。给我们带来问题的不是日常语言，而是知识语言。邻位语言会给我们一种崭新且能够充分理解的知识语言。对于其潜在用户来讲，它必须用每一步均可教的方式一步一步地建构。这是建构主义的关键要素。它始终坚持：从所有语言用户都掌握并且他们始终使用的嵌入语用运算开始，然后针对这些以及其他运算提出要给出的系统规范化。

6.2.2　基本陈述

洛仑岑及其合作者认为，邻位语言的建构是从言辞交流的基本单元，即基本陈述，开始的。以此为基础，他们得到了复杂或复合陈述的标准化，其中，逻辑常项起了重要的作用。对于与其他语言用户来讲，基本陈述是必不可少的，而且所有自然语言的说者都在使用它们。陈述“威廉是条狗”是基本陈述的一个例子。其中，所谓的谓语[②]“狗”被归于专名“威廉”所等同的对象。相反，在陈述“威廉不是条狗”中，谓语“狗”被从“威廉”等同的那个对象截留了。这也是基本陈述，正如陈述“威廉看不惯贝琪”和“威尔玛没有看不惯贝琪”一样，其中谓语“看不惯”被归于两个连贯对象或从它们那里截留了。那么，基本陈述就是指谓语被归于一个或多个序贯对象或从这些对象截留的陈述。

卡姆拉和洛仑岑（Kamlah & Lorenzen，1973，p. 37）提出了基本陈述形式的标准化，如下：[③]

$$(a)\ x_1,\ x_2,\ \cdots,\ x_n\ \varepsilon\ P\ (n=1,\ 2,\ 3,\ \cdots\cdots)$$

$$(b)\ x_1,\ x_2,\ \cdots,\ x_n\ \varepsilon'\ P\ (n=1,\ 2,\ 3,\ \cdots\cdots)$$

---

① 又拼写为“empraktische Rede”。

② 卡姆拉和洛仑岑（Kamlah & Lorenzen，1973，pp. 28 – 29）使用这一术语而不是“谓词”，是为了避免与语法分析中的谓词使用相混淆。谓语是一种语词，它也可以出现在语法主题内。

③ 很明显，这些记号与谓词逻辑中的记号 $P\ (x_1,\ x_2,\ \cdots,\ x_n)$ 和 $\neg P\ (x_1,\ x_2,\ \cdots,\ x_n)$ 相符。但在谓词逻辑中，第二种陈述类型被认为是复合陈述，而不是基本陈述。

在这种标准化形式中，x_1，x_2，…，x_n是相对专名的变项，P 是谓语变项，ε 是希腊字单词 ε'στ'（υ）的缩写，其含义为“是”，并且 ε' 是其否定（“不是”）的缩写。在这种陈述形式中，专名或者一般意义上的指示符以及针对相关变项的谓语之替换并不限于任何具体语言，都产生了一个新的基本陈述。要注意，不是所有语句都表达陈述，只有那些能够断定或否认的语句才表达陈述。因此，祈使和疑问可以放在语句中，但它们不是陈述。那么，基本陈述只是这样一个陈述：它断定了情形 a 或否认了情形 b，具体谓语属于具体对象或属于具体连贯对象。

运用专名使得基本陈述独立于发出它们的具体话语语境，这是一个使它们合适于科学用途的特征。专名代替了明示或指示行为。相比之下，这些行为是完全依赖于语境的。如果人们希望将具体谓语如“狗”归属于对象，那么他们可以通过指着该对象说“那是条狗”来实现。可是，给对象一个名称如“威廉”也是可能的，然后说：“威廉是条狗。”因此，专名“威廉”替代了指示代词“那”，并使得明示行为成为多余。

在实践中，将专名指派给谓语能够归属的个体并不可行，甚至不可能。两者都不是必需的。因此，紧靠专名会利用明确描述，通常由一小群语词组成，并且像专名一样只用来指称一个东西。比如，人们不使用专名“威廉”，而可能视情况使用明确描述“在灯柱旁的那个动物”。从这个例子来看，用明确描述代替专名，很明显使得语言用户更依赖话语的语境，尽管这种依赖性可以极小化。

很显然，所有对话者都用同样方式使用出现在基本陈述或其他陈述中的谓语，这对于有意义的讨论而言，有着根本性意义。教授语言使用者正确使用谓语的常用方法是，给出例子及其反例：“那是条狗”、“那不是条狗，而是只猫”、“那不是条狗，而是头牛”，等等。在初级语言习得中这种方法极其普通，被称为借助例子引入（Kamlah & Lorenzen，1973，p. 29）。

但是，并非所有语词都能借助例子或反例引入，特别是在诸如“事实”、“概念”和“集合”之类的所谓抽象词情况下，这是不可能的。卡姆拉和洛仑岑认为，抽象词不是谓语（Kamlah & Lorenzen，1973，p. 102）。这里我们不会深入讨论它们，而只需要注意到这类语词常常被不同讨论者以截然不同的方式使用。甚至这可能出现在谓语情况下，因此，为了消除发生相互误解的可能性，实现通常意义上语词使用的更精确标准化是必要的。为此，必须通过协商达成明示协议，以确保不含糊的、一致的、正确的语词使用。

谓语与抽象词的用法受到明示协议制约，被称为术语（Kamlah & Lorenzen，1973，p. 102）。这些协议要具有固定的谓语规则，以表明从一给定基本陈述移到另一陈述是合法的（Kamlah & Lorenzen，1973，p. 73）。这种受谓语规则影响的标准化能展示如下：

（a）x ε 狗⇒x ε 动物

（b）x ε 狗⇒x ε' 软体动物

从对话式表达来看，这意味着确立，不管谁断定了“x ε 狗”的替换事例，如“威廉是条狗”，都既不会对“x ε 动物”的替换事例如“威廉是动物”（情形 a）产生争议，又不会对“x ε' 软体动物”的给定替换事例如“威廉不是软体动物”（情形 b）产生争议。

利用这些已获得的术语，我们可以借助定义引入新的术语（Kamlah & Lorenzen，1973，p. 78ff）。在定义情形下，用能将它认为是引入缩写的方式，把两个或两个以上谓语规则组合起来。此外，这些定义的谓语规则也被组合成复合谓语规则，既可以从左往右读，又可以从右往左读。为了阐明这一点，让我们来看看另一个例子。

刚才我们把术语描述为借助显性论证进行谓语或抽象词的标准化。现在“术语”这一术语的使用可按如下方式标准化，后面将讨论合取符号∧（“并且”）和析取符号∨（“或者”）；符号⇔表示规则还可从相反方向读（Kamlah & Lorenzen，1973，pp. 79，102）。

x ε 术语 ⇔(x ε 谓语 ∧ x ε 明确同意）∨（x ε 抽象词 ∧ x ε 明确同意）

在此基础上，“术语”的定义被读作如下（符号≡表示这是一个定义）：

术语≡明确同意的谓语∨明确同意的抽象词

借助诸如谓语规则的表述以及通过定义引入新术语之类明示协议的用法，运用语词的标准化便有效了。这将使得那些熟悉并坚持这种标准化的语言使用者会正确地、一致地且不含糊地使用出现在其讨论中的语词。因此，讨论成功之首要的最基本条件得到了满足。

可是，另一个条件是，对话者能够同意确立基本陈述真的方式：对话者必须确保他们就一个本身足够清晰的谓语能否被正确归于一个具体对象，或从那个对象截留。为了确立基本陈述的真值，必须检查该谓语是否属于那个对象。

可是，这种检查并不正好为任何语言使用者所熟知：它必须由那些既有行为能力又有理性裁判的语言使用者来执行（Kamlah & Lorenzen，1973，p. 119）。在这里，“有行为能力”是指相关语言使用者能够用正确方式执行相关检查。“理性的”是指他们既要对其对话者又要对其对象持开放态度，并且不允许自己被纯粹情感或纯粹传统习惯所左右。卡姆拉和洛仑岑将其校验程序总结如下：

> 如果共享我的语言之其他每个人都既有行为能力又有理性，那么在适当检查之后，并且他们把谓语“*P*”或者同义谓语归属于一个对象，那我就也有资格说：“那是 *P*”，即在那种情况下，“*P*”属于那个对象。如果该条件得以满足，那么我可以进一步说：“陈述‘那是 *P*’为真”，即在那种情况下，谓语“真”属于那个陈述，或者说：“那个断言‘那是 *P*’得到了证成。”（Kamlah & Lorenzen，1973，pp. 119 – 120，我们的翻译）

当有行为能力的语言使用者用恰当方式进行正确检查，并且这种检查得出了一致肯定评判时，人们完全有理由把基本陈述描述为真。可是，这并不意味着，在具体时刻碰巧没有人同意的基本陈述不可能为真。毕竟缺乏论证可以是缺乏进行所需检查的必要装备之结果。因此，即便没有人或还没有任何人准备证实基本陈述，它也完全可以为真。当然，只有处在用正确方式进行适当的检查，且实际上做过这种检查的某人不得不认可它，它才为真。

卡姆拉和洛仑岑把这种校验程序称为陈述的人际校验，因为它取决于有行为能力的语言使用者对其进行的适当检查。他们把它视为一种一般框架，在这种框架中形成基本陈述校验（Kamlah & Lorenzen，1973，pp. 121，125）。用于该检查的具体方法和技巧或许随情况变化而变化，并且在这个过程中它们可能会发生根本改变。因此，人际校验本身并不是判定基本陈述真值的方法，而是一种充当一般指引的普遍恒定程序原则。

6.2.3　复杂陈述

人际校验专门涉及基本陈述。可是，在讨论中还能提出、攻击和防卫复杂陈述或复合陈述。事实上，一般来说，它们更为常见。这种陈述的真值只有在分析决定了由基本陈述构成它们的方式之后才能建立起来：复杂命题首先必须分解（Kamlah & Lorenzen，1973，pp. 124 – 125）。这要求对其构成中发挥作用的原则进行充分的理解。

复杂陈述是借助逻辑常项——联结词和量词从基本陈述出发来建构的，卡姆拉和洛仑岑把这些逻辑常项称为逻辑粒子。因此，建立复杂陈述的真值，要求逻辑常项的使用进行标准化。为此，卡姆拉和洛仑岑使用了我们所看到的洛仑岑在1958年引入的方法。他们从对话角度引入了逻辑常项，这是一种不同于运用真值定义的方法，而使用真值定义是经典命题逻辑语义学中惯用程序。为了使逻辑常项的对话引入有效，卡姆拉和洛仑岑用对话明确表达了运用这些粒子的规则。

这种对话方法充分利用了人类言语主要是面向听众的事实。如果听众有反应，那么对话已经开始。陈述并没被假定为“正如那样”真或假：在可以充当其正方或反方的对话者面前，它们被断定或被争议（Kamlah & Lorenzen，1973，pp. 158 – 159）。因此，逻辑常项（联结词和量词）的对话定义提供了一个对话采取什么路线的指示必须证成或反驳由这些粒子构成的陈述。

我们将简要讨论在《逻辑初步》中是如何定义逻辑常项的（Kamlah & Lorenzen，1973，pp. 159 – 162）。我们首先要列出这些粒子的英文表达

以及它们的符号记法：[①]

1. “并且”：合取联结词，人们用它来构建合取陈述或合取命题，记号为∧。

2. “或者”：析取联结词，人们用它来构建析取陈述或析取命题，卡姆拉和洛仑岑的术语为 *Adjunktion*，记号为∨。

3. “如果……那么……”：条件联结词，人们用它来构建条件句或条件陈述，卡姆拉和洛仑岑的术语为 *Subjunktiuon*，记号为→。

4. “并非”：否定联结词，人们用它来构建否定陈述或否定命题，记号为¬。

5. “对于每一个”：全称量词，人们用它来构建全称陈述，记号为∀。

6. “至少有一个”：存在量词，人们用它来构建存在陈述，记号为∃。

6.2.4 合取（∧）

令 A 和 B 表示陈述。假定说者充当论题 A∧B 的正方，即他断定合取 A∧B。[②] 那么，另一位充当该论题反方的说者就有资格选择两个构成陈述之一，并怀疑其真实性。如果正方不能防卫这个陈述，那么反方就赢了，而且这个结果是决定性的。然而，如果正方通过成功防卫，使得受攻击的构成陈述避开了攻击，那么他就赢了，但不是决定性的，因为反方仍然有资格发动第二轮攻击。如果第一回合中，正方没有攻击成功，比如攻击 A，那么他现在或许要攻击 B。如果第二回合攻击成功，那么反方决定性地赢，并且如果正方通过防卫陈述 B 也成功避开了这第二回合攻击，那他就赢了，这次是决定性的。[③]

6.2.5 析取（∨）

假定说者充当论题 A∨B 的正方，即他断定了析取 A∨B。然后，该论题的反方就有资格攻击这个复合陈述，并马上质疑其全部。正方现在

① 这些记法中有些记法在本手册第 3.3 节中已介绍。

② 我们将用“他”代表正方，而用“她”代表反方。

③ 这些“回合”（dialoggänge）相当于巴斯与克罗贝的论证链（Barth & Krabbe，1982），参见第 6.5 节“彻底论辩理论”。

可以选择两种构成陈述之一，并试图进行防卫。如果他成功了，那么他赢了。并且在这种情况下，他的赢就具有决定性。如果他的防卫失败，那他就输了，但在这个阶段他还没有输定，因为在第二回合防卫中，如果他对第二个构成陈述进行了成功防卫，那么仍然能够证实他的陈述。如果进行了第二回合的防卫，并获得了成功，那么正方终于赢了，而且结果是决定性的。如果第二回合也失败了，那么正方输定了。

记号 ∧ 和 ∨ 反映了这样的事实：在许多方面，合取与析取都是相互间的对话翻版。在合取情形下，选择防卫的构成陈述是由反方决定的；而在析取情形下，它是由正方决定的。在合取情形下，正方需要两个回合才能赢，而他只要输掉一个回合就输定了。在析取情形下是倒过来的：现在反方需要两个回合才能赢，并且只需要输掉一个回合，就足以导致反方的必败。

6.2.6　条件（→）

假定说者充当论题 A→B 的正方，即他断定了条件句 A→B。那么，该论题的反方就有资格马上通过质疑其全部来攻击这个陈述。如果她那样做了，那么她自己就有义务断定 A。论题 A→B 的正方现在反过来有资格攻击 A，然后反方有防卫 A 的义务。如果正方确实质疑 A，且反方没有成功防卫 A，那么正方赢得了整个对话，并且结果马上是决定性的。另外，如果反方成功地防卫了 A，那么正方必须继续断定并防卫 B。如果这个防卫成功，正方赢定了，但要是防卫失败，他就输了且输定了。

因此，卡姆拉与洛仑岑认为，在条件句情形下对话也可以由两回合组成。[①] 然而，在合取和析取情形下，为了赢，双方之一方总是必须始终如一地持续同一类型的两个回合：在合取情形下，为了取得决定性胜利，正方必须防卫两次；在析取情形下，为了实现决定性胜利，反方必须始

① 然而，除了下面引入的严格构造对话之外，这次的回合与巴斯和克罗贝意义上的论证链不相符。这是因为当一个论证链中紧接着另一个论证链的，属于第一个链而不属于第二个链的所有话步都必须收回。例如，如果正方必须防卫合取，那么当在第一个回合（论证链）中反方作出的所有陈述在第二回合（论证链）开始时都要取消。可是，在条件句情形下，不存在这类收回或取消：这里的两个“回合”都属于同一个论证链，在严格构造对话博弈中除外。在写《逻辑初步》的那个时代，对条件句规则的研究仍然在继续着。

终如一地持续两个回合的正方防卫。在条件句情形下，如果对话经过了两个回合，那么双方之一方必须只在一个回合内提供防卫：在第一个回合反方防卫陈述（A），并且在第二个回合正方防卫陈述（B）。在两个回合中，正方有必胜机会，而反方仅在第二个回合就有必胜机会。

6.2.7 否定（¬）

假定说者充当论题¬A 的正方，即他断定了这个否定¬A。为了攻击这个断定¬A，反方将反驳正方且断定 A。如果反方后来成功防卫了 A，那么她就获得了决定性胜利。另外，如果反方不能成功防卫 A，那么她就输了，并且论题¬A 的正方赢定了。

6.2.8 全称陈述（∀）

给定论域内，“每个个体都是狗”全称陈述能够呈现为：从基本陈述“威廉 ε 条狗”出发，用个体变项（虚拟名称）比如说 x 取代威廉便得到“x ε 狗”。这个结果不是一个陈述，因为“x”并没指称任何具体个体，在该陈述中这个个体会说那是条狗。可是，如果我们在个体变项的前面加上一个全称量词，我们得到全称陈述“$\forall x\ x$ ε 狗”，表示“对于每个个体 x，在给定论域内，x 是条狗”，或者“在给定论域内，每个个体都是狗”。在这里，我们根据基本陈述构建了一个全称陈述，但同样的技巧也能用于从任何复杂陈述（A（a））出发构造全称陈述（$\forall x$A（x））。在 A（a）中，专名 a 出现一次或一次以上：通过不在 A（a）出现的个体变项来取代专名 a，并且在相同变元前面加上全称量词。

令 P 代表某个谓语，并且假定说者充当$\forall x\ x\ \varepsilon\ P$ 的正方，即他断定了全称陈述$\forall x\ x\ \varepsilon\ P$。然后，反方有资格通过质疑这个全称陈述所覆盖的具体情况来攻击它。假定她的确这样做了，并从与变项 x 相关联的论域中选出了具体个体 a。那么正方必须断言并防卫基本陈述 $a\ \varepsilon\ P$。如果正方不能防卫其陈述，那就反方获胜，并且这个结果是决定性的。可是，如果正方成功防卫，那么他赢，但在大多数情况下①不是决定性的，因为反方仍然有资格选择其他某个个体。如果说者断定更复杂的全称陈述（$\forall xA$

① 即除非论域内，所有个体都已在前些回合中试过。

（x）），这个规定同样成立。

6.2.9　存在陈述（∃）

假定说者充当论题$\exists x\ x\ \varepsilon\ P$的正方，即他断定存在陈述$\exists x\ x\ \varepsilon\ P$，那么，反方就有资格简单通过质疑它来攻击这个陈述。现在，正方有资格从论域中选择一个个体 a。然后，他必须断定且防卫 $a\ \varepsilon\ P$。如果正方成功，那么他就赢了，且这个结果是决定性的。可是，如果正方不能防卫这个陈述，那就反方赢，但在大多数情形下不是决定性的，因为正方仍然有资格选择其他个体。[①] 如果说者断定了更复杂的存在陈述（$\exists xA$（x）），这个规定同样成立。

6.2.10　对话规则

表 6.1　　逻辑常项使用规则

	断定	攻击	防卫
合取	A∧B	左边？	A
		右边？	B
析取	A∨B	？	A
			B
条件	A→B	A？	B
否定	A	A？	（无）
全称	$\forall xA$（x）	a？	A（a）
存在	$\exists xA$（x）	？	A（a）

就这些定义的强度来讲，卡姆拉和洛仑岑（Kamlah & Lorenzen, 1973, pp. 210, 223）制定了某些逻辑常项之使用规则，我们在表 6.1 中已列出。由于这些规则用具体方式制定了在对话中断定或争议具体陈述的权利，因此可以把它们视为这些逻辑常项的对话定义。要注意，问号

---

① 针对这后一种情形，卡姆拉和洛仑岑并没有告诉我们，反方是否赢定了（Kamlah & Lorenzen, 1973, p. 162），但似乎很明显，除非所有个体都已经考虑过，否则仍然开放着其他回合。

表示攻击，“x”能够被其他任意个体变项所取代，而且“a”能够用命名论域内个体的任意个体常项取代。

在表6.1中，第一列表示所讨论的断定（陈述），而第二列表示反方攻击这个断定的方式。在合取情形中，通过横线表示反方在该断定的选择。第三列表示正方为了防卫其在第一列中针对第二列攻击的原断定而断定且取决于攻击防卫的公式。在析取情形中，借助横线表明正方对该断定进行选择。

我们把表6.1中提出的攻击与防卫的可能性总结如下：对话中，如果正方断定合取 A∧B，那么反方能够在两条可能攻击路线“左边?”和“右边?”之间进行选择。如果她选择了“左边?”，那么正方只能通过断定A进行防卫，即那个反方后来能够攻击的断定，如此等等。如果反方选择了“右边?”，情况类似。如果正方断定了反方要攻击的析取 A∨B，那么反方不必做出选择，但正方可以在两条可能路线即他或者断定 A 或者断定 B 之间做出选择。一旦条件句 A→B 受到攻击，反方就断定了 A，而正方或者提供由断定 B 组成的防卫，或者选择反攻 A。否定¬A 无论何时受到攻击，都使得反方再次断定 A，正方没有直接针对这个攻击的防卫路线。在那种情形下，他没有选择，但可以对 A 发动反攻。[①] 如果正方断定全称陈述$\forall xA$（x），那么反方就选择攻击个体 a 的路线，并且正方只能用A（a）进行防卫。最后，如果正方断定反方攻击的存在陈述$\exists xA$（x），那么反方不必做出选择，但正方选择防卫个体 a 的路线，并通过断定A（a）进行防卫。

使用这些逻辑常项的规则有分解效果。[②] 对这些规则的审视表明，每个出现在某个攻防话步的陈述都必须以早期断定的正确句法成分出现，或至少必须是这种成分的替换事例，即用个体常项替换某些变项。因此，假定某个进一步对话规定适当限制了针对任何陈述发动攻击的允许数量，以及针对这些攻击进行防卫的数量，在有限话步之后，由借助逻辑常项构成的陈述而开始的对话，总会导致某个基本陈述各方的攻击与防卫，

① 在构造性经典对话博弈中定义如下：或者有非 A 的其他某个陈述能够充当正方反攻的对象。但在严格构造博弈中并非如此。

② 这是他们共享语义表规则的特点。

除非对话之前已经结束。因此，为了判定谁会最终赢得特定对话，对话者通常必须知道某个基本陈述是否已经得到成功防卫。

此外，还必须有更详细的规则来引导对话，这不仅限制了攻击同一个陈述的攻击数量，而且也限制了其防卫数量。我们需要用规则来指明哪些陈述在任何具体时刻可以被攻击，哪些可以被防卫，并且该轮到谁说话了。卡姆拉和洛仑岑区别了三种不同的规则集，后面我们将展示它们，因此，引入了三种不同的对话博弈。唯一的区别在于，在正方运用所谓一般对话规则时，这些规则或者是严格构造建构，或者是构造规则，要么是经典规则（Kamlah & Lorenzen，1973，pp. 213 – 215，我们的翻译）。[①]

起始规则

正方从断定一论题开始；对话伙伴轮流说话。

严格构造对话博弈的一般对话规则

每个讨论者攻击对方在前一话步中做出的陈述，或者针对对方在前一话步中的攻击做出的防卫。

构造对话博弈的一般对话规则

正方攻击反方提出的陈述之一，或者针对反方最近的攻击进行自我防卫；反方攻击正方在前一话步中做出的陈述，或者针对正方在前一话步中的攻击进行自我防卫。

经典对话博弈的一般对话规则

正方攻击反方提出的陈述之一，或者针对反方的一个攻击进行自我防卫；反方攻击正方在前一话步中做出的陈述，或者针对正方在前一话步中的攻击进行自我防卫。[②]

赢的规则

如果正方成功防卫了受攻击的基本陈述，或者反方防卫受攻击的基

---

① 爱尔朗根学派通常优先选择构造博弈。在某种情况下，对于在对话也许出现的每个基本陈述而言，它是否得以防卫以及如何防卫（它是否为真）公开可得。就赢或输的可能性来讲，在这些对话之间的选择没有什么差别（Kamlah & Lorenzen，1973，p. 216；Krabbe，1978）。

② 很明显，在两个版本中，一般对话规则可以阻止出现与相同断定有关的几个回合，比如反方对“A∧B”发动两回合攻击。这只是说，输定或赢定或许需要不止一个对话，其中对话是与早期称为“回合”的东西相符。

本陈述失败了，那就正方赢。①

6.2.11 举例

我们现在通过例子来展示表 6.2 中的严格构造对话。假定“$B(a)$”代表基本陈述。只有当正方设法对那个陈述进行防卫时，他才赢。

表 6.2　严格构造对话

反方的话步		正方的话步	
		1	$\neg\forall x(\neg A(x)\vee\neg\exists yB(y))\wedge A(a)$（论题）
2	左边?	3	$\neg\forall x(\neg A(x)\vee\neg\exists yB(y))$
4	$\forall x(\neg A(x)\vee\neg\exists yB(y))$?	5	a?
6	$\neg A(a)\vee\neg\exists yB(y)$	7	?
8	$\neg\exists yB(y)$	9	$\exists yB(y)$?
10	?	11	$B(a)$
12	?（攻击 11）		

在表 6.2 中，正方首先断定论题（1）。既然该论题是合取式，那么反方可以选择攻击其右边还是左边。在这里，她选择了左边部分（2）。正方只能借助断定这个左边（3）进行防卫。既然（3）是否定式，反方能攻击它，但她必须断定否定陈述（4）。由于针对否定式的攻击，正方没有直接防卫路线，他现在必须攻击（4）。既然（4）是全称陈述，那么正方选择了个体 a（5）。反方只能通过断定陈述（6）来针对这个反攻进行自我防卫，其中不管她在（4）中全称断定什么，现在都说是作为一个特殊情形的 a 来处理，该陈述通过消去（4）的全称量词并且 a 替换 x 可得。既然（6）是析取式，那么正方针对它的攻击（7）就给反方一个选择机会：她或者通过断定析取的左边部分进行防卫，或者通过断定其右边部分进行防卫。在此，她选择了右边部分（8）。既然（8）是否定式，那么正方可以攻击它，但他必须断定否定陈述（9）。既然（9）是存在陈述，反方对它的攻击（10）就留给了正方选择个体。正方通过选择 a 来进行防卫，而且断定了陈述（11），其中不管他断定什么，至少有一个个

① 再者，这条规则必须被视为参考了回合意义上的对话。

体在（9）中的情形，现在都可以说成 a 的情形。由于我们假定了（11）是基本陈述，因此，根据反方的攻击（12），正方不再使用逻辑常项规则为其防卫，其中，如果可能，必须使用谓语规则和人际校验继续下去。

6.2.12　逻辑真

到目前为止，所考虑的对话博弈都是实质对话博弈（Kamlah & Lorenzen，1973，p. 221）。这就是说，基本陈述都是有意义的陈述。关于它们能否被成功防卫并因此正方是否能获得最终胜利，它们的意义是决定性的。可是，众所周知，有时复合陈述的真或假无须过问其构成基本陈述的真值就能确立。那就是在经典逻辑中逻辑真（重言式）和逻辑假（矛盾式）的情形，因为它们的真或假并不取决于构成陈述之内容，而取决于这种复合陈述是替换事例的陈述形式。

同样地，在对话中，有些复合陈述能够被防卫，而不管其基本构成要素能否被成功防卫。完全可以确信，原复合陈述的正方作为防卫需要提出的每个基本陈述，反方均在之前进行了防卫。在那种情形下，正方可以简单复制反方给出的防卫。比如，令 A 代表基本陈述，且令正方断定复合陈述 A→A 作为其论题。然后，反方攻击论题，但那样做必须断定 A。如果她失败了，正方就赢定了。如果她成功了，就会有第二回合。但在这个回合中正方不得不给出 A 的防卫，而且正方需要确保决定性的赢就是复制在前一回合中反方给出的成功防卫。卡姆拉和洛仑岑认为，一个陈述被称为构造逻辑真，当且仅当，在构造对话博弈中正方能够确保，其最终不得不只防卫某个基本陈述，并且该陈述是反方在某个早期阶段已经断定过的（Kamlah & Lorenzen，1973，p. 220）。

构造形式对话博弈的一般对话规则

1. 正方或者只可以攻击反方提出的复合公式之一，或者只可以针对反方的上次攻击进行自我防卫。

2. 反方或者只可以攻击正方在前一话步中所做的陈述，或者只可以针对正方在前一话步中的攻击进行自我防卫。

构造形式对话博弈赢规则

在反方提出完全相同的基本公式之后，如果正方不得不对一个基本公式进行防卫，那么正方赢。

6.2.13 已完成的与仍要做的

卡姆拉和洛仑岑提出的许多对话规则集，包括那些逻辑常项使用规则集，构成了在论证性语言用法之规范标准化尝试。这些规则共同决定着一个论题的正反两方对话应当如何发展。

在对话正式开始之前，反方可以提出具体假说，不过，正方有权使得反方持有这些假说，并且在他的论题防卫中可以利用这个权利来攻击这些假说。在那种情形下，反方的假说有效充当了某个论证的前提。在这个论证中，出现在对话中的结论是作为正方的论题（Kamlah & Lorenzen，1973，p. 223）。

正如可以从这些规则看出，每位对话者的贡献必须总是对其对手某个早先话步的反映，当然恰好是第一个话步除外。在反方攻击它之后，正方可能但不必然从具体假说开始阐明了论题。正方针对反方的攻击进行自我防卫，并且这样做可以利用反方的假说。在正方防卫其论题的过程中，反方不断地攻击正方提出的所有陈述。博弈规则不仅决定了讨论的轮次，而且也决定了什么话步是合法的，以及讨论者何时赢得对话以及谁是赢家。①

《逻辑初步》对设计充分模式做出了早期贡献，它能够用来共同协商陈述的真。给出的规则使得在对话中，共同设定以运用语言手段为目标的对话者有资格去解决意见的争议。总体来看，可以假设对话者赞同讨论的目的。可是，在实践中常常并非如此。因此，一个更加具有包容性的论证理论，不仅要提供在目标一致和讨论规范的语境下引导讨论的技术手段，而且要提供讨论这些目标的方法。

为此，把前面提及的著作作为《逻辑初步》的后续是相关的。卡姆拉和洛仑岑（Kamlah & Lorenzen，1973，p. 231）把他们的逻辑初步视为导向“实践主要课程”之逻辑的“预备课程”。逻辑初步的实践补充是在洛仑岑和施韦默尔的《构造逻辑、伦理学与科学哲学》（Kamlah &

① 因此，对话博弈是数学博弈论意义上的博弈。对巴斯和克罗贝的形式论辩系统而言也持相同观点（参见第6.5节）。前面提出的洛仑岑对话表方法寻求博弈论意义上的赢策略。一般来讲，对话表方法由几个对话构成（回合、论证链），并从同样的初步情形开始。

Lorenzen，1973，1975）中作为基础来提供的。

实践知识需要排除可能的冲突来源，并构造性地解决与目的和规范相关的现有冲突情形。洛仑岑和施韦默尔把制定解决冲突的原则认为是伦理学的任务，在某种程度上，一个解决方案能够借助语言手段且以教学方式来完成。他们相信，伦理学应当研究支持或反对具体目标的论证原则（Kamlah & Lorenzen，1975，pp. 150 – 152）。

6.3　辛迪卡系统

在目前前景下，辛迪卡提供的两类系统很有趣。首先，我们将审视辛迪卡的寻觅博弈（Hintikka，1968，1973），并发现其中引入了阐释量词意义，这在很大程度上与洛仑岑引入的对话博弈相似。其次，我们将讨论针对信息寻求型对话模型，他提出的一个方案（Hintikka，1981），尽管它的名字如此，但仍然是一种论证交换模型。

6.3.1　寻求与发现博弈

辛迪卡寻求与发现博弈，与在前一节已经讨论过的卡姆拉和洛仑岑逻辑常项使用规则间的相似之处，在某种程度，仍然被概念化与技术性所掩盖了。例如，辛迪卡并没谈及攻击与防卫，因此，他的寻求与发现博弈似乎离论证情形较远。再者，其博弈中的角色并没指定正方和反方，而是指定我自己与自然，是针对探究情形而不是论证情形提出来的。[①] 现在假定：在这个背景之下，存在某个个体论域 D，以及存在一个与 D 相关的用于对话中的公式之解释。因此，这些公式充当了具有意义和真值的陈述。对于涉及基本公式之博弈的输赢来讲，真值是决定性的。因此，使用这些解释公式的对话是实质博弈，正如洛仑岑的大多数博弈一样。博弈从公式 F 开始，并通过"我自己"进行防卫。F 是一个属于一阶谓词逻辑语言的、带逻辑常项的、出现在下列规则中的公式，因此是无条件

① 辛迪卡引入"我自己"与"自然"作为博弈中博弈者的通俗名称（Hintikka，1973，p. 100），但根据博弈中的角色转换，设想他们充当的角色更为方便。

的。该公式的逻辑形式决定着“我自己”或“自然”谁将采取话步。在博弈的每个阶段，只有一个要讨论的公式 G。只要讨论某个复杂公式，每个话步都要用其恰当构成要件之一，即下阶段要讨论的某个公式的替换事例来取代那个话步所讨论的公式。正如从规则出发一样明显。下面我们将引用辛迪卡规则，并采用为了便于与表 6.1 中的规则进行比较的记号。

表 6.3　寻求与发现语言博弈的玩法

讨论的公式	要采取的下一个话步
$\neg\forall x\ (\neg A\ (x)\ \vee\neg\exists yB\ (y))\ \wedge A\ (a)$	自然（=鲍勃）
$\neg\forall x\ (\neg A\ (x)\ \vee\neg\exists yB\ (y))$	（角色转换）
$\forall x\ (\neg A\ (x)\ \vee\neg\exists yB\ (y))$	自然（=威尔玛）
$\neg A\ (a)\ \vee\neg\exists yB\ (y)$	我自己（=鲍勃）
$\neg\exists yB\ (y)$	（角色转换）
$\exists yB\ (y)$	我自己（=威尔玛）
$B\ (a)$	如果 $B\ (a)$ 为真，那么威尔玛赢，否则鲍勃赢

（G. ∃）如果 G 具有形式 $\exists xA\ (x)$，那么我就选择 D 的成员，并给它一个名称，比如 a，要是 a 在之前没有出现过。关于 $A\ (a)$ 的博弈继续进行……

（G. ∀）如果 G 具有形式 $\forall xA\ (x)$，那么“自然”同样选择 D 的成员。

（G. ∨）如果 G 具有形式（$A\vee B$），那么我选择 A 或者 B，并且关于它的博弈继续。

（G. ∧）如果 G 具有形式（$A\wedge B$），那么自然同样选择 A 或者 B。

（G. ¬）如果 G 具有形式 $\neg A$，那么关于 A 的博弈继续，并且两个博弈者角色互换。（Hintikka，1973，pp. 100－101）

当两个博弈者的角色互换（规则 G. ¬）时，那意味着假定为“我自己”角色。比如，要讨论的是析取式（规则 G. ∨），不得不选择析取的一部分的博弈者将假定为“自然”角色；而如果接下来要讨论的是合取（规则 G. ∧），那就是要选择合取的一部分。然而，原来假定为“自然”角色的博弈者现在假定为“我自己”角色。一旦基本公式已得到，该博弈就结束。基于论域 D 和给定解释，如果该公式为真，那么充当“我自己”的博弈者赢，且充当“自然”的博弈者输；如果它为假，则相反。

为了弄清这种博弈与爱尔朗根学派博弈特别是严格构造实质博弈有多少相似性，我们把表 6.3 中“我自己”与“自然”之间角逐所涉及的公式，与表 6.2 中的公式一样。再假定“B（a）”代表基本陈述，令博弈者是威尔玛和鲍勃。开始，威尔玛假定为“我自己”角色且鲍勃为“自然”角色。

在表 6.3 中，初始公式是合取式。因此，应用规则（G. ∧），并且“自然”（=鲍勃）给出话步。鲍勃选择了合取之左边部分。既然该公式为否定，那就应用规则（G. ¬），因此鲍勃和威尔玛交换其角色。用一个否定公式将博弈继续进行。既然这是一个全称陈述，那就运用（G. ∀），并且“自然”（现在是威尔玛）将选择并命名一个个体，即 D 的成员，比如说 a。不管全称公式要求每个个体是什么，都从主张 a 的公式继续博弈。既然该公式是析取，那就应用（G. ∨），并且“我自己”（=鲍勃）给出话步。鲍勃选择了析取之右边部分。既然这是个否定，那么鲍勃和威尔玛再次转换其角色。博弈用否定公式继续着。既然这是一个存在公式，那就应用（G. ∃），并且“我自己”（=威尔玛）将选择并命名一个个体，比如说 a。不管存在公式主张至少存在一个个体的情形是什么，博弈都由主张 a 的公式继续着。既然这个被认为是基本陈述，那么该博弈就到此为止。

能够表明，辛迪卡的寻求与发现语言博弈，与前一节描述的卡姆拉和洛仑岑的严格构造实质博弈，在下列意义上是等价的：假定两个博弈都指派相同真值给基本公式，正如我们看到，它是充当陈述的，并且，正好是人们能够在严格构造实质博弈能够防卫的那些公式，那么，在由公式 F 开始的辛迪卡系统中，就存在一个起先假定为“我自己”角色的博弈者之必赢策略，在由公式 F 作为其论题开始的卡姆拉与洛仑岑博弈中，正好也存在一个正方必赢策略。①

---

① 就更详细的细节来讲，参见克罗贝的论著（Krabbe，2006，p. 688）。实际上，对于构造性经典博弈来讲（参见注释 23 原注释，需根据新的编排再定位），这个等价同样成立。对于真或假基本陈述的实质系统之更一般方法及其与真概念语义的关联而言，参见克罗贝的论文（Krabbe，1978）。

然而，即便这两类博弈非常相似，且在某种意义上等价，但它们并非同样适合作为广义论证的模型。我们看到，爱尔朗根学派的博弈直接从一方（反方）质疑另一方（正方）的断定情形开始，并将这种情形与批判和防卫的论证话步联系起来。关于论证，很难说辛迪卡的寻求与发现语言博弈告诉了我们什么：在什么意义上人们正好是针对“自然”在进行论证？辛迪卡博弈主要是作为语义的博弈论方法，洞察产生量词意义的活动，且更一般来讲，洞察的是“那些在某个理想化但很准确的意义上，用于将我们语言之特定部分与世界关联起来的活动”（Hintikka 1973，p. 99）。[①] 这种博弈论证解释在其爱尔朗根对应物中更加清晰可见。

6.3.2 信息寻求型对话

现在，让我们转向辛迪卡的信息寻求型对话模型。正如前面所说，该模型实际上是处理论证性对话的，因此，与其说它与人们可能假定相关，不如说与论证理论更相关。辛迪卡认为，他的模型将给我们“一个根据现代逻辑的论辩方法之理性重构”（Hintikka，1981，p. 212），这是受柏拉图的苏格拉底对话启发的。用于这种模型中的逻辑方法是贝斯（Beth，1955）引入的语义舞台方法。但这种方法需要借助问答理论之应用作为补充。[②] 我们这里将给出该模型的一个非技术简要概要。[③]

有两个博弈者，称为“α”和“β”。α 提出断定（论题）A_o且 β 提出断定（论题）B_o。在博弈过程中，双方都要提出其他断定。双方的目的都表明其断定是对方提供的前提之逻辑后承。起初，对方的断定算是

① 对于更多关于博弈语义学及其应用，参见下列两部论文集：沙里宁的论文集（Saarinen Ed.，1979）和辛迪卡与库拉斯的论文集（Hintikka & Kulas，1983），还可参见卡尔森的著作（Carlson，1983）。卡尔森给出相关的话语分析方法。

② 就疑问句的逻辑与语义学而言，参见阿奎斯的论著（Åqvist，1965，1975）以及辛迪卡的论文（Hintikka，1976）。

③ 在不提及技术性前提下，我们要考虑在辛迪卡和沙里宁（Hintikka & Saarinen，1979）的早期论文中给出其他说明。这篇论文打算作为辛迪卡同一年发表的一个论文《信息寻求型对话：一个模型》（Information-seeking dialogue：A Model，*Erkenntnis*，14）之续编，但我们无法找到它。可是，我们猜想那篇论文中或许从未印刷过该文，但其中的模型与我们正讨论的模型是相同的，该模型是 1978 年 4 月在巴登洪堡的“形式逻辑与论辩逻辑”论坛中发表的，虽然只是猜测，因为它在 1981 年之前没有发表过。无论如何，在辛迪卡和沙里宁的论文（Hintikka & Saarinen，1979）中的评论完全是关于辛迪卡 1981 年论文中的那个模型的。

某人能够就该目的而使用的唯一前提。后来，某人可以使用对方的任何其他断定作为前提。用来表明某人的断定可获得前提之逻辑后承的方法是贝斯的语义舞台方法，其主要在于系统尝试找到反例，即一种或许前提真但至少有一个断定为假的情形。如果借助这种方法能够表明没有反例存在，并且在这种情形下某人的表能够封闭起来，那表明对于那个人的每个断定来讲，逻辑后承关系均成立。在这里，我们不必深究贝斯方法。这有四种话步，如下：

（1）初始话步（如前面所描述）

（2）演绎话步

（3）断定话步

（4）质问话步

博弈者交替做出话步。在演绎话步中，博弈者可以在其贝斯表构建过程中采取诸多步骤。必须避免这种话步永不终止，在贝斯表中可以反复引入新的个体常项，因此，某些规则的引入是为了防止这种情况发生。在断定话步之后，博弈者做出了其他断定，然后把这个断定都添加到相对于对话者来讲算作前提的陈述中。在质问话步中，博弈者针对对话者提出问题。这可以是命题问题，也就是“是非型问题”，也可以是“特殊型问题，即从“何处”、“何时”、“谁”等开始。在最简单的博弈变体中，某个问题只有其预设相对于质问者可作为前提获得才被允许，或者通过初始话步，或者通过对方的断定话步，或者通过他自己的演绎话步。质问话步要紧跟着对方的断定话步，其中后者对于问题提供了直接完整的回答。

关于赢和输，辛迪卡提出了如下规则：

> （1）如果一博弈者封闭其表，但其反方还没有那样做，那么他赢且反方输；（2）如果该博弈者不能就反方问题给出完整回答，那么他输了，并且反方赢。（Hintikka，1981，p. 225）

甚至从这个简要概述，我们可以很明显看到，该模型既显示了信息寻求特征又显示了论证特征。既然信息寻求在大多数情况下被认为是一种合作活动，并且把论证至少视为部分竞争，这就提出了关于竞争性的这类模型如何归类问题。给定刚才引用的赢输规则，该模型的竞争特征非常明显，但辛迪卡坚持认为，即使“存在相关的竞争要素”，博弈者的终止仍然“不需要借助于任何竞争性方式”（Hintikka，1981，p. 216）。如果双方都封闭他们的表，即表明他们的断定是从对方断定中推导出来的，那就得到了共同结果。既然只有一个博弈者能赢，那么这等于说：对赢输双方来讲，与其说是回报，不如说是形式上赢了，因此，在那个方面的博弈是合作性的。假如两个初始论题不相容，甚至相互矛盾，竞争特征就更加突出，“这类对话或许可以称为‘争论’”（Hintikka，1981，p. 16）。

人们或许想知道为什么任何人都想参加这类信息寻求型对话。辛迪卡和沙里宁（Hintikka & Saarinen，1979，p. 356）认为，这个问题是“涉及对话博弈的基本问题：为什么要参加它们?”如果某人参加它们只是为了赢，“各博弈者的论题越接近重言式即逻辑真理越好。为什么任何博弈者都应当提出不是琐碎逻辑真理的论题呢?”（Hintikka & Saarinen，1979，p. 357）答案在于回报。正如辛迪卡和沙里宁写道：

> 我们问题的答案，可通过使相对于给定博弈者来讲，其博弈回报依赖于其最终论题的信息内容，更恰当地说，是其所有论题的合取式。该论题信息量越大，其回报越高。（Hintikka & Saarinen，1979，p. 357）

同样有趣的是，有人提议博弈者要探究带嵌套量词的问题，引入对方断定中没有出现的非逻辑词汇做补偿收益（Hintikka，1981，p. 226）。那么，最有利可图的事情就是利用相对简单、直截了当的问题得出高信息量的论题。

虽然人们能够就这类智力练习的有用性达成一致，但仍然不清楚其主要目的应该是什么。根据前面引用的赢输规则，这种博弈似乎把关于论题的论辩性讨论与一种探究组合在一起。如果主要目的是论证这些论题，那么就不清楚问题的答案为什么应当算作回答者的断定，即回答者应当试图从可获得前提推导出命题，而不算作只不过是承让即质疑者同意作为前提的命题。如果焦点是探究，那么试图找到对手无法回答的问题将是主要策略。不过，令人怀疑的是，博弈想要那种方式。与其说博弈是打算用来建模一种相互探究，不如说是打算用作每个博弈者探究对手的立场。它同样能作为允许几个变体的基本对话博弈。辛迪卡提到的一个变体是探究者与自然之间的博弈。

> 我们可以把 α 想象成科学家或其他类型的探究者，把 β 想象成自然或可进行比较的非个人信息资源。因此，β 的问题减少……。我们可以进一步把 B_0 想象成 α 的恒常基本理论，而 A_0 的不同选择代表了 α 正试图通过“向自然提出问题”方式之不同假说。（Hintikka，1981，p. 224）

另一个变体会产生“阐明默许知识的一个有趣模型……”（Hintikka，1981，p. 230）在那种情形下，模型表达的是内部对话，而不是两个人之间的讨论。

如果该模型用来表达双方的对话，那么我们能够在各方内在推理（即表构造）与对话的外在部分（即断定、质疑和回答）之间做出区别。两者都在模型中得以表达。这个特征是相当重要的，因为大多数模型，或者像自然演绎系统所做的那样表达内在推理，或者像爱尔朗根学派所做的那样表达外在对话，但不会两者都表达。①

在辛迪卡后来的论著中，该模型被发展成探究语境下的推理与质疑模型——质问模型。α 与 β 角色的对称性被用一方面“探究者”或“我自己”与另一方面“自然”、“数据库”或“回答者”之间的不对称所取代：如果可能，“自然”的任务正是回答问题。因此，质问模型并不是论证讨论模型，而是探究语境下的推理模型和质问策略模型。当然，这并不意味着质问模型对那些主要对论证感兴趣的模型不重要。相反，推理模型通常都与论证研究相关，甚至当考虑获得前提的方式时更是如此。在辛迪卡的质问模型中，找到前提是其关注的焦点，在这里我们不再做

---

① 黑塞尔曼在其值得关注的形式论辩著作之第二部分极其详尽地阐明了将内在推理与外在话语组合起来的另一个模型（Hegselmann，1985）。

进一步的讨论。[①]

6.4 雷切尔论辩学

雷切尔的论辩学研究（Rescher，1977，2007），尽管在他的1977年著作中主要打算贡献于认识论与科学哲学，并且在2007年著作得到更广泛的用途，但它们也能被视作对论证理论的贡献。既然在早期卷中，雷切尔打算寻找的那种论辩学是被他刻画为“争论、辩论和理性争论”的论辩学，因此，在其著作中出现的问题是论证理论家们感兴趣的焦点就不足为奇了。雷切尔的目的是“要为具体包括科学探究的认知方法论提供理性化的论辩模型”。对此，他关注争论，其中“展示了在受社会条件制约的互动背景下发挥作用的认知过程”，因此，对笛卡尔的“认识唯我论提供了一个有用的矫正方法”。此外，“论辩过程的主题将必须证明正当行为主题的延续部分”。因此，“与其说论辩学是实效说服的工具，不如说是理性论证的工具”和“理性验证的机制”（Rescher，1977，pp. xii－xiii）。[②]

> 于是，当前讨论的主要目的是展示理论基础的社会公共根源，为隐藏在笛卡尔方法的认知唯我论中的怀疑主义批判提供工具，并阐明论证与探究，特别是科学探究的公共争论取向方面。（Rescher，1977，p. xiii）

在他1977年的《论辩学》中，雷切尔从中世纪的大学所进行的形式

---

① 1978年辛迪卡在“格罗宁根论证理论会议”上宣读的一篇论文（Hintikka，1982）中，给出的博弈是受夏洛克·福尔摩斯而不是苏格拉底的启发。这被视为质问模型的早期版。对这个模型而言，可进一步参见如辛迪卡的论文（Hintikka，1985，1987，1989）以及辛迪卡与巴奇曼的教材（Hintikka & Bachman，1991）。在辛迪卡的论文中（Hintikka，1987），用该模型更好地理解亚里士多德的《论题篇》和《辩谬篇》中的方法。关于诉诸威力的应用讨论是巴奇曼的论文（Bachman，1995）。

② 本段中引用的片段以相同顺序出现在原著中（1977，pp. xii－xiii）。

争论的研究开始。就这些争论而言，他构造了一个对抗论辩模型，那是在规准意义（形式的$_3$）、先验意义（形式的$_4$）以及主要是语言学意义（形式的$_5$）的，但不是逻辑意义（形式的$_5$）的，我们打算将其称为“形式论辩系统”，但这不是雷切尔的术语。因此，他转向了非对抗性证明论辩模型，即单边论辩学，它也能为单个论证者所运用。在这一点上，模型结构基本上仍然是相同的。雷切尔提及了“论辩之争论与证明版的同构问题”（Rescher，1977，p. 53）。最后一章探讨了科学探究的对抗争论模型前景，其中，科学家被看作“涉及维护论题并寻求建立起他可能建立的针对论题的最佳情形”的正方（Rescher，1977，p. 110）。科学界提供反方，“他们用对抗性方式挑战该论题，探讨其弱点并寻求阻止其接受性”，还提供许多中立的相关但不受约束的旁观者，他们有效地充当了“争论”的仲裁者（Rescher，1977，p. 111）。相对于卡尔纳普的确证主义与波普尔的证伪主义来讲，这种争论模型是一个可行替代理论。因为把科学探究视为社会事业，该模型能够实现这两个对立学说之间的综合，其中确证与证伪两者都能找到他们的立场（Rescher，1977，sect. 8. 4）。在雷切尔 30 年后所写的第二本《论辩学》著作中，我们发现除了前面提及的形式论辩系统之简略版之外，还讨论了其他某些论辩类型以及论辩简史。

6. 4. 1　雷切尔的形式争论模型

在本节的其余部分，我们将简要勾勒雷切尔的第一个模型，我们之所以选择它，是因为其大多数内容适当展示了从形式上着手处理论证的方式。[①] 这里有三个角色，即正方、反方和定方，其中反方又称应方。正方通过提出论题开始争论，然后反方对该论题提出异议，正方再通过提供其他断定（论题）对其论题进行防卫，反方可以再对那些断定提出异议，从而导致正方的进一步防卫，如此等等。定方“作为裁判主持并裁定争论行为”（Rescher，1977，p. 4），并不参加讨论。直到争论结束，正反两方交替做出话步。雷切尔并没有具体指明争论在什么情况下结束且

---

① 我们将主要充分利用雷切尔 1977 年的那本书，而不是 2007 年的那本，因为前者考虑的东西更加包容并且印刷错误较少。

定方宣布裁定。大概当讨论者屈服或规定争论时间已用完时，争论即结束。雷切尔也没有具体指明讨论者所使用的语言，但他假定命题逻辑的装置可获得。因此，我们也可以假定所使用的语言是一种命题逻辑语言（带有命题 P，Q，……），雷切尔针对言语行为引入了三个新符号“!”、“†”和“/”以及一个表示言语行为的连接符号“&”作为补充。[①]

三种言语行为称为基础话步，[②]（Rescher，1977，p. 6）是：

（1）直言断定：! P［表示“（我或断定者）主张 P。”］

（2）谨慎断定：†P（表示“P 的属实情况与你说的一切都相容。”）

（3）条件断定：P/Q［表示“假如 Q，一般（总是或经常）都能得到 P。”］

关于这些言语行为，仅由正方执行第一种，仅由反方执行第二种，而第三种言语行为正反两方都可以执行。

在形式争论或形式对话中，直言断定和谨慎断定他们自身可作为完全话步出现，但条件断定 P/Q 总是必须或者由！P 相伴（正方情形），或者由 †P 相伴（反方情形）。因此，对正方来讲，实际上存在两种话步：

（1）直言断定：! P

（2）直言条件断定：P/Q&! Q[③]

并且，对于反方来讲，也存在两种话步：

（1）谨慎断定：†P

（2）谨慎条件断定：P/Q&†Q

因此，在正方与反方之间存在明显角色不对称性。

（1）正方必须开始争论。他必须用他提出要防卫论题的直言断定那样做。

（2）涉及直言断定的所有反话步［……］均只对正方开放。此外，正方的每个话步都涉及某个直言断定：他是在每个结点上都要义不容辞

---

① 雷切尔还用“&”作为命题合取的符号，但针对那种用法，我们将坚持使用“∧”。因此，就这点来讲，我们在记号上做了区别，但雷切尔并没有这样做。

② 或基本话步（Rescher，2007，p. 20）。

③ 雷切尔也提及了条件断定或条件反断定，以防打算要完全话步。我们在这里引入术语“直言条件断定”，以表明不完全（基础或基本）话步 P/Q 与完全话步 P/Q&! Q 之间的区别。因为类似原因，我们引入了术语“谨慎条件断定”。

地采取承担立场的一方。“证明责任”自始至终都在正方。

(3) 所有涉及［谨慎断定］[①] 的反话步［……］都只对反方开放。此外，反方的每个话步都涉及某个［谨慎断定］：他是只需要对主张表示怀疑，并且没有责任做出任何肯定主张的一方（Rescher，1977，pp. 17 – 18；2007，pp. 25 – 26）。

为了简单起见，雷切尔假定：在形式争论中，在我们现在说潜藏在言语行为后面的缺省规则成立意义上，条件断定 P/Q 的言语行为总是正确的（Rescher，1977，p. 8；2007，p. 21）。[②] 在完全形式化版本中，这要求有一个可公开访问的商定缺省规则集，并且参与者能够把条件断定的言语行为建立在那些规则之上。如果我们把直言条件断定或谨慎条件断定的话步看作论证，这种规定意味着相对命题 P 的不相干论证被排除，但并不意味着不能攻击条件断定 P/Q。通过做出区别就能攻击它。例如，正方提出直言条件断定 P/Q&！Q，那么反方可以挑战的不只是构成要件！Q，通过谨慎否认 †$\neg Q$，或相对于某个 R 的谨慎条件断定$\neg Q/R$&†R 来进行，还有借助对于某个 S 做出所谓的弱区别$\neg P/(Q \wedge S)$ &†$(Q \wedge S)$ 挑战构成要件 P/Q。借助这种弱区别，反方表明，虽然 Q 本身可以对 P 产生影响，但在当前情况下它没有那样做，因为对于正方所说的一切而言，也可能正是 S 与 Q 组合起来对$\neg P$ 有影响的情形。同样地，如果反方提出谨慎条件断定 P/Q&†Q，那么正方不仅可以挑战构成要件 †Q，通过直言否认！$\neg Q$，或者相对于某个 R 的直言条件断定$\neg Q/R$&！R，而且可以借助对于某个 S 做出所谓的强区别$\neg P/(Q \wedge S)$ &！$(Q \wedge S)$ 挑战构成要件 P/Q（Rescher，1977，pp. 11 – 12）。在表 6.4 中，我们展示了正方或者反方可以做出的所有可能对话步的响应类型。

---

① 雷切尔写的是“挑战或谨慎否认”，那一种针对正方的！P（或 †P 针对！$\neg P$）发动的谨慎断定 †$\neg P$，但雷切尔的评论打算应用于涉及任何谨慎断定 †P 的话步。

② 这条缺省规则告诉我们，P 能够从 Q 中推导出来，除非表明具体假定失败。就缺省规则和非单调逻辑而言，请参见本手册第 11.2 节。

表 6.4　　形式争论中对话步的话步与响应［如果 *P* 本身不是否定，那么用于！*P* 的否认之命题公式就是¬*P*；否则，如果 *P* = ¬*P'*，那么所用公式是 *P'*，相似情形也类似如此。根据雷切尔的著作（Rescher，1977）第 21 页给出的第三个例子之话步（2），可以添加第二种直言条件反断定。］

正方话步	反方响应
直言断定： ！*P*	谨慎否认： †¬*P*
	谨慎条件否认： ¬*P*/*Q*&†*Q*
直言条件断定： *P*/*Q*&！*Q*	谨慎否认： †¬*Q*
	谨慎条件否认： ¬*Q*/*R*&†*R*
	弱区别： ¬*P*/（*Q*∧*S*&†（*Q*∧*S*）
反方话步	**正方响应**
谨慎断定： †*P*	直言反断定： ！¬*P*
	直言条件反断定： ¬*P*/*Q*&！*Q*
谨慎条件断定： *P*/*Q*&†*Q*	直言反断定： ！¬*Q*
	直言条件反断定： ¬*Q*/*R*&！*R* 或¬*P*/*R*&！*R*
	强区别（¬*P*/*R*&！*R* 的特例）： ¬*P*/（*Q*∧*S*&！（*Q*∧*S*）

通过把响应添加到直言断定的逻辑后承上，就可以进一步扩大可能的响应提供。比如，如果正方断定命题 *P* 和 *Q*，并且 *R* 是这些命题放一起的逻辑后承，那就允许反方做出话步，好像正方也断定 *R* 一样（Rescher，1977，p. 9；2007，p. 23）。[①] 这一规定假定了对于参与者来讲逻辑后承关系完全明了的，如果某人将自己限制于比如命题逻辑，而不是针对一般意义上的逻辑，这也许是似真的。

为了从其他话步得出的话步进行话步和响应的描述，从而得到一个形式论辩系统，我们必须规定：与正方做出的直言断定之初始话步一起，该系统涉及正反双方做出话步的所有可能方式。既然出现在表 6. 4 右边的每个话步类型也都出现在左边，充当断定之反断定与否认，以及充当条件断定之区别，那就能构造很长的话步链条。除了正方的初始直言断定之外，每个话步都必须是对方某个话步的响应，但不必然是对方最近的话步：原则上对同一话步进行响应的很多话步都允许。可是，没有一个话步能够简单重复之前话步。[②] 表 6. 5（根据 Rescher，1977，p. 17 的表格改编）表明根据这些规则的形式争论结构。

表 6. 5　　　　形式争论

正方（彼得）		反方（奥尔加）	
（1）	! P 直言断定	（2）	$\neg P/\neg Q\&\dagger\neg Q$ 谨慎条件否认
（3）	! Q 直言反断定	（4）	$\neg Q/R\&\dagger R$ 谨慎条件否认
（5）	! $\neg R$ 直言反断定	（6）	$R/S\&\dagger S$ 谨慎条件否认
（7）	$\neg R/(S\wedge T)\&!(S\wedge T)$ 强区别	（8）	$\neg Q/U\&\dagger U$ （（3）的）谨慎条件否认
（9）	$Q/(U\wedge V)\&!(U\wedge V)$ 强区别	（10）	$\neg Q/((U\wedge V)\wedge W)\&\dagger((U\wedge V)\wedge W)$ 弱区别

为了让例子更加具体，可以将命题按照如下方式指派字母 P、Q 等。（参见 Rescher，1977，p. 16）：

---

① 我们认为，在这一段中，“条件否认 $\neg P/Q\&\dagger Q$” 必须读作 “条件否认 $\neg Q/R\&\dagger R$”。

② 在判定两个话步的表达是否可算作同一话步的表达（后者是前者的重复）时，逻辑等值命题被处理为等同的。

P：彼得知道这是人手。

Q：彼得确定那是人手。

R：彼得的感觉当时误导了彼得。

S：彼得的感觉在其他类似情形也误导了彼得。

T：彼得的感觉误导彼得的情形与当下情形在某些关键方面是不同的。

U：在这种情形下彼得的感觉也会犯错，这肯定是可能的。

V：在这种情形下彼得的感觉犯错的可能性只是一种推测。

W：在像我们正有着推测可能性的那种争论之类的哲学争论中确实有意义。

6.4.2 关于雷切尔系统的评论

雷切尔的形式化给分析承诺与承让的概念提供了机会。正方需要对出现在其每个话步中的命题做出直言断定，进而对命题做出承诺。如果承诺借助在表格 6.5 中出现在话步（7）和（9）中直言条件断定[①]得以防卫，就免除承诺，或转变为间接承诺。当正方将自己已承诺命题 *P* 服从于区别时，即当 *P* 在弱区别中是作为第一个合取支出现时，并且当他有机会攻击它但却没有攻击时（Rescher，1977，p. 21；2007，p. 28），反方就承让了命题 *P*。与洛仑岑对话中所允许的形式对比，这里承让能够被取消。

需要注意的是，与洛仑岑的对话博弈以及辛迪卡的那些博弈形成对比，在雷切尔的形式争论中，陈述的复杂性不是随着对话进程降低，而是倾向于增加。我们不要期望争论会因为达到基本陈述层次而自动结束，也不要期望会通过其结束方式来判定赢家。因此，这里需要定方。当正反双方之间的争辩碰巧结束，或者缺乏论证，或者缺乏时间，或者互相认同了，或者其他任何原因，定方将判定争论，“评定什么样的对手算作胜者”（Rescher，1977，p. 23；2007，p. 29）。这里有两条标准发挥了作用。根据形式标准，定方要判定在争论中是否所有话步都遵循了争论规

① 我们假定，雷切尔（Rescher，2007，pp. 29 – 30）引入的概念能够被扩充到涉及这些情形。

则，包括潜在的逻辑规则。根据实质标准，定方要评估“在何种程度上反方迫使正方陷入了非似真的承诺之中”（同上）。在争论中，双方的策略都必须旨在获得定方的支持裁定。

> 正方必须用极其似真方式涉及其承诺；反方试图巧妙地引入人为区别将其对手往这个方向推，迫使他陷入更困难的承诺。……并且“胜利”是根据正方控制的情形相对于在其通过似真性与推定性机制处理过程中的可能性如何有说服力来判定的。
>
> 因此，“判定”争论的关键方面是其主要依赖于评价论题似真性或可接受性的手段，最后反方迫使正方将其情形依赖于这些论题。这就绑定了整个事情的目标与对象，并且事实上决定着整个策略，因为正方正努力将其情形导向似真论点之安全根基，并且反方正想寻找阻止其达到推定安全的似真论点之任何诸如此类的安全港湾。（Rescher，2007，pp. 29 – 30；还可参见 Rescher，1977，pp. 23 – 24；根据 1977 年版为斜体）

很明显，判定是争论的一部分，但雷切尔并没有对其形式化。可是，他形式化过的争议部分非常值得注意，足以使他赢得在形式论辩学家中的一席之地。

6.5　巴斯与克罗贝论形式论辩学

巴斯和克罗贝的形式论辩学①是在其著作《从公理到对话：逻辑与论证的一种哲学研究》（Barth & Krabbe，1982）第 3 章提出来的。通过冲突解决观点的系统，诸如爱尔朗根学派提出的那些形式与实质对话系统，

① 巴斯和克罗贝（Barth & Krabbe，1982，p. 19）说他们采用取自汉布林（Hamblin，1970）表达式“形式$_3$论辩学”（formal$_3$ dialectics）。可是，为了更加准确些，汉布林的表达式是“形式论辩学”（formal dialectic），即在末尾没有“s”，当然也没有下标。我们选择用汉布林原来的术语，但在讨论巴斯和克罗贝的著作时，有时会用其他术语，有时带索引词，有时没带索引词。

他们的形式论辩学提供了系统基础（参见第6.2节）。在那一章中，巴斯和克罗贝的主要目的是“给出意见冲突的言语解决之可接受规则”（Barth & Krabbe，1982，p. 19）。他们将自己局限于讨论诸如随后发生公开意见冲突之类的解决取向，其中，冲突分歧由四个要素构成：两方（*P* 与 *O*）、*P* 针对 *O* 提出的论题（*T*）以及 *O* 针对 *P* 给出的承让集（可能是空集）*Con*，其中，承让相当于卡姆拉和洛仑岑《逻辑初步》中反方的假设。此外，*O* 针对 *T* 并相对于 *Con* 向 *P* 进行挑战，即她表明：尽管有承让，但她不接受那个论题。在最简单情形下，正如我们这里所假定那样，没有进一步的挑战导致冲突。在这类讨论中处在危险立场的是：根据 *Con*，*T* 是否会被接受。

公开意见冲突的解决方案通常由收回论题或者挑战组成。为了给出旨在解决冲突的讨论之合理规则，首先巴斯和克罗贝提出了合理讨论的一些一般规范，其次提出了执行这些规范的规则，并且有时给出执行先前引入规则的进一步规则，如此等等。这种规则的分层排序允许人们可以运用相当模糊的层级较高概念，而论辩系统在底层却得到了精确描述。它还允许人们去探寻如何执行规范并因此产生论辩系统多元化的不同选择。①

使用如前面第6.1节所解释的索引，巴斯和克罗贝把他们的论辩系统称作：形式$_3$论辩系统，即在规准意义上的形式（Barth & Krabbe，1982，p. 19），但那并没有排斥包含形式$_2$规则，即语言学意义上的形式。卡姆拉和洛仑岑使用逻辑常项规则或者这些规则变体的确是系统的重要组成部分。然而，形式$_2$规则都能在分层的底端找到，并且人们可能设想避免引入形式$_2$规则的方式。形式$_3$论辩系统是一个先验构造的规范系统（形式$_4$），而不是描述系统；其中有些是形式$_5$，即非实质系统，且另一些不是形式$_5$，即实质系统。

像卡姆拉和洛仑岑一样，针对对话规则系统，巴斯和克罗贝区分了三种主要的备用方案。② 此外，他们讨论了非实质（形式$_5$）变体，其中

---

① 对于形式论辩的分层结构，还可参见巴斯的论文（Barth，1982）。

② 除了构造论辩之外，巴斯和克罗贝讨论了极小论辩与经典论辩。构造系统和经典论辩系统与类似命名的卡姆拉和洛仑岑对话博弈相符，但极小系统正好是构造系统的变体，并且不同于卡姆拉与洛仑岑的严格构造对话博弈。

使用了公式与实质变体，其中使用了解释陈述，还讨论了选取逻辑常项的各种选择。就一种混合型冲突或完全对立下的混合冲突来讲，他们给出了一个形式论辩实质系统（Barth & Krabbe，1982，sect. IV. 5. 2）。该系统并不属于三个主要备用系统之一。

6.5.1　角色

正如爱尔朗根学派的逻辑初步一样，形式论辩学把广义论证处理为对话过程。这里，我们再次区别两个角色：正方角色与反方角色。在用公式表示公开意见的冲突定义时我们用字母“*P*”和“*Q*”分别代表各方，通常但不总是假定正方角色和反方角色。广义论证是指对话者作为正方和反方论证角色参加讨论过程中所做出的话步之总称。在形式论辩中给出的规则规定了在讨论中允许什么样的话步，在什么情况下正方成功防卫了论题，以及在什么情况下反方成功攻击了论题。因此，形式论辩的规则使理性与批判性讨论规范化了。

自己承担反方 *O* 角色的语言用户试图系统地演示，根据 *Con*，并不必然接受 T，并且假定为正方角色的语言用户试图系统表明应当接受论题。因此，扮演反方 *O* 角色意味着要坚决攻击论题 *T*，且扮演正方 *P* 角色要坚决防卫 *T*。因此，与真实讨论中所期待的东西相比，*O* 没有自己的论题要防卫，且 *P* 没有东西要攻击。借助对 O 的攻击之反击，*P* 的确可以防卫他自己的陈述，并且它看起来像在攻击一个承让，但实际上这些反击并不是攻击，或我们所说的挑战，并没表达不接受或怀疑。准确地说，这些话步构成了质疑，其中 *P* 为了其防卫而谋求退让的余地承让。在攻击或挑战与反击或质疑之间的区别是隐性的，但在巴斯和克罗贝的阐述中也没有表达清楚。①

前面描述的角色分配意味着巴斯和克罗贝根据这些角色阐释的形式论辩规则被限制在他们称为简单冲突或纯粹冲突的东西上。在两个语言用户都有论题要防卫的冲突中，称他们为“混合冲突”（Barth & Krabbe，1982，p. 56）。混合冲突系统不以正方和反方为特色：这里的角色被称为

① 沃尔顿和克罗贝（Walton & Krabbe，1995，sect. 4. 4）清楚表达了这个区别。在那里，*O* 挑战与回答，而 *P* 质疑与防卫。

“黑方”与“白方”（Barth & Krabbe，1982，p. 109）。

在规则分层底部，形式论辩规则规定了 O 可能攻击 T 的方式，P 可以防卫 T 的方式，P 提出反击或质疑的方式，以及 O 可以回答这些攻击的方式，还规定了做出具体话步的精确情形以及两方中一方何时赢以及谁是赢家。我们不会列出巴斯和克罗贝阐述的所有 30 多条规则，但我们会给出一个简明概观。

6.5.2 形式论辩规则

形式论辩系统由七组不同规则构成，每组规则都具有不同的目的。起初，用一般术语来讲，有一组基本规则表明作者设想的讨论类型。形式论辩的非基本规则分组是为了与系统想要满足的各种要求相符，即该系统的要求有系统性、实在性、回报性[①]、彻底性、有序性和动态性。我们会逐一评论这些要求。每个要求都与某个基础规范有关，都陈述了属于那组规则的目的，并且人们找到的一个例外就是被阐述该组规则的第一条规则。接下来，我们将针对这些组规则的每组规则陈述其基础规范，然后我们将展示打算用来执行这些规范的某些规则。在我们接下来的阐述中，我们会局限于巴斯和克罗贝所提出的所有或绝大多数系统中都成立的规则，其中，有些推演是经典系统中的规则，有些是在实质系统中的规则。最后，我们将用具体形式论辩系统给出一个论辩链的例子。

6.5.3 基本规则

第一条基本规则规定，必须有假定为正方角色和反方角色的语言用户。这些角色的内容是根据两者的对话态度——对于一个陈述的反方立场和正方立场之对话态度——来定义的。陈述 S 的反方立场意味着有无条件攻击 S 的权利；正方立场意味着有条件防卫 S 的义务，即当 S 受到攻击时，正方立场有义务去防卫 S。首先，P 处于论题之正方立场，且既不在任何承让的正方立场，也不在其反方立场上，而 O 在该论题的反方立

① 这里，我们引入一个我们自己的术语，因为巴斯和克罗贝并没有用公式表示针对相应组别规则的基础规范（Barth & Krabbe，1982，Sect. III. 8）。

场上，并且在每一承让的正方立场上（Barth & Krabbe，1982，p. 58）。①

在最简单情形下，某个语言使用者假定为角色 *P*，且另一个语言使用者假定为角色 *O*。然而，一个语言用户承担 *P* 和 *O* 两个角色，或者两个或两个以上语言用户承担同一角色也是有可能的。另外，如果没有找到准备履行 *P* 和 *O* 角色的语言用户，那就没有在这个形式论辩范围内的讨论会发生。当然，某种其他类型的讨论可以替代发生，诸如充当对话者向另一个对话者提供信息的机会，但只有存在自愿承担角色 *P* 和 *O* 的语言用户才会应用形式论辩规则。

第二条基本规则阐明了 *P* 和 *O* 的角色。根据这条规则，*O* 应当对讨论中 *P* 的任何进一步陈述采取反方立场的对话态度，并对她自己的进一步陈述采取正方立场态度。*P* 将对他自己的进一步陈述采取正方立场态度，并对 *O* 的任何进一步陈述采取中立立场态度，即既不是正方立场态度，也不是反方立场态度。这意味着 *O* 可以攻击 *P* 的任何陈述，并且当 *O* 攻击它们时 *P* 必须防卫自己的陈述。*P* 不可以攻击 *O* 的陈述，除非通过反击来进行防卫。借助这些约定，角色 *P* 和 *O* 的非对称性，即一种简单冲突或纯粹冲突特征就确立起来了。

第三条基本规则规定：一旦陈述 S 受到攻击，有两种防卫它的方式，即保护防卫（*pd*）和反击（*ca*）。因此，反击必须被看作一种防卫话步，这意味着它可以由 *P* 来执行，否则，根据第二条基本规则将不允许 *P* 去“攻击” *O* 的陈述。②

第四条基本规则添加了一个附加条件，即所有攻击与防卫的话步，以及讨论者的所有相关态度，必须与陈述相关，并且能够用于可采攻击或防卫的语词与语法形式范围，在功能上由受攻击或防卫陈述的语法与语词来决定。巴斯和克罗贝说道，具体话步是否允许将取决于说的是什么，并不取决于意图、信念等。他们将这称为“论辩学言语外在化原则”

① 在定义6中（Barth & Krabbe，1982，p. 58），只规定了 *P* 不在针对任何承让的反方立场上；可是，表格 III. 2 意味着 *P* 必须也不在针对它们的正方立场上（Barth & Krabbe，1982，p. 62）。人们可能说，P 或许在一个承让的正方立场上，假如他的论题与那些承让的论题“相同”，但尽管在语句层面上是等同的，但该论题与承让总是算作不同陈述或表达。

② 正如我们前面所看到，在攻击与反击间做出有目的的区别，明智的做法，不是将它们代入这些名称，而是谈及挑战与质疑。

（Barth & Krabbe，1982，p. 60）。

第五条即最后一条基本规则规定了违反一个或一个以上形式论辩规则的后果。如果任何一方说，根据形式论辩规则，任何事情都不是被允许的话步之一，或者做任何事情都不允许并且不利于对方的利益，那么对方可以从讨论中收回，而不会因此输掉讨论。这条规则的更强形式是：违反规则的一方将会丧失讨论中的所有权利，并且若有需要，甚至能被指责为“对于当前论辩情形来讲，那是非理性的”。巴斯和克罗贝认为，这条规则的重要性在于：它使得在讨论中做不相关的评论是有风险的，如通过改变论题或通过提出一种人身攻击。此外，辱骂对方，威胁他，剥夺其自由或给他造成实际身体伤害都是有风险的。

6.5.4 系统论辩学

系统论辩学的基础规范（Barth & Krabbe，1982，p. 63）要求：*P* 总有机会去防卫受攻击的陈述，通过其假定为正方立场的另一个陈述即中间论题来进行防卫。遵守这条规范是通过让防卫递归进行来实现的。因此，每个中间论题都被处理成前一中间论题或初始论题的有条件防卫。这意味着，如果某个中间论题在某种程度上得到了无条件防卫，那么之前的那些论题以及最终追溯到初始论题也都得到了无条件防卫。

既然在一个讨论内可以出现不同的防卫，那么用公式表达递归防卫规则时就必须当心（Barth & Krabbe，1982，p. 65 FD S2）。为此，讨论被分成了论证链。他们被用来与卡姆拉和洛仑岑对话博弈中的不同回合进行了比较（参见第 6.2 节）。比如，*O* 对一个合取式之部分的明显攻击属于明显论证链。那么，这些论证链被细分为与局部论题相关的局部讨论。新的局部讨论从 *O* 的每个新攻击开始，受攻击陈述是其局部论题，而该局部承让集包含了该链中出现的所有承让。在某种意义上，每个局部讨论都是一个独立对话，它是以其自己的局部论题为中心的，除了 *O* 的独一无二攻击之外，这个局部论题还包括通过 *P* 的任何反击或质疑。最后，局部讨论再被细分成阶段，转向言说。

6.5.5　实在论辩学

无条件防卫可能性的基础规范即实在论辩学（Barth & Krabbe，1982，p. 82）的主旨是：在某些情况下，*P* 应当有机会完成一个受攻击陈述的无条件防卫。在有利情况下，可能利用它来执行 *P* 的一条规则规定：局部论题能够借助适当武断评论来进行无条件防卫。一旦 *O* 承让局部论题，即在当前论证链中最近受到 *O* 攻击的陈述，或者相反，一旦 *O* 攻击 *P* 做出的陈述，并且该陈述是在当前论证链的先前阶段 *O* 自己承让过的陈述，那么适当武断评论由 *P* 断定语词表达或"你自己那样说"组成。*P* 的局部论题无条件防卫之后果是：在当前论证链中 *O* 丧失继续讨论权，这意味着正如我们所看到的那样，*O* 输掉了论证链。

6.5.6　回报论辩学

对这一组规则而言，巴斯和克罗贝没有用公式表述其基础规范。然而，他们说："必须存在某种可能直接结果，并且这种结果如果不是实质的，那就是精神的"，这也是那些参加讨论的人所希望的。[①] 否则，辩论者为什么应当完全进入讨论中呢？（Barth & Krabbe，1982，p. 71）我们把应当存在从讨论中获得某种东西的思想称为回报论辩学之基础规范。巴斯和克罗贝借助控制赢与输及其直接后果的规则来执行这一规范。

在这条链中，一旦第一方失去了或穷尽了其做出话步的权利，该方就输了论证链，并且对方赢了。正如我们前面看到，如果 *P* 做出适当武断评论，*O* 在链中就输了其权利。所以，在那种情形下，*P* 赢而 *O* 输了该链。权利穷尽出现在要做出话步的一方无权做出允许他去做话步之时。当一方必须做出话步，但其执行攻击、防卫、提出问题或回答问题的所有可能性都已穷尽，这个链就输了，并且对方赢了。一方赢而另一方输的链被称为"完全链"。

根据形式论辩规则，如果 *P* 成功赢得了链，这并不意味着他自动赢得了整个讨论，或者他成功防卫了初始论题。当且仅当 *P* 赢得的这个链

---

① 这里，我们引入了我们自己的一个术语，因为巴斯和克罗贝并没有用术语"回报论辩学"。

是终止讨论中的最后一个完全链，P 才赢得了整个讨论，并且在针对 O 的攻击成功防卫了初始论题。另外，如果在终止讨论中 P 失去了最后一个完全链，或者如果没有链曾是完全的，那么 O 就成功反驳了 T，并且 P 失去了整个讨论。讨论的终止，或者由丧失或穷尽所有权利引起，或者由外在情况引起。

失去链或讨论的人被要求宣布对方通过理性手段获胜。假如赢家加上了对方在“整个”辩论过程中是“理性的”，那就准许赢家宣布对方失去了该链或讨论。

6.5.7 彻底论辩学

彻底论辩的基础规范（Barth & Krabbe，1982，p. 76）要求 O 有机会用所有可能方式检测 P 的论题，并且给 P 有机会用所有可能方式防卫其局部论题。这条规范是借助“能够使两方为了开始新的链而放弃失去的或无望的论证链”规则来执行的。因此，失去论证链并不意味着自动失去了整个讨论，因为根据彻底论辩规则，O 能够尝试各种攻击路线，并且 P 能够尝试各种防卫路线。然而，开启一个新链总是必须紧跟在被迫或自愿放弃旧链之后，这意味着不可取消地失去了那个链。

6.5.8 有序论辩学

有序论辩的基础规范（Barth & Krabbe，1982，p. 77）要求：在讨论每个阶段，双方的权利与义务都必须清楚可得地定义。要注意，前面的规则让它并不确定具体对话态度、权利与义务能够持续多久有效。这个目的的实现充分利用了将每个论证链分段成一系列连贯局部讨论，并把起于 P 和 O 的对话态度的权利与义务（参见第二条基本规则）限制到这些局部讨论上，而不是把它们看作整体运用于该讨论。一旦新的局部讨论开始，源于前面局部讨论中双方持有对话态度的权利与义务就变得无效。正如我们前面所说，无论 O 何时攻击 P 的一个陈述，新的局部讨论便产生了。然后，受攻击的新陈述便是新局部之论题。可是，O 先前存在的承让继续适用。

6.5.9 动态论辩学

动态论辩学的基础规范（Barth & Krabbe，1982，p. 79）要求形式论辩规则促进意见的修正与变化。执行这一规定的一条规则是：应当尽快达到不可避免的结果。为了完成这一点，人们应当注意，对于开始新链和链的长度、局部讨论和阶段来讲，双方的权利都是有限的。换句话说，要避免双方有机会进行不必要的重复而延长讨论。为了实现这个目标，现提出如下规则：①

(1) 如果在某个具体点上，讨论能够继续下去不止一条进路，即如果有各种可能的论证链，那么每条进路只可以采取一次。

(2) 在一条具体论证链内，可以攻击 *P* 所做的一个陈述或表达，只能在它被提出来之后立即进行，因此，*P* 不能做受 *O* 在同一条论证链内攻击不止一次的局部论题。

(3) 在同一条链内，只要 *O* 没有同意在该链中添加任何其他承让，*P* 就不可以重复一个局部论题。

(4) 在同一局部讨论中，不可能针对一个陈述进行不止一次的一种类型的反击。

(5) 阶段不可以包括不止一个语句的一个表达。

另外两个规则旨在执行相同的规范是：

(6) 可以使用的仅有结构算子是那些用法含义清楚确定的算子，即能如何攻击或防卫那些包括它们的语句很清楚的算子。

(7) 在可能情况下，算子的用法含义必须有这样一种方式定义：攻击和防卫会导致所讨论的语句分解。

为了满足（6）和（7）中所说的要求，首先巴斯和克罗贝在其阐述

① 我们没有逐字引述这些规则，但总结了它们实际上所等同的东西。

中提出了形式$_2$（即语言学意义上的形式）规则（Barth & Krabbe，1982，p. 87）。这条规则是由卡姆拉和洛仑岑的联结词运用规则组成，巴斯和克罗贝将这条规则称为“逻辑常项消去规则”（参见表6.1）。[①] 所规定的这种攻击形式既可用于 O 的攻击，又可用于 P 的反击或质疑。该防卫形式表明了 P 可以如何防卫受攻击的陈述（参见前面第三条基本规则）以及 O 可以如何回答反击或质疑。

6.5.10 攻击基本陈述

巴斯和克罗贝（Barth & Krabbe，1982，p. 87）通过简单地对它们表示质疑，从而补充了一条攻击基本陈述的规则（参见表6.6）。既然进一步分解不可能，这条规则并没提供超越武断评论资源的任何防卫话步。同样的道理，P 针对一个基本陈述的反击也不会导致进一步的承让。因此，这条规则不适合于对基本陈述的反击，所以，巴斯和克罗贝提出它只可用于 O 的攻击。[②] 在这种情形下，P 的防卫有时是由一个武断评论组成；如果那不可能，防卫必起反作用，并且应当旨在让受攻击的基本陈述得到承让。

表6.6　　对于基本陈述的形式$_2$规则

	（P 的）断定	（O 的）攻击	（P 的）防卫
基本陈述	A	A?	无

6.5.11 举例

我们略过一些细节，但迄今为止，我们讨论的由于规范与规则得到的构造非实质形式论辩系统，允许与卡姆拉和洛仑岑的构造形式对话恰好相符的论证链，存在的一个区别就是后者没有武断评论。根据这些规则，为了弄清如何进行讨论，我们提出了论证链的一个简单例子（参见

① 后来他们又引入了卡姆拉和洛仑岑的否定规则的一个变体，其中，他们针对荒谬使用了一个常项（Barth & Krabbe，1982，p. 93）。巴斯和克罗贝（Barth & Krabbe，1982）并没有考虑量词；对于形式论辩中处理它们的方式来讲，参见克罗贝的论文（Krabbe，1982a）。

② 在实质系统中，还存在 P 防卫基本陈述的另一个方式，并且还有一条规则允许 P 攻击 O 的基本陈述（Barth & Krabbe，1982，p. 105）。

表6.7)，并就每个话步做出了评论。

表6.7　　　　根据形式论辩规则的论证链

	说者	话步	评论
	O	$A\to B$	虚线以上前部分表示初始情形。P 防卫论题 $A\to C$，即初始论题，并且 O 通过 $A\to B$ 且 $B\to C$，即初始承让，来攻击它。这是初始冲突。假定为角色 P 的语言用户认为，O 必须接受初始论题，即给定 O 的初始承让，并且采取角色 O 的语言用户对此提出争论。
	O	$B\to C$	
	P ……	$A\to C$ ……	
	O	(?) A	由 O 给出的一个话步开始进行讨论。O 是唯一能够给出话步的一方，因为 P 对于 O 做出作为承让的陈述保持中立；同样，只要考虑他自己的论题还要受攻击，而 P 还没有任何东西去防卫。O 处于相对于 P 的论题之反方立场，因此，有资格攻击它。根据“逻辑常项消去规则”，O 只能用一种方式去做：把 A 说成是承让。这个问号表示 A 是作为攻击提出来的。
	P	C	我们现在达到了一种 P 的陈述受到攻击的情形。既然 P 处于关于那个陈述的正方立场，那么 P 就有义务防卫它。在第5行，P 选择了保护性防卫，根据“逻辑常项消去规则”，这个防卫使他断定了 C。可是，P 在第5行还可以针对第1、第2行的 O 的一个承让发起反击。在非实质对话中，P 不可能攻击第4行的承让，因为它是基本陈述。只有 O 可以攻击基本陈述。为了清晰明了，我们只展示三条可能防卫路线其中之一。选择另外两条路线，P 还能赢。
	O	C?	在第5行，P 做出一个新陈述，并且既然 O 没有东西去防卫，那么 O 能够做的一切就是攻击该陈述。C? 意味着正发出的攻击是针对基本陈述 C 的。
	P	(?) A	根据非实质形式论辩规则，不存在针对攻击原子陈述的保护性防卫，因此，在第7行必须切换到反击或质疑。作为该质疑的目标，P 选择了 O 的第一个承让：根据这个承让，P 要求 O 或者承让 B 或者攻击 A。可是，P 还能选择第二个承让。采取那种方法，他也能确保胜利。

续表

	说者	话步	评论
	O	B	首先，我们现在达到了一种情形，其中 O 的一个陈述成为一个质疑的目标，并且它给予 O 回答质疑的权利。这里 O 是通过承让 B 来那样做的。但 O 也可以攻击 A。可是，那会直接导致她失去论证链，因为她将攻击的一个陈述，正是她自己在第 4 行提出来的陈述。因此，她选择了第一个可能性，我们将假定如此。
	P	（?）B	在第 9 行，P 对 O 的第二个承让进行了反击。
	O	C	在第 9 行，O 受 P 的质疑之约束。她可以或者通过承让 C 来回答，或者通过攻击 B 来回答。在两种情况下，她都会输。我们用例子表明，在第一种情形中，她输了是因为她正承让一个她最近攻击的陈述，即话步 6；而在第二种情形中，她输了，是因为她正在攻击她自己在第 8 行所做的一个陈述。
	P	武断评论	根据第 6 行和第 10 行中 O 的话步，通过做出恰当的武断评论，P 得出了这个论证链并获胜。

6.5.12 必赢策略

有时，P 或 O 可以有必赢策略。这意味着相关一方能够用这样一种方式来选择其话步：不管其对方做出的是什么话步，每个链都会以该方赢而告终。面对 O，如果 P 有针对 T 的必赢策略，其中，O 从 *Con* 出发攻击 T，那么我们可以说 T 是从 *Con* 逻辑推导出来的，或者使用了“语用有效性概念”，即具有前提 *Con* 和结论 T 的这个论证是有效的。可以肯定，这不能推出 T 为真，因为它不必为真，除非在 *Con* 中的陈述也都为真。如果不管 O 承让了什么，甚至 O 是否承让了任何东西，P 总有必赢策略，那么，根据相关论辩系统强度，T 被称为“逻辑真”。那么，针对任何反方以及所有可能的攻击或批评路线，P 都有必赢策略（Barth & Martens, 1977, pp. 83 – 84）。

6.5.13 讨论

在表6.7 中，根据巴斯和克罗贝讨论的一个系统之规则，我们看到对话组成部分的一个例子，即一条论证链，它是一个构造非实质论辩系统。该系统与他们的其他许多系统（如极小系统、构造系统和经典系统）一样，巴斯和克罗贝表明在等价于现有形式演绎系统或逻辑语义学意义上是完全的。①

然而，巴斯和克罗贝并没有认为，用他们的形式论辩就能产生一个“完全的”、随时可用的论证理论（Barth & Krabbe，1982，p. 307）。他们把论证理论与逻辑之间的关系刻画如下：

> 被称为“逻辑”的这个对象与论证理论的一部分相符：它研究的是语言不变的形式$_3$论辩规则系统以及基于（形式$_2$）语法规则的、依赖语言的、形式$_2$论辩规则系统。（Barth & Krabbe，1982，p. 75）

他们认为，第一个扩充与针对其他逻辑常项的（在语言学意义上）形式$_2$规则密切相关。在《从公理到对话》（Barth & Krabbe，1982）一书中，针对使用合取、析取、蕴涵和否定，他们将自己局限于洛仑岑的规则及其变体。既然洛仑岑及其合作者已经引入了量词规则，事实上，量词的对话引入是洛仑岑最初问题之一，如巴斯和克罗贝所标明（Barth & Krabbe，1982a），那就只需要一小步就把量词规则与形式论辩的其他规则整合在一起。

模态逻辑的集成是比较复杂的，爱尔朗根学派也正在研究它。克罗贝（Krabbe，1985，1986）提出了许多系统并且证明了它们相对于派生语义逻辑系统的完全性。

在强调充分论证理论不仅应当关注逻辑常项，而且应当关注与诸如“人”、“自由”以及“革命”之类的非逻辑术语解释、定义与澄清（精确化）问题时，巴斯和克罗贝重复了纳斯的观点。在他们看来，其他重要论题是谬误、混合型讨论（对此，他们提出一个实质系统）以及两方以上的讨论。还应当关注诸如实证话步和实验之类的实质话步之调节

---

① 该等价是一个纯粹外延等价：已经证明，在每种情形下，根据必赢策略不管什么时候都能从 *Con* 逻辑推导出 *T*，在相应现有演绎系统和语义系统中都能从 *Con* 逻辑推导出 *T*。这并不意味着论辩学、演绎理论和语义学对于所有目的都是等价的。

（Barth & Krabbe，1982，p. 308）。

巴斯和克罗贝（Barth & Krabbe，1982，p. 75）简要指出了他们称为“一阶规则”和“高阶规则”之区别。我们前面讨论过的这些规则都是一阶规则；而高阶规则被认为是推广讨论的规则，但巴斯和克罗贝（Barth & Krabbe，1982）并没有详细阐明这一概念。相反，他们给出了一个不是特别清楚的例子：“不准谩骂对方！”（Barth & Krabbe，1982，p. 75）。

为了详细阐明高阶规则的思想，或者最好说是高阶条件，后来范爱默伦和荷罗顿道斯特（van Eemeren & Grootendorst，1988，pp. 287 – 288）开始谨慎的研究。在《重构论证话语》一书，范爱默伦等人（van Eemeren *et al.*，1993，pp. 30 – 36）把一阶条件描述为旨在解决争论的行为守则之基本构成要素，而把二阶条件描述为关于守则预先假定论证者的“讨论思想”态度以及目的。他们仍然要求高阶条件能够使论证者主张的权利，与责任和该守则定义的论证角色相关联。这些作者认为，这些三阶条件与政治理想有关，如非暴力、言论自由和知识多元主义，还与实践约束以及准许批判性讨论的资源有关。然而，在高阶条件能够出现如巴斯和克罗贝用公式表述的一阶规则系统那样精练、准确和有序之前，仍有许多事情要做。

巴斯和克罗贝的形式论辩以及巴斯的哲学思想，一直不仅是他们自己而且是其他各种论证理论家进一步研究的灵感源泉。甚至在形式论辩完全提出之前，巴斯连同马顿斯，把对话表的方法作为分析谬误，尤其是，作为分析人身攻击谬误的工具（Barth & Marten，1977）。荷罗顿道斯特（Grootendorst，1978）选择形式论辩作为其分析谬误的出发点。他的结论是，形式论辩规则的确排除了论证人身攻击，但他认为没有提供这种修辞话步的令人满意分析，除非形式论辩用高阶规则来补充。

范爱默伦和荷罗顿道斯特（van Eemeren & Grootendorst，1984，1992a）从巴斯的理性概念出发来研究论证。在提出他们的“语用论辩”论证方法时，他们利用了巴斯和克罗贝提出的许多有深刻见解的区别，参见本手册第 10 章“语用论辩论证理论”。他们注意到，正如在爱尔朗根学派的对话逻辑中一样，在形式论辩中被当作出发点的情形不同于论证中的日常出发点。在论证话语中，开始是一个人提出立场，然后另一个人对它表示怀疑。接下来，提出支持该立场的理由，紧跟着是可能的批判性回应，等等。当另一个人接受基于论证者给出的理由而接受该立场，或者由于另一个人的批判性回应，论证者放弃这个有问题的立场时，该争论就解决了。

在对话的标准化过程中，巴斯和克罗贝采取的初始情形代表了争论解决的一个阶段，直到论证者提出了防卫其立场的理由，并且论证者和对方决定一起检查该立场基于这些理由是否站得住脚，否则不会产生争论。这意味着，他们打算检查包含在立场中的结论是否确实是从包含在论证中的前提逻辑推导出来的。然后，当让论证者的理由作为承让添加到其承诺上时，在该论证中他就同意充当了反方。①

6.6　汉布林的形式论辩学

正如我们在本章第一节所看到，汉布林（Hamblin，1970）引入了“形式论辩学”这个术语。我们现在将探讨他是如何理解这个术语的，并探讨到目前为止我们所讨论的系统在哪些方面不同于汉布林的系统。

在汉布林论著的开头，公开指责了当前教科书处理谬误的可悲状态之后，汉布林陈述了通常引用的谬误论证定义，也就是他所批判的定义，即一种“看似有效实则无效的”论证（Hamblin，1970，p. 12）。② 在其论“形式论辩”那一章（参见第 8 章“交流学与修辞学”）中，当他提出，“为进一步探寻谬误定义之前半部分，弄清对于论证来讲似乎有效是什么”（Hamblin，1970，p. 253），要回到了这个定义上。针对看似有效的心理学解释，汉布林认为：

---

① 在日常话语中，这种人造的情形产生于初始阶段是极不可能的，但当然如果需要，后来在讨论中能够产生。因此，范爱默伦和荷罗顿道斯特（van Eemeren & Grootendorst，1984）给出了一个与巴斯和克罗贝用于解决过程之后期阶段策略相一致的方法。这种方法是整个评价程序序列的组成部分，其中吸引了他们称为主体间性推理程序的东西（van Eemeren & Grootendorst，1984，p. 169）。就不同观点而言，参见克罗贝的论文（Krabbe，1988），其中，形式论辩的初始情形被解释为中立出发点。

② 必须把汉布林“自亚里士多德起，差不多每个考虑”告诉我们如此的暗示视为太夸张，参见汉森的论文（Hansen，2002b）。

> 无系统信念并非“逻辑谬误”这一称谓的备选，即使当它以蕴涵形式且普遍成立的形式出现也是如此。
>
> 为了证成“谬误”标签之应用，看似有效必须有一个准逻辑分析。但在其中执行这种分析的准逻辑是什么呢？（Hamblin，1970，p. 253）

在形式谬误的情形下，我们可以指向“一种虚假的逻辑教条”或指向真学说的忽视，但如果所谓谬误，正如乞题谬误情形一样，并“不依赖于形式无效性”，或者虽然形式无效，但它不由“可能伪造的形式原则”所产生，而该原则对其看似有效将负责，那么我们需要拓展形式逻辑的边界，要包含提出论证的论辩语境之特征（Hamblin，1970，p. 254）。

> ……存在流行但假的对话规则之概念，其使得特定论证话步似乎令人满意，事实上当它们隐藏并且助长论辩弊端时，也无异议（同上）。

因此，从谬误的原则性考虑来讲，我们必须转向形式论辩学，其中“应当加上不要把谬误分析作为其唯一的证成”（Hamblin，1970，p. 255）。[①]

汉布林认为，论辩系统“不多不少就是一个受控制的对话或对话家族”（同上）。这一概念相当普遍：“我们能够想象一个由关于天气的陈述交换所组成的对话。”（Hamblin，1970，p. 256）在被经常引用的一个段落中，汉布林解释道，可以用两种互补方法来研究论辩系统：

> 能够从描述上或从形式上对论辩系统进行详细研究。在第一种情形下，我们应当审查在真实讨论中运作的规则与约定：除了一般语言交流世界之外，还有国会辩论、司法审查、交叉探究、风格化

---

① 可以把汉布林在前一章“关于论证概念”（参见第 7 章“非形式逻辑”）中引入论证评价的论辩标准视为第 8 章“交流学与修辞学”中给读者准备论辩方法之第一步。

> 交流系统以及其他种种可识别的具体语境。另一方面，形式进路在于建立起精确但非必然真实规则的简单系统，以及根据它们制定对话之属性。就其自身而言，这两种方法都不重要，因为描述真实情形必须旨在彰显出可形式化的特性，并且形式系统必须旨在阐明真实、可描述的现象。（Hamblin，1970，p. 256）

两种进路论辩系统之间的区别在于：形式论辩系统是形式$_4$的，即先验意义上形式的，而描述论辩系统则不是形式$_4$的，参见第 6.1 节。在关于形式论辩学这一章中，汉布林关心的是“形式（形式$_4$）的”，而不是描述论辩系统。他给出了四个论辩系统的例子：经院学者的义务博弈、问题原因质疑系统（又称汉布林系统）、柏拉图早期对话的希腊博弈和可以称为归纳概括博弈的一种博弈，其中，有些是变体在汉布林的论文中讨论过。在《谬误》（Hamblin，1971）一书中，他提出了更多例子，其中处理了信息寻求型系统。这些博弈不仅是形式$_4$的，而且是形式$_3$的，即规准意义上形式的，以及在一般意义上是形式$_2$的，即在语言学意义上形式的，并且经常是形式$_5$的，即逻辑意义上形式的。[①]

6.6.1　汉布林系统

在刚才提及的系统中，汉布林系统或 H 系统是最有影响的一个。汉布林仔细讲清了其规则，但只提供了应用这些规则的一个例子。关于该例子的一个完整分析是由克罗贝和沃尔顿（Krabbe & Walton，2011）给出的。这里我们将只展其部分规则以及汉布林例子中的一部分。[②]

有两个博弈者或参与者，称为白方和黑方。白方首先做出话步，但在其他方面，两者是对称的（Hamblin，1970，p. 265）。该系统的基本语言是命题逻辑，与第 6.2 节中一样有着相同的联结词。我们用 A、B、C……R 代表语言的基本陈述，并且 S、T、U……X 代表可能复杂陈述的

---

① 与真实世界相关并因此不是形式$_5$的系统是：（1）如果宣告为实际情况的语言评价被认为确实符合实际情况（Hamblin，1971，p. 260），那就是义务博弈；（2）如果评价取决于经验事实知识，那就是归纳概括博弈（Hamblin，1971，p. 280）。

② 该表述改写了克罗贝和沃尔顿的表述（Krabbe & Walton，2011，pp. 247 – 253，256）。

变项。[1] 在公理形式中，还有一种基本逻辑占有特殊地位和初始定义。汉布林并没有给出例子，但对公理来讲，人们可以想象为通常的逻辑公理，如公式 A→（B∨A），而一个初始定义的例子是，根据∨和¬来定义→，使得 S→T 处处都能用¬S∨T 取代，并且反之亦然。

根据基本语言，措辞规则定义了出现在系统对话中的种种论辩措辞。[2] 结构规则，又称对话规则，定义了每种话步的前置条件与后置条件。[3] 承诺规则定义了在每个阶段各博弈者承诺库中的内容。博弈者的承诺库包含了博弈承诺的陈述，即基本语言公式。从一开始，公理始终被包含在黑白双方的承诺库中。

汉布林给了我们一个可以读作确定其措辞规则集的措辞清单（Hamblin，1970，p. 265）；括号里的评论引自克罗贝和沃尔顿的论文（Krabbe & Walton，2011，pp. 248 –249）：

（1）“陈述 S”或者在特别具体情形下的“陈述 S、T”。

（2）对于（一个或一个以上）诸多陈述 S、T……X，“不承诺 S、T……X”。

（3）对于（一个或一个以上）诸多陈述，“质疑 S、T……X”。

［对质疑的直接回答是通过清单 S、T、……、X 给出的。既然可以认为一个质疑至少有两个直接回答，那么“两个或两个以上”会比“一个或一个以上”要巧妙些。］

（4）对于不是公理替换事例的任何陈述 S，“为什么 S?”

［汉布林把问题型质疑视为一种挑战，或要求回应者就其受质疑陈述来提供证成或论证。换句话说，回应者期望提供一些前提，可能是挑战者已承诺或者在将来话步能够产生带来承让的前提，以及受问题型质疑提出疑问的陈述被认为是：根据该系统中的公理或逻辑推论规则，这些前提所蕴涵的结论。要注意，在 S 是公理替换事

① 在第 6.2 节中，A、B、C 等指的是可能复杂陈述。我们这里改编了我们的用法以适应汉布林的用法。

② 汉布林还没有称其为措辞规则。

③ 令人困惑的是，汉布林称为句法规则。

例情形中，那么“为什么S?”是不合语法的。所以，我们用另一种方式来规定，这种不能接受挑战的公式将具有一套结构规则使其生效。]

(5)“解决S”。

[这种解决方案要求被认为是参照一种情形，其对话者既承诺了S又承诺了¬S，因此要求他收回其中两个承诺之一。]

要注意，与前面讨论过的系统相比，汉布林系统并不允许人们正好提出S，人们必须说“陈述S”。

在下述结构规则中（Hamblin，1970，p. 266），其中括号内的评论引自克罗贝和沃尔顿的论文（Krabbe & Walton，2011，pp. 249 –250）:[①]

S1：每位说者一次给出一个措辞，除非“不承诺”措辞可以伴有“为什么”措辞。

[这条规则描述了在博弈中可以如何从措辞构建话步。假定了参与者是交替做出话步。]

S3：“为什么S?”之后必须紧跟着是下列情形之一：

(a)“陈述¬S”

[否认该挑战的预设。]

或者（b）“不承诺S”

[收回该挑战的预设。]

或者（c）“陈述T”，其中根据初始定义T等值于S

[这种根据原始定义的论证是可以针对S来提供一种论证类型。]

或者（d）对于任何T，“陈述T，T→S”。

[分离规则是该系统内对于S可获得的唯一其他类型的论证。]

S4：除了在3（d）中，不可使用“陈述S、T”。

S5：“解决S”必须紧跟下列两种情形之一：

(a)“不承诺S”

或者（b）“不承诺¬S”

① 为了降低复杂度，我们略过S2。

最后，让我们看看一些承诺规则（Hamblin，1970，pp. 266 – 267）；括号内的评论引自克罗贝和沃尔顿的论文（Krabbe & Walton，2011，pp. 250 – 251）：①

C1：除非S已在说者的承诺库中，否则“陈述S”将S放入其中，并且除非其接下来的措辞说的¬S或在有或没有其他陈述情况下表明了针对S的“不承诺”，否则就将S放入听者的承诺库；或者，如果听者接下来的措辞是“为什么S?”，那么在听者承诺库中插入S将暂停，但一旦听者明确或心照不宣地接受了所提供的理由（参见下面），该插入就会发生。

[这条原则是：谁要不抗议对方的陈述S，就视为他同意了该陈述：除非他否认或收回承诺，要不然提出挑战，否则，他便承诺了S。如果他曾经承诺了前提或者在防卫S的过程中其对手提出的前提，那么，在后一种情形下，他可能开始承诺了S。在这里，引入这种承诺的暂停，只是针对紧随一个陈述其后的挑战，但我们认为它必须针对所有挑战均成立。另一件事是，既然在防卫S过程中对方提出的前提再次是对方的陈述，并且可能再次受到挑战（参见下面C2），该暂停条款会以递归方式运作。因此，某人的对手必须构建一个复杂论证结构使这个人相信S。但另一方面是，如果某人承诺了这个构建的最终前提，他也就承诺了所有中间结论，并且承诺了最终结论S。汉布林是否知道其规定中所含有的递归性质，这是受怀疑的，因为他没有在任何地方对此做过评论，即使在他自己的例子中能够观察到的现象也是如此（表6.8，话步16）。]

C2：在与C1中相同的条件下，“陈述S、T”把S和T两者都放到了说者承诺库和听者承诺库中。

C3：“不承诺S、T……X”要从说者承诺库删除S、T……X中的任何一个并且它们不是公理（或公理替换事例）。

C5：除非S已在其中或者他是在回应“陈述¬S”或“不承诺

① 我们略过C4。

S”，否则“为什么 S?”将 S 放入听者承诺库中。

［再者，谁要是不抗议就视为他同意。］

6.6.2　举例

为了清楚这些规则如何运作，我们这里从汉布林例子中抽取出一个修改版（Hamblin，1970，p. 267），并根据克罗贝和沃尔顿的分析（Krabbe & Walton，2011，pp. 251 – 253）进行了改编。添加到承诺库的写在话步的右边，以使它们开始生效；删除标注在括号中，并且评论（引自克罗贝和沃尔顿 2011 年的论文）用黑体（原文用斜体——译者注）表示：

表 6.8　　汉布林系统中对话的例子（精简版）

		白方承诺库	黑方承诺库
原始定义：S→T 处处都能用¬S∨T 来取代，并且反之亦然			
公理：A→（B∨A）		A→（B∨A）	A→（B∨A）
在对话早期可获得的承诺⇒		A∨¬A，A［在第 11 步删除］，B∨¬B，B	A∨¬A，A，B∨¬B，¬B［在第 26 步删除］
话步			
白方：	陈述 B		
黑方：	为什么 B?		
白方：	陈述 A，A→B 论证 1：无论何时黑方承诺 A 与 A→B，他都承诺了 B	A→B	
黑方：	为什么 A→B?		
白方：	陈述¬A，¬A→（A→B） 论证 2	¬A，¬A→（A→B）	
黑方：	不承诺¬A→（A→B）		¬A［在第 8 步删除］

续表

			白方承诺库	黑方承诺库
	白方：	解决 A		
	黑方：	不承诺¬A		[删除¬A]
	白方：	陈述¬A		
	黑方：	解决 A		¬A 解决方案要求不可避免再次承诺¬A
	白方：	不承诺 A	[删除 A]	
	黑方：	为什么¬A→（A→B）?		
	白方：	陈述¬A→（¬A∨B） 论证 3（基于原始定义）	¬A→（¬A∨B）	
	黑方：	为什么¬A→（¬A∨B）?		
	白方：	陈述¬A→（B∨¬A）， （¬A→（B∨¬A））→（¬A→（¬A∨B）） 论证 4（第一个前提是该公理的替换事例）	¬A→（B∨¬A）， （¬A→（B∨¬A））→（¬A→（¬A∨B））	
	黑方：	陈述 C 既然黑方没有否认、收回或挑战前提，那么鉴于论证 4、3、2、1，他就同时承诺了许多公式		C，¬A→（B∨¬A）， （¬A→（B∨¬A））→（¬A→（¬A∨B））， ¬A→（¬A∨B）， ¬A→（A→B）， A→B，B［在第 22 步删除］
	白方：	不承诺 C		
	黑方：	陈述 C 汉布林："这可以永远继续下去"（1970，p. 268）		
	白方：	不承诺 C		

续表

			白方承诺库	黑方承诺库
	黑方：	为什么 B?		
	白方：	陈述 B，B→B 论证 5	B→B	
	黑方：	不承诺 B 为什么 B?		［删除 B］B→B
	白方：	陈述 B，B→B 重复论证 5 汉布林："这也能如此"（同上）		
	黑方：	陈述 B		B
	白方：	解决 B		
	黑方：	不承诺¬B		［删除¬B］

6.6.3　对汉布林系统的评述以及与洛仑岑式系统之比较

在考虑汉布林系统规则以及前面给出的该系统对话例子时，我们想知道该系统应当给什么类型的对话或会话的真实实践建模。假定汉布林系统是一个先验构建（形式$_4$的），并假定从未打算精确描述真实会话，那么，为了对实践研究有所贡献，它仍然必须与某个真实会话实践有着可识别的相关性。因此，人们可以问，该系统是关于什么的。汉布林并没有明确讨论这一点。可是，在汉布林的著作中，他说那篇论文所描述的系统都是"信息取向型"（Hamblin，1971，p. 137），并且后来指的是"并非严格信息取向型"但允许"参与者通过同意个别步骤而提出论证"的系统。然后，他将汉布林系统称为"使用'为什么?'形式的问题之备选论证发展系统"（Hamblin，1971，p. 148）。[①] 总而言之，汉布林系统或许在某种程度上属于信息取向型会话，但并非完全如此，因为它们包括了用于使对方逐步接受某个观点的论证。汉布林系统这种不确定本质的后果是，与洛仑岑式系统即爱尔朗根学派的系统（参见第 6.2 节）以及巴斯和克罗贝的系统（参见第 6.5 节）相比，该系统变得更加复杂。在

① 参见沃尔顿的著作（Walton，2007a，p. 83）。

洛仑岑式系统中，所有话步都涉及一个问题：反方是否应当接受论题？在汉布林系统中，试图使对方接受一个论题可能穿插涉及无关事项的论证，要求提供信息和附带说明。

既然洛仑岑式系统与诸如汉布林系统的汉布林式系统都可以看作说服型对话的模型（第一个完全是，而汉布林系统一部分是），并且说服型对话既有合作方面又有竞争方面（Krabbe，2009），人们可以问这两类系统在这个方面如何进行。所有论辩系统都假定一种极小合作性，因为双方均同意“进行博弈”，但除此之外，洛仑岑式系统似乎更具有竞争性，而汉布林系统似乎更具有合作性。之所以如此，是因为前一个系统有赢与输的概念并且有明确分工：正反双方的全局角色，具有对立的目的。或许最终双方承诺了共同任务：达到了他们初始意见分歧的解决；但只要对话还在进行，他们就是对立的。相反，在汉布林系统中，不存在赢或输之类的东西，甚至不存在观点指派。然后，一方面，虽然在某些方面它必须是竞争性的，作为说服型对话的一个模型，其中一个讨论者试图要说服对方，但人们可以说汉布林系统不是竞争性的；另一方面，正如表 6. 8 之第 22 步上收回 B，如果某人认为很容易通过任性收回承诺来摧毁一个精心建构的论证，那么汉布林系统也不太具有合作性。

另一个问题是对称性问题。可是，就不对称性增加了竞争性而言，它与竞争性问题相关。人们可以认为，在任何理性讨论中，相同规则对于所有情形都应该成立，但实际上对所有参与者而言，相同规则所蕴含的公平概念并不适用于理性讨论，因为卖方角色不同于买方角色，而一个论题的正方角色也不同于其反方角色。因此，人们可以具有一个相当不对称的解决意见分歧的理性系统。既可以用洛仑岑式系统又可以用批判性讨论的语用论辩模型来说明这一点。相反，汉布林系统差不多完全是对称的。对称性的唯一例外是由白方开始。

与汉布林系统相比，洛仑岑式系统明显具有限制性，甚至对于正方来讲，比对反方更具有限制性。如果我们不考虑全称量词和存在量词，反方的选择数量至多三个。[①] 对于正方而言，可以存在更多的选择，这取

① 当反方承让 $(A \wedge B) \rightarrow C$，且正方借助问题（?）$A \wedge B$ 寻求承让：在那种情形下，反方可以通过承让 C 进行响应，也可以通过挑战 L? 或挑战 R? 来做出回应。

决于情形的复杂性，但假定我们从一个有穷数量公式开始，其数量总是有限的。然而，在汉布林系统中，参与者常常提出了他们喜欢的任意公式作为陈述，因此选择的数量是无限的。如果某人审视这些规则，他可以看到，针对特定措辞所具有的许多后置条件，但几乎没有任何先决条件。

正因为如此，汉布林系统似乎过于宽容，特别是在涉及收回之处。针对论证之某个已确立部分，如果对话者在任何时刻都可以再次收回其承诺，那么人们如何才能成功论证一个论题呢？这说明汉布林系统需要通过对话或部分对话中的某个赢与输概念来补充。

但汉布林并没有把汉布林系统作为固定系统提出来，一劳永逸地设定理性论证互动之标准，而是将其作为出发点，试图修改和添加可以解决具体问题的规则，这些具体问题如乞题谬误问题和复杂问语问题，还要讨论诸如撤回、反复以及作为独特承诺的承让。他告诉我们，“做出一劳永逸选择”的规则不是“他的目的”，并且就其可能规则的讨论而言，他确实“没有主张完全性”。然而，他的系统可以“充当用相对贫乏的资源来实现多少的一种说明”（Hamblin，1970，p. 275）。正如克罗贝和沃尔顿所说：“用这种方式，形式论辩系统就充当在‘规则实验室’研究论证所使用的研究工具。而并非试图建立论证性话语的完美模型，形式论辩学家的努力应当被视为在这种实验背景中的探索。”（Krabbe & Walton，2011，p. 257）

6.7　伍兹—沃尔顿方法

汉布林谴责了他那个时代的教科书对谬误的处理，向理论家们提出了挑战，给出一个更好的解释（正如他自己试图借助形式论辩提供一种解释一样）。伍兹（John Woods）和沃尔顿（Douglas Walton）接受这一挑战，并在 20 世纪的 70 年代和 80 年代，他们利用形式的且常常是论辩的方法发表大量分析谬误的论文。这些论文散见于许多杂志，但其中的重要论文已经汇编成一部论文集（Woods & Walton，1989）。

运用形式方法是伍兹—沃尔顿方法的重要特征，伍兹认为（Woods，

1980；Woods & Walton，1989，Chap. 17，pp. 223－224）：

> 在我们最近正研究的大约12个谬误中，没有一种情形的研究不是得益于形式方法的运用。我们认为，在建模循环时，图论与直觉主义逻辑均有帮助；因果逻辑锁定了事后分析的视角；辛迪卡对话系统给出一个有趣的论辩交流表达；卢特列（Routley）的一致且完全论辩系统表明了人身攻击谬误的具体特征；对复杂问语谬误来讲，各种疑问逻辑的建构非常有效；如此等等。在我们自己的工作中，我们已对在形式资源部署中两个特别好处留下了深刻印象。一个是提供清晰性以及表达力与定义力。另一个是提供对于涉及各种谬误的竞争主张之校验环境。

在伍兹和沃尔顿讨论的谬误中，人们发现除了那些引述中提供诸如乞题、以先后定因果、人身攻击、复杂问语之类谬误之外，还有诉诸权威、诉诸威力、诉诸无知、诉诸公众、合成与分解以及模棱两可等谬误。在他们使用的形式工具中，人们发现——除了再次引述提及的那些工具之外——还有部分论、概率论、辛迪卡的认知逻辑、汉布林的形式论辩理论、雷切尔的争论论辩理论以及麦肯泽博弈（参见第6.8节）。

很明显，伍兹—沃尔顿方法是多元的。然而，要说伍兹和沃尔顿针对每个谬误引入一个单独形式体系可能跑题了：对于一个谬误，他们常常引入几个形式体系，或者对于许多不同谬误运用一个形式体系（Krabbe，1993，p. 477）。伍兹和沃尔顿并没有提出一个统一的谬误解释，但在研究谬误时，许多方式表明形式方法非常有用。在引述段落末尾提出的特别好处清楚表明，伍兹和沃尔顿运用形式系统对概念澄清与理论发展的贡献，在第6.1节提到了这种运用的第二个特别好处。伍兹“对于涉及各种谬误的竞争主张的校验环境”思想与第6.1节中提到以及在第6.6节末尾再次提到的形式论辩系统之实验概念恰好相一致。

为了阐明伍兹—沃尔顿方法，让我们来看看他们对乞题谬误的讨论

（Woods & Walton，1978，1989，Chap. 10）。[①] 该讨论是从汉布林用汉布林系统来阻止循环推理的一个方案开始。汉布林方案（Hamblin，1970，p. 281，引述如下）由两条规则组成。虽然人们需要两个，但只有第二个规则公开宣布是用来阻止循环论证的。伍兹和沃尔顿将它们称为（W）和（R1）（Woods & Walton，1978，p. 78；1989，pp. 147－148），但这里我们将使用沃尔顿引入的名称，其中人们能找到关于汉布林规则方案的更多讨论（Walton，2007a，p. 81）：

理由型问题规则1：

除非S是听者的承诺而不是说者的承诺，否则“为什么S?”不可被使用。

理由型问题规则2：

如果“为什么S?”的答案，不是“陈述¬S”或“不承诺S”，那么，该答案必须用既在说者承诺又在听者承诺中的陈述。

可见，在表6.8中这些规则会在第21步和23步阻止循环论证。它们也阻止了表6.9中所谓的循环博弈（Woods & Walton，1978，1989）。

表6.9　　循环博弈

话步			白方承诺库	黑方承诺库
	白方：	为什么A?		
	黑方：	陈述B，B→A		A，B，B→A
	白方：	为什么B?	B→A	
	黑方：	陈述A，A→B		A→B

循环博弈不会出现在，既遵守汉布林系统的规则，又遵守我们刚才引用两条新规则的对话中。即使我们把这种循环博弈视为一个带有其他承诺的较大对话片段，而不是那些已表明部分，也不会出现循环博弈。

① 在我们的阐述中，我们紧跟克罗贝和沃尔顿的表述（Krabbe & Walton，2011，pp. 257－258）。

因为根据理由型问题规则 2，B 必须是黑方话步 2 中白方的承诺，但根据理由型问题规则 1，B 不必是在话步 3 上白方的承诺。在两者中间没有收回发生。

表 6.10　　伍兹—沃尔顿对话片段

			白方承诺库	黑方承诺库
在对话中早期获得的承诺			A→B，B→A B［在 n+5 步删除］	A→B，B→A，B，A
话步				
n+1	白方：	为什么 A?		
n+2	黑方：	陈述 B，B→A 论证 1		
n+3	白方：	陈述 A	A	
n+4	黑方：	陈述 C		C
n+5	白方：	不承诺 B 为什么 B?	［删除 B］ C	
n+6	黑方：	陈述 A，A→B 论证 2		
n+7	白方：	陈述 B	B	

到目前为止，一切都很顺利。但是，伍兹和沃尔顿（Woods & Walton，1978，1989）提出了一个对话片段，该片段遵守所有这些规则还可以称为循环，这就是所谓伍兹—沃尔顿对话片段（参见表 6.10）。

很显然，汉布林规则不足以阻止这种循环。但这种循环是谬误的吗？如果是，借助什么可行规则能够阻止该谬误呢？这里我们不会回答这些问题，但请注意讨论这类事情可以得益于形式逻辑和形式论辩的资源（Mackenzie，1979b，1984，1990；Woods & Walton，1982，1989，Chap. 19）。

回想起来，伍兹将伍兹—沃尔顿方法刻画如下：

> 伍兹—沃尔顿方法总被认为是在处理各种谬误论证或谬误推理的分析。那是针对具体挑战的一个回应（Hamblin，1970）。这种挑战是，既然逻辑学家允许谬误推理研究陷于不光彩的混乱之中，这主要归功于他们做对了事情。因此，1970年及以后，伍兹—沃尔顿方法在丰富的逻辑多元化之中寻求这些补救方法。伍兹—沃尔顿方法从未打算用作一般论证理论或者非形式逻辑的综合衔接。它是研究谬误的一种占优势地位的逻辑方法，这种方法强调利用包括对话逻辑在内的非标准逻辑系统。根据伍兹—沃尔顿方法，既不认为谬误本质上是对话的，正如现在沃尔顿与阿姆斯特丹学派的语用论辩学家一起所认为那样。伍兹—沃尔顿方法对找到一种其中包容了谬误名称的一切都会拥有一个阐释良好的避难所之统一理论结构也不太感兴趣。这并非是由同盟友好尝试失败所能承受的决策，而是一种产生于确信任何这类统一注定要以理论难以令人信服而告终的决策。（Woods，2004，pp. xii – xiv）

伍兹采用几乎相同的方法继续他的谬误及其相关事项研究。该项研究的记录作为他2004年著作出版，本书可以视为伍兹和沃尔顿1989年著作的续编。[①]

6.8　麦肯泽系统

循环正好是麦肯泽将要讨论的主题之一。麦肯泽追随了汉布林进路，写了许多关于形式论辩的论文，处理了许多问题与难题（如 Mackenzie，1979a，b，1984，1985，1988，1989，1990）。在他的论文“四个对话系统”（Mackenzie，1990）中明确表达了并简要描述了其四个系统。第一个系统处理的是两种不一致性，第二个系统处理的是循环，第三个系统处理的是会话含义，第四个系统处理的是模棱两可。这里，我们将通过例子来简要评论这些系统。

---

① 还可参见盖贝和伍兹的论文（Gabbay & Woods，2001）。

我们看到，在汉布林系统中，参与者能够利用解决要求“解决S”来指出其对话者的不一致性，即既承诺了S又承诺了¬S，那么，该对话者应当或者收回S，或者收回¬S。麦肯泽想给参与者提供对话工具来互相要求一种极小一致，但这种一致涉及的不只是避免承诺一对矛盾。当然，人们可以不单是利用一致性，因为对于足够丰富的语言来讲，后者是一个不可判定概念。[①] 承诺不一致或逻辑不一致的陈述集，并不是唯一需要处理的不一致类型。麦肯泽认为，如果某人拒绝接受某人承诺之演绎后承，那么这也是不一致的，即用不同方式不一致。我们可以把这个称为后承不一致性。后承不一致行为的一个典型例子是卡罗尔（Carroll，1894）故事中乌龟例子。[②] 再者，那可不会简单要求后承不一致性。[③] 但人们提供对话工具给参与者来处理特定简单情形下的后承不一致性。

为了描述极小一致性，我们将假定给出了一个句法可识别的如分离规则形式之类的有效论证模式或型式清单。对于每个论证是这些模式之任何一个的替换事例而言，其结论都被说成是前提之直接后承。这些论证的关联条件句[④]被称为逻辑学家的条件句。如果陈述集中某个陈述之否认是该集合中其他陈述的直接后承，那么该集合就被说成是直接不一致的。

在麦肯泽系统[⑤]中能够处理的后承不一致性的简单情形恰恰是这样一些系统，其中对话者否认——或者收回承诺——他承诺前提之直接后承。能够处理这些逻辑不一致的情形是那些对话者承诺集的一个子集是直接不一致的。逻辑学家的条件句充当汉布林系统中的公理：它们是不容置疑的。在表6.11中收集了话步类型以及想要生效的这些话步之规则。

---

① 对于丰富语言来讲，如一阶谓词逻辑，不可能存在任何可计算的方式让我们来针对任何有穷命题集判定其是否一致。

② 乌龟承诺B与B→A，但要是没有另一个前提：（B∧（B→A））→A，他不会承让B。一旦阿斯里斯正式提出这个前提，乌龟承诺它，但要求还要有另一个前提：（B∧（B→A）∧（（B∧（B→A））→A）→A，如此等等。

③ 对于丰富语言来讲，在语言中用公式表达的任意论证是否演绎有效问题，这也是不可判定的。

④ 论证的关联条件句是一个条件句的陈述，其中，论证的所有前提之合取作为其前件，而论证之结论作为其后件。

⑤ 就像系统1这样一个系统的较完整动机而言，参见麦肯泽的论文（Mackenzie，1979a）。

表 6.11　　麦肯泽系统 1

话步类型	记号	汉布林系统中的相似物	先置条件	对承诺库的效果	下一个话步
陈述	*s*	陈述 *S*		*s* 被添加到两个承诺库中	
质疑	*Q's*	质疑 *S*，¬*S*?			*s*，¬*s*，或 *W's*
收回	*W's*	不承诺 *S*		*s* 被从说者承诺库中删除	
关于集合 *T* 的逻辑不一致性解决要求	*R* '*T*	解决 *S*	*T* 必须是听者承诺库之直接不一致子集		*W's*，对于 *T* 中的某个 *s*
关于一个连贯 *T/s*（具有前提 *T* 且有结论 *s*）的后承不一致性的解决要求	*R* '*T/s*		前面话步必须收回 *s*，而 *T* 必须是听者承诺库中的子集，其中 *s* 是直接后承		在 *T* 中的某个 *t*，*s* 或者 *W* '*t*

在系统 1 中，让直接不一致子集作为某人承诺库的一部分，或收回针对某人承诺库的一部分之直接后承的承诺，这并不容易。在两种情形下，人们可能会面临着解决要求，因为根据先置条件，它必须相关。用那种直接面对方式，人们或者借助收回，或者借助做出陈述进行了修改。因此，系统 1 成功建模了一个重要规范——“极小一致，对于允许论证与推理的语言博弈来讲，这看起来是必要条件”（Mackenzie，1990，p. 567）。

我们认为，如果引入某种赢和输可以加强维护系统一致的紧迫性，那么该系统甚至可能得以改善。① 通过添加某些规则使得承诺成立，它也

① 麦肯泽说，在其对话中不存在像赢这样的东西（Mackenzie，1990，p. 567）。人们很可能想知道赢与输是否应当完全与关心一致性的系统无关，哪怕只是涉及极小一致性的系统，也是如此。或许面临解决要求必须被设想为输掉了某些关键点，因为除非面临解决要求形成了人们希望去避免的弊病，否则我们可以不用关心维护极小的一致性。

能得以改善。因为使用目前这些规则，即使通过解决要求将其强加给某人，也很容易收回承诺。因此，要与不情愿的对手面对面地建立推理链，这几乎是不可能的。[①] 如果要维护对称性，即双方的平等权，那么在每个话步上最好允许不止一个措辞，比如，一个伴有问题的陈述。[②] 因为即使这些规则对称地表示出来，它们仍然允许两个参与者将回答者角色强加于对手。参与者可以通过问一个问题来这样做，然后继续问问题，而不管回复所包含的内容。规则“在下一回合必须回答问题”有着这样的效果。

系统 2 是系统 1 的扩充，如表 6. 12 所示，其中借助了两个新型话步。

表 6. 12　针对麦肯泽系统 2 的添加（挑战 *Y's* 涉及收回 *s*，并且可以紧接后承不一致性的解决要求。系统 2 的“根基”话步不同于汉布林系统中的相似物。在其中，*t* 和 *t* →*s* 被添加到发出挑战 *Y's* 的参与者承诺库中，但 *s* 不在其中，甚至不在下一回合中。然而，如果挑战者收回 *s*，他就要对解决要求负责。）

话步类型	记号	汉布林系统中的相似物	先置条件	对承诺库的效果	下一个话步
挑战	*Y's*	为什么 S?		*Y's* 被添加到说者库；*s* 被添加到听者承诺库且从说者库中删除	*W's* 或解决要求 *R* ‘*T*/*s* 或根基 *G* ‘*t*，其中 *t* 和 *t* →*s* 必须是对挑战来讲可接受的
根基	*G* ‘*t*	陈述 T，T →S	前面话步是 *Y's*	*t* 和 *t* →*s* 被添加到两个承诺库中	

在系统 2 中，需要论证的挑战话步与提供根基或理由话步极大地增加了建模论证的可能性。

既然针对受挑战陈述所提供的根基，其本身可以受到挑战，那么该系统就承认了一种复杂型论证。不管这个论证是简单还是复杂，必须处

① 甚至，如果从逻辑学家的条件句开始的论证涉及不止一个直接后承，但承认参与者并不被认为涉及证明逻辑定理，那么该论证就能够被挫败（Mackenzie，1990，p. 567）。

② 与洛仑岑的系统相比，麦肯泽系统就是用来对称的（Mackenzie，1990，568）。

理乞题问题：乞论题型论证如何才能避免？在系统 2 所体现的解决方案是，不管挑战 *Y's* 何时借助根基 *G* ‘*t* 得以回答，对于挑战者而言，陈述 *t* 和 $t \rightarrow s$ 必须是可接受的。可接受性被定义如下：在对话之某一具体点上，对于参与者 *P*，陈述 s 可接受，[①] 假如：（1）或者在 *P* 的承诺库中不存在挑战；（2）或者在 *P* 的承诺库中存在一个陈述集 *T*，使得（2.1）他们的挑战不在承诺库中；并且（2.2）借助分离规则的一次或多次运用，能从 *T* 推演出 *s*。

要注意，对于 *t* 和 $t \rightarrow s$ 不受挑战，不能要求太多，因为这样一种规定会排除完全可接受的对话，正如表 6.13 所示的那样。[②]

表 6.13　　如果略去可接受性定义中的条款（2），那么系统 2 中的合法对话将会被阻止

			白方承诺库	黑方承诺库
1	白方：	*Y's*	*Y's*	*s*
2	黑方：	*G* ‘*t*	*t* $t \rightarrow s$	*t* $t \rightarrow s$
3	白方：	*Y* ‘*r*	*Y* ‘*r*	*r*
4	黑方：	*G's*	*s* $s \rightarrow r$	$s \rightarrow r$

在表 6.13 的话步 4 中，黑方用受挑战的陈述 *s* 来防卫 *r*。这不应当算作乞题谬误，因为借助分离规则，*s* 是 $t \rightarrow s$ 和 *t* 的后承，两者都是白方承诺库中的承诺。

另外，如表 6.14 所示，在麦肯泽系统 2 中阻止了循环博弈。

① 麦肯泽（Mackenzie，1990，p. 573）实际上是相对于措辞集来定义可接受性的，但总是应用这一概念使得这个措辞集与一个具体参与者的承诺库相一致。关于可接受性背后的思想之较完整阐释，参见麦肯泽的论文（Mackenzie，1984）。

② 在下述对话例子中，*r*、*s* 和 *t* 被认为代表基本陈述。

表 6.14　　在系统 2 中阻止了循环博弈

			白方承诺库	黑方承诺库
1	白方：	*Y's*	*Y's*	*s*
2	黑方：	*G* ‘*t*	*t*［在第三步删除］ $t \rightarrow s$	*t* $t \rightarrow s$
3	白方：	*Y* ‘*t*	*Y* ‘*t*［删除 *t*］	
4	黑方：	*G's* 非法的		

在表 6.14 中的话步 4 是非法的，因为 *s* 是受到了挑战，且根据分离规则 *s*，不能从白方承诺库中的陈述推导出来。如果在话步 3 中白方挑战了 $t \rightarrow s$，而不是 *t*，那么该话步同样是非法的。伍兹—沃尔顿片段之乞题问题也被排除了，正如表 6.15 所示，在系统 2 中尽可能保持一致地重构这一片段。

在表 6.15 中，第 6 步是非法的，因为 *s* 是受到了挑战，且根据分离规则，不能从白方承诺库中未受挑战的陈述（$s \rightarrow t$，$t \rightarrow s$ 和 *r*）推导出来。

表 6.15　　系统 2 中的伍兹—沃尔顿对话片段

			白方承诺库	黑方承诺库
在对话中⇒之前获得的承诺			$s \rightarrow t$，$t \rightarrow s$ *t*［在第 n + 5 话步删除］	$s \rightarrow t$，$t \rightarrow s$，*t*，*s*
话步				
1	白方：	*Y's*	*Y's*	
2	黑方：	*G* ‘*t*		
3	白方：	*s*	*s*	
4	黑方：	*r*	*r*	*r*
5	白方：	*Y* ‘*t*	*Y* ‘*t*［删除 *t*］	
6	黑方：	*G's* 非法的		

关于麦肯泽论文（Mackenzie，1990）中的其他两个系统，我们将会更简短些。系统 3 针对每个参与者引入了另外一种承诺库及其相应承诺库，称为谨慎断言库（Mackenzie，1990，p. 577）。如果说者表达谨慎断

言，如“我猜 *s*”，被称为“预感”且形式化为 *H's*，那么该陈述 *s* 就被放入其谨慎断言库中。如果它待在那儿，他要提出 *s* 的不合格陈述就是非法的。此外，说者自己不能从其谨慎断言库中删除 *s*。只有他的对话者能够这样做，那就是通过断定 *s*，或者通过提出 *s* 的不合格陈述，或者在提出根基时把 *s* 用作显性或隐性前提。因此，当人们实际处于做不合格陈述立场时，将自己误导性地局限于只是一种预感，这是有风险的。麦肯泽将该系统的目的描述如下：①

> 系统 3 的目的是为了提供一个框架，其中在没有诉诸诸如“意图”或“会话隐含”之类的心理概念下能够将这些令人误导的、令人困惑的弱点关系形式化，因为在逻辑中心理主义应当不起作用。这种表达的误导性正如论证有效性那样是客观事物。（Mackenzie，1990，p. 576）

在系统 4 中，因为受汉布林的启发（Hamblin，1970，Chap. 9），麦肯泽处理了模棱两可的问题。他大胆地丢弃了绝大多数逻辑或论辩系统中共同的原则，即意义恒定且表达式清楚。系统 4 针对在一个词项的几个意义两两间做出区别提供了话步，这个话步可以用于回应一个解决要求的两个方面，但对方在系统 1 中提供的回应除外：②

> 区别具体规定了三重：第一，关于被说成是出现模棱两可的表达式；第二，可以说那个表达具有两个或两个以上的意义和含义；第三，用恰当方式调节现有承诺的多值功能。从直观上讲，该区别所做的是，在参与者承诺库中理解措辞中的表达式，并且要对那些出现指派以索引分区，即“意义”，用表达式之索引版取代每个出现。③ 注意到通过区别所做的指派并不是通过对话理论家映射到备用语言中的，这是

① 关于系统 3 更详细的讨论，还可参见麦肯泽的论文（Mackenzie，1987）。

② 关于区别措辞的较为充分的讨论，还可参见麦肯泽的论文（Mackenzie，1988，2007）。关于系统 4 之批判性评估，参见范拉尔的博士论文（van Laar，2003a，pp. 105 – 110）。

③ 请与本章引言中通过索引（形式的$_1$、形式的$_2$等）区分“形式的”不同含义之方式做对比。

很重要的；那是一个通过参与者拓展或改变引导对话的语言的行动。(Mackenzie, 1990, pp. 57－580)

系统4的一条重要规则规定：在做出区别后，被消除了模棱两可的词项之不合格形式不再运用，即在讨论余下部分，该词项的每一个出现都必须被索引。

在形式系统中，给讨论者提供工具来自己处理含糊性问题，这种思想是由范拉尔首先提出来的（van Laar, 2003a）。在范拉尔的“含糊论辩”中，提出消除含糊以及批评它们与讨论无关或从语言观点来看，不可采均是可能的。他的系统不仅处理了对解决要求的反映，而且处理了模棱两可的谬误和误解。

6.9　沃尔顿与克罗贝的集成系统

在本章讨论的形式论辩方法中，在第6.2节和第6.5节中的洛仑岑式系统与在第6.6节、第6.7节和第6.8节中的汉布林式系统在许多方面都不同，还可参见第6.6.3节。首先，洛仑岑式系统是纯粹广义论证的，它关注批评与论题防卫，而汉布林式系统承认其他的目的，如信息交换。一般说来，前一类系统在他们提出的选择上对讨论者更具有约束力，而后一种类系统更加宽容，允许参与者自由地提出任何他们喜欢的陈述、论证、质疑或挑战。其次，在洛仑岑式系统中，不容易甚至不允许收回某人对一个陈述的承诺，而在汉布林式系统中，通过不承诺或收回话步就很容易做到这一点。在洛仑岑式系统中，赢与输思想是核心，但在汉布林式系统中缺乏这种思想。一般来说，前者更具有竞争性，而后者更具有合作性。洛仑岑式系统中，正方的权利与义务明显不同于反方的权利与义务，在这种意义上是不对称的，而在汉布林式系统中，通过给双方讨论者极大的平等权利，双方努力奋斗，在这种意义上是对称的。

但是，虽然这两种类型系统十分不同，但对于提供论证、讨论的模型来讲，两者均可使用。之所以如此，是因为论证讨论之间本身在其宽容度上是不同的：

在日常会话中，关于某个问题的大多数批判性讨论事例，对话是相当宽松的，并且本质上是宽容的。如果某人想要改变其想法，那不成问题，除非或许这个收回与其基础确信，或在该论证中早先表达的基本立场相冲突。可是，在其他语境中，论证能够变得更加“讲究实际”，更“尊重法律”，其中，参与者非常小心地定义他们的词项，并且坚守严格一致性，在这种“变得牢固”情形下，收回会困难得多，在完全失去论证条件下或许甚至不可能。(Walton & Krabbe，1995，p. 10)

在他们的收回问题分析中，即收回规则应当是什么，以及它们应当是宽大的还是严格的，沃尔顿与克罗贝考虑了两种类型的语境和讨论，也考虑了从一种类型转换到另一种论证的可能性。为了建模更宽松的论证讨论类型，他们提出一种汉布林式系统，称之为宽容说服型对话（PPD）。可是，在许多方面，宽容说服型对话都不同于前面描述的汉布林系统和麦肯泽系统。比如，在宽容说服型对话中，每一话步都能包括各种各样的措辞，而不正好是一种或两种。① 该系统区别了三种承诺：对承让的承诺（不负有证明责任）、对断定的承诺（负有证明责任）以及暗边承诺，即承诺未表达的原则，但它们显露出来就必须承让。再者，有些规则比其他的汉布林式系统中规则更加严格：有许多规则试图用来确保每个对话都是切题的，并且也有些倾向于让收回更困难的方案。② 最后，宽容说服型对话更具有竞争性：其明确关注允许人们引入赢和输的论证（Walton & Krabbe，1995，pp. 133 – 149）。③

---

① 在汉布林系统中，“不承诺”措辞可能伴有“为什么”措辞，但在其他方面，每一话步只包括一个措辞。正如我们所看到，麦肯泽系统1的这一特征使得通过强加一个角色给对方破坏了对称性。

② 一条规则规定，不管谁要收回其论证者提出论证之结论，都必须收回其前提之一，等等，使得一个收回或许推演出其他许多收回（外在稳定性调节）；另一条规则规定，不管谁收回（也）出现在其自己一个论证中的某个陈述 S，其必须收回只服务于建立起 S 的所有陈述（内在稳定性调节）。宽容说服型对话$_0$（PPD_0）吸收了这些规则，是宽容说服型对话系统唯一现存例子（Walton & Krabbe，1995，pp. 147 – 154）。

③ 在宽容说服型对话$_0$中确实需要引入赢与输，但只是相对于具体初始论题或断定 P 而言的。此外，如果那个对话收回 P，而另一个对话者承让了它，那并不排除一个对话者相对于P来讲既输又赢。

为了建模严格型论证讨论，沃尔顿和克罗贝定义了一种洛仑岑式系统，称之为严格说服型对话（RPD）。在严格说服型对话中，只讨论一个论题，并且存在角色的不对称性，因为正方的权利与义务不同于反方的权利与义务。

宽容说服型对话系统和严格说服型对话系统不是竞争对手关系，因为他们建模不同种类的对话。此外，它们能够甚至可以更加紧密地集合在一起，因为在像宽容说服型对话这样的宽松对话中，可以出现这样的转换：把对话改变成更像严格说服型对话那样的对话。这种转换不需要是谬误的。相反，严格对话很可能具有这样一个功能，让像宽容说服型对话这样的对话达到了它的目的。[①] 通常情形是：在正在进行的宽容说服型对话中，某个参与者“挑战或收回或至少明确拒绝承让某个命题，即对方参与者怀疑她根据其他公然承诺应当承诺的命题”，这种转换可能是有益的（Walton & Krabbe，1995，p. 172）。当然，在严格对话完成其工作任务，争议命题或者被接受或者被丢弃之后，讨论者应当回到初始的像宽容说服型对话这样的对话，来考虑严格穿插的结果。因为有这样一种函数关系，使得一种对话类型转换到另一种对话类型是合法的，沃尔顿和克罗贝认为，后一种对话被嵌入前一种对话之中（Walton & Krabbe，1995，p. 102）。为了建模这一程序，沃尔顿和克罗贝描述了把严格说服型对话嵌入宽容说服型对话中的规则（Walton & Krabbe，1995，pp. 163 – 166，这里给出一个稍作改编的版本）：

（E1）无论何时，命题 *T* 不是参与者 *X* 的承让，并且该参与者对 *T*，或者存在一个收回，或者存在挑战；假如轮到 *Y's* 的话步了，另一个参与者 *Y* 可以要求关于 *T* 问题的一个严格说服型对话，其中使用了措辞“你的立场蕴含了 *T*”。那么，当前的宽容说服型对话被打断了，有着这个严格说服型对话的穿插。

（E2）严格说服型对话开始的初始情形是，由迄今为止当前的宽容说服型对话中 *X* 认同的承让聚合来判定的：这些构成了初始承让。

① 除了解决初始意见分歧这一目的之外，像宽容说服型对话这样的对话也有使对方领悟的目的，即揭露真实立场。

T 将是初始论题。*X* 扮演反方角色，*Y* 扮演正方角色。

（E3）在两个参与者之中，任何一个赢得严格说服型对话之后，就重新开始了宽容说服型对话程序。如果 *X* 赢得了严格说服型对话，那么，*Y* 现在就要根据宽容说服型对话的规则做出话步。如果 *Y* 赢得了严格说服型对话，那么，在 *Y* 做出话步之前，*X* 必须在重新开始的宽容说服型对话中首先承让 *T*。

（E4）如果 *Y* 赢得了严格说服型对话，那么，*X* 不会允许收回对 *T* 的承诺，除非她也收回对在严格说服型对话中，*Y* 实际上使用的至少一个初始承诺或自愿同意承让的承诺。

（E5）X 在严格说服型对话中的承让，被转移到重新开始的宽容说服型对话上。

沃尔顿和克罗贝还简述了包含这种嵌入程序的系统之例子：一个复杂的宽容说服型对话，他们称之为宽容说服型对话$_1$（PPD_1）。

6.10　对话轮廓

为了给本章一个小结，我们将描述论证的形式方法与非形式方法两者之间的连接。正如许多文献所表明那样，在论证理论中，运用形式方法并不总是等于模型完全具体化或完全形式化。例如，就命题逻辑的具体化而言，虽然选择具体基本语句集可以通过例子来选择，但选择这个具体集通常被认为不那么重要。同样地，在形式论辩情形下，模型组成要素常常没有指定。在人工智能中，并非许多论文均以实现他们讨论的推理系统或交流系统之完全说明来结束。因此，这里需要描述论证理论形式方法的东西由形式模型具体特征之半形式化指定构成，而不是由该模型本身所构成。这也许是个优点，因为进一步的具体规定常常不必要，而且它增加了尝试不同设置的易用性。

在论证理论中，特别有用的一种半形式化方法是对话轮廓方法。一个对话轮廓通常被写成一个由连接线段的节点所组成的树形图。这棵树通常是倒长的；虽然如此，顶端节点被称为“根”。节点与对话中的话步联系起来，因此，根相当于初始话步。两个节点之间的连接相当于对话中的情形。但有时相反：节点代表情形而连接代表话步。树的每个树枝展示了一个可能对话，因为它可以从初始话步发展而来。[①]

一个真实对话是借助一棵只由一个树枝组成的树来描述的。在给定具体约束下，一棵可能对话树能够从给定初始话步的开始来实现，其通常都有几个树枝。如果这些约束定义了现有社会实践，那么关于那个实践，该对话轮廓将是描述性的，它既可以是好的或坏的，又可以是理性的或非理性的；如果它们根据什么是好的或理性的某个理想定义了一个规范系统，那么该轮廓就是规范性的。

因此，对话轮廓或者是描述性的，或者是规范性的；它们也可以或者是具体的或者是抽象的。在具体轮廓中，出现了日常语言的语句，如“我们为什么不能去那里?”在抽象版中，用形式语句“为什么 *P*?”替代了日常语句。

克罗贝（Krabbe，2002，pp. 154 – 155）认为，轮廓可以用来分析与评价具体对话，也可以用于理论目的。这从分析与评价对话或部分对话来讲，人们首先按照它已经出现的来描述对话。这就产生了一个单独树枝轮廓，这个轮廓既是描述性或经验性的，又是具体的（van Laar，2003b）。接下来，假如这样一个轮廓可以获得，人们转向针对这种人们正在处理的初始情形的抽象规范对话轮廓，并且检测这个单独树枝轮廓是否与某个规范树枝轮廓的替换事例相符。如果相符，那么该对话就获得核准；如果不相符，人们发现了一个谬误。如果没有规范轮廓可获得，人们仍然可以详细检查这一单独树枝轮廓的抽象版，看看它是否构成了可接受的格式。就理论目的而言，在规则实验室中能够把对话轮廓（参见第 6.6 节）作为迈向形式论辩系统定义的启发式装置与手段。在这种语境下，轮廓被认为是试图部分的描述论辩模型，但仍然不得不经历许

---

① 沃尔顿也许是使用对话轮廓的第一人，并且用那个名字来称呼它们。在他讨论复杂问语谬误时他就是那样做的（Walton，1989a，pp. 37 – 38；1989b，pp. 68 – 69）。其用法的一个其他事例是克罗贝的论文（Krabbe，1992［不相干结论］，1995［诉诸无知］，1996［推不出］，2001［收回问题］，2002［模棱两可］，2003［演绎论证］）、克罗贝和范拉尔的论文（Krabbe & van Laar 2013［批评］）、范拉尔的博士论文（van Laar，2013a，Chap. 7［含糊性］）以及沃尔顿的论著（Walton，1996，pp. 150 – 154［诉诸无知］；1997 pp. 253 – 255［诉诸权威］；1999［诉诸无知］）。关于论辩轮廓，还可参见范爱默伦等人的著作（van Eemeren *et al.*，2007，特别是第 2.3 节）。

多选择。

在语用论辩学中，这种对话轮廓方法激发了论辩轮廓的运用。后一种观念“从一开始就是建立在批判性讨论和纯粹规范性基础之上的。论辩轮廓被定义为一个在批判性讨论中参与者有资格做——并且以某种方式或另一种方式必须做的——话步模式序列，其目的是在解决过程中的某个具体阶段或子阶段实现具体论辩目标”（van Eemeren，2010，p. 98）。因此，对话轮廓方法似乎恰好处于论证的形式方法与非形式方法的边界上。

参考文献

Åqvist，L.（1965）. *A new approach to the logical theory of interrogatives*，*I*：*Analysis.* Uppsala：Filosofiska föreningen.

Åqvist，L.（1975）. A *new approach to the logical theory of interrogatives. Analysis & formalization.* Tübingen：Narr.

Bachman，J.（1995）. Appeal to authorit. In H. V. Hansen & R. C. Pinto（Eds.），*Fallacies. Classical & contemporary readings*（pp. 274 – 286）. University Park，PA：Pennsylvania State University Press.

Barth，E. M.（1980）. Prolegomena tot de studie van conceptuele structuren [Prolegomena to thestudy of conceptual structures]. *Algemeen Nederlands tijdschrift voor wijsbegeerte*，72，36 – 48.

Barth，E. M.（1982）. A normative-pragmatical foundation of the rules of some systems of formal3 dialectics. In E. M. Barth & J. L. Martens（Eds.），*Argumentation. Approaches to theory formation. Containing the contributions to the Groningen conference on the theory of argumentation*，*October* 1978（pp. 159 – 170）. Amsterdam：John Benjamins.

Barth，E. M.，& Krabbe，E. C. W.（1982）. *From axiom to dialogue. A philosophical study of logics & argumentation.* Berlin：de Gruyter.

Barth，E. M.，& Martens，J. L.（1977）. Argumentum ad hominem. From chaos to formal dialectic. The method of dialogue-tableaus as a tool in the theory of fallacy. *Logique et analyse*，20，76 – 96.

Barth，E. M.，& Martens，J. L.（Eds.）.（1982）. *Argumentation. Approaches to theory formation. Containing the contributions to the Groningen conference on the theory of argumentation, October* 1978. Amsterdam: John Benjamins.

Beth, E. W. (1955). *Semantic entailment & formal derivability.* Amsterdam: North-Holland (Mededelingen der Koninklijke Nederlandse Akademie van Wetenschappen, afdeling letterkunde, nieuwe reeks, 18). Reprinted in Hintikka, J. (Ed.) (1969), *The philosophy of mathematics* (pp. 9 – 41). London: Oxford University Press.

Beth, E. W. (1959). Considérations heuristiques sur les méthodes de déduction par séquences [Heuristic considerations concerning methods of deduction by sequents]. *Logique et analyse*, 2, 153 – 159.

Beth, E. W. (1970). *Aspects of modern logic.* Ed. by E. M. Barth, & J. J. A. Mooij. Dordrecht: Reidel. [trans.: de Jongh, D. H. J., & de Jongh-Kearl, S. of E. W. Beth (1976), *Moderne logica.* Assen: van Gorcum].

Carlson, L. (1983). *Dialogue games. An approach to discourse analysis.* Dordrecht: Reidel.

Carroll, L. (1894). What the tortoise said to Achilles. *Mind*, 4, 278 – 280.

van Eemeren, F. H. (2010). *Strategic maneuvering in argumentative discourse. Extending the pragma-dialectical theory of argumentation.* Amsterdam: John Benjamins. (transl. into Chinese (in preparation), Italian (2014), Japanese (in preparation), Spanish (2013b)).

van Eemeren, F. H., & Grootendorst, R. (1984). *Speech acts in argumentative discussions. A theoretical model for the analysis of discussions directed towards solving conflicts of opinion.* Dordrecht: Foris. & Berlin: de Gruyter. (transl. into Russian (1994c) & Spanish (2013)).

van Eemeren, F. H., & Grootendorst, R. (1988). Rationale for a pragma-dialectical perspective. *Argumentation*, 2, 271 – 291.

van Eemeren, F. H., & Grootendorst, R. (1992a). *Argumentation, communication, & fallacies. A pragma-dialectical perspective.* Hillsdale, NJ: Lawrence Erlbaum. (transl. into Bulgarian (2009), Chinese (1991b), French (1996), Romanian (2010), Russian (1992b), Spanish (2007)).

van Eemeren, F. H., & Grootendorst, R. (2004). *A systematic theory of argumentation. The pragma-dialectical approach.* Cambridge: Cambridge University Press. (transl. into Bulgarian (2006), Chinese (2002), Italian (2008), Spanish (2011)).

van Eemeren, F. H., Grootendorst, R., Jackson, S., & Jacobs, S. (1993). *Re-*

constructing argumentative discourse. Tuscaloosa: The University of Alabama Press.

van Eemeren, F. H., Houtlosser, P., & Snoeck Henkemans, A. F. (2007). *Argumentative indicators in discourse. A pragma-dialectical study.* Dordrecht: Springer.

Finocchiaro, M. A. (1996). Informal factors in the formal evaluation of arguments. In J. van Benthem, F. H. van Eemeren, R. Grootendorst, & F. Veltman (Eds.), *Logic & argumentation* (pp. 143 - 162). Amsterdam: North-Holland (Koninklijke Nederlandse Akademie van Wetenschappen, verhandelingen, afd. letterkunde, nieuwe reeks, 170).

Fisher, A. (1988). *The logic of real arguments.* Cambridge: Cambridge University Press.

Gabbay, D., & Woods, J. (2001). Non-cooperation in dialogue logic. *Synthese*, 127, 161 - 186.

Govier, T. (1987). *Problems in argument analysis & evaluation.* Dordrecht: Foris.

Grootendorst, R. (1978). Rationele argumentatie en drogredenen. Een formeel-dialectische analyse van het argumentum ad hominem [Rational argumentation & fallacies. A formaldialectical analysis of the argumentum ad hominem]. In *Verslagen van een symposium gehouden op* 13 *April* 1978 *aan de Katholieke Hogeschool te Tilburg* [*Proceedings of a symposium on April* 13*th* 1978 *at the Catholic University of Tilburg*] (pp. 69 - 83). Enschede: VIOT & KH Tilburg.

Hall, R. (1967). Dialectic. In P. Edwards (Ed.), *The encyclopedia of philosophy* (Vol. 2, pp. 385 - 388). New York: Macmillan.

Hamblin, C. L. (1970). *Fallacies.* London: Methuen. Reprinted in Plecnik, J., & Hoaglund, J. (1986). Preface. Newport News, VA: Vale Press.

Hamblin, C. L. (1971). Mathematical models of dialogue. *Theoria: A Swedish Journal of Philosophy*, 37, 130 - 155.

Hansen, H. V. (2002b). The straw thing of fallacy theory. The standard definition of 'fallacy. *Argumentation*, 16, 133 - 155.

Hansen, H. V., & Pinto, R. C. (Eds.). (1995). *Fallacies. Classical & contemporary readings.* University Park, PA: Pennsylvania State University Press.

Hegselmann, R. (1985). *Formale Dialektik. Ein Beitrag zu einer Theorie des rationale Argumentierens* [*Formal dialectic. A contribution to a theory of rational arguing*]. Hamburg: Felix Meiner.

Hintikka, J. (1968). Language-games for quantifiers. In N. Rescher (Ed.), *Studies in logical theory* (pp. 46 - 72). Oxford: Basil Blackwell (American Philosophical Quarterly:

Monograph series, 2). An expanded version was republished in J. Hintikka (1973). *Logic, language-games & information: Kantian themes in the philosophy of logic* (pp. 53 – 82). Oxford: Clarendon Press.

Hintikka, J. (1973). *Logic, language-games & information. Kantian themes in the philosophy of logic.* Oxford: Clarendon.

Hintikka, J. (1976). *The semantics of questions & questions of semantics. Case studies in the relations of logic, semantics, & syntax.* Amsterdam: North-Holland.

Hintikka, J. (1981). The logic of information-seeking dialogues. A model. In W. Becker & W. K. Essler (Eds.), *Konzepte der Dialektik* [*Concepts of dialectic*] (pp. 212 – 231). Frankfurt am Main: Vittorio Klostermann.

Hintikka, J. (1985). A spectrum of logics of questioning. *Philosophica*, 35, 135 – 150. Reprinted in Hintikka, J. (1999). *Inquiry as inquiry. A logic of scientific discovery* (pp. 127 – 142). Dordrecht: Kluwer (Jaakko Hintikka selected papers, 5).

Hintikka, J. (1987). The fallacy of fallacies. *Argumentation*, 1, 211 – 238.

Hintikka, J. (1989). The role of logic in argumentation. *The Monist*, 72, 3 – 24. Reprinted in Hintikka, J. (1999). *Inquiry as inquiry. A logic of scientific discovery* (pp. 25 – 46). Dordrecht: Kluwer (Jaakko Hintikka selected papers, 5).

Hintikka, J. (1999). *Inquiry as inquiry. A logic of scientific discovery.* Dordrecht: Kluwer.

Hintikka, J., & Bachman, J. (1991). *What if…? Toward excellence in reasoning.* Mountain View, CA: Mayfield.

Hintikka, J., & Hintikka, M. B. (1982). Sherlock Holmes confronts modern logic. Toward a theory of information-seeking through questioning. In E. M. Barth & J. L. Martens (Eds.), *Argumentation. Approaches to theory formation. Containing the contributions to the Groningen conference on the theory of argumentation, October* 1978 (pp. 55 – 76). Amsterdam: John Benjamins.

Hintikka, J., & Kulas, J. (1983). *The game of language. Studies in game-theoretical semantics & its applications.* Dordrecht: Reidel.

Hintikka, J., & Saarinen, E. (1979). Information-seeking dialogues. Some of their logical properties. *Studia Logica*, 38, 355 – 363.

Hodges, W. (2001). *Logic* (2nd ed.). London: Penguin (1st ed. 1977).

Johnson, R. H., & Blair, J. A. (1991). Contexts of informal reasoning. Commentary. In J. F. Voss, D. N. Perkins, & J. W. Segal (Eds.), *Informal reasoning & education* (pp. 131 – 150). Hillsdale, NJ: Lawrence Erlbaum.

Kamlah, W., & Lorenzen, P. (1967). *Logische Propädeutik oder Vorschule des vernünftigen Redens* [*Logical propaedeutic or pre-school of reasonable discourse*] (Rev. ed.). Mannheim: Bibliographisches Institut (Hochschultaschenbücher, 227).

Kamlah, W., & Lorenzen, P. (1973). *Logische Propädeutik. Vorschule des vernünftigen Redens* [*Logical propaedeutic. Pre-school of reasonable discourse*] (2nd improved & enlarged edition). Mannheim: Bibliographisches Institut (Hochschultaschenbücher, 227). (1st ed. 1967).

Kamlah, W., & Lorenzen, P. (1984). *Logical propaedeutic. Pre-school of reasonable discourse.* Lanham, MD: University Press of America. [trans.: Robinson, H. of W. Kamlah & P. Lorenzen (1967), *Logische Propädeutik. Vorschule des vernünftigen Redens.* Mannheim: Bibliopgraphisches Institut].

Krabbe, E. C. W. (1978). The adequacy of material dialogue-games. *Notre Dame Journal of Formal Logic*, 19, 321 – 330.

Krabbe, E. C. W. (1982a). Essentials of the dialogical treatment of quantifiers. In E. C. W. Krabbe (Ed.), *Studies in dialogical logic* (pp. 249 – 257). Doctoral dissertation, University of Groningen.

Krabbe, E. C. W. (1982b). *Studies in dialogical logic.* Doctoral dissertation, University of Groningen.

Krabbe, E. C. W. (1985). Noncumulative dialectical models & formal dialectics. *Journal of Philosophical Logic*, 14, 129 – 168.

Krabbe, E. C. W. (1986). A theory of modal dialectics. *Journal of Philosophical Logic*, 15, 191 – 217.

Krabbe, E. C. W. (1988). Creative reasoning in formal discussion. *Argumentation*, 2, 483 – 498.

Krabbe, E. C. W. (1992). So what? Profiles of relevance criticism in persuasion dialogues. *Argumentation*, 6, 271 – 283.

Krabbe, E. C. W. (1993). Book review [Review of Woods & Walton (1989)]. *Argumentation*, 6, 475 – 479.

Krabbe, E. C. W. (1995). Appeal to ignorance. In H. V. Hansen & R. C. Pinto (Eds.), *Fallacies. Classical & contemporary readings* (pp. 251 – 264). University Park, PA: Pennsylvania State University Press.

Krabbe, E. C. W. (1996). Can we ever pin one down to a formal fallacy? In J. van Benthem, F. H. van Eemeren, R. Grootendorst & F. Veltman (Eds.), *Logic & argumentation* (pp. 129 – 141). Amsterdam: North-Holland (Koninklijke Nederlandse Akademie van Wetenschappen, verhandelingen, afd. letterkunde, nieuwe reeks, 170).

Krabbe, E. C. W. (2001). The problem of retraction in critical discussion. *Synthese*, 127, 141 – 159.

Krabbe, E. C. W. (2002). Profiles of dialogue as a dialectical tool. In F. H. van Eemeren (Ed.), *Advances in pragma-dialectics* (pp. 153 – 167). Amsterdam-Newport News, VA: Sic Sat/Vale Press.

Krabbe, E. C. W. (2003). The pragmatics of deductive arguments. In J. A. Blair, D. Farr, H. V. Hansen, R. H. Johnson & C. W. Tindale (Eds.), *Informal Logic at 25. Proceedings of the Windsor Conference. Windsor, ON: Ontario Society for the Study of Argumentation* (*Proceedings of the 5th OSSA Conference*, 2003). CD rom.

Krabbe, E. C. W. (2006). Dialogue logic. In D. M. Gabbay & J. Woods (Eds.), *Handbook of the history of logic*, 7. *Logic & the modalities in the twentieth century* (pp. 665 – 704). Amsterdam: Elsevier.

Krabbe, E. C. W. (2008). Beth's impact on the theory of argumentation. In J. van Benthem, P. van Ulsen, & H. Visser (Eds.), *Logic & scientific philosophy. An E. W. Beth centenary celebration* (pp. 46 – 49). Amsterdam: Evert Willem Beth Foundation.

Krabbe, E. C. W. (2009). Cooperation & competition in argumentative exchanges. In H. Jales Ribeiro (Ed.), *Rhetoric & argumentation in the beginning of the XXIst century* (pp. 111 – 126). Coimbra: Imprensa da Universidade de Coimbra.

Krabbe, E. C. W. (2012). Formals & ties. Connecting argumentation studies with formal disciplines. In H. J. Ribeiro (Ed.), *Inside arguments. Logic & the study of argumentation* (pp. 169 – 187). Newcastle upon Tyne: Cambridge Scholars Publishing.

Krabbe, E. C. W., & van Laar, J. A. (2013). The burden of criticism. Consequences of taking a critical stance. *Argumentation*, 27, 201 – 224. doi: 10. 1007/s10503 – 012 – 9272 – 9.

Krabbe, E. C. W., & Walton, D. N. (2011). Formal dialectical systems & their uses in the study of argumentation. In E. T. Feteris, B. J. Garssen, & A. F. Snoeck Henkemans (Eds.), *Keeping in touch with pragma-dialectics. In honor of Frans H. van Eemeren* (pp. 245 – 263). Amsterdam: John Benjamins.

van Laar, J. A. (2003a). *The dialectic of ambiguity. A contribution to the study of argumentation.* Doctoral dissertation, University of Groningen. http: //irs. ub. rug. nl/ppn/249337959.

van Laar, J. A. (2003b). The use of dialogue profiles for the study of ambiguity. In F. H. van Eemeren, J. A. Blair, C. A. Willard, & A. F. Snoeck Henkemans (Eds.), *Proceedings of the fifth conference of the international society for the study of argumentation* (pp. 659 – 663). Amsterdam: Sic Sat.

Lorenz, K. (1961). *Arithmetik und Logik als Spiele* [*Arithmetic & logic as games*]. Doctoral dissertation, University of Kiel. Selections reprinted in Lorenzen, P., & Lorenz, K. (1978) *Dialogische Logik* [*Dialogical logic*] (pp. 17 – 95). Darmstadt: Wissenschaftliche Buchgesellschaft.

Lorenz, K. (1968). Dialogspiele als semantische Grundlage von Logikkalkülen [Dialogue games as semantic foundation of logical calculi]. *Archiv für mathematische Logik und Grundlagenforschung* [*Archive for mathematical logic & foundational research*], 11, 32 – 55 & 73 – 100. Reprinted in Lorenzen, P., & Lorenz, K. (1978) *Dialogische Logik* [*Dialogical logic*] (pp. 96 – 162). Darmstadt: Wissenschaftliche Buchgesellschaft.

Lorenz, K. (1973). Rules versus theorems. A new approach for mediation between intuitionistic & two-valued logic. *Journal of Philosophical Logic*, 2, 352 – 369.

Lorenzen, P. (1960). Logik und Agon [Logic & agon]. In *Atti del XII congresso internazionale di filosofia*, Venezia, 12 – 18 settembre 1958, 4: Logica, linguaggio e comunicazione [*Proceedings of the* 12th *international conference of philosophy*, (Venice, 12 – 13 September 1958), 4: Logic, language & communication] (pp. 187 – 194). Florence: Sansoni. Reprinted in Lorenzen, P., & Lorenz, K. (1978) *Dialogische Logik* [*Dialogical logic*] (pp. 1 – 8). Darmstadt: Wissenschaftliche Buchgesellschaft.

Lorenzen, P. (1961). Ein dialogisches Konstruktivitätskriterium [A dialogical criterion for constructivity]. In Infinitistic Methods. *Proceedings of the Symposium on Foundations of Mathematics* (pp. 193 – 200), Warsaw, 2 – 9 Sept. 1959. Oxford: Pergamon Press. Reprinted in Lorenzen P., & Lorenz, K. (1978). *Dialogische Logik* [*Dialogical logic*] (pp. 9 – 16). Darmstadt: Wissenschaftliche Buchgesellschaft.

Lorenzen, P. (1969). *Normative logic & ethics.* Mannheim: Bibliographisches Institut (Hochschultaschenbücher, 236).

Lorenzen, P. (1984). *Normative logic & ethics* (2nd annotated edition). Mannheim: Bibliographisches Institut (1st ed. 1969).

Lorenzen, P. (1987). *Lehrbuch der konstruktiven Wissenschaftstheorie* [*Textbook of constructive philosophy of science*]. Mannheim: Bibliographisches Institut.

Lorenzen, P., & Lorenz, K. (1978). *Dialogische Logik* [*Dialogical logic*]. Darmstadt: Wissenschaftliche Buchgesellschaft.

Lorenzen, P. , & Schwemmer, O. (1973). *Konstruktive Logik, Ethik und Wissenschaftstheorie* [*Constructive logic, ethics, & philosophy of science*]. Mannheim: Bibliographisches Institut.

Lorenzen, P. , & Schwemmer, O. (1975). *Konstruktive Logik, Ethik und Wissenschaftstheorie* [*Constructive logic, ethics, & philosophy of science*] (2nd improved edition). Mannheim: Bibliographisches Institut (1st ed. 1973).

Mackenzie, J. D. (1979a). How to stop talking to tortoises. *Notre Dame Journal of Formal Logic*, 20, 705 – 717.

Mackenzie, J. D. (1979b). Question-begging in non-cumulative systems. *Journal of Philosophical Logic*, 8, 117 – 133.

Mackenzie, J. D. (1984). Begging the question in dialogue. *Australasian Journal of Philosophy*, 62, 174 – 181.

Mackenzie, J. D. (1985). No logic before Friday. *Synthese*, 63, 329 – 341.

Mackenzie, J. D. (1987). I guess. *Australasian Journal of Philosophy*, 65, 290 – 300.

Mackenzie, J. D. (1988). Distinguo. The response to equivocation. *Argumentation*, 2, 465 – 482.

Mackenzie, J. D. (1989). Reasoning & logic. *Synthese*, 79, 99 – 117.

Mackenzie, J. D. (1990). Four dialogue systems. *Studia Logica*, 49, 567 – 583.

Mackenzie, J. D. (2007). Equivocation as a point of order. *Argumentation*, 21, 223 – 231.

Massey, G. J. (1975a). Are there any good arguments that bad arguments are bad? *Philosophy in Context*, 4, 61 – 77.

Massey, G. J. (1975b). In defense of the asymmetry. Questions for Gerald J. Massey. *Philosophy in Context*, 4 (Supplement), 44 – 56.

Massey, G. J. (1981). The fallacy behind fallacies. *Midwest Studies in Philosophy*, 6, 489 – 500.

Oliver, J. W. (1967). Formal fallacies & other invalid arguments. *Mind*, 76, 463 – 478.

Perelman, C. , & Olbrechts-Tyteca, L. (1958). *La nouvelle rhétorique. Traité de l'argumentation*

[*The new rhetoric. Treatise on argumentation*] (2 volumes). Paris: Presses Universitaires de France.

Perelman, C. , & Olbrechts-Tyteca, L. (1969). *The new rhetoric. A treatise on argu-*

mentation. Notre Dame，IN：University of Notre Dame Press. [trans.：Wilkinson，J. & Weaver，P. of C. Perelman & L. Olbrechts-Tyteca（1958），*La nouvelle rhétorique. Traitéde l'argumentation.* Paris：Presses Universitaires de France].

Rescher，N.（1977）. *Dialectics. A controversy-oriented approach to the theory of knowledge.* Albany：State University of New York Press.

Rescher，N.（2007）. *Dialectics. A classical approach to inquiry.* Ontos：Frankfurt am Main.

Saarinen，E.（Ed.）.（1979）. *Game-theoretical semantics：Essays on semantics by Hintikka，Carlson，Peacocke，Rantala，& Saarinen.* Dordrecht：Reidel.

Scholz，H.（1967）. *Abriss der Geschichte der Logik* [*Outline of the history of logic*]（3rd ed.）. Munich：Karl Alber.（1st ed. *Geschichte der Logik* [*History of logic*] 1931）.

Toulmin，S. E.（1958）. *The uses of argument.* Cambridge：Cambridge University Press.（Updated ed. 2003.）

Walton，D. N.（1989a）. *Informal logic. A handbook for critical argumentation.* Cambridge：Cambridge University Press.

Walton，D. N.（1989b）. *Question-reply argumentation.* New York：Greenwood Press.

Walton，D. N.（1996b）. *Arguments from ignorance.* University Park，PA：Pennsylvania University Press.

Walton，D. N.（1997）. *Appeal to expert opinion. Arguments from authority.* University Park，PA：Pennsylvania University Press.

Walton，D. N.（1999）. Profiles of dialogue for evaluating arguments from ignorance. *Argumentation*，13，53 – 71.

Walton，D. N.（2007a）. *Dialog theory for critical argumentation.* Amsterdam：John Benjamins.

Walton，D. N.，& Krabbe，E. C. W.（1995）. *Commitment in dialogue. Basic concepts of interpersonal reasoning.* Albany，NY：State University of New York Press.

Woods，J.（1980）. What is informal logic? In J. A. Blair，& R. H. Johnson（Eds.），*Informal logic. The first international symposium*（pp. 57 – 68）. Inverness，CA：Edgepress. Reprinted in J. Woods，& D. N. Walton.（1989）. *Fallacies. Selected papers* 1972 – 1982（pp. 221 – 232）. Dordrecht：Foris.

Woods，J.（1995）. Fearful symmetry. In H. V. Hansen & R. C. Pinto（Eds.），*Fallacies. Classical & contemporary readings*（pp. 274 – 286）. University Park，PA：Pennsylvania State University Press.

Woods, J. (2004). *The death of argument. Fallacies in agent based reasoning.* Dordrecht: Kluwer.

Woods, J., & Walton, D. N. (1978). Arresting circles in formal dialogues. *Journal of Philosophical Logic*, 7, 73–90. Reprinted in J. Woods, & D. N. Walton. (1989). *Fallacies. Selected papers* 1972–1982 (pp. 143–159). Dordrecht: Foris.

Woods, J., & Walton, D. N. (1982). Question-begging & cumulativeness in dialectical games. *Noûs*, 16, 585–606. Reprinted in Woods, J., & Walton, D. N. (1989). *Fallacies. Selected papers* 1972–1982 (pp. 253–272). Dordrecht: Foris.

Woods, J., & Walton, D. N. (1989). *Fallacies. Selected papers* 1972–1982. Dordrecht: Foris.

第 7 章

非形式逻辑

7.1 非形式逻辑概念

在 20 世纪 70 年代后期，北美出现了一些自称是“非形式逻辑学家”的哲学研究者，他们采取一种不同于形式逻辑学家的理论立场，开启了一场关于“论证规范研究”的理论运动。虽然有不少理论先驱人物都推动了非形式逻辑的发展历程，但是，在该领域中相对正式成型的理论工作，主要体现在史克雷文、戈维尔、希契柯克、韦德尔、伍兹、约翰逊和布莱尔等人的论著当中。其中，加拿大温莎大学的约翰逊和布莱尔做出了功不可没的贡献，使得非形式逻辑被最终确立为一个专门的学术研究领域：他们先后主办了非形式逻辑早期的三次会议（首届会议在 1978 年），他们创办了《非形式逻辑通讯》，该出版物随后发展成了现在的《非形式逻辑》杂志。

在约翰逊和布莱尔于 2000 年发表的一篇关于“非形式逻辑发展状况”的综述性文章中，他们给出了“非形式逻辑”的一个定义：“‘非形式逻辑’指的是逻辑学的一个分支，它致力于发展非形式$_2$的标准、规范和方法，以分析、解释、评估、批评与建构日常话语中的论证。”（Johnson & Blair，2000，p. 94）该定义中所用到的“非形式$_2$”这一说法，是借鉴了巴斯和克罗贝对于“形式”的意义所做的一个区分（Barth & Krabbe，1982，可参见本书第 6.1 节）。约翰逊和布莱尔想要由此来表明，虽然非形式逻辑是“非形式”的，但这并不意味着它并不提供任何的标准、规范和方法：

> 我们想要强调的一点是，非形式逻辑与理论方法的发展、规范的应用以及精确性的要求并没有任何冲突。而这其中关键的问题在于，我们到底该应用什么样的规范？在这一问题上，非形式逻辑是“非形式”的，是因为它既拒斥那种“逻辑主义观点”，即“逻辑形式（如罗素的那种分析）是理解论证结构的关键”，同时，它也拒斥那种“将有效性当作是适用于所有论证的恰当标准”的观点。(Johnson & Blair，2000，p. 102)

尽管大部分的非形式逻辑学家都会或多或少地同意约翰逊和布莱尔的这一定义，但是，对于“非形式逻辑”的界定也仍然存在着另外一些不同看法。[①] 有一些非形式逻辑学家对于“非形式逻辑”的理解要更加宽泛一些，而另一些学者又会将之理解得更为偏狭一些。[②] 也有一些学者简单地将非形式逻辑看作对于“基本演绎逻辑”所做的一种“非形式化的解读”，也就是说，这其中不会用到任何的形式化或符号化手段。考虑到本章的写作目标，我们将直接采用约翰逊和布莱尔的“非形式逻辑”定义作为基本出发点。

“非形式逻辑”这一术语，并不能指称一个得到了清晰拟定的研究进路。它更多的是指称着一个由诸多研究所共同构成的总体，这些研究都是试图要为不同情境中的自然语言论证的分析与评价，发展某种不同于形式逻辑的方法，并也为这一方法本身的合理性进行理论上的辩护。正由此，在我们看来，描述“非形式逻辑”理论发展的最佳方式，就是分别讨论那些最为重要的非形式逻辑学者的研究工作，以此来阐明这一论证理论分支的发展状况。

在第 7. 2 节中，我们将对非形式逻辑运动进行一个简要说明，揭示出

---

① 如赖尔（Ryle，1954）就将“非形式逻辑”这一术语用来指称那种对于“实质性概念”（如“时间”）所进行的意义分析，并认为这些概念意义背后的那种逻辑是“非形式的”。关于“非形式逻辑”概念的重要误解和不同界定方式，约翰逊和布莱尔（Johnson & Blair，2000）曾经进行过一个梳理。

② 由于非形式逻辑的理论成果大量地被应用于批判性思维技能的培养，因此，“非形式逻辑”也常常被等同于“批判性思维”。此外，“非形式逻辑”这一术语有时也会被作为一个一般性标签，用来指称那些关于“非形式谬误”的研究（Carney & Sheer，1964；Kahane，1971）。

其发展的历史背景，同时也概览其研究领域中的主要议题。在随后的那些章节中，我们将分别讨论非形式逻辑的领军学者们所做出的主要理论成果。

在第7.3节中，我们将探讨约翰逊和布莱尔在其著述中所提出的重要理论洞见。在他们的诸多论著当中，我们主要考察约翰逊和布莱尔那本具有广泛影响力的教材《合逻辑的自我防卫》（Johnson & Blair，2006），该书最早出版于1977年，约翰逊和布莱尔在书中首次提出了对论证进行逻辑评价的三个标准。我们所考察的另一本重要著作是约翰逊的《展示理性》（Johnson，2000）一书，书中约翰逊为论证评价引入了一个新的论辩性标准，即，要使论证能够理性地说服他人，论证者应当要在论证中处理与论证相关的反对意见。

在第7.4节中，我们将介绍菲诺基亚罗所发展的那种“历史经验论证研究进路”。菲诺基亚罗是最早从非形式逻辑的角度，来对自然语言论证的真实案例加以分析和评价的学者之一。更具体而言，菲诺基亚罗对于科学争论，尤其是关联于伽利略辩护哥白尼世界观的那些争论，给出了非常详尽的分析。在本节讨论他的理论工作时，我们将重点关注的是，菲诺基亚罗对于用以分析科学争论的那种方法所做出的理论反思。

戈维尔于1987年出版了《论证分析与评估中的问题》（Govier，1987）一书，该书是非形式逻辑领域的一本重要著作。在书中，戈维尔探讨了一系列非常重要的理论问题，它们都是我们在对自然语言论证进行非形式的分析和评价时所遭遇到的问题。非形式逻辑学家在他们的教材中提出了诸种论证分析与评价的实用方法和规范标准，戈维尔则试图对这些方法和标准所具有的理论后果加以阐明。在第7.5节中，我们将讨论戈维尔关于形式逻辑与非形式逻辑之间差异的看法，以及她对于非形式逻辑中的一些核心议题所做的批判性分析，其中包括论证类型、省略前提以及谬误。

另有一些自认为非形式逻辑学家的学者，他们钟爱一种“认识论进路”，甚至于还将非形式逻辑直接等同于“应用认识论”。仅从其部分著述来看，在这一研究进路中的杰出学者包括巴特斯比、韦恩斯坦、比罗、西格尔、平托、卢默尔以及弗里曼。在第7.6节中，我们将对这一非形式逻辑的认识论研究进路加以探讨，揭示其基本的理论出发点，讨论其中所提出的各种论证优劣标准，并说明认识论进路的谬误理论所展现的特征，同时，我们也将对平托所发展的那个很有影响力的理论做一个简要概述。

在非形式逻辑领域中，一个得到了大量探讨的理论问题是“如何来分析和图示复杂论证的结构”。与此相关的一个重要理论成果，是弗里曼的《论辩学与论证的宏观结构》（Freeman，1991）一书，书中弗里曼对图尔敏的论证模型加以了改进，并且还将其与论辩学的理论视角结合了起来。2011 年时，弗里曼又出版了讨论这一主题的另一本专著，《论证结构：表达与理论》（Freeman，2011）。在第 7.7 节中，我们将对弗里曼的“论证结构”理论进行说明。同时，我们也会讨论一下他在论证“可接受性”问题上所做的工作，这一工作尤其体现在他的专著《可接受前提：非形式逻辑问题的认识论研究》（Freeman，2005a）当中。

从 20 世纪 80 年代晚期到 90 年代初期，沃尔顿和克罗贝共同发展了一个以“对话类型”为核心的理论（Walton & Krabbe，1995）。在当代论证研究领域中，沃尔顿是最为多产的非形式逻辑学家，他后来把这一理论称为“新论辩学”。在该理论当中，对话被界定为是由两个参与者共同展开的一种约定俗成的活动，它可以通过“特定类型的承诺”、不同的“出发点”和其中所涉及的“不同对话目标”来进行刻画。进而，当对话中发生了从一种对话类型向另一种对话类型的转换时，就可能会出现谬误。在第 7.8 节中，我们将会探讨沃尔顿的对话理论，同时，也会讨论他关于日常论证模式的研究成果。在他的理论当中，这些论证模式通常都呈现为某种“半形式的推论规则”，同时，也都匹配着一系列的“批判性问题”。

在本章的最后，我们将会讨论另外一些非形式逻辑学家的重要理论成果。在第 7.9 节中，我们将说明汉森在“谬误理论”以及“非形式逻辑的发展”方面所做的工作。随后，在第 7.10 节中我们会讨论一下希契柯克在“非形式逻辑的学科性质”、“保证概念”以及“推理的优劣问题”上所做的工作。最后，在第 7.11 节中我们将讨论廷戴尔所发展的那种“修辞学进路”的论证理论。

7.2　非形式逻辑运动

当前非形式逻辑所展现出来的诸多理论特征，实际上在很大程度上都可以归结到“非形式逻辑运动”的产生及其发展进程的影响。因此，我们选择从非形式逻辑的发展历史，来开启关于非形式逻辑的讨论。而我们此处对于非形式逻辑发展史的勾勒，在很大程度上是以约翰逊和布莱尔的著述为基础的。约翰逊和布莱尔是非形式逻辑的创始人，他们曾发表了多篇梳理非形式逻辑历史发展和探讨非形式逻辑理论特性的文章。①

在20世纪70年代，由于对之前五六十年代那些教授大学生分析和评价公共生活中日常会话的导论性课程和教材的不满，导致了非形式逻辑的兴起，并形成了一场教学改革运动。对于那些开启和参与了这一改革运动的哲学家而言，其中有些本身就是逻辑学家，他们都不再认为讲授“形式化的演绎逻辑”是教会大学生分析和评价日常会话的正确方式。其中有一些学者甚至还自己编写了相应的教材，用以替代在之前那些饱受批评的形式逻辑教科书，并以之来教授学生们如何分析与评价论证。② 依照布莱尔的说法，正是由于非形式逻辑运动是从教学当中兴起，这清晰地说明了为什么非形式逻辑本身并不是一种特定的理论：

> “非形式逻辑”这一术语并不是在命名一种特定的理论。这一名称是从20世纪70年代后期才开始被使用，以指代那些从70年代初期即开始在大学中出现的诸多新课程和新教材，而这些课程和教材的设计主旨都是为了通过教授论证分析与评价的技艺来教给学生批

---

① 自非形式逻辑运动兴起以来，约翰逊和布莱尔先后发表了多篇梳理非形式逻辑发展现状和动态的文章，这些文章有些是由两人合作完成的，有些则是他们各自单独完成的（Johnson & Blair，1987；Johnson & Blair，2000；Blair，2009，2011b；Johnson，2006）。

② 在非形式逻辑运动中，有三本教材是具有引领作用的：卡亨的《逻辑与当代修辞学》（Kahane，1971）、托马斯的《自然语言的实践推理》（Thomas，1973）以及史克雷文的《推理》（Scriven，1976）。

判性思考的技能。(Blair, 2011b, p. 5)

最初,“非形式逻辑”这一术语主要是被用来表明:非形式逻辑所代表的那种研究论证分析和评价的方式与形式逻辑截然不同、没有任何关联,这也正是为什么在该名称中会包含着具有否定意义的“非”字。正如布莱尔所说,这一名称的选择主要是为了与形式逻辑保持距离,而这也正说明了为什么非形式逻辑本身并不是一个连贯一致的理论:

> 在我看来,重要的一点是,采用“非形式逻辑”这一名称是为了表明,非形式逻辑对于某些应用形式逻辑的方式是持批评的态度。这一名称本身并不是标明了论证分析与评价的某种新的理论,或者新的研究进路。如果确实要说它标明了一种新理论或新进路的话,那么,该种理论或进路也只是通过某种“否定”的方式而被加以确定的,即,该种理论或进路不是什么。因此,在“非形式逻辑”这一标识之下,就聚焦了各种各样的理论方法和规范标准,它们相互之间有时并不必定是相容的,而且,其中也经常出现重复的内容,也就是说,有一些内容尽管出现的方式不同,但它们却起着相同的作用。(Blair, 2009, p. 50)

与此相似,约翰逊也曾对“非形式逻辑”作出过如下的评论:“由于这一术语指称着诸多相互间差异很大的研究进路,因此,它并不能被认为是标识某个类似于‘研究学派’那样的对象。”(Johnson, 2006, p. 246)在约翰逊看来,“非形式逻辑”概念之所以会出现多样性,其中还有另外一个理由,那就是“理论来自于实践”,因此,“某个学者对于‘论证实践的哪一层面是值得关注的’这一问题所作的回答,将在某种程度上影响着他如何理解非形式逻辑”(Johnson, 2006, p. 250)。

非形式逻辑运动是以许多导论性逻辑学教材的出现作为先导,这些教材都反对将形式逻辑作为分析与评价自然语言论证的恰当工具。从第一届非形式逻辑国际研讨会开始,“非形式逻辑”逐渐被当作一个特定的哲学分支领域。该次会议是由约翰逊和布莱尔筹划主办的,于 1978 年在加拿大安大略省温莎大学召开。随后,约翰逊和布莱尔创立了《非形式逻辑通讯》，该刊物自1983年起转变成了正式的《非形式逻辑》杂志。

之所以非形式逻辑学家会认为形式逻辑并不适合被用来分析和评价论证，其主要根据在于：他们认为对于真实生活中的论证而言，形式演绎逻辑所提供的论证规范标准是成问题的。依照形式演绎逻辑，评价一个论证好坏的标准是“可靠性”，即，论证应当具有真的前提和有效的形式。在非形式逻辑学家看来，对于一个好的论证而言，“演绎有效性”的要求既不是充分的，也不是必要的，而且，对于日常生活中的论证而言，通常其前提的真假也会是未知的。在对形式演绎逻辑进行这种批评时，非形式逻辑学家们也关注到了在图尔敏（Toulmin，2003）、佩雷尔曼和奥尔布赖切斯—泰提卡（Perelman & Olbrechts-Tyteca，1969）在其著述中所揭示出的同类问题：

> 非形式逻辑的研究可以被看作要试图重新理解论证，它试图要将论证从其历史上所依附的那种理解模式当中解脱出来，该模式被图尔敏称作“几何模型”，而佩雷尔曼则称之为“数学模型”。非形式逻辑研究的兴起也就意味着“演绎主义”的终结，即，“所有的推论都要么是演绎的、要么是有缺陷的”这一观点不再成立。它同样意味着“论证应当被等同于证明”这一观念的终结。而且，它还意味着“对不同类型的信念进行等级分类”这一做法的终结，换言之，这样一种信念分类方式将不再成立：那些必然为真的东西或者能够从已知为真的前提必然得出的东西，才是最好的信念；次之的信念是那些能够通过某种概率演算加以保证的东西；除此之外的信念就都是当被遗弃的，它们都不能够被任何一个有理性的个体正当地接受。（Johnson & Blair，2000，pp. 101－102）

由于非形式逻辑学家对形式逻辑所提供的论证优劣标准不能满意，因此，他们的理论目标就是要去发展评价论证的其他标准。早期非形式逻辑学家们所出版的那些教材，如约翰逊和布莱尔的《合逻辑的自我防卫》（Johnson & Blair，1977），就是为了要实现这一目标。此外，早期非形式逻辑学家的教材还具有另外一个显著特征，那就是在这些教材中不再会出现之前逻辑导论教材中所使用的那种“人为构造的例子”，相反，其中所使用的都是来自报刊、广告以及政治选举中的真实例子。

自 1979 年以后，一些更具理论性的非形式逻辑著作开始出现。这些著作都试图对我们在论证解释和评价中所涉及的那些概念和原则加以理论分析和系统探讨。在此类著作中，具有广泛影响力的有戈维尔的《论证分析与评估中的问题》(Govier，1987)、约翰逊和布莱尔的《论辩的论证》(Johnson & Blair，1987)、沃尔顿的《非形式逻辑》(Walton，1989)、弗里曼的《论辩学与论证的宏观结构》(Freeman，1991)、汉森和平托主编的《谬误》(Hansen & Pinto，1995) 以及约翰逊的《展示理性》(Johnson，2000)[①]。

至 20 世纪 80 年代，非形式逻辑运动和"批判性思维运动"产生了非常密切的关联。[②] 在 70 年代的北美部分地区，"批判性思维"的兴起成为一个更一般意义上的教育改革运动。[③] 该运动的目标是要培养学生具有反思性思考和批判性思考的态度。与"非形式逻辑"不同，"批判性思维"指称的是诸多的复杂技能，而不是一个特定的学科。但是，也仍然有人倾向于将这两者看作所指相同。之所以如此，是因为非形式逻辑所提供的理论观点和方法，曾经被用作——而且现在也仍然被用作——实现批判性思维的工具之一。但是，戈维尔则论述说，批判性思维的理论论域要更宽泛一些：我们可以批判性地思考各种各样的对象，而不是只能对论证加以批判性思考，而且，某人经由批判性思考所得到的东西，也并不总是一个论证。[④]

在 20 世纪 80 年代中期，另外的一些理论进路开始对非形式逻辑产生

---

① 同样还可以包括约翰逊的《非形式逻辑的兴起》(Johnson，1996) 以及列维的《为非形式逻辑辩护》(Levi，2000)。

② "非形式逻辑与批判性思维协会"(the Association for Informal Logic & Critical Thinking，AILACT) 在 1983 年得以创立，它以促进非形式逻辑和批判性思维领域的研究和教学为目标。

③ 北美批判性思维运动的一个先驱人物是恩尼斯 (Ennis，1962，1989)。其他的批判性思维学者还包括麦克皮克 (McPeck，1981，1990)、保罗 (Paul，1982，1989，1990；Elder & Paul，2009)、诺希奇 (Nosich，1982，2012)，以及霍格隆德 (Hoaglund，2004)。

④ 批判性思维还包括其他的能力，如获取与评估信息的能力以及澄清意义的能力 (Johnson，2006，p. 250)。而且，依某些学者的看法，批判性思维还要求具备某些特定的理智倾向 (Ennis，1987)，或者，某种特定的视野。西格尔 (Siegel，1988，p. 39) 将这种特定的视野称作"批判性精神"。

明显的影响，其中有一些理论进路还是来自北美之外的。如，“语用论辩学”理论就对非形式逻辑产生了特定的影响：

> 在80年代中期，我们开始更清晰地意识到，在逻辑学领域以外其实还存在着许多各不相同的理论进路，这其中就包括语用论辩学的论证研究进路，而且，也还存在着一个更为广泛的国际化、多学科的论证理论研究群体。这样一种后知后觉给我们所带来的影响，可能就明确地体现在我们1987年发表的“论辩的论证”一文当中。(Johnson，2003，p. 42)

自20世纪90年代开始至最近这些年来，这样一种多学科研究进路相互融合的发展趋势一直都在延续。通过与克罗贝的合作，沃尔顿发展了一种新论辩学研究进路（Walton & Krabbe，1995）。而另一个新的发展是廷戴尔试图将传统的修辞学结合到非形式逻辑理论中（Tindale，1999，2004，2010）。此外，非形式逻辑的研究也同样开始与人工智能和计算机应用领域中的研究结合了起来（Verheij，1999；Reed，1997；Reed & Norman，2003）。但是，与这些扩展非形式逻辑的理论趋势相反，汉森最近则提出要将非形式逻辑的研究范围加以缩减，他认为非形式逻辑所应探讨的内容，只是那些与论证或推论中“前提—结论”关系的评估相关的议题（推论性议题）：

> ……通过将非形式逻辑限制为仅处理推论性议题，我们不仅可以很好地与其他那些研究论证评估的理论进路（如修辞学进路和论辩学进路）相区别开来，并且也为自己设定出一个独特的研究领域，而且，由此我们也同样奠定了明确的理论基础，从而也可以与形式逻辑进行一个恰当和平等的比较。(Hansen，2011a，p. 3)

上述历史回顾表明，“非形式逻辑的研究主题到底是什么”，以及“在解决实际论证的分析和评估中的那些问题时，非形式逻辑应当采取何种研究进路，或者结合哪些研究进路才能最好地得到一种优于形式逻辑的理论”，这始终都是非形式逻辑学家们所讨论的重要问题。除开这些与

"非形式逻辑定义"和"研究进路选择"相关的讨论，非形式逻辑学家也对论证的本质展开了相关的理论探讨。[①] 与此相关的主要问题涉及：对于论证应当采取何种定义？（Blair，1987；Gilbert，1997）如何才能将论证与其他类型的推理（如解释）区分开来？（Johnson & Blair，1977；Govier，1987）除了"说服"之外，论证还能具有哪些功能？（Blair，2004）由非言语形式表达的信息如图像中能否包含论证？（Birdsell & Groarke，1996；Blair，1996）论证是否一定要么是演绎的要么是归纳的，或者，是否还存在着其他的论证类型，比如说协同论证或似真论证？（Weddle，1979；Govier，1980，1987；Hitchcock，1980a；Walton，1992；Johnson，2000；Goddu，2001；Blair & Johnson，2011）

非形式逻辑学家也探讨了一大批与"论证分析"相关的理论问题。其中包括与论证解释相关的一些问题，如如何识别论证，以及如何才是对论证做出了宽容的解释？（Scriven，1976；Johnson，1981；Govier，1987）另一个颇具争议的理论议题是"省略成分"的补充，比如，如何对省略前提、省略结论或论证背后的假定加以补充。什么时候我们才应当为论证补充内容，而且，应当采取何种方式来加以补充？（Ennis，1982；Hitchcock，1985；Goagh & Tindale，1985；Govier，1987；Groarke，1992；Grennan，1994；Godden，2005）其中所涉及的第三个问题，是如何来分析复杂论证的结构。我们应当区分出哪些不同类型的论证结构？

在探讨论证结构问题时，许多非形式逻辑学家接受了比尔兹利（Beardsley，1950）所提出的那个理论区分："收敛型论证"（有多个独立的理由支持结论）、"发散型论证"（一个理由同时支持着多个结论）以及"序列型论证"（一个论证本身还被另一个论证所支持）。托马斯（Thomas，1973）进一步区分了"闭合型论证"："推理中的某一步包含着两个或两个以上理由的结合。"（p. 36）[②] 但是，在"闭合型论证"与"收敛型论证"之间如何能够做出区分，以及这两者之间是否真能以一种

---

① 在汉森（Hansen，1990）所整理的非形式逻辑文献目录当中，对非形式逻辑学家所讨论的不同主题进行过概述。

② 斯诺克·汉克曼斯曾对非形式逻辑中探讨论证结构的不同理论进行过一个综述，可参见斯诺克·汉克曼斯（Snoeck Henkemans，2001）。也可参见本书第 1.3 节。

令人满意的方式被区分开来，这始终是备受争议的问题（Conway，1991；Yanal，1991；Vorobej，1995；Goddu，2003）。在《论辩学与论证的宏观结构》一书中，弗里曼对于前提、模态限定词、反驳和结论之间的结构关系，给出了一种论辩学理论视角的分析。他也试图通过对“闭合型论证”与“收敛型论证”进行一种论辩式的界定，从而来对这两类论证结构加以更好的说明。还有其他一些与论证结构分析相关的问题，如，对于那些提及或驳斥了反论证的论证，应当如何来对之加以分析（Scriven，1976；Johnson & Blair，1977；Govier，1985），如何来刻画那些使用了“假定推理”的论证？（Fisher，1988；Brandon，1992）

非形式逻辑学家试图解决的另一大类问题与“论证评估”相关。为了替代形式逻辑所提供的评估标准，非形式逻辑学家发展了诸种不同的论证规范标准。其中一种是将“谬误理论”作为论证评估标准：一个好的论证就是非谬误的论证。与此相关，非形式逻辑学家从伍兹和沃尔顿（Woods & Walton，1989）对于诸多特定谬误类型的分析当中得到了许多启发，当然，伍兹和沃尔顿的工作也是为了回应汉布林（Hamblin，1970）针对谬误理论研究状况所做的批评（伍兹和沃尔顿的谬误研究在第6.7节中已有讨论）。但是，非形式逻辑学家的谬误研究并没有导出某种关于谬误的统一理论，而是导向了对于各种特定类型谬误的具体分析，如“人身攻击”、“诉诸权威”以及“乞题”。在20世纪90年代，沃尔顿与克罗贝共同提出了一种论辩学的论证研究进路，其中将谬误视作对于论辩性规则的违反，这一做法与语用论辩理论相类似。依沃尔顿与克罗贝（Walton & Kraabe，1995）的看法，谬误所违反的那些规则是与对话交流的不同类型相关联的（也可参见 Walton，2007）。

约翰逊和布莱尔（Johnson & Blair，2006）提出了另外一种以谬误理论为基础的论证评估理论。在他们合著的那本教材当中，他们提出了一个好的论证应当满足的三条标准：相关性、充分性和可接受性。一个论证若违反了这些标准中的一条或多条，就会成为谬误性的论证。[①] 与此相关的另一种理论进路则是以“论证型式”为重心，论证型式被视作论证

① 在后续一些教科书当中，也采取了他们的这一理论进路（Freeman，1988；Little *et al.*，1989；Seech，1993）。

所具有的形式，它们从根本上讲都是恰当的，并且各自具有相应的评价标准。进而，谬误就是那些没有能够恰当满足这些标准的论证（Walton，1996a；Walton *et al.*，2008；Groarke & Tindale，2012）。与语用论辩理论的做法一样，这些标准通常都是被整理成了批判性问题。[①]

也有不少非形式逻辑学家在给出自己的理论时，运用了图尔敏的"领域依赖性"思想。他们的研究通常都与认识论相关，并且他们认为评估论证的标准应当来自论证自身所关联的那个领域（McPeck，1981；Battersby，1989；Weinstein，1990；Pinto，1994；Freeman，2005a，b）。

7.3 布莱尔和约翰逊对非形式逻辑的贡献

在他们合著的《合逻辑的自我防卫》（Johnson & Blair，2006，初版于1977年，第二版于1983年）这本教科书当中，约翰逊和布莱尔提出了好的论证应当满足的三条标准：相关性（R）、可接受性（A）和充分性（S）。依他们的看法（Johnson & Blair，1983，p. 34），RSA这三条标准[②]确定了"什么是合逻辑的好论证"，而且，"违反其中任何一条或多条标准的论证都是谬误性的论证"。对于好的论证的规范标准，布莱尔做出了如下总结：

> ……如果一个论证中的前提或者所提供的理由都分别与结论相关，或者它们作为整体能与结论相关，并且每一个前提都是可接受的，同时，所有的前提（如果已经相关且可接受）放在一起能够为结论提供充分的支持，那么，这就是一个好的论证。（Blair，2011a，p. 87）

① 以此种方式来理解谬误所具有的一个好处就是，由此我们就可以阐明为什么有些论证尽管具有与某种谬误相同的一些形式特征，但它们却实际上并不是谬误。例如，一个人身攻击如果是在质疑法庭中某个证人的可信性时，它就不是谬误。

② 也有学者将它们称为ARG标准，其中，G代表的是"充分根据"（sufficient grounds）。

RSA 标准的提出是为了替代原来那种以逻辑—认识论为主导的“可靠性”标准。[1] 约翰逊和布莱尔认为，RSA 标准比可靠性标准更优越，因为这些标准不仅能够很好地排除那些“乞题论证”（论证的前提不满足可接受性），而且还能够将那些“强有力的可废止论证、似真论证或者假定性论证”也解释为好的论证（Blair，2011a，p. 88）。

许多学者都采用了约翰逊和布莱尔所提出的这三条标准，RSA 标准有时甚至还被当作了非形式逻辑论证研究的特征性标识。但是，也有一些学者对这些标准进行了一定的反思和批评，其中甚至就包括约翰逊和布莱尔他们自己。按照布莱尔自己的说法，RSA 标准的一个基本问题就是，它们仍然过于片面，以至于无法对实际生活中的论证加以全面的评估：

> 若干年来，我们一直持有的那个基本假定逐渐开始受到了质疑。那就是，对于实际情境中发生的那些论证，我们一直认为对它们做逻辑的评估就足够了，或者说，我们一直认为 RSA 标准就是评判论证好坏的逻辑标准，而不必去考虑它们的论辩特性和修辞特性。（Blair，2011a，p. 88）

RSA 标准中的三个具体标准，也都分别受到了一些学者的批评。依比罗和西格尔的看法，“相关性”标准的一个主要问题就在于，它其实是一条多余的标准，因为满足“充分性”标准就会预设着满足了“相关性”标准：[2]

> 第二条标准，即“相关性”，看上去好像就是第三条标准的一个特殊情形，因为，一个前提若是不相关的，它就不能够提供任何的支持，而如果它是相关的，那么我们仍然需要再去考察“它到底提

① 在形式逻辑中也使用了“相关性”概念，但其定义与非形式逻辑学家的理解不同。在形式逻辑研究中，“相关性”是被用来指称蕴涵式的前件和后件之间所具有的某种关系。

② 关于“相关性”标准的另一种批评是，“相关性”概念太过含混，迄今为止我们都还没有得到一种能够令人满意的“相关性”界定（Woods，1994）。

供了何种强度的支持”这一关键问题。(Biro & Siegel, 1992, p. 98)

布莱尔也认为，不相关的前提并不能为结论提供任何支持，它们实际上根本就不能被算作前提，因而也没有必要对它们加以评估。在他看来，“相关性”这一概念的主要作用体现在论证的解释过程当中：判别一个会话中的哪些部分应当被视作论证。他也认为，如果在会话或语境中已经明确表明了某个命题被作者用作了一个理由，那么，对于此种情形的评估而言，相关性标准就仍然是适用的，尽管该评估的结果可能是这一命题实际上并不具有任何的支持力（Blair, 2011a, pp. 92 – 93）。

“可接受性”标准是被约翰逊和布莱尔用来替代“真”这一逻辑标准的，之所以会这样做，是因为他们受到了汉布林的影响。汉布林（Hamblin, 1970）对“真”标准提出了批评，他认为该标准对于论证的好坏而言既不充分，也不必要。“真”标准之所以不充分，是因为就算一个前提是真的，但若它并不被知道为真，那么也不能说服任何人；而“真”标准之所以不必要，是因为要说服别人，满足可接受性就足够了[①]。后来，约翰逊（Johnson, 1990, 2000, pp. 197 – 199）重新为“真”标准进行了辩护，并提议在 RSA 标准之上再增加“真”标准来评估论证。[②] 他的一个主要理由就是“那些明确拒斥了真标准的论证理论学者……实际上仍然还在运用真标准”，如在他们要指明一个论证中是否存在不一致时，他们就会依赖于这一标准（p. 197）。而范里斯则认为，约翰逊的这一论证其实是不切题的：

> 对于那些想要认同“在论证中不能够存在不一致”的学者而言，他们并不会因此就必然要同时认同“论证中的前提必须要为真”。(van Rees, 2001, p. 236)

---

① 汉布林拒斥“真”标准的另一个理由是，该标准是一个“旁观者式的概念”，其中“预设着一种上帝之眼视角”（Hamblin, 1970, p. 242）。

② 在论证评估中同时应用“真”标准和“可接受性”标准，这可能会产生冲突，对于这一问题约翰逊（Johnson, 2000, pp. 336 – 340）也进行了一定的讨论。这一冲突体现为，分别应用这两条标准所得到的结果可能是相互抵触的：有些前提可能是假的，但却是可接受的，也可能有些前提为真但却不可接受。

与范里斯相同，布莱尔（Blair，2011a，p. 94）也对约翰逊的论证给出了这样的评价："从约翰逊所给出的那些论证来看，我们仍不能得出一个好的论证其前提必须要为真。"

与"可接受性"标准相关的另一个问题是，该标准是否就等同于汉布林所提出的"接受性"标准（即，当一个论证的前提为其受众所接受时，它就是可接受的）。这种解读"可接受性"标准的方式受到了相应的批评，因为它会使得前提的质量完全依赖于论证的受众，于是，也就无法保证好的论证就会是那些真正"值得接受"的论证（Blair，2011a，p. 94）[①]。

在布莱尔看来，对于到底是"真"还是"可接受性"应当成为论证好坏的标准这一问题，其背后所对应的其实是关于论证之功用的不同理解：

> 对于"可接受性"标准而言，论证的不同用法就会造成相应的差异。对于那些用于说服的论证而言，参与讨论的各方能够接受的前提，就是可接受前提。而对于那些用于证成的论证而言，一个基本的要求就是前提要能够被合理地接受。对于那些已知为真的前提而言，它们显然是能够满足这一要求的，同时，另外还有一些前提，它们会在某些条件之下是可能的或似真的，这也是能够满足这一要求的。（Blair，2011a，p. 99）

但是，布莱尔并不认为我们必须要在论证的这两种功用之间去做出一个选择，因为这两种用法都是真实发生的，并且它们也都是合法的（Blair，2011a，p. 94）。

---

① 布莱尔和约翰逊（Blair & Johnson，1987，pp. 50－53）也曾尝试过解决这样一个认识论上的相对主义问题，他们的做法是要求论证者不是仅以一个"单一的他者"为受众，而是要以一个"模范对话者的群体"为受众，该群体的成员都对论证的主题有明确的认识，并且还都展现着某些理性的特质。"模范对话者群体"这一概念与佩雷尔曼和奥尔布赖切斯—泰提卡所提出的"普遍听众"概念非常相似。但是，依廷戴尔的看法，布莱尔和约翰逊的理论与佩雷尔曼的理论不同，因为他们完全没有谈及理想听众与实际听众之间的关联，从而"对于论证之修辞学研究而言，并没有什么吸引力"（Blair & Johnson，1987，p. 117）。

对于第三条“充分性”标准而言，一个最主要的问题是：怎样才能算是提供了充分的证据呢？[①] 在约翰逊看来，充分性存在着一个程度上的差异，这也就意味着，在某些情形当中是充分的，在其他情形中可能就会变得不再充分了（Johnson，2000，p. 205）。如，由于不同情形中会有各自的特定要求，因而，在某一情形中的充分性要求，可能就会比在另一情形中要更为严苛一些。因此，约翰逊认为，要发展恰当的“充分性”标准，就必须先确定在论证发生的背景当中究竟存在着哪些情形或哪些因素会影响到对“证据强度”的要求：“非形式逻辑和论证理论所面对的一个难题是，在对论证加以评估和批评时，如何才能恰当地对论证所发生的语境加以界定。”（Johnson，2000，p. 205）在布莱尔看来，可能“充分性”标准也与“可接受性”标准一样，会因为论证是被用于“说服”还是“证成”，从而产生相应的差异：

> 对于证成性论证而言，尽可能地确信所添加的证据是真的，这可能是非常重要的，而且，若要增强我们的论证，那么就还需要说明我们之所以能确信它们为真的那些理由。但对于那些并没有直接回应方的说服性论证而言，就必须要由论证者来自行确定，要说服听众到底需要多少的证据。（Blair，2011a，p. 96）

在其专著《展示理性》当中，约翰逊提出，除了应用 RSA 标准（同时他还加上了“真”标准）来评估论证的“推论性内核”（论证中的前提—结论结构）之外，还应当使用“论辩性标准”来评估“论证在多大程度上应对了可替立场和反对意见”。在约翰逊看来，仅仅从结构性视角来理解论证太过狭隘，也即是说，仅仅将论证解读为一个具有“主张和支持性理由”结构的文本或会话，这是不充分的：

---

① 在 1994 年版《合逻辑的自我防卫》一书中，约翰逊和布莱尔揭示了不满足“充分性”的三种方式，并以之来阐发了充分性标准：当我们把一个论证的前提放在一起来考虑时，如果它们给出的证据并不是通过应用某种恰当的方法而收集得到的，或者，它们并没能对各种类型的相关证据都给出足够的展示，再或者，它们完全忽略了实际存在的反面证据或忽略了反面证据存在的可能性，那么，该论证中的前提就不足以充分支持其结论。（Johnson & Blair，1994，p. 72）

> ……论证具有一个结构（论题和支持性理由，或者前提加结论），是因为它所要达成的那个目的——理性说服。结构性视角的一个重要局限就在于，它忽略了一个非常重要的层面——论证的目的或功能。（Johnson，2011，p. 148）

为了克服结构性视角的局限，约翰逊提出了一个语用的论证概念，该概念注重论证所具有的“理性说服”这一首要功能。对于“理性说服”，约翰逊给出了如下界定：

> “理性说服”指的是，论证者试图基于他所给出的那些理由和考虑因素，来说服他人接受其结论，并且他也是仅仅基于这些东西来说服他人接受其结论。在参与论证时，论证者就已经主动放弃了其他那些达到说服的方法，如武力、阿谀奉承、欺骗等等。（Johnson，2011，p. 150）

在约翰逊看来，人们参与论证实践时并不仅是追随着理性，而且还是在“展示什么才是理性的”（Johnson，2011，p. 162）：“论证者承认那些与其立场相关的反对意见或质疑（……）批评者也会承认论证者的立场中有其合理之处。因此，我认为论证可以被看作是对于理性所做出的展示。”（Johnson，2011，p. 163）依他之见，正是这一“展示理性”的要求，才使得论证与“修辞”得以区分开来。“理性”本身并不足以区分开论证与修辞，因为论证实践和修辞实践当中都包含着理性：

> 论证不同于修辞的地方在于，论证是受制于“展示理性”的要求。对于某些反对意见而言，就算论证者自己并不知道如何去应对它们，他也不能因此就完全忽略它们，因为这样做就并没有展现出他是理性的，从而也就违反了“展示理性”的要求。而修辞者却并不受制于该要求：如果忽略某个反对意见能够导向更有效地说服，并且这样做也会是合理的，那么，他就能够完全忽略该反对意见。（Johnson，2011，p. 163）

将论证的功能设定为“理性说服”之后，约翰逊认为论证不仅具有一个特定的结构，即“推论性内核”，而且还具有一个“论辩性外层”。推论性内核“开启了说服他人接受论证者立场的那个进程”，而论辩性外层之所以存在，是由于论证者力图通过对反对意见和批评加以处理，从而来理性地说服对方（p. 160）①：

> 推论性内核对于一个论证而言并不充分。由于论证实践所具有的论辩性本质，其进程将会走得更远。有一个论证来支持结论，这首先就意味着至少结论本身可能就是存争议的。可能已经存在着与结论相关的诸多不同的观点，以及一个与之相关的经验背景、信息背景和知识背景。在其中，有人持有不尽相同的看法，有人甚至持有完全对立的观点，同时，也可能已经出现了一些（针对结论观点的）具有代表性的、众所周知的反对意见。如若一个论证中并未能考虑到这些论辩性要素，那么它就是不完整的。这不是说该论证强度较弱，而是说它并不完整。这样的论证缺少了论辩性外层。（Johnson，2011，p. 206）

在推论性内核之外再区分出一个独立的论辩性外层，这也就意味着，也会分别存在着两种类型的论证评估标准。因此，除了用来评价推论性内核的相关性、可接受性、充分性和真标准之外，约翰逊还提出了用以评价论辩性外层的规范标准。依他之见（Johnson，2011，pp. 207 - 208），在对一个论证的论辩性外层加以评估时，我们应当追问如下几个问题：

（1）论证在多大程度上很好地处理了标准的反对意见和批评？

（2）论证在多大程度上很好地应对了可替立场？

（3）论证在多大程度上很好地处理了其后承/蕴涵？

其中最后一个问题所对应的情形是，论证者的立场被人批评为是会

① 在“论辩的论证”（Blair & Johnson，1987）一文中，布莱尔和约翰逊就已经提出了一种论证研究的论辩学进路。在该文中，他们提出了一种从论辩学视角来探讨“充分性”的理论，该理论与约翰逊后来提出的“论辩性外层”理论非常相似（pp. 50 - 53）。但是，在约翰逊（Johnson，2000）看来，他提出论证者在论辩性外层中应履行相应的“论辩性义务”，这并不是为了要替换原有的“充分性”要求，而是在为论证评估增加全新的规范标准。

导向难以成立的后果，或者能够推出难以接受的结论。

约翰逊自己也承认，评估论辩性外层的标准仍然是不太明确的："就算论证本身要求着论证者必须去处理反对意见和批评，但我们又如何能够确定到底该去处理哪一些反对意见和批评呢？"他的建议是论证者应当去回应那些"标准反对意见"，也就是那些"在与论题相关的论域中频繁出现的和典型的，具有显著重要性的反对性意见"（Johnson，2011，p. 332）。进而，约翰逊也认为，论证者"有义务去回应那些听众想要他加以回应的反对意见……以及那些论者知道如何去应对的反对意见"。但是，约翰逊也并不太愿意让"听众的期待"成为确定论证者"论辩性义务"的关键因素，因为在他看来，听众的构成很可能是复杂的，而且，也很可能有一些很有价值的反对意见是论证的特定听众根本不知道的（Johnson，2011，p. 333）。最终，约翰逊的结论是，"关于如何确定论证者之论辩性义务的问题，还有待于我们加以更深入的研究"（Johnson，2011，p. 333）。

在《展示理性》一书中，约翰逊并未能清晰地给出"论辩充分性"的评估标准，这一点使得他的理论受到一些学者的批评，随后，约翰逊（Johnson，2011，p. 49）进一步提出了评估论辩性外层的三条标准："适当性、准确性和充分性。"[①] 依他之见，只有满足了如下三条要求，才算是达到了论辩充分性的标准：

（1）论证者对于每一个反对意见的回应都是公正准确的。

（2）论证者对于每一个反对意见的回应都是充分的。

（3）论证者对于应当回应的反对意见都加以了回应。

约翰逊所提出的"每一个论证都需要一个论辩性外层"这一观点，也引发学界许多的讨论。戈维尔给出了一个最为重要的批评意见，那就是，这一观点是不可操作的，因为它将会导向无穷倒退：

① 在之前的一篇论文（Johnson，1996，pp. 264－266，1992年版本再发）当中，约翰逊也曾提出过一些评估"论辩充分性"的标准，但在戈维尔看来，约翰逊当时所提出的那些标准实际上根本算不上是什么标准，因为它们仍然无法帮助我们去确定论证者是否真正充分地应对了反对意见、可替立场和理论后果（Govier，1999，p. 215）。

> 约翰逊的理论似乎会出现一个倒退的问题，因为他认为每一个论证都需要一个论辩性外层，否则就会是不完整的。若用我的术语来说，这就意味着每个论证者都将具有一个论辩性义务，去为自己的主论证再增加一些补充性论证，以回应那些可替立场和反对意见。但补充性论证本身也同样是论证。因此，它们似乎也需要进一步的补充性论证来回应其可替立场和反对意见。进而，这些补充性论证的补充性论证，仍然还会是论证，因而又同样会要求进一步的补充性论证。这一过程显然是持续不断的。因此，约翰逊的观点看上去蕴含着一个无穷倒退问题。(Govier，1999，pp. 232 -233)

在回应戈维尔的批评时，约翰逊对他在《展示理性》一书中的观点进行了一个澄清，那就是他的理论并不要求每一个论证都要有一个论辩性外层，而只是要求“范式意义上的论证”需要有一个论辩性外层(Johnson，2003，p. 45)。

利夫（Michael Leff，1941 -2010）也对“论辩性外层”概念提出了批评，认为它缺乏“实践支持”，并进而认为约翰逊其实为自己设定了一个不可能完成的理论任务：“约翰逊试图建构一个独立自主的论辩学理论体系，并用它来对所有的论证实例都加以说明，可是，要真正实现这一点，他就必须要预先知道在任何一个特定的论证实例当中，所对应的论辩充分性标准到底会是什么。”（Leff，2000，p. 251）在利夫看来，对于某个特定情境中的论辩充分性标准到底是什么的问题，可能是修辞学的视角才有助于为我们给出一个恰当的回答。利夫谈道，如果理性的论证要真正在实践当中得以体现，“它就必须要与我们在真实经验中的争议和分歧关联起来，而且也正是由此论证才会具有那些论辩性的特质”(Leff，2000，p. 252)。[①]

此外，对于约翰逊在《展示理性》一书中所提出的那个论证理论本身到底具有何种特质，也有一些学者提出了质疑。尽管约翰逊自己明确

---

① 利夫所指出的这种将论证加以“情境化”的“修辞学研究视角”，在语用论辩理论中是通过“语用学的研究视角”来实现的。借助言语行为理论的成果，我们同样可以确定在论证中所涉及的“分歧”，并进而确定论证性会话中所要关注的重要议题（参见本书第 10.3 节）。

说明他的理论采取的是“语用的”进路，但范里斯却认为，约翰逊对于“论辩学”概念的理解并不是真正“语用的”。约翰逊试图预先就设定好论辩充分性的具体标准，而且，他所确定的“论辩性义务”所考虑的也只是“抽象的反对意见，而不是发生在现实争论中的那些真实的反对意见”，这些看法都与一种对于“论辩学”概念的“语用的”理解是相冲突的：①

> 若对“论辩学”概念做一种真正“语用的”理解，论证者所需应对的其实只是他要说服的对手所知道和提出的那些反对意见。……在这种真正“语用的”的论辩学理解当中，无穷倒退的问题根本就不会出现，因为该种理解充分尊重了这样一个事实，那就是，每一个论证的提出都是以讨论双方所共享的内容为基础的。对于这些共享的内容而言，在该讨论的进行过程当中，它们的合理性根本不再需要任何进一步的支持。（Johnson，2001，p. 234）

汉森也认为（Hansen，2002a，pp. 273 – 274），尽管约翰逊将自己的理论说成是“论辩学”的，但是他所提出的那种与“展示理性”相关的规范标准（即论证必须要明显公开是理性的），“看上去更像是一个修辞学的要求，因为它涉及的不是推理的品质本身，而是推理的表达方式”。而且，在汉森看来，约翰逊甚至还要求“理性的论证者必须去处理那些明显不切题但是听众想要了解的反对意见，这正表明约翰逊所理解的说服是完全受制于目标听众的，而这一点其实是一个修辞学理论的要求，而不是逻辑学或论辩学理论的要求”。

7.4　菲诺基亚罗的历史经验研究进路

在对于实际论证的分析与评估上，菲诺基亚罗也做出了实质性的理

① 范里斯甚至认为，约翰逊所发展的理论也不能算是一种“论辩学”进路的理论，因为约翰逊将“提供理由”和“履行论辩性义务”看作了不同的事情，但是，在真正的论辩学进路中，论证本身应当被理解为就是在应对可预见的反对意见和质疑（van Rees，2001，p. 233）。

论贡献，这些贡献也与非形式逻辑运动的主要目标相吻合。更具体而言，菲诺基亚罗是最早将非形式逻辑理论和方法用来分析“科学争论”的学者之一。

菲诺基亚罗着重分析科学争论中的论证，其研究方式可以被称为“历史经验”研究进路。“历史研究”的特征体现在他描述其研究对象的方式上。对于所探讨的科学争论，菲诺基亚罗都给出了一个非常细致的历史梳理。其中，对于科学争论所发生的历史背景，参与争论的各位科学家，以及他们所展开的每一场争论、所提出的每一个论证，他都提供了十分详尽的相关信息。而“经验研究”的特征，则体现在菲诺基亚罗对科学争论中的论证进行分析的方式上。他并未尝试像形式逻辑那样去发展一些关于论证好坏的先验标准，相反，他认为判别论证好坏的标准能够，并且也应当是来自论证所发生那个经验场景之中：在科学争论中由科学家们所提出的那些论证，本身就会展示着好的论证所应符合的那些标准。

菲诺基亚罗将过去三十年的研究成果都收入了一本文集（Finocchiaro，2005a）当中，并在该书中对自己所采取的历史经验研究进路进行了理论反思。在后面的探讨中，我们将首先说明菲诺基亚罗如何理解自己与非形式逻辑运动的关联，然后，我们将进一步阐明他的研究进路所具有的主要特征。①

如同许多非形式逻辑学家一样，菲诺基亚罗也从图尔敏对形式化论证研究的批评当中深受启发：

> ……图尔敏为逻辑与论证研究中的认识论问题给出了一种解决方法，而我从他那里继承了这一方法。图尔敏试图向我们表明，形式逻辑或符号逻辑研究并未充分考虑到人们实际进行的推理，并未充分考虑那些非演绎的论证（如那些常在法律领域中出现的论证）和那些在自然语言中的论证，也未充分考虑到其自身研究的实际应用问题。他似乎就是在呼吁一种与经验更加相关的、更一般化的、

① 在写作本节时，我们参阅了平托（Pinto，2007）、伍兹（Woods，2008）和瓦格曼斯（Wagemans，2011a）的论文。

更自然的、更加实用和与历史更为相关的逻辑理论。（Finocchiaro，2005a，p. 7）

但是，与其他非形式逻辑学家不同，菲诺基亚罗却提出将“非形式逻辑”理解为一种“推理理论”，而不是一种“论证理论”。在他看来，这种“推理理论”就是要“发展、检验和阐明那些用以解释、评估推理实践以及促进可靠推理实践的概念和原则，并对它们加以系统整理”。同时，他的研究进路“与那些自称为非形式逻辑学者的人所做的研究具有同样的理论旨趣”（Finocchiaro，2005a，p. 22）。菲诺基亚罗特别强调，在使用“推理”这一术语时，他并不是要借此来采取一种形式逻辑的研究进路，相反，他要采取的是一种经验的研究进路：

> 我之所以特别强调“推理”，也是意图想要以此来表明：我们所研究的对象是一个发生于真实世界当中的心智活动，它同样留下了经验的线索，通常都表现为书写的文本或口头的会话。进而，这也就意味着一种“推理理论”将会具有一种经验研究的取向，而不是一种单纯的形式研究或抽象研究。（Finocchiaro，2005a，p. 22）

也正由此，菲诺基亚罗有时也将他的研究称为“经验逻辑”，但他同时也强调，“‘经验的’研究主要是与‘先验的’研究相对，而不是与‘规范的’或‘理论的’研究相对”（Finocchiaro，2005a，p. 47）。

菲诺基亚罗的历史经验研究进路，充分体现在他关于科学争论的研究当中，特别是他针对伽利略为哥白尼的辩护而所做的研究。① 依他自己的说明，他的研究进路是基于四个方法论上的原则，因而可以被刻画为是具有“历史文本的”、“论辩的”、“解释的”和“自涉的”这四个特征。

第一个原则与研究对象的本质相关。科学家经由各自的论证来进行

---

① 菲诺基亚罗关于伽利略的研究成果是一系列论著（Finocchiaro，1980，1989，2005b，2010）。除了伽利略以外，他对于科学推理的研究也涉及了另外一些科学史上的重要人物，如惠更斯、牛顿、拉瓦锡、爱因斯坦和玻尔兹曼。

批判性交流，这导致了科学的进步，因而，菲诺基亚罗对于科学争论进行了历史史料的分析，对其中的论证进行了非常细致的解释和重构，同时，也关注揭示了论证得以发生的那个历史背景和文本背景。在此种意义上，他的研究进路可以被称为是历史文本的研究。

菲诺基亚罗对于科学争论中的论辩性互动特别关注，这对应的就是第二个原则。菲诺基亚罗将自己的研究进路称为是“论辩学”的，这是要表明他在重构会话时注重“强调其中的反论证、反对意见、批评、评价、潜在的并非一定真实发生的对话以及对于观点分歧的澄清而不是解决”（Finocchiaro，2005a，p. 14）。

第三个原则所对应的是，菲诺基亚罗在分析科学争论中论证的作用时所基于的那些理论出发点。在他看来，一个论证要成为好的论证，它并不必定要具有“解决分歧”这样的工具价值。如果论证能够有助于使争论各方之间的分歧得以澄清，那么它也可以说是一个好的论证。正因此，菲诺基亚罗把自己的研究进路称作“解释性”的：“在一个相当大的程度上，它更强调对于论证的理解和重构，而不是对它们的评估与批评。”（Finocchiaro，2005a，p. 14）

菲诺基亚罗的研究进路所具有的第四个方法论的原则是“自我指涉性”。这一术语所指的是，前述那些原则不仅会被应用于分析科学争论，而且也将同样被用来检视其他非形式逻辑和论证理论学者所做的研究工作。依此方法，菲诺基亚罗对于本领域中许多重要学者的研究成果都进行了解释和探讨。①

菲诺基亚罗最近的一本专著以“伽利略为哥白尼世界观进行辩护”时所涉及的那些争论为主题。哥白尼认为地球在自转（地动说论题）的同时也在围绕太阳旋转（日心说论题）。该书不仅很好地展现了前述的那些方法论原则，而且还提出一种更深入的洞见。依菲诺基亚罗的说法，对于这场争论的解释和评价还会成为一种特定形式的辩护，他将之称为：

① 在菲诺基亚罗的文集（Finocchiaro，2005a）中包含着一些章节，其中就讨论了珀金斯、马西、西格尔、科恩、葛兰西、巴斯和克罗贝、弗里曼、阿诺德和尼科尔、阿姆斯特丹学派、沃尔顿、约翰斯通、高德曼、约翰逊、汉布林、夏皮尔和波普尔的研究成果。

> ……一种特殊的、同时也可称为是一个“跨越性论题”：在今天看来，在当时伽利略事件发生的历史背景之中，在当时那种针对科学与宗教、制度权威与个人自由间关系的争论背景之下，我们若要为伽利略做出恰当的辩护，就应当也要与他为哥白尼所做的辩护一样，展现出“合理性”、“批判性”、“开放性”和“公正性”这样一些特征。(Finocchiaro，2010，p. x)

进而，菲诺基亚罗在伽利略研究中得到了一种体现着“互易性”的规范标准，即“我们自己如何对待别人，别人就如何对待我们”这样一条准则——并以之来解读该研究中的“跨越性论题”。借此，他所采用的那种分析和评价科学争论的非形式逻辑方法或经验逻辑方法所具有的解释性特质以及在这种方法背后的那些规范原则，都同样得到了很好的展现：对于历史上的科学争论的评价，不应当采取某种先验设定的标准，而是应当采用经验的标准，也就是那些我们能够从参与争论的科学家们所做的推理当中所得出的标准。

7.5　戈维尔对非形式逻辑核心议题的理论探讨

本章第 7.2 节概述了非形式逻辑运动的历史背景和非形式逻辑学者所探讨的主要问题，在其中，我们提到了非形式逻辑与形式逻辑之间存在着两个方面的重要差异：第一，非形式逻辑学家并不将演绎有效性视为评估论证的唯一逻辑标准，而是试图寻找其他的论证规范标准；第二，非形式逻辑学家试图对那些在实际生活中所发生的论证活动做出合理的分析和评估，而不是专注于那种由推理过程所产生的抽象成品。在本节中，我们将讨论戈维尔的理论贡献，她的研究为非形式逻辑运动提供了重要支持，而且其研究成果也充分体现了上述这两个方面的理论特性。

戈维尔对于各种形式的“演绎主义推理”都进行了批评，并进而提出了分析和评估各类论证的新方法，这些方法所采用的论证标准都不同于形式有效性标准（以及与有效性相关的那些标准）。而且，对于与自然语言论证的分析和评估相关的许多重要理论问题，戈维尔都加以了探讨，同时，她还著有一本很有影响力的教科书（Govier，1985），该书讲授的是如何对不同领域中的论证性会话做出恰当的重构和评价。①

在讨论戈维尔的非形式逻辑研究时，我们将首先分析她对于形式逻辑与非形式逻辑之间差异的看法。其次，我们再探讨她是如何来分析非形式逻辑中的几个核心理论议题的，其中包括论证类型、省略前提和谬误。最后我们将对她的理论贡献所具有的特质做一个一般性的讨论。②

戈维尔反对形式逻辑的论证理论，她的批评意见与图尔敏以及其他一些学者的观点相似。在她看来，形式逻辑所提供的那些工具，并不特别适用于我们对自然语言论证进行分析和评估。进而，对于诸多逻辑学家都误将形式有效性作为论证评估的基本标准，她深感失望：

> “形式有效的论证”看上去已经成为一种论证范式。这一范式对于那些具有形式逻辑背景的逻辑学家和哲学家影响至深，以至于使他们都无法再去正视一些显而易见的东西了。那就是，精确性和真实性并不总是能和谐相伴，真实的论证并不适宜于形式化处理，并且这种处理方式也不见得有什么效果，而且，也还有那么多关于论证分析与评价的非形式问题，有待于我们去加以探讨和解答。（Govier，1987，p.10）

戈维尔特别批评了“好的论证必定是演绎有效的论证”这一看法。她区分了两种“演绎主义者”，一种是“怀疑论的演绎主义者”，他们认为大部分的自然语言论证都是无效的，并且认定“所有无效的论证都是完全错误的论证，而且它们的错误也是同等严重、没有区别的”；另一种是“非怀疑论的演绎主义者”，他们将无效的论证看作“不完全的论证……并且认为它们都具有隐含的前提，只是论证者在做出该论证时并未言明这些前提”（Govier，1987，p.25）。

依戈维尔的看法，形式逻辑不仅不足以为自然语言论证的分析和评估提供理论方法，而且它也根本无法处理论证研究当中的一些核心问题：

---

① 在非形式逻辑领域之外，戈维尔还对诸多社会哲学中的理论问题都有深入研究，如“信任”、“宽容”与“和解”问题。但是，在本书中我们不会讨论她在这些方面的论著。

② 在写作本节时，我们参见了艾伦（Allen，1990）和布莱尔（Blair，2013）的论文。

> ……“到底存在着多少种不同的论证类型？”“什么时候、以及基于什么理由我们可以判定一个论证具有省略或未言明的前提？”“对于论证的可靠与否而言，要求前提为真这是否太过严苛了？”对于诸如此类的问题，我们应用形式化的技术根本无法对它们做出回答。（Govier，1987，p. 13）

这样一些问题所对应的就是论证类型、省略前提以及论证评估这些非形式逻辑中的核心议题。随后，就让我们来看看戈维尔在这些议题上所做出的深入探讨。

在存在多少种不同论证类型的问题上，戈维尔认为，实证主义哲学家所普遍接受的那种“演绎论证和归纳论证”的二分法是站不住脚的：“在演绎论证和归纳论证之间的这种区分是具有欺骗性的，而且具有理论上的危险性，因为这一区分使得大家如此轻率地就抹杀了那些非演绎的，但同时却不属于典型归纳形式的论证。”（p. 53）为了说明这一点，戈维尔将我们引向了另外两位哲学家的工作，他们都在推理和论证的问题上提出了不同于传统的看法，而这些看法则为我们发展一种更为恰当的论证类型理论提供了出发点。

第一位哲学家是威士顿（John Wisdom）。他于 1957 年在弗吉尼亚大学做了一个系列讲座（Wisdom，1991），其中提出了一种特殊的推理类型，他将之称为“个案推理”。在威士顿那里，这一术语所指的是一种既非演绎又非归纳的推理，其中，我们通过在一个特定个案与其他相似个案之间的某种类比，来对该特定的个案做出推论。在戈维尔看来，对于那些基于“从个案到个案推理”的论证来说，很难为它们的评估提供一个一般的规则：“个案推理看起来很难通过一般性规则来加以处理，因为对于什么样的个案之间是相似的，以及它们为什么相似，我们都无法做出某种一般性的说明。”（Govier，1987，p. 64）但是，在现实生活中，此类推理又时常发生，并且人们可能也找到了某种方式来评估与之相应的论证：“尽管我们并不能通过明确的规则来分析这些类比式论证的价值，但这其中仍然也有相关的因素可以被加以理性的分析。个案之间的相似性与差异性需要被清晰指明，并且这些相似性和差异性具有何种程度的重要性，这同样需要得到理性的分析和讨论。”（Govier，1987，p. 65）

戈维尔引导我们关注的第二位哲学家是威尔曼。在其关于道德推理的专著《挑战与回应》（Wellman，1971）当中，威尔曼也提出了一种既非演绎也非归纳的道德推理类型。他将此类推理称为“协同推理”：

> 作为第三种类型的推理，协同推理不同于演绎推理和归纳推理，其差异就在于“在协同推理中，(1) 一个与某一个案相关的结论 (2) 被非演绎地从 (3) 一个或多个同样是与该个案相关的前提得出，并且 (4) 也没有诉诸任何与其他个案相关的内容”。……由此，协同论证就极大地依赖于“相关性”概念。协同论证不同于演绎论证，因为其中被提出的那些因素并不能必然得到结论，而且也并没有被当作是充分支持了结论。协同论证也不同于归纳论证，因为它并不是要通过个案来确证或否证某个假说，而且，在其中（通常都）是引用了各自独立的相关理由，来支持了一个规范性的、理论性的或者哲学上的结论。(Govier，1987，p. 66)

在戈维尔看来，威尔曼提出的“协同推理”同样会对应一种“协同论证”，因此我们应当将“协同论证”作为演绎论证和归纳论证之外的第三类论证。

论证类型的问题不仅在戈维尔的理论著作中得到了探讨，同时，在她那本被广为使用的教科书（Govier 1985，7th edition 2010）当中，也同样涉及了与此相关的讨论。在该教科书中，戈维尔详尽阐释了诸多我们在分析和评估自然语言论证时会遇到的实际问题。在分析不同论证类型及其特征时，她对基于“从个案到个案推理”的论证（Govier，1985，ch. 9）和协同论证（Govier，1987，ch. 10）都进行了仔细说明，并且还针对许多的真实案例进行了恰当的重构和评估。

在探讨“省略或者未表达的前提”这一问题时，戈维尔接受了史克雷文的基本观点，认为在对论证加以重构时应当运用宽容原则。她对这一观点做了进一步的阐发，从而提出我们在解释他人在论证性会话中的贡献时，应当采取的是一种“适度宽容原则”。她将这一原则解释为，“除非我们有很好的理由或明确的经验证据，否则我们就不应当将别人理解为是做出了不合理的论断，或者进行了错误的推论”，而且，如果经验证据并不足以使我们能够明确选定某个可能的解释方式，那么，我们就应当“选择那个能够使得别人的主张最可能正确、使得别人的推论最可能合理的解释方式”（Govier，1987，p.152）。之所以我们要采取这种“适度的宽容原则”，其根据就在于我们可以假定每个参与论证性会话的人，他们在其行为方式上都会与“论证”这样一种社会活动和理性活动所具有的正常功能相一致：

> 我们假定，在非特殊情况下，他人都是正在参与理性论证这样一种社会实践。也即是说，他们是在努力为自己所真诚相信的主张提供好的理由，他们愿意接纳那些针对其信念价值和推理好坏的批评意见。他们都是在遵照该种交流互动的目标行事：也就是说，他们参与该交流互动的目标就是要在相互之间交流信息、交流可接受的观点和已证成信念，并且通过提出好的论证，来为他们所交流的某些观点和信念提供好的理由。如果我们做出此种假定，那么，当会话中出现了某种不明之处时，尽管我们可以将这种不明之处解读为是有害的，或者是不那么合理的，但是，我们还是会去选择另外一种更为通情达理的解读方式。（Govier，1987，p.150）

作为一个案示，戈维尔探讨了宽容原则如何能够被用于补充论证中的省略前提。依她的分析，每个论证都涉及许多未被言明的假定，而省略前提则是这些假定所构成的集合的一个子集。有一种补充省略前提的方式被戈维尔称作“演绎主义”方法，那就是为论证补充一个“关联条件句”，即，补充一个以“已表达前提的合取”作为前件、以“论证的结论”作为后件的条件命题。然而，这一补充省略前提的方法所导致的却是一种“多余的无用添加”，因为它“只是简单重述了那个之前已被表达出的论证”（Govier，1987，p.86）。若要给一个论证补充省略前提，我们必须先判定该论证是某个特定论证类型的一个特例，而且，该特例显得在其推论上是成问题的，但是，从它所例示的那个特定论证类型来看，它却“在添加上某些恰当的内容作为补充前提之后，在推论上就是没有什么问题的了”（Govier，1987，p.102）。随后，基于“适度的宽容原则”以及其他一些与论证解释相关的考虑，我们进一步选择某个最佳的内容作为它的省略前提。

与之前讨论过的论证类型问题一样，戈维尔也将她关于省略前提的研究结果融入了其教科书当中。这些理论成果被转化为论证分析与评估中的一些实用指导方针，如“若无恰当理由，就不应补充任何省略成分”（Govier，1985，p. 33）。在书中，戈维尔实际上也应用了这些指导方针，来重构一些具有省略前提的真实案例。

在探讨论证评估问题时，戈维尔的观点与汉布林及其他一些学者一样，她认为演绎无效性既不是论证成为谬误的必要条件，也不是其充分条件。演绎无效并非必要条件，如一个“稻草人”形式的论证并不必定是无效的，因为其中那个对于所反对立场的误解，也可能正好能成为使该论证有效的一个前提。演绎无效也不是充分条件，是因为存在着诸多并非演绎有效、但却并不是谬误性的论证（Govier，1987，pp. 186 - 187）。

在她那本教科书（Govier，1985）中，戈维尔分析了许多含有谬误的自然语言论证。她将所有这些谬误都解释为是未能满足“相关性—可接受性—充分性”（RSA）标准。这三条标准要求，一个合理的论证必须所有的前提都是可接受的，都与结论相关，并且为结论的成立提供了充分的根据。尽管戈维尔明确提出所有的谬误都是由于违反了这三条标准的要求，但她却并不认为所有未能满足这三条标准的情形都是谬误。戈维尔并未给出一个一般性的谬误理论，相反，她只是针对一个个的具体实例来进行分析，说明在某个具体的例子中适用的是哪一条标准，以及该标准为什么未能得到满足。

总体来看，戈维尔对于非形式逻辑的理论贡献在于，她对非形式逻辑学家在发展其论证分析方法和论证评估标准时所依赖的那些基本理论预设，都进行了很深入的探讨。对于非形式逻辑学家所提出的那些方法，她也加以批判性的发展，并且还结合语用视角和语言学视角，对它们进行了转换和改进，以使之能够更好地实现其目标。除了对分析和评估自然语言论证的理论工具做出了发展之外，戈维尔还非常清晰和恰当地为我们展示了非形式逻辑的理论工具是如何得到实际应用的。[①] 在第 7. 2 节

① 除了本节所讨论的这些重要理论议题以外，戈维尔还在其教科书（Govier，1985）中分析了诸多其他理论问题：如何区分论证与解释，如何分析论证的结构，如何基于 RSA 标准来对论证加以评估，如何图解论证，如何应用形式逻辑的一些方法，如何运用论证评估的方法来分析发生在社会科学领域中的论证以及社会生活不同场景中的论证。

中概述非形式逻辑的历史发展时，我们曾谈到过非形式逻辑运动和批判性思维运动之间具有密切的关系，实际上，戈维尔的工作就正好凸显了这两者之间的关联。对于"如何将非形式逻辑所发展的理论工具恰当运用到真实论证的分析和评价之中"这一问题，戈维尔为我们提供了诸多具有实用价值的指引，而这些指引也可以被看作一种促进人们批判性思维技能发展的典范方式。

7.6　认识论进路

非形式逻辑运动的一个核心理论目标是要发展评估自然语言论证的规范和标准。在发展这些规范和标准时，有些学者则从"认识论"这一哲学分支当中受到了理论启发。"认识论"研究的是关于"知识"和"已证成信念"的理论。对于非形式逻辑研究中的认识论进路而言，其背后的一个基本想法就是，论证活动应当使得其参与者在认知状态或认知境况上得到改进。这也就意味着，在论证性互动结束之时，其参与者应当获得了新的知识，或者是能够对已有的信念给予更好的证成。在理想的情况下，就是参与者所持的信念通过论证而成为"真的"，或者更接近为"真的"了。

"论证性互动应当导向认知改进"这一想法，其实也类似于批判性思维运动背后的那个基本想法，那就是，人们应当学会如何来对自己所面对的观点做出批判性的评价。像巴特斯比（Battersby，1989）和韦恩斯坦（Weinstein，1994）这样的学者，就把认识论的研究进路和批判性思维联系起来，他们将"批判性思维"就定义为"应用认识论"。在本节中，对于那些将认识论研究成果应用于批判性思维技能培养的工作，我们将不予讨论，而是只会专注于对不同学者所提出的论证评估的认识论标准进行一个梳理。首先，我们会对认识论研究进路的基本理论出发点进行分析。其次，我们会讨论认识论进路学者所提出的各种论证评估标准，同时，也会探讨一下认识论进路的谬误理论所具有的一些基本特征。最后，我们会专门对平托所发展的认识论进路的非形式逻辑理论做一个简要概述。①

依照卢默尔的说法，认识论论证研究进路的基本出发点是“论证活动的标准结果是知识和已证成信念”（Lumer，2005，p. 190）②。同时，卢默尔还将之与其他研究进路的基本出发点进行了一个比较，如，以佩雷尔曼和奥尔布赖切斯—泰提卡的“新修辞学”理论为代表的“修辞学研究进路”，以及以范爱默伦和荷罗顿道斯特的“语用论辩学”理论为代表的“以共识为目标”的研究进路。③

在卢默尔看来，修辞学研究进路将“说服”当作论证活动的标准结果，也就是说，论证使得听众接受了论证者所辩护的那个观点，或者是增进了听众对该观点的接受程度。他对于修辞学进路提出了批评，认为它导致了不好的结果：“由于修辞学并不以‘真’和‘知识’为目标，因而它常常会导向错误的信念，也即是说，它使得我们对于‘真实世界是如何的’得到了一些不当的理解，并进而导致了一些带来极大负面后果的错误决断。”（Lumer，2005a，p. 190）

卢默尔认为，“以共识为目标”的研究进路则将“共享信念”当作论证活动的标准结果，也就是说，在某个特定信念的可接受性上，论证者和他的目标听众在讨论中达成了一致。在他看来，这一研究进路与修辞学研究进路遭遇着同样的困境。由于在“以共识为目标”的研究进路中并没有为“已证成信念”提供任何客观标准，因而它无法保证通过论证过程而最终获得的那个“共享的信念”就是一个“已证成信念”：“一个信念的真显然并不依赖于是否另有他人在共享着该信念，而是取决于它是否满足了判定一个命题为真与否的那些条件。虽然那些推崇‘共识’进路的学者也提出，他们达成共识的方式也是受到相应规则调控的，并

---

① 此外，还有一位不容忽视的认识论进路学者是艾德勒（Adler，2013）。

② 在写作本节的这一部分时，我们参阅了卢默尔关于认识论研究进路的综述性文章（Lumer，2005）。该文是卢默尔为《非形式逻辑》杂志“论证研究的认识论进路”专刊（*Informal Logic*，Vol. 25 issue 3，Vol. 26 issue 1）所写的导引，因为他担任了这两期专刊的客座主编。

③ 对于这两种进路的更详尽说明，读者可分别参见本书第 5 章“新修辞学”和第 10 章“语用论辩论证理论”。参阅这两章也可以使大家了解到，认识论进路学者对于这两种研究进路的批评，实际上只是针对了它们全部理论成果中的很小一部分。

且这些规则也是为参与者所共同接受的，但是，这其实也没有什么帮助，因为最终达到的那个‘共识’，也仍然可能没有满足关于‘真’和‘可接受性’的客观标准。”（Lumer，2005a，p. 191）①

就卢默尔的这些批评而言，其要义就在于，与认识论研究进路不同的那些理论所发展的论证标准都是主观性的或者是主体间性的，但它们从认知的角度来看都不够分量，而且其适用的范围也有限。认识论研究进路的学者们则致力于发展一系列论证评估的客观标准，也就是说，对于任何一个信念而言，无论它是仅作为一个观点还是被应用于一个论证当中，运用这些标准我们都能够判定它是不是一个“已证成信念”。这些客观的标准都来自我们关于“知识获得”和“信念之合理证成”的哲学理论，它们所注重的是与知识增长相关联的各种因素。与此相应，认识论研究进路的学者区分出了四种因素，并进而提出了四类标准：“诺斯底标准”、“似真性标准”、“可达性标准”② 和“责任性标准”。以下我们对这些标准分别做一个简要讨论。

“诺斯底标准”着重从论证的对象来界定已证成信念。如下就是诺斯底标准的一个例子：“一个论证对于个体 S 而言是好的，当且仅当：（1）S 能够合理地相信该论证所有前提的合取；（2）S 能够合理地相信这些前提与结论具有‘恰当的关联’；（3）对于 S 而言，该论证并没有被废止。”③

“似真性标准”着重从前提本身来界定已证成信念，也就是说，它们注重检验前提本身的内容和相关性所具有的认知质量。也正由此，有时似真性标准也被人称为“结构性标准”。在比罗和西格尔的论著中就能找到此类标准的例子（Biro & Siegel，1997；Biro & Siegel，2006）。

“可达性标准”所考虑的则是认知状态或认知境况改进过程中的另一

① 认识论进路学者针对“以共识为目标”的研究进路所做的特定批评，特别是针对语用论辩理论的批评，可参见西格尔和比罗（Siegel & Biro，1997，2008，2010）和卢默尔（Lumer，2010，2012）。针对这些批评所做的回应，则可以参见赫尔森和范拉尔（Garssen & van Laar，2010）、博廷（Botting，2010，2012）以及范爱默伦（van Eemeren，2012）的论文，同样也可参见本书第10章“语用论辩论证理论”。

② “prosbatic”这个词源自希腊语中的“*prosbatos*”（可及、可达）。

③ 这个例子转引自卢默尔（Lumer，2005，p. 198）著作，它来自费尔德曼（Feldman，1994，p. 179）的著作。

个因素，那就是，论证对象要能够相信前提的真实性（可接受性）以及相信前提与结论的真实性（可接受性）之间具有相关性，这其实还需要具有相应的其他知识。而“可达性标准”所针对就是，论证对象是否能够获得这些知识。“可达性标准”有时也被人称为“情境性标准”，因为这些标准着重从论证所发生的情境来界定已证成信念，也即是说，着重从论证的对象和论证的时间上来界定已证成信念。总体而言，“可达性标准以一种二次方程式的方式来定义什么是好的论证活动：‘一个论证活动是好的，也即意味着在该论证活动过程当中，对于在某个时间点 t 上针对某人 s（并基于知识库 d）所做的某个论证 a 而言，它在很多情况下都不需要再援引知识库 d 中的内容”（Lumer，2005，p. 195）。[①]

最后，“责任性标准”所针对的是论证者的认知责任，也就是论证者在多大程度上将他的知识传递给了其论证对象。在高德曼的理论（Goldman，1994，1999）中就提出了此种“责任性标准”。卢默尔认为，之所以需要“责任性标准”，是因为论证的评估过程也可以被看作一个“发生在人际的知识增长过程”（Lumer，2005，p. 198）：“如果某人自己知道，他所做的论证对于其论证对象而言是好的（满足了诺斯底标准，或者似真性与可达性标准），但对于他自己而言却并不是好的（不满足责任性标准），那么，必定是该论证者拥有了一些其论证对象并不知道的相关信息。进而，为了能够改进其论证对象的认知境况，论证者就应该改进他的那个论证，以明确地给出这些信息。”（Lumer，2005，p. 198）

就上述这几类评估论证的标准而言，也存在着一些相关的理论问题。首先，诺斯底标准和似真性标准主要是与作为结果的论证相关，而可达性标准和责任性标准却是与作为过程的论证相关。其次，在每一类标准的具体内容上，学者们都未能形成一致的看法。最后，我们到底应当采取哪类标准来评估论证，对此学者们同样没有一致的看法。实际上，认

① 依卢默尔之见，若要说明什么是一个好的论证，那么“似真性标准”和“可达性标准”都是必需的：“结构性、似真性标准可以被看作是对于所用的‘工具’加以了界定，也就是对于‘论证’加以了界定，从根本上讲，这一工具（论证）就是要用来实现论证活动的标准功能。另一方面，情境性、可达性标准则可以被看作是设定了运用工具的规则，也就是说，在何种认知情境当中，对于工具的使用能够真正实现论证活动的标准功能？”（Lumer，2005，p. 196）像卢默尔和约翰逊这样的学者，在其理论中就是同时要求这两类标准（Lumer，1990；Johnson，2000）。

识论进路的学者也只是分别为一些特定类型的论证提供了评估标准，而不是提出了一种系统全面的论证评估理论。卢默尔（Lumer，1990）和费尔德曼（Feldman，1999）为演绎论证提出了认识论标准，卢默尔（Lumer，1990）、费尔德曼（Feldman，1999）和高德曼（Goldman，1999）为一些特定类型的似真论证提供了标准，此外，费尔德曼（Feldman，1999）也讨论了因果论证，而卢默尔（1990，Lumer）和费尔德曼（1999，Feldman）也为实用论证提供了评估标准。在研究对象范围上更宽泛一些的是韦恩斯坦（Weistain，2002，2006）和高德曼（Goldman，1999）的著作，其中提出了关于科学理论真理的评价标准，此外还有弗里曼的著作（Freeman，2005a），其中发展了一种判定前提可接受性的认识论理论。

认识论研究进路的学者在为论证评估提供规范标准的同时，也为一种特定的谬误理论奠定了基础。从最一般的意义上而言，谬误就是不好的论证，但是，要能够判定一个论证在什么情况下是“不好的”，我们就必须知道一个论证在什么情况下是“好的”。正由此，在论证理论的许多研究进路之中，都会将谬误界定为是违反了好的论证所应满足的规范、规则、标准或要求，认识论的论证研究进路也不例外：“在认识论研究进路当中，我们从正面发展了好论证的特定标准，而谬误理论只不过是这些标准的负面对应物。简单来说，谬误就意味着没有满足这些标准。”（Lumer，2005，p. 202）

由于认识论进路的学者提出了不同类型的论证标准，因而，他们对于谬误的界定自然就是不一样的。以各自所发展的论证标准为基础，一些学者提出了一种诺斯底式的谬误界定，另一些学者则提出了一种似真性的谬误界定，还有一些学者的谬误界定则以似真—可达性的标准为基础。[①] 同时，认识论进路学者的谬误研究方式也与他们对于论证评估标准的研究方式一样，他们只是对于一些特定类型的谬误加以研究，而没有

① 按卢默尔的说法（Lumer，2005，pp. 202 – 203），福吉林和达根（Fogelin & Duggan，1987）以及高德曼（Goldman，1999）都提出了一种诺斯底式的谬误界定，西格尔和比罗（Siegel & Biro，1997）则提出了一种似真性的谬误界定，而他自己（Lumer，2000）发展了一种似真—可达性的谬误界定。

提供任何一种一般性的谬误理论。认识论学者尤其着重探讨了“乞题”、“人身攻击”、“诉诸武力”、“肯定后件论证”、“诉诸无知”以及“诉诸流行意见”等谬误类型。①

由于过多地聚焦于对论证评估标准的研究，以及与此相关的谬误分析，大部分的认识论学者在其研究中都没有关注论证理论的另外两个重要领域：论证的分析和论证的建构。费尔德曼（Feldman，1999）和卢默尔（Lumer，2003）提出了一些论证分析的方法，但这些方法所注重的都是如何基于一个理想的论证模型来对具体论证实例加以解释，而不是对于特定交际领域中所发生的论证性互动加以重构。而且，认识论学者对于论证建构的那些研究也同样如此。卢默尔（Lumer，1988）和高德曼（Goldman，1999）所提供的那些论证建构指引就只是针对如何开展一个以探求真理为目标的讨论。除此之外，认识论研究进路的学者也并没有发展什么针对其他目标的论证建构理论，来指导人们写作论证性语篇或参与论证性讨论。

非形式逻辑学家平托的研究，可以被看作认识论研究进路的一个代表性理论。平托的论著广泛涉及认识论、心灵哲学、非形式逻辑和论证理论。平托的研究特点很好地展现在他对于“保证”概念的哲学分析上。他将“保证”理解为“实质推论”，也就是那些在其形式上并不有效的推论（Pinto，2006）。对于“保证”的分析而言，平托列出了如下三个需要加以探讨的问题：

（1）表达保证的命题具有何种形式？

（2）能够决定论证有效与否的是哪些特性？

（3）表达保证的命题具有了什么样的特性，从而使之具有了规范效力？

在平托看来，有效论证的关键特征并不在于它们是“保真的”，而是在于它们是“保权的”。对于一个论证而言，如果在合理地预设其前提成立的情况下，我们也能够合理地预设其结论也是成立的，那么，这个论证就是保权的。平托对于“保证”所做的此种理解方式，实际上与图尔

① 研究这些特定类型谬误的具体论著信息，可参见卢默尔（Lumer，2005，pp. 203 – 204）的著作。

敏（Toulmin，2003）对于“保证”的看法具有理论关联，同时，它也与希契柯克（Hitchcock，1985，1998）关于省略论证和“覆盖性概括”的观点相关（参见本书第4.8节）。

此外，平托也探讨了非形式逻辑当中的一些其他问题，如理由的强度以及论证所发生的交际语境（Pinto，2009，2010）。他还与汉森一起主编过一本关于谬误理论的文选（Hansen & Pinto，1995），其中收录了古代和现代谬误研究的经典篇章。平托自己也出版过一本论文选集，其书名为《论证、推论和论辩学》（Pinto，2010）。

7.7　弗里曼论论证结构与论证可接受性

弗里曼的非形式逻辑研究主要集中在两个理论主题之上，其研究成果非常扎实，也很有影响力。首先，我们将讨论一下他关于论证宏观结构的理论看法。其次，我们再对他关于论证可接受性的观点做一个介绍。

在《论辩学与论证的宏观结构》（Freeman，1991）一书中，弗里曼提出了一个论证结构理论，该理论聚焦于分析论证中的陈述以何种方式相互结合而成为一个更大的论证，而不是去分析这些陈述自身所体现的内在结构。弗里曼将前者称为论证的“宏观结构”，将后者称为论证的“微观结构”。论证的“微观结构”被说成是演绎逻辑所研究的对象。对论证做微观结构的分析具有一定的理论价值，如，这一分析能够揭示出某个论证由于“遵循”了“肯定前件规则”，或者是“遵循”了其他某种形式有效的推论规则，因而会具有真值函项有效性。展示论证的宏观结构需要用到非形式逻辑所发展的那些图解技术，如树形图，以及方形和箭头的表示方法。弗里曼认为，对论证做宏观结构的分析，这并不是仅适用于那些演绎论证，而是适用于所有类型的论证。宏观结构的分析将有助于我们对论证进行评估（Freeman，1991，pp. xii – xiii）。

弗里曼的论证研究有一个特点，那就是他是在一个对话的背景中来对论证的结构加以分析。一个论证是在由不同个体所参与的一个对话当中逐渐发展而成的，在该对话当中，其参与者分别做出各自的陈述，提出和回应问题，并且给出相关的证据。弗里曼将论证视为一个论辩式的进程，因而他认为那些独白式的论证也都是在一个论证性对话中所形成的结果。

弗里曼的论证研究深受图尔敏论证模型的启发（参见本书第 4 章“图尔敏论证模型”，特别是第 4.8 节）。若用弗里曼自己的术语来说，图尔敏论证模型所展示的正是对于论证宏观结构的分析。弗里曼对于论证结构的这种对话式分析，能够较好地适用于司法语境，而图尔敏也正是从司法语境中得到启发才提出了他那个论证模型。

弗里曼将他对于论证宏观结构的研究与另外三种论证结构研究加以了比较。第一种是关于论证结构的“前提—结论模型”。“前提—结论模型”与演绎逻辑所理解的那种论证结构相关联。但从弗里曼的观点来看，这一模型却主要是展现着论证的微观结构。依他之见，之所以会在非形式逻辑研究中发展和使用那些论证图解方法，并且这些方法也会具有明显的实用性，这正表明了“前提—结论模型”是不充分的。第二种关于论证结构的研究体现在比尔兹利（Beardsley，1950）和托马斯（Thomas，1986）的工作中，弗里曼将之称为“论证图解的标准方法”。这一标准方法区分出了四种宏观结构：发散结构、序列结构、收敛结构和结合结构（参见第 7.2 节）。最后一种关于论证结构的研究是图尔敏模型，其中区分出了根据、主张、反例、保证、支持和限定词这些结构要素。

弗里曼研究论证结构的一个主要理论目标，就是想要通过从“论辩学”的理论视角来探讨论证结构问题，从而为论证结构理论提供更坚实的理论基础。在他看来，他的理论能够对各种论证结构研究都做出合适的评判，并且还能够更好地澄清论证宏观结构要素之间的差异和关联，特别是关于收敛型论证和闭合型论证之间的差异和关联。

弗里曼还对于“对话情境”和“论辩情境”加以区分。在一个对话情境当中，参与者共同参加一个特定类型的对话，相互之间针对某些议题交换看法，或者为了某个目的而相互交换意见。只有当一个对话情境能够进一步满足另外一些额外要求时，它才能成为一个论辩情境。对话参与者之间需要存在某种对立，相互之间的交流必须采取问答的形式，并且遵循某些特定的规则，而这些规则确定了参与者的特定角色，并为对话的展开设定了相应的限制。就此而言，弗里曼的“论辩情境”理解实际上与范爱默伦和荷罗顿道斯特（van Eemeren & Grootendrost，1984）

所发展的“批判性讨论”概念存在着理论关联。

弗里曼（Freeman，1991，pp. 33 – 37）也指出，论证图解技术和论证宏观结构理论都需要满足一些必不可少的要求。一种论证图解技术应当是可以被广泛和直接地加以应用的，并且其应用也应当能够准确揭示出真实论证的结构。而一种论证宏观结构的理论，则应当为论证结构中所区分出的各种要素提供理论基础。

在弗里曼的理论框架中，我们在“分析他人的论证”时应当追问三类不同的问题（Freeman，1991，p. 37）：第一类问题与论证的可接受性相关：“我为什么要相信论证中的前提?”“你怎么知道这个理由是真的?”第二类问题针对的是论证的相关性：“为什么这个理由是与结论相关的?”“你是怎么从理由到达结论的?”后面这一问题实际上就是图尔敏关于“保证”所提出的那个问题；第三类问题是“理由充分性问题”：“你还有其他的理由吗?”“你到底在多大程度上确信你所给出的理由能够支持你的结论?”“为什么你能够达到如此程度的确信?”“会不会在某些情况下你的理由将不能支持你的结论?”（Freeman，1991，pp. 38 – 39）弗里曼将这些理论问题与论证结构的不同要素结合了起来。如，“为什么这个理由是与结论相关的?”这一问题就会与“闭合型论证”结构相关联。同时，他也将自己的理论与格莱士（Grice，1975）和雷切尔（Rescher，1977）的理论进行了比较，认为其理论与格莱士所提出的“理性讨论中的合作原则”，以及雷切尔所分析的那些在“形式争论中所提出的问题”（参见第 6. 4 节），都具有相似之处。

基于上述理论框架，弗里曼认为，图尔敏所提出的“保证”要素其实不应当出现在论证图解当中。为了论证这一点，他援引了“作为成果的论证”和“作为过程的论证”这一区分。由于“保证”其实是对于“你是怎么从理由到达结论的?”这一问题所做的回答，因而，当我们考察整个论证性对话的发生过程时，它具有重要的作用。但是，当我们分析“作为成果的论证”时，“保证”的作用就不那么明显了，因为此时我们的分析对象已经抽离了那个追问保证的问题。弗里曼认为，在作为过程的论证当中，也即是论证性对话当中，“保证”具有其正常的作用，但在作为成果的论证当中，也就是在论证图解当中，却并非如此。

依弗里曼的分析，在“论证图解的标准方法”中，“闭合型论证”与

“收敛型论证”之间的区分是非常成问题的。与此相关的那些定义，也通常都只是基于直觉的，或者是含混不清的（Freeman，1991，p. 97）。而弗里曼认为在他自己的理论框架中，这两者的区分就会变得清楚得多。“当论证中的两个或多个前提必须被放在一起考虑时……我们才能明了为什么所给的理由与结论是相关的”（Freeman，1991，p. 97），那么，这个论证就具有一个“结合式”的结构。“当论证中的两个或多个前提各自都能独立地与结论相关时”（Freeman，1991，p. 97），那么，这个论证就具有一个“收敛型”的结构。在弗里曼看来，相比原有的那些区分“闭合型论证”与“收敛型论证”的方法，如借助“逻辑上结合”、“相互组合在一起”或者“填补了逻辑空隙”这样的方式来区分，他这种运用“相关性”概念来对两者加以区分的方法就要更好一些。为了进一步验证这一点，他还专门讨论了许多例子，而这些例子若从“论证图解的标准方法”来看都会是不那么清晰的。

弗里曼还探讨了论证宏观结构中的“模态限定词”和“反例”这两个要素。他将“模态限定词”看作对于某个主张的限定词。如，“约翰明天会过来”这一主张就可以用“很可能”这一模态词来加以限定，“很可能约翰明天会过来”。弗里曼认为，“反例”应当成为论证宏观结构的一个特定要素，但他也承认，反例的数量也可能是无限的。但与图尔敏不同的是，弗里曼还讨论了对于反例的反驳（Freeman，1991，pp. 164 - 165）。他将自己关于“反例”的探讨与哈特（Hart，1951）所提出的“可废止概念”结合了起来。如，“法律合同”的概念就是一个哈特所说的可废止概念。“可废止概念”与论证和论证结构的关联就在于，一个法律合同要能够得以确立，我们必须不仅要考虑那些支持该合同确立的支持性论证，同时还要考虑那些反对该合同确立的反对性论证。

语用论辩学者（van Eemeren & Grootendorst，1992a；Snoeck Henkemans，1992）以及非形式逻辑学家沃尔顿（Walton，1996b）也曾提出过各自的论证结构理论，这些理论都与弗里曼所发展的论证宏观结构理论相类似。斯诺克·汉克曼斯（Snoeck Henkemans，1992）曾经从语用论辩学的理论视角，来对弗里曼早期的那些论证结构研究进行过讨论和批评。在评介弗里曼的一本著作时，斯诺克·汉克曼斯（Snoeck Henkemans，1994）对其理论提出了一个特定的批评意见，那就是，虽然“闭合型论证”与“收敛型论证”的区分原本确实不那么清楚，但是弗里曼却把这一区分变得更加模糊了，因为在弗里曼的理论中，论证反而可以在形态上既是结合式的又是收敛型的了（Snoeck Henkemans，1994，pp. 320－321）。

弗里曼的研究成果也得到了一些研究论证支持软件的学者的认可，特别是里德和罗维（Reed & Rowe，2004）[①]。2011 年时，弗里曼在其著作中又对自己的论证结构理论进行了改进和扩展，并进一步结合了威格莫尔提出的论证图解方法（Wigmore，1931），以及普洛克所发展的“推论图”方法（Pollock，1995）[②]。同时，弗里曼（Freeman，2011）也回应了斯诺克·汉克曼斯（Snoeck Henkemans，1994）和沃尔顿（Walton，1996b）对其理论的批评，其中，前者是针对弗里曼区分“闭合型论证”与“收敛型论证”的方式，后者则反对弗里曼所提出的应对“相关性”概念做更深入分析。

除了关于论证宏观结构的研究之外，弗里曼还出版过另一本专著（Freeman，2005a），书名为《可接受前提：非形式逻辑问题的认识论研究》。该书的主旨是要回答这样一个问题：“什么时候论证的前提能够被当作是可接受的?”而且，弗里曼在书中对于这一问题的处理，与他关于论证宏观结构的那些理论并没有任何关联。弗里曼首先讨论了判定“前提可接受性”的诸多流行标准。依照这些标准来看，一个陈述要成为可接受的，当且仅当，该陈述（a）是真的，或者（b）被知道为真，或者（c）已经被接受，或者（d）有一个论证支持它，再或者（e）是很可能的（Freeman，2005a，pp. 10ff）。弗里曼认为这些标准都是不恰当的，并受科恩（Cohen，1992）的“假定”理论的启发，他进而提出了一种新的可接受性标准。在科恩看来，如果没有理由反对我们做出某个假定，那么我们就可以做出该假定。由此，弗里曼提出（Freeman，2005a，p. 21），“对于一个命题（如前提）而言，如果存在着一个它能够成立的假定，那么该前提就是可接受的”。实际上，这样一种看法也非常接近于“论证的可废止性”的观点（参见本书第 11. 2 节）。

① 关于弗里曼对于图尔敏理论的讨论，读者也可参见第 11. 4 节和第 11. 10 节。

② 普洛克还探讨了论证的“削弱”和“击败”，可参见第 11. 2 节。

通过援引普兰丁格（Plantinga，1993）的理论，弗里曼（Freeman，2005a，p. 44）也讨论了命题可接受性和假定所依赖的四个条件：（1）对于命题中的那个信念而言，产生它的那个机制必须是正常运作的；（2）该机制必须是在一个恰当的环境中运作的；（3）该机制必须是以探求真为目标的；并且（4）该机制是可靠的。同时，弗里曼（Freeman，2005a，pp. 62 – 63）还为命题可接受性增加了一个精练的实用性条件：在错误（地假定了该命题可接受）会带来的损失和（为确定该命题而再去）寻找进一步证据所需付出的代价之间，我们还必须能够达到某种均衡。

弗里曼也指出，“假定”这一概念在司法语境中是众所周知的，在其中，关于证明责任的分配将决定哪一方必须对其主张加以辩护。与他关于论证结构的研究相同，弗里曼也将对“假定”的探讨置于一个论辩的背景当中。他区分了四类命题——“逻辑上确定的命题”、“描述性命题”、“解释性命题”和“评价性命题”——并且将这些命题类型与信念产生的机制关联了起来：先验的直觉导向逻辑上确定的命题；知觉、内省和记忆得到描述性命题；物理的、个人的以及制度性的直觉则得到解释性命题（如，因果性命题，信念或意向的归属，语义规则）；而道德直觉则导向评价性命题。此外，他还讨论了“证言”这样一种人际的信念产生机制。

在《对图尔敏“保证”概念的系统化：一种认知的进路》一文中，弗里曼（Freeman，2005b）将他关于“保证”和“可接受前提”的看法联系了起来。基于我们得到“保证”的不同方式，弗里曼将“保证”分为了四种类型，而这一区分则与他在探讨可接受前提时所作的那种区分非常相似：“保证”可以被分为“先验的”、“经验的”、“制度性的”和“评价性的”。

克罗贝（Krabbe，2007）为弗里曼的《可接受前提》一书写了一篇详尽而细致的书评。他认为弗里曼的研究与汉布林的思想以及语用论辩理论都存在关联。在他看来，这一关联体现在，汉布林曾提出，当且仅当一个命题是已经被接受的，它才会是可接受的，而语用论辩理论也认为，讨论参与者会在“开始”阶段就对一些基本前提达成一致。克罗贝也说明了为什么弗里曼的这种认识论式的、规范性的研究对于论证理论而言是重要的：当我们将论证理论应用于评估或建构某个特定的论证时，关于前提可接受性的判断就会变得尤为重要，而且，这一判断也必须以某种恰当的规范理论为基础（Krabbe，2007，p. 109）。

7.8　沃尔顿论论证型式与对话类型

沃尔顿是一位非常多产的学者，他出版了很多著作，发表了大量文章。他早期曾和伍兹一同研究过“谬误”，相关成果收录在 1989 年出版的一本文集之中：《谬误：论文选集 1972—1982》（Woods & Walton，1989）。随后，沃尔顿的理论兴趣逐渐从“逻辑研究”转向了“论辩学研究”，同时也在某种程度上转向了一种“语用”的研究视角。多年来，他的研究重心特别聚焦于两个理论主题：论证型式（如 Walton，1996a；Walton，Reed & Macagno，2008）和对话类型（如 Walton & Krabbe，1995；Walton，1998）。同时，沃尔顿还出版了一本非形式逻辑教材（Walton，1989，2008a）。此外，他也对“论证结构”和一些“特定的论证类型”有深入研究，例如“诉诸专家意见论证”（Walton，1996b，1997）。近年来，沃尔顿的研究开始涉及人工智能领域，并尤其与“人工智能与法”研究相关联（如 Walton，2008b；Gordon *et al.*，2007）①。在本节中，我们将首先介绍他对于论证型式的研究，其次再讨论他的对话类型理论。

依照沃尔顿、里德和马卡诺在《论证型式》一书中的界定：“论证型式都是论证形式或推论结构，它们表达了那些常见的论证类型所具有的结构，这些论证类型在日常会话和特定论证语境（如法律论证和科学论证）当中都经常被使用。”（Walton，Reed & Macagno，2008，p. 1）在他们所列举的论证型式当中，既包括那些我们所熟知的演绎论证型式和归纳论证型式，也包括一些既非演绎又非归纳的可废止论证、假定性论证和回溯论证型式。在他们看来，尽管后面这些论证型式曾经被当作谬误性的，但现在我们却可以把它们看作是合理的论证型式，只是这种合理

① 可参见本书第 11 章“论证与人工智能”，特别是其中的第 11.5 节和第 11.6 节。

性会在它们遭遇到反论证时就被废止。这些反论证的出现，通常都是与论证型式所匹配的那些“批判性问题”相关。如，“玛丽做证说，她看到了约翰出现在案发现场”，这就可以支持“约翰出现在了案发现场”这一主张。但是，这一论证却是可废止的，因为玛丽也可能看错了，或者，她也可能是个不值得信赖的人。对于此种应用了证人证言的论证情形，论证研究学者的任务就是去清晰确定此类论证的具体形式，并给出那些与之相匹配的批判性问题。

基于已有的相关研究，沃尔顿、里德和马卡诺（Walton，Reed & Macagno，2008，ch. 9）列出了许多种不同的论证型式，并将它们置于60个小类之中[①]。在他们看来，如果我们能够充分认识到可废止论证的合法性和重要性，那么，这将会导向逻辑学、人工智能和认知科学研究的一场范式变革（Walton，Reed & Macagno，2008，p. 2）。相比于之前简单地将可废止论证看作完全错误，现在学者们开始不断认识到，我们实际上离不开这些可废止论证，而且，这些可废止论证的合理性取决于它们在特定情境中的应用是否得当。当一个论证型式被加以应用时，与之相匹配的那些批判性问题，就是检验该论证中的可废止支持是否成立的重要工具。

对于论证型式的“批判性问题”研究，沃尔顿、里德和马卡诺将之归功于哈斯廷斯的博士论文（Hastings，1963）。这一论证型式评估方法背后的基本想法就是，如果一个论证的提出者无法回答其反对者所提出的批判性问题，那么该论证就被废止了。在哈斯廷斯之后，当代论证研究学者就开始逐渐采纳了这样一种论证型式的研究进路（如Kienpointner，1992；Grennan，1997；Garssen，2001）。在其探讨论证型式历史研究的章节中，沃尔顿、里德和马卡诺也探讨了论证型式研究与亚里士多德的“论题”研究、佩雷尔曼和奥尔布赖切斯—泰提卡的“论证技术”研究、图尔敏的“领域”概念以及语用论辩理论的“论证类型”研究所具有的理论关联。最后一个所谈的主要是范爱默伦与克鲁格的论文（van Eemer-

---

① 沃尔顿、里德和马卡诺所给出的这个论证型式列表，参照了沃尔顿之前另一本著作《假定性推理的论证型式》（Walton，1996a）中的结果，但在该书中沃尔顿只设置了25个类别。同时，沃尔顿、里德和马卡诺也为每个论证型式都给出了一些参考文献（其中有些是其他学者著述，但大部分都是沃尔顿自己的著述）。

en & Kruiger，1987）。

沃尔顿、里德和马卡诺给出了一个“论证型式目录”，让我们以该目录中的第一个型式为例来简述一下他们的研究成果，该论证型式叫作“诉诸知情地位论证”（Walton，Reed & Macagno，2008，pp. 309，13ff）。按他们的分析，“诉诸知情地位论证”是源自这样一类常见的情形，即在某些情形当中，某些人能够具有对他人有用的信息或知识，如当有人迷路时，他会向人询问如何才能去到火车站。当他做出此询问时，通常都是预设了被问的那个人确实知道如何去火车站。当然，这一预设有时也可能出错。沃尔顿、里德和马卡诺给出了如下“诉诸知情地位的论证”的型式（参见 Walton，2002b，p. 46）：

诉诸知情地位的论证

大前提：　对于某个命题 A 而言，信息源 a 对于 A 所属领域 S 中的内容有所了解

小前提：　a 断定 A 为真（或为假）

结　论：　A 为真（或为假）

批判性问题 1：　a 确实能知道 A 是否为真吗？

批判性问题 2：　a 是否诚实（可信，或可靠）？

批判性问题 3：　a 确实断定了 A 为真（或为假）吗？

大前提说明了背景信息，即，某人（a）处在一个能够知晓相关信息的位置。小前提则说明了这个人确实断定了某个相关的知识内容，如断定了“命题 A 为真”。于是，一个可废止的结论就是“命题 A 确实为真”。而批判性问题则列出了我们在得出这一结论时可能会出错的那些情形：这个人并不是真正处于一个能够知晓相关信息的位置，这个人可能不诚实，或者这个人根本就没有对该知识内容做出过相应的断定。

大部分论证型式都具有一个类似于肯定前件式的结构模式，而其“大前提则是一些具有可废止性的内容”（Walton，Reed & Macagno，2008，p. 16）。如在上述“诉诸知情地位的论证型式”的例子中，尽管某人确实处在一个能够知晓相关信息的位置，但他也仍然有可能会做出错误的断定。论证型式中的大前提和小前提的关系必须被视作结合式的，

而不能是收敛式的。

论证型式也可以被作为培养批判性思维的教学手段。论证型式以及与其相匹配的批判性问题，都有助于我们对论证加以识别和评估（Walton, Reed & Macagno, 2008, p. 21）。与形式逻辑所提供的那些方法相比，论证型式具有很好的适用性和灵活性。而且，论证型式也能够很好地结合论证图解技术以及相应的计算机软件工具，这在教学当中就会变得十分有利（参见本书第 11. 10 节）。

沃尔顿、里德和马卡诺也谈及了论证型式研究的一些不足之处（Walton, Reed & Macagno, 2008, p. 31）。其中，就包括论证型式的"规范性"问题和"完全性"问题：论证型式是如何具有约束力的（如果它确实具有约束力的话）？一个论证型式怎样才算是完全的？对于某个论证型式而言，是否还存在其他一些有必要提出的批判性问题？①

沃尔顿、里德和马卡诺（Walton, Reed & Macagno, 2008, p. 309）也指出，对于论证型式的辨识有时也是随意的。其实，这种随意性也表现在，他们在该书的导论中宣称共有 65 种论证型式（Walton, Reed & Macagno, 2008, p. 4），但在最后给出的论证型式目录中却只有 60 个小类。他们同样也谈到，沃尔顿已在其他著述（Walton, 1996a）中给出了 26 种论证型式（Walton, Reed & Macagno, 2008, p. 3），但其实该书中只有 25 种论证型式。当然，他们也承认这种数目上的不一致，并解释说这是由于在计算论证型式时所使用的基本计数单位不统一所造成的。如，有一些论证型式会具有不同的变体，或者具有多个子型式。那么，在什么时候才会将这些变体或子型式也算作特定的不同论证型式呢？沃尔顿、里德和马卡诺的回答是，相比于论证型式的分类而言，论证型式的数量其实并不是那么重要。他们也提出了一种论证型式的分类方式，其中区分了三个大类："推理"、"依赖于信息源的论证"和"将规则应用于案例"。每一个大类都再细分为许多子类，各个子类中则包含着一些特定的论证型式。如，"推理"这个大类中就包括了"演绎推理"、"归纳推理"

① 目前，已经有学者正在对论证型式和相应的批判性问题做进一步的系统整理，如，在人工智能领域中的一些研究（参见本书第 11. 5 节）以及语用论辩理论中的一些相关研究（Wagemans, 2011b）。

和“因果推理”这样的子类，而在“因果推理”中，又包含着“从原因到结果的论证”和“从相关到因果的论证”。沃尔顿、里德和马卡诺也将他们关于论证型式的研究与人工智能密切结合了起来，特别是对于论证型式的形式化研究以及论证型式在计算机系统中的应用研究（参见本书第11章和第12章）。①

沃尔顿关注研究的第二个主要理论主题是对话类型。在《非形式逻辑》一书（Walton，1989）中，他（基于之前和克罗贝的合作研究）提出了一种对话分类方法，这种方法是通过“初始情形”、“方法”和“目标”这三个要素来刻画不同的论证类型。沃尔顿共区分了九种对话类型，其中包括争吵、辩论、说服（批判性讨论）、谈判、信息寻求、行动抉择以及教学式对话等（Walton，1989，p. 10）。如探究型对话的“初始情形”就是某假说未得到证实，它以“基于知识的论证”为“方法”，并且其“目标”就是要对该假说加以证实。随后，沃尔顿和克罗贝（Walton & Krabbe，1995，Ch. 3，p. 66）一起提出了一种新的对话分类方式，其中区分了六种对话类型（说服、谈判、探究、协商、信息寻求和争吵）以及一些混合型对话（辩论、委员会成员会议、苏格拉底式对话）。最近，沃尔顿（Walton，2010）又给出了一种新的分类方法（参见表7.1），其中共包括了七种对话类型。在之前的六种对话类型基础上，他增加了“发现”这样一种新的对话类型，这一对话类型最早是由麦克勃尼和帕森斯（McBurney & Parsons，2001）提出的。

表7.1　　论证性对话的类型

对话类型	初始情形	参与者的目标	对话的目标
说服	观点的冲突	说服对方	解决或澄清所争论的议题
探究	（某假说）需要得到证实	寻找和检验证据	证明（证伪）假说
发现	需要为某些事实寻求一种解释	寻找某一个恰当的假说，并为之辩护	找到最佳假说，以供进一步检验
谈判	利益的冲突	最大化地获得自己想要的	双方都能接受的合理解决方式

① 可参见本书第11章“论证与人工智能”，特别是第11.5节和第11.10节。

续表

对话类型	初始情形	参与者的目标	对话的目标
信息寻求	需要得到信息	询问或获得信息	信息交换
协商	面临困境或者实际的抉择	调整目标和行动	选择最佳的行动方式
争吵	个人之间的冲突	言语上攻击对手	揭示更深层的冲突所在

沃尔顿将“对话”定义为一种“具有规范性的框架，其中，两个参与者为了一个共同的目标而展开合作，他们依次以言语互动来交流各自的论证”（Walton，1998，p. 30）。在他看来，论证就对应于对话当中的步骤。一个对话有一个总体的主要目标，而其参与者又各有其自己的目标。这两种目标之间有时是一致的，有时也会是冲突的。展开对话既会产生一定的副作用，也会带来一些额外的好处。在沃尔顿和克罗贝看来，这些额外的好处就包括使不同立场都得以明确和得到改进，增加了威望以及疏导了情绪等。在不同的对话类型之中，还存在着一些子类型。如探究型对话就既可能是一个科学探究，也可能是一个公共事务探究（Walton & Krabbe，1995，p. 73），信息寻求型对话也可能发生在不同的场景，如说发生在某个教学式对话、专家咨询、采访或者审讯当中（Walton & Krabbe，1995，pp. 75 –76）。

与对话类型相关的一个特定研究议题是“对话转移”，也就是一个对话在其展开过程中从一种（子）类型变为了另一种（子）类型。不同的对话类型可以混合在一起，如两个人关于“去哪里度假”而进行了一场充满争吵的讨论，这就是同时混合了争吵型对话和协商型对话。但是，不同对话类型之间也可能存在着一个明确的转换，以使得一种对话类型结束而另一种对话类型随之开始，如，本来是关于“去哪里度假”的一个讨论，却可能在牵扯出某些过去所发生的个人冲突时，就立即转换成了一场争吵。“对话转移”可能是“正当的”，也可能是“不正当的”（或者说是合法的或不合法的），因此它也与谬误相关联。例如，一个关于“去哪里度假”的协商型对话可能会转换为一个关于目的地天气情况的信息寻求型对话，之后再重新转换回原来的协商型对话，这样的“对话转移”就是正当的。

依沃尔顿之见，他所发展的“新论辩学”理论与论证评估和非形式谬误研究密切相关。我们刚才已经提到，其“对话转移”的概念就与谬误具有理论关联。在沃尔顿的另一本专著（Walton，1998，pp. 249 - 252）中，他还提出了一种论证评估的“四步法”，这一方法就是将对话类型理论与论证型式理论结合了起来。这一评估方法的目标，就是要使我们能够判别一个论证的使用到底是否合理。该方法的第一步是识别论证。明确论证中的前提和结论，此时，论证型式理论就很有帮助。第二步是识别论证所发生的那个对话语境。这一步就与对话类型理论相关：“该对话的初始情形是怎样的?”以及“这一对话的目标是什么?”第三步是考虑证明责任：“其中所涉及的证明责任是什么”，以及“该论证是演绎的、归纳的还是假定的?”第四步是进行特定方式的评价，如考察论证中相关性是否缺失，或者是否不当地诉诸了情感。

在沃尔顿和克罗贝（Walton & Krabbe，1995，p. 174）看来，他们所发展的理论有助于我们解决对实际论证进行逻辑评估时所遇到的一个主要问题，那就是，逻辑系统总是非常严格和精确的，但相比来看，“日常会话却要随意和自由一些”。而沃尔顿和克罗贝想要寻找一种居中的方式，在其中，以对话来进行建模就显得至关重要。他们意图发展出具有四个优良特性的对话系统，这些对话系统都将会：（1）描绘了真实情形；（2）具有一定的规范性；（3）得到了严格的表述；（4）易于在日常会话中被加以应用（Walton & Krabbe，1995，p. 175）。他们认为，特性（1）和（4）使对话系统更趋近于自然语言的真实情境，而特性（2）和（3）则将对话系统导向相反的方向。

7.9　汉森关于谬误理论、方法以及一些关键概念的研究

汉森是一位非形式逻辑学家，他的研究专注于两个方面：谬误理论

研究史以及非形式逻辑的方法和核心概念。①

汉森和平托共同编辑了《谬误：古典与当代研究选集》（Hansen & Pinto，1995）。该书对于当代谬误研究贡献很大。在该书第一部分介绍所选入的历史文献时，他们也对谬误研究的理论历史给出了一个概述。同时，书中还给出了一个谬误理论的文献目录，其中收录了从20世纪60年代到90年代中期所出现的与谬误研究相关的重要论文和著作信息。除了这本选集之外，汉森也（合作）发表了多篇关于古代谬误研究和谬误定义的论文，他尤其关注探讨了亚里士多德的谬误理论。

辛迪卡（Jaakko Hintikka）曾试图借助一种“问答式的推理理论”，来重新解释亚里士多德的谬误理论。但汉森对此并不认同，在与伍兹合作的一篇论文（Woods & Hansen，1997）当中，他对辛迪卡的解读提出了批评。② 伍兹和汉森认为：“辛迪卡对于亚里士多德《辩谬篇》中谬误理论的那种解读方式，不仅未能理解亚氏谬误研究的基本理论动机，也没有抓住亚氏谬误研究的根本理论特质。”（Woods & Hansen，1997，p. 217）在伍兹和汉森看来，辛迪卡完全低估了亚氏谬误概念所具有的逻辑特性：

> ……在辛迪卡看来，似乎“从本质上讲，所有亚里士多德所分析的谬误都只是在问答互动上所犯的错误，而其中正好有一些偶然成为了演绎推理错误而已，或者更一般而言是逻辑推理错误”（Hintikka，1987，p. 213）。我们却正好持完全相反的见解：所有亚里士多德所分析的谬误都是逻辑推理的错误，而其中正好有一些偶然成为了在问答互动上所犯的错误。辛迪卡强调论辩性会话当中问答的重要性，因而力图在问答互动的框架中来理解谬误，但我们认为，分析谬误的框架应当更接近于一种特定的关于“反驳”的理论，而不是某种关于“问答”的一般理论。而且，由于该种关于“反驳”

① 在非形式逻辑的发展中，汉森同样也承担了重要的组织工作和编辑工作。他曾经整理过非形式逻辑的文献索引（Hansen，1990），同时他还担任《非形式逻辑》杂志的主编，并九次参与组织了安大略论证研究协会（OSSA）的学术会议。

② 关于亚里士多德谬误理论的详尽探讨，可参见本书第2.4节。

> 的特定理论所涉及的要素主要都是逻辑的，因而谬误从本质上讲也是逻辑的。（Woods & Hansen，1997，pp. 217－218）

在另一篇关于谬误理论的论文中，汉森（Hansen，2002b）探讨了汉布林所提出的“谬误的标准定义”，即，“谬误是一个看似有效但实际无效的论证”①。通过对历史上诸多重要的谬误界定加以梳理，如亚里士多德、怀特莱、密尔和德摩根等人对谬误的定义，汉森发现，“虽然汉布林自己认为‘谬误的标准定义’被广为认同，但是，历史上却几乎并没有什么人真正持有过该种谬误理解”（Hansen，2002b，p. 133）。

2006年时，汉森又发表了一篇论文，探讨的是怀特莱关于诉诸权威论证的看法。汉森发现，在其《逻辑学要义》和《修辞学要义》这两本著作中，怀特莱关于诉诸权威论证的处理方式存在差异，进而，汉森试图对此加以分析。他认为这种差异的一个可能解释是，在怀特莱看来，从逻辑上讲，诉诸权威论证，甚至更一般意义上的“诉诸”式论证都没有什么特别的价值：

> 怀特莱似乎认为，像权威、假定和差异这样的概念，它们的理论价值会更多体现在修辞学理论当中，而不是在逻辑学理论当中。而且，谬误分析更多的是属于逻辑学的研究领域，而不是修辞学的研究领域。（Hansen，2006，p. 337）

汉森所做出的另一方面的理论贡献，在于他对非形式逻辑的一些核心概念加以了探讨。一个明确的例子就是他（Hansen，2002a）曾经对非形式逻辑学家和论证理论学者所提出的诸种“论证”概念进行了梳理，并将这些概念与约翰逊在《展示理性》（Johnson，2000）一书中所给出的那个论证概念加以了对比。

另一个汉森讨论过的非形式逻辑核心概念是“权衡论证”，在他看来这是一种特定类型的“协同论证”（Hansen，2011b）。这种论证通常都同时包含着支持性论证和反对性论证，而汉森则重点分析了“负面考虑”

① 汉布林的这一观点具有非常大的影响力，与之相关的内容读者可参见本书第3.6节。

在其中所具有的特性。他认为，负面考虑不应当被当作论证的前提，但是，它们却使得论证需要增加一个“权衡前提”，正是该前提表明了那些负面考虑对于结论的成立是不再重要的了（Hansen，2011b，p. 40）。

近几年来，汉森又发表了一些论文，这些文章所探讨的问题是：在评估自然语言论证时，非形式逻辑学家能够使用哪些方法（Hansen，2011a，2011c）？在2011年的一篇论文（Hansen，2011a）中，汉森给出了一个理论框架，并以此来分析什么样的形式或非形式方法最适合用来教授逻辑初学者去评估自然语言论证。在同年发表的另一篇论文（Hansen，2011c）中，他又讨论了沃尔顿（Walton，1996a，2006）所提出的“论证型式方法”在自然语言论证评估中的作用（沃尔顿的论证型式理论可参见第7.8节）。

在汉森（Hansen，2011c）看来，与其他论证评估方法不同，论证型式方法具有三个特征：这一方法能够给出一个“直接评估”（在评估一个论证时并不需要与其他任何论证进行比较），这一方法是双极的（它既可以评定一个论证是强的，也可以评定一个论证是弱的），而且这一方法也能对“中间强度”加以评定（p. 744）。但是，汉森也认为，沃尔顿所提出的论证型式方法“在适用范围上仍然非常有限”（Hansen，2011c，p. 745），因为在沃尔顿的理论中评估论证的标准完全依赖于论证所发生的对话类型，但这些标准到底是什么，却又并未得到明确。到目前为止，沃尔顿只给出了与说服性对话相关的一些评估标准。在汉森看来，沃尔顿的论证型式方法所存在的第二个问题就是，该方法并未做到前后一致。如，并不是每一个论证型式中都包含着一个具有假定性的概括。有鉴于此，汉森认为，“论证型式方法”作为一种论证评估方法“还有待进一步发展”（Hansen，2011c，p. 748）。而他自己也和沃尔顿一起开启了一个新的研究项目，专门研究在加拿大政治选举中所使用的各种论证（Hansen & Walton，2013）。

7.10 希契柯克对非形式逻辑的理论贡献

希契柯克的研究涉及非形式逻辑中的许多议题，而且他对于每一议题的研究都展现出了突出的精确性和学术性，以及思考的缜密和深入。我们将首先讨论他关于非形式逻辑作为一个学术领域的基本看法，然后，再概述他关于图尔敏的“保证”概念、论证评估问题和“推论依据”概念的研究成果。最后，我们会介绍他应用经验手段来探讨非形式逻辑问题的研究，以及他为非形式和形式计算论证研究进路的结合所做出的理论贡献。

希契柯克曾为一本哲学逻辑手册撰写过一章（Hitchcock，2006b），在其中他将“非形式逻辑”视为一个特定的研究领域，它以论证的识别、分析、评估、批评和建构为研究目标。约翰逊和布莱尔（Johnson & Blair，2000）也曾以论证的识别、分析、评估和批评来界定非形式逻辑这一研究领域，但希契柯克则在此基础上增加了“论证建构”。在他看来，这一领域选择了“非形式逻辑”这一名称，这多少有点不太走运，因为对于很多人来说，“逻辑”就意味着它一定是“形式的”，于是，“非形式逻辑”这一说法在他们看来本身就是自相矛盾的。希契柯克也强调，尽管“非形式逻辑”这一术语可能很好地表明了这一研究领域的直观诉求，并且也利于市场推广，但是，我们却不应当由此就认为非形式逻辑排斥一切形式化方法，或者排除所有形式逻辑所提供的方法。非形式逻辑与形式逻辑的差异在于它们所研究的问题各不相同。他甚至还为非形式逻辑研究提出了一个更好的名称：“论证理论”。

在写作该章（Hitchcock，2006b）时，希契柯克所关注的对象是“作为话语的论证”，在其中人们通过提供一个或多个理由来支持某个观点。他也借鉴了平托的观点，将论证称作“进行推论的邀请函”。我们通过给出一个论证，从而来邀请对方基于论证的前提而接受其结论。基本论证具有一个“前提—推论词—结论”式的结构，其中，“推论词”指的是那些指示着结论或理由的表达式，如“因此”或者“因为”。“因此”这一推论词是指示结论的，而“因为”这一推论词则是指示前提的。在希契柯克看来，若援引塞尔关于言语行为的分类方式，那么论证的前提可以被分析为“断言式”言语行为，而论证的结论则可以被分析为是“断言式”言语行为、“指令式”言语行为，甚至也可能是其他类型的言语行为。在希契柯克所发展的论证图解方法当中，复杂论证都是由基本论证所构成，但其中也可能包含着“假设性论证”，后者在进行反证法时就必不可少。举例来说，依希契柯克的看法，“暗示”就不算是一种论证，尽管它也是一种特定的交际形式。在我们进行“暗示”时，尽管对方也被邀请去得出某个结论，但是，该结论的得出却并不是以我们所说出的那些语句的内容本身为基础的。因此，“暗示”最多可以算作是促使对方自己去建构了一个论证，而不是表达出了一个论证。

希契柯克也特别关注研究了图尔敏所提出的“保证”概念。他（Hitchcock，2003）认为保证不能被当作某种特定类型的前提，而是应当被看作“推论许可”（参见本书第4.8节）。在他看来，图尔敏的“保证”概念类似于皮尔士所提出的推理的“引导原则”概念，普洛克提出的“理由模式”概念（在本书第11.3节中，我们讨论了普洛克所区分的各种特定类型的理由）以及（他认为是由）佩雷尔曼和奥尔布赖切斯—泰提卡（Perelman & Olbrechts-Tyteca，1969）所发展的“论证型式”概念（参见本书第7.8节）。希契柯克认为，对于图尔敏的“保证”概念学者们多有误解，而依他之见，“保证”并不能被当作是论证的前提，或者被作为省略前提，而且，它也不能被当作是某种非概括性的直陈条件句。

论证理论学者针对图尔敏的“保证”概念提出了各种批评，而希契柯克则为该概念进行了辩护。如，范爱默伦、荷罗顿道斯特和克鲁格（van Eemeren，Grootendorst & Kruiger，1984，p. 205）就认为，在实际应用时我们很难将“证据材料”和“保证”区分开来。图尔敏所说的那个追问“保证”的问题——“你如何从所给的理由得到你的结论?”——其答案有时也可以只是一个类似于“证据”的单称命题。而图尔敏所说的那个追问“证据材料”的问题——“你依据什么得到了结论?”——其答案有时也可以是一个像“保证”那样的一般性命题。弗里曼也提出过与此相关的批评意见，那就是我们不应将作为“保证”的概括性条件句当作论证的前提（参见第7.7节）。希契柯克则运用了五十个论证实例，来检验在实际应用时我们是否真的难以区分开证据材料和保证，最后他发现，在这五十个随机选择的论证实例当中，仅有一例会在区分上存在困难（Hitchcock，2003，p. 74）。

在希契柯克看来，弗里曼给出的另外一个批评是强有力的，那就是，保证并不是作为成果的论证的组成部分，因而也并不应当被显示在论证图解当中。在一个论证图解中，保证是隐性的。希契柯克也强调，做出推理的主体并不必然会意识到在其推理中所用到的那些规则。此外，约翰逊（Johnson，1996）针对“保证”概念所做的一个批评意见也得到了希契柯克的认可，那就是保证并不总是会明确地隶属于某个特定的领域，因此，图尔敏所得出的那种过强的“领域依赖性”观点，并不完全正确。

借助图尔敏的论证模式，希契柯克（Hitchcock，2005a）也探讨了“什么是好的推理”这一问题。他给出了四个条件，用来确定一个推理是不是好的：

（1）该推理所用到的理据是已证成的。

（2）该推理所用到的理据是充分的。

（3）该推理所依赖的保证是已证成的。

（4）对于做出该推理的主体而言，他能够合理地预设那些会使得该推理错误的情形并未发生。

针对条件（1）希契柯克进一步区分了七种可以被认作是提供了合理理据的情形：直接的观察，对于直接观察的书面记录，某人对于过去观察和经历的回忆，个人关于自己的证言，之前已被认可的好的推理或论证，专家意见，诉诸具有权威性的来源。对于条件（2）而言，推理所用理据的“充分性”也就意味着，已经恰当考虑了所有那些我们实际上能够获得的好的信息和相关信息。在条件（3）上希契柯克完全追随了图尔敏，他认为保证都是一般性的陈述，但它们并不必然具有普适性，因此，在论证当中才需要对结论的成立加以限定，而且论证也因此才会是可废止的。当一个保证在推理当中得到应用时，该保证必须是“适用的”，我们可以通过考察与该保证相关联的那个条件句的前件，从而来判定其适用与否。而且，被应用的保证也必须是合理的，也就是说它具有一个“支持”。最后，条件（4）要求推理主体能够合理地预设使得该推理错误的情形并未发生。更一般而言，就是推理主体必须明确知道该推理中的保证并没有出现例外。如果某推理主体并不知晓保证是否存在任何例外情形，那么他应当尽恰当的努力去寻找例外情形。在希契柯克看来，“如果某人并不知晓任何例外情形的存在，而且，他对于是否有例外情形也进行了从实际情况来看是恰当的探究，并且这一探究也没有找到任何例外情形，那么，他就可以像并不存在任何例外情形那样，来得出他的结论”（Hitchcock，2005a，p. 388）。

希契柯克将保证看作为“推论许可”的观点，与他关于“推论依据”之本质的看法相互关联。他拒斥那种与经典形式逻辑相关的看法，即认为所有的推论依据都是完全以“形式上的必然保真”为基础（Hitchcock, 2011b）。针对这种看法，存在两种反对意见：（1）一个推论依据不能简单地因为其前提满足了某种形式特性（排除了其为真的全部情形），或者是因为其结论满足了某种形式特性（排除了其为假的全部情形），就成了一个好的推论依据，同时，（2）也存在着一些好的推论依据，它们的好并不依赖于某些纯粹形式上的特性。希契柯克试图发展一种理论，以期对上述这两种反对意见都给予公允的对待，他强调在理解和分析推论依据时，我们应当从那些能够将推论依据涵盖在内的“概括”出发。

此外，希契柯克还试图通过经验研究的方式，来为他所提出的理论观点奠定基础。例如，他关于合理理据七种情形的分类，就是源自他针对医学语境中论证用法的研究（Jenicek & Hitchcock, 2005；Jenicek *et al.*, 2011）。而且，他也提出了一种对论证进行经验研究时的样本选择方法，[①] 以下这段引文对该方法进行了简述：

> 我们所设定的抽样的目标范围和方式是，每次都在麦克马斯特大学图书馆的全部藏书中，选择其中任一本英文书，然后在该书前500页中任选一个起始页，然后再在该页的前50行中随机地设定一个起始行，进而取样随后出现的那一个论证。麦克马斯特大学图书馆的数据库系统共包含1204802册藏书，它们从1—1204802依次进行了编目。我们使用了一个随机数值生成器，它首先从1—1204802中生成一个随机数字，以确定所选的是哪一本书。然后，它再从1—500中生成一个随机数字，以确定所选的是该书的哪一页，最后，它再从1—50中生成一个随机数字，以确定从该页的哪一行开始。……在完成这三个步骤的过程中，如果其中任一步骤所确定出的结果是不可接受的或者是

① 希契柯克之所以关注论证研究，并不只是出于单纯学术上的兴趣，而是还受到了社会价值和政治价值的影响：“自由和开放的理性讨论，坦然地接纳别人的批评，并在面对批评时乐于改变自己的看法，这才是我们获得正确认识和制定明智政策的最可靠的方式。”（Hitchcock, 2002b, p. 298）

> 不存在的，那么该次选择过程就会终止，并且接着重新开始一次新的抽样过程。在第一步中，如果选到了一本非英语书，或者是一本杂志，那么这次选择过程即会终止。在第二步中，如果所得的随机数字大于全书最终的页码，那么这次选择过程即会终止。在第三步中，如果所得的随机数字大于该页全部的行数，那么这次选择过程即会终止。(Hitchcock，2002c，pp. 1 –2)

运用此种方法就能得到一个具有客观性和随机性的论证样本集，它可以被当作是大学图书馆英文书中所出现的论证的代表性样本。运用这一具有代表性的样本集，希契柯克检验了一些论证研究中的理论假说。他的一个研究发现就是，“形式有效的论证非常罕见”，这也就为非形式逻辑学家一直所持的这一重要看法提供了经验支持。同时，他还得出了另外一个与非形式逻辑相关的研究发现，那就是，对于论证的评估而言，它通常都需要涉及一些与论证所发生的语境相关的具体知识。

希契柯克同样也致力于推进非形式进路论证研究和形式化/计算化进路论证研究（参见第 11 章）的结合。如他曾与其他学者合作，探讨了实践推理的决策支持问题（Girle *et al.*，2004），并且还发展了一个协商型对话的形式化模型（McBurney *et al.*，2007）。

7.11　廷戴尔的修辞学研究进路

从 20 世纪 90 年代末开始，廷戴尔就不断倡导和发展一种修辞学的论证研究进路。在 1999 年时，他出版了一本专著《论证行为：论证的修辞模型》（Tindale，1999）。2004 年时他又出版了《修辞论证：理论与实践的基本原理》（Tindale，2004）[①]。廷戴尔认为，在当代论证研究当中，修辞学的研究进路遭到了最大的漠视。依他之见，修辞学的论证研究进路应当与逻辑学和论辩学的研究进路整合在一起（Tindale，1999，p. 207），

① 廷戴尔最近的一本著作是《理性的暗黑斗士：智者的论证建构策略》（Tindale，2010），在其中他分析了智者在进行论证时所用的那些策略。

但是，他也认为修辞学进路才是论证研究中最为基本的进路，因此这三种研究进路的整合应当以修辞学研究进路为基础：

> 我所要阐发和辩护的一个论题就是，要对论证理论中的主要研究进路进行最适当的整合，就应当以修辞学研究进路为基础。……修辞学研究进路能够克服逻辑学和论辩学进路的理论缺陷。但就修辞学论证研究进路本身而言，它关注论证所发生的实际语境，关注做出论证和接受论证的主体，因此，对于“什么是一个论证行为”、“参与论证意味着什么”、“论证中所争议的到底是什么”以及“如何评估论证”这样一些问题而言，修辞学模型才能给出最全面和最令人满意的解答。（Tindale，1999，pp. 6 –7）

对于佩雷尔曼和奥尔布赖切斯—泰提卡的“新修辞学”理论（参见本书第5章）中的一些核心概念，廷戴尔（Tindale，1999，p. 17）都加以进一步的发展和改进，以期能够发展出一种新的论证理论，使之能既充分考虑到论证语境和听众导向，又避免严重的相对主义。

对于以“新修辞学”为代表的修辞学理论而言，其特征就在于“听众”所具有的核心地位。廷戴尔认为，在修辞学研究进路当中，我们还应当考虑其他一些重要的语境因素（Tindale，1999，p. 75）。第一个因素是“时空”：“论证发生的那个时间和地点”（Tindale，1999，p. 75）。第二个因素是“背景”：“与论证有关的其他那些事件”（Tindale，1999，p. 76）。第三个因素是“论证者”（arguer），他是论证的来源所在（Tindale，1999，p. 77）。第四个因素被廷戴尔称为“表达”：“论证被表达出来的方式”（Tindale，1999，p. 80）。

在廷戴尔（Tindale，2006）看来，在许多修辞学和论辩学的论证研究进路当中，并不是听众，而是论证者被视作理解论证的最重要因素。为了恰当地体现听众在论证中所具有的重要作用，廷戴尔提出了一种分析论证性会话的方法，该方法援引了巴赫金（Bakhtin，1981，1986）的“指向性”概念：“我们在话语中应用语词的方式以及我们话语的特定结构，都在指向和期待着得到回应”（Tindale，2006，p. 454）[①]：

> 论证者和听众之间的不均衡关系使得论证者得到了许多优势，论证者控制着论证的目标，论证者在主动参与论证，而听众只是在被动地接纳，但这种关系正展现出其本身所存在的偏颇和不当。要恰当地理解任何一个论证，包括论证中所涉及的那些目标，我们都必须对论证者和听众加以同等的重视。（Tindale，2006，p. 454）

与佩雷尔曼和奥尔布赖切斯—泰提卡一样，廷戴尔也认为，听众所具有的决定性作用不仅体现在论证分析当中，而且也同样体现在论证评估当中。他改进了佩雷尔曼和奥尔布赖切斯—泰提卡的“普遍听众”概念，并以之来作为论证合理性的规范标准。学者们曾批评佩雷尔曼和奥尔布赖切斯—泰提卡所界定的“普遍听众”概念是一个纯粹理想化的概念，根本无法得到具体应用。为了回应这一批评，廷戴尔（Tindale，1999）对此概念加以了发展，他特别对“普遍听众”和“特殊听众”之间的关联进行了阐明。

廷戴尔认为，普遍听众“是通过运用普遍化技术、从特殊听众出发而建构出来的，这种技术能够通过想象的方式，使听众的范围超越文化和时间的界限，同时，这种技术也运用了诸如理性能力和合理性这样的概念”（Tindale，1999，p. 90）。依廷戴尔对于佩雷尔曼和奥尔布赖切斯—泰提卡的解读，“普遍听众是对于具体情境中的特殊听众所进行的普遍化”（Tindale，1999，p. 101）。因此，那些获得听众认同的合理方法，既需要能被特殊听众所接受，也需要能被普遍听众所接受：

> 要想以一种合理的方式来获得某个特殊听众的认同……论证必须具有语境相关性（也就是说，与该具体情境中的听众相关），而且，论证中所包含的前提也要为该特殊听众所接受，同时，这些前提对于由该特殊听众出发所建构的普遍听众而言，也要是可接受的。

① 廷戴尔（Tindale，2004，pp. 89－114）也对于巴赫金的“对话性”观点进行过详尽说明。

（Tindale，1999，p. 95）

语境相关性中的一个重要因素是"听众相关性"。它也是论证具有可接受性的一个先决条件，也就是"论证中所表达出的和被预设的那些信息内容，与听众可能会持有的那些信念和承诺之间所具有的关联"（Tindale，1999，p. 102）。为了能够刻画听众相关性，廷戴尔运用了斯波伯和威尔逊所提出的"认知环境"概念。依斯波伯和威尔逊的看法，人类认知是非常注重相关性的，如果我们了解某个人的认知环境，那么我们就能推断出什么样的内容可能会得到他的关注（Sperber & Wilson，1986，pp. 46 – 50）。当我们与他人共享某个认知环境时，我们就能知晓大家所共同接受的那些预设。但此种共享的认知环境"并不是告诉了我们他人实际上知道什么或者预设了什么，而是告诉我们他人可以被认为是会知道什么或者会预设什么"（Tindale，1999，pp. 106 – 107）。在廷戴尔看来，"听众相关性"就要求所用的前提或所提出的论证能够与某一个体或某个群体的认知环境内容相关联（Tindale，1999，p. 112）。

虽然论证的听众相关性是结论能够获得听众认同的必要先决条件，但它却并不是充分条件：

> 相关的论证也可能无法使得听众认同其结论，因为其中的命题有可能只被说成是表达了听众所知晓的一些价值看法，但他们却并不是完全认同这些价值看法，或者，也可能这些价值看法只是由特定的权威所支持和推行，但该权威却并未得到听众的认可。（Tindale，1999，p. 113）

廷戴尔认为，认知环境的概念也可以用来确定某个特定听众会接受什么："借助听众的认知环境，我们可以知晓听众所能知道的那些信息和看法，在此基础上，我们可以恰当地认为他们还会知道些什么。"（Tindale，1999，p. 113）

在谋求听众的认同时，诉诸听众所接受的那些标准，这可能会导向相对主义：对于"什么是合理的"这一问题而言，其答案将依赖于所面对的听众。但廷戴尔认为，借由他所改进的那个"普遍听众"概念，这一难题可以得到解决：

> 普遍听众并不是某种来自于实际论证情境之外、试图刻画理想化的人类理性能力的模型。普遍听众就来自于特殊听众，因而也从本质上就与特殊听众相关联。……在为某个论证建构其普遍听众时，我们并没有放弃论证的实效性。另一方面，由于普遍听众代表着特定情境中的合理性，因而它也不会将实效性凌驾于合理性之上。正由此，刻意地操控他人这是不被允许的。如果论证者的脑海中出现了刻意的操控时，从普遍听众的角度来看它就会被拒斥，于是，那些认可这一点的论证者也就不会对之加以应用。（Tindale，1999，p. 117）

范爱默伦和荷罗顿道斯特（van Eemeren & Grootendorst，1995）等人曾经批评说，尽管引入了“普遍听众”的概念，但修辞学进路中的合理性标准也仍然完全是相对主义的。廷戴尔（Tindale，2004，pp. 128 - 129）对此却并不认同。范爱默伦和荷罗顿道斯特认为，普遍听众也是一个论证者所建构的对象，因此，有多少不同的论证者，就会有多少种对合理性的不同理解。对于这种批评意见，廷戴尔做出了如下回应：

> 并不是每个论证者都可以任意地建构普遍听众，因此，也不会是有多少个论证者就有多少个不同的普遍听众被建构出来。相反，论证所发生的情境会决定着论证者将如何来建构普遍听众，而且，论证所针对的对象，或者说是该情境中的特殊听众，也会在这一建构过程中起到相应的作用。换言之，论证所发生的情境，为论证者的自由建构设定了明确的限制。（Tindale，2004，p. 129）

依舒尔茨（Schulz，2006）的看法，除非廷戴尔所采用的是一种弱意义上的合理性概念（即合理性就源自真实论证者的具体实践），否则，他上述这种对于“合理性标准并未相对化”的辩护就是不成功的。可是，正是一种强意义上的合理性概念才能够：

> ……代表普遍性：强意义上的合理性概念意味着，存在着某些证明的标准，它们的合理性独立于任何听众。对于论证而言，这也就意味着存在着一些规范、目标或者价值，它们的合理性独立于任何一个特定的听众对象。（Schulz，2006，p. 470）

因此，舒尔茨认为，若我们从“强意义上的合理性”这一角度来加以审视，那么，对于那些责难修辞学标准具有相对主义特性的批评而言，从特殊听众入手其实并不能做出成功的回应（Schulz，2006，p. 471）。[①]

参考文献

Adler，J.（2013）. Are conductive arguments possible? *Argumentation*，27（3），245－257.

Allen，D.（1990）. Critical study：Trudy Govier's problems in argument analysis & evaluation. *Informal Logic*，12（1），43－62.

Bakhtin，M. M.（1981）. *The dialogic imagination. Four essays*（ed.：Holquist，M.；trans. Emerson，C.，& Holquist，M.）. Austin，TX：University of Texas Press.

Bakhtin，M. M.（1986）. *Speech genres & other late essays*（ed.：Emerson，C.，& Holquist，M.；trans：McGee，V. W.）. Austin，TX：University of Texas Press.

Barth，E. M.，& Krabbe，E. C. W.（1982）. *From axiom to dialogue. A philosophical study of logics & argumentation.* Berlin-New York：Walter de Gruyter.

Battersby，M. E.（1989）. Critical thinking as applied epistemology. Relocating critical thinking in the philosophical landscape. *Informal Logic*，11，91－100.

Beardsley，M. C.（1950）. *Practical logic.* Englewood Cliffs，NJ：Prentice-Hall.

Birdsell，D. S.，& Groarke，L.（1996）. Toward a theory of visual argument. *Argumentation & Advocacy*，33（1），1－10.

Biro，J. I.，& Siegel，H.（1992）. Normativity，argumentation & an epistemic theory of fallacies. In F. H. van Eemeren，R. Grootendorst，J. A. Blair，& C. A. Willard（Eds.），

① 在评介廷戴尔的一本著作（Tindale，1999）时，布莱尔（Blair，2000，p. 200）也提出了类似的看法：“某个认知环境中的特殊听众到底会将哪些内容认作为是可以合理接受的，论证者对此会有一个自己的认识，但是，我感到较难理解的一点是，通过从该特殊听众出发而建构起一个普遍听众，这如何就能为论证者的上述理解增添任何新的东西?”

Argumentation Illuminated. Amsterdam: Sic Sat.

Biro, J. I., & Siegel, H. (2006). In defense of the objective epistemic approach to argumentation. *Informal Logic*, 26 (1), 91–101.

Blair, J. A. (1987). Everyday argumentation from an informal logic perspective. In J. Wenzel (Ed.), *Argument & critical practices. Proceedings of the fifth SCA/AFA conference on argumentation* (pp. 177–183). Annandale, VA: Speech Communication Association.

Blair, J. A. (1996). The possibility & actuality of visual arguments. *Argumentation & Advocacy*, 33 (1), 23–39.

Blair, J. A. (2000). Review of C. W. Tindale (1999), Acts of arguing. A rhetorical model of argument. *Informal Logic*, 20 (2), 190–201.

Blair, J. A. (2004). Argument & its uses. *Informal Logic*, 24 (2), 137–151.

Blair, J. A. (2009). Informal logic & logic. *Studies in Logic, Grammar & Rhetoric*, 16 (29), 47–67.

Blair, J. A. (2011a). *Groundwork in the theory of argumentation.* New York: Springer.

Blair, J. A. (2011b). Informal logic & its early historical development. *Studies in Logic, Grammar & Rhetoric*, 4 (1), 1–16.

Blair, J. A. (2013). Govier's "Informal Logic". *Informal Logic*, 33 (2), 83–97.

Blair, J. A., & Johnson, R. H. (1987). Argumentation as dialectical. *Argumentation*, 1, 41–56.

Blair, J. A., & Johnson, R. H. (Eds.). (2011). *Conductive argument. An overlooked type of defeasible reasoning.* London: College Publications.

Botting, D. (2010). A pragma-dialectical default on the question of truth. *Informal Logic*, 30 (4), 413–434.

Botting, D. (2012). Pragma-dialectics epistemologized. A reply to Lumer. *Informal Logic*, 32 (2), 269–285.

Brandon, E. P. (1992). Supposition, conditionals & unstated premises. *Informal Logic*, 14 (2&3), 123–130.

Carney, J. D., & Scheer, R. K. (1964). *Fundamentals of logic.* New York: Macmillan.

Cohen, J. L. (1992). *An essay on belief & acceptance.* Oxford: Clarendon.

Conway, D. (1991). On the distinction between convergent & linked arguments. *Informal Logic*, 13 (3), 145–158.

van Eemeren, F. H. (2012). The pragma-dialectical theory under discussion. *Argumen-*

tation, 26 (4), 439 – 457.

van Eemeren, F. H., & Grootendorst, R. (1984). *Speech acts in argumentative discussions. A theoretical model for the analysis of discussions directed towards solving conflicts of opinion.* New York: Foris.

van Eemeren, F. H., & Grootendorst, R. (1992a). *Argumentation, communication, & fallacies. A pragma-dialectical perspective.* Hillsdale, NJ: Lawrence Erlbaum.

van Eemeren, F. H., & Grootendorst, R. (1995). Perelman & the fallacies. *Philosophy & Rhetoric*, 28, 122 – 133.

van Eemeren, F. H., Grootendorst, R., & Kruiger, T. (1984). *The study of argumentation.* New York: Irvington.

van Eemeren, F. H., & Kruiger, T. (1987). Identifying argumentation schemes. In F. H. van Eemeren, R. Grootendorst, J. A. Blair, & C. Willard (Eds.), *Argumentation, Perspectives & approaches* (pp. 70 – 81). Dordrecht: Foris.

Elder, L., & Paul, R. (2009). *The aspiring thinker's guide to critical thinking.* Dillon Beach, CA: Foundation for Critical Thinking.

Ennis, R. H. (1962). A concept of critical thinking. *Harvard Educational Review*, 32, 81 – 111.

Ennis, R. H. (1982). Identifying implicit assumptions. *Synthese*, 51, 61 – 86.

Ennis, R. H. (1987). A taxonomy of critical thinking dispositions & abilities. In J. Baron & R. Sternberg (Eds.), *Teaching thinking skills. Theory & practice* (pp. 9 – 26). New York: W. H. Freeman.

Ennis, R. H. (1989). Critical thinking & subject specificity. Clarification & needed research. *Educational Researcher*, 18 (3), 4 – 10.

Feldman, R. (1994). Good arguments. In F. F. Schmitt (Ed.), *Socializing epistemology. The social dimensions of knowledge* (pp. 159 – 188). Lanham, MD: Rowman & Littlefield.

Feldman, R. (1999). *Reason & argument* (2nd ed.). Upper Saddle River, NJ: Prentice-Hall (1st ed. 1993).

Finocchiaro, M. A. (1980). *Galileo & the art of reasoning. Rhetorical foundations of logic & scientific method.* Dordrecht: Reidel.

Finocchiaro, M. A. (1989). *The Galileo affair. A documentary history.* Berkeley-Los Angeles: University of California Press.

Finocchiaro, M. A. (2005a). *Arguments about arguments. Systematic, critical & histori-*

cal essays in logical theory. Cambridge, NY: Cambridge University Press.

Finocchiaro, M. A. (2005b). *Retrying Galileo*, 1633 – 1992. Berkeley: University of California Press.

Finocchiaro, M. A. (2010). *Defending Copernicus & Galileo. Critical reasoning in the two affairs.* Dordrecht: Springer.

Fisher, A. (1988). *The logic of real arguments.* Cambridge: Cambridge University Press.

Fogelin, R. J., & Duggan, T. J. (1987). Fallacies. *Argumentation*, 1, 255 – 262.

Freeman, J. B. (1988). *Thinking logically. Basic concepts for reasoning.* Englewood Cliffs, NJ: Prentice Hall.

Freeman, J. B. (1991). *Dialectics & the macrostructure of arguments. A theory of argument structure.* Berlin-New York: Foris.

Freeman, J. B. (2005a). *Acceptable premises. An epistemic approach to an informal logic problem.* Cambridge: Cambridge University Press.

Freeman, J. B. (2005b). Systematizing Toulmin's warrants. An epistemic approach. *Argumentation*, 19, 331 – 346. (Also in Hitchcock D. L., & Verheij B. (Eds.). (2006). *Arguing on the Toulmin model. New essays in argument analysis & evaluation* (pp. 87 – 102). Dordrecht: Springer).

Freeman, J. B. (2011). *Argument structure. Representation & theory.* Dordrecht-New York: Springer.

Garssen, B. J. (2001). Argument schemes. In F. H. van Eemeren (Ed.), *Crucial concepts in argumentation theory* (pp. 81 – 99). Amsterdam: Amsterdam University Press.

Garssen, B. J., & Laar, J. A. van (2010). A pragma-dialectical response to objectivist epistemic challenges. *Informal Logic*, 30 (2), 122 – 141.

Gilbert, M. (1997). *Coalescent argumentation.* Mahwah, NJ: Lawrence Erlbaum.

Girle, R., Hitchcock, D. L., McBurney, P., & Verheij, B. (2004). Decision support for practical reasoning. A theoretical & computational perspective. In C. Reed & T. J. Norman (Eds.), *Argumentation machines. New frontiers in argument & computation* (pp. 55 – 84). Dordrecht: Kluwer Academic.

Goagh, J., & Tindale, C. (1985). 'Hidden' or 'missing' premises. *Informal Logic*, 7 (2&3), 99 – 107.

Godden, D. M. (2005). Deductivism as an interpretive strategy. A reply to Groarke's recent defense of reconstructive deductivism. *Argumentation & Advocacy*, 41 (3), 168 – 183.

Goddu, G. C. (2001). The 'most important & fundamental' distinction in logic. *Informal Logic*, 22 (1), 1 - 17.

Goddu, G. C. (2003). Against the "ordinary summing" test for convergence. *Informal Logic*, 23, 215 - 256.

Goldman, A. I. (1994). Argumentation & social epistemology. *Journal of Philosophy*, 91, 27 - 49.

Goldman, A. I. (1999). *Knowledge in a social world.* Oxford: Clarendon.

Gordon, T. F., Prakken, H., & Walton, D. N. (2007). The Carneades model of argument & burden of proof. *Artificial Intelligence*, 171, 875 - 896.

Govier, T. (1980). Assessing arguments. What range of standards? *Informal Logic Newsletter*, 3 (1), 2 - 13.

Govier, T. (1985). *A practical study of argument.* Belmont, CA: Wadsworth.

Govier, T. (1987). *Problems in argument analysis & evaluation.* Dordrecht/Providence, RI: Foris.

Govier, T. (1999). *The philosophy of argument* (Ed. by J. Hoaglund with a preface by J. A. Blair). Newport News, VA: Vale Press.

Govier, T. (2010). *A practical study of argument* (7th ed.). Belmont, CA: Wadsworth (1st ed. 1985).

Grennan, W. (1994). Are 'gap-fillers' missing premises? *Informal Logic*, 16 (3), 185 - 196.

Grennan, W. (1997). *Informal logic.* Montreal: McGill-Queen's University Press.

Grice, H. P. (1975). Logic & conversation. In P. Cole & J. L. Morgan (Eds.), *Syntax & semantics*, *III* (pp. 41 - 58). New York: Academic.

Groarke, L. (1992). In defense of deductivism. Replying to Govier. In F. H. van Eemeren, R. Grootendorst, J. A. Blair, & C. A. Willard (Eds.), *Argumentation Illuminated* (pp. 113 - 121). Amsterdam: Sic Sat.

Groarke, L., & Tindale, C. (2012). *Good reasoning matters!* (5th ed.). Toronto: Oxford University Press (1st ed. 1997).

Hamblin, C. L. (1970). *Fallacies.* London: Methuen.

Hansen, H. V. (1990). An informal logic bibliography. *Informal Logic*, 12 (3), 155 - 181.

Hansen, H. V. (2002a). An exploration of Johnson's sense of argument. *Argumentation*, 16 (3), 263 - 276.

Hansen, H. V. (2002b). The straw thing of fallacy theory. The standard definition of fallacy. *Argumentation*, 16 (2), 133 – 155.

Hansen, H. V. (2006). Whately on arguments involving authority. *Informal Logic*, 26, 319 – 340.

Hansen, H. V. (2011a). Are there methods of informal logic? In F. Zenker (Ed.), *Argumentation, cognition & community. Proceedings of the 9th international conference of the Ontario Society for the Study of Argumentation (OSSA)* (pp. 1 – 13). Windsor, ON: OSSA. CD rom.

Hansen, H. V. (2011b). Notes on balance-of-consideration arguments. In J. A. Blair & R. H. Johnson (Eds.), *Conductive argument. An overlooked type of defeasible reasoning* (pp. 31 – 51). London: College Publications.

Hansen, H. V. (2011c). Using argument schemes as a method of informal logic. In F. H. van Eemeren, B. Garssen, D. Godden, & G. Mitchell (Eds.), *Proceedings of the seventh international conference of the International Society for the Study of Argumentation.* Amsterdam: Sic Sat. CD rom.

Hansen, H. V., & Pinto, R. C. (Eds.). (1995). *Fallacies. Classical & contemporary readings.* University Park, PA: The Pennsylvania State University Press.

Hansen, H. V., & Walton, D. N. (2013). Argument kinds & argument roles in the Ontario provincial election, 2011. *Journal of Argumentation in Context*, 2 (2), 225 – 257.

Hart, H. L. A. (1951). The ascription of responsibility & rights. In A. Flew (Ed.), *Logic & language* (pp. 171 – 194). Oxford: Blackwell [Originally *Proceedings of the Aristotelian Society*, 1948 – 1949].

Hastings, A. C. (1963). *A reformulation of the modes of reasoning in argumentation.* Doctoral dissertation, Northwestern University, Evanston, IL.

Hintikka, J. (1987). The fallacy of fallacies. *Argumentation*, 1 (3), 211 – 238.

Hitchcock, D. L. (1980). Deduction, induction & conduction. *Informal Logic Newsletter*, 3 (2), 7 – 15.

Hitchcock, D. L. (1985). Enthymematic arguments. *Informal Logic*, 7 (2&3), 84 – 97.

Hitchcock, D. L. (1998). Does the traditional treatment of enthymemes rest on a mistake? *Argumentation*, 12, 15 – 37.

Hitchcock, D. L. (2002b). The practice of argumentative discussion. *Argumentation*, 16, 287 – 298.

Hitchcock, D. L. (2002c). Sampling scholarly arguments. A test of a theory of good inference. In H. V. Hansen, C. W. Tindale, J. A. Blair, R. H. Johnson, & R. C. Pinto (Eds.), *Argu-*

mentation & its applications. Windsor, ON: OSSA. CD rom.

Hitchcock, D. L. (2003). Toulmin's warrants. In F. H. van Eemeren, J. A. Blair, C. A. Willard, & A. F. Snoeck Henkemans (Eds.), *Anyone who has a view. Theoretical contributions to the study of argument* (pp. 69 – 82). Dordrecht: Kluwer Academic.

Hitchcock, D. L. (2005a). Good reasoning on the Toulmin model. *Argumentation*, 19, 373 – 391.

(Reprinted in D. L. Hitchcock & B. Verheij (Eds.). (2006). *Arguing on the Toulmin model. New essays in argument analysis & evaluation* (pp. 203 – 218). Dordrecht: Springer.

Hitchcock, D. L. (2006b). Informal logic & the concept of argument. In D. Jacquette, (Ed.), *Philosophy of logic*, 5 of D. M. Gabbay, P. Thagard & J. Woods (Eds.), *Handbook of the philosophy of science* (pp. 101 – 129). Amsterdam: Elsevier.

Hitchcock, D. L. (2011b). Inference claims. *Informal Logic*, 31 (3), 191 – 228.

Hoaglund, J. (2004). *Critical thinking* (4th ed.). Newport News, VA: Vale press (1st ed. 1984).

Jenicek, M., Croskerry, P., & Hitchcock, D. L. (2011). Evidence & its uses in health care & research. The role of critical thinking. *Medical Science Monitor*, 17 (1), 12 – 17.

Jenicek, M., & Hitchcock, D. L. (2005). *Evidence-based practice. Logic & critical thinking in medicine.* Chicago: American Medical Association.

Johnson, R. H. (1981). Charity begins at home. *Informal Logic Newsletter*, 3 (3), 4 – 9.

Johnson, R. H. (1990). Acceptance is not enough. A critique of Hamblin. *Philosophy & Rhetoric*, 23, 271 – 287.

Johnson, R. H. (1992). Informal logic & politics. In E. M. Barth & E. C. W. Krabbe (Eds.), *Logical & political culture.* Amsterdam: North Holland.

Johnson, R. H. (1996). *The rise of informal logic.* Newport News, VA: Vale Press.

Johnson, R. H. (2000). *Manifest rationality. A pragmatic theory of argument.* Mahwah, NJ: Lawrence Erlbaum.

Johnson, R. H. (2003). The dialectical tier revisited. In F. H. van Eemeren, J. A. Blair, C. A. Willard, & A. F. Snoeck Henkemans (Eds.), *Anyone who has a view. Theoretical contributions to the study of argumentation.* Dordrecht-Boston-London: Kluwer Academic.

Johnson, R. H. (2006). Making sense of informal logic. *Informal Logic*, 26 (3), 231 – 258.

Johnson, R. H., & Blair, J. A. (1977). *Logical self-defense*. Toronto: McGraw-Hill Ryerson.

Johnson, R. H., & Blair, J. A. (1983). *Logical self-defense* (2nd ed.). Toronto: McGraw-Hill Ryerson (1st ed. 1977).

Johnson, R. H., & Blair, J. A. (1994). *Logical self-defense* (U. S. edition). New York: McGraw-Hill.

Johnson, R. H., & Blair, J. A. (2000). Informal logic. An overview. *Informal Logic*, 20 (2), 93 – 107.

Johnson, R. H., & Blair, J. A. (2006). *Logical self-defense* (reprint of Johnson & Blair, 1994). New York: International Debate Education Association (1st ed. 1977).

Kahane, H. (1971). *Logic & contemporary rhetoric. The use of reasoning in everyday life*. Belmont, CA: Wadsworth.

Kienpointner, M. (1992). *Alltagslogik. Struktur und Funktion von Argumentationsmustern*. [*Everyday's logic. Structure & function of prototypes of argumentation*]. Stuttgart: Fromman-Holzboog.

Krabbe, E. C. W. (2007). Review of Freeman (2005a). *Argumentation*, 21 (1), 101 – 113.

Leff, M. (2000). Rhetoric & dialectic in the twenty-first century. *Argumentation*, 14, 241 – 254.

Levi, D. S. (2000). *In defense of informal logic*. Dordrecht: Kluwer.

Little, J. F., Groarke, L. A., & Tindale, C. W. (1989). *Good reasoning matters*. Toronto: McLelland & Stewart.

Lumer, C. (1988). The disputation. A special type of cooperative argumentative dialogue. *Argumentation*, 2, 441 – 464.

Lumer, C. (1990). *Praktische Argumentationstheorie. Theoretische Grundlagen, praktische Begr€undung und Regeln wichtiger Argumentationsarten* [*Practical theory of arguments. Theoretical foundations, practical foundations, & rules of important argument types*]. Braunschweig: Vieh-weg.

Lumer, C. (2000). Reductionism in fallacy theory. *Argumentation*, 14, 405 – 423.

Lumer, C. (2003). Interpreting arguments. In F. H. van Eemeren, J. A. Blair, C. A. Willard, & A. F. Snoeck Henkemans (Eds.), *Proceedings of the fifth conference of the International Society for the Study of Argumentation* (pp. 715 – 719). Amsterdam: Sic Sat.

Lumer, C. (2005). Introduction. The epistemological approach to argumentation. A map. *Informal Logic*, 25 (3), 189 – 212.

Lumer, C. (2010). Pragma-dialectics & the function of argumentation. *Argumentation*, 24 (1), 41 - 69.

Lumer, C. (2012). The epistemic inferiority of pragma-dialectics. *Informal Logic*, 32 (1), 51 - 82.

McBurney, P., Hitchcock, D. L., & Parsons, S. (2007). The eightfold way of deliberation dialogue. *International Journal of Intelligent Systems*, 22, 95 - 132.

McBurney, P., & Parsons, S. (2001). Chance discovery using dialectical argumentation. In T. Terano, T. Nishida, A. Namatame, S. Tsumoto, Y. Ohsawa, & T. Washio (Eds.), *New frontiers in artificial intelligence* (pp. 414 - 424). Berlin: Springer.

McPeck, J. (1981). *Critical thinking & education.* Oxford: Martin Robertson.

McPeck, J. (1990). *Teaching critical thinking. Dialogue & dialectic.* New York: Routledge, Chapman & Hall.

Nosich, G. (1982). *Reasons & arguments.* Belmont, CA: Wadsworth.

Nosich, G. (2012). *Learning to think things through. A guide to critical thinking across the curriculum* (4th ed.). Upper Saddle River, NJ: Prentice Hall (1st ed. 2001).

Paul, R. (1982). Teaching critical thinking in the strong sense. *Informal Logic Newsletter*, 4, 2 - 7.

Paul, R. (1989). Critical thinking in North America. A new theory of knowledge, learning, & literacy. *Argumentation*, 3, 197 - 235.

Paul, R. (1990). *Critical thinking.* Rohnert Park, CA: Center for Critical Thinking & Moral Critique.

Perelman, C., & Olbrechts-Tyteca, L. (1958). *La nouvelle rhétorique. Traité de l'argumentation* [*The new rhetoric. Treatise on argumentation*]. Paris: Presses Universitaires de France.

Perelman, C., & Olbrechts-Tyteca, L. (1969). *The new rhetoric. A treatise on argumentation.* Notre Dame-London: University of Notre Dame Press. [trans. of C. Perelman & L. Olbrechts-Tyteca (1958). *La nouvelle rhétorique. Traité de l'argumentation.* Paris: Presses Universitaires de France].

Pinto, R. C. (1994). Logic, epistemology & argument appraisal. In R. H. Johnson & J. A. Blair (Eds.), *New essays in informal logic* (pp. 116 - 124). Windsor, ON: Informal Logic.

Pinto, R. C. (2001). *Argument, inference & dialectic. Collected papers on informal logic with an introduction by Hans V. Hansen.* Dordrecht-Boston-London: Kluwer.

Pinto, R. C. (2006). Evaluating inferences. The nature & role of warrants. *Informal Logic*, 26 (3), 287 – 327. (Reprinted in D. L. Hitchcock & B. Verheij (Eds.), *Arguing on the Toulmin model. New essays on argument analysis & evaluation* (pp. 115 – 144). Dordrecht: Springer).

Pinto, R. C. (2007). Review of Maurice Finocchiaro, Arguments about arguments. *Argumentation*, 21, 93 – 100.

Pinto, R. C. (2009). Argumentation & the force of reasons. *Informal Logic*, 29 (3), 263 – 297.

Pinto, R. C. (2010). The uses of argument in communicative contexts. *Argumentation*, 24 (2), 227 – 252.

Plantinga, A. (1993). *Warrant & proper function.* Oxford: Oxford University Press.

Pollock, J. L. (1995). *Cognitive carpentry. A blueprint for how to build a person.* Cambridge, MA: The MIT Press.

Reed, C. A. (1997). Representing & applying knowledge for argumentation in a social context. *AI & Society*, 11 (3 – 4), 138 – 154.

Reed, C. A., & Norman, T. J. (2003). A roadmap of research in argument & computation. In C. A. Reed & T. J. Norman (Eds.), *Argumentation machines. New frontiers in argument & computation* (pp. 1 – 12). Dordrecht: Kluwer.

Reed, C. A., & Rowe, G. W. A. (2004). Araucaria. Software for argument analysis, diagramming & representation. *International Journal on Artificial Intelligence Tools*, 13, 961 – 979.

van Rees, M. A. (2001). Review of R. H. Johnson, manifest rationality. A pragmatic theory of argument. *Argumentation*, 15, 231 – 237.

Rescher, N. (1977). *Dialectics. A controversy-oriented approach to the theory of knowledge.* Albany: State University of New York Press.

Ryle, G. (1954). *Dilemmas.* Cambridge: Cambridge University Press.

Schulz, P. (2006). Comment on 'Constrained maneuvering. Rhetoric as a rational enterprise'. *Argumentation*, 20 (4), 467 – 471.

Scriven, M. (1976). *Reasoning.* New York: McGraw Hill.

Seech, Z. (1993). *Open minds & everyday reasoning.* Belmont, CA: Wadsworth.

Siegel, H. (1988). *Educating reason. Rationality, critical thinking & education.* New York: Routledge.

Siegel, H., & Biro, J. I. (1997). Epistemic normativity, argumentation, & fallacies. *Argumentation*, 11, 277 – 292.

Siegel, H., & Biro, J. I. (2008). Rationality, reasonableness, & critical rationalism. problems with the pragma-dialectical view. *Argumentation*, 22 (2), 191 – 202.

Siegel, H., & Biro, J. I. (2010). The pragma-dialectician's dilemma. Reply to Garssen & van Laar. *Informal Logic*, 30 (4), 457 – 480.

Snoeck Henkemans, A. F. (1992). *Analysing complex argumentation. The reconstruction of multiple & coordinatively compound argumentation in a critical discussion.* Amsterdam: Sic Sat.

Snoeck Henkemans, A. F. (1994). Review of Freeman (1991). *Argumentation*, 8, 319 – 321.

Snoeck Henkemans, A. F. (2001). Argumentation structures. In F. H. van Eemeren (Ed.), *Crucial concepts in argumentation theory* (pp. 101 – 134). Amsterdam: Amsterdam University Press.

Sperber, D., & Wilson, D. (1986). *Relevance. Communication & cognition.* Cambridge: Harvard University Press.

Thomas, S. N. (1973). *Practical reasoning in natural language.* Englewood Cliffs, NJ: Prentice-Hall.

Thomas, S. N. (1986). *Practical reasoning in natural language* (3rd ed.). Englewood Cliffs, NJ: Prentice-Hall (1st ed. 1973).

Tindale, C. W. (1999). *Acts of arguing. A rhetorical model of argument.* Albany: State University of New York Press.

Tindale, C. W. (2004). *Rhetorical argumentation. Principles of theory & practice.* Thousand Oaks, CA: Sage.

Tindale, C. W. (2006). Constrained maneuvering. Rhetoric as a rational enterprise. *Argumentation*, 20 (4), 447 – 466.

Tindale, C. W. (2010). *Reason's dark champions. Constructive strategies of sophistic argument.* Columbia: South Carolina Press.

Toulmin, S. E. (1958). *The uses of argument.* Cambridge: Cambridge University Press.

Toulmin, S. E. (2003). *The uses of argument.* Cambridge, England: Cambridge University Press. (1st ed. 1958; paperback ed. 1964).

Verheij, B. (1999). Automated argument assistance for lawyers. In *Proceedings of the seventh international conference on artificial intelligence & law* (pp. 43 – 52). New York: ACM.

Vorobej, M. (1995). Hybrid arguments. *Informal Logic*, 17 (2), 289 – 296.

Wagemans, J. H. M. (2011a). Review of M. A. Finocchiaro, Defending Copernicus & Galileo. Critical reasoning in the two affairs. *Argumentation*, 25, 271 – 274.

Wagemans, J. H. M. (2011b). The assessment of argumentation from expert opinion. *Argumentation*, 25, 329 – 339.

Walton, D. N. (1989). *Informal logic. A handbook for critical argumentation.* Cambridge: Cambridge University Press.

Walton, D. N. (1992). Rules for plausible reasoning. *Informal Logic*, 14 (1), 33 – 51.

Walton, D. N. (1996a). *Argumentation schemes for presumptive reasoning.* Mahwah, NJ: Lawrence Erlbaum.

Walton, D. N. (1996b). *Argument structure. A pragmatic theory.* Toronto: University of Toronto Press.

Walton, D. N. (1997). *Appeal to expert opinion. Arguments from authority.* University Park, PA: Pennsylvani State University Press.

Walton, D. N. (1998). *The new dialectic. Conversational contexts of argument.* Toronto: University of Toronto Press.

Walton, D. N. (2002b). *Legal argumentation & evidence.* University Park: Pennsylvania State University Press.

Walton, D. N. (2006). *Fundamentals of critical argumentation.* Cambridge: Cambridge University Press.

Walton, D. N. (2007). *Dialog theory for critical argumentation.* Amsterdam-Philadelphia: John Benjamins.

Walton, D. N. (2008a). *Informal logic. A pragmatic approach* (2nd ed.). Cambridge: Cambridge University Press (1st ed. 1989).

Walton, D. N. (2008b). *Witness testimony evidence. Argumentation, artificial intelligence & law.* Cambridge: Cambridge University Press.

Walton, D. N. (2010). Types of dialogue & burden of proof. In P. Baroni, F. Cerutti, M. Giacomin, & G. R. Simari (Eds.), *Computational models of argument. Proceedings of COMMA* 2010 (pp. 13 – 24). Amsterdam: IOS Press.

Walton, D. N., & Krabbe, E. C. W. (1995). *Commitment in dialogue. Basic concepts of interpersonal reasoning.* Albany: Suny Press.

Walton, D. N., Reed, C., & Macagno, F. (2008). *Argumentation schemes.* Cambridge: Cambridge University Press.

Weddle, P. (1979). Inductive, deductive. *Informal Logic Newsletter*, 2 (1), 1 – 5.

Weinstein, M. (1990). Towards an account of argumentation in science. *Argumentation*, 4, 269 - 298.

Weinstein, M. (1994). Informal logic & applied epistemology. In R. H. Johnson & J. A. Blair (Eds.), *New essays in informal logic* (pp. 140 - 161). Windsor, ON: Informal Logic.

Weinstein, M. (2002). Exemplifying an internal realist theory of truth. *Philosophica*, 69 (1), 11 - 40.

Weinstein, M. (2006). Three naturalistic accounts of the epistemology of argument. *Informal Logic*, 26 (1), 63 - 89.

Wellman, C. (1971). *Challenge & response. Justification in ethics.* Carbondale, IL: Southern Illinois University Press.

Wigmore, J. H. (1931). *The principles of judicial proof* (2nd ed.). Boston: Little Brown & Company (1st ed. 1913).

Wisdom, J. (1991). *Proof & explanation. The Virginia lectures* (Ed. S. F. Barker). Lanham, MD: University Press of America.

Woods, J. (1994). Sunny prospects for relevance? In R. H. Johnson & J. A. Blair (Eds.), *New essays in informal logic* (pp. 82 - 92). Newport News: Vale Press.

Woods, J. (2008). Book review Arguments about arguments by Maurice A. Finocchiaro. *Informal Logic*, 28 (2), 193 - 202

Woods, J., & Hansen, H. V. (1997). Hintikka on Aristotle's fallacies. *Synthese*, 113, 217 - 239.

Woods, J., & Walton, D. N. (1989). *Fallacies. Selected papers*, 1972 - 1982. Dordrecht-Providence: Foris.

Yanal, R. J. (1991). Dependent & independent reasons. *Informal Logic*, 13 (3), 137 - 144.

第 8 章

交流学与修辞学

8.1 交流学与修辞学的发展

广而言之，交流学①与修辞学关注的是借助符号生产意义的过程。②相较于论证研究而言，交流学与修辞学涵盖的范围更大，但在美国交流学与修辞学传统中，论证从一开始就是该学科研究的主要对象。③

采用不同类型方法对论证展开研究是美国交流学与修辞学研究的传统。虽然这些方法都根植于辩论和古典修辞学研究，但它们的理论视角却各有所出。该领域的学者们在研究论证时不仅缺乏统一的概念框架，而且在对概念和方法运用上也未达成一致。尽管如此，我们仍将在本章指出这些不同方法中存在的诸多共性。这些共性反映出论证理论化进程中对共享理论出发点的强烈渴望，正是出于这种渴望，我们在该领域发表的文章及出版

---

① 译者注：当前国内新闻传播学界通常将 communication 译为“传播（学）”，为了与本书整体内容保持一致，在此一般译为“交流（学）”，而个别涉及当前新闻传播学科约定俗成的专有名词，为免造成读者的混乱，将根据需要保留“传播”之译法。

② 交流学和修辞学是关联学科；有些看法甚至认为两者无异，是同一学科。事实上，交流学理论范围更广，从人际互动到大众传播，都被涵盖其中。而修辞学根植于古典时代，至今仍牢牢扎根其间。

③ 在美国，成立于 1914 年的全国传播学会（National Communication Association，简称 NCA）是全国推动传播学和修辞学学术研究和教育的最大机构。而美国辩论学会（American Forensic Association，简称 AFA）则专注于学术辩论项目。两个学会每两年都会在犹他州的阿尔塔（Alta，Utah）举行一次夏季会议。美国辩论学会的学术刊物《论证与辩护》（*Argumentation and Advocacy*）主要刊发关于论证和辩论的文章。而在全国传播学会发行的其他刊物，如《言语传播季刊》（*Quarterly Journal of Speech*）和《传播专论》（*Communication Monographs*）中，也经常刊发有关论证的文章。

的书籍中才可以看到贯穿始终的对论证和修辞学属性定义的反思。

交流学与修辞学于20世纪早期得到大力发展，当时人们对辩论和公共演说的实用技巧兴趣渐浓。这一兴趣来自两方面。一方面，历史上英国殖民地化之前的辩论和修辞传统得到延续并有所发展。另一方面，知识分子精英，如杜威（John Dewey，1859－1952），越发认识到公共演说对培养有效或合格公民至关重要（Dewey，1916）。20世纪初，美国向大众民主社会的转型，要求对公民开展修辞和论辩教育，这是积极参与社会所必需的。学术辩论首先是在学校内部开展，其次是在校际间开展，这被看作从事法律工作、政府工作和政治工作的公民提供实践训练的一种重要教学方法。论证则被更宽泛地看作公民重要技能的一种展示。

在美国交流学发展初期，对论证研究的兴趣完全是实用性的，理论研究较少。教科书中对论证下定义时，作者常常提及信服与说服二分法，这一区分方法源于启蒙运动时期的修辞理论家，如坎贝尔（Campbell）、怀特莱（Whately）、普里斯特利（Priestly）。在当时称为“官能心理学”的影响下，人脑被认为由具有独立功能的不同域场组成。理性和情感由此被一分为二，甚至被当作相互敌对的力量，两者相互竞争支配地位。信服被认为与逻辑理性所追求的信念有关，是理性的；而说服则被认为与基于感性诉求的信念有关，是非理性的。

在美国早期关于论证研究的一篇期刊论文中，作者约斯特（Mary Yost，1881－1954）挑战了这种二分法，她指出，该二分法被持有整体观的心理学家们所遗弃（Yost，1917）。1890—1960年，专门研究论证的文章屈指可数，约斯特的论文乃其中之一。她认为，逻辑和情感无法分割，它们是相互依存的认知过程。或许是受到约斯特的影响，教科书中有关信服与说服二元论的内容发生了重要变化。一些教科书直接将二元论删除，把关注点首先放在理由的“理性诉求”上，并将“心理诉求”看作是第二位的（如Winans & Utterback，1930）。

自20世纪20年代以来，人们对更多理论问题的研究兴趣日渐浓厚。在期刊上发表的论证和修辞学论文可划分为两种不同类型：一类是修辞批判，此类研究致力于发展一套用于批判的标准并加以运用，同时也专注于评判具体的演说作品；另一类是修辞理论研究，该类研究致力于对修辞的本质进行描述和界定，多从历史视角进行。这两种类型现在依然

如此（Cohen，1994，p. 159）

在第8.2节中，我们将对交流学与修辞学的研究现状进行概述，讨论论证在辩论传统中的地位。尽管论证理论尚未成为该传统的一部分，但早期教科书中提及的所有核心概念至今在美国论证研究中都起着重要作用。这就是我们要关注一些前理论概念的原因。在第8.3节，我们讨论的是此后交流学中出现的论证理论化起点。这些研究对与论证息息相关的问题进行了反思：什么是论证？论证如何自我显现？论证与逻辑学、论辩学和修辞学的关系如何？这些问题的答案为论证理论化研究奠定了基础。第8.4节中，我们重点关注交流学两大研究传统中的第一类，即历史政治分析，也叫“修辞批判”。而在接下来的第8.5节，我们关注的是研究传统中的第二类——修辞理论，尤其强调的还是与论证研究紧密相关的论证或修辞现象。在第8.6节，我们对“论证领域”和“论证空间”这两个重要概念进行讨论，它们是在图尔敏第一次提出“论证领域”的基础上进一步发展出来的。在第8.7节，我们重点探讨一种相对较新的研究视角——规范语用学，该进路通过挖掘格赖兹的理论洞见，对论证中实际起作用的规范进行考察。在第8.8节，我们则关注说服研究中的论证。最后，我们在第8.9节中对人际交流学中的论证研究进行讨论。

8.2 辩论传统

辩论于19世纪在美国高等院校兴起，但直到19世纪末，论证和辩论才成为学校课程的一部分。辩论一般被当作一种训练未来律师、公务员和政治家的教学手段。①

① 在美国殖民地时期的第一个世纪，拉莫斯（Peter Ramus）的论著看似统治了整个教育界。直到1730年才出现经典传统的转向。很久之后，在英国的影响下，美国修辞学完全成为亚里士多德学派的。美国第一部完整的修辞学论著由威瑟斯彭（John Witherspoon）所著：“在古典修辞学基础上，威瑟斯彭根据他那个时代的哲学对这些修辞原则进行了解释。”（Guthrie，1954，p. 51）整个19世纪，人们对公共演说兴趣浓厚。沃德（John Ward）、坎贝尔（George Campbell）、休·布莱尔（Hugh Blair）和怀特莱（Richard Whately）的论著成为该领域的权威（Guthrie，1954，p. 80）。

随着辩论越来越受欢迎，对专门讲授论证的教科书的需求应运而生。在此类教科书中，最有影响力的可能要数贝克（George Pierce Baker，1866－1935）所著的《论证原则》（Baker，1895）。贝克深受亚里士多德、怀特莱和弥尔的影响。与贝克同时代的人认为，他的教科书大大改变了19世纪末20世纪初的论证和辩论教学。据他之前的学生福斯特（William Trufant Foster，1879－1950）讲述，贝克是“开发系统课程教授论证和辩论的第一人”（Gray，1954，p.428）。[①]

贝克与亨廷顿（Henry Huntington，1875－1965）共同出版的教科书修订版内容更为详尽。贝克和亨廷顿将论证定义为“一种促使他人接受作者或说者认为是真实的想法，并在需要的情况下说服对方根据习得的观念而行事的艺术”（Baker & Huntington，1905，p.7）。根据他们的看法，信服和说服在论证中一样重要[②]：他们认为，“信服唯一的目标就是在作者和读者之间建立共识，”而“说服的目标则是为取得信服铺路或采取行动”（Baker & Huntington，1905，p.7）。纯粹的信服只通过清楚有力的推理诉诸读者的智力。而说服产生期待行为的方式则是唤醒关于所述想法的情感，完全或部分根据读者特殊的兴趣、偏见或特质修改陈述方式。情感诉求意义上的说服可能单独出现，但信服的出现通常伴随着说服。

贝克和亨廷顿的书为其他教科书树立了榜样。大多数旧版教科书，但也包括当代一些教科书，都有专门以命题表述、命题分析、命题证明之证据以及命题证明之归纳论证与演绎论证等命名的章节。

福斯特（Foster，1908）的著作《论证与辩论》是受贝克开创的传统所影响的教科书之一。该书附含关于辩论比赛的实用章节，提供辩论指南并教授论辩准备的每个步骤。与贝克不同，福斯特认为，证明责任是论证的重点。他还提出了正方和反方这两个概念。

福斯特书中第一章的内容是有关命题表述的。他强调，表述必须做

---

① 福斯特（Foster，1908）自己的手册《论证与辩论》以及莱科克和斯凯尔斯合著的《论证和辩论》（Laycock & Scales，1904）都受到贝克《论证的原则》一书的极大影响。

② 贝克和亨廷顿认为，信服和说服是互补的，“它们分别是论证的经线和纬线（Baker & Huntington，1905，p.10）”。范爱默伦和豪特罗斯尔后来在一部探讨论辩学和修辞学关系的论文集中，也使用了相似的表达，以“论证分析的经纬线”作为该文集的副标题。

到和法庭要求的一样明确，因为不明确的表述会导致毫无意义的争辩（Foster，1908，p. 2）。在他看来，论证也需要完整命题，“不是个空名”（Foster，1908，p. 1）。命题应以决议的形式表达（“经决议……”）。它也必须是可辩论的。这意味着命题之真伪不该显而易见。此外，命题既不能太泛也不能过于模糊，当然它还必须有趣。命题应该将证明责任赋予正方：“对任何论证而言，主题应如此措辞，以便正方发起攻击，主张新事物，或者打算推翻既有事物；换言之，正方由此承担证明责任。”（Foster，1908，p. 9）

在讨论命题表述之后，福斯特展示了应该如何分析命题（Foster，1908，p. 16）。分析命题包括确立争议问题的起源和历史，界定命题中的术语，剔除不相关内容，指明公认的内容，列出假设被证明了的直接支持命题的要点。这种分析为论证者提供了明晰的命题和成功防御所需的主要论据。从实际角度看，分析对找出正方开场论证的内容是有帮助的。

论证者在分析命题后，必须找到证据来证明命题。福斯特将这种证明界定为“以充分理由赞同命题为真”（Foster，1908，p. 51）。受贝克影响，他区分了证明命题的两种主要类型，即以权威为证据和关于事实的推理，两者中后者更为常见。①

在很多情形下，我们需要诉诸权威来担保我们在推理中所使用的事实。引用权威对支持推理本身并无用处。权威与证人不同：权威是“有能力对经由事实进行推理的原则做出评判”之人，而证人则是“对争议事实提供证言”之人（Foster，1908，p. 57）。对于这两种诉求方式，福斯特给出了一系列检验办法，它们以问题形式对权威的确定性与权威的专长等进行发问，如“该权威不只是个模糊的群体吗?”此外，权威既不应该只以传闻为基础，也不应该受偏见影响，权威意见应该得到其他权威的认可。福斯特对此进一步提出的问题则带有更浓厚的修辞属性：反方是否诉诸权威，听众对权威是否接受?

福斯特把事实推理分为三类：（1）演绎论证与归纳论证；（2）例证；（3）因果论证。他对演绎论证的解释很粗浅，受限于古典三段论的总体框架。而他对归纳论证的处理也很简短，以弥尔思想为基础。此外，这

① 后来的教科书对证据（即论证存在的物质基础）和推理进行了更明确的区分。

种分类使论证类型并不相互独立。例如，例证是归纳论证的子类。由于缺乏案例、评价规则以及更进一步的解释，这样的逻辑解释对论证者来说是否真有用，还是令人怀疑的。

除了归纳和演绎，福斯特也对明显不具备逻辑属性的论证形式进行了讨论。[①] 他对每个论证形式都设置了一系列测试，依旧是以评价性提问的方式进行。

例证或许可分为两种：概括和类比。概括应该被看作一种不完全归纳：它从熟知的内容一下跳到不熟悉的内容。我们应该通过四种方法对概括的“安全性”进行测验：(1) 未被注意到的部分相比同类整体而言，是否小到能确保概括的实现？(2) 被观察的成员是否具有代表性？(3) 我们能否在合理范围内确定没有例外出现？(4) 一般规则或陈述为真的可能性是否很大？

类比论证包括了所有由相似性所做出的论证。这意味着，在具有相似关系的生活或经验领域中，若某些关系在其中一个领域中为真，则其相似关系在另一领域中也为真。此外，以两个对象间相似性为基础的论证也属于这一范畴。[②] 为了检验类比，我们必须指出：这些类比事例确实在关键点上保持一致，这些关键点的相似性远超其相异性，经此类比所得的结论不会受到不同类型证据的质疑，以及类比所依据的所谓事实的确为真。

因果论证可由果至因、由因至果或由果至果。前两种因果论证是一种从已知到未知的论证过程。由果至因论证试图证明给定原因的成立，或已经成立，是通过指向一种无法由其他原因推导而来的观测结果实现的。用于检测这类论证的问题有：(1) 其他原因能否产生观测结果？(2) 假定原因是否足够产生观测结果？(3) 是否存在其他外力阻止假定原因起作用？人们可以通过使用由因至果论证表明，某件事情可能或极有可能发生是因为有充分引起该事件的已知先例存在（Foster，1908，

---

① 这些论证的形式或种类可以被看作论证型式的前身。类似论证结构的概念则几乎从未出现在论证和辩论的教科书中。

② 这里对类比的解释接近怀特莱的看法。根据怀特莱（Whately，1963，p. 30）所述，与其说相似性存在于事物本身，还不如说存在于事物与事物间的关系上。

p. 131）。为检验由因至果论证，论证者应该弄清：已知原因是否足够引起讨论中的结果，是否存在其他原因足以使上述推论失效，另外，是否存在任何积极的证据证实或反驳论证中引发的推测。

由果至果论证是“由果至因论证与由因至果论证的融合”（Foster，1908，p. 135）。论证者借用在论证中没有提及的某个原因从一种结果推导出另一种结果。由于此类论证是前两种因果论证形式的结合，福斯特对此并没有列出用以测试的问题。与其他作者不同，福斯特没有把诉诸征兆论证单列为一种论证类型，因为诉诸征兆论证既可以看作由果至因论证，也可以看作由果至果论证。①

在“反驳对立论证”这一章，福斯特将一系列谬误描述为对方论证中可能存在的缺陷。反驳对立论证方法有两种：一是质疑作为论证基础的指称事实的真实性，二是质疑推理过程的有效性。对第二类方法而言，识别谬误很重要，因为“谬误即推理过程中的错误，是从一个命题到另一个命题的无根据转变”（Foster，1908，p. 143）。依照其对谬误的分类和处理可见，福斯特关于谬误的思想是亚里士多德式的。他首先从含混定义谬误的较宽范畴开始，其次讨论了轻率归纳、不当类比、错为因果、忽视问题（不相干论证，包括诉诸个人论证和诉诸公众论证）和回避问题等谬误类型。

福斯特指出，除了指向谬误推理，论证者也可以采用特殊技巧以反驳对方推理：归谬法、剩余法（列出所有可能的结论后再一一推翻，只剩下一个可能）、两难法（强迫对手在两种可能性中做出选择，无论选择哪种可能性，对手都因此被逼入荒谬或矛盾的境地）、揭露不一致法、反败为胜法（借用对手论证，指出所证明的并非对手的主张，而是你自己的主张）。此外，福斯特教材的剩余部分内容还包括勾勒概要（关于辩论的书面大纲，包括论证的正方与反方）、语体问题、激发情感（说服）以及正式辩论和证明责任。

从福斯特之后的教科书来看，他们关于论证的想法几乎没有什么进步。绝大部分的教科书都是依照上述描述的大纲进行编写。即使是现代

① 福斯特不把征兆论证纳入分类，依循的是贝克和亨廷顿（Baker & Huntington. 1905，p. 56）的做法。之后的一些教科书则将征兆论证作为单独的一种论证类型。

那些比较流行的论证手册，在论及论证理论概念化时也没做过多修改。例如，在弗里利与斯坦伯格合著的《论证和辩论》（Freeley & Steinberg, 2009）中，贝克和福斯特的痕迹仍清晰可见。与两人的教科书相比，该书不仅解释了相同的要素，就连表述的顺序也一样。首先，该书对现有争议进行了分析。其次，作者对证据的性质和评价做出解释，对推理的种类（包括例证推理、类比推理、因果推理和征兆推理）进行区分，并对如何判断不同类型做出了解释。① 最后，书中还罗列出了各种谬误，对如何表述提出建议，并对各种辩论形式进行了讨论。②

尽管如此，多年之后，辩论教材在分析部分却变得复杂多了。在传统分类基础上，它们可依赖大量经验进行更深入细致的讨论。而教材的另一个显著变化则是结合了经典修辞学理论，尤其是其中的“共同话题”、“议题”、“争议点”以及作为证明模式的“理性”、“道德”、“情感”等概念。这些教科书依然延续对辩论实践的绝对重视，而较少对其目标、方法和基本假设进行观照。教科书中其他的创新点还表现在引入核心议题模型③对政策辩论④中的主要争议点进行解释，以及在20世纪90年代引入图尔敏模型用来替代经典三段论。⑤

自20世纪90年代初以来，辩论的相关文献均呈现出一系列源自传统的显著特征。在这些传统中最有影响力的出版物可能要数艾宁格（Douglas Ehninger, 1913 - 1979）和布鲁克里德（Wayne Brockriede, 1925 - 1988）于1963年合作推出的《通过辩论来决策》一书。该书初步为我们观察辩论活动提供了更为广泛的视角。辩论被视作一种批判性决策的方

---

① 这里区分的推理类型与福斯特的分类十分相似。显然，弗里利与斯坦伯格同福斯特一样，没有把权威论证作为一种推理类型。他们将其看作一种证据类型，这完全是福斯特的做法。

② 这里的内容罗列当然并不完整，其目的在于说明，辩论教学中关于论证部分的内容长久以来改动不大。

③ 核心议题是辩论中正方为命题辩护时必须论及的议题。

④ 使用核心议题的思想早就由肖华伦（Shaw, 1916）提出，他提出了政策命题中的14个议题。这些议题此后被简化为四种被人熟知的核心议题（问题、原因、解决办法、代价）。可参见米尔斯的论著（Mills, 1964, pp. 65 - 68）。

⑤ 对于这些发展的深入讨论，可参见罗威尔的论文（Rowell, 1932），他将教学启示置于清晰的视角中；也可参见豪威尔的论文（Howell, 1940），他对此进行了历史审视。关于核心议题与状态理论之间关系的讨论，可参见纳多（Nadeau, 1958）和胡尔岑（Hultzen, 1958）的论文。

法。它被描述成一种具有合作而非竞争本质的事业。艾宁格和布鲁克里德在他们的研究进路中结合了图尔敏模型（参见第 4 章“图尔敏论证模型”）。[①] 通过将图尔敏模型描述成一种图表，艾宁格和布鲁克里德或许也已经强化了他们对推理“形式化”的理解。更重要的是，图尔敏模型的使用将论证分析典范削弱成一种应用形式逻辑。[②] 在此以后，推理被看作是不可靠的，结论被看作是不确定的。授权推理的正当理由不再被认为是来自逻辑形式，而是来自听众的真实信念。

《通过辩论来决策》一书的显著特点在于，其对“推测”和“证明责任”这两个交互概念的处理上。“证明责任”的概念之前由福斯特提出，但并没有得到进一步发展。艾宁格和布鲁克里德则对各种不同推测和不同证明责任进行了区分。

之后，辩论理论家们开始了辩论传统研究之外的替代研究。20 世纪 60 年代末 70 年代初，《美国辩论学会杂志》（现为《论证与辩护》）发表了许多关于研究情形建构替代模式的文章，不仅探讨了正方情形、目标或标准情形以及替代性证成情形的相对优势，而且识别了各种不同模式中的潜在一致性。[③] 作为一种长久被认为是力量微弱而遭遗忘的策略，否定性辩论策略这一对策开始复兴并得到了理论定位。[④]

众多作者开始将研究注意力转向辩论过程的潜在性质和目标上，他们相信，理论和实践之间日渐出现的不同点反映了辩论假设的不同根源。20 世纪 70 年代末 80 年代初，解释不同辩论范例或辩论模式的文章相继出现，这些模式包括制定政策模式、假设—检验模式、博弈论模式、评论家—法官模式以及白板模式，等等。辩论研究的传统视角，即现在改

① 与布鲁克里德和艾宁格一样，哈斯廷斯的论著（Hastings，1962）提出了一种研究图尔敏正当理由的不同种类的类型学，并随后将其并入温德和哈斯廷斯（Windes & Hastings，1969）合著的辩论教材中。

② 维拉德（Willard，1976）指出，在图表论证中，论证所混杂的推论和非推论因素在根本上被误解了，人们太过相信形式上的结构。

③ 如参见法德勒（Fadely，1967）、切塞布诺（Chesebro，1968，1971）；莱温斯基等人（Lewinski *et al.*，1973）和里奇特曼等人（Lichtman *et al.*，1973）的论文。扎里夫斯基（Zarefsky，1969）写了一篇质疑现存一些分类的文章。

④ 如参见卡普洛的论文（Kaplow，1981）。

称的核心议题模式就在这样的过程中被取代。①

20 世纪 70 年代出现的一个主要趋势就是强调辩论和论证之间的联系。由于认识到辩论涉及的是总体规则的具体应用，教育工作者着手开发不专门针对辩论的论证理论和实践课程。这些课程使越来越多的学生得以更全面地了解论证理论。为了满足这一新兴的需求，各种新版教科书也相继出版。其中最突出的要算雷基和西拉尔斯的《论证和决策过程》（Riek & Malcolm，1975）、瓦尼克和殷奇的《批判性思维与交流》（Warnick & Inch，1989）以及布兰罕的《辩论与批判分析：冲突的和谐》（Branham，1991）。即使是那些以辩论为首要主题的书本，如帕特森和扎里夫斯基的《当代辩论》（Patter & Zarefsky，1983）也开始将辩论描述成广义论证研究的衍生内容。

探讨辩论和论证之间的关系主要有两个方向。辩论不只从论证整体知识中得到启示，而且也促进论证知识的发展。1979 年，古德莱特提交了一篇名为《自由推测与保守推测》（Goodnight，1980）的论文。文章指出，推测不只是一个任意概念或一种决胜规则，它是一个有助于区分政治立场、了解政治争端实质的概念。此后，古德莱特（Goodnight，1991）开始关注争议的动态表现。争议可以被描述成随时间推移发生的、没有先验规则、界限和时间期限的辩论。在辩论中得到训练的学者们结合上述对争议的认识，从新视角理解文化和政治冲突，尤其是将其与军事政策和国际关系相结合。②

米切尔（Mitchell，1998）在一篇文章中提出停止“取消公共空间资格”。他指出，成功地将论证技能转化为民主赋权的工具“需要积极努力地清理空间，使学者们能自由操练和培养论辩代理意识”。有了更大的操纵空间来发明行动战略、承担风险、犯错和影响变革，学者们可以开始预想如何在一轮辩论赛之外的更广阔天地中借论证行事。

米切尔认为，无论是理论还是实践，论辩代理这一想法的演变，总

---

① 代表性文章包括里奇特曼和罗雷尔（Lichtman & Rohrer，1980）以及扎里夫斯基（Zarefsky，1982）的论文。还可参见《美国辩论学会杂志》（第 18 期）关于辩论范式的专题讨论（冬季刊，1982）。

② 如可参见道贝尔关于核战略原则的研究（Dauber，1988）以及艾维关于美国外交政策的研究（Ivie，1987）。

体上受论证教师和学生特别是往往不寻常的个人情感和政治忠诚所驱动。那些乐于见到辩论技巧成为民主赋权工具的人们，有意在自己的教育和政治环境中培育论辩代理。这可能包括支持和鼓励学生努力参与初步研究，组织公共辩论，开展公共宣传项目或通过更大的努力与传统上缺乏关注和被排挤的学生们分享辩论的力量。

8.3　理论化起点

在传统的辩论和论证教科书中，对论证的理论化反思没有得到大力发展。要使论证研究理论化，意思清楚明确、广受认可的定义必不可少，但在传统研究中，中心概念如狭义论证、广义论证或论辩以及修辞都没有得到很好的界定。

在 1974 年发表的一篇文章中，布鲁克里德（Brockriede，1992b）十分努力地对广义论证的概念进行描写。他强调这样一个事实，即广义论证研究领域在很长一段时间内受论证是一种公共演讲的印象主导，“狭义论证”这一术语指的是公共演说或公共辩论的内容。布鲁克里德指出的事实是，论证不仅在法庭或辩论比赛中使用，而且还存在于人际交往、科学理论建构以及研究报告中。对他而言，论证是一种人类行为，而不是一种出现在文本中的“事物”。

布鲁克里德（Brockriede，1992b）通过罗列论证的一系列特征进一步阐明了这一观点。尽管这些特征不代表论证的一系列必要条件或充分条件，更不用说是一种“最终”定义，但是在这“六种特征汇集”（Brockriede，1992b，p. 77）之处我们可以找到论证所在。第一，广义论证包括从现有观念到适应全新观念的推理飞跃。[①] 第二，我们应该有理由支持这一飞跃。如果这个理由太弱，则论证不成立，充其量只是谬误。如果这个理由太强而使结论受限，这就不是一个论证，而是一种证据。

---

① 在效仿图尔敏的风格中，布鲁克里德认为，推理飞跃是必要的，因为在论证中，前提并不必然导致结果：“如果结论没有延伸到论证材料之外，我们就没有什么需要争论的……”（Brockirede，1992b，p. 75）

第三，在两个或两个以上竞争性主张之间必须做出选择。第四，论证涉及不确定性的管理。如果事情是确定的，人们则没有必要进行论证。当不确定性较高时，对论证的需求也较高。第五，论证包括愿意承担与同人因主张不同而发生冲突的风险。如果所持的主张遇到某种冲突的考验，论证者可以对不确定因素进行管理。当两个人在相互冲突中要做出理性选择时，他们共同承担冲突可能影响两人现有想法的风险。第六，论证牵涉到共有的参考框架。论证参与方应该在最优程度上共享双方的世界观或参考框架（Brockriede，1992b，p. 77）。①

对此，奥凯弗（O'Keefe，1992）在1977年首次发表的《两种论证概念》一文中进行了回应。他区分了“论证”一词的两种不同概念：论证既指一种交流行为，用“论证$_1$”标识，又指一种特殊的互动类型，用“论证$_2$”标识。奥凯弗认为，“论证$_1$因此和许诺、命令、道歉、警告、邀请、命令等行为一样。而论证$_2$则可以同其他互动类型，如闲谈、交心会谈、争吵、讨论等划为一类”（O'Keefe，1992，p. 79）。两者的差别体现在日常会话“认为……”（arguing$_1$ that）和“论争……”（arguing$_2$ about）的不同表述中。例如，我们可以认为财政削减是必要的，而两位室友则可以论争谁来洗餐具。奥凯弗称布鲁克里德的分析把论证$_1$和论证$_2$混为一谈了。他指出规范性进路研究只探讨论证$_1$，描述性研究进路则意在讨论论证$_2$。在美国交流学与修辞学界，这样的区分被普遍视为进一步定义论证并决定其特征的基础。②

论证$_1$和论证$_2$之间的区别，使认为第一种意义才是最基本的想法受到挑战。从这个意义上来说，奥凯弗的区分法可以被看作解决争议的一种尝试，这种争议长期存在于那些坚持论证中非推论因素重要的人和那些

① 温泽相信，布鲁克里德描述了能被论证研究有效解释的情境类别。他建议对布鲁克里德的描述改动如下：“无论怎么解释，论证研究在以下情境中一般是恰当的，即社会团体中的某位或多位成员，即享有同一参考框架的人群，为了做出选择和决定而通过提出主张，并给予证明的方式回应问题或不确定性。顺便提一下，论证研究其他的特性是这些理论上参与者将自身置于风险中的程度。”（Wenzel，1992，p. 122）

② 哈普尔提出了第三种“论证”的概念：论证$_0$。这是“论证的认知维度，即关注人们在论证时的心理过程”（Hample，1992，p. 92）。哈普尔认为这是必要的，因为忽略“对论证的心理认识可能引发混淆、曲解甚至是浅薄”（Hample，1992，p. 106）。正是论证参与者的认知系统控制着意义，由此控制整个论证的结果（Hample，1977a，b，1978，1979a，b，1980，1981）。

坚持论证中的每个因素都必须是推论的或可用推论解释的人中（Burleson，1979，1980；Kneupper，1978，1979）。维拉德（Willard，1976）早已认为，论证图示不仅没能很好涵盖心理过程，而且也不足以描述信息，因为它们无法描述讽刺、含糊以及信息中的其他非推论部分。图式化的拥护者则认为，如果把维拉德的观点发展为一种符合逻辑的结论，这将使论证中的重要部分得不到应有的分析。奥凯弗的区分表明论证$_1$是可图示化的，而论证$_2$则最好被当作交流行为的实例进行研究。尽管论证可以利用语言和非语言交流、不同动机交流以及出于关系考虑的交流等多种交流模式，但是奥凯弗认为，论证最好通过诉诸典例情形来界定，即诉诸最清晰的无争议例子。

与此同时，维拉德在其专著《论证与知识的社会根基》（Willard，1983）、《一种论证理论》（Willard，1989）和《自由主义与知识问题》（Willard，1996）中，开始了可能通向论证建构主义理论研究。他将广义论证或论辩定义为一种发生于两人或两人以上的交互行动，在这种行动中，参与者坚持他们所持的、与人不相容的主张。维拉德认为，研究者应该对交互行动中实际发生的情况进行探索。

1995 年，扎里夫斯基笼统地将论证定义为“不确定条件下证成决定的实践”（Zarefsky，1995，p. 43）。这个定义包含四个要素：第一，论证是一种实践，是人们参与的一种社会活动。在这个实践过程中，人们生产文本、检测文本，文本被当作实践的产物进行研究。尽管如此，论证并非一种能轻易与其他实践分开的活动。扎里夫斯基认为，它没有唯一的主题，参与论证的人们同时也在做其他事情。他们甚至都不把他们正在做的事情称作论证。论证不只是人们自然而然所做的事情，它还是分析者在以批判态度考察各种社会实践时使用的一个概念。论证实践观与将论证视为文本或逻辑结构的观点形成鲜明的对照。

第二，在扎里夫斯基定义中，论证是一种证成实践。“证成”一词是与“证明”一词相对的，这点很重要。它认识到论证结果无法确定，这促使分析理想走下神坛。另外，这些论证结果既非反复无常也非异想天开。支持它们的是那些为听众所认可的、保证信仰和行动的良好理由。

> 说“某个主张已证成”立即会提出一个问题：对谁来讲，已证成？根据情境不同，这个问题会得到不同的答案。证成可以针对自己、

家人或朋友、在场具体听众，还可以针对根据某种特殊兴趣定义的广大听众、一般民众甚至来自不同文化人群中的听众。由此，这个问题就成了：根据听众之不同，“证成”一词的实际意义是否有所改变，证成过程是否又有所不同？

我们可以把许多有关论证领域、论证空间和论证社群（参见第 8.6 节）的文献，以及对主张来讲什么可以算作证据的诸多讨论，都看作对“向谁证成”这个基本问题的探讨。无论如何，这个问题立刻会引起人们对“论证对象是人”这一事实的注意。论证是一种发生在听众语境中而非真空中的实践活动。由于它涉及的是主张和人之间的关系，因此，它明显是一种修辞实践。

第三，论证是一种证成决定的实践。决定包括选择，因为如果只存在一种可能性就无选择可言。但是，决定也预先假定了选择的必要，因为替代选择被认为是不相容的。做决定就像是站在一个岔路口。你不能站着不动，也不能两条路都选，你也无法事先确定选择哪一条路才是对的。有时候，决定会适时出现在某个特定时刻。例如，1992 年，所有欧盟成员国都必须对是否同意《马斯特里赫特条约》做出决定；同年，美国议会也必须决定是否批准《北美自由贸易协定》。在这两个例子中，做决定的同时都伴随着要证成一个决定或另一个决定。尽管如此，有时候做出决定需要经过很长一段时间，证成过程也同样漫长。例如，多年来，关于全国或全球经济是否应该成为我们进行政策选择时所要考虑的因素这一问题，我们一直存在争议。从更长远眼光看，《马斯特里赫特条约》和《北美自由贸易协定》可以看作这一长久争议的瞬间。

决定包括选择，但做了决定之后并不意味着一劳永逸。同样的岔路口会反复出现，甚至是以做出小小变动的伪装形象出现。如在美国，关于支付医疗保健最好办法的争议虽然历经许多具体决定的实施，但它在很大程度上仍然是对 60 年前或 80 年前的论证重现。少数人的位置从未被完全征服，有朝一日它总会回来并赢得胜利。认识到这一事实将提醒人们注意，即使在特定时间做出的选择只有一个，我们也应该在做决定时尊重所有提出的替代方案。

第四，论证即在不确定条件下实践证成决定。这一修辞情境的关键特征是，在不可能知道所有事情的时候必须做出选择。我们可能需要面对不完全信息采取行动，受决定影响的世界之大，以至于我们只能关注到其中的一小部分，还可以依赖其他的选择或结果，但我们无法知道哪个决定是最好的。或者，修辞情境可能由于证据材料和结论间存在的推理差距，而显得不确定。证据材料可能是客观的，但结论却是关乎信仰、价值或者政策的。也可能信息与现状相关，但决定却包含了对未来的预测。无论什么原因，人们论证是为了证成那些无法肯定作出的决定。因此，美国交流学学者，如扎里夫斯基认为，论证属于修辞学领域，而非确凿证据的范围。这并不意味着论证结果是非理性的，它们受修辞推理的引导：正当理由来自相关听众积累的经验，而非来自一种特殊的结构或形式。①

另一个经常被讨论的问题是，论证研究视角的现状以及这些视角相互关联的方式。对理论家而言，温泽（Wenzel，1992）认为有三种应该被看作独立出发点的视角。这三种论证视角是：（1）修辞视角，即考察说服过程的视角；（2）论辩视角，即专注论证中使用程序的视角；（3）逻辑视角，即根据逻辑有效性标准评判论争结果的视角。在传统上，这些与论证的三种含义相对应：作为过程的论证、作为程序的论证和作为结果的论证。②“论证”这一术语是在过程意义上使用的，即出现在“每当我们把‘论证’或‘论争’这种名字运用于一名或一名以社会行动者针对他人进行符号诉求试图赢得他人认同这一现象时”（Wenzel，1992，p. 124）。作为程序的论证，指的是论证作为一种将论证自然过程置于某种人为控制下的程序或方法。作为结果的论证，或许可以看作一组陈述，其中包括前提或证据和结论或主张，通过这组陈述，人们选择描述从交际进程中抽象而得的“意义”。如此区分意味着对于“什么是论证”这个问题，我们可以有不同的回答。修辞学家的答案是：论证是“一种诉求模式，一种说服方法，一种典型的符号使用者的交流行为”（Wenzel，1992，p. 125）。论辩学家的答案是：论证是“一种用于批判性

---

① 这个论证洞见有助于在交流学与修辞学中组建立论证研究分支，增加与本可能不相干疏远领域间的连贯性。这一洞见涵盖了从“人际的”到“文化的”论证，同时还囊括了描述维度与规范维度。

② 严格说来，温泽没有对这三种不同类型的论证进行区分：三个视角代表着研究论证的不同进路。

检验论题的缜密的话语方法”（Wenzel，1992，p. 125）。逻辑学家的回答则可能是：论证是“一组由前提与结论或主张与支持的陈述”（Wenzel，1992，p. 125）。①

8.4 历史政治分析

美国修辞研究传统的一个主要分支就是修辞批判，即对以说服为目的的公共演说或文本进行分析和评价。修辞批判源于两个姐妹学科：历史和英语。最初，修辞批判或多或少趋向亚里士多德学派。典型的修辞批判首先是对历史背景和作者简历的描述，其次是将亚里士多德和西塞罗的经典著作运用到话语研究中（Cohen，1994，p. 181）。在 20 世纪 30—50 年代的大部分时期，公共演讲在修辞学领域占绝对主导地位。尽管如此，论证分析往往却并非这些分析中的主要部分。

尽管从未有过系统的理论基础，但是在发表的公共演说研究中，几乎都提到了演说家的论证。布鲁克里德指出（Brockirede，1992a，pp. 36－37），布拉克（Edwin Black）和其他研究者将这些研究“谴责”为“新亚里士多德式的”研究。这些研究利用经典概念和术语。所有这些概念和术语承载的假设在理解古典论辩术时卓有成效，但是却无法很好地处理存在于人、事、情境和文化规范之中的不同。布拉克认为，新亚里士多德学派的语境观点是受限的：他们局限于对直接听众和情境的讨论。此外，他们的评价包括决定演讲对其直接听众的说服效果，但是他们并不做出评价。

利夫和莫曼（Leff & Mohrmann，1994）举出了一个补救上述问题的修辞批判实例。他们以亚伯拉罕·林肯于 1860 年 2 月 27 日在库伯联盟学院发表的演说为例进行分析。利夫和莫曼对那些认为林肯此次演讲很有说服力，但却没有提供具体证据支持这一论断的学者们提出了抱怨。他

① 温泽指向一些由于使用令人混淆的概念，如法雷尔（Farrell，1977）和麦克罗（McKerrow，1977）提出的“修辞有效性”等概念而产生的伪问题。在这些著作中，逻辑视角和修辞视角被混淆了。

们注意到这篇文本属于一种特殊的文本类型：这是一篇为了使演讲者获得提名而设计的竞选演说。利夫和莫曼把关注点指向那些为了直接达到目的而使用的具体论证策略和文体手段上。在此例中，政策和人物都是有待确认的，但总的目标就是讨好听众（Leff & Mohrmann，1994，p. 175）。林肯通过展示自己的理智形象为其所属的党派代言。在演说中，他专门谈论了薪水问题。利夫和莫曼认为，这是明智的选择，因为这是当时最重要的事情，它壮大了共和党，也是人们认识林肯的重要标签（Leff & Mohrmann，1994，p. 176）。林肯选择了一种特别巧妙的论证方法。他引用对手的话，依照对方的逻辑，然后通过人身攻击使其搬起石头砸自己的脚。利夫和莫曼展示了林肯对重复这一语体元素的有效运用。在演讲的第二部分，林肯成功地运用了拟人的手法，打造了共和党人和南方人之间的一场模拟辩论（Leff & Mohrmann，1994，p. 181）。[①]

坎贝尔（Campbell，1993）指出，在《物种起源》一书中，达尔文需要克服由观点冲突的不同听众引发的各种具体困难。达尔文显然有能力交出一份漂亮的答卷。坎贝尔认为，达尔文采纳对手的许多论证作为自己论证的能力，使《物种起源》一书从修辞和科学角度来看都同样优秀。地质灾变论者的修辞和地质均变论者的修辞包含了两种相互对立的传统。达尔文需要应对灾变论者，他们相信进化但却强烈否定引起进化的自然因素的能力。均变论者否认任何朝着特定方向累积过程的存在，但却肯定自然力量能带来随意的变化。在对自然选择机制的阐述中，达尔文借用均变论者的解释方法，以自然主义为基础建立灾变论者的进化结论。达尔文由此在一个有意识的选择智能隐喻下，向在神学传统中成长起来的公众解释了自然选择。长久以来，神学传统都教育人将物质世界的现实看成一个有意识的设计师的人工制品（Campbell，1993，p. 158）。

提及对历史和现代政治话语的论证分析，扎里夫斯基毫无疑问是该领域最多产的美国学者。在对公共论证话语分析中，他都根据需要以现代修辞观点补充古典修辞观点。在其著作《约翰逊总统向贫困宣战的计

① 对于修辞概念制定、体现和唤起的使用，利夫（Leff，2003）在其分析马丁·路德·金的《伯明翰监狱来信》一文中展示了修辞论辩的这些维度如何有效提升文本的说服力。

划》（Zarefsky，1986）中，扎里夫斯基考察了如何通过话语的方式将公共政策置于战略思维中。他关注约翰逊总统在促进伟大社会进程中，无条件向贫困宣战所做出的努力。该书的中心问题是，由约翰逊提出、被纳入《经济机会法案》的反贫苦项目，是如何在获得这第一份强大的支持后节节败退的。与他人谴责越南战争带来负面效应的做法不同，扎里夫斯基转向从贫困宣战的相关话语中寻找问题的答案。

扎里夫斯基的论点是，把努力消除贫困称作一场“战争”的各种修辞选择对《经济机会法案》的通过功不可没，尽管如此，这样的修辞决定也促使了该法案的毁灭。在其专著中，扎里夫斯基的重点首先放在行政机构说服议会启动并维持反贫困项目的意图上。把反贫困政策称为一场“战争”的象征性选择，辅以与之相配的其他具有象征意义的选择，如“战士”、“敌人”、“战斗计划”等，暗示了一种把所有建议的措施放在一个特殊视角下的世界观。这就是这些修辞选择在公共说服过程中占据重要地位的原因：使用的象征符号通过强调事件的某个方面，弱化其他方面对事件做出界定，它们由此“借助与听众先前经验和信仰建立联想的方式引发听众的支持或反对”（Zarefsky，1986，p. 5）。如扎里夫斯基在其分析中所解释，在“无条件向贫困宣战”这一例子中，受象征价值驱动的修辞选择既取得了短期的修辞成功，也导致了长期修辞的失败。

在《林肯、道格拉斯和薪水》（Zarefsky，1990）一书中，扎里夫斯基分析了 1858 年参与伊利诺伊州参议员位置竞选的共和党候选人林肯与争取连任的在任参议员道格拉斯之间的 7 场辩论，即众所周知的“林肯与道格拉斯辩论”。后来成为总统的林肯在遇刺后备受赞誉，林肯与道格拉斯辩论也因此被视为政治辩论的典型例子和典范。扎里夫斯基认为，这样的评价总体来说是让人难以置信的，这种评价“不受历史记录的支持”，它妨碍我们认识“真正”的辩论（Zarefsky，1990，p. 221）。他从修辞视角出发，将这些辩论视为公共论证，“专注有天赋的倡导者们如何从可及的说服方式中选择他们的论证和诉求，以及他们如何形成和打造其论证，以达到听众和情境的要求”（Zarefsky，1990，p. xi）。这一视角有助于解释“语言和策略的选择如何反映并影响着林肯与道格拉斯两人在薪水问题上的争议加剧进程”（Zarefsky，1990，p. xi）。

扎里夫斯基认为，我们可以把林肯与道格拉斯辩论中的论证分成四种模式：宪法论证、历史论证、合谋论证和道德论证。他以论证和听众间的关系为焦点，在辩论中追踪这些论证模式的痕迹，进而做出解释和评价。鉴于辩论双方需要处理的语境制约，两人的辩论还是“揭示了两位卓越政治家为谋取竞选优势，而在他们的修辞兵器库里小心翼翼地选择修辞武器，并加以有效运用的情形”（Zarefsky，1990，p. 222）。如分析所揭示，这些辩论常常是重复的，指控常常是毫无证据的，“而且候选人的言辞常常避重就轻地论及当地政治”（Zarefsky，1990，p. 224）。在扎里夫斯基看来，因为这些辩论很清楚地展示了“当一个根本问题被转换到公共辩论的严酷考验中”（Zarefsky，1990，p. 222），其可能的讨论会是什么样子，所以它们也算是担得起其享有的尊贵历史地位。①

希亚帕（Schiapa，2002）通过一个具体案例说明了他对定义进行论证的修辞学进路。这个论证例子是，在美国关于堕胎宪法争议的语境下，仿效“罗伊诉韦德案”，涉及“人”和“人的生命”定义的论证。希亚帕认为，“定义的作用总是为特殊利益服务”，而且“唯一重要的定义是那些经说服或胁迫而被赋权的定义”（Schiapa，2002，p. 75）。他对高等法院处理定义问题的方法进行了修辞分析。他指出，“什么是人?”和“什么是人的生命?”这些问题被回避了，而这些问题可能有无穷的答案。它们被转变成一个“更有成效的、可回答的”问题，或者为论辩双方通过说服而非强迫的方式提供相互竞争的回答时留有余地（Schiapa，2002，p. 78）。

纽曼（Newman，1961）还对美国是否应该在外交上承认中国共产党政府这一问题的公共辩论做了分析。他认为在这场争辩中主要存在三类问题。第一类是道德问题：共产党政权是否“值得”承认？美国对该政权的承认是否会背叛台湾国民政府？第二类是政治问题：美国的承认是否有利于裁军前景、是否能改善它同中国之间的交往和谈判？第三类是法律问题：承认中共政府是否意味着认可，而中共政府是否代表了“国家的意愿”？

许多当代理论家希望评论家放弃论证分析和评价的传统形式：他们

① 在其他分析中，扎里夫斯基（Zarefsky，1980）强调了论证话语中分解和做出区分的重要性。他通过分解“平等机会”这一表述解释了约翰逊对“肯定性行动”的主张。

反而赞同一种以听众为中心的视角，这一视角重在解释论证话语在既定语境中是如何起作用的。费希尔（Fisher，1987）提倡，使用专注论证连贯性和忠实度的叙事性衡量其价值。他将人类交流（扩展为公共道德论证）概念化为一种“叙事范式”功能。在费希尔看来，人类天生就是讲故事的人，因此，人们能在叙事中或通过叙事更好地理解公共道德审议或论证中的“理性”。

扬克和劳纳（Young & Launer，1995）选择以听众为中心的进路，同时利用形式进路所提供的可能性，对逻辑结构和证据强度进行评估。这表现在他们对皮尔森给出的合谋修辞分析和评价上，其内容是关于美国被指控参与的1983年韩国航空007航班的摧毁事件。扬克和劳纳总结认为，皮尔森的文章是“有说服力的，其原因很简单，就是他讲的故事比较好，成功地利用了公共知识的影响，其中公共知识包括过去间谍活动、美国民众不相信政府但相信技术的传统以及政府部门愿意以行政披露情报来源与方法”（Young & Launer，1995，p. 25）。此外，他们注意到，皮尔森充分使用了准逻辑论证和虚假两难推理，这些策略经常在介绍阴谋论时用到。

威廉姆斯、石山、扬克和劳纳（Williams，Ishiyama，Young & Launer，1997）对俄罗斯1993年杜马选举中所使用的论证策略进行了研究。他们指出，由久加诺夫领导的俄罗斯联邦共产党把修辞价值和听众适应结合到选举策略中。由于认识到自身话语基础受历史所限，俄罗斯联邦共产党逐步转换修辞姿态和论证策略，在选举过程中重新定义自己。这一演变促使俄罗斯联邦共产党采用“民主”、“人民意愿”、“公民”的表意符号以及其他西方式民主中的核心术语，与此同时又保持了传统共产主义的表意，如“公正”和“精神性”，当然其意义有所改变。此外，俄罗斯联邦共产党还选择性地借鉴了苏联1917年至1989年的历史，从而在他们的政治诉求中灌输历史力量和文化记忆。

8.5 论证的修辞研究

撰写本学科理论基础的修辞学者志在认识修辞是什么，修辞和真相或真理之间是何关系，以及修辞道德价值何在。这些反思有时候催生了非常抽象的理论研究，这种研究与论证理论的关系由此显得扑朔迷离。尽管如此，也有一些修辞研究与论证直接相关。即使它们有时没有固定的论证倾向，在某些方面，修辞理论总是和论证有关。

在言语交流理论中，修辞理论的发展可概括为三阶段：第一阶段始于 20 世纪初，当时修辞学者们关注的是古代修辞学的理解和解释；[①] 第二阶段始于 20 世纪 50 年代，在此阶段，一些学者希望在传统论题范围内，从现代客观主义视角给出修辞学的新观点；第三阶段始于 20 世纪 60 年代，修辞理论的范围于该阶段得到极大拓宽。

在修辞理论发展的第一阶段，作者们关注的是古典修辞学，而自 18 世纪以来，英国修辞理论就开始在小范围内受到关注。亚里士多德对修辞学的定义，即修辞学是一种“能在任何事例中发现可行说服方式的”能力。然后，该定义成了修辞学理论化的起点。直到 1960 年，修辞学研究的重点都是古典修辞学。

希亚帕和史华兹（Schiappa & Swartz，1994，p. xi）认为，早期修辞研究的目标可分为两种：一种是为了解过去理论家的贡献而进行的历史重建；另一种是借过去理论家或实践者的洞见所进行的当代理论化或批判研究。早在 1936 年，麦克勃尼（James McBurney，1905 – 1968）就发表了一篇关于亚里士多德省略推理的极具影响力的文章，其目的即包含上述两方面内容（McBurney，1994）。他一方面希望阐明省略推理这一经典概念，另一方面也试图展示如何将省略推理运用于当代论证和演讲教学中。他反对把亚里士多德省略推理看作有个前提受压制的三段论的普遍认识。麦克勃尼认为，这种对省略推理的理解是错误的；他认为怀特莱对这一狭隘的解释负有部分责任（McBurney，1994，p. 90）。

麦克勃尼主张，尽管时有发生，但某个命题的省略纯粹是偶然的。他相信，亚里士多德的意思是省略推理中常常缺少一个或多个命题（McBurney，1994，p. 85）。可是，当我们考察省略推理组成时，其真实的情况并不是有一个命题未给予表达，而是前提的内容有待我们考虑。

---

① 卢凯提斯和康迪特（Lucaites & Condit，1999，p. 8）将 1920 年至 1960 年的修辞学研究描述成“思想文化史上的一次运动”。第二次世界大战之前极少非古典理论研究被提出。

亚里士多德放在修辞归纳例子之后的修辞三段论称为“省略推理”。当他将省略推理定义为“始于可能性或征兆的三段论”时，他看起来在脑海中已经对此做了区分。这里的一个一般原则就是可能性。当被用于论证时，可能性不是用来证明某个事实存在，因为这是已经确定的，而是用于解释事实。在此论证中，某些原因被归因于已被接受的效果。麦克勃尼认为，当亚里士多德谈论“征兆”时，他指的是那些通过指向本质上不具备因果关系的征兆而建立结论的命题。对此，麦克勃尼借亚里士多德在《后分析篇》中将科学证明分为存在理由和认知理由的类似区分来证实他的解释。存在理由是用来说明事实或原则站得住脚的论证，其真实性被认为是理所当然的，它涉及事实存在的原因或理由。另外，认知理由则是告知某事实存在的理由：在对事实起因不做任何解释的情况下，它提供了一个理由证实事实的存在。在麦克勃尼看来，任何对省略推理及其所属的论证理论进行评价的重要尝试都必须以正确认识省略推理为起点。[①]

在修辞理论化发展的第二个阶段，亚里士多德的观点并没有被摒弃。修辞学依然被看作通过案例挖掘可用的说服方法的学科。尽管如此，其重点已不再是对古代理论和概念的解释，而是转移到对新修辞理论的建设上。比泽尔（Bitzer，1999）在其颇具影响力、频繁被引用的文章《修辞情境》中，提供了此类研究的一个典型例子。[②] 比泽尔对修辞话语在何种程度上受制于其语境这一问题感兴趣。修辞话语常常被区别于哲学话语和科学话语，其原因在于它总是处于情境之中，看起来缺乏哲学话语和科学话语所具有的普适性：人们要通过独特性、偶然性和恰当性的标准对修辞话语做出判断。比泽尔强调，他认为修辞具有情境性是因为修辞话语的特征来自产生修辞的情境。所谓情境产生修辞，他指的是修辞文本从其发生的历史语境中形成自身特点。修辞情境应该被看作：

> 一种关于人、事件、物体、关系的自然语境以及强烈邀请话语

---

① 麦克勃尼的文章（McBurney，1994）发表后，其理论普及版开始出现在论辩和辩论的教科书中。

② 比泽尔的《修辞情境》一文收录于新期刊《哲学与修辞》的第一期。

> 的紧急状态；这一受邀话语自然参与到情境中，在许多例子中，它的参与对完成情境活动十分必要，另外，话语通过参与情境的方式获得意义和修辞特征（Bitzer，1999，p. 219）。

比泽尔使越来越多的修辞理论家开始认识到，在进行修辞分析时，应该将话语的语境考虑在内。

比泽尔（Bitzer，1999）指出，任何修辞情境都由三部分构成：紧急状态、受制于决定和行动中的听众以及影响修辞者并能够向听众施压的制约因素。紧急状态应该被看作一种能够且应当通过话语改变的不完美东西，比如，问题、缺点或障碍。通过话语的方式无法解决的问题不是一种修辞紧急状态。修辞总是需要听众，因为修辞话语是通过影响那些充分“变化调停者”的人们的决定和行为来产生改变（Bitzer，1999，p. 220）。

约翰斯通对论证与自我间的关系进行了分析（Johnstone Jr.，1959）。他写道，参与论证就是接受风险。风险即被证明为错误的风险以及必须改变个人信仰系统和自我概念的风险。但人的冒险行为恰恰证明了人的作为，这是人自我意识的组成部分。①

修辞理论化的第三个阶段开始于 1967 年，发起人为施科特（Robert L. Scott）。施科特的论文《论修辞的认知性》（Scott，1999）向人们关于修辞实质及其社会政治重要性的认识发起了哲学挑战。该文引发了 20 世纪七八十年代一场关于论证在真相或真理建构中究竟起什么作用的重要争论。施科特认为，修辞并非只是一种使真相或真理有效的手段，它更是一种认知方法，是一种在这个充满不确定性，需要采取行动的世界中生产真相或真理和知识的方法。在进一步发展该观点的过程中，他对广受认可的论证“使真相或真理在实际事务中有效”这一看法做出了回应。据施科特所说，把论证看作只是在赋予真信息说服力中起作用的观点，

① 这一观点在纳坦森与约翰斯通的合著（Natanson & Johnstone，1965）以及约翰斯通的著作（Johnstone，1970）中得到进一步发展，之后在约翰斯通的文章（Johnstone Jr.，1983）中有所修正。关于约翰斯通对论证学术研究早期影响的例子，可参见艾宁格的论文（Ehninger，1970）。

不仅是十分狭隘的，而且事实上也是错误的。他同意艾宁格和布鲁克里德关于辩论的概念，即辩论是一种可以产生真相或真理的合作批判性探究。由于修辞可以被当作一种生产真相或真理而不只是使真相或真理有效的行为，故我们可以认为修辞具有认知性。①

针对认知视野中所提出的确定性要求，唯一一类应该回应的论证是由图尔敏称为分析性论证（参见第 4 章“图尔敏论证模型”）构成的。尽管如此，施科特发现，分析性论证是否该被称为论证都是令人存疑的，因为“论证”一词暗示了得出新的结论。分析性论证是无时态的，它们无法存在于时间中。实质真理或普遍真理是一种逻辑不可能，因为在实质论证中，“前提与结论之间的时间变化总在发生”。如果时间没有改变，那就是对眼前事的报道，而不是论证（Scott，1999，p. 133）。

施科特的文章影响巨大。该文章和另一篇由布鲁米特于 1967 年所著的论文（Brummett，1967）一起，标志着一场被现代人称为“探究理论”或“大修辞学”运动的开始（Schiappa，2001，p. 260）。②

根据布鲁米特（Brummett，1967）所说，人们无法直接触及真相或真理，而且“客观现实”也并不存在。真相或真理不过是一种解释，因此“现实的意义”远比清楚的“真相或真理”重要。发现并检验现实离不开人的参与，它借由人进行。其原因在于，发现知识是一个互动问题，而且最终是有主体间性的，修辞为这一过程提供了最佳模型（Lucaites & Condit，1999，p. 129）。布鲁米特的文章支持了真相或真理与论证和听众有关联这一逐渐为人所认识的观点。它鼓励人们思考以下问题：哪类知识是被修辞性建构的？论证是如何产生知识的？对这些问题的解答使我们发现了其中包含这个主张：所有知识都具有修辞性，其中并不存在超

---

① 在对修辞和真相之间的关系进行讨论中，另一位有影响力的学者是法雷尔（Farrell，1999）。他提出了与“专业知识”相对的“社会知识”概念。他不像施科特走得那么远，认为修辞普遍具有认知性。在美国实用主义和哈贝马斯的社会理论基础上，法雷尔主张，社会合作的产生离不开社会知识：“社会知识包含了存在于各种问题、人、兴趣、行为等这些自然语境中的象征关系概念，这些概念在被接受时暗含了关于何种公共行为更可取的特定想法。”（Farrell，1999，p. 142）

② 与“大修辞学”有关的理论被认为，在各种学科中普及了西孟斯（Simons，1990）所说的“修辞转向”，或者说至少是将其进行了合理化（Schiappa，2001，p. 260）。在大修辞概念中，事实上，任何事物都能被称为“修辞”。

验的标准。

在“探究理论”的带领下，修辞学家和批评家们开始将其注意力从公共话语转向修辞研究传统对象——文本类型中存在的管控问题。在探究理论中，学者们的基本假设是科学受修辞管控。

与其他修辞领域的成果相比，可能有更多文章和书籍写的是关于科学修辞的内容。[①] 当时普遍的观念是，作为形式逻辑和数学的经验类比，自然科学产生确定知识。在这一背景下，如果能证明即便是在自然科学中都存在重要的修辞元素，那么，要建立“修辞是一种认知方法”的概念看起来就容易了。此外，对修辞的研究还出现在了经济学、社会学、医学、统计学、商科、历史学、宗教学和其他学科中。[②]

另一类有影响力的修辞理论被称为社会文化批评。尽管该领域一般不以修辞研究为特征，但是前文所述费希尔著作中（Fisher，1987）的叙事研究便是其中一例。费希尔开始充实“高质量推论”的意义，这是修辞学中对形式演绎的叫法。他发现高质量推论经常以叙事形式出现，他甚至还提出，讲故事是人类的根本状态。费希尔指出，由于认知的“理性世界模式”存在，讲故事在传统上被排除在推理之外。费希尔认为，这导致了某类具体论断比其他论断更系统地享有特权。费希尔以核武器之争为例，指出其中科学论断比道德论断更可取。

尽管费希尔的主要目的不在于此，但其著作指出了论证和权力之间的关联。书中强调，正是权力，不管是政治权力、社会权力还是知识权力，允许我们规定论证情境中何种论断“算数”。权力使其享有者能以一己之偏好代表整体，这一概念通常被称为“霸权”。论证研究近一波的浪潮是试着探索并揭示权力束缚话语的趋势，并以提供替代选择的方法寻求解放。该研究把重点放在被忽略的论证者和论证之上，对种族问题、

① 在此可参见一些著名例子，如普雷利（Prelli，1989）和格罗斯（Gross，1990）的著作，以及《南方传播学刊》（*The Southern Communication Journal*）中由凯斯编辑的科学修辞特刊（Keith，1993）。

② 这些领域的修辞研究可参见麦克洛斯基（McCloskey，1985）、凯尔勒（Kellner，1989）、亨特（Hunter，1990）和西孟斯（Simons，1990）的论著。这条探索进路兴盛于 1984 年在爱荷华大学举办的“人类科学修辞会议”和后来在该学院形成的探究修辞项目，还有由威斯康星大学出版社出版的关于人类科学中的修辞的系列丛书（参见 Nelson *et al.*，1987）。

性别问题和阶级问题的广泛关注有力地推动了这一研究。

大修辞学避开论证分析，它对修辞文本层面上构成演讲或文本的句子并不关心。尽管如此，一些论证学者仍旧依循传统方式研究论证与修辞理论，法恩斯托克（Jeanne Fahnestock）便是其中之一。她在其著作（Fahnestock，2011）中，从文体角度对说服过程进行了深度研究。她以修辞传统研究中的重要文本为对象，采用语言学和文学文体学研究的较新进路，展示了完整论证分析中应该如何将词汇选择、句式以及段落结构考虑在内。①

8.6 论证领域和论证空间

20 世纪 70 年代，美国论证学者们开始重拾图尔敏在《论证的运用》（Toulmin，2003）一书中介绍的“领域”概念。图尔敏认为，如果两个论证的证据材料和主张或结论属于同一种逻辑类型，则两者属于同一领域（参见本书第 4.4 节）。但难点在于，他并未对“逻辑类型”这一概念进行界定，而只是通过例子表示其含义。图尔敏指出，论证的某些特点或特征具有领域恒定性，而其他一些则具有领域依赖性。但在《人类理解力》（Toulmin，1972）中，图尔敏已抛开“领域”这一概念，并认定其与“学科”的概念类似。对此，一些论证理论家们仍然觉得，论证领域的想法在区分论证是具有领域恒定性还是随领域的变化而变化方面，是有用的。

在论证研究中，“领域”概念的引入引发了两个重要问题：第一，我们应该对论证中的哪些特征或方面进行检验，以此确定其具有领域恒定性或领域依赖性？我们是否应该集中对论证的组成部分，如推理、根据、主张和限定词进行检验？对程序（规则、假定）进行检验？对论证风格和论证策略进行检验？第二，领域之间的差异是否可以确定？为了回答“领域由何组成”这一基本问题，选择之一即采纳图尔敏在《人类理解

① 一个相对较新仍在发展中的研究领域是视觉交流研究。例如，菲尼根研究照片中的说服使用。在菲尼根的论文（Finnegan，2003）中，她重点论证了照片与真相或自然之间的关系。

力》（Toulmin，1972）中的建议，把领域界定为一门学科。不过，这一决定导致了新问题的出现，譬如，一场关于医疗经济的讨论属于哪个领域。对论证领域的分类，也可以通过观察其所涉及的听众、情境或政治偏好进行。① 当我们将不同问题结合起来考虑，论证领域问题就变得更加复杂。例如，程序是否可能因听众不同而有所差别？

对论证领域理论的大部分贡献，看起来都把注意力放在上文所提的基本问题上。举个例子，扎里夫斯基（Zarefsky，1992，p. 417）认为，领域概念为论证的经验研究和批判研究带来了很大的希望。这就是他致力消除领域引发的困惑却依然坚守这一概念的原因。扎里夫斯基确定并讨论了论证领域理论中反复出现的三个问题：论证领域概念的目的、论证领域的本质以及论证领域的发展。

“论证领域”这一术语被不同作者当作修辞社群、话语族群、概念生态、集体心智、学科和专业的同义词使用。其核心概念在于其主张之中暗含着“根基”，而知识主张的根基在于认知实践和特定知识领域中的共识状态。我们由此根据主张者预设的某种背景，如特定群体的传统、实践、理念、文本和方法，推断其立场（Dunbar，1986；Sillars，1981）。譬如，若某人说“物理过程的特点是对起动状况的极度敏感”，领域理论家对此认为该主张是受混沌物理理论的影响，这就将责任明确、具体地归咎于某个具体群体。

维拉德提出了领域理论的社会修辞学版本。他认为，领域即“其一致性来源于实践的社会实体”（Willard，1982，p. 75）。与芝加哥学派相一致，维拉德界定领域存在于领域成员的各种行为中。这些行为本质上是修辞的。“这意味着每个领域标准的权威形成，来源于人们对这些标准的信念，意味着当标准受到挑战时人们会撤回承诺，也意味着领域可以被视为听众（Willard，1982，p. 76）。”此后，维拉德（Willard，1992，p. 437）强调了领域概念的模糊所带来的好处：可以说，它的扩散性和开放性已被看作其最吸引人的特点，而领域概念被运用于各个领域，要归功于它几乎可以被用来说明各种事物这一事实。维拉德确认并探讨了使

① 扎里夫斯基在文章中对不同会议上关于“领域应该根据学科还是广泛的世界观，如马克思主义世界观和行为主义世界观，进行界定”的大量讨论进行了注释（Zarefsky，2012，p. 211）。

论证领域这一概念有用的极小条件。

罗兰德也对论证领域的意义和效用发表了看法（Rowland，1992，p. 470）。他梳理了关于论证领域概念的不同解释，认为在这其中没有一个是令人满意的，因为它们都没有把论证领域的本质特征考虑在内。罗兰德提到区分领域的四个特征：形式、测量精度、争议解决模式和最终目标。他赞成论证领域以目的为中心的观点。通过确认领域成员共有目的，论证领域的本质特征方能得到最佳描述。例如，关于精神病的法律决策目的在于，平衡个人的自由权和社会保护人们免受精神病人威胁的权利。但是，治疗精神病领域的目的则在于，尽可能有效地治疗患者。在特殊目的下形成的领域具有特定评价标准及很可能预测的论证特征，而有着更广泛目的的领域则只能被泛泛而谈（Rowland，1992，p. 497）。一个与论证领域相似但不完全等同的概念是论证空间。这个概念由古德莱特（Goodnight，1982）于1982年在《美国辩论学会杂志》一期关于论证空间的特刊中提出①。据罗兰德所述，与论证领域这个已不再是论证研究"中心话题"的概念不同，论证空间概念如今依然十分重要（Rowland，2012，p. 195）。② 古德莱特指出，"社会"和"历史文化"成员参与到广阔但不完全凝聚的上层建筑中，这一上层建筑邀请他们通过主流话语实践疏通质疑。在民主传统中，这些渠道可以被认为是私人空间、专业空间和公共空间。受哈贝马斯和法兰克福学派的启发，古德莱特提出了"论证空间"概念，以此说明公共协商的质量已开始下降：有着非常不同的创造和主题选择形式的私人空间和技术空间的论证已经大量涌入，甚至占用了公共空间。因此，协商作为一种决定社会知识和公共善行的方式，其质量就此遭到破坏并出现下滑。

尽管古德莱特并没有否定论证领域概念，但他发现此概念"不是一个令人满意的、可以涵盖所有论证基础的'保护伞'"（Goodnight，2012，p. 209）。所有论证都"根植于借助某种程度的专业化和紧凑性刻画的领域"的思想"与根基间的根本区别是相抵触的"（Goodnight，2012，p. 209）。"空间"不代表视角或社群，它指的是论证实践或"行动分支，

① 关于讨论论证空间的论文集合，参见格朗贝克的著作（Gronbeck，1989）。

② 参见古德莱特的文章（Goodnight，1980，1982，1987a，b）。

即论证建立的基础和论证者诉诸的权威”（Goodnight，2012，p. 200）。

每个空间都伴随着具体实践。古德莱特没有给出一个完整实践表，或关于这些实践根本性质的列表，只是列举了一些例子。[①] 在公共空间的简单对话实践中，论证者的陈述是瞬间的。对话无须提前准备，话题和主张的范围由争议者决定。证据在记忆中搜寻，或者可以根据手头现有任何东西进行引证。论证规则形成于论证者关于讨论的一般经验和对公正评判的看法等。与此相反，在科学实践中，议题的范围受到了限制，而且专业知识要与学术论证的形式规则相结合。这一最终结果就是一种专门知识的发展。在公共空间争议中，意见分歧的私人维度与专业维度“只有在与公共论坛实践相一致时才具有相关性”（Goodnight，2012，p. 202）。这样，对证据和推理形式的要求，就不像在个体争论中那样是非形式、不固定的。而对理性形式的要求，则比对具体行业的专业化需求更普遍。最后，公共空间的利益将论证的赌注扩大到超越个体需求和特殊社群需求的整体社群利益上。

论证空间各不相同，首先在合理论证普遍规范上各不相同。古德莱特指出（Goodnight，2012），这些不同在我们考察“朋友间论证标准、学术论证的评判标准以及政治冲突的评判标准”时显得尤为突出（Goodnight，p. 200）。在描述使论证产生和扩大分歧的方式时，私人空间、专业空间和公共空间概念可是有用的。公共空间超越了私人空间和专业空间。该空间不可还原为任何具体团体的论证实践，这些团体或者是由某个具体社会习俗刻画的，或者是由专业群体决定的，不过它或许会受这些因素的影响。此争论的结果会延伸到私人空间和专业空间的不同观点之外。

扎里夫斯基（Zarefsky，2012，pp. 212 - 213）提出了关于空间的一种分类模式，它由如下几个区分标准组成：（1）谁参与话语？（2）谁制定程序规则？（3）需要何种知识？（4）如何对贡献进行评价？（5）协商的最终结果是什么？

在私人空间，只有那些具有特殊私人关系的人才能参与到话语中。参与者共同制定程序规则：他们决定话题、主张边界以及协商进度。在

① 请比较一下本书第 10.9 节讨论的语用论辩学的“交流活动类型”。

此不需要任何专业或被普遍接受的主张。参与者根据各自经验对话语贡献进行评判。论证只对参与互动的人造成影响。

在专业空间，只有那些被当作了解争论问题的专家才能参与到话语中。程序规则由参与者制定，协商时需要一些具体专业知识。特定领域惯例为论证评价提供标准。协商的结果影响的不仅是参与者，更是更多的人（Zarefsky，2012，p. 213）。

在公共空间，参与者受传统规则控制。人们无须特殊训练便可参与话语中。程序规则通常是约定俗成的。评价标准是公众的“社会知识”。协商影响的是社群中的每个人。

古德莱特（Goodnight，2012）提出，论证根基或许会随时间而发生改变：一种适应于给定空间的论证方法可能被换到新根基上。也就是说，不同空间开始混合。许多个人争论的议题可以呈现出公共争论的特点，公共评判议题也可以变得受专业领域审查标准制约，如拯救环境和核能问题。古德莱特关心的是，公共空间“由于受论证中私人空间和专业空间层面提升的影响而正在被逐渐削弱”（Goodnight，2012，p. 205）。公共行政运行在本质上越来越专业化，但古德莱特对专业常识在时间长河中是否会变得更精练表示怀疑。随着交流技巧的延展，媒介向我们展示了与个人有关的故事，但这些故事并没有赋予我们做出良好评估的能力。政治家和专家们为了显示虚假的亲密，而采用了私人空间层面的论证。

协商修辞是这样一种论证形式：公民通过这一形式测验并创造社会知识，以此发现、评估并解决大家共同面对的问题。协商修辞艺术很有可能会衰退。社会说服形式已经开始接替协商论证艺术，这也许会使协商论证成为一门失传的艺术（Goodnight，2012，p. 189）。为了防止协商论证艺术失传，论证理论家们应该找出并批判那些取代协商论证的实践。①

专业话语的综合平衡也是古德莱特的关注点之一。杜威对专业话语抱有的希望大过怀疑，对此，古德莱特则与哈贝马斯一样，认为公共空

① 帕尔切维斯基（Palczewski，2002）也担心论证和推理的冲突解决能力会消失。追随其他女性交流学者，她批判论证过于暴力和适得其反。她认为，战争隐喻在描述论证中占支配地位，对此，她提出了论证表演隐喻作为替代，希望丰富论证的内容。

间受专业专长和知识学科控制的指派（Lyne，1983）。对这一点的强调，使古德莱特的著作激发了近阶段对融合话语实例的关注，在这样的话语融合中，专业论证入侵或受制于公共话语。[①] 在某种程度上，这是一个不好但却无法回避的故事。复杂世界需要专长和专业语言，但所谓工具理性也将我们带入了人类可能性的最低点：奥斯维辛上演的惨剧、环境灾难、饥饿以及笼罩于这些之上的原子能终结人类历史的可能性。问题在于，随着专业知识的迅速发展，我们无法确定管理公民共和国所需的一般知识是否更加精练（Goodnight，1982，p. 224）。

尽管"论证领域"的概念看似被抛弃了，但论证学者们依然频繁使用"空间"的概念。[②] 例如，在其研究中，希亚帕（Schiappa，2012）将法律和宪法辩论的专业空间中提出的论证与用于公共空间中的论证进行了比照。他展示了宪法论证的规范和实践如何滤除一些特殊论证，尤其是恐惧诉求和基于宗教信仰的主张，这些论证在公共论证中都很普遍（Schiappa，2012，pp. 216－230）。

在"建构局部和全局'社群'"以及"组织为道德发声的协商论坛"时，克隆普、赖利和霍里汉对公共空间情形表示担忧（Klumpp，Riley & Hollihan，1995，p. 319）。他们的担心来源于越来越多不信任政府的大众、不断加剧的贫富差距以及政府在解决实际问题时表现出的无能。他们将这些情形标签为"后政治时代"（Klumpp，Riley & Hollihan，1995，p. 139）。诸多因素，如由政治学向个性专业的转变以及不断增加的经济组织难题，被认为导致了政治空间受蚀。

克隆普、赖利和霍里汉相信，"关注民主，既鼓励人们对民主理性重新做出有益的解释，又提供了一个更清楚观察公共空间现存危机的视野。

① 参见巴思洛普（Balthrop，1989）、比泽克（Biesecker，1989）、比塞尔（Birdsell，1989）、道贝尔（Dauber，1989）、赫尔姆奎斯特（Holmquest，1989）、海恩斯（Hynes，1989）、彼得斯（Peters，1989）和希亚帕（Schiappa，1989）的论文。

② 例如，曼德祖克（Mandziuk，2011）在论文中分析了公共空间论证中纪念物及反纪念物的使用。在复杂的公共话语和论证范围内，纪念物应该纪念记忆中可能被抹杀的具体事情。一些雕像、纪念馆或其他物品被设计好安放在公共场所，以纪念一套价值观或关于过去的官方表述。但是，作为这些公共纪念物的回应，一些挑战历史和记忆主流话语的技术和物体常常出现并广为传播。这些"反纪念物"起着提供争论场地的作用，它们将论证置于公共空间中，这些论证以另一种方式试着贬损、完善或重塑过去，这直接挑战了"单一公共记忆是可能的"这一观点。

为开展这一重新导向的研究，他们从当前批判理性理想中提炼出了三个人文主义承诺”。它们是：（1）选择（对比专业理性和系统效能）；（2）广泛的社群参与；（3）健康的公共空间。后者决定了有效论证实践（Klumpp，Riley & Hollihan，1995，p. 320）。

与具体空间或部分空间有关的论证研究的另一个例子是，古德莱特和基尔伯特（Goodnight & Gilbert，2012）对医疗空间中的论证研究。他们认为，医疗实践领域受生命政治学的影响。生命政治学是一个关于健康与医学的全球性争论的正在不断扩大的领域。直接面向消费者的广告增长，影响了医生与病人之间的交流。他们为提出合格的临床交流实践进行批判研究提供了理由。

帕利维茨基（Paliewicz，2012）认为，为了防止公共空间角色和专业空间角色陷入双重争论中，公共空间中的对话者应采用独特的标准，以此评价公共空间里提出的专业主张的真实性和价值。他试着提出将专业主张合理化为公众所用的三个条件：（1）科学界必须达成共识；（2）除了做最好的科学，科学界不应该从事其他目的不纯的研究；（3）科学界不应该出现腐败行为。全球变暖是一个特例。在这个例子中，国际科学界的主张满足了上述所有条件。但在辩论中，公共空间中质疑者依旧持有论证假定（Paliewicz，2012，pp. 231－242）。

哈森和海恩斯（Hazen & Hynes，2011）关注的是，在不同社会形式中，论证在公共与私人交流空间如何发挥作用。他们把交流空间称为“场域”。尽管研究在民主与公共空间中论证角色的文献颇多，但却没有文献对论证在非民主社会中的情况进行研究。哈森和海恩斯区分了公共交流空间与私人交流空间之间的三种原型关系模式，并探索其中论证的结构和功能。（1）模型1为公共空间占主导的社会。它代表了公共空间与私人空间之间不存在明显分界，但公共空间支配着私人空间。在这种情形下，私人信息与交流不仅要公布于众，而且最好要与公共空间的形式和逻辑相符，并受该领域规范的评判。有些理论家提出该模型或许与威权社会尤为相关。（2）模型2为私人空间占主导的社会。这不同于前面那个社会，因为其中私人交流空间占据了公共空间的主导地位。（3）模型3为私人空间与公共空间被隔开的社会。其特点是公共交流空间和私人交流空间之间有明显界限。换句话说，场域的话语标准与模式是分开的，取自其中一个场域的标准并不适用于评判另一个场域。

8.7　规范语用学

雅各布斯、考菲尔德和古德文是采用他们称之为“规范语用学”进路来研究论证话语的最著名的倡导者。① 规范语用学与其说是指一场成员们定期发表论文的热潮，不如说是一种专注论证的语言语用学研究类型。② 规范语用学代表着论证话语的一般原则，而不是一种具体理论研究方法，也没有统一的方法论。从广义上说，规范语用学的研究对象是语言使用者在实际运用论证语言时的规范和原则。相关学者青睐格赖兹的分析，并不热衷于塞尔的言语行为适切条件以及理论上诱发的论证外在规范。③

根据雅各布斯（Jacobs，1998）提出的规范语用研究框架，论证的形式模型和非形式模型在论证理论中占主导，这些模型只对那些关注模型所特别强调的诸如前提可接受性、论证强度和推理形式等论证属性的理论家有用。对于“解释性意义”、“程序组织”和“情境适应”来讲，这两种模式则没有涉及（Jacobs，1998，p. 397）。因此，研究论证需要一种不同方法，这种方法并非完全取代传统研究方法，而是对传统研究方法的改进和补充（Jacobs，1998，p. 403）。运用规范语用学分析论证这种语言现象时，要考虑到实际信息中的所有细节。

雅各布斯认为，有两点至关重要：第一，规范语用学涉及对实际论

---

① 雅各布斯赞成范爱默伦（van Eemeren，1990）创造的术语“规范语用学”，因为它“打破了修辞学和论辩学的传统界限，并将关注点转移到日常语言中出现的论证……规范语用学主张采用经验研究方法，而更广义层面的话语分析也属于经验研究，两者研究方式不谋而合。我们的理论和原则必须能够解释自然语言使用者的实际行为和语言习惯”。（Jacobs，1998，p. 397）

② 在“规范语用学”这个术语中，“语用学”指的是利用格赖兹和塞尔的语用方法对语言使用进行的研究。因为规范语用学特别强调语用分析，因此与语用论辩学有很多共同点。但两者的一个重要区别在于，语用论辩学还有一套理论评估体系对论证进行研究，而规范语用学倾向于描述论证语言的使用情况，并没有外在规则。

③ 雅各布斯并不完全反对会话的适切条件理论，但他对这些适切条件和言语行为之间是否存在必然的联系表示怀疑。

证信息的属性进行研究，即论证的表达设计；第二，规范语用学的重心在于分析与评估论证信息的策略属性或功能属性，即论证的功能设计。

雅各布斯认为，在论证理论中，论证重构问题一直被当作重述已知命题，补充缺失前提，得出隐含结论，但对传递“整体信息”并不敏感。论证学者倾向认为，言语模糊性和其他复杂因素不属于信息的一部分，它们会阻碍信息的传递，为了获得对信息的足够解释，我们应该克服这些问题。雅各布斯则更愿意把这些交际过程中的释义问题看作分析难题，“不是分析的障碍或困境，而是需要分析的对象或需要解释的事实”（Jacobs，1998，p. 398）。

雅各布斯认为，“语词不等同于讯息”，讯息并不是字面上表达的意思（Jacobs，1998，p. 398）。[①] 讯息所传递的信息，并不局限于依靠语法规则、语义和逻辑从语句中抽取出来，通过其他方式能够获得的信息不应该被低估或消解。当人们解读讯息时，他们会构建一个展开假设和推论语境，以把握什么在讯息里说了，什么本可以说但没说，以及它们是如何说的，何时说的。语词和语句只是人们用来构建讯息的部分线索。解释性假设与推论的语境在提供讯息中发挥关键作用。雅各布斯举了一些例子，向我们展示了意义是如何被传递，又是如何在人们重构讯息时被所依赖的语用假设“激活”。

除了表达设计，论证还具有功能设计：“论证的意义被蕴含在社会认知结果链中，而这些结果与协商过程有关。”（Jacobs，1998，p. 400）论证讯息是可以为了鼓励或不鼓励对立场或可替立场的证成进行批判性审查而设计的。根据雅各布斯理论，讯息的表达设计和功能设计紧密相关：“论证的大部分功能设计并不只是涉及什么时候说了什么，而是涉及所得信息如何传递。”（Jacobs，1998，p. 401）理解论证的功能设计，是明白什么对决策过程做出了有用的积极贡献，什么阻碍了决策过程的关键所在。论证实践的语用问题与解决方案不仅与传统上考虑的话语规范相关，

---

① 在这个方面，规范语用学所支持的研究方法类似于语用论辩学。除此之外，两者还有许多其他的相似点。

而且与话语策略即它们所处的推论型式和制度程序的两个层面相关。[①] 论证讯息设计，可能是为了开启一场自由公平的信息交流，也可能是为了结束这种交流。雅各布斯认为，论证理论应设计根据自我接受条件来增强或降低论证讯息的方式。

规范语用学的一个重要观点是，论证是一项“自我规制的活动”：

> 论证话语的功能不仅仅是为了说服，还包括鼓励他人互动、思考和交流，鼓励他人参与自愿、平等、自由、全面、开放、公平、公正的活动。因此，如何判定好理由的实质、好推理的形式以及任何结论的状态，对于那些正在协商议题的人来讲，在很大程度上，所有这些问题都是开放的。（Jacobs，2000，p. 274）

从规范语用学角度看，论证实效性是根据会话把对话者放在所做主张应当合理接受还是拒绝的位置来判断的。判断论证实效性不是看对话者是否接受某主张，甚至不是看他们能否就其可接受性或不可接受性达成一致。这个判断标准的改变，涉及将论证功能识别与个别论证者的意愿和利益截然分开（Jacobs，2000，p. 275）。

雅各布斯认为，到目前为止，不管是分析的修辞传统还是论辩传统，都没有充分利用他们的论证发生于话语过程这一个共识。雅各布斯认为，紧接着论辩与修辞，规范语用学提供了第三个术语，该术语或许能将论辩理论和修辞理论的差异综合起来，并同时保留双方的理论核心（Jacobs，2000，p. 262）。

修辞分析的核心在于，强调讯息的修辞设计。然而，在当代修辞学中，各种象征性诱导都会被视为论证。雅各布斯指出，在缺乏系统理论建模条件下，修辞分析理论看起来缺少用于建模的系统性要素另一方面，论辩理论家们只看到讯息中的论证。雅各布斯认为，论辩理论家倾向于忽略那些没表达断定力、命题内容和规准推论结构的信息。当他们将自

① 雅各布斯感兴趣的一个程序语境是第三方的争端调停：“作为解决争端的机制，调停产生了某种语境。在此语境中，某些方式的辩论是合理且有益的，但其他的辩论方式则不可取。”（Jacobs，1998，p. 400）

己的兴趣拓展到日常语言时，他们把所有字面上可以读的任何表达都用陈述句直接或间接地处理为断言表达（Jacobs，2000，p. 264）。在论辩传统中，这是一大实实在在的危险，特别是既然论辩理论期待针对其讯息形式与内容的逻辑，有一股用下列方式将讯息“理性化”的冲动：忽略策略技巧，根据应当说什么的规范模型来描述正在说什么，此外，一概不管。当我们利用假定的模型去描述讯息时，无论如何，我们倾向于把非论证和不好的论证都忽略掉。雅各布斯认为，规范语用学提供的论证话语视角可以解决这些问题。

马诺里斯库（Manolescu，2006）提出，单独与语用论辩视角、非形式逻辑视角和修辞视角相比，规范语用学提供一种更完全的修辞策略考量，如论证中的诉诸情感。马诺里斯库认为，在论证中诉诸情感是合理的，绝非操纵。它可以被分析一种打造“语用理由”的策略。通过分析评价道格拉斯《7 月 4 日对奴隶意味着什么》（Frederick Douglass，*What to the Slave is the Fourth of July*）这篇演讲中的论证，她展示了规范语用学的解释潜能所在。她的研究在很大程度上拓宽了论证概念。

关于论证中的诉诸感情，规范语用学视角有着许多不同于其他进路的特点：第一，规范语用学研究者评估的情感因素是真实存在于论证之中，而不是存在于先对话语重构后所形成的前提—结论复体之中的。他们不是把论证定义为从话语中提取出来的某种东西，而是定义为一种活动，这项活动不仅涉及给出理由，而且涉及诸多其他策略，如诉诸情感、生动描写、反复强调等，这些都是论证理论需要解释的（Jacobs，2000，p. 265）。

规范语用学的第二个特点是，运用话语策略打造语用理由。规范语用学区分了论证中给定的理由与行为打造的理由。给定理由导致什么结论，通常被认为在提出论证，而行为产生的理由则是与这一行为相关的语用理由。语用理由是借助具体策略打造的。

马诺里斯库举了打造语用理由的几个策略例子。一是间接提及权威文件，如美国的《独立宣言》。在其他条件相同的情况下，当与这个文件相冲突时，受众可能会做出推理：在不冒对这份具体权威文件无知的风险批评的前提下，他们不能否定这个前提。这是一个针对了解前提充分性的语用理由。二是给出理由。针对坚定站在反奴隶制立场上的受众来讲，给出理由策略会产生什么语用理由呢？在其他条件不变情况下，在不冒因非理性而遭受批判风险前提下，受众不能否定结论。否定结论是受众犯错的标志，说明了受众没有发现前提和结论之间的逻辑关系，我们可以假定受众似乎想要持有理性立场。因此，给出理由的策略或行为为受众持有那个立场打造了语用理由。

古德文虽然没有对规范语用学提供任何定义或解释，但是她局限于从相当实验层面探讨了规范语用学也许看起来像什么（Goodwin，2005，p. 100）。古德文的研究结果是，规范语用学竟然是论证者在不同情境下实际使用的规范描述。古德文考察了论证者为其论争建立充足起点所采取的实际策略。追随这一修辞分析传统，她开始着手规范语用学的前提案例分析是在两种语境下的：一是法庭论争；二是公共决策协商论争。在法庭论争情形下，总结陈词中的前提充分性规范相当严格：事实“陈述必须而且事实上只能建立已引入证据之上”（Goodwin，2005，p. 101）。在协商语境下，前提只有“无可指责”时才是充分的（Goodwin，2005，p. 109）。然而，要使前提无可指责似乎又变幻莫测。

在她极具挑衅的论文《论证无功能》（Goodwin，2007）中，古德文将矛头指向了她称为功能主义的论证考量。这些考量认为，在理解和评估论证时，要考虑它们所发挥的功能。古德文坚持认为，论证不具备在那种意义上可决定的功能，即便有，这种功能也不会为论证实践打下规范根基。

考菲尔德的观点依赖于格赖兹的言语行为考量，并与论证的论辩观和修辞观之组合有关联。他对日常言语互动过程中证明责任的引发方式特别感兴趣。考菲尔德（Kaufield，2009）认为，证明责任是一种特别的证明义务。证明义务的引发符合语用引发义务原则，即在严肃的人类交流中，在策略上语用必要假定主要借助公开表明受众的相关意图来进行，从而产生相应的义务（Kaufield，2009，p. 8）。

考菲尔德（Kaufield，1998）告诫，不要将法律推定概念移植其他日常论证上，如转到关于未来行为或政策的协商上。通过对比“指控”和“起诉”这两种言外行的语用论辩，考菲尔德注意推定提示指控者和起诉者履行证明责任的方式有着很大的不同，还指出了两者在证明职责上的相应差别。这就导致了如下问题：协商型论证中证明责任分配是否与适

用于司法论证中的那些证明责任在考量上有着根本差别呢？（Kauffeld，1998，p. 259）

在对提案和指控两种言外行为进行分析后，考菲尔德观察到，在协商论证和司法论证两种情形下，证明责任起源存在某些基本相似之处。提案和指控两种行为的共同特点是，都需要承担论证责任，因为怀疑、分歧、不相信或者反对都会削弱相关陈述的功效。因为就其功效来讲，陈述从根本上依赖的真实性假定在面对怀疑、分歧、逃避或反对时，通常活生生的提案与指控所产生的问题不会为了实现说者的目的而承载足够的实际权重。

除了这些基本相似点外，提案和指控行为中证明责任的起源还有着巨大差异。首先，两者的一个重要区别在于，在这些言外行为中，如何引发证明责任是不同的。提案者公开把证明责任作为对于执行提案言外行为的基本组成部分，而指控者通常引发证明责任是作为他或她做出指控最低限制必须做的后果。其次，在这两种交际交流中，说者通常采取的行动所产生效果的本质应加以比较。提案者往往企图引发受众试着考虑其提议；而指控者的目的则是将某种义务强加于受众方。因此，关于如何引发证明责任以及产生证明责任考量的本质所在，在这两种言外行为中都是不同的（Kauffeld，1998，p. 260）。

8.8 说服研究中的论证

奥凯弗在其颇具影响力的专著《说服》中，将“说服”定义为“一种在某种情形下通过交流影响另一个心智状态的成功意向性尝试，其中，在这种情形下说服者有一定自由尺度”（O'Keefe，2002，p. 5）。在这个定义中，“心智状态”可以等同于“态度”，即“一种用某种程度的赞成或不赞成来评估对特定实体所表达的心理倾向”（Eagly & Chaiken，1993，p. 1）。说服研究关注“态度转变”。可是，因这种研究的实践抱负，其最终目标不只是态度转变，而是以行为改变为目标的态度转变。

说服研究分布于不同领域和学科，其中就包括了交流学。大多数说服研究都是实验性的：说服实效性研究是在系统受控条件下进行的

(O'Keefe，2002，p. 169)。当前发展成熟的说服理论尚且不多，更不必说存在一个普遍统一的理论了。

原则上，说服研究可以涉及对态度转变有影响的任何交流要素。论证只是其中之一种要素。在其专著中，奥凯弗对可能决定态度转变的一系列要素进行了系统描述：来源要素（谁试图进行说服?）、讯息要素（进行说服时说了什么?）以及说服对象和语境因素（在什么情形中谁被说服?）。

通过进一步观察发现，在“讯息要素”范畴中所研究的讯息基本都是论证性的，而其他两种范畴中所考量的要素则只是与论证间接相关。尽管如此，在调查研究中，大多数说服研究者并不承认讯息的论证特征。说服研究几乎没有涉及论证理论，但论证理论也许能阐明论证类型、论证力以及理论研究中要考量的其他因素的关键作用。①

讯息要素研究可分为三种类型：“讯息结构”研究、“讯息内容”研究和“序列策略”研究。例如，讯息结构研究包括了论证顺序研究。许多经验研究已经开始考察论证排序具体方式的相对实效性，其中一种方式是层进式排序与渐降式排序。若要在这两种对讯息中的论证排列方式中做选择，看似意义不大：改变顺序对整体说服实效几乎没有影响。从统计学意义上看，层进式顺序只在一项研究中被证明更有说服力。当存在不重要差别时，说服效果的方向一般是但不总是支持层进式顺序的，但在每个例子中，观察到的差别是很小的（O'Keefe，2002，p. 216）。

在其他一些讯息结构研究中，其重点放在了省略结论上：在呈现说服性讯息时，省略结论或立场是否可以算一种有效技巧呢？从直观上看，我们似乎有理由赞成任何一种选择（O'Keefe，2002，p. 216）。例如，我们可以认为，明确结论是最好的呈现方式，因为这样收讯者就比较不容易误解讯息的要义，明确的表达可能在说服过程中起重要作用。另外，如果交流者只提供了针对结论的前提，而收讯者不得不以自己的方式重构结论及其理由，他们也许会更容易被说服。

① 奥凯弗和杰克逊（O'Keefe & Jackson，1995）强调，为了提高说服研究的质量，我们有必要更加关注论辩理论。这其中一个重要的考量就是，论证质量应该通过使用受理论激发的规范进行评估。

在一些研究中，明确的结论或推荐显得更有说服力。这些发现的一个可能解释是，只有当听众的确有能力重构想要的结论时，省略结论才具有实效。我们尚未找到太多的经验证据对这一解释进行纠正。奥凯弗认为："所期望的是，对于比较聪明的听众和最早对倡导观点表示赞成的听众来说，明确的结论或许不是成功说服的必要条件，它还可能削弱说服的效果。"（O'Keefe，2002，p. 217）对此，目前尚未找到任何支持这些说法的证据。对于明确表达的结论更具说服力的一个可能解释是，结论被省略时往往会出现同化效应和对比效应。

> 同化效应和对比效应是对讯息中表达何种立场的一种感知扭曲。当收讯者感到讯息提倡的观点比实际来说更接近其观点时，就出现了同化效应；而当收讯者感到讯息提倡的观点较实际而言更偏离其观点时，则产生了对比效应。（O'Keefe，2002，p. 218）

与讯息结构有关的另一种说服要素是讯息特殊性。讯息可能随着倡导行为的特殊性描述或具体性描述的变化而变化。对所推荐行动具有更具体描述（推荐特殊性）的讯息，比那些提供不具体的一般性推荐的讯息更有说服力。经验研究的结果显示，带有用更特殊或更具体方式表述实际规定性立场的讯息，比带有用非具体方式表述立场的信息似乎更有效。

涉及讯息内容的研究，大部分都与所用论证类型相关。一个例子就是关注单方讯息和双方讯息的研究。在单方讯息中，论证者提出的论证可以被看成是对其结论的直接支持，而在双面讯息中，论证者不仅讨论自身的直接论证，而且也提出可能针对其结论的反论证。①

一般来说，在说服力上，单方讯息和双方讯息看起来没有什么差别。也就是说，忽略反论证或者讨论反论证，并不会得到一般性的论证优势。尽管如此，如果出现两种不同的双方讯息，即讯息通过两种方式处理反论证时，情况就比较复杂了。与单方讯息相比，这两种双方讯息有着完

① 阿姆加索（Amjarso，2010）从语用论辩视角研究了这一问题，他借用"论证强度"这一概念，从理论上对单方讯息和双方讯息之间的不同进行了描述。

全不同的说服效果。论证者可以先提及可能出现的针对其主张的反论证，然后尽力反驳这些反论证。他们也可以只提出可能的反论证，但不进行反驳。相较单方讯息而言，有反驳的双方讯息尤其具有说服力。另外，无反驳的双方讯息的说服力则大不如单方讯息的论证（O'Keefe，2002，p. 220）。

“恐惧诉求”是一种被广泛研究的论证类型，从论证理论视角出发，它应该被看作语用论证的一种特殊类型：收讯者应该采取具体行动，因为如果不这么做的话，将出现可怕的后果。恐惧诉求研究的一个问题在于，“在想象恐惧诉求引起的变化时，存在两种根本不同且很容易混淆的方法”（O'Keefe，2002，p. 224）。一种界定恐惧诉求强度变化的方法涉及对可怕后果的描述方式，即恐惧诉求的内容是用十分生动的描述方式，还是比较不生动的平淡方式。另一种界定恐惧诉求强度变化的方法涉及在听众心中实际引发的恐惧程度。

各种经验研究的结果表明，内容比较紧张或比较生动的讯息一般确实能激发更多的恐惧感。尽管如此，影响受者的恐惧程度并非轻而易举之事。此外，恐惧诉求程度强的讯息比内容较弱的讯息更有说服力，而且能引起更多恐惧感的讯息也比引起较少恐惧感的讯息更具有说服力（O'Keefe，2002，p. 225）。

最后，讯息内容研究的典型范例是，对例证的实效性与统计分析的实效性的对比研究。在例证中，对有些例子采用细致入微的描述，而在统计分析中则是结合大量的例子进行量化总结。量化的表现方式比例子所含的信息量要大。但是例证方法可能更有说服力。遗憾的是，经验研究得到的结果并不一致：一些研究发现统计分析比例证方式更有说服力，而其他研究的结果则完全相反。① 这些相互矛盾的结果或许是因为人们在研究中，对不同讯息的论证属性关注甚少。例如，结论的本质是描述性的还是规定性的，以及论证中所使用的论证型式都没有被系统考虑在内。

不存在任何统一的说服理论，使得系统构建涉及论证话步实效性的一种可检验假设成为可能。因此，对说服论证的大多数实验研究都具有

① 参见霍肯的论文（Hoeken，1999）。

特设性。[①] 可是，也有一些例外，它们提供了说服考量，其中，最著名的要数佩蒂和卡乔波提出的“详尽可能性模型” （Petty & Cacioppo，1986a）。这两位作者指出了两类不同质的说服路径。佩蒂和卡乔波假定，人们渴望获得正确态度，但其说服论证过程的程度和本质，取决于他们的动机和能力。“详尽”指的是人们对说服讯息中与议题相关的论证进行思考的程度。当情境和个体特征能确保个人在进行议题相关思考时具有强大的动力和能力，则详尽可能性高。因此，当收讯者遵循了涉及论证审查的中枢路径时，这个可能性就高。[②] 当精细化的动机或能力低时，态度得以形成和改变，但此时收讯者选择的则通向了说服的边缘路径。用于边缘路径的机制包括认知机制（如启发式加工和归因推理）、情感机制（如经典可操作性条件）和社会角色机制（如保持社会关系和良好的自我认同）（Eagly & Chaiken，1993，p. 307）。态度改变大多由议题相关论证或中枢路径处理过程所引起，与大多由知识线索所引起的态度改变相比，这些变化表现出更大的时间持久性，对行为更有预测性，以及对反说服具有更强的抵抗力（Petty & Cacioppo，1986b，pp. 175 – 176）。这意味着，论证导致更持续的态度改变。

对于具体变量是否应该被当作一个中枢机制或边缘机制的组成部分，这总是不清楚的。在高精细化条件下，像源知识这样的给定讯息权威可以作为论证，而在低精细化条件下，同样的讯息可能只能作为边缘线索。这意味着，判断讯息属于何种路径的决定性标准是精细化，而不是该讯息是否可以被认为是论证性的或者不是论证性的。

8.9 人际交流中的论证

对人际论证进行分析，是要判定分歧谈判过程中使用的各种论证路

---

① 奥凯弗（O'Keefe，2002）对那些不是专门针对说服但依然十分具有影响力的著名理论进行了描述。这些理论包括态度理论、认知失调理论和行为意向理论。

② 详尽可能性模型可被视为一种将现有说服理论和研究置于一把认知大伞之下的尝试：大多数态度理论可被看作某个路径的典范（Eagly & Chaiken，1993，p. 306）。

径的策略和效果。人们的分歧如何开始以及如何结束？议题如何改变参与者所采用的规则？论证对于人际关系的效果如何？在增加或减少分歧时采用了哪些策略？人际论证可能发生在各种不同场合：朋友之间、家庭内部、门派内部、同事之间、恋人之间。所有这些例子都被纳入研究中。

与公共话语研究相比，人际论证研究相对较新。广而言之，该研究可分为两类：第一类是论证话语的会话分析，这主要是分析型的；第二类是经验研究。

20 世纪 80 年代，杰克逊和雅各布斯开展了一项对非形式会话论证进行持续研究的项目。① 在他们的会话论证研究中，他们提供了一种言语行为视角：他们的论证话语分析是建立在一个模型基础之上的。在这个模型中，言语行为作为一种完成更广泛目标的方法起作用。② 杰克逊和雅各布斯的研究以追踪"进行交流博弈"所需知识为目标。这种知识的形式化表达被称为话语结构模型。描述充分的结构模型对自然生成话语中可能发生的一切进行了总结。在结构模型中，如果它允许分析者将具体事件、实践、样式或者性能解释成"产生于"博弈规则的理性运用中，该模型就具有解释性（Jacobs & Jackson，1989，p. 153）。

杰克逊和雅各布斯从三个方法论偏好出发。③ 他们的第一个偏好是信奉自然主义。他们认为，研究起点应该是一个由自然发生谈话所组成的数据库，而不是由研究者人为创造的材料。他们的第二个偏好是对实际话语的细节进行直接审视。与运用分类编码方案将话语转变成脱离具体内容的行为类型序列方法不同，杰克逊和雅各布斯更倾向使用的方法是在细致观察中形成概念和分类，并通过细致观察对此进行证明。他们的第三个偏好是以归纳理论建构代替演绎假设测验。研究问题应该来自对经验细节的检测。理论应该为现象的重要特征做出解释。这些重要特征

① 关于会话论证的其他研究，参见克雷格和崔西编写的著作（Craig & Tracy，1983）。

② 如参见杰克逊和雅各布斯（Jackson & Jacobs，1980，1982）、雅各布斯和杰克逊（Jacobs & Jackson，1981，1982，1983，1989）、杰克逊（Jackson，1983，1992）和雅各布斯（Jacobs，1989）的论文。

③ 杰克逊和雅各布斯发现，他们的研究方法与其他社会科学研究方法有许多共同点，而不同点则在于他们的研究对象是论证话语，他们的模型本质上是结构性的而非因果性的。

应该被记录下来，在创建理论之前，我们应该明确对于这些特征存有的疑问（Jacobs & Jackson，1989，p. 155）。

杰克逊和雅各布斯的观点已经从论证话语的排序模型发展成言语行为模型或规约模型，最后演变成言语行为模型或理性模型。在论证话语的最初研究中，他们运用了排序规则模型，目的是“通过寻求一些直接作用于对话层面的必要语法规则，构建一种论证的语法模型”（Jacobs & Jackson，1989，p. 156）。使用排序模型有三个预设：（1）对话结构要素是话段；（2）这些话段可以被划分为不同言语行为类型；（3）话段在对话中的排序要遵循一定的规则，这些规则详细规定了何种言语行为类型能够有意义、恰当地衔接既有的话语行为。

在杰克逊和雅各布斯的著作中，最重要的排序规则模型是由会话分析家萨克斯、谢格洛夫和杰弗森（Sacks，Schegloff & Jefferson，1974）的话轮转换模型发展而来的。话轮转换模型运用了“语对”的概念。语对指的是常规的语段组合，比如“问与答”和“要求与给予”的组合。这些语对在排序结构上有两个特征：条件相关性和结构上的一致偏好。语对概念为区分更高层次的结构模型提供基础，比如“排序前扩充”和“嵌入式扩充”。杰克逊和雅各布斯认为，在这一模型帮助下，论证可以被看作一种“修补和预备”机制，目的是调整规则体系表面的分歧，并使其达成一致。利用这种方式构建论证模型呈现出一种灵活的生成机制，避免了在运用互动连锁模型研究集体讨论时产生明显的异常和不规则现象。“结构扩充”概念为研究论证可能发挥的不同组织功能提供了方法（Jacobs & Jackson，1989，p. 158）。

杰克逊和雅各布斯逐渐相信，论证会话的纯结构分析面临着很多问题：第一，无法把语对前位要素的各种合理回答归类到后位要素范畴中；第二，“语对关系”概念无法为识别语对提供充分的理论基础，缺乏明确的语对概念规则来识别可进行语对匹配的语对要素；第三，语对分析法无法解释哪些话段类型可以产生语对，哪些不能产生语对；第四，排序模型缺乏确定话段可否进行结构扩展的规则；第五，序列扩展似乎具有无限多样性。因此，任何一种模型分类法都不能对所有模型进行全面分类（Jacobs & Jackson，1989，p. 161）。在对排序理论进行经验研究时所产生的这些问题表明，我们需要一个兼顾结构与功能的模型，该模型既关注话语本身的属性，也注重对话语的解释。排序规则现象应该根植于言语行为理论提供的功能交际概念（Jacobs & Jackson，1989，p. 161）[①]。杰克逊和雅各布斯把这种我们需要的功能模型称为“言语行为模型”或“规约模型”。

言语行为视角有两个方面尤其重要，即适切条件观点和交流意图与言外之力思想。适切条件为解释语对的黏合和结对部分提供了更原则性的基础。根据杰克逊和雅各布斯的理论，语对的前位要素和后位要素具有遵循镜像适切条件。适切条件不仅构建了合理的语对组合，而且还确定了语对组合的序列。

言语行为模型或规约模型的一个问题在于，人们一般不是根据言语行为类型而是根据交流者预设的目的和计划来解释他人话语并做出回应，即日常会话是依靠这些预设的交流目标和计划建立话段之间的联系。这就是杰克逊和雅各布斯选择理性言语行为模型，即言语行为模型或理性模型的原因。在此模型中，会话被看作“一个协调交流计划和讨论信息意义的过程，而不是会话参与者将彼此规则强加于说话行为和解释行为的产物”（Jacobs & Jackson，1989，p. 164）。[②] 根据言语行为模型或理性模型，言语行为是达成交流目标的常规方式，而这个目标又是上一级交流计划中的一个组成部分（Jacobs & Jackson，1989，p. 165）。经过多年的研究，杰克逊和雅各布斯的话语分析理论越来越接近范爱默伦和荷罗顿道斯特的语用论辩视角。他们四位曾经合作出版了专著《重构论证话语》（van Eemeren *et al.*，1993）。

崔普（Trapp，1990）曾提出一种模型，将人际论证描述成“连续论证”。连续论证由一系列彼此相关联的论证片段组成。论证片段的产生源自话语参与者感知到的分歧和不一致。这种分歧导致了冲突，而冲突又导致论证的出现和修改，并最终产生实际论证行为。

崔普认为，人际交往中的论证会引发一系列后果，如论证解决方案，对人际关系以及自我概念产生的积极或消极影响，冲突升级或缓解，以

① 杰克逊和雅各布斯甚至认为，为对会话论证的言语行为分析使排序规则分析法显得多余了。

② 关于此内容的详细说明，参见范爱默伦等人的专著（van Eemeren *et al.*，1993）。

及甚至可能出现的身体暴力。论证片段的结果可以看作这个过程中的停驻点。论证者只不过是从这些停驻点回到先前的论证内容，并重新开始论证征程。

约翰逊和若罗夫（Johnson & Roloff，2000）探讨了选择发起者或阻碍者与角色身份如何对连续论证的经验和论证观念产生影响。他们对在校本科生约会关系的调查结果显示，论证发起者认为，迫切需要采取行动的意愿引发了最初的论证片段，他们在会面之前已经构思好想说的话语，而且当他们的约会对象退缩时，他们会苛责对方。不管一个人在论证中扮演什么角色，连续论证发生的次数越多，每个论证片段的内容就越容易预测。然而，对论证阻碍者来说，连续论证发生的次数越多，论证解决的可能性越小，而且对彼此关系伤害更大。

贝努瓦夫妇（Benoit & Benoit，1990）从人际论证参与者角度对人际论证进行了描述。当人们说自己正在进行论证时，他们想要表达什么意思？他们的论证对象是谁？人们如何展开论证？如何结束论证？两位作者强调，在人际交往中，论证参与者必须找到建立合作关系的渠道，这样他们的关系才不会完全陷入混乱。

卡纳里（Daniel Canary）专门研究婚姻伴侣之间的论证。他想了解婚姻伴侣之间如何解决分歧。婚姻伴侣关系是人际关系的一种。卡纳里从目标、动机、话题和权力控制等方面对婚姻关系进行描述。同时，他还对论证参与者本身进行描述，并指出婚姻伴侣双方的性格特征、过往关系和两人的关系类型如何预示了婚姻伴侣之间可能发生的论证类型。观察婚姻伴侣间的一种论证方法就是，利用一个能够直接评估个人和婚姻伴侣如何表达各自想法的系统。卡纳里在经验研究的基础上设计出一种分类法，即“会话论证编码模式”（Canary *et al.*，1987，1991）。这种分类法包含了六种主要的人际论证范畴。

“起点（1）”是论证者在人际交往中想让对方接受的立场。起点包括对某个信念和观点的陈述以及能够引发讨论或行动的陈述。起点受到“衍生点（2）”的支持。衍生点包含各种翔实的陈述，这些陈述通过提供证据、进行解释或一些其他方式来支持另外的陈述。当你对他人观点表示赞同或者理解但不认同时，就意味着你们的想法越来越接近。这些共享的信息因此被称为“融合标记（3）”。该范畴包括表示赞同的语言和表示认可或理解对方观点的语言。与此相反的是，引发反对意见的信息，它们被称作“动力点（4）”。若要达成意见一致，我们必须促使双方作进一步交流。动力点包括反对，即否认他人观点的真实性或有效性，以及挑战，即一条提出问题、质疑的信息或为达成一致而要表达的保留意见。“定界符（5）”是对讨论话题进行语境化或限制的信息。“框架”（是定界符的一种，框架信息为其他信息提供了语境或限定条件。最后，那些没有直接论证功能的行为被称为“非论证行为（6）”。

卡纳里编码模式可以作为会话分析的一种辅助手段。在论证话语转录中，对个人信息进行编码，有助于论证过程特点的描绘和解释。卡纳里和西拉尔斯（Canary & Sillars，1992）对比了彼此满意的婚姻伴侣和相互抱怨的婚姻伴侣之间的论证，试图发现人际论证和婚姻伴侣满意度之间是否存在联系。二人发现两种类型的婚姻伴侣在论证结构的使用上截然不同。比如，彼此满意的婚姻伴侣使用的论证结构的数量比相互抱怨的婚姻伴侣多。相互抱怨的婚姻伴侣似乎更倾向于中断论证或者转移话题。

韦格尔（Weger Jr.，2001，2002，2013）将有问题的人际冲突行为重构成违背了语用论辩批判性讨论规则，并对此举的好处进行了考察。人际冲突行为的论证重构阐明了谬误是如何既影响批判性讨论的进程，又影响人际关系的状态和论证参与者对结果的感知。无休止的冲突，如互控和索取或撤销被证明是有问题的，因为它们使论辩双方无法通过理性对话解决分歧。

许多学者把论证当作一套习得技能，并对个人如何发展论证能力展开研究。奥凯弗和贝努瓦就是其中的代表人物。① 如果我们对这些技能一般是如何习得、何时习得有更多了解，我们就能设计出更有效的教学方法和训练方法。奥凯弗和贝努瓦（O’Keefe & Benoit，1982）对儿童冲突，尤其是论证互动中的话语角色进行了研究。提出反对是儿童社会互动中一个常见特点。儿童不需要学习说不，反对自发频繁地产生于甚至最年幼儿童的互动中。奥凯弗和贝努瓦指出，儿童是有能力的论证参与者，

① 如参见贝努瓦（Benoit，1981，1983）和奥凯弗与贝努瓦（O’Keefe & Benoit，1982）的论文。

因为参与会话的基本技能同样使他们可以进行论证。

奥凯弗和贝努瓦指出："对发展差异作过早的假设是十分危险的，发展心理学近来的研究会证明这一点。"（O'Keefe & Benoit，1982，p. 154）他们强调，大量研究"表明幼儿事实上可以非常完美地完成皮亚杰以及其他人认为他们无法胜任的事情"（O'Keefe & Benoit，1982，p. 154）。奥凯弗和贝努瓦根据他们的研究总结认为"正是在临界个案中，论证的给定属性才可能表现得最清晰"。"只对典型个案进行研究"，他们认为，"会使分析者对行为的多重属性和多重过程视而不见"（O'Keefe & Benoit，1982，p. 161）。争议看起来可以通过不同模式表现，口头交流是其中一种。在同一个争议中可以同时存在或连续存在不同的模式。因此，在日常使用中，论证就是"一个可以恰如其分运用到各种行动中的本质模糊概念"（O'Keefe & Benoit，1982，p. 157）。也许一些研究者倾向于将模糊性看作需要通过日益精确定义和区分来解决的困境，但奥凯弗和贝努瓦则主张将模糊性看作事实来解释。

哈普尔（Hample，2005）感兴趣的是，语言使用者对他们在论证时所做的事有何先入之见。他把这些先入之见叫作论证框架。论证框架对人们关于论证行为的一些主要期望进行了总结。哈普尔区分了三种一般框架：第一种框架是关注自身及当下的生活目标。一个人也许是为了逃避差事或鼓励贷款进行论证，他也许只注意到这种带有功利目的的论证。当自我欲望成为焦点时，一个主要框架就被定义为入戏。哈普尔列出了四种具体框架：功利（使用论证为己获利）、支配（为获得支配他人的权力而进行论证）、个性（论证以展示自我特征）和游戏（为娱乐而论证）。

第二种框架涉及论辩一方是否以及如何与另一论证者建立联系。在互动论证中，活跃的另一方将另一套动机和计划带入论证片段中。尽管如此，人们并不总是以我们姑且称之为"真诚的方法"承认对方。有时，对方倒不如是无生命的，它明显被当作陪衬，是论证者达到目的的方法或障碍。因此，在此类框架中，存在的第一个理论议题就是，论证参与者究竟是否到达这一阶段。对此，我们考察脱口而出的话，因为这些话未经修改直接来源于人们的认知，或许也根本没有迎合论证对象的个人现实。说话脱口而出之人从不利用第二种框架，因为他们不像其他的论证参与者，会把自己的目标与他人的目标联系在一起。对于那些有意或无意将自己兴致与对方需求和权利联系在一起的人，一个重要问题就是，他们所期望的这种联系是合作性的还是竞争性的。这两种关系都需要真诚地注意到对方的存在。不过，在考察人们的论证行为时，合作性关系显得更加复杂。

人们期望论证“文明”达到的程度是，横跨第二种框架和第三种框架的标尺。将论证认为是不文明的、粗野的看法，与人们是否把论证框定为允许有礼貌的合作性互动有部分关系。而礼貌也是第三种高级框架中的关键部分。第三种框架是一种论证思考型理论，需要进行反思。论证参与者可以将论证活动理性化。如果他们做得够好，他们可以达到或接近论证专业人士，特别是论证学者对论证的看法。第三中框架的概念化和可操作化来源于这个坦率的偏见，即学者对论证本质的认识是对的，而普通行动者的认识则往往是错的（Hample，2005；Hample *et al.*，2009）。[①]

奥胡斯（Aakhus，2003）从语用论辩学视角考察了争议调解人是如何处理离婚的配偶在重新协商离婚判决书时所陷入的僵局。在分析调解文字记录基础上，他总结了三类僵局来源以及三类解决僵局的策略。问题主要不在争议一方的论证，而在于争议调解人所使用的论证，将争议一方的论证包装成冲突解决工具的讨论程序。我们认为，调解人话步是一种重构论证话语的实践，它既非天真而为，也不具批判性，而是把重构作为设计来使用。

克雷格和崔西研究的是，作为元话语框架手段的论证概念使用。在克雷格和崔西的论文中，他们对三个上诉法院案件的口语论证话语和立法听证会中的证词话语进行了研究，这些话语都源于同性婚姻问题。在上诉法院中，元语言使用的频率相对较高，并发挥着重要的语用作用。

---

① 论证经验研究的一个相关趋势是，在自然场合中研究论证。与辩论赛或者法庭辩论不同，这些场合通常是非正式的、自由的。学校董事会、劳工管理谈判、咨询讨论会、公共关系竞选和自助救助支援团体是将论证置于其中进行研究的一些高变化场合。这些研究包括普特南、威尔逊、沃特曼和特纳（Putnam，Wilson，Waltman & Turner，1986）、奥胡斯（Aakhus，2011）、奥胡斯和莱温斯基（Aakhus & Lewiński，2011）以及希克斯和埃克斯坦（Hicks & Eckstein，2012）等人的论文。

上诉法院中的与说话者很典型地将他们的话语按照论证陈述和论证讨论的框架进行。从他们使用的逻辑连接词可以看出，在立法听证会中的说话者也频繁作出论证，但是他们典型的话语框架是自我表达（Craig & Tracy，2009，p. 49）。[①]

参考文献

Aakhus，M.（2003）. Neither naïve nor normative reconstruction. Dispute mediators，impasse，and the design of argumentation. *Argumentation*，17（3），265 – 290.

Aakhus，M.（2011）. Crafting interactivity for stakeholder engagement. Transforming assumptions about communication in science and policy. *Health Physics*，101（5），531 – 535.

Aakhus，M.，& Lewiński，M.（2011）. Argument analysis in large-scale deliberation. In E. T. Feteris，B. Garssen，& A. F. Snoeck Henkemans（Eds.），*Keeping in touch with pragma-dialectics. ln honor of Frans H. van Eemeren*（pp. 165 – 184）. Amsterdam：John Benjamins.

Amjarso，B.（2010）. *Mentioning and then refuting an anticipated counterargument. A conceptual and empirical study of the persuasiveness of a mode of strategic manoeuvring.* Doctoral dissertation，University of Amsterdam.

Baker，G. p.（1895）. *The principles of argumentation.* Boston：Ginn.

Baker，G. p.，& Huntington，H. B.（1905）. *The principles of argumentation. Revised and augmented.* Boston：Ginn.

Balthrop，V. W.（1989）. Wither the public sphere? An optimistic reading. In B. E. Gronbeck（Ed.），*Spheres of argument. Proceedings of the sixth SCA/AFA conference on argumentation*（pp. 20 – 25）. Annandale：Speech Communication Association.

Benoit，p. J.（1981）. The use of argument by preschool children. The emergent production of rules for winning arguments. In G. Ziegelmueller & J. Rhodes（Eds.），*Dimensions of argument. Proceedings of the second summer conference on argumention*（pp. 624 – 642）. Annandale：Speech Communication Association.

Benoit，p. J.（1983）. Extended arguments in children's discourse. *Journal of the Ameri-*

① 在其论文中，克雷格和崔西（2005）重点研究了“议题”在以下两种场合中的元话语使用：大学课堂讨论和学校董事会的公共参与。

can Forensic Association, 20, 72 – 89.

Benoit, p. J. , & Benoit, W. E. (1990). To argue or not to argue. In R. Trapp & J. Schuetz (Eds.), *Perspectives on αrgumentation. Essays in honor of Wayne Brockriede* (pp. 43 – 54). Prospect Heights: Waveland Press.

Biesecker, B. (1989). Recalculating the relation of the public and technical spheres. In B. E. Gronbeck (Ed.), *Spheres of argument. Proceedings of the sixth SCA/AFA conference on argumentation* (pp. 66 – 70). Annandale: Speech Communication Association.

Birdsell, D. S. (1989). Critics and technocrats. ln B. E. Gronbeck (Ed.), *Spheres of αrgument. Proceedings of the sixth SCA/AFA conference on argumentation* (pp. 16 – 19). Annandale: Speech Communication Association.

Bitzer, L. F. (1999). The rhetorical situation. 1n J. L. Lucaites, C. M. Condit, & S. Caudill (Eds.), *Contemporary rhetorical theory. A reader.* New York: Guilford Press.

Branham, R. J. (1991). Debate and critical analysis. *The harmony of conflict.* Mahwah: Lawrence Erlbaum.

Brockriede, W. (1992a). The contemporary renaissance in the study of argument. In W. L. Benoit, D. Hample, & p. J. Benoit (Eds.), *Readings in argumentation* (pp. 33 – 45). Berlin-New York: Foris.

Brockriede, W. (1992b). Where is argument? In W. L. Benoit, D. Hample, & p. J. Benoit (Eds.), *Readings in argumentation* (pp. 73 – 78). Berlin-New York: Foris.

Brummett, B. (1999). Sorne implications of "process" or "intersubjectivity". Postmodern rhetoric. In J. L. Lucaites, C. M. Condit, & S. Caudill (Eds.), *Contemporary rhetorical theory. A reader.* New York: Guilford Press.

Burleson, B. R. (1979). On the analysis and criticism of arguments. Sorne theoretical and methodological considerations. *Journal of the American Forensic Associatiol*1, 15, 137 – 147.

Burleson, B. R. (1980). The place of nondiscursive symbolism, formal characterizations, and hermeneutics in argurnent analysis and criticism. *Journal of the American Forensic Association*, 16, 222 – 231.

Campbell, 1. A. (1993). Darwin and *The origin of species.* The rhetorical ancestry of an idea. In T. W. Benson (Ed.), *Landmark essays on rhetorical criticism* (pp. 143 – 159). Davis: Hermagoras Press.

Canary, D. J. , Brossman, B. G. , & Seibold, D. R. (1987). Argument structures in decision-making groups. *Southern Speech Communication Journal*, 53, 18 – 38.

Canary, D. J. , & Sillars, A. L. (1992). Argument in satisfied and dissatisfied married couples. In W. L. Benoit, D. Hample, & p. J. Benoit (Eds.), *Readings in argumentation* (pp. 737 – 764). Berlin/New York: Foris.

Canary, D. J., Weger, H., & Stafford, L. (1991). Couples' argument sequences and their associations in relational characteristics. *Western Journal of Speech Communication*, 55, 159 – 179.

Chesebro, J. W. (1968). The comparative advantages case. *Journal of the American Forensic Association*, 5, 57 – 63.

Chesebro, J. W. (1971). Beyond the orthodox. The criteria case. *Journal of the American Forensic Association*, 7, 208 – 215.

Cohen, H. (1994). *The history of speech Communication. The emergence of a discipline*, 1914 – 1945. Annandale: Speech Communication Association.

Craig, R. T., & Tracy, K. (Eds.). (1983). *Conversational coherence.* London: Sage.

Craig, R. T., & Tracy, K. (2005). "*The issue*" *in argumentation practice and theory. In F. H. van Eemeren & P. Houtlosser (Eds.)*, *Argumentation in practice* (pp. 11 – 28). Amsterdam: John Benjamins.

Craig, R. T., & Tracy, K. (2009). Framing discourse as argument in Appellate Courtrooms. Three cases on same-sex marriage. In D. S. Gouran (Ed.), *The functions of argument and social context. Selected paper from the* 16th *biennial conference on argumentation* (pp. 46 – 53). Washington, DC: NCA.

Dauber, C. E. (1988). Through a glass darkly. Validity standards and the debate over nuclear strategic doctrine. *Journal of the American Forensic Association*, 24, 168 – 180.

Dauber, C. E. (1989). Fusion criticism. A call to criticism. In B. E. Gronbeck (Ed.), *Spheres of argument. Proceedings of the sixth SCA/AFA conference on argumentation* (pp. 33 – 36). Annandale: Speech Communication Association.

Dewey, J. (1916). *Democracy and education.* New York: Macmillan.

Dunbar, N. R. (1986). Laetrile. A case study of a public controversy. *Journal of the American Forensic Association*, 22, 196 – 211.

Eagly, A. H., & Chaiken, S. (1993). *The psychology of attitudes.* Fort Worth: Harcourt Brace Jovanovich College Publishers.

van Eemeren, F. H. (1990). The study of argumentation as normative pragmatics. *Text*, 10 (1/2), 37 – 44.

van Eemeren, F. H., Grootendorst, R., Jackson, S, & Jacobs, S. (1993). *Reconstructing argumentative discourse.* Tuscaloosa: University of Alabama Press.

van Eemeren, F. H., & Houtlosser, p. (Eds.). (2002). Dialectic and rhetoric. *The warp and the woof of argumentation analysis*. Dordrecht: Kluwer.

Ehninger, D. (1970). Argument as method. Its nature, its limitations, and its uses. *Communication Monographs*, 37, 101 – 110.

Ehninger, D., & Brockriede, W. (1963). *Decision by debate*. New York: Dodd, Mead and company.

Fadely, L. D. (1967). The validity of the comparative advantages case. *Journal of the American Forensic Association*, 4, 28 – 35.

Fahnestock, J. (2011). *Rhetorical style. The uses of language in persuasion*. Oxford: Oxford University Press.

Farrell, T. B. (1977). Validity and rationality. The rhetorical constituents of argumentative form. *Journal of the American Forensic Association*, 13, 142 – 149.

Farrell, T. B. (1999). Knowledge, consensus and rhetorical theory. In J. L. Lucaites, C. M. Condit, & S. Caudill (Eds.), *Contemporary rhetorical theory. A reader*. New York: Guilford Press.

Finnegan, C. A. (2003). Image vernaculars. Photography, anxiety and public argument. In F. H. van Eemeren, J. A. Blair, C. A. Willard, & A. F. Snoeck Henkemans (Eds.), *Proceedings of the fifth conference of the International Society for the Study of Argumentation* (pp. 315 – 318). Amsterdam: Sic Sat.

Fisher, W. R. (1987). *Human communication as narration*. Columbia: University of South Carolina Press.

Foster, W. T. (1908). *Argumentation and debating*. Boston: Houghton-Mifflin.

Freeley, A. J., & Steinberg, D. L. (2009). *Argumentation and debate. Critical thinking for reasoned decision making*. Boston: Wadsworth.

Goodnight, G. T. (1980). The liberal and the conservative presumptions. On political philosophy and the foundation of public argument. In J. Rhodes & S. Newell (Eds.), *Proceeding of the [first] summer conference on argumentation* (pp. 304 – 337). Annandale: Speech Communication Association.

Goodnight, G. T. (1982). The personal, technical, and public spheres of argument: A speculative inquiry into the art of public deliberation. *Journal of the American Forensic Association*, 18, 214 – 227.

Goodnight, G. T. (1987a). Argumentation, criticism and rhetoric. A comparison of modern and post-modern stances in humanistic inquiry. In J. W. Wenzel (Ed.), *Argument and crit-*

ical practices. Proceedings of the fifth SCA/AF A conference on argumentation (pp. 61 –67). Annandale: Speech Communication Association.

Goodnight, G. T. (1987b). Generational argument. In F. H. van Eemeren, R. Grootendorst, J. A. Blair, & C. A. Willard (Eds.), *Argumentation. Across the lines of discipline. Proceedings of the conference on argumentation* 1986 (pp. 129 – 144). Dordrecht-Providence: Foris.

Goodnight, G. T. (1991). Controversy. In D. W. Parson (Ed.), *Argument in controversy.*

Proceedings of the seventh SCA/AFA conference on argumentation (pp. 1 – 13). Annandale: Speech Communication Association.

Goodnight, G. T. (2012). The personal, technical and public spheres of argument. A speculative inquiry into the art of public deliberation. *Argumentation and Advocacy*, 48 (2), 198 –210.

Goodnight, G. T., & Gilbert, K. (2012). Drug advertisement and clinical practice. Positing biopolitics in clinical communication. In F. H. van Eemeren & B. Garssen (Eds.), *Exploring argumentative contexts.* Amsterdam: John Benjamins.

Goodwin, J. (2005). Designing premises. In F. H. van Eemeren & p. Houtlosser (Eds.), *Argumentation in practice* (pp. 99 – 114). Amsterdam-Philadelphia: John Benjamins.

Goodwin, J. (2007). Argument has no function. *Informal Logic*, 27 (1), 69 –90.

Gray, G. W. (1954). Some teachers and the transition to twentieth-century speech communication. In K. R. Wallace (Ed.), *History of speech education in America. Background studies* (pp. 422 –446). New York: Appleton-Century-Crofts.

Gronbeck, B. E. (Ed.). (1989). *Spheres of argument. Proceedings of the sixth SCA/AFA conference on argumentation.* Annandale: SCA.

Gross, A. (1990). *The rhetoric of science.* Cambridge, MA: Harvard University Press.

Guthrie, W. (1954). Rhetorical theory in colonial America. In K. R. Wallace (Ed.), *History of speech education in America. Background studies* (pp. 48 –79). New York: Appleton-Century-Crofts.

Hample, D. (1977a). Testing a model of value argument and evidence. *Communication Monographs*, 44, 106 –120.

Hample, D. (1977b). The Toulmin model and the syllogism. *Journal of the American Forensic Association*, 14, 1 –9.

Hample, D. (1978). Predicting immediate belief change and adherence to argument claims. *Communication Monographs*, 45, 219 – 228.

Hample, D. (1979a). Motives in law. An adaptation of legal realism. *Journal of the American Forensic Association*, 15, 156 – 168.

Hample, D. (1979b). Predicting belief and belief change using a cognitive theory of argument and evidence. *Communication Monographs*, 46, 142 – 146.

Hample, D. (1980). A cognitive view of argument. *Journal of the American Forensic Association*, 16, 151 – 158.

Hample, D. (1981). The cognitive context of argument. *Western Journal of Speech Communication*, 45, 148 – 158.

Hample, D. (1992). A third perspective on argument. In W. L. Benoit, D. Hample, & p. J. Benoit (Eds.), *Readings in argumentation* (pp. 91 – 115). Berlin-New York: Foris.

Hample, D. (2005). *Arguing. Exchanging reasons face to face.* Mahwah: Lawrence Erlbaum.

Hample, D, Warner, B, & Young, D. (2009). Framing and editing interpersonal arguments. *Argumentation*, 23, 21 – 37.

Hastings, A. C. (1962). *A reformulation of the modes of reasoning in argumentation.* Unpublished doctoral dissertation, Northwestern University, Evanston.

Hazen, M. D., & Hynes, T. J. (2011). An exploratory study of argument in the public and private domains of differing forms of societies. In F. H. van Eemeren, B. Garssen, D. Godden, & G. Mitchell (Eds.), *Proceedings of the 7th conference of the International Society for the Study of Argumentation* (pp. 750 – 762). Amsterdam: Sic Sat.

Hicks, D., & Eckstein, J. (2012). Higher order strategic maneuvering by shifting standards of reasonableness in cold-war editorial argumentation. In F. H. van Eemeren & B. Garssen (Eds.), *Exploring argumentative contexts* (pp. 321 – 339). Amsterdam: John Benjamins.

Hoeken, H. (1999). The perceived and actual persuasiveness of different types of inductive arguments. In F. H. van Eemeren, R. Grootendorst, J. A. Blair, & C. A. Willard (Eds.), *Proceedings of the fourth international conference of the International Society for the Study of Argumentation* (pp. 353 – 357). Amsterdam: Sic Sat.

Holmquest, A. H. (1989). Rhetorical gravity. In B. E. Gronbeck (Ed.), *Spheres of argument. Proceedings of the sixth SCA/AFA conference on argumentation* (pp. 37 – 41). Annandale: Speech Communication Association.

Howell, W. S. (1940). The positions of argument. An historical examination. In D. C. Bryant (Ed.), *Papers in rhetoric* (pp. 8 – 17). Saint Louis: Washington University.

Hultzen, L. S. (1958). Status in deliberative analysis. In D. C. Bryant (Ed.), *The rhetorical idiom. Essays presented to Herbert A. Wichelns* (pp. 97 – 123). Ithaca: Cornell University Press.

Hunter, A. (Ed.). (1990). *The rhetoric of social research.* New Brunswick: Rutgers University Press.

Hynes, T. J. (1989). Can you buy cold fusion by the six pack? Or Bubba and Billy-Bob discover Pons and Fleischmann. In B. E. Gronbeck (Ed.), *Spheres of argument. Proceedings of the sixth SCA/AFA conference on argumentation* (pp. 42 – 46). Annandale: Speech Communication Association.

lvie, R. L. (1987). The ideology of freedom's "fragility" in American foreign policy argument. *Journal of the American Forensic Association*, 24, 27 – 36.

Jackson, S. (1983). The arguer in interpersonal argument. Pros and cons of individual-level analysis. In D. Zarefsky, M. O. Sillars, & J. Rhodes (Eds.), *Argument in transition. Proceedings of the third summer conference on argumentation* (pp. 631 – 637). Annandale: Speech Communication Association.

Jackson, S. (1992). "Virtual standpoints" and the pragmatics of conversational argument. In F. H. van Eemeren, R. Grootendorst, J. A. Blair, & C. A. Willard (Eds.), *Argumentation illuminated* (pp. 260 – 269). Amsterdam: Sic Sat.

Jackson, S., & Jacobs, S. (1980). Of conversational argument. Pragmatic bases for the enthymeme. *Quarterly Journal of Speech*, 66, 251 – 265.

Jackson, S., & Jacobs, S. (1982). The collaborative production of proposals in conversational argument and persuasion. A study of disagreement regulation. *Journal of the American Forensic Association*, 18, 77 – 90.

Jacobs, S. (1989). Speech acts and arguments. *Argumentation*, 3, 345 – 365.

Jacobs, S. (1998). Argumentation as Normative Pragmatics. In F. H. van Eemeren, R. Grootendorst, J. A. Blair, & C. A. Willard (Eds.), *Proceedings of the fourth ISSA conference on argumentation* (pp. 397 – 403). Amsterdam: Sic Sat.

Jacobs, S. (2000). Rhetoric and dialectic from the standpoint of normative pragmatics. *Argumentation*, 14 (3), 261 – 286.

Jacobs, S., & Jackson, S. (1981). Argument as a natural category. The routine grounds for arguing in natural conversation. *Western Journal of Speech Communication*, 45,

118 – 132.

Jacobs, S., & Jackson, S. (1982). Conversational argument. A discourse analytic approach. In J. R. Cox & C. A. Willard (Eds.), *Advances in argumentation theory and research* (pp. 205 – 237). Carbondale: Southern Illinois University Press.

Jacobs, S., & Jackson, S. (1983). Strategy and structure in conversational influence attempts. *Communication Monographs*, 50, 285 – 304.

Jacobs, S., & Jackson, S. (1989). Building a model of conversational argument. In B. Dervin, L. Grossberg, B. J. O'Keefe, & E. Wartella (Eds.), *Rethinking communication* (pp. 153 – 171). Newbury Park: Sage.

Johnson, K. L., & Roloff, M. E. (2000). The Influence of argumentative role (initiator vs. resistor) on perceptions of serial argument resolvability and relational harm. *Argumentation*, 14 (1), 1 – 15.

Johnstone, H. W., Jr. (1959). *Philosophy and argument.* University Park: Pennsylvania State University Press.

Johnstone, H. W., Jr. (1970). *The problem of the self.* University Park: Pennsylvania State University Press.

Johnstone, H. W., Jr. (1983). Truth, anagnorisis, and argument. *Philosophy & Rhetoric*, 16, 1 – 15.

Journal of the American Forensic Association, (1982), 18, 133 – 160. Special forum on debate paradigms

Kaplow, L. (1981). Rethinking counterplans. A reconciliation with debate theory. *Journal of the American Forensic Association*, 17, 215 – 226.

Kauffeld, F. J. (1998). Presumption and the distribution of argumentative burdens in acts of proposing and accusing. *Argumentation*, 12 (2), 245 – 266.

Kauffeld, F. J. (2009). What are we learning about the pragmatics of the arguer's obligations? In S. Jacobs (Ed.), *Concerning argument. Selected papers from the 15th biennial conference on argumentation* (pp. 1 – 31). Washington, DC: NCA.

Keith, W. (Ed.). (1993). Rhetoric in the rhetoric of science. *Southern Communication Journal*, 58, 4. Special Issue.

Kellner, H. (1989). Language and historical representation. Madison: University of Wisconsin Press.

Klumpp, J. F., Riley, p., & Hollihan, T. H. (1995). Argument in the post-political age. Emerging sites for a democratic lifeworld. In F. H. van Eemeren, R. Grootendorst,

J. A. Blair, & C. A. Willard (Eds.), *Proceedings of the third ISSA conference on argumentation. Special fields and cases* (pp. 318 – 328). Amsterdam: Sic Sat.

Kneupper, C. W. (1978). On argument and diagrams. *Journal of the American Forensic Association*, 14, 181 – 186.

Kneupper, C. W. (1979). Paradigms and problems. Alternative constructivist/interactionist implications for argumentation theory. *Journal of the American Forensic Association*, 15, 220 – 227.

Laycock, C., & Scales, R. L. (1904). *Argumentation and debate.* New York: Macmillan.

Leff, M. C. (2003). Rhetoric and dialectic in Martin Luther King's "Letter from Birmingham Jail". In F. H. van Eemeren, J. A. Blair, C. A. Willard, & A. F. Snoeck Henkemans (Eds.), *Anyone who has a view. Theoretical contributions to the study of argumentation* (pp. 255 – 268). Dordrecht: Kluwer.

Leff, M. c., & Mohrmann, G. p. (1994). Lincoln at Cooper Union. A rhetorical analysis of the text. In T. W. Benson (Ed), *Landmark essays on rhetorical criticism* (pp. 173 – 187). Davis: Hermagoras Press.

Lewinski, J. D., Metzler, B. R., & Settle, p. L. (1973). The goal case affirmative. An alternative approach to academic debate. *Journal of the American Forensic Association*, 9, 458 – 463.

Lichtman, A. J., Garvin, C., & Corsi, J. (1973). The alternative-justification affirmative: A new case form. *Journal of the American Forensic Association*, 10, 59 – 69.

Lichtman, A. J., & Rohrer, D. M. (1980). The logic of policy dispute. *Journal of the American Forensic Association*, 16, 236 – 247.

Lucaites, J. L., & Condit, C. M. (1999). Introduction. In J. L. Lucaites, C. M. Condit, & S. Caudill (Eds.), *Contemporary rhetorical theory. A reader.* New York: Guilford Press.

Lyne, J. (1983). Ways of going public. The projection of expertise in the sociobiology controversy. In D. Zarefsky, M. O. Sillars, & J. Rhodes (Eds.), *Argument in transition. Proceedil1gs of the third summer conference on argumentation* (pp. 400 – 415). Annandale: Speech Communication Association.

Mandziuk, R. M. (2011). Commemoration and controversy. Negotiating public memory through counter memorials. In F. H. van Eemeren, B. Garssen, D. Godden, & G. Mitchell (Eds.), *Proceedings of the 7th conference of the International Society for the Study of Argu-*

mentation (pp. 1155 – 1164). Amsterdam: Sic Sat.

Manolescu, B. I. (2006). A normative pragmatic perspective on appealing to emotions in argumentation. *Argumentation*, 20 (3), 327 – 343.

McBurney, J. H. (1994). The place of the enthymeme in rhetorical theory. In E. Schiappa (Ed.), *Landmarks essays on classical Greek rhetoric.* Davis: Hermagoras Press.

McCloskey, D. N. (1985). *The rhetoric of economics.* Madison: University of Wisconsin Press.

McKerrow, R. E. (1977). Rhetorical validity. An analysis of three perspectives on the justification of rhetorical argument. *Journal of the American Forensic Association*, 13, 133 – 141.

Mills, G. E. (1964). *Reason in controversy. An introduction to general argumentation.* Boston: Allyn and Bacon.

Mitchell, G. (1998). Pedagogical possibilities for argumentative agency in academic debate. *Argumentation and Advocacy*, 35 (4), 41 – 60.

Nadeau, R. (1958). Hermogenes on "stock issues" in deliberative speaking. *Speech Monographs*, 25, 62.

Natanson, M., & Johnstone, H. W., Jr. (1965). Philosophy, *rhetoric*, *and argumentation.* University Park: Pennsylvania State University Press.

Nelson, J. S., Megill, A., & McCloskey, D. N. (Eds.). (1987). *The rhetoric of the human sciences. Language and argument in scholarship and public affairs.* Madison: University of Wisconsin Press.

Newman, R. p. (1961). *Recognition of communist China? A study in argument.* New York: Macmillan.

O'Keefe, B. J., & Benoit, p. J. (1982). Children's arguments. In J. R. Cox & C. A. Willard (Eds.), *The field of argumentation. Advances in argumentation theory and research* (pp. 154 – 183). Carbondale: Southern Illinois University Press.

O'Keefe, D. J. (1992). Two concepts of argument. In W. L. Benoit, D. Hample, & p. J. Benoit (Eds.), *Readings in argumentation* (pp. 79 – 90). Berlin-New York: Foris.

O'Keefe, D. J. (2002). *Persuasion.* Thousand Oaks: Sage.

O'Keefe, D. J., & Jackson, S. (1995). Argument quality and persuasive effects. A review of current approaches. In S. Jackson (Ed.), *Argumentation and values. Proceedings of the ninth Alta conference on argumentation* (pp. 88 – 92). Annandale: Speech Communication Association.

Palczewski, C. H. (2002). Argument in an off key. Playing with the productive limits of argument. In G. T. Goodnight (Ed.), *Arguing communication and culture* (pp. 1 – 23). Washington, DC: NCA.

Paliewicz, N. S. (2012). Global warming and the interaction between the public and technical spheres of argument. When standards for expertise really matter. *Argumentation and Advocacy*, 48 (2), 231 – 242.

Patterson, J. W., & Zarefsky, D. (1983). *Contemporary debate*. Boston: Houghton Mifflin.

Peters, T. N. (1989). On the natural development of public activity. A critique of Goodnight's theory of argument. In B. E. Gronbeck (Ed.), *Spheres of argument. Proceedings of the sixth SCA/AFA conference on argumentation* (pp. 26 – 32). Annandale: Speech Communication Association.

Petty, R. E., & Cacioppo, J. T. (1986a). *Communication and persuasion. Central and peripheral routes to attitude change*. New York: Springer.

Petty, R. E., & Cacioppo, J. T. (1986b). The elaboration likelihood model of persuasion. In L. Berkowitz (Ed.), *Advances in experimental social psychology* (Vol. 19, pp. 123 – 205). San Diego: Academic.

Prelli, L. J. (1989). *A rhetoric of science. Inventing scientific discourse*. Columbia: University of South Carolina Press.

Putnam, L. L., Wilson, S. R., Waltman, M. S., & Turner, D. (1986). The evolution of case arguments in teachers' bargaining. *Journal of the American Forensic Association*, 23, 63 – 81.

Rieke, R. D., & Sillars, M. O. (1975). *Argumentation and the decision-making process*. New York: Wiley.

Rowell, E. Z. (1932). Prolegomena to argumentation, II. *Quarterly Journal of Speech*, 18, 238 – 248.

Rowland, R. C. (1992). Argument fields. In W. L. Benoit, D. Hample, & p. J. Benoit (Eds.), *Readings in argumentation* (pp. 469 – 504). Berlin-New York: Foris.

Rowland, R. C. (2012). Spheres of argument. 30 years of influence. *Argumentation and Advocacy*, 48 (2), 195 – 197.

Sacks, H., Schegloff, E. A., & Jefferson, G. (1974). A simplest systematics of the organization of turn-taking in conversation. *Language*, 50 (4), 696 – 735.

Schiappa, E. (1989). "Spheres of argument" as topoi for the critical study of power/knowledge. In B. E. Gronbeck (Ed.), *Spheres of argument. Proceedings of the sixth SCA/AFA conference on argumentation* (pp. 47 – 56). Annandale: Speech Communication Association.

Schiappa, E. (2001). Second thoughts on critiques of Big Rhetoric. *Philosophy and Rhetoric*, 34 (3), 260 – 274.

Schiappa, E. (2002). Evaluating argumentative discourse from a rhetorical perspective. Defining "person" and "human life" in constitutional disputes over abortion. In F. H. van Eemeren & p. Houtlosser (Eds.), *Dialectic and rhetoric. The warp and woof of argumentation analysis* (pp. 65 – 80). Dordrecht: Kluwer.

Schiappa, E. (2012). Defining marriage in California. An analysis of public and technical argument. *Argumentation and Advocacy*, 48 (2), 211 – 215.

Schiappa, E., & Swartz, O. (1994). Introduction. In E. Schiappa (Ed.), *Landmarks essays ON classical Greek rhetoric*. Davis: Hermagoras Press.

Scott, R. L. (1999). On viewing rhetoric as epistemic. In J. L. Lucaites, C. M. Condit, & S. Caudill (Eds.), *Contemporary rhetorical theory. A reader*. New York: Guilford Press.

Shaw, W. C. (1916). Systematic analysis of debating problems. *Journal of Speech Education*, 2, 344 – 351.

Sillars, M. O. (1981). Investigating religious argument as a field. In G. Ziegelmueller & J. Rhodes (Eds.), *Dimensions of argument. Proceedings of the second summer conference on argumentation* (pp. 143 – 151). Annandale: Speech Communication Association.

Simons, H. W. (1990). The rhetoric of inquiry as an intellectual movement. In H. W. Simons (Ed.), *The rhetorical turn. Invention and persuasion in the conduct of inquiry*. Chicago-London: University of Chicago Press.

Toulmin, S. E. (1972). *Human understanding*. Princeton: Princeton University Press.

Toulmin, S. E. (2003). *The uses of argument* (Updated ed.). Cambridge: Cambridge University Press (1st ed., 1958).

Trapp, R. (1990). Arguments in interpersonal relationships. In R. Trapp & J. Schuetz (Eds.), *Perspectives on argumentation. Essays in honor of Wayne Brockriede* (pp. 43 – 54). Prospect Heights: Waveland Press.

Wamick, B., & Inch, E. S. (1989). *Critical thinking and communication. The use of reason in argument*. New York: Macmillan.

Weger, H. (2001). Pragma-dialectical theory and interpersonal interaction outcomes. Unproductive interpersonal behavior as violations of rules for critical discussion. *Argumentation*, 15 (3), 313 – 329.

Weger, H. (2002). The relational consequences of violating pragma-dialectical rules during arguments between intimates. In F. H. van Eemeren (Ed.), *Advances in pragma-dialectics* (*pp*. 197 – 214). Newport News: Vale.

Weger, H. (2013). Engineering argumentation in marriage. Pragma-dialectics, strategic maneuvering, and the "fair fight for change" in marriage education. *Journal of Argumentation in Context*, 2 (3), 279 – 298.

Wenzel, J. W. (1992). Perspectives on argument. In W. L. Benoit, D. Hample, & p. J. Benoit (Eds.), *Readings in argumentation* (pp. 121 – 143). Berlin-New York: Foris.

Whately, R. (1963). *Elements of rhetoric.* Carbondale & Edwardsville: Southern Illinois University Press (1st ed., 1826).

Willard, C. A. (1976). On the utility of descriptive diagrams for the analysis and criticism of arguments. *Communication Monographs*, 43, 308 – 319.

Willard, C. A. (1983). *Argumentation and the social grounds of knowledge.* Tuscaloosa: The University of Alabama Press.

Willard, C. A. (1989). *A theory of argumentation.* Tuscaloosa: The University of Alabama Press.

Willard, C. A. (1992). Field theory. A Cartesian meditation. In W. L. Benoit, O. Hample, & p. J. Benoit (Eds.), *Readings in argumentation* (pp. 437 – 467). Berlin-New York: Foris.

Willard, C. A. (1996). *Liberalism and the problem of knowledge.* Chicago: University of Chicago Press.

Willard, C. A. (Guest Ed.) (1982). Special issue, symposium on argument fields. *Journal of the American Forensic Association*, 18, 191 – 257.

Williams, D. C., Ishiyama, J. T., Young, M. J., & Launer, M. K. (1997). The role of public argument in emerging democracies. A case study of the 12 December 1993 elections in the Russian Federation. *Argumentation*, 11 (2), 179 – 194.

Winans, J. A., & Utterback, W. E. (1930). *Argumentation.* New York: Century.

Windes, R. R., & Hastings, A. C. (1969). *Argumentation and advocacy.* New York: Random House.

Yost, M. (1917). Argument from the point of view of sociology. *Quaterly Journal of Public Speaking*, 3, 109 – 127.

Young, M. J., & Launer, M. K. (1995). Evaluative criteria for conspiracy arguments. The case of KAL 007. In E. Schiappa (Ed.), Warranting assent. *Case studies in argument evaluation* (pp. 3 – 32). Albany: State University of New York Press.

Zarefsky, D. (1969). The "traditional case" – "comparative advantage case" dichotomy: Another look. *Journal of the American Forensic Association*, 6, 12 –20.

Zarefsky, D. (1980). Lyndon Johnson redefines "equal opportunity" . The beginnings of affirmative action. *Central States Speech Journal*, 31, 85 –94.

Zarefsky, D. (1982). Persistent questions in the theory of argument fields. *Journal of the American Forensic Association*, 18, 191 –203.

Zarefsky, D. (1986). *President Johnson's war on poverty*. Tuscaloosa: University of Alabama Press.

Zarefsky, D. (1990). Lincoln, Douglas, and Slavery. *In the crucible of public debate*. Chicago: University of Chicago Press.

Zarefsky, D. (1992). Persistent questions in the theory of argument fields. In W. L. Benoit, D. Hample, & P. J. Benoit (Eds.), *Readings in argumentation* (pp. 417 – 436). Berlin-New York: Foris.

Zarefsky, D. (1995). Argumentation in the tradition of speech communication studies. In F. H. van Eemeren, R. Grootendorst, J. A. Blair, & c. A. Willard (Eds.), *Perspectives and approaches. Proceedings of the third international conference on argumentation* (pp. 32 –52). Amsterdam: Sic Sat.

Zarefsky, D. (2012). Goodnight's "speculative inquiry" in its intellectual context. *Argumentation and Advocacy*, 48 (2), 211 –215.

第 9 章

语言学进路

9.1　语言取向的论证进路

尽管本书聚焦于英语中可获知的论证研究，我们也对其他语言的重要贡献给予某些关注，这些重要贡献仅有部分在英语中可以找到。在过往数十年里，在英语之外其他语言发展出的论证研究新进路中，有些是语言取向的，并且总体而言在本质上是非规范性的。本章将考察这些主要以法语和意大利语表述的研究进路。

普兰丁（Plantin，2002，2003）对于法国论证理论发展的概述是一个良好的起点，使我们能更细致地刻画各种法语区的语言取向研究进路。在普兰丁看来，从 19 世纪晚期至 20 世纪 70 年代，法国的环境并不利于论证与修辞的研究：

> 在世纪交替之际，有人将修辞学跟一个以反共和主义著称的集团联系在一起，并将之逐出国家教育课程之外；……逻辑学已成为一门数学分支；论证研究被限制在新托马斯主义哲学和宗教教育中；……这种状况一直持续到至少 20 世纪 70 年代才有所改观。（Plantin，2003，p. 177）

论证研究在欧美的复兴始于 20 世纪 50 年代，也就是当诸如图尔敏的《论证的运用》（Toulmin，2003）及佩雷尔曼和奥尔布赖切斯—泰提卡的《新修辞学》（Perelman & Olbrechts-Tyteca，1969）等重要著作出版之际。尽管《新修辞学》是以法文的形式面世，然而直至 20 世纪 80 年代，该书才在法国受到广泛阅读。[①] 20 世纪 70 年代法国论证理论发展的关键性开端是迪克罗（Oswald Ducrot）和格赖兹（Jean-Blaise Grize）的语言取向的论证研究进路。在普兰丁看来，从这两种进路都是作为应用于一般语言的论证理论来看，它们“能被恰如其分地视为一种‘内在于语言的论证’理论”（Plantin，2003，p. 181）。对格赖兹而言，论证在语句建构过程中即已开始。对迪克罗而言，语言学论题是论证与结论链的基础，这些语言学论题允许包含于论证和结论中的谓项相联结。正是由于迪克罗及其后来的格赖兹的影响，法国的论证研究呈现出显著的语言学特性：

> 不得不强调的是，论证在法国并没有作为一种批判性实践在政治话语领域复出，而是重新崭露于结构主义、语言逻辑和认知主义的领域。论证并非利益冲突及观点分歧的理性规约手段；一般而言，论证内在于语言中，而非在语言运用中。（Plantin，2004b，p. 176）

格赖兹与迪克罗的观点对于法国论证研究的影响，导致了当今法国论证研究的一般特征：

> 人们将论证当作一个全局性概念对待，然而，对于被视作论证理论基础的论证类型问题却鲜有真正论及。对于诸如人身攻击、诉诸怜悯、乞题等谬误研究做出贡献的法国人并不多。当这三类谬误被提及时，仅是被用作标签，作为描述性任务中的便利工具。而另一方面，论题、公众观点、陈规等概念通常被视为基础性的。（Plantin，2003，p. 185）

一般而言，现代法语区的论证研究进路具有描述性特征，并且融合了迪克罗以及现代语言学的诸多洞见，其中迪克罗的洞见得益于其与安孔布尔（Anscombre）、格赖兹、古典修辞学和新修辞学的结合，而现代

---

① 尽管《新修辞学》在 20 世纪 60 年代和 70 年代还不是真正具有影响力，然而，根据普兰丁（Plantin，2003）的说法，《新修辞学》是以格赖兹为核心的纽沙泰尔学派（the Neuchâtel circle）的灵感之源。

语言学的洞见则来自话语分析和会话分析。这些进路的重要例子即普兰丁、阿摩西（Ruth Amossy）和杜里（Marianne Doury）所秉持的进路，它们尽管存在一些差异，但彼此间是紧密联系着的。

21 世纪初，另一种研究论证的语言学进路在瑞士意大利语区获得了发展。在卢加诺大学的传播学系，一组由瑞高蒂（Eddo Rigotti）和罗希（Andrea Rocci）领导的学者已开始了一个关于言辞传播和论证理论的研究项目。他们关注出现在诸如调解、金融谈判和媒体争论等制度性传播领域中的论证话语。这一进路的特色在于融合了来自诸如语用论辩学等论证理论的洞见，以及来自语言学的语义洞见和语用洞见，还有来自古典修辞学和论辩学的诸概念。

本章将从法语区和意大利语区发展起来的语言学视角出发，概述那些最为重要的语义学和语用学的论证研究进路。首先，我们考察自然逻辑的一些基本洞见，自然逻辑是由纳沙泰尔符号学研究中心的格赖兹及其同事发展出来的一种进路，它是对形式逻辑的一种替代品（参见第 9. 2 节）。其次，我们讨论由法国语言学家迪克罗和安孔布尔提出和发展的论证研究的语言学进路，该进路以语言中的论证理论著称（参见第 9. 3 节）。再次，我们对普兰丁、杜里和阿摩西所代表的现代法语区研究进路进行刻画，这些进路都是基于话语分析的（参见第 9.4 节）。最后，我们将概述由瑞高蒂和罗希领导的卢加诺小组的语言学论证研究进路（参见第 9. 5 节）。

9. 2 格赖兹自然逻辑

自然逻辑理论是瑞士卢加诺大学符号学研究中心提出来的，用于替代论证分析中形式逻辑的使用。[①] 20 世纪 60 年代晚期，这一理论由瑞士逻辑学家格赖兹（Jean-Blaise Grize，1922 – 2013）及其同事波雷尔（Marie-Jeanne Borel）、米耶维（Denis Miéville）和阿波特洛兹（Denis

① 参见格赖兹（Grize，1982）、波雷尔等人（Borel *et al.*，1983）、波雷尔（Borel，1989 和迈尔（Maier，1989）的论著。

Apothéloz）共同提出来。[①] 格赖兹及其学派的其他成员研究他们所谓的自然逻辑，作为形式逻辑的对立面，至少在术语上是非形式逻辑。[②] 自然逻辑学家对给出论证评估的准则不感兴趣，他们想要以一种非规范性的、“自然主义的”方式去描述日常论证话语。他们的进路既基于皮亚杰（Jean Piaget）提出的认识论观点，也基于布雷松（François Bresson）的心理学进路的库莉奥莉言辞语言学（Culioli，1990，1999）；另外也援引了迪克罗和安孔布尔的理论框架（参见第9.3节）。自然逻辑关注说者如何为了达成似真性和可接受性的条件，而去调整自身的论证表达以适应听众的知识和价值观，这也显示出该进路受到了亚里士多德和佩雷尔曼的影响。更一般地说，亚里士多德和佩雷尔曼的影响体现在自然逻辑学家对于论证组织的关注上。

正如在非形式逻辑情形（参见本书第7章“非形式逻辑”）下，提出自然逻辑的动机也是出于对形式逻辑的不满。[③] 根据自然逻辑学家们的说法，显而易见的是，论证中所运用的逻辑不单单是形式演绎的。另外，论证的形式逻辑评估要求一种重构，而这种重构往往与原本所表达的论证相去甚远。一个论证的形式逻辑重构需要将该论证简化为一种抽象的逻辑标准式，这种标准式通常要求诸如重新调整文本要素以及补充隐含要素等的转换。

根据格赖兹的说法，不存在将论证简化为单纯的演绎推理的先验证成，同样亦无后验证成（Grize，1992，p. 186）。在他看来，表达论证的方式不应被视为随意的。在考虑这一点时，关键是要认识到，论证的信

① 格赖兹，生于1922年，是认识论学家和心理学家让·皮亚杰从1958年到1968年的合作者；他在1960年成为纳沙泰尔大学的逻辑学教授，担任符号学研究中心的主任一直到1987年。自1965年起，格赖兹的著作着重研究日常论证话语的逻辑。

② 根据迪亚斯（Diaz，1991）的说法，自然逻辑的发展历经了三个阶段：第一阶段，旨在发展一种与智力心理学等量齐观并扎根于其中的思维逻辑，即心理学阶段（1958—1976年）；第二阶段，这种理论采取了一种社会学取向，即社会学阶段（1978—1980年）；第三阶段，论证的情感方面被纳入符号学考量，即符号学阶段。因此，根据格赖兹的说法，自然逻辑综合了三种所有话语所共有的要素：认知要素、社会要素和情感要素（Diaz，1991，pp. 123－124）。

③ 与非形式逻辑这个术语相比，自然逻辑学家们更偏爱自然逻辑这个术语，因为他们认为前者是一个矛盾术语。在他们看来，非形式逻辑这个术语具有误导性，因为它暗示着日常论证话语是不具有形式的（Borel，1989，p. 38）。通过使用自然逻辑这个术语，自然逻辑学家们想要强调逻辑是属于自然化的认识论领域，而非规范性科学。

服力与其说是依赖于贯穿论证的抽象推理模式，不如说是更多地依赖于论证的表达。为了公道地看待论证的表达方面，格赖兹提议将论证作为一种话语现象来研究。在努力过程中，他选择了一种在许多方面偏离形式逻辑的进路。①

与形式逻辑的第一个差异在于自然逻辑标榜为对话式的，而不是独白式的。与形式逻辑不同，在自然逻辑中，论证在其中被提出的交流情境不会被忽视：每一论证话语都被视为由说者和听者在具体交流情境中提出的建议。② 为了使他们的提议获得听者接受，说者要么不得不将他们的前提描述成事实，要么提出支持那些前提的论证，如果它们没被接纳为事实的话。与此相对，在形式逻辑中，逻辑学家不必确立前提的真实性，前提被当作假设性的或公理性的。

第二个差异关乎论证话语的语义学。它与“话语实体”或“话语指称”概念相关。在自然逻辑中，话语实体被视为一种代表语言中认知表达的语言学记号。与形式系统中的记号不同，引入话语的实体总是具有一定意义，并且这种意义总是具有某种程度的不确定性（Grize，1986，pp. 49 –50；Borel，1992）。与每一话语实体相联结的是，一个属性集、一个与其他实体的关系集以及一个能与相关实体一同实施的行动集。例如，像“钥匙”这样的实体，它可被用于断言它“是铁制的”或者“是轻的”，但一般不被用于断言它“是气态的”或者“是均匀的”。实体“钥匙”能够与诸如“锁”和“口袋”等其他实体相关联，但不能与诸如“云”这样的实体相关联。而一个人能够对一把“钥匙”实施的行动是“转动”它，而不是“减去”它。一个构建论证性文本的说者大概会利用听者已联结的所引入话语实体的属性。③ 尽管如此，一个话语实体的所有属性并非都是预先确定的。随着文本的推进，实体一步步地被赋予一种更为精确的意义，并与其他实体建立起新的关联，而原有实体也得到丰富和扩展。

---

① 对于形式逻辑和自然逻辑之间主要差异的描述，同时也可用作自然逻辑的一种对比性定义。

② 尽管诠释书面文本的过程在一些方面有所不同，但此处所论及的说者和听者经适当修改亦同样适用于作者和读者。

③ 当然，打个比方，各种属性都能被归之于它们通常不具备的属性。

在下列文本片段中能发现扩展这种过程的实例：

（1）小镇寂静无声。它的街道荒凉，没有一座亮灯的屋子。

在这个例子中，“小镇”这一实体通过具体化操作手段得以更大地扩展：小镇、它的街道、单独的屋子（Grize，1986，p. 50）。

自然逻辑和形式逻辑的第三个差异在于自然逻辑认为论证的目标并非如形式证明那样是为了将论证前提的真值传递给结论，而是为了获得听者对于结论的认可或接受。在话语中予以讨论的是似真性，而不是真值。因此，论证应当以这样的方式去表达：它与听者表达世界的方式相呼应。①

波雷尔认为，因为这些显著特性，故自然逻辑是在逻辑与修辞两处极端之间采取的中间立场（Borel，1989，p. 36）。自然逻辑能被视为一种关注论证形式的逻辑进路；也能被视为一种修辞进路，因为它强调论证情景的语境方面与指涉方面。自然逻辑通过考量表述论证语言的语法和语义属性，在情境化话语语境中研究论证。

在自然逻辑学家们看来，说者实施一些具体类型操作，是为了产出一种论证性文本，用以显明一种适应情境并符合他们目标的形式图式化。自然逻辑的目的在于研究此种论证性图式化的相关运作。

在论证话语中，说者A对听者B提出的图式化是一种符号建构，这种符号建构关涉通过给定情境和给定语言中文本交互表达出的具体情形（Borel，1989，p. 38）。对于具体图式化的选择依赖于A的目标，但也依赖于对A而言可获得的关于B的知识、观点和偏好等信息；也依赖于A对于A与B之间关系的评估，以及A自身关于话语主题的知识和观点。为了指明说者所具备的不同类型的情境知识，波雷尔等学者（Borel，1983）利用“表达”这个术语。

根据波雷尔等学者（Borel *et al.*，1983）的说法，为了解释图式化这

① 在自然逻辑学家们看来，演绎证明或者形式证明不过就是这种普遍关切的特例，即以那种能够获得听者认可的方式去表达论证。

个概念，我们需要一个交流模型，并且它不能仅仅是个传送信息的模型。[①] B 要达成对 A 的图式化重构，仅能通过实施与 A 在建构图式化时或多或少相似的操作。由于 B 不得不在重构过程中扮演主动角色，因而不存在这样的保证：B 所重构的图式化与 A 提供给他的图式化是相同的（Borel *et al.*，1983，pp. 99 - 100）。如果 B 的重构与 A 所倾向的建构有或多或少的统一性，则自然逻辑学家们会说，在听者的重构和说者的建构之间存在一种回响。在重构 A 之建构时，B 得益于文本指示。图式化的踪迹总能在文本中找到。正由于具体言辞手段的运用，说者、主题和听者的某些想象浮现于图式化中。这些想象是由图式化产生出来的。当说者的表达在心理或认知层面上介入时，想象即出现于言辞质料中，并需由收讯者去追踪。

用以刻画图式化这个概念所需的交流模型见于图 9. 1。

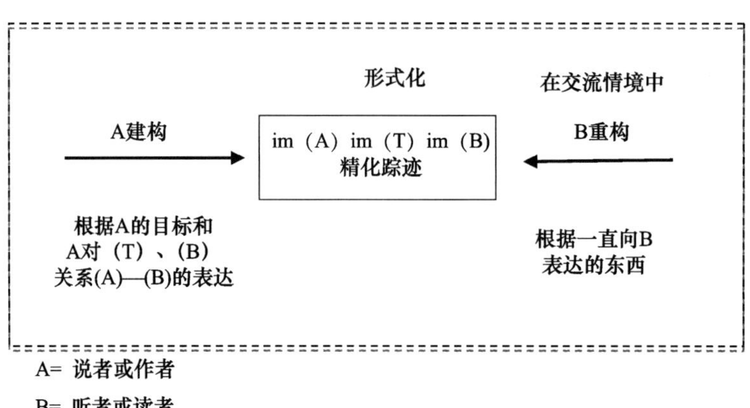

图 9. 1　刻画图式化思想的交流模型

“图式化”这个术语是有歧义的。一方面，它指建构过程的结果（参见图 9. 1）；另一方面，它指图式化的过程或活动（Borel *et al.*，1983，p. 54）。在自然逻辑学家们看来，歧义性并非一种缺陷，相反，恰恰是因

① 格赖兹（Grize，1996，pp. 60 - 68）讨论了许多贯穿自然逻辑交往模型的假设。

为这种歧义性，才有可能将文本建构所需的操作与作为结果的文本组织连接起来。

每一文本都包含图式化活动的“踪迹”（Borel *et al.*，1983，pp. 55 - 57）。自然逻辑学家们所谓的这种踪迹，可以通过他们的例子分析而得到说明。为此，我们以他们对于一个宣传文本片段的分析为例，这个宣传文本的目标在于使读者信服这样的事实：在大量人员失踪的那个时期，阿根廷政府并没有实施暴力（例2）：

> （2）这并非全部。在世界上，每个国家每年都有成千上万的人失踪：法国每年有十万人在完全没有通知他们亲戚的情况下失踪。在阿根廷也存在相似的情形，有些人在乱局中浑水摸鱼，仅仅是为了在别处开创新生活，出于纯粹私人的原因就抛弃了他们的家园。（译自维尔马雷的《恐惧之策略》）（P. F. de Villemarest，*Les stratégies de la peur*）

从表面上看，这个文本提供了如下信息：在法国、阿根廷以及世界其他地方都会有人失踪，并且都是出于相同的原因（Borel *et al.*，1983，p. 55）。尽管如此，将该文本图式作为一种图式化活动来分析，展开了面向其他现象的可能性。

首先，为何作者引介法国的情况，而不是选择其他国家呢？从这个选择出发，我们可以推断这个文本是写给法国读者看的。因此，该文本指明一项在法国读者所知悉的关于失踪的事实。一旦这一点获得了承认，则该话语不再能够被视为就是在列举“真相”与中立的事实。当读者知悉人们在法国失踪是一种正常情形，则读者可以推断相似情形在其他国家也存在，如阿根廷。因此，该文本在不同的“事实”（关于法国和阿根廷的情况）之间建立起关系，而这些“事实”可能会让读者做出归纳推论（如果这种情况在此地存在，那么在别处又何尝不会呢?）或者类比（阿根廷与法国类似）。

其次，为何该作者如此强调一个关于失踪的具体原因（为了开创新生活）？人们失踪有一些其他的原因，在法国也是如此，如失踪者是遭到谋杀的受害者。在这一点上，读者所秉持的价值观念理应保证一个事实到另一个事实的过渡：你到处都能够发现那些使其家庭不得安宁的不负责任的人；既然法国的情形如此，则阿根廷的情形也无疑会如此。

文本要作为整体看待，防止读者得出与作者相异观点的方式被构建起来。作者通过唤醒读者在图式化中关于正常事物秩序的知识，以及读者在自身所处社会中与此类知识相联系的价值观，从而预测读者的反应。与此同时，那些据称是关于事实的中立表述被精心挑选出来，用以压制对于此问题可能持有异议的读者。因此，尽管文本的形式是中立的，但明显的是，预设了一种争论情境。

一种图式或者图式化具有许多种属性。它报告了与说者目标相关的具体事实；它能适应于具体听者；它有自身的结构，并因而应当被视为一种“微观域”或符号建构的类型；它凸显一些具体方面，掩盖那种不可避免的偏向性边际效应，这种偏向性是在择取和建构图式时所固有的。尽管如此，那些被说者忽略的踪迹总还是会存在。说者即使刻意留下某些隐含的要素或者以一种具体方式去表述信息，用以阻碍听者提出具体问题或反对，都无法同时逃避如此这般的做法。

一个图式化要获得成功，即让听者认同说者所提倡的立场，说者必须在图式化中实施一种具体操作，即将说者持有某种立场的事实中立化。说者可以通过掩饰图式化的相应特性而实施这种操作。话语应当以这样的方式去表述，使得所表述的信息看起来是客观的、绝对的。仅当说者设法激发读者对于所提议之事采取一种现实主义态度时，图式化才可能是有实效的（Borel *et al.*，1983，p. 76）。[①] 这种态度是“争论性的”或“批判性的”态度之对应物，它阻碍读者意识到，那些被表述为客观和绝对的信息实际上是主观的、相对的。

说者能否成功唤起听者的现实主义态度，依赖于图式化之话语融贯性。正是这种融贯性使听者得以至少在某种程度上复制说者所产出的图

① 在波雷尔等学者看来（Borel *et al.*，1983，p. 75），格赖兹从皮亚杰那里借用了“现实主义态度”这一概念。皮亚杰认为，这类态度是儿童思维发展过程中的“自我中心主义”阶段的特征。在这个非批判性的或前批判性阶段，儿童不会区分他们自身关于世界的视角与他人关于世界的视角，因而，将他们自身视角作为唯一真实的视角。现实主义态度这个概念与蒯因的“本体论扩散”概念和马克思主义的“物化”概念相类似。

式化。[①] 对于话语融贯性而言有三个条件。[②]

第一，话语必须是可接受的。为了从所说的内容中检索信息，以及确认恰如其分的文体风格，听者要能认识到某人以一种可辨识的形式说出了某些内容。第二，话语必须是似真的或应必备逼真性[③]。话语所表述的世界应当是可设想的，它的话语实体应当是可辨识的，并且这些实体间的关系应当与听者的现实观相符合。第三，可接受性与话语中表述的价值相关，而话语的似真性则关乎现实的领域。听者应当能够让自己辨别这些价值观念。

格赖兹（Grize，2004，p. 41）强调说，收讯者如果不反对一个正针对着他的图式化，并因而接受了这个图式化，则他可被视为是信服的，但不一定是说服的。在格赖兹看来，为了达成后者，论证不仅要运用知识，也要运用情感。利用收讯者的情感，仅靠交往理念是无法完成的。为此，话语应当是“彩饰的”[④]：

> 使得他人清楚明白亦是有必要的，这一点能通过运用话语修辞格而实现。…… 话语实体必须是彩饰的，这意味着它们的某些方面获得凸显，而某些方面则被隐藏，并且每种彩饰为其所饰内容着色，因为它利用了从来都不是中立的文化前建构。（Grize，2004，p. 42，作者翻译的）

在建构图式化过程中，说者实施了许多逻辑与话语操作。自然逻辑区分了三类主要操作：（1）判定操作；（2）证成操作；（3）配置操作

① 如果一个话语在听者那里唤起了一种合适图式，则该话语是融贯的（Borel *et al.*，1983，pp. 76－77）。关于融贯性的这种阐释受到皮亚杰关于行动图式这种更一般性概念之定义的影响。行动图式是一种抽象的不可见形式，其中，特殊行动的可一般化属性被收集起来，使得它可能重复一种行动并将之应用于新的情境（Piaget & Beth，1961，p. 251）。

② 格赖兹（Grize，2004，p. 40）区分了不融贯图式化与非融贯图式化。在不融贯图式化中，收讯者对于情境所作出的描述会有所欠缺，如需要某些解释。如果需要解决一个矛盾才能使得提议对于听众而言是可接受的，则这种图式化是非融贯的。

③ 比较亚里士多德的可然性概念。

④ 格赖兹认为论证既要有推理成分，也要有他所谓的运用了“彩饰”的诱人成分。为此，赫曼（Herman，2010，pp. 169－170）认为格赖兹的自然逻辑进路与修辞进路有着密切的关联。

（Grize，1982，pp. 174 – 177；Borel，1989，pp. 39 – 41，1991，pp. 46 – 49）。

判定操作是一般性的、基础性的。它们关乎话语中所指涉的实体的质量。这种判定操作的实例是这样一些操作：它们引介、挑明事先存在的实体类，并继而通过给这些类添加新的要素，从而丰富这些类，其中一个例子就是例（1）中的具体化操作。另一些实例是断言操作，该操作将特殊属性或关系归属于话语实体。还有限制操作，如量词引入，该操作为说者的断言责任划定界限；还有模态操作，该操作指明说者愿意为断言负责的类型。

证成操作包括说者所有的话语活动，这些话语活动旨在让听者接受或相信由说者提供理由去相信的内容。在这些操作中，有那些表达方式的操作，在其中，对象被确认为是无可辩驳的；也有那些通过援引权威而能够令说者免于为其判定负责的操作；还有那些通过另外一种判定类型（任何一种论证类型）去支持那种具体判定类型的操作。

配置操作位于命题间层次。它们关注话语关系，如因果关系和比较关系，前者能够经由诸如“所以”、“由于”和“因为”等算子手段得以显明，而后者能够通过诸如“像”、“多于”、“少于”等算子获得指示。[①]

随着自然逻辑学家们对于参与建构论证话语图式化的各式操作描述渐趋明朗，我们可将他们的这种论证进路刻画为“认识论进路”。图式化旨在获得听者知识状态的某种修正形式。仅当说者能够在被听者所知悉和接受的内容与对听者而言，这是新的，或尚未被听者接受的内容之间建立起一种关系，如此这般的修正才能发生。

说者既可能出于说教的理由，也可能出于争论的理由，想要去修正听者的知识状态。在前一种情形中，说者需要给出解释；在后一种情形中，说者需要做出论证。例如，实例（2）中的类比操作，它能够在源自两种不同领域的实体之间建立起一种呼应，从而授权从一个实体到另一个实体的属性传递。这种属性传递的结果可以是，听者关于特殊概念或

① 关于配置操作的例子，参见格赖兹（Grize，1996，pp. 100 – 104）。关于逻辑与话语操作在类比推理和例证推理中的应用，参见米耶维（Denis Miéuille）的论文（见 Borel *et al.*，1983，Vol. III）。

者他自身观点转变的一种修正。

自然逻辑学家们采取一种描述性的论证话语进路。他们的兴趣不在给出区分“好”论证和“坏”论证的标准。尽管他们旨在不假定任何诸如“真”和“有效性”等先验规范性概念情形下，揭示论证性文本的“逻辑”，但格赖兹及其同事们都意识到这样的事实，需要某种理论框架去辨识那些参与论证性文本建构的操作（Borel *et al.*，1983，p. 220）。不仅这些操作不是直接可考察的，就算考察任何一类事物，有些初步理论概念都是不可或缺的。“图式化”和“逻辑与话语操作”思想即为此目的服务。

到目前为止，自然逻辑学家们都局限于分析非对话情境。他们倾向于集中探讨说者在独白中建构论证型式化的方式，将情境方面纳入他们的分析之中，而不考虑详细对话中的情形。在西迪（Sitri，2003）后期的研究中有一个例外，他提出运用分析工具从语言学上去把握格赖兹的话语实体在面对面论证性讨论中的建构过程。另一个例外是坎波斯（Campos，2010）的观点，他将自然逻辑应用于超媒体和多媒体系统中的交际互动。在加拿大的蒙特利尔大学，坎波斯与格拉波维奇（Cristina Grabovschi）共同致力于在交际研究语境中发展自然逻辑。在意大利的贝尔加莫和加蒂科（Emilio Gattico）也致力于自然逻辑的进一步发展，特别是致力于建立起它与遗传心理学的关系（Gattico，2009）。

9.3　迪克罗与安孔布尔语义进路

20 世纪 70 年代早期，迪克罗和安孔布尔即已致力于发展一种论证话语的语言学进路。[①] 他们的立场之特点在于，将“论证性”视为所有语言使用的普遍特征，而在其他多数进路中，论证性被视为一种具体话语形式或模式的显著特征。[②]迪克罗和安孔布尔理论的一个更为显著的特点在

① 迪克罗曾是国家科学研究中心教授和研究员。他目前是巴黎社会科学高等研究院教授。安孔布尔是巴黎国家科学研究中心研究主任。

② 在迈耶看来，与其说迪克罗和安孔布尔仅为了表明语言是用于论证或使人信服的，不如说他们是为了说明在不用语词详述结论条件下，自然语言如何标示、暗示、指示、促成或预设结论（Meyer，1986b，p. 95）。

于，它是纯描述性的。他们的目的是，从论证角度去考虑语句的意义。他们对于意义的“论证性”考虑是与意义指称和真值条件理论相反的。[①] 迪克罗和安孔布尔进路在法语世界产生了相当大的影响[②]。在最近短短20年，它已在某种程度上比其他论证理论更为知名。[③]

正如迪克罗和安孔布尔已指出，某些语词和表达式能够为那些由它们所组成的语句提供一种取向，这种取向在本质上是论证性的。[④] 这种取向预先决定了这些语句服务于具体结论类型，而非其他类型。[⑤] 尽管如此，由迪克罗和安孔布尔（Ducrot & Anscombre，1983，p. 63）引入的“理想后续”概念说明，在他们看来，特殊结论类型取向并不完全决定哪些结论最终在论证中获得辩护。语言为某些交谈方式开启了可能，而进行交谈的人们决定他们将如何利用这些选项。因此，除了语言学的要素之外，迪克罗（Ducrot，1980）也在他的理论展望中区分了修辞学要素，但只是轻描淡写地带过。[⑥]

9.3.1 彻底论证主义

迪克罗在《论证梯度》（Ducrot，1980）、《言与说》（Ducrot，1984）及其与迪克罗和安孔布尔合著的《语言中的论证》（Ducrot & Anscombre，1983）中，提纲挈领地叙述了迪克罗和安孔布尔的进路。迪克罗和安孔布尔将他们的进路称为“彻底论证主义”，因为在他们看来，每种语言运

---

① 伊腾（Iten，2000）对迪克罗和安孔布尔的语义学论证进路做了详细的描述和批判。

② 他们的著作在西班牙、葡萄牙和一些拉丁美洲国家也很受青睐（参见第12.13节和第12.14节）。扎卡尔（Žagar，1995，1996）是一个积极倡导者。

③ 参见伦德奎斯特（Lundquist，1987）、诺尔克（Nølke，1992）、范爱默伦与荷罗顿道斯特（van Eemeren & Grootendorst，1994）、维贝斯特（Verbiest，1994）、汉克曼斯（Snoeck Henkemans，1995a，b）、扎卡尔（Žagar，1995）和阿塔扬（Atayan，2006）的论著。

④ 巴萨洛（Bassano，1991）以及巴萨洛和查博德（Bassano & Champaud，1987a，b，c）在经验层面上探究了作为联结词（“但”、“与”等）和算子（“几乎”、“一点”等）的语词与表达式在诠释过程中的角色。

⑤ 格赖兹（Grize，1996，pp. 23 – 24）将他自己的进路与迪克罗和安孔布尔进路做对比，他指出，即便论证话语利用由语言机制所预先决定的取向，这也不意味着，在所有情形下语言提供了那些利用它的社会心理表达。

⑥ 迪克罗（Ducrot，2004，pp. 17 – 19）进一步区分了语言论证和修辞论证，前者是他所感兴趣的论证类型，后者指那种旨在使某人相信某事的言辞活动。

用形式都有一个论证性面向。他们已分阶段发展出了有关语言之论证功能的彻底立场。起初，他们仅关注对于自然话语中论证关系之语言学指示词的描述。①

在他们早期的著作中迪克罗和安孔布尔考察了诸如“所以”、“即使”、“因此”和“由于”等言辞联结词。随后，他们将其分析扩展至囊括诸如“但是”、“和”等其他类型的联结词。在传统上，这些小品词被分析为事态之间的引介关系，然而，在迪克罗和安孔布尔看来，它们与那些被普遍承认的论证关系指示词有一种类似的论证价值。

迪克罗和安孔布尔认为，所有那些通常含蓄地引导听者或读者至某一结论的言辞都是论证性的。从这一观点出发，他们认为，论证运用不局限于一种特殊类型的智识活动。相反，他们将其视为语言运用的一种恒常特征。诸如“和”与“但是”等联结词的恰当情形是，它们被用于所有类型话语中，而非只局限于论证性语境中。尽管如此，这些联结词的运用在论证上仍然受到特定方式的限制。例如，联结词“和”不能被用来联结两个有着不一致取向的前提。在通常情境下，像例（3）这样的言辞听起来显得怪异，而用“但是”却恰到好处：

（3）去看那部电影。导演得很糟糕，并且演得很好。

安孔布尔和迪克罗进路的进一步发展在于，他们将分析扩展至其他词项，如“几乎没有”、“一点”、“差不多”、“仅仅”和“几乎不”等算子。他们的基本理念是，通过这些算子的运用，论证价值融入了语句的语义结构中。这些算子为语句提供一种关于某种结论类型的取向，这样的结论无法仅仅从相关语句的信息内容推演出来。

这一要点可由例（4）、例（5）、例（6）说明：

（4）（a）有二十个人出席。

（b）因此，那个聚会是成功的。

① 在《论证性与信息性》（Anscombre & Ducrot，1989）这篇文章中，迪克罗和安孔布尔叙述了他们的研究工作的演进。

(b’) 因此，那个聚会是失败的。

(5) (a) 差不多有二十个人出席。

(b) 因此，那个聚会是成功的。

(6) (a) 仅仅有二十个人出席。

(b) 因此，那个聚会是成功的。

在例 (4) 中，没有采用论证算子。“有二十个人出席” (4a) 这个陈述既可被用于论证聚会的成功 (4b)，亦可被用于论证聚会的失败 (4b’)。这取决于语境以及判定成功聚会的标准，即有 20 个人出席是否能被视为该聚会成功或失败的论证。而一旦引入论证算子，这种情形就会发生变化。在例 (5) 中，“‘差不多’有二十个人出席 (5a)” 这个陈述可被阐释为对于聚会成功的论证；尽管如此，在例 (6) 中，“‘仅仅’有二十个人出席 (6a)” 这个陈述无法被视为支撑这个正面的结论，除非是那个说者有意说反语，但这样一来，说者所意图的结论就只是上述字面结论的反面。

诸如“差不多”和“仅仅”等算子的出现，会影响到相关言辞的论证取向，但不会影响到不具备此类算子的“中立”言辞。它们的运用把听者或读者引向某种类型的结论。在迪克罗术语中，“仅仅”引向负面，而“差不多”引向正面。这种取向无法单单从这些算子所提供的量化信息中推演出来。

既然“差不多二十”意味着少于 20，而“仅仅二十”意味着 20 或更多，那么，如果单单从量化角度看，“差不多”有二十个人出席，这个论证为该聚会成功的结论所提供的支撑，弱于“仅仅”有二十个人出席这个论证。如果出席聚会的人数是聚会成功的决定因素，那么在支撑结论的论证中使用“仅仅”将引向一个比使用“差不多”更强的论证，因为“仅仅”比“差不多”更能将听者和读者引导至所需的质与量。然而，事实上，这些算子只起到了相反的效果。显然地，由这些算子所提供的量化信息，并不决定它们在论证上使用的方式。有某种额外的含义附加于这些算子上，超越了那些算子在量化意义上单纯的信息含义。一种正面取向似乎与“差不多”的使用联系在一起，而“仅仅”则与一种负面取向相联系。这种取向即迪克罗和安孔布尔所谓“论证性的”。

在他们理论发展的下一个阶段，安孔布尔和迪克罗采取了更彻底的立场。他们不再认为上述算子将论证价值引入那些纯信息性或中立性的语句中。在他们看来，无须算子，论证性已然内在于语句中了。[①]

在语句层面上，诸如“是贵的”在“这个餐馆是贵的”，或者“工作”在“约翰比彼得工作得更多”，这些语言谓语总是提供了一种论证取向。这些谓语与某些论证规则集关联着，类似于亚里士多德的论题。

在安孔布尔和迪克罗看来，将一个物件描述成“贵的”而不是“便宜的”，却不是仅仅提供关于它的价格信息，这牵涉到对于适用论题的选择，这些论题关乎贵与便宜的相对价（Anscombre & Ducrot，1989，p. 80）。例如，称某物是贵的，可能会引发这样的论题：“东西越便宜，买越划算”，或者它的反面，“东西越贵，买它就越不划算”。一个论题总是衍涵着两种非数字等级维度之间的相似之处。

在具体言辞社群中，论题授权推出某些结论。因此，在适用论题“餐馆越贵，越不值得推荐去”和“餐馆越便宜的，越值得推荐去”的语境中，称一个餐馆越贵，相当于提出了一个支持不去那个餐馆的论证，而称它是便宜的，则可被视为一个支持相反结论的论证。

由某些论题授权推出的那些结论可以保持秘而不宣。如果结论在话语中已被言明，则它依赖于那些被引发的论题，不论包含该结论的具体话语序列是否会被恰当地组织起来。在通常情况下，下述陈述序列听起来显得奇怪：

（7）这个餐馆贵：你应当去那儿。

尽管如此，在一个适用诸如“越贵的餐馆，食物的质量越好”或者“越贵的餐馆，给人的印象越好”等论题的语境里，这个序列可能是组织恰当的。例如，后一论题适用于这样的语境：营造一个良好印象很重要，并且收讯者应当会对于所推荐的“餐馆贵”这个事实印象深刻。正如我们已提到过的，在彻底论证主义阶段，论证性不被视为是单单由论证算

① 维尔哈根（Verhagen，2007）对迪克罗和安孔布尔理论做了认知语言学阐释。他认为，对于人类接纳他人观点的认知能力，语法建构的意义往往比对于描述世界有更大关联。

子引入的。在安孔布尔和迪克罗看来，论题内在于谓语的意义中，并且通过论题，论证价值如其“原初”所是的那样子已然深入语句中了。尽管如此，论证算子依然有其地位，不过是一种更加受限的地位，用于具体说明论题会以何种方式获得适用。

首先，论证算子能够提供关于将被引出的“直接”论题或者“相反”论题的信息，前一种论题可被图式化为“越多 x，则越多 y”，而后一种论题可被图式化为“越少 x，则越少 y”。这种机制可借助于语句（8a）和（8b）获得说明：

（8a）彼得做了些工作。

（8b）彼得几乎没做工作。

当我们阐释语句（8a）和（8b）时，我们先得确定应当选用哪种论题。与谓语“做工作”使用相关联的论题集，包含了诸如“一个人工作得越多，则他应获得更多的褒奖”以及“一个人工作得越多，则他会更累”等论题。假设第一个论题“一个人工作得越多，则他应获得更多的褒奖”获得了适用，则随之需要确定应当选用直接论题或是相反论题。这就是论证算子发挥作用的地方。在（8a）中，“一些”指引我们选用直接论题：彼得做了些工作可被视为支持他应获得褒奖这个结论的一个论证。在（8b）中，“几乎没有”指向相反的论题：彼得几乎没做工作可被视为不褒奖他的一个理由。[①]

其次，论证算子能够提供关于言辞之“论证强度”的信息。在（8a）中，“一些”将彼得的工作定位于工作程度或等级的基层。从（8a）中推出的结论将不得不与一种相应等量齐观的低姿态相关联。在通常情况下，从（8a）会推出如“我们须给予他一些东西”这样的结论，而非“他应获得大奖励”。如果说者提供了一些额外的论证，诸如“天气酷热难耐”或者“他最近才动了一个大手术”，则前述情况会发生变化。通过这些额外的论证，说者加强了言辞的论证强度，因而授权一种“更强的”结论。

① 关于例子（8a）和（8b）之间差异的一个更为详细的分析，参见安孔布尔和迪克罗（Anscombre & Ducrot，1989，pp. 90 – 91）。

9.3.2　论证话语中的复调风格

对于安孔布尔和迪克罗关于不同语句联结词类型的分析而言，关键概念是“复调风格”或“多声性”。[①] 根据复调理论，任意话语片段，即便它只包含一个语句，都会或隐或现地含有一个对话。在语句言辞中，不止一种立场可被同时表达，并且没有单独说者能够同时对所有表达观点负责，因为这些观点有时是矛盾的。

这一点可借助于一个否定句得到例示：

(9) 这面墙不是白色的。

在安孔布尔和迪克罗看来，这个语句衍涵着一个带有一种寂静的“声音”的对话，这种“声音”坚称或者至少相信（10）：

(10) 这面墙是白色的。

通过将（9）分析为结构性地包含两个不相容观点，这第二种“声音”被揭示出来：

(a) 这面墙是白色的。
(b) 观点（a）是错的。

为了支持这种关于包含了辩论性否定的语句分析，迪克罗提到这样的事实：否定性陈述可由表达式“相反”推出，如在“他不好，相反，他是令人厌恶的”（Ducrot，1984，pp. 216－217）。表达式“相反”必须涉及肯定陈述“他是好的”，而不是否定陈述“他不好”。因此，肯定的观点“他是好的”及其反驳观点都必须出现在否定句中。

为了考察在同一言辞当中不同声音之言说的可能性，安孔布尔和迪

① 安孔布尔和迪克罗的复调风格这个概念源自巴赫金，是巴赫金把这个概念引入文艺理论的。巴赫金（Bakhtin，1984，Chap. 8）对复调理论做出过详细的解释。

克罗做出了三方面的区分：第一，存在一个“说者”或“写者”，即言辞的实际产生者，也就是正行使发声或写作的物理人；第二，存在一个“话语源出者”，即对于在某部分言辞中所说到的语词负责的那个源出者，通常由人称代词“我”或一种类似语言标记在言辞中指代；[①] 第三，存在一个“告知人”，即一个描述话语源出者所提及之观点或态度的人物，而话语源出者不必为这些观点或态度负责。[②]

通过告知人，说者或写者能够引出对于话语源出者所说内容的某种看法，不管这个话语源出者是其他某人还是当下的说者或写者。所引出之看法并非直接出自话语源出者，因为它源自一个独立人，即告知人。在迪克罗看来，说者或写者、话语源出者以及告知人之间的区别类似于文艺理论中一部小说的作者、叙事者以及这类人，他的看法或视角决定着所叙事件的表述方式（Ducrot，1984，pp. 206－208）。

安孔布尔和迪克罗对于联结词“但是”的分析提供了一个很好的例子，即关于他们在其语言学描述中使用“复调风格”这个概念的方式。在这些描述中，他们将“复调风格”这个概念与“论题”这个概念融合在一起。

在命题逻辑中，“但是”与“和”的意义完全一样。当然，逻辑学家们承认，“但是”的一个额外的特征在于，它预示着它所联结的两个命题之间有一种对比或反对的关系，但这一发现对于语句的真值条件毫无影响。从一种纯逻辑观点看，语句“P，但是Q”的意义通过（11）中的等价式而获得彻底的分析：

> （11）语句“P，但是Q”为真，当且仅当“P”为真且“Q”为真。

---

① “说者”与“话语源出者”之间的区别可借助一个例子来说明。玛丽说：“彼得说我不知道做什么。”在这个例子中，玛丽是说者，话语源出者由“我”指代，而彼得是不同的人。

② “告知人”这个角色亦可借助一个例子来说明。假设某个说者正在叙述其他某人在机场焦急地等待女友的到达：“先是一个戴黑帽的男子走出来，然后是一群少年，紧接着是两个相当胖的女士，然后，琼终于出现了。”在这个例子中，语词“终于”不能被视为出自不相干的正在报告的话语源出者，但它们体现了告知人的视角，这个告知人表达了那个等待的人在最终见到了女友时的释然。

在迪克罗和安孔布尔关于“但是”的非真值函项分析中，他们试图比逻辑分析更精确地去捕捉“但是”所蕴含的反对关系之本质。在如（12）这样的语句中，很明显（P）和（Q）之间不可能是简单的反对关系：

（12）这家餐馆贵（P），但好（Q）。

当适用于一家餐馆时，这种反对关系就不可能只是：“是贵的”和“是好的”这两种属性之间存在矛盾，因为并不存在什么矛盾。在安孔布尔和迪克罗看来，在（12）中，“但是”蕴含了由下述两种论题授权的两个相反结论之间的反对关系：“越贵的餐馆，越不值得推荐去”以及“越好的餐馆，越值得推荐去”。[①] 在（12）中，“但是”指示着两个结论之间的反对关系：

C1 不值得推荐去那儿［从（P）推出的结论］。
C2 值得推荐去那儿［从（Q）推出的结论］。

根据这样的分析，P 和 Q 是分别支持两种相反结论的论证。尽管如此，“但是”不仅蕴含着对比，因此，分析还不完整。“P，但是 Q”这种建构的一个更为重要的特征在于，能够从 Q 推出的结论正是论证者所要支持的结论。因此，语词“但是”的在场确保了基于语句第一部分之结论是基于语句第二部分之结论的对立面，同时也确保了后者被视为更强的结论。论证 Q 比论证 P 具有更强的论证强度。在例（12）中，论证者可能会被视为在维护由 Q 所支持的结论“值得推荐去那儿”。

在复调用语中，对于如（12）语句的分析进展如下文所述。一个说出“P，但是 Q”的说者扮演着四个告知人（Ducrot，1990，pp. 68－69）：

①告知人 E1。采取 P 中所表达的观点（“这家餐馆贵”）。
②告知人 E2。采取 Q 中所表达的观点（“这家餐馆好”）。

① 在通常无标记的语境中，这两种论题看起来最适合。当然，在某些其他语境中，其他的论题可能是相关的。

③告知人 E3。论证从 P 到结论 C（“不值得推荐去那儿”）。

④告知人 E4。论证从 Q 到结论非 C（“值得推荐去那儿”）。

话语源出者同意 E1 和 E2，将他自身从 E3 分离开来，并将他自身与 E4 相联结。

这种分析亦使我们得以解释语句（13）和（14）之间在意义上的差别：

（13）这家餐馆贵，但好。

（14）这家餐馆好，但贵。

在（13）的情形中，语句能推出“你应当去那儿”。在（14）的情形中，通常情况下，这种添加不会导致一种界说清楚的话语序列，其理由在于（14）通常会被视为支撑着相反的结论“你不应当去那儿”。

9.3.3 语义模块理论

在最近 15 年里，语言中的论证理论出现了一种新的发展。与迪克罗一道，卡雷尔发展出了一种安孔布尔和迪克罗论证理论的更彻底版本（Carel，1995，2001，2011；Carel & Ducrot，1999；Ducrot，2001）。[①] 根据这一理论，语言实体的意义取决于与该实体有语言联系的话语集体。从这个角度看，“论证”这个术语并不关涉推理、尝试说服等认知或心理活动，而是关乎借由联结词关联的两个命题之间的语法联系。“语义模块”这个概念取代了“论题”这个原初概念。在语义模块理论中，论证被视为由一个联结词关联着的话语片段序列：A，因此，C，或 A，然而，C。“因此”和“然而”会被视为可具有多种具体实例化的抽象或原型联结词。这两个抽象联结词代表了一个论证序列中两个片段之间所具有的联系形式当中的两种。“因此”的价值被称为规范性的，“然而”的价值被称为逾越性的。同一论证序列的规范性和逾越性形式被视为属于相同

① 卡雷尔和迪克罗（Carel & Ducrot，2009）对早先由迪克罗在《言与说》（Ducrot，1984）中所表述的原初复调理论做了修订。

语义模块：两者都给出了关于该序列的具体语义观点（Carel，1995，p. 11）。

话语的论证序列被称为“语义模块”，因为所牵涉到的要素是不可分的，结论仅仅是对前件所含意义的改述。该论证仅当通过它所推出的结论才有意义，正如结论的意义依赖于在先的论证（Ducrot，2001，p. 22n1）。这意味着话语片段的意义除非参考序列结构，否则无法得到描述，其中话语片段是序列结构的一部分（Carel，1995，p. 168）。如关于语词“审慎的”意义描述，即该词进入语义模块的整个集合，应当包括（15）与（16）中的序列：

（15）彼得很审慎，因此他没遭遇过事故。

（16）彼得很审慎，因此玛丽对他感到厌倦。

卡雷尔（Carel，1995，p. 187）和迪克罗（Ducrot，2004，p. 24）没有将如（15）这样的话语序列分析为，一种推理形式，或者一种由一个事实对于另一个事实的证成。他们将所关联的命题视为，关于一个单独境况的描述、关于彼得的描述，并且这种描述在于适用这个规则：审慎让人不会发生事故。在卡雷尔（Carel，1995，p. 187）看来，这些描述是一个单独想法或观点的表露，构成了语词“审慎的”和“不会发生事故”的基础，并且通过将这些语词融合在一个单独序列中，所表露的想法或观点被挑拣了出来。

在普伊赫（Puig，2012，p. 129）看来，在迪克罗和卡雷尔进路中，描述一个语词、短语或言辞的意义相当于，在确定由这些实体所允许的论证链接。在她看来，语义模块理论所恪守的言辞意义概念具有如下所述的重要理论含义：

在话语中，所陈述的论证并不能实现证成相应结论的功能，而推理则能做到。论证联系构成语义模块…… 其功能在于表达情境、建构图式化、提出某种关于事物的想象。（Puig，2012，p. 129）

从文献中可清楚地看出，借助于“语言中论证理论”的理论工具，关于联结词和其他表达式的分析，已成为论证领域中诸研究人员的一个启发来源。迪克罗和安孔布尔以及后来的卡雷尔，可能主要对于运用论证概念去解释语词和语句意义感兴趣，[①] 然而，他们的语言学进路为论证理论家们提供了很有价值的洞见，特别是在关于各种算子和联结词的论证功能方面。从这些洞见出发，我们能够对那些用于识别立场和论证、用于分析复杂论证之结构方面的言辞线索进行方法论探索。例如，汉克曼斯（Snoeck Henkemans，1995a）考察了这种方式：诸如“即便”和“总是”等联结词可用作“并列”和“多重”论证结构的指示词，而这些论证结构是基于安孔布尔和迪克罗的分析。

迪克罗和安孔布尔关于诸如“但是”等联结词及诸如“虽然”等让步词的复调和主题式分析，已为更详细地分析反论证、驳斥和让步建立了基础。肇始于从迪克罗和安孔布尔的论著中获得的洞见，莫希勒和斯宾格勒（Moeschler & de Spengler，1982）、阿波特洛兹等人（Apothéloz *et al.*，1991）和基罗斯等人（Quiroz *et al.*，1992）已进行了这些分析。近年来，罗希（Rocci，2009）已将“复调风格”这个概念运用于分析广告策略操控。

9.4 法语区话语分析进路

在话语分析的描述性研究传统中，最负盛名的三位法语区论证学者莫过于法国的普兰丁和杜里以及以色列的阿摩西。除了受到会话分析和话语分析的强烈影响之外，他们的研究工作也受益于迪克罗和安孔布尔的语言内论证理论以及佩雷尔曼的新修辞学。在这一节中，我们讨论这三位作者对于论证理论的主要贡献。

9.4.1 普兰丁

普兰丁（Christian Plantin）是一位法国语言学家和论证学者，是迪克

① 参见迪克罗（Ducrot，1980）以及安孔布尔和迪克罗（Anscombre & Ducrot，1983）关于“即便”、“总是”、“至少”、“但是”等表达式的详细分析。

罗的学生。[①] 他的论证进路最初受到迪克罗关于语言中论证的观点启发，而在 20 世纪 80 年代逐渐转向话语中的论证研究。此外，佩雷尔曼和汉布林的著作也对普兰丁进路有主要的影响。普兰丁在 1990 年出版了一本关于论证的文集，在该书中，他从修辞学和语言学视角讨论了当今各种论证进路以及它们的历史背景。在他担任里昂第二大学研究员以及 ICAR 实验室（即互动、语料库、学习、表达实验室）主任期间，他促成了一个“互动口语语料库”的诞生。[②] 此后，他对于论证研究的兴趣开始转向对话与互动。这一转变的最终成果是一种论证对话模型（Plantin，2005，Chap. 4）。

在普兰丁论证对话模型中，把赫尔马格拉斯《修辞术》中的古典修辞学要素与源自互动研究的经验洞见结合在一起。该模型可被刻画为一种问答模型，因为该模型的一个中心概念就是论证性问题，即一种允许差异和不相容答案的问题。根据对话模型，典型的论证情境特点在于，两种或两种以上不相容观点之间的对抗，这些不相容观点被用于回应相同的论证性问题。论证活动肇始于一个说者质疑对话者的观点。这种情境不仅迫使对话者去维护他们的观点，也迫使反方去证成他们的质疑。后者可通过这样的方式去证成他们的质疑：为有差异的观点提供论证，或者反驳对方用于支撑原初观点的理由。正是通过话语和相反话语之间的这种对抗，论证性问题才得以形成（Plantin，2005，Chap. 4，2010）。

对话模型不仅适用于对话中的论证，也适用于仅有一个说者或写者情境中的论证。通过采用迪克罗的“复调风格”概念和“互文性”概念。在复调风格中，命题属于一种“声音”，论证者根据这种“声音”采取立场；在互文性中，每个论证不可避免地会涉及收集论题，这些论题包括论证与相反论证的论题，与论证性问题相辅相成。这使得从对话式论证概念推广到独白话语成其可能。作为这些理论起点的一个理论结果，每一论证性言辞都必须被分析为包含着两种相互对抗的话语，这两种话语

---

① 普兰丁是法国里昂第二大学国家科研中心的研究主任。他的研究是在 ICAR 混合研究实验室开展的。

② 该口语语料库的名称是“互动口语语料库”（CLAPI：Corpus de langue parlée en interaction）。

要么直接与彼此对抗，要么与彼此保持距离。独白被视为一种特例，其中反论证被内化了。

普兰丁将其关于论证的对话进路与迪克罗关于诸如“但是”等联结词的复调分析（Plantin，2010）结合了起来。在对话论证框架内，论证性问题构成了这样的语境：“但是”必须被解释，并因而决定了对那些能够从例（17）推导出的结论解释：

（17）这家餐馆好，但贵。

例如，该言辞可能是对例（18）这个问题的一个回答：

（18）我们试一下这家餐馆怎样?

或者是对于不同问题的回答，例（19）：

（19）哪家餐馆对我们而言会是最佳投资?

解释会有所不同，这取决于所选择的论证性问题。作为对例（18）问题的一个回答，言辞（17）可能是在为诸如“我们不要去那儿用餐”这样的结论提供支撑。如果（17）是说出来回应问题（19）的，则借由（17）所传递的结论可能是“我们不要购买它”。因此，正是论证性问题决定了可从由“但是”关联着的言辞中推出的结论之内容。

不同于安孔布尔和迪克罗的彻底论证主义，普兰丁（Plantin，2010）将联结词和其他类型指示词的论证功能视为处在语言使用层面上，并因而将之视作语境性的。如果语境是论证性的，则潜在的论证标记能够成为论证功能的标志，然而，即便如此，它们依然可能标记其他功能。因此，不同于迪克罗，普兰丁认为“但是”并不必然具备论证功能。“但是”作为一种相反取向的标记，但这些取向在本质上可能是叙事性的、论证性的或者描述性的（Plantin，2010）。

关于论证评估的方面，普兰丁已在一些论著中概述了古典和现代谬误研究进路（Plantin，1995，2009a），并解释了论证性语言使用批评在其论证对话模型中扮演的角色。在普兰丁（Plantin，1995，pp. 255 – 257）看来，在对话语境中，谬误批评应当被视为辩论本身当中的一个话步。因此，这类评估可被视作一种论证，这种论证与其他论证一样秉持相同的原则运作。因此，普兰丁认为我们可将一个谬误论断称为“诉诸谬误论证”。

普兰丁研究成果的重要部分在于，他专门讨论了论证话语中情感的角色。在普兰丁（Plantin，1997，2004a，2011）看来，情感在论证中自有其地位。例如，可能会有关于某种情感是否合法的争论（Plantin，2011，p. 188），如由对话（20）中 B 的反应所表明：

（20）A：我不怕。

B：你应该会怕。

有可能通过指明一种事态，如“这个新市政厅是该地区最漂亮的一个；我为它感到十分自豪!”，从而证成一种情感；或者通过将一种情感用作一个论证，如“我很愤怒；因此我要去示威!”（Plantin，1997，p. 82），从而证成一种行动。

另一类言辞是那些本身不包含任何情感词项或表达式，但可被用于诉诸怜悯的言辞。普兰丁讨论了这样一个例子：“沙漠中的儿童们因饥渴而奄奄一息。”（Plantin，1997，pp. 86 – 87）在普兰丁看来，该言辞在语言层面上和社会层面上关联着一个证成怜悯情感的论题集：（1）涉及何人？该言辞的所指是儿童们。那是一类能在其自身中引起情感取向的范畴。（2）正发生何事？儿童们正奄奄一息。无辜者之死是一个能唤起不公和怜悯情绪的古老主题。（3）事件正在何处发生？儿童们在沙漠中正奄奄一息。沙漠关联着死亡，因而恐惧的情绪蔓延开来。（4）为何儿童们正奄奄一息？饥渴是能够获得救济的起因，因此，该言辞诉诸慈善和帮助患难者的义务（Plantin，1997，p. 87）。通过适用这一论题系统，使更确切地分析情感的建构得以可能。[1]

① 普兰丁的情感主题系统取法自认知心理学（Scherer，1984）、话语分析（Ungerer，1997）、语用学（Caffi & Janney，1994）和古典修辞学（Lausberg，1960）。

普兰丁进路的特点在于，情感并非被视作某些起因的效应，而是被视作由语言使用者，为了与其他语言使用者一道达成某些目的，而有意制作的有意义的记号（Plantin，2011，p. 186）。[①] 动之以情或试图以此进路去打动他人，可被视为相当于一种架构形式的互动策略（Plantin，2011，p. 189）。

9.4.2 杜里

杜里（Marianne Doury）是巴黎国家科研中心交际与政策实验室研究员。她的论证研究特色是一种深受普兰丁论证观点影响的描述性进路（Doury，2006）。杜里的描述性进路目的在于，“考量论证过程可被识别出来的任何话语，不论它是独白的还是交互的”（Doury，2009，p. 143）。在她看来，分析论证话语的目的应当是，“凸显说者所运用的话语技巧和互动手法，这些说者面对着冲突立场并且需要表态以抵制争议”（Doury，2009，p. 143）。杜里融合了源自论证理论的洞见和源自会话分析的洞见，用以对交互语境中的论证做出适当的分析。

杜里的研究聚焦于争论性语境中的论证交换，旨在描述由此种交换之观测结果所揭示的自发性论证规范，从而形成一种论证“民族志”（Doury，2004b）。为此，杜里研究了在诸如日常会话、电视脱口秀、互联网新闻组、致编辑的信以及公共辩论等各式交际背景中论证的发生机制（Doury，1997，2004a，2005）。

杜里研究实际论证实践，“用以评估这种学术性的细分类在何种程度上对应于论证的通俗前理论化……正如话语线索所揭示那样”（Doury，2009，p. 141）。关于她的描述性进路，有一个很好的例子，即她在基于对比关系的学术性论证概念和日常论证者关于这些论证类型的概念之间找出的相似点（Doury，2009）。为了辨识那些日常论证者所承认的类别，杜里探讨了用于论证性文本和辩论中的“明确指定”（如“让我们举个例子”）、“指示词”（如“这好比说”）以及对比论证的“反驳”（如“这没

---

① 普兰丁在讨论佩雷尔曼和奥尔布赖切斯—泰提卡在《新修辞学》中关于修辞格的论述时，他（Plantin，2009b，p. 335）强调了修辞格与情感之间的联动。在他看来，辞格将被分析为话语策略。诸如感叹和厌恶等“有感染力的”修辞格能够在情感的话语建构中扮演关键角色。

有可比性”）（Doury，2009，p. 143）。

为了辨识日常论证者在评价论证时所使用的标准，杜里考察了两类话语线索：反驳话步和元论证评议（Doury，2005，p. 146）。关于前者，一个例子是，论证者通过质疑权威者的地位，从而批判其对手的诉诸权威论证，由此表明，如果在对手之间不存在关于所涉权威是否可以充当所讨论事项之权威的共识，则对于该论证者而言，这种诉诸权威应当被视为谬误。关于后者，一个例子是法语单词“*amalgam*”，该词被用来指责他人犯了各式谬误，诸如轻率概括、不当对比和错误的因果关系（Doury，2005，p. 160）。

在杜里看来，辨识论证者用于刻画他们自身论证手法的标签以及他们对手的标签，是一种探究日常论证之规范性维度的适切方法，因为这样的标签通常在本质上就是评价性的（Doury，2009，p. 37）。

与普兰丁和特拉韦尔索（Veronique Traverso）一道，杜里编辑了一本有关互动中情感角色的书（Plantin *et al.*，2000）。在她自己对于这项研究的贡献中，她探究了在科学主题讨论中，指责另一方的情绪化反应如何可被视为一种评价他人立场之非科学性的方式，并因此作为一种指责情绪化的辩驳手段。

9.4.3 阿摩西

阿摩西（Ruth Amossy）是特拉维夫大学法语系荣誉教授和法国文化格拉斯伯格讲席教授。① 在论证、修辞和话语分析的领域，她主要研究论证互动中的陈规和公众观点的功能（Amossy，1991，2002；Amossy & Pierrot，2011），她还关注道德概念（Amossy，1999，2001，2010），以及发展一种社会话语的论证进路，即所谓的“话语中的论证”（Amossy，2005，2006，2009a；Koren & Amossy，2002）。

“话语中的论证”作为一种分析框架，包含了源自语用学、话语分析

① 阿摩西与科伦（Rosalyn Koren）一道主持ADARR（话语分析、论证、修辞）研究小组，该小组关注话语分析、论证和修辞。ADARR研究小组每两年出版一期网络在线期刊《论证与话语分析》（Argumentation et Analyse du Discours）。阿摩西的专业兴趣包括19世纪和20世纪法国文学、文艺理论、论证理论、修辞学和话语分析。

和佩雷尔曼之新修辞学等洞见的组合，可被适用于文学话语和非文学话语（Amossy，2002，p. 466）。这一进路采取介乎迪克罗和安孔布尔的论证观与佩雷尔曼的修辞论证观之间的中间立场，前者视论证为一种语言现象，关乎语言但不关乎话语，而后者视论证为一种“基于话语功效的综合说服艺术，并且包含了意在使听众认同一个给定论点的言辞策略”（Amossy，2005，p. 87）。根据这种“话语中的论证”进路，在论证中，“言辞手段不单被用于使收讯者认同一个具体的论点，亦被用于修正或强化他的表达和信念，或仅仅只是被用于引导他对给定问题的看法”（Amossy，2005，p. 90）。正如普兰丁进路一样，“话语中的论证”进路利用复调风格和互文性概念，以解释在无公开对抗的话语中何以亦会牵涉到论证：

> 话语的社会性本质说明了它的内在对话性，这反过来又解释了何以一种并不提出他者论证的言辞仍是以它为依据，并且提供了对于异议或相反意见的回应，这种机制在说者的言辞环境中循环往复。……“话语中的论证”……探究互文性或话语间交互性空间中的任何言说，并在其中获得其对话维度，从而显示为是对于预先存在之言辞的一种回应和一种或多或少直接的答复。（Amossy，2005，p. 89）

在“话语中的论证”框架内，区分了论证目标和论证维度，前者可在某些旨在说服的话语类型中找到，后者则是内在于任何文本的（Amossy，2002，p. 388）。那些并不公开讨论争议性主题的文本，甚至是那些提供事实信息或创造一个虚构世界的文本，仍能被视为说服性的，“只要它们试图导引听众看待和评判世界的方式”（Amossy，2005，p. 90）。在阿摩西看来，文本可以有各种程度的论证性，这取决于话语体裁，在其中或多或少有强烈的说服意图：

> 论证者可特意试图说服有争议事项中的收讯者，如在一场辩论或一篇社论中，有分歧的观点都被摆明出来；但该论证者亦可导引看待事物和解释世界的方式，而无须提出任何论点，如在日常会话或信息

> 类文章中。…… 尽管如此，在所有情况中，即使没有公开的争议，话语都充满着普遍的论证性……它总是回应某个显明的或隐晦的问题，或者至少蕴含了一种看待周遭世界的方式。（Amossy，2009，p. 254）

在“话语中的论证”进路中，“对于文本的分析，要在其所有言辞维度和制度性维度中进行，以看清它是如何着手建构一个观点并将之与听众分享”（Amossy，2005，p. 91）。在这种论证分析之类型中，公众观点并不“被谴责为陈词滥调的表现或意识形态的面具”，而是被视为“主体间性的条件，并因而是话语功效的来源”（Amossy，2002，p. 469）。[①] 写者和说者不得不利用公认观点，“以使得交流富有成效，并且能够令人信服地表述他们的情况”（Amossy，2002，p. 469）。阿摩西区分了属于公众观点的两大类论题：

> 一类依赖于被认为具有普遍性的逻辑话语模式，另一类建基于关涉一种给定意识形态的社会文化信念。前者对应于亚里士多德的一般论题；后者根植于亚里士多德的具体论题，即后来所谓的“常事”，包括各类陈规现象，由时下诸如“常事”、“惯常看法”、“陈规”、“陈词滥调”等术语指称。（Amossy，2002，p. 476）

在阿摩西看来，文本分析的目标在于辨识这两类论题，从而点明作为话语基础的双重信念层（Amossy，2002，p. 478）。

就他们的进路都旨在刻画多种多样的论证实践和话语模式而言，阿摩西的工作与普兰丁和杜里的工作可被视为相通的。在这个努力过程中，他们每个人都利用了来自古典修辞学、新修辞学以及现代论证理论中的论证型式与谬误相结合的洞见。尽管他们的论证研究聚焦于话语层面，而不是仅仅在语言层面，这三位作者对于日常论证者在论证性文本和讨论中所使用的言辞手段均具有浓厚的兴趣。在他们对于日常论证话语的分析中，他们三人均利用了话语分析工具。

---

① 这一进路对于公众观点的解释与罗兰·巴特（Roland Barthes）的公认意见（*endoxa*）概念完全相反，在巴特那里，公众观点被视为妨害真正的交际以及阻碍个体的思考。

9.5 卢加诺地区的语义语用进路

卢加诺大学论证研究进路的特色在于，在论证分析中运用了一种所谓的“论题论证模型”。我们在这一节中将从讨论这一模型开始。接着，我们将说明由卢加诺论证小组主持的两项重要研究项目之特征。

9.5.1 论题论证模型

在21世纪的头十年中，瑞高蒂在论证领域里的研究有相当大一部分是与马拉索（Sara Greco Morasso）共同进行的，他们聚焦于构建一种模型（论证或 *Argumentum*），这种模型支持在诸如金融、公共机构和媒体等具体领域中的论证话语的设计和制作（Rigotti & Morasso，2006，2009，2010）。在这个模型中，由于论题是关键要素，因此通常使用“论题论证模型”（AMT 模型）指称之。在其专著《纠纷调解中的论证：一种处理冲突的理性方式》（Morasso，2011）中，马拉索将“论题论证模型”与语用论辩洞见结合起来，应用于调解案例语料库中。她的论证分析显示了调解人的行动如何实际协助到冲突各方理性地进行讨论。另一个将论证模型框架与语用论辩洞见结合起来运用的卢加诺研究员是帕尔米耶里，他专攻金融语境中的论证研究（Palmieri，2009）。

瑞高蒂和马拉索采用了下列论题定义：

> 论题是论证理论的构成要素，通过具体说明它们在一个论题系统中的推论结构，所有理论上可能的相关支持或反对某立场的论证都是由它们生发出来的。（Rigotti & Morasso，2006）

论证模型旨在表达一致的融贯论证型式，将现代语义学和语用学纳入考量，并提出一种允许将该模型适用于现代社会中之具体论证实践的论题分类学（Rigotti，2009，p. 161）。

利用语用论辩学对于程序性出发点和实质性或实体性出发点的区分（van Eemeren & Grootendorst，2004，p. 60；van Eemeren & Houtlosser，2002，

p. 20)，瑞高蒂和马拉索（Rigotti & Morasso，2010）认为，一个论证型式结合了程序性出发点和实质性出发点。前者是被激活的推论联系或准则，而后者保证准则适用于论证中考量到的实际情境。他们将其提议描述如下：

> 我们建议将实质性出发点和程序性出发点概念应用于辨识论证型式中那些起作用的前提的不同性质。可以这么说，精确地重构这些不同类型的前提并“发现”它们错综复杂的关联，是“论题论证模型”的宗旨之一。（Rigotti & Morasso，2010，p. 493）

为了精确描述程序性出发点，瑞高蒂和马拉索认为，在论题与完整论证型式之间的关系中，应当区分出三个层面：

（1）论题本身层。这个层面关注作为论证推理案例之基础的存在论关系，如类比关系或因果关系。

（2）推论关联层。或每一本体关系所衍生的准则层，如：“若原因出现，则结果亦必发生。”

（3）逻辑形式层。这是由准则激活的，如在准则“适用于属的东西，也适用于种”这种情形里的肯定前件式。

通过辨识“相对于被表述为立场的陈述而言，被表述为论证的陈述之效力来源”（Rigotti & Morasso，2010，p. 500），论证模型使解释论证型式所固有的论证实际发生的实质性出发点成为可能。可借助例子（21）说明这种方式是如何运作的：

> （21）A：我们要乘火车还是乘汽车旅行？
>
> B：还记得除夕时候的交通堵塞吗？而今天是我们的国定假日啊！

利用范爱默伦和荷罗顿道斯特（van Eemeren & Grootendorst，1992a）关于类比论证型式的分析，瑞高蒂和马拉索将B的论证重构如下：

> （1）今晚（我们的国定假日）确实会有交通阻塞。
>
> （2）因为除夕时确实有过交通阻塞的事实。
>
> （3）而国定假日与除夕具有可比性。

(Rigotti & Morasso, 2010, pp. 499 – 500)

在瑞高蒂和马拉索看来，这一国定假日与除夕具有可比性需要进一步的支撑。这种支撑可能来自前提“这两次庆典都是‘一种共同功能属’，即‘大庆典’的组成部分，人们在庆典时会休假一天并到某处旅行”（Rigotti & Morasso, 2010, p. 500）。由于构成可比性之支撑的前提是一个假设，而这个假设是基于讨论参与者对于所论及之两种庆典的共同了解，因此，在瑞高蒂和马拉索看来，该前提可被视为实质性出发点的一个典型实例。这些作者所考虑的这类出发点相当于亚里士多德的“公认意见”概念，即被相关群体接纳的意见或者被相关群体之舆论领袖接纳的意见。图 9.2 呈现了除夕与国定假日这个类比论证的“论题论证模型”的图式化表达。

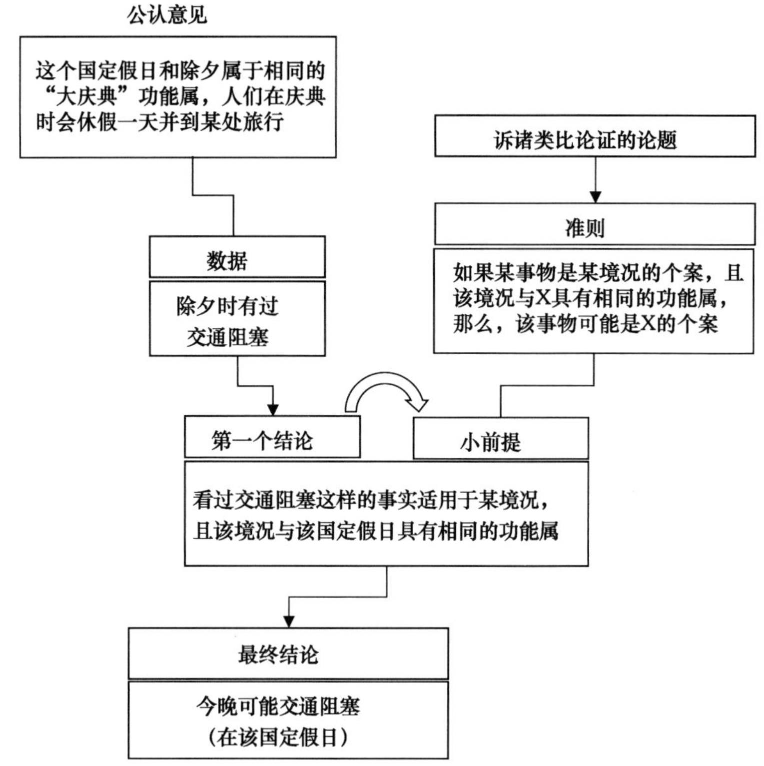

图 9.2　除夕与国定假日这个类比论证的“论题论证模型”的图式化表达

总之，瑞高蒂将论题视为：

> 包含一个或更多准则论证程序的“子生成者”，其中，该准则是以真值条件的形式出现，将立场之真值与适用于立场本体的具体方面并已获公众接受命题的真值关联起来。(Rigotti，2009，p. 163)

立场论题之“钩点”概念在“论题论证模型”中扮演着一个关键角色。[①] 瑞高蒂将“钩点”定义为“某一论题准则所适用的立场之面向”。该面向亦为该论题命名（Rigotti，2009，p. 163）。利用塞米斯丢斯（Themistius 分类，该分类亦为波修斯所采），瑞高蒂和格里科提出了一种论题分类法，如图9.3所示。

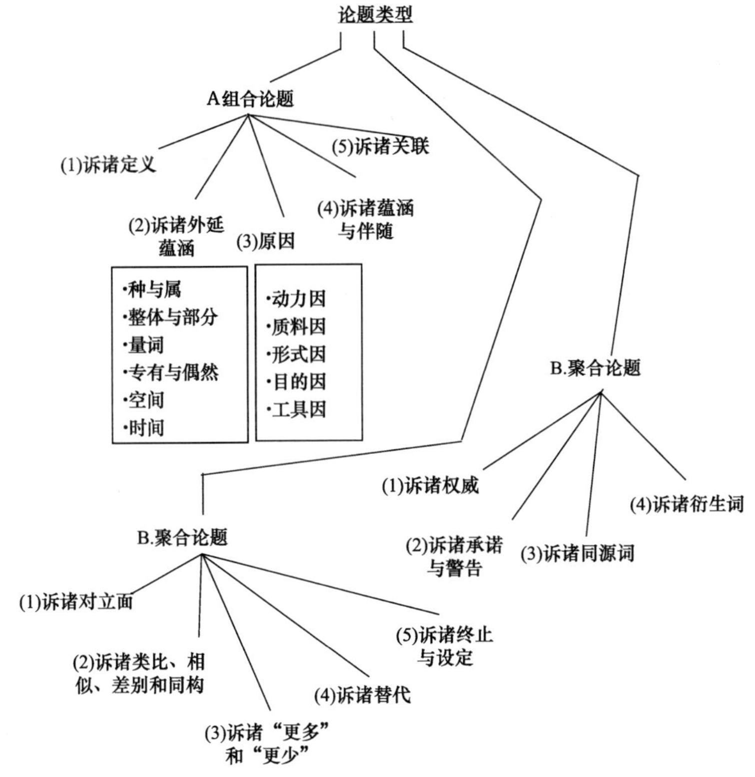

图9.3 瑞高蒂和格里科的论证论题分类法

① 在瑞高蒂看来，“钩点”这个概念对应于波修斯（Boethius）的“论题差异”概念。

瑞高蒂将论证模型分析应用于下述一个广告的例子，该广告可被视为基于质料因之论题的一种论证（Rigotti，2009，p. 169）：

（22）这种黄油是天然的。它是由新鲜高山牛奶制作而成。

图 9.4 呈现出一种依据论证模型所做的表达（Rigotti，2009，p. 170）。

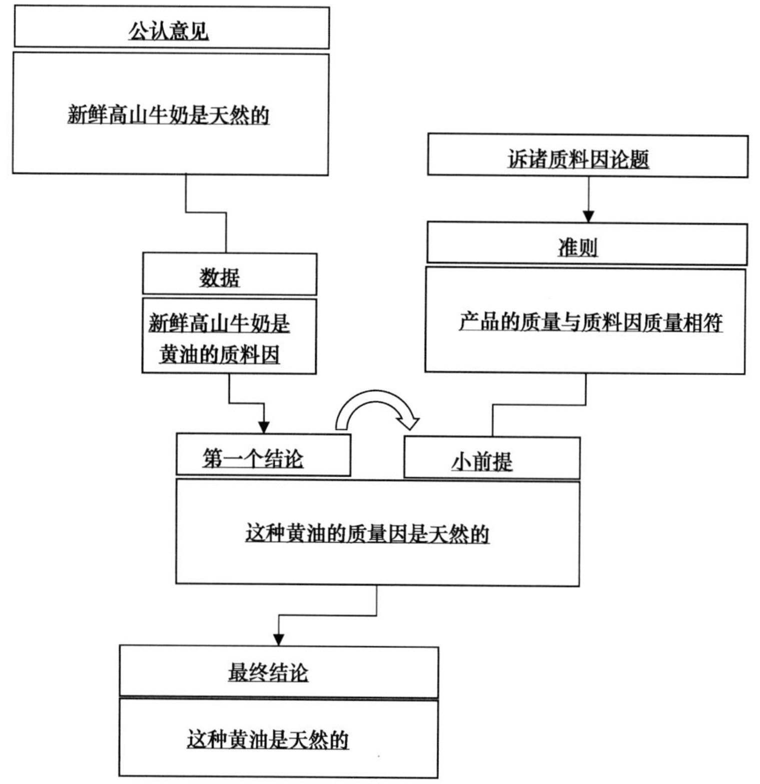

图 9.4　新鲜高山牛奶这个例子的"论题论证模型"的表达

9.5.2　文化关键词与模态

瑞高蒂与罗希共同给出了一种研究文化关键词的进路，这种进路将语义研究和源自论证理论的洞见融合在一起。瑞高蒂与罗希为文化关键词下了如下定义：

> 别具一格地透露出某种文化含义，并能通达作为一种整体之文化的内在运作机制，通达文化的基础信念、价值、制度和习俗的语词。简言之……解释某种文化的语词。（Rigotti & Rocci，2005，pp. 125 – 126）

针对威尔斯比克（Wierzbicka，1997，p. 22）就关键词研究提出的一个问题，“不存在用以辨识某种文化中关键词的客观方法”，瑞高蒂与罗希主张通过考察语词在论证性文本中所扮演的角色，从而获得一种检验文化关键词的逻辑依据：“源自论证理论的考量能够明显有助于这项复杂的任务，即在给定文化中，假设和检验具备关键词地位的候选语词。”（Rigotti & Rocci，2005，p. 125）他们的进路在于将文化关键词的语义研究与关于论证分析的经典省略三段论进路融合在一起：

> 我们建议，将这种语词视为具备文化关键词地位的重要候选语词，在省略三段论论证中扮演中项角色，同时负责指示一种或一系列被直接或间接用作未陈述大前提的公认意见。更确切地说，在一共同体内的公共论证中，通常具备此类功能的语词即是该共同体具备文化关键词地位的可能候选语词。（Rigotti & Rocci，2005，p. 131）

对于下述例子分析，可说明瑞高蒂与罗希的进路：

> （23）他是个叛徒，因此，他应被处死（Rigotti & Rocci，2005，p. 130）。

在这个省略三段论论证重构中，应当添加一个恰当的未表达前提，可以是“叛徒都应被处死”。这个论证因而被化归为如下三段论形式：

> 大前提：叛徒都应被处死（未陈述前提）。
> 小前提：他是个叛徒。
> 结　论：他应被处死。

在瑞高蒂与罗希看来，语词“叛徒”在逻辑论证结构和交流论证结构中都扮演了一个重要角色：

> 从逻辑观点看，它出现于大前提的主语和小前提的宾语中，扮演着三段论结构里的中项角色。从交流观点看，它在未陈述前提之复原中，扮演着重要的角色。（Rigotti & Rocci，2005，p. 130）

在瑞高蒂与罗希看来，语词“叛徒”联系着许多在文化上共享的信念和价值观，或至少是容易通达的信念和价值观，这些信念和价值观确认了未陈述前提的似真性。因此，他们主张，这类文化上共享的信念可以等同于亚里士多德的“公认意见”概念（Rigotti & Rocci，2005，pp. 130 – 131）。

瑞高蒂在2005年开始着手的另一项研究计划则聚焦于论证重构中模态表达的角色。这项计划旨在探究论证与意大利语中模态的词汇、语法标记的语义、语用功能之间的关系（Rocci，2008，p. 577）。通过利用语言辞义学中发展出来的相对模态理论，瑞高蒂对不同类型的模态词进行了分析。以这种语义分析作为出发点，他试图确定在什么条件下模态标记能够充当论证指示词，以及它们能够为论证之重构提供什么线索（Rocci，2008，p. 165）。关于作为指示词的模态词角色，瑞高蒂给出了主要结论如下：从认知上解释的模态词，即说者借其表明自身预备在何种程度上承诺命题真和可接受性的模态表达式：（1）能够用作立场的直接指示词；（2）表明对立场的承诺程度，并允许前提回指复原。非认知性模态词：（1）能够用作立场的间接指示词；（2）能够传递关于论证者所使用的论证型式信息。这类模态词有表达道义或存在论的必然性或可能性。

参考文献

Amossy，R.（1991）. *Les idées reçues. Sémiologie du stereotype* [Generally accepted ideas. Semiology of the stereotype]. Paris: Nathan.

Amossy, R. (Ed.). (1999). *Images de soi dans le discours*. La construction de l'ethos [Self-images in discourse. The construction of ethos]. Lausanne: Delachaux et Niestle.

Amossy, R. (2001). *Ethos* at the crossroads of disciplines. Rhetoric, pragmatics, sociology. *Poetics Today*, 22 (1), 1 – 23.

Amossy, R. (2002). How to do things with doxa. Toward an analysis of argumentation in discourse. *Poetics Today*, 23 (3), 465 – 487.

Amossy, R. (2005). The argumentative dimension of discourse. In F. H. van Eemeren & P. Houtlosser (Eds.), *Argumentation in practice* (pp. 87 – 98). Amsterdam-Philadelphia: John Benjamins.

Amossy, R. (2006). *L'argumentation dans le discours* [Argumentation in discourse] (2nd ed.). Paris: Colin.

Amossy, R. (2009a). *Argumentation in discourse*. A socio-discursive approach to arguments. *Informal Logic*, 29 (3), 252 – 267.

Amossy, R. (2010). *La présentation de soi. Ethos et identité* [Self-presentation. Ethos and identity]. Paris: Colin.

Amossy, R., & Herschberg Pierrot, A. (Eds.). (2011). *Stéréotypes et clichés. Langue, discours, société* [Stereotypes and clichés. Language, discourse, society] (3rd ed.). Paris: Colin.

Anscombre, J. – C., & Ducrot, O. (1983). *L'Argumentation dans la langue* [Argumentation in language]. Lièqe: Pierre Mardaga.

Anscombre, J. – C., & Ducrot, O. (1989). Argumentativity and informativity. In M. Meyer (Ed.), *From metaphysics to rhetoric* (pp. 71 – 87). Dordrecht: Kluwer.

Apothéloz, D., Brandt, P. – Y., & Quiroz, G. (1991). Champ et effets de la négation argumentative. Contre-argumentation et mise en cause [Domain and effects of argumentative negation. Counterargumentation and calling into question]. *Argumentation*, 6 (1), 99 – 113.

Atayan, V. (2006). *Makrostrukturen der Argumentation im Deutschen, Französischen und Italienischen. Mit einem Vorwort von Oswald Ducrot* [Macrostructures of argumentation in German, French and Italian. With a preface of Oswald Ducrot]. Frankfurt am Main: Peter Lang.

Barthes, R. (1988). *The semiotic challenge* (trans: Howard, R.). New York: Hill and Wang.

Bassano, D. (1991). Opérateurs et connecteurs argumentatifs: une approche psycholinguistique [Operators and argumentative connectives: A psycho-linguistic approach]. *Intellectia*, 11, 149 – 191.

Bassano, D., & Champaud, C. (1987a). Argumentative and informative functions of French intensity modifiers *presque* (almost), *àpeine* (just, barely) and *àpeu près* (about). An experimental study of children and adults. *Cahiers de Psychologie Cognitive*, 7, 605 – 631.

Bassano, D., & Champaud, C. (1987b). Fonctions argumentatives et informatives du langage. le traitement des modificateurs d'intensitéau moins, *au plus* et *bien* chez l'enfant et chez l'adulte [Argumentative and informative functions of language. The use of intensifiers (*at least*, *at the most* and *well*) by children and adults]. *Archives de Psychologie*, 55, 3 – 30.

Bassano, D., & Champaud, C. (1987c). La fonction argumentative des marques de la langue [The argumentative function of discourse markers]. *Argumentation*, 1 (2), 175 – 199.

Borel, M. – J. (1989). Norms in argumentation and natural logic. In R. Maier (Ed.), *Norms in argumentation. Proceedings of the conference on norms* 1988 (pp. 33 – 48). Dordrecht: Foris.

Borel, M. – J. (1991). Objets de discours et de représentation [Discourse and representation entities]. *Languages*, 25, 36 – 50.

Borel, M. – J. (1992). Anthropological objects and negation. *Argumentation*, 6 (1), 7 – 27.

Borel, M. – J., Grize, J. – B., & Miéville, D. (1983). *Essai de logique naturelle* [A treatise on natural logic]. Bern-Frankfurt-New York: Peter Lang.

Caffi, C. I., & Janney, R. W. (1994). Toward a pragmatics of emotive communication. *Journal of Pragmatics*, 22, 325 – 373.

Campos, M. (2010). La schématisation dans des contexts en réseau [The schematization in network contexts]. In D. Miéville (Ed.), *La logique naturelle. Enjeux et perspectives* (pp. 215 – 258). Neuchâtel: Université de Neuchâtel.

Carel, M. (1995). *Pourtant*: Argumentation by exception. *Journal of Pragmatics*, 24, 167 – 188.

Carel, M. (2001). Argumentation interne et argumentation externe au lexique. Despropriétés différentes [Argumentation that is internal and argumentation that is external to the lexicon. Different properties]. *Langages*, 35 (142), 10 – 21.

Carel, M. (2011). *L'entrelacement argumentatif. Lexique, discours et blocs sémantiques* [The argumentative interlacing. Lexicon, discourse and semantic blocks]. Paris: Honoré Champion.

Carel, M. , & Ducrot, O. (1999). Le problème du paradoxe dans une sémantique argumentative [The problem of the paradox in argumentative semantics]. *Langue française*, 123, 6 –26.

Carel, M. , & Ducrot, O. (2009). Mise au point sur la polyphonie [A clarification on polyphony]. *Langue fran çaise*, 4, 33 –43.

Culioli, A. (1990). *Pour une linguistique de l'énonciation. Opérations et représentation, tome* 1 [Towards a linguistics of the utterance. Operations and representation, Vol. 1]. Paris: Ophrys.

Culioli, A. (1999). Pour une linguistique de l'énonciation. Formalisation et opérations de repérage, tome 2 [Towards a linguistics of the utterance. Formalisation and identification operations, Vol. 2]. Paris: Ophrys.

Doury, M. (1997). *Le débat immobile. L'Argumentation dans le débat médiatique surles parasciences.* [The immobile debate. Argumentation in the media debate on the parasciences]. Paris: Kimé.

Doury, M. (2004a). La classification des arguments dans les discours ordinaires [The classification of arguments in ordinary discourse]. *Langage*, 154, 59 –73.

Doury, M. (2004b). La position de l'analyste de l'argumentation [The position of the argumentation analyst]. *Semen*, 17, 143 –163.

Doury, M. (2005). The accusation of*amalgame* as a meta-argumentative refutation. In F. H. van Eemeren & P. Houtlosser (Eds.), *The practice of argumentation* (pp. 145 –161). Amsterdam-Philadelphia: John Benjamins.

Doury, M. (2006). Evaluating analogy. Toward a descriptive approach to argumentative norms. In P. Houtlosser & M. A. van Rees (Eds.), *Considering pragma-dialectics. A festschrift for Frans H. van Eemeren on the occasion of his 60th birthday* (pp. 35 –49). Mahwah-London: Lawrence Erlbaum.

Doury, M. (2009). Argument schemes typologies in practice. The case of comparative arguments. In F. H. van Eemeren & B. Garssen (Eds.), *Pondering on problems of argumentation* (pp. 141 –155). New York: Springer.

Ducrot, O. (1980). *Les échelles argumentatives* [Argumentative scales]. Paris: Minuit. Ducrot, O. (1984). *Le dire et le dit* [The process and product of saying]. Paris: Minuit.

Ducrot, O. (1990). *Polifonia y argumentacion* [Polyphony and argumentation]. Cali: Universidad del Valle.

Ducrot, O. (2001). Critères argumentatifs et analyse lexicale. *Langages*, 35 (142), 22 – 40.

Ducrot, O. (2004). Argumentation rhétorique et argumentation linguistique [Rhetorical and linguistic argumentation]. In M. Doury & S. Moirand (Eds.), *L'Argumentation aujourd'hui. Positions théoriques en confrontation.* [Argumentation today. Confrontation of theoretical positions] (pp. 17 – 34). Paris: Presses Sorbonne Nouvelle.

Ducrot, O., Bourcier, D., Bruxelles, S., Diller, A. – M., Foucquier, E., Gouazé, J., Maury, L., Nguyen, T. B., Nunes, G., Ragunet de Saint-Alban, L., Rémis, A., & Sirdar-Iskander, C. (1980). *Les mots du discours* [The words of discourse]. Paris: Minuit.

van Eemeren, F. H., & Grootendorst, R. (1992a). *Argumentation, communication, and fallacies. A pragma-dialectical perspective.* Hillsdale: Lawrence Erlbaum (trans. into Bulgarian (2006), Chinese (1991), Italian (2008), Spanish (2011)).

van Eemeren, F. H., & Grootendorst, R. (1994). Argumentation theory. In J. Verschueren & J. Blommaert (Eds.), *Handbook of pragmatics* (pp. 55 – 61). Amsterdam: John Benjamins.

van Eemeren, F. H., & Grootendorst, R. (2004). *A systematic theory of argumentation. The pragma-dialectical approach.* Cambridge: Cambridge University Press.

van Eemeren, F. H., & Houtlosser, P. (2002). Strategic maneuvering with the burden of proof. In F. H. van Eemeren & P. Houtlosser (Eds.), *Advances in pragma-dialectics* (pp. 13 – 28). Amsterdam-Newport News: Sic Sat/Vale Press.

Gattico, E. (2009). *Communicazione, categorie e metafore. Elementi di analisi del Discorso* [Com-munication, categories and metaphors. Elements of discourse analysis]. Cagliari: CUEC Editrice. Gomez Diaz, L. M. (1991). Remarks on Jean-Blaise Grize's logics of argumentation. In F. H. van Eemeren, R. Grootendorst, J. A. Blair & C. A. Willard (Eds.), *Proceedings of the second international conference on argumentation*, 1A/B (pp. 123 – 132). Amsterdam: Sic Sat.

Greco Morasso, S. (2011). *Argumentation in dispute mediation. A reasonable way to handle conflict.* Amsterdam-Philadelphia: John Benjamins.

Grize, J. – B. (1982). *De la logique à l'argumentation* [From logic to argumentation]. Genève: Librairie Droz.

Grize, J. – B. (1986). Raisonner en parlant [Reasoning while speaking]. In M. Meyer (Ed.), *De la metaphysique à la rhétorique* (pp. 45 – 55). Bruxelles: Éditions de l'Université de Bruxelles.

Grize, J. – B. (1996). *Logique naturelle et communications* [Natural logic and communication]. Paris: Presses Universitaires de France.

Grize, J. – B. (2004). Le point de vue de la logique naturelle. Démontrer, prouver, argumenter [The point of view of natural logic. Demonstrating, proving, arguing]. In M. Doury & S. Moirand (Eds.), *L'argumentation aujourd'hui. Positions théoriques en confrontation* [Argumentation today. Confrontation of theoretical positions] (pp. 35 – 44). Paris: Presses Sorbonne Nouvelle.

Herman, T. (2010). Linguistique textuelle et logique naturelle [Textual linguistics and natural logic]. In D. Miéville (Ed.), *La logique naturelle. Enjeux et perspectives.* (*Actes du colloque Neuchâtel* 12 – 13 *septembre* 2008) [Natural logic. Challenges and perspectives] (pp. 167 – 194). Neuchâtel: Université de Neuchâtel.

Iten, C. (2000). The relevance of argumentation theory. *Lingua*, 110 (9), 665 – 699.

Koren, R., & Amossy, R. (Eds.). (2002). *Après Perelman. Quelles politiques pour les nouvelles rhétoriques?* [After Perelman. Which policies for the new rhetorics?]. Paris: L'Harmattan.

Lausberg, H. (1960). *Handbuch der literarischen Rhetorik* [Handbook of literary rhetoric]. Munich: Max Hueber.

Lundquist, L. (1987). Towards a procedural analysis of argumentative operators in texts. In F. H. van Eemeren, R. Grootendorst, J. A. Blair & C. A. Willard (Eds.), *Argumentation: Perspectives and approaches. Proceedings of the conference on argumentation* 1986 (pp. 61 – 69). Dordrecht-Providence: Foris Publications.

Maier, R. (1989). Natural logic and norms in argumentation. In R. Maier (Ed.), *Norms in argumentation. Proceedings of the conference on norms* 1988 (pp. 49 – 65). Dordrecht: Foris (PDA 8).

Meyer, M. (1986b). *From logic to rhetoric* (trans: *Logique, langage et argumentation.* Paris: Hachette, 1982). Pragmatics and beyond VII: 3. Amsterdam: John Benjamins. [trans. of M. Meyer (1982a). *Logique, Langage et Argumentation.* Paris: Hachette].

Moeschler, J., & Spengler, N. de (1982). La concession ou la réfutation interdite. Approche argumentative et conversationelle [Concessions or the prohibition of refutations. An argumentative and conversational approach]. *In Concession et consécution dans le discours* (*Cahiers de Linguistique Française* 4, pp. 7 – 36). Geneva: Université de Genève (trans. of M. Meyer, 1982a, *Logique, langage et argumentation.* Paris: Hachette).

Nølke, H. (1992). Semantic constraints on argumentation. From polyphonic microstructure to argumentative macro-structure. In A. Willard, F. H. van Eemeren, R. Grootendorst, J. A. Blair, & A. Willard (Eds.), *Argumentation illuminated* (pp. 189 – 200). Amsterdam: Sic Sat.

Palmieri, R. (2009). Regaining trust through argumentation in the context of the current financial-economic crisis. *Studies in Communication Sciences*, 9 (2), 59 – 78.

Perelman, C. , & Olbrechts-Tyteca, L. (1969). *The new rhetoric. A treatise on argumentation.* (trans: Wilkinson, J. & Weaver, P.). Notre Dame, IN: University of Notre Dame Press. (original work 1958). [English trans. of *La nouvelle rhétorique. Traité de l'argumentation*].

Piaget, J. (1923). *Le langage et la pensée chez l'enfant* [Language and thinking of children]. Neuchâtel: Delachaux et Niestlé.

Piaget, J. , & Beth, E. W. (1961). *Epistémologie mathématique et psychologie. Essai sur les relations entre la logique formelle et la penseé reélle* [Mathematical epistemology and psychology. Study on the relation between formal logic and natural thought]. Paris: PUF, EEG XiV.

Plantin, C. (1990). *Essais sur l'argumentation. Introduction à l' étude linguistique de la parole argumentative* [Essays on argumentation. Introduction to the linguistic study of argumentative speech]. Paris: É ditions Kimé.

Plantin, C. (1995). L'argument du paralogisme [The fallacy argument]. *Hermès*, 15, 245 – 262.

Plantin, C. (1997). L'argumentation dans l' émotion [Argumentation in the emotion]. *Pratiques*, 96, 81 – 99.

Plantin, C. (2002). Argumentation studies and discourse analysis. The French situation and global perspectives. *Discourse Studies*, 4 (3), 343 – 368.

Plantin, C. (2003). Argumentation studies in France. A new legitimacy. In F. H. van Eemeren, J. A. Blair, C. A. Willard, & A. F. Snoeck Henkemans (Eds.), *Anyone who has a view. Theoretical contributions to the study of argumentation* (pp. 173 – 187). Dordrecht: Kluwer.

Plantin, C. (2004a). On the inseparability of emotion and reason in argumentation. In E. Weigand (Ed.), *Emotions in dialogic interactions* (pp. 265 – 275). Paris: Presses Sorbonne Nouvelle. Plantin, C. (2004b). Situation des études d'argumentation. De délégitimations en réinventions [The situation of argumentation studies. From de-authorization to reinvention]. In M. Doury & S. Moirand (Eds.), *L'Argumentation aujourd'hui. Positions théoriques en confronta-*

tion [Argumentation today. Confrontation of theoretical positions] (pp. 160 – 181). Paris: Presses Sorbonne Nouvelle.

Plantin, C. (2005). *L'argumentation. Histoire, théories, perspectives* [Argumentation. History, theories, perspectives]. Paris: Presses Universitaires de France. [trans.: Marcionilo, M. of C. Plantin (2008), *A argumentação. História, teorias, perspectivas L 'argumentation. São Paulo: Parábola.*]

Plantin, C. (2009a). Critique de la parole. Les fallacies dans leprocès argumentatif [Criticism of what is said. The fallacies in the argumentative process]. In V. Atayan & D. Pirazzini (Eds.), *Argumentation. Théorie-Langue-Discours. Actes de la section "Argumentation" du XXX. Deutscher Romanistentag, Vienne, Septembre* 2007 [Argumentation. Theory-language-discourse] (pp. 51 – 70). Frankfurt: Peter Lang Verlag.

Plantin, C. (2009b). A place for figures of speech in argumentation theory. *Argumentation*, 23 (3), 325 – 337.

Plantin, C. (2010). Les instruments de structuration des séquences argumentatives [Instruments for the structuring of argumentative sequences]. *Verbum*, 32 (1), 31 – 51.

Plantin, C. (2011). *Les bonnes raisons des émotions. Arguments, fallacies, affects* [The good reasons of emotions. Arguments, fallacies, affects]. Bern: Peter Lang.

Plantin, C., Doury, M., & Traverso, V. (2000). *Les émotions dans les interactions* [Emotions in interactions]. Lyon: Presses Universitaires de Lyon.

Puig, L. (2012). Doxa and persuasion in lexis. *Argumentation*, 26 (1), 127 – 142.

Quiroz, G., Apothéloz, D., & Brandt, P. – Y. (1992). How counter-argumentation works. In F. H. van Eemeren, R. Grootendorst, J. A. Blair, & C. A. Willard (Eds.), *Argumentation illuminated* (pp. 172 – 177). Amsterdam: Sic Sat.

Rigotti, E. (2009). Whether and how classical topics can be revived within contemporary argumentation theory. In F. H. van Eemeren & B. Garssen (Eds.), *Pondering on problems of argumentation* (pp. 157 – 178). New York: Springer.

Rigotti, E., & Greco, S. (2006). *Topics. The argument generator.* Argumentum e-learning Module. www. argumentum. ch.

Rigotti, E., & Greco Morasso, S. (2009). Argumentation as an object of interest and as a social and cultural resource. In N. Muller-Mirza & A. N. Perret-Clermont (Eds.), *Argumentation and education* (pp. 9 – 66). New York: Springer.

Rigotti, E., & Greco Morasso, S. (2010). Comparing the argumentum model of topics to other contemporary approaches to argument schemes. The procedural and material components. *Argumentation*, 24 (4), 489 – 512.

Rigotti, E. , & Rocci, A. (2005). From argument analysis to cultural keywords (and back again). In F. H. van Eemeren & P. Houtlosser (Eds.), *Argumentation in practice* (pp. 125 – 142). Amsterdam-Philadelphia: John Benjamins.

Rocci, A. (2008). Modality and its conversational backgrounds in the reconstruction of argumentation. *Argumentation*, 22, 165 – 189.

Rocci, A. (2009). Manoeuvring with voices. The polyphonic framing of arguments in an institutional advertisement. In F. H. van Eemeren (Ed.), *Examining argumentation in context. Fifteen studies on strategic maneuvering* (pp. 257 – 283). Amsterdam: Benjamins.

Scherer, K. R. (1984). Lesémotions. Fonctions et composantes [Emotions. Functions and components]. *Cahiers de Psychologie Cognitive*, 4, 9 – 39.

Sitri, F. (2003). *L'objet du débat. La construction des objets de discours dans des situations argumentatives orales* [The subject of the debate. The construction of discourse entities in oral argumentative situations]. Paris: Presses de la Sorbonne Nouvelle.

Snoeck Henkemans, A. F. (1995a). Anyway and even as indicators of argumentative structure. In F. H. van Eemeren, R. Grootendorst, J. A. Blair & C. A. Willard (Eds.), *Reconstruction and application. Proceedings of the third international conference on argumentation* (Vol. III, pp. 183 – 191). Amsterdam: Sic Sat.

Snoeck Henkemans, A. F. (1995b). But as an indicator of counter-arguments and concessions. *Leuvense Bijdragen*, 84, 281 – 294.

Toulmin, S. E. (2003). *The uses of argument.* Updated ed. Cambridge: Cambridge University Press. (1st ed. 1958).

Ungerer, F. (1997). Emotions and emotional language in English and German newsstories. In S. Niemeier & R. Dirven (Eds.), *The language of emotions. Conceptualization, expression, and theoretical foundation* (pp. 307 – 328). Amsterdam-Philadelphia: John Benjamins.

Verbiest, A. E. M. (1994). A new source of argumentative indicators? In F. H. van Eemeren & R. Grootendorst (Eds.), *Studies in pragma-dialectics* (pp. 180 – 187). Amsterdam: Sic Sat.

Verhagen, A. (2007). *Constructions of intersubjectivity.* Oxford: Oxford University Press.

Wierzbicka, A. (1997). *Emotions across languages and cultures. Diversity and universals.* Cambridge: Cambridge University Press.

Žagar, I. Ž. (1995). Argumentation in language opposed to argumentation with language. Some problems. In F. H. van Eemeren, R. Grootendorst, J. A. Blair & C. A. Willard (Eds.), *Reconstruction and application. Proceedings of the third international conference on argumentation* (Vol. III, pp. 200 – 218). Amsterdam: Sic Sat.

Žagar, I. Ž. (Ed.). (1996). *Slovenian lectures. Introduction into argumentative semantics*. Ljubljana: ISH.

| 推理、论证与传播文库 |

REASONING, ARGUMENTATION & COMMUNICATION LIBRARY

熊明辉　杨海洋　主编

论证理论手册

下册

【荷兰】范爱默伦（Frans H. van Eemeren）

【荷兰】赫尔森（Bart Garssen）

【荷兰】克罗贝（Erik C. W. Krabbe）

【荷兰】斯诺克·汉克曼斯（A. Francisca Snoeck Henkemans）

【荷兰】维赫雅（Bart Verheij）

【荷兰】瓦格曼斯（Jean H.M. Wagemans）

著

熊明辉 等◎译

熊明辉◎统校

中国社会科学出版社

下册目录

第 10 章

语用论辩论证理论

10.1 起源与发展

语用论辩论证理论由阿姆斯特丹大学的范爱默伦（Frans van Eemeren）和荷罗顿道斯特（Rob Grootendorst，1944 – 2000）创立于 20 世纪 70 年代，至今已发展了 40 余年。该理论的与众不同之处在于，论证被视为下述两者的结合，即从言语行为理论得到的语用洞见所激发的交流视角，和由批判理性主义和形式论辩进路而来的论辩洞见所激发的批判性视角（参见第 6 章“形式论辩进路”）。因为人们在生活的所有领域中，都在使用论证来说服他人相信自己的观点，即相信什么、想什么或者做什么，所以，范爱默伦和荷罗顿道斯特认为，创造一种充分的理论基础来提升论证的分析、评价以及表达是最重要的。他们建立这样一种理论基础的整体规划涉及，由论证的抽象理想模型一步步地发展为各类型论证实践的具体实在。

范爱默伦和荷罗顿道斯特认为，若要系统地结合建立充分论证理论所需要的实证性描述和批判性规范，则需要多学科研究并将最终成为跨学科研究。在这项研究中，需要结合来自哲学、逻辑学以及交流学、语言学、心理学与其他学科的洞见。在《论证性讨论中的言语行为》（van Eemeren & Grootendorst，1984）一书中，他们首次用英语解释了他们研究的哲学前提和理论前提。在《论证、交流与谬误》（van Eemeren & Grootendorst，1992a）中，他们给出了分析、评价论证的概念性框架，尤其关注于谬误的刻画与分类。在荷罗顿道斯特于 2000 年不幸早逝后，范爱默伦在《论证的系统理论》（van Eemeren & Grootendorst，2004）中综述了他们的理论是如何在20世纪90年代建立起来的。

在与杰克逊（Sally Jackon）和雅各布斯（Scott Jacobs）合著的《重构论证话语》（van Eemeren *et al.*，1993）一书中，凝结了范爱默伦和荷罗顿道斯特在应用语用论辩理论分析现实生活中论证话语方面的理论沉思。对论证话语现实的定性实证研究，又结晶于范爱默伦与豪特罗斯尔（Peter Houtlosser）和斯诺克·汉克曼斯（Francisca Snoeck Henkemans）合著的《话语中的论证性指示词》（van Eemeren *et al.*，2007）一书中。范爱默伦与赫尔森（Bart Garssen）和麦尤菲丝（Bert Meuffels）共同完成的定量实证研究成果，体现在《谬误与合理性判定》（van Eemeren *et al.*，2009）一书中，他们用实验检验了，用于判定论证话语合理性的语用论辩规范之主体间可接受性。

当范爱默伦与豪特罗斯尔（Peter Houtlosser，1956－2008）提出“策略操控”概念后，语用论辩理论得到了意义深远的扩展。该概念主要用于解释论证话语中的下述事实：在论证者做出的每个论证话步中，他们都在将其所试图得到的（修辞）实效性，与其所努力保持的（论辩）合理性相结合。豪特罗斯尔在2008年的早逝延缓了该计划的实现，但是范爱默伦仍然在两年后的《论证话语中的策略操控》（van Eemeren，2010）一书中提出了该语用论辩理论扩充版的理论框架。与此同时，范里斯（Agnès van Rees）在《论证性讨论中的分离》（*Dissociation in Argumentative Discussions*）一书中，将该扩充理论作为分析概念技术的起点，而概念技术常被用于论证话语的策略操控之中（van Rees，2009）。①

此外，也有很多学者通过博士论文或者其他形式，对语用论辩论证进路的进一步发展做出了贡献。② 他们中的多数人关注于特定交流领域中

---

① 此处提及的部分专著已有译著，其中，《论证性讨论中的言语行为》（van Eemeren & Grootendorst，1984）已被译为俄文（1994c）及西班牙文（2013）；《论证、交流与谬误》（van Eemeren & Grootendorst，1992a）已被译为保加利亚文（2009b）、中文（1991b）、法文（1996）、罗马尼亚文（2010）、俄文（1992b）及西班牙文（2007）；《论证的系统理论》（van Eemeren & Grootendorst，2004）已被译为保加利亚文（2006）、中文（2002）、意大利文（2008）及西班牙文（2011）；《论证话语中的策略操控》（van Eemeren，2010）已被译为意大利文（2014）、西班牙文（2013b）和中文（2018），此外，日文版翻译正在筹划中。

② 自2010年始，他们都是论证研究国际研究院（the International Learned Institute for Argumentation Studies，ILIAS）的成员。

的论证话语。例如，菲特里斯（Eveline Feteris）、克鲁斯特惠斯（Harm Kloosterhuis）、普纳赫（José Plug）和扬森（Henrike Jansen）探索的是法律领域；穆罕默德（Dima Mohammed）、安多内（Corina Andone）、通纳德（Yvon Tonnard）、莱温斯基（Marcin Lewiński）、范拉尔（Jan Albert van Laar）和若里（Constanza Ihnen Jory）探索的是政治领域；范波佩尔（Lotte van Poppel）、皮尔格拉姆（Roosmaryn Pilgram）、拉布里（Nanon Labrie）和维尔德（Renske Wierda）探索的是医学领域；瓦格曼斯（Jean Wagemans）和波帕（Eugen Popa）探索的是学术领域。

在本章中，我们首先在第 10. 2 节中概述了语用论辩进路的研究方案，即规范性层面与描述性层面相结合。在第 10. 3 节中，这项研究方案的"规范语用"理性将我们带至该研究的元理论起点。第 10. 4 节描述了这些元理论起点在批判性讨论理论模型中如何得以实施。第 10. 5 节在语用论辩学中分析了论证话语，相当于依据批判性讨论对话语进行理论驱动性重构。第 10. 6 节讨论了应用于批判性讨论各阶段中言语行为的规则。在第 10. 7 节中，我们通过阐明所有对批判性讨论规则的违反都可以被视为谬误，证明了该模型在评价论证话语方面的适恰性。

在第 10. 8 节，通过说明在论证话语中如何借助"策略操控"思想来调和，追求达到实效性的修辞目标与维护合理性的论辩目标，我们介绍了语用论辩理论扩充版。在第 10. 9 节，我们讨论了交流活动类型中各种交流实践的规约化，以及该规约化对策略操控的影响。在第 10. 10 节，我们将谬误视为策略操控的脱轨，此时逾越了特定交流活动类型的论辩合理性界限。

在第 10. 11 节，我们讨论了对论证现实的定性实证研究，首要关注于话语中论证话步指示词的使用。第 10. 12 节中，我们对论证现实定量研究的讨论，则关注于对论证话步的识别，以及批判性讨论中语用论辩规则的主体间可接受性。第 10. 13 节，我们关注了语用论辩理论扩充版的应用，即发生在各类宏观语境下的策略操控。我们的考察顺序依次是，法律领域、政治领域、医学领域以及学术领域。最后，第 10. 14 节讨论了针对语用论辩进路的各类批评。

10.2 规范语用研究方案

范爱默伦和荷罗顿道斯特认为，广义论证的典型目的是，借助于争议立场正反双方之间论证话步的批判性交流，实质消除意见分歧。其中，反方是指怀疑甚至拒斥正方立场可接受性的一方。根据这种观点，论证通常是发生在相关人之间论证话语的一部分，因此，论证理论化属于交流和互动研究（也即“语用学”）的一部分。此外，按照上述观点，论证通常是旨在实质消除意见分歧，所以其质量与可能瑕疵将用合理性的批判性标准来衡量，论证理论化同时也就被视为对受制对话研究（也即“论辩学”）的一部分。用范爱默伦和荷罗顿道斯特的概念来讲，论证的描述性语用维度和规范性论辩维度，在语用论辩理论中被系统地结合在一起。因此，他们对论证的理论化是一项更大科学事业的一部分，范爱默伦将这项事业称为“规范语用学”（van Eemeren，1986，1990）。

为了能将论辩学的规范维度与语用学的描述维度系统地结合起来，我们就需要提出一项复杂的规范语用研究方案。该方案包含了五个相互关联的部分（van Eemeren，1987，1990；van Eemeren & Grootendorst，1991a；还可参见本手册第 1.2 节）：第一，哲学部分详述了关于合理性的哲学；第二，理论部分扎根于哲学理想之上，给出了一个针对合理性论证话语的模型；第三，实证部分通过对论证现实的系统研究，以获得对论证话语实际进程的精确理解；第四，分析部分从哲学研究、理论研究和实证研究的结果出发，发展出一套概念工具，来依据模型所提供的理论框架分析出现在论证现实中的论证话语；第五，实践部分是从对其他部分所得洞见的客观分析出发，关注于恰当解决论证实践中的各种迫切难题、所亟须解决的那些问题。规范语用研究方案的重中之重是分析部分，因为它提供了一种工具来思虑周全地融合描述性语用承诺和规范性论辩承诺。

研究方案中哲学部分的核心问题是，合理的论证话语中“合理的”是什么意思。该问题值得成为论证研究中永恒的系统沉思之主题。如我们所见，论证学者们仍未就合理性所涉及的内容达成共识。根据图尔敏在《知与行》（Toulmin，1976）一书中的区分，修辞取向的论证学家们被期望采用一种“人类学式的”合理性哲学，而论辩取向的理论家们则更倾向于“批判式的”合理性哲学。这意味着对修辞学家而言，合理性首要依赖于交流共同体成员间的共识，而对论辩学者们而言，则主要遵照于批判性检验程序。语用论辩学家共享了批判性的哲学视角，并通过将争议立场归入受制的批判性讨论，将合理性与实质消除意见分歧关联起来。因为语用论辩学家们的合理性哲学倾向于依照受适恰管控之讨论程序，来有条理地探索论证交流，故可以将其哲学视为一种“批判理性主义”哲学（van Eemeren & Grootendorst，1984，1994b）。

理论部分的中心目标是，建立一种能够为论证研究提供概念框架和术语框架的论证话语模型。该理论模型根据论证话步类型及其可靠性条件，详细阐明了追求合理性的哲学理念所意谓之事，从而勾勒出该理念。如果该模型达到了预期构想，那么它在处理论证话语的表达、分析及评价时，就兼具启发功能、分析功能及批判功能。范爱默伦和荷罗顿道斯特（van Eemeren & Grootendorst，1984，2004）所建立的批判性讨论模型，详细阐明了何种言语行为能在消除意见分歧过程各阶段中，对实质消除意见分歧发挥作用。一套批判性讨论规则详细规定了，为实现建设性作用，这些言语行为在消除分歧的过程中所需满足的可靠性条件。这个模型是“语用论辩的”，因为它既沿承了语用脉络，将论证话步定义为交流与互动的言语行为，又沿承了论辩脉络，规制这些言语行为在批判性交流讨论程序中的实施。

在实证部分，按照论证话语在论证现实中的真实表现，我们研究了其表达、解释与评估，其中，尤其关注于理论模型视角下相关因素的影响。当这一实证研究依赖于研究者的反思与观察时，它是定性的研究；而当它基于数字资料和统计学时，它又是定量的。定性研究首要致力于描述论证话语的特定性质，或进行案例研究。定量研究则首要致力于实验性地检验关于论证话语在表达、解释及评价方面的理论假设。这两种实证研究原则上均有助于获取对下述两方面更好的理解：一方面，人们在论证现实中是如何处理意见分歧的；另一方面，人们在何种程度上试图合理消除这些分歧。在语用论辩研究方案中，既有定量的实证研究，又有定性的实证研究，不过，定性研究通常是为定量研究做准备的。当然，实证研究并不是为了使批判性讨论模型合法化。但是，该模型通过指出，那些因在实质消除意见分歧中具有重要影响，而值得被研究的因素，为“以说服力为中心的”研究指明了方向（参见 van Eemeren *et al.*，2007，2009）。

在分析部分，我们建立了依据理论模型来系统重构论证话语的分析工具。在这项工作中，我们将理论模型中构想的论证话语与论证现实中真实出现的论证话语联系起来。从语用论辩观点来看，论证话语重构是“消除取向的”：该重构会得到一种分析概览，该概览中包含了话语中所有且只有那些与批判性评价有关的因素，“有关”是因为这些因素有助于实质消除意见分歧。[①] 这种重构的语用维度是，论证话语被视为发生在实际交流、互动环境中的言语行为之语境化交流；论辩维度是把言语行为交流视为通过批判性讨论从实质上消除意见分歧。借此，语用论辩研究方案的分析部分，便能够在论证现实和理论理念间架起一座桥梁（van Eemeren & Grootendorst，1990，1992a；van Eemeren *et al.*，1993）。

最后，实践部分关注的问题是，在丰富多彩的论证现实里逐步发展的论证实践中，论证话语到底是如何被做出的。论证者为了展示其具有能令人满意地参与到这类语境化论证话步中所需要的能力，他们需要哪些分析、评价及表达技能呢？为了促进这些技能的发展，我们不仅需要理论洞见，而且需要实证洞见，同时应该以能够表明真实事态在哪些方面偏离于批判性讨论理想模型的重构性分析为起点。对当下所处情形的评价，是在实践干预中给出的所有（人类）行为建议的基础。在语用论辩进路中，该评价以条理清晰的方式呈现出相关论证的实践质量。干预可以指为了交流而提出的改善程序，如“格式”与“设计”，也可以指为了提升论证者分析、评价和表达技能的具体方法（参见 van Eemeren *et al.*，1993，pp. 178－183；van Eemeren *et al.*，2002a[②]，c）。在构建语用论辩研究方案中“以反映为导向的”实践部分时，我们应用了哲学、理

① 如后文所说，一个潜在建构性话步也许因为它是谬误的而不具有建构性。参见第 10.7 节。

② 范爱默伦等的《论证：分析、评价与表达》（van Eemeren *et al.*，2002a）已被译为阿尔巴尼亚文（2006a）、亚美尼亚文（2004）、中文（2006b）、意大利文（2011a）、俄文（2002b）以及西班牙文（2006c）。此外，日文版及葡文版翻译正在筹划中。

论、实证以及分析的相关优秀洞见。

10.3　元理论起点

在执行语用论辩研究方案时，我们从四个元理论起点对论证展开研究。这些起点既是先于实际理论化的前提，又表明了理论化发展所依据的一般方法论原则。这四个元理论起点代表了建立语用论辩论证理论的方法论框架。统合观之，它们划定了语用论辩进路的独特立场，其中，每个起点原则上都代表了与其他论证研究进路的一项背离。

元理论起点指明了，在语用论辩学中整合语用维度和论辩维度的方式。它们在本研究方案中，是将下述两者系统结合的方法论基础，即在人类交流与互动中，对语境化论证话语的描述性研究；以及在受制批判性交流中，对论证的规范性研究。范爱默伦和荷罗顿道斯特在《论证性讨论中的言语行为》（van Eemeren & Grootendorst，1984）中认为，为了在论证研究中实现这一所欲的整合，需要密切关注的主题是“功能化”、“社会化”、“外显化”和“论辩化”。下面就让我们看一下这些元理论起点指的是什么。[①]

第一，功能化。在形式逻辑进路、非形式逻辑进路以及其他研究中，论证通常被用纯结构性术语处理为逻辑推论或逻辑推演的复合体。[②] 虽然结构性描述很值得推荐，但是就论证而言，它们并没有公正地处理话语设计的功能原理。因此，就倾向于忽视论证在管理分歧方面的基本功能。论证产生于对意见分歧的回应或预期，而所选择的证成路线需要有意识地认识到消除所涉意见分歧这一目的。对论证的需要、借助论证进行证成时所必须满足的要求，以及论证的结构，在原则上都需要被调整至与必须被处理的怀疑、反对和相反主张相适切，而这将反映在所提出的言语行为中。因此，论证理论化首先应该关注这种特殊功能，也即在论证

① 关于元理论起点更详细的阐述，参见范爱默伦和荷罗顿道斯特（van Eemeren & Grootendorst，1984）。

② 关于论证研究的结构导向之逻辑进路的详细例子，参见费希尔（Fisher，2004）。

话语中所提出的言语行为要有管理分歧的功能。这就是为什么语用论辩学家认为在处理论证理论主要问题时要求“功能化”。

功能化关注的是，澄清语言或其他符号系统如何被用于实现某些特定交流及互动目的。鉴于论证话语通过言语行为以及作为言语行为的回应而出现，功能化可利用涉及言语行为实施的语用学洞见来实现（Austin，1975；Searle，1969，1979）。通过关注于（开启了论证所需消除意见分歧的）言语行为所创造之“分歧空间”[①]，能够给出何为话语中“受关注”之物。如此，也就能够识别争议立场，并由这些立场出发，进而确定旨在消除意见分歧的言语行为之交流与互动功能。在识别出这些言语行为的功能之后，我们就有可能详细说明它们的识别条件和正确性条件了[②]，因此也就能够完整地定义出相关论证话步了。通过这种方式，不仅争议立场，而且所提出的论证及话语中做出的其他论证话步，都可以依其功能而被视为言语行为，此外，各种话步之间的关系也得以具体化。[③]

第二，社会化。在首要关注于论证在证成立场方面的认知功能的进路中，论证通常被视为旨在确定陈述真实性的个体思维过程之产物。[④] 在这类进路中，在与他人争议立场可接受性时的交流与互动角色通常在很大程度上被忽视，其中，所争论的立场既可以是评价性的或规定性的，也可以是描述性的。可是对论证而言至关重要的是，它涉及两个或两个以上人之间的显性或隐性对话，这些人之间存在或被认为存在意见分歧，同时共同努力消除该分歧。因此，论证往往不仅预设了在意见分歧中的两种不同立场，而且还预设了在对话式论证交流中存在两种不同的讨论角色。分歧双方试图以对话的方式来消除意见分歧这一特征，应该在论证理论化中有所反映。这就是为什么语用论辩学家们认为在处理论证理论主要问题时要求“社会化”。

---

① 杰克逊在其著作中，介绍了“分歧空间”的概念（Jackson，1992，p. 261）。

② 关于识别条件和正确性条件间的区分，参见范爱默伦和荷罗顿道斯特（van Eemeren & Grootendorst，1992a，pp. 30 –31）。

③ 关于对论证的复杂言语行为的定义及其与提出立场的言语行为间的关系，参见范爱默伦和荷罗顿道斯特（van Eemeren & Grootendorst，1984，pp. 39 –46；1992a，pp. 30 –33），关于提出立场言语行为的一个相近定义，参见豪特罗斯尔（Houtlosser，1995）。

④ 关于论证研究的产品导向之非社会化进路的详细例子，参见杰克逊（Johnson，1995，2003，尤其参见 p. 48）。

社会化需要充分考虑下述事实：论证总是话语的一部分，其中，一方要按照一定方法回应：另一方在回应时针对初始方立场与论证，所提出的疑问、怀疑、反对以及相反主张。学者们已经根据对话任务的轮流分割原则，在话语分析和话语理论中，仔细研究过实施对话交流的各个相关方面。由这些学科所获得的洞见，尤其是来自如形式论辩学（Barth & Krabbe，1982）等论证对话规范性研究的洞见，都影响了语用论辩学对论证社会化的观点。

通过用立场之“正方”、“反方”来定义对话中的两种角色，以及详细说明这些讨论角色所涉及的论证义务，社会化在语用论辩理论中得以成形。像在形式论辩对话博弈中的“支持者”一样，正方在论证话语中也有针对反方提出的所有挑战，系统地维护其立场的任务。反方则与形式论辩中的“反对者”相似，其任务是批判性地回应正方假定的所有立场，直到他们共同地达到某种结果。因此，论证话语的合作性交流与互动之基础，反映在参与者定义讨论任务的方式、其所做论证话步，以及这些话步彼此关联的方式之中。

第三，外显化。在论证研究的纯修辞进路中，论证实效性通常与论证者及其听众被认为如何感受与思考紧密相关。这意味着此类进路非常依赖于推测性预测，而这种预测是根据潜藏在提出、接受话步之下的动机与态度做出的，因此此类进路倾向于被表征为一种心理分析。① 而这并不利于“可解释性”，同时这种理解也实无必要。人们在参与论证话语时，显性或隐性（有时甚至间接）地提出他们的立场以备评价，并且他们是以一种完全开放于公众审查的方式来做这件事的。因此，论证理论化不应该从话语参与方的假想动机与态度出发，而应该阐释这些参与方负有责任之言。其中，这些参与方“负有责任”是因为他们在特定语境及话语信息背景下说出了这些话。这就是为什么语用论辩学家认为在处理论证理论主要问题时需要“外显化”。

外显化被归结为，基于双方在话语中的表达来得出他们的承诺，以及得出由他们所参与交流活动类型的起点所产生的责任。归于双方的承

① 关于论证研究的非外显化及心理学化进路的详细例子，参见佩雷尔曼和奥尔布赖切斯—泰提卡（Perelman & Olbrechts-Tyteca，1969）。

诺必须：（1）为话语中双方自身所外显；或者（2）根据他们在话语中的已说之言外显；或者（3）根据在话语中可理解的其他理由外显。我们在外显双方承诺时，可以利用与预设、蕴含或言外之意有关的逻辑洞见和语用洞见（Grice，1989）。可资利用的主要理论资源仍然是言语行为理论。该理论使得根据对识别条件和正确性条件的满足来系统、精确地描述话语中所假定的承诺成为可能。从言语行为观点来看，像“不同意”、“接受”之类对刻画双方论证承诺至关重要的概念，都能够通过赋予其一种公众可理解的具体含义而被外显化。因此，我们借助于特定话语活动来定义这些概念，不再将其视为“内在”心理状态。如此，就可以把“不同意”定义为在某共同话语活动里相关言语行为之中的反对；而把“接受”定义为向某论争行为提供一种优先回应。“被说服”这一概念对判定论证之实效性至关重要，我们可基于上述外显化将其定义为挑起了下述言语行为中所包含的承诺，即在“不同意”的情境下所实施的“接受”争议立场之言语行为。[①]

第四，“论辩化”。处理论证的话语、会话分析家们通常局限于从参与者的视角（“主位”）来刻画论证现实中的论证。[②]“新修辞学家们”就采取了上述描述进路，同时“说服研究者们”也基本如此。可是，如果我们将论证理论预期为一门能使我们根据论证话语对实质消除意见分歧的贡献来批判性地评判论证话语的学科，那我们就需要一种规范进路，且该规范进路是从受理论驱动的（“客位”）外部视角出发的。语用论辩学家们同其他规范论证理论家一样，都在试图促进论证话步的理性交流，而此种交流将基于所提出论证的质量而得到某种结果，却不会对分歧的最终结果漠不关心。他们把论证当作批判性检验过程的组成部分，而该检验过程旨在判定意见分歧中的争议立场是否站得住脚。因为该检验过

① 这一回应可被视为论证所欲实现的“以言取效”效果。关于“论证”的以言行事行为复合体与“说服”的以言取效行为间关系的讨论，参见范爱默伦和荷罗顿道斯特（van Eemeren & Grootendorst，1984，pp. 47 – 74）、雅各布斯（Jacobs，1987，pp. 231 – 233）以及范爱默伦（van Eemeren，2010，pp. 36 – 39）。

② 关于描述性“主位”进路的详细例子，参见杜里（Doury，2004，2006）。语用论辩学中呈现了皮克（Pike，1967）对话语研究的“内在”主位进路（以参与者为中心）和“外在”客位进路（以理论驱动为中心）式区分，参见范爱默伦（van Eemeren，2010，pp. 137 – 138）。

程需要以一种控制良好的、建设性方式展开以确保理性交流，因此他们认为，论证理论化的目标就是要建立这种批判性讨论程序，以确保论证话步不会迷失方向。这就是为什么语用论辩学家们认为在处理论证理论主要问题时需要“论辩化”。

论辩化意味着将论证置于一种旨在实质消除意见分歧的批判性讨论之中，而批判性讨论受到由（为了实质消除意见分歧，而需要在论证话语中被观察到的）合理性标准统合后所得规则的制约。这就意味着，我们将在语用论辩论证理论中建立的批判性讨论论辩程序，其构成规则必须既能确实地推进实质消除意见分歧，即具有“问题消除有效性”，又要对论证者来讲具有主体间可接受性，即具有“程式有效性”。[①] 在受“批判性主义”洞见（Popper，1972；Albert，1975）启发的合理性概念基础之上，论辩化可以通过建立一个在批判性讨论中交流言语行为的理想模型来实现。其中，该批判性讨论根本性地塑造了论辩洞见的实质（Crawshay-Williams，1957；Barth & Krabbe，1982），并彻底地把所有谬误话步排除在合理性之外。

10.4 批判性讨论模型

在论证的语用论辩理论中，为了能够澄清将论证话语视为旨在合理消除分歧时所涉及的内容，批判性讨论的理论概念在下述理想模型中被塑形：该理想模型详细规定了在消除过程中所要区分的各阶段，同时也详细规定了构成在消除过程各阶段中发挥作用的论证话步之言语行为。[②] 在批判性讨论中，双方在明确了共同可接受起点的情况下，通过探寻争

① 关于建立在科劳塞—威廉姆斯洞见（Crawshay-Williams，1957）基础上的客观有效性（或问题消除有效性）与主体间有效性（或程式有效性），参见巴斯和克罗贝（Barth & Krabbe，1982，pp. 21－22）。也参见本手册第3.7节和第3.9节。

② 批判性讨论反映了批判理性主义者是如何解释能够理性地检验任何确信的论辩理想模型。上述确信的形式，不仅包括描述性的事实陈述，而且包括价值判断与关于行为的实践性立场（Albert，1975）。从“所有人的立场原则上都有可能受批评”出发，在语用论辩进路中检验立场可接受性时的指导原则是，这些立场都要经历批判性讨论。

议立场在怀疑与批评之下是否站得住脚，从而试图就争议立场可接受性达成一致意见。[①] 为了使双方能够实现该目的，调节批判性讨论的论辩程序不应该仅仅处理前提和结论间的推论关系，而是应该涵括在判定立场可接受性中起作用的所有言语行为。

实质消除意见分歧不同于搁置争议。后者可产生于第三方（如法官、裁判或者帝国）在分歧未获消除时即宣布终止。但是，消除分歧意味着论证话语已经在相关各方间就争议立场是否可接受达成了一致意见。这也就是说，要么是一方的论证已经说服了另一方，使其相信立场可接受；要么是一方认识到论证在另一方之批评下站不住脚，所以要收回其立场。[②] 对于旨在有条理地实质消除意见分歧的论辩程序来讲，其至关重要处在于，它使得各方有能力做出下述判定：在讨论结束时，争议立场或批判性怀疑是否仍能被理性地坚持。

批判性讨论的语用论辩模型是一种受理论驱动的理想化模型，但并不是乌托邦。[③] 这意味着，对于想要通过论证话语来实质消除意见分歧的人来说，该模型必须能够为他们的行为提供至关重要的指导。因此，该模型必须按照如下方式被构建：它不仅要能够为分析、评价已有论证话语提供参照，也要为回顾（口头及书面）论证话语的产生提供参照。语用论辩模型指明了在回顾论证话语及以何种方式能把话语置于恰当视角之下时所需要考虑的参照点。因此，该模型在处理、构思论证话语及重构（已有论证话语中各类言语行为的）论证功能中产生的问题时，可以起到启发功能与分析功能。该批判性讨论的理想模型通过提供一个融贯的规范集，用于判定已有论证话语在何种程度上偏离于实质消除意见分歧之路，而这就使得该模型也具有批判功能。当充分考虑到该模型的启

① 批判理性主义者认为，借助批判性讨论来检验立场时，首先要试图发现这些立场与论证者其他承诺间的不一致性（Albert，1975，p. 44）。

② 即使是在搁置的争议与分歧中，通过批判性讨论来查明共同解决方案在何种程度上是可能的，也是会有所帮助的。

③ 尽管它们的哲学根基不同，但批判性讨论模型像哈贝马斯（Habemas，1971，1981）的“理想言语情境”一样，表达了不同于已存在现实的理想事态。然而，两种理论不同之处在于，智性怀疑和智性批评在后者中有助于达成哈贝马斯的理想共识，但在前者中被视为智性过程与文化过程的驱动力，不断推动着更为先进观点的出现与流动。在每个特定事例的这种过程中，达成共识只是通往下个分歧之路上的必由中间性步骤。

发功能、分析功能和批判功能时，我们就能认识到，该模型能够为提出系统改善论证实践品质的指导提供坚实基础。

批判性讨论的语用论辩模型由四个阶段组成。这四个阶段与论证话语以理性方式（如，合理）消除意见分歧所必须经历的各阶段（尽管在实际话语中，这些阶段并不必然明显地，或按照同样的顺序出现）相对应。在批判性讨论中所区分的四个阶段分别是，“冲突阶段”、“开始阶段”、“论辩阶段”和“结束阶段”。

批判性讨论始于冲突阶段。在该阶段中，意见分歧体现为（一个或多个）立场与不接受（这个或这些）立场之间的对立。[①] 如果不存在这种冲突，也就无须批判性讨论，因为根本不存在需要消除之意见分歧。当论证话语出现在论证现实中时，其冲突阶段的对应物为立场因遭遇（真实或预想的）怀疑或否定而产生（或被期望产生）的意见分歧。

在批判性讨论的开始阶段，正反双方除了就讨论角色的划分达成一致，还要界定出将在整个讨论期间有效的承诺，其中既包括实质性承诺，又包括程序性承诺。正方要承担维护立场的义务，而反方则要批判性回应这些立场以及正方做出的维护。[②] 这一阶段对应于论证话语中双方开始明确各自角色，并确定其观点交流所基于的共同起点那部分内容。如果不存在观点交流的这一开启，就不可能存在批判性讨论。只有当某种共同起点得以建立，[③] 那么，试图借助论证来消除意见分歧才有意义。

在论辩阶段，正方针对反方的批判性回应，有条理地维护争议立场。如果反方并未完全被正方的论证所折服，那么正方就要借助对反方的批判性回应，来提供更进一步的论证；如果反方仍旧未被说服，那么正方

---

① 当一方立场并不被另一方所共享时，便形成了意见分歧。但这并不必然意味着，另一方总像在“混合型”分歧中那样持有相反立场。另一方可能仅仅对该方立场的可接受性表示怀疑。对怀疑的推定已经可以作为提出论证的充分理由了，参见范爱默伦等（van Eemeren *et al.*，2002a，Chap. 1）。

② 如果存在更多争议立场，讨论中的某参与者可以对其中的某些立场持支持者角色，而对另一些持反对者角色，因此，各立场的支持者可以不同。某立场的反对者可以（但并不必然）是相反立场的支持者。这些区分可见范爱默伦和荷罗顿道斯特（van Eemeren & Grootendorst，1992a，pp. 13 – 25）。

③ 关于该先决条件显然未获满足的论证性交流，参见范爱默伦等（van Eemeren *et al.*，1993，pp. 142 – 169）。

也需再进一步论证；如此往复。因此，正方的论证结构可能非常简单，也可能十分复杂。[①] 论辩阶段在论证话语中表现为：一方为了战胜另一方对立场的怀疑甚至是相反的论证而提出自己的论证，接着由另一方批判性地做出回应。无论这些行为是显性还是隐性的，提出论证并判定其好坏对于实质消除意见分歧来讲都是至关重要的。要是没有论证，或者缺少对该论证的批判性评价，那也就不存在批判性讨论且意见分歧无法被消除。因为论辩阶段在消除过程中的关键性角色，它有时会被等同于批判性讨论，但是为了实质消除意见分歧，其他的阶段同样是不可或缺的。

在结束阶段，正方和反方共同决定，正方是否已经针对反方的批判性回应，成功维护了其立场。如果正方必须收回立场，则意见分歧消除，且反方获胜；如果反方必须收回怀疑，则意见分歧消除且正方获胜。只要双方并未得出关于其消除意见分歧之尝试结果的任何结论，那么批判性讨论就没有真正结束。结束阶段对应于论证话语中双方总结其消除意见分歧之尝试结果部分。

在结束阶段完成后，针对争议立场正在进行的特定批判性讨论就结束了。但这并不意味着相同的参与者，不能在其之间或与他人之间，再开启另一场批判性讨论。批判性讨论的成功完结并不能排除双方再次开启新批判性讨论的可能性。而新的批判性讨论可能会涉及一项完全不同的意见分歧，但也可能是已完结分歧的略微变化，此时，参与者的讨论角色可能保持不变，但也可能是不同的角色划分。但无论如何，新的批判性讨论必须再次经历相同的讨论阶段，即由冲突阶段到结束阶段。

在批判性讨论的各阶段中，哪些言语行为能够为实质消除意见分歧做出贡献呢？塞尔（Searle，1979，pp. 1 – 29）划分出的五种言语行为基本类型，有助于我们回答这一问题。在论证实践中很重要的一点是，我们要事先注意到，话语中的大量言语行为是以隐性或间接的方式实施的。借助这一点，论证话语中其他类型的言语行为也可以满足下述言语行为在显性情形下才能履行的功能。

① 复杂论证的不同类型包括，多重型论证、并列型论证、从属型论证以及它们之间的结合。论证结构的不同类型参见范爱默伦和荷罗顿道斯特（van Eemeren & Grootendorst，1992a，pp. 73 – 89）及斯诺克·汉克曼斯（Snoeck Henkemans，1992）。

第一种言语行为类型是“断言类”。其原型是“断言”行为。说者或作者通过这种行为来主张某命题的真实性：“我断定，张伯伦和罗斯福未曾谋面。”断言类中还包括，如“宣称”、“声明”、“保证”、“假定”、“认为”、“否认”和“承认”等。以断言形式表达对某命题的承诺，可以很强，如“断定”或“声明”；也可以较弱，如“假定”。断言类并不必然涉及对真的主张，更常见的是与命题可接受性相关，如当涉及评价某事态或事件之观点正确性或公正性时（如，“波德莱尔是法国最优秀的诗人”）。在批判性讨论中，各类断言原则上都有可能出现。它们能够表达立场，传达维护立场的论证，还能用于确立结论。在确立结论时，有时立场能获得支持，如（“所以，我必须保持我的立场”），也有时必须收回立场，如（“所以，我不再继续持有该立场”）。两种情况中所涉及的言语行为都可以被视为断言。

第二种言语行为类型是“指令类”。原型是“命令”行为。这种行为要求说者或作者相对于听者或读者具有某种特殊地位。例如，只有当说者相对于听者处于某权威地位时，“到我房间来”才是一个命令，否则，它就仅仅是一项请求或者邀请。提问可以被视为一种特殊形式的要求，因为它是对“回答”这一言语行为的要求。指令类的其他例子包括“挑战”、“推荐”、“乞求”和“禁止”等。在批判性讨论中，并非所有指令都有一席之地。它们的角色主要包括：（1）要求一方澄清其做出的话步；（2）在开始阶段质疑某方所提立场，要求其做出维护；（3）在论辩阶段要求已同意为其立场辩护的一方提出论证来支持其立场。禁令和单边命令均不是批判性讨论的组成部分。已提出立场的一方也不会被要求做除给出支持立场的论证之外的其他任何事，如进行一场决斗。

第三种言语行为类型是“承诺类”。说者和作者通过这种言语行为，来向听者和读者承诺要做或不做某事。承诺类的原型是“承诺”行为。说者或作者借助这种行为，来明确保证做或不做某事，如“我承诺，我不会告诉你的父亲”。其他承诺类如，“接受”、“拒绝”、“保证”以及“同意”等。说者或作者也可以通过承诺类言语行为来做出听者或读者根本不感兴趣的承诺，如“我保证，如果你现在从这里离开，那么你永远都别想再进来了"。[①] 在批判性讨论中，承诺类可以满足很多种角色：接受或不接受立场，接受或不接受论证，接受维护立场的挑战，共同决定开始讨论，同意承担正方或反方角色，同意讨论规则，以及共同决定开启另一场相关讨论。上述部分承诺类言语行为，诸如"同意讨论规则"之类，只能够与另一方合作实施。

第四种言语行为类型是"表达类"。说者或作者通过这类言语行为，表达他们对某物的感受，如表示失望、感谢某人等。并不存在独立的"表达类"原型。高度规约化的例子是，"祝贺"和"非常感谢"。除了"祝贺"和"感谢"之外，其他表达类包括"同情"、"后悔"、"慰问"和"问候"。尽管表达类也常有其他功能，但其主要还是被用于传达某种感受。例如，在"我非常高兴再次见到你"中表达了"快乐"，在"我对你天天无所事事已经忍无可忍了"中流露出"愤怒"，而在"我希望我也有这么好的女友"中反映出"嫉妒"。在批判性讨论中，表达类并非构成性要素，但这并不是说它们不会间接地影响分歧消除过程。[②]

第五种言语活动类型是"宣告类"（*declaratives*，即塞尔的 *declarations*）。说者或作者借助这种言语行为，创造出某种特定事态。例如，如果某名雇主对雇员说"你被炒鱿鱼了"，那么雇主就并不仅是描述一个事态，而实际上是使之成为事实。宣告类通常受限于特定制度化语境，其中，特定人才有资格实施某种宣告。例如，对于"我宣布会议开始"，只有当"我"是会议主席时才有意义。一个特殊子类是所谓"用法宣告类"，它规定了语言的用法。[③] 该子类的主要用途是，通过澄清如何解释这些言语行为，用于促进或提升听者与读者对其他言语行为的理解。"用法宣告类"的例子有"定义"、"具体化"、"阐明"与"详述"。用法宣告类并不要求参与者之间有任何制度上的关联。在批判性讨论中的任何阶段，都可以实施（或要求）它们。如在冲突阶段，它们也许会有助于揭示虚假争议；在开始阶段，也许会有助于剔除讨论规则的不确定性；

① 尽管使用了"我承诺"，但该言语行为在此情境下相当于威胁而非承诺。

② 像其他间接言语行为一样，有时需要把表达类重构为立场或论证。即使它们只是表达类，它们也可能分散对讨论的注意力，如当参与者叹了一口气来表明这一讨论使他沮丧。

③ 范爱默伦和荷罗顿道斯特（van Eemeren & Grootendorst，1984，pp. 109 – 110）介绍了用法宣告的子分类。

在论辩阶段，也许会防止过早地接受或者不接受，等等。[①] 除了用法宣告类外，其他的宣告类在实质消除意见分歧中均无作用。[②]

关于构成批判性讨论的言语行为，请见表 10.1。

表 10.1　　批判性讨论中的言语行为分布

I	冲突阶段
断言	表达立场
承诺	接受或者不接受立场，坚持对立场的不接受
【指令	要求用法宣告】
【用法宣告	定义、具体化、详述等】
II	开始阶段
指令	要求对方维护立场
承诺	接受维护立场的挑战 对前提与讨论规则达成一致 决定开启讨论
【指令	要求用法宣告】
【用法宣告	定义、具体化、详述等】
III	论辩阶段
指令	要求论证
断言	提出论证
承诺	接受或不接受论证
【指令	要求用法宣造】
【用法宣告	定义、具体化、详述等】
IV	结束阶段
承诺	接受或不接受立场
断言	坚持或收回立场 确立讨论的结果
【指令	要求用法声明】
【用法宣告	定义、具体化、详述等】

① 韦斯克尔（Viskil，1994，荷兰文）为语用论辩定义框架建立了理论指引。

② 由于他们在某制度性语境中对说者或作者权威的依赖，宣告类有时可以导致争议搁置（而非消除），如法官宣布判决。

10.5 批判性讨论规则

在语用论辩论证理论中，授权在实质消除意见分歧各个阶段实施言语行的批判合理性规范被描述为批判性讨论规则。争议立场的正反双方在批判性讨论中，不仅必须经历消除过程的所有四个阶段，而且在所有阶段中都必须遵守这些规则。范爱默伦和荷罗顿道斯特（van Eemeren & Grootendorst，1984）在《论证性讨论中的言语行为》一书中所提出的批判性讨论规则，覆盖了从冲突阶段到结束阶段的所有阶段，同时也涵盖了与实质消除意见分歧相关的所有规范。它们共同构成了在批判性讨论中实施言语行为的论辩程序。

在《论证的系统理论》（van Eemeren & Grootendorst，2004）一书中所刻画的语用论辩程序包括了15条规则，它们代表了批判性讨论的最新版本。我们这里只引用了其中的7、8、9三条规则，因为它们掌控了最关键的评价程序（pp. 147 – 151）。[①]

规则7

(a) 如果应用主体间性识别程序[②]得到了一种肯定结果，或者，如果在第二次审查中的命题内容被双方作为子讨论的结果而接受，且在该子讨论中，正方成功维护了关于该命题内容的肯定子立场，那么，针对反方的攻击，正方就成功地维护了论证中复杂言语行为的命题内容。

(b) 如果应用主体间性识别程序得到了一种否定结果，同时正方未能在子讨论中成功维护涉及该命题内容的肯定子立场，那么反方就成功攻击了论证中复杂言语行为的命题内容。

规则8

① 对语用论辩批判性讨论规则的完整解释，参见范爱默伦和荷罗顿道斯特（van Eemeren & Grootendorst，2004，pp. 123 – 157）。

② 该程序以及规则中提到的其他程序将在下文中解释。

(a) 无论是应用主体间性推论程序得到了一种肯定结果，还是(在运用主体间性外显化程序之后) 应用主体间性检验程序得到了一种肯定结果，正方均针对反方的攻击，成功维护了论证中复杂言语行为的命题内容之证成力或反驳力。

(b) 无论是应用主体间性推论程序得到了一种否定结果，还是(应用主体间性外显化程序之后) 应用主体间性检验程序得到了一种否定结果，反方都成功地攻击了该论证的证成力或反驳力。

规则 9

(a) 如果正方同时成功维护了受反方质疑的命题内容及其证成力或反驳力，那么，正方就借助论证中复杂言语行为决定性地维护了初始立场或子立场。

(b) 如果反方成功地攻击了论证中复杂言语行为的命题内容，或是其证成力或反驳力，那么反方就决定性地攻击了正方立场。

规则 7 中提及的方法，也即识别程序，其中涉及判定受质疑命题是否与被双方所共同接受的命题清单上的任意命题相一致（van Eemeren & Grootendorst，2004，pp. 145 – 146）。如果某命题包含于在开始阶段即以接受为起点的命题列表中，那么该命题在讨论期间就不容置疑。如果反方就该论证命题内容的某部分提出质疑，而正方又能够正确地指出受质疑命题是已接受起点的一部分，则反方必须收回其异议。如此，正方针对反方攻击所做的维护也就成功了。

为了能够在批判性讨论中使用新信息，双方必须在开始阶段就商量好，如何判定一个包含新信息的命题是否应该被接受。他们可以共同决定：是征询口头意见还是查阅书面资源（如，百科全书、字典、工具书），或是通过某些（实验或其他）方法来检验信息的准确性。在开始阶段，讨论者们还可以共同决定是否允许进行“子讨论”，用于判定一个起初缺乏共识的命题能否在第二次审查中被接受。那么，正方必须对该命题持有肯定子立场，并且在子讨论中针对反方的批评，用相同的前提和讨论规则来维护该子立场。

规则 8 中所提及的推论程序与论证的命题内容无关，但与其证成力或反驳力有关（van Eemeren & Grootendorst，2004，p. 148）。该程序等同于，在推理已被充分外显化的情况下，判定正方的逻辑推论是否应该被接受。其目的是检查下述推理事实上是否有效："因为论证的命题内容，所以该立场所指代的命题（否定立场情形下则为，所以该立场所指代命题的否命题）。"

如果推理没有在论证中被完全外显化，并且就其本身而言也无法被视为有效，那么问题就转化为：论证是否基于双方都认为可采且被正确应用的论证型式。为了重构所使用的论证型式，我们需要应用外显化程序（van Eemeren & Grootendorst，2004，pp. 148 – 149）。一旦论证型式的重构完成，我们就必须判定所使用的该种论证型式是否确实可采，以及是否得到了正确应用。此种程序因为其中涉及执行适恰于相关论证型式的某些批判性检验，而被称为"检验程序"（van Eemeren & Grootendorst，2004，pp. 149 – 150）。

在考虑到应用规则 7、规则 8 的结果之上，再根据规则 9 我们就能够得出，正方是否借助论证决定性地维护了初始立场或子立场，以及反方是否决定性地攻击了某立场。只有当正方已经成功地根据规则 7 维护了论证的命题内容，同时根据规则 8 维护了论证对立场的证成力或反驳力时，这才是一项决定性的维护。同样地，只有当反方分别依据规则 7、规则 8 成功地攻击了论证的命题内容，或者攻击了论证的证成力或反驳力，这才是一项决定性的攻击。反方可能会试图同时做到两者，但正如规则 9 所言，二者成其一便是对立场的决定性攻击。

范爱默伦和荷罗顿道斯特在《论证、交流与谬误》（van Eemeren & Grootendorst，1992a）一书中，基于批判性讨论语用论辩程序中表达出的批判性洞见，为希望通过论证话语以理性方式消除意见分歧的人们建立了一套实践行为准则。① 这套行为准则是批判性讨论规则的非技术性简化版，它由十条基本原则组成。如果我们将论证话语视为实质消除意见分歧的恰当手段，那么我们就必须遵守这十条原则。由于这十条基本原则均以禁令形式表述，故我们也常将对该行为准则的规定简称为"十戒"

① 本节所用的行为准则表述是基于范爱默伦和荷罗顿道斯特（van Eemern & Grootendorst，2004，pp. 190 – 196）所作的最新版表述。

（van Eemeren & Grootendorst，2004，pp. 190 – 196）。[①]

如果相关各方一开始并不清楚是否存在意见分歧，或者不清楚这些意见分歧是什么，那就无法消除意见分歧。因此在批判性讨论中，双方必须有足够机会来使对方获知已方立场。提出立场和怀疑立场都需要被视为批判性讨论中冲突阶段的基本权利。行为准则的第 1 条规则被称为“自由规则”，其设计目的是用来确保能够自由提出及怀疑立场，即“讨论者不得阻止彼此提出或质疑立场”。

如果提出立场方并不打算担任正方，那么该批判性讨论就被停滞了，而无法消除意见分歧。为了能使批判性讨论顺利进行，那么如果提出立场方在开始阶段受到质疑，其就要自动地承担维护立场的义务。行为准则的第 2 条规则是“维护义务规则”，其设计目的是用来确保，当所提出立场受到质疑时能够得到维护，即“提出立场者一旦被要求维护立场，其不得拒绝”。

如果正方或反方曲解了争议立场，那么意见分歧就不可能被消除。这种情况包括，反方所攻击立场并非正方所提立场，或者正方所维护立场并非其原立场。在批判性讨论中，我们需要确保发生在论辩阶段的攻击和反驳，与正方所提立场正确地相联系。行为准则的第 3 条规则是“立场规则”，其设计目的与攻击相关，即“不得攻击另一方未曾提出之立场”。

如果对争议立场的维护不依靠论证却仅依靠道德或情感[②]，又或者（如前所述）如果正方提出的论证并不支持所欲维护立场，那么分歧都无

---

① 值得注意的是，如果实施批判性讨论的更高阶条件得以满足，那么遵守这些戒条只能作为理性行事的要求而被施于讨论者，以求完全实现批判合理性。如果将批判性讨论规则视为一阶“博弈规则”，那么，这些高阶条件就表达了所要求的、表述出讨论者性情与态度及讨论环境的各种心理、社会政治和其他类型的先决条件。与讨论者心理状态相关的“内在”条件被称为“二阶条件”，而与讨论情境相关的“外在”条件被称为“三阶条件”。对于这些高阶条件间的区分，参见范爱默伦等人（van Eemern *et al.*，1993，pp. 30 – 35）以及范爱默伦和荷罗顿道斯特（van Eemern & Grootendorst，2004，pp. 36 – 37）。

② 提出论证即使用逻辑（*logos*），可以与使用道德（*ethos*）和使用情感（*pathos*）相结合，但不应该被取代。关于在古典修辞学中（尤其是亚里士多德修辞学）说服的“道德”方法与“情感”方法的作用，参见本手册第 2.8 节中的说服模式子节和肯尼迪的著作（Kennedy，1994）。

法被真正消除。为了在批判性讨论中实质消除意见分歧，必须通过与争议立场相关的论证来维护立场。行为准则的第 4 条规则是“相关规则”，其设计意图是“不得借助非论证或与立场不相关之论证来维护立场”。

如果正方通过逃避责任的方式，收回了维护省略前提的义务，或者反方通过夸大未表达前提范围的方式，曲解了未表达前提，那么意见分歧都无法被合理消除。在批判性讨论中，正方必须对其论证中的所有未表达要素负责，同时反方也必须在对省略部分进行精心重构后，才能将其归于正方。行为准则的第 5 条规则是“未表达前提规则”，其设计目的是要确保双方均严肃地对待论证中的省略部分，即“讨论者不得错误地把未表达前提归于另一方，也不得推卸其对自身未表达前提的责任”。

为了实质消除意见分歧而攻击论证或借助论证来维护立场时，我们必须用恰当的方式来使用讨论的起点。只有已接受起点才是可接受的，同时也是不能被否认的。否则，无论是正方还是反方，就都不可能从双方已接受的承诺出发，分别决定性地维护或攻击某立场。行为准则的第 6 条规则是“起点规则”，其设计目的就在于确保在开始阶段已获认同之起点在论辩阶段能被恰当地使用，即“讨论者不得错误地将某事视为已接受起点，也不能错误地否认某已接受起点”。

如果维护立场之论证中的推理逻辑无效①，那么就无法实质消除意见分歧。因此，在完全明示的（故其自身必须是逻辑有效的）批判性讨论中，所有推理都需要接受逻辑有效性检验。如果论证中的推理并未被完全明示，那么此种检验就毫无意义，因为当依照字面意义来看时，推理基本上都是逻辑无效的（尽管也有可能“意外地”有效）。行为准则的第 7 条规则是“有效性规则”，其目的是检验结论是否确实从前提逻辑地推出，即“被明示且完整表达的论证中之推理，不得在逻辑意义上无效”。②

只有当我们确定，立场被论证决定性地维护或批评时，才能实质消

---

① 推理何时在逻辑意义上被视为无效，这取决于被用作有效性标准的逻辑理论。这一标准需要在开始阶段被显性或隐性地取得共识（van Eemeren & Grootendorst，1984，p. 163；2004，p. 148）。

② 我们更倾向于使用范爱默伦和荷罗顿道斯特的表述，即“推理……被表达为形式上确定的”（van Eemeren & Grootendorst，2004，p. 193），因为该表述更易理解。

除意见分歧。因此，为了能够做出这种判断，我们必须提供一种双方共同接受的方法，用以检验不属于共同起点，且无法借助逻辑有效性来检验的那部分论证之可靠性。这些方法应该使我们能够判定当下论证中所用论证型式依照在开始阶段所达成的共识是否确实可采，以及它们在论辩阶段中是否得到了正确使用。行为准则的第 8 条规则是“论证型式规则”，它通过排除掉论证型式的不恰当使用，确保了论证型式的使用能够为立场提供决定性维护，即“若立场是被未明示且未完整表达的论证所维护，那么除非该维护是通过恰当且被正确应用的论证型式所实现，否则不得将该立场视为得到了论证的决定性维护”①。

只有双方在结束阶段就其为维护立场所做出的尝试性努力是否决定性地成功，达成了一致意见时，意见分歧才能被消除。即使批判性讨论进行得十分顺利，但是如果正方在结束阶段错误地宣称立场得到了成功维护乃至被证明为真，或者如果反方在对方立场已得到证明的情况下，错误地否认了该维护的成功，那么批判性讨论也将面临失败。行为准则的第 9 条规则是“结束规则”，其设计目的是确保双方以正确方式确定讨论结果，即“对立场的非决定性维护会使得无法继续持有该立场，而对立场的决定性维护也会使得不能继续持有对该立场的怀疑性表达”。

只有当讨论中的所有参与者都尽可能努力地表达其意图，并尽可能准确解释他人意图时，产生误解的概率才最小，这样才能实质消除意见分歧。否则，无论误解是不是被有意地创设出来，表达或解释中的问题都可能导致在冲突阶段产生虚假分歧，或者在结束阶段产生虚假消除。在日常语言的使用中，完全清晰是不可能的，同时表达问题与解释问题并不限于批判性讨论中的任何特定阶段，而是有可能出现在任何讨论阶段。批判性讨论的第 10 条规则是“语言使用规则”，旨在防止由不透明、含混或模棱两可式表达以及不精确、草率或偏见式解释所产生的误解，即“讨论者不得使用任何不够清晰或易令人困惑的歧义式表达，同时他们也不得有意曲解另一方的表达”。

① 该表述要比范爱默伦和荷罗顿道斯特（van Eemeren & Grootendrost，2004，p. 194）中清楚一些。

10.6 分析性重构

出于各式各样的原因[①]，论证现实并不会与批判性讨论的理想模型完全一致。[②] 有时，它甚至似乎与模型完全背离。例如在模型中，对立场可接受性持怀疑态度的反方，必须清楚且毫不模糊地在讨论的冲突阶段陈述其怀疑，但在现实中这样做可能会有损双方的面子，所以，反方会更加倾向于谨慎地处理。无论是因为其不言自明性，抑或是因为一些并不那么光彩的原因，消除过程中某些不可或缺的组成部分却常常被省略，其中包括对意见分歧的定义、讨论角色的确立、程序起点与实质起点、在维护立场时所提出论证间的关系，以及各前提支持立场的方式。这些组成部分通常隐藏在话语中，并且需要通过重构分析来复原（van Eemeren *et al.*，1993）。[③]

语用论辩分析中的论证话语重构始于下述想法：若要实质消除意见分歧，则需要经历在批判性讨论模型中被分析性地区分出的四个讨论阶段，并执行相关类型的言语行为。[④] 因此，批判性讨论模型在重构中充当的是启发式分析工具。它作为一种模板（van Eemeren *et al.*，2007），可

① 对这些原因的解释，参见范爱默伦（van Eemeren，2010，p. 13）。

② 我们观察到下述事实：双方常常无法识别其意见分歧何在；哪方被说服并需要接受争议立场可接受性也并非总是立刻清楚明了；通常来说，人们只在认为某方未完全清楚讨论角色的划分、程序起点与实质起点时，才会提及它们；论证总是有一部分是未表达的，而且批评也总是隐性的；结论常常仅仅是被建议或暗示的。从上述观察中，我们既不能得出话语有缺陷的结论，也无法得出批判性讨论模型不符合现实的结论。前者与实施日常话语的语用洞见相矛盾，而后者又与实质消除意见分歧的论辩洞见相矛盾（van Eemeren & Grootendorst，1984，Chap. 4；1992a，Chap. 5；van Eemeren *et al.*，1993，Chap. 3）。

③ 根据独白来维护立场的论证话语，在语用论辩学中被视为隐性讨论，即只有一个显性参与方。因为这种话语也旨在让潜在批评者信服，所以即使这些批评者事实上并未被展示出来，也无论这些看法多么隐性，我们都需要考虑到他们的看法。这就如同在显性讨论中，提出立场的双方不可能仅仅表达其论证，他们也需要以某种方式覆盖其他讨论阶段。分析隐性讨论的实践难题通常是难以识别各讨论阶段。

④ 重构口头话语或书面话语中的首要问题通常是，该话语到底是整体论证性的，抑或只是部分论证性的。尽管在某些情况下，话语明显不是论证性的，但是未被表达为论证性的话语通常也具有论证性功能。其划分的标准是话语是否直接或间接地旨在打消听者对立场可接受性的怀疑。

以为分析提供参照点，也可以确保话语是依据与实质消除意见分歧相关的论证话步而得以解释的。这意味着我们在分析中采取了一种理论性视角，而我们通过此种分析就可以得到一种结果为分析概览的重构。其中，此种概览突出且仅突出话语中与批判性评价有关的那些要素。因为在论证现实中，这些要素通常不会完全且清楚地表现在话语中，更遑论按照既定顺序，此外，它们也会被淹没在大量的非论证要素中，所以，在重构论证时需要系统地识别出这些要素，并将其纳入分析概览。①

论证话语的语用论辩重构需要很多特定的分析性处理，即“重构转换”。此种处理不仅有助于识别话语中对实质消除意见分歧有意义的成分，也有助于以恰当的方式来处理这些成分。每种转换都代表着，依据批判性讨论对话语某部分进行重构的特定方式。② 基于转换中所包含的这种分析性处理，我们可以区分出转换的四种类型：“剔除”、“增加”、“排列”与“替换”。③ 在引入这些转换之后，这种由分析而导致的重构，在好多方面会与之前有所不同，在某些情况下甚至会大不相同。

“剔除”转换意味着，在分析时要识别并忽略话语中所有对实质消除意见分歧无意义的部分，如有关其他话题的内容、不相关的打断，以及对相同内容的单纯重复。“增加”转换涉及一种完备过程，即把隐含在话语中，但却与实质消除意见分歧直接相关的部分补充出来，如预设的或被省略的起点、未表达前提和结论。“排列”转换是指，对话语中的已有要素进行重新排列，使其以最能反映出实质消除意见分歧的顺序，在分析概览中呈现出来。如此便能将本属于某讨论阶段但却（或早或晚地）出现在话语中的要素进行重新调整，此外，也可以修正两个不同讨论阶段间的重叠部分。“替换”转换指的是，在分析中用毫不含糊的明晰改述重新表达出现在话语中的立场和其他重要成分，否则，该话语在消除过

---

① 范爱默伦（van Eemerne，2010，pp. 16 – 19）解释说，由分析产生的分析概览需要满足经济性要求、实效性要求、融贯性要求、现实性要求及理由充分性要求。

② 转换旨在重构话语各部分为实质消除意见分歧所做贡献的方式，但并不必然总是与参与者所认为的方式相符。

③ 关于论证话语的语用论辩式重构中所用转换的更详尽解释，参见范爱默伦和荷罗顿道斯特（van Eemeren & Grootendorst，1990）、范爱默伦等（van Eemeren *et al.*，1993，pp. 61 – 68）以及范爱默伦和荷罗顿道斯特（van Eemeren & Grootendorst，2004，pp. 100 – 110）。

程中的作用将因歧义或模糊表达而变得不易理解。

在对真实话语的语用论辩重构中，这四种类型的转换原则上需要在一个循环过程中被反复执行。其原因是某种转换完成后所达到的结果，也许会需要（或证成）其他转换的完成。例如，在把非断言言语行为重构为间接立场时，可以使用替换转换将这一言语行为重构为间接断言，但与此同时，为了给这一间接断言赋予立场的交流功能，在该替换转换之后也许必须跟随着增加转换。

为了超越对论证话语的粗浅理解并给出可靠评价，由话语重构而得来的分析概览，应该包含所有但也仅包含那些与实质消除意见分歧相关的要素。这意味着分析概览必须涵盖所有讨论阶段。这就需要概括所争议的意见分歧；需要明确参与者的立场，以及作为讨论起点的程序起点和实质起点；需要审视双方提出的论证和批评，查明他们所使用的论证类型与所建立的论证结构；最后，根据参与者的观点来得出讨论结果是什么。这就意味着在分析概览中，需要注意以下几点：①

（1）意见分歧中的争议立场；

（2）双方采取的立场以及程序起点与实质起点；

（3）双方为每个立场显性或隐性提出的论证；

（4）维护立场所提出所有论证的整体论证结构；

（5）在（构成论证的）各子论证中，证成立场时所使用的论证型式；

（6）双方主张的讨论结果。

以上六点全都与论证话语的评价有关。② 如果不清楚意见分歧何在的

---

① 除了在评价论证话语中起作用的谬误概念，在第 1.3 节中提到的所有重要概念都被展示在分析概览中了。参见第 10.7 节。

② 从分析概览（或类似于分析概观的写作计划）出发，在语用论辩学中还建立了一种写或改写论证性文本的方法，该方法可以使文本可理解性和可接受性不受冗余性、不明晰性、无序或不清晰的损害（van Eemeren & Grootendorst，1999）。四种表达性转换都可以在此方法中被应用于分析概览（或写作计划），大致“反映了”重构转换：表达性剔除（可以省去什么?）、表达性增加（应该增加什么?）、表达性排列（可以做哪些重新安排?）以及表达性替换（哪写改述是必要的?）。

话，也就无从获知是否消除了分歧。如果不知道双方所采取的立场，那就不可能知道最后哪方获胜。如果未能考虑所有论证的话，那么论证的关键部分可能会被忽视而导致评价不充分。如果维护某立场的论证结构未获揭示，那么就不可能判定为维护立场而提出的论证是否构成了一个融贯的整体。如果用于支持立场及其子立场的论证型式未获识别，那么就无法判断前提和立场间的关系是否如批评那般。如果没有考虑到双方对结果的看法，就不可能知道评价者的判断是否与双方的判断相一致。

与分析概览各组成部分相关的术语及概念，如“论证结构”与“论证型式”，在此按语用论辩理论的方式定义或处理。[①] 例如，在重构处于论证话语核心的意见分歧时，我们区分了单一非混合型、多重非混合型、单一混合型与多重混合型意见分歧及其各种组合。在重构参与者所持立场时，我们区分了正方与反方。在重构论证时，我们区分了显性前提与话语中隐含的，甚或是间接表达的前提。在重构未表达前提时，我们区分了逻辑最小与语用最优。逻辑最小指的是，以命题“如果显性前提，那么结论”表达出的关联条件句；语用最优涉及对关联条件句进行进一步概括化或特定化，其程度取决于语境、可得背景信息，以及其他相关语用考量。[②] 在重构论证结构时，多重型、并列型及从属型论证结构都与论证者预期或回应的各种不同批判性反应相联系。[③] 论证型式的划分取决于不同类型的批判性问题，而语用论辩学认为，这些批判性问题与在论证和立场间建立的因果关系、征兆关系或类比关系密切相关。[④]

当范爱默伦等人在《重构论证话语》（van Eemeren *et al.*，1993）一书中阐明重构分析的语用论辩方法时，他们强调重构应该在各方面都忠于依据参与者的贡献而划归于其的承诺。在重构中进行的转换必须依据

---

① 对这些术语及概念的解释，参见范爱默伦和荷罗顿道斯特（van Eemeren & Grootendorst，1992a）和范爱默伦等人（van Eemeren *et al.*，2002a）。后者是一本有关分析、评价和提出论证话语的语用论辩方法的教科书。

② 对未表达前提的语用论辩重构，参见范爱默伦和荷罗顿道斯特（van Eemeren & Grootendorst，1992a，pp. 60 – 72）。还可参见赫尔洛夫斯（Gerlofs，2009）。

③ 对语用论辩式论证结构的更详细讨论，参见范爱默伦和荷罗顿道斯特（van Eemeren & Grootendorst，1992a，pp. 73 – 89）和斯诺克·汉克曼斯（Snoeck Henkemans，1992）。

④ 对语用论辩式论证型式的更详细讨论，参见范爱默伦和荷罗顿道斯特（van Eemeren & Grootendorst，1992a，pp. 94 – 102）。还可参见赫尔森（Garssen，1997，荷兰文）。

语用洞见和实证数据的可靠结合来解释。为了既不“过强解释”，也不“过弱解释”话语，分析者必须对话语所处交流语境中表达细节的含义保持敏感性。

交流规则是语用论辩学为了依据批判性讨论模型来重构论证话语，所建立的分析工具之一（van Eemeren & Grootendorst，1992a，pp. 49 - 52）。这些规则基于对下述两者之改进版的整合而得到，即塞尔给出的在交流中实施言语行为的适切条件，以及格赖兹给出的言语互动行为准则。后者指的是，不得实施下述任何一种言语行为：（1）难以理解的；（2）（在不会产生承诺意义上而言）不真诚的；（3）冗余的；（4）无意义的；（5）（在其所属特定言语事件的语境下）不恰当的。

在假定不背离交流与互动一般原则的情况下，若论证者看起来却违反了这些规则，那么分析者就要像日常听者或读者那样，尝试重构这些隐性言语行为，使得重构后的言语行为符合所有交流规则。按照这一程序，原本依字面理解违反交流规则的间接言语行为与未表达前提，就可获得重构（van Eemeren & Grootendorst，1992a，pp. 52 - 59，60 - 72）。

重构不仅需要考虑论证话步的表达形式，而且要考虑做出这些话步的语言微观语境、情境中观语境、制度宏观语境及互文话语语境（van Eemeren，2010，pp. 16 - 19）。在证成为何倾向于某种重构（而非另一种）时，我们还需考虑的相关内容包括，表明话语所言相关预设或蕴含的逻辑推论，与表明相关“言外之意”的语用推论。这也同样适用于相关背景信息（这些信息有可能只对特定知情者而言才是正常的或可得的）。

10.7 谬误即违反了批判性讨论规则

传统上，在某方面有严重缺陷的论证话步被称为“谬误”。在考虑到论证理论作为一门学科的实践取向之后，对谬误的甄别能力可从根本上被视为任何特定（规范）论证理论的试金石（van Eemeren，2010，

p. 187）。既然何为错误的理论无法独立于何为正确的理论而获表述[①]，范爱默伦和荷罗顿道斯特（van Eemeren & Grootendorst，1984，1992a）一开始就将他们对谬误的处理纳入其论证理论之中。在语用论辩论证理论中所提出的讨论规则，代表着批判性讨论的标准或一般可靠性规范。

语用论辩进路认为，对于违反了任意批判性讨论规则的话步而言，不管它属于哪一方或哪一阶段，实施构成此种话步的言语行为都将被视为谬误。将某论证话步称为谬误的根本原因是，该话步阻塞或妨碍了实质消除意见分歧。行为准则的批判性讨论规则，有助于防止将这种起反作用的论证话步视为可接受的，这一事实证明了其作为实质消除意见分歧工具的恰当性，即其“问题消除有效性”。[②]

由此，“谬误”在语用论辩学中就与批判性讨论规则系统地联系起来了。“谬误”被定义为一种讨论话步，它以某种方式违反了应用于特定讨论阶段的批判性讨论规则。[③] 构成行为准则的十条批判性讨论规则，原则上为实质消除意见分歧提供了所有相关规范，因此也就涵盖了所有可能在论证话语中所犯的谬误。在尝试借助论证话语来消除意见分歧时，可能在大量地方出错。在此，我们主要关注于那些对批判性讨论规则最根本的违反上。尽管范爱默伦和荷罗顿道斯特在《论证、交流和谬误》一书中给出的违反列表（理所当然）并不完整，但是其令人印象深刻处在于，出现在被视为批判性讨论之论证话语各阶段中的谬误性话步，具有如此丰富的多样性（1992a，pp. 93 –217）。

正反双方均可能在冲突阶段中违反第1条规则，即“自由规则”，且违反方式多种多样。一方可能会限制可被提出或质疑的立场，或者否定

① 参见德摩根（Demorgan，1847）和马西（Massey，1975）更严格但也更消极的观点。

② 关于问题消除有效性（或问题有效性、客观有效性）以及（半）程式有效性（或主体间有效性）概念，参见本手册第3.9节。关于批判性讨论规则问题消除有效性的证明，参见范爱默伦和荷罗顿道斯特（van Eemeren & Grootendrost，1994a）。为了在论证现实中起到实质消除意见分歧的作用，批判性讨论规则在具有问题消除有效性后，还需要被评价过程中所涉及的主体接受为主体间标准，因此，这些规则也是程式有效的。参见第10.12节。

③ 在语用论辩学中，谬误识别总是有条件的：当且仅当某论证话步所在话语被视为旨在消除意见分歧时，该论证话步才有可能被视为谬误。仅当我们首先已判定出某话语在何种程度上能够依据批判性讨论被重构，并已对该话语进行了恰当的分析，它才能完全且有条理地进行谬误筛查。

另一方提出或批评某特定立场的权利。第一种违反意味着某些立场会被视为禁忌而排除在讨论之外，或者会被视为神圣不可侵犯的。第二种违反是直接指向对手个人的，它旨在将另一方排除出正式讨论对手之列，这可以通过诸如，用处罚威胁对手（诉诸威胁谬误）、引发对手同情（诉诸同情谬误）或贬损对手的诚实性、公平性、专业性和可信性（诉诸人身攻击谬误）等手段来实现。

正方可能在开始阶段，因为逃避或转移证明责任而违反第 2 条规则，即“维护义务规则”。正方在逃避证明责任时，会试图通过将立场表达为自明的、给出针对立场正确性的个人保证（诉诸权威谬误变体），或使其“免疫”批评（如，用一种无法被证伪的方式来表达立场：“真汉子是领导者”）等方式，来营造立场不存在任何可质疑点，故没有必要维护的印象。正方在转移证明责任时，会要求反方通过证成正方立场的对立面来表明正方立场错误（诉诸无知谬误变体），但实质上反方并不需要承担此证明责任。

正反双方均可能在任意阶段违反第 3 条规则，即“立场规则”。在关于“混合型”分歧（此时，双方均有立场需要维护）的讨论中，他们违反该规则的方式包括：将某虚假立场归于另一方，或者歪曲另一方的立场（稻草人谬误）。对于前者，其实现方式包括：断然但错误地将己方立场表达为对手立场的对立面，或者塑造出己方立场的一个假想对手。后者的实现方式包括：通过过分简化（忽略细微差别或重要限定）或夸大（将对手所言普遍化或绝对化）的方式，对对手的话断章取义。

正方可能在论辩阶段违反第 4 条规则，即“相关规则”。通常有两种违反方式：其一，提出的论证与在冲突阶段所提立场并不相关（不相关论证谬误或不相关结论谬误）；其二，通过使用非论证性说服方法来推销其立场。煽动听众情绪（诉诸大众谬误变体）和炫耀个人品质（诉诸权威谬误变体）是第二种违反类型的两个例子。如果利用了听众的积极或消极情绪（如偏见），那么情感就代替了逻辑，这种对相关规则的违反被称为“情感谬误”。如果正方试图利用他们在另一方心目中的权威（因为其真诚、专业、可信及其他品质），而使其立场得到接受，那么道德就代替了逻辑，这种对相关规则的违反被称为“道德谬误”。

正反双方均可能在论辩阶段违反第 5 条规则，即“未表达前提规则”。具体来说，正方的违反是因为否认未表达前提，而反方是因为歪曲未表达前提。在否认未表达前提中（“我从来没有那么说过”），正方实际上是试图通过不承认（已获正确重构的）未表达前提来逃避论证中的推定责任。如果反方对正方未表达前提所进行的重构，超出了人们认为正方理应承担的“语用最优”，那么反方就犯了歪曲未表达前提谬误。其中，“理应承担”是就如语境和可获背景信息之类的语用要素都被恰如其分地加以考量情况下而言的（参见第 10.5 节）。

正反双方均可能在论辩阶段违反第 6 条规则，即“起点规则”。具体来说，正方的违反是因为将某前提错误地表达为公认起点，而反方是因为否认了一个公认起点。在将某前提错误地表达为公认起点时，正方试图逃避其证明责任。为了实现该目的可采用的方法包括：错误地将某前提表达为自明的，在提问的预设中狡猾地掩藏一个命题（复杂问语谬误），将某前提掩藏在未表达前提中，所提出的论证事实上与立场相同（循环论证，也称乞题谬误或循环推理谬误）。反方通过否认代表了共同起点的某前提，实质上排除了正方维护其立场的一次机会，而这与成功论证的条件相悖。

正方可能在论辩阶段以多种方式违反第 7 条规则，即“有效性规则”。有些逻辑无效的情形经常出现，但又无法被立刻察觉。比如，在含有以“如果……，那么……”为前提的论证中，将充分条件误认为是必要条件（肯定后件谬误，否定前件谬误；或将必要条件误认为是充分条件）。其他违反情形还有，如将构成部分的（结构依赖且相关的）性质错误地归于整体，反之亦然（合成谬误、分解谬误）。[①]

正方可能在论辩阶段违反第 8 条规则，即“论证型式规则”。违反方式有两种：其一，使用了不恰当的论证型式；其二，不正确地使用了恰当的论证型式。语用论辩学区分了三种论证型式主要类型：（1）征兆论证或表征型论证，其中前提与立场之间存在着伴随关系（“丹尼尔是演员［并且演员都很自负］，所以，他必然很自负”）；（2）类比论证或相似型论证，其中前提与立场之间存在着相似关系（“你的母亲不应该允许你在

---

① 关于结构依赖相对性与合成谬误、分解谬误之间的关系，参见范爱默伦和赫尔森（van Eemeren & Garssen，2009）。

外面一直待到午夜，因为当你姐姐在你这般大小时就不被允许这样［而类似情况应该得到类似对待］”）；（3）因果论证或者结果型论证，其中，前提与立场之间存在着工具关系（“因为罗斯饮用了过量威士忌［而饮用太多酒精会导致剧烈头痛］，所以，她一定很头痛）。在下文中，我们将以一些对论证型式的不恰当选择或不正确使用为例来说明，可以依据三种论证型式类型来对违反“论证型式规则”分类。

不恰当的征兆论证有很多例子，如：当某位科学家以“每个人都认为该立场正确”（诉诸大众谬误的民粹主义谬误变体，也是诉诸权威谬误变体）为理由，来论证立场的正确性。未正确使用征兆论证的例子如：当我们通过诉诸专家权威来维护某实践决定时，却以“某不相关权威或准权威认为该立场是正确的”（诉诸权威谬误变体）为理由；或者，当立场是一项概括时，却以非代表性观察或不充分观察（轻率概括谬误或忽略限制谬误）为理由。错误使用类比论证的例子如，在进行正确类比的条件未获满足之时做类比（错误类比）。最后，不恰当使用因果论证的例子如：某描述性立场因为其不受欢迎的结果而遭拒斥（诉诸后果谬误变体）。未正确使用因果论证的例子如：在缺乏良好理由的情况下论证，若采取某行为，则结果会变得更糟（滑坡谬误）。

正反双方均可能在结束阶段违反第9条规则，即“结束规则”。其具体表现形式有：（1）正方仅仅因为成功维护了某立场，就断定该立场为真（使成功维护绝对化谬误）；（2）反方依据未能证明某事为真，就自动得出结论“其不为真”，或依据未能证明某事为假，就自动得出结论“其为真”（使维护失败绝对化谬误或诉诸无知谬误变体）。正方在使成功维护绝对化时，原则上犯了两个错误：首先，既定事态被不合理地归入了公认起点，而其真实性本不在讨论范围之内；其次，成功维护被错误地赋予了一种客观地位，而其本应只具有主体间地位。当反方使维护失败绝对化时，他也犯了两个错误：首先，这造成了正反双方角色的混淆；其次，错误地假定了讨论的结局必须总是要么肯定立场获胜，要么否定立场获胜（虚假二难谬误），从而使得若不是肯定立场获胜则必然是否定立场获胜，反之亦然，但因此也就忽视了中立立场（零立场）的可能性。[①]

正反双方均可能在任意阶段违反第 10 条规则，即“语言使用规则”。这发生在当他们从不清晰（模糊谬误）或含混（歧义谬误、模棱两可谬误、含混谬误）中获得了不当好处时。可能出现多种不清晰的情形：由文本结构所导致的不清晰、由隐含所导致的不清晰、由不确定所导致的不清晰、由不熟悉所导致的不清晰，以及由模糊所导致的不清晰，等等。同样也存在很多种类型的歧义：指称歧义、句法歧义、语义歧义，等等。歧义谬误与不清晰谬误高度相关。二者既可以单独出现，也可以与其他谬误（如合成谬误与分解谬误）一同出现。

各种违反批判性讨论规则的概观如表 10.2 所示。

表 10.2　　违反批判性讨论规则概览

正方或反方在冲突阶段违反规则 1（自由规则）
1. 对立场或怀疑施加限制
——宣称立场神圣不可侵犯谬误
——宣称立场是禁忌谬误
2. 限制另一方的话步自由
*将另一方置于压力之下
——棍棒谬误（=诉诸武力谬误）
——诉诸怜悯谬误（=诉诸同情谬误）
——诉诸人身攻击谬误（=人身攻击谬误）
——将另一方描述为愚蠢、邪恶、不可信等的谬误（=直接或“辱骂型”人身攻击谬误的变体）
——怀疑另一方动机谬误（=间接或“境况型”人身攻击谬误的变体）
——指出另一方的言（或/和）行不一致谬误（=“你也一样”谬误的变体）
正方在开始阶段违反规则 2（维护义务规则）
1. 转移证明责任给另一方
*在非混合型意见分歧中，正方不是维护其自身立场，而是强迫反方证明正方立场错误
——转移证明责任谬误

① 关于仅涉及怀疑对手而无相反立场的零立场思想，参见范爱默伦和荷罗顿道斯特（van Eemeren & Grootendorst，1984，pp. 78 – 81；1992a，pp. 13 – 25）。

续表

＊在混合型意见分歧中，一方不是维护其自身立场，而是强迫另一方维护他们（另一方）的立场 ——转移证明责任谬误 2. 逃避证明责任 ＊将立场表达为自明的 ——逃避证明责任谬误 ＊为立场正确性做人格担保 ——逃避证明责任谬误 ＊使立场免疫批评 ——逃避证明责任谬误 正方或反方在所有讨论阶段违反规则 3（立场规则） 1. 将一个虚假立场分配给另一方 ＊将自身立场错误地表达为（对手的）相反立场 ——稻草人谬误 ＊参照对手所属团体的观点 ——稻草人谬误 ＊创造虚构对手 ——稻草人谬误 2. 歪曲另一方立场 ＊考虑表达时脱离语境 ——稻草人谬误 ＊过于简化或者夸大 ——稻草人谬误 正方在论辩阶段违反规则 4（相关规则） 1. 论证与讨论中的立场无关 ——不相关论证谬误（＝不相关结论谬误） 2. 通过论证以外的方式来维护立场 ＊非论证 ——利用听众情绪谬误（＝情感谬误/诉诸大众谬误） ——炫耀自身品质谬误（＝道德谬误/诉诸权威谬误） 正方或反方在论辩阶段违反规则 5（未表达前提规则） 1. 增加超出担保范畴的未表达前提

续表

——歪曲未表达前提谬误
2. 拒绝接受被己方维护所隐含之未表达前提的承诺
——否定未表达前提谬误
正方或反方在论辩阶段违反规则 6（起点规则）
1. 通过错误地否定某已接受起点来影响起点
——错误地否定已接受起点谬误
2. 通过错误地将某物表达为已接受起点来影响起点
——在做断言时不公正地使用预设谬误
——在提问时不公正地使用预设谬误（=复杂问语谬误）
——使用与立场相同的论证谬误（=循环论证谬误/循环推理谬误/乞题谬误）
正方在论辩阶段违反规则 7（有效性规则）
1. 在推理中，充分条件被当作了必要条件
——否定前件谬误
——肯定后件谬误
2. 在推理中，混淆了部分的性质与整体的性质
——分解谬误
——合成谬误
正方在论辩阶段违反规则 8（论证型式规则）
1. 使用了不当论证型式
——民粹主义谬误（征兆论证）（=诉诸大众谬误）
——混淆了事实与价值判断谬误（因果关系）（=诉诸后果谬误）
2. 不正确地应用论证型式
——权威谬误（征兆论证）（=诉诸权威谬误）
——轻率概括谬误（征兆论证）（=以偏概全谬误）
——错误类比谬误（类比论证）
——滑坡谬误（因果论证）
正方或反方在结束阶段违反规则 9（结束规则）
1. 正方影响结论
——拒绝收回未被成功维护的立场谬误
——因为某个立场被成功维护就断言其为真的谬误
2. 反方影响结论
——拒绝收回对已被成功维护立场之批评的谬误

续表

——因为某立场的对立面未被成功维护就断言其为真的谬误（＝诉诸无知谬误）
正方或反方在所有讨论阶段违反规则 10（语言使用规则）
1. 误用不清晰
——不清晰谬误（隐含谬误、不确定谬误、不熟悉谬误、模糊谬误）
2. 误用含混
——含混谬误

正如表 10.2 中概览所示，语用论辩进路并未像标准处理（参见本手册第 3.5 节和第 3.6 节）一样，将所有谬误均视为违反了相同的（有效性）规范。[①] 语用论辩的谬误定义区分了在实质消除意见分歧过程中需要遵循的许多功能性规范，而逻辑有效性规范只是其中之一。语用论辩学的处理不同于将谬误视为（恰巧由历史传承而来）有名无实之类型的无条理列表，而是将所有谬误都与违反批判性讨论规则系统地相结合。据此，此列表中的传统谬误均可获得更加清晰且一致的刻画，而之前未获关注的“新”谬误也可以被识别。

该进路表明了：传统范畴中仅仅在名义上被归结在一起的谬误间并不具有任何共同点，在本进路中清晰地将其区分开来；而之前真正相关但却被分隔开的谬误，现在能够被归结在一起了。例如，传统上的“诉诸权威”谬误有许多变体，它们现在被证明并非违反了同一条规范，故其本质上属于不同类型的谬误。其中一种变体是，一方在讨论的开始阶段以人格担保其立场的正确性（“你要相信我，每场战争都会导致下一场战争”）。这一谬误违反了维护义务规则（2），即当提出立场的一方被期望维护该立场时，他就有义务如此做。另一种变体为，当一方准备在论辩阶段维护己方立场时，却通过炫耀自身品质来维护立场。该谬误违反了相关规则（4），这条规则排除了非论证性手段。还有一种变体为当一方在论辩阶段诉诸的权威并不是争议立场领域相关的专家权威时，如

① 当涉及在论证话语中的谬误发现时，需要区分两种标准：一是定义了各类型谬误的标准；二是用以判定传达某论证话步的特定言语行为，是否因违反了某标准而被归入特定谬误的标准。我们在发现谬误时，既需要考虑与隐含性、间接性有关的语用洞见，同时也要考虑语境信息与背景信息。

“名声显赫的神学家孔汉斯最近再次明确确认，每场战争都会导致下一场战争”。此种类型的谬误违反了论证型式规则（8），该规则规定，所诉诸的权威资源必须确实是该领域的权威。从实质消除意见分歧角度来看不属于同一类，但历史上却被视为同一类型谬误的还有诉诸大众谬误，它既可以违反相关规则（4），也可以违反论证型式规则（8）。形成对照的是，传统上被视为诉诸怜悯谬误某变体的谬误，与被视为诉诸大众谬误某变体的谬误，均违反了论证型式规则（8），因此从实质消除意见分歧角度来看，它们是同一类谬误的不同变体。

语用论辩进路把谬误视为违反了批判性讨论规则，这也使我们能够区分一些之前没注意到的实质消除意见分歧障碍，也即“新”谬误，但也正因如此，它们还未获命名。这些谬误包括宣称某立场神圣不可侵犯谬误（违反自由规则 1），通过使立场免疫批评而逃避证明责任谬误（违反维护义务规则 2），否定未表达前提谬误（违反未表达前提规则 5），错误地把某前提表达为共同起点谬误（违反起点规则 6），错误地把某前提表达为自明谬误（违反起点规则 6），否定某已接受起点谬误（违反起点规则 6），以及使成功辩护绝对化谬误（违反结束规则 9）。

10.8　论证话语中的策略操控

语用论辩理论化自批判性讨论模型出发，正逐步地、分阶段地发展着：从在批判性讨论模型中所例示的抽象理想化之分析层面，到丰富多彩的论证话语实践之实质层面。该发展过程中的关键性一步是，范爱默伦和豪特罗斯尔在 20 世纪 90 年代，为强化语用论辩学与论证现实间的联系，而共同着手将论证话语的“策略设计”纳入理论化之中（van Eemeren & Houtlosser，2002a）。这一吸纳旨在扩充语用论辩学的理论工具，使得与现有的标准理论相比，可以给出对论证话语更深层、更现实的分析与评价。[①] 此外，分析与评价也将被更为可靠地证成。范爱默伦（van Ee-

① 在理论化中包含的对策略性考虑的解释，也应该有助于建立更世故的方法来提升口头论证话语与书面论证话语的质量。

meren，2010）在《论证话语中的策略操控》一书中阐明了其扩充理论。

为了解释对论证话语的“策略设计”，就需要继在标准理论中占主导地位的合理性层面之外，在理论化中再引入实效性层面。范爱默伦和豪特罗斯尔的起点是，在日常生活论证话语中，追求实效性总是与追求合理性在一起的。在话语的所有论证话步中，论证者都在同时追求实效性目标与维护合理性目标。在做出论证话步时，论证者试图实现使其目标听众接受的效果，但是若要基于他们所做话步的合理性来实现该效果，他们就必须保持在批判性讨论规则所划定的合理性范围之内。因为同时追求这两种目标会不可避免地创造出某种张力，论证者必须在二者间保持一种精美的平衡。这就是为什么范爱默伦和豪特罗斯尔认为，在做出论证话步时总是会涉及调和着追求实效性与保持合理性的策略操控。

当采用策略操控理论思想时，因为引入了实效性维度，故也就意味着在理论化中加入了修辞维度。然而，这并不意味着语用论辩理论立刻变成了一种修辞理论。在对处理策略操控具有启发意义的论证话语中，只会考虑那些与旨在追求实效性相关的修辞学洞见。[①] 这些洞见在语用论辩理论扩充版中，都被整合进分析与评价的论辩模型之中。

虽然亚里士多德对论证话语的论辩视角和修辞视角都具有强烈兴趣[②]，并且长期以来这两种视角都以一种更偏向于竞争的关系关联着，但是在17世纪早期，它们二者是完全割裂的，且被视为互斥的典范（van Eemeren，2013a）。若要弥合该分裂，就需要在论证研究界与修辞研究界间的概念性与交流性鸿沟之上搭起一座桥（van Eemeren，2010）。范爱默伦和豪特罗斯尔（van Eemeren & Houtlosser，2002a）认为，这两种观点并非真正相冲突的，甚至在很多方面是互补的。他们所持有的批判性观点是：仅当处于论辩合理性的界限之内时，关注修辞实效性才有意义；只有当把合理性

① 在论证话语中追求实效性的研究，通常被视为修辞学核心研究领域的一部分（Wenzel，1990；Hample，2007；van Eemeren，2010，pp. 66－80）。然而，尤其自“大修辞学”发展以来，修辞学研究范畴既不局限于实效性，也不再局限于论证话语，参见福斯等人（Foss *et al.*，1985）、朗斯佛特等人（Lunsford *et al.*，2009）以及斯韦林根和希亚帕（Swearingen & Schiappa，2009）。

② 瓦格曼斯在古典修辞学和古典论辩学背景之下，将语用论辩进路置于结合二者的位置之上，参见瓦格曼斯（Wagemans，2009）。

与旨在实现实效性的修辞工具相联系时，那么设定合理性的论辩标准才具有实践意义。这就是为什么他们认为，论证理论的未来在于，论证的论辩视角与修辞视角之建构性（“功能性”）结合（van Eemeren，2010，pp. 87 – 92）。[①] 策略操控思想是他们进行这种整合的首要理论工具。

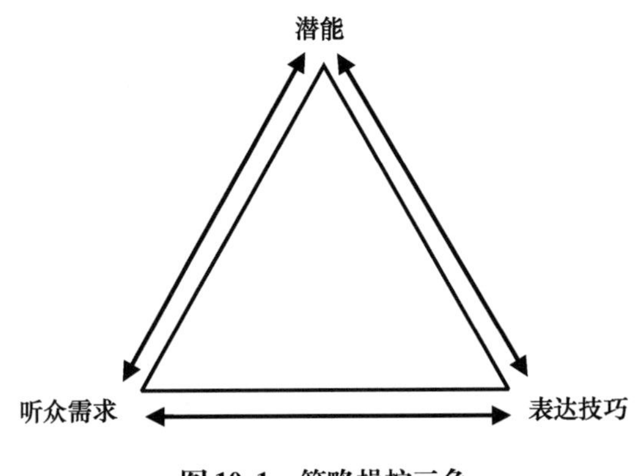

图 10.1　策略操控三角

策略操控在所有论证话步中，都在三个方面得以体现：（1）选择论题潜能，即从对此刻话语而言可资利用的选项中选择；（2）适应听众需求，即适应于说者或作者的目标听众或目标读者之偏好框架；（3）利用表达技巧，即符合目的的表达文体或其他表达手段。[②] 这三个方面事实上是刻画三种重要修辞研究传统的焦点所在，即论题系统审查、听众定位与文体学。所有这三个方面均发生在同一口头或书面论证话步之中，且同时在话语中得到显现。但在考虑其相互关联之前，从分析上把它们区分开来是有益的，因为它们代表了在策略操控中所做出的不同类型选择，且这些选择均有意义。

通过如图 10.1“策略操控三角”中所示三方面间的相互关系，我们展示了它们相互间的依赖性（van Eemeren，2010，pp. 93 – 96）。

策略操控发生在实质消除意见分歧论证过程的所有阶段。双方在所

① 对论证研究中论辩进路与修辞进路间的关系的修复，也受到温泽（Wenzel，1990）和廷戴尔（Tindale，2004）等论证学者的影响。

② “策略操控”这一术语既指在三个方面间做出选择的过程，也指这些选择所导致的结果。

有阶段都被假定为：想要实现当前阶段的论辩目标，并同时达到最佳修辞结果。因此，这四个讨论阶段的每个论辩目标都有其修辞对应物，并且论证者使用策略操控来调和对两种不同目标的同时追求。表 10.3 通过详细说明在各阶段所追求的论辩目标和修辞目标，以及同时追求二者时在策略操控三方面的体现方式，提供了关于四个讨论阶段中论辩与修辞维度的概观。

表 10.3　　　　四个讨论阶段中，策略操控两层面的各个方面

	论辩维度	修辞维度	论题选择方面	预期听众需求方面	表达选择方面
	合理性	实效性	合理且实效的论题选择	听众需求的合理且实效处理	表达技巧的合理且实效使用
冲突阶段	意见分歧的合理定义	意见分歧的实效定义	对议题与批判性回应的合理且实效选择	对议题与批判性回应的（相对于听众的）合理且实效调节	对议题与批判性回应的合理且实效表达设计
开始阶段	出发点的合理确立	出发点的实效确立	对程序起点与实质起点的合理且实效选择	对程序起点与实质起点（相对于听众的）合理且实效调节	对程序起点与实质起点的合理且实效表达设计
论辩阶段	攻防路线的合理建立	攻防路线的实效建立	对论证与批评的合理且实效选择	对论证和批评的（相对于听众的）合理且实效调节	对论证与批评的合理且实效表达设计
结束阶段	结果的合理陈述	结果的实效陈述	对最终结果之结论的合理且实效选择	对最终结果之结论的（相对于听众的）合理且实效调节	对结果之结论的合理且实效表达设计

论辩目标有其修辞对应物，这不仅体现在整个讨论层面以及各讨论

阶段层面，而且体现在所做出的所有单体论证话步层面。在每个论证话步中所追求的论辩目标，都有一个修辞相似物。对论辩目标和修辞目标的共同追求，原则上会在策略操控的所有三个方面中均有所体现。但是在真实的论证话语中，常常只是论证话步策略功能的某特定方面被最显著或被唯一清晰地表达，如话步表达方式。[①]

如果在整体讨论或是在某特定阶段中，所涉论证话步均用于实现相同论辩与修辞效果，那么，论证者所提出的策略操控就被纳入一个更为成熟的论证性策略之中了。在使用论证策略时，涉及要协调下述两种意义上的策略操控，即“横向”意义上的连续多个策略操控，与“纵向”意义上的策略操控三方面。这意味着在论证策略中所做出的论证话步共同构成了一个一致性的策略操控连续体，来推进同一个结果；同时也意味着，在构成策略的所有论证话步中，论题选择、听众定位选择及文体选择三者相融贯。除了影响整体讨论的一般讨论策略：在冲突阶段，会有与“分歧空间”[②] 管理相关的特定“冲突”策略；在开始阶段，会有与建立“一致区间”相关的具体“开始”策略；在论辩阶段，会有与攻防线路塑造相关的具体“论证”策略[③]；在结束阶段，会有与讨论结果确立相关的具体“结束”策略。[④]

让我们转到勒卡雷的小说《完美间谍》中的一段摘录，来简要阐述如何提出一项讨论策略。父亲（本书主角）在短暂看望过年幼的儿子又准备再次离开时，试图阻止儿子因此而哭泣。这位父亲是一名有魅力的骗子，因为尽管他很爱自己的儿子，但对他而言有很多事要比看望儿子更重要。为了使他的儿子接受“他不应该哭泣”的观点，父亲说道：

---

① 然而，对于将被刻画为某种特定策略操控的论证话步而言，策略操控另两种构成方面的表现方式不得与该刻画相冲突。

② 关于分歧空间思想以及与之相关联的虚拟立场思想，参见范爱默伦等人（van Eemeren *et al.*，1993，pp. 95 – 96）。

③ 此外，语用论辩学认为，与能够被提出的攻击和维护类型相关的“根本议题”，依赖于争议立场类型等因素。

④ 关于各策略的例子，参见范爱默伦（van Eemeren，2010，pp. 46 – 47）。

你爱你的父亲吗？那么……

我们可以清楚地由此判定出冲突阶段。尽管父亲明智地没有将其立场明示出来，但是他的立场“男孩不该哭”却与小男孩的明显倾向（哭）相冲突。父亲观察到男孩对他的爱，并将之间接地以反问句的形式表达出来，这就是构成了开始阶段的出发点。父亲通过“那么”，从无争议的起点“男孩爱他父亲”转而论证其立场“男孩不该哭”，此即论辩阶段。接下来，文本中的省略号“……”清楚地标示出了结束阶段，但是显而易见的结论“男孩不该哭”却并未明示出来。该例显著地表明了，甚至在这种极其简短的话语中，我们也能轻易地识别与重构出批判性讨论的所有阶段。

上述话语中的策略操控逐步发展成为一种依赖于所谓“抚慰”修辞格之变体的修辞策略。首先，父亲借助无须回答的反问句，将男孩一定会认同的命题“你爱你的父亲”（或者从男孩角度来说，“我爱我的父亲”）归于男孩。在这位男孩已接受“我爱我的父亲”的情况下，父亲通过随后使用“那么”，来暗示男孩也应该接受未明确表达的那个立场，即“男孩不应该哭”。尽管在小说中，运用这一讨论策略是有实效的，但是从语用论辩视角来看它是否应该被视为合理的，仍然有待考察。[①]

10.9 论证话语的规约化

策略操控不是发生在理想化的批判性讨论中，而是发生在建立于经验实在中的、复杂多变的交流实践。因此，我们在语用论辩理论扩充版

---

① 通过提出这是讨论的结束，父亲并未真正给男孩机会来得出自己的结论，而是通过情感压力来迫使他或多或少地接受父亲的立场。不管父亲在使用“那么”时隐含了什么，但男孩在认同他爱着父亲时，却绝没有承诺接受“如果爱某人，就不应该做那个人不喜欢的事”这一未表达前提。像父亲这样认为存在这种承诺，在语用论辩学中被视为谬误。然而，因为父亲给儿子的压力过大，使实施批判性讨论的初步高阶条件无法满足，所以无法进行谬误判定。

中，对这些交流实践的制度规约化给予了应有的考量（van Eemeren，2010，pp. 129－162）。[①] 也就是说，“交流活动类型”将在其所属的交流领域框架内被分析。这些交流活动类型可以像法律领域那样，被正式地规约化；也可以像在政治领域、学术领域与人际领域中惯常那样，被不那么正式或被非正式地规约化。在某些情况下，程式被表述为明晰的构成规则或调节规则；而在其他情况下，它们则由很大程度上隐性的规则或仅由既定用法所组成。

交流活动类型在语用论辩概念体系中，指涉的是规约化的交流实践，而交流实践规约化是为了使交流领域能对交流实践所形成的制度性迫切需求作出回应（van Eemeren，2010，pp. 139－145）。[②] 特定交流活动类型规约化中的理性反映在其制度目标中。若要实现交流活动类型的制度目标，则需实施恰当的“交流活动体裁”。[③] 可在各交流活动类型中实施的交流活动体裁种类繁多，其中包括“裁判”、“协商”、“争论”及“寻求恳谈”等。[④]

法律领域中被严格规约化的交流活动类型，在原型上实施“裁判”体裁，既包括了像民事诉讼与刑事审判这类一般行为类型，也包括了如传唤或作出判决这类更特定的类型，其中，后者也可被视为某活动类型的独立组成部分。在政治领域中的交流活动类型规约化程度要次一等，

① 语用论辩学家是在广义上使用“制度的”与“制度化的”这些术语的，它们与社会上和文化上的所有既定交流实践相关，这些实践是形式的或非形式的程式化的（还可参见 Hall & Taylor，1996）。他们像塞尔（Searle，1995）一样，将“制度”视为借助社会建构的规则以及与这些规则相关的制裁来处理权利和义务。

② 关于“活动类型”的另一种相关含义，参见列维森（Levinson，1992，p. 69）。

③ 费尔克劳将交流活动“体裁”广义地刻画为“与社会活动的特定类型相联系的、语言使用的社会准许方式”（Fairclough，1995，p. 14）。瑞高蒂和罗希（Rigotti & Rocci，2006，p. 173）定义的“行动型式”也有类似含义，具体而言，他们将其定义为一种互动的“文化塑形‘方法’，该方法与共同目标的（范畴）相近各类型相一致，且包含了体载要求下的‘型式角色’”。但是，该定义既用于指称“交流活动类型”，又用于指称“交流活动体裁”。马拉索认为，交流活动类型与“应用于精确互动领域的互动型式”相一致（Greco Morraso，2009，注释 169）。

④ 某些交流活动类型可在如下意义上被视为一种混合体：当它们包含的活动是多种程式化交流活动类型体裁的组合。如政治采访就是这种交流活动类型，因为其原型地组合了协商体裁和信息宣传体裁。

它们在原型上实施了“协商”体裁，[①] 包括了议会全体讨论、总统辩论和首相质询时间的各种各样的变体。学术领域中的交流活动类型在原型上实施了“争论”体裁，通常被同行群体所规约化，其体裁包括大会主题演讲、科研论文以及书评等。人际交往领域中的交流活动类型往往被非正式规约化，其在原型上实施“寻求恳谈”体裁，其中不仅包括朋友聊天，也包括写情书。[②]

在交流活动各领域中所建立的交流活动类型，体现为属于这些类型的言语行为之反复连续出现。[③] 语用论辩学家们有时对特定独立言语行为的细节感兴趣。[④] 它们通常涉及带有特殊历史意义、政治意义或文化意义的文本或讨论，如沉默者威廉于1580年出版的为荷兰革命辩护之《护教宣言》（van Eemeren & Houtlosser，1999，2000b，2003b）。语用论辩学家们在其他情况下，只对表征了某特定交流活动类型的独立言语行为感兴趣。如美国总统候选人间的所有独立电视辩论，都被视为美国总统辩论的样本。在表10.4（取自 van Eemeren，2000，p. 143）中，通过举例子，我们阐释了宏观层面论证话语在言语事件、交流活动类型、交流活动体裁与交流领域之间的关系。

表10.4　言语事件、交流活动类型、交流活动体裁及交流领域间的关系

交流领域	交流活动体裁	交流活动类型	言语事件
法律交流	裁判	——刑事审判 ——民事诉讼案件 ——仲裁 ——传唤	辩护人在辛普森杀人案中的抗辩【刑事审判】

① 这里的“协商”是在如下意义上使用的，即在哈贝马斯（Harbermas，1994，p. 8；1996，pp. 307－308），及“协商式民主”的其他支持者所给出的广义含义上。他们认为，为了取代仅将政治协商视为发生在议会般形式制度中的传统观点，公民之间受制约度较低的及非形式的交流对于理性民主政治也同等重要。

② “人际”交流活动类型的制度性目标通常是维持关系。无论其中的某些交流活动类型看起来多么含糊，即便并没有追求某些明确制度性目标，我们也总是需要注意到某些隐性程式。

③ 海姆斯（Hymes，1972）使用“言语事件”来同时指代交流活动类型及其实际表现，但我们将该术语限定在后一种用法之中。

④ 例如，参见希塔宁（Hietanen，2005）对《迦拉太书》第3.1—3.5节中保罗论证的分析，希塔宁在书中将语用论辩学用于《新约全书》诠释。

续表

交流领域	交流活动体裁	交流活动类型	言语事件
政治交流	协商	——美国总统辩论 ——欧洲议会全体讨论 ——首相质询时间	尼克松和肯尼迪在1960年的辩论【美国总统辩论】
学术交流	争论	——书评 ——科研论文 ——主题演讲	阿普特博士对《争论与对抗》的评论【书评】
人际交流	寻找慰谈	——闲聊 ——情书 ——派对邀请	迪玛与科里娜在5月13日关于如何度过周末的谈话【聊天】

交流活动类型因其实证性，并不等同于批判性讨论模型等理论建构：这些交流活动类型并非用来表达分析性理想化，而是指代规约化的交流实践。[①] 通过观察交流活动类型的显著特征，并从其展现方式中发现其规约化，我们就能够实证地区分出各交流活动类型。但人们对大量的交流活动类型如此熟悉，使得该工作有时并不必要。通过描述为了实现制度性目标、显著程式及其形式之其他实证特征时所追求的具体目标，我们就可以更为精确地定义交流活动类型。

交流活动类型当然也可能是非论证性的，但论证通常会或直接或间接地融入进来。如果论证在交流活动类型中起着重要作用，并因此使得该活动类型固有地、本质地、主要地或偶然地具有论证性，那么无论属于哪种情况，我们都值得从论证角度刻画它。在这项工作中，批判性讨

① 范爱默伦等人（van Eemeren *et al.*，2010）解释说，语用论辩的交流活动类型与沃尔顿和克罗贝（Walton & Krabbe，1995）的“对话类型”有某些共同根基。然而，后者并未清楚表明对话类型是基于分析性考虑还是基于实证观察，这使得难以确定它们到底是规范性的还是描述性的。沃尔顿（Walton，1998，p. 30）主张，每种对话类型都构成了一类单独的论证规范模型，但在描述对话类型时，他不断地提及实证观察。因为他们的制度性与实证性取向，雅各布斯和奥胡斯（Jacobs & Aakhus，2002）、奥胡斯（Aakhus，2003）、杰克逊和雅各布斯（Jackson & Jacobs，2006）认为，就“设计”而言，特定语境施与论证话语的条件更接近于语用论辩进路。

论的理论模型可以作为“模版”来发挥作用。[①] 因为各交流活动类型必须满足不同的制度性目标与制度性要求，所以论证维度在各交流活动类型中被实体化的方式也有所不同。从批判性讨论四阶段出发，我们可以在发生于论证话语的消除过程中区分出四个需要在各交流活动类型的论证刻画中被考虑到的焦点。通过在论证话语中审视批判性讨论四阶段的这些实证对应物之特征，我们可以阐明：如何在特定交流活动类型中认识到消除过程的各阶段。这四个焦点分别是，初始情形（与冲突阶段对应）、起点（与开始阶段对应）、论证手段与批评（与论辩阶段对应）及话语结果（与结束阶段对应）。

表 10.5 基于范爱默伦的一个相似图表（van Eemeren，2010，p. 151），它表明了在专注于批判性讨论四阶段的实证对应物时，如何能把制度性上显著的论证特性描述为许多簇实施了不同交流活动体裁的交流活动类型（参见表 10.5 左侧）。相关交流活动类型在提供该描述时，就被从语用论辩角度刻画为了论证活动类型。

有助于实现制度性目标与（论证刻画中所描述的）交流活动类型目标之规约化，对发生在该活动类型中的论证话语施加了某些外在约束。因此，对论证话语的分析与评价必须恰如其分地考虑该规约化。由于对论证话语的这种外在约束会影响在某活动类型中所能做出的论证话步，因此，这些约束构成了相关交流实践中策略操控的制度性先决条件。由于对交流活动类型的论证刻画，提供了由制度规约化所导致的外在约束描述，故该论证刻画构成了判定这些限制的合适起点，即在该活动类型中策略操控的制度性先决条件。

因为制度规约化导致了特定的外在约束，所以根据在某交流活动类型中具体情形的不同，某些策略操控模式可能特别适合，或者特别不适合追求参与者在实现该特定交流活动类型制度性目标方面的“使命”。[②]

---

① 将批判性讨论用作所有交流活动类型论证刻画中的一般参照点，将会得到一致且融贯的刻画，并且会在交流活动类型之间创造出进行统一比较的可能性。

② 在某些交流活动类型中，参与者根据其在活动类型中角色的不同，也会有不同的任务。例如，在首相质询时间中，议员的任务是要求政府解释其政策与行动，而首相的任务是证成它们。

表 10.5　　四簇交流活动类型的论证刻画

	初始情形	起点	论证手段与批评	话语结果
裁判	对评价性立场的争论；由具有裁决权的第三方判决	明示程度很高的法律规则；被明示地确立的承诺	从（可依据法律规则适用条件来解释的）事实及承诺出发的论证	通过有裁判意愿的第三方解决争议（不返回初始情形）
商议	关于评价性及规定性立场的混合型分歧；决定权在参与者或非互动听众手中	隐含程度很高的主体间规则；双方的显性或隐性承诺	在批判性交流中维护不相容立场的论证	由参与者决定（或回到初始情形），或者由非互动听众决定
争论	对描述性立场的明确意见分歧；参与者有权共同做出暂时性结论	明示程度很高的既定程序起点；明示程度很高的共享与非共享实质起点集	由正、反论证的近乎系统性交流所构成的共同批判性检验过程	对检验过程结果的共同结论（或创设新的初始情形）
寻求恳谈	关于描述性、评价性或（及）规范性立场的非混合型意见分歧（有机会发展为混合型意见分歧）；双方拥有决定权	隐性非正式规定的实践；广阔的共享起点区间	被并入直接或间接表达的、多元化人际交流中的论证	根据共同接受结果作结论（或返回初始情形）

交流活动类型的论证刻画将其规约化定义得越精确，就越容易识别在此活动类型中使用特定策略操控模式的制度性先决条件。① 在表 10.5 中给出的论证刻画表明，某些交流活动类型对初始情形的定义为参与者留出了更大的形塑空间。在程序起点与实质起点的选择、论证手段的运用与批评的提出，以及在话语中所追求的结果方面，我们均能够看到活动类型间的类似变化。策略操控的三个方面，在论证交流各阶段都会受制度性先决条件的影响，其中，“制度性先决条件”是指，交流所属活动

① 除了官方的（通常是正式的、程序性的）首要先决条件外，语用论辩学还区分出了非官方的（通常是非正式的、实质性的）次要先决条件。例如，在欧洲议会全体讨论交流活动类型中，主席确保秩序规则是首要先决条件，而议员们要将欧洲利益与其本国利益相结合的“欧洲困境”是次要先决条件（参见第 10.13 节）。

类型之规约化对论证话语施与的影响（van Eemeren，2010，pp. 93 - 127）。此外，也会存在着分别针对论题选择、适应听众需求，以及表达手段使用的外在约束。虽然原则上每个约束都是对策略操控可能性的限制，但它们也可以创造出策略操控的特殊机遇（就算只是对其中一方而言）。

10.10 谬误即策略操控脱轨

范爱默伦和豪特罗斯尔（van Eemeren & Houtlosser，2008）认为，将对各交流活动类型中论证话语规约化的洞见与策略操控概念相结合，有助于察觉谬误，并解释为什么它们在生活中如此难以被发现。批判性讨论规则包含了与实质消除意见分歧有关的所有规范，但是这并不意味着，在真实论证实践的所有情况下都能自动清楚地表明是否违反了语用论辩合理性标准。为了能进行上述判断，我们需要精确的标准来判定：在特定交流活动类型中所做出的某论证话步是否与适用于该交流活动类型的标准相一致。在真实的言语事件中，即使是论证性言语事件，通常情况下也不会符合批判性讨论的理想模型，至少不是立刻、明显、完全地符合。存在各种差异的原因与根源，通常很容易通过提及在日常话语自然特征中的语用洞见来解释①，但偶尔也可将它们归咎于轻率或粗心。因此，并不能简单地断言，所有看起来与批判性讨论模型不一致的论证话步都必然有缺陷。为了给出恰当的评价，我们首先要依照批判性讨论来精心重构话语。甚至当的确违反了批判性讨论规则时，在实践中它们也并非不可补救的，从而无须毁掉整个消除程序。只要犯了谬误的一方被视为对存在于批判性讨论规则中的一般“合理性原则”做出了承诺（van Eemeren，2010，pp. 32，253），违反规则就只是偶然违反了合理性的批判标准，并可以被立即修复。可是，如果违反者已收回了对合理性原则

① 在这方面，范爱默伦提到：根据在某特定时刻被视为所关注者或相关者来组织话语，对被认为清楚明了者或已知者说明不足，对被认为重要者或有意义者说明过多，对被认为不必要者缺乏精确性和详尽阐述（van Eemeren，2010，p. 197）。

的承诺，那么理性交流就终结了，而当这一点变得清晰时，谬误话步将失去其具有的所有说服效果。

谬误话步有可能被修复这一事实，并未减少谬误在实质消除意见分歧过程中所能产生的有害影响。因此，明确区分可靠论证话步和谬误论证话步仍然必不可少。语用论辩学为了强调这一区分，使用谬误的传统名称（常常是拉丁文名），如 *argumentatum ad hominem*（人身攻击谬误）和 *argumentatum ad verecundiam*（诉诸权威谬误），来专门地指称论证话步谬误版，而使用中立名，如 *personal attack*（个人攻击）与 *authority argument*（权威论证），来指称它们的非谬误对应物。谬误不仅是已造成了损害的论证话步，而且原则上这些话步也是有潜在欺骗性的，因为并非所有论证者都能立刻清楚其谬误特性。这就是为什么语用论辩学家们认为，谬误发现以及解释其潜在说服力的研究非常重要。

语用论辩学在谬误发现方面的研究可以被归结为做出下述判定：其一，表达了话语中所做论证话步的（重构）言语行为，是否符合批判性讨论相关规则；其二，若违反了规则，那么犯了何种谬误。只有当为了满足批判性规范所需满足的标准完全清楚时才能做出这种判定。虽然在语用论辩学中给出了充当标准的规范，但是还未完全给出在实际论证实践中，用以判定这些规范是否被遵守的标准（van Eemeren & Houtlosser，2008）。在识别这些标准时，人们可以求助于适用于论证话步所属交流活动类型的规约化（van Eemeren，2010，pp. 204 – 206）。因此，语用论辩理论扩充版通过强化评价过程，能够提供一种合适的基础来解释与恰当标准不一致的谬误是如何“发挥使用”的，以及它们在实践中是如何成功的。

策略操控的目的在于减轻合理性与实效性间的潜在张力。这一观点意味着，在论证话语中做出的所有话步都能够被视为同时服务于这两个目标，但并非对这两个目标的追求总是能达到完美平衡。对此，一项重要原因是，当其处于有实效地宣扬其观点的激情中，论证者可能经常倾向于无视其合理性承诺。如果他们在该过程中违反了一项或以上的批判性讨论规则，那么他们的策略操控就脱轨而成为谬误。① 根据范爱默伦的

① 论证者有时也可能会忽视在实效性方面的利益，比如说，当他们担心被视为不合理时。这能够导致修辞上低劣的策略操控，但不会导致谬误。

定义（van Eemeren，2010，p. 198），在实质消除意见分歧中，妨碍或阻碍策略操控过程的所有脱轨都是谬误，并且在语用论辩学中已识别出的所有谬误，在论证话语中都表现为策略操控脱轨。

呼应于谬误的逻辑标准处理“谬误是看似有效但实则无效的论证”（参见本手册第 3.6 节），我们现在能够通过承认谬误具有潜在欺骗性的方式，来补全语用论辩的标准处理“谬误是对批判性讨论规则的违反”：这样谬误就被描述为一种策略操控，即对于某些论证者来讲，看似遵守了批判性讨论规则但实际上并未遵守。我们仍需回答的问题是，为什么在特定情形下某些论证者很难察觉此种对批判性讨论规则的潜在欺骗性偏离。范爱默伦（van Eemeren，2010，pp. 198 – 200）由语用论辩论证理论扩充版出发，提到了几种可能的原因。

论证者倾向于尽可能多地对他人隐藏其策略操控中的任何不合理性。在论证话语中，没有参与者渴望将其自身刻画为不合理的，因为这将使他们的论证话步变得无效。因为在论证话语中，通常都假定双方会保持合理性承诺，所以，每个讨论话步都会被赋予合理性推定。[①] 即使在策略操控恰好是谬误的特定情况下，该合理性推定仍会运转。论证者避免自身被视为不合理的机制，以及将合理性推定赋予每个讨论话步的机制，（无论两种机制是单独运转还是共同运转）都会促使把论证话步构想为合理的，并因此使得谬误发现复杂化。

逾越合理性边界者在试图实现修辞目标时，倾向于尽可能地贴近以理性方式实现自身目标的既有手段，而非诉诸完全不同的手段，他们通过“拉大”这些手段的范围，来将谬误性策略操控涵盖其中。范爱默伦（van Eemeren，2010，pp. 196 – 200）认为，他们在这一努力中受助于在语境中相互关联的策略操控三特征：（1）可靠策略操控与谬误策略操控属于相同类型，而且相同策略操控模式的可靠表现与谬误表现看起来大体相同；（2）特定策略操控模式也许包含了一个从明显可靠到明显谬误的连续体，而缺乏明确界限；（3）与某特定策略操控模式相关的可靠性标准，在不同交流活动类型中会有所差别。

根据（1），谬误及其可靠对应物代表着相同的策略操控模式。例如，

① 关于合理性推定，参见杰克逊（Jackson，1995）。

这不仅适用于人身攻击谬误与可靠个人攻击，而且适用于诉诸权威谬误和可靠诉诸权威。因此，谬误与其可靠对应物具有相同的显著特征，而绝非可相互区分的迥异之物，这使得在某些情况下很难将其区分开来。

根据（2），假设策略操控处于特定策略操控模式的可靠—谬误连续体的中间位置，那么将很难判定它们的谬误性。教材中的例子出于教学目的通常非常清楚，如诉诸权威论证的某种使用是谬误的，并应该被视为诉诸权威谬误。然而，有时在实际论证话语中，发现诉诸权威谬误要远远困难得多。

根据（3），依据交流活动类型规约化所回应的特定制度性要求，适用于特定策略操控模式的可靠性标准在不同交流活动类型中也是变化的。如果某策略操控模式的类似情形在某交流活动类型中被认为是可靠的，那么，其在其他交流活动类型中的谬误性就容易被忽略。这解释了为什么谬误有时会被遗漏，特别是在评估者不那么熟悉的交流活动类型中。

在检验是否遵守了某批判性讨论规则时，鉴于所需使用的可靠性标准之语境差异性，很有必要区分一下策略操控的一般可靠性标准与特定可靠性标准：前者因其语境独立性而总是得以适用；① 而后者因依赖于使用某策略操控的制度性宏观语境，所以这些可靠性标准在特定交流活动类型间存在着某种程度上的变化。在教科书中，通常只讨论一般可靠性条件。因为其中所给出的例子通常都是谬误处理的简单情形，所以，在判定论证话步的谬误性时，考虑制度性宏观语境的需求就不明显了。

特定可靠性标准表明了如何在特定交流活动类型的宏观语境中实施为了遵守某合理性标准而需满足的一般可靠性标准。在某些情形下，不得不做一些特定的适应性改变。对某些策略操控模式来讲，特定可靠性条件需要针对其被应用的特定交流活动类型而被更确切地表达，使得某些一般可靠性标准更准确、更细化，或是以其他方式补正。例如，科学讨论中的权威论证与朋友间非正式聊天中的权威论证相比，前者要更客

① 例如，在提及伍兹和沃尔顿（Woods & Walton，1989，pp. 15 – 24）以及范爱默伦和荷罗顿道斯特（van Eemeren & Grootendorst，1992a，pp. 136 – 137）的观点后，范爱默伦引用了下列评判权威论证的一般标准：被提及的权威应该确实是公认权威，他所作出的判断应该被认为与意见分歧中的争议话题相关，意见分歧双方原则上应该同意在讨论中诉诸权威，以及应该正确且在相关节点上引证权威（van Eemeren，2010，pp. 202 – 203）。

观、更精准。因为在不同交流活动类型中实施一般可靠性标准时所用到的特定可靠性标准有各式变体，所以谬误判定最后总是依据语境的。

为了确保在各交流活动类型中，能最优地实现交流活动类型的制度性目标，可能需要实施不同的一般可靠性标准。因此，语用论辩学认为有必要系统地审视与策略操控某模式相关的所有一般可靠性标准，看看它们是否需要变得更精确、更细化，或者以其他方式补正，以便得到为了公平对待宏观语境所要求的特定可靠性标准①——以及如果确实需要，那么又到底采用何种方式。这样做可以得到特定可靠性标准的不同组别之表达，其中，各组均可适用于某特定交流活动类型。比如，一组相互间稍有不同的特定可靠性标准可能更适合于评判刑事审判中而非学术论文中所用权威论证之策略操控。

在判定论证话步的可靠性或谬误性中起作用的、有关策略操控的特定可靠性标准，原则上需要在讨论的开始阶段就被双方所明确同意。然而，这种同意在论证现实中通常只是被隐性假定的。当双方在众多交流活动类型中参与相关论证实践时，就已经完全或部分就这类程序起点达成了一致。对于正式交流活动类型而言，如民事诉讼，在他们享受专业训练的再次社会化期间，就已被教授这些起点了；对于非正式交流活动类型而言，如与朋友聊天，在他们长大成人的初次社会化期间，这些起点中的大部分就已传授给他们了。

10.11 论证现实的定性实证研究

语用论辩论证理论认为，论证话语的实证研究与意见分歧管理直接相关。从批判性讨论理论视角出发，本节所讨论的定性实证研究考察了论证话语在论证现实中的特定体现。在第10.12节，我们将从相同理论视角出发来讨论定量实证研究，通过实验方式考察论证话语的一般特征。从事定性研究可能有其自身目的考量，但通常是为（实验性）定量研究

① 在一些情况下，可能有必要使用仅在特定制度性宏观语境中才是相关的特殊标准，来填充一般标准。

做准备。

到目前为止，语用论辩学引导的定性研究主要关注于，与批判性讨论相关的论证话步在论证现实中的表现方式以及论证话步的表达方式为其重构提供的线索。从实际情况来说，语用论辩理论首先为实施批判性讨论提供了一个规范模型。为了进行从语用论辩视角出发的实证研究，需要对理论框架进行一些详细阐述和调整，以澄清理论框架与论证现实间的关系。在报告定性研究时，我们将谈及它们中的一部分。

在处理论证话语时，为了避免混淆实证层面和理论层面，范爱默伦和荷罗顿道斯特区别了解释相关性、分析相关性与评价相关性，其中，解释相关性是在实证层面上，由参与者在话语中分配给论证话步的，而分析相关性与评价相关性是从批判性讨论理论视角出发，在语用论辩式分析与评价中被指派给论证话步的（van Eemeren & Grootendorst，2004，pp. 69 – 73）。[①] 在处理论证话步时，解释相关性、分析相关性和评价相关性都是相关的，但它们并不总是一致。范爱默伦和荷罗顿道斯特为了更容易解决在判定论证话证中论证话步的解释、分析及评价相关性中涉及的问题，他们提出了一种分类。在该分类中，所有三种相关性按照如下维度均可得以区别：（1）话语构成。考虑到了话语构成要素的相关性，如立场的命题内容。（2）语境域。考虑到了标出相关性范围的话语语境域，如冲突阶段。（3）关系方面。考虑到了关系方面的相关性，如立场可接受性理由的相关性（van Eemeren & Grootendorst，2004，pp. 80 – 83）。

范爱默伦等人在其分析论证性讨论和论证性文本的专著《重构论证话语》（van Eemeren et al.，1993）中强调，重构相关论证话步时应该总是忠实于基于相关论证者对话语所做贡献而归属于他们的承诺。对特定论证实践中，口头和书面论证话语实施方式的定性研究，能够提升我们关于如何能满足该要求的语用洞见。比如说，范爱默伦、荷罗顿道斯特、杰克逊和雅各布斯通过揭示冲突的标准模式，表明了定性研究能使我们做出某些理论上相关且有实证根基的断言，其中包括，论证交流的内容、

① 需要注意的是，在这三种中任意一种意义上相关的论证话步，并不必然是有实效的论证话步。

功能以及结构。其根基来自，话语程式结构与所用策略的民族志证据及比较信息。关于参与者自身如何在对话中知晓话语进程的自我组织提示，则属于实证证据的又一来源，如停顿、补白（“呃”）、中断与重启。正如在《重构论证话语》中的定性研究所表明的：实证来源在证成重构时都不是单独发挥作用的，它们都需要借助训练有素的分析性直觉以及相关交流活动类型的文化知识。

斯诺克·汉克曼斯在《分析复杂论证》（Snoeck Henkemans，1992）一书中，对理论取向的定性研究做出了贡献：她借助实证观察表明了，语用论辩理论中所区分的各种论证结构是由旨在消除意见分歧的、不同取向的对话交流所致。比如，在并列型论证中，通过额外提出一个或更多论证，试图打消对手对论证充分性的怀疑或批评。在直接维护中，并列型论证是累积的；而在回应（潜在）批评的间接维护中，它又是补充的，即补充的并列型论证。[①] 在这两种类型的并列型论证中，其中的子论证（argument，下同）均是相互依赖的。而在多重型论证中，为维护相同立场而提出的子论证间是相互独立的：它们是为维护立场所做的单独尝试。在论证性交流中，在多重型论证中提出某子论证可能是受另一个子论证的失败或可能失败所驱动。斯诺克·汉克曼斯识别出了有助于重构论证结构的三种线索：（1）语用线索，即论证者展示受维护立场的方式中的线索；（2）对话线索，即与所做批评有关的线索；（3）论辩线索，即由论证者被假定遵循的批判性讨论程序规范中得来的线索。

范爱默伦等人在《话语中的论证指示词》（van Eemeren *et al.*，2007）一书中报告了一项综合性“指示词项目”，他们打算在定性实证研究的帮助下，研究系统地重构论证话步的线索。这项研究的中心目标包括：识别论证者用来表明其论证话步功能的语词和表达式，根据这些话步在消除过程各阶段中所具有的论证功能来分类，判定它们在什么条件下可以实现这些功能。被考察的论证话步功能指示词包括，表达这些话步的方式、对方回应它们的方式，以及初始方针对这些回应所做出的反应。

---

① 参见宾度和布莱尔（Pinto & Blair，1989）在累积型“前提集”和补充型“前提集”间所做的区分。

范爱默伦、豪特罗斯尔和斯诺克·汉克曼斯在识别其感兴趣的分析性相关话步时，他们使用批判性讨论模型来作为参照框架。然而，该模型并未详细说明其对批判性检验过程的所有潜在贡献。如在开始阶段，讨论者必须就其实质起点与程序起点达成一致，但是并未具体说明他们到底需要做出何种话步才能达成一致。因此，作者使用了“论辩轮廓”与“论辩路线”：前者详细说明了，有益于讨论者在特定讨论阶段特定节点实现特定任务的话步类型；而这些话步被包括在后者之中。[①] 论辩路线是各种分析性相关话步的特定化，这些话步能够在论辩轮廓所描绘的那部分论证交流中被做出。

范爱默伦和豪特罗斯尔（van Eemeren & Houtlosser，2007）把论辩轮廓的规范概念定义为，一种序列型话步模式概览（论辩路线），这些话步是讨论者在批判性讨论某阶段或某子阶段为了实质消除意见分歧而有权（或有义务）做出的。在定性实证研究中，论辩轮廓在下述两种用途中可被用作启发式设计：一是，在特定讨论阶段特定节点上把握分析地相关的论证话步（“分析地相关”是指与消除意见分歧潜在地相关）；二是，识别这些话步的指示性表达式。[②] 如图10.2所示，我们图示出了用于确立起点的论辩核心轮廓。

在开始阶段开启协商的一方T1为了开启对话，只能做出一种话步（尽管可以通过不同方式）：建议另一方T2应该将某命题X接受为讨论的共同起点。T2不仅能够以不同方式回应，也可以通过使用不同类型的话步来回应。图10.2中的核心轮廓展示了这些话步是什么，以及后续话步可能是什么。T2可以用下列方式回应：接受T1的提议，将X作为共同起点；或者拒绝。在后一种情况下，T1可以接受这一拒绝，或者要求T2说明。在前一种情况下，T2要么立刻接受T1的提议，要么对这一接受加一个特殊限定，即T1也应该接受另一个命题

① 论辩轮廓受到沃尔顿和克罗贝（Walton，1999，p. 53；Krabbe，2000）所提出的对话轮廓之启发，参见范爱默伦等人（van Eemeren *et al.*，2010）。

② 论辩轮廓在策略操控分析中也可以具有启发式作用。因为在论辩轮廓中得到说明的各论辩话步都考虑到了使用修辞，所以，论辩轮廓是识别论证者使用策略操控方式的恰当起点，其中，他们使用策略操控旨在使批判性消除过程以有利于他们的方向前进。

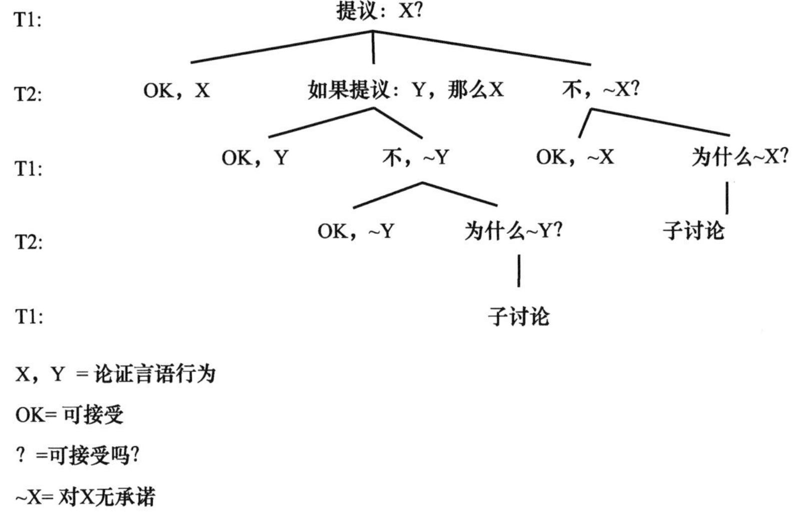

图 10．2 确立起点的论辩核心轮廓

Y 作为讨论的起点。[①] 在后续话步中，T1 要么接受那些限定（接受 Y 作为起点），要么不接受它们（不接受 Y 作为起点）。T2 可以在后一种情况下要求说明。在 T1 要求 T2 说明为何拒绝 X 之后，或者在 T2 要求 T1 说明为何拒绝 Y 之后，紧接着将会有一个以另一方拒绝接受 X 或者 Y 为起点的子讨论。

将相关论辩轮廓作为起点，范爱默伦、豪特罗斯尔和斯诺克·汉克曼斯（van Eemeren，Houtlosser & Snoeck Henkemans，2007）通过定性实证研究的方法系统地探讨了论证话步在论证现实中的实现方式。他们对论证话步潜在指示词的最初一般性观察是，在实践中并非每个论证话步都必然地伴随有指示词，更不必说不模糊的指示词了。

① 该轮廓允许关于 Y 可接受性的对话成为关于 X 可接受性对话的一部分，主要是出于实效性方面的原因。这一包含考虑到了，T1 对 Y 的可接受性将对 X 的论证价值所产生的影响，也就是说，对 T1 论证性地使用 Y 来支持其立场施加了限制。如果不能在讨论的开始阶段弄清楚接受 Y 将会产生何种影响，那么有可能会发生下述情况：T1 和 T2 进行完了关于 T1 立场可接受性的整个讨论，并且在结束阶段，（在 T1 为其为何使用 X 提供了支持的情况下）双方同意 T1 继续持有其立场。然而，一直都很清楚的是：如果 T2 提出 Y 来作为起点之一，并且 T1 已经接受了 Y，那么 T1 对其立场的支持会被 T2 基于 Y 所进行的攻击否决，由此 T1 就不能继续持有其立场了。

作者们从论辩轮廓出发识别出了，如，正方可以用来指示无法证成对已列理由之怀疑的表达式，如“虽然”、“然而”、“甚至连”、“可是”。其中，“论辩轮廓”指的是针对批评维护立场时所能选择的论辩路线。指示词如“虽然”、“然而”很容易与表达式如“在其他情况下”或“通常”结合起来。这尤其是发生在当维护特定判断或限定的论证者，需要考虑其对手可能提出下述批评时：如，“但你的论证真的证成了那个判断吗?”或者“你在论证中所提到的并不总是或常常不是那样，因此，你提到的理由并不能证成支持或反驳”。通过指出“在其他情况下”事情会变得不一样，或者“通常”事实并非如此，他们能够表明，对之前所给理由的潜在反对并不成立，并且那个肯定或否定的判断是被证成了的。

下述论证就是“然而”与“在其他情况下”结合使用中的一个例子：

> 我写了封信给管理委员会，说我非常感激那份奖学金。是它允许我能奉献如此多时间给学生会，然而在其他情况下，我就必须做一份校园工作来埋单了。(www. studentleader. com/sal_ r. htm)

在这个例子中，学生维护其立场“奖学金对他有很大帮助”时说，因为奖学金允许他奉献了大量时间给学生会。某个批判性对手也许想知道：“但你难道不能奉献时间给学生会，但是又不拿奖学金吗?”论证者表示这一批评不能成立，因为如果那样的话他就会找一份校园工作来买单，而这是会干扰到他对课外活动的参与。语用论辩洞见不但被用于探讨论证话步在论证现实中的表现方式，以及这些表达对重构提供的线索，而且还被用于对特定论证语境、特定论证现象以及特定论证话语事件的定性实证研究之中。如，范里斯在几项定性实证研究（van Rees，1989，1992a）中探讨了语用论辩理论对于问题消除讨论语境的可应用性。[①] 她

① 此外，韦尔比斯特（Verbiest，1987）从相同的理论观点出发，描述了争议是如何在非正式会话中产生的。她表明了在会话中的冲突与规范的语用论辩冲突观之间有着重要的相似之处。

在研究中观察到，这种话语体裁的目的充分地依照批判性讨论[①]保证语用论辩重构的目的（van Rees，1992b）。她的研究也表明，可以依据由言语行为理论、话语分析与会话分析得来的洞见，根据批判性讨论，语用地对问题消除讨论进行实际重构（van Rees，1994a，b，1995a）。

对通常出现在论证话语中的文体现象及其他表达现象（如“重复”）而言，语用论辩学理论框架也有助于对其功能解释的定性实证研究（van Rees，1995b）。最近，斯诺克·汉克曼斯以（Snoeck Henkemans，2005，2009a，b）语用论辩理论扩充版为基础，开展了对文体技巧（如“转喻”、“反问”[②] 与“反语”）在策略操控中角色的定性实证研究。[③] 范里斯在其专著《论证性讨论中的分解》（van Rees，2009）中，为被称为“分解”（Perelman & Olbrechts-Tyteca，1969，p. 413）的“重塑我们实在概念”论证技术，提供了首次系统性处理。她的进路不同于早期的独白进路，而是从批判性讨论模型出发，关注于分解在论辩语境下的运用。她首先从语用论辩视角澄清了分解这一并不十分明晰的概念，然后通过大量的例子阐明了在意见分歧消除过程的所有四阶段中如何从论辩与修辞视角使用分解。范里斯还研究了在何种程度上能够将分解视为一种合理的论证技术以及该技巧有实效的原因是什么。

最后，语用论辩理论构成了对论证话语特定样本（即“案例”）定性实证研究的基础。比如，在其关于分解的专著末尾，范里斯在案例研究的帮助下展示了其进路的优点。她在案例研究中，讨论了克林顿总统在策略操控中对“性关系”的分解，这使他成功跳出了莫尼卡门困境（van Rees，2009，pp. 123 – 139）。范爱默伦和豪特罗斯尔经常借助案例研究来表明，语用论辩理论扩充版与标准进路相比，能对论证话语进行更深层、更现实的分析与评价。在他们对“壳牌事件”各种出版物所进行的处理中，最著名的研究对象是，在因萨罗维瓦之死而备受责难之后，壳牌公司发表在国际报纸上的一篇捍卫其在尼日利亚角色的社论式广告（van Eemeren &

---

① 范里斯（van Rees，1991）探讨了问题消除讨论的描述性模型在何种程度上能被用于研究与此种规范模型相符的讨论。

② 斯诺特（Slot，1993）更早地从语用论辩视角讨论了辨别与解释反问句的有关问题。

③ 在《限定立场》中，特塞罗尼斯（Tesronis，2009）从相同理论视角研究了在把立场限定为策略操控中的表达技巧时“语气副词”的策略功能。

Houtlosser, 2002a, pp. 143 - 156; van Eemeren, 2010, pp. 165 - 178, 182 - 186, 209 - 212)。[①]

10.12 论证现实的定量实证研究

在定性实证研究之后，语用论辩家们自 20 世纪 80 年代中期始，开始从事实验性定量实证研究。该研究结果对于在语用论辩理论与论证现实间建立必要联系，以及在证成论证话语的分析重构方面，都具有很重要的作用。这项研究首要关注于，根据日常论证者识别与评价论证话步的方式来追查其一般规则、路线与趋势。[②] 因此，这项研究为论证话语的真实进程提供了洞见，而这对于将语用论辩学的批判性理念置于现实视角之中，以及发展能够改善论证实践的恰当方法而言，都是必需的。

在第 10.11 节中所讨论过的涉及论证话步言辞指示词的定性实证研究，与定量实证研究密切相关，已被用于确立在论证现实中的论证话步识别在何种程度上会受到表达因素的促进或妨碍。[③] 对处在论证话语核心位置的言语行为复合体（即论证）的实验研究结果表明，言辞指示词的存在极大地降低了对论证的识别难度。范爱默伦等人（van Eemern *et al.*, 1984）在研究影响识别难易度的表达性因素时，他们在所用实验讯息中系统地变换着下述四种因素：（1）论题是否备受指责；（2）立场是否已标示出来；（3）是否有论证指示词；（4）立场与论证（argument）孰前

---

① 语用论辩学的其他案例研究包括，范爱默伦和豪特罗斯尔对雷诺公司烟草广告的分析（van Eemeren & Houtlosser, 2000a; van Eemeren, 2010, pp. 20 - 21, 47 - 50; van Eemeren *et al.*, 2011b）；在布加勒斯特大学答辩的、马齐卢关注堕胎辩论的（Cosoreci Mazilu, 2010）博士论文中，包含了分解与定义之策略性使用的内容；穆拉鲁（Muraru, 2010）研究了关于戴维营协议的调解和外交话语。关于荷航通讯稿的“扩充”分析与“标准”分析相比下优势的详细展示，参见范爱默伦等人（van Eemeren *et al.*, 2012c）。

② 涉及论证话步产生与文本产生的、语用论辩实验性实证研究的基础仍然很薄弱，因为它追随着解释研究与分析研究的发展。关于语用论辩式写作或改写方法，参见范爱默伦和荷罗顿道斯特（van Eemeren & Houtlosser, 1999）。

③ 这项研究的大多数报告都以荷兰文写作（如 van Eemeren *et al.*, 1984, 1985, 1987, 1990）。关于英文的出版物，参见范爱默伦等人（van Eemeren *et al.*, 1989）和范爱默伦等人（van Eemeren *et al.*, 2000）。

孰后。[①] 要求大学生们标示出，在展示给他们的大量话语片段中是否包含了论证。如果他们认为包含，则要用线将论证（argument）画出。

为了探讨这四种受控因素的精确效果，他们还进行了该研究的两次不同重复实验（van Eemeren *et al.*，1985）。在第一次重复实验中，取消了前述实验中的“上限效应”，因为回答者的总体识别分数过高，以致各因素影响间的差异无法被显露出来。在第二次重复实验中，讯息被显示在电脑屏上，同时使用了一种不同的工具来测量因变量（即“识别”）。这次分析关注的是做出判定所需时间。如果参与者认为所展示讨论片段确实包含论证，则被要求尽快按“是”键；同样地，如果他们认为不包含论证，就按“否”键。在四种控制变量中，论证指示词出现与否的影响被证明是最大的，尤其是“广义”指示词，如“由于”、“基于”。缺乏这些指示词会减慢或妨碍论证识别，在某些情况下，这种影响甚至是相当大的。只有当没有论证指示词出现时，标记立场才能促进论证识别。[②] 在其他情况下，标记立场的指示功能会因论证指示词出现而失效。与立场在论证之后的前进式表达（“因此”）相比，论证识别在后退式表达（“因为”）中被证明要更为容易。在没有其他任何重要影响时，备受指责论题也被证明是一项因素。

范爱默伦等人（van Eemeren *et al.*，1989）为了查明论证识别在何种程度上是一项独立认知技能，而非基于其他智识技能（如“言辞理解”和“一般推理”），他们研究了荷兰中学 14 岁中学生在未受过任何系统指导的情况下，能否识别论证。在给出“论证”、“理由”、“立场”的概念解释之后，统计显示：给出前两个解释后，综合学校慢班相当多学生都识别不出单一型论证，但在给出第三个解释后，大多数学生都可以识别出来。[③] 掌握论证概念是一个“是与否”的问题，但是青年人在识别论证

---

① 范爱默伦等人（van Eemeren *et al.*，1984）首先进行了几项可行性研究，来确保实验对象是以设计者所欲的方式来理解“论证”的。在测试其测量工具的恰当性时，他们关注于单一型论证，即在论证中，只有一个支持立场的理由获得了表达。范爱默伦等人的论证概念之有效性被事实所证明：在提交给实验对象的条目中，论证识别正确率达到了 95%。

② 关于立场在论证之前对于识别论证之作用的实验研究，参见扬斯拉格（Jungslager，1991）。

③ 荷兰的学生们根据其一般认知能力与成绩，而在中学教育中遵循着不同培养方案（从职业型到学术型）。

中的进步，却比在言辞理解和一般推理中要大得多。尽管论证识别与其他智识技能相关，但它仍被证明是一项相对独立的技能，在教育中得以开发。

作者们追随着这项研究，又继续关注于言辞表达为间接论证识别所提供的线索。在解释间接论证（通常是隐含论证）时，语境指示词因具有澄清效果而扮演着主要角色。范爱默伦和荷罗顿道斯特认为，恰当解释间接语言行为所要求的言辞表达规约化程度，与其所在语境的明确程度成反比（van Eemeren *et al.*，1992a，pp. 56 – 59）。因此可预见的是，在不明确语境中，隐含论证和间接论证要比显性论证和直接论证更难辩认。为了检验这一假设，范爱默伦等人（van Eemeren *et al.*，1989）让实验主体面对由讯息构成的话语片段，但是其中一半提供了明确语境，而另一半缺少语境，其中均包含了带有或不带有论证指示词的直接论证和间接论证。所有明确语境都充当了某层面的独立变量，这使得对该片段的字面解释无法令人满意。正如预期的那样，直接论证的交流功能被证明比间接论证的交流功能更容易被识别。在后一种情况下，主体需要某些额外信息来获知字面含义以外的东西。而正如测试所表明的，明确的语境提供了这一信息。[①]

范爱默伦等人（van Eemeren *et al.*，1995）研究了学生们在识别未表达前提与论证型式时的表现。[②] 测试结果表明，在缺少清晰语境信息的情形下，识别未表达“大”前提与“非三段论”前提的正确率，往往比识别未表达“小”前提的正确率更高。[③] 赫尔森（Garssen，1997）的实验表明，识别因果论证型式比识别征兆论证型式的正确率更高，但却比不上类比论证。在识别未表达前提与论证型式之间所发现的巨大个体差异，与学校类型实质相关，这表明了它们与一般认知能力差异相关。[④]

---

① 该结果似乎证实了范戴克和金特斯（van Dijk & Kintsch，1983）的观点，即在判定言辞表达的交流功能（“交流力”）时，语言使用者求助于“语言策略”。克拉克（Clark，1979）提及的、影响间接言语行为解释的所有非语言因素都被纳入一个明确语境之中。

② 关于识别“非混合型”与“混合型”意见分歧的实验研究，参见科特森鲁伊特（Koetsenruijter，1993）。

③ 格里森（Gerritsen，1999）所进行的实验研究表明，只有当原始版本对于被试者而言确实很难理解时，明示未表达前提的澄清版论证才能获得更好的理解。

④ 关于论证技术的测量，还可参见奥斯丹姆（Oostdam，1991）。

赫尔森（Garssen，1997）研究的主要目的是，调查日常论证者对前提和立场间不同关系类型的理解，在何种程度上与语用论辩论证型式相吻合。在一项刻画—分类研究中，应答者们必须将许多论证样本分组，并刻画出论证与立场间的关系。在一项批判性回应测试中，他们必须批判性地对论证做出回应。[①] 测试结果表明，应答者对类比论证有很好的理解，并且有一个发展还算完善的因果论证概念，但是，其征兆论证的前理论概念却未获充分建立。

在这种对日常论证者论证话步识别的实验性实证研究之后，范爱默伦、赫尔森和墨菲尔斯花费了超过十年的时间聚焦于日常论证者的论证话步评价。这催生了一本综合性专著，即《谬误与合理性判定》（van Eemeren *et al.*，2009）。这项研究报告了大约50个实验，其中，应答者被要求使用从"非常不合理（=1）"到"非常合理（=7）"的7个等级，给出对实验性讨论片段中所实施的最后一个论证话步之合理性或不合理性的判断，这些片段中既包含谬误性话步，也包含非谬误性话步。[②] 他们用这种方式研究了24种不同谬误类型，它们违反了遍布于批判性讨论四阶段的下述规则：自由规则（规则1）、维护义务规则（规则2）、论证型式规则（规则8）以及结束规则（规则9）。[③] 这项测试的总体目标是，检查日常论证者判断论证话步合理性所依据的规范，在何种程度上与批判性讨论规则所表达的规范相匹配。表10.6中的总览列出了部分最重要的发现。

基于表10.6中所总结的明显一致结果，可以得出如下结论：日常论证者总是把包含在测试中的谬误，判断为不合理的讨论话步，[④] 而与之成对比的是，非谬误论证被认为处在合理到非常合理的区间之内。[⑤] 批判性

---

① 赫尔森（Garssen，2002）用英文报告了该项研究。

② 这意味着，比如，在该测试中，在辱骂型人身攻击谬误之后还会跟随着可靠个人攻击；其他的谬误也是以类似方式，被其可靠对应物"相伴"。

③ 在大量案例中进行了重复研究，有时支持解释，有时排除了替代性解释，而且如此做保证了内在有效性，有时也会优化外在有效性。

④ 唯一的例外情况是诉诸人自攻击谬误的"你也是"变体。

⑤ 根据所得实证平均值的绝对量，被研究谬误被发现为不合理的程度有相当大的变化。这对实践教学的一项影响是，既然现在很清楚哪些是最不复杂的情形，那么，在谬误导论课程中就应该首先处理这些情况，之后再处理更复杂的情形。

讨论规则的程式有效性不同于其问题消除有效性，前者是基于其主体间有效性的一个实证性问题。① 针对这项研究中所考察的冲突阶段、开始阶段、论辩阶段与结束阶段，这一实证工程的结果在何种意义上表明了批判性讨论规则的主体间性有效性程度呢？

表 10.6　关于谬误（"谬误论证"）及其非谬误性的对应物（"可靠论证"）（1 = 非常不合理；4 = 既非不合理，又非合理；7 = 非常合理）的平均合理性分数概观，表中括号内是标准差

	谬误论证	可靠论证
1. 人身攻击谬误（辱骂型变体）	2.91（0.64）	5.29（0.64）
2. 人身攻击谬误（境况型变体）	3.89（0.57）	5.29（0.64）
3. 人身攻击谬误（"你也一样"变体）	4.45（0.59）	5.29（0.64）
4. 诉诸武力谬误（物理型变体）	2.04（0.80）	5.64（0.39）
5. 诉诸武力谬误（非物理型变体）	2.91（0.64）	5.64（0.39）
6. 诉诸武力谬误（直接型变体）	1.86（0.66）	5.41（0.62）
7. 诉诸武力谬误（间接型变体）	3.72（0.83）	5.41（0.62）
8. 诉诸怜悯谬误	3.86（0.53）	5.06（0.42）
9. 宣称立场为禁忌谬误	2.79（0.66）	5.14（0.47）
10. 宣称立场神圣不可侵犯谬误	2.68（0.68）	5.67（0.40）
11. 转移证明责任谬误（非混合型意见分歧）	2.37（0.89）	4.51（0.67）
12. 把立场作为完全理所当然之事引入来逃避证明责任谬误（非混合型意见分歧）	3.04（0.72）	4.68（0.87）
13. 用人格担保立场正确来逃避证明责任谬误（非混合型意见分歧）		
——通过承诺	3.29（0.99）	5.18（0.18）
——通过命令	2.77（0.75）	5.14（0.92）
14. 借助封闭性本质表述使立场免遭批评，进而逃避证明责任谬误（非混合型意见分歧）	2.93（0.96）	4.76（0.88）

① 范爱默伦（van Eemeren，2010）认为，批判性讨论规则的主体间有效性将程式有效性赋予了语用论辩讨论程序，他同时认为，该主体间有效性很可能主要建立在问题消除有效性基础之上，也即基于其在实质消除意见分歧中的工具性。我们可以推测，对于那些像波普尔的开放社会成员者，在其反教条、反权威和反基础主义，以及拒斥知识垄断、自认无过失和诉诸不动摇原则的意义上，这些规则是可接受的。

续表

	谬误论证	可靠论证
15. 逃避证明责任谬误（混合型意见分歧）		
——在没有推定状态下考虑立场	2.72（0.81）	5.68（0.55）
——在推定状态下考虑立场（真实性候选者）	3.45（0.98）	5.68（0.55）
——在推定状态下考虑立场（变化或修正）	3.48（1.16）	5.68（0.55）
16. 诉诸后果谬误逻辑变体	3.92（0.74）	4.39（0.64）
——逻辑变体		
——语用变体	2.96（0.70）	5.03（0.63）
17. 诉诸群众谬误	2.77（0.80）	5.88（0.73）
18. 滑坡谬误	3.31（0.78）	5.31（0.66）
19. 错误类比谬误	3.14（0.70）	4.74（0.83）
20. 诉诸无知谬误	2.56（0.71）	5.56（0.56）

范爱默伦等人（van Eemeren *et al.*，2009）为了回答这一问题，使用了“效应量”这一定量概念。该概念表明了，回应者在多大程度上区分了某谬误不合理性与其非谬误对应物的合理性。效应量越大，则区分度越大；相反地，效应量越小，则区分度越小。相对而言，效应量越大，则对规约化有效性主张的证实程度也就越大。在这项研究项目中，我们能够根据效应量（的中位值与平均值）推导出来的总体结论是，所涉及的讨论规则一般而言在很大程度上是主体间有效的，并且这些规则在主体间有效度上的区别并不大（van Eemeren *et al.*，2009，pp. 222 – 224）。因此，这项研究计划的总体结论是，所获全部数据表明，在判定对讨论贡献的合理性时，日常论证者所使用的规范与批判性讨论的语用论辩规则非常吻合。因此，基于这一间接证据，这些规则，不管是单独来看还是作为整体来看，都可以被认为是程式有效的。①

在语用论辩论证理论扩充版中所引入的策略操控理论思想，为从实证上研究论证者追求修辞实效性与遵守论辩合理性标准之间的关系开启

① 值得注意的是，在这项研究中就这一点而言，冲突阶段和开始阶段已被彻底地研究了。

了一个新起点。而针对此种实证研究至关重要的三个理论驱动假设而言,[①] 范爱默伦等人（van Eemeren *et al.*, 2012a）已经在《穿过合理性的实效性》一文中表明，它们均获得了相关实证数据的强力支持。下面我们将简要地讨论这些假设。

首先，日常论证者在某种程度上知道其论辩义务中包含了什么，因为他们通常知道什么样的贡献在讨论中是合理的，而什么样的贡献又是不合理的。在策略操控中，如果他们不知道任何合理性标准，那么追求实效性与维护合理性间将不存在任何理性关系。在给出他们对合理性的判断时，日常论证者被证明使用了与批判性讨论规则中所包含规范非常一致的标准（参见表10.6）。他们遵照于与语用论辩标准相等价的合理性标准这一事实，使得证实其对合理性的理解成为可能。

其次，日常论证者假定，讨论中的另一方原则上会像他们一样，忠于同样的论辩义务。如果他们不持有这一假定，那么对他们而言，通过提出证成其立场的论证，来诉诸对方的合理性标准就将变得毫无意义。他们假定存在着共享合理性标准这一事实，使得将其合理性标准与追求（跟对手有关的）实效性相联系成为可能。

最后，日常论证者倾向于且假定其对手也倾向于将不符合预想共享批判性讨论标准的贡献视为不合理，而那些违反标准者要对不合理负责。如果他们不希望执行通行的标准，那么他们的论证尝试将毫无意义。在参与论证实践时，论证者最终给出了合理性的某种规范含义，并期望对手以同样方式行事这一事实，使得如此解释合理性与实效性之间的关联成为可能，即合理性原则上能够导致实效性，即使在合理性并非产生实效性的唯一甚或最大因素的某个或某类交流实践中也是如此。相应地，如果合理性缺乏或不足，那么实效性也就必然受损。

针对这一背景，论证理论家要从实证上探讨，涵盖到消除过程各阶段且能解释策略操控所有方面的合理性与实效性间的关系，也就说得通了。在这项实证研究中，“实效性”被定义为，通过做出相关论证话步的言语行为，实现程式上所追求的“内在”互动（以言取效）效果（van

① 在已被范爱默伦和荷罗顿道斯特（van Eemeren & Grootendorst, 1984）详细说明的信服性意义上，这三个假设与关于论证和实效性二者间关系的理论观点紧密相联系。

Eemeren & Grootendorst，1984，pp. 24 – 29）。为了最佳地服务于该目的，语用论辩实效性研究聚焦于，基于听者的论辩承诺状态，追求策略操控的可外显化目标效果。[①] 此种研究将从对论证话步功能性原理的充分理解出发，依赖于对听者的理性考虑，首要关注于以合理手段所能实现的效果。[②] 将研究导引至这一方向与如何看待，作为说服之理性版（信服）必要条件的合理性，是一致的（van Eemeren & Grootendorst，1984，p. 48）。[③]

从论证理论的视角来看，谬误性论证话步会被日常论证者评判为不合理的，但是，当这些话步出现在论证话语中时，参与者却似乎多次未能注意到其中的谬误。这是很值得关注的。一个突出的例子是辱骂型人身攻击谬误变体。在实验情境下，当评估该谬误明显实例的合理性时，日常论证者以绝对优势判定出，该谬误使用是非常不合理的讨论话步（参见表 10. 7）。然而，在真实生活中，这一谬误在众多论证话语情形下都无法被察觉。这一显著差异需要被解释。

范爱默伦等人（van Eemeren *et al.*，2012b）在“伪装的辱骂型人身攻击谬误实证研究”中认为，在某些情况下，辱骂型人身攻击谬误能够被分析为策略操控的某种特殊形式，此时，因为该谬误模仿了对权威论证的合理批判性回应，所以具有一种合理性的外观。当论证者错误地将自己表现为某领域专家，或宣称自己值得相信但事实上并非如此时，就这一点对他们个人进行攻击是非常合理的。作为这种特殊情形的结果，个人攻击是否必须被视为合理批评，或被视为谬误性个人攻击话步，通常无法立刻清晰明了。范爱默伦、赫尔森和墨菲尔斯用两个实验系统检验了下述假定：当侮骂型人身攻击被表达为对权威论证的批判性回应时（其中被攻击者被视为冒牌权威），它们实质上并非那么不合理。在两个

---

① 这类实效性研究是被批判地启发而来的，是对流行的（非论辩性）说服研究的语用论辩式补充。语用论辩学倾向于被标注为“实效性研究”而非“说服性研究”，其原因首要地来自如下事实：“实效性”与“说服性”不同之处在于，前者不仅与论辩阶段相关，而且还与在其他讨论阶段所作论证话步相关，如在开始阶段提出起点，以及在结束阶段陈述讨论结果。

② 关于对“互动的”（以言取效）效果的分析，参见范爱默伦和荷罗顿道斯特（van Eemeren & Grootendorst，1984，pp. 63 – 74）和范爱默伦（van Eemeren，2010，pp. 36 – 39）。

③ 沿着该研究传统，阿姆加索（Amjarso，2010）处理的问题是：在独白语境下，仅仅提及支持立场的论证，是否比同时提及并反驳预期反论证更具有实效性。

实验中，该假定均得到了证实。①

10.13　在特定交流领域中的应用

在包含策略操控之后，对理论化中交流活动类型语境层面的吸收，大大强化了语用论辩理论与论证现实间的联系。这一理论性丰富使得可以把语用论辩洞见应用于，对遍布许多交流领域的大量论证实践中之论证话语的分析与评价。在阿姆斯特丹大学进行的这项研究，目前主要关注四个领域。② 继对法律领域（系阿姆斯特丹大学既定传统研究领域）中论证话语的研究之后，我们还关注了政治领域、医学领域和学术领域。本研究在所有情况下的总体目的均是：（1）查明在这些领域中的策略操控可能性，何以被源自各交流活动类型规约化的外在制度约束所决定；（2）查探哪些（一系列几近固定的论证型式的）日常论证模式以及（支持某类型立场的）论证结构，典型地有益于在这些领域中实现（与其制度性规约化相一致的）交际活动类型的制度性目标。

10.13.1　法律领域

论证理论家们一般将法律领域视为一种制度语境，在该语境中，合理论证的批判性模型得到了很好的形塑。该语境的典型特征是，交流实践是高度规约化的。在这一领域的交流活动类型中，定义批判性讨论开始阶段的程序起点与实质起点，在法律上的对应物很大程度上是在制度上预先确定，而非由双方共同协商所确定。为了识别导致这些交流活动类型中策略操控制度先决条件的外在制度性约束，语用论辩学家们首先

① 在初始测试与为了能够更好地对结果进行归纳而做的重复测试中，毫不掩饰的辱骂型个人攻击一贯地被视作不合理讨论话步而被拒斥，同时正当的个人攻击也一贯地被视为合理的。然而在回应误用的权威论证时，伪装的辱骂型人身攻击与公然地谬误性直接攻击相比，被判定为并没有那么不合理。

② 此外，我们还与卢加诺大学（University of Lugano）的研究者实现了一项富有成效的合作，他们关注于调解、编辑会议、金融交流以及健康交流中的论证。

研究了如何从论证上刻画这些交流活动类型。其次，他们试图确立在各种法律实践中相关各方，包括法官在内，是如何根据策略操控的可用空间来实施其论证话语的。

法律论证的语用论辩研究已被菲特丽丝所形塑。在《法律论证的基本原理》（Feteris，1999）一书中，她从语用论辩视角提供了法律论证各研究进路的总览。她在大量其他论著中，针对各式理论议题发表了观点。最初，她的研究关注于荷兰法律系统内的论证话语，并用荷兰文写作。比如，她在博士论文（Feteris，1989）中研究了，在荷兰民法与刑法中对法律实践的规定与批判性讨论规则相一致的程度。她展示了如何用司法过程的特定要求来解释对这些规则的偏离。菲特丽丝所探讨的其他论题之一是，指向令人满意或不满意的法律裁判结果的实用论证（Feteris，2002）。最近，她一直在关注法律话语中的策略操控研究（Feteris，2009）。她在这项研究中展示了法官们如何策略操控地证成一项判决，其中，他们通过述及可从立法者意图推出的立法目的，而偏离于法律规则的字面意义。她以著名的“圣三一案”为例，基于证明责任重构以及策略操控的可利用空间，分析并评价了法官在该案中的论证。

另一位积极投身于法律话语语用论辩进路的论证学者是克鲁斯特惠斯。他的博士论文（Kloosterhuis，2002，荷兰文）分析了被法官用来解释与建构法律规则的类比论证。在《重构法律裁判中的解释论证》（Kloosterhuis，2006）一书中，克鲁斯特惠斯提供了法律案件中重构争议立场的工具，建立了用于分析与评价法律裁判中论证的框架，并且再次谈及了对类比论证的分析与评价。对法律论证的语用论辩进路做出贡献的还有：普纳赫（Plug，2000b，荷兰文）讨论了对司法判决的证成中所用论证结构的重构，[①] 扬森（Jansen，2003，荷兰文）通过重构反向推理，来创建一套工具用以分析这种司法论证型式的“经典”与“现代”变体。[②] 语用论辩学当前对法律领域的研究，与对法律论证话语中策略操控的制度性约束相关。上述研究是当前语用论辩研究所基于理论背景的一部分。

① 关于所涉及的部分问题的英文讨论，参见普纳赫（Plug，1999，2000a，2002）。

② 关于在法律论证中反向推理的英文讨论，参见扬森（Jansen，2005）。

10.13.2 政治领域

语用论辩进路对政治领域的最早研究始于范爱默伦（van Eemeren，2002）对论证在民主中角色的讨论。他认为，只有建立了公共话语的适当程序，以允许（常相互冲突的）各观点的提出者间进行有条理的批判性讨论后，民主才能发挥作用。范爱默伦认为，我们应该对批判性讨论的高阶条件给予应有的关注。“高阶条件”是指，对参与者的态度与能力的要求，以及对社会政治环境的要求。

2009 年，范爱默伦和赫尔森就已经开始从事一项综合研究计划。该计划关注于欧洲议会论证性交流中的策略操控制度先决条件。[①] 至今，他们已经研究了默默地施加于欧洲议会成员之上的次要先决条件的影响，他们将该影响称为“欧洲困境”，即议会成员们被期待为欧洲整体事业服务，但同时他们又要通过保护本国利益来取悦其选民（van Eemeren & Garssen，2010，2011）。范爱默伦和赫尔森展示了这一困境会导致的论证模式变化，如，当欧洲议会成员们认为某提议政策不利于其祖国时，在其回应中就会出现某种常见模式。如在关于是否应禁止种植烟草的议会辩论中就是如此，这种典型模式表现为：使用从属型举例论证来支持提案立场的对立立场，同时详细列出执行这项政策后的受损国家名称（并不仅仅包括其祖国）。

范爱默伦和豪特罗斯尔在 21 世纪初，发起了一项基于语用论辩理论扩充版的综合研究计划。该计划关注于制度性约束对政治领域中对抗性策略操控的影响，并与一组青年学者（范拉尔、通纳德、穆罕默德和安多内）共同实施。论文集《审视语境下的论证》（van Eemeren，2009）概述了其中的部分主要成果，以及其他语用论辩研究者、持其他理论视角的研究者的相关研究。范拉尔（van Laar，2008）更早地报告了他对该计划的贡献，如发表在《争论与对抗》（van Eemeren & Garssen，2008）论文集中的论文《语用不一致性与语用可信性》。

① 其他语用论辩研究项目关注于，例如，荷兰议会中论证话语的特性（Plug，2010，2011），以及英国议会立法讨论中对实用论证的使用（Ihnen Jory，2010，2012）。还可参见伊库—费尔克劳（Ietcu-Fairclough，2009）。

团队中年轻成员们的贡献首先是他们的博士论文。通纳德在《把议题摆在桌面上》（Tonnard，2011）中，解释了荷兰议会辩论中“单议题”政治家们所使用的表达技巧。这些政治家们使用该技巧的目的是，即使其所属党派的优先议题并不在日程上，也能使该议题被讨论，同时也可以向选民们展示其对此议题的关心。通纳德表明了政治家们的部分策略技巧能够被刻画为“转移论题”，其他的则可刻画为“两极化”。她在研究的实证部分讨论了，动物党领导人在发起“动物和环境福利”讨论方面的努力，以及自由党领导人在讨论“伊斯兰化”方面的努力。

穆罕默德在《尊贵的绅士应该下定决心了》（Mohammed，2009）中研究的交流活动类型是，英国下议院中的首相质询时间。她探讨了首相如何回应反对派议员们针对政府政策、政府行为或政府计划提出的批判性问题：首相在回应中指责了提问者的不一致。穆罕默德将这种指责刻画为非正式讨论中的冲突性策略操控。其中，虽然这是关于政党是否能够提供好的领导的“非正式讨论”，但是基于制度性理由，能否提供好的领导又包含在政府表现是否合格的“正式讨论”中。首相质询时间的交流活动类型由此变为多层次的。因此，首相提出的不一致指控的策略功能是用来表明，议员应该收回他们的批评，因为该批评与反对党所宣称观点的不一致，而不一致的反对者无法提供好的领导。穆罕默德还详细说明了用以区分可靠不一致指控与谬误不一致指控的可靠性条件。①

在《政治采访中的策略操控》（Andone，2010）中，安多内为政治家们在电视采访中对采访者指控的反应方式给出论证性解释。其中，采访者的指控针对的是政治家所持立场与其之前所持立场间的不一致。在英式民主制度语境中，政治家们有义务向选民介绍并解释其政治言行，同时，采访者的任务是批判性地评价这些言行，并代表公众要求得到令人满意的解释。安多内在其研究中表明，纵然无法否认其中的不一致性，但通过改述其中某立场来作为“补偿性调整”，政治家们就能继续讨论下

① 安多内博士论文的改进版已出版为专著（And one，2013）。

去。她区分了该策略操控所能具有的三种模式。[①] 最后，她详述了回应不一致指控的可靠性条件，其中，“回应”指的是通过改述初始立场来收回它。

在另一个致力于政治领域的博士研究项目中，莱温斯基（Lewiński, 2010）研究了在线技术如何为公共辩论创造出新的可能性。在线讨论的一个最根本特征是，有近乎无限的机会来批判性地做出回应：允许讨论者无障碍地批判性回应、使用假名，并随时退出讨论。在《作为论证活动类型的互联网政治讨论论坛》（Lewiński, 2010）中，莱温斯基探讨了互联网政治讨论论坛的语境条件如何影响参与者们批判性回应的方式。他在分析了一些更长的讨论片段后，从批判性回应的策略操控中发现了四种常见的回复模式。存在于这四种模式中的主要修辞因素是对证明责任的策略性使用：讨论者试图通过扩大对手的证明责任以使对手获胜机会最小化。

10.13.3　医学领域

在医学领域，策略操控同样要遵守制度程式。在“后知情同意时期”，医生有义务向前来求诊的患者表明其诊断与建议的可靠性（Snoeck Henkemans, 2011）。[②] 因为在求诊时，参与者们通常在相关（医学）知识和经验上有着相当大的不同，因此，在分析医生的策略操控时，尤其需要分析医生们从论辩与修辞角度利用其权威的方式。[③] 古德莱特与皮尔格拉姆（Goodnight & Pilgram, 2011）已从语用论辩视角表明，医生能够通过强调其专业性，从而强化其道德（*ethos*），以建立患者信任。他们的分析为明确表达下述可靠性条件提供了基础：对医生所用策略操控的语境敏感型评价之特定可靠性条件。

策略操控还出现在（尤其是美国的）医药宣传广告之中。在语用论

---

① 这些模式中所涉及的改述初始立场的方式包括：（1）使政治家对争议立场的支持，取决于某些特定条件的满足；（2）表明由采访者解释所得到的不一致性是基于误解的；（3）使政治家能够宣称，初始立场比现有立场涉及某些额外内容（And one, 2010, pp. 88 – 89）。

② 参见拉布里（Labrie, 2012）。

③ 阿姆斯特丹大学的皮尔格拉姆和卢加诺大学的拉布里的博士论文，均是从语用论辩观点出发来研究关于医患咨询中对权威的使用。

辩学的概念框架内，范波佩尔和鲁宾里尼（van Poppel & Rubinelli, 2011）探查出在直面消费者式广告中，疗效论证的潜在缺陷。① 此类广告的主要问题是，论证支持了用药与健康情况改善间的联系，但却未对药品使用不成功以及其他药品也可能有效给出应有的解释。这类策略操控通常与食品和药品管理部门针对此类广告中论证话语给出的制度性先决条件相悖。

范波佩尔（van Poppel, 2011）通过聚焦于，以让某目标听众节食、多锻炼或用其他方式来促进健康为目的的所谓健康指南，借助典型针对这类交流活动类型的实用论证，探讨了策略操控的特性。②

10.13.4 学术领域

科佐瓦兹（Kutrovátz, 2008, pp. 209, 244）认为，科学论证领域是一个明显可应用语用论辩理论的领域。在他看来，分析科学论证话语对理解“知识生产动力学”很有帮助。芝姆普伦（Zemplén, 2008）通过将取自牛顿与卢卡斯通信的论证话语之分析概览的某些关键要素进行重构，为此提供了一个很好的范例。语用论辩学在判定学术语境对论证话语中策略操控之制度性约束方面的研究，目前仍处于初期。③ 瓦格曼斯（Wagemans, 2011）首次尝试使语用论辩学理论工具适用于此类研究，他通过将沃尔顿针对批判性问题的某些建议并入更一般、更系统的语用论辩框架之中，提出了重构与评价诉诸专家意见的工具。

10.14 对语用论辩理论的批判性回应

语用论辩学家们在实现其雄心勃勃研究计划的过程中，面对的不仅是表扬和赞同，还有批判和反对。布莱尔（Blair, 2006）在一篇文章中

① 维尔德在其博士论文（阿姆斯特丹大学）中，关注于权威论证在医疗广告中的使用。

② 关于健康指南中实用论证的使用，也是范波佩尔（van Poppel, 2013）博士论文（阿姆斯特丹大学）的主题之一。

③ 波帕关于“思想实验”的博士论文（阿姆斯特丹大学）旨在为这一计划做出贡献。

区分了“语用论辩进路”和本章讨论的“论证的语用论辩理论”[1]，并很好地说明了语用论辩理论的各方面如何能实际成为（且已时常成为）争论的焦点。显然，对语用论辩学的现有批判性回应，几乎始终是从批判者自身所持论证观出发，或是从其认定的论证理论理应发展方式出发的。不同于语用论辩学家所持观点，有些学者（通常是从英文用法出发）似乎认为术语“argugmentation”和“argument”实际上是等同的。这些学者更倾向于给“argumentation”一个更广的含义，而不仅是指使用“argument”来以理性方式说服他人接受立场的可接受性。因此，他们还倾向于持有一种不同于语用论辩家的论证理论范观。他们通常希望它的范畴更广、更一般，但也有批评者希望它的范畴更小、更具体。在见识到学术纷争的光怪陆离之后，对这些起点间基本差异的理解使我们很难接受这许许多多的批评。

我们在讨论批评时，将首先提及一些对语用论辩理论论辩维度和语用维度的批评。[2] 其次我们将聚焦于因认为语用论辩学中缺少某些内容而应进行拓展的批评。再次我们将关注于与语用论辩理论修辞维度相关的批判性回应，包括对其道德品性的一些批评。最后我们关注于对语用论辩谬误观的批评。在结束本章时，我们转向那些关注于论证理论如何能够处理认知性主张的批评者，他们认为应该缩小理论化的范畴。

我们首先应该注意到的是，廷戴尔（Tindale，1999，p. 47）已经正确地观察到，对语用论辩进路的批评通常是基于对该理论的误解。他提到了一些错误的信念，如语用论辩观点只关心“口头表达对话”意义上的“言辞对话”。[3] 有时批评者在其他情况下给出的理论解释，也显然并非语用论辩学家的本意。下述情形也经常发生：批评者就语用论辩理论

---

① 那些通过创造一项新术语来将论证的“语用论辩进路”从“语用论辩学”中分离出来，并将之作为其理论事业的那些人，在我们看来与将论证的“新修辞进路”从佩雷尔曼和奥尔布赖切斯—泰提卡的“新修辞学”中分离出来一样不合适。范爱默伦（van Eemeren，1986，1990）引入的一般性标签“规范语用学”，是做进一步区分的更合适起点。

② 此处对批评的讨论基于范爱默伦（van Eemeren，2012）。

③ 在范里斯（van Rees，2001）对《展示理性》（Johnson，2000）的书评中，他标记出并更正了一系列对语用论辩学的误解，其中包括，只涉及口头论证而不涉及书面论证，只涉及对话式话语不涉及独白式话语等。

的某部分提出批评，但却并未注意到其他部分可以为之提供恰当的理解。当然，大多数对语用论辩学的回应都是建设性的。只有极少数的回应看起来是完全的反对。[①]

10.14.1 论辩维度和语用维度

沃尔纳普（Wohlrapp，2009，pp. 41 –42）在以一种不同于语用论辩学的方式来定义“语用的”和“论辩的”之后，断言该理论既不是论辩的，也不是语用的。[②] 另外，菲诺基亚罗（Finocchiaro，2006）将语用论辩进路描述为“高度论辩的”，即每个论证都被视为克服某种形式的怀疑或批评的手段。根据这种“高度论辩”观点，约翰逊的“论辩外层”对于“存在论证”而言就既是必要的，也是充分的了。约翰逊的（逻辑）“推论内层”（Johnson，2000）在语用论辩学中被整合到论辩整体之中（Finocchiaro，2006，p. 57）。菲诺基亚罗认为，语用论辩学家提出的分析毋庸置疑地支持了其理论，即所有论证都符合高度论辩这一概念。语用论辩学的分析是否确实比其他的分析“更好且更具启发性”，仍需进一步证明（Finocchiaro，2006，p. 56）。

汉森（Hansen，2003）注意到，在语用论辩学中，证明责任的论辩规则（维护义务规则）具有纯方法论地位，并且看起来似乎“假定”已无用武之地。豪特罗斯尔（Houtlosser，2003）在回应时认为，没有必要增加一条用以描述“如果 p 是共同起点的一部分，那么假定 p”的规则，因为即使缺少该规则，这些起点也起到了假定的作用。范爱默伦和豪特罗斯尔（van Eemeren & Houlosser，2002b，2003a）认为，假定取决于语用现状的所有成分，这使得决定双方间相互关系的共识性起点，事实上具有与假定相似的功能。

考菲尔德在《言语行为理论的语用论辩式挪用》（Kauffeld，2006）

---

① 伍兹（Woods，2006）似乎就是如此，但在其他出版物（如 Woods，2004）中，他的结论在最后又变得积极一些。

② 沃尔纳普认为，只有语言语用学是不充分的，并且波普尔几乎不理解论辩学中的任何事情（Wohlrapp，2009，p. 41）。沃尔纳普也对语用论辩学没有解释“框架”间的区别感到遗憾（van Eemeren，2010，pp. 126 –127）。

中，讨论了语用论辩学的语用维度。[1] 范爱默伦和荷罗顿道斯特认为，言语行为理论很大程度上需要修正，并且考菲尔德承认，在语用论辩理论中已经做出了一个对"塞尔观点异常重要的修正"（Kauffeld，2006，p. 151）。但是在他看来，语用论辩学家们在以言行事式言语行为是否由程式所构成这一问题上，"走得还不够远"（Kauffeld，2006，p. 151）。考菲尔德认为，语用论辩学家们把程式定义为取决于规律、预期以及偏好，但这会掩盖论证者在面对规范性承诺时可以采取的两种不同路线：(1) 在与程序必要性相一致的情况下，遵从双方均认同的实践，因为（就像语用论辩学家认为的）它们能够解决交流和互动的问题；(2) 承担承诺，来"产生一种假定，此种假定能够为听者提供一种用说者喜欢的方式行事的理由"（Kauffeld，2006，p. 159）。不幸的是，我们并不真正清楚后一点所涉及的内容，以及它如何能够影响语用论辩观点。

10.14.2 扩大范围

一些支持扩大理论化范畴的作者强调，在实践中，"argumentation"与"argument"[2] 都可以具有除了实质消除意见分歧之外的其他功能（如 Goodwin，1999；Garver，2000，p. 307；Hample，2003，p. 465）。他们当然是对的，而且语用论辩学家们也承认这一点："argumentation"在实现其他目标中可以发挥作用。然而问题是，这些其他功能在何种程度上需要在论证理论中得到解释。对这一问题的回答，不仅取决于是否将论证理论的范畴定义为实质消除意见分歧，或是用某种更广的方式来定义，而且取决于所追求的其他目标是不是唯论证中所固有，是否能与提出论证相匹配，是否寄生于论证之中，或者是否仅仅偶然与论证相关联。

---

① 贝尔梅卢克（Berjo-Luque，2011，pp. 58 – 72）也处理了语用论辩学的语用层面，但安多内（And one，2012）指出了贝尔梅卢克结论中的缺陷。

② 古德文（Goodwin，1999）在对美国国会海湾辩论的讨论中表明了，她是在"argument"的一般意义上来使用术语"argumentation"的。我们可以从下述事实中确证她对"argumentation"的此种理解：她把"argumentation"暂时定义为"表明"立场可接受，以及她参考"*demonstrare*"（演证、证明、表明等）和"*apodeixis*"（证明、演证等），这些都与逻辑证明相联系。古德文强调说，有些在国会中提出"argumentation"的政治家明确说，他们不想说服他人；同时古德文还提到，"说明"是"argumentation"的功能之一，但是在语用论辩用法中，"说明"是"argument"的功能，而非"argumentation"。

当论及情感和认知在论证话语中的作用时，也同样出现了范围与包摄的类似议题。倡导“联合论争”的基尔伯特（Gilbert，2005）希望语用论辩学更加接近共识主义。他认为，语用论辩模型易受到情感上所要求解释的影响，但他实际上对理论做了某些改动。[①] 哈普尔（Hample，2003，p. 463）也认为需要对“论争的情绪轨迹”进行更系统的研究。他同意基尔伯特（Gilbert，1997，p. 445）的观点：联合争论以一种建构性的态度承认其他目标。哈普尔（Hample，2003，p. 453）认为，“气氛”可以是合作性的，并导致联合论争；也可以是竞争性的，则会导致威胁和争吵式论争。在他看来，大多数冲突都涉及混合型动机，并带来“冲突行为，或者合作行为”的可能性。这一“……或者……”式区分与语用论辩观点相反，因为就此坦白而言，意见分歧消除原则上同时涉及两者。哈普尔（Hample，2003，p. 465）也注意到了，在日常论证的提出与接收中起作用的社会因素及心理因素。他（Hample，2007）在提及了语用论辩的外显化原则后，[②] 总结说，语用论辩学家们对这些因素并不感兴趣。但是这一结论下得太仓促了，因为它并不能由该原则推出，并且理解论证话步事实上已成为语用论辩实证研究的一个关注点（如 van Eemeren *et al.*，1989）。

波纳维克（Bonevac，2003）认为，语用论辩学是动态的、语境敏感的、多主体的，并把对谬误的理论建构作为一项明确目标，但还是可以为语用论辩学提出一些发展方向上的建议。他指出，在针对许多反方而维护立场时，这就像通常在政治语境下发生的那样，必须满足一系列的限制。范里斯（van Rees，2003）回应说，在语用论辩学中，可以通过下述方法处理这一问题：通过将此类情形考虑为，存在的意见分歧中不只有一个（而是有多个）反方，正方也就因此会同时处于一个以上的讨论之中。波纳维克建议将谬误解释为，依赖于合理缺省原则的可废止论证，

---

① 基尔伯特建议“从抽象转到实际，从理想转到现实”（Gilbert，2001，p. 7）。尽管他将此展示为范爱默伦和豪特罗斯尔囊括论证修辞层面的“延续”，但他心中所想似乎与此不同：他的延续是通过把语用论辩学的某些术语范畴及概念范畴仅仅视为启发式差别而实现的。

② 外显化原则提升了在论证话语分析与评价中，对可追溯承诺的关注（参见第 10.3 节）。该原则的应用也创造出了，对提出、察觉、理解这些承诺时所涉认知过程之研究的合适起点。出于方法论方面的理由，语用论辩家们并不愿意将论证理论，与心理学、社会学、认识论、交往理论或其他任何属于论证理论智性资源的学科完全合并在一起。

但要在存在底切考量或优先考量的环境中应用。范里斯在回应该建议时解释说，这些考量已经存在于与语用论辩论证型式规则相关联的批判性问题之中了，特别是当这些问题适合于特定交流活动类型的要求时。她证实了语用论辩学家们同意波纳维克的观点，即为了实施被纳入批判性讨论规则中的一般规范，需要为各种谬误制定出精确的标准。

10.14.3　语用论辩学的修辞维度及其道德品性

科克（Kock，2007）批评了语用论辩学及其他使用到修辞洞见的论证进路：它们没有意识到，修辞学本质上是关于政策选择协商的。[①] 然而语用论辩学家们明确地考虑到了，论证可以与涉及两个或以上选择的“实践”立场相关。该理论被设计为，可以平等地应用于：包含了认知可接受性主张的描述性立场，包含了道德判断或审美判断的评价性立场，以及与行动选择相关的规定性立场。既然修辞洞见能够被很好地应用于所有这些情况，那么从语用论辩视角来看，修辞学的范围并未局限于协商体裁，因此其范围似乎比科克所认为必要的要宽些。

另一种由霍曼（Hohmann，2002，p.41）提出，但却普遍萦绕于修辞学家群体中的批评是，在适用语用论辩进路后，修辞学可能会成为论辩学的“附庸”。然而，语用论辩学根本不是要囊括全部修辞学，来自修辞学的洞见仅被用于改善策略操控的分析与评价。修辞学的范围当然更广，同时，为了上述特殊目的而在分析的论辩框架中利用某些修辞学洞见，也就不会损害修辞学了。修辞学作为一门学科的独立地位几乎不会受到任何影响，就如在物理学、经济学及其他学科中运用数学洞见后对数学完整性的影响程度一样。

弗兰克（Frank，2004，p.267）根据修辞在“好人”和“公民社会”中的体现，将论证与“道德行动”关联起来。他称语用论辩学“对修辞

---

① 尽管事实上是修辞学家们自身通常主要将修辞学与追求实效性关联起来（参见 van Eemeren，2010，pp.66－80），但是科克（Kock，2007）还是批评了论证理论家间用这种方式来定义“修辞”论证的趋势。他还注意到，那些“为相反选择发声”的论证者并未“被迫”消除意见分歧。然而，如果他们旨在说服他人接受己方立场，那么其论证必须旨在消除与其意欲说服听众间的意见分歧（这些听众不必然持有相反立场）。科克不仅忽视了在不同立场间做选择时涉及表达对某决定的偏爱，也忽视了政治论证通常旨在说服他人相信某选择更好。

学传统怀有敌意”（Frank，2004，p. 278）。[1] 戈伯（Gerber，2011）则从另一种更具有建构性观点出发，批评了像语用论辩学这样的“理性主义”论证进路之“道德缺陷”，并在像杜威这样的美国语用主义者的理论基础上给出了一种“改进方法”。在他看来，“语用论辩的方法论潜藏着道德性方面的风险”（Gerber，2011，p. 22），如提倡“非民主目标”（Gerber，2011，p. 25）：因为“只要论证满足了说者的目标，它们就被认为是‘好’的，而不管这些目标或者意图是什么”（Gerber，2011，p. 22）。[2]

10.14.4 对谬误的处理

沃尔顿非常欢迎语用论辩学中的谬误理论进路。他认为新的谬误概念比标准处理中的“看起来有效”，“超前了好几光年”（Walton，1992a，p. 265）。沃尔顿（Walton，1991b）认为，语用论辩进路是向严肃的谬误研究前进过程中的首个重要进展。[3] 可是，他在赞扬之后还提出了很多严厉的批评，其中有些值得近距离仔细考察。

让我们从博廷的观察出发，来讨论这些批评：“我们在对规则系统进行比较时，可以依据其问题有效性，即其防止谬误的能力。”（Botting，2010，p. 432）语用论辩学家已经就问题有效性或“问题消除有效性”理解下的谬误处理，与“标准处理”以及伍兹—沃尔顿进路进行了对比（van Eemeren，2010，pp. 190 – 192）。博廷没有提及的程式有效性，是语用论辩理论对实践应用的一项额外要求。因为程式有效性取决于主体间

---

① 弗兰克在一篇说教性的论文中认为，佩雷尔曼“认识到极权主义者思想的典型特征，即对演绎推理中‘冷冰冰逻辑’的完全承诺”（Frank，2004，p. 270），他在文中首先回应了《论证理论基本原理》（van Eemeren *et al.*，1996）中的批评，还回应了对佩雷尔曼与奥尔布赖切斯—泰提卡新修辞学前身的某些方面的批评。

② 先不管他们对可靠性标准的错误描述，以及事实上语用论辩学家们积极地支持民主活动（参见 van Eemeren，2002，2010，pp. 2 – 4），“好”这个字的用法就是误解的，因为语用论辩学家们作为论证理论家，明显仅关注于主张的论证品质（“可靠性”），而不是“好”所可能指称的其他品质。

③ 沃尔顿（Walton，2007）以一种更具批判性的视角缩小了语用论辩理论的实证范畴：他通过将“批判性讨论”仅仅刻画为在论证现实中使用的众多对话类型（或交流活动类型）之一，因此，也就同时忽视了其本可应用于所有类型的理论概念地位。关于语用论辩学的范畴，参见范爱默伦（van Eemeren ed.，2009）；关于对沃尔顿的批判性回应，参见赫尔森（Garssen，2009，pp. 187 – 188）。

可接受性，所以语用论辩学家们已经用实验研究的方法判定出了，包含在其规则内的合理性标准在何种程度上与日常论证者的判断相一致（van Eemeren *et al.*，2009）。[①]

在标准处理中所考察的谬误能在标准处理中被精细讨论的原因是，它们都是错误论证的清晰情形，那么，在语用论辩学中自然也可以处理它们，正如在其他进路中被讨论的谬误性之相关分析性观察与判定标准建议都可以被期待重现一样。[②] 语用论辩进路为了能够涵盖所有妨碍实质消除意见分歧的谬误，不仅需要处理传统上被区分的所有相关谬误（如，Hamblin，1970），同时也要考虑所有现有相关理论洞见（如，Woods & Walton，1989）。

因此，我们就需要评价伍兹针对语用论辩理论的谬误理论所提出的异议。在《论证之死》一书中，伍兹将语用论辩学称为“对谬误有独到见解且声名远播的理论”（Woods，2004，p. 151），并用三章把伍兹—沃尔顿谬误观与范爱默伦—荷罗顿道斯特的“竞争性”视角进行了对比（Woods，2004，p. 149）。伍兹一开始就认识到，范爱默伦和荷罗顿道斯特将问题消除有效性要求视为至关重要的，而这一要求涉及两点：一是作为“理性上令人满意的规则”的冲突消除规则；二是“被双方所接受的论证就是好的，而被双方所反对的就是不好的”（Woods，2004，p. 158）。[③] 他的反对之处涉及语用论辩理论化的一些起点。

伍兹（Woods，1991）认为，语用论辩学家们把不同谬误间的区分弄

---

① 范爱默伦（van Eemeren，2010）总结了语用论辩学在两个有效性维度方面的立场：“对于基于主体间共识的‘程式有效性’而言，在承认其确实是对论证话步可接受性做出决定性判断的先决条件之后，我想强调的是，因为‘程式有效性’压倒一切的重要性，故应当首先判定上述论证话步的‘问题消除有效性’。”（van Eemeren，2010，p. 137）廷戴尔认同该层级结构，并在讨论针对语用论辩学的批评时，最终得出了相同的结论：“正是这些规则（或遵守这些规则）确保了行进的合理性。因此，我们大概只需要将这些规则视为必要的客观条件。”（Tindale，1999，p. 61）他承认，“这些规则应该先于讨论者间的共识”（p. 62）。

② 这回答了廷戴尔的观察，语用论辩学家们“在转向新概念时”，“似乎一起带着传统谬误的旧标准”（1999，p. 55）。

③ 廷戴尔（Tindale，1999）得出了几项对语用论辩立场很公正的结论，他也认识到了问题消除有效性的重要性。我们确实很难想象，人们如何能在缺少涉及外在批判性规范的某“客位”研究的情况下，以规范视角来研究谬误，因为从“主位”进路来看，讨论参与者可接受的论证话步并不要求关于其可能“谬误性”的任何进一步反映。参见范爱默伦等人（van Eemeren *et al.*，1993，pp. 50 - 51）。

模糊了，因为他们指出，只要不同谬误同时违反了与批判性讨论相关的各种合理性标准中的任意一条，即讨论规则，那么它们就是同类的谬误。[①] 他并不承认，因为它们被认为是以不同方式违反同一条讨论规则，因此，相关谬误事实上跟它们在标准处理中一样，仍然是不同的谬误［在标准处理中，事实上所有的谬误都被视为对同一合理性标准（即逻辑有效性）的违反，同时它们中的一部分被视为属于一个更广的谬误范畴，如“相关性谬误”］。在以不同方式违反同一条标准所导致的不同谬误间作区分，并未受语用论辩学试图从实质消除意见分歧这一观点出发，为这些谬误间相互关联方式提供一种系统性概览之影响。

另一项争论点是，不同谬误在何种程度上具有独立于任何论证理论的“客观”存在。伍兹和沃尔顿所持的观点是，谬误已经“存在在那里了”，而且是论证者概念工具箱中的一部分，因此，它们代表了前理论类型。伍兹把这种观点称为“概念实在论”（Woods，2004，p. 161）。范爱默伦和荷罗顿道斯特认为，只有在论证的理论视角内界定出实质消除意见分歧的阻碍之后（即语用论辩学进路），才能追踪到不同的谬误类型。从语用论辩观点来看，不同类型的谬误首先代表了理论类型，但对于伍兹和沃尔顿来说，它们是一种“使用中的概念”。

伍兹并不认为，谬误的理论程度“像夸克那样极端”（Woods，2004，p. 168）。他最后的结论是，“范爱默伦和荷罗顿道斯特也不这样认为”（Woods，2004，p. 168）。他解释说，温和理论有两个优点：“首先，它允许能够真正提升谬误理论的理论革新；同时，又不会失去我们对通常被视为（大致等同于理论先辈们所努力克服的）谬误之物的见解。”（Woods，2004，p. 170）

在范爱默伦和荷罗顿道斯特给出对谬误概念性地位的看法后，伍兹讨论了他们的观点，即对谬误的“统一解释”是值得追求的（Woods，2004，p. 155）。范爱默伦和荷罗顿道斯特建议从相同视角出发来研究所有谬误

---

① 例如，伍兹（Woods，2004）错误地认为：“语用论辩式解释使得诉诸武力谬误、诉诸人身攻击谬误与诉诸怜悯谬误【……】成为了相同谬误”。（Woods，2004，p. 156）他还评论说，对传统谬误的这种解释提供了一种“直接由标准处理而来的简要拙劣式模仿”（Woods，2004，pp. 159，178－179），但却没有提及范爱默伦和荷罗顿道斯特在严谨地努力展示语用论辩学原则上可以容纳标准处理所区分的谬误。

（在语用论辩学中，即实质消除意见分歧视角），这样就能使把论证话步称作谬误的理据在所有情况下都基本相同。与此相反，伍兹（Woods，2004，p. 175）则援引了“概念的样例理论”，也即使用者借助“对部分概念样例的独立描述”来表达日常概念（Woods，2004，p. 175；引用于 Smith & Medin，1981，p. 23）。因此，如果该理论是对“使用中的概念”式谬误的正确理解，那么，谬误就不是一个统一的概念（Woods，2004，p. 175）。在伍兹看来，“谬误的不一致化没有什么可抱怨的”（Woods，2004，pp. 176－177）。如果范例理论确实是正确的，那只是因为“恰恰理当如此”（Woods，2004，p. 177）。他认为，范爱默伦和荷罗顿道斯特的一致主义尝试回应了“用理论上强有力的规定来取代碎片化的‘使用中的概念’”（Woods，2004，p. 177）这一挑战。此外，范爱默伦和荷罗顿道斯特被认为提出了“‘使用中的概念’的零散碎片无须被全部给出”，但应该被给予“在规定性理论的分类法中的一席之地”（p. 177），就像他们在《论证、交流与谬误》（van Eemeren & Grootendorst，1992a）中所做的努力那样。

针对范爱默伦和荷罗顿道斯特提出的“伍兹—沃尔顿进路与语用论辩学在某种程度上可以相互结合”的想法，伍兹回应说，伍兹和沃尔顿对论辩性谬误的处理也许会被认为“尤其有责任被统一”（Woods，2004，p. 181）。就此而言，伍兹提到了沃尔顿（Walton，1991a）关于乞题谬误的专著，说它“以推进沃尔顿自身部分结果的方式”，“只是不太多地”实现了与语用论辩学某些部分的统一（Woods，2004，p. 181）。在他看来，对其他谬误的预期可能就不那么乐观了。无论如何，“伍兹—沃尔顿理论与范爱默伦和荷罗顿道斯特的进路依次结合得越多，那么统一的整体模式是一家之言的可能性就越小”（Woods，2004，p. 181）。①

10.14.5 认知维度

几名批评者正确注意到，多年以来，语用论辩学在表达上发生了某

① 库明斯（Cummings，2005，p. 178）基于伍兹的观察，对语用论辩学做出了一项否定评价。在韦伦（Wreen，1994）所做出的、同样为否定的评价中，最引人注目的是其基本预设：（1）谬误与推论本质性地结合在一起（尽管语用论辩学家将其置于更广的交流视角之下）；（2）谬误具有客观的本体论地位（尽管语用论辩学家将其视为实质消除意见分歧的障碍，其识别取决于人们是否共享关于话语的理论框架）。

些微小变化，其中有些是为了应对理论发展而必须做出的调整，其他则是希望可以防止误解。后者的例子有：为了清晰的目的而在“问题有效性”的“问题”之后加进了临时插入语“消除”，成为“问题消除有效性”；并对“消除意见分歧”增加了限定“理性”，也即用语用论辩手段“用理性方式消除”。岑克尔（Zenker，2007a）和博廷（Botting，2010）准确注意到了，十戒在后期出版物中（包括本手册在内）被改为“不该做的事”，以更为显性地突出语用论辩讨论程序的批判理性主义特性。[①]然而，岑克尔（Zenker，2007b）关于为何调换有效性规则（现在的规则7）与论证型式规则（现在的规则8）顺序的理解并不正确，[②] 这并非为了将语用论辩学疏远于“演绎主义”，因为后者绝非语用论辩学的组成部分（Groarke，1995）。[③] 之所以进行这种调换，反映出下述事实：我们应该有条不紊地先检验是否应用了逻辑有效性规范，再检验论证型式运用的恰当性；如果的确应用了逻辑有效性规范，那么后者甚至可能是多余的。

在记录语用论辩规则从1984年到2004年间所发生的变化时，岑克尔（Zenker，2007a）对那些在他看来其他论证理论家也会遵守的规则与其他规则间进行了分离。奇怪的是，他似乎认为那些通常已被接受的规则无须被包含在语用论辩系统中。尽管岑克尔通过将“共识性部分”（不管他想用它表达什么意思）识别为“真正的语用论辩部分”（p. 1588），正确地溯及了语用论辩合理性哲学的批判理性主义背景，但他却据此强化了

---

① 正如博廷（Botting，2010）所注意到的那样，从认识角度来看，批判性讨论建模了“批判理性主义式猜想与反驳的程序”。

② 岑克尔根据其所列出的、一段时间内语用论辩规则的（极少）变化清单，总结道：最重要的实质变化是“对有效性非演绎形式的承认”（Zenker，2007a，p. 1588）。卢默尔断言，范爱默伦和荷罗顿道斯特“最初”提出“仅仅一种论证类型，即演绎论证”，并且“最近”才包括了“一些其他论证型式”（Lumer，2010，p. 65）用来“解释与证成非演绎论证”（Lumer，2010，p. 66）。事实上，范爱默伦和荷罗顿道斯特自1978年就早已区分了不同的论证型式（van Eemeren *et al.*，1978，p. 20），紧接着又区分了（演绎与非演绎）逻辑论证形式（如 van Eemeren & Grootendorst，1984，pp. 66 – 67）。

③ 另一位指责“语用论辩学”是演绎主义的“某种形式”的批评者是科克（Kock，2003，p. 162）。

语用论辩学是一种“共识主义”理论这一错误信念。[①]

虽然岑克尔承认，范爱默伦和荷罗顿道斯特只主张了使用他们的规则能够系统地分析所有传统谬误，但他（Zenker，2007b）评论道，它们的必要性仅仅被 15 条语用论辩规则的谬误发现潜能所证成（既然语用论辩的主张只涉及区分可靠论证话步与谬误论证话步，那么，此处的“发现”就不是正确用语）。他得出的不一致结论是，最好“怀疑语用论辩规则对消除意见分歧是必要的这一主张”。当他接下来说语用论辩规则“至多”是充分的时，难免让人觉得他混淆了充分条件和必要条件。[②]

对认识论方面批评的讨论被下述基本误解复杂化了：该误解即，语用论辩哲学立场对“证成主义”的反对就等同于不允许在肯定性地维护立场的意义上证成论证（参见 Siegel & Biro，2010）。然而，范爱默伦和荷罗顿道斯特从一开始，就已在论证话语处理中纳入了旨在证成立场的“正”论证与用于反驳立场的“反”论证（参见 van Eemeren & Grootendorst，1984，pp. 39－46）。[③] 他们拒斥把证成主义视为合理性的哲学，与他们作为批判理性主义者认为没有必要进行下述假定是相关的，即没有必要假定，立场能够被终局地合法化。有时，立场能够被适宜地维护至批判性讨论者十分满意的程度，但这并不意味着，该讨论不能在其他场合下重新开启（无论是由相同的讨论者或是由其他人所开启）。

对语用论辩学认识论维度的批评从根本上可被归结为：即使正确地遵循

---

① 另一位支持这种对语用论辩学错误刻画的批评者是卢默尔（Lumer，2010）。博廷指出，批判性讨论模型所俘获的论证交流基本特征，大概也就是共识主义者错误信念之源，即一个完整的批判性讨论“将以共识结束”（Botting，2010，p. 416）。然而，从批判理性主义视角来看，语用论辩意见分歧消除过程的一个清晰结果，仅仅是观点在不断变动中的一个临时事态。因此，语用论辩学中的结果只代表一种临时结果，而非共识主义中的一种所欲最终结果。关于二人对语用论辩学认识维度的继续讨论，参见卢默尔（Lumber，2012）和博廷（Botting，2012）。

② 岑克尔（Zenker，2007b）令人奇怪地不再将对初步高阶条件的满足，称为消除意见分歧的“进一步必要条件”。尽管他忽视了语用论辩学家们之所以关注这些先决条件，是为了正当地应用批判性讨论规则来评价论证话语的合理性，但他还是正确评论道，未能满足某些高阶条件似乎可以解释看起来不合理的行为（参见 van Eemeren *et al.*，1993，pp. 30－35）。在未考虑论证理论家应该在多大程度上拓展其努力边界的情况下，他责备语用论辩学家们“明显松懈”，因为他们未能“准确且详尽”地阐述高阶条件。但在实践中考察心理与社会政治高阶条件是否已得以满足，是否真的是论证理论家们的恰当任务是值得怀疑的。

③ “正论证”与“证成力”之类的概念，在语用论辩学中被以论辩方式来理解，并获得了一种非证成主义式含义。还可参见赫尔森和范拉尔（Garssen & van Laar，2010，p. 134）。

了语用论辩讨论程序，但在某些情况下还是会导致接受认识论上说不通的立场①，也即通常意味着这些立场被认为是假的（Biro & Siegel，2010，p. 7）。②撇开我们有时难以百分百断定某已接受立场是否为假这一点不谈，这一批评也完全忽视了重点。③ 语用论辩学家们作为论证理论家，力图寻求实质消除意见分歧的最佳方法，以及基于理性根基来判定争议立场是否可接受的最佳方法。这意味着，他们想要建立恰当的（“问题消除有效的”）检验程序，以检验在论证话语中所用前提的品质，以及在维护立场时使用这些前提的方式。然而，当考虑语用论辩学家们如何处理论证现实时，需要谨记三个关键点。

第一，从语用论辩的观点来看，论证理论既不是一个证明理论，也不是一个推理或论证的一般性理论，而是一种关于如何使用论证，通过对争议立场可接受性的合理性讨论来让他人信服的理论。这意味着，对于那些必须决定论证交流结果的人来说，如果他们没有就问题消除有效性测试的有效性达成一致，那么，仅仅所用论证的前提与所用论证的证成力或反驳力符合问题消除有效的可接受性测试是不够的。即使任何人都不接受某立场，它也仍然可能为真，但要使得本来持怀疑态度者接受立场为真，那就是另一件事了。④

---

① 在一篇以不理解为特征的论文中，卢默尔称语用论辩学“由不合格（故不令人满意）的共识主义以及考虑不周的认知理性主义等各式理论所组成”（Lumer，2010，p. 67）。他认为语用论辩学基于大有问题的认识论，“即批判理性主义和对话逻辑”（Lumer，2010，p. 67）。但“很多大约都可以通过改变语用论辩学的认识论基础而得到改善”（Lumer，2010，p. 58）。

② 韦伦（Wreen，1994，p. 300）持有相似的观点。

③ 语用论辩学家们也在追求着最理性的结果，但却为无法在所有情形下都给出关于真的最终裁决这一可能性留出了余地，因为我们缺少这样做的必要工具。我们在某些情形下必须诉诸来自各学科的专家，而如果他们也无法达成统一，那我们就只能忍受。很多真（如“地球不平”和“全球变暖”）都经历过一段悬而未决的时间。就像赫尔森和范拉尔正确地问道：这些情况下由谁做决定？（Garssen & van Laar，2010，p. 129）

④ 在该视角下，听者与其程序起点、实质起点对论证理论而言非常重要。西格尔和比罗（Siegel & Biro，2010，p. 467）也许会感到遗憾，廷戴尔（Tindale，1999，p. 57）也可能如此，但由于论证不只涉及推理，也还涉及试图说服他人，除了达到“问题消除有效”的结论之外，还需要追求主体间一致性（这使得双方间达成一致成为可能）。在实践中（希望在认识论中的结果与此不同）的结果也许是（我们希望这只是例外），最终拒斥了“好的”论证与立场，却接受“不好的”。但仅当论证者遵守了必要的检验程序，上述情形才有理性基础。针对确立真的检验方法以及实施其他批判性检验方法，只有这些方法的问题消除有效性得到了改善，同时，所做检验对准讨论者而言可接受，那么我们才能得出“更好”的结论。

第二，从语用论辩观点来看，论证与论证理论不仅与涉及真之认识论主张有关，而且与包含了（本质上略有不同的）可接受性主张的立场有关，如表达道德判断与审美判断的评价性立场，以倡导实施某行动或选择某政策选项的规定性立场（参见 Gerber，2011；Kock，2007）。[1] 这意味着，语用论辩观点认为论证理论需要将其范围拓宽至不仅仅处理与真相关的议题（后者是认识论的主要旨趣）。[2]

第三，从语用论辩观点来看，论证理论既不像物理学、化学或历史学那样是一个“积极的”事实取向研究分支，也不像伦理学、认识论、修辞学或逻辑学那样等同于智识反映池——尽管它们中的一些多多少少都为论证理论的发展做出了贡献。不过，在论证中判断一项对真的主张是否获得了成功维护时，这些学科也许会有一些特定作用。为此，在评价显性或隐性论证交流时，通常有必要依赖于论证理论范畴或论证理论“管辖权”之外的知识与洞见（参见 Garssen & van Laar，2010）。

比罗和西格尔（Biro & Siegel，2006b）对“argument”与“argumentation”采取了一种客观的认识论视角，他们在经过大量沉思之后认为，语用论辩进路与认识论进路“最好不要相互视为竞争对手，而要视为伙伴，每个进路都在努力阐明关于现象范围的不同，但却同样重要的方面，而该现象范围是一个适当广泛的、哲学上恰当的论证理论所必须关注的”（Biro & Siegel，2006b，p. 10）。[3] 他们认为，如果把合理性理解为“一方或双方提出的考虑为结论或立场提供的支持度或证成度，那么，范爱默伦和荷罗顿道斯特的解释事实上是一种认识论解释，与我们的解释相一致”（Biro & Siegel，2006b，p. 5）。当立场包含了认识性主张时，尽管这

---

① 虽然并不排除对这类立场进行真值指派，但是讨论者并非首要试图确立其真实性，而是要在理性根基之上判定其可接受性。

② 西格尔和比罗也许认为，从认识论视角来看，没有证据表明不能存在关于道德、政治与法律事项的论证（Siegel & Biro，2010，p. 472），但是在处理评价性与规定性议题时，所涉“证成信念”通常能够根据主体间可接受性而非客观真得到较好的处理。语用论辩学中的问题消除有效性与主体间有效性，比这些认识论专家们所认为的范畴更广。

③ 比罗和西格尔认为这两类进路的主要区别在于，“在论证与论证理论中，理解争议消除与认识严肃性的不同方式”（Biro & Siegel，2006b，p. 8）。也见比罗和西格尔（Biro & Siegel，2006a）。但是，我们认为两种进路间的不同，是如何看待论证与论证理论的问题，而非争议消除与认识“严肃性”间的差异。

两种进路在查验该主张时可能存有差别，但比罗和西格尔预先认为范爱默伦和荷罗顿道斯特不会喜欢这一解释也是不必要的。

比罗和西格尔在带有讽刺意味地描述语用论辩学时说："讨论者可以共享并依赖未证成的信念，而且他们可以接受并使用存在问题的推论与推理规则。"（Biro & Siegel，2010，p. 458）[①] 然而，如果恰当理解了问题消除有效性，上述情形就不可能发生，至少当存在更好的选择时（即更加问题消除有效的）是不可能的。[②] 正如博廷（Botting，2010，p. 423）在回应中所解释的，起点和规则只有在经受且通过了批判性检验的情况下，才是合理的。[③] 他说，认识论理论家所犯的错误是，认为最初达成了共识的命题与推论类型是从天而降的。[④] 博廷在回应"在语用论辩学中，立场维护总是与起点相关的"这一批评时，简明地指出这是论辩进路中的一条普遍规则，"论证者只能通过其他参与者显性或隐性承诺的命题与推论来建立其立场"（Botting，2010，p. 425）。

赫尔森和范拉尔（Garssen & van Laar，2010，p. 124）认为，来自客观主义认识论者的挑战是建立在错误假设基础之上的。他们在回应中解释了作为规范概念工具的"消除"是什么意思，还解释了针对逻辑型式与论证型式（Garssen & van Laar，2010，p. 128）——以及为了起点而进行适当调整后——问题消除有效性要求涉及哪些内容。博廷（非语用论辩学家）在一篇很有见地的文章中认为，"批判性讨论是一个认识论上规范的模型"（Botting，2010，p. 415）。他主张，语用论辩学规范

---

① 还可参见比罗和西格尔（Biro & Siegel，1992，p. 91）。

② 就像廷戴尔（他本人持不赞成态度）注意到的，整个语用论辩方案"一直被设定为消除取向的，而不是听众取向的，即论辩的而非修辞的"（Tindale，1999，p. 63）。

③ 参与者从其可得的最佳实质起点与最佳程序起点出发是合理的吗？或是说，他们只能从认识论者们认为客观上真或有效的起点出发？这就是区别所意谓之物。比罗和西格尔作为认识论者，似乎只对借助外部评价者来评价论证感兴趣，这些评价者基于"客观"根基来评判论证，而独立于真实论证的语境特殊性及主体间可接受性（参见 Siegel & Biro，2010，pp. 467 – 468）。这里涉及两个问题：一是这是否确实是对论证理论应为何物的更好回答；二是这种进路在何种程度上能够在实践中产生决定性结果，以及在何种程度上比语用论辩进路更适合处理各交流实践中的论证话语。

④ 语用论辩学家们认为，如果在确立起点可接受性时，不只涉及查验它们是否在共同接受起点"清单"上，那么，这对论证理论家来说就不是一项合适的任务。然而，由于他们理论中的批判理性主义理性，上述起点的可接受性当然可以用问题消除有效性的方式来确立。

和认识论规范不仅“不必然存在冲突，甚至不必然存在合作……但语用论辩学的规范具有内在的认识论规范性……也就是说，在语用论辩学中所提出的规则（‘十戒’）是能够传导真的”（Botting，2010，p. 414）。博廷维护该结论时，遵循了波普尔的观点：与不那么成功的假说相比，已证实假说具有更多的“似真性”（Botting，2010，p. 137）。[①] 他总结道，不管语用论辩学有什么缺点，“它都不属于认识论”（Botting，2010，p. 414）。

10. 14. 6　结语

总之，我们可以说，各式批评者均基于其自身的论证观与论证理论观，对语用论辩学提出了各种要求。因为这些要求常常指向不同方向，有时甚至是相反的方向，因此，纵然有可能调和它们，但那也将十分困难。一方面，很多人从修辞分析视角或话语分析视角出发，似乎将主体间有效性的内在“主位”要求置于首位；另一方面，也有很多人从客观主义认识论视角或逻辑视角出发，似乎将评价问题消除有效性的外在“客位”要求放在首位，即与其自身理论视角相一致的那种问题消除有效性。[②] 这一区分解释了，为什么旨在合理地使他人确信立场可接受性的语用论辩论证研究进路，不可能通过将问题消除层面的有效性与主体间层面的有效性整合进一个共同的理论框架，来满足所有要求。事实上，这条进路必定要继续遭受非议，既包括来自那些想要拓展理论化范畴的人，又包括来自那些想要限制它的人。

---

① 博廷认为，“存在着检验规则系统的某种方式，我们通过表明规则通过了这些测试，就能很好地支持这些规则的可接受性，而且可接受性终究是逼真性的可依赖指标”（Botting，2010，p. 423）。在他看来，“规范性主张‘争议中所有参与者拥有绝对共识的那些立场，通常在认识论上都是可靠的’，应当以相同的方式被理解”（Botting，2010，p. 432）。

② 有趣的是，有些完全不同的立场非常令人惊讶地联系在一起了，比如：一方面，戈伯与弗兰克的实用伦理学与修辞道德主义；另一方面，比罗与西格尔的客观主义认识论。这两方面的共同之处在于，都设法包含某些外部要求，但从语用论辩角度来看，这些要求已经完全超越了恰当的论证与论证理论。

参考文献

Aakhus, M. (2003). Neither naïve nor critical reconstruction. Dispute mediators, impasse and the design of argumentation. *Argumentation*, 17 (3), 265 – 290.

Albert, H. (1975). *Traktat über kritische Vernunft* [Treatise on critical reason]. 2nd ed. Tübingen: Mohr. (1st ed. 1968, 5th improved and enlarged ed. 1991). (1st ed. 1968, 5th improved and enlarged ed. 1991).

Amjarso, B. (2010). *Mentioning and then refuting an anticipated counterargument. A conceptual and empirical study of the persuasiveness of a mode of strategic manoeuvring.* Doctoral dissertation, University of Amsterdam, Amsterdam.

Andone, C. (2010). *Maneuvering strategically in a political interview: Analyzing and evaluating responses to an accusation of inconsistency.* Doctoral dissertation, University of Amsterdam, Amsterdam.

Andone, C. (2012). [Review of] Lilian Bermejo Luque. *Giving reasons a linguistic-pragmatic approach to argumentation theory. Argumentation*, 26 (2), 291 – 296.

Andone, C. (2013). *Argumentation in political interviews. Analyzing and evaluating responses to accusations of inconsistency.* Amsterdam-Philadelphia: John Benjamins (Revised version of Andone, 2010).

Austin, J. L. (1975). In J. O. Urmson & M. Sbisà (Eds.), *How to do things with words* (2nd ed.). Oxford: Oxford University Press.

Barth, E. M., & Krabbe, E. C. W. (1982). *From axiom to dialogue. A philosophical study of logics and argumentation.* Berlin: de Gruyter.

Bermejo-Luque, L. (2011). *Giving reasons. A linguistic-pragmatic approach to argumentation theory.* Dordrecht: Springer.

Biro, J., & Siegel, H. (1992). Normativity, argumentation and an epistemic theory of fallacies. In F. H. van Eemeren, R. Grootendorst, J. A. Blair, & C. A. Willard (Eds.), *Argumentation illuminated* (pp. 85 – 103). Amsterdam: Sic Sat.

Biro, J., & Siegel, H. (2006a). In defense of the objective epistemic approach to argumentation. *Informal Logic*, 26 (1), 91 – 101.

Biro, J., & Siegel, H. (2006b). Pragma-dialectic versus epistemic theories of arguing and arguments. Rivals or partners? In P. Houtlosser & A. van Rees (Eds.), *Considering pragma-dialectics. A festschrift for Frans H. van Eemeren on the occasion of his 60th birthday* (pp. 1 – 10). Mahwah-London: Lawrence Erlbaum.

Blair, J. A. (2006). Pragma-dialectics and pragma-dialectics. In P. Houtlosser & A. van Rees (Eds.), *Considering pragma-dialectics. A festschrift for Frans H. van Eemeren on the occasion of his 60th birthday* (pp. 11 – 22). Mahwah-London: Lawrence Erlbaum.

Bonevac, D. (2003). Pragma-dialectics and beyond. *Argumentation*, 17 (4), 451 – 459.

Botting, D. (2010). A pragma-dialectical default on the question of truth. *Informal Logic*, 30 (4), 413 – 434.

Botting, D. (2012). Pragma-dialectics epistemologized. A reply. *Informal Logic*, 32 (2), 266 – 282.

Clark, H. (1979). Responding to indirect requests. *Cognitive Psychology*, 11, 430 – 477.

Cosoreci Mazilu, S. (2010). *Dissociation and persuasive definitions as argumentative strategies in ethical argumentation on abortion.* Doctoral dissertation, University of Bucharest, Bucharest.

Crawshay-Williams, R. (1957). *Methods and criteria of reasoning. An inquiry into the structure of controversy.* London: Routledge & Kegan Paul.

Cummings, L. (2005). *Pragmatics. A multidisciplinary perspective.* Edinburgh: Edinburgh University Press.

DeMorgan, A. (1847). *Formal logic.* London: Taylor & Walton.

van Dijk, T. A., & Kintsch, W. (1983). *Strategies of discourse comprehension.* New York: Academic.

Doury, M. (2004). La position de l'analyste de l'argumentation [The position of the analyst of argumentation]. *Semen*, 17, 143 – 163.

Doury, M. (2006). Evaluating analogy. Toward a descriptive approach to argumentative norms. In P. Houtlosser & A. van Rees (Eds.), *Considering pragma-dialectics. A festschrift for Frans H. van Eemeren on the occasion of his 60th birthday* (pp. 35 – 49). Mahwah-London: Lawrence Erlbaum.

van Eemeren, F. H. (1986). Dialectical analysis as a normative reconstruction of argumentative discourse. *Text*, 6 (1), 1 – 16.

van Eemeren, F. H. (1987). Argumentation studies' five estates. In J. W. Wenzel (Ed.), *Argument and critical practices. Proceedings of the fifth SCA/AFA conference on argumentation* (pp. 9 – 24). Annandale: Speech Communication Association.

van Eemeren, F. H. (1990). The study of argumentation as normative pragmatics. *Text*,

10 (1/2), 37 -44.

van Eemeren, F. H. (2002). Democracy and argumentation. *Controversia*, 1 (1), 69 -84.

van Eemeren, F. H. (Ed.). (2009). *Examining argumentation in context. Fifteen studies on strategic maneuvering.* Amsterdam-Philadelphia: John Benjamins.

van Eemeren, F. H. (2010). *Strategic maneuvering in argumentative discourse. Extending the pragma-dialectical theory of argumentation.* Amsterdam-Philadelphia: John Benjamins [trans. into Chinese (in preparation), Italian (2014), Japanese (in preparation), & Spanish (2013)].

van Eemeren, F. H. (2012). The pragma-dialectical theory of argumentation in discussion. *Argumentation*, 26 (4), 439 -457.

van Eemeren, F. H. (2013a). In what sense do modern argumentation theories relate to Aristotle? The case of pragma-dialectics. *Argumentation*, 27 (1), 49 -70.

van Eemeren, F. H. (2013b). *Maniobras estratégicas en el discurso argumentativo. Extendiendo lateoría pragma-dialéctica de la argumentación.* Madrid-Mexico: Consejo Superior de Investigaciones Científicas (CSIC) /Plaza & Valdés. Theoria cum Praxi. [trans.: Santibáñez Yáñez, C. & Molina, M. E. of F. H. van Eemeren (2010), *Strategic maneuvering in argumentative discourse. Extending the pragma-dialectical theory of argumentation.* Amsterdam-Philadelphia: John Benjamins].

van Eemeren, F. H. (2014). *Mosse e strategie tra retorica e argomentazione.* Naples: Loffredo. [trans.: Bigi, S., & Gilardoni, A. of F. H. van Eemeren (2010), *Strategic maneuvering in argumentative discourse. Extending the pragma-dialectical theory of argumentation.* Amsterdam-Philadelphia: John Benjamins].

van Eemeren, F. H., & Garssen, B. (Eds.). (2008). *Controversy and confrontation. Relating controversy analysis with argumentation theory.* Amsterdam-Philadelphia: John Benjamins.

van Eemeren, F. H., & Garssen, B. (2009). The fallacies of composition and division revisited. *Cogency*, 1 (1), 23 -42.

van Eemeren, F. H., & Garssen, B. (2010). In varietate concordia-United in diversity. European parliamentary debate as an argumentative activity type. *Controversia*, 7 (1), 19 -37.

van Eemeren, F. H., & Garssen, B. (2011). Exploiting the room for strategic maneuvering in argumentative discourse. Dealing with audience demand in the European Parliament. In F. H. van Eemeren & B. Garssen (Eds.), *Exploring argumentative contexts.* Amsterdam-Philadelphia: John Benjamins.

van Eemeren, F. , Garssen, B. , & Meuffels, B. (2009). *Fallacies and judgments of reasonableness. Empirical research concerning the pragma-dialectical discussion rules.* Dordrecht: Springer.

van Eemeren, F. H. , Garssen, B. , & Meuffels, B. (2012a). Effectiveness through reasonableness. Preliminary steps to pragma-dialectical effectiveness research. *Argumentation*, 26 (1), 33 – 53.

van Eemeren, F. H. , Garssen, B. , & Meuffels, B. (2012b). The disguised abusive ad hominem empirically investigated. Strategic maneuvering with direct personal attacks. *Thinking & Reasoning*, 18 (3), 344 – 364.

van Eemeren, F. H. , Garssen, B. , & Wagemans, J. (2012c). The pragma-dialectical method of analysis and evaluation. In R. C. Rowland (Ed.), *Reasoned argument and social change. Selected papers from the seventeenth biennial conference on argumentation sponsored by the National Communication Association and the American Forensic Association* (pp. 25 – 47). Washington, DC: National Communication Association.

van Eemeren, F. H. , de Glopper, K. , Grootendorst, R. , & Oostdam, R. (1995). Identification of unexpressed premises and argumentation schemes by students in secondary school. *Argumentation and Advocacy*, 31 (Winter), 151 – 162.

van Eemeren, F. H. , & Grootendorst, R. (1984). *Speech acts in argumentative discussions. A theoretical model for the analysis of discussions directed towards solving conflicts of opinion.* Dordrecht: Foris & Berlin: de Gruyter [trans. into Russian (1994c) & Spanish (2013)].

van Eemeren, F. H. , & Grootendorst, R. (1990). Analyzing argumentative discourse. In R. Trapp & J. Schuetz (Eds.), *Perspectives on argumentation. Essays in honor of Wayne Brockriede* (pp. 86 – 106). Prospect Heights, IL: Waveland.

van Eemeren, F. H. , & Grootendorst, R. (1991a). The study of argumentation from a speech act perspective. In J. Verschueren (Ed.), *Pragmatics at issue. Selected papers of the International Pragmatics Conference, Antwerp, August* 17 – 22, 1987, *I* (pp. 151 – 170). Amsterdam: John Benjamins.

van Eemeren, F. H. , & Grootendorst, R. (1991b). [《论辩、交际、谬误》]. 北京：北京大学出版社 [trans. : Shi Xu (施旭) of F. H. van Eemeren & R. Grootendorst (1992a), *Argumentation, communication, and fallacies. A pragma-dialectical perspective.* Hillsdale: Lawrence Erlbaum].

van Eemeren, F. H. , & Grootendorst, R. (1992a). *Argumentation, communication, and fallacies. A pragma-dialectical perspective.* Hillsdale: Lawrence Erlbaum [trans. into Bulgarian (2009), Chinese (1991b), French (1996), Romanian (2010), Russian (1992b), Spanish (2007)].

van Eemeren, F. H., & Grootendorst, R. (1992b). [Russian title]. St. Petersburg: St. Petersburg

University Press. [trans.: Chakoyan, L., Golubev, V., & Tretyakova, T. of F. H. van Eemeren & R. Grootendorst (1992a), *Argumentation, communication, and fallacies. A pragma-dialectical perspective.* Hillsdale: Lawrence Erlbaum].

van Eemeren, F. H., & Grootendorst, R. (1994a). Rationale for a pragma-dialectical perspective. In F. H. van Eemeren & R. Grootendorst (Eds.), *Studies in pragma-dialectics* (pp. 11 – 28). Amsterdam: Sic Sat.

van Eemeren, F. H., & Grootendorst, R. (1994b). *Rechevye akty v argumentativnykh diskusiyakh. Teoreticheskaya model analiza diskussiy, napravlennyh na razresheniye konflikta mneniy.* St. Petersburg: St. Petersburg University Press. [trans.: Bogoyavlenskaya, E., & Chakhoyan, L. (Ed.) of F. H. van Eemeren & R. Grootendorst, *Speech acts in argumentative discussions. A theoretical model for the analysis of discussions directed towards solving conflicts of opinion.* Dordrecht: Foris & Berlin: de Gruyter].

van Eemeren, F. H., & Grootendorst, R. (1996). *La nouvelle dialectique.* Paris: Kimé. [trans.: Bruxelles, S., Doury, M., Traverso, V., & Plantin, C. of F. H. van Eemeren & R. Grootendorst (1992a), *Argumentation, communication, and fallacies. A pragma-dialectical perspective.* Hillsdale: Lawrence Erlbaum].

van Eemeren, F. H., & Grootendorst, R. (1999). From analysis to presentation. A pragmadialectical approach to writing argumentative texts. In J. Andriessen & P. Coirier (Eds.), *Foundations of argumentative text processing* (pp. 59 – 73). Amsterdam: Amsterdam University Press.

van Eemeren, F. H., & Grootendorst, R. (2002). [《批评性论辩：论语的语用论辩法》]. 北京：北京大学出版社 [trans.: Zhang Shuxue (张树学) of F. H. van Eemeren & R. Grootendorst (2004), *A systematic theory of argumentation. The pragma-dialectical approach.* Cambridge: Cambridge University Press].

van Eemeren, F. H., & Grootendorst, R. (2004). *A systematic theory of argumentation. The pragma-dialectical approach.* Cambridge: Cambridge University Press. (trans. Into Bulgarian (2006), Chinese (2002), Italian (2008) & Spanish (2011)).

van Eemeren, F. H., & Grootendorst, R. (2006). *Sistemna teoria na argumentaciata*

(*Pragmatikodialekticheski podhod*). Sofia: Sofia University Press. [trans.: Pencheva, M. of F. H. van Eemeren & R. Grootendorst (2004), *A systematic theory of argumentation. The pragmadialectical approach*. Cambridge: Cambridge University Press].

van Eemeren, F. H., & Grootendorst, R. (2007). *Argumentación, comunicación y falacias. Una perspectiva pragma-dialéctica*. 2nd ed. Santiago, Chile: Ediciones Universidad Católica de Chile. (1st ed. 1992). [trans: López, C., & Vicuña, A. M. of F. H. van Eemeren & R. Grootendorst, A systematic theory of argumentation. *A pragma-dialectical perspective*. Cambridge: Cambridge University Press].

van Eemeren, F. H., & Grootendorst, R. (2008). *Una teoria sistematica dell'argomentazione. L'approccio pragma-dialettico*. Milan: Mimesis. [trans.: Gilardoni, A. of F. H. van Eemeren & R. Grootendorst (2004), *A systematic theory of argumentation. The pragma-dialectical approach*. Cambridge: Cambridge University Press].

van Eemeren, F. H., & Grootendorst, R. (2009). *Kak da pechelim debati (Argumentacia, komunikacia I greshki. Pragma-dialekticheski podhod)*, *II*. Sofia: Sofia University Press. [trans: Alexandrova, D. of F. H. van Eemeren & R. Grootendorst (1992a), *Argumentation, communication, and fallacies. The pragma-dialectical approach*].

van Eemeren, F. H., & Grootendorst, R. (2010). *Argumentare, comunicare şi sofisme. O perspectivă pragma-dialectică*. Galati: Galati University Press. [trans: . Andone, C., & Gâţă, A. of F. H. van Eemeren & R. Grootendorst (1992a), *Argumentation, communication, and fallacies. A pragma-dialectical perspective*. Hillsdale: Lawrence Erlbaum].

van Eemeren, F. H., & Grootendorst, R. (2011). *Una teorı' a sistematica de la argumentación. La perspectiva pragmadialéctica*. Buenos Aires: Biblos Ciencias del Lenguaje. [trans.: López, C., & Vicuña, A. M. of F. H. van Eemeren & R. Grootendorst (2004), *A systematic theory of argumentation. The pragma-dialectical approach*. Cambridge: Cambridge University Press].

van Eemeren, F. H., & Grootendorst, R. (2013). *Los actos de habla en las discusiones argumentativas. Un modelo teórico para el analisis de discusiones orientadas hacia la resolución de diferencias de opinión*. Santiago, Chile: Ediciones Universidad Diego Portales. [trans.: Santibáþez Yáñez, C. & Molina, M. E. of F. H. van Eemeren & R. Grootendorst (1984). *Speech acts in argumentative discussions. A theoretical model for the analysis of discussions directed towards solving conflicts of opinion*. Dordrecht/Cinnaminson: Foris & Berlin: de Gruyter].

van Eemeren, F. H., Grootendorst, R., Jackson, S., & Jacobs, S. (1993). *Re-*

constructing argumentative discourse. Tuscaloosa: University of Alabama Press.

van Eemeren, F. H., Grootendorst, R., & Kruiger, T. (1978). *Argumentatietheorie* [Argumentation theory]. Utrecht-Antwerpen: Het Spectrum. (2nd enlarged ed. 1981; 3rd ed. 1986). [English trans. 1984, 1987].

van Eemeren, F. H., Grootendorst, R., & Meuffels, B. (1984). Het identificeren van enkelvoudige argumentatie [Identifying single argumentation]. *Tijdschrift voor Taalbeheersing*, 6 (4), 297 – 310.

van Eemeren, F. H., Grootendorst, R., & Meuffels, B. (1985). Gedifferentieerde replicaties van identificatieonderzoek [Differentiated replications of identification research]. *Tijdschrift voor Taalbeheersing*, 7 (4), 241 – 257.

van Eemeren, F. H., Grootendorst, R., & Meuffels, B. (1987). Identificatie van argumentatie als vaardigheid [Identifying argumentation as a skill]. *Spektator*, 16 (5), 369 – 379.

van Eemeren, F. H., Grootendorst, R., & Meuffels, B. (1989). The skill of identifying argumentation. *Journal of the American Forensic Association*, 25 (4), 239 – 245.

van Eemeren, F. H., Grootendorst, R., & Meuffels, B. (1990). Valkuilen achter een rookgordijn [Pitfalls behind a smokescreen]. *Tijdschrift voor Taalbeheersing*, 12 (1), 47 – 58.

van Eemeren, F. H., Grootendorst, R., & Snoeck Henkemans, A. F. (2002a). *Argumentation.*

Analysis, evaluation, presentation. Mahwah, NJ: Routledge/Lawrence Erlbaum. [trans. Into Albanian (2006a), Armenian (2004), Chinese (2006b), Italian (2011), Japanese (in preparation), Portuguese (in preparation), Russian (2002b), Spanish (2006c)].

van Eemeren, F. H., Grootendorst, R., & Snoeck Henkemans, A. F. (2002b). *Argumentaciya.*

Analiz, proverka, predstavleniye. St. Petersburg: Faculty of Philology, St. Petersburg State University. Student Library. [trans.: Chakhoyan, L., Tretyakova, T., & Goloubev, V. of F. H. van Eemeren, R. Grootendorst & A. F. Snoeck Henkemans (2002a), *Argumentation. Analysis, evaluation, presentation.* Mahwah, NJ: Routledge/Lawrence Erlbaum].

van Eemeren, F. H., Grootendorst, R., & Snoeck Henkemans, A. F. (2004). [Armenian title].

Yerevan: Academy of Philosophy of Armenia. [trans: Brutian, L. of F. H. van Eemeren, R. Grootendorst & A. F. Snoeck Henkemans (2002a), *Argumentation. Analysis, evalua-*

tion, presentation. Mahwah, NJ: Routledge/Lawrence Erlbaum].

van Eemeren, F. H., Grootendorst, R., & Snoeck Henkemans, A. F. (2006a). *Argumentimi.*

Analiza, Evaluimi, Prezentimi. Tetovo, Macedonia: Forum for Society, Science and Culture 'Universitas'. [trans.: Memedi, V. of F. H. van Eemeren, R. Grootendorst & A. F. Snoeck Henkemans (2002a), *Argumentation. Analysis, evaluation, presentation*. Mahwah, NJ: Routledge/Lawrence Erlbaum].

van Eemeren, F. H., Grootendorst, R., & Snoeck Henkemans, A. F. (2006b). [《论辩巧智：有理说得清的技术》]. 北京：新世界出版社 [trans.: Minghui Xiong (熊明辉) and Yi Zhao (赵艺), of F. H. van Eemeren, R. Grootendorst & A. F. Snoeck Henkemans (2002a), *Argumentation. Analysis, evaluation, presentation*. Mahwah, NJ: Routledge/Lawrence Erlbaum].

van Eemeren, F. H., Grootendorst, R., & Snoeck Henkemans, A. F. (2006c). *Argumentación. Analisis, evaluación, presentación*. Buenos Aires: Biblos Ciencias del Lenguaje. [trans: Marafioti, R of F. H. van Eemeren, R. Grootendorst & A. F. Snoeck Henkemans (2002a), *Argumentation. Analysis, evaluation, presentation*. Mahwah, NJ: Routledge/Lawrence Erlbaum].

van Eemeren, F. H., Grootendorst, R., & Snoeck Henkemans, A. F. (2011a). *Il galateo della discussione* (*Orale e scritta*). Milan: Mimesis. [trans.: Gilardoni, A. of F. H. van Eemeren, R. Grootendorst & A. F. Snoeck Henkemans (2002a). *Argumentation. Analysis, evaluation, presentation*. Mahwah: Routledge/Lawrence Erlbaum].

van Eemeren, F. H., Grootendorst, R., & Snoeck Henkemans, A. F., with Blair, J. A., Johnson, R. H., Krabbe, E. C. W., Plantin, C., Walton, D. N., Willard, C. A., Woods, J., & Zarefsky, D. (1996). *Fundamentals of argumentation theory. Handbook of historical backgrounds and contemporary developments*. Mahwah, N. J.: Lawrence Erlbaum. [trans. into Dutch (1997)].

van Eemeren, F. H., & Houtlosser, P. (1999). William the Silent's argumentative discourse. In F. H. van Eemeren, R. Grootendorst, J. A. Blair, & C. A. Willard (Eds.), *Proceedings of the fourth conference of the International Society for the Study of Argumentation* (pp. 168–171). Amsterdam: Sic Sat.

van Eemeren, F. H., & Houtlosser, P. (2000a). Rhetorical analysis within a pragma-dialectical framework. The case of R. J. Reynolds. *Argumentation*, 14 (3), 293–305.

van Eemeren, F. H., & Houtlosser, P. (2000b). The rhetoric of William the Silent's

Apologie. A dialectical perspective. In T. Suzuki, Y. Yano, & T. Kato (Eds.), *Proceedings of the first Tokyo Conference on argumentation* (pp. 37 – 40). Tokyo: Japan Debate Association.

van Eemeren, F. H., & Houtlosser, P. (2002a). Strategic maneuvering. Maintaining a delicate balance. In F. H. van Eemeren & P. Houtlosser (Eds.), *Dialectic and rhetoric. The warp and woof of argumentation analysis* (pp. 131 – 159). Dordrecht: Kluwer.

van Eemeren, F. H., & Houtlosser, P. (2002b). Strategic maneuvering with the burden of proof. In F. H. van Eemeren (Ed.), *Advances in pragma-dialectics* (pp. 13 – 28). Amsterdam-Newport News: Sic Sat/Vale Press.

van Eemeren, F. H., & Houtlosser, P. (2003a). A pragmatic view of the burden of proof. In F. H. van Eemeren, A. F. Snoeck Henkemans, J. A. Blair, & C. A. Willard (Eds.), *Anyone who has a view. Theoretical contributions to the study of argumentation* (pp. 123 – 132). Dordrecht: Kluwer.

van Eemeren, F. H., & Houtlosser, P. (2003b). Strategic manoeuvring. William the Silent's Apologie. A case in point. In L. I. Komlósi, P. Houtlosser, & M. Leezenberg (Eds.), *Communication and culture. Argumentative, cognitive and linguistic perspectives* (pp. 177 – 185). Amsterdam: Sic Sat.

van Eemeren, F. H., & Houtlosser, P. (2007). Seizing the occasion. Parameters for analysing ways of strategic manoeuvring. In F. H. van Eemeren, J. A. Blair, C. A. Willard, & B. Garssen (Eds.), *Proceedings of the sixth conference of the International Society for the Study of Argumentation* (pp. 375 – 380). Amsterdam: Sic Sat.

van Eemeren, F. H., & Houtlosser, P. (2008). Rhetoric in a dialectical framework. Fallacies as derailments of strategic manoeuvring. In E. Weigand (Ed.), *Dialogue and rhetoric* (pp. 133 – 151). Amsterdam: John Benjamins.

van Eemeren, F. H., Houtlosser, P., Ihnen, C., & Lewiński, M. (2010). Contextual considerations in the evaluation of argumentation. In C. Reed & C. T. Tindale (Eds.), *Dialectics, dialogue and argumentation. An examination of Douglas Walton's theories of reasoning and argument* (pp. 115 – 132). London: King's College Publications.

van Eemeren, F. H., Houtlosser, P., & Snoeck Henkemans, A. F. (2007). *Argumentative indicators in discourse. A pragma-dialectical study.* Dordrecht: Springer.

van Eemeren, F. H., Jackson, S., & Jacobs, S. (2011b). Argumentation. In T. A. van Dijk (Ed.), *Discourse studies. A multidisciplinary introduction* (pp. 85 – 106). Los Angeles: Sage.

van Eemeren, F. H. , Meuffels, B. , & Verburg, M. (2000). The (un) reasonableness of the argumentum ad hominem. *Language and Social Psychology*, 19 (4), 416 –435.

Fairclough, N. (1995). *Critical discourse analysis. The critical study of language.* London: Longman Group.

Feteris, E. T. (1989). *Discussieregels in het recht. Een pragma-dialectische analyse van het burgerlijk proces en het strafproces als kritische discussie* [Discussion rules in law. A pragma-dialectical analysis of civil lawsuits and criminal trials as a critical discussion]. Doctoral dissertation, University of Amsterdam, Amsterdam.

Feteris, E. T. (1999). *Fundamentals of legal argumentation. A survey of theories on the justification of judicial decisions.* Dordrecht: Kluwer.

Feteris, E. T. (2002). A pragma-dialectical approach of the analysis and evaluation of pragmatic argumentation in a legal context. *Argumentation*, 16 (3), 349 –367.

Feteris, E. T. (2009). Strategic maneuvering in the justification of judicial decisions. In F. H. Van Eemeren (Ed.), *Examining argumentation in context. Fifteen studies on strategic maneuvering* (pp. 93 – 114). Amsterdam: John Benjamins.

Finocchiaro, M. (2006). Reflections on the hyper dialectical definition of argument. In P. Houtlosser & A. van Rees (Eds.), *Considering pragma-dialectics. A festschrift for Frans H. van Eemeren on the occasion of his 60th birthday* (pp. 51 – 62). Mahwah-London: Lawrence Erlbaum.

Fisher, A. (2004). *The logic of real arguments* (2nd ed.). Cambridge: Cambridge University Press (1st ed. 1988).

Foss, S. , Foss, K. , & Trapp, R. (1985). *Contemporary perspectives on rhetoric.* Prospect Heights: Waveland.

Frank, D. A. (2004). Argumentation studies in the wake of The New Rhetoric. *Argumentation and Advocacy*, 40 (Spring), 267 –283.

Garssen. B. J. (1997). *Argumentatieschema's in pragma-dialectisch perspectief. Een theoretisch en empirisch onderzoek* [Argument schemes in a pragma-dialectical perspective. A theoretical and empirical research]. Doctoral dissertation, University of Amsterdam, Amsterdam.

Garssen, B. (2002). Understanding argument schemes. In F. H. van Eemeren (Ed.), *Advances in pragma-dialectics* (pp. 93 – 104). Amsterdam-Newport News: Sic Sat/Vale Press.

Garssen, B. (2009). Book review of *Dialog theory for critical argumentation* by Douglas

N. Walton (2007). *Journal of Pragmatics*, 41, 186 - 188.

Garssen, B., & van Laar, J. A. (2010). A pragma-dialectical response to objectivist epistemic challenges. *Informal Logic*, 30 (2), 122 - 141.

Garver, E. (2000). Comments on rhetorical analysis within a pragma-dialectical framework. *Argumentation*, 14, 307 - 314.

Gerber, M. (2011). Pragmatism, pragma-dialectics, and methodology. Toward a more ethical notion of argument criticism. *Speaker and Gavel*, 48 (1), 21 - 30.

Gerlofs, J. M. (2009). *The use of conditionals in argumentation. A proposal for the analysis and evaluation of argumentatively used conditionals.* Doctoral dissertation, University of Amsterdam, Amsterdam.

Gerritsen, S. (1999). *Het verband ontgaat me. Begrijpelijkheidsproblemen met verzwegen argumenten* [The connection escapes me. Problems of understanding with unexpressed premises]. Doctoral dissertation, University of Amsterdam. Amsterdam: Uitgeverij Nieuwezijds

Gilbert, M. A. (1997). *Coalescent argumentation.* Mahwah: Lawrence Erlbaum.

Gilbert, M. A. (2001). *Ideal argumentation.* A paper presented at the 4th international conference of the Ontario Society for the Study of Argumentation. Windsor, ON.

Gilbert, M. A. (2005). Let's talk. Emotion and the pragma-dialectical model. In F. H. van Eemeren & P. Houtlosser (Eds.), *Argumentation in practice* (pp. 43 - 52). Amsterdam: John Benjamins.

Goodnight, G. T., & Pilgram, R. (2011). A doctor's *ethos* enhancing maneuvers in medical consultation. In E. Feteris, B. Garssen, & F. SnoeckHenkemans (Eds.), *Keeping in touch with pragma-dialectics. In honor of Frans H. van Eemeren* (pp. 135 - 151). Amsterdam-Philadelphia: John Benjamins.

Goodwin, J. (1999). Good argument without resolution. In F. H. van Eemeren, R. Grootendorst, J. A. Blair, & C. A. Willard (Eds.), *Proceedings of the fourth international conference of the International Society for the Study of Argumentation* (pp. 255 - 259). Amsterdam: Sic Sat.

Greco Morasso, S. (2009). *Argumentation in dispute mediation. A reasonable way to handle conflict.* Amsterdam-Philadelphia: John Benjamins.

Grice, H. P. (1989). *Studies in the way of words.* Cambridge, MA: Harvard University Press.

Groarke, L. (1995). What pragma-dialectics can learn from deductivism, and what deductivism can learn from pragma-dialectics. In F. H. van Eemeren, R. Grootendorst,

J. A. Blair, & C. A. Willard (Eds.), *Analysis and evaluation. Proceedings of the third ISSA conference on argumentation* (*University of Amsterdam*, June 21 – 24, 1994) (Vol. II, pp. 138 – 145). Amsterdam: Sic Sat.

Habermas, J. (1971). Vorbereitende Bemerkungen zu einer *Theorie der kommunikativen Kompetenz* [*Preparatory remarks on a theory of communicative competence*]. *In J. Habermas & H. Luhmann* (Eds.), *Theorie der Gesellschaft oder Sozialtechnologie. Was leistet die Systemforschung*? [Theory of society or social technology: Where does system research lead to?] (pp. 107 – 141). Frankfurt: Suhrkamp.

Habermas, J. (1981). *Theorie des kommunikativen Handelns* [Theory of communicative action]. Frankfurt: Suhrkamp.

Habermas, J. (1994). Postscript to Faktizität und Geltung [Postscript to between facts and norms]. *Philosophy & Social Criticism*, 20 (4), 135 – 150.

Habermas, J. (1996). *Between facts and norms* (trans. Rehg, W.). Cambridge, MA: MIT Press.

Hall, P. A., & Taylor, R. C. R. (1996). Political science and the three new institutionalisms. *Political Studies*, 44, 936 – 957.

Hamblin, C. L. (1970). *Fallacies.* London: Methuen.

Hample, D. (2003). Arguing skill. In J. O. Greene & B. R. Burleson (Eds.), *Handbook of communication and social interaction skills* (pp. 439 – 477). Mahwah: Lawrence Erlbaum.

Hample, D. (2007). The arguers. *Informal Logic*, 27 (2), 163 – 178.

Hansen, H. (2003). *Theories of presumption and burden of proof.* Proceedings of the Ontario Society for the Study of Argumentation (OSSA), Windsor, ON: OSSA. CD rom.

Hietanen, M. (2005). *Paul's argumentation in Galatians. A pragma-dialectical analysis of Gal.* 3. 2 – 5. 12. Doctoral dissertation, Abo Akademi University, Turku.

Hohmann, H. (2002). Rhetoric and dialectic. Some historical and legal perspectives. In F. H. van Eemeren & P. Houtlosser (Eds.), *Dialectic and rhetoric. The warp and woof of argumentation analysis* (pp. 41 – 52). Dordrecht: Kluwer.

Houtlosser, P. (1995). *Standpunten in een kritische discussie. Een pragma-dialectisch perspectief op de identificatie en reconstructie van standpunten* [Standpoints in a critical discussion. A pragma-dialectical perspective on the identification and reconstruction of standpoints]. Doctoral dissertation, University of Amsterdam. Amsterdam: IFOTT.

Houtlosser, P. (2003). *Commentary on H. V. Hansen's "Theories of presumption and burden of proof*". Proceedings of the Ontario Society for the Study of Argumentation (OSSA), Windsor, ON: OSSA. CD rom.

Hymes, D. (1972). *Foundations in sociolinguistics.* An ethnographic approach. Philadelphia: University of Pennsylvania Press.

Ieţcu-Fairclough, I. (2009). Legitimation and strategic maneuvering in the political field. In F. H. van Eemeren (Ed.), *Examining argumentation in context. Fifteen studies on strategic maneuvering* (pp. 131 – 152). Amsterdam: John Benjamins.

Ihnen Jory, C. (2010). The analysis of pragmatic argumentation in law-making debates. Second reading of the terrorism bill in the British House of Commons. *Controversia*, 7 (1), 91 – 107.

Ihnen Jory, C. (2012). *Pragmatic argumentation in law-making debates. Instruments for the analysis and evaluation of pragmatic argumentation at the Second Reading of the British parliament.* Amsterdam: Sic Sat/Rozenberg. Doctoral dissertation, University of Amsterdam, Amsterdam.

Jackson, S. (1992). "Virtual standpoints" and the pragmatics of conversational argument. In F. H. van Eemeren, R. Grootendorst, J. A. Blair, & C. A. Willard (Eds.), *Argumentation illuminated* (pp. 260 – 269). Amsterdam: Sic Sat.

Jackson, S. (1995). Fallacies and heuristics. In F. H. van Eemeren, R. Grootendorst, J. A. Blair, & C. A. Willard (Eds.), *Analysis and evaluation. Proceedings of the third ISSA conference on argumentation* (Vol. II, pp. 257 – 269). Amsterdam: Sic Sat.

Jackson, S., & Jacobs, S. (2006). Derailments of argumentation. It takes two to tango. In P. Houtlosser & A. van Rees (Eds.), *Considering pragma-dialectics. A festschrift for Frans H. van Eemeren on the occasion of his 60th birthday* (pp. 121 – 133). Mahwah-London: Lawrence Erlbaum.

Jacobs, S. (1987). The management of disagreement in conversation. In F. H. van Eemeren, R. Grootendorst, J. A. Blair, & C. A. Willard (Eds.), *Argumentation. Across the lines of discipline. Proceedings of the conference on argumentation* 1986 (pp. 229 – 239). Dordrecht-Providence: Foris.

Jacobs, S., & Aakhus, M. (2002). How to resolve a conflict. Two models of dispute resolution. In F. H. van Eemeren (Ed.), *Advances in pragma-dialectics* (pp. 29 – 44). Amsterdam: Sic Sat.

Jansen, H. (2003). *Van omgekeerde strekking. Een pragma-dialectische reconstructie van a contrario-argumentatie in het recht* [Inverted purpose. A pragma-dialectical reconstruction of *e contrario* argumentation in law]. Doctoral dissertation, University of Amsterdam. Amsterdam: Thela Thesis.

Jansen, H. (2005). E contrario reasoning. The dilemma of the silent legislator. *Argumentation*, 19 (4), 485 – 496.

Johnson, R. H. (1995). Informal logic and pragma-dialectics. Some differences. In F. H. Van Eemeren, R. Grootendorst, J. A. Blair, & C. A. Willard (Eds.), *Analysis and evaluation. Proceedings of the third ISSA conference on argumentation* (Vol. 2, pp. 237 – 245). Amsterdam: Sic Sat.

Johnson, R. H. (2000). *Manifest rationality. A pragmatic theory of argument.* Mahwah: Lawrence Erlbaum.

Johnson, R. H. (2003). The dialectical tier revisited. In F. H. van Eemeren, J. A. Blair, C. A. Willard, & A. F. Snoeck Henkemans (Eds.), *Anyone who has a view. Theoretical contributions to the study of argumentation.* Dordrecht-Boston-London: Kluwer.

Jungslager, F. S. (1991). *Standpunt en argumentatie. Een empirisch onderzoek naar leerstrategieën tijdens het leggen van een argumentatief verband* [Standpoint and argumentation. An empirical research concerning learning strategies in making an argumentative connection]. Doctoral dissertation, University of Amsterdam, Amsterdam.

Kauffeld, F. (2006). Pragma-dialectic's appropriation of speech act theory. In P. Houtlosser & A. van Rees (Eds.), *Considering pragma-dialectics. A festschrift for Frans H. van Eemeren on the occasion of his 60th birthday* (pp. 149 – 160). Mahwah-London: Lawrence Erlbaum.

Kennedy, G. A. (1994). *A new history of classical rhetoric.* Princeton: Princeton University Press.

Kloosterhuis, H. T. M. (2002). *Van overeenkomstige toepassing. De pragma-dialectische reconstructie van analogie-argumentatie in rechterlijke uitspraken* [Similar applications. The pragma-dialectical reconstruction of analogy argumentation in pronouncements of judges]. Doctoral dissertation, University of Amsterdam. Amsterdam: Thela Thesis.

Kloosterhuis, H. [T. M.] (2006). *Reconstructing interpretative argumentation in legal decisions. A pragma-dialectical approach.* Amsterdam: Rozenberg/Sic Sat.

Kock, C. (2003). Multidimensionality and non-deductiveness in deliberative argumentation. In F. H. van Eemeren, J. A. Blair, C. A. Willard, & A. F. Snoeck Henkemans (Eds.), *Anyone who has a view. Theoretical contributions to the study of argumentation* (pp. 157 – 171). Dordrecht: Kluwer.

Kock, C. (2007). The domain of rhetorical argumentation. In F. H. van Eemeren, J. A. Blair, C. A. Willard, & B. Garssen (Eds.), *Proceedings of the sixth conference of the International Society of the Study of Argumentation* (pp. 785 – 788). Amsterdam: Sic Sat.

Koetsenruijter, A. W. M. (1993). *Meningsverschillen. Analytisch en empirisch onderzoek naar de reconstructie en interpretatie van de confrontatiefase in discussies* [Differences of opinion. Analytical and empirical research concerning the reconstruction and interpretation of the confrontation stage in discussions]. Doctoral dissertation, University of Amsterdam. Amsterdam: IFOTT.

Krabbe, E. C. W. (2002). Profiles of dialogue as a dialectical tool. In F. H. van Eemeren (Ed.), *Advances of pragma-dialectics* (pp. 153 – 167). Amsterdam-Newport News: Sic Sat/Vale Press.

Kutrovátz, G. (2008). Rhetoric of science, pragma-dialectics, and science studies. In F. H. Van Eemeren & B. Garssen (Eds.), *Controversy and confrontation. Relating controversy analysis with argumentation theory* (pp. 231 – 247). Amsterdam-Philadelphia: John Benjamins.

van Laar, J. A. (2008). Pragmatic inconsistency and credibility. In F. H. van Eemeren & B. Garssen (Eds.), *Controversy and confrontation. Relating controversy analysis with argumentation theory* (pp. 163 – 179). Amsterdam-Philadelphia: John Benjamins.

Labrie, N. (2012). Strategic maneuvering in treatment decision-making discussions. Two cases in point. *Argumentation*, 26 (2), 171 – 199.

Levinson, S. C. (1992). Activity types and language. In P. Drew & J. Heritage (Eds.), *Talk at work. Interaction in institutional settings* (pp. 66 – 100). Cambridge: Cambridge University Press.

Lewin'ski, M. (2010). *Internet political discussion forums as an argumentative activity type. A pragma-dialectical analysis of online forms of strategic manoeuvring with critical reactions*. Doctoral dissertation, University of Amsterdam, Amsterdam.

Lumer, C. (2010). Pragma-dialectics and the function of argumentation. *Argumentation*, 24 (1), 41 – 69.

Lumer, C. (2012). The epistemic inferiority of pragma-dialectics. *Informal Logic*, 32 (1), 51 – 82.

Lunsford, A., Wilson, K., & Eberly, R. (2009). Introduction. Rhetorics and roadmaps. In A. Lunsford, K. Wilson, & R. Eberly (Eds.), *The Sage handbook of rhetorical studies* (pp. xi – xxix). Los Angeles: Sage.

Massey, G. (1975). Are there any good arguments that bad arguments are bad? *Philoso-*

phy in Context, 4, 61 – 77.

Mohammed, D. (2009). *The honourable gentleman should make up his mind. Strategic manoeuvring with accusations of inconsistency in Prime Minister's Question Time.* Doctoral dissertation, University of Amsterdam, Amsterdam.

Muraru, D. (2010). *Mediation and diplomatic discourse. The strategic use of dissociation and definitions.* Doctoral dissertation, University of Bucharest, Bucharest.

Oostdam, R. J. (1991). *Argumentatie in de peiling. Een aanbod-en prestatiepeiling van argumentatievaardigheden in het voortgezet onderwijs* [Argumentation to the test. A test of material and achievements relating to argumentative skills in secondary education]. Doctoral dissertation, University of Amsterdam.

Perelman, C., & Olbrechts-Tyteca, L. (1969). *The new rhetoric. A treatise on argumentation* (trans. Wilkinson, J., & Weaver, P.). Notre Dame: University of Notre Dame Press. (1st ed. published in French in 1958).

Pike, K. L. (1967). Etic and emic standpoints for the description of behavior. In D. C. Hildum (Ed.), *Language and thought. An enduring problem in psychology* (pp. 32 – 39). Princeton: Van Norstrand.

Pinto, R. C., & Blair, J. A. (1989). *Information, inference and argument. A handbook of critical thinking.* Windsor, ON: University of Windsor (Internal publication).

Plug, H. J. (1999). Evaluating tests for reconstructing the structure of legal argumentation. In F. H. van Eemeren, R. Grootendorst, J. A. Blair, & C. A. Willard (Eds.), *Proceedings of fourth international conference of the International Society for the Study of Argumentation* (pp. 639 – 643). Amsterdam: Sic Sat.

Plug, H. J. (2000a). Indicators of obiter dicta. A pragma-dialectical analysis of textual clues for the reconstruction of legal argumentation. *Artificial Intelligence and Law*, 8, 189 – 203.

Plug, H. J. (2000b). *In onderlinge samenhang bezien. De pragma-dialectische reconstructie van complexe argumentatie in rechterlijke uitspraken* [Considered in mutual interdependence. The pragma-dialectical reconstruction of complex argumentation in pronouncements of judges]. Doctoral dissertation, University of Amsterdam. Amsterdam: Thela Thesis.

Plug, H. J. (2002). Maximally argumentative analysis of judicial argumentation. In F. H. Van Eemeren (Ed.), *Advances in pragma-dialectics* (pp. 261 – 270). Amsterdam-Newport News: Sic Sat/Vale Press.

Plug, H. J. (2010). Ad-hominem arguments in Dutch and European parliamentary debates. Strategic manoeuvring in an institutional context. In C. Ilie (Ed.), *Discourse and metadiscourse in parliamentary debates* (pp. 305 – 328). Amsterdam: John Benjamins.

Plug, H. J. (2011). Parrying ad-hominem arguments in parliamentary debates. In F. H. Van Eemeren, B. J. Garssen, D. Godden, & G. Mitchell (Eds.), *Proceedings of the 7th conference of the International Society for the Study of Argumentation* (pp. 1570 – 1578). Amsterdam: Rozenberg/Sic Sat. CD-rom.

van Poppel, L. (2011). Solving potential disputes in health brochures with pragmatic argumentation. In F. H. van Eemeren, B. J. Garssen, D. Godden & G. Mitchell (Eds.), *Proceedings of the 7th conference of the International Society for the Study of Argumentation* (pp. 1559 – 1570). Amsterdam: Rozenberg/Sic Sat. CD rom.

van Poppel, L. (2013). *Getting the vaccine now will protect you in the future! A pragma-dialectical analysis of strategic maneuvering with pragmatic argumentation in health brochures.* Doctoral dissertation, University of Amsterdam, Amsterdam.

van Poppel, L., & Rubinelli, S. (2011). Try the smarter way. On the claimed efficacy of advertised medicines. In E. Feteris, B. Garssen, & F. Snoeck Henkemans (Eds.), *Keeping in touch with pragma-dialectics. In honor of Frans H. van Eemeren* (pp. 153 – 163). Amsterdam-Philadelphia: John Benjamins.

Popper, K. R. (1972). *Objective knowledge. An evolutionary approach.* Oxford: Clarendon.

Popper, K. R. (1974). *Conjectures and refutations. The growth of scientific knowledge.* London: Routledge & Kegan Paul.

van Rees, M. A. (1989). Het kritische gehalte van probleemoplossende discussies [The critical quality of problem-solving discussions]. In M. M. H. Bax & W. Vuijk (Eds.), *Thema's in de taalbeheersing* [*Themes in speech communication research*] (pp. 29 – 36). Dordrecht: ICG Publications.

van Rees, M. A. (1991). Problem solving and critical discussion. In F. H. van Eemeren, R. Grootendorst, J. A. Blair, & C. A. Willard (Eds.), *Argumentation illuminated* (pp. 281 – 291). Amsterdam: Sic Sat.

van Rees, M. A. (1992a). The adequacy of speech act theory for explaining conversational phenomena. A response to some conversation analytical critics. *Journal of Pragmatics*, 17, 31 – 47.

van Rees, M. A. (1992b). Problem solving and critical discussion. In F. H. van Eemeren, R. Grootendorst, J. A. Blair, & C. A. Willard (Eds.), *Argumentation illuminated* (pp. 281 – 291). Amsterdam: Sic Sat.

van Rees, M. A. (1994a). Analysing and evaluating problem-solving discussions. In F. H. Van Eemeren & R. Grootendorst (Eds.), *Studies in pragma-dialectics* (pp. 197 – 217). Amsterdam: Sic Sat.

van Rees, M. A. (1994b). Functies van herhalingen in informele discussies [Functions of repetitions in informal discussions]. In A. Maes, P. van Hauwermeiren, & L. van Waes (Eds.), *Perspectieven in taalbeheersingsonderzoek* [*Perspectives in speech communication research*] (pp. 44 – 56). Dordrecht: ICG.

van Rees, M. A. (1995a). Argumentative discourse as a form of social interaction. Implications for dialectical reconstruction. In F. H. van Eemeren, R. Grootendorst, J. A. Blair, & C. A. Willard (Eds.), *Reconstruction and application. Proceedings of the third international conference on argumentation, III* (pp. 159 – 167). Amsterdam: Sic Sat.

van Rees, M. A. (1995b). Functions of repetition in informal discussions. In C. Bazanella (Ed.), *Repetition in dialogue* (pp. 141 – 155). Berlin-New York: Walter de Gruyter.

van Rees, M. A. (2001). Review of Manifest Rationality of R. H. Johnson. *Argumentation*, 15 (2), 231 – 237.

van Rees, M. A. (2003). Within pragma-dialectics. Comments on Bonevac. *Argumentation*, 17 (4), 461 – 464.

van Rees, M. A. (2009). *Dissociation in argumentative discussions. A pragma-dialectical perspective.* Dordrecht: Springer.

Rigotti, E., & Rocci, A. (2006). Towards a definition of communicative context. Foundations of an interdisciplinary approach to communication. *Studies in Communication Sciences*, 6 (2), 155 – 180.

Searle, J. R. (1969). *Speech acts. An essay in the philosophy of language.* Cambridge: Cambridge University Press.

Searle, J. R. (1979). *Expression and meaning. Studies in the theory of speech acts.* Cambridge: Cambridge University Press.

Searle, J. R. (1995). *The construction of social reality.* London: Penguin.

Siegel, H., & Biro, J. (2010). The pragma-dialectician's dilemma. Reply to Garssen and van Laar. *Informal Logic*, 30 (4), 457 – 480.

Slot, P. (1993). *How can you say that? Rhetorical questions in argumentative texts.* Doctoral dissertation, University of Amsterdam. Amsterdam: IFOTT.

Smith, E. E. , & Medin, D. L. (1981). *Categories and concepts.* Cambridge, MA: Harvard University Press.

Snoeck Henkemans, A. F. (1992). *Analysing complex argumentation. The reconstruction of multiple and coordinatively compound argumentation in a critical discussion.* Doctoral dissertation, University of Amsterdam. Amsterdam: Sic Sat.

Snoeck Henkemans, A. F. (2005). What's in a name? The use of the stylistic device metonymy as a strategic manoeuvre in the confrontation and argumentation stages of a discussion. In D. L. Hitchcock (Ed. , 2005a), *The uses of argument. Proceedings of a conference at McMaster University* 18 – 21 *May* 2005 (pp. 433 – 441). Hamilton: Ontario Society for the Study of Argumentation.

Snoeck Henkemans, A. F. (2009a). Manoeuvring strategically with rhetorical questions. In F. H. van Eemeren, B. Garssen, & B. Garssen (Eds.), *Pondering on problems of argumentation. Twenty essays on theoretical issues* (pp. 15 – 23). Dordrecht: Springer.

Snoeck Henkemans, A. F. (2009b). The contribution of praeteritio to arguers' confrontational strategic manoeuvres. In F. H. van Eemeren (Ed.), *Examining argumentation in context. Fifteen studies on strategic maneuvering* (pp. 241 – 255). Amsterdam-Philadelphia: John Benjamins.

Snoeck Henkemans, A. F. (2011). Shared medical decision-making. Strategic maneuvering by doctors in the presentation of their treatment preferences to patients. In F. H. van Eemeren, B. J. Garssen, D. Godden, & G. Mitchell (Eds.), *Proceedings of the 7th conference of the International Society for the Study of Argumentation* (pp. 1811 – 1818). Amsterdam: Rozenberg/Sic Sat. CD rom.

Swearingen, C. J. , & Schiappa, E. (2009). Historical studies in rhetoric. Revisionist methods and new directions. In A. Lusford, K. Wilson, & R. Eberly (Eds.), *The Sage handbook of rhetorical studies* (pp. 1 – 12). Los Angeles: Sage.

Tindale, C. W. (1999). *Acts of arguing. A rhetorical model of argument.* Albany: State University of New York Press.

Tindale, C. W. (2004). *Rhetorical argumentation. Principles of theory and practice.* Thousand Oaks: Sage.

Tonnard, Y. M. (2011). *Getting an issue on the table. A pragma-dialectical study of presentational choices in confrontational strategic maneuvering in Dutch parliamentary debate.* Doctoral dissertation, University of Amsterdam, Amsterdam.

Toulmin, S. E. (1976). *Knowing and acting.* New York: Macmillan.

Tseronis, A. (2009). *Qualifying standpoints. Stance adverbs as a presentational device for managing the burden of proof.* Doctoral dissertation, Leiden University. Utrecht: LOT.

Verbiest, A. E. M. (1987). *Confrontaties in conversaties. Een analyse op grond van argumentatieen gesprekstheoretische inzichten van het ontstaan van meningsverschillen in informele gesprekken* [Confrontations in conversations. An analysis based on insights from argumentation theory and conversation theory about the origin of differences of opinion in informal conversations]. Doctoral dissertation, University of Amsterdam, Amsterdam.

Viskil, E. (1994). *Definiëren. Een bijdrage aan de theorievorming over het opstellen van definities* [Defining. A contribution to the theorizing about the construction of definitions]. Doctoral dissertation, University of Amsterdam, Amsterdam.

Wagemans, J. H. M. (2009). *Redelijkheid en overredingskracht van argumentatie. Een historischfilosofische studie over de combinatie van het dialectische en het retorische perspectief op argumentatie in de pragma-dialectische argumentatietheorie* [Reasonableness and persuasiveness of argumentation. A historical-philosophical study on the combination of the dialectical and the rhetorical perspective on argumentation in the pragma-dialectical theory of argumentation]. Doctoral dissertation, University of Amsterdam, Amsterdam.

Wagemans, J. H. M. (2011). The assessment of argumentation from expert opinion. *Argumentation*, 25 (3), 329 – 339.

Walton, D. N. (1991a). *Begging the question. Circular reasoning as a tactic of argumentation.* New York: Greenwood Press.

Walton, D. N. (1991b). Hamblin and the standard treatment of fallacies. *Philosophy and Rhetoric*, 24, 353 – 61.

Walton, D. N. (1992). *Plausible argument in everyday conversation.* Albany: State University of New York Press.

Walton, D. N. (1998). *The new dialectic. Conversational contexts of argument.* Toronto: University of Toronto Press.

Walton, D. N. (1999). Profiles of dialogue for evaluating arguments from ignorance. *Argumentation*, 13 (1), 53 – 71.

Walton, D. N. (2007). *Dialog theory for critical argumentation.* Amsterdam-Philadelphia: John Benjamins.

Walton, D. N., & Krabbe, E. C. W. (1995). *Commitment in dialogue. Basic concepts of interpersonal reasoning.* Albany: State University of New York Press.

Wenzel, J. W. (1990). Three perspectives on argument. Rhetoric, dialectic, logic. In

R. Trapp & J. Schuetz (Eds.) , *Perspectives on argumentation. Essays in the honor of Wayne Brockriede* (*pp*. 9 –26) . Prospect Heights: Waveland.

Wohlrapp, H. (2009). *Der Begriff des Arguments. Über die Beziehungen zwischen Wissen, Forschen, Glauben, Subjektivit€at and Vernunft* [The notion of argument. On the relations between knowing, researching, believing, subjectivity and rationality]. 2n ed. Supplemented with a subject index. Würzburg: Königshausen & Neumann.

Woods, J. (1991). Pragma-dialectics. A radical departure in fallacy theory. *Communication and Cognition*, 24 (1), 43 –54.

Woods, J. (2004). *The death of argument. Fallacies in agent-based reasoning.* Dordrecht: Kluwer.

Woods, J. (2006). Pragma-dialectics. A retrospective. In P. Houtlosser & A. van Rees (Eds.), *Considering pragma-dialectics. A festschrift for Frans H. van Eemeren on the occasion of his* 60*th birthday* (pp. 301 –311). Mahwah-London: Lawrence Erlbaum.

Woods, J., & Walton, D. (1989). *Fallacies. Selected papers* 1972 – 1982. Berlin: de Gruyter/Foris.

Wreen, M. J. (1994). Look, Ma! No Frans! *Pragmatics & Cognition*, 2 (2), 285 –306.

Zemplén, G. A. (2008). Scientific controversies and the pragma-dialectical model. Analysing a case study from the 1670s, the published part of the Newton-Lucas correspondence. In F. H. van Eemeren & B. Garssen (Eds.), *Controversy and confrontation. Relating controversy analysis with argumentation theory* (pp. 249 – 273). Amsterdam-Philadelphia: John Benjamins.

Zenker, F. (2007a). Changes in conduct-rules and ten commandments. Pragma-dialectics 1984 vs. 2004. In F. H. van Eemeren, J. A. Blair, C. A. Willard, & B. Garssen (Eds.), *Proceedings of the sixth conference of the International Society for the Study of Argumentation* (pp. 1581 – 1489). Amsterdam: Sic Sat.

Zenker, F. (2007b). Pragma-dialectic's necessary conditions for a critical discussion. In J. A. Blair, H. Hansen, R. Johnson, & C. Tindale (Eds.), *Proceedings of the Ontario Society for the Study of Argumentation* (*OSSA*). Windsor, ON: OSSA. CD rom.

第 11 章

论证与人工智能

11.1 对人工智能中的论证研究

在很多方面，人工智能研究都与论证研究有联系。尽管这两个领域是各自发展的，但是过去 20 年见证了它们思想的相互影响和交流在不断增长。从这一发展来看，两个领域都从中获益，论证理论为理论推理和实践推理的计算机化与论证互动的计算机化提供了一个丰富的思想源泉，人工智能则提供了测试这些思想的系统。实际上，把论证理论与人工智能组合起来，为论证理论提供了一个检验其规则和概念执行情况的实验室。

根据它们的跨学科性质，人工智能中论证进路整合了来自不同视角的洞见（参见图 11.1）。从理论系统角度来看，关注的重点是论证的理论

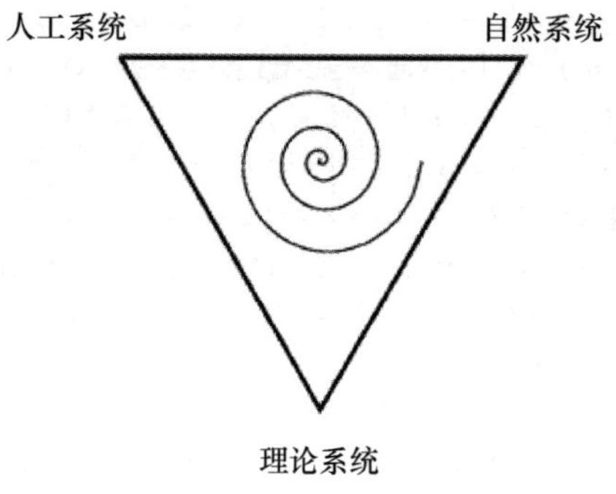

图 11.1　论证的视角

模型和形式模型。例如，延伸了哲学逻辑和形式逻辑的悠久传统。从人工系统角度来看，其目标是建立计算机程序，用来建模和支持论证性任务，如在线上对话游戏或专家系统中，其中专家系统是指那些再现行业专家推理的计算机程序，如在法律或医药领域中。通过用自然形式关注论证，自然系统视角有助于基础研究，如在人类心智或真实辩论中。

自 20 世纪 90 年代以来，对论证理论有重要意义的人工智能领域主要包括可废止推理、多主体系统和法律论证模型。关于这些交叉领域的大量文章已经出现在计算机领域的期刊上。① 两年一度的计算论证模型大会（COMMA）集中关注计算论证模型研究。② 论证研究在人工智能领域中的影响为下列事实所展示：在权威杂志《人工智能》中，许多被引用最多的论文是关于论证的。③

在人工智能领域中，论证研究经常强调形式计算细节，有时候使得相关论文几乎不可能受到不那么形式上或计算上取向的受众关注。在本章中试图宣传人工智能对论证研究的贡献时，焦点是核心思想。这一点符合如下感觉，论证研究进展可以通过不同源头思想的交叉融合来获得加速（参见图 11.1）。

总体而言，本章旨在成为研究人工智能对论证研究贡献的一个起点。如前所述，焦点是阐述该领域的核心思想，而不是概要描述所有有贡献者的所有贡献。无论如何，该领域的惊人范围和迅速发展使后者变得不

---

① 我们提及这些期刊中的某些：《人工智能》（*Artificial Intelligence*）、《人工智能与法律》（*Artificial Intelligence and Law*）、《自治智能体与多智能体系统》（*Autonomous Agents and Multi-Agent Systems*）、《计算智能》（*Computational Intelligence*）、《国际合作信息系统杂志》（*International Journal of Cooperative Information Systems*）、《国际人机研究杂志》（*International Journal of Human-Computer Studies*）、《逻辑与计算杂志》（*Journal of Logic and Computation*）和《知识工程评论》（*The Knowledge Engineering Review*）。有些主要处理论证的杂志也做了贡献，如《论证与非形式逻辑》（*Argumentation* and *Informal Logic*）。一个明确致力于人工智能跨学科领域的杂志是《论证与计算》（*Argument and Computation*）。

② 2006 年，第一届计算论证模型大会（COMMA）在利物浦召开，接下来的大会分别在图卢兹（2008 年）、代森扎诺—德尔加达（2010 年）和维也纳（2012 年），参见网址 http://www.comma-conf.org/。多智能体中的论证工作坊（ArgMAS）和自然论证的计算模型工作坊（CMNAC）都是相关的工作坊。

③ 自 2007 年以来，《人工智能》中被引文章前 20 篇中有 9 篇处理论证，前 10 篇中有 5 篇处理论证，前 5 篇中有 3 篇处理论证。来源：Scopus.com，2012 年 6 月。

可能。[①]

前两节追溯了人工智能中论证研究的历史根源，讨论了非单调逻辑（参见第 11. 2 节）和可废止推理（参见第 11. 3 节）的工作。然后，在第 11. 4、11. 5、11. 6 和 11. 7 节中讨论关于抽象论证、论证结构、论证型式和论证对话等一系列基本论题。在本章第 11. 8、11. 9、11. 10、11. 11、11. 12 和 11. 13 节中，讨论了在人工智能处理论证进路中已研究的许多具体论题，如规则推理、案例推理、价值与听众、论证支持软件、证明责任、证据与论证强度，以及应用与个案研究。

11. 2　非单调逻辑

今天，许多人工智能出版物直接讨论与论证有关的议题。一个早于当今工作的相关发展是在非单调逻辑领域。[②] 根据这个逻辑，当从给定前提下得出的结论在前提增加时不必保持不变，那么这个逻辑是非单调的。与此相反，经典逻辑是单调的。比如，在标准经典分析中，由前提“伊迪丝去维也纳或者罗马”和“伊迪丝不去罗马”，可推出“伊迪丝去维也纳”，并不用考虑可能增加的前提。在非单调逻辑中，当对新信息可推翻原先结论这一点抱持开放态度时，可能得到的就是尝试性结论。在 20 世纪 80 年代的文献中，飞鸟问题是非单调性的标准范例。在通常情况下，鸟会飞，因此，如果你听说这是只鸟，你会得出它会飞的结论。

11. 2. 1　赖特的缺省推理逻辑

在非单调逻辑中，一个重要的提议是赖特（Reiter，1980）提出的缺

---

① 对于直到大约 2002 年的文献综述，我们参考里德和诺尔曼（Reed & Norman，2004a）的线路图以及帕肯和弗利斯维克（Prakken & Vreeswijk，2002）更具有形式取向的综述。关于更多的细节，包括形式的与计算的详细阐述，有兴趣的读者可以查阅本章中提到的原始来源。此外，我们参考了拉安和西马里编辑的论文集（Rahwan & Simari，2009）和我们在注释 1 和注释 2 中提到的来源，那个论文集包含在论证与人工智能领域中一大批研究者的贡献。还可参见本奇卡鹏和邓尼（Bench-Capon & Dunne，2007）编辑的《人工智能》专刊。

② 参见网页 http：//plato. stanford. edu/entries/logic-nonmonotonic/斯坦福百科全书中的非单调逻辑词条（Antonelli，2010）。

省推理逻辑。在他的系统中，非单调推论步骤是一组给定缺省规则的应用。赖特缺省规则的第一个例子表明了鸟通常会飞：

鸟（x）：M 能飞（x）/能飞（x）

在这里，M 应该被解读为“可一致地假定”。缺省规则是：如果 x 是一只鸟，并且可一致地假定 M 能飞，那么，我们借助缺省可推出 x 能飞。人们于是能增加例外情况，比如，运用经典逻辑的表达方式则是，如果 x 是一只企鹅，那么 x 不能飞：

企鹅（x）→¬ 能飞（x）

通过用事例 t 来示例变量 x，一般缺省规则就能运用于具体的鸟。在这个情境中，正是从前件鸟（t），人们通过缺省能得出能飞（t）；但是，当有第二个前提企鹅（t）时，就无法得出结论能飞（t）。

一个更加一般缺省规则形式是 α：M β/γ，其中，元素 α 是该规则的“先决条件”，β 表示“证成理由”，γ 表示“结论”。当证成理由与结论相符合时，一个具体情形就得以产生，正如上述鸟飞的例子中那样；于是，我们就说这是一个“正规缺省规则”。

对非单调推理而言，其他有影响的逻辑系统包括限定理论、自认知逻辑和非单调继承；它们中的每一个都被加贝等人（Gabbay *et al.*，1994）在非单调逻辑鼎盛时期研究代表性概述中所讨论过。

11.2.2 逻辑编程

作为逻辑编程基础的一般思想是，计算机能运用逻辑技术来编程。从这个观点来看，计算机程序不仅在程序方面被视作实现程序目标的手段，而且在说明方面，在程序像文本一样具有可读性的意义上，被视作诸如能用来回答问题的规则那样的知识。在逻辑编程语言 Prolog（柯尔麦伦和科瓦尔斯基的合作成果；参见 Kowalski，2011）中，一些事实和规则例子如下（Bratko，2001）：

父母（帕姆，鲍勃）
父母（汤姆，鲍勃）
父母（鲍勃，帕特）
女性（帕姆）
女性（帕特）
男性（鲍勃）
男性（汤姆）
母亲（X，Y）：—父母（X，Y），女性（X）
祖父母（X，Z）：—父母（X，Y），父母（Y，Z）

除了别的事情以外，这个小逻辑程序表达的事实是：帕姆和汤姆是鲍勃的父母，帕姆是女性，汤姆是男性。它还表达了规则：某人的母亲是一个女性父母，祖父母或外祖父母是父母的父母。若给定这个 Prolog 程序，计算机不出所料就可以推演“帕姆是鲍勃的母亲”，并且“帕姆是帕特的祖母”。Prolog 程序的交互作用常常采取对话形式，也就是用户向程序提出问题。例如，“帕姆是不是帕特的祖父母”这个问题采取下列形式：

？—祖父母（帕姆，帕特）

对这个问题的回答是“是”。

在逻辑程序解释中，封闭世界假设发挥关键作用，即一个逻辑程序被假定为描述了关于世界的所有事实和规则。如在上述程序中，假设了给定了所有父母关系，因此，问题是“？—父母（鲍勃，帕姆）”将得到否定性的回答。封闭世界假设与“失败性否定”思想有关。当一个程序无法找到一个陈述推演时，它就会认为这个陈述为假。

下面是一个 Prolog 程序运用失败性否定的例子（Bratko，2001）：

喜欢（玛丽，X）：—动物（X），非 蛇（X）

这个 Prolog 程序表示玛丽喜欢除蛇以外的动物。这个“非”算子的

解释与形式逻辑中的经典否定是不同的。由于“非”算子建模失败性否定，玛丽喜欢不能推演出是蛇的任何动物中。如果程序仅仅包含

动物（毒蛇）

作为事实，那么可推演出“喜欢（玛丽，毒蛇）”。如果程序有如下两个事实条款：

动物（毒蛇）
蛇（毒蛇）

这个问题

？—喜欢（玛丽，毒蛇）

的答案为“否”。这个例子表明，逻辑编程与非单调逻辑有关，增加事实能使得可推演事实不可推演。

在封闭世界假设和失败性否定的解释中会涉及技术上的困难。逻辑程序的所谓稳定模型语义学（Gelfond & Lifschitz，1988）用失败性否定形式化了逻辑程序的解释。在本章接下来的几节中，特别是在第 11. 3 节和第 11. 5 节中，我们将看到逻辑编程的稳定模型语义学如何影响论证研究。

11. 2. 3 非单调逻辑研究主题

非单调逻辑研究给出了希望，逻辑工具对推理与论证研究变得更为相关。在某种程度上，这种希望已经实现，因为某些以前处于逻辑边缘地带的推理与论证主题，现在处于关注的中心地位。这种主题的事例是可废止推理、一致性维护和不确定性。我们将简要讨论这些主题，因为在加贝等人（Gabbay *et al.*，1994）所编手册的有关章节中讨论过它们。

如果推理能被用某种方式阻止或击败（Nute，1994，p. 354），那么它是可废止的。纽特谈道，在提出论证时，把信念集表达为持有其他信念的理由。当这种论证对应于一个可废止推论时，这个论证就是可废止

的，并且，推论的阻止者或击败者就是这个相应论证的阻止者或击败者。

"一致性维护"是这样一种性质：基于具体前提得出的结论，只有在前提不一致情况下才能不一致（Makinson，1994，p. 51）。麦金森评析了非单调推理的一般模式，解释了哪种模式相对于哪种非单调推理系统成立。例如，对麦金森（Makinson，1994，p. 88）列出的所有系统而言，有一种成立的模式，被称为"包摄式"。根据这个模式，能够可废止地从某些前提推出结论，包括了那些前提本身。一致性维护性质更具有限制性：对许多非单调系统而言，这个性质是不成立的，这意味着，在那些系统中某些一致性前提可推演不一致的结论。当只允许常规缺省时，对赖特缺省推理逻辑而言，这个性质才成立。这符合形式 α：M β/β 的常规缺省的直观含义，换句话说，当 β 与假定 β 一致时，那么它是由 α 得出的。

基伯格（Kyburg，1994，p. 400）区分了涉及不确定性的三种推论。第一种是关于不确定性的经典演绎有效推论。关于这种推论的一个例子是，当抛掷等概率硬币时，我们能推断出连续三次出现正面的概率是八分之一。基伯格把第二种涉及不确定性的推论称为"归纳推论"（基伯格加了引号）：一个直言结论被接受，是基于那些并没有在逻辑上蕴含这个结论的前提的，换句话说，即使前提为真，其结论也可能为假。基伯格使用了飞鸟例子。正如上文讨论过的那样，在那个例子中，尽管一只给定的鸟碰巧不会飞，我们仍得出结论说它会飞。第三种有关不确定性的推理是给出具体陈述的概率。基伯格提到的例子是，"鉴于我对硬币情况的信念，在'接下来'连掷三次硬币得到三次正面的概率是八分之一"（Kyburg，1994，p. 400）。

11.2.4　非单调逻辑研究的影响

作为一项研究事业，非单调逻辑研究已经非常成功，且导致了基于逻辑语言形式的计算机编程革新，如 Prolog 以及在商业上的应用：专家系统（参见第 11.1 节）常常包含非单调推理的一些形式。

与此同时，虽然非单调逻辑是在人工智能共同体中引发出来的，但是，它并没有满足这个共同体的全部期望。例如，金斯伯格有些失望地提到，这个领域把它自己"置于这样一种境地，我们的工作几乎不可能被除了我们整个人工智能子群体成员以外的任何人来加以验证"（Ginsberg，1994，pp. 28 – 29）。他对这个议题的诊断是，要将注意力从建立一个智能人工系统的关键目标转向简单例子和数学研究。这导致他倾向于一种更加实验科学的态度，而不是一种理论数学聚焦。

金斯伯格的定位可关联到非单调逻辑系统的充分性标准，一个源于安东内利（Antonelli，2010）所讨论的议题。从理想上看，非单调逻辑系统在三个标准方面都表现良好：实质充分性、形式充分性和计算充分性。如果一个系统能够解释很广范围的相关例子，那么它是“实质充分的”。如果一个系统具有符合我们期望的形式性，那么它是“形式充分的”（尤其参见 Makinson，1994）。如果一个系统建模推理形式，并且这种推理形式能通过运用合理数量的资源（特别是时间和存储量）来计算，那么它是“计算充分的”。非单调逻辑研究的一个重要教训是：为了它们的实现，这些标准依赖于彼此，而全部满足它们是一件复杂的均衡考量。一种解读金斯伯格失望的方式是，该领域焦点过于强烈地转向形式充分性，对实质充分性和计算充分性关注不足。正如我们将看到的那样，论证视角有助于既强调所研究系统的实质充分性，又强调所研究系统的计算充分性。

11.3 可废止推理

1987 年，普洛克论文《认知科学中的可废止推理》的发表标志着一个转折点。这篇论文强调，“可废止推理”的哲学观念符合人工智能中所称的“非单调推理”。[①] 在转向讨论普洛克的贡献之前，我们先讨论一些先行者。

11.3.1 可废止推理：起源

作为可废止推理研究的哲学遗产，普洛克（Pollock，1987）提及了奇泽姆（Roerick Chisholm）的工作（追溯到 1957 年）和他自己的工作（最早文献是 1967 年的）。在一篇有见地的学术史性文章中，洛易

① 参见论文“哲学家所称的可废止推理大体上与人工智能中的非单调推理相同”的摘要的起始句（Pollock，1987，p. 481）。

（Loui，1995）把“可废止性”这个观念的起源提早了十年，也就是说，它出现在 1948 年法律实证主义者哈特在亚里士多德学会上发表的论文《责任和权利的归属》（Hart，1951）中。哈特是这样说的：

> ……对法院判决的指控和主张通常可以通过两种方式进行挑战或者反对。第一，通过否定它们所基于的事实……；第二，通过一些大相径庭的东西，也就是说，虽然一个主张得以成立的所有条件都具备了，但是，在具体案件中，这个主张或指控不应该成立，因为其他条件的出现使得该案件被归入一些公认例外之下，这样的后果是，要么击败指控或主张，要么“削弱”它们，为的是仅剩一个较弱的指控能够维持。（Hart，1951，pp. 147 – 148；参见 Loui，1995，p. 22）

在这段引文中，哈特不但把否定论证所基于的前提与否定从前提到结论的推理区别开来，而且他还指出在通常情况下充分的前提可能会因为“其他情况的出现”而不成立。

尽管图尔敏（Toulmin，2003）在《论证的运用》一书中几乎没有使用“可废止的”这一术语（参见本手册第 4 章“图尔敏论证模型”），但他显然是可废止推理这个观念的一个早期采用者，这一点未被普洛克（Pollock，1987）提及。图尔敏本人意识到了与哈特的这个联系，故他承认这是他论证模型要素的灵感来源。图尔敏优雅谦虚地说，他的重要区别，即主张、证据材料、保证、模态限定词、反证以及关于保证适用或不适用的陈述，“并没有比那些清晰研究实践论证特殊类型逻辑的人更新颖”（Toulmin，2003，p. 131）。图尔敏注意到，哈特已经表明可废止性这个观念对法学、自由意志和责任有着举足轻重的作用，并且另外一个哲学家罗斯（David Ross）已经把这个概念应用到伦理学中，他指出道德规则可以粗看起来是成立的，但能够有例外情况。

11.3.2　普洛克的底切击败和反证击败

在普洛克进路（Pollock，1987）中，“推理”被视为一种依据理由推进的过程。普洛克的理由相当于由若干前提和一个结论组成的星群，论证理论家和逻辑学家称为“论证”或“基本论证”。内在化规则规制这一过程，它们一起形成程序性知识，这种知识使我们能够正确推理。普洛克认为，哲学家，尤其是像奇泽姆和普洛克这样的认识论者，已经对可废止推理形式有很好理解，并且这种执行可废止推理的计算机程序构建为推理理论提供了一个良好的测试设定。如果一个推理理论是好的，那么构建一个能够执行它的计算机程序就应该是可能的。通过评估程序行为，就能够研究成功和失败，普洛克谈及了“反例”。

如上所述，普洛克的推理理论是围绕“理由”观念这一论证基石来建立的。普洛克区分了两种理由：（1）如果一个理由逻辑蕴含其结论，那么它是“非可废止理由”；（2）如果存在一种情况 R 使 P ∧R 不能构成推理都相信 Q 的理由，那么，对 Q 而言，理由 P 是初步的。[①] 于是，R 就是 Q 的理由 P 的“击败者”。

需要注意的是，“初步理由”这个观念与非单调推理的联系有多么紧密：Q 能够从 P 中推出，但当存在其他信息 R 时，那就推不出。

普洛克的标准例子是涉及一个看起来是红色的物体。“对约翰来说，X 看起来是红色的”是约翰相信 X 是红色的一个理由，但可能存在击败情况，如当有红色灯光照在这个物体上时（参见图 11.2）。

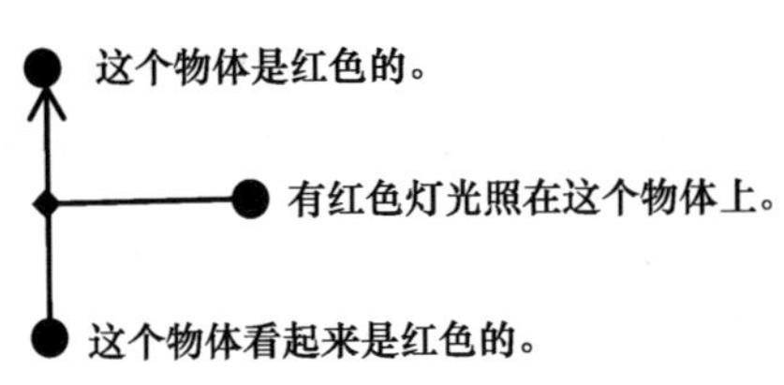

图 11.2　普洛克的红光例子

普洛克已经论证，存在两种击败者：“反证击败者”和“底切击败者”。如果一个击败者是相反结论的一个理由，那么，它是“反证击败者”（参见图 11.3 左半部分）。“底切击败者”攻击理由和结论之间的联系，不攻击结论本身（参见图 11.3 右半部分）。“关于看起来是红色”这

---

① 在本书中，逻辑符号在第 3.3.5 节和第 6.2.3 节中被介绍。符号“∧”代表合取（“并且”）。

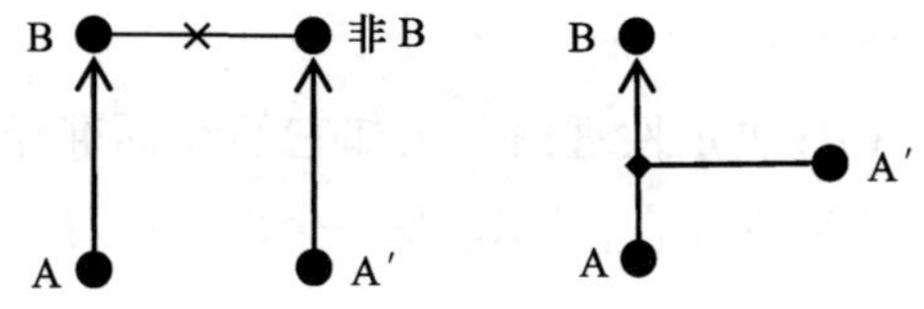

图 11.3　反证击败者和底切击败者

个例子涉及底切击败者，因为当存在一个红灯时，它没有攻击这个物体是红色的，而只是攻击“这个物体看起来是红色”是“它是红色”的一个理由。

在普洛克关于可废止推理的工作中，一个关键要素是对保证理论的发展。普洛克是这样运用“保证”这个术语：在认知情景中，一个命题是被保证的，当且仅当，在那个情景中所开启的理想推理者会证成相信那个命题。在这里，证成是基于尚未被击败论证存在的，而这个论证是以那个命题作为结论。

在一系列论著中，普洛克提出了他的保证理论，这些论著形成他 1995 年出版的《认知技艺》一书的基础。普洛克经常发现一些特殊情形和例子，从而导致他修改确定保证的标准。比如，他研究自我击败论证和认识论悖论，如抽彩悖论。在论证中，如果所包含的某些命题是其他命题的击败者，那么这个论证是自我击败的。在抽彩悖论中，有一个包含一百万张彩票的公平抽奖，因此，对每张具体彩票而言，都有好理由来相信它不是那张获奖彩票。当这些理由被组合在一起时，人们有理由相信没有彩票会得奖，于是矛盾就出现了。一个在技术上更加成问题的例子如下：P 是 Q 的初步理由，Q 是 R 的初步理由，但作为 Q 的理由，R 是 P 的底切击败者。因此，如果 P 证成了人们相信 Q，那么 Q 本身可以证成 R。但是，后来 P 因为底切击败者 R 而不能证成 Q，这就出现了矛盾。另外，如果 P 没有证成 Q，那么，作为 Q 的理由，必须有一个击败 P 的论证，其中，要求假定 R 是唯一可利用的潜在击败者，那么 R 已证成。这要求，假定对于 R 而言，Q 是唯一可利用的潜在理由，那就证成 Q，并且再假定对于 Q 而言，P 是唯一可利用的潜在理由，现在 P 不可能不再证成 Q。

就他研究可废止推理结构的进路而言，普洛克对具体理由的重要分类提供了一个背景清单：

1. 演绎理由。存在决定性理由，正如它们在标准经典逻辑中被专门研究那样。如，对 P 和 Q 而言，$P \wedge Q$ 是一个理由；对 $P \wedge Q$ 而言，P 和 Q 合起来是一个理由。

2. 感知。当我们感知我们的世界时，作为结果的感知状态提供给我们有关我们的世界的初步理由。普洛克说，不需要任何像推理这样的智识机制来把我们带入这样的感知状态。这种感知状态相当于"P 是如此"这个事实，为相信"P 是如此"提供了初步理由，而哲学家们谈及"似乎"，好像比"P 过去就是如此"。与感知相关的是，普洛克提到一个一般类别击败者，即对所有的初步理由都成立的可依赖性击败者。

3. 记忆。证成信念也能够通过推理得到。当用于在推理中的信念后来被我们拒斥时，就可以拒斥推理结果。普洛克解释到，人们常常难以记住用以达至信念的理由，而只能记住这些信念，即推理过程的结果。因此，回忆提供了一类初步理由：对于 S 相信 P 而言，推理者 S 记起 P 是初步理由。对这类理由而言，一个底切击败者是，不再相信在原推理中用于指向 P 的其中一个信念，而另一信念是推理者 S 记错了。在后一种情形中，推理者记得指向 P 的推理，但那不是真的。

4. 统计三段论。普洛克将统计三段论描述成概率推理的最简单形式：从"大多数 F 是 G"和"这是 F"，我们能够初步得出"这是 G"。这个理由的强度取决于 F 是 G 的概率。普洛克注意到了要在适当之处限制，但我们不会在这里讨论这些。[①] 运用统计三段论，要求要考虑到所有相关信息。作为例子，普洛克讨论一个人开车回家时到家的概率。通常来说，这个概率可能是 0.99，然而当一个人喝太多酒难以忍受时，这个概率可能只有 0.5。普洛克解释道："如果我们知道琼斯正在开车回家，并知道他喝得烂醉且站不起来了，那么第一个概率给我们初步理由来认为他快到家了。但对这个事例而言，第二个概率给我一个底切击败者，在做出关于琼斯是否快要到家的任何结论时，留给我们的都是不合理的。"

5. 归纳。普洛克讨论了两种归纳法：（1）在枚举归纳法中，如果到目前为止所有被观察到的 F 都是 G，那么我们得出结论，所有 F 都是 G；

---

① 普洛克追求一种可投射性质理论。还可参见普洛克（Pollock，1995，p. 66 f.）

（2）在统计归纳法中，如果被观察到 F 是 G 的比例是 r，那么我们得出结论，F 是 G 的比例大约为 r。关于归纳推理的击败者，普洛克评论到，它们是复杂的，有时是成问题的。

普洛克理论被嵌入他的所谓“奥斯卡工程”（Pollock，1995）中。该项工程的目标是实现理性智能体。在这项工作中，普洛克既处理了理论或认识推理，又处理了实践推理。①

11.3.3　论证击败形式

在基于能够相互击败论证的可废止推理理论中，需要考虑存在哪些论证击败形式。

前面我们看到，哈特和普洛克都区分了不同的论证击败形式。哈特区分了否定论证前提和否定从理由到结论的推理；普洛克区分了反证击败者和底切击败者，前者包含了针对相反结论的理由，后者仅仅攻击理由和结论间的关联。我们可以得出结论，哈特的否定推理和普洛克的底切击败者是两个密切相关的观念。因此，我们能够区分三种论证击败形式：

（1）能够削弱论证。在这个击败形式中，被攻击的是论证的前提或假设。② 这个击败形式相当于哈特的否定前提。

（2）能够底切论证。在这个击败形式中，被攻击的是理由和结论之间的关联。

（3）能够反证论证。在这个击败形式中，通过为相反结论提供论证来攻击论证。

准确地说，三种论证击败形式被用于可废止论证形式建模的一个最新动态系统——ASPIC + 系统（Prakken，2010），③ 它是建立在 ASPIC 工

---

① 就那些对论证理论感兴趣的人而言，关于奥斯卡工程的探讨和讨论，参见希契柯克（Hitchcock，2001，2002a）。关于普洛克在实践推理方面的工作，希契柯克也给出了进一步信息，其中，实践推理是指关于应当做什么的推理。

② 这个击败形式是邦达连科等人（Bondarenko *et al.*，1997）的工作基础。在这里，我们将详细阐述前提与假设之间的区分。一个考虑假设的方式是把它们看作可废止前提。参见第 11.5.3 节。

③ 帕肯（Prakken，2010）谈到了攻击方式，在那里论证击败是论证攻击的结果。

程的经验基础之上。①

维赫雅（Verheij，1996a，p. 122 f.）区分出了两个深层论证击败形式："相继削弱击败"和"并行加强击败"。在相继削弱击败中，论证的每一步都正确，但把各步链接在一起时，论证不成立。有个例子是基于连锁推理悖论的论证：

> 这里有一堆沙子。
> 因此，这堆沙子减掉1粒时是一堆沙子。
> 因此，这堆沙子减掉2粒时是一堆沙子。
> ……
> 因此，这堆沙子减掉n粒时还是一堆沙子。

在某一点上，这个论证就不成立了，尤其是当n超过这堆沙子最初总量时。

"并行加强击败"与被称作的"理由累积"相关联。对于结论而言，当理由能够累积时，就有可能不同理由连在一起比单个分开理由更加有力。例如，抢劫某人和伤害某人能够分别被称为定罪理由。但是，如果嫌疑人是未成年的初犯，就其本身而言，这些理由中每个都能被反证。另外，如果嫌疑犯对一个人同时实施了抢劫和伤害行为，那么这些理由可以累积，而且重于"嫌疑人是未成年的初犯"这个事实。基于"他是未成年的初犯"这个理由不能惩罚该嫌疑人的论证，就被两个惩罚他的"并行加强"论证所击败。

普洛克认为，理由累积是一个正常观念，但他反对这个观念（Pollock，1995，p. 101 f.）。他的主要观点是，理由是否累积，是一个有条件事实。例如，相互独立证据能够补强彼此，但是，当它们不是彼此独立而是证人们之间协议的结果时，情况就会相反。关于理由累积更多的最近讨论参见帕肯（Prakken，2005a）、高麦斯·鲁西诺等人（Gómez

① ASPIC工程（Argumentation Service Platform with Integrated Components，即"有集成元件的论证服务平台"）得到了欧盟第六框架计划的支持，从2004年1月到2007年9月。在这项工程中，学术界和工业界的伙伴们在开发基于论证的软件系统中展开了合作。

Lucero *et al.*，2009，2013）和德阿维拉·加塞斯等人（d'Avila Garcez *et al.*，2009，p. 155 f.）的论著。

11.4　抽象论证

1995 年，有篇刊登在《人工智能》杂志上的文章改变了非单调逻辑和可废止推理的形式研究，董潘明的“论证可接受性及其在非单调推理、逻辑编程和多人博弈中的基础性作用”（Dung，1995）。通过集中讨论作为抽象形式关系的论证攻击，董潘明对该研究领域给出了一个数学基础，启发了许多新的见识。董潘明方法以及由它所启发的工作通常都被称为“抽象论证”。[①]

董潘明的论文有强烈的数学导向，并且已经产生了许多复杂的形式研究。然而，董潘明所运用的数学工具是初等的。基于这一点，并因为董潘明的“论证攻击”这个基本概念的自然性，我们在本节中不用深入太多的形式细节就能够解释董潘明所研究的各种概念。然而，“抽象论证”这一节仍是本章中最具有形式取向的一节。

11.4.1　董潘明的抽象论证

董潘明在 1995 年论文中的主要创新是，开启了对论证间攻击关系的形式研究，从而把完全依赖于论证攻击的属性从对论证结构的关注中分离出来。从数学上讲，论证攻击关系是一个有向图，有向图的交叉点是论证，而边代表一个论证攻击另一个论证。这样的一个有向图被称为“论证框架”。图 11.4 展示了一个论证框架例子，圆点代表论证，箭头代表论证攻击，并用十字箭头来强调连接的攻击性质。[②]

在图 11.4 中，论证 α 攻击论证 β，论证 β 转而同时攻击 γ 和 δ。

董潘明的论文包括两个部分，对应于他称为“完整的人类论证本质”

---

① 这篇论文的成功由引用次数得以说明。根据 2013 年 7 月 22 日谷歌学术中一个不完全但有用的统计，它有 1938 次被引用。

② 当支持连接也被考虑时，这尤其有帮助；参见第 11.5 节。

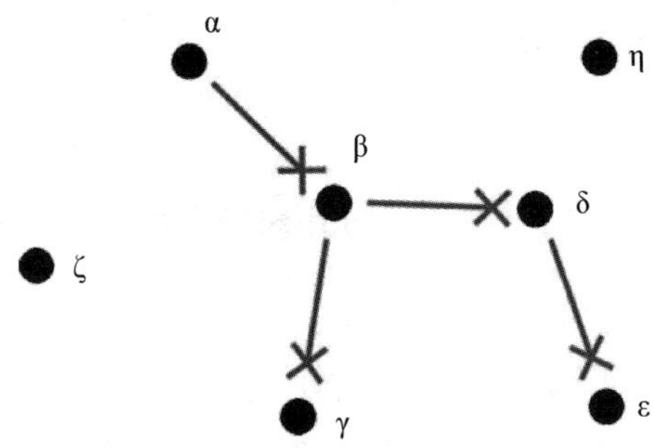

图 11.4　表达两个论证间攻击的论证框架

（Dung，1995，p. 324）的两个步骤。在第一部分，董潘明提出的理论涉及论证攻击以及论证攻击如何决定论证可接受性。在第二部分，他通过两个应用评估他的理论，一个由人类经济社会问题的逻辑结构研究所组成，另一个由对非单调推理的多进路重构组成，其中包括了赖特进路与普洛克进路。尽管论文第二部分有关联，但该论文的影响主要是基于关于论证攻击和可接受性的第一部分。

在董潘明进路中，"可采论证集"这个思想是核心。一个论证集，如果满足以下两个条件，那么它是可采的。

> （1）该论证集无冲突，即在集合中不包含攻击另一个论证的论证。
>
> （2）集合中每个论证相对于该集合均可接受，即当集合中的一个论证被另一个论证攻击时，这个集合就包含了一个攻击攻击者的论证。但由（1）可知，这个论证本身无法存在于该集合中。

换句话说，如果一个论证集不包含冲突，并且，如果该论证集也能自我抵御所有的攻击，那么它是可采的。对图 11.4 中的框架而言，可采论证集的一个例子是｛α，γ｝。由于 α 和 γ 没有攻击对方，故这个集合无冲突。就这个集合来说，论证 α 是可采的，因为它没有被攻击，因此，它不需要维护。就｛α，γ｝来说，论证 γ 也可接受：针对 β 的攻击，论证 γ 需要维护，而这个维护由论证 α 提供，同时 α 在这个集合中。集合

{α，β} 不可采，因为它不是无冲突的。集合 {γ} 不可采，因为攻击论证 γ 的论证 β 不包含维护。

能够用可采论证集来定义算作证明或反驳的论证思想。[①] 当存在一个包括了这个论证的可采论证集时，这个论证是“在可采性上可证的”。针对反证，这种集合中的论证正好足以成功地维护这个论证。在这个意义上，这种极小集能够被认为是这个论证的一种“证明”。当存在一个可采论证集，其中包含了一个攻击之前论证的论证时，这个论证是“在可采性上可反驳的”。这种极小集可被认为是对受攻击论证的一种“反驳”。

董潘明谈到论证可接受性的基本原则时，运用了一个非正式口号：“谁说到最后，谁笑得最好。”这个口号的论证意义可解释为，“当某人提出一个主张，并且那个主张是讨论的终点时，那个主张是成立的”。但是，当有对手提出反论证来攻击那个主张时，那个主张就不再被接受，除非那个主张的正方用论证形式提出反攻，攻击对方所提出的反论证。在一系列论证、反论证、反反论证等中，无论谁提出了最后一个论证，他就是赢得这个论证性讨论的人。

从形式上来看，董潘明的论证原则“谁说到最后，谁笑得最好”可用“可采论证集”观念来得以说明。在图 11.4 中，论证 γ 的正方显然说了最后一句话，笑得好，因为唯一的反论证 β 已经受反反论证 α 攻击。从形式上看，这是通过集合 {α，γ} 的可采性来把握。

虽然“论证可接受性”这个原则和“可采论证集”这个观念看起来足够简明，但结果是，复杂的形式难题若隐若现。这不得不处理两个重要的形式事实：

（1）可能出现一个论证，在可采性上既可证明又可反驳。

（2）可能出现一个论证，在可采性上既不可证又不可驳。

图 11.5 中所展示的两个论证框架提供了这两个事实的例子。左侧攻击环包含了两个论证 α 和 β，每个论证都在可采性上既可证明又可反驳。这是下面事实的一个后果：两个集合 {α} 和 {β} 每个都可采。例如，

① 接下来，我们使用维赫雅（Verheij，2007）提出的术语。

{α} 是可采的，因为它是无冲突的并且能够针对攻击进行自我维护：论证 α 本身维护针对它的攻击者 β。通过集合 {α} 的可采性，论证 α 在可采性上是可证明的，并且，论证 β 在可采性上是可反驳的。

右侧攻击环包含三个论证：α_1、α_2和 α_3，这是前面第二个事实的一个例子。这个事实是，能够出现一个论证在可采性上既是不可证明又是不可反驳的。这是根据下列事实推导出来的：不存在至少包含 α_1、α_2或α_3中一个论证的可采集。假设论证 α_3在可采集中，那么这个论证集应该维护 α_3，针对攻击 α_3的论证 α_2。这就意味着，α_1应该也在这个集合中，因为它是针对 α_2可维护 α_3的唯一论证。但是，这是不可能的，因为这样的话，α_1和 α_3就都在这个集合中，在这个集合中就引入了冲突。结果是，只有一个可采集：完全不包含任何论证的空集。我们得出结论，没有论证在可采性上是可证明或可反驳的。

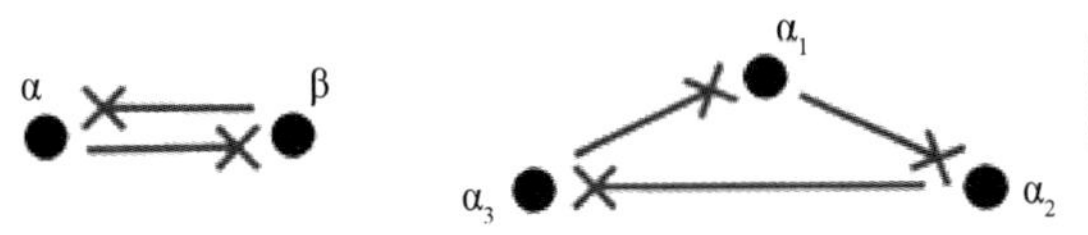

图 11.5　循环互相攻击的论证

可把左侧框架非形式解释为这种情境：有两个理性选项，就像有一种情形，必须决定去哪里度假。例如，对居住在荷兰的某个人而言，因为诸如可预期的好天气等原因（论证 α），主张应该去法国南部就是合理的；但是，因为诸如看见北极光的机会等原因（论证 β），主张应该去挪威北部也是合理的。通常而言，主张在同一个假期里做这两件事情会被认为是不合理的，这个事实在形式上被表示为相互攻击的论证。

右侧框架的非形式解释可在运动情景中给出：它涉及三个球队，不清楚哪个球队是最好的。例如，考虑三个荷兰足球队阿贾克斯、费耶诺德和埃因霍温。当阿贾克斯最近在对阵费耶诺德的大部分比赛中取得胜利时，人们有理由认为阿贾克斯是最好的球队（论证 α_3）。但是，当埃因霍温最近在对阵阿贾克斯的大部分比赛中取得胜利时，人们有理由认为埃因霍温是最好的球队（论证 α_2），这个论证攻击 α_3即阿贾克斯是最好的球队。当下面的事情也碰巧发生，即费耶诺德最近在对阵埃因霍温的大部分比赛中取得胜利时，就有理由认为费耶诺德是最好的球队（论证 α_1），这个论证攻击论证 α_2。虽然这个情景并不对应于三个球队之间的近期实际比赛结果，但在这个情景中，显然对“哪个球队是最好球队”这个问题没有答案。在形式上，这对应于如下事实：三个论证中没有一个是可证明的，或者是可反驳的。

一个相关的形式议题是，当两个论证集可采时，它们的并集不一定可采。图 11.5 左侧框架就是一个例子。正如我们可以看到的那样，两个集合 {α} 和 {β} 都是可采的，但它们的并集 {α，β} 不可采，因为其中包含一个冲突。这已经导致董潘明提出论证框架的“优先扩充”这一观念。在增加元素进入这个集合会使其不可采的意义上，这是一个尽可能大的可采集。在图 11.4 中，框架有一个优先扩充：集合 {α，γ，δ，ζ，η}。在图 11.5 中，左侧框架中有两个优先扩充：{α} 和 {β}；而右侧框架有一个优先扩充：空集。

有些优先扩充有这样的特性：不在这个集合中的每个论证都被该集合中的论证攻击。这种扩充被称为“稳定扩充”。稳定扩充在形式上被定义为无冲突集合，即相互攻击的论证不在这个集合中。由这个定义可推出，一个稳定扩充也就是一个优先扩充。

例如，图 11.4 中框架的优先扩充 {α，γ，δ，ζ，η} 是稳定的，因为只有那些不在该集合中的论证 β 和 ε，才会分别受该集合中论证 α 和 δ 的攻击。图 11.5 左侧中的优先扩充 {α} 和 {β} 也是稳定的。图 11.5 右侧中的优先扩充是空集，不是稳定的，因为论证 α_1、α_2 和 α_3 中的每一个都不被该集合中的论证所攻击。这个例子表明存在不稳定的优先扩充。它还表明存在不具有稳定扩充的论证框架。与此相反，每个论证框架至少有一个优先扩充，它可以是空集。

论证框架的“优先扩充”和“稳定扩充”这两个观念可被视为解释框架的不同方式，因此，它们经常被称为“优先语义学”和“稳定语义学”。董潘明（Dung，1995）提出另外两种语义学：“有根语义学”和“完备语义学”，而且有人追随他的论文，提出了其他几种语义学［关于这方面的综述，请参见巴罗尼等人的论文（Baroni *et al.*，2001）］。借助论证框架的抽象本质，关于相关算法计算复杂性的形式问题以及与其他理论范式的形式关联就触手可及（如参见 Dunne & Bench-Capon，2003；

Dunne，2007；Egly *et al.*，2010）。

11.4.2 论证加标

董潘明的原初定义依据的是数学集合。研究论证攻击的一个可选方式是以加标为依据。论证被打上了标记，诸如“已证成”或“已击败”（或者输入/输出，+/-，1/0，“已保证”/“未保证”，等等），并且在这个领域研究了不同种类标记的性质。例如，稳定扩充观念相当于下面加标观念：

> 稳定加标就是一个函数，其中把标签“已证成”或者“已击败”指派给论证框架中的每个论证，使得下述属性成立：当且仅当存在一个攻击论证 α 的论证 β，并且 β 的标记是“已证成”，论证 α 才能标记“已击败”。

通过把扩充中的所有论证加标为“已证成”，并把所有其他的论证加标为“已击败”，一个稳定扩充就产生了一个稳定加标。通过考虑标记“已证成”的论证集合，一个稳定加标就产生了一个稳定扩充。可以把加标论证思想与命题逻辑的真值函数进行类比，在后者中命题用真值即“真”和“假”（或者 1/0、t/f，等等）来标记。在论证的形式研究中，加标技术早于董潘明的抽象论证（Dung，1995）。为了给出一个判定保证的新版标准，普洛克（Pollock，1994）运用了加标技术。

维赫雅（Verheij，1996b）把加标方法应用到了董潘明抽象论证框架。他还把论证加标作为一种技术运用于受考虑论证的形式建模：在抽象论证框架解释中，指派了标签的论证能被认为那些受考虑的论证，而没有加标的论证则不受到考虑的论证。运用这个思想，维赫雅定义两种新语义学：“阶段语义学”和“半稳定语义学”。[①] 其他运用加标方法的作者还有雅可波夫维兹和韦尔梅尔（Jakobovits & Vermeir，1999）以及卡米纳达（Caminada，2006）。后者把每一个董潘明扩展类型都翻译成了加

---

① 在建立这个概念时，维赫雅（Verheij，1996b）使用了术语“可采阶段扩展”。现在这个标准术语“半稳定扩充”由卡米纳达（Caminada，2006）提出。

标模式。

作为加标方法的例证，我们对董潘明所定义的论证框架的“有根扩充”给出一种加标处理。[①] 考虑下面的程序，在其中，标签逐渐被指派给论证框架的论证：

(1) 对框架中每个未加标的论证 α 都做如下应用：如果论证 α 只是受已标有“已击败”的论证攻击，或者可能根本不受攻击，那么加标论证 α 为“已证成”。

(2) 对框架中每个未加标的论证 α 做如下应用：如果论证 α 受已标记“已证成”的论证攻击，那么加标论证 α 为“已击败”。

(3) 如果步骤 1 或步骤 2 已经产生新加标，那么回到步骤 1；否则，停止。

当完成这个程序时，如果论证框架是有穷的，这一点在有穷数量步骤之后总会发生，标有“已证成”的论证构成论证框架的有根扩充。例如，考虑一下图 11.4 框架。在第一步中，论证 α、ζ 和 η 都标为“已证成”。所有攻击它们的论证都已经“已击败”，这个条件显然得以满足，因为不存在攻击它们的论证。在第二步中，论证 β 标为“已击败”，因为 α 已标有“已证成”。于是，再回到步骤 1，论证 γ 和 δ 都标为“已证成”，因为他们的唯一攻击者 β 已标为“已击败”。最后，论证 ε 标为“已击败”，因为 δ 已标为“已证成”。论证 α，γ，δ，ζ 和 η，即那些标为“已证成”的论证，一起形成框架的有根扩充。每个论证框架都有唯一有根扩充。在图 11.4 框架中，有根扩充与唯一优先扩充相一致，后者也是唯一稳定扩充。图 11.5 左侧中的框架表明，有根扩充并不总是稳定扩充或优先扩充。它的有根扩充在这里是空集，但是它的两个优先扩充和稳定扩充都不是空集。

① 在这里，我们不讨论董潘明自己对有根扩充的定义，他没有使用加标。

11.5 结构论证

在第11.4节中讨论过的抽象论证，是从论证结构中抽象出来的，它关注论证之间的攻击关系。在本节中，我们将讨论各种形式的支持和反对结论的论证结构。为了介绍一般理念而非具体系统，本章按照主题来组织。所讨论的主题是论证与特殊性、决定力的比较、副初步假设的论证、论证与经典逻辑以及支持与攻击的组合。

11.5.1 论证与特殊性

在论证形式研究中，早期主题是有关论证之间冲突解决的“论证特殊性”。把论证与特殊性关联起来的关键思想是：当两个论证冲突时，其中一个建立在较特殊信息基础上，那么这个较特殊论证赢得冲突并且击败较一般论证。

西马里和洛易（Simari & Loui，1992）对论证和特殊性之间的这种关联提供了一种数学形式化。他们的工作是受普尔（Poole，1985）在非单调逻辑领域中的特殊性研究工作鼓舞。普尔提出把缺省假定看作解释，类似于需要比较的科学理论，从而与特殊信息比较一般信息更可取。西马里和洛易（Simari & Loui，1992）的目标是，通过把普洛克的工作与论证保证关联起来，从而把特殊性和论证理论组合在一起。在他们的方案中，论证是一个对偶（T，h），T是一组可废止规则，用于在给定背景知识中形式化的论证前提下得出论证结论h。在不会甚至可废止也不会推出矛盾的意义上，论证被假定为一致。同样，在所有规则都需要用来达至结论的意义上，论证被假定为最小。从形式上来说，对论证（T，h）而言，下面情形是成立的：当T′是省略了T中一个或多个规则的结果时，对偶（T′，h）不是论证。在既定背景知识条件下，当h和h'在逻辑上不相容时，两个论证（T，h）和（T′，h'）有分歧。如果（T，h）不赞同（T′，h'）的子论证（T″，h''），即T″是T′的子集，那么，论证（T，h）抗辩了论证（T′，h'）。当（T，h）不赞同（T′，h'）的一个严格上较笼统的子论证时，论证（T，h）击败论证（T′，h'）

举例来说，给定可废止规则 $A_1 \wedge A_2 \Rightarrow B$，$A_1 \Rightarrow$非 B，非 $B \Rightarrow C$，以及前提 $A_1 \wedge A_2$ 和 A_1，论证（$\{A_1 \wedge A_2 \Rightarrow B\}$，B）不赞同从严格意义上较笼统的论证（$\{A_1 \Rightarrow$非 B$\}$，非 B），因此，反论证和击败（$\{A_1 \Rightarrow$非 B，非 $B \Rightarrow C\}$，C）。这个论证的结构在图 11.6 中被显示出来。

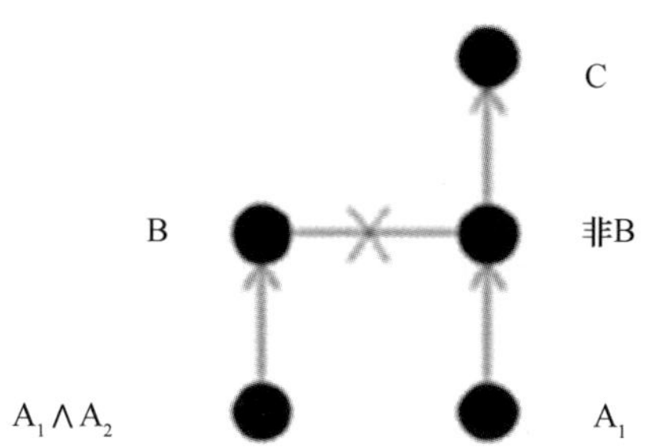

图 11.6　被较特殊的反论证击败的论证

西马里—洛易进路已经被西马里领导的布兰卡小组通过在人工智能、多主体系统和逻辑中的应用进一步发展（如 García & Simari，2004；Chesñevar *et al.*，2004；Falappa *et al.*，2002）。加西亚和西马里（García & Simari，2004）表明论证与逻辑编程之间的紧密联系，那是受到董潘明（Dung，1995）影响的（还可参见第 11.4.1 节和第 11.2.2 节）。在他们的可废止逻辑编程系统（即 DeLP 系统）中，他们提出了与逻辑编程的紧密联系。在可废止逻辑程序中，事实、严格规则和可废止规则都被表达出来。在可废止逻辑编辑系统中，通过从事实开始，并运用严格规则和可废止规则，构建推演，从而建构出论证。论证不能支持相反文字，不能服从极小性约束。运用“有分歧的文字”这个观念，即基本主张和它们的否定，哪些论证是反论证就得以明确。

有人主张，特殊性只是若干领域依赖的冲突解决策略中的一种策略。例如，在法律中，基于两个规则的不同论证间的冲突，不仅能通过规则的特殊性得以解决，而且能通过它们的近因性或权限得以解决（Hage，1997；Prakken，1997；还可参见第 11.7 节）。普洛克反对在逻辑复杂情景中特殊性击败的一般适用性。①

11.5.2 比较说服力

另一种能判定哪些冲突论证会在冲突中幸存的标准是说服力。更具说服力的论证将比不那么有说服力的论证更容易幸存下来。

把说服力与论证结构关联起来的一个思想是最弱环节原则，普洛克把它的特征描述如下：

> 演绎论证的结论支持程度是其前提支持程度的最小值。（Pollock，1995，p. 99）

普洛克提出最弱环节原则作为他所拒绝的贝叶斯方法的一个替代项。

弗利斯维克（Vreeswijk，1997）提出一个关于可废止论证的抽象论证模型，其中关注了论证说服力比较。在他的模型中，不能直接建模说服力，但作为一种抽象比较关系，它表达了哪些论证比其他论证更具说服力。弗利斯维克一直在寻找判定论证间相对强度的一般性非平凡原则，但他发现句法原则是不足够的。通过从这种原则中抽象出来，论证说服力比较就不再通过形式模型本身来处理，而是成为领域知识的一部分，因为它能够运用形式主义来表达。根据弗利斯维克的观点，这种抽象“把我们从有责任告诉具体论证应当如何且为什么否决其他任何具体论证中解救出来”，它“摆脱了特殊性和说服力所陷入的混乱”（Vreeswijk，1997，p. 229）。事实上，现在能够把关注点放在论证结构、比较说服力和论证击败的关系上。

弗利斯维克把“抽象论证系统”定义为一个三元组（L，R，≤），其中L是个语句集，表示论证中所做的主张；R是一个可废止规则集，允许论证建构；≤代表论证间的说服力关系。规则分为两种类型：严格规则和可废止规则。论证通过链接规则来构建。如果论证集Σ和论证α不相容，即蕴含着不一致，且α不是Σ的削弱者，那么Σ是α的击败者。如果论证集Σ包含论证β，β在严格意义上比α的说服力低，那么α是Σ

① 他相信，需要一个投射性约束（Pollock，1995，pp. 105－106）。参见注释8。

的削弱者。

例如，弗利斯维克的抽象说服力模型能够很容易地应用于普洛克的反驳击败者思想。假设给定前提集 P，我们既有 C 的理由 R，又有非 C 的理由 R′。如果现在基于 R 的论证比基于 R′的论证更具说服力，那么前者就是后者的击败者（参见图 11.7）。

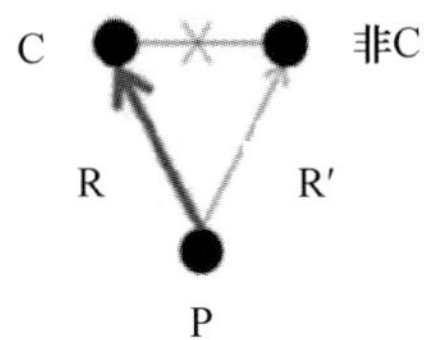

图 11.7　有相同前提的两个冲突论证，其中一个更具说服力

然而，董潘明系统（Dung，1995）是抽象的，因为它只是考虑论证攻击；弗利斯维克方案是抽象的，尤其是因为说服力关系没有确定。弗利斯维克给出了说服力关系的如下例子：

（1）基本顺序。在这个顺序中，严格论证比可废止论证更具说服力。在严格论证中，没有可废止规则可使用。

（2）若干可废止步骤。如果一个论证比另一个论证运用更少的可废止步骤，那么这个论证比另一个论证更具说服力。弗利斯维克评论说，这不是一个非常自然的标准，但是它可以用来给出形式例子和反例。

（3）最弱链。在这里，论证说服力关系是由规则排序关系推演出来的。如果某个论证的最弱链比其他论证的最弱链强，那么这个论证比其他论证更具说服力。

（4）优先选择最特殊论证。对两个可废止论证来说，如果一个论证结论中含有另一个论证前提，那么前一个论证比后一个论证更具说服力。

11.5.3　带初步假设的论证

在其他方案中，论证击败是初步假设受成功攻击的结果。在他们的缺省推理抽象论证理论进路中，邦达连科等人（Bondareko *et al.*，1997）使用了这种进路。利用包含了语言 L 和规则集 R 的给定演绎系统（L，R），所谓演绎就是通过规则应用建立起来。给定演绎系统（L，R），那么假设框架就是一个三元组（T，Ab，Contrary），其中“T”是表达当前信念的语句集，“Ab”表示能够用于扩充T的假设，“Contrary”是从语言到其自身一个映射，表示哪些语句是哪些其他语句的对立面。邦达连科和他的同事们定义的许多语义学，与类似抽象论证语境中董潘明的很相似（Dung，1995）。例如，“稳定扩充”是一个假设集Δ，使得如下性质成立：

(1) Δ是闭合的，是指Δ包含了所有在T与Δ自身中为信念逻辑后承的假设。

(2) Δ不攻击自己，是指不存在这样一个演绎，从T和Δ中信念开始，用Δ的一个相反元素作为结论。

(3) Δ攻击不在Δ中的每个假设，是指对在Δ之外的每个假设而言，存在一个从T和Δ开始的演绎，并用那个假设的对立面作为结论。

作为一个例子，邦达连科与同事们运用了下述原则“未被证明有罪即无罪”。例如，当经典逻辑中的公式“¬ 有罪”、“→无罪”是T中的唯一信念且“¬ 有罪”是唯一的假设时，那么存在一个稳定扩充，包含T的元素“¬ 有罪”以及它们的逻辑后承（Bondareko *et al.*，1997，p. 71）。

邦达连科和同事们表明，用他们的假定框架能够建模好几个非单调逻辑系统。其论证本质源自它是围绕攻击观念来建立的，尤其是具体攻击了能被添加到人们信念中的假设。

维赫雅（Verheij，2003a）也提出了一个可废止论证假设模型。与邦达连科等人（Bondareko *et al.*，1997）的不同之处在于，在刻画可废止结论时，所用规则本身是假设的一部分。从技术上来说，这些规则已经成为底层语言中的条件。因此，某个命题是否支持另一个命题能够成为论证议题。用这种方式，能够把普洛克的底切击败者建模成对条件的攻击。利用两个条件句，普洛克的看起来是红色物体例子（参见第11.3.2节）形式化如下：

看起来是红色的 → 是红色的

红色灯光 → ×（看起来是红色的 → 是红色的）

第一句表达有条件的初步假设：如果某物看起来是红色的，那么它就是红色的。第二句表达对这个初步假设的一个攻击：当有红色灯光照在这个物体上时，“如果这个物体看起来是红色的，那么，它就是红色的”不再成立。这两个语句阐明这个语言的两个联结词：一个表达条件→，另一个表达论辩否定（×）。这两个条件句恰好相当于图 11.2 中的两个图形元素：第一个相当于连接理由和结论的箭头，第二个嵌套条件句相当于表达攻击第一个条件句攻击箭头，用菱形结尾。在语言形式结构和图形元素之间的这种同构已经为论证软件 ArguMed 所支持的图表所使用（Verheij，2005b；参见第 11.11 节）。

假设运用提出它们如何与论证日常前提相关联的问题。假设被认为是论证的可废止前提，且就其本身而言，它们类似于有空前件的可废止规则。[①] 卡尔尼阿德框架（Gordon *et al.*，2007）区分了三种论证前提：日常前提、推定（非常像本小节中所讨论的初步假设）和例外（像假设的对立面）。

11.5.4　论证与经典逻辑

经典逻辑和可废止论证间的关系仍然是个难题。在前面，我们已经看到对结合经典逻辑元素和可废止论证的不同尝试。在普洛克系统中，经典逻辑是理由的一种来源。条件句“规则”通常都用于通过链接建构论证（如 Vreeswijk，1997）。链接规则和经典逻辑推论规则——“分离规则”密切相关。维赫雅系统（Verheij，2003a）给出了条件句，验证了分离规则的中心位置。通过用有条件演绎系统作为起点，邦达连科等人（Bondarenko *et al.*，1997）允许一般化的推论规则。

---

① 有人会反对在这里使用“规则”术语。在这里，规则是类比于经典逻辑的推论规则来考虑的。于是，一个议题是：它们不是用逻辑对象语言而是用元语言来表达。在可废止推理与论证以及非单调逻辑的语境下，这个区分变得不太清楚。常见的情况是，有一个表达日常语句的逻辑语言，其中结构很少或语义很少，因此不常被称为“逻辑语言”，还有一个用来表达规则的形式语言，以及用来定义形式系统的真实元语言。

贝斯纳德和亨特（Besnard & Hunter，2008）提出，用经典逻辑对论证进行完全形式化。对他们来说，论证就是一个对偶（Φ，α），使得 Φ 是语句集，α 是一个语句，并且使得 Φ 在逻辑上一致，在经典意义上 Φ 逻辑蕴涵 α，且 Φ 是极小集［请注意与西马里和洛易方案相比（Simar i& Loui，1992），并参见第 11.5.1 节］。Φ 是论证的支持，α 是主张。他们把击败者定义为反驳另个论证支持的论证。更形式地来讲，对论证（Φ，α）而言，击败者是论证（Ψ，β），使 β 逻辑地蕴含着 Φ 某些元素合取的否定。对论证（Φ，α）而言，底切是论证（Ψ，β），其中 β 等于而不仅仅蕴含 Φ 某些元素合取的否定。对论证（Φ，α）而言，反驳是论证（Ψ，β），使 β↔¬ α 是重言式。贝斯纳德和亨特给出如下例子（Besnard & Hunter，2008，p. 46）：

p　　　　琼斯是国会议员。

p→¬ q　如果琼斯是国会议员，那么我们无须对其私生活细节保持沉默。

r　　　　琼斯刚从下院辞职。

r→¬ p　如果琼斯刚从下院辞职，那么他不是国会议员。

¬ p→q　如果琼斯不是国会议员，那么我们需要对其私生活细节保持沉默。

然后，（｛p，p→¬ q｝，¬ q）是一个论证，论证（｛r，r→¬ p｝，¬ p）是其底切，论证（｛r，r→¬ p，¬ p→q｝，q）是其反驳。

贝斯纳德和亨特主要关注论证的结构性质，部分是因为语义学方案的多样性（参见第 11.4 节）。例如，当他们讨论这些系统时，他们注意到这些系统的语义概念化不如经典逻辑的语义学那样清晰，而这是他们框架的基础（Besnard & Hunter，2008，p. 221，226）。同时，他们注意到，在基于可废止逻辑（参见第 11.6 节）或推论规则的系统中，知识表达能够更简单。

11.5.5 组合支持与攻击

在本节中，我们讨论建模论证时组合支持与攻击的方法。在几个方案中，是用分开步骤把支持和攻击组合起来的。第一步，借从给定可能理由集或推论规则集出发，建构针对结论的论证，建立论证支持。第二步，判定论证攻击。如攻击是建立在击败者或支持论证的结构之上的，其中组合了论证偏好关系。第三步，即最后一步，需要判定哪些论证已保证或未击败。我们注意到，已经提出了好几条标准，如，普洛克不断发展的论证保证标准和董潘明的抽象论证语义学。

图 11.8 刻画了这种建模风格的一个例子，展示了三种支持论证。左侧第一个表明 A 支持 B，依次支持 C。在图中间中，这个论证被第二个论证攻击，后者从 A′推出非 B，因此是针对 B 的。反过来，这个论证受第三个论证攻击，后者从 A″开始推理，针对 A 和非 B 间的支持关系 R。运用第 11.3.2 节中的专业术语，第一个论证的子论证被第二个论证反驳，后者被第三个论证底切。如果这些论证已保证，则标记“ + ”号；如果它们已击败，则标记“ - ”号，可以认为这种方法是第 11.4.2 节中加标方法的一种变体。右侧论证已保证，因为它未被攻击。因此，中间论证已击败，因为它受一个已保证论证攻击。接下来，左侧论证业已保证，因为它唯一的攻击已击败（参见第 11.4.2 节中讨论的论证框架有根扩充的计算程序）。

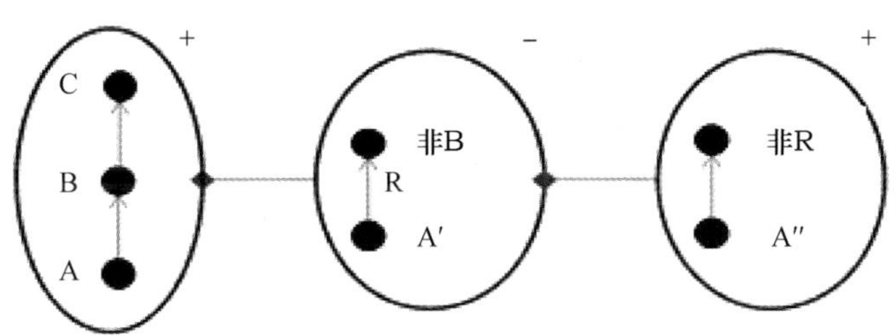

图 11.8　相互攻击的支持论证

图 11.9　与图 11.8 的例子关联的抽象论证框架

这种进路与董潘明抽象论证的关系是，我们能够把导致抽象论证框架的支持论证的结构抽象出来。对图 11.8 的例子而言，我们得到图 11.9

中所显示的抽象框架。在这个例子中，论证语义学在抽象论证攻击层面上不成问题，因为有根扩充与唯一稳定优先扩充。处理论证的组成部分需要特别仔细。例如，中间论证有前提 A′，这个前提未被攻击，并因此应该保持不被击败。

这类组合支持与攻击已用到 ASPIC + 模型中（Prakken，2010）。正如第 11.3.3 节中所讨论的那样，ASPIC + 模型包含了三种主要论证击败：削弱、底切和反驳。

另一个进路是，组合支持与攻击时没有把它们分离。论证是从赞成与反对结论的理由出发构建的，轮流判定是否推出结论。图 11.10 建模了与图 11.8 相同的论证信息，但现在用第二种进路。

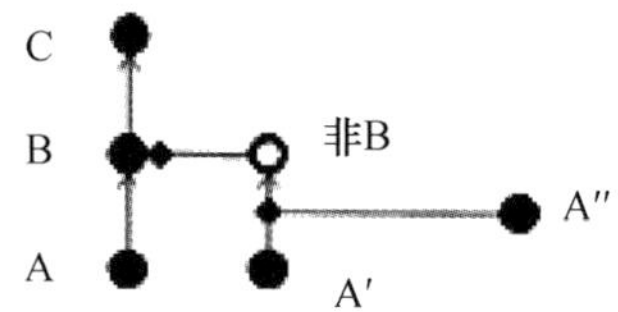

图 11.10　支持与攻击结论的论证

在这里，理由 A″底切从 A′到非 B 的论证，因此，非 B 不被支持，并用空心圆表示。因此，非 B 实际上没有攻击 B，B 因此被 A 证成，并转而证成 C。

如在这个进路中，条件句用于表达了哪些理由支持或攻击哪些结论。一个例子是纽特的可废止逻辑（Nute，1994；Antoniou *et al.*，2001），其中针对严格规则和可废止规则的表达，使用了条件句表达，针对击败者规则也用了条件句，而后者能够阻碍基于可废止规则的推理。针对可废止逻辑的算法已经设计出来，具有良好的计算性。

这个进路的另一个例子是维赫雅的 DefLog 系统（Verheij，2003a），其中，表达支持的条件句与表达攻击的否定算子组合在一起。通过既表达支持又表达攻击扩充了董潘明抽象论证框架的一个相关方案是双极论证（Cayrol & Lagasquie-Schiex，2005；Amgoud *et al.*，2005）。对 DefLog 和双极论证而言，表达了董潘明的稳定优先语义学的一般化。DefLog 已经用于形式化图尔敏论证模型（Verheij，2005b）。

当支持和攻击关系本身能被支持或攻击时，组合支持与攻击的一种特殊情形就出现了。事实上，能够争议的是一个理由是否支持或攻击一个结论。图 11.11 展示了支持与攻击的四种论证方式，从左向右分别是支持关系支持、支持关系攻击、攻击关系支持和攻击关系攻击。

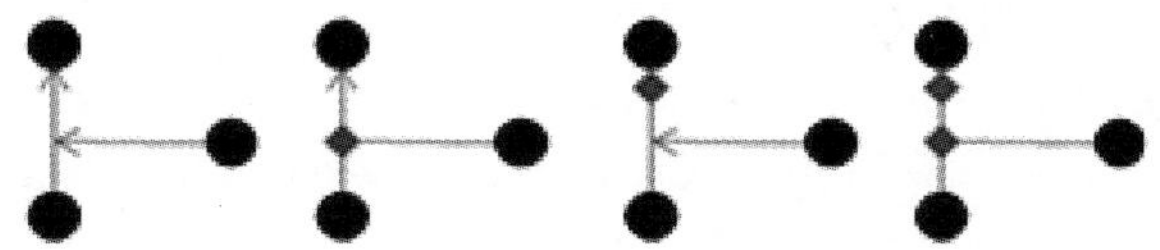

图 11.11　关于支持与攻击的四种论争方式

举例来说，普洛克的底切击败者可被认为是一个支持关系攻击（参见图 11.11 中左起第二个）。在维赫雅的 DefLog 系统中（Verheij，2003a，2005b），这四种方式运用嵌套条件句来表达，在某种程度上它扩展了董潘明框架的表达力。在一个也扩展了董潘明表达力的系统中，莫德吉尔（Modgil，2005）研究了攻击的攻击（参见图 11.11 最右面）。

11.6　论证型式

论证形式主义只能当论证从有意义理由建立起来时开始。在第 11.3.2 节中，我们已经看到，普洛克明确了他所考虑的理由种类：演绎理由、感知、记忆、统计三段论和归纳。

一种将建构论证的有意义理由种类具体化进路是论证型式，正如它们在论证理论中被研究的那样。论证型式已经被佩雷尔曼和奥尔布赖切斯—泰提卡（Perelman & Olbrechts-Tyteca，1969）区分。[①] 在当今论证人工智能研究中，沃尔顿的“（狭义）论证型式”进路已经被广泛采纳

① 根据赫尔森（Garssen，2001）的观点，尽管“（广义）论证型式”这个术语已经被佩雷尔曼和奥尔布赖切斯—泰提卡使用，但是范爱默伦等人（van Eemeren *et al.*，1978，1984）首次在当前这个意义上使用论证型式这个观念。还可参见范爱默伦和克鲁格（van Eemeren & Kruiger，1987）、范爱默伦和荷罗顿道斯特（van Eemeren & Grootendorst，1992a）、基恩波特勒（Kienpointner，1992）和沃尔顿等人（Walton *et al.*，2008）。

(Walton *et al.*, 2008)。

论证型式可被认为类似于经典逻辑的推论规则。举例来说，一个推论规则例子是下面的分离规则版：

P
如果 P，那么 Q
因此：Q

然而，像分离规则这样的逻辑推论规则是抽象的、严格的，并且常常被认为具有普遍有效性同，而论证型式则是具体的、可废止的，并且依赖于语境。下面是一个证人证言型式的例子：

证人 A 已作证 P。
因此：P。

这个型式的运用是可废止的，它可通过询问批判性问题来搞清楚。例如：

A 没有搞错吧？
A 没有说谎吗？

在人工智能领域，论证型式被采用的一个关键理由是，与它们相关联的批判性问题符合击败环境。例如，"A 是否搞错"这个问题产生一个击败者"A 搞错了"。

贝克斯等人（Bex *et al.*，2003）把"论证型式"思想应用于法律证据推理的形式化。在那篇论文中，有一个型式例子如下：

根据专家意见的论证
来源 E 是领域 D 中的一个专家。
E 断定命题 A 能被判断为真或假。
A 在 D 之内。

因此，A 似乎有理由被判断为真或假。

这个型式有以下的批判性问题：

(1) 专长问题：E 作为专家来源有多么可信？
(2) 领域问题：E 是领域 D 中的专家吗？
(3) 观点问题：E 断定了什么蕴涵 A？
(4) 可信度问题：E 就其本人而言是可信赖来源吗？
(5) 一致性问题：A 与其他专家所断言的相一致吗？
(6) 后援证据问题：E 的断言是基于证据吗？

作者详细说明了如何能形式化这些以及其他与证据推理有关的论证型式。

从人工智能视角来看，沃尔顿和他的同事关于论证型式的工作可以被认为是对知识表达理论的贡献。他们逐步给出一堆论证型式，适当时，添加一些型式，并且现有型式通过诸如完善型式前提或批判性问题来修改。这个知识表达的观点被维赫雅（Verheij，2003b）发展，像贝克斯等人（Bex *et al.*，2003）那样，他把论证型式形式化为可废止推论规则。他指出，在沃尔顿工作中，论证型式有时采取小推演形式或者论证型式序列，甚至小原型对话。为使知识表达的工作流程化，维赫雅提出把论证型式看作包含了四个要元素：结论、前提、使用条件和例外。“例外”相当于论证型式批判性问题的回答。通过这种表达格式，也可以考虑批判性问题的不同作用：批判性问题可以涉及结论、前提、使用条件或例外。

为了分析论证文本，里德和罗维（Reed & Rowe，2004）在他们建立的阿洛卡里亚工具（Araucaria）中把论证型式合并在了一起。拉安等人（Rahane *et al.*，2007）提出了论证型式整合格式，其中涉及“语义网”。作为语义网基础的愿景是，当因特网上的信息被正确标记时，就可能为这些能被机器处理的信息增加意义。例如，当某个论证型式的结论、前提、使用条件和例外被如此标记时，就能开发出恰当处理这些不同型式要素的软件。戈登等人（Gordon *et al.*，2007）在他们的卡尔尼德斯模型

(Carneades model) 中已经整合了论证型式。

一个涉及论证型式的基本议题是，如何评估型式或型式组？何时何种情形型式是好的？何时修改比较恰当？如里德和廷戴尔（Reed & Tindale，2010）讨论过这个问题。

11.7 论证对话

图尔敏的《论证的运用》（Toulmin，2003，1958）引人深思研究的一个原因就是他的起点：论证应该在其自然批判程序语境中考虑。这个起点导致他提出，在好论证理论这个意义上，逻辑应该被看作“概括化的法学”，其中针对好论证的一个批判程序视角是规范。在论证对话研究中，论证的批判方面和程序方面走到了一起。

下面是一个片段，是一段买方（B）和卖方（S）之间关于二手车买卖的论证对话，源自麦克勃尼和帕森斯（McBurney & Parsons，2002a），用来说明在计算机场景中的论证对话研究：

> S：开始［说服（制造）；说服（发动机条件）；说服（车主数量）］
>
> 关于购买活动，S 要求有一个三种说服型对话序列：制造标准、发动机情况和买主数量。
>
> B：同意［说服（制造）；说服（发动机条件）；说服（车主数量）］
>
> 在这个序列中，说服型对话 1 开启。
>
> S：认为在任何预算条件下，“制造”都是最重要的购买标准，因为一个制造的一般车即使更旧一些，也可能比另一个制造的一般车更好。
>
> B：接受这个论证。
>
> 说服型对话 1 关闭，因为 B 接受这一命题。
>
> 说服型对话 2 开启。
>
> S：认为“发动机条件”是第二重要购买标准。

B：不接受这一点。认为他不能在没有拆开的情况下来说出任何车的发动机条件。只有 S 作为卖家才有能力这样说。因此 B 必须使用“里程数”作为“发动机条件”的一个替代项。

说服型对话 2 关闭，因为双方都没有改变观点：B 没有接受把“发动机条件”作为第二个标准，S 没有接受把“里程数”作为第二个标准。说服型对话 3 开启。

这个片段表明，具体论题对话是如何于所提供的论证关系中实现开启和关闭。

形式计算论证对话研究已经首先在人工智能与法领域以及多主体系统中展开，这在下面两节中将阐述。

11.7.1　人工智能与法中的论证对话

在人工智能与法领域里，论证对话已经被广泛地研究（参见 Bench-Kapon *et al.*，2004，2009）。我们将在第 11.9 节中得到进一步讨论的阿什莉海波系统（HYPO，Ashley，1990），以三层对话模型为起点，其中，正方提出一个主张，反方能攻击该主张，然后正方能维护主张。一个早期人工智能与法的论证对话概念是戈登（Gordon，1993，1995）提出的诉答博弈。戈登对民事诉讼中的诉答进行形式化，其中，他认为，旨在判定案件的法律问题和事实问题。在诉答博弈中，正方和反方，在这个场景中指的是“原告”和“被告”，能够承认主张、否认主张、维护主张，还能声明可废止规则。参与者可以讨论可废止规则的有效性。参与者致力于他们主张的结果，而这一点被作为诉答博弈基础的非单调逻辑预先规定。

帕肯和沙托尔（Prakken & Sartor，1996，1998）、哈赫等人（Hage *et al.*，1993）和洛德（Lodder，1999）已经提出人工智能与法中的其他对话论证模型。在帕肯和沙托尔的方法中（Prakken & Sartor，1996，1998），对他们论证模型而言，对话模型扮演着证明角色。帕肯和沙托尔把证明解释成正方和反方间的对话。如果对论证正方而言存在一个必胜策略，那么这个论证得以证成。哈赫等人（Hage *et al.*，1993）和洛德（Lodder，1999）提出一种对话论证模型，他们的目的是在具体案例中判定法律。他们受作为纯粹程序法律观念的鼓舞，但并不认同：如果法律是纯粹程序性的，那么对法律程序的好结果而言，除了该程序本身以外，没有任何标准。

有些模型强调，论证对话规则本身可以是争论的主题。一个实际例子是，关于要讨论的立法的方式的议会讨论。在哲学中，通过提出诺米克博弈，苏贝尔（Suber）已经将自我修正博弈的思想推向极致，在诺米克博弈中参与者可以不断改变规则。① 形式化这类元论证的提出者包括弗利斯维克（Vreeswijk，2000）和布鲁卡（Brewka，2001），他们提出了允许自我修正的论证对话形式模型。②

在尝试澄清逻辑、可废止性、对话和程序如何相关的过程中，帕肯（Prakken，1997，p. 270 f.）提出区分四层论证模型：第一层是逻辑层，判定反驳和支持。第二层是论证层，界定什么可看作攻击、反论证以及何时论证已被击败。第三层是程序层，并且包含限制对话的规则，如：参与者可以采取哪些步骤？如提出主张或给出反论证；何时参与者可以采取行动？如：何时轮到他们和何时对话结束。第四层，即最后一层，是策略层。在这一层中，人们寻找好的实效论证者所使用的启发法。

哈赫（Hage，2000）讨论了如下问题：为什么对话论证模型在人工智能与法领域中越来越受欢迎？他给出两个理由：第一，法律推理是可废止的，对话模型是研究可废止性的一个好工具；第二，当探究具体案件中确立法律的过程时，对话模型有用。在法律论证起点可存在分歧的意义上，哈赫记起了关于法律作为开放系统的法律理论讨论。因此，法律程序的结果是不确定的。面对这个困境，一个更好的理解可能是，把法律程序视作一种论证对话。

然后，哈赫（Hage，2000）讨论了对话论证模型在人工智能与法中的三个功能：第一个功能是界定论证证成，在洛伦岑和洛伦兹的工作（Lorezen & Lorenz，1978）中能够找到它与逻辑有效性的对话定义的类比。在这个关联中，哈赫提及了巴斯和克罗贝的逻辑之“论辩修饰”思

---

① http：//en. wikipedia. org/wiki/Nomic. 还可参见霍夫施塔特（Hofstadter，1996，Chapter 4）。

② 还可参见弗利斯维克的研究（Vreeswijk，1995a）。

想，与一种公理修饰、推论修饰或模型论修饰形成对应（Barth & Krabbe，1982，pp. 7－8；参见本书第 6.5 节）。哈赫把论证修饰思想概括到他称为可废止推理的“论证战模型”之中，其中论证相互攻击，诸如洛易（Loui，1987）、普洛克（Pollock，1987，1994）、弗利斯维克（Vreeswijk，1993）、董潘明（Dung，1995）以及帕肯和沙托尔（Prakken & Sartor，1996）的论著。论证战模型能够或者无法在论证修饰中呈现出来。在它们的论证修饰中，按照论证对话博弈中制胜策略的存在，这种模型就定义了论证证成。

哈赫区分的对话论证模型第二个功能是，建立共享前提。正方和反方进入一个对话，就会产生一个共享前提集。从这些共享前提推导出来的结论，能够被认为是正当的。在这个分类中，哈赫讨论了我们在前面讨论过的戈登诉答博弈。哈赫不仅建立起了与法理论的关联，特别是阿列克西的程序法律证成方法（Alexy，1978），而且建立起了与真理与证成哲学之间的关联，特别是哈贝马斯的共识真理论和施韦默尔证成方法，其中，只要证成基础实际上未受质疑，那就只能假定它（Schwemmer & Lorenzen，1973）。

在人工智能与法中，对话论证模型的最后一个功能是，哈赫讨论了具体案件中法律程序的确立。在这个关联中，他讨论调解制度，这是一种支持对话而不是评估对话的制度。他使用芝诺系统（Gordon & Karacapilidis，1997）、5 号房系统（Loui *et al.* 1997）（参见第 11.11 节）和对话法律系统（Lodder，1999）作为例子。哈赫认为，把法律看成纯粹程序有点违背直觉，因为存在有明确答案的案件，这个答案实际上甚至不需要通过整个程序就能知道。因此，哈赫谈到了不保证结果正确性的作为不完美程序的法律。

11.7.2　多主体系统中的论证对话

在人工智能与法领域之外，对话论证模型的一个深层功能强调，论证对话视角可能有计算优势。例如，论证对话能够用于优化搜索，如通过切断终端或集中关注最相关议题。弗利斯维克（Vreeswijk，1995b）采取这个假设作为一篇论文的起点：

> 如果像论证、辩论和纠纷解决之类的论辩概念在实践推理中看起来如此重要，那么，为什么这些技术会作为常识论证的标尺幸存下来，就一定存在某种理由。也许理由是，它们只不过最适合这项工作。（Vreeswijk，1995b，p. 307）

弗利斯维克受了洛易一篇论文（Loui，1998）的启发，从1992年起那篇论文的早期版本就在传播。洛易强调协议的相关性、各方责任分配、终止条件和策略。一个关键思想是，论证对话非常适用于受限资源场景中的推理（也可参见 Loui & Norman，1995）。

受论证计算视角的鼓舞，在多主体系统领域中已经采取论证对话进路。[①] 这个领域的焦点在于自主软件主体间的相互作用，这些主体或者追寻他们自己的目标，或者追寻与他主体的共享目标。由于一个主体行动可以影响另一个主体行动，超出单个主体或整体系统的控制，那么，在设计多主体软件系统时，与那些在软件设计中控制能被认为中心化问题相比，这类问题有着本质不同。对主体间冲突解决与信念形成而言，计算论证模型启发了交互协议的发展。沃尔顿和克罗贝提出的论证对话类型学已经特别有影响（参见第7.8节）。[②]

尤其是说服型对话，它从观点冲突开始，瞄准通过说服参与者来解决问题，已经被广泛研究。一个早期说服系统是“赛卡拉说服者系统”（Walton & Krabbe，1989），其时间早于沃尔顿和克罗贝的类型学。说服者系统在后来被称为分布式人工智能领域中得以发展，用劳资谈判领域作为一个例证。一个主体形成了另一个主体的信念与目标模型，并且以影响其他主体这种方式来决定其行动。例如，主体可以选择一种所谓威胁论证，也就是说，目的是说服另一个主体放弃目标论证。在这里，值得注意的是，在沃尔顿和克罗贝类型学中，协商是一种不同于说服的对话类型。

---

① 关于多主体系统领域的一个综述，参见伍尔德里奇写的教科书（Wooldridge，2009），它包含一章题为“谄论争”。

② 里德和诺尔曼组织在苏格兰佩思郡邦斯凯德大楼召开的“2000年论证与计算研讨会”是一个因子。参见里德和诺尔曼（Reed & Norman，2004b）。

帕肯（Prakken，2006，2009）给出一个对话说服模型的概述与分析。在对话系统中，对话有目标和参与者。规定了参与者能够采取哪类行动，如提出或放弃主张。参与者可以有具体角色，如正方或反方。实际对话流包含轮换或终止规则，受协议约束。效应规则决定参与者的承诺如何在一个对话行动后变化。结果规则决定对话结果，如通过判定说服型对话中谁赢得对话。这些元素对所有对话类型都是共同的。通过规定或限制这些元素，人们生成说服型对话系统。尤其是，说服型对话的对话目标包含一组命题，这些命题处有争议的，并且争议需要被解决。帕肯对这些元素形式化，然后使用他的分析模型来讨论一些现有说服型系统，其中有麦肯泽方案（Mackenzie，1979）以及沃尔顿和克罗贝称为"许可性说服型对话模型"（Walton & Krabbe，1995；参见第 6.9 节）。

赛卡拉说服者系统（Walton & Krabbe，1989）是一个应用于劳资谈判的说服型系统。帕森斯等人（Parsons *et al.*，1998）也谈到了涉及说服的谈判。他们的模型使用"信念—期望—意向的主体模型"，即 BDI 模型（Rao & Georgeff，1994），并且在逻辑上规定主体的信念、期望和意向如何影响谈判进程。[①] 迪格卢姆等人（Dignum *et al.*，2001）已经研究论证对话对形成主体联盟的作用，而主体联盟产生集体意向。关于在对话场景中应当做什么而非情况是什么的论证，已经为阿特金森和同事们所研究（Atkinson *et al.*，2005，2006；Atkinson & Bench-Capon，2007）。值得注意的是，普洛克奥斯卡模型（Pollock，1995）是组合理论推理和实践推理的一个尝试，但那是在单主体场景中的。阿姆高德（Amgoud，2009）讨论了对话论证的决策应用（还可参见 Girle *et al.*，2004）。麦克勃尼等人（McBurney *et al.*，2007）研究了协商。

在论证对话的拓展工作进行系统化方面，已经有一些尝试。例如，本奇卡鹏等人（Bench-Capon *et al.*，2000）提出了一种建模论证对话的形式化方法。帕肯（Prakken，2005b）提供一个形式框架，可用于研究带有底层论证模型和答复结构不同选择的对话论证模型。麦克勃尼和帕森斯（McBurney & Parsons，2002a，b，2009）已经提出了一个抽象论证对话理论，其中考虑到了语法要素、语义要素和语用要素。

---

① 对谈判的论证对话模型的一个系统综述已经由拉安等人（2003）提供。

11.8 规则推理

我们已经看到许多例子，它们表明在人工智能中论证研究和法律应用之间的紧密联系。由于论证是专业律师的一项日常任务，因此这没有什么意外。然而，一个制度性理由是存在一个被称为“人工智能与法”的跨学科研究领域，[①] 其中，因为法律的本质，论证这一论题已经被给予大量的关注。这个领域的早期工作（如 McCarty，1977；Gardner，1987）已经展示了法律论证的错综复杂具体特征。麦卡蒂（McCarty，1977）试图对一个美国最高法院案件底层的详细推理进行形式化。加德纳（Gardner，1987）提出了一个针对她称为“问题发掘”的系统。在法律案件中，当无规则可用或适用规则冲突时，问题就出现了。在本节中，我们特别关注受非单调逻辑发展启发的已经完成工作，它们大多数是在 20 世纪 90 年代中期完成的，涉及“（法律）规则推理”。

帕肯（Prakken，1997）的著作《建模法律论证的逻辑工具》广泛而详细地阐述了从非单调逻辑到法律推理形式建模的技术贡献。[②] 帕肯所展示的这些形式化工具已经逐渐演化成 ASPIC + 模型（Prakken，2010；参见第 11.3.3 节）。部分内容在与沙托尔的紧密合作中得到发展（如 Prakken & Sartor，1996，1995；还可参见优秀资源（Sartor，2005））。

下述例子表明，帕肯如何建模一个合同法案例（Prakken，1997，p. 171）。这个例子涉及一条可废止规则“仅约束缔约方”（d_1）和一条专门针对房屋租赁合同的可废止规则，即“这类合同还约束未来房屋业主”（d_2）。可废止规则添加的另一个例外情况是，即使在房屋租赁案件中，当承租人同意做出这样一个约定时，就只有缔约双方受约束（d_3）。事实陈述 f_{n1} 和 f_{n2} 分别表示：（1）房屋租约是一个特殊种类的合同；（2）仅约束缔约双方和也约束房屋的未来所有者不协调。

---

① 人工智能与法这个领域的主要期刊是《人工智能与法》，以两年一届的 ICAIL 和每年一届的 JURIX 作为主要的大会。

② 该书是以帕肯的博士论文（Prakken，1993）为基础。

d_1：x 是一个合同 $\Rightarrow x$ 仅约束它的缔约方。

d_2：x 是房屋 y 的一个租约 $\Rightarrow x$ 约束 y 的所有业主。

d_3：x 是房屋 y 的租约 $\wedge$ 承租人已经同意在 x 中 x 仅约束它的缔约方 $\Rightarrow x$ 仅约束它的缔约方。

f_{n1}：$\forall x \forall y$（x 是房屋 y 的租约 $\rightarrow x$ 是一个合同）。[①]

f_{n2}：$\forall x \forall y \neg$(x 仅约束它的缔约方 $\wedge$ x 约束 y 的所有业主)。

当有一个房屋租赁合同时，显然存在冲突，因为 d_1和 d_2看上去同时适用。在这个系统中，使用特殊击败机制（参见第 11.5 节），d_2的适用就限制 d_1的适用。在一个还满足 d_3条件案件中，也就是说，当承租人同意租赁合同仅约束缔约双方时，规则 d_3的适用就阻碍规则 d_2的适用，在类案件中不再阻碍 d_1的适用。

帕肯使用了来自经典逻辑的要素，如经典联结词或量词，还使用了来自非单调逻辑的要素，即可废止规则及其名称，并表明如何能够运用它们来建构带有例外的规则，正如它们显著地出现在法律中一样。例如，他对待明显例外处理方式，最具体论证优先，不一致信息推理和优先关系推理。

在同一时期，哈赫提出了“理由逻辑”（Hage，1997；还可参见 Hage，2005）。[②] 哈赫是把理由逻辑作为一阶谓词逻辑扩充提出来的，其中，理由发挥一个中心作用。理由是规则应用的结果。[③] 把它们作为个体允许规则属性的表达。一条规则是否适用，这不仅取决于这条规则的条件满足情况，而且取决于赞成或者反对适用这条规则的其他可能理由。例如，考虑小偷应受惩罚的规则：

应受惩罚：小偷（x）$\Rightarrow$应受惩罚（x）

---

① “$\forall x$……”表示“对每一个体 x 而言……是成立的”。同理，对“$\forall y$……”也一样。还可参见第 6.2 节。

② 理由逻辑有一系列版本，有些在与维赫雅的合作中有介绍（如 Verheij，1996a）。

③ 通过忽略规则与原则之间的明确区分，我们将稍微简化哈赫形式体系。

在这里，冒号之前的“应受惩罚”是这条规则的名称。如果约翰是小偷［可表示为：小偷（约翰）］，那么这条规则的适用性可以如下：

可适用［小偷（约翰）⇒应受惩罚（约翰）］

这给出了“规则应当适用”的一个理由。如果不存在理由反对该规则的适用，这就产生有义务适用这条规则。由此得出结论，约翰可受到惩罚。

理由逻辑的一个特色方面是，它建模理由的权重。在这个系统中，不存在数值机制来权衡，而是它可以明确地表达为，这一个结论的支持理由比反对理由权重大。当不存在权衡信息时，冲突无法解决，得不出结论。

像帕肯一样，哈赫运用了取自经典逻辑和非单调逻辑的元素。因为强调哲学和法律的考量，理由逻辑就不太像一个形式逻辑系统，更像一个表达法律领域中推理方式的半形式系统。在帕肯的书中仍然更接近人工智能领域，哈赫的书读上去更像哲学或法律理论文章。

例如，理由逻辑已经被应用于法律理论家德沃金（Dworkin，1978）做出的著名区分：在适用法律规则时，它们似乎直接导致它们的结论；而法律原则不是直接并仅仅为它们的结论产生一个理由。只有在可能的竞争理由经过权重之后，才能导致一个结论。在理由逻辑中，已经提出规则和原则之间这种区分的不同模型。哈赫（Hage，1997）跟随德沃金的脚步，做了严格形式区分，而维赫雅等人（Verheij *et al.*，1998）表明，如何能够通过给出模型来软化这个区分，其在模型中规则和原则是一个范围的两个极端。

洛易和诺尔曼（Loui & Norman，1995）认为，存在一个与他们称为“原理浓缩”有关的演算，也就是对基本论证规则的组合和修正，相当于图尔敏的保证。他们给出了规则浓缩或原理浓缩的下列例子。如果存在一条规则“公园里不许有用于私人交通的车辆”，还存在一条规则“车辆通常用于私人交通”，那么，当运用基于这两条规则得出的所谓浓缩原理“没有车辆在公园里”时，就能够缩短基于这两条规则的两步式论证。

11.9　案例推理

规则推理（参见第11.8节）经常与案例推理形成对比。前者是关于遵循那些描述现存条件模式的规则，而后者是关于发现相关类似的例子，这些例子通过类比能够在新情景中建议可能结论。在法律领域中，规则推理与法律法规的应用有关，案例推理则与遵循先例有关。这个对比可通过下面两个例子得到理解：

《荷兰刑法典》第300条：

（1）使他人身体受到伤害的可被判处最高2年有期徒刑或者第四类罚款。

（2）当使他人身体受到严重伤害时，刑事被告人可被判处最高4年有期徒刑或者第四类罚款。

（3）……

荷兰最高法院，2002年7月9日，NJ 2002，499

盗窃要求带走物品。某人能偷一辆被盗的车吗？最高法院的回答是：能。

第一个例子摘自一条表达《荷兰刑法典》实质规则的法条，规定与身体伤害有关的惩罚种类。惩罚的层级依赖于具体条件，身体伤害越严重则可被判处的有期徒刑越长。第二个例子是最高法院裁决的一个非常简短的摘要。在这个案件中，有辆被盗车从窃贼那里被盗。盗窃罪的一个法定要求是有物品被带走，在这里，该车已经被带离原主。要应对的新法律问题是，从原本小偷那里偷车是否能够被视为从原车主那里盗窃？换句话说，一辆已被偷走的车仍然能被从原主那里偷走吗？在这里，最高法院裁决偷窃一辆已经被盗的车可被视作盗窃，因为原初的权属是裁决标准；与一件物品在被窃时是否实际上处于原主控制之下没有关系。

在案例推理中，“遵循先例原则”是首要的：当裁决一个新案件时，人们不应该脱离一个较早相关类似裁判，而要做出类似的裁决。在人工智能与法领域中，阿什莉海波系统（HYPO，Ashley，1990）在案例推理研究中算是一个里程碑。[①] 在海波系统中，把案例处理为因素集，其中，因素是为案件做辩护或反驳的概括化事实。请考虑下面关于雇员的例子，这个雇员已被雇主解雇，但他的目标是使解雇无效，即取消解雇。[②]

议题：
解雇能无效吗？
先例：
+这个雇员的行为一直良好。
-存在严重暴力行为。
结果：
+（无效）
当前案例：
+这个雇员的行为一直良好。
-存在严重暴力行为。
+工作氛围没有受影响。
结果：?

有个先例案件，其中有一个因素为无效做辩护（良好的行为），还有一个因素反驳无效（暴力）。在这个先例中，判决无效是恰当的。在当前案例中，运用了相同因素，但是还有一个其他因素支持无效，即工作氛围没有受影响。人们可能说，在先例中所做的裁决在当前案例中甚至得到更强的支持。因此，在海波系统与类似系统中，所建议的结论是：在当前案例中会要求解雇无效。

图 11.12 中的例子表明，能够对因素做形式处理，无须了解它们是关于什么的。第一个先例中有赞成因素 F1 和 F2，以及反对因素 F4。第二个先例中增加了反对因素 F5 和赞成因素 F6。当前案件有所有这些因素和

① 还可参见里士兰和阿什莉（Rissland & Ashley，1987）、阿什莉（Ashley，1989）、里士兰和阿什莉（Rissland & Ashley，2002）的论著。

② 这个例子是被罗特（Roth，2003）所使用的案例材料启发。

一个另外的支持因素 F3。这个领域也包含反对因素 F7 和支持因素 F8，它们没有适用到这些案件。

现在，假设第一个先例得到否定性裁决，第二个先例得到肯定性裁决。在与当前案件分享更多因素的意义上，第二个先例比第一个先例更切中要害。因为当前案件还有一个额外赞成因素，因此可以建议当前案件类似于第二个先例，应该得到肯定性裁决。先例并不总是决定当前案件的结果。例如，如果第二个先例已经得到否定性裁决，那么对当前案件就没有什么建议的结果，因为赞成因素 F3 可能会或可能不会强有力到足以扭转本案。

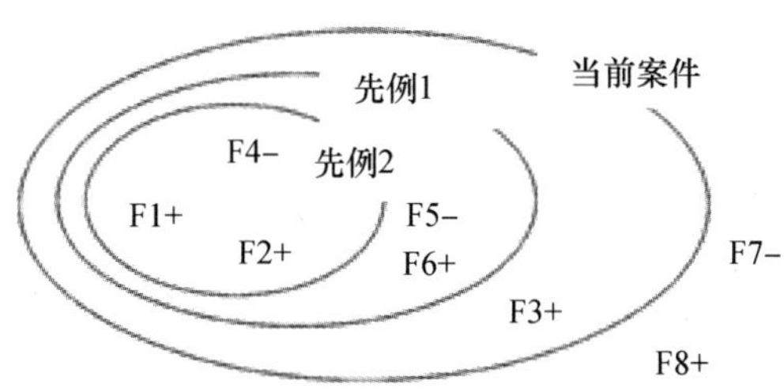

图 11.12　两个先例案件与当前案件中的因素

在图 11.13 中展示了另一个形式例子。当两个先例都已得到肯定性裁决，对当前案件的建议结果也就是肯定性的。能遵循先例 1，是因为它对肯定性裁决的支持比当前案件的弱：这个先例有一个其他反对因素，而当前案件有一个其他肯定因素。不能遵循先例 2，是因为 F8 可能是或者可能不是一个比 F3 更强有力的肯定因素。

海波系统的目标是，在没有决定裁决情况下形成关于当前案件的论证。这在它的三层论证模型中得到阐明。在海波系统的三层模型中，第一个论证步骤（“层”）是正方引用一个类似于当前案件的先例。这个类似是基于所共享的因素。第二个论证步骤是反方对类比的反应，例如，通过被引用的先例与当前案件之间的差异，指出在相关因素中的不同之处，或者通过引用反例。第三个论证步骤是正方再对反例做出反应，如通过做出更进一步差别。

海波系统的因素不仅有它们相关联的赞成方或反对方，而且还能伴

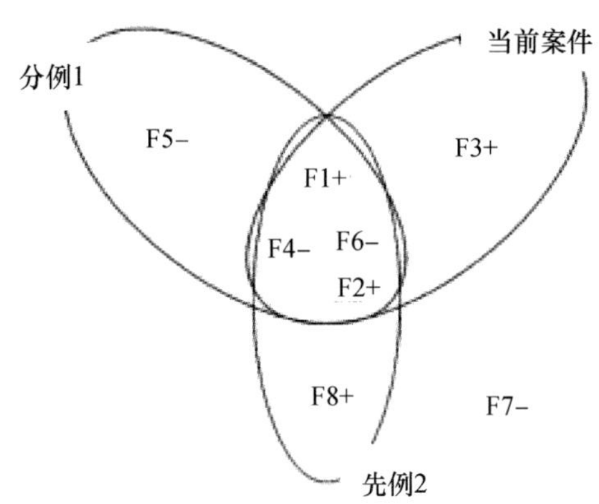

图 11.13　一个不同的先例群

随着一个以某种方式与因素强度有关的维度。这允许援引共享一定因素的案例，还允许因素有不同强度。例如，通过维度的运用，在第一个非形式例子中雇员的好行为能进行分级，就是从好经由非常好到极好。

艾里文通过因素层级运用扩展了海波系统模型，因素层级运用允许伴随层级依赖性的因素建模（Aleven，1997；Aleven & Ashley，1997a，b）。例如，人们要维持家庭这个因素是下面因素的特殊情形：人们有实质兴趣去从事自己的工作。受到维赫雅可废止模型的启发（Verheij，2003a），也就是允许关于支持和攻击的推理（参见第 11.5.5 节），罗特（Roth，2003）提出了一种基于所涉因素层级的案例推理（参见图 11.14）。例如，因素相关性：要维持家庭被有孩子读大学强化，而被有高收入的妻子弱化。通过使低估或者强调差别成为可能，因素层级允许新种类的论证步骤。例如，要维持家庭这个因素可以通过指出有个高收入的伴侣来低估，或者通过提及有孩子读大学来强调。

把案例推理和规则推理组合在一起的方案已经被提出。例如，布兰廷递归样本阐释生成模型（the GREBE model，参见 Branting，1991，2000）的目标是依据规则和案例生成裁决阐释。规则和案例都能够充当裁决保证。布兰廷通过运用一种所谓保证归约图扩充了图尔敏保证进路，在那里保证可以是其他保证的特殊情形。帕肯和沙托尔（Prakken & Sartor，1998）已经把他们的规则推理模型（Prakken & Sartor，1996；还可参见第 11.8 节）运用到案例推理的场景。把类比和差别与描述过去裁决

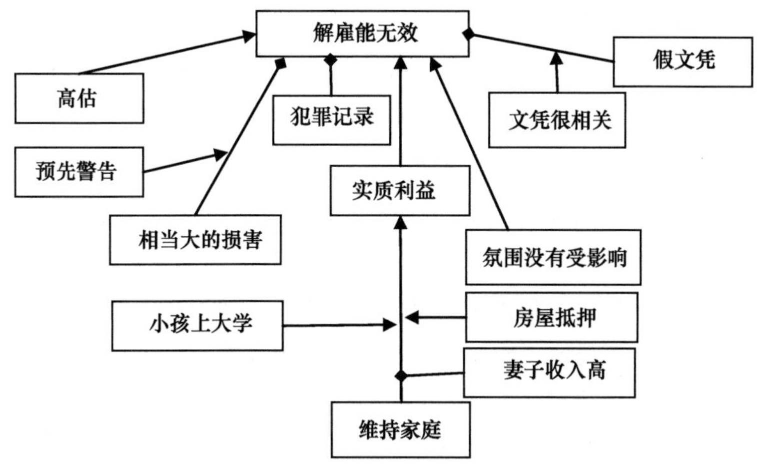

图 11.14　所涉因素层级（Routh，2003）

的规则条件增减关联起来。

11.10　价值与听众

本奇卡鹏（Bench-Capon，2003）已经给出了一个论证底层的价值模型。[①] 在这一努力中，他提到佩雷尔曼和奥尔布赖切斯—泰提卡的新修辞学：

> 如果要采纳的裁决遭到人们的相互反对，那么这不是因为他们犯了某个逻辑或计算错误。他们的讨论涉及适用规则、要考虑的结果、赋予价值的意义以及事实的解释和特征。（Perelman & Olbrechts-Tyteca，1969，p. 150）

因为现实生活论证的特征，不要指望案件终将局定。因此，本奇卡鹏的目标在于，通过处理受众价值的包容性来扩充形式论证模型。这允

① 在人工智能与法中，对基于法律裁决价值和目标建模的重要性已被贝尔曼和哈夫勒（Berman & Hafner，1993）认可。

许他借助论证来建模对受众的说服。

本奇卡鹏（Bench-Capon，2003）运用董潘明（Dung，1995）抽象论证框架（参见第 11.4 节）作为起点。他把基于价值的论证框架定义为其中每个论证都有相关抽象价值的框架。这个思想是，与论证相关的价值通过承认该论证而被提升。例如，在一场关于增税的议会辩论中，可争论的是，当企业价值降低时，接受增税将提升社会平等价值。在一个听众特别的论证框架中，价值偏好顺序能够取决于听众。例如，劳工党可能更偏爱社会平等价值，而保守党更偏爱企业价值。

本奇卡鹏继续建模针对听众的击败：如果 A 攻击 B，并且对听众 α 而言与 B 有关的价值并不比与 A 有关的价值更优先，那么对听众 α 而言论证 A 击败论证 B。在他的模型中，举例来说，当论证提升同样的价值，或者当在两者之间不存在偏好时，攻击成功。于是，董潘明的论证可接受性、可容许性和优先扩充观念被定义为与听众攻击有关。

本奇卡鹏使用了一个带两种价值“红色”和“蓝色”的价值论证框架作为一个例子（参见图 11.15）。这个潜在的抽象论证框架与图 11.9 中的那个一样。它的唯一优先扩充也是可靠稳定扩充，其中，接受 A 和 C 而拒绝 B。对一个偏爱“红色”的听众而言，对听众而言的击败符合潜在攻击关系。因此，在对偏爱“红色”的听众而言的优先扩充中，接受 A 和 C 而拒绝 B。然而，对偏爱“蓝色”的听众而言，A 没有击败 B。但是，对这样的听众，B 仍然击败 C。对偏爱“蓝色”的听众而言，接受 A 和 B 而不接受 C。

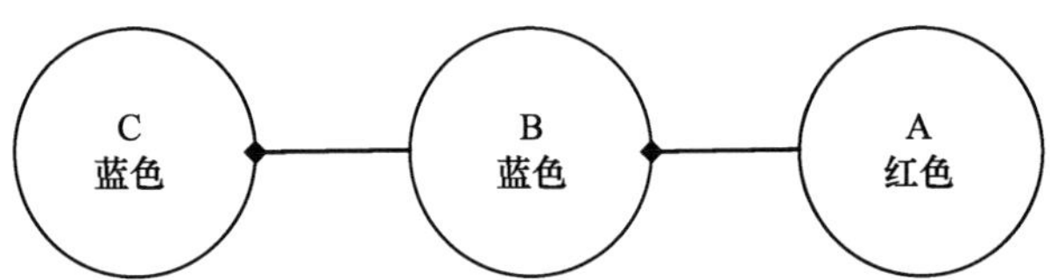

图 11.15　带两种价值的价值论证框架（根据本奇卡鹏的例子改编，Bench-Capon，2003）

本奇卡鹏通过考虑一个糖尿病患者例子来说明基于价值的论证，这个患者因为缺少胰岛素而几乎陷入昏迷，因此，在进入她病房后拿走了其他糖尿病患者的胰岛素。他通过讨论侵犯产权价值作用来分析这个案例，这与挽救生命的情况形成对比。

在对组合规则推理和案例推理的法律推理处理中（参见第 11.8 节和第 11.9 节），本奇卡鹏和沙托尔（Bench-Capon，Sartor，2003）使用了基于价值的视角。法律推理采取建构形式，并且运用根据为裁决提升和降低的价值来解释这个裁决。先例裁决有如下作用：揭示两个因素之间偏好成立。这与在海波系统中先例的作用相似，即揭示如何衡量先例中的因素。在本奇卡鹏和沙托尔进路中，因素偏好转而揭示两种价值之间的偏好。因此，所得的这个偏好能用于裁决新的案件。

11.11　论证支持软件

从人工智能视角研究论证，可以探究的是，软件工具如何能够执行或支持论证任务。在人工智能论证领域，有些研究者已经公开提出要致力于开发人工论证者。他们中最突出的是普洛克（参见第 11.3.2 节），他把他的一本关于他的奥斯卡项目书野心勃勃地称为《如何造人》（Pollock，1989）。[①] 然而，大多数研究者还没有瞄向实现处理所谓“强人工智能”问题这个巨大的任务，即建造一个能执行人类做的任何智能任务的人工智能。不是要建造模仿人类论证行为的软件，而是选择支持人类执行论证性任务这个温和的目标。大量研究已经瞄向论证支持软件的建构。在这里，我们讨论三个反复出现的主题：软件中的论证图解，规则与论证型式的整合，以及论证评价。[②]

11.11.1　软件中的论证图解

在涉及论证支持软件文献中，把更多注意力放在论证图解上。人们提出了各种论证图解类型，许多灵感来自在论证图解上的非计算性研究。

① 这个书的副标题做了谦虚的补充：一个绪论。

② 科尔斯勒等人（Kirschmer *et al.*，2003）、维赫雅（Verheij，2005b）和绍伊尔等人（Scheuer *et al.*，2010）的评论提供了关于论证支持软件的更进一步细节。

我们将讨论三种类型：方框与箭头，方框与线条，以及嵌套方框。

第一种论证图解类型使用方框与箭头。论证性陈述被围在方框里，而它们的关系由箭头指示。箭头的一个通常用途是指理由和结论之间的支持关系。一个使用方框与箭头图解这个软件工具的例子是，里德和罗维（Reed & Rowe，2004）的阿洛卡里亚工具（参见图 11.16）。阿洛卡里亚工具是为书面论证的分析所设计。垂直的箭头指示理由及其结论，水平双向箭头指示陈述间的冲突。阿洛卡里亚软件是由里德领导的邓迪大学论证研究小组开发的开源论证软件中的一个步骤。为这个目的，他们开发一套表达格式，被称为“论证标记语言”（AML），它允许运用当代网络技术来交换论证及其分析。这个格式也允许对用于论证分析的论证型式集进行交换（参见第 11.6 节）。其他涉及机器可读的论证表达格式的开发是“论证交换格式”（Chesñevar *et al.*，2006）和“论证描述框架”，一个针对万维论证网的语言方案，简称“ArgDF”方案（Rahwan *et al.*，2007）。近期工作的一大目标是用人工智能中的本体开发技术，开发论证的分类系统。在人工智能中，一个“本体”是一个域的系统概念化，经常表示采用概念及其关系分层系统的形式。

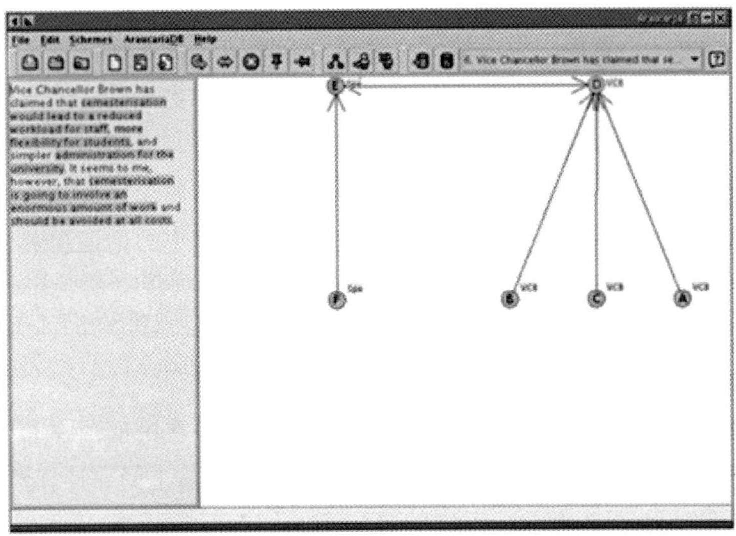

图 11.16 方框与箭头图解：阿洛卡尼亚系统

来源：http：//araucaria. computing. dundee. ac. uk/，2012 年 7 月 25 日。

利用方框与箭头系统的另一个例子是赫耳墨斯系统（the Hermes system；Karacapilidis & Papadias，2001），一个芝诺系统扩充（Gordon & Karacapilidis，1997）。赫耳墨斯系统和芝诺系统都受了宜必思方法的启发。在宜必思方法中，宜必思是指“议题信息系统”（Issue-Based Information System）的英文缩写（Kunz & Rittel，1970），根据议题、事实问题、位置和论证来分析问题。关键点是关于里特与韦伯（Rittel & Webber，1973）称为“奇特问题”的东西，即没有确定表达方式和没有确定解答方案的问题。因此，宜必思方法以及像赫耳墨斯和芝诺之类系统的一个目标是支持议题的识别、结构化和解决。

第二种论证图解类型使用方框和线条。在方框和线条型论证图解中，论证性陈述被描述在方框中，它们的关系由它们之间的无方向线条指示。这种图解类型是从陈述之间的方向性抽取出来的，如从理由到结论，或者从原因到事件。使用方框和线条类型工具的一个例子是观景台系统（the Belvedere system；Suthers *et al.*，1995；Suthers，1999）。这个系统的目标是激发初高中生对科学与公共议题的批判性讨论，它考虑了目标用户的认知局限性。这些局限性包括集中注意力困难、领域知识缺乏和动机缺乏。在早期版本中，构造的图解很丰富：有对支持、解释、原因、联结词、冲突、证成和底切的连接。连接类型能够通过图形和标签来区分。为了避免关于使用哪个结构的徒劳讨论，图形表示法在后来版本中被明显简化了（Suthers，1999）。他区分了“证据材料”和“猜想”这两类陈述，所区分的还有两种连接类型，分别表达陈述之间的一致性和不一致性关系。图 11.17 表明一个观景台屏幕的例子，使用了一个更加简化的格式，有一种陈述类型和一种连接类型。

第三种论证图解类型使用嵌套方框。在这种类型中，论证性陈述也被围在方框里，但是它们的关系是用嵌套方式来表明的。使用嵌套方框的一个例子是由洛易、诺尔曼和一群学生（Loui *et al.*，1997）设计的 5 号房工具。5 号房系统工具致力于对未决最高法院案件的合作公开讨论。它是基于网页的，作为早于 Google 和 Wikipedia 的方案而值得关注。在它的论证图解格式中，一个方框套在一个方框里面表示支持，一个方框在一个方框边上表示攻击。例如，在图 11.18 所显示的 5 号房屏幕中所描述的论证，约翰的可受罚性被他偷了一张 CD 这个理由所支持，并且，被他

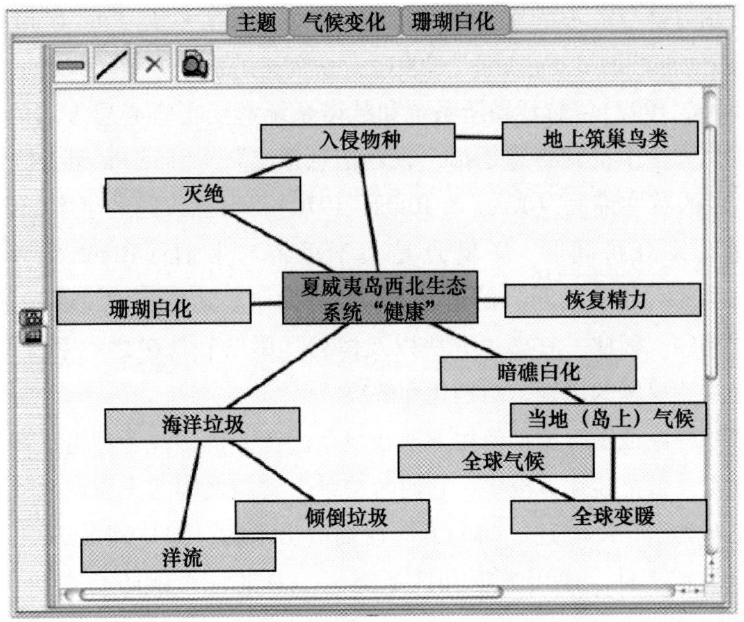

图 11.17　方框与线条图解：观景台系统 4.1

来源：http：//belvedere. sourforge. net/，2012 年 7 月 25 日。

是未成年初犯这个理由所攻击。

11.11.2　规则与论证型式的整合

在论证图解软件中，规则和论证型式的整合已经被用不同方式来处理：通过对型式化论证、条件句、嵌套的箭头和规则节点的运用。例如，请考虑基本论证“哈里是英国人，因为他出生在百慕大”，这是从图尔敏那里借来的例子，并且其基础规则或者图尔敏术语中的“保证”，是“出生在百慕大的人都是英国人”。

第一个进路要考虑的论证是如下论证型式的实例，这个型式是从这句论证中哈利这个人抽象出来的。在图 11.19 中，一个相关的型式化论证表明关于哈利的论证权利。在这个型式化论证中，X 表现为一个变项，充当某人名字的占位符。在软件中，型式化论证通常没有被图形化地显示。例如，在阿洛卡里亚系统中，型式化论证是文本文件并且能被用于注释论证实例。型式化论证出现在一个从论证本身分离出来的层面上；

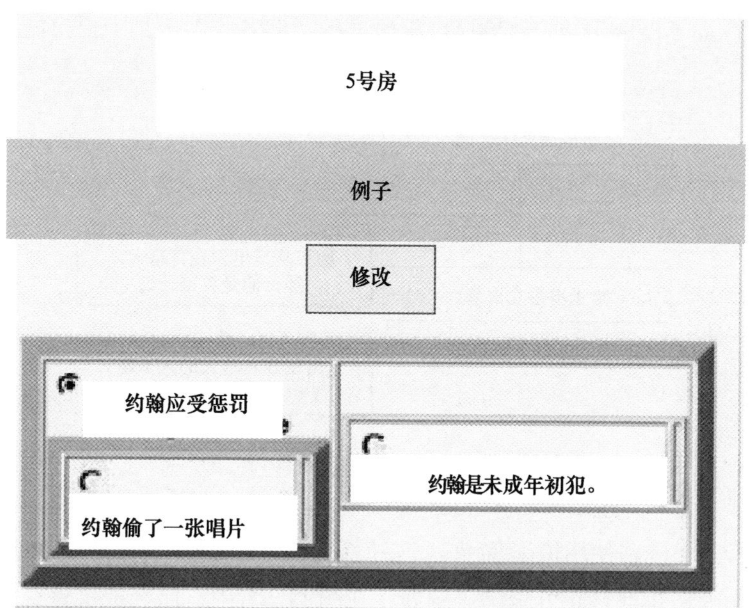

图 11.18　嵌套方框图解：5 号房系统［5 号房屏幕截图，如维赫雅（Verheij，2005b）中显示的那样。还可参见本奇卡鹏等人的论文（Bench-Capon *et al.*，2012）］

因此，它们构成一类元论证。因此，它们不是辩论主体本身。

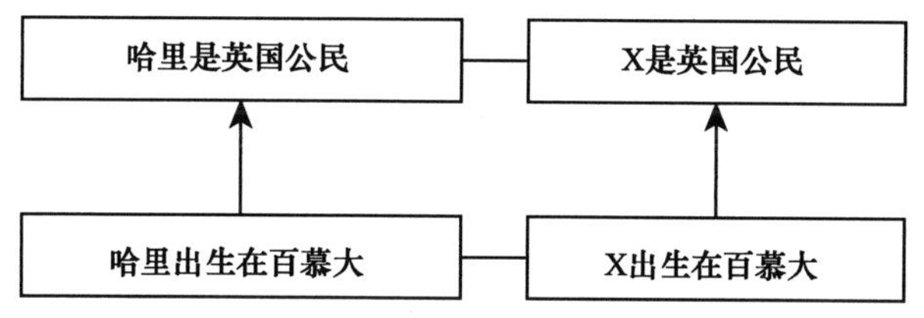

图 11.19　作为型式化论证实例的基本步骤

第二个进路使用条件句。表达理由和结论之间联系的条件句，被表明为辅助前提。然后，这个条件句能够被进一步的论证支持，诸如保证（如图 11.20 中那样）或者支撑。例如，这个进路是在范格尔德和他的合作者（van Gelder *et al.*，2007）所研发的“理由”① 工具中提出的。

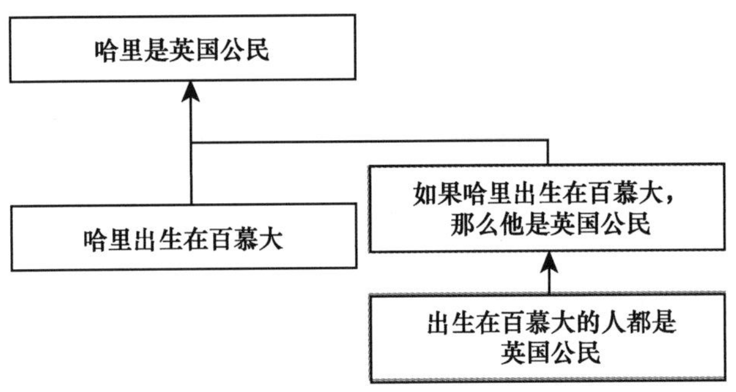

图 11.20　使用了条件句

第三个进路使用嵌套箭头。这种箭头被视作理由和结论之间连接的图形表达，并且因此可争议。例如，在图 11.21 中，已经提供保证对理由和结论之间的连接进行支持。当支持和攻击相结合的时候，这个进路有一个直截了当的一般化（参见第 11.5.5 节）。由维赫雅（Verheij，2005b）开发的面向法律人的模块化论证仲裁系统（ArguMed）使用了这个进路。

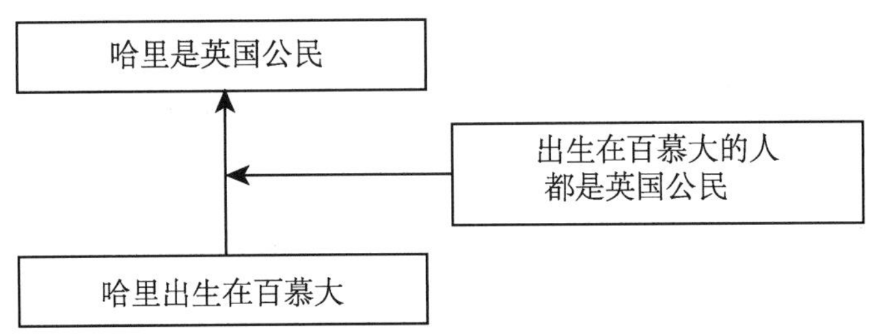

图 11.21　嵌套箭头

嵌套箭头进路的一个变体使用规则节点（参见图 11.22）替代嵌套箭头。一个表示证据故事可视化表达工具（the AVERs tool）（van den Braak *et al.*，2007）使用了这个进路。

① http：//rationale. austhink. com/。

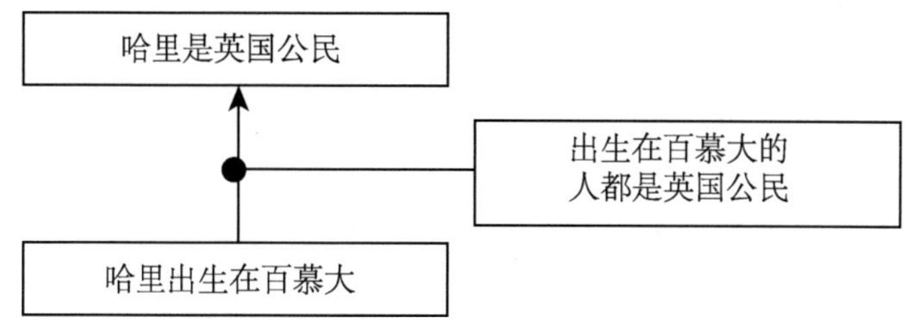

图 11.22　规则节点

11.11.3　论证评价

在论证软件中，已经实施论证评价的不同策略。一些工具选择任由论证评价作为系统用户的一个任务。例如，在理由系统（van Gelder，2007）中，一名用户能够指出哪些主张可从或者不可从图解中给定的理由推出。用具体图形元素表示用户的评价行动。

在一些其他系统中，一些自动评价形式已经被实施。自动评价算法能够是逻辑算法或者数值算法。

在论证支持工具中，逻辑评价算法已经有根于论证语义学的版本中（参见第 11.4.1 节）。例如，ArguMed（Verheij，2005b）计算有根于稳定语义学的版本。例如，考虑一下普洛克的红灯底切击败例子（参见第 11.3.2 节）。ArguMed 的评价算法表现如预期一般：当假定了理由是“这个物体看起来像红色”时，那么结论“该物体是红色的”已证成，但是，当增加一个击败者“该物体被红一盏红灯照着”时，情况将不再属实。逻辑评价算法的一个典型属性是复原：当一个最初论证的击败攻击者被成功地攻击时，这个最初论证将不再看作已击败，并因此被复原。

数值评价算法已经是基于那些支持和攻击结论的理由的数值权重。例如，在赫耳墨斯系统中实现了基于权重的数值评价算法（Karacapilidis & Papadias，2001）。在赫耳墨斯系统中，通过增加活跃的正方立场权重和减少活跃的反方立场权重，能够赋予立场一个数值分数。能用证明标准判定立场的活动标签。例如，在被称为“证据优势”的证明标准中，当活跃的正方立场在权重上胜过活跃的反方立场时，这个立场就是活跃的。

在所谓“说服我”系统中执行了一个不同种类的数值评价算法。它运用了 ECHO 算法，也就是萨伽德的解释融贯理论的联结主义版本（Thagard，1992）。在“说服我”中，通过一种步进式限制满意算法，陈述被赋予数值。在这个算法中，通过考虑连接到陈述的兴奋和抑制环节，给出陈述缺省权重的增量变化。当变化变得太小而不能被考虑进来或计算花费的时间太长时，算法就停止。

11.12 证明责任、证据和论证强度

有些论证比其他论证更成功。一个论证可以满足或者不满足符合辩论环境的证明责任。一个论证能够比另一个论证建立在更好证据基础上。一个论证也能够比另一个论证更有力。在本节中，我们处理证明责任、证据和论证强度的主题。

11.12.1 证明责任与证据

证明责任论题与论证的对话场景有非常强的联系。在论证对话中，当对话中所产生的论证质量部分取决于一方在对话期间所产生的论证是否满足具体约束时，证明责任就被指派给这一方。这种约束可以是程序性约束，如要求反击要应对反论证；也可以是实质性约束，如要求论证参照其他论证要足够强。后一种约束，即实质型与非程序型约束，也可以作为“证明标准”来提及。

在法律中，证明责任论题特别重要，因为法庭上的论证常常受证明责任约束条件所约束。因此，在法律理论中，这个论题已经被广泛研究。在论证人工智能进路中也处理了这个论题，尤其是被与人工智能与法领域有关的研究者处理（参见第 11.7.1 节）。例如，在卡尔尼德斯论证模型中（Gordon *et al.*，2007），运用三个证明标准把陈述加以分类：

微量证据标准（SE 标准）：一个陈述满足这个标准，当且仅当，它至少有一个维护的正方论证支持。

最佳论证标准（BA 标准）：一个陈述满足这个标准，当且仅当，它被某个可维护的正方论证 a 所支持，并且该论证优于所有可维护的

反方论证。

论辩有效性标准（DV 标准）：一个陈述满足这个标准，当且仅当，它被至少一个可维护的正方论证所支持，并且其反方论证不可维护。

与证明标准相关的一个主题是论证累积。当一个结论有若干论证时会发生什么？参见第 11. 3. 3 节，在那里讨论了处理论证击败和累积之间关系的研究。

论证人工智能模型有助于澄清法律理论中所做的区分。尤其是帕肯和沙托尔有一系列文章（Prakken & Sartor，2007，2009）有助于说明不同形式的证明责任。他们区分了说服责任、举证责任和策略责任。说服责任要求一方证明一个陈述要达到的具体程度，即证明标准，或者冒在辩论结束时在该议题上失败的风险。当一方被法律要求为某一主张提供证据时，这一方就被指派了举证责任。说服责任和举证责任根据可适用的法来指派。证明策略责任取决于一方自己对如下情况的评估：关于这一方所做出的主张是否已举出引出充分根据。帕肯和沙托尔把这些不同观念与一个形式对话论证模型联系起来。

11. 12. 2　概率与其他量化论证强度方法

论证强度能够通过定量方法来考虑。例如，条件概率 p（$H|E$）表达了在给定证据 E 的情况下猜想 H 的概率，可解释为对基于证据的猜想的一种论证强度测量。这个思想是，当给定 E 时，p（$H|E$）的值越高，H 被支持度越强。论证强度解释与贝叶斯认识论有关（Talbott，2011）。贝叶斯认识论给其他证据，比如说 E'，的相关性解释方式是：当 $p(H|E \wedge E') > p(H|E)$ 时，其他证据 E' 增强对 H 而言的论证 E。在这个解释中，贝叶斯定理：

$$p(H|E) = p(E|H) \times p(H) / p(E)$$

关联着从 E 到 H 的论证强度，并关联着从 H 到 E 的论证强度，从而倒转箭头的方向。当 $p(E|H)$、$p(H)$ 和 $p(E)$ 的值可得到时，或者

当它们比 $p(H|E)$ 本身更易确立时，这个关系是有用的。关于给定其他证据下猜想的比较，贝叶斯认识论也提供一种视角。当有两个猜想 H 和 H' 时，贝叶斯定理的概率形式能够被用来依据新证据 E 更新猜想的概率。下面的关系表明先验概率 $p(H)/p(H')$ 怎样与后验概率 $p(H|E)/p(H'|E)$ 相联系：

$$p(H|E)/p(H'|E) = (\mathrm{p}(H) / \mathrm{p}(H')) \times (\mathrm{p}(E|H) / \mathrm{p}(E|H'))$$

当先验概率 $\mathrm{p}(H)/\mathrm{p}(H')$ 和 $\mathrm{p}(E|H)$ 和 $\mathrm{p}(E|H')$ 的值都可获得时，这个形式关系是有用的。

普洛克反驳对论证强度的概率研究（如 Pollock，1995，2006，2010），认为这种立场是“通用贝叶斯主义”或“概率主义”。普洛克认为，在概率研究中，甚至一个数学定理被证明之前，我们都会有正当理由相信它。特别荒谬的是，在像费尔马最后定理这样的情形中，在维尔斯 20 世纪 90 年代最终完成证明之前，几个世纪以来它都是一个猜想。针对普洛克提出的这个与其他批评，费特尔森（Fitelson，2010）为概率探究进行了辩护。

祖克曼等人（Zukerman *et al.*，1998）已经讨论从贝叶斯网生成论证的可能性，对概率信息的表达而言，贝叶斯网是一种被广泛研究的工具。里维里特（Riveret *et al.*，2007）等人认为，论证博弈中的成功与概率有联系。董潘明和唐潘明（Dung & Thang，2010）已经给出在争议解决场景中一种概率论证路径。维赫雅（Verheij，2012）已经提出一个形式可废止论证理论，其中逻辑性质和概率性质被连接起来。亨特（Hunter，2013）讨论一个带不确定前提的演绎论证模型。

11.12.3　证据与最佳解释推论

当论证以确立真理为目标时，就能用经验证据来支持事实。例如，证人证言能够为嫌疑人在犯罪现场的主张提供证据，临床检查能够针对医学诊断提供证据，实验室实验结果能够是证实或证伪一种心理现象的证据。对证据出现而言，在可获得证据基础之上的结论能够被认为是假设性解释。因此，基于证据的推理是皮尔士称作“回溯推理”或“最佳解释推论”的一个样本：这类推理是从描述某物的证据材料，到一个对证据材料最佳解释或说明的猜想（Josephson & Josephson，1996，p. 5）。约瑟夫森夫妇把最佳解释推论设想成一种论证型式（参见第 11.6 节）：

D 是一个证据材料集（事实，观察，给定）。
H 解释 D（会，如果真，解释 D）。
没有其他假设能够解释 D 和 H。
因此，H 可能真。
（Josephson & Josephson，1996，p. 5）

D 和 H 之间的解释性关联常常被认为违反因果方向。例如，在观察到“有火”原因之后，一条引起预见的因果规则“如果有火，就有烟”能够用来推出或论证结果“有烟”。因果规则有一个引起解释的证据性对立面“如果有烟，就有火”。这可以用来推出或论证下列解释，从观察到“有烟”得出“有火”。以因果规则和证据规则为基础的论证通常是可废止的：并非所有的火都产生烟，并且，并非所有的烟都来自火。

在人工智能中，珀尔（Pearl，1988，p. 499f.）强调因果规则和证据规则之间的区分。他认为，当因果推理和证据推理混杂在一起时，需要特别仔细。为说明他的观点，珀尔使用下面的例子：

比尔显得站起来有点儿困难，因此，我相信他受伤了。
哈里看起来受伤了，因此，我相信他无法站起来。

前者运用证据路径，从对比尔难以站起来观察到他受伤这个解释；后者倒转因果路径，从哈里的受伤观察到他无法站起来这个结果。因此，所处理的问题是，是否有可能比尔和哈里都喝醉了，醉酒是难以站起来的又一个原因，它独立于受伤。对运用证据规则“如果某人站起来有困难，那么他可能喝醉了”而言，比尔和哈里两个人的醉酒状态可能被争论。然而，对比尔来说，“他可能喝醉了”这个结论看起来比对哈里而言更有可能，因为对比尔来说，他难以站起来的两个解释，即受伤或醉酒，看起来都是合理的；而对哈里来说，醉酒是一个较小可能的猜想，因为已经观察到有伤。在珀尔关于因果关系思考中，因果规则和证据规则之间的区分发挥一个中心作用（Pearl，2000，2009），并与贝叶斯网的概率建模工具有密切联系（参见 Jensen & Nielsen，2007；Kjaerulff & Madsen，2008）。赫普勒等人（Hepler *et al.*，2007）和芬顿等人（Fenton *et al.*，2012）已经把贝叶斯网和带法律证据的论证建模联系起来［还可参见塔洛尼的论文（Taroni *et al.*，2006）］。

因果规则和证据规则之间的区分已经被运用到贝克斯和他的同事们（Bex et al.，2010；Bex，2011）所发展的形式化混合论辩性—叙事性证据推理模型之中。在这个模型中，关于一个犯罪如何发生的情景性或叙事性描述的元素，可以被立基于可行证据的论证所支持。情景元素之间的因果联系有助于它的融贯性。有可能的是，不止一个情景是可行的，每一个情景都带有不同的证据支持和不同种类的融贯性。贝克斯和维赫雅（2012）已经依据论证型式和它们相关的批判性问题给出论辩性—叙事性模型（参见第 11.6 节）。

11.13　应用与个案研究

在人工智能领域中，论证研究受欢迎的第一个原因，它导致了理论推进。第二个原因，理论推进已经被大量重要应用与个案研究所证实，这包括自然语言进程中的推进。我们举一些例子。

在医疗诊断中，福克斯和达斯（Fox & Das，2000）提供了一份厚如书本的人工智能技术研究，对论证性方面有许多强调［还可参见福克斯与莫德吉尔的论文（Fox & Modgil，2006）］，其中用基于论证的决策来扩充图尔敏模型。艾里文和阿什莉（Aleven & Ashley，1997a，b）开发了一个案例论证工具，对其学习效果已经做了实证测试。布金罕舒姆和哈蒙德（Buckingham & Hammond，1994）已经着手反事实的设计，比如作为论证问题的软件。格拉索等人（Grasso *et al.*，2000）致力于卫生推广语境中论证冲突解决方案。托伊费尔（Teufel，1999）已经运用一个称为“论证区域”的七文本范畴模型来自动评估论证中语句的作用。

帕劳和莫恩斯（Palau & Moens，2009）开发了一个软件来挖掘法律文本中的论证要素。亨特和威廉姆斯（Hunter & Williams，2010）探讨了医疗保健情况中的证据聚合。格拉索（Grasso，2002）和克罗斯怀特等人（Crosswhite *et al.*，2004）已经致力于论证修辞方面的计算建模。里德和格拉索（Reed & Grasso，2007）已经运用自然语言技术收集论证取向的研究。例如，他们讨论了论证性文本的生成，这被埃尔哈达德（Elhadad，1995）、里德（Reed，1999）、祖克曼等人（Zukerman *et al.*，1998）和格林（Green，2007）研究过。

拉安和麦克勃尼（Rahwan & McBurney，2007）编辑了一期《电气和电子工程师协会（IEEE）智能系统》杂志专刊，讨论了论证技术。这一期中所处理的应用领域是医疗决策、劝说人们遵循健康食谱的情感策略、本体工程、斡旋调解和网络服务。在 2012 年召开的计算论证模型大会（COMMA）中，进行了一系列计算论证建模，其中有个单独部分是创新应用。这些主题包括观点中论证自动挖掘、科学论证的学习环境、在线产品评论的半自动分析、生态效益型可生物降解包装情况下的偏好论证、从癌症数据库生成猜想、政策协商中的意义建构、音乐推荐和防火墙政策论证。对集中关注论证支持和工具的应用，读者可参考第 11.11 节。

在人工智能与法领域，借助案例研究提出并测试了理论与系统。例如，麦卡蒂（McCarty，1977，1995）分析了美国税法中的一个经典案例［Eisner v. Macomber，252 U. S. 189（1920）］。在那个案例中，美国最高法院裁定一条联邦税法规则无效。麦卡蒂的目标设置得很高，即建造一个软件工具，它能够处理法律推理的许多难以捉摸的论证方面，这些在涉及该案议题的大多数观点和有分歧的观点中被详细说明。下面援引麦卡蒂（McCarty，1995）的论述：

> （1）法律概念不可能被陈述必要条件和充分条件的定义完全地表达。反而，法律概念无可救药的是“开放结构”。
>
> （2）法律规则不是静态的，而是动态的。因为它们被应用于新情景，它们被不断调整来“适应”新“事实”。因此，法律推理中的重要过程不是理论应用，而是理论建构。
>
> （3）在理论建构过程中，不存在单一的“正确答案”。然而，对每个新事实情景中每个可选规则版本而言，存在似真论证，它们具

有不同程度的说服力。

贝尔曼和哈夫勒（Berman & Hafner，1993）研究了“1805 年皮尔森诉波斯特案”（Pierson v. Post case），该案是关于一只死狐狸的所有权问题，这只狐狸被波斯特追逐，但是被皮尔森打死并拿走。他们强调法律论证的目的论方面，在其中考虑了法律规则和裁决的目标。贝克斯（Bex，2011）用安于姆案（the Anjum case），荷兰一起备受媒体关注的谋杀案，来检验他关于证据推理的一个论证叙事混合模型方案。阿特金森（Atkinson，2012）编辑了一期《人工智能与法》杂志，讨论了关于 2002 年一个棒球所有权案的建模，当邦德打破了一个赛季的全垒打纪录（Popov v Hayashi）时，这个球就代表大约一百万美元的价值，这是他击中的那个球。

11.14 需要继续合作

已经搞清楚的是，如果论证学者和人工智能学者合作，那就有可以产生丰硕成果的非常多议题（Reed & Norman，Eds.，2004b）。人们可能认为，两个人之间的论证无疑属于论证理论的领域，两台机器或两个程序之间的论证无疑属于人工智能理论领域，两者没有必要结合在一起，但是，为明白这种概念的空洞性，人们就只能思考人与机器之间的言语交流。为获得论证机器这种东西，这两个学科需要并肩作战。并且，所涉及的不只是论证在传统上与逻辑有关或形式化部分：人们还必须吸收图尔敏模型、论证结构、论证型式、论证中情感作用、论证修辞维度等其他理论。在论证与计算跨学科领域中，正在研究所有这些议题。

参考文献

Aleven，V.（1997）. *Teaching case-based reasoning through a model and examples.* Doctoral dissertation，University of Pittsburgh.

Aleven, V., & Ashley, K. D. (1997a). Evaluating a learning environment for case-basedargumentation skills. In *Proceedings of the sixth international conference on artificial intelligence and law* (pp. 170 – 179). New York: ACM Press.

Aleven, V., & Ashley, K. D. (1997b). Teaching case-based argumentation through a model and examples. Empirical evaluation of an intelligent learning environment. In B. du Boulay & R. Mizoguchi (Eds.), *Artificial intelligence in education. Proceedings of AI-ED* 97 *world conference* (pp. 87 – 94). Amsterdam: IOS Press.

Alexy, R. (1978). *Theorie der juristischen Argumentation* [Theory of legal argumentation]. Frankfurt am Main: Suhrkamp Verlag.

Amgoud, L. (2009). Argumentation for decision making. In I. Rahwan Sc G. R. Simari (Eds.), *Argumentation in artificial intelligence* (pp. 301 – 320). Dordrecht: Springer.

Amgoud, L., Cayrol, C., Lagasquie-Schiex, M. C., & Livet, P. (2008). On bipolarity in argumentation frameworks. *International Journal of Intelligent Systems*, 23 (10), 1062 – 1093.

Antonelli, G. A. (2010). Non-monotonic logic. In E. N. Zalta (Ed.), *The Stanford encyclopedia of philosophy*. Summer 2010 ed. http://plato. stanford. edu/archives/sum2010/entries/logionon-monoton ic/.

Antoniou, G., Billington, D., Govematori, G., & Maher, M. (2001). Representation results for defeasible logic. ACM *Transactions on Computational Logic*, 2 (2), 255 – 287.

Ashley, K. D. (1989). Toward a computational theory of arguing with precedents. Accommodating multiple interpretations of cases. In *Proceedings of the second international conference on artificial intelligence and law* (pp. 93 – 102), New York: ACM Press.

Ashley, K. D. (1990). *Modeling legal argument. Reasoning with cases and hypotheticals*. Cambridge, MA: The MIT Press.

Atkinson, K. (2012). Introduction to special issue on modelling Popov v. Hayashi. *Artificial Intelligence and Law*, 20, 1 – 14.

Atkinson, K., & Bench-Capon, T. J. M. (2007). Practical reasoning as presumptive argumentation using action based alternating transition systems. *Artificial Intelligence*, 171, 855 – 874.

Atkinson, K., Bench-Capon, T. J. M., & McBumey, P. (2005). A dialogue game protocol for mult-agent argument over proposals for action. *Autonomous Agents and Multi-Agent Systems*, 11, 153 – 171.

Atkinson, K., Bench-Capon, T. J. M., & McBurney, P. (2006). Computational representation of practical argument. *Synthese*, 152, 157 –206.

Baroni, P. , Caminada, M. , Sc Giacomin, M. (2011). An introduction to argumentation semantics. *Knowledge Engineering Review*, 26 (4), 365 –410.

Barth, E. M. , & Krabbe, E. C. W. (1982). From axiom to dialogue. *A philosophical study of logics and argumentation.* Berlin: de Gruyter.

Bench-Capon, T. J. M. (2003). Persuasion in practical argument using value-based argumentation frameworks. *Journal of Logic and Computation*, 13 (3), 429 –448.

Bench-Capon, T. J. M. , Araszkiewicz, M. , Ashley, K. , Atkinson, K. , Bex, F. , Borges, F. , Bourcier, D. , Bourgine, D. , Conrad, J. G. , Francesconi, E. , Gordon, T. F. , Governatori, G_ , Leidner, J. L. , Lewis, D. D. , Loui, R. P. , McCarty, L. T. , Prakken, H. , Schilder, F. , Schweighofer, E. , Thompson, P. , Tyrrell, A. , Verheij, B. , Walton, D. N. , & Wyner, A. Z. (2012). A history of Al and Law in 50 papers: 25 years of the international conference on Al and Law. *Artificial Intelligence and Law*, 1, 20 (3), 215 –319.

Bench-Capon, T. J. M. , & Dunne, P. E. (2007). Argumentation in artificial intelligence. *Artificial Intelligence*, 171, 619 –641.

Bench-Capon, T. J. M. , Freeman, J. B. , Hohmannj H. , & Prakken, H. (2004). Computational models, argumentation theories and legal practice. In C. A. Reed & T. J. Norman (Eds.), Argumentation machines. *New frontiers in argument and computation* (pp. 85 –120). Dordrecht: Kluwer.

Bench-Capon, T. J. M. , Geldard, T. , & Leng, P. H. (2000). A method for the computational modelling of dialectical argument with dialogue games. *Artificial Intelligence and Law*, 8, 233 –254.

Bench-Capon, T. J. M. , Prakken, H. , & Sartor, G. (2009). Argumentation in legal reasoning. In Rahwan & G. R. Simari (Eds.), *Argumentation in artificial intelligence* (pp. 363 –382). Dordrecht: Springer.

Bench-Capon, T. J-M. , & Sartor, G. (2003). A model of legal reasoning with cases incorporating theories and values. *Artificial Intelligence*, 150, 97 –143.

Berman, D. , & Hafner, C. (1993). Representing teleological structure in case-based legal reasoning. The missing link. In *Proceedings of the fourth international conference on artificial intelligence and law* (pp. 50 –59). New York: ACM Press.

Besnard, P. , & Hunter, A. (2008). *Elements of argumentation.* Cambridge, MA: The MIT Press.

Bex, R J. (2011). *Arguments, stories and criminal evidence. A formal hybrid theory.* Dordrecht: Springer.

Bex, F. J., van Koppen, P., Prakken, H., & Verheijj B. (2010). A hybrid formal theory of arguments, stories and criminal evidence. *Artificial Intelligence and Law*, 18 (2), 123 – 152.

Bex, F. J., Prakken, H., Reed, C, & Walton, D. N_ (2003). Towards a formal account of reasoning about evidence. Argumentation schemes and generalisations. *Artificial Intelligence and Law*, 11, 125 – 165.

Bex, F. J., & Verheij, B. (2012). Solving a murder case by asking critical questions. An approach to fact-finding in terms of argumentation and story schemes. *Argumentation*, 26 (3), 325 – 353.

Bondarenko, A., Dung, P. M., Kowalski, R. A., & Toni, F. (1997). An abstract, argumentation-theoretic approach to default reasoning. *Artificial Intelligence*, 93, 63 – 101.

van den Braak, S. W., Vreeswijk, G., & Prakken, H. (2007). AVERs. An argument visualization tool for representing stories about evidence. In *Proceedings of the Ilth international conference on artificial intelligence and law* (pp. 11 – 15). New York: ACM Press.

Branting, L. K. (1991). Building explanations from rules and structured cases. *International Journal of Man-Machine Studies*, 34, 797 – 837.

Branting, L. K. (2000). Reasoning with rules and precedents. *A computational model of legal analysis*, Dordrecht: Kluwer.

Bratko, I. (2001). *PROLOG. Programming for artificial intelligence* (3rd ed.). Harlow: Pearson (1st ed. 1986).

Brewka, G. (2001). Dynamic argument systems. A formal model of argumentation processes based on situation calculus. *Journal of Logic and Computation*, 11, 257 – 282.

Buckingham Shum, S., & Hammond, N. (1994). Argumentation-based design rationale. What use at what cost? *International Journal of Human-Computer Studie*, 40 (4), 603 – 652.

Caminada, M. (2006). Semi-stable semantics. In P. E. Dunne & T. J. IvL Bench-Capon (Eds.), *Computational models of argument. Proceedings of COMMA* 2006, September 11 – 12, 20061 Liverpool, UK (Frontiers in artificial intelligence and applications, Vol. 144). Amsterdam: IOS Press.

Cayrol, C., & Lagasquie-Schiex, M. C. (2005). On the acceptability of arguments in bipolar argumentation frameworks. In L. Godo (Ed.), *Symbolic and quantitative approaches to reasoning with uncertainty. 8th European conference, ECSQARU* 2005 (pp. 378 – 389). Berlin: Springer.

Chesñevar, C., McGinnis, J, Modgil, S., Rahwan, I., Reed, C., Simari, G., South, M., Vreeswijk, G., & Willmott, S. (2006). Towards an argument interchange format. *Knowledge Engineering Review*, 27 (4), 293 – 316.

Chesñevar, C. I., Simari, G. R., Alsinet, T., & Godo, L. (2004). A logic programming framework for possibilistic argumentation with vague knowledge. In *Proceedings of the 20th conference on uncertainty in artificial intelligence* (pp. 76 – 84). Arlington, VA: AUAI Press.

Crosswhite, J" Fox, J., Reed, C. A., Scaltsas, T., & Stumpf, S. (2004). Computational models of rhetorical argument. In C. A. Reed & T. J. Norman (Eds.), Argumentation machines. New frontiers in argument and computation (pp. 175 – 209). Dordrecht: Kluwer.

d'Avila Garcez, A. S., Lamb, L. C., & Gabbay, D. M. (2009). *Neural-symbolic cognitive reasoning*. Berlin: Springer.

Dignum, F., Dunin-Kgplicz, B., & Verbrugge, R. (2001). Creating collective intention through dialogue. *Logic Journal of the IGPL*, 9 (2), 305 – 319.

Dung, P. M. (1995). On the acceptability of arguments and its fundamental role in nonmonotonic reasoning, logic programming and n-person games. *Artificial Intelligence*, 77, 321 – 357.

Dung, P. M., & Thang, P. M. (2010). Towards (probabilistic) argumentation for jury-based dispute resolution. In P. Baroni, F. Cerutti, M. Giacomin, Sc G. R. Simari (Eds.), *Computational models of argument—Proceedings of COMMA* 2010 (pp. 171 – 182). Amsterdam: Ios Press.

Dunne, P. E. (2007). Computational properties of argument systems satisfying graph-theoretic constraints. *Artificial Intelligence*, 777 (10), 701 – 729.

Dunne, P. E., & Bench-Capon, T. J. M. (2003). Two party immediate response disputes. Properties and efficiency. *Artificial Intelligence*, 149 (2), 221 – 250.

Dworkin, R. (1978). *Taking rights seriously. New impression with a reply to critics.* London: Duckworth.

van Eemeren, F. H., & Grootendorst, R. (1992a). *Argumentation, communication, and fallacies, A pragma-dialecticcd perspective.* Hillsdale: Lawrence Erlbaum (transl. into Bulgarian (2009), Chinese (1991b), French (1996), Romanian (2010), Russian

(1992b), Spanish (2007)).

van Eemeren, F. H., Grootendorst, R., & Kruiger, T. (1978). *Argumentatietheorie* [Argumentation theory]. Utrecht: Het Spectrum. (2nd extended ed. 1981; 3rd ed. 1986; English trans. 1984, 1987).

van Eemeren, F. H., Grootendorst, R., & Kruiger, T. (1984). *The study of argumentation.* New York: Irvington. Engl, transl. by H. Lake of F. H. van Eemeren, R. Grootendorst & T. Kruiger (1981). Argumentatietheorie. 2nd ed. Utrecht: Het Spectrum. (1st ed. 1978). (Reprinted as Eemeren, F. H. van, Grootendorst, R., & Kruiger, T. (1987). Handbook of argumentation theory. *A critical survey of classical backgrounds and modern studie*s. Dordrecht/Providence: Foris).

van Eemeren, F. H., & Kruiger, T. (1987). Identifying argumentation schemes. In F. H. van Eemeren, R. Grootendorst, J. A. Blair, & C. Willard (Eds.), Argumentation. *Perspectives and approaches* (pp. 70 – 81). Dordrecht: Foris.

Egly, U., Gaggl, S. A., & Woltranj S. (2010). Answer-set programming encodings for argumentation frameworks. *Argument and Computation*, 7 (2), 147 – 177.

Elhadad, M. (1995). Using argumentation in text generation. *Journal of Pragmatics*, 24, 189 – 220.

Falappa, M. A., Kem-Isbemer, Gm & Simari, G. R. (2002). Explanations, belief revision and defeasible reasoning. *Artificial Intelligence*, 141 (1 – 2), 1 – 28.

Fenton, N. E., Neil, M., & Lagnado, D. A. (2012). A general structure for legal arguments using Bayesian networks. *Cognitive Science*, advance access, http://dx.doi.org/10.llll/cogs.12004.

Fitelson, B. (2010). Pollock on probability in epistemology. *Philosophical Studies*, 148, 455 – 465.

Fox, J., & Das, S. (2000). Safe and sound. *Artificial intelligence in hazardous applications.* Cambridge, MA: The MIT Press.

Fox, J., & Modgil, S. (2006). From arguments to decisions. Extending the Toulmin view. In D. Hitchcock & B. Verheij (Eds.), Arguing on the Toulmin model. *New essays in argument analysis and evaluation* (pp. 273 – 287). Dordrecht; Springer.

Gabbay, D. M., Hogger, C. J., & Robinson, J. A. (Eds.). (1994). *Handbook of logic in artificial intelligence and logic programming*, 3. *Non-monotonic reasoning and uncertain reasoning.* Oxford: Clarendon.

García, A. J., & Simari, G. R. (2004). Defeasible logic programming. An argumentative approach. *Theory and Practice of Logic Programming*, 4 (2), 95 – 138.

Gardner, A. (1987). *An artificial intelligence approach to legal reasoning*. Cambridge, MA: The MIT Press.

Garssen, B. (2001). Argument schemes. In F. H. van Eemeren (Ed.), *Crucial concepts in argumentation theory* (pp. 81 – 99). Amsterdam: Amsterdam University Press.

van Gelder, T. (2007). The rationale for rationale. *Law, Probability and Risk*, 6, 23 – 42.

Gelfond, M., & Lifschitz, V. (1988). The stable model semantics for logic programming. In R. A. Kowalski & K. A. Bowen (Eds.), *Logic programming. Proceedings of the fifth international conference and symposium* (pp. 1070 – 1080). Cambridge, MA: The MIT Press.

Ginsberg, M. L. (1994). AI and non-monotonic reasoning. In D. M. Gabbay, C J. Hogger, & J. A. Robinson (Eds.), *Handbook of logic in artificial intelligence and logic programming* (Non-monotonic reasoning and uncertain reasoning, Vol. 3, pp. 1 – 33). Oxford: Clarendon.

Girle, R., Hitchcock, D., McBurney, P., & Verheij, B. (2004). Decision support for practical reasoning. A theoretical and computational perspective. In C. A. Reed & T. J. Norman (Eds.), *Argumentation machines. New frontiers in argument and computation* (pp. 55 – 83). Dordrecht: Kluwer.

Gómez Lucero, M., Chesñevar, C., & Simari, G. (2009). Modelling argument accrual in possibilistic defeasible logic programming. In *ECSQARU'09 proceedings of the 10th European conference on symbolic and quantitative approaches to reasoning with uncertainty* (pp. 131 – 143). Berlin: Springer.

Gomez Lucero, M., Chesñevar, C., & Simari, G. (2013). Modelling argument accrual with possibilistic uncertainty in a logic programming setting. *Information Sciences*, 228, 1 – 25.

Gordon, T. F. (1993). The pleadings game. *Artificial Intelligence and Law*, 2 (4), 239 – 292.

Gordon, T. F. (1995). The pleadings game. *An artificial intelligence model of procedural justice*. Dordrecht: Kluwer.

Gordon, T. F., & Karacapilidis, N. (1997). The Zeno argumentation framework. In *Proceedings of the ICAIL 1997 conference* (pp. 10 – 18). New York: ACM Press.

Gordon, T. F., Prakken, H., & Walton, D. (2007). The Cameades model of argument and burden of proof. *Artificial Intelligence*, 171, 875 – 896.

Grasso, F. (2002). Towards computational rhetoric. *Informal Logic*, 22, 195 - 229.

Grasso, F., Cawsey, A., & Jones, R. (2000). Dialectical argumentation to solve conflicts in advice giving. A case study in the promotion of healthy nutrition. *International Journal of Human-Computer Studies*, 53 (6), 1077 - 1115.

Green, N. (2007). A study of argumentation in a causal probabilistic humanistic domain. Genetic counseling. *International Journal of Intelligent Systems*, 22, 71 - 93.

Habermas, J, (1973). Wahrheitstheorien [Theories of truth]. In H. Fahrenbach (Ed.), *Wirklichkeit und Reflexion. Festschrift*, *für W. Schulz* [Reality and reflection. Festschrift for W. Schulz] (pp. 211 - 265). Pfullingen: Neske.

Hagej J. C. (1997). *Reasoning with rules. An essay on legal reasoning and its underlying logic.* Dordrecht; Kluwer.

Hage, J. C (2000). Dialectical models in artificial intelligence and law. *Artificial Intelligence and Law*, 8, 137 - 172.

Hage, J. C. (2005). *Studies in legal logic.* Berlin: Springer.

Hage, J. C., Leenes, R., & Lodder, A. R. (1993). Hard cases: A procedural approach. *Artificial Intelligence and Law*, 2 (2), 113 - 167.

Hart, H. L. A. (1951). The ascription of responsibility and rights. In A. Flew (Ed.), *Logic and language.* Oxford: Blackwell. (Originally Proceedings of the Aristotelian Society, 1948 - 1949).

Hepler, A. B., Dawid, A. P., & Leucari, V. (2007). Object-oriented graphical representations of complex patterns of evidence. *Law*, *Probability & Risk*, 6, 275 - 293.

Hitchcock, D. L. (2001). John L. Pollock's theory of rationality. In C. W. Tindale, H. V. Hansen & E, Sveda (Eds.), *Argumentation at the Century's turn.* (Proceedings of the 3rd OSSA Conference, 1999). Windsor, ON: Ontario Society for the Study of Argumentation. CD rom.

Hitchcock, D. L. (2002). Pollock on practical reasoning. *Informal Logic*, 22, 247 - 256.

Hofstadter, D. (1996). *Metamagical themas. Questing for the essence of mind and pattern.* New York: Basic Books.

Hunter, A. (2013). A probabilistic approach to modelling uncertain logical arguments. *International Journal of Approximate Reasoning*, 54 (1), 47 - 81.

Hunter, A., & Williams, M. (2010). Qualitative evidence aggregation using argumentation. In P. Baroni, F. Cerutti, M. Giacomin, & G. R. Simari (Eds.), *Computational models of argument—Proceedings of COMMA* 2010 (pp. 287 - 298). Amsterdam: Ios Press.

Jakobovits, H., & Vermeir, D. (1999). Robust semantics for argumentation frameworks. *Journal of Logic and Computation*, 9 (2), 215 – 261.

Jensen, F. V., & Nielsen, T. D. (2007). *Bayesian networks and decision graphs*. New York: Springer.

Josephson, J. R., & Josephson, S. G. (Eds.). (1996). *Abductive inference. Computation, philosophy, technology*. Cambridge: Cambridge University Press.

Karacapilidis, N., & Papadias, D. (2001). Computer supported argumentation and collaborative decision making. The HERMES system. *Information Systems*, 26, 259 – 277.

Kienpointner, M. (1992). *Alltagslogik. Struktur und Funktion von Argumentationsmustern* [Everyday logic. Structure and functions of specimens of argumentation]. Stuttgart: Fromman-Holzboog.

Kirschner, P. A., Buckingham Shum, S. J., & Carr, C. S. (Eds.). (2003). *Visualizing argumentation. Software tools for collaborative and educational sense-making*. London: Springer.

Kjaerulff, U. B., & Madsen, A. L. (2008). *Bayesian networks cmd influence diagrams*. New York: Springer.

Kowalski, R. A. (2011). *Computational logic and human thinking. How to be artificially intelligent*. Cambridge: Cambridge University Press.

Kunz, W., & Rittel, H. (1970). *Issues as elements of information systems* (Technical Report 0131). Universitat Stuttgart, Institut fiir Grundlagen der Planung.

Kyburg, H. E. (1994). Uncertainty logics. In D. M. Gabbay, C. J. Hogger, & J. A. Robinson (Eds.), *Handbook of logic in artificial intelligence and logic programming*, 3. *Non-monotonic reasoning and uncertain reasoning* (pp. 397 – 438). Oxford: Clarendon.

Lodder, A. R. (1999). DiaLaw. *On legal justification and dialogical models of argumentation*, Dordrecht: Kluwer.

Lorenzen, P., & Lorenz, K. (1978). *Dialogische Logik* [Dialogical logic]. Darmstadt: Wissenschaftliche Buchgesellschaft.

Loui, R. P. (1987). *Defeat among arguments. A system of defeasible inference*. Computational Intelligence, 2, 100 – 106.

Loui, R. P. (1995). Hart's critics on defeasible concepts and ascriptivism. In *The fifth international conference on artificial intelligence and law. Proceedings of the conference* (pp. 21 – 30). New York: ACM. Extended report available at http: //wwwl. cse. wustl. edu/ ~ loui/ ail2. pdf. Accessed 10 July 2012.

Loui, R. P. (1998). Process and policy. Resource-bounded nondemonstrative reasoning. *Computational Intelligence*, 14, 1 – 38.

Loui, R., & Norman, J. (1995). Rationales and argument moves. *Artificial Intelligence and Law*, 3, 159 – 189.

Loui, R., Norman, J., Altepeter, J., Pinkard, D., Craven, D., Linsday, J., & Foltz, M. A. (1997). Progress on room 5. A testbed for public interactive semi-formal legal argumentation. In *Proceedings of the sixth international conference on artificial intelligence and law* (pp. 207 – 214). New York: ACM Press.

Mackenzie, J. D. (1979). Question-begging in non-cumulative systems. *Journal of Philosophical Logic*, 8, 117 – 133.

Makinson, D. (1994). General patterns in non-monotonic reasoning. In D. M. Gabbay, C. J. Hogger, & J. A. Robinson (Eds.), *Handbook of logic in artificial intelligence and logic programming* (Non-monotonic reasoning and uncertain reasoning, Vol. 3, pp. 35 – 110). Oxford: Clarendon.

McBurneyj P" Hitchcock, D., & Parsons, S. (2007). The eightfold way of deliberation dialogue. *International Journal of Intelligent Systems*, 22, 95 – 132.

McBumey, P., & Parsons, S. (2002a). Games that agents play. A formal framework for dialogues between autonomous agents. *Journal for Logic, Language and Information*, 11, 315 – 334.

McBurney, P., & Parsons, S. (2002b). Dialogue games in multi-agent systems. *Informal Logic*, 22, 257 – 274.

McBurney, P., & Parsons, S. (2009). Dialogue games for agent argumentation. In I. Rahwan & R. Simari (Eds.), *Argumentation in artificial intelligence* (pp. 261 – 280). Dordrecht: Springer.

McCarty, L. (1977). Reflections on TAXMAN. An experiment in artificial intelligence and legal reasoning. *Harvard Law Review*, 90, 89 – 116.

McCarty, L. (1995). An implementation of Eisner v. Macomber. In *Proceedings of the fifth international conference on artificial intelligence and law* (pp. 276 – 286). New York: ACM Press.

Mochales Palau, R., & Moens, S. (2009). Argumentation mining. The detection, classification and structure of arguments in text. In *Proceedings of the* 12*th international conference on artificial intelligence and law* (ICAIL 2009) (pp. 98 – 107). New York: ACM Press.

Modgil, S. (2005). Reasoning about preferences in argumentation frameworks. *Artificial Intelligence*, 173 (9 – 10), 901 – 934.

Nute, D. (1994). Defeasible logic. In D. M. Gabbay, C. J. Hogger, & J. A. Robinson (Eds.), *Handbook of logic in artificial intelligence and logic programming* (Non-monotonic reasoning and uncertain reasoning, Vol. 3, pp. 353 – 395). Oxford: Clarendon.

Parsons, S., Sierra, C., & Jennings, N. R. (1998). Agents that reason and negotiate by arguing. *Journal of Logic and Computation*, 8, 261 – 292.

Pearl, J. (1988). *Probabilistic reasoning in intelligent systems. Networks of plausible inference.* San Francisco: Morgan Kaufmann Publishers.

Pearl, J. (2009). *Causality. Models, reasoning, and inference* (2nd ed.). Cambridge: Cambridge University Press (1st ed. 2000).

Perelman, C., & Olbrechts-Tyteca, L. (1969). *The new rhetoric. A treatise on argumentation.* Notre Dame: University of Notre Dame Press, [trans.: Wilkinson, J. & Weaver, P. of C. Perelman and L. Olbrechts-Tyteca (1958). *La nouvelle rhetoric/ue. Traite de Vargumentation.* Paris: Presses Universitaires de France], Pollock, J. L. (1987). Defeasible reasoning. *Cognitive Science*, 11, 481 – 518.

Pollock, J. L. (1989). *How to build a person. A prolegomenon.* Cambridge, MA: The MIT Press.

Pollock, J. L. (1994). Justification and defeat. *Artificial Intelligence*, 67, 377 – 407.

Pollock, J. L. (1995). *Cognitive carpentry. A blueprint for how to build a person.* Cambridge, MA: The MIT Press.

Pollock, J. L. (2006). *Thinking about acting. Logical foundations for rational decision making.* New York: Oxford University Press.

Pollock, J. L. (2010). Defeasible reasoning and degrees of justification. *Argument & Computation*, 7 (1), 7 – 22.

Poole, D. L. (1985). On the comparison of theories. Preferring the most specific explanation. In *Proceedings of the ninth international joint conference on artificial intelligence* (pp. 144 – 147). San Francisco: Morgan Kaufmann.

Prakken, H. (1993). *Logical tools for modelling legal argument.* Doctoral dissertation, Free University Amsterdam.

Prakken, H. (1997). *Logical tools for modelling legal argument. A study of defeasible reasoning in law.* Dordrecht: Kluwer.

Prakken, H. (2005a). A study of accrual of arguments, with applications to evidential reasoning. In *Proceedings of the tenth international conference on artificial intelligence and law* (pp. 85 – 94). New York: ACM Press.

Prakken, H. (2005b). Coherence and flexibility in dialogue games for argumentation. *Journal of Logic and Computation*, 15, 1009 – 1040.

Prakken, H. (2006). Formal systems for persuasion dialogue. *The Knowledge Engineering Review*, 21 (2), 163 – 188.

Prakken, H. (2009). Models of persuasion dialogue. In I. Rahwan & G. R. Simari (Eds.), *Argumentation in artificial intelligence* (pp. 281 – 300). Dordrecht: Springer.

Prakken, H. (2010). An abstract framework for argumentation with structured arguments. *Argument and Computation*, I, 93 – 124.

Prakken, H., & Sartor, G. (1996). A dialectical model of assessing conflicting arguments in legal reasoning. *Artificial Intelligence and Law*, 4, 331 – 368.

Prakken, H., & Sartor, G. (1998). Modelling reasoning with precedents in a formal dialogue game. *Artificial Intelligence and Law*, 6, 231 – 287.

Prakken, H., & Sartor, G. (2007). Formalising arguments about the burden of persuasion. In *Proceedings of the eleventh international conference on artificial intelligence and law* (pp. 97 – 106). New York: ACM Press.

Prakken, H., & Sartor, G. (2009). A logical analysis of burdens of proof. In H. Kaptein, Prakken, & B. Verheij (Eds.), *Legal evidence and proof. Statistics, stories, logic* (pp. 223 – 253). Farnham: Ashgate.

Prakken, H., & Vreeswijk, G. A. W. (2002). Logics for defeasible argumentation. In D. Gabbay & F. Guenthner (Eds.), *Handbook of philosophical logic* (2nd ed., Vol. 4, pp. 219 – 318). Dordrecht: Kluwer.

Rahwan, I., & McBumey, P. (2007). Argumentation technology. Guest editors' introduction. *IEEE Intelligent Systems*, 22 (6), 21 – 23.

Rahwan, I., Ramchum, S. D., Jennings, N. R., McBumey, P., Parsons, S., & Sonenberg, E. (2003). Argumentation-based negotiation. *Knowledge Engineering Review*, 18 (4), 343 – 375.

Rahwan, I., & Simari, G. R. (Eds.). (2009). *Argumentation in artificial intelligence.* Dordrecht: Springer.

Rahwan, I., Zablith, F., & Reed5 C. (2007). Laying the foundations for a world wide argument web. *Artificial Intelligence*, 171 (10 – 15), 897 – 921.

Rao, A., & Georgeff, M. (1995). BDI agents. From theory to practice. In *Proceedings of the 1st international conference on multi-agent systems* (pp. 312 – 319). Cambridge, MA: The MIT Press.

Reed, C. A. (1999). The role of saliency in generating natural language arguments. In *Proceedings of the 16th international joint conference on Al (IJCAI'99)* (pp. 876 – 881). San Francisco: Morgan Kaufmann.

Reed, C. A., & Grasso, F. (2007). Recent advances in computational models of natural argument. *International Journal of Intelligent Systems*, 22, 1 – 15.

Reed, C. A., & Norman, T. J. (2004a). A roadmap of research in argument and computation. In C. A. Reed & T. J. Norman (Eds.), *Argumentation machines. New frontiers in argument and computation* (pp. 1 – 13). Dordrecht: Kluwer.

Reed, C. A., & Norman, T. J. (Eds.). (2004b). *Argumentation machines. New frontiers in argument and computation.* Dordrecht: Kluwer.

Reed, C. A., & Rowe, G. W. A. (2004). Araucaria. Software for argument analysis, diagramming and representation. *International Journal on Artificial Intelligence Tools*, 13, 961 – 979.

Reed, C. A., & Tindale, C. W. (Eds.). (2010). *Dialectics' dialogue and argumentation. An examination of Douglas Walton's theories of reasoning.* London: College Publications.

Reiter, R. (1980). A logic for default reasoning. *Artificial Intelligence*, 13, 81 – 132.

Rissland, E. L., & Ashley, K. D. (1987). A case-based system for trade secrets law. In *Proceedings of the first international conference on artificial intelligence and law* (pp. 60 – 66). New York: ACM Press.

Rissland, E. L., & Ashley, K. D. (2002). A note on dimensions and factors. *Artificial Intelligence and Law*, 10, 65 – 77.

Rittel, H., & Webber, M. (1973). Dilemmas in a general theory of planning. *Policy Sciences*, 4, 155 – 169.

Riveret, R., Rotolo, A., Sartor, G., Prakken, H., & Roth, B. (2007). Success chances in argument games. A probabilistic approach to legal disputes. In A. R. Lodder & L. Mommers (Eds.), *Legal knowledge and information systems* (JURIX 2007) (pp. 99 – 108). Amsterdam: Ios Press.

Roth, B. (2003). *Case-based reasoning in the law. A formal theory of reasoning by case comparison.* Doctoral dissertation, University of Maastricht.

Sartor, G. (2005). *Legal reasoning. A cognitive approach to the law* (Treatise on legal philosophy and general jurisprudence, Vol. 5). Berlin: Springer.

Scheuer, O., Loll, F., Pinkwart, N., & McLaren, B. M. (2010). Computer-supported argumentation. A review of the state of the art. *Computer-Supported Collaborative Learning*, 5, 43 – 102.

Schwemmer, O., & Lorenzen, P. (1973). *Konstruktive Logik, Ethik und Wissenschaftstheode* [Constructive logic, ethics and theory of science]. Mannheim: Bibliographisches Institut.

Simari, G. R., & Loui, R. P. (1992). A mathematical treatment of defeasible reasoning and its applications. *Artificial Intelligence*, 53, 125 – 157.

Suthers, D. (1999). Representational support for collaborative inquiry. In *Proceedings of the 32ncl Hawaii international conference on the system sciences* (*HICSS* – 32). Los Alamitos, CA: Institute of Electrical and Electronics Engineers (IEEE).

Suthers, D., Weiner, A., Connelly, J., & Paolucci, M. (1995). Belvedere. Engaging students in critical discussion of science and public policy issues. In *Proceedings of the 7th world conference on artificial intelligence in education* (AlED'95). Charlottesville, VA: Association for the Advancement of Computing in Education, pp. 266 – 273.

Sycara, K. (1989). Argumentation. Planning other agents' plans. In *Proceedings of the eleventh international joint conference on artificial intelligence* (pp. 517 – 523). San Francisco: Morgan Kaufmann Publishers.

Talbott, W. (2011). Bayesian epistemology. In E. N. Zalta (Ed.), *The Stanford encyclopedia of philosophy* (Summer 2011 ed.). http://plato. stanford. edu/archives/sum2011/entries/epistemol ogy-bayesian/.

Taroni, F., Aitken, C., Garbolino, P., & Biedermann, A. (2006). *Bayesian networks and probabilistic inference in forensic science.* Chichester: Wiley.

Teufel, S. (1999). *Argumentative zoning. Information extraction from scientific articles.* Doctoral dissertation, University of Edinburgh.

Thagard, P. (1992). *Conceptual revolutions.* Princeton: Princeton University Press.

Toulmin, S. E. (2003). *The uses of argument.* Cambridge: Cambridge University Press (1st ed. 1958).

Verheij, B. (1996a). *Rules, reasons, arguments. Formal studies of argumentation and defeat.* Doctoral dissertation, University of Maastricht.

Verheij, B. (1996b). Two approaches to dialectical argumentation. Admissible sets and argumentation stages. In J. – J. C. Meyer & L. C. van der Gaag (Eds.), NAIC 96. *Proceed-*

ings of the eighth Dutch conference on artificial intelligence (pp. 357 – 368). Utrecht: Utrecht University.

Verheij, B. (2003a). DefLog. On the logical interpretation of prima facie justified assumptions. *Journal of Logic cmd Computation*, 13 (3), 319 – 346.

Verheij, B. (2003b). Dialectical argumentation with argumentation schemes. An approach to legal logic. *Artificial Intelligence and Law*, (1 – 2), 167 – 195.

Verheij, B. (2005a). Evaluating arguments based on Toulmin's scheme. *Argumentation*, 19, 347 – 371. [Reprinted in Hitchcock, D. L., & Verheij, B. (Eds.). (2006), *Arguing on the Toulmin model. New essays in argument analysis and evaluation* (pp. 181 – 202). Dordrecht: Springer].

Verheij, B. (2005b). *Virtual arguments. On the design of argument assistants for lawyers and other arguers*, The Hague: T. M. C. Asser Press.

Verheij, B. (2007). A labeling approach to the computation of credulous acceptance in argumentation. In M. M. Veloso (Ed.), IJCAI 2007, *Proceedings of the 20th international joint conference on artificial intelligence* (pp. 623 – 628). San Francisco: Morgan Kaufmann Publishers.

Verheij, B. (2012). Jumping to conclusions. A logico-probabilistic foundation for defeasible rule-based arguments. In L. Fariñas del Cerro, A. Herzig, & J. Mengin (Eds.), *Logics in artificial intelligence. 13th European conference, JELIA 2012. Toulouse, France, September 2012. Proceedings* (LNAI, Vol. 7519, pp. 411 – 423). Berlin: Springer.

Verheij, B., Hage, J. Cm & van den Herikj H. J. (1998). An integrated view on rules and principles. *Artificial Intelligence and Law*, 6 (1), 3 – 26.

Vreeswijk, G. A. W. (1993). *Studies in defeasible argumentation.* Doctoral dissertation, Free University, Amsterdam.

Vreeswijk, G. A. W. (1995a). *Formalizing nomic. Working on a theory of communication with modifiable rules of procedure* (Technical Report CS 95 – 02). Maastricht: Vakgroep Informatica (FdAW), Rijksuniversiteit Limburg, http: //amo. unimaas. nl/show. cgi7fid = 126.

Vreeswijk, G. A. W. (1995b). The computational value of debate in defeasible reasoning. *Argumentation*, 9, 305 – 342.

Vreeswijk, G. (1997). Abstract argumentation systems. *Artificial Intelligence*, 90, 225 – 279.

Vreeswijk, G. A. W. (2000). Representation of formal dispute with a standing order. *Artificial Intelligence and Law*, 8, 205 – 231.

Walton, D. N" & Krabbe, E. C. W. (1995). *Commitment in dialogue. Basic concepts of interpersonal reasoning*. Albany: State University of New York Press.

Walton, D. N., Reed, C. A., & Macagnoj F. (2008). *Argumentation schemes.* Cambridge: Cambridge University Press.

Wooldridge, M. (2009). *An introduction to multi-agent systems.* Chichester: Wiley.

Zukermanj I., McConachy, R., & Korb, K. (1998). Bayesian reasoning in an abductive mechanism for argument generation and analysis. In *Proceedings of the fifteenth national conference on artificial intelligence* (AAAI-98, Maclison) (pp. 833-838). Menlo Park: AAAI Press.

第 12 章

相关学科与非英语世界的研究

12.1　更广的学科与国际范围

前面章节讨论的是大家公认的研究传统，其实论证研究还有许多贡献值得提及，但这些贡献大部分尚未被广大论证理论家所熟知，因为这些理论要么源自论证理论外的相关学科，要么源自非英语世界。其中，有些处理主题不同于论证，但论证在其中起重要作用；还有一些属于论证研究项目内容，在英语世界之外另有学术共同体。本手册最后简要讨论了一下这些贡献，这部分论证理论的前沿动态是值得关注的。

首先，我们将关注其他学科领域的相关研究，以及那些非论证理论家所进行的研究。由于这些研究非常接近论证研究，因此，探索其与论证理论之间的关系是很有价值的。例如，与被称为“批判话语分析”的话语研究的流行进路就存在着这种紧密关联。批判话语分析与论证理论之间的关系将在第 12. 2 节中讨论。接下来，在第 12. 3 节我们将关注诸多学术领域的论证理论，这些领域涉及科学历史争论分析以及被称为“历史争论分析”的其他领域。在第 12. 4 节，我们讨论了“说服研究”经验传统以及与论证理论相关的其他定量研究。在第 12. 5 节，我们转向了“认知心理学论证转向”的最新进展，因为这个发展或许会促成源自论证理论洞见与心理学洞见的有趣整合。

在世界各地，不同知识背景的学者也都在研究论证。在这些学者中，有些是从哲学角度来处理论证的，他们通常采用规范视角；有些选择修辞角度，常常带着分析具体论证实践之目的；还有些热衷于语言角度，其目的是描述各种论证实践中话语要素的功能用法。在论证研究中大多数主题事实上都是从各种进路的不同视角来审视。例如，对于诸如相干性这样的主题就是如此，对于未表达前提、论证型式以及论证结构来说也是如此。在探讨其他一些主题时，如论证话语的认知过程、论证体裁、论证技能的习得与教授以及具体领域的论证运用时，具体进路似乎占主导地位。引人注目的是，在刚才提到的所有这些情况下，许多作者都贡献了大量著作。

在讨论世界各地所进行的论证研究时，我们将从研究者的不同母语和交流情境开始。我们的概述从北欧论证研究开始。我们在第 12. 6 节从丹麦开始概括了斯堪的纳维亚与芬兰的论证理论研究前沿动态。在第 12. 7 节，我们展示了之前讨论的理论进路中没有提及的德语世界论证研究。它们包含了来自德国、奥地利以及瑞士德语区的贡献。

语用论辩论证理论之主要部分在第 10 章“语用论辩论证理论”已经涉及，但还有一些在德语世界起引领作用的著作没有提及。在第 12. 8 节，我们处理的是来自荷兰和比利时荷语区的论证研究。虽然在法国论证理论中占主导地位的语言传统已在第 9 章“语言进路”讨论，但在法国以及瑞士、比利时和加拿大的法语区提出了其他各种有趣的进路，我们将在第 12. 9 节中讨论这些研究。在第 9 章“语言学进路”我们介绍语言进路时还没有讨论的、意大利学者从事的论证研究在第 12. 10 节中处理。

在第 12. 11 节中，我们讨论了东欧的论证研究，重点关注波兰、匈牙利、斯洛文尼亚、克罗地亚、罗马尼亚、保加利亚和马其顿。第 12. 12 节我们讨论了俄罗斯以及苏联其他地区的论证研究。这意味着将在这里讨论的是，在莫斯科和圣彼得堡等俄罗斯的研究中心一直在从事的主要研究；在苏联的其他地区如亚美尼亚所进行的论证研究也要在此讨论，其中这个地区开启了当代论证理论。

在第 12. 13 节，我们关注西班牙以及拉丁美洲西班牙语区的论证研究，特别关注了在智利、阿根廷、哥伦比亚和墨西哥的发展。在第 12. 14 节中，我们的讨论从葡萄牙论证理论前沿动态到巴西论证研究，然后对葡语国家论证理论前沿动态的类似概述做了展示。

在第 12. 15 节，我们讨论了来自以色列论证研究的其他一些贡献，而这些内容在本手册的其他章节中并没有讨论。在第 12. 16 节我们讨论了从摩洛哥的早期研究到其他阿拉伯国家活跃起来，然后讨论了论证理论在阿拉伯世界的最新进展。

在第 12. 17 节，我们概述了日本论证研究，一般来说，这些理论与修辞学和美国辩论传统关联在一起。中国论证理论以及它与逻辑和西方论证理论的关系成为第 12. 18 节关注的焦点。

12. 2 批判话语分析

批判话语分析（CDA）是指主要由语言学背景的学者们所撰写的著作，他们的目的是从批评性角度来分析实践中使用语言的方式。根据批判话语分析领军人物之一范代克（Teun A. van Dijk）的观点，他们关注“社会问题，特别关注在产生或再生滥用或支配权力过程中话语的角色”(van Dijk，2001，p. 96)。批判话语分析试图寻求对社会实践以及剥夺权力、支配偏见和歧视的社会关系效果，因此“把自己视为政治上有着解放追求的相关研究”(Tischer *et al.*，2000，p. 147)。[①] 在批评话语分析研究中，我们应当区分各种研究方法，而不是以一种共同进路或方法来刻画。与论证理论最相关的是沃代克和雷西格尔的“话语历史方法”(Wodak，2009；Reisigl & Wodak，2009)，还有伊萨贝拉·费尔克劳（Isabela Fairclough）和诺曼·费尔克劳（Norman & Fairclough，2012）提出的批判话语分析的论证进路。

在批判话语分析中，所有这些研究都集中在篇章与语境间的关系上。按照话语历史方法，只有言语事件的显性意义和隐性意义（隐含、预设、暗示等）在语境中都能够读出来，该事件才能被正确理解。因此，在批评性地分析语言事件时，这些言语事件发挥作用的各个语境层次都需要结合针对这些言语事件实现的历史社会政治背景来加以考虑。这意味着，在对言语事件进行语境化过程中，话语历史方法所使用的参照点不仅包括它

① 批判话语分析的批评性评估是由威多森（Widdowson，1998）给出的。在他看来，在语言现象与意识形态间所谓关系的背后不存在融贯论，涉及意识形态再生的假定是建立在“萨丕尔—沃尔夫假说”(Sapir-Whorf hypothesis）的素朴且几乎站不住脚的版本之上的，而且既然我们无法知道事态的中立表达或者作者的真实意图是什么，那么，所提供的选择性语言现象的意识形态解释缺乏根基。

们的直接物理环境和语言环境，而且包括与它们相关的其他言语事件，以及嵌入它们的广泛历史社会政治框架。个人或群体用话语来肯定性或否定性地展示他们自己或他人的话语策略明显包括了论证策略，且这种话语是用话语历史方法来识别和审视的（如 Reisigl & Wodak，2001）。

在一篇把批判话语分析与论证语用论辩方法整合起来的论文中，伊亨和理查森（Ihnen & Richardson，2011）指出，语用论辩学和批判话语分析（特别是话语历史方法）有着许多共同之处。比如，它们共享了这样的假定：语言是一种目的导向活动，易受语境制约，而且语言的使用不仅要针对理解，而且要针对接受。此外，它们共享了话语意义与使用语境的语用链接，均特别强调话语的策略方面以及明显关心评价或“批评”。[①] 在认识到把源自语用论辩学（van Eemeren，2010）的理论手段用于批判话语分析的好处之后，伊亨和理查森提倡应用从这种论证理论到论证话语的批评性分析以及出现中论证话语中的策略操控洞见。[②]

确实有几位批判话语分析家在其分析中充分利用语用论辩学，其中包括雷西格尔和沃代克，他们在论证语言策略的批评性审视中就利用了批评性讨论模型（Reisigl & Wodak，2001）。在重构隐性前提和立场以及给定理由与所维护立场之间的证成关系时，阿特金和理查森利用了语用论辩学提供的理论基础（Atkin & Richardson，2007）。当然，在语用论辩学与批判话语分析之间的重要差别在于，根据定义，后者的范围要比论证话语广些。[③] 此外，所使用的是许多分析方法，而不是一种一般方法，更直观地讲，批判话语分析有着意识形态的关注[④]与出发点[⑤]。

---

① 伊亨与理查森指向了在分析与评价或批评间关系的“微妙”差别：在语用论辩学中，分析与评价是独立解决的，而在批判话语分析中，分析与批评的结果常常是同时出现的（Ihen & Richardson，2011，p. 237）。

② 根据伊亨和理查森的观点，通过把理论系统根基提供给解释性主张，语用论辩学就能指责批判话语分析有解释偏见了。

③ 另一个差别是，在批判话语分析中，论证型式概念常常指论题，而且通常都比论证理论如语用论辩学中的相当一般化的论证型式有着更具体的范围。

④ 在语用论辩学中，合理性与可接受性判断专属于话语要素在解决意见分歧中有优势的角色，而在批判话语分析中，它们最终属于产生或再生不平等和剥夺权力关系的角色。

⑤ 这种意识形态出发点，基本上是植根于批判理论，主要是哈贝马斯理论，使得有些作者害怕用语用论辩批判理性主义将话语历史方法与批判话语分析组合起来，最终会导致不可比较的“认识论冲突”（Forchtner & Tominc，2012）。

在诺曼·费尔克劳（Norman Fairclough，2001，2003）以及其他人共同提出的批判话语分析之语言导向方法中，大量关注到了用言语表达信息及其应用方式之间的差别。这种方法背后的思想有时被打上“批评语言学”的标签，其中，语言使用总涉及从可获得语言潜能做出选择，并且这种选择具有一定意义。批判话语分析创始人之一诺曼·费尔克劳已弄清：为了决定这个意义，将已选择的表达式与未选择的其他选项进行比较总是必需的。在《语言与权力》一书中，他明确提出了在批评性解释篇章过程中有用的一系列问题。它们与表达、互动以及评估的语言功能有关，而且涉及词汇使用、使用语法方式以及具体篇章特征。[①] 虽然诺曼·费尔克劳并没关注论证，但他的观察涉及在语言使用中那些选择会影响所说话语之意义的方式，且这种方式与论证话语分析极其相关，特别是关注策略操控时更加如此。

在21世纪头十年末，诺曼·费尔克劳与伊库·费尔克劳共同提出了用批判话语方法分析政治话语的新论证进路。而伊库·费尔克劳通过涵盖取自语用论辩学之洞见，在他的论证话语与策略操控研究中铺设了道路（如Ieţcu-Fairclough，2008，2009）。在他们的《政治话语分析》一书中，诺曼·费尔克劳与伊库·费尔克劳（Norman Fairclough & Isabela Fairclough，2012）着重论证了：在批判话语分析中，早先政治话语的大部分论证本质以及政治论证的中心性都还未被充分考虑。在政治领域的协商活动类型中，所从事的话语首先涉及旨在证成和批评决策或行动主张的实践论证。为了与语用论辩学及其合理性关键概念（van Eemeren & Grootendorst，1999a）一致，诺曼·费尔克劳与伊库·费尔克劳把理性的决策或行动主张视为批评性质疑的论辩程序之结果。在他们看来，遵守这种程序是达到理性的决策的唯一可能保证，尽管这一保证并不是自动为最佳的。

利用沃尔顿（Walton，2007）以及他和里德、马卡诺（Walton，Reed，and Macagno，2008）提出的论证型式观点，诺曼·费尔克劳与伊库·费尔克劳提出一种实践论证型式。其中，规范行动主张是由涉及情境、想要达到的目的以及假定的手段与目的关系之前提来维护的，并且

---

① 诺曼·费尔克劳问题清楚表明在“批评语言学”中批判话语分析如何处理篇章（还可参见 Fowler & Kress，1979；Simpson，1993）。

在这种情境下规范行动主张发生了。通过它对 21 世纪早期大量关于经济危机篇章中提出的论证进行重构分析和评价，在批判话语分析中他们充分应用了这种型式。

诺曼·费尔克劳与伊库·费尔克劳所考虑的这种论证进路，使得重新解释根据论证理论传统上一直在发挥作用的关键概念成为可能。例如，它使得作为公共证成过程的立法本质上是论证的，就更加清楚了；同样也使得在实践论证中政治幻想或想象均为目标前提更加清楚。在这种论证进路中，批判话语分析家们时刻关心的权力被视为行动理由。同样，话语提供代理人以行动理由，即实践论证中的前提。因此，实践推理被看作代理机构与结构之间的接口：在实践推理中，在很大程度上代理人利用了反映社会律令、制度律令或道德律令的话语，而且对代理人来讲，这些律令有着客观地位。作为客观结构，这些反映律令话语提供给代理人以行动理由，而正是这些理由限制着决策。根据诺曼·费尔克劳与伊库·费尔克劳的观点，在政治话语中，行动者被期望遵守规范与承诺，而这些规范与承诺构成了政治体制的制度结构，构成了公民行事的“隐性”契约。因此，政治领域天生与论证和协商相关联，因为作为本质上的一种制度律令，它涉及义务、承诺以及提供给代理人行动理由之其他根据。在政治领域内行事预设了这种理由的存在，这些理由对领域来讲是具体的，在协商做什么时，政治行动者不得不予以考虑。

关键是，在这种方法中，把论证分析与评价视为包括意识形态批评在内的规范解释性社会批评的恰当根基。批判话语分析设法回答诸如具体话语为什么实现了霸权，它们为什么不会引起质疑，以及它们倾向于将自然化的东西变成常识之类的问题，而这些问题是解释性批评的组成部分。作为行动理由，权力的作用能够主要出现在这种分析中。对基于经不起严格审查之前提的行动主张，批判话语分析能够进行批评，如行动语境的不可接受表达、不可接受的目标或价值前提或并非理性上可维护的规范优先性。关于基于这类前提所建议的行动步骤是否很可能对人类福利做了贡献，以及所建议的行动步骤是否形成于不受约束的民主协商，正是这种约束妨碍了合理结果在这类分析中占主导地位。能够把论证批评性质疑的可能性视为社会批评与论证评估的工具，而社会批评与评论评估显然是相互关联的。使用这种方法，诺曼·费尔克劳与伊库·

费尔克劳在论证理论与批判话语分析之间架起了一座桥梁。

12.3 历史争论分析

在争论研究国际协会（IASC）内，争论是由这样一些学者研究的：他们旨在对具体争论的产生、发展和终止或非代表性地仍然在某个地方存在的方式进行启发式分析。这些分析大多数集中关注科学史中的争论，但也充分关注到了其他各种有历史意义的当今争论。争论研究所依赖的方法既有描述性的历史学方法或社会学方法，也有规范的哲学方法。早期的研究文献已经证明许多方法的存在（参见 Engelhard & Caplan，1987；Machamer *et al.*，2000）。

感谢特拉维夫大学的达斯卡尔，他被认为是争论研究的学术领军人物。越来越多的哲学家开始“尽可能从规范角度”而非“借助对历史争论施加预先设定的规范型式”来审视哲学史与科学史中的争论（Dascal，2001，p. 314）。在达斯卡尔看来，“对于哲学理论的形成、演变和评估来讲，争论是必要的，因此，对哲学知识的进行来讲也是必需的”（Dascal，2001，p. 314）。因此，在哲学史上，对于那些研究哲学与科学发展的学者来讲，审视争论的本质与作用是相关的。追随康德的观点，达斯卡尔相信哲学不应当把“纯粹理性应用于超越其能力的问题”（Dascal，2001，p. 313）。在他看来，他们应当不要试图去决定哲学争论，而是要从关于“纯粹理性的局限性和力量”的争论中学到某些东西（Dascal，2001，p. 313）。一个恰当例子是达斯卡尔对臭名昭著的“塞尔—德里达之争”的分析。乍看起来，这或许像一场非理性论争，尽管辩论带着讥讽挖苦的口吻，但还是证明了许多东西。根据他的分析，达斯卡尔准确展示了德里达和塞尔的分歧所在，但也指出了他们共享的假定和信念。

达斯卡尔认为，科学争论是“批判活动所使用的场所，且对科学来讲批判活动是本质的，同时确立、应用和修改批判活动规范的场所”（Dascal，1998，pp. 15 – 17）。在历史上，科学已把自己展示成一系列争论，因此，争论不是异常而是科学的“自然状态”。系统研究科学争论是科学哲学与科学史的主要任务，因为这些争论给出了“理论意义成形的相关对话语境”（Dascal，1998，p. 17）。达斯卡尔认为，在争论中，“丰富的信念、资料、方法、解释以及程序都会受到挑战，这为重大创新可能性铺设了道路”（Dascal，1998，p. 17）。正是通过观察和分析科学争论，“就能决定科学理性或非理性运作的真实本质”（Dascal，1998，p. 17）。[①] 可是，这并不是意味着争论研究被限制在科学哲学论战交流之中：它们也应当处理历史上和当今的社会政治冲突以及冲突解决方案。

为了促进科学哲学争论分析，达斯卡尔提出辩论的三重类型论：“讨论”（discussion）、“争议”（dispute）和“争论”（controversy）。事实上，他引入争议范畴是为了回应目前的讨论与争议二分法。达斯卡尔认为，在传统上讨论一直被视为基于规则的理性程序，而争议一直被刻画为由“超理性要素”所主导。他相信，对于科学哲学论战交流的分析来讲，第三种争论范畴是必要的，因为许多科学哲学辩论都是理性的，但并没有就理性程序规则达成总协定，因此，它们既不是讨论也不是争议。

达斯卡尔三重类型区分背后的最重要区别在于，“它们的总目标、总主题结构及分层结构、竞争者将其概念化的方式，以及关于它们的规则（如果有的话）与它们的模式或解决之相应假定”（Dascal，2001，p. 314）。在达斯卡尔看来，讨论是一种对话类型，是关于“边界清楚的论题或问题”（Dascal，2001，p. 314）。讨论想要的最终结果是“解决方案，该方案在于基于领域内所接受的程序应用，如证明、计算、重复实验等，而纠正了错误”（Dascal，2001，p. 315）。正如讨论一样，争议从界定明确的问题开始，但根据达斯卡尔的观点，竞争者把矛盾视为“扎根于态度、感觉或偏好上的差别”，而非扎根于某种错误（Dascal，2001，p. 315）。由于不存在相互接受的决定争议之程序，故没有解决方案，用达斯卡尔的术语来讲，至多能“被化解”（dissolved）。这意味着争议是通过诸如叫警察或掷骰子之类的外在武断程序来终止的。原则上讲，通过某种外在干预来终止即化解争议并没有用其立场的正确性和证成性去改变竞争者的信念。

争论是一种辩论类型，它介于讨论与争议之间。达斯卡尔（Dascal，2001）认为，正如在讨论和争议中一样，在争论中，辩论从一个界定明确的具体问题开始，“但它很快延展到其他问题并且揭露了深刻的分歧”

① 这是相对于争论分析中的历史范式运用来讲的，参见达斯卡尔（Dascal，2007）。

（Dascal，2001，p. 316）。争论与争议很相似，因为双方都意识到错误不在于辩论的源头。由于这个差别涉及“对立的态度与偏好，也涉及现有问题求解方法的分歧”，不能把双方的对立简单视为要纠正的错误，也不存在判定这些引起争论进行之事项的已接受程序。可是，争论不会变成只是不可解的偏好冲突。在达斯卡尔看来，竞争者积累他们相信之论证，鉴于对抗者的异议，这增加了其立场之权重，因此，如果不能判定争议事项，那至少会导致向其支持的“理由平衡”倾斜（Dascal，2001，2001，p. 315）。争论既未被解决，也未被化解。用达斯卡尔的话来讲，它们至多被消解了。当竞争者决定那个立场已得到最佳维护，或已同意修改立场，或同意差别的本质已相互澄清时，问题就迎刃而解了。胜利不是争论的目标（在争议中也一样），也不是证明的目标（在讨论中也一样），而是理性说服的目标。[①]

通过详细说明对立本质、要遵循的程序类型以及所瞄准的最终目标两两间的差别，就能进一步区别这三种辩论类型。就其目标来讲，讨论主要涉及确立真假，争议主要涉及输赢，而争论主要涉及说服对手或称职听众接受其立场（Dascal，2001，p. 316）。在讨论中，冲突论题之间的对立被认为主要是纯逻辑的，而在争议中被认为主要是“意识形态的”，即态度性的和评估性的，在争论中则为涉及大量分歧，这些分歧涉及事实、评价、态度、目的与方法的解释和相关性。从程序上，达斯卡尔把讨论解释为与“问题求解”模型相关，争议与“争辩”模型相关，争论与“协商”模型相关（Dascal，2001，p. 316）。顺便说一下，真实冲突交流很少会是这三种类型中某个的“纯”事例，其中一个原因是各种竞争者构想与进行给定交流的方式不必是同一的。因此，这三种类型的辩论模型会被理解为在经验上有根基的原型。

从语用观点来看，达斯卡尔（Dascal，2001，2008）区别了争论型辩论中两种二分法策略用途：“二分法”与“去二分法”。二分法正是“借助强调两极之不相容性以及不存在中间替代，强调二分法以及应当选择之那一

① 达斯卡尔提出的“争论”概念在很大程度上沿袭了科劳塞—威廉姆斯（Crashay-Williams，1957）的观点。在第 3. 7 节中已讨论过，当陈述维护者与该陈述的攻击者就检验陈述标准出现分歧时，争论便产生了。

极的显著特征，使得两极对立激化”。去二分法包含了表明两极间的对立能够被建构为几乎没有逻辑约束而非矛盾，因此，“它强调产生可能替代路径”。例如，在传统上两种类型的辩论即争论与争议都被视为互相二分对立的。由于达斯卡尔认为，对于考虑各种各样的辩论来讲，二分法模型是不充分的，因此，他通过添加“争论”这个非二分范畴去掉了这种对立。

研究科学争论以及其他各种争论的学者们从达斯卡尔的争论定义以及他的辩论类型论开始。例如，巴西锡诺斯河谷大学雷格纳在分析达尔文和米瓦特关于物种起源的论战时就使用了达斯卡尔方法（Regner，2008）。在解释他的方法时，雷格纳提到了培拉（Pera，1994）的论辩科学观，但像其他大多数争论学者的方法一样，他的方法首先是修辞方法（还可参见第 12. 14 节）。

正如科佐瓦兹（Kutrovátz，2008）所观察那样，“通常情况下，话语取向分析用在保护伞术语‘科学修辞学’之下的修辞术语来处理交流”（Kutrovátz，2008，p. 231）。他注意到，“‘修辞’这个术语承载了科学修辞学家不得不面对的不想要内涵：在大多数话语情境下，它被理解为语言的装饰性用法，它能够来说服听众且与让人信服的‘理性’工具形成比照”（Kutrovátz，2008，p. 240）。科佐瓦兹评论道：“考虑到这层意义，与根据最可靠理由主张会被接受的科学相比，什么可能与修辞学更具有正交性呢?”这就是为什么大多数争论学者与论证理论家一样都倾向于同意培拉（Pera，1994）一般修辞概念的原因，即把修辞看作说服论证的理论与实践。① 培拉认为，“通过与另一个术语‘论辩’的亲密关系，就能强化有争议意义之区别，这里的‘论辩学’不是作为修辞学的，而是作为‘这种说服性实践或行为的逻辑’的替代品被提出的”（Pera，1994，p. viii）。

正如在范爱默伦和赫尔森主编的论文集（van Eemeren & Garssen，2008）中所表明，争论学者们表明了争论总是必须处理对抗并且通过论证执着地想终止对抗。争论中所固有的似乎就是它涉及意见分歧，并且这种分歧一定要获得准持久性状态——一种“停留”状态。明显不可解

① 马拉斯与尤里（Marras & Euli，2008）讨论了控制社会政治问题冲突反驳与劝阻的作用，并且选择了借助非暴力模型来替代传统劝阻模型。他们的模型考虑了六种冲突“情节”分类，这与取自政治领域的协商交流活动类型的不同衔接相似。

问题甚至可以达到一个水准，大家都认为不可能消解意见分歧。在对争论进行分类时，大概能在“存在争论的程度”间做区别，在最高顶点就只是口角，而在最低点就是“深层分歧”，这与伍兹（Woods，1992）称为“五力僵局”形成对比。争论的另一个特征似乎是，人们是在争论中而不是起始点结束的。

正如论证理论家借助定义对争论感兴趣一样，争论学者总是大量关注论证。举例来讲，雷格纳承认像他对“达尔文—米瓦特论战”的分析已被归入“论证理论之下了”（Regner，2008，p. 51）。可是，这并不意味着，争论学者总是从这种承认得出结论，并在他们的审视中积极利用论证理论必须提供的系统分析洞见。

绝大多数争论学者倾向于将他们的研究与论证和交流学结合在一起，并采用修辞视角，但他们常常也涉及语用学和话语分析。例如，雷格纳认为，像在达尔文与米瓦特之间的这种论战“不可能避免要进行语境考虑，因此是语用的”（Regner，2008，p. 54）。在不利用语用论辩策略操控思想情况下，她分析了米瓦特和达尔文使用的她称为“论证策略”的东西，并且在双方影响假定观众的方式上提供了一些有用的洞见。在乔治亚大学的列塞尔（Lessl，2008）关于进化与温室效应论战的分析中，他处理了其他一些策略操控的有趣例子，特别是在论题选择方面。在分析 18 世纪末德国关于犹太公民权与犹太公民一体化的著名争论中，麦吉尔大学的萨伊姆（Saim，2008）对于揭示在辩论中双方互动如何从讨论转到争论的策略操控做了一系列有趣观察。德国学者弗里茨关注到了“人们在实践中应用隐性争论理论”（Fritz，2008，p. 109）。他认为，关注交往原则“把握理性如何落实更多生动图景”（Fritz，2008，p. 110）的经验研究是很有用的。在利用了修辞学之后，有争论学者还想利用论辩方法视角和语用方法视角。其中代表人物有巴西的费雷拉（Ferreira，2008）。[①] 更新的论文集展示了在所选择的这种理论方法中其融贯性在增

① 费雷拉旨在提出一个科学对话活动模型，其中吸引了争论概念，并且的确公平对待了语言方面。在他看来，科学家的活动总是“沉浸于争论之中”（Ferreira，2008，p. 125）。在其认知目的和背景假定中，多样性把“什么应当是‘理性讨论’降到或提升到了争论”（Ferreira，2008，p. 126）。

加（Dascal & Boantza，2011）。

在分析中明显使用了取自论证理论概念工具的那些争论学者的代表人物有匈牙利科学哲学家科佐瓦兹和芝姆普伦。在《科学修辞学、语用论辩学与推研究》一文中，科佐瓦兹（Kutrovátz，2008）提出，科学交流学可能得益于源自论证理论的洞见之应用，在语用论辩学中也能找到，其中将论辩方法视角、语用方法视角和修辞方法视角整合在一起。他强调，在需要考虑到论证的质时，从论辩框架开始比从纯粹修辞框架开始具有重要意义。科佐瓦兹关注的是语用论辩学，但他注意到，就论证理论来讲，在其科学论证范围内的情况下，各种应用潜能“仍然有待开拓”（Kutrovátz，2008，p. 237）。

在《科学争论与语用论辩模型》一文中，芝姆普伦（Zemplén，2008）认识到“对科学争论有意义研究来讲，修辞洞见是不可或缺的”（Zemplén，2008，p. 263）。他利用关于论证步骤的识别、结构和策略运用的语用论辩洞见，重构了 17 世纪 70 年代的“牛顿与卢卡斯光学之辩”，厘清了科学辩论如何得益于充分利用论证理论之论辩洞见。[①] 芝姆普伦认为，使用这种分析工具允许科学历史学家“从用抽象的思想空间那里离开来处理立场，比同这就是‘牛顿方法’的重要实验之相关性，而且允许在论证话语中找到它们”（Zemplén，2008，p. 268）。这种“激进语境化方法”使得把方法论规范视为“与其直接论证语境相对应，特别是如果在规范适用中能够发现不一致性时更是如此，如在其重要实验之牛顿用法情形下”（Zemplén，2008，p. 268）。

12.4　说服研究与相关定量研究

到目前为止，与论证理论相关的最著名定量研究类型就是说服研究。说服研究有着悠久的传统，特别是在美国。在美国，从 20 世纪 50 年代开

① 芝姆普伦甚至很喜欢深入探究修辞维度，非常接近语用论辩意义上非常成熟之策略操控分析。通过揭示发生在牛顿与卢卡斯之辩中的策略操控，他表明了这种分析“能够得出新颖的见解，并较好地把握历史争论”（Ferreira，2008，p. 259）。

始就一直进行经验研究，主要是从社会心理学视角进行的。虽然在深入研究说服力过程中论证起着重要作用，但它并不一定就是研究的唯一要素。说服研究确实关注论证，处理的是给出论证方式的说服力方面（讯信结构），还处理论证内容的说服力方面（讯信内容）。在最近几年，在规模的“元分析”中积累了两种类型的说服研究（O'Keefe，2006）。在第8.8节，我们描述了与论证理论相关的各种各样的美国说服研究。

除了美国之外，审视论证与说服之间关联最有成效的研究团队之一是来自荷兰奈梅亨大学的交流学团队。他们的研究大多数都关注讯信内容，首先旨在描述各类论证的说服力。

例如，霍肯（Hoeken，2001）探究了三种不同证据即轶事证据、统计证据和因果证据的假想说服力和真实说服力。① 他的研究讨论了论证品质感知及其说服力间的关系。论证参与者不仅要评估一下他们接受该主张的程度，而且他们也要表明关于论证强度的意见。一个人或许期望这些分数相互关联：被评估为最强的论证也应当是最有理性说服力的。为了弄清论证强度的看法是否与真实说服力相符，需要测量两个变量。

经验结果表明，各种类型证据都对主张的接受有着不同的影响。可是，这种差别只是部分复制了其他研究中所获得的结果模式。在霍肯研究中，统计证据结果强于轶事证据。与期望相反，因果证据竟然不是最有理性说服力的证据。事实上，它恰恰与轶事证据具有同等说服力，而不如统计证据有说服力。与真实说服力相一致，统计证据被评定为比轶事证据要强。在两种情况下，对论证强调的评估都与真实说服力相关。相反，与其真实说服力相比，因果证据被构想有着较高评级。尽管存在两种类型证据导致类似的主张接受性评级，它还被评定为强于轶事证据。与相对于其他两种类型证据的相互关联相比，所构想的论证强度及其真实说服力之间的相互关联相对因果证据来讲是较低的。

霍肯和哈斯廷克斯（Hoeken & Hustinx，2009）对出现在不同论证中的统计证据和轶事证据说服力特别感兴趣。他们发现，如果证据是概括论证之组成部分，那么统计证据比轶事证据更有说服力。如果证据是类

① 这项研究被视为巴斯勒和伯贡（Baesler & Burgoon，1994）早期所从事研究的修改版应用。

比论证的组成部分，那么统计证据和轶事证据具有同等说服力。可是，如果在轶事证据中所争议的事项不同于主张所争议的事项，那么统计证据又将更有说服力。

霍尼克斯和霍肯（Hornikx & Hoeken，2007）提出了在不同文化中证据是否以同样方式发挥作用的问题。[①] 他们做了涉及轶事证据、统计证据、因果证据和专家证据的两个实验。在这些实验中，统计证据与专家证据的质是被操控的。霍尼克斯和霍肯于是得出结论：在不同论证类型的说服力上，不同文化确实影响其实效性。在两个实验中，他们找到了易感性文化差异。在第一个实验中，与对法国参与者接受主张的影响相比，强统计证据对荷兰参与者更有影响力。在弱统计证据情形下，荷兰参与者与法国参与者同样不愿接受主张。对强专家证据和弱专家证据来讲，可获得类似的结果：强专家证据对荷兰参与者比对法国参与者具有更大影响，而弱专家证据对荷兰参与者或法国参与者都没有什么影响。

霍肯、蒂默尔斯和谢伦斯（Hoeken，Timmers & Schellens，2012）提出了人们用来区分强论证与弱论证的标准是什么，以及这些标准如何与规范论证理论中所提出的规范相关的问题。[②] 在实验中，在没有接受论证训练情况下，他们要求受试者评定一系列主张的接受等级，这些主张是关于某个主张的合意性，且该主张被诉诸类比论证、诉诸权威论证或诉诸后果论证所支持。参与者被证明是对违背绝大多数但不是全部论证类型的标准较为敏感。这些参与者标准结果是与评估性问题相一致的，而这些问题属于规范论证理论中所区分的那些论证类型。

并非所有定量经验论证研究都有资格作为说服研究。定量研究的第二种类型关注前理论的质思想或者日常论证者的合理性规范。一个典型例子是范爱默伦、赫尔森和墨菲尔斯针对判断论证话语的合理性而进行的语用论辩规范之主体间可接受性测试（参见第 10.12 节）。[③] 桑德斯、

---

① 还可参见霍尼克斯（Hornikx，2005）和霍尼克斯与贝斯特（Hornikx & Best，2011）的论文。

② 类似研究请参见索尔蒙、蒂默尔斯和谢伦斯（Šorm，Timmers & Schellens，2007）的论文。

③ 为了确定在论证现实中识别论证步骤在何种程度上被之前介绍的因素推动或妨碍，范爱默伦等人（van Eemeren *et al.*，1984）做了经验研究，参见第 10.12 节。

加斯和怀斯曼（Sanders，Gass & Wiseman，1991）对不同种族群体在论证中评估保证强度和质的方式上的可能差别感兴趣。他们特别追求探究非洲人、美洲人、亚裔美国人、西班牙裔美国人、中东裔美国人以及美国白人在评估保证效能时，是否不取决于保证类型或论证论题。他们将其评估与论证和辩论领域相同专家论证的评估进行了比较（Sanders，Gass & Wiseman，1991，p. 709）。在他们的研究中，桑德斯、加斯和怀斯曼分析了一系列论证，其中论题、保证类型（事例、类比、因果）以及论证强度是变化的。在测试前，论证强度已由 14 位全国公认的美国论证学者评估过。首先，他们请这 14 位学者根据保证类型（事例、类比、因果）以及整体论证强度对他们提出的各种论题之论证进行分类，其次，从保证类型和论证强度享有共识的论证中挑选出来进行实验，结果表明单纯的种族因素不会对基于具体保证类型的论证产生偏好。

哈普尔和达林格（Hample & Dallinger，1986，1987，1991）对人们在设计论证过程应用的编辑标准感兴趣：在给定情形下，如果某人想到了半打论证，那为什么它们中有些确实被展示出来而另一些却受到压制呢？哈普尔和达林格给出的一系列研究中包括了这个问题。他们用一系列可能论证来刺激受试者，要求受试者表明他们想接受还是拒斥某个论证，并判断接受或拒斥该论证的基本原理。对于拒斥论证来讲，最通常所说的标准是："行不通"、"不威胁，不贿赂，不惩罚"、"只用真论证"以及"只用相关论证"。结果证明有三类标准：实效性相关标准、以人为本标准以及话语能力标准。哈普尔和达林格也寻找过会考虑偏好原理的预报器。他们谨慎地得出结论，"情境"对认可具有相当影响力。

哈普尔和贝努瓦（Hample & Benoit，1999）探讨了普通人在论争与论战间会做出哪种看法关联。在早期研究中，他们发现朴素社会行动者相信：论证越明确，论证者间的关系就越具破坏性。对于这些受试者而言，论证似乎并不是暴力的替代品，相反，论证似乎是论战的同伴，或者它们的根源。哈普尔和贝努瓦试图解释在美国语境下人们为什么会有这样的偏见，即，通常情况下"论证"具有破坏性。每当人们把某事视为论争的典范情形时，他们判定该情节潜藏着伤害性。当分歧与核心主张不明确时，话语似乎不能算作论证（Hample & Benoit，1999，p. 36）。哈普尔和贝努瓦的发现提出，人们把论证视为具有威胁性的危险情节。

这表明那些以英语为母语的朴素社会行动者对论证有一种看法，即它不同于学者们对“论证”的理解。

鲍克和崔普（Bowker & Trapp，1992）研究了可靠论证的非专业人士规范：普通论证者会应用他们区别可靠论证与不可靠论证的可预见一致标准吗？鲍克和崔普对普通论证者的合理性概念进行了大范围经验研究，共有五个步骤：第一步，消除可靠论证与不可靠论证的情景特征，要求受试者回答“开放式”问题，这些问题旨在让他们描述一个情景，其中另一个人一直在试图让他们相信其立场的可接受性。受试者被清楚告知只描述那些他们认为所提出论证为好的情景，而不管实际上那些一直被论证理性说服的情景。第二步，根据受试者给出的关于什么是可靠论证和不可靠论证的特征列出一系列描述词项。第三步，引用这个长长的描述词项清单。第四步，鲍克和霍肯利用两个统计程序把第三步所获得的经验数据化归为可操作的比例。第五步，针对这种收集产生四个可解释要素的条目，再次释放出了探索性数据技术。这些要素最终必须洞察如何把好论证与贫乏论证相区别开来的问题（Bowker & Trapp，1992，p. 220）。鲍克和崔普（Bowker & Trapp，1992，p. 228）的结论是，受试者的判断部分与像约翰逊、布莱尔和戈维尔这些非形式逻辑学家所运用的合理性规范相关。

施赖尔、格罗本和克里斯特曼引入了“论证完整性”概念，提出了对现实生活中论证讨论的贡献进行评估的伦理标准（Schreier *et al.*，1995）。根据这一概念，论证不仅必须是有效的，而且必须是真诚的和公平的。德国研究者就论证完整性进行了一系列后续实验研究。在这些研究过程中，他们试图在实验发现基础上提出论证完整性概念。在这个意义上讲，这种方法被称为“经验论方法”。

施赖尔、格罗本和克里斯特曼观察到，在论证讨论期间，一般说来，如果当一方从事不公平操纵或故意歪曲事实，或者让他方难堪以试图让他们自己的观点给人以深刻印象，那么这类举止会受到其他参与者的负面评判。这些研究者认为，这种负面评判表明论证讨论是受到具体规范和有关讨论方一直在超越的价值所约束的。

施赖尔、格罗本和克里斯特曼进一步从理论上提出了论证完整性概念，开始他们称为“论证”词项的规范用法。他们认为，该词项的这种用法是建立在论证讨论的两个典型目标即理性与协调之上的。为了给出这两个典型目标应得的东西，必须满足以下要求：

> （1）形式有效性：论证必须有效，既有形式上的有效，又有内容上的有效。
>
> （2）真诚性或真实性：论证讨论的参与者必须真诚。这意味着他们只能表达他们认为正确的那些观点和确信，并且只能提出论证来支持这些观点和确信。
>
> （3）内容公平性："相对于其他参与者，论证必须是公平的"（Schreier *et al.*，1995，p. 282）。例如，不公平的论证可能会让其他参与者丢脸。
>
> （4）程序公平性：论证程序必须按照公平方式进行。这意味着，所有参与者都必须有同样的机会，针对意见分歧的解决方案，按照他们自己的个人相关且可维护的信念，提供他们自己的贡献。
>
> 基于这四个要求，施赖尔、格罗本和克里斯特曼把论证完整性概念定义为"要求没有故意违背论证条件"（Schreier *et al.*，1995，p. 276）。

能够被区分的定量研究的第三种类型关注认知过程。例如，沃斯、芬谢基弗、威利和希尔菲斯（Voss，Fincehr-Kierfer，Wiley & Silfies，1993）关心论证的认知过程。他们提出了一个非形式论证过程模型，并且描述了支持该模型的实验。该模型所覆盖的要点有：（1）当遇到主张时，个人要评估其真值。在这个过程中，个人关于主张内容的态度发挥作用。与就他们的论证而言几乎不存在确定性相比，如果人们非常赞同或非常不赞同该主张的内容，那么这个评估就更能马上进行下去。（2）主张和态度形成了一个复合体，它使与该主张有关的理由被激活了。被活跃起来的理由倾向于为该主张提供相对强的支持，并与某个人的态度相一致，或者它们是支持而不是反对该主张的理由。（3）当主张和理由展示在一起的时候，个人知识、信念或价值可能被激活了。这些认知素材说明，价值体现是个人领会理由与价值之间关联强度的一种功能。因此，这个模式强调心理表征，如知识、信念、态度和价值，在非形式论证过程中起着重要作用。

哈普尔、帕格里尼和那凌对人们何时想要开始讨论问题感兴趣。什么因素预示着要进行讨论，哪些因素预示着没有论证会自动来临？当有人邀请你参与论争时，人们并不总是必须论争。或者用语用论辩术语来讲，论证者能够找到他们自己进入可能对抗阶段的路径，需要做出下一步行动。在回应正方的贡献时，人们可以改变论题、保持沉默、承认，避免进行论争；或者我们可表达不同意见。如果这类反应应当出现，那么原来的正方可以离开那个问题，或者开启讨论的开始阶段。在开始阶段，论证者要就如何进行达成共同决定。可是，在对抗阶段或在转向开始阶段的某个地方，人们必须判定是否要进行论争。这项相关研究是一项关于何时要作出进行论争以及何时要拒绝论争的社会科学探究。

哈普尔、帕格里尼和那凌（Hample，Paglieri & Na，2011）考虑了进行讨论的各种各样的“成本”和“好处”。论争成本是指相关认知努力、人的情感暴露以及人对不受欢迎关联后果的评估。论争的好处是指“如果把论证做好了，那论证者就可以摆脱相互影响了”。在设计一个论证的可能好处时，赢的可能性是很重要的。结果是否会获得，关键是考虑其他论证者被期望是理性的、顽固的还是好斗的。可能论证的礼貌性不得不处理它是令人愉快且富有成效，还是令人生气且具有破坏性，无论某个论证被认为是可解释的还是不可解释的，都对理性满足和其他价值结果有重要后果。人们感觉到进行某些论证而不作其他论证是恰当的，并且这对于参与是否或多或少要付出代价具有意义。进行实验的结果表明，对于进行论证的决定来讲，赢和恰当性是重要的报警器。其他人的期望理性在某些情况但非全部情况下是相关的。

在另一个研究项目中，克林（Kline 1995）试图识别，对于儿童获得和准确描述与其父母的各种互动来讲，非常重要的论证能力，并评价这些能力发展。克林研究了两种假设：(1)“协同影响的机会数量会与说服论证技巧正相关。辨识更多协同影响机会的儿童也更可能使用娴熟的论证达成共识，促进行为承诺”（Kline，1995，p. 20）。(2)“无协同影响机会不会与说服论证技巧有意义地相关”（Kline，1995，p. 271）。有 60 位儿童接受了单独访谈。访谈员让儿童完成了两项结构化任务，即影响机会任务和说服论证任务。前一任务要求小孩辨别其他人试图说服该小孩思考或以具体方式行事的方式；后一任务要求小孩回应该小孩影响他人的四种假设情景。

克林认为，她的研究“表明说服论证实践与儿童设想他们自己在现实生活中拥有的影响机会类型相关”（Kline，1995，p. 271）。那些设想他们自己有许多协同影响机会的儿童，即他们能够进行相互影响的机会，比那些没有设想他们自己有这类机会的儿童有更多高度发达的说服技能。总的说来，研究结果表明，给他们影响他人机会并让他们有机会受论证影响的互动，或许对儿童发展他们的说服技能提供了最佳语境。

12.5 认知心理学的论证转向

在推理心理学和决策心理学范围内，梅西埃和斯波伯（Mercier & Sperber，2011）近来提出了一种“论证性理论”。[①] 在某些方面，该理论与“论证理论”相关，正如本书所讨论的那样。但由于那是在实验心理学领域发展起来的，故它使用了不同概念，产生了不同类型的结果。

梅西埃和斯波伯提出的论证性理论，借助假定推理的主要功能是论证的，将“推理”现象与“论证”现象连接在一起了。在早期著作（Sperber，2000，2001）中，斯波伯已提出了这种假定，并且这种假定是建立在觉察到观点上存在某些缺陷之基础上的，而这些观点在实验心理领域占据主导地位，推理在其中充当了“整体认识实践功能：它产生了新的信念，创造了知识，并驱使我们趋向更好的决定”（Mercier，2011，p. 308）。根据这种观点，推理的主要功能是“校正误导直觉，帮助推理者通达更好的信念，做出更好的决策”（Mercier，2012，p. 259）。在论证理论中提出的观点是，推理的主要功能是“论证：提出论证，以便我们能够让他人信服，评估他人的论证以致只有当恰当之时被他人所折服”

① 在不同的心理学领域，已经建立了关注论证与教育的关系之传统。例如，参见施瓦兹等人（Schwarz *et al.*，2000）、施瓦兹等人（Schwarz *et al.*，2000）、安徒里森等人（Anderissen *et al.*，2003）、安徒里森和施瓦兹（Anderissen & Schwarz，2009）以及贝克（Baker，2009）的论著。

（Mercier，2012，pp. 259 -260）。

关于推理的功能，提出这个假说使梅西埃和斯波伯能够解释或重新解释许多在实验心理中所进行的测试发现。而在心理学中，许多学者假定已考虑到了他们的发现，认为推理功能在下列意义上是校正的：它帮助人们校正其涉及意见可接受性的初始直觉，且在某些情况下这些直觉为假，梅西埃和斯波伯开始考虑从推理功能为论证的假定开始的经验测试结果。

这种新观点的主要好处之一是，人类推理过程中所显示的错误或偏见，如“确证偏见”，现在能够用不同的更令人满意的方式来解释：

> 推理能够得出糟糕的结果，并不是因为人类不擅长于它，而是因为他们为了证成其信念或行动而系统寻找论证。可是，论证理论把众所周知的“非理性”的演证放入了一个新奇视角中。人类推理并非极度错误的一般机制；它是一种相当有实效的技术策略，与它擅长的具体社会认知互动相适应。（Mercier & Sperber，2011，p. 72）

梅西埃和斯波伯承认，关于人类推理的大量预言也可从不同方式来考虑，而不必假定推理具有论证功能。可是，他们认为利用论证推理理论有提供“整体性视角：它在一个单一总体框架内解释了大量心理学文献”的好处（Mercier & Sperber，2011，p. 72）。

论证推理理论把在论证理论内所区别的论证“产品”和论证“评价”联系在一起。认知领域提供了经验证据证明：把认知偏见解释为主要根据涉及论证品质的逻辑规范进行推衍，它出现在人们提出论证的语境之中。通过假定论证产品“涉及论证者不管它们是否可靠都要支持的意见或决定的本质偏见”，就能解释这些发现（Mercier & Sperber，2011，p. 72）。可是，关于论证评价，它似乎区别了正进行论证的人在何种语境下进行运作。比如，当人们涉及辩论时，重要的是他们是否对赢得辩论感兴趣，或目的在于就具体问题找到正确答案或最佳解决方案。这与亚里士多德区分“论争型”辩论与“论辩型”辩论存在着有趣的相似。在前一种类型中，讨论者的目的是不惜合理性代价地赢得辩论，而在后一种类型中，讨论者并不试图阻碍提出好论证的“共同事务”。[1] 在论争型辩论情况下，对方论证主要被构想为应当反驳的论证，因此认知偏见出现了。但在问题求解型辩论或“群体推理”过程的论辩情形下，人们正共同测试各种假定，目的是找到真相或解决方案，故存在着他们实际上擅长评价论证品质的经验证据。

> 与对人类推理能力常见的暗淡评价相反，假使他们不是别有用心，人们完全有能力毫无偏见地进行推理。在群体推理实验中，参与者分享了对探索正确答案的兴趣，它一直表明真理终会胜利。(Mercier & Sperber，2011，p. 72)

关于对人类推理能力的这种明显认识不对称性，当人们涉及论证产品或论证评价时，梅西埃和斯波伯的结论是：“当人们在寻求真相而非试图赢得辩论”(Mercier & Sperber，2011，p. 72)，人们几乎毫无偏见地进行着推理。论证理论进一步预言：

> 在那些面对好论证不同意但准备改变其思想的人们中，当把推理用于适当情境时，它能够为认识提供相当的好处。更具体说，使群体讨论成为导致认识改善的推理合适语境的是，立场提出者与论证评价者之间的沟通交流。(Mercier，2012，p. 262)

换句话说，假定推理功能是论证性的，就可能解释如此现象：在群体讨论中，人们弄明白什么对支持或反对具体论题是重要的，他们要找到具体问题真相是什么也就很容易了。

至于实验心理学者与论证理论家之间富有成效的潜在合作，梅西埃(Mercier，2012，p. 265)强调当前存在的某些差别需要克服。例如，到目前为止，实验心理学家一直把针对各种论证类型的逻辑方法视为他们研究的起点，而论证理论家已从论辩视角与修辞视角提出了论证类型论。正如梅西埃在其早期论文中所观察，“在涉及人类推理的这类文献中，大

[1] 参见在第 2.3 节中亚里士多德论辩学的说明。

多数任务涉及参与者要么在逻辑意义评价论证结论，要么试图判定逻辑有效结论是否是从某些前提推导出来的”（Mercier，2011，p. 306），而在设计心理学家理论时（Mercier，2011，p. 306）[①]，论证理论中所提出的各种模型或许是很有帮助的启发，如图尔敏论证模式（参见第 4 章“图尔敏论证模型”）以及语用论辩批判性讨论模式（参见第 10 章“语用论辩论证理论”）。

关于进一步研究，梅西埃（Mercier，2012，p. 266）提出要把涉及论证型式的类型论与论证理论中提出的相关批判性问题视为研究涉及论证评价的起点。当人们在评价具体论证类型时，哪些认知机制在起作用，使用这种方式或许变得更清楚了，因为它们是从论证理论观来分类的。

其他有些心理学家一直在强调，在社会认知心理学领域中存在的认知偏见理论，与在论证理论领域以逻辑方法和论辩方法提出的谬误理论间的关联。总结一下 2011 年欧洲认知科学会议期间专题论文集，哈恩、奥克斯福德、博纳丰和哈里斯认为，“在人们的推理中，被认为是偏见或谬误的许多东西，也许是忽视恰当论证语境，缺乏合适的论证强调分层思想，以及缺乏后果主义论证的适当分析型式的结果”（Hahn，Oaksford，Bonnefon & Harris，2011，p. 2）。

哈恩和霍尼克斯（Hahn & Honrikx，2012）的论文收集了许多研究。这些研究或许可视为把认知心理学领域所实现的研究与论证理论所提出的理论概念连接起来的第一步。他们认为，“论证心理学”研究领域仍然处于起步阶段。像梅西埃（Mercier，2011，p. 306）一样，他们指出，到目前为止，认知心理学研究一直主要关注论证的逻辑方法，把论证概念化为一组相互关联的前提和一个结论，它们能够用形式结构方法而非旨在增加具体领域内立场之可接受的社会交流观来描述。

总之，论证心理学是一个值得期待的领域，它已与论证理论密切关联。考虑到两个领域间方法论差别与概念差别，学者们需要把论证理论的关键概念转换成认知心理学术语，重新解释一直在进行的实验研究发

① 关于论证学者对梅西埃和斯波伯论证性理论与论证理论关系的回应，参见亚涅斯（Santibúñez Yañes，2012a）的论文以及帕尔兹维斯基、弗里奇与帕里什（Palczewksi，Fritch & Parrish，2012）的论文。

现，根据梅西埃和斯波伯用人类推理的“论证性理论”替代人类推理的“校正理论”，提出和进行新的实验。

12.6 北欧国家的论证研究

在北欧国家，论证研究与第3.8节中描述的挪威哲学家纳什对讨论澄清实践取向的论辩语义方法有着重要的渊源关系。其他渊源还有芬兰瑞典的逻辑传统，如在第6.3节中所描述的辛迪卡形式论辩系统，以及从20世纪70年代开始的丹麦修辞传统。在20世纪80年代和90年代，语用论辩学与非形式逻辑的崛起也刺激该地区的论证理论发展。在像语言学、政治学、法学、教育学以及人工智能之类的领域，具体学科有关问题是研究的另一个动力。

相对基本理论化而言，从20世纪90年代起，北欧国家对论证理论的兴趣开始高涨，其中主要的是论证与批判性思维教科书，它们研究的是具体语境下的论证本质，还有一批硕士论文也在研究论证。在高等教育中，教授论证常常与科学哲学、科学推理相关联或从属于具体研究领域及职业推理技能。越来越多批判性思维已找到其通向大学课程和教科书之路。如今，甚至在高中都教授论证以及论证话语中所使用的修辞策略。除了与教育相关的论著之外，讲述关于论证话语如关于圣经或其他宗教篇章的定量研究著作也在增加。

在描述北欧国家论证理论发展之后，我们从丹麦开始，接着是瑞典和挪威，并且在讨论过斯堪的纳维亚之后转到芬兰。在丹麦，丹麦哲学家尼尔森1997年从哲学与逻辑视角贡献了一本关于希契威克（Afred Sidgwick）论证理论的历史性著作（Nielsen，1997）。享德里克斯、艾尔旺·格朗松以及佩德森（Henricks，Elvang-Gøransson & Pedersen，1995）早两年提供了一个基于人工智能逻辑的论证方法例子。还有一些研究兴趣在谬误哲学方面，如利伯·拉斯穆森论乞题谬误（Lippert-Rasmussen，2001）。可是，关于哲学背景的大多数著作都是实际取向的，如柯林等人（Collin *et al.*，1987）、伊维尔林（Iverson，2010）以及亨德里克斯（Hendricks，2007）的著作。

20 世纪 80 年代，伦德奎斯特用篇章语言学从语言学视角研究了论证。除了关于篇章融贯性（Lundquist，1980）和篇章分析（Lundquist，1983）的两本著作之外，她还发表了几篇论文，其中表明了论证约束对解释议论文宏观层面上的论证关系会有帮助，而在这些约束中，安孔布尔和迪克罗认为在语句层面利用了具体语词或表达式（Lundquist，1987）。用安孔布尔和迪克罗的“复调”概念来建立判定具体话语是否可考虑为论证的标准（Lundquist，1991）。利用会话分析框架，另一位丹麦语言学家格林斯蒂德（Grinsted，1991）关注了丹麦谈判风格与西班牙谈判风格之间的差异。克鲁耶夫（Klujeff，2008）利用追求修辞方法的语言学洞见探讨了歌曲作家与歌手间交流的形象语言，其中歌手决定使用修辞手法和风格论证功能。

斯堪的纳维亚的修辞传统从丹麦哥本哈根大学开始。在那里，在 20 世纪 70 年代修辞学即已成为学术领域，感谢法夫娜（Jørgen Fafner）建立了一个富有成效的研究团队。在 20 世纪 80 年代，瑞典赶上了丹麦，后来挪威也赶上来了，特别在 1997 年创办了《斯堪的纳维亚修辞学》杂志，1999 年举办了首届北欧修辞会议。从那时起，斯堪的纳维亚传统成长起来了，学术成果生产率大大增加。①

在科克（Christian Kock）1997 年接任法夫娜的修辞学教授职位后，他继续了政治论证和公共辩论的研究传统，这个传统自 20 世纪 80 年代以来在哥本哈根大学一起占主导。1994 年，在《转向投票的修辞学：公共辩论中如何说服》一书中，科克与乔金森（Kock & Jørgensen）和罗尔巴赫（Lone Rørbach）一道提出了一项经验研究，其中，他们研究了 10 年的丹麦电视辩论程序（Charlotte Jørgensen *et al.*，1994）。② 除哥本哈根之外，像其他国家一样，在丹麦，修辞学仍然是语言学、文学、经典研究以及交流学领域所研究的主题。

来自哥本哈根的修辞学家们继续他们在 21 世纪前十年涉及协商与论

① 在这项发展上，芬兰学者没有参加那么多，因为不像各种斯堪的纳维亚语言一样，对丹麦人、瑞典人和挪威人来讲，芬兰语言不好理解。

② 参见乔金森（Jørgensen，1995，2011）、乔金森、科克和罗巴赫（Jørgensen，Kock & Rørbach，1998）以及乔金森与科克（Jørgensen & Kock，1999）的论文。

证、公共演讲与辩论的历史研究、理论研究和实践研究。例如，乔金森关注了规范修辞学与论证（Jørgensen，2003）。她把格罗斯和克罗斯怀特给出的解释与佩雷尔曼的普遍听众进行比较（Jørgensen，2009），但也研究了论证中意图相关性（Jørgensen，2007）以及政治论证中具体语言行为现象（Jørgensen，2007）。科克（Kock，2003a，2007c）进一步提出了他那直言不讳的修辞观与论证观。他明确提出，修辞论证总是关于行动选择而非真相的，还提出了“立法讨论的”规范（如 Kock，2007a，b，2009a，b）。[①] 21 世纪初，在哥本哈根商学院一系列关于修辞学的博士论文中，加布里埃尔森研究了《论题篇》，其中描述了走向说服活动的论题概念发展（Gabrielsen，2008）。[②]

在瑞典有着很强的逻辑传统，但没有太多论证研究是从逻辑视角来进行的。与人工智能有关的早期贡献是赫希，他提出了一个表达、评价和修正人工互动论证中信念结构的启发式模型（Hirsch，1987，1989，1991）。在该模型中，当一个信念与另一个信念冲突或不兼容时，论证就出现了。从这种冲突开始，搜索解决方案或消除不兼容性。赫希借助分析互动论证中信念修正案例展示了他的模型。1995 年，他表示迫切需要在面对面互动论证的过程与产品表达（Hirsch，1995）。

研究借助类比进行论证的一项瑞典人贡献是由贾斯做的，他正在阿姆斯特丹大学准备博士论文。在他 2005 年的一篇论文中（Juthe，2005），他给出这种论证类型的一个刻画。在他看来，有些没有展现出来的论证只能解释为类比论证。他考虑了作为类比论证具体类型的平行论证，其中，借助提出一个与要反驳的论证相似的有缺陷论证来反驳论证（Juthe，2009）。一般来讲，平行论证中所使用的前提均为真或似真，但其结论明确是非真或不似真的。贾斯讨论了使用平行论证的优劣（Juthe，2009，p. 167）。

罗尔夫和马格努松在 2003 年勾勒了论证技艺发展的软件方法（Rolf

---

① 关于理性无协议，参见佩德林（Pedersen，2011）的论文。

② 哥本哈根商学院的贾斯特（Just，2003）从修辞视角着手处理关于欧盟未来的持续辩论。同一研究团队的其他研究成果有本特松（Bengtsson，2011）、加布里埃尔森（Gabrielsen，2003）以及加布里埃尔森、贾斯特和本特松（Gabrielsen，Just & Bengtsson，2011）的论文。

& Magnusson, 2003)。[①] 从哲学视角与逻辑视角关注基于权威的论证策略的一项理论贡献是 2002 年乌普萨拉大学蒂达·托米克答辩的一篇博士论文。托米克讨论了策略评估的三个模型(Tomic, 2002)。[②] 2007 年,她探讨了交往自由与论证策略评估之间的关系(Tomic, 2007a)。[③] 与论证理论相关的另一篇哲学博士论文是 2007 年隆德大学雷德哈夫答辩的,这篇论文关注的是法律类比推理(Reidhav, 2007)。

还有许多从语言学视角研究论证的瑞典成果,其中利用了语用洞见。阿德斯华德把话语分析带到了分析制度性语境中的论证,如求职面试(Adelswärd, 1987, 1989)、采访拒绝服兵役者(Adelswärd, 1991)以及法庭话语(Adelswärd *et al.*, 1988)。布鲁马克(Brumark, 2007)就瑞典餐桌上的论证提供了更多的洞察。弗鲁梅塞鲁(Frumeşelu, 2007)探讨了承让的语言论证类型论。2003 年米林奉献了一部借助语言进行操控的专著(Melin, 2003)。一项涉及与论证理论相关的决策语言研究是贡纳松的著作(Gunnarsson, 2006)。

在《我能告诉你别的什么》一书中,伊莉(Ilie, 1994)旨在提出一个处理出现在日常英语中修辞质问的语用框架。借助给出其论证功能的系统解释与评估,她试图说明在政治演说中修辞质问的论证。根据她的分析,她的结论是修辞质问在这类演说中履行了三重功能:(1)通过为政治家立场进行辩护或攻击其对手的立场操控意见;(2)促进政治家的信息存储在听众记忆中;(3)借助讽刺挖苦制造或维护与听众的团结感,归纳或强化针对政治对手的消极态度。在 2005 年的论文(Ilie, 2005)中,她关注了法庭修辞质问,[④] 但在其后来的论著中她也继续研究政治话

① 瑞典有着重要的批判性思维传统。在这些教科书中,经典的有派瑞克·沃尔顿(P. -A. Walton, 1970)的教材以及安德森和弗伯格(Anderson & Furberg, 1974)的教材。后来的论证与批判性思维导论有胡尔腾、胡尔特曼与埃里克松(Hultén, Hultman & Eriksson, 2009)的课本以及布扬松、基尔鲍姆和乌尔霍姆(Björnsson, Kihlbom & Ullholm, 2009)的课本。

② 也有一些批判性思维与论证导论教材,如胡尔腾、胡尔特曼与埃里克松(Hultén, Hultman & Eriksson, 2009)的课本以及布扬松、基尔鲍姆和乌尔霍姆(Björnsson, Kihlbom & Ullholm, 2009)的课本。

③ 还可参见托米克(Tomic, 2007b)和约维史克(Jovičić, 2003a, b)的论文,其中,托米克用不同篇名发表了另一篇论文。

④ 在瑞典,专门处理法律论证分析的早期研究是埃弗斯(Evers, 1970)的著作。

语。在这些论著中，她常常处理具体论证现象，如通过运用定义进行论证反驳（Ilie，2007）。

在瑞典，伴随被称为开创人的约翰尼松一起，修辞研究起始于文学研究。约翰尼松是乌普萨拉大学当代第一位修辞学教授，1990 年出版了一部至今仍然被广泛使用的教科书《修辞学或说服的艺术》（Johannesson，1990）。21 世纪初，随着厄勒布鲁大学和索德脱恩大学分别聘用了姆拉尔（Brigitte Mral）和赫尔斯鹏（Lennart Hellspong），其他瑞典大学也开始了修辞路径研究。[①] 姆拉尔论著中有一本《女性修辞学》（Mral *et al.*，2009），该书收集了关于公共生活中女性使用的论证策略论文。在赫尔斯鹏的论著中，与论证理论相关的是《陈腔滥调地论争》，这是一篇与伊莉合作的论文（Ilie & Hellspong，1999）。

从修辞视角着手处理论证的年青一代代表人物是格朗，她与先在挪威工作后来也在瑞典工作的凯尔森一起共同研究作为论证的非言语交流（Gelang & Kjeldsen，2011）。[②] 对论证理论做出其他修辞贡献的博士论文有：沃格林·哈姆林（Wallgren – Hemlin，1997）的《神职人员的说服方法》、埃里克松（Eriksson，1998）的《修辞证明传统：科林多前书中的基督论证》、西格雷尔的《字里行间地说服》（Sigrell，1999）[③]、霍姆尔伯格的《酒场说服》（Hommerberg，2011）以及梭德伯格的《作为意义制造者的说服：思考与学习论证——一种修辞视角》（Söderberg，2012）。西格雷尔还研究了《修辞学初阶练习的规范性》（Sigrell，2007），并把这些练习与语用论辩学和教育学联系在一起（Sigrell，2003）。

在挪威虽然论证研究并非首先从哲学或逻辑视角提出来的，但最杰出的挪威论证理论家基文贝克的论证教育取向方法很靠近非形式逻辑（如 Kvernbekk，2003a，b，2007a，b，2009，2011）。福里斯塔尔、沃洛伊和埃尔斯特（Føllesdal，Walloe & Elster，1986）论理性论证的著作也很重要，他们把论证理论与科学哲学联系在一起，分析和比较了社会科

---

① 后来西格雷尔成了隆德大学修辞学教授，而罗森格伦（Mats Rosengren）成了索德脱恩大学修辞学教授。

② 关于视觉修辞学的另一部论著是恩达尔、格朗和奥布莱恩（Engdahl，Gelang & O'Brien，2011）的论文。

③ 西格雷尔（Sigrell，1995）在其研究中关注了论证性话语中的隐含性。

学、物理学和人文科学中最常用的论证类型。桑德维克（Sandvik，1995）从语言视角提出在互动论证研究中把语用论辩学与会话分析整合起来的方法论意义。她也关注了政治辩论中的输赢标准（Sandvik，1990）。[①]

正如凯尔森（Kjeldsen，1999b）在其挪威修辞史概览中清楚解释的那样，与丹麦和瑞典相比，这个国家在该领域起步很晚。由于约翰尼森的活动，他 1996 年成为挪威首位修辞学教授。修辞学术从 20 世纪 80 年代开始日益增长。在 90 年代，媒体学者格瑞普思若（Jostein Gripsrud）在卑尔根市发起了一个跨学科项目，修辞学由此被广泛接受，导致在奥斯陆大学和比卑尔根大学都聘任修辞学教授以及修辞学项目制度化。《斯堪的纳维亚修辞学》杂志在 20 世纪末创办，三年一度的北欧修辞会议开始组织起来，修辞学自立过程得以完成，挪威修辞学也完全融入了广阔的斯堪的纳维亚背景之中。由于强调研究非虚构性的事实性散文，在 21 世纪头十年能够看到生产率大大提高。[②]

在挪威，虽然修辞研究与论证研究的链接并不总是很强，但论证理论肯定得益于修辞学的成长。[③] 在 20 世纪 90 年代，格瑞普思若在卑尔根市发起了一个跨学科项目，开启了视觉修辞学坚实的研究传统，该项目受媒体学者拉尔森（Peter Larsen）的影响。2002 年，凯尔森在卑尔根大学进行了关于视觉修辞学的博士论文答辩，其中把视觉修辞学与论证理论明确关联在一起（Kjeldsen，2002）。[④] 甚至在政治广告中关于视觉论证（Kjeldsen，2007）以及作为论证的视觉比喻或视觉形象（Kjeldsen，2011b）的论文中，他更明确地做出这种关联。[⑤] 卑尔根大学和奥斯陆大学也都是从法律视角来研究修辞、说服与论证的。其中一项研究成果是科尔弗拉斯的著作《语言与论证》（Kolflaath，2004）。[⑥]

---

① 从修辞视角研究挪威法律论证的是格拉弗（Graver，2010）的著作。

② 作为非虚构性事实散文研究的一部分，在挪威一项值得注意的科学论证策略研究是布雷维哈（Breivega，2003）的著作。

③ 参见凯尔森和格鲁（Kjeldsen & Grue，2011）的论文。对这项研究的例子，参见桑德维克（Sandvik，2007）论政治论证中的情感修辞。

④ 参见凯尔森（Kjeldsen，1999a）的论文。

⑤ 参见凯尔森（Kjeldsen，2011a）以及格朗与凯尔森（Gelang & Kjeldsen，2011）的论文。凯尔森与约翰森一起还出版了《1814—2005 年挪威政治演讲史》（Johansen & Kjeldsen，2005）。

⑥ 还可参见斯科恩（Skouen，2009）的著作。

在芬兰，哲学中的论证研究既受渴望哲学方法论的刺激，又受意识到已发生在其他领域论证理论发展的刺激。既产生了理论研究出版，又导致了教科书出版。一方面，理论研究反映了芬兰哲学家与亚里士多德接上了联系；另一方面，反映了他们在现代逻辑发展中的工作。比如，前者可以用卡库里·克鲁提娜（Kakkuri-Knuuttila，1993）提出把亚里士多德论题学作为合理论证一般方法的方式来说明，[①] 后者在于当代最著名的芬兰哲学家辛迪卡对谬误研究所做的贡献（如 Hintikka 1989）。[②] 从两个角度都出版了被广泛使用的处理论证与批判性思维的教科书，如卡库里·克鲁提娜的教材（Kakkuri-Knuuttila，1998）和辛迪卡与巴奇曼的教材（Hintikka & Bachman，1991）。[③]

由卡库里·克鲁提娜编写的教材《论证与批判：阅读、讨论与说服的技巧》事实上是对芬兰论证理论最有影响的综合贡献，其首次出版是在 1998 年，2007 年已出版了第七版。《论证与批判》包括的章节有解释、回答方法、论证分析、形式理论、谬误、辩论、修辞（含经济决策修辞）、科学论证、概念形成、研究结构以及论证与科学哲学。

自 1990 年早期以来，当时来自亚美尼亚的布鲁廷（Georg Brutian）访问芬兰参加了皮尔塔瑞南（Juhani Pietarinen）组织的一个会议（参见 Pietarinen，1992），论证研究一直在图尔库大学得以进行着。里托拉的谬误认识论方法是面向传统开的第一炮。[④] 里托拉的博士论文《乞题：一个谬误研究》（Ritola，2004）是他的论循环论证的一系列早期论文（Ritola，1999）和乞题（Ritola，2003，2007，2009）的进一步拓展。2009 年里托拉组织了一个芬兰论证研究会议导致《论证研究》出版（Ritola，2012）。本书包括了关于论证一般规范、批判性思维的本质与教学以及在学习过程中运用论证的经验研究方面的论文。

---

① 表明历史上的哲学对当前芬兰论证理论有影响的其他著作是图奥米宁（Tuominen，2001）关于古代思想的论文以及于尔延苏里（Yrjönsuuri，1995，2001）关于中世纪逻辑与对话博弈的论著。

② 还可参见帕沃拉（Paavola，2006）关于回溯论证的博士论文。

③ 另一本公认的教科书是西图宁和哈洛宁（Siitonen & Halonen，1997）所著。批判性思维是库尔斯和汤佩里（Kurki & Tomperi，2011）从辩论视角着手来开始处理的。

④ 于韦斯屈莱大学的帕尤宁（Pajunen，2011）用论证理论研究了认识概念，如“接受”。

从具体学科问题开始的论证研究进路的一个杰出例子是阿尔尼奥给出的，他在理性和合理性的哲学语境下研究了法律证成问题（Aarnio，1987）。① 其他例子与语言学和教育学相关。在 20 世纪 80 年代，提尔科宁·康迪特从跨语言学视角研究了论证。她讨论了把议论文从英语翻译成芬兰语所涉及的问题（Tirkkonen-Condit，1985）。在论文中，她指导芬兰报纸社论中的主要论题定位与其英国报纸中的定位进行了比较（Tirkkonen-Condit，1987）。雷恩科（Renko，1995）讨论了把论证处理为理论概念的解释与识别问题。

在于韦斯屈莱大学教育学院，劳里伦（Leena Laurinen）和马图伦（Miika Marttunen）从经验角度研究了论证，特别关注了计算机环境中的论证。1995 年，马图伦写了关于通过计算机网络会议进行论证之实现的论文（Marttunen，1995）。1997 年他完成的博士论文是《高等教育中通过电子邮件学习论证》（Marttunen，1997）。1999 年他与劳里伦一起探讨了在面对面环境和电子邮件环境中学习论证（Marttunen & Laruinen，1999）。2003 年，他们俩与亨亚（Marta Hunya）以及利托舍里提（Lia Litosseliti）一起报告了芬兰、匈牙利以及英国中学生的论证技能（Marttunen *et al.*，2003）。同年，他们与萨米宁在中学共同调查了在面对面交流和不同步网络辩论期间的论证加固与反论证（Salminen *et al.*，2003）。一个研究硕士论文中论证品质的相关案例是 2007 年赫尔辛基大学塞伯伦完成的（Seppänen，2007）。马图伦和劳里伦对教育语境下论证研究的最新贡献一直关注在中学通过建构联合论证图解进行合作学习（Marttunen & Laurinen，2007；Salminen *et al.*，2010）、在中学生中有结构的与无结构的聊天讨论的论证品质（Salminen *et al.*，2012）以及通过在线和面对面扮演模仿推动社会工作学生的论证问题求解技能（Vaplalahti *et al.*，2013）。

在希塔宁（Mika Hietanen）看来，虽然芬兰修辞研究在根基上相当薄弱，但一些相关研究一起在人文科学、神学以及社会科学中出现，特

---

① 就芬兰司法论证研究来说，还可参见萨哈马（Sajama，2012）的论文，他写了一本法律论证教材。

别是在政治分析之中。[①] 神学上的恰当案例是希塔宁自己的博士论文，2005年在埃博学术大学答辩，并且以《迦拉太书之保罗论证：迦拉太书的语用论辩分析》名字出版（Hietanen，2007a）。[②] 在语用论辩学扩充版帮助下，希塔宁分析了保罗论证，因此用他的视角涵盖了修辞学。[③] 一本关于经典修辞学的流行书籍是托尔基的《演说的力量：如何让听众信服》（Torkki，2006）。

像在其他国家一样，在芬兰，论证修辞研究越来越在交流学系或传播学系受关注，并且强烈受到德国讲话艺术的影响，但也受到美国言语交流学公共演讲传统的影响。芬兰最大的交流系在于韦斯屈莱大学，1986 年他们已组织过一次"篇章、解释与论证国际会议"，出版了一部论文集（Kusch & Schröder，1989）。目前，在坦佩雷大学、赫尔辛基大学、图尔库大学和瓦萨大学也研究言语交流，研究常常与传媒学相关，但每个项目的重点有所不同。虽然图尔库大学有着修辞学传统，坦佩雷大学擅长法庭修辞学和国会辩论，[④] 但很难说哪个地方的论证研究真正突出。[⑤]

12.7 德语世界的论证研究

在"二战"后，因为纳粹如此成功地运用了修辞宣传，修辞与论证研究在德语国家不被信任了（Kienpointner，1991，p. 129）。可是，从 20 世纪 70 年代开始，论证研究又呈显性增长趋势。从那以后，一直发展起来的论证进路本质上主要是语言学的、哲学的或修辞学的。

20 世纪 70 年代早期，受言语行为理论启示的论证语言学研究、会话

---

① 鲁丹科（Rudanko，2009）报告了一个历史上的政治辩论案例研究。

② 值得提及的另一位芬兰神学家是图尔恩（Lauri Thurén），现为约恩苏大学教授，1995 年他出版了一部著作，首次相当成熟地将图尔敏模型应用到《圣经》中（Thurén，1995）。图尔敏模型在神学中的另一项北欧应用是希塔宁的论文（Hietanen，2002）。

③ 还可参见希塔宁的系列论文（Hietanen，2003，2010，2011b）。在一篇论文中（Hietanen，2007c），他把马太福音分析为论证。还可参见希塔宁的论文（Hietanen，2011b）。

④ 在坦佩雷大学的社会科学里，帕罗宁（Kari Palonen）专长于国会辩论，而在言语交流里，伊索塔鲁斯（Pekka Isotalus）专长于媒体中的政治辩论（参见 Wilkins & Isotlus，2009）。

⑤ 芬兰全国言语交流学会（Prologos）出版的杂志《芬兰言语交流》偶尔也包括一些与论证相关的文章。

分析以及话语分析，在德国从研究论证话语以及诸如“论证”、“解释”和“证明”之类的言语行为开始。[①] 它们通常是建立在书面或口头议论文语料库之上的，其目的是进行经验描述。

赫比希（Herbig，1992）提出来一种基于语用体裁学描述论证话语的方法，并从经验上检测了他的方法。桑迪希和普希尔（Sandig & Püschel，1992）编写了一本关于论证体裁的书。相关研究的理论框架是借助言语行为理论与会话分析、“文内”体裁学（命题方面、韵律方面和语内方面）和“文外”体裁学（情感维度、竞争维度、合作维度、性别差异维度、政治维度、文化差异维度）构成的。雷拜因（Rehbein，1995）赞同论证的语言学进路，其中贯彻了语用洞见、历史洞见和认知洞见。他分析了论证话语中复杂推论表达式的运用。金迪特（Kindt，1988，1992a，b）将自然语言中论证的形式分析与亚里士多德论题学的洞见组合在一起。受会话分析影响的语言学研究倾向于关注对话与冲突解决策略中的冲突管理。然后，心理学进路和社会学进路常常被与会话分析的研究技巧和概念组合在一起。正如施维塔拉（Schwitalla，1987）所表明，论证不仅是解决冲突的手段，而且有助于维护共识和确证群体认同。[②]

古腾堡是处理论证话语的言语交流学者，他不仅对聆听、理解和判断有所贡献（Guttenberg，1984），而且对修辞学、论辩学、真理管理以及论辩学与修辞学之间的关系研究也都有所贡献（Guttenberg，1987）。博塞和古腾堡（Bose & Guttenberg，2003）揭示了口头语言中的论证分析需要考虑韵律。

为了给德语群体使用的不同论证类型一个完整描述，基恩波特勒（Kienpointner，1992）提出了一个论证型式类型论。他将其类型论建立在不同保证类型的区别之上（Kienpointner，1992，p. 43）。基恩波特勒精心

① 奥尔斯拉格尔（Öhlschläger，1970）讨论了“论证”，斯特托克（Strecker，1976）讨论了“证明”，以及克林（Klein，1987）讨论了一组言语行为，包括“证实”、“解释”、“推导”和“证成”。阿佩尔陶尔（Apeltauer，1978）对辩论和讨论中的言语行为、步骤和策略提供了一系列调查，还可参见齐尼希（Zillig，1982）的著作。

② 还可参见尚克和施维塔拉（Schank & Schwitalla，1987）的著作以及德佩尔曼和哈通（Deppermann & Hartung，2003）的著作。对于电视辩论的分析，参见卢提西（Lüttich，2007）的论文。

设计的类型论事实是经典分类与现代分类的折中汇编。[①]

基恩波特勒把论证型式区别为下列主要类别：（1）建立保证的论证型式；（2）使用保证的论证型式；（3）既不使用也不建立保证的论证型式（Kienpointner，1992，p. 243）。[②] 这三种论证型式的第一个主要类别是由前提与结论用假设已接受的保证方式连接构成。在这个意义上，保证被“使用”。这一主要类别被分为四个子类别：（1）“分类形式”，包括基于“定义”的论证型式、“种属论证”和“部分与整体论证”；（2）“基于比较的论证型式”；（3）“基于反对关系、矛盾关系、不相容关系以及逆向对立关系的论证型式”；（4）“因果论证型式”，包括因果论证、基于动机的论证以及目的与手段论证。第二个主要类别是由结论中表示为保证式陈述的论证型式所构成，而且该陈述借助归纳论证得以证成：“在论证中，保证是结论而非前提。”（Kienpointner，1992，p. 243）该主要类别只包括一种论证类型：“限制意义上的归纳论证。”第三个主要类别是由无法归入前两类的论证型式所组成。它包括“说明性论证”、“基于类比的论证”以及“基于权威的论证”。[③]

在德国论证哲学进路中，最有影响的一直有两个传统：爱尔朗根学派的对话逻辑和哈贝马斯的交往理性理论。爱尔朗根学派的影响力体现在汉堡论证理论研究团队的哲学著作中，该团队由汉堡大学的沃尔纳普率队。[④] 沃尔纳普（Wohlrapp，1977）通过引入库恩（Thomas Kuhn）和费耶阿本德（Paul Feyerabend）的洞见、行动理论洞见、皮尔士洞见以及黑格尔辩证法洞见修改了爱尔朗根学派的观点。[⑤] 在他看来，不是要把论

---

① 只有极少数研究在处理议论文的整体结构。在这些研究中，在揭示论证的内部关系之复杂图解帮助下，篇章结构可见了。参见戴默尔（Deimer，1975）、格里文多夫（Grewendorf 1975，1980）、弗里克森（Frixen，1987）以及科珀希米德（Kopperschmidt，1989a）的论著。

② “建立保证”论证型式与“使用保证”论证型式间的区别与图尔敏式的“建立保证”论证与“使用保证”论证之间的区别是相一致的（参见本书第 4 章“图尔敏论证模型”）。还与佩雷尔曼和奥尔布赖切斯—泰提卡的建立实在结构的论证与基于实在结构的论证之区别相符（参见本书第 5 章“新修辞学”）。

③ 还可参见基恩波特勒（Kienpointner，1993，1996）的论文。

④ 参见沃尔纳普（Wohlrapp，1987，1990，1991）、卢肯（Lüken，1991，1992，1995）、门格尔（Mengel，1991，1995）以及沃尔卡德森（Volquardsen 1995）的论著。

⑤ 参见沃尔纳普（Wohlrapp，1987，1991，2009）的论著。

证看作冲突解决的工具，而是要视为理论形成的一种方式。为了在客观真理与主观可接受性之间搭起一座桥梁，沃尔纳普（Wohlrapp，1995）提出了有效性（Gültigkeit）概念，这是一个适用于论题而不是推理图式的概念（Wohlrapp，1977，pp. 289 –291）。

在《论证概念》一书中，沃尔纳普（Wohlrapp，2009）提出了其论证理论的新哲学基础，他认为这个基础是该领域的当代许多著作中非常缺乏的。[①] 考虑到当代论证理论不足之现状，沃尔纳普主张该领域需要以论证有效性为中心的哲学基础。他希望这个论证概念是论辩的、语用的和自反的，并抓住了视角上的创新与差异。他还给出了“论点理由”（thetical reason）概念的核心内容。在这个联系中，沃尔纳普区分了认识论和论点论，前者是指确实为真的理论，后者是指暂时有用但或许需要修改的理论。

在沃尔纳普看来，有效性可能有两种类型，这取决于理论之类型：“认识有效性”，即提供核准导向，或者“论点有效性”，即提供沃尔纳普所强调的新导向。一个论点，如果在检查对话论证是支持还是反对它之后没有什么异议，那么它就是有效的（Wohlrapp，2009，p. 349）。换句话说，如果该证明免于异议，那么其论点就是有效的，否则无效（Wohlrapp，2009，p. 354）。沃尔纳普坚持这种有效性不受听众认同所支配（Wohlrapp，2009，p. 344）。并非每个不同意或争议都会导致论证。对于基本导向要被检测或改善的情形来讲，论证值得保留（Wohlrapp，2009，p. 144）。

根据沃尔纳普的观点，能区分论证的三个基本操作：（1）提出主张或做出断定；（2）给出证成或提供证明；（3）提出批判。在他看来，论证“产生于论点肯定与结论有效性判断之间”（2009，p. 190）。可以把所有实体论证行为归入提出主张、提供证明和提出批判之下。除了这些基本操作之外，沃尔纳普还描述了框架。“框架”概念处理的是产生于论证者主观性的某个问题。用沃尔纳普的术语来讲，与其说形成框架是一种雄辩技巧，毋宁说是把“A 看作 B”、“根据 B 看 A”或者“相对 B 的目的而言看 A”的观点。他的例子是“车”，不同论证者可以有不同的看

---

① 对于沃尔纳普《论证概念》一书的评论，参见霍普曼（Hoppmann，2012）的书评。

法，可以看作一种交通工具型号，可以看作公共场所中的私人空间，也可以看作声望目标（Wohlrapp，2009，p. 239）。

沃尔纳普的学生卢肯（Lüken，1991，1992，1995）提出了一个解决由理论、典范和世界观之不同而导致的不可通约性问题的论证解决方案。他认为，问题虽然严重，但并没有给科学论证的理性带来威胁。只有理性专门与具体规则系统关联起来，这种威胁才会产生。在规则引导的推理博弈中，不可通约性理论的支持者们决不能达成共识。卢肯（Lüken，1991）因此推荐了一个“预想实践”，它存在于一类“相互领域研究”之中。该讨论的参加者试图尽可能多地学习相互间的生活形式，互相假定师生角色，并且，在不把他们自己的认知范畴和标准强加给他人情况下相互注意到甚至似乎不重要的细节（Lüken，1991，pp. 248 –249）。

卢肯（Lüken，1992）试图展示，在没有理性论证帮助下，原则上不可能克服不可通约性间冲突。首先，秉承费耶阿本德的观点，他提出了一种“自由交换”（Lüken，1992，p. 294）。这是一种与人类学领域研究相似的学习情景。其次，采用爱尔朗根学派的提议，卢肯提出了教授一种新语言的技巧（Lüken，1992，p. 315）。不能在不可通约的方向系统中假定相互不可通约性。最后，参加者必须互相教授对方如何使用和解释其语言的表达式。

沃尔纳普的另一位博士生门格尔（Mengel，1995）试图阐明类比与论证间的关系：类比论证如何能声称有效性？门格尔的一个出发点是，在类比论证研究的实践相关性与论证理论注意到这种现象的真实意图间存在一种张力。他注意到，类比论证的确经常被使用，不只在日常论证中，而且在诸如哲学话语中也常常使用。可是，理论家们倾向于用带着某种蔑视眼光来着手处理这种类比论证。门格尔提出关于这种理论上的蔑视眼光是否合乎情理的疑问，特别以在类比论证的实践相关性观点来看。他调整了他认为能给类比论证提供恰当说明的视角：一个沃尔纳普论证理论版本。在该理论中，“有效性相关性”直接与讨论中双方真实或虚构的异议相关。一个类比，如果能够抵挡这些异议，它就是有效的。

提出系统论证视角的另一位德国哲学家是卢默尔（还可参见本书第 7.6 节）。在卢默尔的认识论进路中（Lumer，1990，1991，2005），论证理性不只是建立在使用于形式演绎推理的规范之上，而且建立在用概率论和决策论所描述的规范之上。[①] 卢默尔明确表达了评价各种日常论证的有效性条件、可靠性条件和充分性条件。在他讨论的这些论证类型中有概括、解释论证、认识论证以及实践论证。

在德语哲学世界有重大影响的一个传统是受哈贝马斯交流理性进路的启发（Habermas，1971，1973，1981，1991）。哈贝马斯的工作所属的哲学流派常常被称为“话语理论”，采取反对各种相对主义之立场。这个流派起源于新马克思主义者“法兰克福学派”，其主要发起者是哈贝马斯和阿佩尔（Karl-Otto Apel）。

在用哈贝马斯提出的“理想言语情境”表达的规范论证模式中，把条件规定为那些讨论产生有说服力的理性共识所必须履行的条件。哈贝马斯区分了交流理性的三个层面，其中每个层面都有自己的批判性标准。在逻辑层面，论证被评价为一种应用逻辑语义规则之“结果”：例如，说话者不能自相矛盾，并且他们使用的语言表达必须一致。在论辩层面，论证被评价为一种“程序”。例如，那时所应用的语用规则是说话者应当真诚，要准备针对攻击进行自我维护。在修辞层面，论证被评价为一种交流“过程”。比如，必须履行的条件是自由参加讨论不受外在因素限制。实际上，决不会完全实现理想言语情境，但理想交流行动和论证的基本假定暗中预想。[②] 哈贝马斯认为，它们因此而充当了评价日常论证的关键标准。[③]

在德国，受哈贝马斯影响的一条最突出论证理论进路是科珀希米德的论证修辞进路。科珀希米德在图宾根大学研究修辞学，并且他是复兴经典修辞学的倡导者。利用取自修辞学的洞见，但也利用了取自言语理

---

① 卢默尔（Lumer，2011）的目的在于，在论证认识论进路基础上并从论证认识论视角提出论证有效性的一般标准以及概率论证的充分性。这些一般性标准应当为几种具体概率论证类型的认识论标准提供理论基础，并对这些认识标准进行概括。这种论证认识论进路的最明显理论出发点是贝叶斯认识论。可是，就其表达形式而言，既然贝叶斯认识论被发现在几个方面是有缺陷的，如不可解的先知先觉问题、难以实施的极度融贯与条件化要求、几乎不确实信念度、贫乏的贝叶斯主义实践证成，等等，那就需要提出适合论证性用法的切实的解决方案。

② 阿佩尔（Apel，1988）把论证性情境视为各种理性言语活动之“超验语用条件”。

③ 关于哈贝马斯交流理性理论、爱尔朗根学派的对话理论及它们的实践意义之进一步阐明已在贝尔克（Berk，1979）的著作以及赫尔哈杜斯、克里兹锡和雷兹锡（Gerhardus，Kledzig & Reitzig，1975）教材中详细说明。

论、篇章语言学和哈贝马斯理论的洞见，他提了规范论证理论（Kopperschmidt，1976a，1978，1980，1987，1989a）。[①] 在他的论证论著中，科珀希米德试图在抽象理论和论证分析与实践间的空缺上架起一座桥梁。他把修辞学看成交流能力子理论。在他看来，研究修辞学的一个重要目的是，给出恰当的成功展示说服性言语行为的规则，这些规则能够用于解决涉及实践事项和行动规范的争论。科珀希米德认为（Kopperschmidt，1995），论证理论家的一项重要任务是给出满足共识需要的手段，特别是在政治学中。

德国修辞学的核心人物是乌丁（Gert Üding），[②] 并且当涉及修辞与论证时，还有克劳斯（Manfred Kraus）。乌丁和他的前同伴延斯（Walter Jens）在图宾根大学创办了一个著名的、成就卓越的修辞学研究中心，事实上，它是德国唯一的修辞学系。1984 年，延斯开始了一项综合项目“修辞学历史辞典”。该项目是由乌丁最终完成的（Üding & Jens，1992，1994）。克劳斯（Kraus，2006）通过把图尔敏模型应用于弥补西塞罗经典形式进路对论证理论做出了贡献（参见本手册第 4 章“图尔敏论证模型”）。克劳斯（Kraus，2007）提出，在罗马修辞学，“反对”或者被认为是一种辞格，也就是言辞风格，或者被认为是一个论证。反对是一种把两个对立陈述并列起来的方式，其中用一个陈述证明另一个陈述。西塞罗认为，那是建立在第三类斯多葛非演证三段论之上的：$\neg(p \wedge q)$，$\therefore$ $(p \rightarrow \neg q)$。可是，这种论证的说服力关键取决于构成其大前提的所谓“不相容性”有效性。这似乎是此类论证的弱点，因为“不相容性”从来没有真正成立过。这就是为什么在实践中这类论证很多时候都用修辞问题来表示的原因。这些修辞问题之说服力通过具体策略操控与谬误来得以强化。

利用智者的“反逻辑推理”概念以及某些修辞进路和话语分析，克

---

① 科珀希米德还发表了大量关于修辞学史以及政治言语分析与评价的论文（Kopperschmidt，1975，1976b，1977，1989b，1990）。他编写了关于作为篇章产品理论的修辞学以及修辞学在其他学科的有影响的书籍（Kopperschmidt，1990，1991），并且编写了一本关于佩雷尔曼和奥尔布赖切斯—泰提卡新修辞学的手册（Kopperschmidt，2006）。

② 与延斯一起，乌丁主编了《国际修辞年鉴》。延斯对从古代到 20 世纪的政治修辞学与修辞学史做了一系列贡献。就 16 世纪到 20 世纪德国修辞学史来讲，参见斯坎泽的著作（Schanze，1974）。

劳斯（Kraus，2012）在语用论辩意义上的批判性讨论框架内建立了论战式论证的逻辑与修辞。所有论证都从不同意开始，但需要依靠共同根基，而且这些根基常常是由论证者共享的认知环境或文化环境提供的。在激进的认知多样性或文化多样性情况下，基本不存在共同根基，因此，只有论战式论证成为可能。事实上，论战式论证刻画了我们当前论证文化中的诸多问题，因为在目前这个多元化社会，各种群体有着发散的文化背景和不同的论证文化。

李腾（Leeten，2011）探讨了道德话语中修辞的核心作用。在实际问题中，证成实践信念为"真"是不够的：不能忽略动机维度。修辞方法不是设计来检查理论上为真的，而是为了实践决策目的而设计的。这就是修辞学与伦理学总是相关联的原因所在。李腾讨论了表达性言语如何能在理性道德论证中有一席之地。然后，最重要的问题是这种言语如何能够不只是情感的谈话，而且还是道德论证的一部分。

利用相当宽泛的论证概念，汉肯伊里斯分析了刑事案件中的论证话语，在其论文中（Hannken-Illjes，2006），她探讨了在法律领域不同论证场域如何互动，而司法领域恰好是它们其中之一。通过定义刑事审判参与者要坚持的论题规则，她用民族志方法论框架展示了法律领域中的论证研究进路，建议用"场域依赖性"概念作为法律论证分析的起点，并提供了一个取自刑事诉讼中论证互动不同场域的例子。在刑事诉讼中对什么可算作好理由以及如何使用、谈判和评价论证进行审查，清楚表明了在法庭上建构事实且达成裁决的实践。此外，这项审查指向于法律理性建构以及在刑事审判中如何进行审查。汉肯伊里斯表明，在所有刑事诉讼中理性都是通过就不同有效性标准进行谈判来互动地完成的。

汉肯伊里斯（Hannken-Illjes，2007）想知道：在刑事诉讼中，当叙事与论证间的关系成为事实产品时，它相当于什么？在其论文中（Prior，2011），普赖尔的"论证民族志"方法被用来分析德国刑事案件中的"论证空白"实例。借助"论证空白"，汉肯伊里斯想要论证者没有提供理由的情景，尽管事实程序为它们留出了余地。

12.8 荷兰语世界的论证研究

在荷兰，论证理论是一个相当发达的领域，且在较小程度上对于比利时荷兰语区也是如此。有好几个主要论证进路在整个地区的大学里都有很好的体现：格罗宁根大学的形式论辩理论、阿姆斯特丹大学和莱顿大学的语用论辩学、奈梅亨拉德伯德大学的说服研究以及安特卫普莱休斯大学学院的修辞学。世界上荷兰语世界的许多论证学者都在“言语交流”领域内的主题提出了他们的具体进路，但在哲学中论证理论也有其代表。在其他领域，如法律研究，也有学者利用论证理论达到了他们领域问题的解决方案。在这项研究中，能够区分三条进路：首要的最著名进路是论辩进路，其中，最声名卓著的是语用论辩进路，还有哲学中的形式论辩理论。既然我们在第 10 章“语用论辩论证理论”与第 6.5 节和第 6.9 节已经讨论过语用论辩学，那么本节中我们就不讨论它们。

在荷兰言语交流中提出的第二种类型论证进路是程序主义。该进路从当代修辞传统与美国辩论理论中汲取了灵感，然后转向了逻辑与论辩的渊源。下面我们将讨论谢伦斯、韦尔霍文（Gerard Verhoeven）以及范登霍文（Paul ver den Hoven）的工作，他们是该进路的代表人物。

第三类进路首先受经典修辞学的启发，其次转向了逻辑与论辩资源。下面我们将讨论这条进路的主要代表人物布拉特（Antonie Braet）的工作。

强调在言语交流中论证重要性第一批荷兰学者有卓普（Willern Drop）和德弗里斯（Jan de Vries）。在其很有影响的教科书《言语交流》中引入了图尔敏模型及其在论证话语的分析与评价中的应用（Drop & de Vries, 1974）。有几位卓普在乌德勒支大学时的学生试图给出教中学生分析与评价议论文的程序。这些“程序主义者”中最有影响的是谢伦斯、韦尔霍文和范登霍文。既然他们提出其程序的灵感不只是源于图尔敏模式和美国辩论传统，也源于佩雷尔曼和奥尔布赖切斯—泰提卡的新修辞学，布拉特将他们的进路刻画为“修辞程序主义”（Braet，1999，p. 30）。[①]

荷兰程序主义者所提出的论证话语分析与评价的程序从未产生一个相当成熟的论证理论。范登霍文（van den Hoven，1984）在其博士论文中关注到提出分析地重构论证话语的程序。最近他在致力于给出分析视觉论证的工具（如 van den Hoven，2012）。谢伦斯（Schellens，1985）的博士论文在诸如新修辞学和哈斯廷斯（Hastings，1962）的博士论文等现有资源基础上，致力于提出一个论证型式理论，并将其作为评价论证话语的程序组成部分。在这些成就基础上，谢伦斯和韦尔霍文（Schellens & Verhoeven，1988）最终出版了实用教材，其中配有议论文的分析与关键评价的说明。

作为本进路的理论背景，谢伦斯（Schellens，1985）提出了论证型式四重类型论，涵盖了许多不同的论证类型，如诉诸例子论证、诉诸权威论证以及诉诸类比论证。在后来一篇论文中，谢伦斯（Schellens，1991）将其论证型式进路与谬误理论联系在一起，谬误被定义为未正确应用的论证型式。也正如其他进路所描述，通过检查能否用令人满意的方式回答与争议论证型式关联的批判性问题，议论文之批判性读者会发现作者所犯的这类谬误。

很久以后，通过与奈梅亨大学的其他研究合作，谢伦斯更加关注了说服研究的相关领域（如 Schellens & de Jong，2004）。在这个领域内所进行的研究多数本质上是经验研究，并且某种程度上是建立在论证理论所给出的理论概念之上（参见本手册第 8. 8 节和第 12. 4 节）。[②]

莱顿大学布拉特提出一种能够刻画言语交流与经典修辞学的论证方法。[③] 他强调关于论证话语实效性的经典修辞用法的理性，旨在实现并把经典修辞洞见应用于给出教授中学生如何写议论文（Braet，1979 – 1980，1995）以及如何进行讨论或辩论（Braet & Schouw，1998）之方法。布拉特认为，从理想角度来看，论证修辞学进路适合于这个目的，因为：（1）

---

① 参见本手册第 8. 2 节对美国辩论传统的讨论以及第 5 章“新修辞学”对佩雷尔曼和奥尔布赖切斯—泰提卡的新修辞学之讨论。

② 涉及这种类型研究的研究者包括伯吉尔（Burger）、范恩斯霍特（van Enschot）、霍肯（Hoeken）、霍尼克斯（Hornikx）、哈斯廷克斯（Hustinx）、德容（de Jong）和索尔蒙（Šorm）。

③ 布拉特（Braet，2007，p. 302）强调，语用论辩学是其进路的最重要的当代灵感来源。

修辞学的确不仅由说服理论所构成，而且由论证评价的关键理论构成；(2) 在论证实效修辞规范与论证理性论辩规范间有许多交叉；(3) 又像论辩学那样，事实上修辞学的确适用于双方在裁判听众面前论证各自情形的论辩情景（Braet，1999，pp. 34 – 36）。在后来的论著中，通过分析三部经典修辞学传统的核心著作即《亚历山大学修辞学》、亚里士多德的《修辞学》以及特姆诺斯的赫尔马戈拉斯（Hermagoras of Temnos）的修辞学著作，布拉特（Braet，2007）重申其修辞用法的理性观。而布拉特的目的是要在分析中把“地位理论”、“省略推理”、“论题学”以及“谬误”概念重构为规范论证理论发展的早期贡献。本书构成部分的早期版也是用英语发表的（如 Braet，1987，1996，2004）。

在荷兰与比利时荷兰语区，还有另外几位学者工作在论证理论领域。比如，莱顿大学范哈夫顿（Ton van Haaften）从语用论辩学和修辞学视角来研究国会辩论中所使用的语言说服效果。扬森（Henrike Jansen）从语用论辩视角描述了各种论证类型，其中整合了经典修辞学、当代修辞学以及语用学洞见。在安特卫普莱休斯大学，范贝勒（Hilde van Belle）讲授关于论证与修辞的课程，并发表了一些相关论著。根特大学维兰德（Jan Wiellem Wieland）考究了哲学中的无穷倒退论证。

12.9 法语世界的论证研究

在本手册第 9 章“语言学进路”中处理语言论证进路时，大量关注的是在法语世界对论证的这种看法所做出的重要贡献。事实上，在这些地区，论证理论在很大程度上由从语言描述视角开始的进路所主导。不过，其他进路也一直在发展，虽然必须承认它们常常也受语言视角的强烈影响。例如，这明显被应用于已经提出的几种认知修辞进路。值得注意的是，在长期以来不受尊重之后，修辞学视角逐渐东山再起，特别是在佩雷尔曼和奥尔布赖切斯—泰提卡的新修辞学变得更有影响力之后。从 20 世纪 70 年代开始，许多作者主要开始从修辞学视角出发，对论证理论做出了有趣的贡献，然后有时与语言学进路和认知进路组合在一起。①

我们在第9.3节已经广泛讨论过了语言学进路是由迪克罗和安孔布尔提出的语义进路，其中论证被看作话语意义的固有要素。比如，在这个传统工作的语言学家是拉克哈，他提出了“观点语义学”。② 这种语义理论的目的是解释语言如何使得允许行动者的隐性观点，即背后的意识形态表达，显露出来成为可能（Raccah，2006，2011）。

第二种语言论证进路本质上是认识的。逻辑学和认知心理学家维尼奥在法国纳沙泰尔（参见第9.2节）继续了格赖兹及其同事的工作。维尼奥（Vignaux，1976，1988，1999，2004）的目的是要识别出论证之逻辑本质以及与这种逻辑有关的逻辑话语运算。

如今，其他语用语言论证进路将经典修辞学与佩雷尔曼和奥尔布赖切斯—泰提卡的新修辞学中的概念与话语分析和会话分析之洞见组合起来。这种论证话语分析进路的重要例子是普兰丁和杜里给出的那些例子（参见第9.4节）。关注论证的另一位众所周知的话语分析家是语言学家曼戈诺（Maingueneau，1994，1996）。此外，法国最重要的话语分析家查鲁窦（Patrick Charaudeau）发表过论论证话语的论文（Charaudeau，1992，2008）。在其博士论文基础之上，迪马特拉艾（Demâtre-Lahaye，2011）出版了一部论在不同交流语境中用来劝阻自杀的语用策略。

在圣康丁昂伊夫利纳凡尔赛大学，科学哲学与科学史专家斯普兰兹出版了一部论亚里士多德论辩学的著作，其中论辩学与论证理论相关联（Spranzi，2011）。斯普兰兹的其他工作是在科学史领域，且特别关注伽利略（Spranzi，2004a，b）。目前，她的研究集中在媒体伦理学与媒体交流领域。从跨学科视角来着手处理论证的另一位法语世界研究者是伊布拉苏，他给霍布斯论证伦理学写了一个辩护（Eabrasu，2009）。③ 查图拉

① 作为法语世界主要是描述论证进路的一个例外，有位重要的法国论证学者与交流理论家布里顿提出了规范进路（Breton，1996）。1996年范爱默伦和荷罗顿道斯特（van Eemeren & Grootensdorst，1992a）著作的法文版出版，解释了他们关注论证性话语与谬误的规范观。范爱默伦和荷罗顿道斯特（van Eemeren & Grootensdorst，1992a）的著作以及伍兹和沃尔顿的规范进路著作（Woods & Walton，1996）的法文版均已出版。

② 拉克哈是奥尔良大学卢瓦尔河语言实验室的成员。

③ 伊布拉苏现为特鲁瓦高等商学院经济与法律学院助理教授。

劳德从社会学视角研究争论与公共辩论（Chateauraynaud，2011）。[①] 新索邦大学（即巴黎三大）交流与媒体系的杜富尔写了一本非形式逻辑教科书（Dufour，2008）。此外，他发表了一些关于科学与非科学阐释的论文（Dufour，2010）。

虽然法国有着重要的修辞学传统，[②] 19 世纪末，在其非科学特征遭到严厉批判之后，修辞学因国家教育课程发生变化而变化了。这一发展严重影响了在法国修辞学的地位，直到今天。一般来讲，甚至目前，只有修辞史被认为是值得学术关注的一个学科。

近来，一位重要的法国修辞学者是勒步耳。[③] 1991 年，勒步耳出版了一部处理修辞学史、修辞策略与修辞格以及种种论证类型间的区别之修辞学导论（Reboul，1991）。他认为，论证与有许多和演绎证明相区别开来的修辞性质：它是用日常语言来进行并且是针对听众的，其前提至多是似真的，而且其推论并不是强有力的。对于勒步耳来讲（Reboul，1990），论辩学是修辞学的智能工具，它有别于说服的情感手段。

另一位大家熟知的法国修辞学家是杜威—苏布林（Douay-Soublin，1994a，b），其专长是修辞学史。她编写了杜马尔赛从 1730 年开始的修辞研究史（Dumarsais，1988），还发表了关于 17 世纪、18 世纪和 19 世纪的法国修辞学史（Douay-Soublin，1994a，b）。里昂第二大学的迪希（Joseph Dichy）与特拉韦尔索（Véronique Traverso）一起领导了在阿拉伯和法国的互动研究团队（GRIAF）。[④] 该团队从事的研究中，有一部分关注的是诸如阿拉伯修辞学与议论文分析之类的主题（Dichy，2003）。

正如在法国一样，在瑞士法语区，论证研究本质上主要是语言学和认知科学的。从 20 世纪 60 年代开始，纳沙泰尔大学一直有一个论证研究

---

① 查图拉劳德现为巴黎社会科学高等学院研究所所长，并且是语用反思社会学团队创始人。

② 19 世纪与 20 世纪初出版的两本论经典修辞格的重要著作是杜马尔赛的修辞研究（Dumarsai，1988），1730 年第一版出版，以及方塔尼尔的辞格研究（Fontanier，1968），1821 年第一版，1827 年重印。

③ 在他后来的生涯中，勒步耳是斯特拉斯堡大学哲学教授，1992 年去世。

④ 迪希是阿拉伯语言学教授。特拉韦尔索是会话分析、语用学家和跨文化交流专家。她是里昂第二大学国家科学研究中心（CNRS）研究主任。她的有些工作是在论证领域（Doury & Traverso，2000；Doury *et al.*，2000）。

中心。正如第9.2节中所阐释那样，这是格赖兹和他的同事们提出自然逻辑理论的地方，且这种逻辑本质上既是语言学的又是认识论的，是作为形式逻辑的替代物被提出来的。

如今在纳沙泰尔大学语言与交流科学研究所，有许多研究者把研究延伸到了论证理论领域。比如，语言学家索绪尔擅长于说服性话语与操纵性话语分析。他发表了许多关于论证标识词以及关于论证话语说话者承诺的论文（de Saussure，2010；de Saussure & Oswalk，2009）。修辞学家与话语分析家赫曼将其研究集中在修辞与论证上，其中包括批判性思维、政治话语以及公共话语分析（Herman，2005，2008a，2011）。在赫曼的著作中（Herman，2008b），他分析了戴高乐的战争修辞学。

青年语言学家奥斯瓦德的研究兴趣是认知语用学、认识心理学、论证理论与话语分析间的接口。此外，奥斯瓦德一直在研究与语用论辩学与诸如相关性理论之类认知理论的相容性（Oswald，2007）。从认知语用视角开始，他也从事非合作的欺骗性或操纵性交流学（Oswald，2010）。该项研究的一部分一直是与弗莱堡大学英语语言学家教授马雅一起进行的（Maillat & Oswald，2009，2011）。奥斯瓦德的大多数近期工作都集中在谬误论证上，其目的是要把认知心理学进路之洞见与论证理论中的概念整合起来（Oswald，2011）。

在日内瓦大学，20 世纪 80 年代一群讲法语的瑞士语用语言学家提出了“话语分析的日内瓦模型”，这是话语结构的分层功能模型。该模型打算用来给独白式话语与论辩性话语的结构提供系统说明。费利塔兹与罗莱特（Fillietaz & Roulet，2002，p. 369）认为，该项研究把言语行为理论概念与统一人类行为理论以及受迪克罗等人（Ducrot *et al.*，1980）启发的话语关系和话语标记研究组合在一起。对该模型发展做出主要贡献的一直是奥奇林（Auchlin，1980）、莫希勒（Moeshcler，1985）以及罗莱特（Roulet，1989；Roulet *et al.*，1985）。在 90 年代，日内瓦模型经过了大修改，使得公平对待话语描述中的社会因素和认知因素成为可能（Roulet，1999；Roulet *at el.*，2001）。

洛桑大学法语系有许多学者从事修辞学、文体学、话语分析以及论证领域的研究。他们中有法语语言学教授亚当，他在篇章语言学框架内提出了论证序变模型（Adam，2004）。他还与博诺姆一起出版了广告论证研究（Adam & Bonhomme，2003）。伯格尔的专长是媒体话语研究（Burger，2003）。他与马特尔（Guyliane Martel）一起编了一部媒体中的论证与交流手册（Burger *et al.*，2005）。话语分析家和修辞学家麦齐利探讨了诸如政治话语和媒体话语之类的话语种类中的论证功能（Micheli，2010）。他还发表了一篇关于论证与说服之关系的论文（Micheli，2012）。洛桑大学话语分析与会话分析领域专家雅克金（Jacquin，2012）就 1968 年法国总统蓬皮杜（George Pompidou）的演讲提供了论证分析，他还与伯格尔和麦齐利一起编写了关于媒体中的政治话语与对抗的手册（Burger *et al.*，2011）。

最后，前面已提到的伯尔尼大学法语语言学教授博诺姆是位文体学专家。他出版了几部关于演讲修辞格之语义与语用分析的著作（Bonhomme，1987，1998，2005，2006）。

在加拿大法语区，有许多工作在论证理论领域的学者。魁北克市拉瓦尔大学信息与交流系的戈捷教授专长于政治话语中的论证与交流（Gauthier，2004）。戈捷与布里顿一起出版了一部从古希腊到当代的论证研究历史概要（Breton & Gauthier，2011）。在同一个系，马特尔把修辞工具与话语分析工具应用到公共辩论的论证之中（Martel，2008）。同样在拉瓦尔大学但在语言、语言学与翻译系的文森特使用话语分析与会话分析方法来刻画公共辩论（Vincent，2009）。在蒙特利尔的麦吉尔大学，加拿大比利时人安格诺特是位思想史与话语分析教授，也出版了几部关于修辞与论证的著作（Angenot，1982，2004）。[①]

在比利时法语区，主要是从修辞学视角来研究论证的。从 20 世纪 70 年代开始就提出了两种新修辞学进路。两种进路都产生了一系列特色性论著。

第一种修辞进路是布鲁塞尔学派，那是由佩雷尔曼（参见本手册第 5 章“新修辞学”）在布鲁塞尔大学创立起来的。该学派的修辞学进路能够被视为把修辞学看作所有可获说服手段的亚里士多德传统的继续，本质上既是论证的又是体裁性的。1984 年佩雷尔曼去世后，他的合作者迈耶（Michel Meyer）接替他担任修辞与论证教授。迈耶也接任了佩雷尔曼的

① 安格诺特还是布鲁塞尔自由大学修辞学首席教授。

《国际哲学杂志》主编的任务。①

出于对形式逻辑的不满，迈耶在 20 世纪 70 年代早期提出了一种哲学上的论证进路——问题学（Meyer，1976，1982a，1986，1988）。他的目的是，用他的问题学来为传统科学概念做出批判性的但又是建设性的贡献。1995 年，他的著作《论问题学：哲学、科学与语言》（1976 年首先出版了法文版）的英文版问世。2000 年，迈耶出版了其著作《问题性与修辞性》，其中他系统阐明了问题学哲学。2008 年，迈耶在《修辞原理：一种普通论证理论》中提出了一个普通论证理论，其中考虑了论证与修辞的许多不同主要进路。

迈耶理论进路的综合基础是“质问”或“问题化”思想。根据迈耶问题学进路观点，每一话语都能用于两个目的：表达疑问或“问题”以及提供答案或“解决方案”。疑问是“一种干扰、一种困难、一种选择紧急状态，因此是一种针对决策的诉诸”（Meyer，1986，p. 118）。既然从短语到篇章的所有话语都能充分表达问题和提出解决方案的双重功能，那么话语的任意片段都能标上疑问，也能标上解决方案。在迈耶看来，关于质问理论的论证：“什么是论证而不是关于一个疑问的观点？提出疑问［……］即是论证。”（Meyer，1982b，p. 99）论证话语的功能是给具体语境下的具体问题提供答案。最终答案不在预期之中，因为它们只能在形式逻辑的形式语言中被提供，其中没有怀疑或矛盾命题的空间。

第二种修辞进路源于比利时的法语区，是由列日大学的跨学科的符号学家团队——缪团队（*Groupe* μ）提出来的。② 与佩雷尔曼的修辞观相反，该团队关注修辞之体裁方面，并且主要涉及语言的文学功能或诗意功能。③ 他们的第一部主要著作出现在 1970 年：《普通修辞学》（*Groupe* μ，1970），其英译版在 1981 年出版（*Groupe* μ，1981）。在本书中，作者

---

① 2012 年在佩雷尔曼诞辰 100 周年之际，迈耶与弗里德曼共同编写了一本关于佩雷尔曼工作的手册（Frydman & Meyer，2012）。

② 缪团队成员包括埃德琳（Francis Édeline）、克林肯伯格（Jean-Marie Klinkenberg）、杜布瓦（Jacques Dubois）、皮埃尔（Francis Pire）、特里诺（Hadelin Trinon）和敏格特（Philippe Minguet）。

③ 与佩雷尔曼修辞学的对立是受巴尔泰斯（Roland Barthes，1970）修辞观之启发，他认为修辞学是一个过时的学科，并且不能被语言理论家认为是一个严肃的研究主题。

利用结构主义的语言学进路提出了一个修辞格的阐释模型。缪团队还提出了一种视觉修辞学和视觉符号学的理论进路（*Groupe* μ，1992）。

2000 年初，布鲁塞尔自由大学组建了一个修辞与论证语言学团队［Groupe de recherché en Rhétorique et en Argumentation Linguistique，简称"格拉尔团队"（GRAL）］。该项研究的领导者是布鲁塞尔自由大学的丹布隆（Emmanuelle Danblon），他还是佩雷尔曼基金会的总干事。格拉尔团队中的其他成员有尼古拉斯（Loïc Nicolas）、山斯（Benoît Sans）、费里（Victor Ferry）、马耶尔（Ingrid Mayeur）和托马（Alice Toma）。格拉尔团队成员既从修辞学视角又从语言学家视角来研究论证，因此，统一了两大比利时修辞学传统。格拉尔团队的研究项目是跨学科的：在他们的论证与修辞研究中心，研究者利用修辞学史、法律研究、政治哲学、心理学、生物伦理学、人类学、文学以及心灵哲学的洞见。2011 年，团队开始系统搜寻佩雷尔曼的档案。

格拉尔团队成员丹布隆的目的是要把传统修辞学与当代语言学洞见组合起来。她的研究主题是修辞学、论证理论、话语理论、认识论与理性。她写了几本论证理论与修辞学领域的书籍（Danblon，2002，2004，2005，2013）。在丹布隆的论文中（Danblon，2002），她选择认知视角讨论了修辞学与理性之间的关系，在推理形式（归纳、回溯和演绎）与推理技能的发展之间进行了对比。丹布隆（Danblon，2005）展示了一个修辞起源概览，评论了当代的主要论证进路，并讨论了现代社会中修辞的作用。最后，丹布隆（Danblon，2013）追溯到了修辞的根源，把修辞分析为一种能使每个公民公开表达的一种技能。

12.10　意大利语世界的论证研究

从 20 世纪 60 年代开始，意大利的论证研究逐渐兴起。[①] 受佩雷尔曼和奥尔布赖切斯—泰提卡的《修辞学》意大利语版（1966 年出版）的影

① 用意大利语背景的卢加诺学者的论证符号语用学进路在本手册的第 9.5 节中已讨论。

响，研究者把论证作为使用语言以影响他人的方式探讨。① 直到 20 世纪 90 年代，大多数研究都集中在论证话语的修辞方面，特别关注文体特征。这种对修辞格和文体的研究兴趣是受劳斯伯格《修辞学基础》意大利文译版（Lausberg，1969）以及缪团队《普通修辞学》（*Groupe* μ，1970，1981）的影响。1990 年以后，论证的哲学进路与论辩进路开始提出。意大利当代论证研究的一个显著特征是关注具体制度语境中的论证，如法律语境、政治语境、媒体语境以及商务语境。

在很大程度上，修辞学论著集中在阐释修辞手法功能。巴瑞利（Barilli，1969）、瓦里西欧（Valesio，1980）和赛格（Segre，1985）表明了这种特别兴趣。直到 20 世纪 60 年代后期，修辞或者被看作语言装饰艺术，或者被视为操纵说服艺术。在《当代修辞学理论》一书中，瓦里西欧提出，这些修辞学概念并不是站得住脚的。他为每一陈述都有修辞痕迹这个观点进行了辩护。他认为，修辞即“所有语言，其中它是作为话语来实现的”（Valesio，1980，p. 7）。用这样的修辞概念，在话语的修辞学分析与语言学分析之间就不存在区分的可能了。

1989 年，加拉韦利出版了一部综合的修辞学手册《修辞学手册》（Garavelli，1989）。另一项重要的修辞学贡献是卡塔尼（Cattani，1990）做的论证模式研究。卡塔尼把修辞学重新评价为话语理论和描述论证实践的工具。1995 年，卡塔尼从修辞视角处理了谬误主题。用这样的视角来看，一个论证是谬误与否，取决于提出论证所在的具体情景以及受众的判断。2001 年，卡塔尼出版了一部关于修辞技巧在辩论中运用的历史概要著作（Cattani，2001）。

罗马尼亚裔语言学家斯塔提（Sorin Stati，1931 – 2008）在 2002 年出版了一部关于论证分析的专著，该著作将修辞视角、逻辑视角和语言视角做了组合（Stati，2002）。② 几年以后，皮亚扎展示了 20 世纪修辞学研究（Piazza，2004）以及亚里士多德修辞学研究（Piazza，2008）。社会心

---

① 佩雷尔曼和奥尔布赖切斯—泰提卡的《新修辞学》1966 年意大利语版是哲学家博比奥（Bobbio）引进的。其出版导致了论证的哲学、社会学以及语义学反思。用伊科的话来讲：“我记得……佩雷尔曼和奥尔布赖切斯—泰提卡的书对我们的影响是：包括受制于哲学领域的论证领域都是似真的与可能的领域。”（Eco，1987，p. 14）

② 就他的大部分学术生涯来说，斯塔提是博洛尼亚大学语言学教授。

理学家卡瓦札分析了说服程序中的激活机制，研究了能说服种种情景中的社会行动者语境与条件（Cavazza，2006）。2009 年，卡塔尼与坎图（Cantù）、特斯塔（Testa）、韦达里（Vidali）共同编写了佩雷尔曼和图尔敏之后五十年的论证理论发展手册（Cattani *et al.*，2009）。

意大利论证研究从哲学上做出重要贡献的是培拉（Pera，1991）在《科学话语》（*The Discourses of Science*，英译版，1994）的修辞、论辩与科学分析。培拉打算从组合修辞与论辩视角科学着手处理科学推理。他认为，科学方法的逻辑理想模型是站不住脚的。在培拉看来，在科学行为中不仅涉及本质与心灵探索，而且也涉及质疑群体，这一群体攻击、辩护和争论过程来决定科学是什么。培拉认为，修辞学是构造科学的基本要素，是一种论证说服实践，通过它决定哪些研究结果获得接受。

培拉对科学修辞学与科学论辩学进行了区别。科学修辞学即“在科学辩论中旨在改变听众信念系统的推理或论证之说服形式”，而科学论辩学是指“那些形式有效的逻辑或标准”（Pera，1994，p. 58）。为了获得科学修辞学实际上等于什么的较清楚图景，他研究了伽利略的《对话》、达尔文的《物种起源》以及宇宙学中“大爆炸稳定状态争论”的论证运用。他经分析得出的结论是，科学主要诉诸下列科学语境中的修辞：（1）试图让新方法论程度可接受时；（2）为方法论规则解释进行论证时；（3）试图打败关于将规则适用于具体情形之异议时；（4）要证成出发点时；（5）将肯定似真度赋给假说时；（6）要批判或贬损竞争的假说时；（7）针对假说提出异议时。

在形式逻辑中，论证通过自身检查来判定其有效性，但培拉认为，它们正确与否应当以辩论为基础，即以在针对具体听众的具体语境中的辩论为基础。在辩论中，论证要服从于具体约束或判定允许或禁止哪些步骤的辩论规则。形成科学论证的这类规则正是科学论辩家们的任务。科学论辩学的规则有两种类型：管理辩论规则和仲裁辩论规则。前者规定对话者间准许的交流类型；后者判定赋予各方的要点以及奖励胜者（Pera，1994，pp. 121 - 126）（在许多方面，培拉进路与本手册第 10 章“语用论辩论证理论”所讨论过的语用论辩进路很相似）。

在瑞士工作的意大利论证学者鲁宾里尼在《论题学》中讨论了亚里士多德《论题学》和西塞罗《论题学》的方法及其相互关系（Rubinelli，

2009）。她的专著给出了哲学上扎根于两部《论题学》历史语境的一个解释，旨在为评价经典进路与当代论证研究的相关性。意大利对论证研究的另一项哲学贡献是基拉多尼（Gilardoni，2008）的《逻辑与论证手册》，其中包括了逻辑学、论辩理论与修辞学洞见的编撰。[①] 此外，认识论专家和政治哲学家德阿戈斯蒂尼出版了关于公共辩论中理性论证与谬误论证研究的著作（d'Agostini，2010）以及关于诉诸无知论证的论文（d'Agostini，2011）。

论证研究的论辩学上的一项重要贡献是坎图和特斯塔的对话逻辑导论（Cantù & Testa，2006）。在他们的研究中，他们讨论了各种论证进路，既有描述进路又有规范进路，并强调对话进路和论辩进路，如辛迪卡的论辩进路、范爱默伦与荷罗顿道斯特的语用论辩学以及沃尔顿与克罗贝的对话模型。[②]

在意大利论证研究中，大量关注的是不同制度性语境下的论证。特别是法律领域具有广泛的代表性。在该领域从事论证研究的学者中有古洛塔和普杜（Gulotta & Puddu，2004）。他们分析了在刑事审判中检控方或辩方律师能够使用的论证策略与技巧。马齐擅长于司法论证的语言学分析（Mazzi，2007a，b）。在特伦托大学法律系，有些学者从事着法律论证研究。例如，曼金出版了好几卷论法律修辞的论著（Manzin，2012a，b）。[③] 同一所大学的托马西（Tomasi，2011）从修辞视角分析了意大利刑事审判。米兰博克尼大学的卡纳尔和图泽特在法律解释与论证领域进行了研究。他们一起发表了许多关于法律实践中使用特殊论证类型的论文（Canale & Tuzet，2008，2009，2010，2011）。热那亚大学的诺瓦尼（Novani，2011a，b）探究了如何分析法律语境下的思想实验与证言论证。

---

① 基拉多尼还分别把范爱默伦与比吉（van Eemeren & Bigi，2010）、范爱默伦与荷罗顿道斯特（van Eemeren & Grootendorst，2004）以及范爱默伦、荷罗顿道斯特与汉克曼斯（van Eemeren，Grootendorst & Henkenans，2002a）的论著翻译成了意大利语（van Eemeren，Grootendorst & Henkenans，2014，2008，2011）。

② 在坎图和特斯塔的论文中（Cantù & Testa，2011）讨论了论证理论发展与人工智能间的送给。

③ 与法拉利一起，曼金编写了一卷论修辞在法律职业中作用（Ferarri & Manzin，2004），并与普波一起编写了一卷论交叉询问（Manzin & Puppo，2008）。

文克泽是关注政治领域的年轻研究者，在她关于政治家运用说服策略的博士论文中（Vincze，2010），既注意到了言辞策略又注意到了说话者在说服其听众过程中所用的手势和姿势。文克泽将法国总统候选人罗亚尔（Ségolène Royal）和萨科齐（Nicolas Sarkozy）在其竞选活动中所使用的说服策略进行了比较研究。

卡塔尼（Cattani，2003，2007，2007）的工作集中在商务领域，他分析了广告中言辞论证技巧与视觉论证技巧的运用。

前面已提到过的鲁宾里尼自21世纪早期开始就一直在关注医疗卫生领域中的论证运用。与舒尔茨一起，她分析了论证在医生与病人互动中论证的作用（Schulz & Rubinelli，2008）。她和舒尔茨以及中本健（Kent Nakamoto）一起还评估了直接面向消费者的处方药广告中论证运用（Rubinelli *et al.*，2008）。与汉克曼斯一起，她在2012年在《语境论证杂志》编了论证与医疗专题。[①] 另一位从事医疗论证的研究者是比吉。她关注权威论证的运用以及医生与病人间互动的道理问题（Bigi，2011，2012）。曼弗雷达（Manfrida，2003）分析了关系心理治疗过程中叙事与论证的运用。他认为，心理治疗师在其治疗中需要使用说服策略，判定病人过去在逻辑层面和情感层面上所持有的观点，向新观点敞开他们的胸怀。

最后，那些意大利裔学者在研究论证与计算范围内发挥了重要作用（还可参见本手册第11章“论证与人工智能”）。利物浦大学的格拉索（Floriana Grasso）是活跃在这个领域的研究者之一。她的部分研究关注是，利用经典论证理论和认知建模，建模说话者目的与说服策略之方式。对她的研究来讲，一个主要应用领域是医疗信息学：就健康生活方式给出个性化说服信息与建议（Grasso & Paris，2011）。在论证与计算领域的另一位意大利研究者是帕格里尼（Fabio Paglieri）。他的研究集中在行动决策与信念动态学，既在个体意义（信念修正）上进行研究，又在社会意义（论证）上进行研究（Castelfranchi & Paglieri，2011）。

---

① 自2010年开始，鲁宾里尼忙于在卢塞大学打造论证研究项目，关注决策中的理性说服与消费者的论证技巧以及医疗职业教育（Zanini & Rubinelli，2012；Rubinelli & Zanini，2012）。

12.11　东欧的论证研究

在波兰，对论证理论的兴趣是相当鲜明的。事实上，那是建立在古老强大的涉及推理人类交流中运用的逻辑理论化波兰研究传统之上的。例如，塔斯基（Tarski，1995）表达了其坚定信念，即逻辑知识的扩散也许对人类关系正常化起着积极贡献：

> 因为，一方面，通过使概念意义精确化并在其自己的领域内统一起来，同时强调这种精确必然性与在其他领域的一致化，逻辑导致了那些有意愿那样做的人们之间更好理解的可能性。另一方面，借助完善和锐化思想工具，它使得人们更加具有批判性，并因此使得他们被所有伪推理误导的可能性最小，这些推理今天被不停地暴露在世界的不同部分。（Tarski，1995，p. xiii）

我们首先会注意到论证在波兰研究的历史背景，将其发展区分为不同阶段。然后我们将转向当下情形，讨论在当今波兰论证理论中最突出的与传统相符的研究趋势。

在 1930 年到 1970 年间，当波兰论证理论进行早期研究时，利沃夫与华沙学派占主导地位。虽然还未使用“论证理论”这一术语，但在语言哲学与逻辑中也探究了许多论题，并且这些论题如今是语用论辩学和非形式逻辑的核心问题，代表人物有埃杜凯威兹、切斯泽夫斯基（Tadeusz Czeżowski）、雅斯可夫斯基、卡明斯基、卢兹西维斯卡·卡罗巴诺娃（参见 Koszowy，2011），其代表性成果有卢兹西维斯卡·卡罗巴诺娃（Łuszczewska-Romahnowa，1966）的推理之语境相关语用考量、雅斯可夫斯基（Jaśkowski，1948）的话语超协调讨论逻辑，以及卡明斯基（Kamiński，1962）的逻辑谬误概念分析、作为理性讨论的必要条件之语言准确性、作为教授批判性思维技能理想之逻辑文化和哲学与科学方法语境下的论证，后来还有埃杜凯威兹（Ajdukiewicz，1974）的语用逻辑与语用方法论方案。虽然利沃夫与华沙学派倾向于首先是形式的，但他们也渴望建模和教授现实生活推理。这解释了为什么研究致力于论证分析与评价，并且波兰研究语言与推理的分析传统形成了。[①]

从20世纪80年代开始，在哲学逻辑中研究论证与逻辑，主要是在哲学系。首先试图让波兰哲学熟悉当代论证理论研究。这也涉及从形式数理逻辑——在波兰研究和教学中占主导地位，甚至在本科生中也是如此——向研究现实生活推理和批判性思维的转向。比如，像沃瓦夫卡（Teresa Hołówka）、马奇舍夫斯基（Witold Marciszewski）、萨康（Wojciech Suchoń）和托卡尔兹（Marek Tokarz）这些学者提出了修辞学的逻辑进路以及说服的形式语用考虑（Tokarz，1987，1993），但他们也研究了逻辑谬误以及论证技艺的逻辑基础。[②]

20世纪90年代，波兰文献学和语言学系的许多学者开始把他们对语言研究的兴趣与利用修辞学的洞见组合起来。他们把经典修辞理论与其他修辞理论应用到文学风格研究中。其中，切斯瓦夫·亚罗津斯基（Czesław Jaroszyński）、皮欧特·亚罗津斯基（Piotr Jaroszyński）、科罗尔科（Mirosław Korolko）、尼参斯基（Jakub Lichański）和齐欧米克（Jerzy Ziomek）所处理的论题是从古代到现代的修辞学史、作为雄辩和实效说服艺术的修辞术以及在修辞体裁技巧（如比喻、回指、拟声和讽刺）在文学中的运用。[③]

最后，用建立和确立跨学科的波兰论证学派来刻画从2000年以后的发展。该学派包括了来自不同院系的学者，如哲学系、文献学系、语言学系、计算机科学系、心理学系和教育学系。在他们的进路中，论证的形式研究是核心，但出发点是现实生活交流实践（参见Budzynska *et al.*，2012）。与国际研究团队合作，并且主要用英文出版，他们探索了将论证理论、对话理论和说服理论链接在一起的可能性。联合像“柏修斯团队”

① 参见泽姆宾斯基（Ziembiński，1955）的著作和埃杜凯威兹（Ajdukiewicz，1965）的论文。

② 关于杰出学者所写的教科书，请参见沃瓦夫卡（Hołówka，2005）、马奇舍夫斯基（Marciszewski，1969）、托卡尔兹（Tokarz，2005）和萨康（Suchoń，2006）的著作。

③ 参见科罗尔科（Korolko，1990）、尼参斯基（Lichański，1992）以及齐欧米克（Ziomek，1990）的著作。

（PERSEUS）和“泽布拉马团队”（ZeBraS）的研究团队，[①] 伯金斯卡（Katazyna Budzynska）、迪波沃斯卡（Kamila Dębowska-Kozłowska）、卡西普雷扎克（Magdalena Kacprzak）、科斯佐维（Marcin Koszowy）、塞林格（Marcin Selinger）、赛曼尼克（Krzysztof Szymanek）、韦乔雷克（Krzysztof Wieczorek）、扎里斯卡（Maria Załęska）以及他们的学生处理了各种各样的论题，如论证分析与评价的形式模型、论证型式与谬误、关于说服与对话的推理之逻辑、应用形式修辞学、伦理学与道德论证、建模论证与对话的认知语用学以及批判性思维。[②]

波兰论证学派的活动是由论证与对话论坛（ArgDiaP）来协调。该论坛是由伯金斯卡和卡西普雷扎克发起，波兰科学院哲学与社会科学研究所赞助组织。[③] 本论坛的主要目的是，鼓励对交流与论证过程进行跨学科反思和讨论，建立一个波兰论证研究者的网络，促进形成波兰论证学派工作融贯。该研究关注“形式修辞学”，建立在波兰逻辑与修辞传统之上，其目的是要从所有相关学科所提供的视觉中受益，把论证与交流的形式方面和实践方面连接起来。

论证与对话论坛首创精神导致了科斯佐维在《逻辑学研究》和《语法与修辞》波兰杂志编辑发表了好几个论证专题。此外，还组织了一系列两年一度的一天会议，差不多包揽了所有波兰知名大学的学者，还特邀了其他国家的学者展示论证理论的最重要进路。[④]《论证》杂志 2014 年

---

① 柏修斯团队（PERSEUS）建立于 2006 年，代表着论证实效运用之说服性研究（PERsuasiveness Studies on the Effective Use of argumentS）；斑马团队（ZeBraS）创建于 2012 年，是一个应用形式修辞学研究团队。

② 参见扎里斯卡（Załęska，2012b）、赛曼尼克（Szymanek，2001）以及赛曼尼克、韦乔雷克和沃耶切赫（Szymanek，Wieczorek & Wójcik，2004）的论著。

③ 2002 年，伯金斯卡在华沙维申斯基红衣主教大学答辩的博士论文从语用视角讨论了论证与证明思想；2003 年，扎里布斯基（Tomasz Zarębski）在弗罗茨瓦夫大学答辩的博士论文讨论了图尔敏哲学中理性概念的重构与分析；2008 年，科斯佐维在卢布林天主教大学答辩的博士论文讨论了当代逻辑谬误概念；2008 年，迪波沃斯卡在波兹南密茨凯维奇大学答辩的博士论文扩充了论证的语用论辩模型；2012 年，尼参斯基在华沙工业大学答辩的博士论文探讨了论证逻辑学中的语境依赖推理。

④ 在波兰举办的其他国际会议包括 2005 年波兰修辞学会举办的修辞与论证国际会议，2009 年在乌斯特龙卡托维兹西里西亚大学举办的论证与信念理性改变国际会议，以及 2012 年罗兹大学举办的语用学、修辞学与论证跨学科进路的语用学会议（Pragmatics－2012）。

第2期出版了一个波兰论证学派的专题，客座编辑是伯金斯卡和科斯佐维，他们将在论证与对话论坛国际版上所发表论文的扩充版收集在一起。引言编排了中心主题和波兰学派的主要进路，作者有伯金斯卡、迪波沃斯卡、卡西普雷扎克、科斯佐维和塞林格。

波兰学派探讨的论题范围相当广，有时延伸到了论证理论本身的边界。在当前研究中处于中心的首要论题是评价。基于知识获取程序中某些论证能够通过应用取自科学方法论的工具进行成功评价，科斯佐维（Koszowy，2004，2013）采取了方法论进路。迪波沃斯卡（Dębowska，2010）针对论证实效性和理性的评价，扩充了语用论辩模型，引入回溯程序使得考虑论证之语用相关、对话参与者的全局目标和局部目的成为可能。赛曼尼克（Szymanek，2009）提出了一个借助处理类比论证相似性进行论证分析与评价的模型，并在类比多重约束理论（Gentner，1983）的帮助下，给相似性推理的结构与解释一个新阐释。塞林格（Selinger，2012）通过提供一个评价论证强度的普通数值方法，提出了一个涵盖自然语境下大量论证的形式评价模型。

另一个趋势在于研究论证的修辞说服方面。托卡尔兹（Tokarz，2006）、韦乔雷克（Wieczorek，2007）和伯金斯卡（Budzynska，2011）探讨了论证心理模型与逻辑模式之间的联系。扎里斯卡（Załęska，2011）给出了一个理论框架，把针对认识权威的论证结构描述为两种类型的针对个人论证，从人际层面解释了专家良好声誉的两个参数，即坚固性和值得依赖性。伯金斯卡（Budzynska，2002）表明，只有循环话语被解释为道德论证，标准形式才允许重构循环性。她说明了它们的可替肯定解释要求用与有关言语行为实施者之可信性相关的道德要素来丰富现有模型。塞林格（Selinger，2005）和扎里斯卡（Załęska，2012a）研究了政治话语语境中的道德本质。斯库尔斯卡（Skulska，2013）考量了修辞论证的论证形式分层。

有个相关但不同的关注是对话分类法和协议。伯金斯卡和迪波沃斯卡（Budznyska & Dębowska，2010）提出一个对话模式，旨在解决冲突，是沃尔顿模型的修改扩充版。伯金斯卡和里德（Budzynska & Reed，2012）提出了一个对话中针对个人论证技巧的非推论性模型。他们的进路是建立在下述假定之上的：（1）针对个人论证不是推论性结构而是底切结构；（2）在某些交流语境下它可以是一种非谬误的论辩技巧；（3）能够用与沃尔顿针对个人论证型式（Walton，1998a）相关联的批判性问题来决定对“针对个人论证”进行攻击的维护策略。杜林基普尼兹（Dunin-Kęplicz *et al.*，2012）在超协调框架中讨论了言语行为的实现。他们把言语行为分析为在要求解决冲突或信念修正情形之交流关系语境下主体间互动的构件。这些构件包括知道：（1）不一致信息；（2）以前的不一致信息；（3）以前的未知信息；（4）未知信息；（5）相容信息；（6）矛盾信息。[①] 亚斯科斯卡等人（Yaskorska *et al.*，2012）提出一个对话协议，允许反方表达与消除由语用论辩规则开始的形式谬误，且这些规则允许反方既可以挑战正方使用命题之内容，又可以挑战其推理的证成力。他们把两个传统，即洛仑岑的对话逻辑与帕肯的说服对话博弈标准集成起来从形式上表达这条规则。这产生了一个程序，其中主体不仅就事实能够互相说服，而且就对话中所使用的经典命题有效性也能互相说服。

另一脉研究涉及论证的形式计算模型。伯金斯卡和卡西普雷扎克（Budzynska & Kacprzak，2008）的多模态行动逻辑与梯度信念用主体分布式系统在不确定的不完全信息环境下提供了一个说服过程推理的演绎系统。杜林基普尼兹和韦尔布鲁格（Dunin-Kęplicz & Verbrugge，2010）给出了一个在动态主体环境下建模团队协作的逻辑理论（TeamLog）。塞林格（Selinger，2010）提出了一个论证结构之集合论模型，并且洛金斯基（Łoziński，2012）用卡尔尼德斯论证框架给出了一个增量论证分析的算法。

论证技术是另一个关注焦点。柏修斯团队的伯金斯卡等人（Budzynska *et al.*，2009）提供了一个软件工具，能用于验证多主体系统检测诸如个人用来成功令他人信服的论证是什么以及什么样类型的说服者保证获胜之类的问题。基于里德和罗维（Reed & Rowe，2004）的阿罗卡里亚软件，伯金斯卡（Budzynska，2011）利用抓住论证说服方面的模块进行了

① 在杜林基普尼兹等人（Dunin-Kęplicz *et al.*，2012）的进路中，选择基于规则的、像数据存储器类查询语言 4QL 作为四值实现框架，确保了不像在标准二值进路中那样要维护模型的可追溯性。

拓展，开发出波兰教授论证理论的唯一工具软件——波兰版阿罗卡亚尼。伯金斯卡（Budzynska，2011）使用论证表示的开放的论证互换格式标准，建立了波兰第一个分析自然论证网络语料库——波兰版论证网络语料库（ArgDB-pl）。[①]

最后但也很重要的是，对于波兰逻辑研究传统与语用论辩学和非形式逻辑的当代论证研究间关系的元理论问题的密切关注（Koszowy，2004，2011，2013）。[②]

从1980年开始，匈牙利发展出了两个论证理论学派。首先，在布达佩斯罗兰大学哲学团队有一个布达佩斯学派。该团队的学者包括鲁萨（Imre Ruzsa）、波洛斯（LászlóPólos）、马特（Andras Mátè）和萨博（LászlóSzabó）。他们从经典逻辑和现代逻辑视角研究了论证与推理。2000年以后，布达佩斯学派通过与布达佩斯理工大学和科维努斯大学合作拓展了其研究范围。芝姆普伦（Zemplén，2008）和艾克塞尔（Aczél，2009，2012）等的学者探讨了诸如科学史中的论证与科学哲学中的论证之类的新领域，进行了若干案例研究。科佐瓦兹（Kutrovátz，2010）对涉及H1N1接种疫苗的公共辩论1000多个在线论证交流做了实证研究。根据证言哲学之近期辩论以及诸如伍兹与沃尔顿进路对论证理论的贡献，芝姆普伦（Zemplén，2011）研究历史案件研究，探究了在科学争论中方法论规范在何种程度上是论证工具。马尔吉泰（Margitay，2004）出版了第一本论证综合手册。

其次，20世纪80年代有个学派在佩奇潘诺纽斯大学，该大学现在已改名为佩奇大学。在当代论证研究中，富有创新精神的佩奇学派与迪布勒森大学和塞格德大学学者间有着活跃的合作。自2003年开始，受匈牙利国家科学基金委与匈牙利科学院资助，在校际研究合作框架内开始了

---

① 关于论证表示的标准语言——论证互换格式语言（AIF），参见切斯尼娃、麦金尼斯、莫德吉尔、拉安、里德、西马里、索思、弗里斯维克和维尔莫特的论文（Chesńevar，McGinnis，Modgil，Rahwan，Reed，Simari，South，Vreeswijk & Willmot，2006）。

② 批判性思维的教育理想也是学术反省的工作，瓦斯乐斯卡—卡明斯卡（Wasilewska-Kaminska，2013）讨论过，并且借助各种教科书在进行推动（Hołówka，2005；Szymanek *et al.*，2004；Tokarz，2006）。

与论证相关的研究项目。[①] 该项研究是从语言学上定向的，其领导者是佩奇大学的科姆洛希（Lászó Komlósi）、迪布勒森大学的克尔特斯（András Kerész）以寒格德大学的内梅特（Enikó T. Németh）。

佩奇团队选择的研究进路特征是，把论证看作一个跨学科的概念，这个概念将认知现象、文化现象、语言现象、文学现象以及视觉现象整合在一起了。[②] 在“社会互动意义建构”这个大伞下进行了各种视角之间的相互关系研究。继科姆洛希之后，其他贡献者有塔内伊（Lászó Tarnay）、西蒙菲（Zsuzsanna Simonfly）、克里普夫（Erzsébet Knipf）、波利亚（Tamás Pólya）、威格（Árpád Vigh）、久罗（Monika Gyuró）和塔诺西（István Tarrósy）。[③] 他们所使用的理论工具整合了许多伟大资源之洞见：论证的认知话语对话方法、语用论辩学、推论语用学、非形式逻辑、论题理论、符号学传统[④]以及在语言中研究论证的法国传统［邦弗里斯特（Benveniste）、迪克罗和拉克哈的“观点语义学”[⑤]］、缪团队以及比利时列日大学的视觉修辞学学派。

佩奇大学语言学与交流理论教授科姆诺希研究了普通语言学与当代语言学。他的博士论文研究的是形式语义学：蒙太古语法及其缺少的语用参数。教授资格论文是研究推论语用学的。科姆诺希的认知兴趣强烈影响着他关于话语论证、论证结构、非形式逻辑、推理策略以及推理语用学的研究（如 Komlósi，1990，1997，2003，2006，2007，2008）。塔内伊是同一所大学的副教授。他把在语义学和语用学中阐明的对话博弈论应用于谜语和谚语分析，并且涉及基于论证模式分析的文学研究，并把解释的诠释模式与论证模式对立起来（如 Tarnay，1982，1986，1990，

① 迪布勒森大学研究机构的研究生出版了在线杂志——《论证》（*argumentum*）。参见克尔特斯和拉科斯（Kertész & Rákosi，2009）针对来自该大学的论证出版物的论文。

② 佩奇大学组织了几次关于论证各个方面的国际会议。久罗（Monika Gyuró）2007 年答辩了一篇关于与健康相关的交谈中的话语融贯性与论证，其中将论证理论应用于临床交谈中。

③ 比如，他们的合作研究有科姆洛希和克里普夫（Komlósi & Knipf，1987）的论文以及科姆洛希和塔诺西（Komlósi & Tarrósy，2010）的论文。

④ 像波兰以及东欧其他地区一样，在匈牙利，符号学，包括形式语言学与认知语言学，是 20 世纪 70 年代中期到 80 年代之间占主导地位的研究范式之一。特别是叙事学、话语分析、非形式逻辑起主导作用，它在佩奇学派的工作中得到明确展示。

⑤ 佩奇团队的一大具体特征是，受拉克哈的启发在进行一项比较语言分析项目。

1991，2003）。佩奇大学的另一位副教授西蒙菲和拉克哈与迪德边在法国从事研究。她对把他们的论证洞见应用于具体语言学问题感兴趣，比如意义和推论结构中的不确定性和模糊性。

在构成前南斯拉夫的那些国家，论证研究并不繁荣，不过，也出现了一些有趣的发展。在斯洛文尼亚，主要应归因于扎卡尔（Igor Ž. Žagar）的影响，或许主张历史上局部对论证理论的兴趣从20世纪60年代开始，那时瓦托维奇（Fran Vatovec）在卢布尔雅那大学教修辞学。可是，瓦托维奇主要不是对论证理论本身感兴趣，而是对新闻学和公共演讲感兴趣。他的继承者格拉布纳（Boris Grabnar）持有相同的主张，他的工作是研究选举与纯描述的言语。1991年，他出版了一本一般性介绍修辞学的教科书（Grabnar，1991），但他的介绍没有摆脱概念错误和不一致的影响。

斯洛文尼亚涉及论证的大多数理论著作都是由扎卡尔和日马弗茨（Janja Žmavc）在卢布尔雅那教育科学研究院话语研究中心进行的。在普利摩斯卡大学，他们给斯洛文尼亚语言学专业与传媒学专业学生教授修辞与论证必修课，并且在马里博尔大学开设另一门修辞学取向的课程。[①]扎卡尔还在小学课程中引入修辞学，帮助实现学校改革。此外，在商学院教授修辞学，即使只作为谈话技巧：正确的流利的并且还能够是漂亮的说话艺术。事实上，在斯洛文尼亚教授修辞学，论证仍然被忽略了。要是论证教授与修辞学有关，总是出现“一边倒”，论证常常被吸收到其他学科中了。

在斯洛文尼亚对论证感兴趣是从扎卡尔把迪克罗的论证理论引进语言体系开始的，参见本手册第9.3节，而他的研究却是在巴黎完成的。[②]他的哲学与语言学研究，特别是言语行为研究，导致了扎卡尔“论证结构”与“论证导向”的发现。迪克罗认为，这一发现为作为体系的语言所固有。扎卡尔将其出发点陈述如下：

> 论辩总是从块开始，而这个块是由至少一个论证和结论构成的，

① 参见泽达尔·盖尔等人（Zidar Gale *et al.*，2006）的教材。

② 扎卡尔认为自己是迪克罗的追随者，并且主要是在迪克罗“标准理论”内工作。可是，他常常思考其中某些概念和定义，并推广其他理论见解，试图将它们应用于不同领域。

> 并且我们总是不得不考虑把它们放在一起，总是与另一个论证相关联而不是孤立的。……不存在论证能有的绝对独立取向：它总是受结论的限制、说明和解释或重新解释。一个论证而且同一论证能够也许至少有两个不同甚至对立的结论……因此，在评估与评价论证时，我们总是必须与给定论题的框架内要达到的结论相关，绝不是独立的。(Žagar，2008，pp. 162－163)

扎卡尔在卢布尔雅那大学获得了文化社会学专业博士学位。1997 年，他成了卢布尔雅那教育科学研究院话语研究中心主任。他是许多专著和论文的作者或合作者、编者或合作编者，这些论著涵盖了论证、语用学与话语分析的交叉领域。在他看来，他最重要的工作是在语言体系中的论证与话语分析领域，关注诸如论证取向、论证力度、论证标记或联结词、论证范围、论证指标词、复调理论、论题学以及批判话语分析的话语历史进路（如 Žagar，1991，1995，1999，2000，2002，2008，2010，2011；Žagar & Schlamberger Brezar，2009；Žagar & Grgič，2011）。正是他在论证方面的工作把他引向了修辞学，特别是经典论题理论。

2005 年，扎卡尔开始与日马弗茨合作，而日马弗茨的博士论文是他合作指导的，是用古希腊修辞传统中的情感维度来讨论道德的。日马弗茨的理论兴趣集中在经典修辞学史、经典修辞学概念、修辞理论与实践、论证中道德与情感的运用、语言语用学以及修辞教育。在她的研究中，她首先考察了经典修辞概念与当代模型间的关联以及它们对于论证话语分析的可应用性（如 Žmavc，2008a，b，2012）。在处理道德的贡献时，她讨论了古代不同的品格表现概念，并提出了在她看来涵盖了道德之经典修辞概念的解释。日马弗茨还就斯洛文尼亚语言学专业学生的修辞技能与论证技能进行了到目前为止唯一的经验研究。①

克罗地亚对修辞学的兴趣重现于 20 世纪 90 年代，因为当时南斯拉夫共产主义时代已经结束。这项发展是已故的斯加里奇（Ivo Škarić）促成的，首先在萨格勒布大学语音学系的传媒教育中开始。其次是论证教学

---

① 其他的斯洛文尼亚论证研究者有布里甘特和韦兹雅克（Bregant & Vezjak，2007），他们对谬误有描述兴趣。

的修辞视角，修辞取向的论证研究也开始发表论文或出版论著（如 Hasanbegović，1988；Visković，1997；Škarić，2011）。基希史克和斯坦科维奇提供了克罗地亚国会辩论中的谬误分析（Kišiček & Stanović，2011）。此外，利科尼奇和托米奇研究了图尔敏模型在修辞教育中的应用（Nikolić & Tomić，2011）。

在保加利亚，论证理论的源头肯定是修辞的，并且从 20 世纪初就开始了。大量关注论证的第一本教科书是托舍夫（Andrei Toshev）1901 年出版的修辞与雄辩指南。1924 年，巴卡诺夫（Georgi Bakalov）进行了一项针对员工型论证的公共演讲的研究，其中要求要有实效地影响群众意识。

在保加利亚，当代论证理论发展强有力的推动是 1976 年建立的索菲亚大学修辞学系。[①] 从很早开始，该系就把论证理论与逻辑与修辞方法和技巧一起教授。[②] 其他大学随之把修辞学作为必修课或者选修课。[③] 在哲学家、律师和语言学家的课程中，论证理论也重新扮演起重要的角色。

在保加利亚，当我们想到理论进路对论证理论的发展有着重要影响时，首先想到了亚里士多德论辩学。它常常在亚里士多德哲学语境下与亚里士多德的分析学、修辞学与政治理论一起被研究。正如亚历山德罗夫（Alexandrova，1984，1985，2008）、韦达尔（Vedar，2001）、阿波斯托诺娃（Apostolova，1994，1999，2012）和马夫洛迪娃（Mavrodieva，2010）所表明的，鉴于其整体开放本质，亚里士多德哲学仍具有始终相关的持续性。

保加利亚学术一直在影响着理论化，包括瓦西里耶夫（Vasilev，1989）的雄辩修辞研究《雄辩：修辞方面》。在这项研究中，这位著名哲学史学家探讨了哲学、意识形态与修辞学间的关系。斯巴索夫（Spassov，1980）和西维洛夫（Sivilov，1982，1993）探讨了修辞学与无形式辩证逻辑之间的关系。斯蒂法诺娃（Stefanov，2001，2003）重点考虑形式逻辑

---

① 在这个修辞学系，答辩了大量关于论证理论的博士论文。

② 从 1995 年开始，保加利亚修辞协会是发展科学与教育项目的另一个中心。

③ 在保加利亚对论证理论感兴趣是受阿姆斯特丹 1986 年论证理论国际大会的进一步刺激，这次国际会议导致了国际论证研究会成立。

证据与论证间的关系，关注逻辑错误。

在 20 世纪修辞学变形研究中，亚历山德罗夫（Alexandrova，2006）提出了保加利亚第一个系统论证理论概览。通过批判性评论该领域提出的最重要思想，她弄清了 20 世纪后半叶对论证理论和修辞学感兴趣是后现代社会的结果。亚历山德罗夫不仅讨论了产生作为历史上最伟大社会尝试的社会主义意识形态兴衰，讨论了全球化以及与之相关的人类学发展，而且讨论了跨文化对话和借助传媒所发挥的作用。在她的专著中，说服交流理论被分为两组范畴："论证理论"和"比喻论"。首先讨论了属于第一个范畴的论证理论四学派：佩雷尔曼和奥尔布赖切斯—泰提卡的新修辞学、图尔敏方法、范爱默伦和荷罗顿道斯特的语用论辩学以及布鲁廷的耶烈万学派。[①] 然后，作为第二个范畴的组成部分，说服的修辞体裁方面是从符号学角度来探讨的。

佩雷尔曼回归到亚里士多德的复杂性，是马克思主义真理客观性基本前提的有趣替代（Alexandrova，1997，1999，2006，2008）。[②] 布鲁廷耶烈万学派的论证理论仍然是建立在客观真理概念基础之上的，这一概念是苏联管理体制时期的意识形态出发点，但论证、论证话语和论题已被从不同于逻辑证明视角来看待。

由亚历山德罗夫发起和主编的"修辞学文库"之几部关键著作的保加利亚文版出版，把语用论辩学带向越来越靠近保加利亚研究实践。[③] 现在，主要是语用论辩学在影响着保加利亚论证理论。[④] 马夫洛迪耶娃（Mavrodieva，2010）用莱温斯基（Lewiński，2010a，b）对互联网政治讨

---

① 索菲亚大学修辞学系对这些学派之三个学派学术领军人物佩雷尔曼、范爱默伦和布鲁廷的访问，加强了他们的思想对保加利亚学术的影响。

② 这一替代是受佩雷尔曼研究的刺激，尤其是受这些著作影响（Perelman，1968，1969，1974，1979b），也反映了在迈向修辞实践态度上的显著变化。修辞实践的极权主义管理取决于包括党和苏联共青团书记以及党委意识形态部门在内的领导者具体指示，取决于一系列为下级书记和政治指导员服务的月刊杂志。

③ 范爱默伦和荷罗顿道斯特的著作（van Eemeren & Grootendorst，1992a，2004）保加利亚文版已经分别于 2009 年和 2006 年出版。

④ 修辞学文库的前两卷是《一个系统论证理论》（van Eemeren & Grootendorst，2004）和《论证、交流与谬误》（van Eemeren & Grootendorst，1992a）。前一本由彭切夫（M. Pencheva）翻译，2006 年出版；后一本由亚历山德罗夫翻译，2009 年出版。《论证话语的策略操控》（van Eemeren，2010）即将出版。

论论坛论证活动类型的语用论辩研究作为其虚拟修辞学研究的理论与方法论基础。

当代保加利亚论证理论领军理论家有亚历山德罗夫、斯巴索夫、瓦西里耶夫和斯蒂法诺娃。此外，有些重要贡献是某些其他学者做出的。例如，拉德娃（Radeva，2000，2006）探讨了哲学修辞学的起源。她的论题是：作为交流中说服过程的修辞学既有逻辑方面又有价值方面。在她看来，修辞证明在本质与实质上都是逻辑的，但在其功能和应用上是修辞的。拉德娃说明了价值方面在修辞领域有其地位，因为演讲者的道德取向和价值取向在修辞证据中起作用。在《文化与篇章》一书，阿波斯托诺娃（Apostolova，2012）讨论了对跨文化修辞学在英语语言学习领域的具体应用。她区别了学习过程中的两个位相：首先是论证与动机，其次是网络系统整合进路（SIAN）。

值得提及的其他研究有波利亚的专著（Polya，1968），其中把似真推理与修辞推理中的可协商前提思想联系在一起，并与阿波斯托诺娃（Apostolova，2011）对于哲学论证本质的讨论相联系。如今，论证理论问题还常常在保加利亚博士论文中讨论。一篇突出的博士论文是斯蒂法诺娃的《二十世纪末以来的意大利政治辩论中的修辞论证》（Stefanova，2012）。斯蒂法诺娃针对由意大利第一共和国向第二共和国转变的哲学政治背景以及与之相伴的社会政治交流和政治话语中复杂变化，讨论了她所关心的论证。

在罗马尼亚，从20世纪90年代开始，论证理论一直在哲学系与外国语和语言学系两个不同环境中发展着，其中外国语与语言学系更加突出。[①] 在克卢日纳波卡（即克劳森堡）的巴贝什·博尧依大学的哲学系，马尔加出版了几部研究著作，其中将论证的哲学视角与语言学视角组合在一起（Marga，1992，2009，2010）。比如，在马尔加的著作中，他把图尔敏模式与哲学论证的重要瑕疵放在一起来讨论，比如，诉诸权威论

① 在布加勒斯特、雅西、克鲁日、克拉约瓦、加拉茨和普洛耶什蒂的哲学、文学和交流院系开设论证理论。罗马尼亚有两本论证理论杂志：《论证》（*Argumentum*，2002年开始由雅西的亚历山德鲁伊万库扎大学出版）以及《公共领域中的交流与论证》（*Communication and Argumentation in the Public Sphere*，从2007年开始由加拉茨大学出版）。

证及其变形的运用（Marga，1992，pp. 152－157）。在雅西的亚历山德鲁伊万库扎大学，哲学家萨拉瓦斯特鲁（Sălăvăstru，2003）是一位很有成就的论证学者，他出版了迄今为止罗马尼亚出现的论证研究最详细的概览。[①] 从古代开始，他勾勒了历史全貌，并给论证提供了一个整合视角。

出自外国语与语言学系的一本有影响手册的作者是布加勒斯特大学的图特斯库（Tuţescu，1986，1998），他从事公共法语工作。在罗马尼亚，法语论证研究常常关注语言手段，如：论证指示词与论证联结词。他们常常受安孔布尔、迪克罗、格赖兹、莫希勒的强烈影响（参见本手册第 9 章“语言学进路”）。图特斯库首先提供了一个与论证理论相关的语言学进路概要。在简要展示论证理论的发展简史之后，她讨论了佩雷尔曼与奥尔布赖切斯—泰提卡、阿佩尔、冯赖特、格赖兹、维尼奥、图尔敏、迪克罗与安孔布尔以及范爱默伦与荷罗顿道斯特的洞见。她关注的论证策略包括论战否定、隐喻和悖论。图特斯库还讨论了像法语“但是”、“甚至”和“事实上”这类语言手段的话语特征。沿着安孔布尔和迪克罗的进路，她把“说明”和“引诱”看作指引方式，其中话语围绕给出的主要异议与语词建立起自己的论证角色。图特斯库方法对罗马尼亚论证理论的博士研究有着相当重要的影响。

在布加勒斯特大学，昂内斯库—鲁山度耶乌和扎弗乌从语用视角着手处理语言与话语，其中整合了文体学、修辞学、论证理论和话语分析的洞见。当昂内斯库—鲁山度耶乌推动了政治论证研究（Ionescu-Ruxăndoiu，2008，2010）时，[②] 扎弗乌将论证理论与修辞之洞见应用于各种类型的论证篇章。在扎弗乌的论文中（Zafiu，2003），她利用豪特罗斯尔（Houtlosser，1998）的观点、态度、论题、结论与立场的区分，研究了论证与对话的关系，它反映的对话是从一个罗马尼亚口语语料库（CORV）中抽取出来的。该语料库为任加（Jinga，2002）所建。根据扎弗乌的研究，在日常会话中，罗马尼亚说话者常常提出挑战常识的观点。

---

① 罗马尼亚论证研究的另一个重要步骤是佩雷尔曼和奥尔布赖切斯—泰提卡的修辞学于 2012 年出版罗马尼亚文版。

② 还可参见康斯坦丁内斯库、斯多伊卡和布尔布列斯库的论文（Constantinescu，Stoica，and Uţă Bărbulescu 2012）。

代替用论证支持其立场的是，他们提出其发现容易讨论的子主题。提出立场与论证常常伴随犹豫、近似、模糊和弱化。扎弗乌还关注了会话中论证角色的发展以及形象塑造之语言手段运用。①

2006 年，同一所大学的伊库—普雷奥蒂亚萨（Isabela Ieţcu-Preoteasa，或 Isabela Ieţcu）发表了从论证理论处理问题的几项研究成果（她的贡献与伊莎贝拉·费尔克劳的一样，参见本手册第 12.2 节），她是布加勒斯特大学经济研究院发展语言中心话语分析研究团队的奠基者之一。首先是伊库—普雷奥蒂亚萨 2004 年在美国兰开斯特大学答辩的博士论文修改版（Ieţcu-Preoteasa，2006）。她将批判话语分析与语用论辩学进行了比较，并把它们关联起来了。前者不够具体，并且“在描述对话的规范框架上缺乏分析性”，但“在着手处理意见分歧的各种方式之具体化方面”更精确。伊库—普雷奥蒂亚萨指出：“通过对话克服意见分歧恰恰是”说话者可以选择的“一个可能情节”（Ieţcu-Preoteasa，2006，p. 132）。在博士论文中，她探讨了罗马尼亚作者帕塔皮耶维奇（Horia-Roamn Patapievici）在关于罗马尼亚经济自由主义合法化与 1989 年后共产主义丧失合法地位的论文集中所使用的话语策略与论证策略。一方面，通过整合批判话语分析、语用论辩学和非形式逻辑的洞见；另一方面，通过整合克拉策（Angeika Kratzer）的模态论证之洞见，她试图打造自己的分析方法。在第二项研究中，当伊库将语用论辩概念策略操控应用于四种不同论证话语情形时，她把模态、证据性和隐喻包含到其方法中（Ieţcu，2006）。她的方法组合了各种视角，并在分析中考虑了大量语境信息，因此，使她得出否则不可能得出的结论。比如，她得出结论：1989 年成为公开反对榜样的罗马尼亚知识分子明显是语用论辩意义上的论辩取向，这使他们在很大程度上成为道德权威和政治权威，但在某种程度上隐藏了他们的论证事实上愿意接受被指责为谬误，模糊了“他们就论证目的所建构的二律背反常常是虚假的二难……他们的类比具有欺骗性，容易误导

① 扎弗乌的论文包括了正统布道所表示的宗教篇章分析，而这种宗教篇章属于“最稳定的篇章类型，始终贯穿着值得维持且在欧洲文化中一直在坚持的修辞传统”（Zafiu，2010，p. 27）。比如，推理在正统布道中有着不同于科学篇章的角色，并且在论证中其具体方式是通过道德和“被接受的情感展示”来补充的（Zafiu，2010，p. 27）。

人……”（Ieţcu，2006，p. 273）

对于加拉茨大学论证、修辞与交流研究团队来讲，语用论辩学成为灵感的主要来源。① 自 2007 年以来，一直在进行着一项处理分解和证据标记的策略操控研究项目。② 分解的论证技巧是在加塔或卡尼亚的系列论文中探讨的（如 Gătă，2007；Ganea & Gătă，2010）。论证话语中的证据标记作用是在卡尼亚、加塔或史克里普尼史的两部专著和系列论文中讨论的（如 Ganea & Gătă，2009；Gătă，2010；Ganea，2011，2012；Scripnic，2011，2012a，b）。研究者的假定是，在论证话语中，提出信息来源的修辞功能是要将对方的注意力吸引到其可依赖性程度上，因此，支持确保论证建立在坚实证据基础之上的论辩功能。充分利用语用论辩学扩充，马齐路和穆拉鲁都与该项目有关。2010 年，他们在布加勒斯特大学答辩了他们研究论证话语具体情形下策略操控的博士论文，分别是罗马尼亚堕胎辩论与戴维营和平谈判（Mazilu，2010；Muraru，2010）。

自 1990 年后期以来，在马其顿对论证理论的兴趣日益增长主要在哲学、逻辑与人工智能方面，但也有在法律和传媒学与修辞学方面。不仅认为论证理论在促进逻辑发展方面能够起作用，而且论证理论的概念工具也被视为评判各种理性话语品质的实践手段。这导致了参与从不同学科对论证现象进行理论研究的马其顿学者扩大了。在这项努力中，将取自论证的各种不同理论进路的洞见放在一起，不仅包括图尔敏视角、新修辞学、语用论辩学和非形式逻辑，而且包括更形式取向的进路，如形式论辩学和涉及非单调逻辑的可废止推理之洞见。此外，批判性思维成为跨学科课程和暑期学校的研究论题。③

从逻辑与哲学视角，马其顿论证研究回应了打造一个整合论证理论发展不同范式的理论框架的挑战。在斯科普里圣西里尔美多德大学哲学

① 该研究团队是文学院法语系的话语理论与实践中心的组成部分。该中心 2010 年出版了范爱默伦和荷罗顿道斯特《论证、交流、谬误：一种语用论辩视角》之罗马尼亚文版（van Eemeren & Grootendorst，1992a），由加塔（A. Gătă）和阿姆斯特丹大学的安多内（C. Andone）共同翻译。

② 证据标记或“证据标识词”是标记陈述所依赖的信息来源的词或短语，如视觉或听觉的感知、推论、间接引语等。

③ 例如，2011 年，在奥赫里德组织了一个大型跨学科暑期学校“论证：法律、政治学与科学”（Argumentation：Droit，politique，sciences）。

研究所，论证理论研究是由潘佐娃（Violeta Panzova）作为早期研究项目“马其顿标准语言的逻辑分析与形式化”之后续研究引入的。在这项新项目“论证理论的当代趋势”中，论证的最重要方法是详细探讨了提出一个逻辑概念，使它能足以宽泛到处理分析推理与论辩推理的形式、原则和机制。该项目的历史部分首先关注亚里士多德的“论辩”理论：《论题篇》、《修辞学》和《辩谬篇》。该项目的系统部分之主要来源包括佩雷尔曼、图尔敏、菲韦格、洛仑兹、巴斯与克罗贝、沃尔顿以及范爱默伦与荷罗顿道斯特的论著。① 其关注焦点是勾勒完整论证理论的基本原理。

该项目与论证最相关的主要成果是迪米斯科夫斯卡（Dimiškovsaka，2001）的《语用学与论证理论》著作在马其顿出版。该研究的核心思想是，论证理论涉及逻辑学的语用取向进路。② 通过提出一个整体逻辑概念作为理性的分析性与非分析性展示理论，试图克服逻辑的简化形式化进路。迪米斯科夫斯卡认为，从交流之主体间性与推理的对话结构出发，借助语言之语用方面分析，就能给出一种在论证理论中建构性运用的分类工具。把范爱默伦和荷罗顿道斯特语用论辩理论用于论证话语分析与谬误识别，他阐明了论证理论言语行为理论的相关性。迪米斯科夫斯卡的结论是强调要详细说明涉及非分析推理的理论化，用一种还包括规范维度的理论取代纯粹的描述理论。③

正如迪米斯科夫斯卡（Dimiškovsaka，2009）所表明，论证理论的引入或重新引入涉及向自然语言资源的根本回归以及超越分析视角论辩视角的卓越性。迪米斯科夫斯卡回应了论证话语中参考者如何防止对方通过针对“理性规准”破坏性地使用论证技巧来使不充分的论证行动有实效。在不同交流层面上，她讨论了不同语境下的四种不同“策略”及其不同效果。在这个讨论中，她特别关注策略规范层面与描述层面之间的关系。

---

① 在马其顿，范爱默伦、荷罗顿道斯特和汉克曼斯的《论证：分析、评价与谬误》（van Eemeren，Grootendorst & Snoeck Henkemans，2002a）一书的阿尔巴尼亚文出版（van Eemeren，Grootendorst & Snoeck Henkemans，2006a）。

② 还可参见迪米斯科夫斯卡（Dimiškovsaka，2006）的论文。

③ 刚才讨论的这项研究在法律推理领域得以继续，参见迪米斯科夫斯卡的论文（Dimiškovsaka，2010，2011）。

在圣西里尔美多德大学与论证理论相关的其他研究活动中，关于修辞学是在古典研究所进行的，而关于批判性思维是在教育研究所和心理学研究所进行的。[①] 20 世纪早期，由于米米迪的工作，泰托沃东南欧洲大学在从事论证理论方面也变得很活跃。她曾经是这所大学的讲师，现在已经是泰托沃州立大学教授。米米迪对解决“深度分歧”问题感兴趣。在其论文中（Memedi，2007），她利用一个马其顿案例研究论证了“第三方”概念是有帮助的，至少在解释某些深度分歧案例如此。

论证理论研究倾向于集中关注分析两方间的论证话语，但在某种程度上，第三方也涉及了。正如辩论赛中双方不是要试图互相说服对方而是要说服裁判者一样，在法律中双方律师不是要试图说服对方而是要说服法官或陪审团。米米迪（Memedi，2007）认为，关于种族冲突也同样如此，其中双方不是要试图说服对方，而是试图说服第三方听众。借助语用论辩策略操控分析，用马其顿语报纸与阿尔巴尼亚报纸以 2001 年两个种族间的武装冲突为例，她检验了其假定：事实上双方都试图说服介入的国际社会。在其论文中，在处理棘手冲突时，她考虑了利用最近引入的“吸引子”概念，“该概念能内拉双方的引力”（Memedi，2011，p. 1264），因此，能够用一个强有力的吸引子，如国际社会介入，来分析与阐明马其顿冲突管理。

12. 12　俄罗斯以及苏联其他地区的论证研究

俄罗斯以及苏联其他地区的论证研究无法遵循统一范式来刻画。对论证理论有着明显的兴趣，但在该学科的主题应当是什么，却有着不同观点，正如关于其主要问题与未来发展没有达成共识一样。他们从许多角度来着手处理论证。主要理论传统是哲学传统、逻辑传统、认知传统、修辞传统或者这些传统中某些传统的组合。能够区别不同学派，但事实上它们之间存在大量的交叉。在勾勒前沿动态时，我们将首先关注在苏

① 参见米沃夫斯卡—斯巴斯娃和阿科夫斯卡—莱斯科夫斯卡提出能用于各种教育层次的批判性思维革新技术的尝试（Miovska-Spaseva & Ačkovska-Leškovska，2010）。

联研究论证的历史背景，然后讨论最新发展。为此，我们将给出一个俄罗斯以及曾属苏联的其他国家各种论证进路概观。

从历史上看，俄罗斯论证研究是作为逻辑研究传统的组成部分而开始的。可是，有些工作已超越了这个框架的边界。比如，俄罗斯著名逻辑学家波瓦尔宁在其开创性著作《论证技术：建构论证的理论与实践》讨论了做论证的逻辑方面之后，又讨论了做论证的交流方面和心理方面（Povarnin，1923）。波瓦尔宁提出了一个争议分类，探讨了正反方的论证技巧以及谬误分类。他的工作仍然在于给寻求实践帮助的论证学生一个阅读清单。可是，在苏联并没有对论证理论产生清晰的理论兴趣，直到20世纪后半叶，诸如沃尔顿、范爱默伦和荷罗顿道斯特之类的著名西方论证理论家的某些研究被翻译成俄文。①

在20世纪70年代，苏联对论证研究的兴趣首先受亚美尼亚哲学家布鲁廷（Georg Brutian）的鼓励。布鲁廷当时在埃里温大学设立一个论证研究中心。② 因此，布鲁廷复兴了亚美尼亚传统，追溯到了五六世纪的无敌大卫。他为建立论证研究新潮流所需要的方法提供了理论基础。他的努力导致了埃里温论证学派的产生。目前，该学派已在俄罗斯、白俄罗斯以及其他国家的学生中有许多分支。

布鲁廷和他的合作者首先关注哲学论证，但他们也发表了论证理论中关于论证分析的具体问题论著。他们把论证看作旨在将对手当成在提出者目标实现过程中的合作参与者。该进路的主要特征是系统组合了哲学、逻辑学、修辞学、话语分析以及其他学科的洞见。在组织国际会议以及培养来自全苏联的年轻学者方面，埃里温论证学派一直很活跃。首届苏联全国论证论坛于1984年在埃里温举行。定期举行这样的会议，并且它们的论文集已经出版。③ 从1971年到2001年，布鲁廷还主办了一本杂志《亚美尼

① 沃尔顿的针对个人论证研究（Walton，1998a）已被翻译成俄文（Walton，2002a）。范爱默伦和荷罗顿道斯特的著作（van Eemeren & Grootendorst，1984，1992a）以及范爱默伦、荷罗顿道斯特和汉克曼斯的著作（van Eemeren，Grootendorst & Snoeck Henkemans，2002a）已经出版（分别为1994c，1992b，2002b）。

② 正如他的俄罗斯同事阿列克谢耶夫（Aleckssev，1991）所说："在苏联，论证研究发展总是首先与布鲁廷的名字联系一起。"

③ 首届论坛的会议论文集《哲学论证问题》已由布鲁廷和纳尔斯基（G. Brutian & Narsky，1986）主编出版。他们把"论证学"（Argumentology）看作哲学研究的一个具体分支。

亚心灵杂志》。2003 年以后，该杂志更名为《新闻与看法》。[①]

在其论证理论论著中（如 Brutian，1991，1992，1998），布鲁廷教授表现出对许多论题感兴趣，从论证研究历史和论辩学与修辞学之运用到论证类型学以及哲学论证的具体特征。[②] 埃里温学派其他成员包括霍夫汉尼西恩（Hasmik Hovhannisian）、迪德让（Robert Djidjian）和利里特·布鲁廷（Lilit Brutian）。霍夫汉尼西恩探讨了无敌大卫所涉及的论证问题，并描述了埃里温学派的历史与当前关心的问题（Hovhannisian，2006）。迪德让关注科学发现、医疗论证以及其他知识领域中论证的作用，但他还讨论了论证理论与“转换逻辑”之间的相互关系（Djidjian，1992）。利里特·布鲁廷主要关注论证的语言维度。她发表了一些关于明显或部分明显的论证话语分析的论文，给出了一个论证话语的类型学归类（如 L. Brutian，1991，2003，2007，2011）。[③]

当前，在俄罗斯能够区分两种哲学传统：一个是莫斯科传统；另一个是圣彼得堡传统。在莫斯科，领军理论有俄罗斯科学院哲学研究所的阿列克谢耶夫（Andrey Alekseev）、格拉西莫娃（Irina Gerasimova）和伊温（Alexander Ivin）以及莫斯科国立大学逻辑学系的伊夫列夫（Yury Ivlev）。在圣彼得堡，最有名的学者是圣彼得堡大学逻辑学系的米古诺夫（Anatoliy Migunov）和利桑尤克（Elena Lisanyuk）。[④] 在加里宁格勒康德大学哲学系还有一个论证团队。该团队由已故的布鲁辛金（Vladimir Briushinkin）大约在 2000 年创立。此外，还值得提及的是明斯克白俄罗斯国家公共管理科学院哲学系特乔伊乔夫（Viktor Tchouechov）的工作。

---

① 2004 年，范爱默伦、荷罗顿道斯特和汉克曼斯的著作（van Eemeren，Grootendorst & Snoeck Henkemans，2002a）亚美尼亚文版出版。

② 就他对论证语言的观点来讲，可参见布鲁廷和马卡里安（Brutian & Markarian，1991）的论文。

③ 埃里温学派的其他成员有阿塔扬（Edvard Atayan）、泽斯拉夫斯基（Igor Zaslavsky）、沙克瑞恩（Hrachik Shakarian）、格沃钦（Hamlet Gevorkian）、马纳西安（Alexander Manassian）、马里卡安（Edvard B. Markarian）、格里戈里安（Henri Grigorian）、苏伦·霍夫汉尼西恩（Suren Hovhannisian）、霍夫汉尼斯·霍夫汉尼西恩（Hovhannes Hovhannisian）、阿瓦鉴（Mkrtich Avagian）、阿瓦尼西安（Arthur Avanesian）和阿米尔卡尼安（Anna Amirkhanian）。

④ 1999—2002 年，圣彼得堡大学逻辑学家与阿姆斯特丹大学言语交际、论证理论与修辞学系联合出版了一本在线杂志《论证、解释与修辞》（*Argumentation*，*Interpretation*，*Rhetoric*），由米古诺夫与范爱默伦共同主编。

莫斯科学者关注论证中所体现的推理方式。在他们看来，这些推理方式逻辑上总应当是正确的。伊温的教材《论证理论基础》(Ivin，1997)是俄罗斯第一本这类教材，他把论证的目的是让听众接受论点作为起点，但该论点无须必然为真。伊温认为，论证理论把研究各种能让说话者的影响其听众，甚至他们在为事实上为假的论题进行辩护的话语方式，作为其主要目标。由于它们要求有各种不同的支撑，伊温不仅区别了描述性陈述与规范性陈述，而且还区分了普适推理方式和语境推理方式，普适推理方式即不依赖于听众的推理方式，语境推理方式即其中需要考虑要说服的目的听众的推理方式。

在圣彼得堡，米古诺夫从逻辑语用学视角研究了论证话语，其中还利用了语用论辩理论（Migunov，2002，2004，2005，2007a，b，2009，2011)。由于关注逻辑、论证与修辞间的关联，他区分了传统逻辑推论、人际交流中基于语用论辩论证原则的论证推论以及涉及观点的对话思维产生与言语表达的修辞推论。利桑尤克（Lisanyuk，2013）详细考察了逻辑认知进路，其中，用语用论辩脉络把论证理解为涉及概念上明显的两个阶段：用逻辑与认知框架设计论证的心智活动阶段以及用对话或独立从交流上将论证具体化言语活动。为了构思心智设计，论证者必须预想到未来对话搭档涉及要提出的对话类型的认知假定。这些认知假定随着以证成为目标的论证、以确信为目标的论证与以说服为目标的论证间的区别而有所不同。①

在加里宁格勒，已故的布鲁辛金提出要利用论证的逻辑方法、修辞方法和认知方法设计一个系统的论证模型（Briushinkin，2000，2008，2010)。该系统论证模型有两大明显特征：首先，它将论证看作发生在心灵中的纯概念活动，而发生在论证言语表达化中的具体化是个单独问题。其次，为了决定选择哪个论证模型，需要展开目标对象研究。2000 年，布鲁辛金在斯韦洛戈尔斯克市发起了一个论证论坛，题为“建模推理”。该会议逐渐成为苏联国家论证理论领域的一个重要传统，吸引了来自俄罗斯、乌克兰和白俄罗斯的论证理论家。

① 同一个作者对论证理论的其他贡献有利桑尤克（Lisanyuk 2008，2009，2010，2011）的论著。

白俄罗斯论证理论家特乔伊乔夫（Viktor Tchouechov）在其博士论文中讨论了与马克思哲学概念相关的哲学论证。他还将佩雷尔曼和奥尔布赖切斯—泰提卡的新修辞学一方面与范爱默伦和荷罗顿道斯特的语用论辩学进行比较研究，另一方面又与马克思辩证法进行比较研究。特乔伊乔夫对论证理论的进一步贡献包括给出了对各种不同修辞学的历史概观。在《论证学的理论与历史基础》一书中，特乔伊乔夫（Tchouechov，1993）区分了论证历史哲学中的三种不同方法论方向：古希腊的诉诸逻各斯论证、古印度的诉诸权威论证和古中国的诉诸道德论证。在考虑论证学典范时，他提出要沿着四个维度在两种进路之间进行区别：形式的、非形式的或无形式的逻辑学、论证的或表达的修辞学、诠释学或超诠释学以及独白的、对话的或论辩的维度（还可参见 Tchouechov，2011）。①

在俄罗斯和苏联其他地区的论证研究是从语言学角度开始，关注论证话语的特殊方面。这些研究是从修辞学和语用论辩视角来进行。再者，已区分了莫斯科学派和圣彼得堡学派，但也有来自其他地区的贡献。在语言论证研究方面，莫斯科学派的卓越理论家是巴拉诺夫。在博士论文《论证的语言理论：一种认知视角》中，巴拉诺夫把论证看作“一个复杂的知识处理过程的言语上可执行的认知程序”，这一过程导致了接受者世界图景的改变，并且影响了决定过程（Baranov，1990，p. 41）。巴拉诺夫区别了四种论证类型：逻辑论证、情感论证、论辩论证和“生成”论证。

在语言论证研究方面，圣彼得堡学派的杰出代表人物是已故的查克霍扬（Ludmila Chakhoyan）、特列提亚科娃（Tatyana Tretyakova）、戈鲁别夫（VadimGolubev）、高德科娃（Kira Goudkova）和伊万诺瓦（Tatyana Ivanova）。起初，该团队由查克霍扬率领，其论证受语用论辩学的影响。她指导了戈鲁别夫和高德科娃的博士论文。在他们的论证研究中，特列提亚科娃、戈鲁别夫、高德科娃和伊万诺瓦处理了大量与语言相关的论题，包括媒体话语中所使用的论证结构与论证型式，② 论证类型与论证者

---

① 白俄罗斯的论证研究成果有亚斯克维奇（Yaskeich，1993，1999，2003，2007）的论著。此外，这些研究涉及科学语境中的论证。还可参见特乔伊乔夫的论文（Tchouechov，1999）。

② 参见马斯兰尼科娃和特列提亚科娃的论文（Maslennikova & Tretyakova，2003）。就一个以前来自圣彼得堡的学者的篇章类型与论证结构研究而言，参见多利尼纳的论文（Dolinina，1992）。多利尼纳（Dolinina，2007）关注了遵守指令与命令的论证反驳之语言学方面。

使用的语言手段,[①] 以及伪论证所带来的言辞操纵。[②] 在某些情况下，他们联合攻关（如 Goudkova & Tretyakova，2011）。

戈鲁别夫（Golubev，2001，2002a，b）在识别与阐释谬误时使用了逻辑、语用与文体视角。他的分析是建立在假定自然语言论证中存在用逻辑考察逻辑方面与用语言学考察语用方面与文体方面间的强烈互相依赖基础之上的。戈鲁别夫识别了在交流策略中所进行的三种主要诉诸：诉诸受众的心灵，诉诸受众的情感，以及诉诸受众的审美感。借助所有这三类诉诸，就能达到极大说服效果，因此，通过情感诉诸和审美诉诸就能强化理性诉诸。当理由被情感诉诸与审美诉诸替代时，谬误便产生了。[③] 后来，戈鲁别夫将其研究兴趣集中在政治论证上，特别关注俄罗斯公共辩论中的恐怖主义问题。在戈鲁别夫的论文中（Golubev，2007），他分析了普京总统在 2004 年 9 月 4 日别斯兰攻击后面向全国的演讲，考察了俄罗斯领导人如何利用恐怖主义问题促进其政治目的。用这种方式，恐怖主义辩论被置于俄罗斯总统与自由反对派之间更宽泛的民主与管理辩论之中来看待。

高德科娃在《分析性报纸文章论证的认知语用分析》（Goudkova，2009）探讨了英国报纸中的论证运用。她的出发点是：用来建构并认知上构成论证的框架是根据二元对立来定义的。与语用论辩观点相一致，她认为广义论证既是一个提出狭义论证的过程又是该过程的结果。根据篇章结果，我们能够区分前进式论证写作类型与后退式论证写作类型。前者是论题在先而支持论证在后；后者是支持论证在先而论证在后。根据话语过程，就应用了对立，如论题与反论题、正方与反方以及论证与反论证。在高德科娃看来，这种对立决定了论证者推理的论证航线，特别是在信息冲突系统中。在俄罗斯其他地方，卡卢加国立大学的瓦西里耶夫（Lev Vasiliev，又拼作 Vasiliev 或 Vasilyev）关注论证的逻辑与语言学方面的会聚。[④] 在瓦西里耶夫的著作中（Vasiliev，1994）语言论证学

① 比如，参见斯米尔诺娃关于报纸话语中报道言语的论文（Smirnova，2007）。

② 参见森腾伯格和卡拉斯克的论文（Sentenberg & Karasic，1993）。

③ 参见戈鲁别夫的论文（Golubev，1999）

④ 在乌德穆尔特国立大学，基塞利奥娃于 2006 年答辩了其关于论证话语中言辞反应多样性的博士论文（Kiseliova，2006）。

的卡卢加学派创始人利用基于亚里士多德三段论逻辑提出了一种策略论证分析与省略推理重构（还可参见 Vasiliev，2003）。[①] 瓦西里耶夫提倡用多层次符号论证方法来作为分析论证话语的理解工具，其中出发点是论证展示自身的主要语言单元——论证话步——所具有的记号本质（Vasiliev，2007）。他指导了一系列涉及伴有独白形式的各种类型书写篇章之博士论文。[②]

在白俄罗斯，明斯克国立语言大学的瓦西里耶娃（Alena Vasilyeva）关注纠纷调解语境下的论证。比如，利用语用论辩学和杰克逊与雅各布斯的会话论证研究之洞见，她探讨了纠纷调解参加者如何形成不一致空间，以及他们如何利用不一致冲突的资源建构协商过程（Vasilyeva，2011）。在瓦西里耶娃的论文中（Vasilyeva，2012），她揭示了什么是可论证的，以及在那个论证中能运用的策略和资源如何受诸如事实保护之类的互动过程要求与论证交换出现交流活动类型的制度性要求所制约的。仲裁者显示出在形成具体不一致空间过程中起着积极作用，并且在某种程度上控制着什么能够变得可论证。

俄罗斯和苏联其他地区对论证研究的贡献除了这些以外，[③] 还有着基于亚里士多德修辞学以及佩雷尔曼与奥尔布赖切斯—泰提卡新修辞学对论证进行持续研究的修辞传统。最重要的修辞学家是罗杰斯特汶斯基和克鲁夫。罗杰斯特汶斯基的《当代修辞学原理》（Rozhdestvensky，2000）和克鲁夫的《修辞学：构思、布局与演讲》（Kluev，1999）通常被认为是工作在这个传统的专家们的主要手册。他们主要关注媒体篇章的说服策略以及构成说服篇章的原则。

---

① 还可参见瓦西里耶夫的论文（Vasiliev，1999）。

② 瓦西里耶夫指导的博士论文有处理论证话语中战略策略的（Oshchepkova，2004），有处理嘲笑（Volkova，2005）、反驳（Puckova，2006）、总统演讲（Guseva，2006）、广告（Kalashnikova，2007）、协商（Vasilyanova，2007）、信息类演讲（Kasyanova，2008）、校园冲突（Ruchkina，2009）、呼吁和控诉（Cherkasskaya，2009）、政治公开演讲（Sukhareva，2010）、寓意短语单元（Saltykova，2011）、认知方面（Besedina，2011）和官腔（Puchkova，2011）的。

③ 在哈萨克斯坦欧亚国立大学，也从语言学视角开始进行论证研究。与卢加诺大学的论证理论家合作，萨腾诺娃（Serikkul Satenova）指导了基玛诺娃（Lyazzat Kimanova）和阿基赞诺娃（Diana Akizhanova）的博士论文。

12.13 西班牙语世界的论证研究

在西班牙语世界，对论证理论的兴趣在21世纪头十年有相当程度的增加。关注论证研究的许多研究团队已经形成，组织了许多学术会议，许多大学都开设了致力教授论证的课程。这个发展不仅发生在西班牙，而且甚至更引人注目地发生在智利、阿根廷、哥伦比亚以及其他某些拉美国家。[①] 这种日益增长的兴趣大部分是受论证的实际相关性刺激，这种相关性在学术活动中展示自己，特别强调论证能力与技巧研究以及法律领域和其他制度性语境中错综复杂的论证运用。

不幸的是，追溯到西班牙黄金时代的伟大修辞传统并没有系统地延续下来。在那个时代，与意大利、英国和荷兰共享了文艺复兴传统的某些重要特征（Alburquerque，1995）。[②] 此外，在领域开始扩张之前，修辞与论证之间的关系以及修辞与逻辑之间的关系已成为反映的一大主题，只不过是一些独立学者。图尔敏的哲学观得到了研究，正如佩雷尔曼的法律推理进路一样，[③] 而且对于教授哲学、语言学和交流理论来讲，非形式逻辑的重要性也得到了考虑。比如，乌拉圭哲学家费雷拉（Carlos Vaz Ferreira，1872－1958）展示了其早期著作《生活逻辑》，其中讨论了为什么对探讨谬误是必要的（Vaz Ferreira，1945）。该书第一版于1910年出版。

虽然西班牙语国家论证研究最新成就还没有导致更多的基本修辞革新，但很明显已经形成了系统理论反映与丰硕相互合作的必要条件。这

---

① 就我们所知，在玻利维亚、巴拉圭和秘鲁没有进行论证研究，并且在委内瑞拉和厄瓜多尔只做了非常有限的工作。在委内瑞拉加拉加斯解放实验师范大学，语言学家艾德里安（Adrian，2011）将论证理论与政治话语关联起来。像他们的许多拉丁美洲同事一样，阿尔瓦雷斯和桑切斯（Álvarez & Sánchez，2001）关注了测量中学生的论证技巧。

② 使这个传统形成的修辞学家有内布里哈（Antonio de Nebrija）、萨利纳什（Miguel de Salinas）、马塔莫罗斯（Alfonso García Matamoros）、苏亚雷斯（Cipriano Suárez）、塞古拉（Martín de Segura）和古兹曼（Juan de Guzmán）。葛拉西安（Baltasar Gracián，1601－1658）给出一个文艺复兴精神的修辞综合（Kennedy，1999）。

③ 菲特丽丝著作《法律论证原理》（Feteris，1999）西班牙文版于2007年出版。

个领域目前的学术基础结构包括一些日常学术会议与研讨会，致力于论证理论和出版西班牙语学者的论证研究丛书以及翻译该领域其他著名学者所写著作的翻译，甚至智利大学法学院的论证研究所和圣地亚哥的迭戈波塔利斯大学的论证与推理研究中心（CEAR）。前一个研究所的所长是瓦伦苏埃拉（Rodrigo Valenzuela）。后一个研究机构有其自己的杂志《说服力》（Cogency），该杂志由富恩特斯（Claudio Fuentes）和桑蒂瓦涅斯（Cristián Santibáñez）共同担任主编。针对这一背景，与过去情形相比，来自西班牙语国家的论证学者之间的观点交流与交换现在越来越容易实现了。

在西班牙，自 20 世纪 90 年代已经开始，论证理论受哲学家韦加（LuisVega Reñón）的极力推动（参见 Vega，2005）。主要从逻辑视角来着手处理论证，韦加不仅在这个主题上发表了论著，而且鼓励西班牙公开大学学生写作关于论证理论问题的论文或博士论文。在马德里，他指导了三个综合研究项目，其中他还接纳了一些来自西班牙、南美和墨西哥的学者。[①] 因此，在韦加与奥尔莫斯（Paula Olmos）监督之下，2011 年出版了第一版《逻辑、论证与修辞纲要》（Vega and Olmos，2011），并且一年后就出版了第二版。[②] 在 2010 年，韦加创办了一本在线论证杂志《伊比利亚美洲论证杂志》。[③] 他还帮助纳瓦诺（Navarro，2009）出版了关于论证与解释的专著《解释与论证》，[④] 以及帮助达拉维加出版了关于道德论证的专著《滑坡谬误》（López de la Vieja，2010）。[⑤]

西班牙论证学者用英语出版的专著有目前就职于格拉纳达大学的贝

① 在韦加建立与加强西班牙语学者界论证理论研究的会议中，参加者有萨吉洛（Jose Miguel Saguillo）、马劳德（Huberto Marraud）、库雷多（Cristina Corredor）、阿尔科莱（Jesús Alcolea）、弗朗西斯科·阿尔瓦雷斯（JoséFranciscoÁlvarez）和费尔特里罗（Roberto Feltrero），还有拉丁美洲学者，如格瓦纳（Gabriela Guevara）、马拉费奥蒂（Roberto Marafioti）、佩雷达（Carlos Pereda）和桑蒂瓦涅斯（Cristián Santibáñez）。

② 两位学者的其他合作研究成果参见韦加与奥尔莫斯（Vega & Olmos，2007）和奥尔莫斯与韦加（Olmos & Vega，2011）的论文。在西班牙推动论证研究的另一位学者是马德里自治大学的马劳德（参见 Marraud，2013）。

③ 参见网址：http：//e-spacio. uned. es/revistasuned/index. php/RIA/index。

④ 还要参见纳瓦诺的论文（Navarro，2011）。

⑤ 此外，韦加把范爱默伦的语用论辩专著《论证话语的策略操控》（van Eemeren，2010）译成了西班牙文（van Eemeren，2013b）。

尔梅卢克，她的观点得到了论证学界大多数人认可。在《给出理由》一书中，贝尔梅卢克（Bermejo-Luque，2011）提出了语言语用论证进路，其中她旨在整合论证的逻辑维度、论辩维度和修辞维度。[①] 为了达到这个目的，基于言语行为理论，她提出一个处理论证证成力和说服力的模型。在这项尝试中，贝尔梅卢克利用了论证的几个著名方法：图尔敏模型、语用论辩学、新修辞学、非形式逻辑的“可接受性—相关性—根基性”（ARG）模型以及认识论论证视角。她抛弃了在她看来躲藏在这些方法背后的“工具主义”论证优度概念，通过把论证刻画为“二阶言语行为复合体”而提供了一种替换方案。该方案导致了混合反应。[②]

早些时候，在圣塞巴斯蒂安巴斯克大学，科尔塔和他的团队已经在他们的逻辑研究项目中整合了论证研究。在他们的会议或论坛中还明确包含了论证理论（如参见 Korta & Garendia，2008）。在早期阶段，所选择的另一个学科视角是语言学，明显关注迪克罗的理论化（参见本手册第 9.3 节）。[③] 在西班牙，当代修辞学也有很好的表达，特别是与佩雷尔曼观点的关联。[④] 与菲力克斯·加西亚（Félix García）、蒙特斯（Sergio Montes）和瓦拉德斯（José Valadés）一起，兰扎德拉在 2007 年出版了一部论文集《论证与推理：如何教授与评估论证能力》（Lanzadera，2007），其中从教育视角描述了西班牙论证理论的前沿动态。昆卡（Cuenca，1995）还探讨了论证与教育。在西班牙语世界公认的法律论证研究中心是阿里坎特大学，其领军人物是阿蒂恩萨（Manuel Atienza）和马利龙（Juan Ruiz Manero），而且阿列克西的观点是其灵感的主要来源。[⑤] 在莱

---

① 就她对论证规范本质的证成来讲，可参见贝尔梅卢克（Lilian Bermejo-Luque，2007）。

② 参见如安多内（Andone，2012）、比罗与西格尔（Biro & Siegel，2011）、弗里曼（Freeman，2011b）、希契柯克（Hitchcock，2011a）、平托（Pinto，2011）和谢耘（Xie，2012）的书评。

③ 此外，在 20 世纪 90 年代，缪团队成员波塔利斯和托德西利亚斯（Portolés & Tordesillas）在巴塞罗那还发表或出版了关于论证的论著。

④ 塞维利亚（Sevilla）将佩雷尔曼和奥尔布赖切斯—泰提卡的新修辞学著作（Perelman & Olbrechts-Tyteca，1958）翻译成了西班牙文（Perelman & Olbrechts-Tyteca，1989）。这儿值得提及的其他人有阿尔瓦拉德霍（Albadalejo）、巴里恩托斯（García Barrientos）、贝里奥斯（García Berríos）和爱尔兰（López Eire）。

⑤ 阿蒂恩萨（Atienza）和埃斯佩霍（Espejo）在 1989 年把阿列克西的著作《法律论证理论》（Alexy，1978）翻译成了西班牙文。

昂北方大学，阿玛多（Juan García Amado）也探讨了法律论证，但他的方法主要与菲韦格（Viehweg）和卢曼（Luhmann）的观点相关联。其他西班牙研究者从事论证理论的具体主题研究。比如，米兰达（Miranda，1998，2002）讨论了论证型式，一个后来卡拉斯卡尔和莫里也讨论过的主题（Carrascal & Mori，2011）。阿尔科莱·巴内加斯研究过电影中的视觉论证（Banegas，2007）。[①]

在阿根廷，论证理论研究的重要推动力是，著名话语分析学家内格罗尼（María Marta García Negroni）和阿诺克斯（Elvira Narvaja de Arnoux）2002 年在布宜诺斯艾利斯组织的论证学术会议，其中迪克罗在会上做主题演讲。内格罗尼是《存储的页面：语言、编辑与书面文化杂志》杂志的主编。该杂志除了发表大量关于文体的论文之外，还发表了关于论证的论文。她是迪克罗的弟子，并且一直在激励阿根廷论证理论进入她的方向上。纳尔巴哈（Narvaja）分享了内格罗尼对论证的兴趣，在布宜诺斯艾利斯大学哲学与文学学院招收硕士研究生。论证理论是这个硕士点的组成部分，并且鼓励学生写关于论证的硕士论文，常常写的是关于政治话语中的论证。[②] 虽然在这门课程中研究论证的方式受法国学派的强烈影响，但也有其他进路的空间。[③]

可是，在阿根廷论证研究的主要提出者是马拉费奥蒂（Roberto Marafioti）。他与论证有关，不仅因为他是一本关于符号学教科书之主编，该书有一章涉及论证的（Marafioti *et al.*，1997），也是一本完全致力于论证研究的教科书的作者（Marafioti，2003）以及作为具体处理议会政治论证的某些论文之作者（Marafioti，2007；Marafioti *et al.*，2007），而且他还是一个非常一致的研究团队领导者，该团队成员包括萨穆迪奥（Bertha Zamudio）、朱迪切（Jacqueline Giudice）、罗兰多（Leticia Rolando）、穆诺兹（Nora Muñoz）、比通提（María Bitonte）和杜姆（Zelma Dumm）。

在布宜诺斯艾利斯大学搞论证研究的另一位学者是克雷斯波（Cecilia

---

① 比如，弗朗西斯科·阿尔瓦雷斯（Francisco Álvarez，2007）以及乌尔别塔和卡拉斯卡尔（Urbieta & Carrascal，2007）的论文是对论证理论之其他西班牙贡献。

② 早些时候，作为《符号与标志》（*Signo and Seña*）杂志的主编，纳尔巴哈已经在其杂志上发表了几篇关于论证的论文。

③ 甚至经常邀请著名国外论证理论家来访，以特邀报告形式展示他们的思想。

Crespo）。他研究了科学中论证的作用，更具体一点是儿童理解和进行数学推理的方式（Crespo，2005；Crespo & Farfán，2005）。[①] 阿根廷哲学家柯姆萨纳（Juan Comesaña）相当有名，因为他是第一批从事非形式逻辑和谬误研究的南美人之一（Comesaña，1998）。[②]

近来，帕迪拉在北阿根廷图库曼国立大学开始与她的团队一起研究儿童的论证能力（Padilla & López，2011），并利用语用论辩学与迪克罗方法将论证理论应用于阿根廷社会政治话语中（Padilla，1997）。[③] 帕迪拉是《美洲西班牙语言学与文学研究杂志》的主编。该杂志专门讨论论证的几个问题。在同一条脉络上，霍瑟瓦尔（Ortega da Hocevar，2003，2008）在门多萨库约国立大学试图实现很好地理解儿童的论证能力。

值得注意的是，在21世纪初智利变成了拉美论证理论活动至关重要的中心。事实上，胡安·里瓦诺（Juan Rivano）、吉拉多·阿尔瓦雷斯（Gerardo Álvarez）和埃米利奥·里瓦诺（Emilio Rivano）在20世纪80年代和90年代已经为这项发展打下了根基。在80年代，智利大学哲学教授胡安·里瓦诺就已讨论了图尔敏模型，阐释了图尔敏的合理性概念（Rivano，1984）。在90年代，康塞普西翁大学语言学家埃米利奥·里瓦诺更详细地处理了图尔敏方法，但添加了一些纳什视角要素（Rivano，1999）。同一个系的吉拉多·阿尔瓦雷斯是从篇章语言学角度来着手处理论证的（Álvarez，1996）。迈向智利论证研究扩展的重要步骤是圣地亚哥智利大学哲学家韦库纳（Ana María Vicuña）和塞尔索·洛佩斯（Celso López）做出的。他们邀请范爱默伦到智利演讲好几次，于2007年和2011年分别翻译出版了语用论辩著作《论证、交流与谬误》（van Eemeren & Grootendorst，1992a）和《一个系统论证理论》（van Eemeren & Grootendorst，2004），为摄入论证理论的最新进展铺设了道路。此外，他们在自己的工

① 在布宜诺斯艾利斯大学的其他论证学者有卡里索（Alicia Carrizo）、莱斯卡诺（Alfredo Lescano）、雷亚尔（Alejandra Reale）和韦塔莱（Alejandra Vitale）。

② 其他活跃的论证学者有：萨米恩托将军国立大学的阿罗约（Gustavo Arroyo）和马蒂恩索（Teresita Matienzo）、南方国立大学的波丹扎（Gustavo Bodanza）、南巴塔哥尼亚大学的布兰卡（Bahía Blanca）、穆西（Mónica Musci）和帕克（Andrea Pac）、东北国立大学的皮内罗（Nidia Piñeiro）和科罗尔（Nilda Corral）以及拉普拉塔国立大学的奥勒（Carlos Oller）。

③ 她的博士生有埃丝特·洛佩斯（Esther López）和罗曼诺（Belén Romano）。

作中运用了语用论辩学的理论工具（如 López，2007；Vicuña，2007；López & Vicuña，2011）。

2007 年，迭戈波塔利斯大学的论证与推理研究中心的基础为智利论证理论进一步拓展打造了适当背景，然后有两年一届的国际论证会议和创办了杂志《说服力》（*Cogency*）。论证与推理研究中心指导针对论证理论的学士论文和硕士论文，并在智利提供论证研讨班，在南美其他地方组织中学教师及其学生的辩论赛，并负责该领域重要研究成果的翻译。[①]在论证与推理研究中心已提出了好几条研究进路。到目前为止，桑蒂瓦涅斯的论著涉及诸多论题，从关于论证和比喻的案例研究到对梅西埃和斯波伯推理论证理论（Santibáñez，2012a）评论以及一篇作为应用认识论的论证理论论文（Santibáñez，2012c）。[②]

2010 年，瓦伦苏埃拉律师在智利大学法学院创办了论证研究中心，进行着两条工作路线：一条路线关注修辞学，学术带头人是瓦伦苏埃拉（Valenzuela，2009）；另一条路线关注语用论辩取向的论证，学术带头人是乔安龙（Cristóbal Joannon）和伊亨（Constanza Ihnen）。伊亨在阿姆斯特丹大学的博士论文（Ihnen，2012b）探讨了英国国会立法辩论中语用论证的作用。她利用论证的语用论辩理论提出了语用论证的分析与评价手段。[③] 后来，她将这些手段语境化了，考虑将制度约束应用于英国国会二读辩论的交流活动类型。为了揭示这个用途，她探讨了 2005 年恐怖主义二读辩论中工党政府提出的语用论证。在拉希雷拉大学，诺埃米利用亚里士多德的观点和佩雷尔曼的洞见也进行了法律论证研究（Noemi，2011）。他对论证复杂性的研究部分依赖于语用论辩学。[④]

---

① 在论证与推理研究中心监管下，帕肯论文集（Prakken，2013）、沃尔顿和克罗贝专著《对话中的承诺》（Walton & Krabbe，1995）以及范爱默伦和荷罗顿道斯特专著《论证话语中的言语行为》（van Eemeren & Grootendorst，1984）的西班牙文版均于 2013 年出版。

② 他的其他论文有三篇（Santibáñez，2010a，b，2012b）。还可参见富恩特斯和拉瓦斯基的论文（Fuentes & Kalawski，2007）。

③ 还可参见伊亨的论文（Ihnen，2012a）以及她与理查森的论文（Ihnen & Richardson，2011）。

④ 在阿尔贝托·乌尔塔多大学，卡博内尔也研究法律论证（Carbonell，2011），正如康塞普西翁大学的奥索里奥（Osorio，2006）一样。

在智利南部的康塞普西翁大学，奥索里奥将论证与认识连接在一起（Osorio，2006）。在瓦尔迪维亚南方大学，昆特里奥运用语用论辩学分析了智利国会话语（Quintrileo，2007）。主要来自瓦尔帕莱索天主教大学的一群智利研究者从语言学观点专注于中小学教育中儿童论证能力研究。该项研究带有很强的经验色彩，并且阅读理解与辩论技巧相关（参见 N. Crespo，1995；Jelvez，2008；Marinkovich，2000，2007；Meza，2009；Parodi，2000；Poblete，2003）。

论证变成研究一大主题的其他西班牙语国家有哥伦比亚、乌拉圭和墨西哥。在哥伦比亚卡利瓦尔大学，从 2003 年起马西内斯·索利斯（María Cristina Martínez Solis）通过联合国教科文组织之阅读与写作教席借助组织国际研讨会一直刺激着对论证理论的兴趣。[①] 她邀请了论证理论学者，如范爱默伦、普兰丁和阿摩西在卡利举办讨论班，还邀请了南美同事如马拉费奥蒂和桑蒂瓦涅斯。在她的研究中，她把探讨论证与话语对话方法关联起来。在《话语论证过程之建构》（Martínez，2005）一书中，她提出了一个宣言动态学模型，其中从对话视角整合了三种有名的论证观：图尔敏方法、佩雷尔曼的新修辞学和范爱默伦的语用论辩学（Martínez，2006，2007）。

从宣言动态学模型开始，瓦尔大学阅读与写作的文本和认知研究团队（Group TITECLE）通过论证分析探讨了不同类型的话语，特别是政治话语、行政话语与媒体话语。就在同一所大学，高麦斯（Adolfo León Gómez）很早就一直通过翻译佩雷尔曼《修辞学的范围》（Perelman，1977）推动成西班牙文（Perelman，1997）推动新修辞学。1993 年，高麦斯出版了《论证与谬误》一书（参见 Gómez，2003）。在其《论证理论六讲》（Gómez，2006）中，高麦斯提出一条佩雷尔曼思维进路，其中包括了一些对佩雷尔曼理论的异议。2010 年，波萨达出版了《论证：理论与实践》（Posada，2010）一书。从教育学视角，苏维里亚（Zubiria，2006）通过描述儿童论证能力对该领域做出了贡献。

在乌拉圭，哲学家安德烈奥利（Miguel Andreoli）、科蒂（Anibal Corti）、塞奥尼（José Seoane）及其他人在蒙得维的亚共和国大学的瓦兹·

---

① 参见欧洲学者与拉美学者之间的一个清晰连接标志是迪克罗的著作（Ducrot，1986）。

费雷拉（Carlos Vaz Ferreira）于 2011 年组织的第一届国际论证论坛上阐释他们的论证方法。从瓦兹·费雷拉的思考开始，萨洛（Oscar Sarlo）仔细思考了关于法律论证的情形。在乌拉圭天主教大学，本塔库尔（Lilian Bentancur）从教育学视角探讨了论证。本塔库尔的专著《论证能力的发展》（Bentancur，2009）描述了分析论证能力的可能方式。

虽然有位墨西哥学者最近注意到在他们国家论证是一个被遗忘的研究主题（Monzón，2011），而且墨西哥论证研究的根基仍然薄弱，但有几个名字肯定值得提及。论证理论的先驱是墨西哥国立自治大学的佩雷达。他在 1987 年就着手一部论文集。他最重要的贡献是 1992 年出版了两本著作：《理由与不确定性》（Pereda，1992a）以及《论证眩晕：争议伦理学》（Pereda，1992b）。另外，还有一位叫海德尔。他讨论了论证与操作模型（Haidar，2010）。此外，圣路易波托西自治大学的雷加达斯出版了一本关于做论证的书（Reygadas，2005）。与古兹曼一起，他在 2006 年国际论证研究学术大会（ISSA）上发表了墨西哥广告中的视觉型式化研究（Reygadas & Guzman，2007）。

在 2010 年国际论证研究学术大会上，奈特尔讨论了论证、说服与省略推理（Nettel，2011），而罗克关注视觉论证（Roque，2011b）。2012 年，罗克与奈特尔一起担任《论证》第 26 卷第 1 期关于论证与说服的客座编辑。除了其他国际论证学者所撰写的论文，该专题还包括客座编辑将论证与操纵进行比较的稿件（Nettel & Roque，2012）。在这个专题论文中再次关注了视觉论证，[①] 但也有墨西哥国立自治大学学者普伊赫（Luisa Puig）的语言学稿件。

墨西哥论证研究的突出主题似乎是儿童论证技巧的发展。关注较多的，特别是一些毕业论文和博士论文，是论证能力以及教育系统中为了使这种能力最佳发展而不得不做出的改变（如 Amestoy，1995；Cárdenas，2005；Cardona，2008；Huerta，2009；Peón，2004；Pineda，2004；Prian，2007）。同时，也有人，特别是哲学家，对理论问题的兴趣在日益增长，并且与语用论辩学、单调逻辑和非形式逻辑的国际论证学者建立了联系。特别是在瓜达拉哈拉大学有几位学者在积极从事这项事业（如 Leal *et*

---

① 还可参见罗克的论文（Roque，2008，2010，2011a）。

al.，2010；Harada，2011），[①] 但在其他大学也有学者在研究。

12.14 葡萄牙语世界的论证研究

在葡萄牙，论证研究可能只是在 1974 年当民主取代了统治该国 40 多年的专治独裁政权以后才开始的。在新制度稳定足以允许学术追赶其他西方或欧洲国家同伴之前，实际上要到 20 世纪 80 年代葡萄牙打算参加欧共体之时。可是，代替论证研究的是，起先仍然特别强调把修辞作为历史学科、哲学学科和文学学科，因此关注论证分析与评价相当稀少。1990 年有些学者为此奠定了根基之后，在 21 世纪初当论证变成从语言学到交流理论和法律好几个学科的论题时，情况发生了变化。当葡萄牙学者完全加入多学科甚至理想上跨学科的论证理论领域的国际学术行列，这项发展到达了顶点。

在葡萄牙建立论证研究的一大主要贡献是新里斯本大学哲学家卡里略（Manuel Maria Carrilho）做出的。20 世纪 80 年代末，他倡导在葡萄牙中学进行哲学教育改革，主张把逻辑与论证引入中小学课程中。卡里略受佩雷尔曼新修辞学的启发，从哲学与修辞视角开始着手处理论证，并且他把迈耶的“问题学”引入葡萄牙。[②] 他用葡萄牙文出版了几部关于修辞与论证的书，如《真理、怀疑与论证》（Carrilho，1990）。[③] 此外，1992 年他在里斯本组织了逻辑与论证国际论坛（Carriho，1994），主编了一套名为“论证”的丛书，并支持葡萄牙论证研究者采用新修辞学的理论框架。其中格拉西奥已经成为修辞与论证最多产的葡萄牙学者之一（如 Grácio，1993，1998）。[④]

---

① 其中有卢娜（Natalia Luna）和马鲁兰达（Federico Marulanda）。卢娜与尼尔通过组织会议和邀请国际论证学者作特邀报告也在刺激墨西哥论证理论方面起着重要作用。

② 佩雷尔曼和奥布莱希特—泰提卡的著作（Perelman & Olbrechts-Tyteca，1958）与佩雷尔曼的专著（Perelman，1977）的葡萄牙文版分别于 1996 年与 1992 年出版。

③ 还可参见卡里略的著作（Carriho，1992，1995）以及卡里略、迈耶和蒂默曼斯的著作（Carriho，Meyer & Timmermans，1999）。

④ 格拉西奥还与特林达德（F. Trindade）把佩雷尔曼的《修辞学的范围》（Perelman，1977）翻译成葡萄牙文。

卡里略的修辞与论证观主要与把修辞视为历史学科、哲学学科和文学学科的传统观点相一致，他们没有提出论证理论，且并没有真正影响葡萄牙论证理论的发展。同样将其应用于与它们相关的形式逻辑学家和分析哲学提出的观点，尽管在某些重要哲学系它们很成功。[①] 事实上，论证理论发展的主要动力可能来自中学教育的论证老师，他们明确构想了该论题与其学生的相关性。与教材作者一起，他们强烈要求在大学要有推广论证理论的专业组织机构（参见 Ribeiro & Vicente，2010）。

在葡萄牙，科学研究是独立于教学的，由研究机构组织，通过制度上归属于十六所公立大学之一。由于 21 世纪前十年对论证研究感兴趣的研究机构过去常常或多或少是互相孤立的，并且从不同学科切入，葡萄牙论证理论的发展最好能把研究者的相关学科归属和机构背景作为出发点来描述。我们认为，正如在其他某些国家一样，各种学科方法角度共存是葡萄牙论证研究方式的特征，其中渐渐从修辞的历史范式、哲学范式和文学范式之旧传统分离，转向了作为一个整合诸多学科洞见领域而且在许多领域已有其应用的论证理论新概念。

论证的第一个学科方法视角是语言学，其中显露了范式转换。这里我们也能看到这个转换还没有完成，其国际化主要受摄入法语世界文学资源的限制。有几个例外，但仍然主要是迪克罗、安孔布尔、阿摩西、普兰丁、亚当以及他们需要认真考虑的同伴。不过，从语言学角度研究论证和修辞所获得的巨大进步已显而易见。比如，这适用于在里斯本大学语言学中心、科英布拉大学普通语言学与应用语言学中心以及布拉加米尼奥大学人文研究中心所进行的论证研究。

在里斯本大学语言学中心，有两个团队特别关注论证问题。第一个是语法与篇章团队。他们出版了自己的“语法与篇章工作坊手册”（*Cadernos WGT*，i. e.，Cadernos Workshops em Gramática e Texto）电子版。[②] 其 2009 年 12 月号专题讨论了论证。基本上从我们刚刚提及的法语世界理论

① 有位值得提及的哲学家是费尔兰多 · 吉尔（F. Gil）。他与他的前学生科埃略（Coelho）一起，从科学论战视角影响着对处理论证有兴趣的学者。参见费尔兰多 · 吉尔（F. Gil）和科埃略（Coelho，1989）的著作。

② 语言学中心的杂志《语言学研究》（*Estudos linguísticos*）偶尔也提出论证论题。

框架开始，最著名的语法与篇章研究者宾度（Rosalice Pinto）将她的博士论文（Pinto，2006）发展为专著《如何论证与说服？政治实践、法律实践与新闻实践》（Pinto，2010）。宾度的研究关注 2010 年大选时与葡萄牙政治相关的篇章分析。她基于说服性探讨了所使用的篇章类型的制度化程度与组织机构、文体以及其他篇章展现方面之间的相互关系。在宾度看来，与演证相比，说服性的作用减少了更多一个类型要制度化。

第二个是话语互动团队。他们利用一系列理论模型探讨真实情形中的话语结构与策略，既有自发交换语境，又有较为制度化的语境。该团队的一些论著，特别是塞阿拉的论著，涉及修辞与论证（Seara，2010a，b；Seara & Pinto，2011）。

科英布拉大学普通语言学与应用语言学中心从事论证研究的单位只有一个研究项目，它致力于研究葡萄牙语的共时性、历时性和接触性。在他的项目背景下，2010 年马奎斯完成了博士论文《学校背景下正式口头论证》（Marques，2010）。再次从我们提到的法语世界的理论框架出发，马奎斯对学术校背景下的口头论证篇章给出一个教育理论反省（Marques，2010）。她还提供一套在正式场合进行口头论证篇章的指南。

在布拉加人文研究中心，有些研究者在探讨话语特别是政治话语中的论证时，利用了亚当、安孔布尔、迪克罗、普兰丁和杜里提出的洞见。最相关的是马奎斯关于话语中的论证研究（Marques，2011）以及处理国会意见分歧的论证策略研究（Marques，2007a）。

在葡萄牙，交流理论形成了决定论证理论发展之第二学科方法视角。其推动力量有科维良贝拉因特拉大学在线交流实验室（LabCom）、布拉加米尼奥大学传播与社会研究中心、新里斯本大学交流学系以及阿尔加维大学语言学与文学研究中心。在里斯本和阿尔加维，与后两个单位有关联的研究者一直主张在修辞研究中要考虑论证，旧修辞范式被一种从几个学科背景出发的进路取代了（如 Cunha，2004；Carvalho & Carvalho，2006）。

科维良在线交流实验室与葡萄牙交流学协会紧密相关，是这个国家研究交流的最重要单位，其领域多学科概念还包括特别是信息与说服研究团队所进行的修辞研究。其研究焦点之一“修辞在线”关注将经典修辞学所描述的说服手段适合于各种网上交流形式的方式（如 Serra，

2009）。该单位有自己的电子杂志《修辞学》。在线交流实验室丛书中的有些著作处理了社会中修辞媒介化（如 Ferreira & Serra，2011）。

虽然布拉加交流与社会研究中心只有一个研究项目“语言与社会互动”在关注论证，但该中心在葡萄牙论证研究发展史上一直很重要。它的杂志《交流与社会》（*Comunicação e sociedade*）2009 年发表了一个交流、论证与修辞专集，其中普兰丁和阿摩西都参加了会议。这个团队最有名的研究者是前面已经提到过的论证理论家格拉西奥，他的观点与普兰丁的比较接近。2011 年，他完成了博士论文《迈向普通论证理论：理论问题与教育应用》，其中，他不仅讨论了各种论证的理论模式，还讨论了针对讲授论证教学法的概念框架（Grácio，2011）。①

在葡萄牙，论证理论一直在刺激的第三个学科视角是法律研究。有些相关研究是由法律人做的（Gaspar，1998；Silva，2004）。在 21 世纪前十年，负责培训所有想要成为法官或检察官的葡萄牙法律人的司法研究中心一直在关注论证。可是，到目前为止，虽然偶尔有些大学教师对这类文献做出了重要贡献（如 Cunha & Malato，2007；Calheiros，2008），但这项关注通常并没被法学院系共享。就涉及法律论证研究而言，新里斯本大学是个明显例外。其语言哲学研究所论证实验室和媒体与新闻研究中对这项理论都做出了实质性贡献。该中心交流、媒体与司法硕士点项目负责人·伯吉斯的论著有专著《生活、理由与司法：司法动机中的论证理性》（Borges，2005）以及图书章节“新修辞学与司法民主化”（Borges，2009）。

从这些发散的学科开始到完全参加论证理论的多学科国际学术圈的步伐是 21 世纪前十年末科英布拉大学和新里斯本大学的哲学家们迈出的。科英布拉大学于 2008 年建立了语言、解释与哲学部，一个致力于教授逻辑与论证理论的研究机构，其负责人是里贝罗（Henrique Jales Ribeiro）。该机构在几年之内组织了几个重要国际论坛，以推动葡萄牙的论证研究：2008 年的“二十一世纪的修辞与论证”（Ribeiro，2009）、2011 年的“走进论证：逻辑与论证研究”（Ribeiro & Vicente，2010；Ribeiro，2012）、2012 年的“亚里士多德与当代论证理论”（Ribeiro，2013）以及

① 他的另一部新作参见其《论证互动》（Grácio，2010）。

2013 年的“类比在论证话语中的作用”。所有四个论坛都邀请了国际著名学者参加。此外，还组织了一些专门研讨会。更具体地说，所有这些会议的目的都旨在探讨逻辑与论证理论之间的关系，以及决定哲学在作为多学科或跨学科领域之论证理论中能够发挥的作用。①

在新里斯本大学有着壮观的发展。语言哲学研究所在 21 世纪前十年末就创建了一个论证研究团队“论证实验室”，负责执行研究项目“论证、交流与语境”。打造该团队使里斯本成为国际论证理论研究的一大中心。把当代论证理论系统引入葡萄牙学术界，同时吸引了具有被要求用这类理论处理论证理论问题的这些专业技术知识的学者。所采用的理论框架是语用论辩学以及沃尔顿的论辩理论。要处理的问题主要属于政治讨论与法律论证语境中的交流实践。②

参加论证实验室活动的国际研究者团队包括马卡诺（Fabricio Macagno）、莱温斯基（Marcin Lewiński）、穆罕默德（Dima Mohammed）和戴姆勒（Giovanni Damele）。他们进行着由葡萄牙科学与技术基金会资助的研究项目。这个重点项目旨在将语用论辩理论与沃尔顿的论辩理论进行比较，用这两种方法分析与评价三种不同语境下的公共论证话语：（1）虚拟公共领域中社会政治辩论（如 Lewiński，2010a，b）；（2）欧洲议会立法辩论（如 Mohammed，2013）；（3）葡萄牙以及其他欧美国家法庭上的法律论证（如 Damele & Savelka，2011）。特别关注政治论证中的理性（Lewiński & Mohammed，2013）、多方会谈中的论证（如 Lewiński，2010a，2013；Mohammed，2011）、论证型式语义学（如 Macagno & Walton，2010）以及用于法律语境的论证形式（如 Damele *et al.*，2011；Damele，2012；Macagno & Walton，2010）。

在巴西，论证研究是独立于葡萄牙之发展而进行的。在这个国家，论证研究被进行了一段时间，但该领域的前沿动态还相当变化多端。最

① 关于哲学、修辞学与教育学之间关系的博士论文是韦森特（Vicente，2009）在科英布拉大学文学字答辩的。波罗尼奥（Polónio）提交了致力于亚里士多德谬误论及其对当代论证理论的影响之博士论文。

② 论证实验室组织了几次涉及论证学者的国际学术会议，应邀学者有奥胡斯、范爱默伦、赫尔森、汉森和沃尔顿：2011 年的“政治协商论证”（参见 Lewiński & Mohammed，2013）、2012 年的“语境中的意义与论证”以及 2012 年的“法律论证”。

近，在论证研究数量上有相当大的提升，特别是话语分析专业的语言学家与法律学者。他们还明显对论证理论在教育学中的应用感兴趣。对巴西论证理论研究产生基础性影响的是图尔敏论证模型，更受佩雷尔曼和奥尔布赖切斯—泰提卡新修辞学的强烈影响，但来源法国语言学进路的某些影响也值得注意。[①] 下面这些成就与发展值得报告。

巴西论证研究的一位先驱者是坎皮纳什州立大学语言研究所的科奇。葡萄牙语开拓性论证研究著作《论证与语言》（Koch，1984）已经出版到第 13 版，科奇是从语言学观点来着手处理论证的。利用论证语义学概念，在其研究中她讨论了迪克罗的论证性概念。在佩雷尔曼新修辞学影响下，柯奇认为论证研究与修辞研究可以被视为"差不多同义的"。[②]

目前在巴西所有主要大学都有研究话语分析的语言学研究团队，其中有些团队在其研究中还包括了论证。巴西论证研究的主要中心可能是坎皮纳什州立大学语言研究所。除了科奇之外，那里也是另外几位论证研究者的家园。其中一位是奥兰迪，她是在巴西进行话语分析的第一位学者。2000 年，她出版了专著《话语分析：原则与程序》（Orlandi，2000）。与语言研究所罗德格斯一起，她组织几个学术会议，并且他们一起出版了著作《话语与篇章性》（Orlandi & Lagazzi-Rodrigues，2006）。

在圣保罗大学，话语分析一直是哲学、文学与人文科学学院研究的重要主题。比如，吉马雷斯在《篇章与论证：事件语义学与语义学史》（Guimarães，1987）一书中利用迪克罗的观点来从语义角度着手处理论证。在同一所大学，莫斯卡（Lineide Mosca）自 2009 年开始领导"修辞与论证：话语过程分析"研究团队，并从修辞与话语分析视角研究论证。2006 年，她主编了《话语、论证与理解》（Mosca，2006）一书，其中包括她的学生们撰写的论文。同样是在圣保罗大学，迪斯尼用法国符号学视角研究了篇章与话语，关注的是话语文体（Discini，2008）。巴洛斯探讨了用于偏执话语中程序（Barros，2011）。2005 年，阿德马 · 费雷拉

① 图尔敏专著（Toulmin，1958）的葡萄牙文版于 2001 年问世（Toulmin，2001），并且佩雷尔曼和奥尔布赖切斯—泰提卡关于新修辞学的著作（Perelman & Olbrechts-Tyteca，1958）于 1996 年被翻译成葡萄牙文。2008 年，普兰丁导论性教材（Plantin，2005）的葡萄牙文正式出版。

② 2010 年在黑金城召开了第一届巴西修辞学大会，并成立了巴西修辞学会。

（Ademar Ferreira）在圣保罗大学组织了一个关于论证语用论辩理论的国际讲习班，范爱默伦和赫尔森主讲。

在米纳什吉拉斯联邦大学，马卡多（Ida Lucia Machado）领导的话语分析研究中心进行了好几个与论证理论紧密相关的话语分析项目。这些项目包括：（1）福卡斯（Focas，2010）的“伦理道德：伦理学与话语”；（2）苏扎和马卡罗（Souza & Machado，2008）的“话语分析：情感、道德与论证”；（3）利玛（Lima，2011）的“陪审法庭中的法庭话语”以及法里亚（Faria，2001）的“关于工人的话语”。在圣保罗天主教大学，迪亚斯率领一个文字出版话语的研究团队。[①] 她出版了《暴力话语——大众新闻中的暴力标记》（Dias，2008）。同样是在圣保罗天主教大学，易斯·费雷拉（Luiz Ferreira）利用语用学、美学和伦理学描述了产生内聚力和疏远方式方法（Ferreira，2010，2012）。

巴西利亚大学帕伊瓦是一位探讨修辞与论证关系的研究者（如Paiva，2004）。霍夫纳格尔伯南布哥联邦大学研究话语分析以及社会实践中的篇章话语（Hoffnagel，2010）。罗德格斯研究话语分析以及教学语言分析（Rodrigues，2010）。该大学心理学系的莱唐提出了一个完全不同的研究项目，就实现考虑儿童教育中运用论证的认知长处，她给出了自己的方法。在这项努力中，她利用了论证理论、认知心理学以及推理心理学的洞见（Leitão，2000）。给出论证技巧也是纳塔尔北里约格朗德州联邦大学桑托斯及其同事研究的主题（如 Santos *et al.*，2003）。

在巴西另一个非常有名的研究传统涉及法律论证。一方面，分析由“新古典派”学者如佩雷尔曼和菲韦格组成。[②] 另一方面，为了分析法律决策和一般意义上的法律话语而提出了一些原创性理论模型。圣保罗大学是巴西法律论证研究的主要中心之一，诸如费拉兹（Tércio Sampaio Ferraz Jr.）和达西尔娃（Virgílio Afonso da Silva）之类的学者都给出了旨在分析法律论证话语理性模型。费拉兹方法（Ferraz Jr.，1997a，b）是建立在经典修辞学与菲韦格工作之上的。费拉兹采用了基于主体间证成

---

① 该所大学从事论证研究的博士研究生罗查（Regina Braz da Silva Santos Rocha）关注从对话视角给出教授论证写作技巧的方法。

② 参见蒙泰罗论佩雷尔曼（Monteiro，2006）以及罗斯勒论菲韦格（Roesler，2004）。

的理性标准。受阿列克西的影响，达西尔娃（Da Silva，2007，2009，2011）分析了法律决策与法教义学中法律原则运用。他把巴西最高联邦法院的裁判书与德国宪法法院的裁决书进行了比较。

伯南布哥联邦大学阿代奥达托（Adeodato，2009）从亚里士多德观点提出了法律论证修辞进路。阿代奥达托的工作是关注法律论证中修辞三段论（省略三段论）的作用。里约热内卢联邦大学卡马戈（Camargo 2010a，b）对巴西最高联邦法院的“疑难案件”进行了论证分析，并且最近对同一法庭的“公共听众”进行了论证分析。米纳什吉拉斯联邦大学的布斯塔曼特（Bustamante，2012）从阿列克西和麦考密克的标准法律论证理论出发，分析了法律话语中法理或“先例”的作用。巴西利亚大学罗斯勒率领了一个研究团队利用图尔敏模型和麦考密克模型研究巴西最高法院或高级法院的法律裁决（Roesler & Senra，2012；Roesler & da Silva，2012）。该项工作是西班牙阿里坎特大学阿蒂恩萨主持的国际项目“道克莎：拉丁世界法律论证瞭望台”的子课题。

有几位巴西学者在争论研究国际协会开展论证研究，协会领军人物是达斯卡尔（参见本手册第 12.3 节）。[①] 他们中有阿德马・费雷拉、雷格纳和费力欧（Oswaldo Melo Souza Filho）。他们不只甚至不主要是从论证理论视角研究，还利用语用学、哲学（更主要是科学哲学）、认识论、伦理学以及心灵哲学之洞见来研讨争论。这些项目主要受达斯卡尔思想的影响，达斯卡尔既是巴西人，又是以色列人（如 Dascal，1993，1994，2005，2009）。巴西锡诺斯河谷大学组织了一个理性与争论研究团队，其领头人是雷格纳，且受达斯卡尔思想影响。

哲学家雷格纳（Regner，2011）利用达斯卡尔的辩论类型论（Dascal，2009）来理解科学论证。[②] 她注意到，在她研究的科学辩论中，预设与对反方思想的态度在这些思想的接受中起重要作用。她认为，“软理性”允许我们理解用于这些辩论论证，而这些论证既非演证又非非理性事情。雷格纳认为，在这些辩论中所提出的论证，逻辑与情感都发挥作用。皮拉苏农加巴西空军学院梅诺・苏扎・费力欧（Oswaldo Melo Souza

① 巴西锡诺斯河谷大学哲学系的电子杂志《争论》（*Controvérsias*）大量关注争论研究。

② 还可参见雷格纳的论文（Regner，2007，2009）。

Filho，2011）研究了党派辩论，再次利用了达斯卡尔类型论。他的主要目的是要找到一种克服僵局的方式，不给解决方案留任何开放前景。他的研究方案是从争论的冲突态度离开转向对话态度。在提出该解决方案过程中，他用皮浪怀疑主义以及马丁·布伯（Martin Buber）的对话哲学作为我们不得不在中间操控的两个矩阵。在圣保罗大学，阿德马·费雷拉用语用学、修辞学和论辩学研究论证与争论（如 Ferreira，2009）。

12.15 以色列的论证研究

除了达斯卡尔及其工作在争论领域的同事（参见本手册第 12.3 节）以及阿摩西及其工作在语言学问题上的同事（参见本手册第 9.4 节）之外，其他以色列的各种学者都对论证研究感兴趣。他们在孤军奋战。大多数并不关注理论问题，[①] 而关注具体领域论证特征，特别是政治论证与媒体论证。

例如，亚诺谢夫斯基探讨了骗局中建立信任问题，在骗局中说服读者将钱转到外国银行账户。亚诺谢夫斯基分析了构建发件人道德的方式如何产生想要的行动。她认为，这些骗局邮件之所以得逞，不仅归功于寄件人（在信件中）塑造的可信赖形象，而且也包括构建了一种有利于收件人的错觉。这类邮件是用这类方式来写的："该邮件的读者或许因为敏感和仁慈而感到自豪。"（Yanoshevsky，2011，p. 201）

佩里波里索夫与亚诺谢夫斯基（Pery-Borissov & Yanoshevsky，2011）给出了一个采访文学作家的元语言分析。这些作家通常不愿意接受采访。该分析揭示了这些作家证成他们参与采访的方式。为了揭示话语论证维度之目的，将互相分析应用于文学采访表明：尽管他们对采访通常怀有明显敌意，但这些作家会利用采访不知不觉地证成其参与。使用不同策略，他们设法将互动变成与其目的或观点相符的东西。

① 有个例外是殷巴尔（Inbar，1999）。他勾勒了一个批判性评估论证的概念框架。在他看来，该框架在某些概念上不同于传统方法：它绝对是语义的而非形式的；它以义务而非以信念为中心；其分析焦点是结论之偶然必然性而非说服性或形式有效性。

阿扎尔（Azar，1995）分析了报纸中的论证篇章。参照曼恩和汤普森（Mann & Thompson，1988）的修辞结构理论，他区别了五种论证关系："证据"、"证成"、"动机"、"反论题" 和 "承认"。证据关系是首要的，而且是在涉及公共问题与公共辩论的篇章中能够找到的最有力论证关系。阿扎尔认为，证据关系常常会至少与最无力的让步关系和反论题关系产生互动。

阿扎尔关注了用于学术论证话语中具体论证比较，即对反论证的反驳，其中，反论证是指支持与作者自己立场相反之立场的论证（Azar，1999，p. 19）。就他的分析而言，他区别了 "否认" 与 "承认"。然后，将否认区分为两个子类型：（1）当被否认命题被另一个充当正方论据或论证上中立的命题取代时；（2）当被否认命题未被另一个命题取代时。阿扎尔把第一个子类型称为反论题（被否认的命题是正论题，替换它的那个论题是"反论题"），把第二种子类型称为 "异议"。"承认" 也被区分为两个子类型：（1）当直接拒绝对立立场并且用的是直白话语言（直截了当拒绝承认）时；（2）当委婉拒绝（间接拒绝承认）时。阿扎尔的结论是：在研究性文章和辩论性社会政治争论中确立正面主张和反面主张之间的区别时，反论证反驳是必要的。

瑞北克（Ribak，1995）录制了 50 个犹太家庭和 15 个巴勒斯坦家庭在大多数以色列人和巴勒斯坦人经常观看的以色列电视台晚间新闻节目期间和之后的会话。在分析这些家庭成员的政治话语时，她关注到基于诉诸二难论证的三个有区别但又有相互关联的修辞行动："接受二难"、"削弱二难" 和 "二难失败"。

有位活跃在科学话语修辞领域的学者利维纳特（Livnat，2014）对作为考古学领域真实学术争论组成部分的学术 "冲突文章" 进行了修辞与语言分析。她关注到科学伦理概念。在冲突情形下，确立某人的伦理以及攻击对手的伦理行为都变成了核心问题。科学伦理是一种话语建构，通过各种语言实践进行相互确立与相互切磋。对这项努力的作者而言，第一人称代词、引文、设问、讽刺、正面评价与负面评价均可获得，还可获得标注、使用引号和括号。科学无私性规范和科学怀疑主义，以及一致性、简单性与丰硕性都可以在这个论证语境中得以实现。鉴于处理主题的意识形态意义、政治意义和宗教意义，作为科学价值之情感中立性特别有意义。

施韦德（Schwed，2003，2005）研究了视觉论证理论的可能性。他关于视觉论证的思想是建立弗雷格意义与指称理论以及作为符号语言的古德曼艺术理论（Goodman，1976）基础之上的。他认为，在实际进行论证或交流的方式与抽象论证对象之间做出区别，对视觉论证可能性而言，理论上很重要。施韦德从“有些具有论证功能的图像打算说服观察者”论题开始。这些图像能够用在语言中话语的相同方式来建构。它们表达了类似于其他符号系统中表达意义方式的意义（Schwed，2005，p. 403）。

施韦德讨论了对视觉对象概念的通常异议，有点像这种思想是建立在具体语言意义观基础之上的语言，其观点是语言意义借助参考记号是可穷尽的。施韦德认为，即便没有指称，意义也能存在：

> 图像并不是其创造者作为言语行为执行的表达式，而是创造者表达的工具；它只间接利用了它表达的东西。表达功能是指派给图像的隐蔽功能，但图像或准图像实际并不展现这一功能。它们是根据初始表达行为的意义来成为话语或表达式行为的工具的。（Schwed，2005，pp. 406 – 407）

施韦德的结论是：“考虑到理解它们，图像与符号系统能够相似”的论题取决于接受结论“指称与记号并不起重要作用”。这种相似性依赖于意义概念的方式如下：图像意义具体化取决于意义承载者，它使得在解释图像意义时是一个有用概念，因此使得意义能够在言辞上展开。

12.16　阿拉伯世界的论证研究

在阿拉伯世界，论证理论（阿拉伯语：الحجاج al – ḥijāj）与逻辑、修辞以及基于可追溯到 8 世纪至 11 世纪的学院派阿拉伯传统密切相关。正如在世界其他许多地区一样，论证研究过去是作为其他诸如哲学与逻辑、语言学与修辞学以及话语分析领域所进行的研究之组成部分。一般来说，与论证相关的问题成为关注主题，是因为与它们追随相关学科的目的有关，但有时论证也展开自己的研究。① 在 20 世纪 80 年代，情况开始有些改变，特别是受一些来自摩洛哥的学者研究论证所推动。在世纪转向之后，论证理论甚至逐渐变成一个独立学科。

那些极力倡导论证理论的摩洛哥哲学家和语言学家从阿拉伯古典传统开始，旨在把这个传统与出现在西方世界的论证研究当代复兴连接起来。由于摩洛哥学术主要是法语圈取向，因此并入新提出的西方观点首先受法国学术的影响，特别推崇迪克罗思想以佩雷尔曼与奥尔布赖切斯—泰提卡思想。20 世纪 80 年代，为阿拉伯论证理论发展搭台的两位先驱是奥马里（Mohammed el Omari）和阿卜杜拉赫曼（Taha Abderrahmane）。两位都来自拉巴特阿格达勒穆罕默德五世大学人文学院。他们的教学与科研在阿拉伯学者中刺激了系统反映传统阿拉伯洞见与当代西方洞见间的可能连接。

奥马里是穆罕默德五世大学修辞学与文学批评退休教授，曾在沙特阿拉伯沙特国王大学以及摩洛哥菲丝的西迪·穆罕默德·本·阿卜杜拉大学工作过。在他的文学批评著作中，他将旧阿拉伯传统与当代语言学组织起来。此外，他还发表了关于阿拉伯论证话语的论著，其中把阿拉伯修辞传统与源自亚里士多德和当代欧洲论证研究方法特别是佩雷尔曼和奥尔布赖切斯—泰提卡新修辞学之洞见关联起来。奥马里著作被阿拉伯论证学者特别是在北非的学者广泛引用。他最有影响的专著是 1986 年出版的，那是一项阿拉伯演讲术之理论与应用研究。该项论证话语修辞学特别关注第一个希吉拉世纪的演讲术。②

哲学家塔哈阿伯达拉曼恩，其姓也以阿卜杜勒拉赫曼和阿卜杜勒拉赫曼形式出现，是 20 世纪 80 年代摩洛哥论证理论领域中第二位具有影响

---

① 在中世纪穆斯林学界，论证与神学密切相关。在阿拉伯语中它被认为是“*ilm al-kalaam*”，即言语科学，或者更习惯用“经院神学”。这里采用经院辩论和论证形式，其中涉及古兰经中与神名、属性和行动以及它们如何不同于人名、属性和行动的相关节之恰当解释。其焦点是如何解释，比如描述安娜对先知摩西所说的话。论证集中在这些问题上：安娜说了吗？如何设想安娜的言语？我们如何能根据安娜的综合知识以及安娜是这个世界上的，或能够做的一切之源泉来解释人的自由？巴格达与其他穆斯林城市在这些问题上目击了许多辩论。大量神学学习都涉及回应这些问题的论证训练。

② 希吉拉日历开始于公元 622 年，当代穆罕默德先知从麦加迁往麦地那。

力的代表人物。他以逻辑学、语言哲学和道德哲学见长。1985 年，他在巴黎索邦大学完成了关于论证的法语博士论文答辩，这篇论文主要讨论使用自然演绎的论证模型。在研究古代阿拉伯中的哲学、逻辑学和语言学传统时，他写了一本名为《对话基础与伊斯兰教经院哲学家的革新》重要的专著，书中他提出了一种针对人类讨论行为的模型。该模型在批判性阅读古代伊朗经院哲学神学体系的基础上，也结合了关于对话和讨论的现代理论之视角（Abderrahmane，1985，1987）。不过，在他后续的工作中，他主要关注关于伊斯兰教和现代化的问题。他的项目的主要目标可描述为，在伊斯兰教价值观基础上，创造一个人道主义伦理的现代主义观念。

直到 21 世纪初，两个论证理论先驱者的洞见在学生和其他读者中已众所周知，并且他们的影响开始延伸出摩洛哥。同时，法语圈论证理论的兴趣已通过摄入沃尔顿、范爱默伦以及非形式逻辑的洞见进行了拓展。虽然从事论证研究的学者们仍然在语言学系和哲学系，但论证理论现在已成为一个特殊研究领域。在摩洛哥以及突尼斯都组织了专门涉及论证理论的国际学术会和国际研讨会。同时，所进行的研究继续关注探讨阿拉伯经典与古典西方传统和现代西方传统之间的关联，并将新获得的洞见应用于当代阿拉伯话语。

21 世纪头十年最杰出的著作是五卷本《论证：概念与领域》（Alaoui，2010）。该项综合研究于 2010 年出版，由摩洛哥阿加迪尔伊本卓尔大学阿拉伯语系一位年轻学者阿拉维主编。包括五卷：（1）论证：定义与边界；（2）论证：学派与学者；（3）论证与具体化对话；（4）论证与实践；（5）翻译文本。[①] 阿拉伯国家有 58 位学者对这项研究做了相应贡献，他们来自如下阿拉伯国家：摩洛哥、突尼斯、阿尔及利亚、毛里塔尼亚、埃及、沙特阿拉伯、巴林和阿联酋。[②]

还没有专注于论证的阿拉伯学术期刊，通常情况下，撰写关于论证

---

① 大约同时出现的其他有用书籍有在卡萨布兰卡出版的阿达里著《论证与对话结构》（Amina Al-Dahri，2011）以及年轻的突尼斯学者阿沙巴安的《在理论与实践间的论证》（Ali Al-Shaba’an，2008）。

② 有位年轻埃及学者阿卜杜勒拉蒂夫的两部最新著作（Abdullatif，2012a，b）是《政治话语中的说服策略：作为典范的沙达特总统演讲》和《修辞与跨文化交流》。

的阿拉伯研究者之论文都发表在院系杂志或泛阿拉伯学术期刊上。但在阿拉伯世界论证发展的第二个里程碑肯定是科威特科学杂志《思想的世界》(*'Ālam al-fikr*) 2011 年论证研究专刊的出版。当前前沿动态的一个显著特征是阿拉伯研究者对论证理论所做的贡献在很大程度上是局部的，即仅限于讲阿拉伯语的世界，而且其他世界难以接近，因为它们是用阿拉伯语出版的。

从事论证研究的学者有各种各样的多产作者。其中一位是摩洛哥马拉喀什卡迪·伊亚德大学的阿扎维 (Abu Bakr Azzawi，又名 Boubker Azzaoui Ihda)。他以前是迪克罗的学生，其博士论文是关于阿拉伯文献中的语用联结词 (Azzawi，1990)。在他的研究中，阿扎维将迪克罗理论应用到阿拉伯语言以及阿拉伯话语中。他还利用了格赖兹的思想以及佩雷尔曼和奥尔布赖切斯—泰提卡的思想。他后来的著作有《语言与论证》(Azzawi，2006) 以及《话语与论证》(Azzawi，2010)。阿扎维的工作很有影响力，特别是在北非，对论证者严肃认真的学术研究很难找到没有引用它的。[①]

其他还有几位摩洛哥学者在积极从事论证研究。有位著名的理论家是拉巴特阿格达勒穆罕默德五世大学的纳卡里 (Hammou Naqqari)。纳卡里以前是奥马里的学生。他有逻辑学背景，而且在他的工作中他把旧阿拉伯传统与古代和现代西方传统关联起来。2006 年，他主编了一部关于论证的论文集，这些论文是他组织的一次学术会议“论证：它的本质、前景与未来”(*Al-Taḥājuj. abī ' atuh wa Majālātuh wa Waā'ifuh*) 报告的。

另一位摩洛哥论证理论家是阿拉维，摩洛哥阿加迪尔伊本卓尔大学阿拉伯语系教授。他专攻语言学和翻译，是语言、交流与论证研究团队学术带头人。他是我们前面已经提到的五卷本论证著作的主编 (Alaoui，2010)。

塞塔特私立高等教学院哲学教授拉迪是另一个摩洛哥论证学者。2010 年，他出版了关于论证与谬误研究的著作《从针对理由的对话到对话中的理由》(Radi，2010)。在这项研究中，他讨论了各种视角，从亚

① 2010 年 3 月组织召开了一次专门研讨阿扎维工作的一天会议。此次会议由摩洛哥卡萨布兰卡国王阿卜杜勒·阿齐兹·阿勒沙特伊斯兰研究与人文科学基金会 (the King Abdul-Aziz Al Saoud Foundation for Islamic Studies and Human Science in Casablanca，Morocco) 主办。

里士多德到汉布林、沃尔顿、范爱默伦和荷罗顿道斯特，以及来自阿拉伯世界内部的最新贡献。2010 年拉迪还在科威特杂志《思想的世界》上贡献了论证专题集。

两位非常活跃的突尼斯论证学者是凯鲁万大学的欧贝德（Hatem Obeid）和马努巴大学的萨蒙德（Hammadi Sammoud）。欧贝德于 2011 年贡献了一篇以情感在论证中的作用为主题的论文给《思想的世界》的论题专题，其中他展示了其所拥有的英语出版论证文献的深厚知识。萨蒙德是马努巴大学话语分析研究团队的学术带头人。1999 年，他主编了《从亚里士多德到今天西方传统中的主要论证理论》（*Ahamm Nathariyyāt al-ijāj fī Attaqālīdal-Gharbiyya min Aristu ilā al-Yawm*）。该论证手册包括了萨蒙德在马努巴大学文学院组建的修辞与论证研究团队成员的研究成果。①

在我们描述阿拉伯世界论证研究之最后，我们提及一些阿拉伯学者用英语写的研究成果。首先，沙迦美国大学阿拉伯研究教授哈提姆有两篇重要论文。哈提姆是位英阿翻译专家，其职业生涯早期写过关于论证的论著。在哈提姆的著作（Hatim，1990）中，在阿拉伯修辞学他提出了一个论证模型，并在其论文（Hatim，1991）中讨论了阿拉伯的论证语用学。虽然哈提姆是从翻译学者视角来着手处理论证的，但他的方法给出了一些有趣的洞见来研究 8 世纪到 15 世纪阿拉伯经典著作中的论证。哈提姆对阿拉伯语界和英语界的论证实践之区别一直很有影响力。他认为，在阿拉伯世界，由于社会政治讨论语境，阿拉伯语界的论证实践借助他称为“通透论证”（through-argumentation）的东西来刻画，即篇章中没有提及任何反对观点，这种观点是借助反论证来刻画的论证实践之对立面。其次，2006 年英国利兹大学中东研究系高级讲师阿卜杜勒劳夫出版了《阿拉伯修辞学：一种语用分析》（Abdul-Raof，2006）。这项研究很好地揭示了阿拉伯经典修辞研究传统，点亮了阿拉伯经典著作中的论证研究。

---

① 与米里（Abdelkader Mhiri）一起，萨蒙德还将几本关于语言学和话语分析的法语研究成果翻译成阿拉伯语。

12.17　日本的论证研究

虽然论证研究在日本还没有产生任何理论创新，但对论证实践肯定有着强烈且仍在高涨的兴趣。首先，这个兴趣关注改善人们在商务交流以及其他职业活动中的论证技能。因此，在日本论证研究主要与公共演讲和公共辩论训练有关，而且极具修辞取向。由于强调与西方有关联的论证，因此，这项训练通常是英语语言教学的组成部分。在高校并不属于正式课程，而是由所谓英语演讲协会（ESSs）组织的。

尽管莫里森（Morrison，1972）直率地把日本刻画为“修辞真空地带”，[①] 但传统修辞论证一直是大多数日本思想家主要关心的对象，不过，这些思想家并不必然是论证学者，而是政治家、哲学家和佛教僧侣。[②] 这些思想家中特别有名的有西田几多郎。他创办了京都大学西田哲学学院。他的项目“克服现代性”（*Kindai no chokoku*）被认为一直在为日本战争时期帝国意识形态提供理论证成。

冈部朗一（Roichi Okabe，2002）认为，欧洲基督传教士——从西班牙和葡萄牙来的耶稣会士——在 16 世纪晚期试图在日本将西方争论作为宗教教学的教育实践引入，但失败了。当试图认真用西方方式使日本现

---

① 莫里森认为，在日本缺乏本土修辞理论，参见贝克尔的论文（Becker，1983）。

② 这些思想家有圣德太子（Shotoku Taishi，574－622）、空海（Kūkai，774－835）、源信（Genshin，942－1017）、法然（Honen，1133－1212）、慈圆（Jien，1155－1225）、明惠（Myōe，1173－1232）、亲鸾（Shinran，1173－1263）、道元（Dogen，1200－1253）、日莲（Nichiren，1222－1282）、一遍上人（Ippen，1239－1289）、北畠亲房（Kitabatake Chikafusa，1293－1354）、藤原惺窝（Fujiwara Seika，1561－1619）、铃木正三（Suzuki Shōsan，1579－1655）、林罗山（Hayashi Razan，1583－1657）、中江藤树（Nakae Toju，1608－1648）、山崎暗斋（Yamazaki Ansai，1618－1682）、山鹿素行（Yamaga Sokō，1622－1685）、伊藤仁斋（Ito Jinsai，1627－1705）、贝原益轩（Kaibara Ekken，1630－1713）、荻生徂徕（Ogyū Sorai，1666－1728）、本居宣长（Motoori Norinaga，1730－1801）、平田笃胤（Hirata Atsutane，1776－1843）、西田几多郎（Nishida Kitaro，1870－1945）、田边元（Tanabe Hajime，1885－1962）、上原专禄（Senroku Uehara，1899－1975）和西谷启治（Nishitani Keiji，1900－1990）。参见石井慧的论文（Ishii，1992）和板场仁応的论文（Itaba，1995）。

代化，且提出明治宪法仍然是日本政府的法律基础，一直到 1945 年，[①] 西方论证与辩论的修辞传统在明治维新时期的启蒙运动期间（1868—1912 年）仍然更注重传播[②]。明治宪法用议会普选承认了公民的重要民事权利，并且导致了“日本国会”的建立。

正如冈部朗一用“在 16 世纪和 19 世纪日本试图实施西方辩论实践”来解释的那样，特别是东京庆应大学创办者福泽谕吉（Yukichi Fukuzawa）极力“制定一般意义上的西方修辞实践，特别是关于封建日本之修辞贫乏阶段的演讲与论辩实践”（Okabe，2002，p. 281）。[③] 1873 年，福泽谕吉的组织机构——三田演说会（Mita Enzetsukai）提供了“第一个基于西方修辞原则和国会程序规则的日语辩论与公共演讲训练项目”（Suzuki，1989，p. 17）。在日本修辞学中，与西方修辞学一样，区分了关键组成要素（构思、布局、辞格、传递）以及演讲类型（法庭演讲、协商演讲与典礼演讲），且基本上具有相同的本质。显著特征是说话者的品德通常被认为是演说的基本要素，[④] 并且其兴趣特别关注辞格。[⑤] 明治时斯修辞学家倾向于特别关注在口头语言和书面语言整合（*genbun itchi*）与口头语言和书面语言分离（*genbun betto*）之间的差别。这能够借助日语中口头语言与书面语言之间存在的基本差别来解释。

冈部朗一认为，明治维新时期认真尝试把演讲与辩论的西方原则与实践介绍给日本青年人，但最终归于失败（Okabe，2002，pp. 287 - 288）。一个原因是 20 世纪初日本政治军国主义转向，帝国政府严厉控制

---

① 冈部朗一（Okabe，1970，p. 736）认为，“明治维新第二、三个十年期间是西方修辞学在日本影响的鼎盛时期。在第二个十年期间，我们可以看到许多西方修辞资料的日文版，并且在第三个十年期间，基于经典修辞学和雄辩术实践者所撰写的经典修辞著作的大大增加”（Okabe，1970，p. 376）。

② 冈部朗一（Okabe，1986 - 1988）仔细研究了在明治维新期间出版的 145 本关于修辞理论、修辞实践以及修辞批评的日文著作，它们在很大程度上都是建立在西方修辞学基础之上的。他选取了 8 本沿着古典修辞学路径写的代表性著作来进行更详细研究。

③ 演讲与辩论之间的唯一区别在于参加者的数量。辩论分为两种类型：国会辩论（如在日本国会中）和雄辩辩论（如在法庭上）。

④ 参见如帕尔兹维斯基的论文（Palczewski，1989）以及铃木健与范爱默伦的论文（Suzuki & van Eemeren，2004）。

⑤ 冈部朗一（Okabe，1989，p. 557）认为，日语辞格具有含蓄性和含糊性，通过选择保守陈述和犹豫来例示。

言论自由。冈部朗一提到的其他原因是外国修辞思想在心理上没有“预先消化”，因此日本人不准备接受它们，而且，从意识形态上讲，西方演讲与论辩被发现与日语的“根回”（*nemawashi*，即所有相关各方的预先差商）和“猜测”（*sasshi*，即直观上理解对方的感受）相对立。① 京都大学贝克尔提到的其他潜能原因有法律与商务都不承认论证的重要性，并且日语“偏袒模糊否认而不喜欢直率否认，而且倾向于因敬语而变得相当拘束”（Becker，1983，p. 144）。② 正如铃木健所评论，“与其说日语的本质，不如说强调社会分层结构的社会文化氛围，成为日本人公共辩论的障碍”（Suzuki，2008，p. 51）。

传统对日本公共交流有影响的一个明显例子是铃木健在讨论“言灵”（*kotodama*）时提供的（Suzuki，2012）。从前，人们相信运用语词能够对人、神以及事件过程施加具体影响。神圣力量或精神存在于传统日语语词之中，这种信念被称为“言灵”。有“言灵”支配的地方是没有选择语词自由的，因为语词运用与其指称含义（言举，*kotoage*）同时实现，因此需要特别小心。只允许好的“言举”。这帮助我们解释了1979年美国三里岛核泄漏事故以及1986年苏联切尔诺贝利核事故之后为什么日本核能部门认为他们的核工厂很安全：甚至提及“风险”这个词也是禁忌。铃木健批判性地得出结论：“不仅言灵对日本社会的影响仍然根深蒂固，而且日本政治家也依赖于它作为拖延关键决策或做出不一致临时决定之借口。”（Suzuki，2012，p. 180）

想要克服日本文化与西方文化之间值得考虑的空缺，能使日本商人与其他专业人士在国际环境中有效地交流，这一直是日本人从事论证理论研究的动力所在，因此，对英语论辩之意义深远的兴趣达到高峰。然后，辩论被认为是与西方思想、语言和行为达成妥协的工具。莫里森（Morrison，1972，p. 101）认为，在日语中主要是与直觉的、情感的倾向

---

① 更一般地说，人们常常认为受道家和儒家伦理影响的日本佛教文化对演说的提出起反作用。在这个关联中，还要提及已从家庭开始的日本社会的静态层次结构，优先选择由礼节、信守和服从所支持的凝聚力与和谐。

② 莫里森对日语有成见，认为发展修辞传统的一大主要绊脚石是“一种语言如此不充分，使得任何论证都相当困难”（Morrsion，1972，pp. 100 - 101）。

性相对立，西方修辞学把逻辑阐释之强有力品质作为其主要强度。[①] 冈部朗一更精辟地说道："美国的逻辑与修辞强调一步一步的锁链组织结构"，而相反"对话语进行结构化时，日本逻辑与修辞强调星罗棋布的点头方法"（Okabe，1989，pp. 553 –554）。把逻辑与修辞研究与辩论关联起来，岩下贡（Mitsugu Iwashita）和今野与（Yo Konno）指出："用论证工具训练学生，训练他如何建构逻辑论证以及根据逻辑标准识别他人论证中的弱点或失误"是学术辩论的"首要目的"（Iwashita & Konnoas，转引自 Matlon，1978，p. 26；参见 Iwashita，1973）。

对英语辩论的显著兴趣对论证研究在日本的发展强烈受美国影响，几乎完全来自言语交流领域。[②] 虽然在 1928 年就有第一支来自美国夏威夷大学的辩论队访问了日本，但英语辩论并没有开始，直到 20 世纪 50 年代早期。1950 年，第一届高校校际英语辩论赛在东京举行。在那之后，英语辩论联赛数量一直稳步增长。[③] 作为日美交流巡回演出的内容，从 1976 年开始美国辩论队一直差不多每两年访问一次日本（Suzuki & Matsumoto，2002，p. 52）。在 70 年代，克洛普夫甚至得出一个值得注意的结论："日本已继美国之后成为世界上辩论赛最多的国家，并且差不多所有辩论赛都是用英语进行的。"（Klopf，1973，p. 1）除了 80 年代有很大下滑之外，由于"美国化"和采用宽泛辩题（Suzuki & Matsumoto，2002，p. 52），英语辩论在日本一直维持着。

辩论联赛一直在日本大学生提供英语口语交流训练中发挥重要作用。由于在正式课程中没有这种学习活动的空间，从 20 世纪 90 年代开始，日本大学生教育辩论一直主要由英语演讲协会（ESSs）组织。这些协会由想学英语交流技能的学生们创办。它们大多数设有四个"部门"：辩论部、讨论部、戏剧部和演讲部。学生们参加英语辩论协会论辩的主要理由是明显提升了他们的英语口语表达能力。正如贝克尔（Carl Becker）所注意的那样，其他好处是：辩论用生活语言来进行，有深刻的主题，组

---

① 正如哈森（Hazen，1972）所解释："学英语及其与西方逻辑思维形式之链接的欲望是与相信日语是'情感'语言且无法很好表达西方经典逻辑形式之信念是相伴而行的。"

② 有一个例外是选择了非形式逻辑视角，参见小西卓三的论文（Takuzo Konishi，2007）。

③ 还可参见铃木真子等人的论文（Suzuki *et al.*，2011）。

合了所有重要语言技巧，教给了信心与自信，而且还有教练和评委针对交流的思想和实效性质量进行指导或点评（Malton，1978，pp. 26 – 27）。不幸的是，英语辩论协会的辩论者通常几乎没有老师指导，有辩论教练是例外而非规则。因此，学生们是由经验有限的高年级学生或英语辩论协会校友来指导或评判的。有些前英语辩论协会成员到美国继续学习交流专业，然后回来变成了日本的大学指导教师。

许多西方学者都想知道为什么日本不用他们的母语进行辩论。正如铃木健和松本茂所解释的那样，"英语辩论为日本人将自己从其文化约束中解放出来提供了无价语境"（Suzuki & Matsumoto，2002，p. 66）并且开始熟悉决策与谈判之对抗式交流风格（说"不"）（Suzuki & Matsumoto，2002，p. 64）。在他们看来，辩论理论对帮助商务人员改善商务交流与管理能力也是有用的工具。但为了举办针对日本商务人士的辩论研讨，有些辩论概念需要修改。"肯定的与否定的"概念要用"发起人与审查人"取代，"因为在商务语境中辩论的目的不是要采纳或否定具体方案，而是要在给定情形下选择最佳可能方案或计划"（Suzuki & Matsumoto，2002，p. 59）。从 20 世纪 80 年代开始，日语辩论的确开始有所发展，索尼、丰田以及其他公司不仅采用辩论作为针对处理顾客与海外附属公司的同事而进行的商务交流训练，而且有些公司甚至在日本提供了辩论课给他们的新员工。在 90 年代，有些充满激情的老师开始在日语中用辩论作为活跃高中班级情境的手段，而且在某种程度上得到了教育部和大众媒体的支持。①

日本辩论协会（JDA）是最大的日本论证研究组织机构，在 2000 年、2004 年、2008 年和 2012 年发起了东京论证学术会议。② 其中有些最突出的成员如松本茂（Shigeru Matsumoto）在美国研究交流与修辞；③ 其他成

① 如辩论甲子园（Debeito kousien）是日本最大的高中生日语辩论联赛之一，从 1996 年开始，由《读卖新闻》报社资助。

② 2000 年，建立东京论证学术大会是近些年日本论证理论最重要的发展。正如其会议论文集所验证那样，本次会议将来自东西方的论证学者（如特邀发言人等）组织在一起了。

③ 在美国完成修辞分析与批判分析方面博士论文的日本学者有：中泽美依（Miyori Nakazawa，Northwestern University，1989）、铃木健（Takeshi Suzuki，Northwestern University，1996）、藤卷光浩（Mitsuhiro Fujimaki，University of Iowa，2004）、青沼智（Satoru Aonuma，Wayne State University，2005）和师冈淳也（Junya Morooka，University of Pittsburgh，2006）。

员比如井上奈良彦（Narahiko Inoue）、矢野善郎（Yoshiro Yano）和铃木雅子（Masako Suzuki）在日本研究交流、论证与辩论。美国交流学者直接或间接影响着日本论证学界是很明显的。① 他们的影响还清楚表明在美国学习的日本学者的研究兴趣。比如，在爱荷华大学学习的那些学者倾向于对意识形态批判和批判修辞学感兴趣（青沼智和柿田秀树），而且那些在西北大学学习的学者对历史论证与公共论证研究感兴趣（中泽美依、铃木健、小笠原春野和奥田博子）。令人吃惊的是，教过他们的所有论证理论家都曾经是辩论教练，而且在日本多数相关日本学生都已是辩论队员。

让我们从前面已经提及的冈部朗一开始，重点介绍三位重要的日本论证学者。冈部朗一是南山大学退休教授和修辞论证领域最多产的学者。他研究了西方雄辩传统，分析了这些传统对日本学界的影响。他试图用那种方式解释西方修辞如何变成日本传统的一部分（如 Okabe，1989，1990，2002）。

自 20 世纪 70 年代以来，立教大学的松本茂一直是论证教育学领域的日本领军学者。在获得大学英语辩论联赛冠军队辩手之后，他到美国马萨诸塞大学安姆斯特分校继续学习交流理论。他回到日本之后，成了日本辩论协会的创办人和首任会长。三十多年过去了，他一直在用各种方式推动高校校际间以及高中生既用英语又用日语进行辩论。

最近几年，明治大学的铃木健在日本推动论证理论场上非常活跃。② 他一直在推动东京论证学术会议，并且在 21 世纪前十年他利用政府拨款邀请了国际论证学者到日本做演讲。③ 铃木健一直是一位多产学者，他的

---

① 齐西尔穆勒（George Ziegelmueller）教过臼井直人（Naoto Usui）和青沼智；古德莱特（Thomas Goodnight）和扎里夫斯基（David Zarefsky）教过中泽美依、铃木健、小笠原春野（Haruno Yamamaki-Ogasawara）和奥田博子（Hiroko Okuda）；帕森（Donn Parson）和罗兰德（Robert Rowland）教过铃木健与长谷川典子（Noriko Hasegawa）；格朗贝克（Bruce Gronbeck）和麦吉（Michael McGee）教过青沼智和柿田秀树（Hideki Kakita）；当过一支成功美国辩论队教练的哈森（Michael Hazen）20 世纪 70 年代访问了日本，教过藤卷光浩、菅家知洋（Tomohiro Kanke）和师冈淳也；最近，米切尔（Gordon Mitchell）教过小西卓三和师冈淳也。

② 如他通过翻译将语用论辩学介绍给日本读者。

③ 2003 年米切尔、2004 年和 2011 年范爱默伦、2007 年和 2012 年霍里汉（Thomas Hollihan）、2008 年古德莱特以及 2009 年扎里夫斯基。

研究集中在挖掘跨文化论证中的普遍性和差异性（Suzuki，2001，2012）上。与范爱默伦一起，研究了2000年日本天皇对荷兰进行首次国事访问期间贝娅特丽克丝女王和明仁天皇所做的演讲之策略操作。在引用贝娅特丽克丝女王的话作为标题的“这段苦痛的历史”中，他们分析了两位元首如何通过他们的演讲从策略上进行操控，以修复因“二战”期间日本侵略而一起严重损坏的两国关系（Suzuki & van Eemeren，2004）。

在美国修辞分析脉络中，各种各样的日本学者一直在从事论证话语具体片段的案例研究。例如，奥田博子主要关注森喜朗首相引起争议的“神圣国家”演讲（Okuda，2007），后来则关注奥巴马在“一个无核武器的世界”中的修辞策略（Okuda，2007）。铃木健分析了首相小泉纯一郎的口号“结构性改革没有神圣不可侵犯的东西”（Suzuki，2007）。再后来，他与加藤贵之（Takayuki Kato）关注了鸠山由纪夫和冈田克也争夺日本民主党领导人的电视辩论（Suzuki & Kato，2011）。菅家知洋讨论了裕仁天皇的“人类宣言”（Kanke，2007）。与师冈淳也一起，菅家知洋用历史分析提供了日本明治与大正时代日本辩论实践的另一个考量（Kanke & Morooka，2011）。

12.18　中国的论证研究

从20世纪90年代开始，中国正经历着重大的社会文化变迁，呼吁教育改革，强调更加自由的态度和良好公民素质的培养。因此，如今在教育上更强调教授批判性思维。既然论证为批判性思维教学提供了必需的学术背景，中国学界对论证理论的兴趣明显浓厚起来。在这个背景下，论证理论在中国的最新发展应当予以重视。

虽然古代中国有着较强的论辩传统，但该传统后来并没有延续下来。当代中国论证研究似乎首先受西方研究传统的影响。许多关于论证的论著都是介绍性的，对论证理论中的某些具体问题提供论证或者阐释具体理论。就进一步理论化而言，中国的论证研究仍然在早期阶段。可是，近来出现了一些可喜的进展，形成了一些研究团队，他们启动了研究方案，为不久的将来开辟了广阔前景。

自春秋战国时期（前770—前221年）开始，中国古代哲学关注社会伦理问题而不是抽象论题。古代思想家不得不努力克服观点多元性。他们相互进行批判，试图令人信服地维护其己方学说并批评他方，特别是在战国时期（前476—前221年）。他们的论证实践推动他们研究论证，特别关注与名实关系以及语言与意义的关系有关的问题，关注论证与辩论的本质（类型学）和规则。

出于对反思盛行的论证实践需要，在中国古代就已开启了较强的论证研究传统。[①] 特别是墨子把论证中的坚定信仰与研习兴趣结合在一起。他们将论辩视为一种活动，通过这种活动，我们能“明是非之分，审治乱之纪，明同异之处，察名实之理，处利害，决嫌疑”（《墨子·小取》）。在《墨辩》中，他们就哲学论证的形式、程序和方法给出系统研究。

墨家学派衰落后，后来论证研究传统在历史上逐渐消失了。当儒家思想成为占主导的道统时，论证研究完全丧失其人气。直到20世纪初，当学者正在研究中国古代逻辑与西方逻辑的对应物时，这一传统才被重新发现。研究古典传统是今天被称为“中国逻辑”的主题。其涉及古代论证研究之研究主体部分被刻画为“名学研究”和“辩学研究”。在中国，这里值得提及的一个独立传统是佛教论证的长期研究。在中国，佛教有两个分支：一是藏传佛教；二是汉传佛教。前者在蒙藏地区有着广泛传统，而后者即禅宗主要在中原地区。佛教哲学包含着一个逻辑系统，被称为佛教逻辑或因明（*Hetuvidya*）。从现代逻辑观点来看，因明实际上就是一种论证理论。舍尔巴斯茨基（Stcherbatsky，2011a，p. 1）认为，因明涉及一种关于三段论形式（三支论式）的学说，这种三段论是由大前提、小前提和结论构成的。[②] 这将因明直接与现代论证理论中的论证型式关联起来。三支论式，与其包括宗、因、喻、合、结的五支论式扩充在一起，是因明中的概念论证型式（Stcherbatsky，2011a，p. 270）。

论证在藏传佛教中比在汉传佛教中有更突出的地位。罗格斯（Rog-

---

① 中国古代的经典论证理论是借助大量推类刻画的。

② 舍尔巴茨基（Stcherbatsky，2011b，p. 110A）引用的一个著名例子是：“有烟处必有火（大前提），此处有烟（小前提），因此，此处有火（结论）。”

ers，2009，p. 13）认为，佛教的格鲁巴宗创立了教育体制以及能够让学生领会“推理路径”的课程体系，用理性的分析进行顿悟的训练，以理解宗教篇章的含义甚至理解现实之真正本质。珀杜（Perdue，1992，p. 4）提出，藏传佛教辩经的主要目的是消除误解，确立正确观念以及迎接对这些观念的异议。为了达到这些目的，喇嘛们会努力进行辩论，勤奋学习语词和充分理解佛教教义之意义。

在 20 世纪中期，随着现代逻辑的引入和对它的热情接纳，中国论证理论严重受形式逻辑学科的影响。直到 20 世纪 90 年代，当代西方论证理论如语用论辩学和非形式逻辑被引介到中国，而且论证理论获得更广的范围。如今，论证研究在中国越来越盛行，并吸引了来自不同学科领域的学者（哲学、逻辑学、语言学、计算机科学、心理学等）。[①] 中国古代的论证传统对当代中国论证理论研究没有什么突出的影响。

当代中国论证研究的领先机构是中山大学逻辑与认知研究所。该所聚集了一批有哲学、逻辑学、心理学和计算机科学背景的学者，有着从现代形式逻辑、认知科学与人工智能视角研究论证的强大传统。可是，最近它将研究兴趣拓宽到非形式方法和语用方法。2010 年，组成了一个相当大的论证研究团队来从人类学和社会学角度关注论证实践研究。

在中山大学逻辑与认知研究所，鞠实儿领导的一个研究团队开始从人类学和社会视角研究不同文化中的论证实际。[②] 他们的研究方案是建立在鞠实儿提出的广义论证理论之上的，已吸引了一些青年学者，其中有些已经完成了他们的博士论文。[③] 另一个研究团队由梁庆寅和熊明辉率领，关注法律论证研究。他们将当代西方论证理论如语用论辩学、非形式逻辑所提出的理论框架与工具连接起来，还利用了修辞学之洞见。有位独立但很高产的论证学者叫武宏志（延安大学），早在 20 世纪 80 年代他就开始研究谬误。

---

① 中国人对当代论证理论的早期贡献是施旭（Shi Xu，1995）和胡壮麟（Zhuangli Hu，1995）从语言学视角入手的。施旭与基恩波特勒（Shi Xu & Kienpointner，2001）分析了涉及 1997 年香港移交的中西方报纸上的论证策略。

② 当前他们正关注在西藏、内蒙古和新疆的中国少数民族论证实践。

③ 在民族志田野调查报告和中国古代逻辑研究基础上，鞠实儿（Shier Ju，2010）提出了逻辑的文化相对性并给出了一个将文化要素引入论证研究的论证概念。

非形式逻辑和语用论辩学对近年来的中国论证理论研究都有相当大的影响。[①] 引入非形式逻辑基本问题与方法的第一批系列论文出现在1991年，由阮松所写（Ruan，1991－1992a，b，c，d，e）。大约在2004年，武宏志发表了一系列论文，开始详细介绍非形式逻辑中的主要理论进展，最终导致了《非形式逻辑导论》（Wu，2009）的出版。武宏志对非形式逻辑给出一个综合概观，事实上涉及了非形式逻辑所认同的所有主要子领域，并讨论了涉及的主要论题。就语用论辩学而言，到目前为止已有四本中文专著出版：（1）1991年北京大学出版社出版的范爱默伦和荷罗顿道斯特著、施旭译《论辩、交际、谬误》（van Eemeren & Grootendorst，1992a），这是1992年出版的《论证、交流与谬误：一种语用视角》的早期版；（2）2002年北京大学出版社出版的范爱默伦和荷罗顿道斯特著、张树学译《批评性论辩：论辩的语用辩证法》，这是他们2004年出版的《一个系统论证理论》（van Eemeren & Grootendorst，2004）之早期版；（3）2005年商务印书馆出版的菲特丽丝著，张其山、焦宝乾、夏贞鹏译《法律论证原理》（Feteris，1999）；（4）2006年新世界出版社出版的范爱默伦和汉克曼斯著、熊明辉、赵艺译《论辩巧智：有理说得清的技术》（van Eemeren *et al.*，2002a）。西方论证理论明显影响了中国当前的论证研究。比如，在熊明辉关于法律推理的最新专著《诉讼论证：诉讼博弈的逻辑分析》中，基于包括形式逻辑与非形式逻辑、语用论辩学与形式论辩学在内的当代论证理论研究的各种资源，提出了一个诉讼论证的分析与评价新框架。利用该整合框架，熊明辉试图分析起、应、审三方之间的诉讼博弈。与熊明辉合作的另一位中国当代领军论证理论家是梁庆寅。他们一起开辟并拓展了受到好评的法律逻辑论证进路，而且在中国非常有影响力。[②] 晋荣东和谢耘是两位热衷于论证研究的年轻中国学者，

---

① 值得一提的是有许多美国学者撰写的批判性思维教科书被翻译成了中文，如：布朗和基利著《学会提问：批判性思维指南》（Browne & Keeley，2004，中文版2006年出版）；帕克和莫尔著《批判的思考》（Moore & Parker，2007，中文版2007年出版）；保罗和埃尔德著《批判性思维》（Paul & Edler，2002，中文版2010年出版）。尽管在教育学中颇受关注，但它们对论证研究影响很小。

② 继用于法律逻辑研究之后，当前还把非形式逻辑用作重新解释古典中国论证研究的工具。

他们最近加入了国际论证界的行列。晋荣东主要对非形式逻辑的哲学基础研究感兴趣，而谢耘在设法探寻论证理论的批判维度以及论证的论辩进路。

在真实论证中从需要考虑诸如语境的语用要素出发，熊明辉和赵艺（Xiong & Zhao，2007）在《可废止语用论辩论证模型》一文中认为，论证理论中所需要的逻辑模式不是经典逻辑模型，而是另一种逻辑模型，但他们认为，如果基本推论规则分离规则或严格分离规则只用可废止分离规则来取代，该模型只能处理真实论证的可废止性，因此，构建了“一个可废止语用论辩论证模式”。在《谁的逻辑，何种逻辑》一文中，谢耘与熊明辉一起讨论了范丙申（van Benthem，2009）关于图尔敏（Toulmin，2003）对形式逻辑的把脉和放弃所持的保留态度，分析了“在范丙申讨论中对图尔敏思想的两个误解”（Xie & Xiong，2011，p. 2）。

为了澄清两种著名论证进路，谢耘在《语用论辩学与非形式逻辑内的论辩学》（Yun Xie，2008）一文中分析了约翰逊的“论辩外层”背后的冲突论辩观与范爱默伦和荷罗顿道斯特的论辩观。然而，在约翰逊看来，论辩学表达了其方法之具体构成要件之具体性质，但对语用论辩家而言，论辩等同于批判方法之运用。虽然这两种观点理论上是相关的，但两种方法经常发生冲突，当他们吸收不同语用视角且每种方法都涉及理性与合理性的明确概念化时，他们发生了分歧。在约翰逊的“论辩外层”的“独白式论证建构”之“结果驱动”语境下，仔细推敲的论辩功能体现了不同于语用论辩学中双方之间的“双重合作讨论”之“过程驱动”对话语境下的情形（Yun Xie，2008，pp. 283 – 285）。在《论辩外层如何才是批判性的》一文中，谢耘这次与梁庆寅一起处理了相同的问题，专门关注约翰逊的观点（Liang & Xie，2011）。鉴于约翰逊论辩外层观与批判论证观的共性与个性，他们认为应当嫁接约翰逊的理论与批判观，因此，论辩外层本质上成为批判性的了（Liang & Xie，2011p. 240）。

参考文献

Aarnio, A. (1987). *The rational as reasonable. A treatise on legal justification.* Dordrecht: Reidel.

Abderrahmane, T. (1985). *Essai sur les logiques des raisonnements argumentatifs et naturels* [A treatise on deductive and natural argumentation and its models] (4 Vols). Doctoral dissertation, Sorbonne University Paris, Paris.

Abderrahmane, T. (1987). *Fī Uṣūl al-iwār wa Tajdīd ʻIlm al-Kalām* [On the basics of dialogue and the renovation of Islamic scholastics]. Beirut: Markaz al-Thaqāfī al- ʻc Arabī. (3rd ed., 2007).

Abdullatif, I. (2012a). *Istratijiyyāt al-Iqnā' wa al-Ta'thīr fi al-Khitāb al-Siyāsi: Khutab a-Ra'īisal-Sadāt Namūthajan* [Persuasion strategies in political discourse. President Sadat's speechesas a model]. Cairo: al-Hay'a al-Misriyya al- ʻĀmma lil-Kitāb.

Abdullatif, I. (2012b). *Albaāgha wa Ttawāsul ʻAbr al-Thaqāfāt* [Rhetoric and cross-culturalcommunication]. Cairo: al-Hay'a al- ʻĀmma li Quṣūr al-Thaqāfa.

Abdul-Raof, H. (2006). Arabic rhetoric. A pragmatic analysis. London/New York: Routledge.

Aczél, P. (2009). *Új retorika* [New rhetoric]. Bratislava: Kalligram Könyvkiadó.

Aczél, P. (2012). *Médiaretorika* [Media rhetoric]. Budapest: Magyar Mercuris.

Adam, J. -M. (2004). Une approche textuelle de l'argumentation. "Schema", sequence et phrasepériodique [A textual approach to argumentation. "Scheme", sequence, and periodic sentence]. In M. Doury & S. Moirand (Eds.), *L'argumentation aujourd'hui. Positions théoriques enconfrontation* [Argumentation today. Theoretical positions in confrontation] (pp. 77 – 102). Paris: Presses de la Sorbonne Nouvelle.

Adam, J. -M., & Bonhomme, M. (2003). *L'argumentation publicitaire. Rhétorique de l'éloge et dela persuasion. L'analyse du divers aspects du discours publicitaire* [Argumentation in advertising. Rhetoric of eulogy and persuasion. The analysis of different aspects of advertisingdiscourse]. Paris: Nathan. (1st ed., 1997).

Adelswärd, V. (1987). The argumentation of self in job interviews. In F. H. van Eemeren, R. Grootendorst, J. A. Blair, & C. A. Willard (Eds.), *Argumentation. Analysis and practices. Proceedings of the conference on argumentation* 1986 (pp. 327 – 336). Dordrecht/Providence: Foris.

Adelswärd, V. (1988). *Styles of success. On impression management as collaborative action in job interviews.* Linköping: University of Linköping: Linköping Studies in Arts and Science.

Adelswärd, V. (1991). The use of formulations in the production of arguments. A study ofinterviews with conscientious objectors. In F. H. van Eemeren, R. Grootendorst, J. A. Blair, & C. A. Willard (Eds.), *Proceedings of the second international conference on argumentation organized by the International Society for the Study of Argumentation at the University of Amsterdam, June* 19 – 22, 1990 (pp. 591 – 603). Amsterdam: Sic Sat.

Adelswärd, V., Aronsson, K., & Linell, P. (1988). Discourse of blame. Courtroom construction ofsocial identity from the perspective of the defendant. *Semiotica*, 71, 261 – 284.

Adeodato, J. M. (2009). *A retórica constitucional (sobre tolerância, direitos humanos e outrosfundamentos éticos do direito positivo)* [Constitutional rhetoric (about tolerance, human rightsand other ethical foundations of positive law)]. São Paulo: Saraiva.

Adrian, T. (2011). *El uso de la metáfora en Rómulo Betancourt y Hugo Chávez* [The use ofmetaphor in Rómulo Betancourt and Hugo Chávez]. Madrid: EAE Editorial Academia Española.

Ajdukiewicz, K. (1965). The problem of foundation. In K. Ajdukiewicz (Ed.), The foundation ofstatements and decisions. *Proceedings of the international colloquium on methodology ofsciences held in Warsaw*, 18 – 23 *September* 1961 (pp. 1 – 11). Warszawa: PWN-PolishScientific Publishers.

Ajdukiewicz, K. (1974). *Pragmatic logic* (trans: Reidel, D.). Dordrecht: PWN-Polish ScientificPublishers. [trans.: Wojtasiewicz, O of K. Ajdukiewicz (1974), Logika pragmatyczna, Warsaw: PWN-Polish Scientific Publishers].

Alaoui, H. F. (Ed.). (2010). *al-ijāj. Mafhūmuhu wa Majālātuhu* [Argumentation. The concept andthe fields]. Irbid: ʻc Alam al-Kutub al-ḥdith.

Alburquerque, L. (1995). *El arte de hablar en público. Seis retóricas famosas* [The art of publicspeaking. Six famous rhetorics]. Madrid: Visor Libros.

Alcolea Banegas, J. (2007). Visual arguments in film. In F. H. van Eemeren, J. A. Blair, C. A. Willard, & B. Garssen (Eds.), *Proceedings of the sixth conference of the International Society for the Study of Argumentation* (pp. 35 – 41). Amsterdam: Sic Sat.

Al-Dahri, A. (2011). *Al-ijāj wa Binā' al-Khitāb* [Argumentation and the structure of discourse]. Casa Blanca: Manshūrāt al-Madāris.

Alekseyev, A. P. (1991). *Argumentacia, pzonaniye, obsheniye* [Argumentation, cognition, communication]. Moscow: Moscow University Press.

Alexandrova, D. (1984). *Античните извори на реторикатa* [Antique sources of rhetorics]. Sofia: Sofia University Press.

Alexandrova, D. (1985). *Проблеми на реторикатa* [Problems of rhetoric]. Sofia:

Nauka i izkustvo.

Alexandrova, D. (1997). Реторическата аргументация-същност на продуктивниядиалог в обучението [The rhetorical argumentation-A basis of productive dialogue in-teaching]. *Pedagogika*, 5, 37 -45.

Alexandrova, D. (1999). Хаим Перелман и неговата "Нова реторика" или Трактат поаргументация [Chaim Perelman and his "New Rhetoric" or Treatise on argumentation]. *Filosofski Alternativi*, 3 -4, 29 -46.

Alexandrova, D. (2006). *Метаморфози на реториката през XX век* [Metamorphoses ofrhetoric in the twentieth century]. Sofia: Sofia University Press.

Alexandrova, D. (2008). *Основи на реториката* [Fundaments of rhetoric]. Sofia: Sofia UniversityPress.

Alexy, R. (1978). *Theorie der juristischen Argumentation. Die Theorie des rationale Diskurses asTheorie der juristischen Begründung* [A theory of legal argumentation]. Frankfurt am Main: Suhrkamp. (Spanish transl. by M. Atienza and I. Espejo as Teoría de la argumentaciónjurídica. Madrid: Centro de Estudios Constitucionales, 1989).

Al-Shaba' an, A. (2008). *Al-ijāj bayna al-Minwāl wa al-Mithāl* [Argumentation between theoryand practice]. Tunis: Maskilyāni Publishers.

Álvarez, G. (1996). *Textos y discursos. Introducción a la lingüística del texto* [Texts anddiscourses. Introduction to textual linguistics]. Concepción: Universidad de Concepción.

Álvarez, J. F. (2007). The risk of arguing: From persuasion to dissuasion. In F. H. van Eemeren, J. A. Blair, C. A. Willard, & B. Garssen (Eds.), *Proceedings of the sixth conference of the International Society for the Study of Argumentation* (pp. 65 -71). Amsterdam: Sic Sat.

Álvarez, N. , & Sánchez, I. (2001). *El discurso argumentativo de los escolares venezolanos* [Venezuelan students' argumentative discourse]. Letras, 62, 81 -96.

Amestoy, M. (1995). *Procesos básicos del pensamiento* [Basic processes of thinking]. Mexico: Instituto Tecnológico Autónomo de México.

Andersson, J. , & Furberg, M. (1974). *Språk och påverkan. Om argumentationens semantic* [Language and practice. The semantics of argumentation] (1st ed. 1966). Stockholm: Aldus/Bonnier.

Andone, C. (2012). Review of Lilian Bermejo-Luque (2009) Giving reasons. A linguisticpragmaticapproach to argumentation theory. *Argumentation*, 26, 291 -296.

Andriessen, J. E. B. , Baker, M. J. , & Suthers, D. (2003). Argumentation, computer-support, and the educational con tekst of confronting cognitions. In J. Andriessen, M. J. Baker, & D. Suthers (Eds.), *Arguing to learn. Confronting cognitions in computer-supported collaborative learning environments* (pp. 1 – 25). Dordrecht: Kluwer.

Andriessen, J. E. B., & Schwarz, B. B. (2009). Argumentative design. In N. W. Muller Mirza & A. – N. Perret-Clermont (Eds.), *Argumentation and education. The foundation and practices* (pp. 145 – 164). Berlin: Springer.

Angenot, M. (1982). *La parole pamphlétaire. Contribution à la typologie des discours modernes* [Contribution to the typology of modern discourses]. Paris: Payot.

Angenot, M. (2004). *Rhétorique de l'anti-socialisme* [Rhetoric of anti-socialism]. Québec: Pressesde l'Université Laval.

Apel, K. O. (1988). *Diskurs und Verantwortung* [Discourse and responsibility]. Frankfurt amMain: Suhrkamp.

Apeltauer, E. (1978). *Elemente und Verlaufsformen von Streitgesprächen* [Elements andproceedings of disputations]. Doctoral dissertation, Münster University, Münster. Apostolova, G. (1994).Моделиране на диалога [Modelling the dialogue]. Philosophski Alternativi, 3, 112 – 122.

Apostolova, G. (1999). *Убеждаващата комуникация. културната традиция инпрагматичните императиви* [Persuasive discourse. Cultural tradition and pragmatic imperatives]. Sofia: Nauka i Izkustvo.

Apostolova, G. (2011). *Английският философски текст. интерпретация и превод* [Thetexts of English philosophy. Interpretation and translation]. Blagoevgrad: BON.

Apostolova, G. (2012). *Култури и текстове. Интернет, интертекст, интеркултура* [Cultures and texts. Internet, intertext, interculture]. Blagoevgrad: SWU Publishing House.

Atkin, A., & Richardson, J. E. (2007). Arguing about Muslims. (Un) reasonable argumentation inletters to the editor. *Text and Talk*, 27 (1), 1 – 25.

Auchlin, A. (1981). Réflexions sur les marqueurs de structuration de la conversation [Reflections on markers of conversational structure]. *Études de Linguistique Appliquee*, 44, 88 – 103.

Azar, M. (1995). Argumentative texts in newspapers. In F. H. van Eemeren, R. Grootendorst, J. A. Blair, & C. A. Willard (Eds.), Reconstruction and application. *Proceedings of the third ISSA conference on argumentation* (*University of Amsterdam*, June 21 – 24, 1994), III (pp. 493 – 500). Amsterdam: Sic Sat.

Azar, M. (1999). Refuting counter-arguments in written essays. In F. H. van Eemeren,

R. Grootendorst, J. A. Blair, & C. A. Willard (Eds.), *Proceedings of the fourth international conference of the International Society for the Study of Argumentation* (pp. 19 – 21). Amsterdam: Sic Sat.

Azzawi, A. B. (1990). *Quelques connecteurs pragmatiques en Arabe littéraire. Approche-argumentaire et polyphonique* [Some pragmatic connectors in literary Arabic. An argumentative and polyphonic approach]. Lille: A. N. R. T. Doctoral dissertation, Ecole des Hautes Etudes en Sciences Sociales.

Azzawi, A. B. (2006). Al-Lugha wa al-ijāj [Language and argumentation] (2nd ed. 2009). Casablanca: al-Aḥmadiyya. Beirut: Mu'assast al-Riḥāb al-adīthah.

Azzawi, A. B. (2010). *Al-Khitāb wa al-ijāj* [*Discourse and argumentation*] (2nd ed.). Casablanca: Al-Aḥmadiyya. Beirut: Mu'assasat al-Riḥāb al-adīthah (1st ed. 2007).

Baesler, J. E., & Burgoon, J. K. (1994). The temporal effects of story and statistical evidence onbelief change. *Communication Research*, 21, 582 – 602.

Bakalov, G. (1924). *Ораторско изкуство за работници* [Public speaking for workers]. София: Edison. Library Nov Pat 8.

Baker, M. J. (2009). Argumentative interactions and the social construction of knowledge. InN. W. Muller Mirza & A. – N. Perret-Clermont (Eds.), *Argumentation and education. The foundation and practices* (pp. 127 – 144). Berlin: Springer.

Baranov, A. N. (1990). *Linguisticheskaya teoriya argumentatsii* (*kognitivny podhod*) [Linguistictheory of argumentation. A cognitive approach]. Doctoral dissertation, University of Moscow, Moscow.

Barilli, R. (1969). *Poetica e retorica* [Poetics and rhetoric]. Milan: Mursia.

Barros, D. L. P. de (2011). *Preconceito e intolerância. Reflexões linguístico-discursivas.* [Prejudiceand intolerance: Linguistic-discursive reflections]. São Paulo: Editora Mackenzie.

Barthes, R. (1970). L'ancienne rhétorique. Aide mémoire [The old rhetoric. A compendium]. *Communications*, 16, 172 – 223.

Becker, C. (1983). The Japanese way of debate. *National Forensic Journal*, 1, 141 – 147.

Bengtsson, M. (2011). Defining functions of Danish political commentary. In F. Zenker (Ed.), *Argumentation. Cognition and community. Proceedings of the 9th international conference of the Ontario Society for the Study of Argumentation* (*OSSA*) (pp. 1 – 11). Windsor, ON. CD rom.

Bentancur, L. (2009). *El desarrollo de la competencia argumentativa* [The development of argumentative competence]. Montevideo: Quehacer Educativo.

van Benthem, J. (2009). One logician's perspective on argumentation. *Cogency*, 1 (2), 13 – 26.

Berk, U. (1979). *Konstruktive Argumentationstheorie* [A constructive theory of argumentation]. Stuttgart/Bad Cannstatt: Frommann-Holzboog.

Bermejo-Luque, L. (2007). The justification of the normative nature of argumentation theory. In F. H. van Eemeren, J. A. Blair, C. A. Willard, & B. Garssen (Eds.), *Proceedings of the sixth conference of the International Society for the Study of Argumentation* (pp. 113 – 118). Amsterdam: Sic Sat.

Bermejo-Luque, L. (2011). *Giving reasons. A linguistic-pragmatic approach to argumentation theory*. Dordrecht: Springer.

Besedina, Y. V. (2011). *Argumentativnyj diskurs kognitivno-slozhnyh i kognitivno-prostyhlichnostej* [Argumentative discourse of cognitively-complex and cognitively-simpleindividuals]. Doctoral dissertation, Kaluga State University, Kaluga.

Bigi, S. (2011). The persuasive role of ethos in doctor-patient interactions. *Communication and Medicine*, 8 (1), 67 – 76.

Bigi, S. (2012). Evaluating argumentative moves in medical consultations. *Journal of Argumentationin Context*, 1 (1), 51 – 65.

Biro, J., & Siegel, H. (2011). Argumentation, arguing, and arguments. Comments on Givingreasons. *Theoria*, 72, 279 – 287.

Björnsson, G., Kihlbom, U., & Ullholm, A. (2009). *Argumentationsanalys. Füardigheter för kritisktüankande* [Argumentation analysis. Dispositions for critical thinking]. Stockholm: Natur &Kultur.

Bonhomme, M. (1987). *Linguistique de la métonymie* [Linguistics of metonymy]. Bern: PeterLang.

Bonhomme, M. (1998). *Les figures clés du discours* [The key discourse figures]. Paris: Le Seuil.

Bonhomme, M. (2005). *Pragmatique des figures du discours* [The pragmatics of discoursefigures]. Paris: Champion.

Bonhomme, M. (2006). *Le discours métonymique* [Metonymical discourse]. Bern: Peter Lang.

Borges, H. F. (2005). *Vida, razão e justice. Racionalidade argumentativa na motivação judiciária* [Life, reason and justice. Argumentative rationality in judicial motivation]. Coimbra: MinervaCoimbra.

Borges, H. F. (2009). Nova retórica e democratização da justiça [New rhetoric and democratization of justice]. In H. J. Ribeiro (Ed.), *Rhetoric and argumentation in the beginning of the 21st Century* (pp. 297 – 308). Coimbra: Coimbra University Press.

Bose, I., & Gutenberg, N. (2003). Enthymeme and prosody. A contribution to empiricalresearch in the analysis of intonation as well as argumentation. In F. H. van Eemeren, J. A. Blair, C. A. Willard, & A. F. Snoeck Henkemans (Eds.), *Proceedings of the fifth conference of the International Society for the Study of Argumentation* (pp. 139 – 140). Amsterdam: Sic Sat.

Bowker, J. K., & Trapp, R. (1992). Personal and ideational dimensions of good and poorarguments in human interaction. In F. H. van Eemeren & R. Grootendorst (Eds.), *Argumentationilluminated* (pp. 220 – 230). Amsterdam: Sic Sat.

Braet, A. (1979 – 1980). *Taaldaden. Een leergang schriftelijke taalbeheersing* [Speech acts. Acurriculum on writing and reading]. Groningen: Wolters-Noordhoff.

Braet, A. (1987). The classical doctrine of status and rhetorical theory of argumentation. *Philosophyand Rhetoric*, 20, 79 – 93.

Braet, A. (1995). *Schrijfvaardigheid Nederlands* [Writing skills in Dutch]. Bussum: Coutinho.

Braet, A. (1996). On the origin of normative argumentation theory. The paradoxical case of the Rhetoric to Alexander. *Argumentation*, 10, 347 – 359.

Braet, A. (1999). *Argumentatieve vaardigheden* [Argumentative skills]. Bussum: Coutinho.

Braet, A. (2004). Hermagoras and the epicheireme. *Rhetorica*, 22, 327 – 347.

Braet, A. (2007). *De redelijkheid van de klassieke retorica. De bijdrage van klassieke retorici aande argumentatietheorie* [The reasonableness of classical rhetoric. The contribution of classicalrhetoricians to the theory of argumentation]. Leiden: Leiden University Press.

Braet, A., & Schouw, L. (1998). *Effectief debatteren. Argumenteren en presenteren over beleid* [Debating effectively. Policy argumentation and presentation]. Groningen: Wolters-Noordhoff.

Bregant, J., & Vezjak, B. (2007). *Zmote in napake v argumentaciji. Vodičpo slabi argumentaciji vdružbenem vsakdanu* [Fallacies in argumentation. A guide through bad argumentation ineveryday life]. Maribor: Subkulturni azil.

Breivega, K. R. (2003). *Vitskaplege argumentasjonsstrategiar* [Scientific argumentation-strategies]. Oslo: Norsk sakprosa.

Breton, P. (1996). *L'argumentation dans la communication* [Argumentation in communication] (Coll. Repères). Paris: La Découverte.

Breton, P., & Gauthier, G. (2011). *Histoire des théories de l'argumentation* [History of argumentation theory]. Paris: La Découverte.

Briushinkin, V. (2000). *Sistemnaya model arguementacii* [Systematic model of argumentation]. In*Trancendental anthropology and logic. The Proceeding of International workshop 'Anthropologyfrom a modern stand'* (pp. 133 – 155). 7th Kantian Symposium. Kaliningrad: Kaliningrad University Press.

Briushinkin, V. (2008). Argumentorika. Ishodnaya abstrakciya b metodologiya [Argumentoric. Initial concept and approach]. In V. Briushinkin (Ed.), *Modelling reasoning – 2. Argumentation and rationality* (pp. 7 – 19). Kaliningrad: Kaliningrad University Press.

Briushinkin, V. (2010). O dvoyakoi roli ritoriki v sistemnoi modeli argumentcii [On twofold roleof rhetorics in the systematic model of argumentation]. *ratio. ru.* [web-journal], 3, 3 – 14.

Browne, M. N., & Keeley, S. M. (2004). *Asking the right questions. A guide to critical thinking* (7th ed.). Prentice Hall: Pearson. Chinese transl. 2006.

Brumark, Å. (2007). Argumentation at the Swedish dinner table. In F. H. van Eemeren, J. A. Blair, C. A. Willard, & B. Garssen (Eds.), *Proceedings of the sixth conference of the International Society for the Study of Argumentation* (pp. 169 – 177). Amsterdam: Sic Sat.

Brutian, G. A. (1991). The architectonics of argumentation. In F. H. van Eemeren, R. Grootendorst, J. A. Blair, & C. A. Willard (Eds.), *Proceedings of the second international conference on argumentaton organized by the International Society for the Study of Argumentation (ISSA) at the University of Amsterdam, June* 19 – 22, 1990, 1*A* (pp. 61 – 63). Amsterdam: Sic Sat.

Brutian, G. A. (1992). The theory of argumentation, its main problems and investigativeperspectives. In J. Pietarinen (Ed.), *Problems of philosophical argumentation* (Reports fromthe Department of Practical Philosophy Kätytánnöllisen Filosofian Julkaisuja, 5, pp. 5 – 17). Turku: University of Turku.

Brutian, G. [A.] (1998). *Logic, language, and argumentation in projection of philosophicalknowledge.* Lisbon: Grafica de Coimbra.

Brutian, G. [A.], & Markarian, H. (1991). The language of argumentation. In F. H. van Eemeren, R. Grootendorst, J. A. Blair, & C. A. Willard (Eds.), *Proceedings of the second international conference organized by the International Society for the Study of Argumentation at theUniversity of Amsterdam*, *June* 19 – 22, 1990, 1*A* (pp. 546 – 550). Amsterdam: Sic Sat.

Brutian, G. A., & Narsky, I. S. (Eds.). (1986). *Problemy filosofskoi argumentatsii* [Problems of philosophical argumentation]. Yerevan: Armenian SSR Publishing House.

Brutian, L. (1991). On the types of argumentative discourse. In F. H. van Eemeren, R. Grootendorst, J. A. Blair, & C. A. Willard (Eds.), *Proceedings of the second international conference of argumentation organized by the International Society for the Study of Argumentation* (*ISSA*) *at the University of Amsterdam*, *June* 19 – 22, 1990, 1*A* (pp. 559 – 563). Amsterdam: Sic Sat.

Brutian, L. (2003). On the pragmatics of argumentative discourse. In F. H. van Eemeren, J. A. Blair, C. A. Willard, & A. F. Snoeck Henkemans (Eds.), *Proceedings of the fifth conference of the International Society for the Study of Argumentation* (pp. 141 – 144). Amsterdam: Sic Sat.

Brutian, L. (2007). Arguments in child language. In F. H. van Eemeren, J. A. Blair, C. A. Willard, & B. Garssen (Eds.), *Proceedings of the sixth conference of the International Society for the Study of Argumentation* (pp. 179 – 183). Amsterdam: Sic Sat.

Brutian, L. (2011). Stylistic devices and argumentative strategies in public discourse. In F. H. van Eemeren, B. J. Garssen, D. Godden, & G. Mitchell (Eds.), *Proceedings of the 7th conference of the International Society for the Study of Argumentation* (pp. 162 – 169). Amsterdam: Rozenberg-Sic Sat. CD rom.

Budzynska, K. (2011). Structure of persuasive communication and elaboration likelihood model. In F. Zenker (Ed.), *Proceedings of OSSA* 2011. *Argumentation. cognition& community.* Windsor, ON: Ontario Society for the Study of Argumentation. CD rom.

Budzynska, K. (2012). Circularity in ethotic structures. *Synthese*, 190, 3185 – 3207.

Budzynska, K., & Dębowska, K. (2010). Dialogues with conflict resolution. Goals and effects. InP. Lupkowski & M. Purver (Eds.), Aspects of semantics and pragmatics of dialogue (pp. 59 – 66). Poznań: Polish Society for Cognitive Science.

Budzynska, K., Dębowska-Kozłowska, K., Kacprzak, M., & Załeska, M. (2012). Interdyscyplinarność w badaniach nad argumentacją i perswazją [Interdisciplinarity in the studies onargumentation and persuasion]. In A. Chmielewski, M. Dudzikowa & A. Grobler (Eds.), *Interdyscyplinarnie o interdyscyplinarności* [Interdisciplinarity interdisciplinarily] (pp. 147 – 166). Kraków: Impuls.

Budzynska, K. , & Kacprzak, M. (2008). A logic for reasoning about persuasion. *Fundamenta Informaticae*, 85, 51 – 65.

Budzynska, K. , Kacprzak, M. , & Rembelski, P. (2009). Perseus. Software for analyzing persuasionprocess. *Fundamenta Informaticae*, 93 (1 – 3), 65 – 79.

Budzynska, K. , & Reed, C. (2012). The structure of ad hominem dialogues. In B. Verheij, S. Szeider & S. Woltran (Eds.), Frontiers in artificial intelligence and applications. *Proceedings of 4th international conference on computational models of argument* (COMMA 2012) (pp. 410 – 421). Amsterdam: IOS Press.

Burger, M. (2005). Argumentative and hierarchical dimensions of a broadcast debate sequence. Amicro analysis. In M. Dascal, F. H. van Eemeren, E. Rigotti, A. Rocci, & S. Stati (Eds.), *Argumentation in dialogic interaction* (Special issue studies in communication sciences, pp. 249 – 264). Lugano: Universitàdella Svizzera italiana.

Burger, M. , Jacquin, J. , & Micheli, R. (Eds.). (2011). *La parole politique en confrontation dans lesmédias* [Political language in confrontations in the media]. Bruxelles: de Boeck.

Burger, M. , & Martel, G. (Eds.). (2005). *Argumentation et communication dans les medias* [Argumentation and communication in the media]. Québec: Nota Bene.

Bustamante, T. R. (2012). *Teoria do precedente judicial. A justificação e a aplicação das regrasjurisprudenciais* [Theory of judicial precedent. The justification and application of legal rules]. São Paulo: Noeses.

Calheiros, M. C. (2008). Verdade, prova e narração [Truth, proof and narration]. In*Revista doCentro de Estudos Judiciarios* [Journal of the Centre for Judicial Studies], 10, 281 – 296.

Camargo, M. M. L. (2010a). A prática institucional e a representação argumentativa no CasoRaposa Serra do Sol (primeira parte) [The institutional practice and argumentative representationin the Raposa Serra do Sol case (1st part)]. *Revista Forense*, 408, 02 – 19.

Camargo, M. M. L. (2010b). A prática institucional e a representação argumentativa no CasoRaposa Serra do Sol (segunda parte) [The institutional practice and argumentative representationin the Raposa Serra do Sol case (2nd part)]. *Revista Forense*, 409, 231 – 269.

Canale, D. , & Tuzet, G. (2008). On the contrary. Inferential analysis and ontological assumptionsof the acontrario argument. *Informal Logic*, 28 (1), 31 – 43.

Canale, D. , & Tuzet, G. (2009). The a simili argument. An inferentialist setting. *Ratio Juri*, 22 (4), 499 – 509.

Canale, D. , & Tuzet, G. (2010). What is the reason for this rule? An inferential account of the ratiolegis. *Argumentation*, 24 (3), 197 -210.

Canale, D. , & Tuzet, G. (2011). The argument from legislative silence. In F. H. van Eemeren, B. Garssen, D. Godden, & G. Mitchell (Eds.), *Proceedings of the seventh international conference of the International Society for the Study of Argumentation* (pp. 181 -191). Amsterdam: Sic Sat.

Cantù, P. , & Testa, I. (2006). *Teorie dell'argomentazione. Una introduzione alle logiche deldialogo* [Theories of argumentation. An introduction into the dialogue logics]. Milan: BrunoMondadori.

Cantù, P. , & Testa, I. (2011). Algorithms and arguments. The foundational role of the ATAIquestion. In F. H. van Eemeren, B. Garssen, D. Godden, & G. Mitchell (Eds.), *Proceedings of the seventh international conference of the International Society for the Study of Argumentation* (pp. 192 -203). Amsterdam: Rozenberg-Sic Sat.

Carbonell, F. (2011). Reasoning by consequences. Applying different argumentation structures tothe analysis of consequentialist reasoning in judicial decisions. *Cogency*, 3 (2), 81 -104.

Cárdenas, A. (2005). *Patrones de argumentación en alumnos de enseñanza media superior* [Argumentative patterns of secondary school pupils]. Doctoral dissertation, National Autonomous University of Mexico, Mexico.

Cardona, N. K. (2008). *Yo lo sabía cuando era pequeño. Discurso argumentativo en niños de dos acuatro años* [I knew it when I was little. Argumentative discourse in children of two to fouryears old]. Doctoral dissertation, National Autonomous University of Mexico, Mexico.

Carrascal, B. , & Mori, M. (2011). Argumentation schemes in the process of arguing. In F. H. van Eemeren, B. Garssen, D. Godden, & G. Mitchell (Eds.), *Proceedings of the 7th conference on argumentation of the International Society for the Study of Argumentation* (pp. 225 -236). Amsterdam: Sic Sat.

Carrilho, M. M. (1990). *Verdade, suspeita e argumentação* [Truth, suspicion and argumentation]. Lisbon: Presença.

Carrilho, M. M. (1992). *Rhétoriques de la modernité* [Rhetorics and modernity]. Paris: PressesUniversitaires de France.

Carrilho, M. M. (Ed.). (1994). *Retórica e comunicação* [Rhetoric and communication]. Porto: Asa.

Carrilho, M. M. (1995). *Aventuras da interpretação* [Adventures of interpretation]. Lisbon: Presença.

Carrilho, M. M., Meyer, M., & Timmermans, B. (1999). *Histoire de la rhétorique* [History of rhetoric]. Paris: Le Livre de Poche.

Carvalho, J. C., & Carvalho, A. (Eds.). (2006). *Outras retóricas* [Other rhetorics]. Lisbon: Colibri.

Castelfranchi, C., & Paglieri, F. (2011). Why argue? Towards a cost-benefit analysis of argumentation. *Argument and Computation*, 1 (1), 71 – 91.

Cattani, A [delino]. (1990). *Forme dell'argomentare. Il ragionamento tra logica e retorica* [Forms of arguing. Logical and rhetorical aspects of reasoning]. Padova: Edizioni GB.

Cattani, A [delino]. (1995). *Discorsi ingannevoli. Argomenti per difendersi, attaccare, divertirsi* [Deceitful reasoning. Arguments for defending, attacking and amusing]. Padova: Edizioni GB.

Cattani, A [delino]. (2001). *Botta e risposta. L'arte della replica* [Cut and thrust. The art of retort]. Bologna: Il Mulino.

Cattani, A [delino], Cantù, P., Testa, I., & Vidali, P. (Eds.). (2009). *La svolta argomentativa. Cinquant' anni dopo Perelman e Toulmin* [The argumentative turn. Fifty years after Perelmanand Toulmin]. Naples: Loffredo University Press.

Cattani, A [nnalisa]. (2003). Argumentative mechanisms in advertising. In F. H. van Eemeren, J. A. Blair, C. A. Willard, & A. F. Snoeck Henkemans (Eds.), *Proceedings of the fifth conference of the International Society for the Study of Argumentation* (pp. 127 – 133). Amsterdam: Sic Sat.

Cattani, A [nnalisa]. (2007). The power of irony in contemporary advertising. In F. H. van Eemeren, J. A. Blair, C. A. Willard, & B. Garssen (Eds.), *Proceedings of the sixth conference of the International Society for the Study of Argumentation* (pp. 223 – 231). Amsterdam: Sic Sat.

Cattani, A [nnalisa]. (2009). *Pubblicità e retorica* [Advertising and rhetoric]. Milano: Lupetti.

Cavazza, N. (2006). *La persuasione* [Persuasion] (2nd ed.). Bologna: Il Mulino. (1st ed. 1996).

Charaudeau, P. (1992). Le mode d'organisation argumentatif [The argumentative way oforganising]. In Grammaire du sens et de l'expression [A grammar of meaning and utterance] (pp. 779 – 833). Paris: Hachette.

Charaudeau, P. (2008). L'argumentation dans une problématique d'influence [Argumentation in a problematic case concerning influence]. *Argumentation et Analyse du Discours*, 1. [on line].

Chateauraynaud, F. (2011). *Argumenter dans un champ de forces. Essai de balistique sociologique* [Arguing in a field of force. Essay on sociological ballistics]. Paris: Pétra.

Cherkasskaya, N. (2009). *Strategii i taktiki v apelliativvnom rechevom zhanre* [Strategies andtactics in the appellative speech genre]. Doctoral dissertation, Udmurt State University, Izhevsk.

Chesnevar, C., McGinnis, J., Modgil, S., Rahwan, I., Reed, C., Simari, G., South, M., Vreeswijk, G. A., & Willmott, S. (2006). Towards an argument interchange format. *The Knowledge Engineering Review*, 21 (4), 293-316.

Coelho, A. (1989). *Desafio e refutação* [Challenge and refutation]. Lisbon: Livros Horizonte.

Collin, F., Sandøe, P., & Stefansen, N. C. (1987). *Derfor. Bogen om argumentation* [Therefore. Abook on argumentation]. Copenhagen: Hans Reitzel.

Comesaña, J. (1998). *Lógica informal, falacias y argumentos* [Informal logic, fallacies andarguments]. Buenos Aires: EUDEBA.

Constantinescu, M., Stoica, G., & Uţă Bărbulescu, O. (Eds.). (2012). *Modernitate şi interdisciplinaritateîn cercetarea lingvistică. Omagiu doamnei profesor Liliana Ionescu-Ruxăndoiu* [Modernity and interdisciplinarity in linguistics. A festschrift in honour of Professor LilianaIonexcu-Ruxăndoiu] (pp. 227 - 241). Bucharest: Editura Universităţii din Bucureşti.

Crawshay-Williams, R. (1957). *Methods and criteria of reasoning. An inquiry into the structure of controversy.* London: Routledge & Kegan Paul.

Crespo, C. (2005). La importancia de la argumentación matemática en el aula [The importance of mathematical argumentation in the classroom]. *Premisa. Revista de la Sociedad Argentina deEducación Matemática*, 7 (23), 23-29.

Crespo, N. (1995). El desarrollo ontogenético del argumento [The ontogenetic development of argument]. *Revista Signos*, 37, 69-82.

Crespo, C., & Farfán, R. (2005). Una visión de las argumentaciones por reducción al absurdo comoconstrucción sociocultural [A vision of reduction to absurd argumentation as socio-cultural construction]. *Relime*, 8 (3), 287-317.

Cuenca, M. J. (1995). Mecanismos lingüísticos y discursivos de la argumentación [Linguisticand discursive mechanisms of argumentation]. *Comunicación, lenguaje y educación*, 25, 23 –40.

Cunha, P. F., & Malato, M. L. (2007). *Manual de retórica & direito* [Handbook of rhetoric & law]. Lisbon: Quid Juris.

Cunha, T. C. (2004). *Argumentação e crítica* [Argumentation and criticism]. Coimbra: Minerva Coimbra.

D'Agostini, F. (2010). *Verità avvelaneta. Buoni e cattivi argomenti nel dibattito publico* [Poisonedtruth. Good and bad arguments in the public debate]. Torino: Bollati Boringhieri.

D'Agostini, F. (2011). Ad ignorantiam arguments, epistemicism and realism. In F. H. van Eemeren, B. Garssen, D. Godden, & G. Mitchell (Eds.), *Proceedings of the seventh international conference of the International Society for the Study of Argumentation.* Amsterdam: Sic Sat. CD rom.

Damele, G. (2012). "A força das coisas". O argumento naturalista na jurisprudência constitucional, entre a impotência do legislador e a omnipotência do juiz ["The force of things". The naturalistic argument in constitutional case-law, between legislator's powerlessness andjudge's omnipotence]. *Revista Brasileira de Filosofia*, 239, 11 –34.

Damele, G., Dogliani, M., Matropaolo, A., Pallante, F., & Radicioni, D. P. (2011). On legal argumentation techniques. Towards a systematic approach. In M. A. Biasiotti & F. Sebastiano (Eds.), *From information to knowledge. On line access to legal information. Methodologies, trends and perspectives* (pp. 105 –118). Amsterdam: IOS Press.

Damele, G., & Savelka, J. (2011). Rhetoric and persuasive strategies in High Courts' decisions. Some remarks on the Portuguese Tribunal Constitucional and the Italian Corte Costituzionale. In M. Araszkiewicz, M. Myška, J. Smejkalová, J. Savelka, & M. Skop (Eds.), *Argumentation* 2011. *International conference on alternative methods of argumentation in law* (pp. 81 –94). Brno: Masaryk University.

Danblon, E. (2002). *Rhétorique et rationalité. Essai sur l'émergence de la critique et de lapersuasion* [Rhetoric and rationality. Essay on the emergence of criticism and persuasion]. Brussels: Éditions de l'Université Libre de Bruxelle.

Danblon, E. (2004). *Argumenter en démocratie* [Arguing in democracy]. Brussels: Labor.

Danblon, E. (2005). *La function persuasive. Anthropologie du discours rhétorique. Origins etactualité* [The persuasive function. Anthropology of rhetorical discourse. Origins and actuality]. Paris: Armand Colin.

Danblon, E. (2013). *L'homme rhétorique. Culture, raison, action* [The rhetorical man. Culture, reason, action]. Paris: Éditions du Cerf.

Dascal, M. (1993). *Interpreting and understanding.* Amsterdam: John Benjamins. (Portuguesetransl. as Interpretação e compreensão. São Leopoldo: Editora da Unisinos, 2006).

Dascal, M. (1994). Epistemology, controversies, and pragmatics. *Revista da Sociedade Brasileirade Historia da Ciência*, 12, 73 – 98.

Dascal, M. (1998). Types of polemics and types of polemical moves. In S. Cmejrkova, J. Hoffmannova, O. Mullerova, & J. Svetla (Eds.), Dialogue analysis, I (pp. 15 – 33). Tübingen: Niemeyer.

Dascal, M. (2001). How rational can a polemic across the analytic-continental 'divide' be? *International Journal of Philosophical Studies*, 9 (3), 313 – 339.

Dascal, M. (2005). Debating with myself and debating with others. In P. Barrotta & M. Dascal (Eds.), Controversies and subjectivity (pp. 31 – 73). Amsterdam: John Benjamins (Portuguesetransl. as 'O auto-debate é possível? Dissolvendo alguns de seus supostos paradoxos'. *Revista Internacional de Filosofia*, 29 (2), 319 – 349, 2006).

Dascal, M. (2007). Traditions of controversy and conflict resolution. In M. Dascal & H. L. Chang (Eds.), *Traditions of controversy.* Amsterdam-Philadelphia: John Benjamins.

Dascal, M. (2008). Dichotomies and types of debate. In F. H. van Eemeren & B. Garssen (Eds.), *Controversy and confrontation. Relating controversy analysis with argumentation theory* (pp. 27 – 49). Amsterdam-Philadelphia: John Benjamins.

Dascal, M. (2009). Dichotomies and types of debates. In F. H. van Eemeren &B. Garssen (Eds.), *Controversy and confrontation* (pp. 27 – 49). Amsterdam-Philadelphia: John Benjamins.

Dascal, M., & Boantza, V. D. (Eds.). (2011). *Controversies in the scientific revolution.* Amsterdam: John Benjamins.

Dascălu Jinga, L. (2002). *Corpus de română vorbită (CORV). Eşantioane* [Corpus of spokenRomanian (CORV). Samples]. Bucharest: Oscar Print.

Dębowska, K. (2010). Model pragma-dialektyczny a rozumowanie abdukcyjne [The pragma-dialecticalmodel and abductive reasoning]. *Forum Artis Rhetoricae*, 20 – 21 (1 – 2), 96 – 124.

Deimer, G. (1975). *Argumentative Dialoge. Ein Versuch zu ihrer sprachwissenschaftlichenBeschreibung* [Argumentative dialogue. An attempt at linguistic description]. Tübingen: Niemeyer.

Demaître-Lahaye, C. (2011). *De la représentation discursive à la communication dissuasive. Perspectives pragmatiques en matière de prévention du suicide* [From discursive representationto dissuasive communication. Pragmatic perspectives on the prevention of suicide]. Saarbrücken: Éditions Universitaires Européennes.

Deppermann, A., & Hartung, M. (2003). *Argumentieren in Gesprüachen* [Argumentation in conversation]. Tübingen: Stauffenburg.

Dias, A. (2008). *O discurso da violência-As marcas da oralidade no jornalismo popular* [The discourse of violence - The tokens of violence in popular journalism]. São Paulo: CortezEditora.

Dichy, J. (2003). Kinâya, a tropic device from medieval Arabic rhetoric, and its impact ondiscourse theory. In F. H. van Eemeren, J. A. Blair, C. A. Willard, & A. F. Snoeck Henkemans (Eds.), *Proceedings of the 5th conference of the International Society for the Study of Argumentation* (pp. 237 – 241). Amsterdam: Sic Sat.

van Dijk, T. A. (2001). Multidisciplinary CDA. A plea for diversity. In R. Wodak & M. Meyer (Eds.), *Methods of critical discourse analysis* (pp. 95 – 120). London: Sage.

Dimiškovska Trajanoska, A. (2001). *Прагматиката и теоријата на аргументацијата* [Pragmatics and argumentation theory]. Skopje: Djurgja.

Dimiškovska Trajanoska, A. (2006). Логиката, аргументацијата и јазикот. Помеѓ уаналитиката и дијалектиката [Logic, argumentation and language. Between analyticsand dialectics], *Филологические заметки/Филолошки студии/Filološke pripombe*, 1 (4), Пермскийгосударстевенный университет, Россия, Институт за македонскалитература, Скопје, Македонија, Univerza v Ljubljani, Slovenija, Пермь-Skорье-Любляна, 103 – 119.

Dimiškovska [Trajanoska], A. (2009). Субверзијата во аргу-ментативниот дискурс истратегии за справување со неа [Subversion in argumentative discourse and strategiesfor dealing with it]. *Философија*, 26 (мај 2009), 93 – 111.

Dimiškovska Trajanoska, A. (2010). The logical structure of legal justification: Dialogue or "trialogue"? In D. M. Gabbay, P. Canivez, S. Rahman, & A. Thiercelin (Eds.), *Approachesto legal rationality* (pp. 265 – 280). Dordrecht: Springer.

Dimiškovska [Trajanoska], A. (2011). Truth and nothing but the truth? The argumentative use offictions in legal reasoning. In F. H. van Eemeren, B. J. Garssen, D. Godden, & G. Mitchell (Eds.), *Proceedings of the 7th conference of the International Society for the Study of Argumentation* (pp. 366 – 378). Amsterdam: Sic Sat. CD rom.

Discini, N. (2008) Paixão e éthos [Passion and ethos]. In *Anais do III Simpósio Internacional sobreanalise do discurso: emoções, éthos e argumentação, III* (pp. 1 –9). Belo Horizonte: Universidade Federal de Minas Gerais.

Djidjian, R. (1992). Transformational analysis and inner argumentation. In J. Pietarinen (Ed.), *Problems of philosophical argumentation, II, special problems.* Turku: Turun Yliopisto.

Dolinina, I. B. (1992). Change of scientific paradigms as an object of the theory of argumentation. In F. H. van Eemeren, R. Grootendorst, J. A. Blair, & C. A. Willard (Eds.), *Argumentationilluminated* (pp. 73 –84). Amsterdam: Sic Sat.

Dolinina, I. B. (2007). Arguments against/pro directives: Taxonomy. In F. H. van Eemeren, J. A. Blair, C. A. Willard, & B. Garssen (Eds.), *Proceedings of the sixth conference of the International Society for the Study of Argumentation* (pp. 337 –342). Amsterdam: Sic Sat.

Douay-Soublin, F. (1990a). Non, la rhétorique française au 18e siècle n'est pas "restreinte" aux tropes [No, French rhetoric in the 18th century was not "restricted" to tropes]. *Histoire Epistémologie Langage*, 12 (1), 123 –132.

Douay-Soublin, F. (1990b). "Mettre dans le jour d'apercevoir ce qui est." Tropologie et argumentationchez Dumarsais ["Bring to light the world as it is." Dumarsais's tropology and argumentation]. In M. Meyer & A. Lempereur (Eds), *Figures et Conflits Rhétoriques* [Figures andrhetorical conflicts] (pp. 83 – 102). Brussels: Éditions de l'Universitéde Bruxelles.

Douay-Soublin, F. (1994a). Y-a-t-il renaissance de la rhétorique en France au XIXesiècle? [Is there a revival of rhetoric in France in the 19th century?]. In S. I. Jsseling & G. Vervaecke (Eds.), *Renaissances of rhetoric* (pp. 51 –154). Leuven: Leuven University Press.

Douay-Soublin, F. (1994b). Les figures de rhétorique. Actualité, reconstruction, remploi [Rhetoricalfigures. Topicality, redevelopment, re-use]. *Langue Française*, 101, 13 –25.

Doury, M., Plantin, C., & Traverso. V. (Eds.). (2000). *Les émotions dans les interactions* [Emotions in interactions]. Lyon: PUL/ARCI.

Doury M., & Traverso, V. (2000). Usage des énoncés généralisants dans la mise en scène delignes argumentatives en situation d'entretien [The use of generalizing utterances in theproduction of lines of argument in a conversational context]. In G. Martel (Ed.), *Autour del'argumentation. Rationaliser l'expérience quotidienne* [Around argumentation. Rationalisingeveryday experiences] (pp. 47 – 80). Québec: Editions Nota Bene.

Drop, W., & Vries, J. H. L. de (1974). *Taalbeheersing. Handboek voor taalhantering* [Speechcommunication. Handbook of speech management]. Groningen: Wolters-Noordhoff.

Ducrot, O. (1986). *Polifonía y argumentación* [Polyphony and argumentation]. Cali: Facultad deHumanidades, Universidad de Cali.

Ducrot, O., Bourcier, D., Bruxelles, S., Diller, A. – M., Foucquier, E., Gouazé, J., Maury, L., Nguyen, T. B., Nunes, G., Ragunet de Saint-Alban, L. Rémis, A., & Sirdar-Iskander, C. (1980). *Les mots du discours* [The words of discourse]. Paris: Minuit.

Dufour, M. (2008). *Argumenter* [Arguing]. Paris: Armand Colin.

Dufour, M. (2010). Explication scientifique et explication non scientifique [Scientific andnon-scientific explanation]. In E. Bour & S. Roux (Eds.), *Lambertiana* (pp. 411 – 435). Paris: Vrin.

Dumarsais, C. C. (1988). *Des tropes, ou des différents sens* [About tropes or about the differentmeanings]. In F. Douay-Soublin (Ed.), Paris: Flammarion.

Dunin-Kęplicz, B., Strachocka, A., Szałas, A., & Verbrugge, R. (2012). *A paraconsistentapproach to speech acts. ArgMAS' 2012: 9th International workshop on argumentation inmulti-agent systems*, pp. 59 – 78.

Dunin-Kęplicz, B., & Verbrugge, R. (2010). *Teamwork in multi-agent systems. A formalapproach.* Chichester: Wiley.

Eabrasu, M. (2009). A reply to the current critiques formulated against Hoppe's argumentationethics. *Libertarian Papers*, 1 (20), 1 – 29.

Eco, U. (1987). Il messaggio persuasivo [The persuasive message]. In E. Mattioli (Ed.), *Le ragionidella retorica* (pp. 11 – 27). Modena: Mucchi.

van Eemeren, F. H. (2010). *Strategic maneuvering in argumentative discourse. Extending thepragma-dialectical theory of argumentation.* Amsterdam/Philadelphia: John Benjamins. [trans. into Chinese (in preparation), Italian (2014), Japanese (in preparation), & Spanish (2013b)].

van Eemeren, F. H. (2013b). *Maniobras estratégicas en el discurso argumentativo. Extendiendo la teoría pragma-dialéctica de la argumentación.* Madrid-Mexico: ConsejoSuperior de Investigaciones Cientificas (CSIC) /Plaza & Valdés. [trans.: Santibáñez Yáñez, C. & Molina, M. E. of F. H. van Eemeren (2010), *Strategic maneuvering in argumentative-*

discourse. Extending the pragma-dialectical theory. Amsterdam/Philadelphia：John Benjamins].

van Eemeren，F. H.（2014）. *Mosse e strategie tra retorica e argomentazione.* Naples：Loffredo. [trans.：Bigi，S. & Gilardoni，A. of F. H. van Eemeren（2010）. *Strategic maneuvering inargumentative discourse. Extending the pragma-dialectical theory of argumentation.* Amsterdam-Philadelphia：John Benjamins].

van Eemeren，F. H.，& Garssen，B.（Eds.）.（2008）. *Controversy and confrontation. Relating controversy analysis with argumentation theory.* Amsterdam/Philadelphia：John Benjamins.

van Eemeren，F. H.，& Grootendorst，R.（1984）. *Speech acts in argumentative discussions. Atheoretical model for the analysis of discussions directed towards solving conflicts of opinion.* Dordrecht/Cinnaminson：Foris & Berlin：de Gruyter. [trans. into Russian（1994c），Spanish（2013）].

van Eemeren，F. H.，& Grootendorst，R.（1991b）.[论辩、交流、谬误]. 北京：北京大学出版社 [trans.：Xu-Shi（施旭）of F. H. van Eemeren and R. Grootendorst（1992a）. *Argumentation，communication，and fallacies. A pragma-dialectical perspective.* Hillsdale，NJ：Lawrence Erlbaum].

van Eemeren，F. H.，& Grootendorst，R.（1992a）. *Argumentation，communication，and fallacies. A pragma-dialectical perspective.* Hillsdale，NJ：Lawrence Erlbaum.（trans. Into Bulgarian（2009），Chinese（1991b），French（1996），Romanian（2010），Russian（1992b），Spanish（2007））.

van Eemeren，F. H.，& Grootendorst，R.（1992b）.[Russian title]. St. Petersburg：St. Petersburg University Press. [trans.：Chakoyan，L.，Golubev，V. & Tretyakova，T. of F. H. van Eemerenand R. Grootendorst（1992a），*Argumentation，communication，and fallacies. A pragma dialectical perspective.* Hillsdale，NJ：Lawrence Erlbaum].

van Eemeren，F. H.，& Grootendorst，R.（1994c）. *Rechevye akty v argumentativnykh diskusiyakh. Teoreticheskaya model analiza diskussiy，napravlennyh na razresheniye konflikta mneniy.* St. Petersburg：St. Petersburg University Press. [trans.：Bogoyavlenskaya，E.，Ed. Chakhoyan，L. of F. H. van Eemeren and R. Grootendorst（1984）. *Speech acts inargumentative discussions. A theoretical model for the analysis of discussions directed towardssolving conflicts of opinion.* Dordrecht-Cinnaminson：Foris & Berlin：de Gruyter].

van Eemeren，F. H.，& Grootendorst，R.（1996）. La nouvelle dialectique. Paris：Kimé. [trans.：Bruxelles，S.，Doury，M.，Traverso，V. & Plantin，C. of F. H. van Eemeren and R. Grootendorst (1992a). *Argumentation, communication, and fallacies. A pragma-dialectical perspective.* Hillsdale, NJ: Lawrence Erlbaum].

van Eemeren, F. H., & Grootendorst, R. (2002). [批判性论辩：论辩的语用辩证法]. 北京：北京大学出版社 [trans.: Shuxue Zhang (张树学) of F. H. van Eemeren and R. Grootendorst (2004). *A systematic theory of argumentation. The pragma-dialectical approach.* Cambridge: Cambridge University Press].

van Eemeren, F. H., & Grootendorst, R. (2004). *A systematic theory of argumentation. Thepragma-dialectical approach.* Cambridge: Cambridge University Press. [trans. Into Bulgarian (2006), Chinese (2002), Italian (2008), Spanish (2011)].

van Eemeren, F. H., & Grootendorst, R. (2006). Системна теория на аргументацията (Прагматико-диалектически подход). Sofia: Sofia University Press. [trans.: Pencheva, M. of F. H. van Eemeren and R. Grootendorst (2004). *A systematic theory of argumentation. The pragma-dialectical approach.* Cambridge: Cambridge University Press].

van Eemeren, F. H., & Grootendorst, R. (2007). *Argumentación, comunicación y falacias. Unaperspectiva pragma-dialéctica.* Santiago, Chile: Ediciones Universidad Católica de Chile, 2007. (1st ed. 2002). [trans.: López, C. & Vicuña, A. M. of F. H. van Eemeren andR. Grootendorst (1992a), *Argumentation, communication, and fallacies. A pragma-dialectical perspective.* Hillsdale, NJ: Lawrence Erlbaum].

van Eemeren, F. H., & Grootendorst, R. (2008). *Una teoria sistematica dell'argomentazione. L'approccio pragma-dialettico.* Milan: Mimesis. [trans.: Gilardoni, A. of F. H. van Eemerenand R. Grootendorst (2004). *A systematic theory of argumentatin. The pragma-dialectical approach.* Cambridge: Cambridge University Press].

van Eemeren, F. H., & Grootendorst, R. (2009). *Как да печелим дебати (Аргументация, комуникация и грешки. прагматико-диалек- тически перспективи).* Sofia: Sofia UniversityPress. [trans.: Alexandrova, A. of F. H. van Eemeren and R. Grootendorst (1992a). *Argumentation, communication, and fallacies. A pragma-dialectical perspective.* Hillsdale, NJ: Lawrence Erlbaum].

van Eemeren, F. H., & Grootendorst, R. (2010). *Argumentare, comunicare şi sofisme. Operspectiva pragma-dialectica.* Galati: Galati University Press. [trans.: Andone, C. & Gâţă, A. of F. H. van Eemeren and R. Grootendorst (1992a). *Argumentation, communication, and fallacies. A pragma-dialectical perspective.* Hillsdale, NJ: Lawrence Erlbaum].

van Eemeren, F. H. , & Grootendorst, R. (2011). *Una teoría sistemática de la argumentación. Laperspectiva pragma-dialéctica.* Buenos Aires: Biblos. [trans. : López, C. & Vicuña, A. M. of F. H. van Eemeren and R. Grootendorst (2004). *A systematic theory of argumentation. Thepragma-dialectical approach.* Cambridge: Cambridge University Press].

van Eemeren, F. H. , & Grootendorst, R. (2013). *Los actos de habla en las discusionesargumentativas. Un modelo teórico para el análisis de discusiones orientadas hacia laresolución de diferencias de opinión.* Santiago, Chile: Ediciones Universidad Diego Portales. [trans. : Santibáñez Yáñez, C. & Molina, M. E. of F. H. van Eemeren and R. Grootendorst (1984). *Speech acts in argumentative discussions. A theoretical model for the analysis of discussions directed towards solving conflicts of opinion.* Dordrecht-Cinnaminson: Foris & Berlin: de Gruyter].

van Eemeren, F. H. , Grootendorst, R. , & Meuffels, B. (1984). Het identificeren van enkelvoudige argumentatie [Identifying single argumentation] . *Tijdschrift voor Taalbeheersing*, 6 (4), 297 – 310.

van Eemeren, F. H. , Grootendorst, R. , & Snoeck Henkemans, A. F. (2002a). *Argumentation. Analysis, evaluation, presentation.* Mahwah, NJ: Routledge-Lawrence Erlbaum. (trans. Into Albanian (2006a), Armenian (2004), Chinese (2006b), Italian (2011), Japanese (in preparation), Portuguese (in preparation), Russian (2002b), Spanish (2006c)).

van Eemeren, F. H. , Grootendorst, R. , & Snoeck Henkemans, A. F. (2002b). *Argumentaciya. Analiz, proverka, predstavleniye.* St. Petersburg: Faculty of Philology, St. Petersburg StateUniversity. Student Library. [trans. : Chakhoyan, L. , Tretyakova, T. & Goloubev, V. of F. H. van Eemeren, R. Grootendorst and A. F. Snoeck Henkemans (2002a). *Argumentation. Analysis, evaluation, presentation.* Mahwah, NJ: Routledge-Lawrence Erlbaum].

van Eemeren, F. H. , Grootendorst, R. , & Snoeck Henkemans, A. F. (2004). [Armenian title]. Yerevan: Academy of Philosophy of Armenia. [trans. : Brutian, L. of F. H. van Eemeren, R. Grootendorst and A. F. Snoeck Henkemans (2002a). *Argumentation. Analysis, evaluation, presentation.* Mahwah, NJ: Routledge-Lawrence Erlbaum].

van Eemeren, F. H. , Grootendorst, R. , & Snoeck Henkemans, A. F. (2006a). *Argumentimi. Analiza, evaluimi, prezentimi.* Tetovo, Macedonia: Forum for Society, Science and Culture 'Universitas' . [trans. : Memedi, V. of F. H. van Eemeren, R. Grootendorst and A. F. Snoeck Henkemans (2002a). *Argumentation. Analysis, evaluation, presentation.*

Mahwah, NJ: Routledge/Lawrence Erlbaum].

van Eemeren, F. H. , Grootendorst, R. , & Snoeck Henkemans, A. F. (2006b). [论辩巧智：有理说得清的技术]. 北京：新世界出版社 [trans. : Minghui Xiong（熊明辉）& Yi Zhao（赵艺）of F. H. van Eemeren, R. Grootendorst & A. F. Snoeck Henkemans (2002a). *Argumentation. Analysis, evaluation, presentation.* Mahwah, NJ: Lawrence Erlbaum].

van Eemeren, F. H. , Grootendorst, R. , & Snoeck Henkemans, A. F. (2006c). *Argumentación. Análisis, evaluación, presentación.* Buenos Aires: Biblos. [trans. : Marafioti, R. of F. H. van Eemeren, R. Grootendorst and A. F. Snoeck Henkemans (2002a). *Argumentation. Analysis, evaluation, presentation.* Mahwah, NJ: Routledge-Lawrence Erlbaum].

van Eemeren, F. H. , Grootendorst, R. , & Snoeck Henkemans, A. F. (2011). *Il galateo delladiscussione* (Orale e scritta). Milan: Mimesis. [trans. Gilardoni, A. of F. H. van Eemeren, R. Grootendorst & A. F. Snoeck Henkemans (2002a). *Argumentation. Analysis, evaluation, presentation.* Mahwah, NJ: Routledge/Lawrence Erlbaum].

Engdahl, E. , Glang, M. , & O'Brien, A. (2011). The rhetoric of store-window mannequins. In F. Zenker (Ed.), Argumentation. Cognition and community. *Proceedings of the 9th international conference of the Ontario Society for the Study of Argumentation (OSSA).* Windsor, ON. CD rom.

Engelhardt, H. T. , & Caplan, A. L. (Eds.). (1987). *Scientific controversies. Case studies in the resolution and closure of disputes in science and technology.* Cambridge: Cambridge UniversityPress.

Eriksson, L. (1998). *Traditions of rhetorical proof. Pauline argumentation in* 1 *Corinthians.* Stockholm: Almqvist & Wiksell. Doctoral dissertation, University of Lund, Lund.

Evers, J. (1970). *Argumentationsanalys för jurister* [Argumentation analysis for lawyers]. Lund: Gleerups.

Fairclough, N. (2001). *Language and power* (2nd ed.). London: Longman (1st ed. 1989).

Fairclough, N. (2003). *Analysing discourse. Textual analysis for social research.* London: Routledge.

Fairclough, I. , & Fairclough, N. (2012). *Political discourse analysis. A method for advanced students.* London: Routledge.

Faria, A. A. M. (2001). Interdiscurso, intradiscurso e leitura. O caso de Germinal [Interdiscourse, intradiscourse and reading. The case of Germinal]. In H. Mari, R. de Mello &

I. L. Machado (Eds.). *Analise do discurso. Fundamentos e praticas* [Discourse analysis. Foundations and practices]. Belo Horizonte: Núcleo de Análise do discurso-Faculdade de Letras da UFMG.

Ferrari, A., & Manzin, M. (Eds.). (2004). *La retorica fra scienza e professione legale. Questioni dimetodo* [Rhetoric between science and the legal profession. Methodological questions]. Milan: Guffrè.

Ferraz Jr., T. S. (1997a). *Direito, retórica e comunicação* [Law, rhetoric and communication] (2nd ed.). São Paulo: Saraiva.

Ferraz Jr., T. S. (1997b). *Teoria da norma juridical. Ensaio de pragmatica da comunicação normativa* [Theory of legal norm. An essay on pragmatics of normative communication] (3rd ed.). Rio de Janeiro: Forense.

Ferreira, A. (2008). On the role of pragmatics, rhetoric and dialectics in scientific controversies. In F. H. van Eemeren & B. Garssen (Eds.), *Controversy and confrontation. Relating controversy analysis with argumentation theory* (pp. 125 – 133). Amsterdam-Philadelphia: John Benjamins.

Ferreira, A. (2009). On the role of pragmatics, rhetoric and dialectic in scientific controversies. In F. H. van Eemeren & B. Garssen (Eds.), *Controversy and confrontation* (pp. 125 – 133). Amsterdam-Philadelphia: John Benjamins.

Ferreira, I., & Serra, P. (Eds.). (2011). *Rhetoric and mediatisation, I: Proceedings of the 1st meeting on rhetoric at UBI.* Covilhã: LabCom Books.

Ferreira, L. A. (2010). *Leitura e persuasão. Princípios de analise reórica* [Reading and persuasion. Principles of rhetorical analysis]. São Paul: Contexto.

Ferreira, L. A. (Ed.). (2012). *A retórica do medo* [The rhetoric of fear]. Franca: Cristal.

Feteris, E. T. (1999). *Fundamentals of legal argumentation. A survey of theories on the justification of judicial decisions.* Dordrecht: Kluwer (trans. into Chinese (2005) & Spanish (2007)).

Feteris, E. T. (2005). [法律论证原理]. 北京: 商务印书馆 [trans.: Qishan Zhang et al. (张其山等) of Feteris, E. T. (1999). *Fundamentals of legal argumentation. Asurvey of theories on the justification of legal decisions.* Dordrecht: Kluwer Academic].

Feteris, E. T. (2007). *Fundamentos de la argumentación jurídica.* Bogotá: Universidad Externadode Colombia. [trans.: Feteris, E. T. (1999). *Fundamentals of legal argumentation. A survey oftheories on the justification of legal decisions.* Dordrecht: Kluwer Academic].

Filliettaz, L. , & Roulet, E. (2002). The Geneva model of discourse analysis. An interactionist andmodular approach to discourse organization. *Discourse Studies*, 4 (3), 369 - 393.

Focas, J. D. (2010). Aética do discurso como uma virada linguística [The ethics of discourse as a linguistic turn]. *Revista Litteris*, 4, 1 - 12.

Føllesdal, D. , Walloe L. , & Elster J. (1986). *Rationale Argumentation. Ein Grundkurs in Argumentations-und Wissenschafstheorie* [Rational argumentation. An introduction in thetheory of argumentation and science]. Berlin/New York: Walter de Gruyter.

Fontanier, P. (1968). *Les figures du discours* [The figures of discourse]. (Combined edition of the Manuel classique pour l'étude des tropes, 1821 and Des Figures du discours autres que lestropes, 1827). Paris: Flammarion.

Forchtner, B. , & Tominc, A. (2012). On the relation between the discourse-historical approach and pragma-dialectics. *Journal of Language and Politics*, 11 (1), 31 - 50.

Fowler, R. , & Kress, G. (1979). Critical linguistics. In R. Fowler, B. Hodge, G. Kress, & T. Trew (Eds.), *Language and control* (pp. 185 - 214). London: Routledge.

Freeman, J. B. (2011). The logical dimension of argumentation and its semantic appraisal in Bermejo-Luque's Giving reasons. *Theoria*, 72, 289 - 299.

Fritz, G. (2008). Communication principles for controversies. A historical perspective. In F. H. van Eemeren & B. Garssen (Eds.), *Controversy and confrontation. Relating controversy analysis with argumentation theory* (pp. 109 - 124). Amsterdam-Philadelphia: John Benjamins.

Frixen, G. (1987). Struktur und Dynamik natürlichsprachlichen Argumentierens [Structure anddynamics of everyday argumentation]. *Papiere zur Linguistik*, 36, 45 - 111.

Frumeşelu, M. D. (2007). Linguistic and argumentative typologies of concession. An integratingapproach. In F. H. van Eemeren, J. A. Blair, C. A. Willard, & B. Garssen (Eds.), *Proceedings of the sixth conference of the International Society for the Study of Argumentation* (pp. 425 - 431). Amsterdam: Sic Sat.

Frydman, B. , & Meyer, M. (Eds.). (2012). Chaïm Perelman (1912 - 2012) *- De la nouvelle rhétorique à la logique juridique* [Chaïm Perelman (1912 - 2012) - From the new rhetoric to the legal logic]. Paris: Presses Universitaires de France.

Fuentes, C. , & Kalawski, A. (2007). Toward a "pragma-dramatic" approach to argumentation. In F. H. van Eemeren, J. A. Blair, C. A. Willard, & B. Garssen (Eds.), *Proceedings of the sixth conference of the International Society for the Study of Argumentation* (pp. 433 – 436). Amsterdam: Sic Sat.

Gabrielsen, J. (2003). Is there a topical dimension to the rhetorical example? In F. H. van Eemeren, J. A. Blair, C. A. Willard, & A. F. Snoeck Henkemans (Eds.), *Proceedings of the fifth conference of the International Society for the Study of Argumentation* (pp. 349 – 353). Amsterdam: Sic Sat.

Gabrielsen, J. (2008). *Topik. Ekskursioner i den retoriske toposlaere* [Topica. Excursions into the rhetorical doctrine of topos]. Åstorp: Retoriksforlaget.

Gabrielsen, J., Just, S. N., & Bengtsson, M. (2011). Concepts and contexts-Argumentative forms of framing. In F. H. van Eemeren, B. J. Garssen, D. Godden, & G. Mitchell (Eds.), *Proceedings of the 7th conference of the International Society for the Study of Argumentation* (pp. 533 – 543). Amsterdam: Sic Sat. CD rom.

Ganea, A. (2011). Strategically manoeuvring with reporting in the argumentation stage of a criticaldiscussion. In F. H. van Eemeren, B. Garssen, D. Godden, & G. Mitchell (Eds.), *Proceedings of the 7th conference of the International Society for the Study of Argumentation* (pp. 544 – 552). Amsterdam: Rozenberg-Sic Sat.

Ganea, A. (2012). *Evidentialitéet argumentation. L'expression de la source de l'information dansle discours* [Evidentiality and argumentation. Expressing the source of information in discourse]. Cluj-Napoca: Casa Cărţii de Ştiinţă.

Ganea, A., & Gâţă, A. (2009). On the use of evidential strategies in Romanian. The case of *cum că*. *Interstudia 2. Language, Discourse, Society*, 3, 50 – 59.

Ganea, A., & Gâţă, A. (2010). Identification and terming. Dissociation as strategic maneuvering inthe Romanian public space. In S. N. Osu, G. Col, N. Garric & F. Toupin (Eds.), *Construction d'identité et processus d'identification* [Identity building and process (es) of identification] (pp. 109 – 121). Bern: Peter Lang.

Garavelli, M. B. (1989). *Manuale di retorica* [Handbook of rhetoric]. Milan: Bompiani.

Gaspar, A. (1998). *Instituições da retórica forense* [Institutions of forensic rhetoric]. Coimbra: Minerva.

Gâţă, A. (2007). La dissociation argumentative. Composantes, mise en discours et ajustementstratégique [Argumentative dissociation. Constitutive elements, discourse structuring, and strategic maneuvering]. In V. Atayan & D. Pirazzini (Eds.), *Argumentation. théorie-langue-discours. Actes de la section Argumentation du XXX. Congrès desRomanistes Allemands Vienne, septembre* 2007 [Argumentation theory-language-discourse. Proceedings of the section Argumentation of the 30th Congress of German Romanists in Vienna, 3 – 18 September 2007] (pp. 3 – 18). Frankfurt am Main-Vienna: Peter Lang.

Gâţă, A. (2010). Identification, dissociation argumentative et construction notionnelle [Identification, argumentative dissociation, and notional construction]. In S. N. Osu, G. Col, N. Garric & F. Toupin (Eds.), *Construction d'identité et processusd' identification* [Identity building andprocess (es) of identification] (pp. 469 – 482). Bern: Peter Lang.

Gauthier, G. (2004). L'argumentation autour de l'élection présidentielle française de2002 dans lapresse québécoise. L'application d'une approche analytique de l'argumentation [The argumentation concerning the French presidential elections of 2002 in the Quebec press. The application of an analytical approach to argumentation]. In P. Maarek (Ed.), *La communication politique française après le tournant de* 2002 [French political communication after theturning-point of 2002] (pp. 187 – 201). Paris: L'Harmattan.

Gelang, M., & Kjeldsen, J. E. (2011). Nonverbal communication as argumentation. In F. H. van Eemeren, B. J. Garssen, D. Godden, & G. Mitchell (Eds.), *Proceedings of the 7th conference of the International Society for the Study of Argumentation* (pp. 567 – 576). Amsterdam: Sic Sat. CD rom.

Gentner, D. (1983). Structure-mapping. A theoretical framework for analogy. *Cognitive Science*, 7, 155 – 170.

Gerhardus, D., Kledzig, S. M., & Reitzig, G. H. (1975). *Schlüssiges Argumentieren. Logisch Propüadeutisches Lehr-und Arbeitsbuch* [Sound arguing. Logical pre-school text book]. Göttingen: Vandenhoeck & Ruprecht.

Gil, F. (Ed.). (1999). *A ciência tal qual se faz* [Science as it is made]. Lisbon: Ministério da Ciênciae da Tecnologia/Edições Sá Costa.

Gilardoni, A. (2008). *Logica e argomentazione. Un prontuario* [Logic and argumentation. Ahandbook] (3d ed.). Milan: Mimesis. (1st ed. 2005).

Gol [o] ubev, V. (1999). Looking at argumentation through communicative intentions: Ways todefine fallacies. In F. H. van Eemeren, R. Grootendorst, J. A. Blair, & C. A. Willard (Eds.), *Proceedings of the fourth international conference of the International Society for the Study of Argumentation* (pp. 239 – 245). Amsterdam: Sic Sat.

Golubev, V. (2001). American print media persuasion dialogue: An argumentation recipient's perspective. In Pragmatics in 2000. *Selected papers from the seventh international pragmatics conference*, 2 (pp. 249 – 262). Antwerp: International Pragmatics Association.

Golubev, V. (2002a). The 2000 American Presidential TV debate. Dialogue or fight? In

F. H. van Eemeren, J. A. Blair, C. A. Willard, & A. F. Snoeck Henkemans (Eds.), *Proceedings of the fifth conference of the International Society for the Study of Argumentation* (pp. 397 – 402). Amsterdam: Sic Sat.

Golubev, V. (2002b). Argumentation dialogue in the American newspaper. An interdependence of discourse logical and communicative aspects. In G. T. Goodnight (Ed.), *Arguing communication and culture*, 2. *Selected papers from the twelfth NCA/AFA conference on argumentation* (pp. 75 – 83). National Communication Association.

Golubev, V. (2007). Putin's terrorism discourse as part of democracy and governance debate in Russia. In F. H. van Eemeren, J. A. Blair, C. A. Willard, & B. Garssen (Eds.), *Proceedings of the sixth conference of the International Society for the Study of Argumentation* (pp. 471 – 477). Amsterdam: Sic Sat.

Gómez, A. L. (2003). *Argumentos y falacias* [Argumentation and fallacies]. Cali: Editorial Facultad de Humanidades Universidad de Valle.

Gómez, A. L. (2006). *Seis lecciones sobre teoría de la argumentación* [Six lectures on argumentation theory]. Cali: Editorial Alego.

Goodman, N. (1976). *Languages of art. An approach to a theory of symbols* (2nd ed.). Indianapolis: Hackett. (1st ed. 1968).

Goudkova, K. (2009). *Kognitivno-pragmatichesky analiz argumentatsii v analiticheskoy gazetnoystatye* [Cognitive-pragmatical analysis of argumentation of the analytical newspaper article]. Doctoral dissertation, St. Petersburg State University, St. Petersburg.

Goudkova, K. V., & Tretyakova, T. P. (2011). Binary oppositions in media argumentation. In F. H. van Eemeren, B. Garssen, D. Godden, & G. Mitchell (Eds.), *Proceedings of the 7th conference on argumentation of the International Society for the Study of Argumentation* (pp. 656 – 662). Amsterdam: Sic Sat.

Grabnar, B. (1991). *Retorika za vsakogar* [Rhetoric for everyone]. Ljubljana: Državna založba Slovenije.

Grácio, R. A. (1993). Perelman's rhetorical foundation of philosophy. *Argumentation*, 7, 439 – 449.

Grácio, R. A. (1998). *Consequências da retórica. Para uma revalorização do múltiplo e docontroverso* [Consequences of rhetoric. Towards a revaluation of the multiple and the controversial]. Coimbra: Pé de Página.

Grácio, R. A. (2010). *A interacção argumentativa* [The argumentative interaction]. Coimbra: Grácio Editor.

Grácio, R. A. (2011). *Para uma teoria geral da argumentação. Questões teóricas e aplicações didacticas* [Towards a general argumentation theory. Theoretical questions and didacticapplications]. Braga: Universidade do Minho. Doctoral dissertation, University of Minho, Minho.

Grasso, F., & Paris, C. (2011). Preface to the special issue on personalization for e-health. *User Modeling and User-Adapted Interaction*, 21, 333 – 340.

Graver, H. – P. (2010). *Rett, retorikk og juridisk argumentasjon. Keiserens garderobe og andreessays* [Justice, rhetoric, and judicial argumentation. The emperor's new clothes and otheressays]. Oslo: Universitetsforlaget.

Grewendorf, G. (1975). *Argumentation und Interpretation. Wissenschaf- tstheoretischeUntersuchungen am Beispiel germanistischer Lyrikinterpretationen* [Argumentation and interpretation. A study of interpretations of German poetry]. Kronberg: Scriptor.

Grewendorf, G. (1980). Argumentation in der Sprachwissenschaft [Argumentation in linguistics]. *Zeitschrift für Literaturwissenschaft und Linguistik*, 38 (39), 129 – 151.

Grinsted, A. (1991). Argumentative styles in Spanish and Danish negotiation interaction. In F. H. van Eemeren, R. Grootendorst, J. A. Blair, & C. A. Willard (Eds.), *Proceedings of the second international conference on argumentation (organized by the International Society for the Study of Argumentation at the University of Amsterdam, June* 19 – 22, 1990) (pp. 725 – 733). Amsterdam: Sic Sat.

Groupe μ. (1970). *Rhétorique générale.* [A general rhetoric]. Paris: Éditions Larousse.

Groupe μ. (1981). *A general rhetoric* (English translation of Rhétorique génerale (1970). Paris: Éditions Larousse). Baltimore: John Hopkins University Press.

Groupe μ. (1992). *Traitédu signe visuel. Pour une rhétorique de l'image* [Treatise on the visualsign. Towards a rhetoric of the image]. Paris: Le Seuil.

Gruber, H. (1996). *Streitgesprüache. Zur Pragmatik einer Diskursform* [Arguments. On the pragmaticsof a form of discourse]. Opladen: Westdeutscher Verlag.

Guimarães, E. R. J. (1987). *Texto e argumentação, semantica do acontecimento e história dasemantica* [Text and argumentation, semantic of the event and history of semantic]. Campinas: Pontes.

Gulotta, G., & Puddu, L. (2004). *La persuasione forense. Strategie e tattiche* [Forensic persuasion. Strategies and tactics]. Milan: Giuffrè.

Gunnarsson, M. (2006). *Group decision making language and interaction* (p. 32). Gothenburg: Gothenburg Monographs in Linguistics.

Guseva, O. A. (2006). *Ritoriko-argumentativnyje harakteristiki politicheskogo diskursa* [Rhetorical-argumentative characteristics of political discourse]. Doctoral dissertation, KalugaState University, Kaluga.

Gutenberg, N. (1984). *Hören und Beurteilen* [Hearing and judging]. Frankfurt/Main: Scriptor.

Gutenberg, N. (1987). Argumentation and dialectical logic. In F. H. van Eemeren, R. Grootendorst, J. A. Blair, & C. A. Willard (Eds.), *Argumentation. Perspectives and approaches. Proceedings of the conference on argumentation* 1986 (pp. 397 – 403). Dordrecht/Providence: Foris.

Habermas, J. (1971). Vorbereitende Bemerkungen zu einer Theorie der Kommunikativen Kompetenz [Preliminary remarks on a theory of communicative competence]. InJ. Habermas & H. Luhmann, *Theorie der Gesellschaft oder Sozialtechnologie. Was leistetdie Systemforschung?* [Theory of society or social technology. What can be gained by systemtheory?] (pp. 107 – 141). Frankfurt: Suhrkamp.

Habermas, J. (1973). Wahrheitstheorien [Theories of truth]. In H. Fahrenbach (Ed.), *Wirklichkeitund Reflexion. Festschrift für Walter Schulz zum* 60. *Geburtstag* [Reality and reflection. Festschrift for Walter Schulz in celebration of his 60th birthday] (pp. 211 – 265). Pfullingen: Günther Neske.

Habermas, J. (1981). *Theorie des Kommunikativen Handelns* [A theory of communicative action], Vols. I, II. Frankfurt am Main: Suhrkamp.

Habermas, J. (1991). *Moral consciousness and communicative action* (English transl. of Moralbewusstsein un kommunikatives Handeln, 1983, Frankfurt am Main: Suhrkamp). Cambridge, MA: MIT Press.

Hahn, U., & Hornikx, J. (2012). Reasoning and argumentation. *Special issue Thinking and Reasoning*, 18 (3).

Hahn, U., Oaksford, M., Bonnefon, J. – F., & Harris, A. (2011). Argumentation, fallacies and reasoning biases. In B. Kokinov, A. Karmiloff-Smith, & N. J. Nersessian (Eds.), *European perspectives on cognitive science. Proceedings of the European conference on cognitivescience.* Sofia: New Bulgarian University Press.

Haidar, J. (2010). La argumentación. Problemática, modelos operativos [Argumentation: problems, operative models]. *Documentacion en Ciencias de la Comunicacion ITESO-CONACYT*, 1, 67 –98.

Hample, D., & Benoit, P. (1999). Must arguments be explicit and violent? A study of naïve socialactors' understandings. In F. H. van Eemeren, R. Grootendorst, J. A. Blair, & C. A. Willard (Eds.), *Proceedings of the fourth international conference of the International Society for the Study of Argumentation* (pp. 306 – 310). Amsterdam: Sic Sat.

Hample, D., & Dallinger, J. (1986). The judgment phase of invention. In F. H. van Eemeren, R. Grootendorst, J. A. Blair, & C. A. Willard (Eds.), *Argumentation. Across the lines of discipline. Proceedings of the conference on argumentation* 1986 (pp. 225 – 234). Dordrecht/Providence: Foris.

Hample, D., & Dallinger, J. M. (1987). Cognitive editing of argument strategies. *Human Communication Research*, 14, 123 – 144.

Hample, D., & Dallinger, J. M. (1991). Cognitive editing of arguments and interpersonal construct differentiation. Refining the relationship. In F. H. van Eemeren, R. Grootendorst, J. A. Blair, &C. A. Willard (Eds.), *Proceedings of the second international conference on argumentation* (*organized by the International Society for the Study of Argumentation at the University of Amsterdam*, *June* 19 – 22, 1990) (pp. 567 – 574). Amsterdam: Sic Sat.

Hample, D., Paglieri, F., & Na, L. (那凌, 2011). The costs and benefits of arguing. Predicting the decision whether to engage or not. In F. H. van Eemeren, B. J. Garssen, D. Godden, & G. Mitchell (Eds.), *Proceedings of the 7th conference of the International Society for the Study of Argumentation* (pp. 718 – 732). Amsterdam: Rozenberg-Sic Sat. CD rom.

Hannken-Illjes, K. (2006). In the field. The development of reasons in criminal proceedings. *Argumentation*, 20 (3), 309 – 325.

Hannken-Illjes, K. (2007). Undoing premises. The interrelation of argumentation and narration incriminal proceedings. In F. H. van Eemeren, J. A. Blair, C. A. Willard, & B. Garssen (Eds.), *Proceedings of the sixth conference of the International Society for the Study of Argumentation* (pp. 569 – 573). Amsterdam: Sic Sat.

Hannken-Illjes, K. (2011). The absence of reasons. In F. H. van Eemeren, B. Garssen, D. Godden, & G. Mitchell (Eds.), *Proceedings of the seventh conference of the International Society for the Study of Argumentation* (pp. 733 – 737). Amsterdam: Sic Sat.

Harada, E. (Ed.). (2011). *Pensar, razonar y argumentar* [Thinking, reasoning, and arguing]. Mexico: Universidad Nacional Autónoma de México.

Hasanbegović, J. (1988). *Perelmanova pravna logika kao nova retorika* [Perelman's legal logic asnew rhetoric] (pp. 1 – 118). Beograd: Biblioteka Izazovi.

Hastings, A. C. (1962). *A reformulation of the modes of reasoning in argumentation.* Doctoraldissertation, Northwestern University, Evanston.

Hatim, B. (1990). A model of argumentation from Arabic rhetoric. *Insights for a theory of texttypes. Bulletin (British Society for Middle Eastern Studies)*, 17 (1), 47 – 54.

Hatim, B. (1991). The pragmatics of argumentation in Arabic. The rise and fall of a text type. *Text-Interdisciplinary Journal for the Study of Discourse*, 11 (2), 189 – 199.

Hazen, M. D. (1982). Report on the 1980 United States debate tour of Japan. *Journal of the American Forensic Association*, 5, 9 – 26.

Hendricks, V. F. (2007). *Tal en tanke* [Language and thought]. Copenhagen: ForlagetSamfundslitteratur.

Hendricks, V. F., Elvang-Gøransson, M., & Pedersen, S. A. (1995). Systems of argumentation. In F. H. van Eemeren, R. Grootendorst, J. A. Blair, & C. A. Willard (Eds.), *Reconstruction and application. Proceedings of the third international conference on argumentation, III* (pp. 351 – 367). Amsterdam: Sic Sat.

Herbig, A. F. (1992). "*Sie argumentieren doch scheinheilig!*" *Sprach-und sprechwissenschaftlicheAspekte einer Stilistik des Argumentierens* ["You are arguing hypocritically!" Linguisticaspects of a stylistics of argumentation]. Bern: Peter Lang.

Herman, T. (2005). *L'analyse de l'ethos oratoire* [The analysis of oratorical ethos]. In P. Lane (Ed.), Des discours aux texte: Modèles d'analyse [From discourse to text: Models of analysis] (pp. 157 – 182). Rouen/Le Havre: Presses Universitaires de Rouen et duHavre.

Herman, T. (2008a). Narratio et argumentation [Narration and argumentation]. In E. Danblon (Ed.), *Argumentation et narration* [Argumentation and narration]. Brussels: Université Libre deBruxelles.

Herman, T. (2008b). *Au fil du discours. La rhétorique de Charles de Gaulle* (1940 – 1945) [As thediscourse unfolds itself. The rhetoric of Charles de Gaulle (1940 – 1945)]. Limoges: LambertLucas.

Herman, T. (2011). Le courant du Critical Thinking et l'évidence des normes [The Critical Thinking movement and the self-evidence of norms]. *A Contrario*, 2 (16), 41 – 62.

Hess-Lüttich, E. W. B. (2007). (Pseudo –) argumentation in TV-debates. *Journal of Pragmatics*, 39 (8), 1360 – 1370.

Hietanen, M. (2002). Profetian är primärt inte för de otrogna. En argumentations analys av 1 Kor14: 22b [Prophecy is primarily not for the unbelievers. An argumentation analysis of 1 Corinthians14: 22b]. *Svensk Exegetisk Årsbok*, 67, 89 – 104.

Hietanen, M. (2003). Paul's argumentation in Galatians 3. 6 – 14. In F. H. van Eemeren, J. A. Blair, C. A. Willard, & A. F. Snoeck Henkemans (Eds.), *Proceedings of the fifth conference of the International Society for the Study of Argumentation* (pp. 477 – 483). Amsterdam: Sic Sat.

Hietanen, M. (2007a). *Paul's argumentation in Galatians. A pragma-dialectical analysis.* London: T&T Clark.

Hietanen, M. (2007b). Retoriken vid Finlands universitet [Rhetoric in Finnish universities]. *Finsktidskrift*, 9 – 10, 522 – 536.

Hietanen, M. (2007c). The gospel of Matthew as an argument. In F. H. van Eemeren, J. A. Blair, C. A. Willard, & B. Garssen (Eds.), *Proceedings of the sixth conference of the International Society for the Study of Argumentation* (pp. 607 – 613). Amsterdam: Sic Sat.

Hietanen, M. (2010). Suomalainen työläisretoriikka Kaurismäen mukaan-puhe-ja argumentaatiokulttuuri Varjoja paratiisissa [Finnish working-class rhetoric according to Kaurismäki. The culture of argumentation in Shadows in paradise]. *Lüahikuva*, 23 (2), 68 – 82.

Hietanen, M. (2011a). 'Mull' on niinku viesti jumalalta' – Vakuuttamisen strategiat Nokia Missionherätysretoriikassa ["I have like a message from God". Persuasive strategies in therevival rhetoric of Nokia Missio]. *Teologinen aikakauskirja*, 116 (2), 109 – 122.

Hietanen, M. (2011b). The gospel of Matthew as a literary argument. *Argumentation*, 25 (1), 63 – 86.

Hintikka, J. (1989). The role of logic in argumentation. *The Monist*, 72, 3 – 24. Reprinted in Hintikka, J. (1999). *Inquiry as inquiry. A logic of scientific discovery* (Jaakko Hintikka Selected Papers, 5; pp. 25 – 46). Dordrecht: Kluwer.

Hintikka, J., & Bachman, J. (1991). *What if…? Toward excellence in reasoning.* Mountain View: Mayfield Publishing Company.

Hirsch, R. (1987). Interactive argumentation. Ideal and real. In F. H. van Eemeren, R. Grootendorst, J. A. Blair, & C. A. Willard (Eds.), *Argumentation. Perspectives and approaches. Proceedings of the conference on argumentation* 1986 (pp. 434 – 441). Dordrecht/Providence: Foris.

Hirsch, R. (1989). *Argumentation, information and interaction.* Gothenburg: Department ofLinguistics, University of Göteborg.

Hirsch, R. (1991). Belief and interactive argumentation. In F. H. van Eemeren, R. Grootendorst, J. A. Blair, & C. A. Willard (Eds.), *Proceedings of the second international conference onargumentation (organized by the International Society for the Study of Argumentation at the University of Amsterdam, June* 19 – 22, 1990) (pp. 591 – 603). Amsterdam: Sic Sat.

Hirsch, R. (1995). Desiderata for the representation of process and product in face-to-faceinteractive argumentation. In F. H. van Eemeren, R. Grootendorst, J. A. Blair, & C. A. Willard (Eds.), *Analysis and evaluation. Proceedings of the third ISSA conference on argumentation* (*University of Amsterdam*, June 21 -24, 1994), II (pp. 68 -78). Amsterdam: Sic Sat.

Hitchcock, D. L. (2011a). Arguing as trying to show that a target-claim is correct. *Theoria*, 72, 301 -309.

Hoeken, H. (2001). Anecdotal, statistical, and causal evidence. Their perceived and actualpersuasiveness. *Argumentation*, 15, 425 -437.

Hoeken, H., & Hustinx, L. (2009). When is statistical evidence superior to anecdotal evidence insupporting probability claims? The role of argument type. *Human Communication Research*, 35, 491 -510.

Hoeken, H., Timmers, R., & Schellens, P. J. (2012). Arguing about desirable consequences. Whatconstitutes a convincing argument? *Thinking & Reasoning*, 18 (3), 225 -416.

Hoffnagel, J. C. (2010). *Temas em antropologia e linguística* [Topics in anthropology andlinguistics]. Recife: Bagaço.

Hołówka, T. (2005). *Kultura logiczna w przykładach* [Logical culture in examples]. Warsaw: PWN.

Hommerberg, C. (2011). *Persuasiveness in the discourse of wine. The rhetoric of Robert Parker*. Gothenburg: Linnaeus University Press. Linnaeus University dissertations 71/2011.

Hoppmann, M. (2012). Review of Harald Wohlrapp's "Der Begriff des Arguments". *Argumentation*, 26 (2), 297 -304.

Hornikx, J. M. A. (2005). *Cultural differences in persuasiveness of evidence types in France andthe Netherlands*. Doctoral dissertation, University of Nijmegen, Nijmegen.

Hornikx, J., & de Best, J. (2011). Persuasive evidence in India. An investigation of the impact ofevidence type and evidence quality. *Argumentation and Advocacy*, 47, 246 -257.

Hornikx, J., & Hoeken, H. (2007). Cultural differences in the persuasiveness of evidence types andevidence quality. *Communication Monographs*, 74 (4), 443 -463.

Houtlosser, P. (1998). Points of view. *Argumentation*, 12, 387 -405.

van den Hoven, P. J. (1984). *Het formuleren van een formele kritiek op een betogende tekst. Eenuitgewerkt voorbeeld van een procedureconstructie* [Formulating a formal critique of anargumentative text. An elaborated example of the construction of a procedure]. Dordrecht:

Foris.

van den Hoven, P. J. (2012). The narrator and the interpreter in visual and verbal argumentation. In F. H. van Eemeren & B. Garssen (Eds.), *Topical themes in argumentation theory. Twenty exploratory studies* (pp. 257 – 272). Dordrecht: Springer.

Hovhannisian, H. (2006). Yerevan school of argumentation on the threshold of the 21st century. The problem of foundation. *News and Views*, 12.

Hu, Z. (1995). An evidentialistic analysis of reported argumentation. In F. H. van Eemeren, R. Grootendorst, J. A. Blair, & C. A. Willard (Eds.), *Perspectives and approaches. Proceedings of the third ISSA conference on argumentation (University of Amsterdam, June 21 – 24, 1994)* (pp. 102 – 119). Amsterdam: Sic Sat.

Huerta, M. (2009). *Diagnóstico de las representaciones estudiantiles en textos escritos, construcción del otro en alumnos del Plantel Naucalpan del CCH, propuesta didactica paraabordar el texto argumentativo* [Diagnosis of students' representations in written texts, construction of the Otherness in students of Plantel Naucalpan of CCH. Didactic proposal toanalyze the argumentative text]. Doctoral dissertation, National Autonomous University ofMexico, Mexico.

Hultén, P., Hultman, J., & Eriksson, L. T. (2009). *Kritiskt tüankande* [Critical thinking]. Malmö: Liber.

Ieţcu, I. (2006). *Discourse analysis and argumentation theory. Analytical framework and applications.* Bucharest: Editura Universităţii din Bucureşti.

Ieţcu-Fairclough, I. (2008). Branding and strategic maneuvering in the Romanian presidentialelection of 2004. A critical discourse-analytical and pragma-dialectical perspective. *Journal of Language and Politics*, 7 (3), 372 – 390.

Ieţcu-Fairclough, I. (2009). Legitimation and strategic maneuvering in the political field. In F. H. van Eemeren (Ed.), *Examining argumentation in context. Fifteen studies on strategic maneuvering* (pp. 131 – 151). Amsterdam-Philadelphia: John Benjamins.

Ieţcu-Preoteasa, I. (2006). *Dialogue, argumentation and ethical perspective in the essays of H. – R. Patapievici.* Bucharest: Editura Universităţii din Bucureşti.

Ihnen Jory, C. (2012a). Instruments to evaluate pragmatic argumentation. A pragma-dialectical perspective. In F. H. van Eemeren & B. Garssen (Eds.), Topical themes in argumentation theory. *Twenty exploratory studies* (pp. 143 – 159). Dordrecht: Springer.

Ihnen Jory, C. (2012b). *Pragmatic argumentation in law-making debates. Instruments for the analysis and evaluation of pragmatic argumentation at the second reading of the British parliament.* Amsterdam: Sic Sat-Rozenberg. Doctoral dissertation, University of Amsterdam.

Ihnen [Jory], C., & Richardson, J. E. (2011). On combining pragma-dialectics with critical discourse analysis. In E. Feteris, B. Garssen, & F. Snoeck Henkemans (Eds.), *Keeping intouch with pragma-dialectics. In honor of Frans H. van Eemeren* (pp. 231 – 243). Amsterdam-Philadelphia: John Benjamins. (Republished as Ihnen [Jory], C., & Richardson, J. E. (2012). On combining pragma-dialectics with critical discourse analysis. In R. Wodak (Ed.), Critical discourse analysis. Newbury Park: Sage).

Ilie, C. (1994). *What else can I tell you? A pragmatic study of English rhetorical questions as discursive and argumentative acts.* Stockholm: Almqvist & Wiksell International.

Ilie, C. (1995). The validity of rhetorical questions as arguments in the courtroom. In F. H. van Eemeren, R. Grootendorst, J. A. Blair, & C. A. Willard (Eds.), Special fields and cases. *Proceedings of the third ISSA conference on argumentation* (*University of Amsterdam*, June21 – 24, 1994), IV (pp. 73 – 88). Amsterdam: Sic Sat.

Ilie, C. (2007). Argument refutation through definitions and re-definitions. In F. H. van Eemeren, J. A. Blair, C. A. Willard, & B. Garssen (Eds.), *Proceedings of the sixth conference of the International Society for the Study of Argumentation* (pp. 667 – 674). Amsterdam: Sic Sat.

Ilie, C., & Hellspong, L. (1999). Arguing from clichés. Communication and miscommunication. In F. H. van Eemeren, R. Grootendorst, J. A. Blair, & C. A. Willard (Eds.), *Proceedings of the fourth international conference of the International Society for the Study of Argumentation* (pp. 386 – 391). Amsterdam: Sic Sat.

Inbar, M. (1999). Argumentation as rule-justified claims. Elements of a conceptual framework for the critical analysis of argument. *Argumentation*, 13 (1), 27 – 42.

Ionescu Ruxăndoiu, L. (2008). Discursive perspective and argumentation in the Romanian parliamentary discourse. A cased study. *L'analisi linguistica e letteraria*, 16, 435 – 441.

Ionescu Ruxăndoiu, L. (2010). Straightforward vs. mitigated impoliteness in the Romanian parliamentary discourse. The case of in absentia impoliteness. *Revue Roumaine deLinguistique* [Romanian Journal of Linguistics], 4, 243 – 351.

Ishii, S. (1992). Buddhist preaching. The persistent main undercurrent of Japanese traditional rhetorical communication. *Communication Quarterly*, 40, 391 – 397.

Itaba, Y. (1995). *Reconstructing Japanese rhetorical strategies. A study of foreign-policy discourse during the pre-Perry period*, 1783 – 1853. Twin Cities: University of Minnesota Press.

Iversen, S. M. (2010). *Logik og argumentationsteori* [Logic and argumentation theory]. Aarhus: Systime.

Ivin, A. (1997). *Osnovy teorii argumentatsii* [The basics of argumentation theory]. Moscow: Vlados.

Iwashita, M. (1973). *The principles of debate.* Tokyo: Gakushobo.

Jacquin, J. (2012). *L'argumentation de Georges Pompidou face à la crise. Une analyse textu-elledes allocutions des* 11 *et* 16 *mai* 1968 [George Pompidou's argumentation during the crisis. Atextual analysis of the speeches given between 11 and 16 May 1968]. Sahrbrücken: Éditions Universitaires européennes.

Jaśkowski, S. (1948) Rachunek zdań dla systemów dedukcyjnych sprzecznych [Propositional calculus for contradictory deductive systems]. *Studia Societatis Scientiarum Torunensis*, *Sect. A.* 1, 5, 57 – 77. [English trans. in *Studia Logica*, 24 (1969), pp. 143 – 160].

Jelvez, L. (2008). Esquemas argumentativos en textos escritos. Un estudio descriptivo en alumnus de tercero medio de dos establecimientos de Valparaíso [Argumentative schemes in writtentexts. A descriptive study of third-grade pupils of two schools in Valparaíso]. CyberHumanitatis 45. http://www. cyberhumanitatis. uchile. cl/index. php/RCH/rt/printerFriendly/5951/5818.

Johannesson, K. (1990). *Retorik-eller konsten att övertyga* [Rhetoric-or the art of persuasion]. Stockholm: Norstedts.

Johansen, A., & Kjeldsen, J. E. (2005). *Virksomme ord. Politiske taler* 1814 – 2005 [Working word. Political speeches 1814 – 2005]. Oslo: Universitetsforlaget.

Jørgensen, C. (1995). Hostility in public debate. In F. H. van Eemeren, R. Grootendorst, J. A. Blair, &C. A. Willard (Eds.), *Special fields and cases. Proceedings of the third ISSA conference onargumentation* (*University of Amsterdam*, June 21 – 24, 1994), III (pp. 363 – 373). Amsterdam: Sic Sat.

Jørgensen, C. (2003). The Mytilene debate. A paradigm for deliberative rhetoric. In F. H. van Eemeren, J. A. Blair, C. A. Willard, & A. F. Snoeck Henkemans (Eds.), *Proceedings of the fifth conference of the International Society for the Study of Argumentation* (pp. 567 – 570). Amsterdam: Sic Sat.

Jørgensen, C. (2007). The relevance of intention in argumentation. *Argumentation*, 21 (2), 165 – 174.

Jørgensen, C. (2009). Interpreting Perelman's universal audience. Gross versus Crosswhite. *Argumentation*, 23 (1), 11 – 19.

Jørgensen, C. (2011). Fudging speech acts in political argumentation. In F. H. van Eemeren, B. J. Garssen, D. Godden, & G. Mitchell (Eds.), *Proceedings of the 7th conference of the International Society for the Study of Argumentation* (pp. 906 – 913). Amsterdam: Sic Sat. CD rom.

Jørgensen, C., & Kock, C. (1999). The rhetorical audience in public debate and the strategies ofvote-gathering and vote-shifting. In F. H. van Eemeren, R. Grootendorst, J. A. Blair, & C. A. Willard (Eds.), *Proceedings of the fourth international conference of the International Society for the Study of Argumentation* (pp. 420 – 423). Amsterdam: Sic Sat.

Jørgensen, C., Kock, C., & Rørbach, L. (1994). *Retorik der flytter stemmer.* Hvordan manoverbeviser I offentlig debat [Rhetoric that shifts votes. How to persuade in public debates]. Ödåkra: Retorikforlaget. 2nd ed., 2011.

Jørgensen, C., Kock, C., & Rørbach, L. (1998). Rhetoric that shifts votes. An exploratory study of persuasion in issue-oriented public debates. *Political Communication*, 15 (3), 283 – 299.

Jovičić, T. (2003a). Evaluation of argumentative strategies. In F. H. van Eemeren, J. A. Blair, C. A. Willard, & A. F. Snoeck Henkemans (Eds.), *Proceedings of the fifth conference of the International Society for the Study of Argumentation* (pp. 571 – 580). Amsterdam: Sic Sat.

Jovičić, T. (2003b). New concepts for argument evaluation. In J. A. Blair, D. Farr, H. V. Hansen, R. H. Johnson, & C. W. Tindale (Eds.), *Informal logic @ 25: Proceedings of the Windsor conference.* Windsor, ON: Ontario Society for the Study of Argumentation.

Ju, S. (鞠实儿, 2010). The cultural relativity of logic. *Social sciences in China*, 31 (4), 73 – 89.

Just, S. (2003). Rhetorical criticism of the debate on the future of the European Union. Strategic options and foundational understandings. In F. H. van Eemeren, J. A. Blair, C. A. Willard, & A. F. Snoeck Henkemans (Eds.), *Proceedings of the fifth conference of the International Society for the Study of Argumentation* (pp. 581 – 586). Amsterdam: Sic Sat.

Juthe, A. (2005). Argument by analogy. *Argumentation*, 19 (1), 1 – 27.

Juthe, A. (2009). Refutation by parallel argument. *Argumentation*, 23 (2), 133 – 169.

Kakkuri-Knuuttila, M. – L. (1993). *Dialectic and enquiry in Aristotle.*, Helsinki School ofEconmics, Helsinki.

Kakkuri-Knuuttila, M. – L. (Ed.), (1998). *Argumentti ja kritiikki. Lukemisen, keskustelun javakuuttamisen taidot* [Argument and critique. The skills of reading, discussing and persuading]. Helsinki: Gaudeamus. 7th ed., 2007.

Kalashnikova, S. (2007). *Lingvisticheskiye aspekty stiley myshleniya v argumentativnom diskurse* [Linguistic aspects of thinking styles in argumentative discourse]. Doctoral dissertation, Kaluga State University, Kaluga.

Kamiński, S. (1962). Systematyzacja typowych błędów logicznych [A classification of typicallogical fallacies]. *Roczniki Filozoficzne*, 10 (1), 5–39.

Kanke, T. (2007). Reshaping Emperor Hirohito's persona. A study of fragmented arguments inmultiple texts. In F. H. van Eemeren, B. J. Garssen, J. A. Blair, & C. A. Willard (Eds.), *Proceedings of the 6th conference of the International Society for the Study of Argumentation* (pp. 733–738). Amsterdam: Sic Sat.

Kanke, T., & Morooka, J. (2011). Youth debates in early modern Japan. In F. H. van Eemeren, B. J. Garssen, D. Godden, & G. Mitchell (Eds.), *Proceedings of the 7th conference of the International Society for the Study of Argumentation* (pp. 914–926). Amsterdam: Sic Sat. CD rom.

Kasyanova, J. (2008). *Strukturno-semanticheskij analiz argumentatsii v monologicheskomdiskurse* [A structural-semantic analysis of argumentation in a monological discourse]. Doctoraldissertation, Udmurt State University, Izhevsk.

Kennedy, G. (1999). *Classical rhetoric & its Christian and secular tradition from ancient to moderntimes* (2nd revised enlargedth ed.). Chapel Hill/London: The University of North Carolina Press.

Kertész, A., & Rákosi, C. (2009). Cyclic vs. circular argumentation in the conceptual metaphor theory. *Cognitive Linguistics*, 20, 703–732.

Kienpointner, M. (1991). Argumentation in Germany and Austria. An overview of the recent literature. *Informal Logic*, 8 (3), 129–136.

Kienpointner, M. (1992). *Alltagslogik. Struktur und Funktion vom Argumentationsmustern* [Everyday logic. Structure and function of argumentative patterns]. Stuttgart/Bad Cannstatt: Frommann-Holzboog.

Kienpointner, M. (1993). The empirical relevance of Ch. Perelman's new rhetoric. *Argumentation*, 7 (4), 419–437.

Kienpointner, M. (1996). Whorf and Wittgenstein. Language, world view and argumentation. *Argumentation*, 10 (4), 475–494.

Kindt, W. (1988). *Zur Logik von Alltagsargumentationen* [On the logic of everyday argumentation]. Fachbericht 3 Erziehungswissenschaftliche Hochschule Koblenz. Koblenz:

HochschuleKoblenz.

Kindt, W. (1992a). Organisationsformen des Argumentierens in natürlicher Sprache [Theorganisation of argumentation in everyday speech]. In H. Paschen & L. Wigger (Eds.), *Püadagogisches Argumentieren* [Educational argumentation] (pp. 95 – 120). Weinheim: Deutscher Studienverlag.

Kindt, W. (1992b). Argumentation und Konfliktaustragung in Äusserungen über den Golfkrieg [Argumentation and conflict resolution in statements on the Gulf War]. *Zeitschrift für Sprachwissenschaft*, 11, 189 –215.

Kiseliova, V. V. (2006). *Varyirovaniye verbalnyh reaktsij v argumentativnom diskurse* [Variabilityof verbal reactions in argumentative discourse]. Doctoral dissertation, Udmurt State University, Izhevsk.

Kišiček, G., & Stanković, D. (2011). Analysis of fallacies in Croatian parliamentary debate. In F. H. van Eemeren, B. J. Garssen, D. Godden, & G. Mitchell (Eds.), *Proceedings of the 7th conference of the International Society for the Study of Argumentation* (pp. 939 – 948). Amsterdam: Sic Sat. CD rom.

Kjeldsen, J. E. (1999a). Visual rhetoric. From elocutio to inventio. In F. H. van Eemeren, R. Grootendorst, J. A. Blair, & C. A. Willard (Eds.), *Proceedings of the fourth international conference of the International Society for the Study of Argumentation* (pp. 455 – 463). Amsterdam: Sic Sat.

Kjeldsen, J. E. (1999b). Retorik i Norge. Et retorisk øy-rike [Rhetoric in Norway. A rhetoricalisland-kingdom]. *Rhetorica Scandinavica*, 12, 63 –72.

Kjeldsen, J. E. (2002). *Visual rhetoric.* Doctoral dissertation, University of Bergen, Bergen: Universitetet i Bergen.

Kjeldsen, J. E. (2007). Visual argumentation in Scandinavian political advertising. A cognitive, contextual, and reception oriented approach. *Argumentation & Advocacy*, 42 (3/4), 124 – 132.

Kjeldsen, J. E. (2011a). Visual argumentation in an Al Gore keynote presentation on climatechange. In F. Zenker (Ed.), Argumentation. Cognition and community. *Proceedings of the 9th international conference of the Ontario Society for the Study of Argumentation (OSSA)* (pp. 1 – 11). Windsor, ON. CD rom.

Kjeldsen, J. E. (2011b). Visual tropes and figures as visual argumentation. In F. H. van Eemeren & B. Garssen (Eds.), *Topical themes in argumentation theory. Twenty exploratory studies.* Dordrecht: Springer.

Kjeldsen, J. E., & Grue, J. (2011). The study of rhetoric in the Scandinavian countries. In J. E. Kjeldsen & J. Grue (Eds.), *Scandinavian studies in rhetoric* (pp. 7 – 39). Ödåkra: Retorikförlaget.

Klein, J. (1987). *Die konklusiven Sprechhandlungen. Studien zur Pragmatik, Semantik, Syntax und Lexik von Begründen, Erklüaren-warum, Folgern und Rechtfertigen* [Conclusive speech acts. Studies of the pragmatic, semantic, syntactic and lexical aspects of supporting, explaining why, concluding, and justifying]. Tübingen: Niemeyer.

Kline, S. L. (1995). Influence opportunities and persuasive argument practices in childhood. In F. H. van Eemeren, R. Grootendorst, J. A. Blair, & C. A. Willard (Eds.), *Proceedings of the third ISSA conference on argumentation* (pp. 261 – 275). Amsterdam: Sic Sat.

Klopf, D. (1973). *Winning debate.* Tokyo: Gakushobo.

Kluev, E. (1999). *Ritorika. Inventsiya, dispozitsiya, elocutsiya* [Rhetoric. Invention, disposition, elocution]. Moscow: Prior.

Klujeff, M. L. (2008). Retoriske figurer og stil som argumentation [Rhetorical figures and style as argumentation]. *Rhetorica Scandinavica*, 45, 25 – 48.

Koch, I. G. V. (1984). *Argumentação e linguagem* [Argumentation and language]. São Paulo: Cortez.

Kock, C. (2003). Gravity too is relative: On the logic of deliberative debate. In F. H. van Eemeren, J. A. Blair, C. A. Willard, & A. F. Snoeck Henkemans (Eds.), *Proceedings of the fifth conference of the International Society for the Study of Argumentation* (pp. 628 – 632). Amsterdam: Sic Sat.

Kock, C. (2007a). Is practical reasoning presumptive? *Informal Logic*, 27, 91 – 108.

Kock, C. (2007b). Norms of legitimate dissensus. *Informal Logic*, 27 (2), 179 – 196.

Kock, C. (2007c). The domain of rhetorical argumentation. In F. H. van Eemeren, J. A. Blair, C. A. Willard, & B. Garssen (Eds.), *Proceedings of the sixth conference of the International Society for the Study of Argumentation* (pp. 785 – 788). Amsterdam: Sic Sat.

Kock, C. (2009a). Arguing from different types of speech acts. In J. Ritola (Ed.), *Argument cultures. Proceedings of the 8th OSSA conference at the University of Windsor in* 2009. Windsor, ON: University of Windsor. CD rom.

Kock, C. (2009b). Choice is not true or false: The domain of rhetorical argumentation. *Argumentation*, 23 (1), 61 – 80.

Kolflaath, E. (2004). *Språk og argumentasjon-med eksempler fra juss* [Language and argumentation-with examples from law]. Bergen: Fagbokforlaget.

Komlósi, L. I. (1990). The power and fallability of a paradigm in argumentation. A case study of subversive political discourse. In F. H. van Eemeren & R. Grootendorst (Eds.), *Proceedings of the second international conference on argumentation* (pp. 994 - 1005). Amsterdam: Sic Sat-ISSA.

Komlósi, L. I. (1997). *Inferential pragmatics and cognitive structures. Situated language use andcognitive linguistics*. Budapest: Nemzeti Tankönyvkiadó.

Komlósi, L. I. (2003). The conceptual fabric of argumentation and blended mental spaces. In F. H. van Eemeren, J. A. Blair, C. A. Willard, & A. F. Snoeck-Henkemans (Eds.), *Proceedings of the fifth conference of the International Society for the Study of Argumentation* (pp. 632 -635). Amsterdam: Sic Sat.

Komlósi, L. I. (2006). Rhetorical effects of entrenched argumentation and presumptive arguments. A four-handed piece for George W. Bush and Tony Blair. In F. H. van Eemeren, M. D. Hazen, P. Houtlosser, & D. C. Williams (Eds.), *Contemporary perspectives on argumentation. Views from the Venice argumentation conference* (pp. 239 - 257). Amsterdam: Sic Sat.

Komlósi, L. I. (2007). Perelman's vision. Argumentation schemes as examples of generic conceptualization in everyday reasoning practices. In F. H. van Eemeren, J. A. Blair, C. A. Willard, & B. Garssen (Eds.), *Proceedings of the sixth conference of the International Society for the Study of Argumentation* (pp. 789 -796). Amsterdam: Sic Sat.

Komlósi, L. I. (2008). From paradoxes to presumptive fallacies. The way we reason with counterfactual mental spaces. In J. Andor, B. Hollósy, T. Laczkó, & P. Pelyvás (Eds.), *When grammar minds language and literature* (pp. 285 -292). Debrecen: Debrecen University Press.

Komlósi, L. I., & Knipf, E. (1987). Negotiating consensus in discourse interaction schemata. In F. H. van Eemeren, R. Grootendorst, J. A. Blair, & C. A. Willard (Eds.), *Argumentation. Perspectives and approaches* (pp. 82 -89). Dordrecht: Foris.

Komlósi, L. I., & Tarrósy, I. (2010). Presumptive arguments turned into a fallacy of presumptuousness. Pre-election debates in a democracy of promises. *Journal of Pragmatics*, 42, 957 -972.

Konishi, T. (2007). Conceptualizing and evaluating dissociation from an informal logical perspective. In F. H. van Eemeren, B. J. Garssen, J. A. Blair, & C. A. Willard (Eds.), *Proceedings of the 6th conference of the International Society for the Study of Argumentation* (pp. 797 -802). Amsterdam: Sic Sat.

Kopperschmidt, J. (1975). Pro und Contra im Fernsehen [Pro and contra on television]. *Der Deutschunterricht*, 27, 42 – 62.

Kopperschmidt, J. (1976a). *Allgemeine Rhetorik. Einführung in die Theorie der persuasiven Kommunikation* [General rhetoric. Introduction to the theory of persuasive communication]. Stuttgart: Kohlhammer.

Kopperschmidt, J. (1976b). Methode statt Appell. Versuch einer Argumentationsanalyse [Method instead of appeal. An attempt at argument analysis]. *Der Deutschunterricht*, 28, 37 – 58.

Kopperschmidt, J. (1977). Von der Kritik der Rhetorik zur kritischen Rhetorik [From criticism ofrhetoric to a critical rhetoric]. In H. F. Plett (Ed.), *Rhetorik. Kritische Positionen zum Stand der Forschung* [Rhetoric. A critical survey of the state of the art] (pp. 213 – 29). München: Fink.

Kopperschmidt, J. (1978). *Das Prinzip vernünftiger Rede* [Principles of rational speech]. Stuttgart: Kohlhammer.

Kopperschmidt, J. (1980). *Argumentation* [Argumentation]. Stuttgart: Kohlhammer.

Kopperschmidt, J. (1987). The function of argumentation. A pragmatic approach. In F. H. van Eemeren, R. Grootendorst, J. A. Blair, & C. A. Willard (Eds.), *Argumentation. Across the lines of discipline. Proceedings of the conference on argumentation* 1986 (pp. 179 – 188). Dordrecht/Providence: Foris.

Kopperschmidt, J. (1989a). *Methodik der Argumentationsanalyse* [Methodology of argumentationanalysis]. Stuttgart: Frommann-Holzboog.

Kopperschmidt, J. (1989b). Öffentliche Rede in Deutschland [Public speaking in Germany]. *Muttersprache*, 99, 213 – 230.

Kopperschmidt, J. (1990). Gibt es Kriterien politischer Rhetorik? Versuch einer Antwort [Do criteria for political rhetoric exist? A tentative answer]. *Diskussion Deutsch*, 115, 479 – 501.

Kopperschmidt, J. (Ed.), (1990). *Rhetorik*, 1. *Rhetorik als Texttheorie* [Rhetoric, 1. Rhetoric as atheory of text]. Darmstadt: Wiss. Buchgesellschaft.

Kopperschmidt, J. (Ed.), (1991). *Rhetorik*, 2. *Wirkungsgeschichte der Rhetorik* [Rhetoric, 2. Areception history of rhetoric]. Darmstadt: Wiss. Buchgesellschaft.

Kopperschmidt, J. (1995). Grundfragen einer allgemeinen Argumentationstheorie unterbesonderer Berücksichtigung formaler Argumentationsmuster [Fundamental questions for ageneral theory of argumentation arising from an analysis of formal patterns of argumentation].

In H. Wohlrapp (Ed.), Wege der *Argumentationsforschung* [Roads of argumentation research] (pp. 50 – 73). Stuttgart/Bad Cannstatt: Frommann-Holzboog.

Kopperschmidt, J. (Ed.), (2006) *Die neue Rhetorik. Studien zu Chaim Perelman* [The new rhetoric. Studies on Chaim Perelman]. Paderborn/München: Fink.

Korolko, M. (1990). Sztuka retoryki [The art of rhetoric]. Warsaw: Wiedza Powszechna. Korta, K., & Garmendia, J. (Eds.). (2008). *Meaning, intentions and argumentation.* Stanford: CSLI Publications.

Koszowy, M. (2004). Methodological ideas of the Lvov-Warsaw School as a possible foundation for a fallacy theory. In T. Suzuki, Y. Yano, & T. Kato (Eds.), *Proceedings of the 2nd Tokyo conference on argumentation and social cognition* (pp. 125 – 130). Tokyo: Japan Debate Association.

Koszowy, M. (2011). Pragmatic logic. The study of argumentation in the Lvov-Warsaw School. In F. H. van Eemeren, B. Garssen, D. Godden, & G. Mitchell (Eds.), *Proceedings of the 7th conference on argumentation of the International Society for the Study of Argumentation* (pp. 1010 – 1022). Amsterdam: Sic Sat.

Koszowy, M. (2013). The methodological approach to argument evaluation. Rules of defining asapplied to assessing arguments. *Filozofia nauki*, 1 (81), 23 – 36.

Kraus, M. (2006). Arguing by question. A Toulminian reading of Cicero's account of theenthymeme. In D. Hitchcock & B. Verheij (Eds.), *Arguing on the Toulmin model. New essaysin argument analysis and evaluation* (pp. 313 – 325). Dordrecht: Springer.

Kraus, M. (2007). From figure to argument. Contrarium in Roman rhetoric. *Argumentation*, 21 (1), 3 – 19.

Kraus, M. (2012). Cultural diversity, cognitive breaks, and deep disagreement. Polemic argument. In F. H. van Eemeren & B. Garssen (Eds.), *Topical themes in argumentation theory. Twenty exploratory studies.* Dordrecht: Springer.

Kurki, L., & Tomperi, T. (2011). *Vüaittely opetusmenetelmüanüa-Kriittinen ajattelu, argumentaatioja retoriikka küaytüannössüa* [Debate as a teaching method. Critical thinking, argumentation and rhetorics in practice]. Tampere: Niin & Näin/Eurooppalaisen filosofian seura.

Kusch, M., & Schröder, H. (Eds.). (1989). *Text-Interpretation-Argumentation.* Hamburg: Helmut Buske.

Kutrovátz, G. (2008). Rhetoric of science, pragma-dialectics, and science studies. In F. H. van Eemeren & B. Garssen (Eds.), *Controversy and confrontation. Relating controver-*

syanalysis with argumentation theory (pp. 231 – 247). Amsterdam-Philadelphia: JohnBenjamins.

Kutrovátz, G. (2010). Trust in experts. Contextual patterns of warranted epistemic dependence. *Balkan Journal of Philosophy*, 1, 57 – 68.

Kvernbekk, T. (2003a). Narratives as informal arguments. In J. A. Blair, D. Farr, H. V. Hansen, R. H. Johnson, & C. W. Tindale (Eds.), *Informal logic @ 25: Proceedings of the Windsor conference.* Windsor, ON: Ontario Society for the Study of Argumentation.

Kvernbekk, T. (2003b). On the argumentative quality of explanatory narratives. In F. H. van Eemeren, J. A. Blair, C. A. Willard, & A. F. Snoeck Henkemans (Eds.), *Proceedings of the fifth conference of the International Society for the Study of Argumentation* (pp. 651 – 657). Amsterdam: Sic Sat.

Kvernbekk, T. (2007a). Argumentation practice. The very idea. In J. A. Blair, H. Hansen, R. Johnson, & C. Tindale (Eds.), *OSSA proceedings* 2007. Windsor, ON: University of Windsor. CD rom.

Kvernbekk, T. (2007b). Theory and practice. A metatheoretical contribution. In F. H. van Eemeren, J. A. Blair, C. A. Willard, & B. Garssen (Eds.), *Proceedings of the sixth conference of the International Society for the Study of Argumentation* (pp. 841 – 846). Amsterdam: Sic Sat.

Kvernbekk, T. (2009). Theory and practice. Gap or equilibrium. In J. Ritola (Ed.), *Argumentcultures. Proceedings of the 8th OSSA conference at the University of Windsor in 2009.* Windsor, ON: University of Windsor. CD rom.

Kvernbekk, T. (2011). Evidence-based practice and Toulmin. In F. Zenker (Ed.), *Argumentation. Cognition and community. Proceedings of the 9th international conference of the Ontario Society for the Study of Argumentation (OSSA).* Windsor, ON. CD rom.

Lanzadera, M., García, F., Montes, S., & Valadés, J. (2007). *Argumentación y razonar. Cómoenseñar y evaluar la capacidad de argumentar* [Argumentation and reasoning. How to teachand evaluate the argumentative capacity]. Madrid: CCS.

Lausberg, H. (1969). *Elementi di retorica* [Elements of rhetoric]. Bologna: Il Mulino.

Leal Carretero, F., Ramírez González, C. F., & Favila Vega, V. M. (Eds.), (2010). *Introducción ala teoría de la argumentación* [Introduction to argumentation Theory]. Guadalajara: Editorial Universtaria.

Leeten, L. (2011). Moral argumentation from a rhetorical point of view. In F. H. van Eemeren, B. Garssen, D. Godden, & G. Mitchell (Eds.), *Proceedings of the seventh conference of the International Society for the Study of Argumentation* (pp. 1071 – 1075). Amsterdam: Sic Sat.

Leitão, S. (2000). The potential of argument in knowledge building. *Human Development*, 6, 332 – 360.

Lessl, T. M. (2008). Scientific demarcation and metascience. The National Academy of Scienceson greenhouse warming and evolution. In F. H. van Eemeren & B. Garssen (Eds.), *Controversy and confrontation. Relating controversy analysis with argumentation theory* (pp. 77 – 91). Amsterdam-Philadelphia: John Benjamins.

Lewiński, M. (2010a). Collective argumentative criticism in informal online discussion forums. *Argumentation and Advocacy*, 47 (2), 86 – 105.

Lewiński, M. (2010b). *Internet political discussion forums as an argumentative activity type. Apragma-dialectical analysis of online forms of strategic manoeuvring with critical reactions.* Amsterdam: Sic Sat. Doctoral dissertation, University of Amsterdam.

Lewiński, M. (2013). Debating multiple positions in multi-party online deliberation. Sides, positions, and cases. *Journal of Argumentation in Context*, 2 (1), 151 – 177.

Lewiński, M. , & Mohammed, D. (2013). Argumentation in political deliberation. *Journal of Argumentation in Context*, 2 (1), 1 – 9.

Liang, Q. (梁庆寅), & Xie, Y. (谢耘, 2011). How critical is the dialectical tier? Exploring the critical dimension inthe dialectical tier. *Argumentation*, 25 (2), 229 – 242.

Lichański, J. Z. (1992). *Retoryka odśredniowiecza do baroku. Teoria i praktyka* [Rhetoric frommedival times to baroque. Theory and practice]. Warsaw: PWN.

Lima, H. M. R. (2011). L'argumentation à la Cour d'Assises brésilienne. Les émotions dans legenre du rapport de police [Argumentation at the Brazilian trial court. Emotions in the genre of police report]. *Argumentation et analyse du discours*, 7, 57 – 79.

Lippert-Rasmussen, K. (2001). Are question-begging arguments necessarily unreasonable? *Philosophical Studies*, 104, 123 – 141.

Lisanyuk, E. (2008). Ad hominem in legal discourse. In T. Suzuki, T. Kato, & A. Kubota (Eds.), *Proceedings of the 3rd Tokyo conference on argumentation. Argumentation, law and justice* (pp. 175 – 181). Tokyo: Japanese Debate Association.

Lisanyuk, E. (2009). Silnykh argumentov net [There are no ad baculum arguments]. In *V. Briushinkin* (Ed.), *Modelling Reasoning*, 3 (pp. 92 – 100). Kaliningrad: Baltic FederalUniversity Press.

Lisanyuk, E. (2010). Pravila i oshibki argumentacii. [Argumentation. Rules and fallacies]. In A. Migounov, I. Mikirtoumov, & B. Fedorov (Eds.), *Logic* (pp. 588 – 658). Moscow: Prospect Publishers.

Lisanyuk, E. (2011). Formal'naya dialektika i ritorika [Formal dialectics and rhetoric]. In V. Briushinkin (Ed.), *Modelling reasoning*, 4. *Argumentation and rhetoric* (pp. 37 – 52). Kaliningrad: Baltic Federal University Press.

Lisanyuk, E. (2013). Cognitivnye kharakteristiki agentov argumentacii [Argumentation and Cognitive Agents]. *Vestnik* SPBGU, 6, 1. St. Petersburg: St. Petersburg University Press.

Livnat, Z. (2014). Negotiating scientific ethos in academic controversy. *Journal of Argumentationin Context*, 3 (2).

López, C. (2007). The rules of critical discussion and the development of critical thinking. In F. H. van Eemeren, J. A. Blair, C. A. Willard, & B. Garssen (Eds.), *Proceedings of the sixth conference of the International Society for the Study of Argumentation* (pp. 901 – 907). Amsterdam: Sic Sat.

López, C., & Vicuña, A. M. (2011). Improving the teaching of argumentation through pragma-dialectical rules and a community of inquiry. In F. H. van Eemeren, B. Garssen, D. Godden, & G. Mitchell (Eds.), *Proceedings of the 7th conference on argumentation of the International Society for the Study of Argumentation* (pp. 1130 – 1140). Amsterdam: Sic Sat.

López de la Vieja, M. T. (2010). *La pendiente resbaladiza* [The slipery slope]. Madrid: Plaza y Valdés Editores.

Łoziński, P. (2011). An algorithm for incremental argumentation analysis in Carneades. *Studies in Logic, Grammar and Rhetoric*, 23 (36), 155 – 171.

Łoziński, P. (2012), *Wnioskowanie w logikach argumentacyjnych zaleźne od kontekstu* [Context dependent reasoning in argumentative logics]. Doctoral dissertation, Institute of Computer Science, Warsaw University of Technology, Warsaw.

Lumer, C. (1990). *Praktische Argumentationstheorie. Theoretische Grundlagen, praktische Begründung un Regeln wichtiger Argumentationsarten* [A practical theory of argumentation. Theoretical foundations and practical justifications, and rules for major types of argument]. Braunschweig: Vieweg.

Lumer, C. (1991). Structure and function of argumentation-An epistemological approach to determining criteria for the validity and adequacy of argumentations. In F. H. van Eemeren, R. Grootendorst, J. A. Blair, & C. A. Willard (Eds.), *Proceedings of the second interna-*

tional conference on argumentation organized by the International Society for the Study of Argumentation at the University of Amsterdam, June 19 – 22, 1990 (pp. 89 – 107). Amsterdam: Sic Sat.

Lumer, C. (2005). The epistemological theory of argument-how and why? *Informal Logic*, 25 (3), 214 – 232.

Lumer, C. (2011). Probabilistic arguments in the epistemological approach to argumentation. In F. H. van Eemeren, B. Garssen, D. Godden, & G. Mitchell (Eds.), *Proceedings of the 7th conference of the International Society for the Study of Argumentation* (pp. 1141 – 1154). Amsterdam: Sic Sat.

Lundquist, L. (1980). *La cohérence textuelle. Syntaxe, sémantique, pragmatique* [Textual coherence. Syntax, semantics, and pragmatics]. Copenhagen: Arnold Busck, Nyt Nordisk Forlag.

Lundquist, L. (1983). *L'analyse textuelle. Méthode, exercises* [Textual analysis. Methods, exercises]. Paris: CEDIC.

Lundquist, L. (1987). Towards a procedural analysis of argumentative operators in texts. In F. H. van Eemeren, R. Grootendorst, J. A. Blair, & C. A. Willard (Eds.), *Argumentation. Perspectives and approaches. Proceedings of the conference on argumentation* 1986 (pp. 61 – 69). Dordrecht/Providence: Foris.

Lumer, C. (1991). Structure and function of argumentation-An epistemological approach to determining criteria for the validity and adequacy of argumentations. In F. H. van Eemeren, R. Grootendorst, J. A. Blair, & C. A. Willard (Eds.), *Proceedings of the second international conference on argumentation organized by the International Society for the Study of Argumentation at the University of Amsterdam, June* 19 – 22, 1990 (pp. 89 – 107). Amsterdam: Sic Sat.

Łuszczewska-Romahnowa, S. (1966). Pewne pojęcie poprawnej inferencji i pragmatyczne pojęciewynikania [A notion of valid inference and a pragmatic notion of entailment]. In T. Pawłowski (Ed.), *Logiczna teoria nauki* [Logical theory of science] (pp. 163 – 167). Warsaw: PWN.

Lüken, G. – L. (1991). Incommensurability, rules of argumentation, and anticipation. In F. H. van Eemeren, R. Grootendorst, J. A. Blair, & C. A. Willard (Eds.), *Proceedings of the second international conference on argumentation organized by the International Society for the Study of Argumentation at the University of Amsterdam, June* 19 – 22, 1990 (pp. 244 – 252). Amsterdam: Sic Sat.

Lüken, G. – L. (1992). *Inkommensurabilitüat als Problem rationalen Argumentierens* [Incommensurabilityas a problem of rational argumentation]. Stuttgart/Bad Cannstatt: Frommann-Holzboog.

Lüken, G. – L. (1995). Konsens, Widerstreit und Entscheidung. Überlegungen anlässlich Lyotards Herausforderung der Argumentationstheorie [Consensus, dissent, and decision. Thoughts on Lyotard's challenge to argumentation theory]. In H. Wohlrapp (Ed.), *Wege der Argumentationsforschung* [Roads of argumentation research] (pp. 358 – 385). Stuttgart/Bad Cannstatt: Frommann-Holzboog.

Macagno, F., & Walton, D. (2010). Dichotomies and oppositions in legal argumentation. *Ratio Juris*, 23 (2), 229 – 257.

Machamer, P., Pera, M., & Baltas, A. (Eds.). (2000). *Scientific controversies. Philosophical andhistorical perspectives.* New York: Oxford University Press.

Maillat, D., & Oswald, S. (2009). Defining manipulative discourse. The pragmatics of cognitive illusions. *International Review of Pragmatics*, 1 (2), 348 – 370.

Maillat, D., & Oswald, S. (2011). Constraining context. A pragmatic account of cognitive manipulation. In C. Hart (Ed.), *Critical discourse studies in context and cognition* (pp. 65 – 80). Amsterdam: John Benjamins.

Maingueneau, D. (1994). Argumentation et analyse du discours. L'exemple des Provinciales [Argumentation and discourse analysis. The example of the Provinciales]. *L'Année Sociologique*, 3 (44), 263 – 280.

Maingueneau, D. (1996). Ethos et argumentation philosophique. Le cas du Discours de la method [Ethos and philosophical argumentation. The case of the Discours de la methode]. In: F. Cossutta (Ed.), *Descartes et l'argumentation philosophique* [Descartes and philosophicalargumentation] (pp. 85 – 110). Paris: PUF.

Manfrida, G. (2003). *La narrazione psicoterapeutica. Invenzione, persuasione e tecniche retorichein terapia relazionale* [Psychotherapeutic narration. Invention, persuasion and rhetoricaltechniques in relation therapy] (2nd ed.). Milan: Franco Angeli. (1st ed. 1998).

Mann, W. C., & Thompson, S. A. (1988). Rhetorical structure theory. Toward a functional theory of text organization. *Text*, 8, 243 – 281.

Manzin, M. (2012a). A rhetorical approach to legal reasoning. The Italian experience of CERMEG. In F. H. van Eemeren & B. Garssen (Eds.), *Exploring argumentative contexts* (pp. 135 – 148). Amsterdam: John Benjamins.

Manzin, M. (2012b). Véritéet logos dans la perspective de la rhétorique judiciaire. Contribution sperelmaniennes à la culture juridique du troisième millénaire [Truth and logos from theperspective of legal rhetoric. Perelmanian contributions to the legal culture of the thirdmillenium]. In B. Frydman & M. Meyer (Eds.), Chaïm Perelman. *De la nouvelle rhétoriqueà la logique juridique* [Chaïm Perelman. From new rhetoric to legal logic] (pp. 261 – 288). Paris: Presses universitaires de France.

Manzin, M., & Puppo, F. (Eds.), (2008). *Audiatur et altera pars. Il contraddittorio fra principioeregola* [Hear the other side too. The cross-examination between principle and rule]. Milano: Giuffrè.

Marafioti, R. (2003). *Los patrones de la argumentación* [The patterns of argumentation]. BuenosAires: Biblos.

Marafioti, R. (2007). Argumentation in debate. The parliamentary speech in critical contexts. In F. H. van Eemeren, J. A. Blair, C. A. Willard & B. Garssen (Eds.), *Proceedings of the sixth conference of the International Society for the Study of Argumentation* (pp. 929 – 932). Amsterdam: Sic Sat.

Marafioti, R., Dumm, Z., & Bitonte, M. E. (2007). Argumentation and counter-argumentation using a diaphonic appropriation in a parliamentary debate. In F. H. van Eemeren, J. A. Blair, C. A. Willard, & B. Garssen (Eds.), *Proceedings of the sixth conference of the International Society for the Study of Argumentation* (pp. 933 – 937). Amsterdam: Sic Sat.

Marafioti, R., Pérez de Medina, E., & Balmayor, E. (Eds.), (1997). *Recorridos semiológicos. Signos, enunciación y argumentación* [Semiological paths. Signs, enunciation and argumentation]. Buenos Aires: Eudeba.

Marciszewski, W. (1969). *Sztuka dyskutowania* [The art of discussing]. Warsaw: Iskry.

Marga, A. (1992). *Introducere în metodologia şi argumentarea filosofică* [An introduction to philosophical methodology and argumentation]. Cluj-Napoca: Editura Dacia.

Marga, A. (2009). *Raţionalitate, comunicare, argumentare* [Rationality, communication, argumentation] (2nd enlarged and revised ed.). Cluj-Napoca: Editura Grinta.

Marga, A. (2010). *Argumentarea* [Argumentation]. Bucharest: Editura Academiei.

Margitay, T. (2004). *Azérvelés mestersége* [The art of reasoning]. Budapest: Typotex.

Marinkovich, J. (2000). Un intento de evaluar el conocimiento acerca de la escritura en estudiantesde enseñanza básica [An attempt to evaluate the knowledge about writing among primaryschool students]. *Revista Signos*, 33 (47), 101 – 110.

Marinkovich, J. (2007). La interacción argumentativa en el aula. Fases de la argumentación yestrategias de cortesía verbal [Argumentative interaction in the classroom. Stages of argumentation and verbal courtesy strategies]. In C. Santibáñez & B. Riffo (Eds.), *Estudios enargumentación y retórica. Teorías contemporáneas y aplicaciones* [Studies in argumentation and rhetoric. Contemporary theories and applications] (pp. 227 - 252). Concepción: Editorial Universidad de Concepción.

Marques, C. M. (2010). *A argumentação oral formal em contexto escolar* [The formaloral argumentation in school context]. Doctoral dissertation, University of Coimbra, Coimbra.

Marques, M. A. (2007a). Discordar no parlamento. Estratégias de argumentação [Disagreement in parliament: argumentation strategies]. *Revista Galega de Filoloxía*, 8, 99 - 124.

Marques, M. A. (2007b). Narrativa e discurso político: Estratégias argumentativas [Narrative andpolitical discourse: Argumentative strategies]. In A. G. Macedo & E. Keating (Eds.), *O poderdas narrativas, as narrativas do poder: Actas dos Colóquios de Outono* 2005 - 2006 [The power of narratives, the narratives of power: Proceedings of the 2005 - 2006 Autumn Colloquium] (pp. 303 - 316). Braga: Universidade do Minho.

Marques, M. A. (2011). Argumentação e (m) discursos [Argumentation in/and discourse (s)]. In I. Duarte & O. Figueiredo (Eds.), *Português, língua e ensino* [Portuguese, language and teaching] (pp. 267 - 310). Porto: Porto Editorial.

Marras, C., & Euli, E. (2008). A "dialectic ladder" of refutation and dissuasion. In F. H. van Eemeren & B. Garssen (Eds.), *Controversy and confrontation. Relating controversyanalysis with argumentation theory* (pp. 135 - 147). Amsterdam-Philadelphia: John Benjamins.

Marraud, H. (2013). *¿Es lógic@? Análisis y evaluación de argumentos* [Is it logic (al)? Analysis and evaluation of arguments]. Madrid: Cátedra.

Martel, G. (2008). *Performance...et contre-performance communicationelles. Des strategiesargumentatives pour le débat politique télévisé* [Communicational performance and counterperformance. Argumentative strategies in political television debate]. Argumentation et analysedu discours, 1 [online] http://www.revues.org/index2422.html.

Martínez Solis, M. C. (2005). *La construcción del proceso argumentativo en el discurso* [The construction of the argumentative process in discourse]. Cali: Artes gráficas, Facultad de Humanidades, Universidad del Valle.

Martínez Solis, M. C. (2006). *Las dimensiones del sujeto discursivo. Prácticas en Módulos 1, 2 y3 del curso virtual para el desarrollo de estrategias de comprensión y producción de textos* [The dimensions of the discursive subject. Practices in modules 1, 2 and 3 of the virtual coursefor the development of comprehension strategies and text production]. Cali: Education for All section of www. unesco-lectura. univalle. edu. co, Universidad del Valle.

Martínez Solis, M. C. (2007). La orientación social de la argumentación en el discurso. Unapropuesta integrativa [The social orientation of argumentation in discourse. An integrativeapproach]. In R. Marafioti (Ed.), *Parlamentos. Teoría de la argumentación y debateparlamentario* [Parliaments. Argumentation theory and parliamentary debate]. Buenos Aires: Biblos.

Marttunen, M. (1995). Practicing argumentation through computer conferencing. In F. H. van Eemeren, R. Grootendorst, J. A. Blair, & C. A. Willard (*Eds.*), *Reconstruction and application. Proceedings of the third ISSA conference on argumentation* (*University of Amsterdam*, June 21 – 24), III (pp. 337 – 340). Amsterdam: Sic Sat.

Marttunen, M. (1997). *Studying argumentation in higher education by electronic mail. Jyväskylä Studies in Education, Psychology and Social Research.* Doctoral dissertation, University of Jyväskylä, Jyväskylä.

Marttunen, M., & Laurinen, L. (1999). Learning of argumentation in face-to-face and e-mail environments. In F. H. van Eemeren, R. Grootendorst, J. A. Blair, & C. A. Willard (Eds.), *Proceedings of the fourth international conference of the International Society for the Study of Argumentation* (pp. 552 – 558). Amsterdam: Sic Sat.

Marttunen, M., & Laurinen, L. (2007). Collaborative learning through chat discussions and argument diagrams in secondary school. *Journal of Research on Technology in Education*, 40 (1), 109 – 126.

Marttunen, M., Laurinen, L., Hunya, M., & Litosseliti, L. (2003). Argumentation skills ofsecondary school students in Finland, Hungary and the United Kingdom. In F. H. van Eemeren, J. A. Blair, C. A. Willard, & A. F. Snoeck Henkemans (Eds.), *Proceedings of the fifth conference of the International Society for the Study of Argumentation* (pp. 733 – 739). Amsterdam: Sic Sat.

Maslennikova, A. A., & Tretyakova, T. P. (2003). The rhetorical shift in interviews. New features in Russian political discourse. In F. H. van Eemeren, J. A. Blair, C. A. Willard, & A. F. Snoeck Henkemans (Eds.), *Proceedings of the fifth conference of the International Society for the Study of Argumentation* (pp. 741 – 745). Amsterdam: Sic Sat.

Matlon, R. J. (1978). Report on the Japanese debate tour, May and June 1978. *JEFA Forensic Journal*, 2, 25 – 40.

Mavrodieva, I. (2010). *Виртуална реторика. От дневниците досоциалнитемрежи* [Virtual rhetoric. From the diary to the social web]. Sofia: Sofia University Press.

Mazilu, S. (2010). *Dissociation and persuasive definitions as argumentative strategies in ethical argumentation on abortion.* Doctoral dissertation, University of Bucharest, Bucharest.

Mazzi, D. (2007a). The construction of argumentation in judicial texts. Combining a genre and acorpus perspective. *Argumentation*, 21 (1), 21 – 38.

Mazzi, D. (2007b). *The linguistic study of judicial argumentation. Theoretical perspectives, analytical insights.* Modena: Il Fiorino.

Melin, L. (2003). *Manipulera med språket* [Manipulate with speech]. Stockholm: Nordstedtsordbok.

Melo Souza Filho, O. (2011). From polemical exchanges to dialogue. Appreciations about anethics of communication. In F. H. van Eemeren, B. Garssen, D. Godden, & G. Mitchell (Eds.), *Proceedings of the seventh conference of the International Society for the Study of Argumentation* (*ISSA*) (pp. 1248 – 1258). Amsterdam: Sic Sat.

Memedi, V. (2007). Resolving deep disagreement: A case in point. *SEEU Review*, 3 (2), 7 – 18.

Memedi, V. (2011). Intractable disputes. The development of attractors. In F. H. van Eemeren, B. J. Garssen, D. Godden, & G. Mitchell (Eds.), *Proceedings of the 7th conference of the International Society for the Study of Argumentation* (pp. 1259 – 1265). Amsterdam: Sic Sat. CD rom.

Mengel, P. (1991). The peculiar inferential force of analogical arguments. In F. H. van Eemeren, R. Grootendorst, J. A. Blair, & C. A. Willard (Eds.), *Proceedings of the second international conference on argumentation* (*Organized by the International Society for the Study of Argumentation at the University of Amsterdam*, June 19 – 22, 1990) (pp. 422 – 428). Amsterdam: Sic Sat.

Mengel, P. (1995). *Analogien als Argumente* [Analogies as arguments]. Frankfurt am Main: PeterLang.

Mercier, H. (2011). Looking for arguments. *Argumentation*, 26 (3), 305 – 324.

Mercier, H. (2012). Some clarifications about the argumentative theory of reasoning. A reply to Santibáñez Yáñez (2012). *Informal Logic*, 32 (2), 259 – 268.

Mercier, H., & Sperber, D. (2011). Why do humans reason? Arguments for an argumentativetheory. *Behavioral and Brain Sciences*, 34, 57 – 111.

Meyer, M. (1976). *De la problématologie. Philosophie, science et langage* [Of problematology. Philosophy, science, and language]. Brussels: Pierre Mardaga.

Meyer, M. (1982a). *Logique, langage et argumentation* [Logic, language, and argumentation]. Paris: Hachette. (English transl. 1995).

Meyer, M. (1982b). Argumentation in the light of a theory of questioning. *Philosophy and Rhetoric*, 15 (2), 81 - 103.

Meyer, M. (1986b). *From logic to rhetoric.* Amsterdam: John Benjamins. [trans. of M. Meyer (1982a). Logique, langage et argumentation. Paris: Hachette].

Meyer, M. (1988). The rhetorical foundation of philosophical argumentation. *Argumentation*, 2 (2), 255 - 270. [trans. of M. Meyer (1982a). Argumentation in the light of a theory of questioning. *Philosophy and Rhetoric*, 15 (2), 81 - 103].

Meyer, M. (1995). *Of problematology: Philosophy, science and language.* London: Bloomsbury. [trans. of M. Meyer (1976). De la problématologie. Philsophy, Science et langage. Brussels: Pierre Mardaga].

Meyer, M. (2000). *Questionnement et historicité* [Questioning and historicity]. Paris: Puf.

Meyer, M. (2008). *Principia rhetorica. Une théorie générale de l'argumentation.* [Principia Rhetorica. A general theory of argumentation]. Paris: Fayard.

Meza, P. (2009). *Las interacciones argumentativas orales en la sala de clases. Un analisisdialéctico y retórico* [Oral argumentative interactions in the classroom. A dialectic andrhetorical analysis]. Doctoral dissertation, Pontificia Universidad Cató lica de Valparaíso.

Micheli, R. (2010). *L'émotion argumentée. L'abolition de la peine de mort dans le débatparlementaire français* [Well-argued emotion. The abolition of the death penalty in French parliamentary debate]. Paris: Le Cerf.

Micheli, R. (2012). Arguing without trying to persuade? Elements for a non-persuasive definition of argumentation. *Argumentation*, 26 (1), 115 - 126.

Migunov, A. I. (2002). Analitika i dialektika. Dva aspekta logiki [Analytics and dialectics: twoaspects of logic]. In *Y. A. Slinin and us: To the 70th anniversary of Professor YaroslavAnatolyevich Slinin.* St. Petersburg: St. Petersburg University Press/Philosophical Society-Publication.

Migunov, A. I. (2004). Teoriia argumentatcii kak logiko-pragmaticheskoe issledovanie-argumentativnoi' kommunikatcii [Theory of argumentation as logical-pragmatic research of argumentative communication]. In S. I. Dudnik (Ed.), *Communication and education. The collection of articles.* St. Petersburg: St. Petersburg University Press.

Migunov, A. I. (2005). *Kommunikativnaia priroda istiny i argumentatciia* [Communicative nature of truth and argumentation. Logical-philosophical studies, 3. St. Petersburg: St. Petersburg University Press.

Migunov, A. I. (2007a). *Entimema v argumentativnom diskurse* [Enthymeme in an argumentative discourse]. In Logical-philosophical studies, 4. St. Petersburg: St. Petersburg University Press/Philosophical Society Publication.

Migunov, A. I. (2007b). Semantika argumentativnogo rechevogo akta [Semantics of the argumentative speech act]. In *Thought. The yearbook of the Petersburg Philosophical Society*, 6. St. Petersburg: St. Petersburg University Press.

Migunov, A. I. (2009). Argumentologiia v kontekste prakticheskogo povorota logiki [Argumentology in a context of the practical turn of logic]. *Logical-philosophical studies*, 7. St. Petersburg: St. Petersburg University Press.

Migunov, A. I. (2011). Sootnoshenie ritoricheskikh i argumentativnykh aspektov diskursa [A relationship of discourse rhetorical and argumentative aspects]. In *V. I. Bryushinkin* (Ed.), *Models of reasoning*, 4. *Argumentation and rhetoric.* Kaliningrad: Kaliningrad University Press.

Miovska-Spaseva, S., & Ǎčkovska-Leškovska, E. (2010). *Критичкото мислење во универзи-тетскатанаставa* [Critical thinking in university education]. Skopje: Foundation OpenSociety Institute-Macedonia.

Miranda, T. (1998). *El juego de la argumentación* [The game of argumentation]. Madrid: Ediciones de la Torre.

Miranda, T. (2002). *Argumentos* [Arguments]. Alcoy: Editorial Marfil.

Moeschler, J. (1985). *Argumentation et conversation* [Argumentation and conversation]. Paris: Hatier.

Mohammed, D. (2011). Strategic manoeuvring in simultaneous discussions. In F. Zenker (Ed.), Argumentation. Cognition and community. *Proceedings of the 9th international conference of the Ontario Society for the Study of Argumentation (OSSA)*, *May* 18 – 21, 2011. Windsor, ON. CD rom.

Mohammed, D. (2013). Pursuing multiple goals in European parliamentary debates. EU immigration policies as a case in point. *Journal of Argumentation in Context*, 2 (1), 47 – 74.

Monteiro, C. S. (2006). *Teoria da argumentação jurídica e nova retórica.* [Theory of legal argumentation and new rhetoric] (3rd ed.). Rio de Janeiro: Lumen Juris.

Monzón, L. (2011). Argumentación. Objeto olvidado para la investigación en México

[Argumentation. The forgotten object in Mexican research]. *REDIE*, 13 (2), 41 –54.

Moore, B. N., & Parker, R. (2009). *Critical thinking* (*9th ed.*). New York: McGraw-Hill. (莫尔和帕克著《批判的思考》，东方出版社，2007 年).

Morrison, J. L. (1972). The absence of a rhetorical tradition in Japanese culture. *Western Speech*, 36, 89 –102.

Mosca, L. L. S. (Ed.), (2006). *Discurso, argumentação e produção de sentido* [Discourse, argumentation and making sense] (4th ed). São Paulo: Associação Editorial Humanitas.

Mral, B., Borg, N., & Salazar, P. –J. (Eds.). (2009). *Women's rhetoric. Argumentative strategies ofwomen in public life.* Åstorp: Retoriksförlaget. Sweden & South Africa.

Muraru D. (2010). *Mediation and diplomatic discourse. The strategic use of dissociation anddefinitions.* Doctoral dissertation, University of Bucharest, Bucharest.

Naqqari, H. (Ed.), (2006). *Al-Taḥājuj. Tabī ʻatuh wa Majālātuh wa Waā'ifuh* [Argumentation. Itsnature, contexts and functions]. Rabat: Faculty of Arts and Humanities, Mohammed V University.

Navarro, M. G. (2009). *Interpretar y Argumentar* [Interpreting and arguing]. Madrid: Plaza y Valdes Editores.

Navarro, M. G. (2011). Elements for an argumentative method of interpretation. In F. H. van Eemeren, B. Garssen, D. Godden, & G. Mitchell (Eds.), *Proceedings of the 7th conference on argumentation of the International Society for the Study of Argumentation* (pp. 1347 –1356). Amsterdam: Sic Sat.

Nettel, A. N. (2011). The enthymeme between persuasion and argumentation. In F. H. van Eemeren, B. Garssen, D. Godden, & G. Mitchell (Eds.), *Proceedings of the 7th conference on argumentation of the International Society for the Study of Argumentation* (pp. 1359 –1365). Amsterdam: Sic Sat. CD rom.

Nettel, A. N., & Roque, G. (2012). Persuasive argumentation versus manipulation. *Argumentation*, 26 (1), 55 –69.

Nielsen, F. S. (1997). *Alfred Sidgwicks argumentationsteori* [Alfred Sidgwick's argumentation theory]. Copenhagen: Museum Tusculanums forlag.

Nikolić, D., & Tomić, D. (2011). Employing the Toulmin model in rhetorical education. In F. H. van Eemeren, B. Garssen, D. Godden, & G. Mitchell (Eds.), *Proceedings of the 7th conference on argumentation of the International Society for the Study of Argumentation* (pp. 1366 –1380). Amsterdam: Sic Sat.

Noemi, C. (2011). Intertextualidad a partir del establecimiento de status. Alcances sobre larelación entre contenido y superestructura en los discursos de juicios orales [Intertextuality from the establishment of status. Notes about the relationship between content and superstructurein oral trial discourses]. *Signos*, 44 (76), 118 – 131.

Novani, S. (2011a). *Thought experiments in criminal trial.* Available at SSRN: http: //ssrn. com/abstract¼1782748 or http: //dx. doi. org/10. 2139/ssrn. 1782748.

Novani, S. (2011b). *The testimonial argumentation.* Available at SSRN: http: //ssrn. com/abstract¼1785266 or http: //dx. doi. org/10. 2139/ssrn. 1785266.

O'Keefe, D. J. (2006). Pragma-dialectics and persuasion effects research. In P. Houtlosser & M. A. van Rees (Eds.), *Considering pragma-dialectics. A festschrift for Frans H. van Eemeren on the occasion of his 60th birthday* (pp. 235 – 243). Mahwah/London: LawrenceErlbaum.

Öhlschläger, G. (1979). *Linguistische Überlegungen zu einer Theorie der Argumentation* [Linguisti carguments for a theory of argumentation]. Tübingen: Niemeyer.

Okabe, R. (1986 – 1988). *Research conducted by grant of the Japanese Government* [An analysis of the influence of Western rhetorical theory on the early Meiji era speech textbooks in Japan]. http: //kaken. nii. ac. jp/d/r/40065462. ja. html.

Okabe, R. (1989). Cultural assumptions of East and West. Japan and the United States. In J. L. Golden, G. F. Berquist, & W. E. Coleman (Eds.), *The rhetoric of Western thought* (4th ed., pp. 546 – 565). Dubuque: Kendall/Hunt Publishing.

Okabe, R. (1990). The impact of Western rhetoric on the east. The case of Japan. *Rhetorica*, 8 (4), 371 – 388.

Okabe, R. (2002). Japan's attempted enactments of Western debate practice in the 16th and the19th centuries. In R. T. Donahue (Ed.), *Exploring Japaneseness. On Japanese enactments of culture and consciousness* (pp. 277 – 291). Westport/London: Ablex.

Okuda, H. (2007). Prime Minister Mori's controversial "Divine Nation" remarks. A case study of Japanese political communication strategies. In F. H. van Eemeren, B. J. Garssen, J. A. Blair, & C. A. Willard (Eds.), *Proceedings of the 6th conference of the International Society for the Study of Argumentation* (pp. 1003 – 1009). Amsterdam: Sic Sat.

Okuda, H. (2011). Obama's rhetorical strategy in presenting "A world without nuclear weapons. In F. H. van Eemeren, B. J. Garssen, D. Godden, & G. Mitchell (Eds.), *Proceedings of the 7th conference of the International Society for the Study of Argumentation* (pp. 1396 – 1404). Amsterdam: Sic Sat. CD rom.

Olmos, P., & Vega, L. (2011). The use of the script concept in argumentation theory. In F. H. van Eemeren, B. Garssen, D. Godden, & G. Mitchell (Eds.), *Proceedings of the 7th conference on argumentation of the International Society for the Study of Argumentation* (pp. 1405 – 1414). Amsterdam: Sic Sat.

Omari, M. el (1986). *Fī Balāghat al-Khiṭāb al-Iqnā'ī. Madkhal Naarīwa Taṭbīqī Li Dirāsata-Khiṭābah al- 'Arabīyah: al-Khiṭābah fī al-Qarn al-Awwal Namudhajan* [The rhetoric of argumentative discourse. A preface to the theoretical and applied study of Arabic oration. Oration in the first Hijra Century as an example]. Rabat: Dār al-Thaqāfah. (2nd ed., 2002. Casablanca: Ifrīqiya-al-Sharq).

Orlandi, E. (2000). *Analise do discurso. Princípios e procedimentos* [Discourse analysis. Principles and procedures]. Campinas: Pontes.

Orlandi, E., & Lagazzi-Rodrigues, S. (2006). *Discurso e textualidade* [Discourse and textuality]. Campinas: Pontes.

Ortega de Hocevar, S. (2003). Los niños y los cuentos. La renarración como actividad decomprensión y producción discursiva [Children and tales. Renarration as an activity fordiscoursive comprehension and production]. In *Niños, cuentos y palabras. Colección 0 a 5. La educación en los primeros años.* [Children, tales and words. 0 to 5 Series. Education in the first years]. Buenos Aires: Ediciones Novedades Educativas.

Ortega de Hocevar, S. (2008). In M. Castilla (Ed.), *¿Cómo determinar la competencia-argumentativa de alumnos del primer ciclo de la Educación basica?* [How to determine argumentative competence in primary school students?]. Mendoza: Universidad Nacional de-Cuyo.

Oshchepkova, N. (2004). *Strategii i taktiki v argumentativnom diskurse. Pragmalingvisticheskijanaliz ubeditelnosti rassuzhdeniya* [Strategies and tactics in argumentative discourse. A pragmalinguistic analysis of the persuasiveness of reasoning]. Doctoral dissertation, KalugaState University, Kaluga.

Osorio, J. (2006). Estructura conceptual metafórica y práctica argumentativa [Metaphorical conceptual structure and argumentative practice]. *Praxis*, 8 (9), 121 – 136.

Oswald, S. (2007). Towards an interface between pragma-dialectics and relevance theory. *Pragmatics and Cognition*, 15 (1), 179 – 201.

Oswald, S. (2010). *Pragmatics of uncooperative and manipulative communication.* Doctoral dissertation, University of Neuchâtel, Switzerland.

Oswald, S. (2011). From interpretation to consent. Arguments, beliefs and mean-

ing. Discourse Studies, 13 (6), 806 – 814.

Paavola, S. (2006). *On the origin of ideas. An abductivist approach to discovery*. Philosophical Studies from the University of Helsinki, 15. Doctoral dissertation, University of Helsinki, Helsinki.

Padilla, C. (1997). *Lectura y escritura. Adquisición y proyecciones pedagógicas* [Reading andwriting. Acquisition and pedagogical projections]. San Miguel de Tucumán: Universidad Nacional de Tucumán.

Padilla, C., & López, E. (2011). Grados de complejidad argumentativa en escritos de estudiantes universitarios de humanidades [Degrees of argumentative complexity in written texts of humanities college students]. *Revista Praxis*, 13 (20), 61 – 90.

Paiva, C. G. (2004). *Discurso parlamentar. Bases para elaboração ou comoé que se começa*? [Parliamentary discourse. Basis for the elaboration, or how we start it?]. Brasília: Aslegis.

Pajunen, J. (2011). Acceptance. Epistemic concepts, and argumentation theory. In F. H. van Eemeren, B. J. Garssen, D. Godden, & G. Mitchell (Eds.), *Proceedings of the 7th conference of the International Society for the Study of Argumentation* (pp. 1428 – 1437). Amsterdam: SicSat. CD rom.

Palczewski, C. (1989). *Parallels between Japanese and American debate*. A paper presented at the Central States Communication Association Annual Conference in Kansas City, Missouri.

Palczewski, C. H., Fritch, J., & Parrish, N. C. (Eds.), (2012). Forum: Argument scholars respond to Mercier and Sperber's argumentative theory of human reason. *Argumentation and Advocacy*, 48 (3), 174 – 193.

Parodi, G. (2000). La evaluación de la producción de textos escritos argumentativos. Unaalternancia cognitivo/discursiva [The evaluation of written argumentative texts production. A cognitive/discoursive alternation]. *Revista Signos*, 33 (47), 151 – 16.

Paul, R., & Elder, L. (2002). *Critical thinking. Tools for taking charge of your professional and personal life*. Upper Saddle River: Financial Times Press. (保罗和埃尔德著《批判性思维》. 2010).

Pedersen, S. H. (2011). Reasonable non-agreement in discussions. In F. H. van Eemeren, B. J. Garssen, D. Godden, & G. Mitchell (Eds.), *Proceedings of the 7th conference of the International Society for the Study of Argumentation* (pp. 1486 – 1495). Amsterdam: Sic Sat. CD rom.

Peón, M. (2004). *Habilidades argumentativas de alumnos de primaria y su fortalecimiento* [*Argumentative skills and their reinforcement in primary school students*]. *Doctoral dissertation, National Autonomous University of Mexico, Mexico.*

Pera, M. (1991). *Scienza e retorica* [Science and rhetoric]. Bari: Laterza.

Pera, M. (1994). *The discourses of science* (Trans. of Scienza e retorica. Bari: Laterza, 1991). Chicago/London: The University of Chicago Press.

Perdue, D. E. (1992). *Debate in Tibetan Buddhism.* New York: Snow Lion Publications.

Pereda, C. (1992a). *Razón e incertidumbre* [Reason and Uncertainty]. México: Siglo XXI.

Pereda, C. (1992b). *Vértigos argumentales. Una ética de la disputa* [Argumentative Vertigos. Anethics of dispute]. Barcelona: Anthropos.

Perelman, C. (1968). Recherches interdisciplinairs sur l'argumentation [Interdisciplinary research on argumentation]. *Logique et analyse*, 11 (44), 502 – 511.

Perelman, C. (1969). *Le champ de l'argumentation* [The field of argumentation]. Brussels: Presses Universitaires de Bruxelles.

Perelman, C. (1974). Perspectives rhétoriques sur les problemes sémantiques [Rhetorical perspectives on semantic problems]. *Logique et analyse*, 17 (67 – 68), 241 – 252.

Perelman, C. (1977). *L'empire rhétorique. Rhétorique et argumentation* [The realm of rhetoric. Rhetoric and argumentation]. Paris: Librairie Philosophique J. Vrin. (trans. into Portuguese (1992), Spanish (1997)).

Perelman, C. (1979b). *The new rhetoric and the humanities.* Dordrecht: Reidel.

Perelman, C. (1992). *O império retórico. Retórica e argumentação*, 1992. *Porto: Asa.* [trans.: Grácio, R. A. & Trindade, F. of C. Perelman (1977). L'empire rhétorique. Rhétorique etargumentation. Paris: Librairie Philosophique J. Vrin].

Perelman, C. (1997). *El imperio retórico. Retórica y argumentación. Bogota: Norma.* [trans.: Gómez, A. L. of C. Perelman (1977). L'empire rhétorique. Rhétorique et argumentation. Paris: Librairie Philosophique J. Vrin].

Perelman, C., & Olbrechts-Tyteca, L. (1958). *La nouvelle rhétorique. Traitéde l'argumentation* [The new rhetoric. Treatise on argumentation]. Paris: Presses Universitaires de France. (3rd ed. Brussels: Éditions de l'Universitéde Bruxelles). [trans. into Italian (1966), English (1969), Portuguese (1996), Rumanian (2012), Spanish (1989)].

Perelman, C., & Olbrechts-Tyteca, L. (1966). T*rattato dell'argomentazione. La nuova re-*

torica. Turin: Einaudi. [trans. of C. Perelman and L. Olbrechts-Tyteca (1958). *La nouvelle rhétorique. Traitéde l'argumentation. Paris: Presses Universitaires de France.* (3rd ed. Brussels: Éditionsde l'Universitéde Bruxelles)].

Perelman, C., & Olbrechts-Tyteca, L. (1969). *The new rhetoric. A treatise on argumentation. Notre Dame, IN: University of Notre Dame Press.* [trans.: Wilkinson, J. & and Weaver, P. of C. Perelman and L. Olbrechts-Tyteca (1958). *La nouvelle rhétorique. Traitéde l'argumentation. Paris: Presses Universitaires de France.* (3rd ed. Brussels: Éditions de l'Universitéde Bruxelles)].

Perelman, C., & Olbrechts-Tyteca, L. (1989). *Tratado de la argumentación. La nueva retórica.* Madrid: Gredos. [trans.: Sevilla, J. of C. Perelman and L. Olbrechts-Tyteca (1958). *La nouveller hétorique. Traitéde l'argumentation. Paris: Presses Universitaires de France.* (3[rd]ed. Brussels: Éditions de l'Universitéde Bruxelles)].

Perelman, C., & Olbrechts-Tyteca, L. (1996). *Tratado da argumentação. A nova retórica.* São Paulo: Martins Fontes. [trans.: Pereira, M. E. G. G. of C. Perelman and L. Olbrechts-Tyteca (1958). *La nouvelle rhétorique. Traitéde l'argumentation.* Paris: Presses Universitaires de France. (3rd ed. Brussels: Éditions de l'Universitéde Bruxelles)].

Perelman, C., & Olbrechts-Tyteca, L. (2012). *Tratat de argumentare. Noua Retorică.* Iaşi: Editura Universităţii "Alexandru Ioan Cuza". [trans.: Stoica, A. of C. Perelman and L. Olbrechts-Tyteca (1958). *La nouvelle rhétorique. Traitéde l'argumentation.* Paris: Presses Universitaires de France. (3rd ed. Brussels: Éditions de l'Universitéde Bruxelles)].

Pery-Borissov, V., & Yanoshevsky, G. (2011). How authors justify their participation in literary interviews. In F. H. van Eemeren, B. J. Garssen, D. Godden, & G. Mitchell (Eds.), *Proceedings of the 7th conference of the International Society for the Study of Argumentation* (pp. 1504 – 1514). Amsterdam: Rozenberg-Sic Sat. CD rom.

Piazza, F. (2004). *Linguaggio, persuasione e verità. La retorica del Novecento* [Language, persuasion and truth. The rhetoric of the twentieth century]. Rome: Carocci.

Piazza, F. (2008). *La retorica di Aristotele. Introduzione alla lettura.* [The rhetoric of Aristotle. Anintroduction]. Rome: Carocci.

Pietarinen, J. (Ed.), (1992). *Problems of argumentation, I & II.* Turku: Reports from the Department of Practical Philosophy, 5.

Pineda, O. (2004). *Propuesta metodológica para la enseñanza de la redacción de textos-argumentativos. Revisión del programa de taller de lectura y redacción II del Colegio deBachill-*

eres [A methodological proposal for teaching argumentative texts writing skills. Arevision of the program of the workshop on reading and writing II of Colegio de Bachilleres]. Doctoral dissertation, National Autonomous University of Mexico, Mexico.

Pinto, R. (2006). *Argumentação em géneros persuasivos-um estudo contrastivo* [Argumentation in persuasive genres-a contrastive study]. Lisbon: Universidade Nova de Lisboa. Doctoral dissertation, New University of Lisbon.

Pinto, R. (2010). *Como argumentar e persuadir? Prática política, jurídica, jornalistica* [How toargue and persuade? Political, legal and journalistic practice]. Lisbon: Quid Juris.

Pinto, R. C. (2011). The account of warrants in Bermejo-Luque's Giving reasons. *Theoria*, 72, 311 - 320.

Plantin, C. (2005). *L'argumentation. Histoire, théories, perspectives* [Argumentation. History, theories, perspectives]. Paris: Presses Universitaires de France. (trans. into Portuguese (2008)).

Plantin, C. (2008). *A argumentação. História, teorias, perspectivas L'argumentation.* São Paulo: Parábola. [trans.: by Marcionilo, M. of C. Plantin (2005). L'argumentation. Histoire, théories, perspectives. Paris: Presses Universitaires de France].

Poblete, C. (2003). *Relación entre competencia textual argumentativa y metacognición* [The relationship between textual argumentative competence and metacognition]. Doctoral dissertation, Pontificia Universidad Católica de Valparaíso.

Polya, G. (1968). *Mathematics and plausible reasoning*, 2. *Patterns of plausible inference.* Princeton: Princeton University Press.

Posada, P. (2010). *Argumentación, teoría y práctica. Manual introductorio a las teorías de laargumentación* [Argumentation, theory and practice. Introductory handbook of argumentationtheories]. (2nd ed.). Cali: Programa Editorial Univalle.

Povarnin, S. I. (1923). *Iskusstvo spora. O teorii i praktike spora* [The art of argument. On the theory and practice of arguing]. Petrograd: Nachatki znanii.

Prakken, H. (2013). *Argumentación jurídica, derrotabilidad e Inteligencia artificial* [Legal argumentation, defeasibility and artificial intelligence]. Santiago: Universidad Diego Portales.

Prian, J. (2007). *Didáctica de la argumentación. Su enseñanza en la Escuela Nacional-Preparatoria* [Argumentation didactics. Its teaching in the Escuela NacionalPreparatoria]. Doctoral dissertation, National Autonomous University of Mexico, Mexico.

Puchkova, A. (2011). *Rechevoj zhanr "kantseliarskaya otpiska". Lingvo-argumentativnyj analiz* [The speech genre "bureaucratic runaround". A linguo-argumentative analysis]. Doctoral dissertation, Kaluga State University, Kaluga.

Puckova, Y. V. (2006). *Argumentativno-lingvisticheskij analiz diskursa oproverzhenij* [An-argumentative-linguistic analysis of refutation discourse]. Doctoral dissertation, Kaluga StateUniversity, Kaluga.

Puig, L. (2012). Doxa and persuasion in lexis. *Argumentation*, 26 (1), 127 – 142.

Quintrileo, C. (2007). Análisis como reconstrucción en la discusión parlamentaria. Unaaproximación desde el enfoque de la pragma-dialéctica [Analysis as reconstruction inparliamentarian discussion. An approach from the pragma-dialectical perspective]. In C. Santibáñez & B. Riffo (Eds.), *Estudios en argumentación y retórica. Teorías contemporaneas y aplicaciones* [Studies in argumentation and rhetoric. Contemporary theories and applications] (pp. 253 – 272). Concepción: Editorial Universidad de Concepción.

Raccah, P-Y. (2006). Polyphonie et argumentation. Des discours à la langue (et retour) [Polyphony and argumentation. From discourse to language (and back)]. In Z. Simonffy (Ed.), *L'un et lemultiple* [The one and the multiple] (pp. 120 – 152). Budapest: Tinta Könyvkiadó.

Raccah, P. – Y. (2011). Racines lexicales de l'argumentation [The lexical roots of argumentation]. *Verbum*, 32 (1), 119 – 141.

Radeva, V. (2000). *Реторика* [Rhetoric]. Sofia: Sofia University Press.

Radeva, V. (2006). *Реторика и аргументация* [Rhetoric and argumentation]. Sofia: Sofia University Press.

Radi, R. al (2010). *Al-ijāj wa Almughālatah. Min al-iwār Fī Al 'Akl ilā Al 'Akl fī al-iwār* [Fromdialogue to reason to reason in dialogue]. Beirut: Dar al-Kitāb al-jadīd.

Reboul, O. (1988). Can there be non-rhetorical argumentation? *Philosophy & Rhetoric*, 21, 220 – 223.

Reboul, O. (1990). Rhétorique et dialectique chez Aristote [Aristotle's views on rhetoric and dialectic]. *Argumentation*, 4, 35 – 52.

Reboul, O. (1991). *Introduction à la rhétorique. Théorie et pratique* [Introduction to rhetoric. Theory and practice]. Paris: Presses Universitaires de France.

Reed, C., & Rowe, G. (2004). Araucaria. Software for argument analysis, diagramming and representation. *International Journal of AI Tools*, 13 (4), 961 – 980.

Regner, A. C. (2007). The polemical interaction between Darwin and Mivart. A lesson on refutingo bjections. In F. H. van Eemeren, J. A. Blair, C. A. Willard, & B. Garssen (Eds.), *Proceedings of the sixth conference of the International Society for the Study of Argumentation* (pp. 1119 – 1126). Amsterdam: Sic Sat.

Regner, A. C. (2008). The polemical interaction between Darwin and Mivart. A lesson on refutingo bjection. In F. H. van Eemeren & B. Garssen (Eds.), *Controversy and confrontation. Relating controversy analysis with argumentation theory* (pp. 51 – 75). Amsterdam-Philadelphia: JohnBenjamins.

Regner, A. C. (2009). Charles Darwin versus George impart. The role of polemic in science. In F. H. van Eemeren & G. Bart (Eds.), *Controversy and confrontation. Relating controversyanalysis with argumentation theory* (pp. 51 – 75). Amsterdam: John Benjamins.

Regner, A. C. (2011). Three kinds of polemical interaction. In F. H. van Eemeren, B. Garssen, D. Godden, & G. Mitchell (Eds.), *Proceedings of the seventh conference of the International Society for the Study of Argumentation (ISSA)* (pp. 1646 – 1657). Amsterdam: Sic Sat.

Rehbein, J. (1995). Zusammengesetzte Verweiswö rter in argumentativer Rede [Composite anaphorain argumentative speech]. In H. Wohlrapp (Ed.), *Wege der Argumentationsforschung* [Roads of argumentation research] (pp. 166 – 197). Stuttgart/Bad Cannstatt: Frommann-Holzboog.

Reidhav, D. (2007). *Reasoning by analogy. A study on analogy-based arguments in law.* Lund: Lund University.

Reisigl, M., & Wodak, R. (2001). *Discourse and discrimination. Rhetorics of racism and antisemitism.* London: Routledge.

Reisigl, M., & Wodak, R. (2009). The discourse-historical approach. In R. Wodak & M. Meyer (Eds.), *Methods of critical discourse analysis* (2nd ed., pp. 87 – 121). London: Sage. (1st ed. 2001).

Renko, T. (1995). Argument as a scientific notion. Problems of interpretation and identification. In F. H. van Eemeren, R. Grootendorst, J. A. Blair, & C. A. Willard (Eds.), *Reconstruction and application. Proceedings of the third ISSA conference on argumentation (University of Amsterdam*, June 21 – 24, 1994), III (pp. 177 – 182). Amsterdam: Sic Sat.

Reygadas, P. (2005). *El arte de argumentar* [The art of arguing]. Mexico: Universidad Autónomade la Ciudad de México.

Reygadas, P., & Guzman, J. (2007). Visual schematization. Advertising and gender in Mexico. In F. H. van Eemeren, J. A. Blair, C. A. Willard, & B. Garssen (Eds.), *Pro-*

ceedings of the sixth conference of the International Society for the Study of Argumentation (pp. 1135 – 1139). Amsterdam: Sic Sat.

Ribak, R. (1995). Divisive and consensual constructions in the political discourse of Jews and Palestinians in Israel. Dilemmas and constructions. In F. H. van Eemeren, R. Grootendorst, J. A. Blair, & C. A. Willard (Eds.), *Special fields. Proceedings of the third ISSA conference onargumentation* (*University of Amsterdam*, June 21 – 24, 1994), IV (pp. 205 – 215). Amsterdam: Sic Sat.

Ribeiro, H. J. (2013). Aristotle and contemporary argumentation theory. *Argumentation*, 27 (1), 1 – 6.

Ribeiro, H. J. (Ed.). (2009). *Rhetoric and argumentation in the beginning of the XXIst century.* Coimbra: Coimbra University Press.

Ribeiro, H. J. (Ed.). (2012). *Inside arguments. Logic and the study of argumentation.* Newcastle upon Tyne: Cambridge Scholars Publishing.

Ribeiro, H. J., & Vicente, J. N. (2010). *O lugar da lógica e da argumentation no ensino filosofia* [The place of logic and argumentation in the teaching of philosophy]. Coimbra: Unidade de I&D LIF.

Ritola, J. (1999). Wilson on circular arguments. In F. H. van Eemeren, R. Grootendorst, J. A. Blair, & C. A. Willard (Eds.), *Proceedings of the fourth international conference of the International Society for the Study of Argumentation* (pp. 705 – 708). Amsterdam: Sic Sat.

Ritola, J. (2003). On reasonable question-begging arguments. In F. H. van Eemeren, J. A. Blair, C. A. Willard, & A. F. Snoeck Henkemans (Eds.), *Proceedings of the fifth conference of the International Society for the Study of Argumentation* (pp. 913 – 917). Amsterdam: Sic Sat.

Ritola, J. (2004). *Begging the question. A study of a fallacy.* Turku: Paino-Salama. Reports from the Department of Philosophy, 13. Doctoral dissertation, University of Turku.

Ritola, J. (2007). Irresolvable conflicts and begging the question. In J. A. Blair, H. Hansen, R. Johnson, & C. Tindale (Eds.), *OSSA proceedings* 2007. Windsor, ON: University of Windsor. CD rom.

Ritola, J. (2009). Two accounts of begging the question. In J. Ritola (Ed.), *Argument cultures. Proceedings of the* 8*th OSSA conference at the University of Windsor in* 2009. Windsor, ON: University of Windsor. CD rom.

Ritola, J. (Ed.), (2012). *Tutkimuksia argumentaatiosta* [Studies on argumentation]. Turku: Paino-Salama. Reports from the Department of Philosophy, 24.

Rivano, E. (1999). *De la argumentación* [On argumentation]. Santiago: Bravo y Allende Editores.

Rivano, J. (1984). *El modelo de Toulmin* [The Toulmin model]. Manuscript.

Rodrigues, S. G. C. (2010). *Questões de dialogismo. O discurso científico, o eu e os outros* [Questions of dialogue. The scientific discourse, the I and the others]. Recife: Editora Universitária da UFPE.

Roesler, C. (2004). *Theodor Viehweg e a ciência do direito* [Theodor Viehweg and legal science]. Florianópolis: Momento Atual.

Roesler, C., & Senra, L. (2012). Lei de anistia e justiça de transição. A releitura da ADPF 153 sob oviés argumentativo e principiológico [Amnesty law and transitional justice. Re-reading the ADPF 153 from an argumentative and principiological point of view]. *Seqüência*, 64, 131 –160.

Roesler, C., & Tavares da Silva, P. (2012). Argumentação jurídica e direito antitruste. Analise decasos [Legal argumentation and antitrust law. Analysis of cases]. *Revista Jurídica da Presidência da Republica*, 14 (102), 13 –43.

Rogers, K. (2009). *Tibetan logic*. New York: Snow Lion Publications.

Rolf, B., & Magnusson, C. (2003). Developing the art of argumentation. A software approach. In F. H. van Eemeren, J. A. Blair, C. A. Willard, & A. F. Snoeck Henkemans (Eds.), *Proceedings of the fifth conference of the International Society for the Study of Argumentation* (pp. 919 –925). Amsterdam: Sic Sat.

Roque, G. (2008). Political rhetoric in visual images. In E. Weigand (Ed.), *Dialogue and rhetoric* (pp. 185 – 193). Amsterdam-Philadelphia: John Benjamins.

Roque, G. (2010). What is visual in visual argumentation? In J. Ritola (Ed.), *Argument cultures. Proceedings of the 8th OSSA conference at the University of Windsor in* 2009. Windsor, ON: University of Windsor. CD rom.

Roque, G. (2011a). Rhétorique visuelle et argumentation visuelle [Visual rhetoric and visualargumentation]. *Semen*, 32, 91 –106.

Roque, G. (2011b). Visual argumentation. A reappraisal. In F. H. van Eemeren, B. Garssen, D. Godden, & G. Mitchell (Eds.), *Proceedings of the 7th conference on argumentation of the International Society for the Study of Argumentation* (pp. 1720 – 1734). Amsterdam: Sic Sat. CD rom.

Roulet, E. (1989). De la structure de la conversation à la structure d'autres types de discours [From the structure of conversation to the structure of other types of discourse]. In C. Rubattel (Ed.), *Modèles du discours. Recherches actuelles en Suisse romande* (pp. 35 – 60). Bern: Peter Lang.

Roulet, E. (1999). *La description de l'organisation du discours* [The description of the organization of discourse]. Paris: Didier.

Roulet, E., Auchlin, A., Moeschler, J., Rubattel, C., & Schelling, M. (1985). *L'articulation dudiscours en français contemporain* [The organization of discourse in contemporary French]. Bern: Peter Lang.

Roulet, E., Filliettaz, L., Grobet, A., & Burger M. (2001). *Un modèle et un instrument d'analyse dudiscours* [A model and an instrument for the analysis of discourse]. Bern: Peter Lang.

Rozhdestvensky, Y. (2000). *Prinzipy sovremennoy ritoriki* [The principles of modern rhetoric]. Moscow: Flinta, Nauka.

Ruan, S. (1991 – 1992a). *Lectures on informal logic.* (1) *The rise of informal logic.* Logic and Language Learning, 10 (4), 9 – 11. (阮松，第一讲非形式逻辑的兴起，逻辑与语言学习，1991 年第 4 期)

Ruan, S. (1991 – 1992b). *Lectures on informal logic.* (2) *The evaluation of argument.* Logic and Language Learning, 10 (5), 7 – 10. (阮松，第二讲论证的评估——比尔兹利图，逻辑与语言学习，1991 年第 5 期)

Ruan, S. (1991 – 1992c). *Lectures on informal logic.* (3) *Presupposition. Cooperative principle and implicit premises.* Logic and Language Learning, 10 (6), 9 – 10. (阮松，第三讲预设：合作原则与隐含前提，逻辑与语言学习，1991 年第 6 期)

Ruan, S. (1991 – 1992d). *Lectures on informal logic.* (4) *Informal fallacies.* Logic and Language Learning, 11 (3), 8 – 11. (阮松，第四讲非形式谬误，逻辑与语言学习，1992 年第 4 期)

Ruan, S. (1991 – 1992e). *Lectures on informal logic.* (5) *Constructing argument.* Logic and Language Learning, 11 (5), 7 – 9. (阮松，第四讲论证的结构，逻辑与语言学习，1992 年第 5 期)

Rubinelli, S. (2009). *Ars topica. The classical technique of constructing arguments from Aristotleto Cicero.* Dordrecht: Springer.

Rubinelli, S., Nakamoto, K., & Schulz, P. J. (2008). The rabbit in the hat. Dubious argumentation and the persuasive effects of direct-to-consumer advertising of prescription medicines. *Communication and Medicine*, 5 (1), 49 –58.

Rubinelli, S. , & Zanini, C. (2012). Using argumentation theory to identify the challenges of shared decision-making when the doctor and the patient have a difference of opinion. *Journal of Public Health Research*, 2 (1), e26.

Ruchkina, Y. (2009). *Linvo-argumentativnyye osobennosti strategij vezhlivosti v rechevomkonflikte* [Linguo-argumentative peculiarities of politeness in speech conflict]. Doctoral dissertation, Kaluga State University, Kaluga.

Rudanko, J. (2009). Reinstating and defining ad socordiam as an informal fallacy. A case study from a political debate in the early American republic. In J. Ritola (Ed.), *Argument cultures. Proceedings of the 8th OSSA conference at the University of Windsor in* 2009. Windsor, ON: University of Windsor. CD rom.

Saim, M. (2008). Reforming the Jews, rejecting marginalization. The 1799 German debate on Jewish emancipation in its controversy context. In F. H. van Eemeren & B. Garssen (Eds.), *Controversy and confrontation. Relating controversy analysis with argumentation theory* (pp. 93 – 108). Amsterdam-Philadelphia: John Benjamins.

Sajama, S. (2012). *Mikä on oikeudellisen argumentaation ja tulkinnan ero*? [What is the difference between judicial argumentation and interpretation?]. In R. Ritola (Ed.), Tutkimuksia argumentaatiosta [Studies on argumentation] (pp. 83 – 97). Turku: Paino-Salama. Reports fromthe Department of Philosophy, 24.

Sălăvăstru, C. (2003). *Teoria şi practica argumentării* [Theory and practice of argumentation]. Iaşi: Polirom.

Salminen, T. , Marttunen, M. , & Laurinen, L. (2003). Grounding and counter-argumentation during face-to-face and synchronous network debates in secondary school. In F. H. van Eemeren, J. A. Blair, C. A. Willard, & A. F. Snoeck Henkemans (Eds.), *Proceedings of the fifth conference of the International Society for the Study of Argumentation* (pp. 933 –936). Amsterdam: Sic Sat.

Salminen, T. , Marttunen, M. , & Laurinen, L. (2010). Visualising knowledge from chat debates in argument diagrams. *Journal of Computer Assisted Learning*, 26 (5), 379 –391.

Salminen, T. , Marttunen, M. , & Laurinen, L. (2012). Argumentation in secondary school students' structured and unstructured chat discussions. *Journal of Educational Computing Research*, 47 (2), 175 –208.

Saltykova, Y. A. (2011). *Funktsionirovaniye inoskazatelnyh frazeologicheskih yedinits vargumentativnom diskurse* [Functioning of allegorical phrasal units in argumentative discourse]. Doctoral dissertation, Kaluga State University, Kaluga.

Sammoud, H. (Ed.), (1999). *Ahamm Nathariyyā t al-ijāj fī Attaqālīd al-Gharbiyya min Aristu ilāal-Yawm* [The main theories of argumentation in the Western tradition from Aristotle untiltoday]. Tunis: Manouba University.

Sanders, J. A., Gass, R. H., & Wiseman, R. L. (1991). The influence of type of warrant andreceivers' ethnicity on perceptions of warrant strength. In F. H. van Eemeren, R. Grootendorst, J. A. Blair, & C. A. Willard (Eds.), *Proceedings of the second international conference on argumentation (organized by the International Society for the Study of Argumentation at the University of Amsterdam*, June 1990), 1*B* (pp. 709 – 718). Amsterdam: Sic Sat.

Sandig, B., & Püschel, U. (Eds.), (1992). *Stilistik, III. Argumentationsstile. Germanistische Linguistik* [Stylistics, III. Styles of argumentation. German linguistics]. Hildesheim: Olms.

Sandvik, M. (1995). Methodological implications of the integration of pragma-dialectics andconversation analysis in the study of interactive argumentation. In F. H. van Eemeren, R. Grootendorst, J. A. Blair, & C. A. Willard (Eds.), *Reconstruction and application. Proceedings of the third international conference on argumentation*, *III* (pp. 455 – 467). Amsterdam: Sic Sat.

Sandvik, M. (1999). Criteria for winning and losing a political debate. In F. H. van Eemeren, R. Grootendorst, J. A. Blair, & C. A. Willard (Eds.), *Proceedings of the fourth international conference of the International Society for the Study of Argumentation* (pp. 715 – 719). Amsterdam: Sic Sat.

Sandvik, M. (2007). The rhetoric of emotions in political argumentation. In F. H. van Eemeren, J. A. Blair, C. A. Willard, & B. Garssen (Eds.), *Proceedings of the sixth conference of the International Society for the Study of Argumentation* (pp. 1223 – 1226). Amsterdam: Sic Sat.

Santibáñez, C. (2010a). Retó rica, dialéctica o pragmática? A 50 años de Los usos de laargumentación de Stephen Toulmin [Rhetoric, dialectics or pragmatics? 50 years of Theuses of argument of Stephen Toulmin]. *Revista Círculo de Lingüística Aplicada a la Comunicación*, 42, 91 – 125.

Santibáñez, C. (2010b). La presunción como acto de habla en la argumentación [Presumption asspeech act in argumentation]. *Revista de Lingüística Teórica y Aplicada RLA*, 48 (1), 133 – 152.

Santibáñez, C. (2010c). Metaphors and argumentation. The case of Chilean parliamentarian media participation. *Journal of Pragmatics*, 42 (4), 973 –989.

Santibáñez, C. (2012a). Mercier and Sperber's argumentative theory of reasoning. From the psychology of reasoning to argumentation studies. *Informal Logic*, 32 (1), 132 –159.

Santibáñez, C. (2012b). Relevancia, cooperación e intención [Relevance, cooperation and intention]. Onomazein. *Revista de Lingüística y Filología*, 25, 181 –204.

Santibáñez, C. (2012c). Teoría de la argumentación como epistemología aplicada [Argumentation theory as applied epistemology]. *Cinta de Moebio*, 43, 24 –39.

Santos, C. M. M., Mafaldo, M. P., & Marreiros, A. C. (2003). Dealing with alternative views: The case of the Big Bad Wolf and the three little pigs. In F. H. van Eemeren, J. A. Blair, C. A. Willard, & A. F. Snoeck Henkemans (Eds.), *Proceedings of the fifth conference of the International Society for the Study of Argumentation* (pp. 937 –941). Amsterdam: Sic Sat.

de Saussure, L. (2010). L'étrange cas de puis en usages discursifs et argumentatifs [The strange case of "puis" [next, moreover] in discursive and argumentative uses]. In C. Vetters & E. Moline (Eds.), *Temps, aspect et modalité en français* (pp. 261 –275). Amsterdam: Rodopi.

de Saussure, L., & Oswald, S. (2009). Argumentation et engagement du locuteur. Pour un point devue subjectiviste [Argumentation and speaker's commitment. Towards a subjectivist point ofview]. *Nouveaux Cahiers de Linguistique Française*, 29, 215 –243.

Schank, G., & Schwittala, J. (1987). *Konflikte in Gesprüachen* [Conflicts in conversation]. Tübingen: Narr.

Schanze, H. (Ed.), (1974). *Rhetorik. Beitrüage zu ihrer Geschichte in Deutschland vom* 16. –20. *Jahrhundert* [Rhetoric. Contribution to its history in Germany from the 16th to the 20th century]. Frankfurt am Main: Athenäum Fischer.

Schellens, P. J. (1985). *Redelijke argumenten. Een onderzoek naar normen voor kritische lezers* [Reasonable arguments. Developing norms for critical readers]. Dordrecht: Foris.

Schellens, P. J. (1991). De argumenten ad verecundiam en ad hominem. Aanvaardbaredrogredenen? [The ad verecundiam and the ad hominem argument. Acceptable fallacies?]. *Tijdschrift voor Taalbeheersing*, 13, 134 –144.

Schellens, P. J., & de Jong, M. (2004). Argumentation schemes in persuasive brochures. *Argumentation*, 18, 295 –323.

Schellens, P. J., & Verhoeven, G. (1988). *Argument en tegenargument. Een inleiding in de analyseen beoordeling van betogende teksten* [Argument and counterargument. An introduction to the analysis and evaluation of argumentative texts]. Leiden: Martinus Nijhoff.

Schreier, M. N., Groeben, N., & Christmann, U. (1995). That's not fair! Argumentative integrity asan ethics of argumentative communication. *Argumentation*, 9 (2), 267 –289.

Schulz, P. J., & Rubinelli, S. (2008). Arguing "for" the patient. Informed consent and strategic maneuvering in doctor-patient interaction. *Argumentation*, 22 (3), 423 –432.

Schwarz, B. B., Neuman, Y., & Biezuner, S. (2000). Two wrongs may make a right...If they argue together! *Cognition and Instruction*, 18 (4), 461 –494.

Schwarz, B. B., Neuman, Y., Gil, J., & Ilya, M. (2003). Construction of collective and individual knowledge in argumentative activity. *Journal of the Learning Sciences*, 12 (2), 219 –256.

Schwed, M. (2003). "I see your point" – On visual arguments. In F. H. van Eemeren, R. Grootendorst, J. A. Blair, C. A. Willard, & A. F. Snoeck Henkemans (Eds.), *Proceedings of the fifth conference of the International Society for the Study of Argumentation* (pp. 949 –951). Amsterdam: Sic Sat.

Schwed, M. (2005). On the philosophical preconditions for visual arguments. In D. Hitchcock (Ed.), The uses of argument. *Proceedings of a conference at McMaster University* (pp. 403 –412). Hamilton, ON: Ontario Society for the Study of Argumentation.

Schwitalla, J. (1987). Common argumentation and group identity. In F. H. van Eemeren, R. Grootendorst, J. A. Blair, & C. A. Willard (Eds.), *Argumentation. Perspectives and approaches. Proceedings of the conference on argumentation* 1986 (pp. 119 – 126). Dordrecht/Providence: Foris.

Scripnic, G. (2011). Strategic manoeuvring with direct evidential strategies. In F. H. van Eemeren, B. Garssen, D. Godden, & G. Mitchell (Eds.), *Proceedings of the 7th conference of the International Society for the Study of Argumentation* (pp. 1789 – 1798). Amsterdam: Rozenberg-Sic Sat.

Scripnic, G. (2012a). *Communication, argumentation et médiativité. Aspects de l'évidentialité enfrançais et en roumain* [Communication, argumentation, and evidentiality. Aspects ofevidentiality in French and Romanian]. Cluj-Napoca: Casa Cărţii de Ştiinţă.

Scripnic, G. (2012b). Médiativité, mirativitéet ajustement stratégique [Evidentiality, mirativity, and strategic maneuvering]. In G. Hassler (Ed.), *Locutions et phrases. Aspects de la prédication* [Phrases and sentences. Aspects of predication] (pp. 108 – 116). Münster: Nodus Publikationen.

Seara, I. R. (2010a). L'épistolaire de condoléances. Une rhétorique de la consolation

[The epistolary art of condolences. A rhetoric of comfort]. In L. – S. Florea, C. Papahagi, L. Pop, & A. Curea (Eds.), *Directions actuelles en linguistique du texte. Actes du colloque international "Le texte: modè les, méthodes, perspectives", II* ([Current trends in text linguistics. Proceedings of the international colloquium "The text: models, methods, perspectives, II"] pp. 213 – 222). Cluj-Napoca: Casa Cărţii de Ştiinţă.

Seara, I. R. (2010b). Le blog. Frontières d'un nouveau genre [The blog. Borders of a new genre]. In *Actes du XXVe Congrès international de linguistique et philologie romanes (Innsbruck, 3 – 8 septembre* 2007) [Proceedings of the XXVth international conference on romancelinguistics and philology (Innsbruck, September 3 – 8, 2007)] (pp. 243 – 252). Tübingen: Niemeyer.

Seara, I. R., & Pinto, R. (2011). Communication and argumentation in the public sphere. *Discursul specializat-teorie şi practică*, 5 (1), 56 – 66.

Segre, C. (1985). *Avviamento all'analisi del testo letterario* [Introduction to the analysis of literarytexts]. Torino: Einaudi.

Selinger, M. (2005). Dwa pojęcia prawdy wświetle logiki i erystyki [Two notions of truth in logic and eristics]. In B. Sierocka (Ed.), *Aspekty kompetencji komunikacyjnej* [The aspects of communicative competence]. Wrocław: Atut.

Selinger, M. (2010). Ogólna forma argumentu [General form of argument]. In W. Suchoń, I. – Trzcieniecka-Schneider & D. Kowalski (Eds.), *Argumentacja i racjonalna zmiana przekonań* [Argumentation and the rational change of beliefs] (pp. 101 – 117). Dia-Logikon, XV. Kraków: Jagiellonian University Press.

Selinger, M. (2012). Formalna ocena argumentacji [Formal evaluation of arguments]. *Przegląd Filozoficzny-Nowa Seria*, 1 (81), 89 – 109.

Sentenberg, I. V. & Karasic, V. I. (1993). Psevdoargumentatsia. Nekotorye vidy rechevykhmanipulyatsii [Pseudo-argumentation. Some types of speech manipulations]. *Journal of Speech Communication and Argumentation*, 1 (pp. 30 – 39). St. Petersburg: Ecopolis and-Culture.

Seppänen, M. (2007). The quality of argumentation in masters theses. In F. H. van Eemeren, J. A. Blair, C. A. Willard, & B. Garssen (Eds.), *Proceedings of the sixth conference of the International Society for the Study of Argumentation* (pp. 1257 – 1264). Amsterdam: Sic Sat.

Serra, J. P. (2009). Persuasão e propaganda. Os limites da retórica na sociedade mediatizada [Persuasion and propaganda. The limits of rhetoric in the mediatised society]. *Comunicaçãoe sociedade*, 16, 85 – 100.

Shi, X. (1995). Beyond argument and explanation. Analyzing practical orientations of reasoned discourse. In F. H. van Eemeren, R. Grootendorst, J. A. Blair, & C. A. Willard (Eds.), *Perspectives and approaches. Proceedings of the third ISSA conference on argumentation (University of Amsterdam, June 21 – 24, 1994)*, I (pp. 16 – 29). Amsterdam: Sic Sat.

Shi, X., & Kienpointner, M. (2001). The reproduction of culture through argumentative discourse. Studying the contested nature of Hong Kong in the international media. *Pragmatics*, 11 (3), 285 – 307.

Sigrell, A. (1995). The persuasive effect of implicit arguments in discourse. In F. H. van Eemeren, R. Grootendorst, J. A. Blair, & C. A. Willard (Eds.), *Analysis and Evaluation. Proceedings of the third ISSA conference on argumentation (University of Amsterdam*, June 21 – 24, 1994), II (pp. 151 – 157). Amsterdam: Sic Sat.

Sigrell, A. (1999). *Att övertyga mellan raderna. En retorisk studie omunderförstå ddheter I modern politisk argumentation* [To convince between the lines. A rhetorical study of theimplicit in modern political argumentation]. Åstiro: Rhetor förlag. Doctoral dissertation, University of Umeå. (2nd ed. 2001).

Sigrell, A. (2003). Progymnasmata, pragmadialectics and pedagogy. In F. H. van Eemeren, J. A. Blair, C. A. Willard, & A. F. Snoeck Henkemans (Eds.), *Proceedings of the fifth conference of the International Society for the Study of Argumentation* (pp. 965 – 968). Amsterdam: Sic Sat.

Sigrell, A. (2007). The normativity of the progymnasmata exercises. In F. H. van Eemeren, J. A. Blair, C. A. Willard, & B. Garssen (Eds.), *Proceedings of the sixth conference of the International Society for the Study of Argumentation* (pp. 1285 – 1289). Amsterdam: Sic Sat.

Siitonen, A., & Halonen, I. (1997). *Ajattelu ja argumentointi* [Thinking and argumentation]. Porvoo Helsinki Juva: WSOY.

Silva, J. V. (2004). *Comunicação, lógica e retórica forenses* [Communication, logic and forensicrhetoric]. Porto: Unicepe.

da Silva, V. A. (2007). Legal argumentation, constitutional interpretation, and presumption of constitutionality. In F. H. van Eemeren, J. A. Blair, C. A. Willard, & B. Garssen (Eds.), *Proceedings of the sixth conference of the International Society for the Study of Argumentation* (pp. 1291 – 1294). Amsterdam: Sic Sat.

da Silva, V. A. (2009). O STF e o controle de constitucionalidade. Deliberação, diálogo e razãopública [The Supreme Federal Court and judicial review. Deliberation, dialogue and publicreason]. *Revista de Direito Administrativo*, 250, 197 – 227.

da Silva, V. A. (2011). Comparing the incommensurable. Constitutional principles, balancing andrational decision. *Oxford Journal of Legal Studies*, 31, 273 – 301.

Simonffy, Z. (2010). Vue. *De la sémantique à la pragmatique et retour. Pour une approche argumentative des rapports entre langue et culture. From semantics to pragmatics and back.* [Towards an argumentative approach of the relationships between language and culture]. Saarbrücken: Éditions universitaires européennes.

Simpson, P. (1993). *Langage, ideology and point of view.* London: Routledge.

Sivilov, L. (1981). Споровете за предмета на диалектическата логика [The disputes onthe subject of dialectical logic]. *Filosofska misal*, 1, 30 – 43.

Sivilov, L. (1993). Новата реторика (Програма за обучението по реторика) [The newrhetoric (training program in rhetoric)]. *Philosophy*, 3, 55 – 58.

Škarić, I. (2011). *Argumentacija* [Argumentation]. Zagreb: Nakladni zavod Globus.

Skouen, T. (2009). *Passion and persuasion. John Dryden's The hind and the panther* (1687). Saarbrücken: VDM Verlag Dr. Müller.

Skulska, J. (2013). *Schematy argumentacji Douglasa Waltona wświetle toposów w retoryce Arystotelesa* [Walton's argumentation schemes and topoi in Aristotelian rhetoric]. Doctoraldissertation, Cardinal Stefan Wyszyński University, Warsaw.

Smirnova, A. V. (2007). Why do journalists quote other people, or on the functions of reported speech in argumentative newspaper discourse. In F. H. van Eemeren, J. A. Blair, C. A. Willard, & B. Garssen (Eds.), *Proceedings of the sixth conference of the International Society for the Study of Argumentation* (pp. 1305 – 1307). Amsterdam: Sic Sat.

Sorm, E., Timmers, R., & Schellens, P. J. (2007). Determining laymen criteria. Evaluating methods. In F. H. van Eemeren, J. A. Blair, C. A. Willard, & B. Garssen (Eds.), *Proceedings of the sixth conference of the International Society for the Study of Argumentation* (pp. 1321 – 1328). Amsterdam: Sic Sat.

Souza, W. E. de, & Machado, I. L. (Eds.), (2008). *Análise do discurso. Ethos, emoções, ethose argumentação* [Discourse analysis. Ethos, emotions and argumentation]. Belo Horizonte: UFMG.

Spassov, D. (1980). *Символналогика* [Symbolic logic]. Sofia: Nauka i Izkustvo.

Sperber, D. (2000). Metarepresentations in an evolutionary perspective. In D. Sperber (Ed.), *Metarepresentations. A multidisciplinary perspective* (pp. 117 – 137). Oxford: Oxford

UniversityPress.

Sperber, D. (2001). An evolutionary perspective on testimony and argumentation. *Philosophical Topics*, 29, 401-413.

Spranzi, M. (2004a). *Le "Dialogue sur les deux grands systèmes du monde" de Galilée. Dialectique, rhétorique et démonstration* [The "Dialogue concerning the two Chief worldsystems" of Galileo. Dialectics, rhetoric, and demonstration]. Paris: PUF.

Spranzi, M. (2004b). Galileo and the mountains of the moon. Analogical reasoning, models and metaphors in scientific discovery. *Journal of Cognition and Culture*, 4, 451-484.

Spranzi, M. (2011). *The art of dialectic between dialogue and rhetoric. The Aristotelian tradition.* Amsterdam: John Benjamins.

Stati, S. (2002). *Principi di analisi argomentativa. Retorica, logica, linguistica* [Principles of argumentation analysis. Rhetoric, logic, linguistics]. Bologna: Pàtron.

Stcherbatsky, F. T. (2011a). *Buddhist logic, I. Whitefish: Kessinger Publishing.* (originaled. published in 1930).

Stcherbatsky, F. T. (2011b). *Buddist logic, II. Whitefish: Kessinger Publishing.* (originaled. published in 1930).

Stefanov, V. (2001).Доказателство и аргументация [Evidence and argumentation]. *Philosophy*, 2, 22-29.

Stefanov, V. (2003). *Логика* [Logic]. Sofia: Sofia University Press.

Stefanova, N. (2012). *Реторическа аргументация в италианския политически дебатом края на XX век* [Rhetorical argumentation in the Italian political debate since the end of the twentieth century. The transition from first to second Italian republic. Doctoral dissertation, University of Sofia, Faculty of Philosophy, Department of Rhetoric, Sofia.

Strecker, B. (1976). *Beweisen. Eine praktisch-semantische Untersuchung* [Prove. A practical semantic examination]. Tübingen: Niemeyer.

Suchoń, W. (2005). *Prolegomena do retoryki logicznej* [Prolegomena to logical rhetoric]. Kraków: Jagiellonian University Press.

Sukhareva, O. (2010). *Zapadnaya ritoricheskaya traditsiya i problema ubeditelnosti monologa* [Western rhetorical tradition and the problem of monologue persuasiveness]. Doctoral dissertation, Kaluga State University, Kaluga.

Suzuki, M., Hasumi, J., Yano, Y., & Sakai, K. (2011). Adaptation to adjudication styles in debatesand debate education. In F. H. van Eemeren, B. J. Garssen, D. Godden, &

G. Mitchell (Eds.), *Proceedings of the 7th conference of the International Society for the Study of Argumentation* (pp. 1841 – 1848). Amsterdam: Sic Sat. CD rom.

Suzuki, T. (1989). *Japanese debating activities. A comparison with American debating activities and a rationale for the improvement.* An MA thesis submitted to the Graduate School and Department of Communication Studies, University of Kansas, Lawrence.

Suzuki, T. (2001). The cardinal principles of the national entity of Japan. A rhetoric of ideological pronouncement. *Argumentation*, 15, 251 – 266.

Suzuki, T. (2007). A fantasy theme analysis of Prime Minister Koizumi's "Structural reform-without sacred cows. In F. H. van Eemeren, B. J. Garssen, J. A. Blair, & C. A. Willard (Eds.), *Proceedings of the 6th conference of the International Society for the Study of Argumentation* (pp. 1345 – 1351). Amsterdam: Sic Sat.

Suzuki, T. (2008). Japanese argumentation. Vocabulary and culture. *Argumentation and Advocacy*, 45, 49 – 53.

Suzuki, T. (2012). Why do humans reason sometimes and avoid doing it other times? Kotodama in Japanese culture. *Argumentation and Advocacy*, 48, 178 – 180.

Suzuki, T., & van Eemeren, F. H. (2004). "This painful chapter". An analysis of Emperor Akihito's apologia in the context of Dutch old sores. *Argumentation and Advocacy*, 41, 102 – 111.

Suzuki, T., & Kato, T. (2011). An analysis of TV debate. Democratic Party of Japan leadership between Hatoyama and Okada. In F. H. van Eemeren, B. J. Garssen, D. Godden, & G. Mitchell (Eds.), *Proceedings of the 7th conference of the International Society for the Study of Argumentation* (pp. 1849 – 1859). Amsterdam: Sic Sat. CD rom.

Suzuki, T., & Matsumoto, S. (2002). English-language debate as business communication trainingin Japan. In J. E. Rogers (Ed.), *Transforming debate. The best of the International Journal of Forensics* (pp. 51 – 70). New York-Amsterdam-Brussels: International Debate Education Association.

Szymanek, K. (2001). *Sztuka argumentacji. Słownik terminologiczny* [The art of argument. A terminological dictionary]. Warsaw: PWN.

Szymanek, K. (2009). *Argument z podobieństwa* [Argument by similarity (analogy)]. Katowice: University of Silesia Press.

Szymanek, K., Wieczorek, K., &Wójcik, A. S. (2004). *Sztuka argumentacji. Ćwiczenia w badaniuargumentów* [The art of argument. Exercises in argument analysis]. Warsaw: PWN.

Tarnay, L. (1982). A game-theoretical analysis of riddles. *Studia Poetica*, 4, 99 – 169.

Tarnay, L. (1986). On dialogue games, argumentation, and literature. In F. H. van Eemeren, R. Grootendorst, J. A. Blair & C. A. Willard (Eds.), *Proceedings of the first international conference on argumentation*, 3*B*. *Argumentation. Analysis and practice* (pp. 209 – 216). Dordrecht: Foris.

Tarnay, L. (1990). Az irodalmi interpretáció argumentatív szerkezete [The argumentative structure of literary interpretation]. *Studia poetica*, 9, 67 – 86.

Tarnay, L. (1991). On vagueness, truth, and argumentation. In F. H. van Eemeren, R. Grootendorst, J. A. Blair, & C. A. Willard (Eds.), *Proceedings of the second international conference on argumentation* (*organized by the International Society for the Study of Argumentation at the University of Amsterdam*, *June* 19 – 22, 1990) (pp. 506 – 514). Dordrecht: Foris.

Tarnay, L. (2003). On visual argumentation. In F. H. van Eemeren, J. A. Blair, & C. A. Willard (Eds.), *Proceedings of the fifth international conference of the International Society for the Study of Argumentation* (pp. 1001 – 1006). Amsterdam: Sic Sat.

Tarski, A. (1995). *Introduction to logic and to the methodology of deductive sciences*. New York: Dover Publications.

Tchouechov, V. (1993). *Teoretiko-istoricheskie osnovania argumentologii* [Theoretical historical foundations of argumentology]. St. Petersburg: St. Petersburg State University Press.

Tchouechov, V. (1999). Totalitarian argumentation. Theory and practice. In F. H. van Eemeren, R. Grootendorst, J. A. Blair, & C. A. Willard (Eds.), *Proceedings of the fourth international conference of the International Society for the Study of Argumentation* (pp. 784 – 785). Amsterdam: Sic Sat.

Tchouechov, V. (2011). Argumentology about the possibility of dialogue between new logic, rhetoric, dialectics. In F. H. van Eemeren, B. Garssen, D. Godden, & G. Mitchell (Eds.), *Proceedings of the 7th conference on argumentation of the International Society for the Study of Argumentation* (pp. 1860 – 1869). Amsterdam: Sic Sat.

Thurén, L. (1995). *Argument and theology in* 1 *Peter. The origins of Christian paraenesis*. Sheffield: Sheffield Academic Press.

Tirkkonen-Condit, S. (1985). *Argumentative text structure and translation* (p. 18). Jyväskylä: University of Jyväskylä. Studia Philologica Jyväskyläensia.

Tirkkonen-Condit, S. (1987). Argumentation in English and Finnish editorials. In F. H. van

Eemeren, R. Grootendorst, J. A. Blair, & C. A. Willard (Eds.), *Argumentation. Across thelines of discipline. Proceedings of the conference on argumentation* 1986 (pp. 373 – 378). Dordrecht/Providence: Foris.

Titscher, S., Meyer, M., Wodak, R., & Vetter, E. (2000). *Methods of text and discourse analysis.* London: Sage.

Tokarz, M. (1987). Persuasion. *Bulletin of the Section of Logic*, 16, 46 – 49.

Tokarz, M. (1993). *Elementy pragmatyki logicznej* [Elements of logical pragmatics]. Warsaw: PWN.

Tokarz, M. (2006). *Argumentacja. Perswazja. Manipulacja* [Argumentation. Persuasion. Manipulation]. Gdańsk/Warsaw: Gdańskie Towarzystwo Psychologiczne/PWN.

Tomasi, S. (2011). Adversarial principle and argumentation. An outline of Italian criminal trial. In F. H. van Eemeren, B. Garssen, D. Godden, & G. Mitchell (Eds.), *Proceedings of the seventh international conference of the International Society for the Study of Argumentation* (pp. 1870 – 1879). Amsterdam: Sic Sat.

Tomic T. (2002). *Authority-based argumentative strategies. Three models for their evaluation.* Uppsala University, Doctoral dissertation, Uppsala UniversityUppsala.

Tomic, T. (2007a). Communicative freedom and evaluation of argumentative strategies. In F. H. van Eemeren, J. A. Blair, C. A. Willard, & B. Garssen (Eds.), *Proceedings of the sixth conference of the International Society for the Study of Argumentation* (pp. 1365 – 1372). Amsterdam: Sic Sat.

Tomic, T. (2007b). Information seeking processes in evaluating argumentation. In J. A. Blair, H. Hansen, R. Johnson, & C. Tindale (Eds.), *OSSA proceedings* 2007. Windsor, ON: Universityof Windsor. CD rom.

Torkki, J. (2006). *Puhevalta. Kuinka kuulijat vakuutetaan* [Power of speech. How the listener isconvinced]. Helsinki: Otava.

Toshev, A. (1901). *Ръководство по риторика и красноречие* [Guide of rhetoric andeloquence]. Plovdiv: Hr. G. Danov.

Toulmin, S. E. (2001). *Os usos do argumento. São Paulo: Martins Fontes.* [trans.: Guarany, R. of S. E. Toulmin (1958), *The uses of argument* (1st ed.) Cambridge: Cambridge University Press (Updated ed. 2003)].

Toulmin, S. E. (2003). *The uses of argument.* Updateded. Cambridge: Cambridge UniversityPress. (1st ed. 1958).

Tuominen, M. (2001). *Ancient philosophers on the principles of knowledge and argumen-*

tation. Reports from the Department of Philosophy, University of Helsinki, 2.

Tuţescu, M. (1986). *L'argumentation* [Argumentation]. Bucharest: Tipografia Universităţii din Bucureşti.

Tuţescu, M. (1998). *L'argumentation. Introduction à l'étude du discours* [Argumentation. Introduction into the study of discourse]. Bucharest: Editura Universităţii din Bucureşti.

Urbieta, L., & Carrascal, B. (2007). Circular arguments analysis. In F. H. van Eemeren, J. A. Blair, C. A. Willard, & B. Garssen (Eds.), *Proceedings of the sixth conference of the International Society for the Study of Argumentation* (pp. 1395 – 1400). Amsterdam: Sic Sat.

Üding, G., & Jens, W. (Eds.), (1992). *Historisches Wörterbuch der Rhetorik*, 1 [Historical dictionary of rhetoric, 1]. Tübingen: Niemeyer.

Üding, G., & Jens, W. (Eds.), (1994). *Historisches Wörterbuch der Rhetorik*, 2 [Historicaldictionary of rhetoric, 2]. Tübingen: Niemeyer.

Vaisilyev, L. G. (2007). Understanding argument. The sign nature of argumentative functions. In F. H. van Eemeren, J. A. Blair, C. A. Willard, & B. Garssen (Eds.), *Proceedings of the sixth conference of the International Society for the Study of Argumentation* (pp. 1407 – 1409). Amsterdam: Sic Sat.

Valenzuela, R. (2009). Retórica. *Un ensayo sobre tres dimensiones de la argumentación* [Rhetoric. An essay concerning three dimensions of argumentation]. Santiago: Editorial Jurídica de Chile.

Valesio, P. (1980). *Novantiqua. Rhetorics as a contemporary theory*. Bloomington: Indiana University Press.

Vapalahti, K., Marttunen, M., & Laurinen, L. (2013). Online and face-to-face role-playsimulations in promoting social work students' argumentative problem-solving. *International Journal of Comparative Social Work*, 1.

Vasiliev, L. (1994). *Argumentativnyje aspekty ponimanija* [Argumentation aspects of comprehension]. Moscow: Institute of Psychology of the Russian Academy of Sciences Press.

Vasilyanova, I. M. (2007). *Osobennosti argumentatsii v sudebnom diskurse* [Peculiarities of argumentation in court discourse]. Doctoral dissertation, Kaluga State University, Kaluga.

Vasilyeva, A. L. (2011). Argumentation in the context of mediation activity. In

F. H. van Eemeren, B. Garssen, D. Godden, & G. Mitchell (Eds.), *Proceedings of the 7th conference on argumentation of the International Society for the Study of Argumentation* (pp. 1905 – 1921). Amsterdam: Sic Sat.

Vasilyeva, A. L. (2012). Shaping disagreement space in dispute mediation. In T. Suzuki, T. Kato, A. Kubota, & S. Murai (Eds.), *Proceedings of the 4th Tokyo conference on argumentation. Therole of argumentation in society* (pp. 120 – 127). Tokyo: Japan Debate Association.

Vas (s) il (i) ev, K. (1989). *Красноречието. Аспекти на реториката* [Eloquence. Aspects ofrhetoric]. Sofia: Sofia University Press.

Vassiliev, L. G. (1999). Rational comprehension of argumentative texts. In F. H. van Eemeren, R. Grootendorst, J. A. Blair, & C. A. Willard (Eds.), *Proceedings of the fourth international conference of the International Society for the Study of Argumentation* (pp. 811 – 801). Amsterdam: Sic Sat.

Vassiliev, L. G. (2003). A semio-argumentative perspective on enthymeme reconstruction. In F. H. van Eemeren, J. A. Blair, C. A. Willard, & A. F. Snoeck Henkemans (Eds.), *Proceedings of the fifth conference of the International Society for the Study of Argumentation* (pp. 1029 – 1031). Amsterdam: Sic Sat.

Vas (s) ili/yev, L. G. (2007). Understanding argument. The sign nature of argumentative functions. In F. H. van Eemeren, J. A. Blair, C. A. Willard, & B. Garssen (Eds.), *Proceedings of the sixth conference of the International Society for the Study of Argumentation* (pp. 1407 – 1409). Amsterdam: Sic Sat.

Vaz Ferreira, C. (1945). *Lógica viva* [Living logic]. Buenos Aires: Losada. (1st ed. 1910).

Vedar, J. (2001). *Реторика* [Rhetoric]. Sofia: Sofia University Press.

Vega, L. (2005). Si de argumentar se trata [If it is about arguing]. Madrid: Montesinos.

Vega, L., & Olmos, P. (2007). Enthymemes. The starting of a new life. In F. H. van Eemeren, J. A. Blair, C. A. Willard, & B. Garssen (Eds.), *Proceedings of the sixth conference of the International Society for the Study of Argumentation* (pp. 1411 – 1417). Amsterdam: Sic Sat.

Vega, L., & Olmos, P. (Eds.), (2011). *Compendio de lógica, argumentación y retórica* [Handbook of logic, argumentation, and rhetoric]. Madrid: Trotta. 2nd ed. 2012.

Vicente, J. N. (2009). *Educação, retórica e filosofia a partir de Olivier Reboul.*

Subsídios para umafilosofia da educação escolar [Education, rhetoric and philosophy according to Olivier Reboul. Contributions to a philosophy of school education]. Coimbra: Universidade de Coimbra. Doctoral dissertation, University of Coimbra.

Vicuña Navarro, A. M. (2007). An ideal of reasonableness for a moral community. In F. H. van Eemeren, J. A. Blair, C. A. Willard, & B. Garssen (Eds.), *Proceedings of the sixth conference of the International Society for the Study of Argumentation* (pp. 1419 – 1423). Amsterdam: Sic Sat.

Vignaux, G. (1976). *L'argumentation. Essai d'une logique discursive* [Argumentation. Essay ondiscursive logic]. Genève: Droz.

Vignaux, G. (1988). *Le discours, acteur du monde. Argumentation eténonciation* [Discourse, actor in the world. Argumentation and utterance]. Paris: Ophrys.

Vignaux, G. (1999). *L'argumentation* [Argumentation]. Paris: Hatier.

Vignaux, G. (2004). Une approche cognitive de l'argumentation [A cognitive approach to argumentation]. In M. Doury & S. Moirand (Eds.), *L'argumentation aujourd'hui. Positions théoriques en confrontation* [Argumention today. Theoretical positions in confrontation] (pp. 103 – 124). Paris: Presses Sorbonne Nouvelle.

Vincent, D. (2009). Principes rhétoriques et réalité communicationnelle. Les risques de la concession [Rhetorical principles and communicative reality. The risks of concessions]. In V. Atayan & D. Pirazzini (Eds.), *Argumentation. Théorie-langue-discours* [Argumentation. Theory-language-discourse] (pp. 79 – 91). Berlin: Peter Lang.

Vincze, L. (2010). *La persuasione nelle parole e nel corpo. Communicazione multimodalee argomentatione ragionevole e fallace nel discorso politico e nel linguaggio quotidiano* [Persuasion by means of words and the body. Multimodal communication and reasonable and fallacious argumentation in political discourse and in everyday language]. Doctoral dissertation, University of Rome, Rome.

Viskovíc; N. (1997). *Argumentacija i pravo* [Argumentation and law]. Split: Pravni fakultet u Splitu.

Volkova, N. (2005). *Vysmeivanie i argumentirovanie. Problema vzaimodeystvia rechevyh zhanrov* [Mocking and argument. The problem of interaction of speech genres]. Doctoral dissertation, Kaluga State University, Kaluga.

Volquardsen, B. (1995). Argumentative Arbeitsteilung und die Versuchungen des Expertenwesens [The division of argumentative labour and the trial of experts]. In H. Wohlrapp (Ed.), *Wege der Argumentationsforschung* [Roads of argumentation research] (pp. 339 – 350). Stuttgart-Bad Cannstatt: Frommann Holzboog.

Voss, J. F., Fincher-Kiefer, R., Wiley, J., & Ney Silfies, L. (1993). On the processing of arguments. *Argumentation*, 7 (2), 165 – 181.

Wallgren-Hemlin, B. (1997). *Att övertyga från predikstolen. En retorisk studie av* 45 *predikningar hållna den* 17: *e söndagen efter trefaldighet* 1990 [Persuading from the pulpit. A rhetorical study of 45 sermons given on the 17th Sunday after Trinity]. Gothenburg: Göteborg Universitet. Doctoral dissertation, University of Gothenburg.

Walton, D. N. (1998a). *Ad hominem arguments.* Tuscaloosa, AL: University of Alabama Press.

Walton, D. N. (2002a). [Russian title]. Moscow: Institute of Sociology of the Russian Academy of Sciences. [trans. of D. N. Walton (1998a). *Ad hominem arguments.* Tuscaloosa, AL: University of Alabama Press].

Walton, D. N. (2007). Evaluating practical reasoning. *Synthese*, 157, 197 – 240.

Walton, D. N., & Krabbe, E. C. W. (1995). *Commitment in dialogue. Basic concepts of interpersonal reasoning.* Albany, NY: State University of New York Press.

Walton, D. N., & Krabbe, E. C. W. (2013). *Compromisos en los diálogos. Conceptos básicos delrazonamiento interpersonal. Santiago: Universidad Diego Portales.* [trans.: Molina, M. E., Santibáñez, C., & Fuentes, C. of D. N. Walton and E. C. W. Krabbe (1995). *Commitments indialogue. Basic concepts of interpersonal reasoning.* Albany, NY: SUNY Press].

Walton, D. N., Reed, C., & Macagno, F. (2008). *Argumentation schemes.* New York: Cambridge University Press.

Walton, P. – A. (1970). *ABC om argumentation* [The ABC of argumentation]. Stockholm: Almqvist & Wiksell.

Wasilewska-Kamińska, E. (2013). *Myślenie krytyczne jako cel kształcenia w USA i Kanadzie* [Critical thinking as an educational goal in the USA and Canada]. Doctoral dissertation, University of Warsaw, Warsaw.

Widdowson, H. G. (1998). The theory and practice of critical discourse analysis. *Applied Linguistics*, 19, 136 – 151.

Wieczorek, K. (2007). Dlaczego wnioskujemy niepoprawnie? Teoria modeli mentalnych P. N. Johnsona-Lairda [Why do we reason incorrectly? The theory of mental models by P. N. Johnson-Laird]. *Filozofia Nauki*, 70.

Wilkins, R., & Isotalus, P. (Eds.). (2009). *Speech culture in Finland.* Lanham: University Press of America.

Wodak, R. (2009). *The discourse of politics in action.* Politics as usual. Basingstoke: Palgrave.

Wohlrapp, H. (1977). Analytische und konstruktive Wissenschaftstheorie. Zwei Thesen zur Klärung der Fronten [An analytic and constructive theory of science. Twotheses to clarify the positions]. In G. Patzig, E. Scheibe & W. Wieland (Eds.), *Logik*, *Ethik*, *Theorie der Geisteswissenschaften* [Logic, ethics, theory of the humanities]. Hamburg: Meiner.

Wohlrapp, H. (1987). Toulmin's theory and the dynamics of argumentation. In F. H. van Eemeren, R. Grootendorst, J. A. Blair, & C. A. Willard (Eds.), *Argumentation. Perspectives and approaches. Proceedings of the conference on argumentation* 1986 (pp. 327 – 335). Dordrecht/Providence: Foris.

Wohlrapp, H. (1990). Über nicht-deduktive Argumente [On non-deductive arguments]. In P. Klein (Ed.), *Praktische Logik. Traditionen und Tendenzen* [Practical logic. Traditions and trends] (pp. 217 – 235). Göttingen: Van den Hoeck & Ruprecht.

Wohlrapp, H. (1991). Argumentum ad baculum and ideal speech situation. In F. H. van Eemeren, R. Grootendorst, J. A. Blair, & C. A. Willard (Eds.), *Proceedings of the second international conference on argumentation* (*Organized by the International Society for the Study of Argumentation at the University of Amsterdam*, *June* 19 – 22, 1990) (pp. 397 – 402). Amsterdam: Sic Sat.

Wohlrapp, H. (1995). Argumentative Geltung [Argumentative validity]. In H. Wohlrapp (Ed.), Wege der *Argumentationsforschung* [Directions of argumentation research] (pp. 280 – 297). Stuttgart/Bad Cannstatt: Frommann-Holzboog.

Wohlrapp. H. (2009). *Der Begriff des Arguments. Über die Beziehungen zwischen Wissen*, *Forschen*, *Glauben*, *Subjektivitüat und Vernunft* [The conception of argument. On the relationbetween knowing, inquiring, believing, subjectivity, and reason]. Würzburg: Köningshausen & Neumann.

Wolrath Söderberg, M. (2012). *Topos som meningsskapare. Retorikens topiska perspektiv på tänkande och lüarande genom argumentation* [Topoi as meaning makers. Thinking and learningthrough argumentation-a rhetorical perspective]. Ödåkra: Retorikförlaget.

Woods, J. H. (1992). Public policy and standoffs of force five. In E. M. Barth & E. C. W. Krabbe (Eds.), *Logic and political culture* (pp. 9 – 108). Amsterdam: KNAW.

Woods, J., & Walton, D. N. (1992). *Critique de l'argumentation. Logique des sophisms ordinaires* [Critique of argumentation. The logic of ordinary fallacies]. Paris: Kimé.

[trans.: Antona, M. – F., Doury, M., Marcoccia, M., & Traverso, V., coordinated by C. Plantin of variouspapers published by Woods & Walton in English between 1974 and 1981)].

Wu, H. (2009). *An introduction to informal logic*. Beijing: People's Publishing House. (武宏志著《非形式逻辑导论》，人民出版社，2009年)

Xie, Y. (谢耘, 2008). Dialectic within pragma-dialectics and informal logic. In T. Suzuki, T. Kato, & A. Kubota (Eds.), *Proceedings of the 3rd Tokyo conference on argumentation. Argumentation, the law and justice* (pp. 280 – 286). Tokyo: Japan Debate Association.

Xie, Y. (谢耘, 2012). Book review Giving reasons. A linguistic-pragmatic approach to argumentation theory by Lilian Bermejo-Luque. *Informal Logic*, 32 (4), 440 – 453.

Xie, Y. (谢耘), & Xiong, M. (熊明辉, 2011). Whose Toulmin, and which logic? A response to van Benthem. In F. Zenker (Ed.), Argumentation. Cognition and community. *Proceedings of the 9th international conference of the Ontario Society for the Study of Argumentation (OSSA)*. Windsor, ON. CD rom.

Xiong, M. (2010). *Litigational argumentation. A logical perspective on litigation games*. Beijing: China University of Political Science and Law Press. (熊明辉著《诉讼论证：诉讼博弈的逻辑分析》，中国政法大学出版社，2010年)

Xiong, M. (熊明辉), & Zhao, Y. (赵艺, 2007). A defeasible pragma-dialectical model of argumentation. In F. H. van Eemeren, J. A. Blair, C. A. Willard, & B. Garssen (Eds.), *Proceedings of the sixth conference of the International Society for the Study of Argumentation* (pp. 1541 – 1548). Amsterdam: International Center for the Study of Argumentation.

Yanoshevsky, G. (2011). Construing trust in scam letters using ethos and ad hominem. In F. H. van Eemeren, B. J. Garssen, D. Godden, & G. Mitchell (Eds.), *Proceedings of the 7th conference of the International Society for the Study of Argumentation* (pp. 2017 – 2031). Amsterdam: Rozenberg-Sic Sat. CD rom.

Yaskevich, Y. S. (1993). Nauchnaia argumentatciia. Logiko-kommunikativnye parametry [Scientific argumentation. Logical and communicative aspects]. *Journal of Speech Communication and Argumentation*, 1, 93 – 102.

Yaskevich, Y. (1999). On the role of ethical and axiological arguments in the modern science. In F. H. van Eemeren, R. Grootendorst, J. A. Blair, & C. A. Willard (Eds.), *Proceedings of the fourth international conference of the International Society for the Study of Argu-*

mentation (pp. 900 – 902). Amsterdam: Sic Sat.

Yaskevich, Y. (2003). Political risk and power in the modern world. Moral arguments andpriorities. In F. H. van Eemeren, J. A. Blair, C. A. Willard, & A. F. Snoeck Henkemans (Eds.), *Proceedings of the fifth conference of the International Society for the Study of Argumentation* (pp. 1101 – 1104). Amsterdam: Sic Sat.

Yaskevich, Y. (2007). Moral and legal arguments in modern bioethics. In F. H. van Eemeren, J. A. Blair, C. A. Willard, & B. Garssen (Eds.), *Proceedings of the sixth conference of the International Society for the Study of Argumentation* (pp. 1549 – 1552). Amsterdam: Sic Sat.

Yaskorska, O., Kacprzak, M., & Budzynska, K. (2012). Rules for formal and natural dialogues in agent communication. In *Proceedings of the international workshop on concurrency, specification and programming* (pp. 416 – 427). Berlin: Humboldt-Universität zu Berlin.

Yrjönsuuri, M. (1995). *Obligationes: 14th century logic of disputational duties* (Acta Philosophica Fennica, Vol. 55). Helsinki: Societas Philosophica Fennica.

Yrjönsuuri, M. (Ed.). (2001). *Medieval formal logic. Consequences, obligations and insoluble.* Dordrecht: Kluwer.

Zafiu, R. (2003). Valori argumentative în conversaţia spontană [Argumentative values in spontaneous conversation]. In L. Dascălu Jinga & L. Pop (Eds.), *Dialogul în româna vorbită* [Dialogue in spoken Romanian] (pp. 149 – 165). Bucharest: Oscar Print.

Zafiu, R. (2010). Ethos, pathos şi logos în textul predicii [Ethos, pathos, and logos in orthodox sermons]. In A. Gafton, S. Guia & I. Milică (Eds.), *Text şi discurs religios* [Religious text anddiscourse], *II* (pp. 27 – 38). Iaşi: Editura Universităţii "Al. I. Cuza".

Žagar, I. Ž. (1991). Argumentacija v jeziku proti argumentaciji z jezikom [Argumentation in the language vs. argumentation with the language]. *Anthropos*, 23 (4/5), 172 – 185.

Žagar, I. Ž. (1995). *Argumentation in language and the Slovenian connective pa.* Antwerp: IPrA Research Center.

Žagar, I. Ž. (1999). Argumentation in the language-system or why argumentative particles and polyphony are important for education. *The School Field*, 10 (3/4), 159 – 172.

Žagar, I. Ž. (2000). Argumentacija v jeziku. Med argumentativnimi vezniki in polifonijo: Esej izintiuitivne epistemologije [Argumentation in the language. Between argumentativeconnectives and polyphony. An essay in intuitive epistemology]. *Anthropos*, 32 (1/2), 81 – 92.

Žagar, I. Ž. (2002). Argumentation, cognition, and context. Can we know that we know what we (seem to) know? *Anthropological Notebooks*, 8 (1), 82 – 91.

Žagar, I. Ž. (2008). Topoi. Argumentation's black box. In F. H. van Eemeren, D. C. Williams, & I. Ž. Ž agar (Eds.), *Understanding argumentation. Work in progress* (pp. 145 – 164). Amsterdam: Sic Sat.

Žagar, I. Ž. (2010). Pa, a modifier of connectives. An argumentative analysis. In M. N. Dedaic & M. Miškovič-Lukovič (Eds.), *South Slavic discourse particles* (pp. 133 – 162). Amsterdam-Philadelphia: John Benjamins.

Žagar, I. Ž. (2011). *Argument moči ali moč argumenta? Argumentiranje v Državnem zboru Republike Slovenije* [Argument of power or power of argument? Argumentation in the-National Assembly of the Republic of Slovenia]. Ljubljana: Pedagoški inštitut/Digital Library. http://193. 2. 222. 157/Sifranti/StaticPage. aspx? id¼103.

Žagar, I. Ž., & Grgič, M. (2011). *How to do things with tense and aspect. Performativity before Austin.* Newcastle upon Tyne: Cambridge Scholars Publishing.

Žagar, I. Ž., & Schlamberger Brezar, M. (2009). *Argumentacija v jeziku* [Argumentation in the language-system]. Ljubljana: Pedagoški inštitut/Digital Library. http://www. pei. si/Sifranti/StaticPage. aspx? id¼67.

Załęska, M. (2011). Ad hominem in the criticisms of expert argumentation. In F. H. van Eemeren, B. Garssen, D. Godden, & G. Mitchell (Eds.), *Proceedings of the 7th conference on argumentation of the International Society for the Study of Argumentation* (pp. 2047 – 2057). Amsterdam: Sic Sat.

Załęska, M. (2012a). Rhetorical patterns of constructing the politician's ethos. In M. Załęska (Ed.), *Rhetoric and politics. Central/Eastern European perspectives* (pp. 20 – 50). Cambridge: Cambridge Scholars Publishing.

Załęska, M. (Ed.). (2012b). *Rhetoric and politics. Central/Eastern European perspectives.* Cambridge: Cambridge Scholars Publishing.

Zanini, C., & Rubinelli, S. (2012). Teaching argumentation theory to doctors. Why and what. *Journal of Argumentation in Context*, 1 (1), 66 – 80.

Zemplén, G. Á. (2008). Scientific controversies and the pragma-dialectical model. Analysinga case study from the 1670s, the published part of the Newton-Lucas correspondence. In F. H. van Eemeren & B. Garssen (Eds.), *Controversy and confrontation. Relating controversyanalysis with argumentation theory* (pp. 249 – 273). Amsterdam-Philadelphia: John Benjamins.

Zemplén, G. Á. (2011). The argumentative use of methodology. Lessons from a controversy following Newton's first optical paper. In M. Dascal & V. D. Boantza (Eds.), *Controversies in the scientific revolution* (pp. 123 – 147). Amsterdam: John Benjamins.

Zidar Gale, T., Ž agar, Ž. I., & Ž mavc, J. (2006). *Retorika. Uvod v govorniško veščino. Učbenik zaretoriko kot izbirni predmet v 9. razredu devetletnega osnovnošolskega izobraževanja* [Rhetoric. An introduction to the art of oratory. A textbook for rhetoric lessons in the ninth grade ofelementary school education]. Ljubljana: i2.

Ziembiński, Z. (1955). *Logika praktyczna* [Practical logic]. Warsaw: PWN/Polish Scientific Publishers.

Zillig, W. (1982). *Bewerten. Sprechakttypen der bewertenden Rede* [Asserting. Speech act types of the assertive mode]. Tübingen: Niemeyer.

Ziomek, J. (1990). *Retoryka opisowa* [Descriptive rhetoric]. Wroclaw: Ossolineum.

Žmavc, J. (2008a). Ethos and pathos in Anaximenes' Rhetoric to Alexander. A conflation of rhetorical and argumentative concepts. In F. H. van Eemeren, D. C. Williams, & I. Ž. Žagar (Eds.), *Understanding argumentation. Work in progress* (pp. 165 – 179). Amsterdam: Sic Sat.

Žmavc, J. (2008b). Sofisti in retorična sredstva prepričevanja [The Sophists and rhetorical means of persuasion]. *Časopis za kritiko znanosti, domišljijo in novo antropologijo* [Journal for the Criticism of Science, Imagination and New Anthropology], 36 (233), 23 – 37.

Žmavc, J. (2012). The ethos of classical rhetoric. From epieikeia to auctoritas. In F. H. van Eemeren & B. Garssen (Eds.), *Topical themes in argumentation theory. Twenty exploratory studies* (pp. 181 – 191). Dordrecht: Springer.

Zubiria, J. de (2006). *Las competencias argumentativas. Una visión desde la educación* [Argumentative competences. A vision from education]. Bogota: Magisterio.

分类参考文献

第1章　论证理论

第1.1节　论证

Berger, F. R. （1977）, Eemeren, F. H. van （2010）, Eemeren, F. H. van & Grootendorst, R. （2004）, Eemeren, F. H. van, Grootendorst, R., Snoeck Henkemans, A. F., Blair, J. A., Johnson, R. H., Krabbe, E. C. W., Plantin, C., Walton, D. N., Willard, C. A., Woods, J. & Zarefsky, D. （1996）, Hample, D. （2005）, Kennedy, G. （2004）, Naess, A. （1966）, Sperber, D. （2000）, Tindale, C. W. （1999）

第1.2节　论证理论的描述维度与规范维度

Barth, E. M. （1972）, Barth, E. M. & Krabbe, E. C. W. （1982）, Eemeren, F. H. van （1987a, 1987b）, Eemeren, F. H. van & Grootendorst, R. （2004）, Tindale, C. W. （2004）, Toulmin, S. E. （1976）

第1.3节　论证理论的关键概念

立场

Adler, J. E. & Rips, L. J. （Eds. 2008）, Aristotle （1984）, Barth, E. M. & Krabbe, E. C. W. （1982）, Govier, T. （1992）, Habermas, J. （1984）, Harman, G. （1986）, Kopperschmidt, J. （1989a）, O'Keefe, D. J. （2002）, Schiffrin, D. （1990）, Toulmin, S. E. （2003）

未表达前提

Copi, I. M. (1986), Eemeren, F. H. van (2010), Eemeren, F. H. van & Grootendorst, R. (1992a, 2004), Gerritsen, S. (2001), Govier, T. (1987), Hitchcock, D. L. (1980b), Jackson, S. & Jacobs, S. (1980), Toulmin, S. E. (2003)

论证型式

Boethius (1978), Cicero (1949), Eemeren, F. H. van & Grootendorst, R. (1992a), Freeley, A. J. (1993), Garssen, B. (1997, 2001), Hastings, A. C. (1962), Kienpointner, M. (1992), Perelman, C. & Olbrechts-Tyteca, L. (1969), Schellens, P. J. (1985), Walton, D. N. (1996a), Walton, D. N., Reed, C. & Macagno, F. (2008), Whately, R. (1963)

论证结构

Beardsley, M. C. (1950b), Campbell, G. (1991), Eemeren, F. H. van & Grootendorst, R. (1992a), Fisher, A. (2004), Freeman, J. B. (1991), Govier, T. (1992), Pinto, R. C. & Blair, J. A. (1993), Snoeck Henkemans, A. F. (1992, 2001), Thomas, S. N. (1986), Toulmin, S. E. (2003), Walton, D. N. (1996a), Whately, R. (1963), Wigmore, J. H. (1931)

谬误

Aristotle (1984), Barth, E. M. & Krabbe, E. C. W. (1982), Biro, J. & Siegel, H. (1992, 1995, 2006a), Eemeren, F. H. van (2001, 2010), Eemeren, F. H. van & Grootendorst, R. (1992a), Eemeren, F. H. van, Grootendorst, R., Jackson, S. & Jacobs, S. (2010), Finocchiaro, M. A. (1987), Hamblin, C. L. (1970), Hansen, H. V. & Pinto, R. C. (Eds. 1995), Hintikka, J. (1987), Locke, J. (1961), Walton, D. N. (1987, 1991a, 1992c, 1992d), Walton, D. N. & Krabbe, E. C. W. (1995), Woods, J. H. (2004), Woods, J. & Walton, D. N. (1989)

第2章 古典背景

第2.2节 论辩学、逻辑学与修辞学

Diogenes Laertius (1925), Gill, M. L. (2012), Isocrates (1929), Kennedy, G. A. (2001), Kneale, W. & Kneale, M. (1962), Kraut, R. (1992), Mendelson, M. (2002), Pernot, L. (2005), Plato (1997), Schiappa, E. (1990), Tindale, C. (2010a), Wagemans, J. H. M. (2009), Yunis, H. (2011)

第2.3节 亚里士多德的论辩理论

Aristot [l] e [les] (1967, 1995, 1997, 1984, 2007, 2012, 2014), Braet, A. C. (2005), Eemeren, F. H. van, Grootendorst, R., Snoeck Henkemans, A. F., Blair, J. A., Johnson, R. H., Krabbe, E. C. W., Plantin, C., Walton, D. N., Willard, C. A., Woods, J. & Zarefsky, D. (1996), Kneale, W. & Kneale, M. (1962), Krabbe, E. C. W. (2009, 2012a), Moraux, P. (1968), Pater, W. A. de (1965, 1968), Ritoók, Z. (1975), Rubinelli, S. (2009), Sainati, V. (1968), Slomkowski, P. (1997), Solmsen, F. (1929), Wagemans, J. H. M. (2009), Wlodarczyk, M. (2000), Wolf, S. (2010)

第2.4节 亚里士多德的谬误理论

Aristot [l] e [les] (1995, 2007, 2012, 2013), Botting, D. (2012b), Hamblin, C. L. (1970), Hasper, P. S. (2013), Hintikka, J. (1987, 1997), Krabbe, E. C. W. (1998, 2012a), Nuchelmans, G. (1993), Plato (1997), Schreiber, S. G. (2003), Woods, J. (1993, 1999a), Woods, J. & Hansen, H. V. (1997), Woods, J. & Irvine, A. (2004)

第 2.5 节 西塞罗与波修斯谈论题

Boethius（1978），Cicero（2006），Rubinelli，S.（2009）[2.6] Aristotle's syllogistic Aristotle（1984），Barnes，J.（Ed. 1995），Barnes，J.，Schofield，M. & Sorabji，R.（1995），Boger，G.（2004），Corcoran，J.（1972，1974），Kneale，W. & Kneale，M.（1962），Łukasiewicz，J.（1957），Malink，M.（2006，2013），Russell，B.（1961），Smith，R.（1995）

第 2.7 节 斯多葛逻辑

Bobzien，S.（1996），Hitchcock，D. L.（2002d，2005b），Kneale，W. & Kneale，M.（1962），Łukasiewicz，J.（1967），Mates，B.（1961），Nuchelmans，G.（1973），O'Toole，R. R. & Jennings，R. E.（2004），Sextus Empiricus（1933，1935，1936，1949），Wansing，H.（2010）

第 2.8 节 亚里士多德修辞学

Aristotle（1984），Braet，A. C.（2005，2007），Kennedy，G.（2001），Plato（1997），Rambourg，C.（2011），Rapp，C.（2002，2010）

第 2.9 节 古典修辞学

Fuhrmann，M.（2008），Kennedy，G. A.（1994，2001），Lausberg，H.（1998），Martin，J.（1974），Perelman，C.（1982），Pernot，L.（2005），Woerther，F.（2012），Yates，F. A.（1966）

第 2.10 节 经典传承

Butterworth，C. E.（1977），Dutilh Novaes，C.（2005），Ebbesen，S.（1981，1993），Eemeren，F. H. van & Grootendorst，R.（1993），Green-Pedersen，N. J.（1984，1987），Hamblin，C. L.（1970），Mack，P.（1993，Ed. 1994，2011），McKeon（1987），Miller，J. M.，Prosser，M. H. & Benson，Th. W.（Eds. 1973），Moss，J. D. & Wallace，W. A.

(2003), Murphy, J. J. (Ed. 1983, 2001), Ong, W. J. (1958), Pinborg, J. (1969), Seigel, J. E. (1968), Spade, P. V. (1982), Spranzi, M. (2011), Stump, E. (1982, 1989), Yrjönsuuri, M. (1993, Ed. 2001)

第3章　后古典背景

第3.1节　后古典贡献

Hamblin, C. L. (1970)

第3.2节　逻辑与论证

Berger, F. R. (1977), Beth, E. W. (1955), Bonevac, D. (1987), Mates, B. (1972), Nuchelmans, G. (1976), Wittgenstein, L. (1922)

第3.3节　逻辑有效性

Aristotle (1984), Bolzano, B. (1837, 1972), Copi, I. M. (1961), Dutilh Novaes, C. (2012), Fisher, A. (1988), Frege, G. (1879), Gentzen, G. (1934), Jaśkowski, S. (1934), Kneale, W. & Kneale, M. (1962), Krabbe, E. C. W. (1996), Mates, B. (1972), Pseudo-Scotus (2001), Quine, W. V. (1970), Tarski, A. (2002), Woods, J. & Hudak, B. (1989)

第3.4节　传统谬误进路

Arnauld, A. & Nicole, P. (1865), Bacon, F. (1975), Copi, I. M. (1961), Eemeren, F. H. van & Grootendorst, R. (1993), Finocchiaro, M. (1974), Hamblin (1970), Johnstone Jr., H. W. (1959), Krabbe, E. C. W. & Walton, D. N. (1994), Locke, J. (1961), Mill, J. S. (1970), Nuchelmans, G. (1993), Perelman, C. & Olbrechts-Tyteca, L. (1958, 1969), Rescher, N. (1964), Schopenhauer (1970), Walton,

D. N. （1985，1998a），Whately，R. （1836）

第3.5节　标准谬误处理

Aristotle （1984，2012），Copi，I. M. （1972，1982），Eemeren，F. H. van & Garssen，B. （2010b），Hamblin，C. L. （1970）

第3.6节　汉布林对标准处理的批评

Beardsley，M. C. （1950a），Biro，J. & Siegel，H. （1992，2006a），Black，M. （1952），Brinton，A. （1995），Carney，J. D. & Scheer，R. K. （1964），Cohen，M. R. & Nagel，E. （1964），Copi，I. M. （1953，1972），Crosswhite，J. （1993），Eemeren，F. H. van & Grootendorst，R. （1989，1992a，1993），Fearnside，W. W. & Holther，W. B. （1959），Grootendorst，R. （1987），Gutenplan，S. D. & Tamny，M. （1971），Hamblin，C. L. （1970），Hansen，H. V. （2002b），Johnson，R. H. & Blair，J. A. （1994），Kahane，H. （1969，1971），Lambert，K. & Ulrich，W. （1980），Mackenzie，J. （2011），Michalos，A. C. （1970），Oesterle，J. A. （1952），Purtill，R. L. （1972），Rescher，N. （1964），Salmon，W. C. （1963），Schipper，E. W. & Schuh，E. （1960），Schopenhauer，A. （1970），Tindale，C. （1999），Walton，D. N. （1987），Woods，J. （1999b）

第3.7节　科劳塞—威廉姆斯的争论分析

Crawshay-Williams，R. （1946，1947，1948，1951，1957，1968，1970），Eemeren，F. H. van，Garssen，B. & Meuffels，B. （2009），Eemeren，F. H. van & Grootendorst，R. （1984，1992a，2004），Eemeren，F. H. van，Grootendorst，R.，Jackson，S. & Jacobs，S. （1993），Eveling，H. S. （1959），Fogelin，R. J. （1985），Haan，G. J. de，Koefoed，G. A. T. & Tombe，A. L. des （1974），Hardin，C. L. （1960），Johnstone Jr.，H. W. （1957－1958，1958－1959），Kneale，W. & Kneale，M. （1962），Lazerowitz，M. （1958－1959），Ogden，C. K. & Richards，I. A. （1949），Rescher，N. （1959），Simmons，E. D. （1959）

第3.8节 纳什论讨论分析

Barth, E. M. (1978), Barth, E. M. & Krabbe, E. C. W. (1982), Berk, U. (1979), Bostad, I. (2011), Eemeren, F. H. van (2010), Eemeren, F. H. van, Garssen, B. & Meuffels, B. (2009), Eemeren, F. H. van & Grootendorst, R. (1984, 1992a, 2004), Göttert, K. H. (1978), Gullvåg, I. & Wetlesen, J. (Eds. 1982), Johnstone Jr., H. W. (1968), Krabbe, E. C. W. (1987, 2010), Mates, B. (1967), Næss, A. (1947, 1953, 1966, 1968, 1978, 1992a, 1992b, 1993, 2005), Öhlschläger, G. (1979), Rühl, M. (2001), Simmons, E. D. (1959), Wellman, C. (1971)

第3.9节 巴斯逻辑有效性的双重进路

Albert, H. (1969), Barth, E. M. (1972), Barth, E. M. & Krabbe, E. C. W. (1982), Bartley, W. W., III (1984), Lenk, H. (1970), Russell, B. (1956), Toulmin, S. E. (1976)

第4章 图尔敏论证模型

Abelson, R. (1960 – 1961), Aberdein, A. (2006), Ausín, T. (2006), Beardsley, M. C. (1950a), Berk, U. (1979), Bermejo-Luque, L. (2006), Bird, O. (1959, 1961), Botha, R. P. (1970), Brockriede, W. & Ehninger, D. (1960), Burleson, B. R. (1979), Carnap. R. (1950), Castaneda, H. N. (1960), Collins, J. (1959), Cooley, J. C. (1959), Cowan, J. L. (1964), Crable, R. E. (1976), Cronkhite, G. (1969), Eemeren, F. H. van, Grootendorst, R. & Kruiger, T. (1984), Ehninger, D. & Brockriede, W. (1963), Eisenberg, A. & Ilardo, J. A. (1980), Ennis, R. H. (2006), Fox, J. & Modgil, S. (2006), Freeman, J. B. (1985, 1988, 1991, 1992, 2006), Goodnight, G. Th. (1982, 1993, 2006), Göttert, K. H. (1978), Gottlieb, G. (1968),

Grennan, W. (1997), Grewendorf, G. (1975), Groarke, L. (1992), Habermas, J. (1973, 1981), Hamby, B. (2012), Hample, D. (1977b), Hardin, C. L. (1959), Hastings, A. C. (1962), Healy, P. (1987), Hitchcock, D. L. (2003, 2006), Hitchcock, D. L. & Verheij, B. (Eds. 2006), Huth, L. (1975), Johnson, R. H. (1980), Johnson, R. H. & Blair, J. A. (1980), Johnstone Jr., H. W. (1968), Kienpointner, M. (1983, 1992), King-Farlow, J. (1973), Kneale, W. (1949), Kock, C. (2006), Kopperschmidt, J. (1980, 1989a), Körner, S. (1959), Lo Cascio, V. (1991, 1995, 2003, 2009), Loui, R. P. (2006), Manicas, P. T. (1966), Mason, D. (1961), McPeck, J. (1981, 1990), Metzing, D. W. (1976), Newell, S. E. & Rieke, R. D. (1986), O'Connor, D. J. (1959), Öhlschläger, G. (1979), Paglieri, F. & Castelfranchi, C. (2006), Pinto, R. (2006), Prakken, H. (2006a), Pratt, J. M. (1970), Reed, C. & Rowe, G. (2006), Reinard, J. C. (1984), Rieke, R. D. & Sillars, M. O. (1975), Rieke, R. D. & Stutman, R. K. (1990), Ryle, G. (1976), Schellens, P. J. (1979), Schellens, P. J. & Verhoeven, G. (1988), Schmidt, S. J. (1977), Schwitalla, J. (1976), Sikora, J. J. (1959), Tans, O. (2006), Toulmin, S. E. (1950, 1972, 1976, 1990, 1992, 2001b, 2003, 2006), Toulmin, S. E. & Janik, A. (1973), Toulmin, S. E., Rieke, R. & Janik, A. (1979), Trent, J. D. (1968), Verheij, B. (2003, 2006), Voss, J. F. (2006), Voss, J. F., Fincher-Kiefer, R., Wiley, J. & Ney Silfies, L. (1993), Weinstein, M. (1990a, 1990b), Will, F. L. (1960), Willard, C. A. (1983, 1989), Windes, R. R. & Hastings, A. C. (1969), Wunderlich, D. (1974), Zeleznikow, J. (2006)

第5章　新修辞学

Abbott, D. (1989), Aikin, S. F. (2008), Alexy, R. W. (1978),

Amossy, R. (2009b), Anderson, J. R. (1972), Arnold, C. C. (1986), Bizzell, P. & Herzberg, B. (1990), Centre National Belge de Recherches de Logique (1963), Conley, Th. M. (1990), Corgan, V. (1987), Costello, H. T. (1934), Cox, J. R. (1989), Crosswhite, J. (1989, 1993, 1996), Cummings, L. (2002), Danblon, E. (2009), Dearin, R. D. (1982, 1989), Dunlap, D. D. (1993), Ede, L. S. (1989), Eemeren, F. H. van (2010), Eemeren, F. H. van & Grootendorst, R. (1995), Eemeren, F. H. van, Grootendorst, R. & Kruiger, T. (1981, 1984, 1986, 1987), Eemeren, F. H. van, Grootendorst, R. & Snoeck Henkemans, A. F., with Blair, J. A., Johnson, R. H., Krabbe, E. C. W., Plantin, C., Walton, D. N., Willard, C. A., Woods, J. & Zarefsky, D. (1996), Eubanks, R. (1986), Farrell, Th. B. (1986), Fisher, W. R. (1986), Foss, S. K., Foss, K. & Trapp, R. (2002), Frank, D. A. (2004), Frank, D. A. & Bolduc, M. K. (2003), Frank, D. A. & Driscoll, W. (2010), Gage, J. T. (Ed. 2011), Garssen, B. (2001), Golden, J. L. (1986), Golden, J. L. & Pilotta, J. J. (Eds. 1986), Goodwin, D. (1991, 1992), Grácio, R. A. L. M. (1993), Graff, R. & Winn, W. (2006), Gross, A. G. (1999, 2000), Gross, A. G. & Dearin, R. D. (2003), Haarscher, G. (1986, Ed. 1993, 2009), Haarscher, G. & Ingber, L. (Eds. 1986), Holmström-Hintikka, G. (1993), Johnstone Jr., H. W. (1993), Jørgensen, C. (2009), Karon, L. A. (1989), Kennedy, G. A. (1999), Kienpointner, M. (1983, 1992, 1993), Kluback, W. (1980), Koren, R. (1993, 2009), Laughlin, S. K. & Hughes, D. T. (1986), Leff, M. (2009), Leroux, N. R. (1994), Livnat, Z. (2009), Macoubrie, J. (2003), Makau, J. M. (1984, 1986), Maneli, M. (1978, 1994), McKerrow, R. E. (1982, 1986), Measell, J. S. (1985), Meyer, M. (1982a, 1986a, 1986b, Ed. 1989), Mickunas, A. (1986), Morresi, R. (2003), Nimmo, D. & Mansfield, M. W. (1986), Oakley, T. V. (1997), Olbrechts-Tyteca, L. (1963), Pavčnik, M. (1993), Pearce, K. C. & Fadely, D. (1992), Perelman, C. (1933, 1963, 1970, 1971, 1976, 1979a, 1979c, 1980, 1982, 1984), Perelman, C. & Olbrechts-Tyteca, L. (1958, 1966, 1969, 2008), Perelman, C., Zyskind, H., Kluback, W., Becker, M., Jacques, F., Barilli, R., Olbrechts-Tyteca, L., Apostel, L., Haarscher, G., Robinet, A., Meyer, M., van Noorden, S., Vasoli, C., Griffin-Collart, E., Maneli, M., Gadamer, H. -G., Raphael, D. D., Wroblewski, J., Tarello, G. & Foriers, P. (1979), Pilotta, J. J. (1986), Plantin, C. (2009b), Ray, J. W. (1978), Rees, M. A. van (2005, 2006, 2009), Reve, K. van het (1977), Rieke, R. D. (1986), Schiappa, E. (1985, 1993), Schuetz, J. (1991), Scult, A. (1976, 1985, 1989), Seibold, D. R., McPhee, R. D., Poole, M. S., Tanita, N. E. & Canary, D. J. (1981), Tindale, C. W. (1996, 2004, 2010b), Tordesillas, A. (1990), Toulmin, S. E. (1958), Walker, G. B. & Sillars, M. O. (1990), Wallace, K. R. (1989), Walton, D. N. (1992d), Walzer, A., Secor, M. & Gross, A. G. (1999), Warnick, B. (1981, 1997, 2001, 2004), Warnick, B. & Kline, S. L. (1992), Wiethoff, W. E. (1985), Wintgens, L. J. (1993), Yanoshevsky, G. (2009)

第6章　形式论辩进路

第6.1节　形式进路

Barth, E. M. & Krabbe, E. C. W. (1982), Eemeren, F. H. van & Grootendorst, R. (2004), Finocchiaro, M. A. (1996), Fisher, A. (1988), Govier, T. (1987), Hall, R. (1967), Hamblin, C. L. (1970), Johnson, R. H. & Blair, J. A. (1991), Krabbe, E. C. W. (1982b, 1996, 2012b), Lorenzen, P. (1960), Mackenzie, J. D. (1979a, 1979b, 1984, 1985, 1988, 1989, 1990), Massey, G. J. (1975a, 1975b, 1981), Oliver, J. W. (1967), Perelman, C. & Olbrechts-Tyteca, L. (1958, 1969), Scholz, H. (1967), Toulmin, S. E. (1958), Walton, D. N. & Krabbe, E. C. W. (1995), Woods, J. (1995, 2004), Woods, J. & Walton, D. N. (1989)

第 6.2 节　爱尔朗根学派

Barth, E. M. (1980), Barth, E. M. & Krabbe, E. C. W. (1982), Beth, E. W. (1955, 1959, 1970), Hodges, W. (2001), Kamlah, W. & Lorenzen, P. (1967, 1973, 1984), Krabbe, E. C. W. (1978, 2006, 2008), Lorenz, K. (1961, 1968, 1973), Lorenzen, P. (1960, 1961, 1969, 1984, 1987), Lorenzen, P. & Lorenz, K. (1978), Lorenzen, P. & Schwemmer, O. (1973, 1975)

第 6.3 节　辛迪卡系统

Åqvist, L. (1965, 1975), Bachman, J. (1995), Beth, E. W. (1955), Carlson, L. (1983), Hegselmann, R. (1985), Hintikka, J. (1968, 1973, 1976, 1981, 1985, 1987, 1989), Hintikka, J. & Bachman, J. (1991), Hintikka, J. & Hintikka, M. B. (1982), Hintikka, J. & Kulas, J. (1983), Hintikka, J. & Saarinen, E. (1979), Krabbe, E. C. W. (1978, 2006), Saarinen, E. (Ed. 1979)

第 6.4 节　雷切尔论辩学

Rescher, N. (1977, 2007)

第 6.5 节　巴斯与克罗贝形式论辩学

Barth, E. M. (1982), Barth, E. M. & Krabbe, E. C. W. (1982), Barth, E. M. & Martens, J. L. (1977), Eemeren, F. H. van & Grootendorst, R. (1984, 1988, 1992a), Eemeren, F. H. van, Grootendorst, R., Jackson, S. & Jacobs, S. (1993), Grootendorst, R. (1978), Krabbe, E. C. W. (1982a, 1985, 1986, 1988), Walton, D. N. & Krabbe, E. C. W. (1995)

第 6.6 节　汉布林形式论辩学

Hamblin, C. L. (1970, 1971), Hansen, H. V. (2002b), Krabbe, E. C. W. (2009), Krabbe, E. C. W. & Walton, D. N. (2011)

第6.7节　伍兹—沃尔顿方法

Gabbay, D. & Woods, J. (2001), Krabbe, E. C. W. (1993), Mackenzie, J. D. (1979b, 1984, 1990), Walton, D. N. (2007a). Woods, J. (1980, 2004), Woods, J. & Walton, D. N. (1978, 1989)

第6.8节　麦肯泽系统

Carroll, L. (1894), Hamblin, C. L. (1970), Laar, J. A. van (2003a), Mackenzie, J. D. (1979a, 1979b, 1984, 1985, 1988, 1989, 1990, 2007)

第6.9节　沃尔顿与克罗贝集成系统

Walton, D. N. & Krabbe, E. C. W. (1995)

第6.10节　对话轮廓

Eemeren, F. H. van (2010), Eemeren, F. H. van, Houtlosser, P. & Snoeck Henkemans, A. F. (2007), Krabbe, E. C. W. (1992, 1995, 1996, 2001, 2002, 2003), Krabbe, E. C. W. & Laar, J. A. van (2012), Laar, J. A. van (2003a, 2003b), Walton, D. N. (1989a, 1989b, 1996b, 1997, 1999)

第7章　非形式逻辑

第7.1节　非形式逻辑概念

Barth, E. M. & Krabbe, E. C. W. (1982), Carney, J. D. & Scheer, R. K. (1964), Freeman, J. B. (1991, 2011a), Govier, T. (1987), Johnson, R. H. (2000), Johnson, R. H. & Blair, J. A. (2000, 2006), Kahane, H. (1971), Ryle, G. (1954). Walton, D. N. & Krabbe, E. C. W. (1995)

第7.2节 非形式逻辑运动

Battersby, M. E. (1989), Beardsley, M. C. (1950a), Birdsell, D. S. & Groarke, L. (1996), Blair, J. A. (1987, 2004, 2009, 2011b), Blair, J. A. & Johnson, R. H. (1987, Eds. 2011), Brandon, E. P. (1992), Conway, D. (1991), Elder, L. & Paul, R. (2009), Ennis, R. H. (1962, 1982, 1987, 1989), Fisher, A. (1988), Freeman, J. B. (1991, 2005a, 2005b), Gilbert, M. (1997), Goagh, J. & Tindale, C. (1985), Godden, D. M. (2005), Goddu, G. C. (2001), Govier, T. (1980, 1985, 1987), Grennan, W. (1994), Groarke, L. (1992), Groarke, L. & Tindale, C. (2012), Hansen, H. V. (1990, 2011a), Hansen, H. V. & Pinto, R. C. (Eds. 1995), Hitchcock, D. L. (1980, 1985), Hoaglund, J. (2004), Johnson, R. H. (1981, 1996, 2000, 2003, 2006), Johnson, R. H. & Blair, J. A. (1977, 2000, 2006), Kahane, H. (1971), Levi, D. S. (2000), McPeck, J. (1981, 1990), Nosich, G. (1982, 2012), Paul, R. (1982, 1990), Perelman, C. & Olbrechts-Tyteca, L. (1958), Pinto, R. C. (1994), Reed, C. A. (1997), Reed, C. A. & Norman, T. J. (2003), Scriven, M. (1976), Snoeck Henkemans, A. F. (2001), Thomas, S. N. (1973, 1986), Tindale, C. W. (1999, 2004, 2010a), Toulmin, S. E. (1958), Verheij, B. (1999), Vorobej, M. (1995), Walton, D. N. (1992b, 1996a, 1996c, 2007a), Walton, D. N. & Krabbe, E. C. W. (1995), Walton, D. N., Reed C. A. & Macagno, F. (2008), Weddle, P. (1979), Weinstein, M. (1990a), Woods, J. & Walton, D. N. (1989), Yanal, R. J. (1991)

第7.3节 布莱尔与约翰逊对非形式逻辑的贡献

Biro, J. I. & Siegel, H. (1992), Blair, J. A. (2011a), Blair, J. A. & Johnson, R. H. (1987), Freeman, J. B. (1988), Govier, T. (1999), Hamblin, C. L. (1970), Johnson, R. H. (1990, 1992, 1996, 2000, 2003), Johnson, R. H. & Blair, J. A. (1983, 1994, 2006), Leff,

M.（2000），Little，J. F.，Groarke，L. A. & Tindale，C. W.（1989），Rees，M. A. van（2001），Seech，Z.（1993），Tindale，C. W.（1999），Woods，J.（1994）

第7.4节　非诺基亚罗的历史经验研究进路

Finocchiaro，M. A.（1980，1989，2005a，2005b，2010），Pinto，R. C.（2007），Wagemans，J. H. M.（2011a），Woods，J.（2008）

第7.5节　戈维尔对非形式逻辑核心议题的理论探讨

Allen，D.（1990），Blair，J. A.（2013），Govier，T.（1985，1987，2010），Wellmann，C.（1971），Wisdom，J.（1991）

第7.6节　认识论进路

Adler（2013），Battersby，M. E.（1989），Biro，J. I. & Siegel，H.（2006a），Botting. D.（2010，2012a），Eemeren，F. H. van（2012），Feldman，R.（1994，1999），Fogelin，R. J. & Duggan，T. J.（1987），Freeman，J. B.（2005a），Garssen，B. & Laar，J. A. van（2010），Goldman，A. I.（1994，1999），Hansen，H. V. & Pinto，R. C.（1995），Hitchcock，D. L.（1985，1998），Johnson，R. H.（2000），Lumer，C.（1988，1990，2000，2003，2005a，2010，2012），Pinto，R. C.（2001，2006，2009，2010），Siegel，H. & Biro，J. I.（1997，2008，2010），Toulmin，S. E.（1958），Weinstein，M.（1994，2002，2006）

第7.7节　弗里曼关于论证结构和论证可接受性的研究

Beardsley，M. C.（1950a），Cohen，J. L.（1992），Eemeren，F. H. van & Grootendorst，R.（1984，1992a），Freeman，J. B.（1991，2005a，2005b，2011a），Grice，H. P.（1975），Hart，H. L. A.（1951），Krabbe，E. C. W.（2007），Plantinga，A.（1993），Pollock，J. L.（1995），Reed，C. A. & Rowe，G. W. A.（2004），Rescher，N.（1977），Snoeck Henkemans，A. F.（1992，1994），Thomas，S. N.（1986），Walton，D. N.（1996a），Wigmore，J. H.（1931）

第 7.8 节 沃尔顿论论证型式与对话类型

Eemeren, F. H. van & Kruiger, T. (1987), Garssen, B. (2001), Grennan, W. (1997), Hastings, A. C. (1963), Kienpointner, M. (1992), McBurney, P. & Parsons, S. (2001), Gordon, T. F., Prakken, H. & Walton, D. N. (2007), Wagemans, J. H. M. (2011b), Walton, D. N. (1989, 1996a, 1996b, 1997, 1998b, 2002b, 2008a, 2008b, 2010), Walton, D. N. & Krabbe, E. C. W. (1995), Walton, D. N., Reed, C. A. & Macagno, F. (2008), Woods, J. & Walton, D. N. (1989)

第 7.9 节 汉森关于谬误理论、方法以及一些关键概念的研究

Hansen, H. V. (2002a, 2002b, 2006, 2011a, 2011b, 2011c), Hansen, H. V. & Pinto, R. C. (1995), Hansen, H. V. & Walton, D. N. (2013), Hintikka, J. (1987), Johnson, R. H. (2000), Walton, D. N. (1996b, 2006), Woods, J. & Hansen, H. V. (1997)

第 7.10 节 希契柯克对非形式逻辑的理论贡献

Eemeren, F. H. van, Grootendorst, R. & Kruiger, T. (1984), Freeman, J. B. (1991), Girle, R., Hitchcock, D. L., McBurney, P. & Verheij, B. (2004), Hitchcock, D. L. (2002b, 2002c, 2003, 2005a, 2006b, 2011b), Jenicek, M., Croskerry, P. & Hitchcock, D. L. (2011), Jenicek, M. & Hitchcock, D. L. (2005), Johnson, R. H. (1996), Johnson, R. H. & Blair, J. A. (2000), McBurney, P., Hitchcock, D. L. & Parsons, S. (2007), Perelman, C. & Olbrechts-Tyteca, L. (1969)

第 7.11 节 廷戴尔的修辞学研究进路

Bakhtin, M. M. (1981, 1986), Blair, J. A. (2000) Eemeren, F. H. van & Grootendorst, R. (1995), Schulz, P. (2006), Sperber, D. & Wilson, D. (1986), Tindale, C. W. (1999, 2004, 2006, 2010a)

第8章 交流学与修辞学

第8.1节 交流学与修辞学的发展

Cohen, H. (1994), Winans, J. A. & Utterback, W. E. (1930), Yost, M. (1917)

第8.2节 辩论传统

Baker, G. P. (1895), Baker, G. P. & Huntington, H. B. (1905), Branham, R. J. (1991), Chesebro, J. W. (1968, 1971), Dauber, C. E. (1988), Dewey, J. (1916), Ehninger, D. & Brockriede, W. (1963), Eemeren, F. H., van & Houtlosser, P. (Eds. 2002), Fadely, L. D. (1967), Foster, W. T. (1908), Freeley, A. J. & Steinberg, D. L. (2009), Goodnight, G. Th. (1980, 1991), Gray, G. W. (1954), Guthrie, W. (1954), Hastings, A. C. (1962), Howell, W. S. (1940), Hultzen, L. S. (1958), Ivie, R. L. (1987), *Journal of the American Forensic Association* (1982), Kaplow, L. (1981), Laycock, C. & Scales, R. L. (1904), Lewinski, J. D., Metzler, B. R. & Settle, P. L. (1973), Lichtman, A., Garvin, C. & Corsi, J. (1973), Lichtman, A. J. & Rohrer, D. M. (1980), Mills, G. E. (1964), Mitchell, G. (1998), Nadeau, R. (1958), Patterson, J. W. & Zarefsky, D. (1983), Rieke, R. D. & Sillars, M. O. (1975), Rowell, E. Z. (1932), Shaw, W. C. (1916), Warnick, B. & Inch, E. S. (1989), Whately, R. (1963), Willard, C. A. (1976), Windes, R. R. & Hastings, A. C. (1969), Zarefsky, D. (1969, 1982)

第8.3节 理论化起点

Brockriede, W. (1992), Burleson, B. R. (1979, 1980), Farrell, T. B. (1977), Hample, D. (1977a, 1977b, 1978, 1979a, 1979b, 1980, 1981, 1978, 1992), Kneupper, C. W. (1979), McKerrow, R. E.

（1977），O'Keefe，D. J. （1992），Wenzel，J. W. （1992），Willard，C. A. （1976，1978，1983，1989，1996），Young，M. J. & Launer，M. K（1995），Zarefsky，D. （1980，1995）

第 8.4 节　历史政治分析

Brockriede，W. （1992），Campbell，J. A. （1993），Cohen，H.（1994），Leff，M. C. （2003），Leff，M. C. & Mohrmann，G. P. （1993），Newman，R. P. （1961），Schiappa，E. （2002），Williams，D. C. ，Ishiyama，J. T. ，Young，M. J. & Launer，M. K. （1997），Young，M. J. & Launer，M. K（1995），Zarefsky，D. （1980，1986，1990）

第 8.5 节　修辞学研究

Bitzer，L. F. （1999），Brummett，B. （1999），Ehninger，D.（1970），Fahnestock，J. （2011），Farrel，T. B. （1999），Finnegan，C. A. （2003），Fisher，W. R. （1987），Gross，A. （1990），Hunter，A.（Ed. 1990），Johnstone Jr. ，H. W. （1959，1970，1983），Keith，W.（Ed. 1993），Kellner，H. （1989），Lucaites，J. L. & Condit，C. M.（1999），McBurney，J. H. （1994），McCloskey，D. N. （1985），Natanson，M. & Johnstone Jr. ，H. W. （1965），Nelson，J. S. ，Megill，A. & McCloskey，D. N. （Eds. 1987），Prelli，L. J. （1989），Schiappa，E.（2001），Schiappa，E. & Swartz，O. （1994），Scott，R. L. （1999），Simons，H. W. （1990）

第 8.6 节　论证领域和论证空间

Balthrop，V. W. （1989），Biesecker，B. （1989），Birdsell，D. S.（1989），Dauber，C. E. （1988，1989），Dunbar，N. R. （1986），Goodnight，G. Th. （1980，1982，1987a，1987b，2012），Goodnight，G. Th. & Gilbert，K. （2012），Gronbeck，B. E. （Ed. 1989），Hazen，M. D. & Hynes，T. J. （2011），Holmquest，A. H. （1989），Hynes，T. J. （1989），Klumpp，J. F. ，Riley P. & Hollihan，T. H. （1995），Lyne，J. （1983），Mandziuk，R. M. （2011），Palczewski，C. H. （2002，2012），Peters，

T. N. （1989），Rowland，R. C. （1992，2012），Schiappa，E. （1989，2012），Sillars，M. O. （1981），Toulmin，S. E. （1972，2003），Willard，C. A. （Ed. 1982，1992），Zarefsky，D. （1992，2012）

第8.7节　规范语用学

Eemeren，F. H. van （1990），Goodwin，J. （2005，2007），Jacobs，S. （1998，2000），Manolescu，B. I. （2006），Kauffeld，F. J. （1998，2009）

第8.8节　说服研究中的论证

Amjarso，B. （2010），Eagly，A. H. & Chaiken，S. （1993），Hoeken，H. （1999），O'Keefe，D. J. （2002），O'Keefe，D. J. & Jackson，S. （1995），Petty，R. E. & Cacioppo，J. T. （1986a，1986b）

第8.9节　人际交流中的论证

Aakhus，M. （2003，2011），Aakhus，M. & Lewiński，M. （2011），Benoit，P. J. （1981，1983），Benoit，P. J. & Benoit，W. E. （1990），Canary，D. J.，Brossman，B. G. & Seibold，D. R. （1987），Canary，D. J. & Sillars，M. O. （1992），Canary，D. J.，Weger，H. & Stafford，L. （1991），Craig，R. T. & Tracy，K. （Eds. 1983，2005，2009），Eemeren，F. H. van，Grootendorst，R.，Jackson，S. & Jacobs，S. （1993），Hample，D. （2005），Hample，D.，Warner，B. & Young，D. （2009），Hicks，D. & Eckstein，J. （2012），Jackson，S. （1983，1992），Jackson，S. & Jacobs，S. （1980，1982），Jacobs，S. （1989），Jacobs，S. & Jackson，S. （1981，1982，1983，1989），Johnson，K. L. & Roloff，M. E. （2000），O'Keefe，B. J. & Benoit，P. J. （1982），Putnam，L. L.，Wilson，S. R.，Waltman，M. S. & Turner，D. （1986），Sacks，H.，Schegloff，E. A. & Jefferson，G. （1974），Trapp，R. （1990），Weger，H. （2001，2002，2013），Willard，C. A. （1989）

第9章 语言学进路

第9.2节 格赖兹自然逻辑

Borel, M. – J. (1989, 1991, 1992), Borel, M. – J., Grize, J. – B. & Miéville, D. (1983), Campos, M. (2010), Culioli, A. (1990, 1999), Gattico, E. (2009), Gomez Diaz, L. M. (1991), Grize, J. – B. (1982, 1986, 1996, 2004), Herman, T. (2010), Maier, R. (1989), Piaget, J. (1923), Piaget, J. & Beth, E. W. (1961), Sitri, F. (2003)

第9.3节 迪克罗和安孔布尔语义进路

Anscombre, J. – C. & Ducrot, O. (1983, 1989), Apothéloz, D., Brandt P. – Y. & Quiroz, G. (1991), Atayan, V. (2006), Bassano, D. (1991), Bassano, D. & Champaud, C. (1987a, 1987b, 1987c), Carel, M. (1995, 2001, 2011), Carel, M. & Ducrot, O. (1999, 2009), Ducrot, O. (1980, 1984, 1990, 2001, 2004), Ducrot, O., Bourcier, D., Bruxelles, S., Diller, A. – M., Foucquier, E., Gouazé, J., Maury, L., Nguyen, T. B., Nunes, G., Ragunet de Saint-Alban, L., Rémis, A. & Sirdar-Iskander, Chr. (1980), Eemeren, F. H. van & Grootendorst, R. (1994a), Grize, J. – B. (1996), Iten, C. (2000), Lundquist, L. (1987), Meyer, M. (1986b), Moeschler, J. & Spengler, N. de (1982), Nølke, H. (1992), Puig, L. (2012), Quiroz, G., Apothéloz, D. & Brandt, P. – Y. (1992), Rocci, A. (2009), Snoeck Henkemans, A. F. (1995a, 1995b), Verbiest, A. E. M. (1994), Verhagen, A. (2007), Žagar, I. Ž. (1995b, Ed. 1996)

第9.4节 法语区话语分析进路

Amossy, R. (1991, Ed. 1999, 2001, 2002, 2005, 2006, 2009a, 2010), Amossy, R. & Herschberg Pierrot, A. (Eds. 2011), Barthes, R. (1988), Caffi, C. I. & Janney, R. W. (1994), Doury, M. (1997,

2004a, 2004b, 2005, 2006, 2009), Koren, R. & Amossy, R. (Eds. 2002), Lausberg, H. (1960), Plantin, C. (1990, 1995, 1997, 2002, 2003, 2004a, 2004b, 2005, 2009a, 2009b, 2010, 2011), Plantin, C., Doury, M. & Traverso, V. (2000), Scherer, K. R. (1984), Ungerer, F. (1997)

第9.5节 卢加诺语义语用进路

Eemeren, F. H. van & Grootendorst, R. (1992a, 2004), Eemeren, F. H. van & Houtlosser, P. (2002b), Greco Morasso, S. (2011), Palmieri, R. (2009), Rigotti, E. (2009), Rigotti, E. & Greco [Morasso], S. (2004, 2006, 2009, 2010), Rigotti, E. & Rocci, A. (2005), Rocci, A. (2008), Wierzbicka, A. (1997)

第10章 语用论辩论证理论

Aakhus, M. (2003), Albert, H. (1975), Amjarso, B. (2010), Andone, C. (2010, 2012, 2013), Austin, J. L. (1975), Barth, E. M. & Krabbe, E. C. W. (1982), Bermejo-Luque, L. (2011), Biro, J. & Siegel, H. (1992, 2006a, 2006b), Blair, J. A. (2006), Bonevac, D. (2003), Botting, D. (2010, 2012a), Clark, H. (1979), Cosoreci Mazilu, S. (2010), Crawshay-Williams, R. (1957), Cummings, L. (2005), Dijk, T. A. van & Kintsch, W. (1983), Doury, M. (2004b, 2006), Eemeren, F. H. van (1986, 1987a, 1990, 2002, Ed. 2009, 2010, 2012, 2013a, 2013b, 2014), Eemeren, F. H. van & Garssen, B. (Eds. 2008, 2009, 2010a, 2011), Eemeren, F. van, Garssen, B. & Meuffels, B. (2009, 2012a, 2012b), Eemeren, F. H. van, Garssen, B. & Wagemans, J. (2012), Eemeren, F. H. van, Glopper, K. de, Grootendorst, R. & Oostdam, R. (1995), Eemeren, F. H. van & Grootendorst, R. (1984, 1990, 1991a, 1991b, 1992a, 1992b, 1994b, 1994c, 1996, 1999, 2002, 2004, 2006, 2007, 2008, 2009, 2010, 2011, 2013), Eemeren, F. H. van, Grootendorst, R., Jackson, S. & Jacobs, S. (1993), Eemeren, F. H. van, Grootendorst, R. & Kruiger, T. (1978, 1981), Eemeren, F. H. van, Grootendorst, R. & Meuffels, B. (1984, 1985, 1987, 1989, 1990), Eemeren, F. H. van, Grootendorst, R. & Snoeck Henkemans, A. F. (2002a, 2002b, 2004, 2006a, 2006b, 2006c), Eemeren, F. H. van, Grootendorst, R. & Snoeck Henkemans, A. F., with Blair, J. A., Johnson, R. H., Krabbe, E. C. W., Plantin, C., Walton, D. N., Willard, C. A., Woods, J. & Zarefsky, D. (1996), Eemeren, F. H. van & Houtlosser, P. (1999, 2000a, 2000b, 2002a, 2002b, 2003a, 2003b, 2007, 2008), Eemeren, F. H. van, Houtlosser, P., Ihnen [Jory], C. & Lewiński, M. (2010), Eemeren, F. H. van, Houtlosser, P. & Snoeck Henkemans, A. F. (2007, 2011), Eemeren, F. H. van, Jackson, S. & Jacobs, S. (2011), Eemeren, F. H. van, Meuffels, B. & Verburg, M. (2000), Fairclough, N. (1995), Feteris, E. T. (1989, 1999, 2002, 2009), Finocchiaro, M. (2006), Fisher, A. (2004), Foss, S., Foss, K. & Trapp, R. (1985), Frank, D. A. (2004), Garssen, B. J. (1997, 2002, 2009), Garssen, B. & Laar, J. A. van (2010), Garver, E. (2000), Gerber, M. (2011), Gerlofs, J. M. (2009), Gerritsen, S. (1999), Gilbert, M. A. (1997, 2001, 2005), Goodnight, G. T. & Pilgram, R. (2011), Goodwin, J. (1999), Greco Morasso, S. (2009), Grice, H. P. (1989), Groarke, L. (1995), Habermas, J. (1971, 1981, 1994, 1996), Hall, P. A. & Taylor, R. C. R. (1996), Hamblin, C. L. (1970), Hample, D. (2003, 2007), Hansen, H. (2003), Hietanen, M. (2005), Hohmann, H. (2002), Houtlosser, P. (1995, 2003), Hymes, D. (1972), Ieţcu-Fairclough, I. (2009), Ihnen Jory, C. (2010, 2012b), Jackson, S. (1992, 1995), Jackson, S. & Jacobs, S. (2006), Jacobs, S. (1987), Jacobs, S. & Aakhus, M. (2002), Jansen, H. (2003, 2005), Johnson, R. H. (1995, 2000, 2003), Jungslager, F. S. (1991), Kauffeld, F. (2006), Kennedy, G. A. (1994), Kloosterhuis, H. T. M. (2002, 2006), Kock, C. (2003b, 2007), Koetsenruijter, A. W. M. (1993), Krabbe, E. C. W. (2002),

Kutrovátz, G. (2009), Laar, J. A. van (2008), Labrie (2012), Levinson, S. C. (1992), Lewiński, M. (2010b), Lumer, C. (2010, 2012), Lunsford, A., Wilson, K. & Eberly, R. (2009), Mohammed, D. (2009), Muraru, D. (2010), Oostdam, R. J. (1991), Perelman, C. & Olbrechts-Tyteca, L. (1969), Pike, K. L. (1967), Pinto, R. C. & Blair, J. A. (1989), Plug, H. J. (1999, 2000a, 2000b, 2002, 2010, 2011), Poppel, L. van (2011, 2013), Poppel, L. van & Rubinelli, S. (2011), Popper, K. R. (1972, 1974), Rees, M. A. van (1989, 1991, 1992a, 1992b, 1994a, 1994b, 1995a, 1995b, 2001, 2003, 2009), Rigotti, E. & Rocci, A. (2006), Searle, J. R. (1969, 1979, 1995), Siegel, H. & Biro, J. (2010), Slot, P. (1993), Smith, E. E. & Medin, D. L. (1981), Snoeck Henkemans, A. F. (1992, 2005, 2009a, 2009b, 2011), Swearingen, C. J. & Schiappa, E. (2009), Tindale, C. W. (1999, 2004), Tonnard, Y. M. (2011), Toulmin, S. E. (1976), Tseronis, A. (2009), Verbiest, A. E. M. (1987), Viskil, E. (1994), Wagemans, J. H. M. (2009, 2011), Walton, D. N. (1991a, 1991b, 1992a, 1998b, 1999, 2007a), Walton, D. N. & Krabbe, E. C. W. (1995), Wenzel, J. W. (1990), Wohlrapp, H. (2009), Woods, J. (1991, 2004, 2006), Woods, J. & Walton, D. N. (1989), Wreen, M. J. (1994), Zemplén, G. A. (2008), Zenker, F. (2007a, 2007b).

第 11 章　论证与人工智能

第 11.1 节　人工智能中的论证

Bench-Capon, T. J. M. & Dunne, P. E. (2007), Prakken, H. & Vreeswijk, G. A. W. (2002), Rahwan, I. & Simari, G. R. (Eds. 2009), Reed, C. A. & Norman, T. J. (2004, Eds. 2004)

第 11.2 节　非单调逻辑

Antonelli, G. A. (2010), Bratko, I. (2001), Gabbay, D. M.,

Hogger, C. J. & Robinson, J. A. (Eds. 1994), Gelfond, M. & Lifschitz, V. (1988), Ginsberg, M. L. (1994), Kowalski, R. A. (2011), Kyburg, H. E. (1994), Makinson, D. (1994), Nute, D. (1994), Reiter, R. (1980)

第 11.3 节 可废止推理

d'Avila Garcez, A. S., Lamb, L. C. & Gabbay, D. M. (2009), Bondarenko, A., Dung, P. M., Kowalski, R. A. & Toni, F. (1997), Gómez Lucero, M., Chesñevar, C. & Simari, G. (2009, 2013), Hart, H. L. A. (1951), Hitchcock, D. L. (2001, 2002a), Loui, R. P. (1995), Pollock, J. L. (1987, 1995), Prakken, H. (2005a, 2010), Toulmin, S. E. (2003), Verheij, B. (1996a)

第 11.4 节 抽象论证

Baroni, P., Caminada, M. & Giacomin, M. (2011), Caminada, M. (2006), Dung, P. M. (1995), Dunne, P. E. (2007), Dunne, P. E. & Bench-Capon, T. J. M. (2003), Egly, U., Gaggl, S. A. & Woltran, S. (2010), Jakobovits, H. & Vermeir, D. (1999), Pollock, J. L. (1994), Verheij, B. (1996b, 2007)

第 11.5 节 结构论证

Amgoud, L., Cayrol, C., Lagasquie-Schiex, M. C. & Livet, P. (2008), Antoniou, G., Billington, D., Governatori, G. & Maher, M. (2001), Besnard, P. & Hunter, A. (2008), Bondarenko, A., Dung, P. M., Kowalski, R. A. & Toni, F. (1997), Cayrol, C. & Lagasquie-Schiex, M. C. (2005), Chesñevar, C. I., Simari, G. R., Alsinet, T. & Godo, L. (2004), Falappa, M. A., Kern-Isberner, G. & Simari, G. R. (2002), García, A. J., & Simari, G. R. (2004), Gordon, T. F., Prakken, H. & Walton, D. N. (2007), Hage, J. C. (1997), Modgil, S. (2005), Poole, D. L. (1985), Prakken, H. (1997), Simari, G. R. & Loui, R. P. (1992), Verheij, B. (2003a, 2005a, 2005b), Vreeswijk,

G. A. W. (1997)

第11.6节　论证型式

Bex, F. J., Prakken, H., Reed, C. & Walton, D. N. (2003), Eemeren, F. H. van & Grootendorst, R. (1992a), Eemeren, F. H. van, Grootendorst, R. & Kruiger, T. (1978, 1984), Eemeren, F. H. van & Kruiger, T. (1987), Garssen, B. (2001), Hastings, A. C. (1963), Kienpointner, M. (1992), Perelman, C. & Olbrechts-Tyteca, L. (1969), Rahwan, I., Zablith, F. & Reed, C. (2007), Reed, C. A. & Rowe, G. W. A. (2004), Reed, C. A. & Tindale, C. W. (Eds. 2010), Verheij, B. (2003b), Walton, D. N., Reed, C. A. & Macagno, F. (2008)

第11.7节　论证对话

Alexy, R. (1978), Amgoud, L. (2009), Ashley, K. D. (1990), Atkinson, K. & Bench-Capon, T. J. M. (2007), Atkinson, K., Bench-Capon, T. J. M. & McBurney, P. (2005, 2006), Barth, E. M. & Krabbe, E. C. W. (1982), Bench-Capon, T. J. M., Freeman, J. B., Hohmann, H. & Prakken, H. (2004), Bench-Capon, T. J. M., Geldard, T. & Leng, P. H. (2000), Bench-Capon, T. J. M., Prakken, H. & Sartor, G. (2009), Brewka, G. (2001), Dignum, F., Dunin-Kęplicz, B. & Verbrugge, R. (2001), Girle, R., Hitchcock, D. L., McBurney, P. & Verheij, B. (2004), Gordon, T. F. (1993, 1995), Gordon, T. F. & Karacapilidis, N. (1997), Habermas, J. (1973), Hage, J. C. (2000), Hage, J. C., Leenes, R. & Lodder, A. R. (1993), Hofstadter, D. (1996), Lodder, A. R. (1999), Lorenzen, P. & Lorenz, K. (1978), Loui, R. P. (1987, 1998). Loui, R. & Norman, J. (1995), Loui, R., Norman, J., Altepeter, J., Pinkard, D., Craven, D., Linsday, J. & Foltz, M. A. (1997), Mackenzie, J. D. (1979), McBurney, P. & Parsons, S. (2002a, 2002b, 2009), McBurney, P., Hitchcock, D. L. & Parsons, S. (2007), Parsons, S., Sierra, C. & Jennings, N. R. (1998), Prakken, H. (2005b, 2006b, 2009), Prakken, H. & Sartor, G. (1996,

1998), Rahwan, I., Ramchurn, S. D., Jennings, N. R., McBurney, P., Parsons, S. & Sonenberg, E. (2003), Rao, A. & Georgeff, M. (1995), Schwemmer, O. & Lorenzen, P. (1973), Sycara, K. (1989), Vreeswijk, G. A. W. (1993, 1995a, 1995b, 2000), Walton, D. N. & Krabbe, E. C. W. (1995), Wooldridge, M. (2009)

第 11.8 节 规则推理

Dworkin, R. (1978), Gardner, A. (1987), Hage, J. C. (2005), McCarty, L. (1977), Prakken, H. (1993), Sartor, G. (2005), Verheij, B., Hage, J. C. & Herik, H. J. van den (1998)

第 11.9 节 案例推理

Aleven, V. (1997), Aleven, V. & Ashley, K. D. (1997a, 1997b), Ashley, K. D. (1989), Branting, L. K. (1991, 2000), Rissland, E. L. & Ashley, K. D. (1987, 2002), Roth, B. (2003)

第 11.10 节 价值与听众

Bench-Capon, T. J. M. (2003), Bench-Capon, T. J. M. & Sartor, G. (2003), Berman, D. & Hafner, C. (1993)

第 11.11 节 论证支持软件

Bench-Capon, T. J. M., Araszkiewicz, M., Ashley, K., Atkinson, K., Bex, F., Borges, F., Bourcier, D., Bourgine, D., Conrad, J. G., Francesconi, E., Gordon, T. F., Governatori, G., Leidner, J. L., Lewis, D. D., Loui, R. P., McCarty, L. T., Prakken, H., Schilder, F., Schweighofer, E., Thompson, P., Tyrrell, A., Verheij, B., Walton, D. N. & Wyner, A. Z. (2012), Braak, S. W. van den, Vreeswijk, G. A. W. & Prakken, H. (2007), Chesñevar, C., McGinnis, J., Modgil, S., Rahwan, I., Reed, C., Simari, G., South, M., Vreeswijk, G. A. W. & Willmott, S. (2006), Gelder, T. van (2007), Karacapilidis, N. & Papadias, D. (2001), Kirschner, P. A., Buckingham

Shum, S. J. & Carr, C. S. (Eds. 2003), Kunz, W. & Rittel, H. (1970), Pollock, J. L. (1989), Rittel, H. & Webber, M. (1973), Scheuer, O., Loll, F., Pinkwart, N. & McLaren, B. M. (2010), Suthers, D. (1999), Suthers, D., Weiner, A., Connelly, J. & Paolucci, M. (1995), Thagard, P. (1992)

第11.12节 证明责任、证据与论证强度

Bex, F. J. (2011), Bex, F. J., Koppen, P. van, Prakken, H. & Verheij, B. (2010), Bex, F. J. & Verheij, B. (2012), Dung, P. M. & Thang, P. M. (2010), Fenton, N. E., Neil, M. & Lagnado, D. A. (2012), Fitelson, B. (2010), Hepler, A. B., Dawid, A. P. & Leucari, V. (2007), Hunter, A. (2013), Jensen, F. V. & Nielsen, T. D. (2007), Josephson, J. R. & Josephson, S. G. (Eds. 1996), Kjaerulff, U. B. & Madsen, A. L. (2008), Pearl, J. (1988, 2009), Pollock, J. L. (2006, 2010), Prakken, H. & Sartor, G. (2007, 2009), Riveret, R., Rotolo, A., Sartor, G., Prakken, H. & Roth, B. (2007), Talbott, W. (2011), Taroni, F., Aitken, C., Garbolino, P. & Biedermann, A. (2006), Verheij, B. (2012), Zukerman, I., McConachy, R. & Korb, K. (1998)

第11.13节 应用与案例研究

Atkinson, K. (2012), Buckingham Shum, S. & Hammond, N. (1994), Crosswhite, J., Fox, J., Reed, C. A., Scaltsas, T. & Stumpf, S. (2004), Elhadad, M. (1995), Fox, J. & Das, S. (2000), Fox, J. & Modgil, S. (2006), Grasso, F. (2002), Grasso, F., Cawsey, A. & Jones, R. (2000), Green, N. (2007), Hunter, A. & Williams, M. (2010), McCarty, L. (1995), Mochales Palau, R. & Moens, S. (2009), Rahwan, I. & McBurney, P. (2007), Reed, C. A. (1999), Reed, C. A. & Grasso, F. (2007), Teufel, S. (1999)

第 12 章　相关学科与非英语世界的研究

第 12.2 节　批判话语分析

Atkin, A. & Richardson, J. E. (2007), Dijk, T. A. van (2001), Eemeren, F. H. van (2010), Eemeren, F. H. van & Grootendorst, R. (1992a), Fairclough, N. (2001, 2003), Fairclough, I. & Fairclough, N. (2012), Forchtner, B. & Tominc, A. (2012), Fowler, R. & Kress, G. (1979), Ieţcu-Fairclough, I. (2008, 2009), Ihnen [Jory], C. & Richardson, J. E. (2011), Reisigl, M. & Wodak, R. (2009), Simpson, P. (1993), Titscher, S., Meyer, M., Wodak, R. & Vetter, E. (2000), Walton, D. N. (2007b), Walton, D. N., Reed, C. & Macagno, F. (2008), Widdowson, H. G. (1998), Wodak, R. (2009)

第 12.3 节　历史争论分析

Crawshay-Williams, R. (1957), Dascal, M. (1998, 2001, 2007, 2008), Dascal, M. & Boantza, V. D. (Eds. 2011), Eemeren, F. H. van & Garssen, B. (Eds. 2008), Engelhardt, H. T. & Caplan, A. L. (Eds. 1987), Ferreira, A. (2008), Fritz, G. (2008), Kutrovátz, G. (2008), Lessl, T. M. (2008), Machamer, P., Pera, M. & Baltas, A. (Eds. 2000), Marras, C. & Euli, E. (2008), Pera, M. (1994), Regner, A. C. (2008), Saim, M. (2008), Woods, J. H. (1992), Zemplén, G. (2008)

第 12.4 节　说服定量研究

Baesler, J. E. & Burgoon, J. K. (1994), Bowker, J. K. & Trapp, R. (1992), Hample, D. & Benoit, P. (1999), Hample D. & Dallinger, J. (1986, 1987, 1991), Hample, D., Paglieri, F. & Na, L. (2011), Hoeken, H. (2001), Hoeken, H. & Hustinx, L. (2009), Hoeken, H., Timmers, R. & Schellens, P. J. (2012), Hornikx, J. M. A. (2005),

Hornikx, J. & Best, J. de (2011), Hornikx, J. & Hoeken, H. (2007), Kline, S. L. (1995), O'Keefe, D. J. (2006), Sanders, J. A., Gass, R. H. & Wiseman, R. L. (1991), Schreier, M. N., Groeben, N. & Christmann, U. (1995), Šorm, E., Timmers, R. & Schellens, P. J. (2007), Voss, J. F., Fincher-Kiefer, R., Wiley, J. & Ney Silfies, L. (1993)

第12.5节 心理学的论证转向

Hahn & Hornickx (2012), Hahn, Oaksford, Bonnefon & Harris (2011), Mercier (2011, 2012), Mercier & Sperber (2011), Palczewski, Fritch & Parrish (2012), Santibáñez Yañez, C. (2012), Schwarz, Neuman & Biezuner (2000), Schwarz, Neuman & Ilya, M. (2003), Sperber (2000, 2001)

第12.6节 北欧国家的论证研究

Aarnio, A. (1987), Adelswärd, V. (1987, 1988, 1991), Adelswärd, V., Aronsson, K. & Linell, P. (1988), Andersson, J. & Furberg, M. (1974), Bengtsson, M. (2011), Björnsson, G., Kihlbom, U. & Ullholm, A. (2009), Breivega, K. R. (2003), Brumark, Å. (2007), Collin, F., Sandøe, P. & Stefansen, N. C. (1987), Engdahl, E., Glang, M. & O'Brien, A. (2011), Eriksson, L. (1998), Evers, J. (1970), Føllesdal, D., Walloe, L. & Elster, J. (1986), Frumeşelu, M. D. (2007), Gabrielsen, J. (2003, 2008), Gabrielsen, J., Just, S. N. & Bengtsson, M. (2011), Gelang, M. & Kjeldsen, J. E. (2011), Graver, H. – P. (2010), Grinsted, A. (1991), Gunnarsson, M. (2006), Hendricks, V. F. (2007), Hendricks, V. F., Elvang-Gøransson, M. & Pedersen, S. A. (1995), Hietanen, M. (2002, 2003, 2007a, 2007b, 2007c, 2010, 2011a, 2011b), Hintikka, J. & Bachman, J. (1991), Hirsch, R. (1987, 1989, 1991, 1995), Hommerberg, C. (2011), Hultén, P., Hultman, J. & Eriksson, L. T. (2009), Ilie, C. (1994, 1995, 2007), Ilie, C. & Hellspong, L. (1999), Iversen, S. M. (2010), Johannesson, K. (1990), Johansen, A. & Kjeldsen, J. E.

(2005), Jørgensen, C. (1995, 2003, 2007, 2009, 2011), Jørgensen, C. & Kock, C. (1999), Jørgensen, C., Kock, C. & Rørbach, L. (1994, 1998), Jovičič, T. (2003a, 2003b), Just, S. (2003), Juthe (2005, 2009), Kakkuri-Knuuttila, M. - L. (1993, Ed. 1998), Kjeldsen, J. E. (1999a, 1999b, 2002, 2007, 2011a, 2011b), Kjeldsen, J. E. & Grue, J. (2011), Klujeff, M. L. (2008), Kock, C. (2003a, 2007a, 2007b, 2007c, 2009a, 2009b), Kolflaath, E. (2004), Kurki, L. & Tomperi, T. (2011), Kusch, M. & Schröder H. (Eds. 1989), Kvernbekk, T. (2003a, 2003b, 2007a, 2007b, 2009, 2011), Lippert-Rasmussen, K. (2001), Lundquist, L. (1980, 1983, 1987, 1991), Marttunen, M. (1995, 1997), Marttunen, M. & Laurinen, L. (1999, 2007), Marttunen, M., Laurinen, L., Hunya, M. & Litosseliti, L. (2003), Melin, L. (2003), Mral, B., Borg, N. & Salazar, P. - J. (Eds. 2009), Nielsen, F. S. (1997), Paavola, S. (2006), Pajunen, J. (2011), Pedersen, S. H. (2011), Pietarinen, J. (Ed. 1992), Reidhav, D. (2007), Renko, T. (1995), Ritola, J. (1999, 2003, 2004, 2007, 2009, Ed. 2012), Rolf, B. & Magnusson, C. (2003), Rudanko, J. (2009), Sajama, S. (2012), Salminen, T., Marttunen, M. & Laurinen, L. (2003, 2010, 2012), Sandvik, M. (1995, 1999, 2007), Seppänen, M. (2007), Sigrell, A. (1995, 1999, 2003, 2007), Siitonen, A. & Halonen, I. (1997), Skouen, T. (2009), Thurén, L. (1995), Tirkkonen-Condit, S. (1985, 1987), Tomic, T. (2002, 2007a, 2007b), Torkki, J. (2006), Tuominen, M. (2001), Vapalahti, K., Marttunen, M. & Laurinen, L. (2013), Wallgren-Hemlin, B. (1997), Walton, P. - A. (1970), Wilkins, R. & Isotalus, P. (Eds. 2009), Wolrath Söderberg, M. (2012), Yrjönsuuri, M. (1995, Ed. 2001)

第 12.7 节　德语世界的论证研究

Apel, K. O. (1988), Apeltauer, E. (1978), Berk, U. (1979), Bose, I. & Gutenberg, N. (2003), Deimer, G. (1975), Depperman, A. & Hartung, M. (2003), Frixen, G. (1987), Gerhardus, D., Kledzig, S. M. & Reitzig, G. H. (1975), Grewendorf, G. (1975, 1980), Gruber, H. (1996), Gutenberg, N. (1984, 1987), Habermas, J. (1971, 1973, 1981, 1991), Hannken-Illjes, K. (2006, 2007, 2011), Herbig, A. F. (1992), Hoppmann, M. (2012), Kienpointner, M. (1991, 1992, 1993, 1996), Kindt, W. (1988, 1992a, 1992b), Klein, J. (1987), Kopperschmidt, J. (1975, 1976a, 1976b, 1977, 1978, 1980, 1987, 1989a, 1989b, 1990, Ed. 1990, 1991, 1995, Ed. 2006), Kraus, M. (2006, 2007, 2012), Leeten, L. (2011), Lueken, G. -L. (1991, 1992, 1995), Luettich, E. W. B. (2007), Lumer, C. (1990, 1991, 2005b, 2011), Mengel, P. (1991, 1995), Öhlschläger, G. (1979), Rehbein, J. (1995), Sandig, B. & Püschel, U. (Eds. 1992), Schank, G. & Schwittala, J. (1987), Schanze, H. (Ed. 1974), Schwitalla, J. (1987), Strecker, B. (1976), Ueding, G. & Jens, W. (Eds. 1992, 1994), Volquardsen, B. (1995), Wohlrapp, H. (1977, 1987, 1990, 1991, 1995, 2009), Zillig, W. (1982)

第 12.8 节　荷兰语世界的论证研究

Braet, A. (1979 - 1980, 1987, 1995, 1996, 1999, 2004, 2007), Braet, A. & Schouw, L. (1998), Drop, W. & de Vries, J. H. L. (1974), Hastings, A. C. (1962), van den Hoven, P. J. (1984, 2012), Schellens, P. J. (1985, 1991), Schellens, P. J. & de Jong, M. (2004), Schellens, P. J. & Verhoeven. , G. (1988)

第 12.9 节　法语世界的论证研究

法国

Breton, P. (1996), Charaudeau, P. (1992, 2008, 2011), Demaître-Lahaye, C. (2011), Dichy, J. (2003), Douay-Soublin, F. (1990a, 1990b, 1994a, 1994b), Doury M. & Traverso, V. (2000), Doury, M. , Plantin, C. & Traverso. V. (Eds. 2000), Dufour, M. (2008, 2010), Dumarsais, C. C. (1988), Eabrasu, M. (2009), Eemeren, F. H. van & Grootendorst, R. (1996), Fontanier, P. (1968), Maingueneau, D. (1994, 1996), Raccah, P. – Y. (2006, 2011), Reboul, O. (1988, 1990, 1991), Spranzi, M. (2004a, 2004b, 2011), Vignaux, G. (1976, 1988, 1999, 2004), Woods, J. & Walton, D. N. (1992)

瑞士

Adam, J. – M. (2004), Adam, J. – M. & Bonhomme, M. (2003), Auchlin, A. (1981), Bonhomme, M. (1987, 1998, 2005, 2006), Burger, M. (2005), Burger, M., Jacquin, J. & Micheli, R. (Eds. 2011), Burger, M. & Martel, G. (Eds. 2005), Ducrot, O., Bourcier, D., Bruxelles, S., Diller, A. – M., Foucquier, E., Gouazé, J., Maury, L., Nguyen, T. B., Nunes, G., Ragunet de Saint-Alban, L. Rémis, A. & Sirdar-Iskander, C. (1980), Filliettaz, L. & Roulet, E. (2002), Herman, T. (2005, 2008a, 2008b, 2011), Jacquin, J. (2012), Maillat, D. & Oswald, S. (2009, 2011), Micheli, R. (2010, 2012), Moeschler, J. (1985), Oswald, S. (2007, 2010, 2011), Roulet, E. (1989, 1999), Roulet, E., Auchlin, A., Moeschler, J., Rubattel, C. & Schelling, M. (1985), Roulet, E., Filliettaz, L., Grobet A. & Burger M. (2001), Saussure, L. de (2010), Saussure, L. de & Oswald, S. (2009)

加拿大

Angenot, M. (1982, 2004), Breton, P. & Gauthier, G. (2011), Gauthier, G. (2004), Martel, G. (2008), Vincent, D. (2009)

比利时

Barthes, R. (1970), Danblon, E. (2002, 2004, 2005, 2013), Frydman, B. & Meyer, M. (Eds. 2012), Groupe μ (1970, 1981, 1992), Meyer, M. (1976, 1982a, 1982b, 1986b, 1988, 2000, 2008)

第 12.10 节 意大利语世界的论证研究

Barilli, R. (1969), Bigi, S. (2011, 2012), Canale, D. & Tuzet, G. (2008, 2009, 2010, 2011), Cantū, P. & Testa, I. (2006, 2011), Castelfranchi, C. & Paglieri, F. (2011), Cattani, A [delino] (1990, 1995, 2001), Cattani, A [delino], Cantū, P., Testa, I. & Vidali, P. (Eds. 2009), Cattani, A [nnalisa] (2003, 2007, 2009), Cavazza, N.

(2006), D'Agostini, F. (2010, 2011), Eco, U. (1987), Eemeren, F. H. van (2014), Eemeren, F. H. van & Grootendorst, R. (2008), Eemeren, F. H. van, Grootendorst, R. & Snoeck Henkemans, A. F. (2011), Ferrari, A. & Manzin, M. (Eds. 2004), Garavelli, M. B. (1989), Gilardoni, A. (2008), Grasso, F. & Paris, C. (2011), Groupe μ (1970), Gulotta, G. & Puddu, L. (2004), Lausberg, H. (1969), Manfrida, G. (2003), Manzin, M. (2012a, 2012b), Manzin, M. & Puppo, F. (Eds. 2008), Mazzi, D. (2007a, 2007b), Novani, S. (2011a, 2011b), Pera, M. (1991, 1994), Perelman, C. & Olbrechts-Tyteca, L. (1958, 1966), Piazza, F. (2004, 2008), Rubinelli, S. (2009), Rubinelli, S. Nakamoto, K. & Schulz, P. J. (2008), Rubinelli, S. & Zanini, C. (2012), Schulz, P. J. & Rubinelli, S. (2008), Segre, C. (1985), Stati, S. (2002), Tomasi, S. (2011), Valesio, P. (1980), Vincze, L. (2010), Zanini, C. & Rubinelli, S. (2012)

第12.11节 东欧的论证研究

波兰

Ajdukiewicz, K. (1965, 1974), Budzynska, K. (2011, 2012), Budzynska, K. & Dębowska, K. (2010), Budzynska, K., Dębowska-Kozłowska, K., Kacprzak, M. & Załeska, M. (2012), Budzynska, K. & Kacprzak, M. (2008), Budzynska, K., Kacprzak, M. & Rembelski, P. (2009), Budzynska, K. & Reed, C. (2012), Chesnevar, J. McGinnis, Modgil, S., Rahwan, I., Reed, C., Simari, G., South, M., Vreeswijk, G. A. W. & Willmott, S. (2006), Dębowska, K. (2010), Dunin-Kęplicz, B., Strachocka, A., Szałas, A. & Verbrugge, R. (2012), Dunin-Kęplicz, B. & Verbrugge, R. (2010), Gentner, D. (1983), Hołówka, T. (2005), Jaśkowski, S. (1948), Kamiński, S. (1962), Korolko, M. (1990), Koszowy, M. (2004, 2011, 2013), Lichański, J. Z. (1992), Łoziński, P. (2011, 2012), Łuszczewska-Romahnowa, S. (1966), Marciszewski, W. (1969), Reed, C. & Rowe, G. (2004), Selinger, M. (2005, 2010, 2012). Skulska, J. (2013), Suchoń, W.

(2005), Szymanek, K. (2001, 2009), Szymanek, K., Wieczorek, K. & Wójcik, A. S. (2004), Tarski, A. (1995), Tokarz, M. (1987, 1993, 2006), Wasilewska-Kamińska, E. (2013), Wieczorek, K. (2007), Yaskorska, O., Kacprzak, M. & Budzynska, K. (2012), Załęska, M. (2011, 2012, Ed. 2012), Ziembiński, Z. (1955), Ziomek, J. (1990)

匈牙利

Aczél, P. (2009, 2012), Kertész, A. & Rákosi, C. (2009), Komlósi, L. I. (1990, 1997, 2003, 2006, 2007, 2008), Komlósi, L. I. & Knipf, E. (1987), Komlósi, L. I. & Tarrósy, I. (2010), Kutrovátz, G. (2010), Margitay, T. (2004), Simonffy, Z. (2010), Tarnay, L. (1982, 1986, 1990, 1991, 2003), Zemplén, G. A. (2008, 2011)

斯洛文尼亚

Bregant, J. & Vezjak, B. (2007), Grabnar, B. (1991), Žagar, I. Ž. (1991, 1995a, 1999, 2000, 2002, 2008, 2010, 2011), Žagar, I. Ž. & Grgič, M. (2011), Žagar, I. Ž. & Schlamberger Brezar, M. (2009), Zidar Gale, T., Žagar, Ž. I. & Žmavc, J. (2006), Žmavc, J. (2008a, 2008b, 2012)

克罗地亚

Hasanbegović, J. (1988), Kišiček, G. & Stanković, D. (2011), Nikolić, D. & Tomić, D., (2011), Škarić, I. (2011), Visković, N. (1997)

保加利亚

Alexandrova, D. (1984, 1985, 1997, 1999, 2006, 2008), Apostolova, G. (1994, 1999, 2011, 2012), Bakalov, G. (1924), Eemeren, F. H. van & Grootendorst, R. (2006, 2009), Lewiński, M. (2010a, 2010b), Mavrodieva, I. (2010), Perelman, C. (1968, 1969, 1974, 1979b), Perelman, C. & Olbrechts-Tyteca, L. (1969), Polya, G. (1968), Radeva, V. (2000, 2006), Sivilov, L. (1981, 1993), Spassov, D. (1980), Stefanov, V. (2001, 2003), Stefanova, N. (2012),

Toshev, A. (1901), Vas (s) il (i) ev, K. (1989), Vedar, J. (2001)

罗马尼亚

Constantinescu, M., Stoica, G. & Uţă Bărbulescu, O. (Eds. 2012), Dascălu Jinga, L. (2002), Eemeren, F. H. van & Grootendorst, R. (2010), Ganea, A. (2011, 2012), Ganea, A. & Gâţă, A. (2009, 2010), Gâţă, A. (2007, 2010), Houtlosser, P. (1998), Ieţcu, I. (2006), Ieţcu-Preoteasa, I. (2006), Ionescu Ruxăndoiu, L. (2008, 2010), Marga, A. (1992, 2009, 2010), Mazilu, S. (2010), Muraru D. (2010), Perelman, C. & Olbrechts-Tyteca, L. (1969), Sălăvăstru, C. (2003), Scripnic, G. (2011, 2012a, 2012b), Tuţescu, M. (1986, 1998), Zafiu, R. (2003, 2010)

马其顿

Dimiškovska [Trajanoska], A. (2001, 2006, 2009, 2010, 2011), Eemeren, F. H. van, Grootendorst, R. & Snoeck Henkemans, A. F. (2006a), Memedi, V. (2007, 2011), Miovska-Spaseva, S. & Ačkovska-Leškovska, E. (2010)

第 12.12 节　俄罗斯与原苏联其他地区的论证研究

亚美尼亚

Alekseyev, A. P. (1991), Brutian, G. [A]. (1991, 1992, 1998), Brutian, G. & Markarian, H. (1991), Brutian, G. A. & Narsky, I. S. (Eds. 1986), Brutian, L. (1991, 2003, 2007, 2011), Djidjian, R. (1992), Eemeren, F. H. van, Grootendorst, R. & Snoeck Henkemans (2004), Hovhannisian, H. (2006)

俄罗斯

Baranov, A. N. (1990), Besedina, Y. V. (2011), Briushinkin, V. (2000, 2008, 2010), Cherkasskaya, N. (2009), Dolinina, I. B. (1992, 2007), Eemeren, F. H. van & Grootendorst, R. (1992b, 1994c), Eemeren, F. H. van, Grootendorst, R. & Snoeck Henkemans, A. F. (2002b), Gol [o] ubev, V. (1999, 2001, 2002a, 2002b, 2007,

2009), Goudkova, K. (2009), Goudkova, K. V. & Tretyakova, T. P. (2011), Guseva, O. A. (2006), Ivin, A. (1997), Kalashnikova, S. (2007), Kasyanova, J. (2008), Kiseliova, V. V. (2006), Kluev, E. (1999), Lisanyuk, E. (2008, 2009, 2010, 2011, 2013), Maslennikova, A. A. & Tretyakova, T. P. (2003), Migunov, A. I. (2002, 2004, 2005, 2007a, 2007b, 2009, 2011), Oshchepkova, N. (2004), Povarnin, S. I. (1923), Puchkova, A. (2011), Puckova, Y. V. (2006), Rozhdestvensky, Y. (2000), Ruchkina, Y. (2009), Saltykova Y. A. (2011), Sentenberg, I. V. & Karasic, V. I. (1993), Smirnova, A. V. (2007), Sukhareva, O. (2010), Vassiliev, L. (1994), Vas [s] il [i/y] ev, L. G. (1999, 2003, 2007), Vasilyanova, I. M. (2007), Volkova, N. (2005), Walton, D. N. (2002a)

白俄罗斯

Tchouechov, V. (1993, 1999, 2011), Vasilyeva, A. L. (2011, 2012), Yaskevich, Y. (1993, 1999, 2003, 2007)

第12.13节　西班牙语世界的论证研究

Adrian, T. (2011), Alburquerque (1995), Alcolea Banegas, J. (2007), Alexy, R. (1978), Álvarez, G. (1996, 2007), Álvarez, N. & Sánchez, I. (2001), Amestoy, M. (1995), Andone, C. (2012), Bentancur, L. (2009), Bermejo-Luque, L. (2007, 2011), Biro, J. & Siegel, H. (2011), Carbonell, F. (2011), Cárdenas, A. (2005), Cardona, N. K. (2008), Carrascal, B. & Mori, M. (2011), Comesaña, J. (1998), Crespo, N. (1995, 2005), Crespo, C. & Farfán, R. (2005), Cuenca, M. J. (1995), Ducrot, O. (1986), Eemeren, F. H. van (2013b), Eemeren, F. H. van & Grootendorst, R. (2007, 2011, 2013), Eemeren, F. H. van, Grootendorst, R. & Snoeck Henkemans, A. F. (2006c), Feteris (2007), Freeman, J. B. (2011b), Fuentes, C. & Kalawski, A. (2007), Gómez, A. L. (2003, 2006), Haidar, J. (2010), Harada, E. (Ed. 2011), Hitchcock, D. L. (2011), Huerta, M. (2009), Ihnen [Jory], C. (2012a, 2012b), Ihnen [Jory], C. &

Richardson, J. E. (2011), Jelvez, L. (2008), Kennedy, G. (1999), Korta, K. & Garmendia, J. (Eds. 2008), Lanzadera, M., García, F., Montes, S. & Valadés, J. (2007), Leal Carretero, F., Ramírez González, C. F. & Favila Vega, V. M. (Eds. 2010), López, C. (2007), López, C. & Vicuña, A. M. (2011), López de la Vieja, M. T. (2010), Marafioti, R. (2003, 2007), Marafioti, R., Dumm, Z. & Bitonte, M. E. (2007), Marafioti, R., Pérez deMedina, E. & Balmayor, E. (Eds. 1997), Marinkovich, J. (2000, 2007), Marraud, H. (2013), Martínez [Solis], M. C. (2005, 2006, 2007), Meza, P. (2009), Miranda, T. (1998, 2002), Monzón, L. (2011), Navarro, M. G. (2009, 2011), Nettel, A. N. (2011), Nettel, A. N. & Roque, G. (2012), Noemi, C. (2011), Olmos, P. & Vega, L. (2011), Ortega de Hocevar, S. (2003, 2008), Osorio, J. (2006), Padilla, C. (1997), Padilla, C. & López, E. (2011), Parodi, G. (2000), Peón, M. (2004), Pereda, C. (1992a, 1992b), Perelman, C. (1977), Perelman, C. & Olbrechts-Tyteca, L. (1958), Pineda, O. (2004), Pinto, R. C. (2011), Poblete, C. (2003), Posada, P. (2010), Prakken, H. (2013), Prian, J. (2007), Puig, L. (2012), Quintrileo, C. (2007), Reygadas, P. (2005), Reygadas, P. & Guzman, J. (2007), Rivano, E. (1984, 1999), Roque, G. (2008, 2010, 2011a, 2011b), Santibáñez Yanez, C. (2010a, 2010b, 2010c, 2012a, 2012b, 2012c), Urbieta, L. & Carrascal, B. (2007), Valenzuela, R. (2009), Vaz Ferreira, C. (1945), Vega, L. (2005), Vega, L. & Olmos, P. (2007, Eds. 2011), Vicuña Navarro, A. M. (2007), Walton, D. N. & Krabbe, E. C. W. (2013), Yun Xie (2012), Zubiria, J. de (2006)

第 12.14 节　葡萄牙语世界的论证研究

葡萄牙

Borges, H. F. (2005, 2009), Calheiros, M. C. (2008), Carrilho, M. M. (1990, 1992, 1995, Ed. 1994), Carrilho, M. M., Meyer, M. & Timmermans, B. (1999), Carvalho, J. C. & Carvalho, A. (Eds. 2006),

Coelho, A. (1989), Cunha, P. F. & Malato, M. L. (2007), Cunha, T. C. (2004), Damele, G. (2011, 2012), Damele, G., Dogliani, M., Matropaolo, A., Pallante, F. & Radicioni, D. P. (2011), Ferreira, I. & Serra, P. (Eds. 2011), Gaspar, A. (1998), Gil, F. (Ed. 1999), Grácio, R. A. (1993, 1998, 2010, 2011), Lewiński, M. (2010a, 2010b, 2013), Lewiński, M. & Mohammed, D. (2013), Macagno, F. & Walton, D. N. (2010), Marques, C. M. (2010), Marques, M. A. (2007a, 2007b, 2011), Mohammed, D. (2011, 2013), Perelman, C. (1977), Pinto, R. (2006, 2010), Ribeiro, H. J. (Ed. 2009, Ed. 2012, Ed. 2013), Ribeiro, H. J. & Vicente, J. N. (2010), Seara, I. R. (2010a, 2010b), Seara, I. R. & Pinto, R. (2011), Serra, J. P. (2009), Silva, J. V. (2004), Vicente, J. N. (2009)

巴西

Adeodato, J. M. (2009), Barros, D. L. P. de (2011), Bustamante, T. R. (2012), Camargo, M. M. L. (2010a, 2010b), Dascal, M. (1993, 1994, 2005, 2009), Dias, A. (2008), Discini, N. (2008), Faria, A. A. M. (2001), Ferraz Jr., T. S. (1997a, 1997b), Ferreira, A. (2009, 2010, Ed. 2012), Focas, J. D. (2010), Guimarães, E. R. J. (1987), Hoffnagel, J. C. (2010), Koch, I. G. V. (1984), Leitão, S. (2000), Lima, H. M. R. (2011), Melo Souza Filho, O. (2011), Monteiro, C. S. (2006), Mosca, L. L. S. (Ed. 2006), Orlandi, E. (2000), Orlandi, E. & Lagazzi-Rodrigues, S. (2006), Paiva, C. Gomes (2004), Perelman, C. & Olbrechts-Tyteca, L. (1958), Plantin, C. (2005), Regner, A. C. (2007, 2009, 2011), Rodrigues, S. G. C. (2010), Roesler, C. (2004), Roesler, C. & Senra, L. (2012), Roesler, C. & Tavares da Silva, P. (2012), Santos, C. M. M., Mafaldo, M. P. & Marreiros, A. C. (2003), Silva, V. A. da (2007, 2009, 2011), Souza, W. E. de & Machado, I. L. (Eds. 2008), Toulmin, S. E. (2001a)

第 12.15 节　以色列的论证研究

Azar, M. (1995, 1999), Inbar, M. (1999), Livnat, Z. (2014),

Mann, W. C. & Thompson, S. A. (1988), Pery-Borissov, V. & Yanoshevsky, G. (2011), Ribak, R. (1995), Schwed, M. (2003, 2005), Yanoshevsky, G. (2011)

第12.16节　阿拉伯世界的论证研究

Abderrahmane, T. (1985, 1987), Abdullatif, I. (2012a, 2012b), Abdul Raof, H. (2006), Alaoui, H. F. (Ed. 2010), Al-Dahri, Amina (2011), Al-Shaba'an, A. (2008), Azzawi, A. B. (1990, 2006, 2010), Hatim, B. (1990, 1991), Naqqari, H. (Ed. 2006), Omari, M. el (1986), Radi, R. al (2010), Sammoud, H. (Ed. 1999)

第12.17节　日本的论证研究

Becker, C. (1983), Hazen, M. D. (1982), Ishii, S. (1992), Itaba, Y. (1995), Iwashita, M. (1973), Kanke, T. (2007), Kanke, T. & Morooka, J. (2011), Klopf, D. (1973), Konishi, T. (2007), Matlon, R. J. (1978), Morrison, J. L. (1972), Okabe, R. (1986 – 1988, 1989, 1990, 2002), Okuda, H. (2007, 2011), Palczewski, C. (1989), Suzuki, T. (1989, 2001, 2007, 2008, 2012), Suzuki, T. & Eemeren, F. H. van (2004), Suzuki, M., Hasumi, J., Yano, Y. & Sakai, K. (2011), Suzuki, T. & Kato, T. (2011), Suzuki, T. & Matsumoto, S. (2002)

第12.18节　中国的论证研究

Benthem, J. van (2009), Hu, Zhuanglin (1995), Ju, Shier (2010), Liang, Qingyin & Xie, Yun (2011), Perdue, D. E. (1992), Rogers, K. (2009), Ruan, Song (1991 – 1992a, 1991 – 1992b, 1991 – 1992c, 1991 – 1992d, 1991 – 1992e), Shi, Xu (1995), Shi, Xu & Kienpointner, M. (2001), Stcherbatsky, F. Th. (2011a, 2011b), Toulmin, S. E. (2003), Wu, Hongzhi (2009), Xie, Yun (2008), Xie, Yun & Xiong, Minghui (2011), Xiong, Minghui (2010), Xiong, Minghui & Zhao, Yi (2007)

中译本论证书籍

Browne，M. N. & Keeley，S. M. （2004，Chinese 2006），Eemeren，F. H. van & Grootendorst，R. （1991b，2002），Eemeren，F. H. van，Grootendorst，R. & Snoeck Henkemans，A. F. （2006b），Feteris，E. T.（2005），Moore，B. N. & Parker，R. （2009，Chinese 2007），Paul，R. & Elder，L. （2002，Chinese 2010）.

按字母排序的参考文献

Aakhus, M. (2003). Neither naï ve nor critical reconstruction. Dispute mediators, impasse and the design of argumentation. *Argumentation*, 17 (3), 265 – 290.

Aakhus, M. (2011). Crafting interactivity for stakeholder engagement. Transforming assumptions about communication in science and policy. *Health Physics*, 101 (5), 531 – 535.

Aakhus, M., & Lewinski, M. (2011). Argument analysis in large-scale deliberation. In E. T. Feteris, B. Garssen, & A. F. Snoeck Henkemans (Eds.), Keeping in touch with pragmadialectics. *In honor of Frans H. van Eemeren* (pp. 165 – 184). Amsterdam: John Benjamins.

Aarnio, A. (1987). *The rational as reasonable. A treatise on legal justification.* Dordrecht: Reidel.

Abbott, D. (1989). The jurisprudential analogy. Argumentation and the new rhetoric. In R. D. Dearin (Ed.), *The new rhetoric of Chaïm Perelman. Statement & response* (pp. 191 – 199). Lanham: University Press of America.

Abderrahmane, T. (1985). *Essai sur les logiques des raisonnements argumentatifs et naturels* [A treatise on deductive and natural argumentation and its models] Vol. 4. Doctoral dissertation, Sorbonne Univerisity, Paris.

Abderrahmane, T. (1987). *Fī Uṣūl al -Ḥiwār wa Tajdīd ʻIlm al-Kalām* [On the basics of dialogue and the renovation of Islamic scholastics]. Beirut: Markaz al-Thaqāfī al-ᶜ Arabī. (3rd ed. 2007).

Abdullatif, I. (2012a). *Istratijiyyā t al-Iqnā' wa al-Ta'thīr fi al-Khitāb al-Siyāsi*: *Khutab a-Ra'īis al-Sadāt Namūthajan* [Persuasion strategies in political discourse. President Sadat's speeches as a model]. Cairo: al-Hay'a al-Misriyya al- 'Āmma lil-Kitāb.

Abdullatif, I. (2012b). *Albalāgha wa Ttawāsul 'Abr al-Thaqāfāt* [Rhetoric and cross-cultural communication]. Cairo: al-Hay'a al- 'Ā mma li Quṣūr al-Thaqāfa.

AbdulRaof, H. (2006). *Arabic rhetoric. A pragmatic analysis.* London-New York: Routledge.

Abelson, R. (1960 – 1961). In defense of formal logic. *Philosophy and Phenomenological Research*, 21, 333 – 346.

Aberdein, A. (2006). The uses of argument in mathematics. In D. L. Hitchcock & B. Verheij (Eds.), *Arguing on the Toulmin model. New essays in argument analysis and evaluation* (pp. 327 – 339). Dordrecht: Springer.

Aczél, P. (2009). *Új retorika* [New rhetoric]. Bratislava: Kalligram Könyvkiadó.

Aczél, P. (2012). *Médiaretorika* [Media rhetoric]. Budapest: Magyar Mercuris.

Adam, J. – M. (2004). Une approche textuelle de l'argumentation. "Schema", sequence et phrase périodique [A textual approach to argumentation. "Scheme", sequence, and periodic sentence]. In M. Doury & S. Moirand (Eds.), *L'Argumentation aujourd'hui. Positions théoriques en confrontation* [*Argumentation today. Confrontation of theoretical positions*] (pp. 77 – 102). Paris: Presses de la Sorbonne Nouvelle.

Adam, J. – M., & Bonhomme, M. (2003). *L'argumentation publicitaire. Rhétorique de l'éloge et de la persuasion. L'analyse du divers aspects du discours publicitaire* [Argumentation in advertising. Rhetoric of eulogy and persuasion. The analysis of different aspects of advertising discourse]. Paris: Nathan. (1st ed. 1997).

Adelswärd, V. (1987). The argumentation of self in job interviews. In F. H. van Eemeren, R. Grootendorst, J. A. Blair, & C. A. Willard (Eds.),

Argumentation. Analysis and practices. Proceedings of the conference on argumentation 1986 (pp. 327 –336). Dordrecht-Providence: Foris.

Adelswärd, V. (1988). *Styles of success. On impression management as collaborative action in job interviews.* Linköping: University of Linköping: Linköping Studies in Arts and Science.

Adelswärd, V. (1991). The use of formulations in the production of arguments. A study of interviews with conscientious objectors. In F. H. van Eemeren, R. Grootendorst, J. A. Blair, & C. A. Willard (Eds.), *Proceedings of the second international conference on argumentation organized by the International Society for the Study of Argumentation at the University of Amsterdam, June* 19 –22, 1990 (pp. 591 –603). Amsterdam: Sic Sat.

Adelswärd, V., Aronsson, K., & Linell, P. (1988). Discourse of blame. Courtroom construction of social identity from the perspective of the defendant. *Semiotica*, 71, 261 –284.

Adeodato, J. M. (2009). *A retórica constitucional (sobre tolerância, direitos humanos e outros fundamentos éticos do direito positivo)* [Constitutional rhetoric (about tolerance, human rights and other ethical foundations of positive law)]. São Paulo: Saraiva.

Adler, J. (2013). Are conductive arguments possible? *Argumentation*, 27 (3), 245 –257.

Adler, J. E., & Rips, L. J. (Eds.). (2008). *Reasoning. Studies of human inference and its foundations.* Cambridge: Cambridge University Press.

Adrian, T. (2011). *El uso de la metáfora en Rómulo Betancourty Hugo Chávez* [The use of metaphor in Rómulo Betancourt and Hugo Chávez]. Madrid: EAE Editorial Academia Española.

Aikin, S. F. (2008). Perelmanian universal audience and the epistemic aspirations of argument. *Philosophy & Rhetoric*, 41 (3), 238 –259.

Ajdukiewicz, K. (1965). The problem of foundation. In K. Ajdukiewicz (Ed.), The foundation of statements and decisions. *Proceedings of the international colloquium on methodology of sciences held in Warsaw*, 18 –23 *September* 1961 (pp. 1 –11). Warszawa: PWN-Polish Scientific Publishers.

Ajdukiewicz, K. (1974). *Pragmatic logic.* Dordrecht: D. Reidel & PWN-Polish Scientific Publishers. (Original work published in 1965). [English trans. by O. Wojtasiewicz of Logika pragmatyczna, Warsaw: PWN-Polish Scientific Publishers].

Alaoui, H. F. (Ed.). (2010). *al-Ḥ ijāj. Mafhūmuhu wa Majālātuhu* [Argumentation. The concept and the fields]. Irbid: ᶜAlam al-Kutub al-ḥadith.

Albert, H. (1969). *Traktatüber kritische Vernunft* [Treatise on critical reason] (2nd ed.) Tübingen: Mohr. (1st ed. 1968, 2nd ed. 1975, 5th improved and enlarged ed. 1991).

Albert, H. (1975). *Traktat über kritische Vernunft* [Treatise on critical reason] (2nd ed.) Tübingen: Mohr. (1st ed. 1968, 5th improved and enlarged ed. 1991).

Alburquerque (1995). *El arte de hablar en público. Seis retóricas famosas* [The art of public speaking. Six famous rhetorics]. Madrid: Visor Libros.

Alcolea Banegas, J. (2007). Visual arguments in film. In F. H. van Eemeren, J. A. Blair, C. A. Willard, & B. Garssen (Eds.), *Proceedings of the sixth conference of the International Society for the Study of Argumentation* (pp. 35 – 41). Amsterdam: Sic Sat.

Al-Dahri, A. (2011). *Al-Ḥijāj wa Binā' al-Khitāb* [Argumentation and the structure of discourse]. Casa Blanca: Manshūrāt al-Madāris.

Alekseyev, A. P. (1991). *Argumentacia, pzonaniye, obsheniye* [Argumentation, cognition, communication]. Moscow: Moscow University Press.

Aleven, V. (1997). *Teaching case-based reasoning through a model and examples.* Doctoral dissertation, University of Pittsburgh.

Aleven, V., & Ashley, K. D. (1997a). Evaluating a learning environment for case-based argumentation skills. In *Proceedings of the sixth international conference on Artificial Intelligence and Law* (pp. 170 – 179). New York: ACM Press.

Aleven, V., & Ashley, K. D. (1997b). Teaching case-based argumentation through a model and examples. Empirical evaluation of an intelligent learning environment. In B. du Boulay & R. Mizoguchi (Eds.), Artificial intelligence in education. *Proceedings of AI-ED 97 world conference* (pp. 87 – 94). Amsterdam: IOS Press.

Alexandrova, D. (1984). *Античните извори на реториката* [Antique sources of rhetorics]. Sofia: Sofia University Press.

Alexandrova, D. (1985). *Проблеми на реториката* [Problems of rhetoric]. Sofia: Nauka I izkustvo.

Alexandrova, D. (1997). Реторическата аргументация-същност на продуктивния диалог в обучението [The rhetorical argumentation-a basis of productive dialogue in teaching]. *Pedagogika*, 5, 37 – 45.

Alexandrova, D. (1999). Хаим Перелман и неговата "Нова реторика" или Трактат по аргументация [Chaim Perelman and his "New Rhetoric" or Treatise on argumentation]. *Filosofski alternativi*, 3 – 4, 29 – 46.

Alexandrova, D. (2006). *Метаморфози на реториката през XX век* [Metamorphoses of rhetoric in the twentieth century]. Sofia: Sofia University Press.

Alexandrova, D. (2008). *Основи на реториката* [Fundaments of rhetoric]. Sofia: Sofia University Press.

Alexy, R. (1978). *Theorie der juristischen Argumentation. Die Theorie des rationale Diskurses as Theorie der juristischen Begründung* [A theory of legal argumentation. The theory of rational discourse as theory of juridical justification]. Frankfurt am Main: Suhrkamp. (Spanish trans. by M. Atienza and I. Espejo as Teoría de la argumentación jurídica. Madrid: Centro de Estudios Constitucionales, 1989).

Allen, D. (1990). Critical study. Trudy Govier's Problems in argument analysis and evaluation. *Informal Logic*, 12 (1), 1990.

Al-Shaba'an, A. (2008). *Al-Ḥijāj bayna al-Minwā l wa al-Mithāl* [Argumentation between theory and practice]. Tunis: Maskilyāni Publishers.

Álvarez, G. (1996). *Textos y discursos. Introducción a la lingüística del texto* [*Texts and discourses*. Introduction to textual linguistics]. Concepción: Universidad de Concepción.

Álvarez, J. F. (2007). The risk of arguing. From persuasion to dissuasion. In F. H. van Eemeren, J. A. Blair, C. A. Willard, & B. Garssen (Eds.), *Proceedings of the sixth conference of the International Society for the Study of Argumentation* (pp. 65 – 71). Amsterdam: Sic Sat.

Álvarez, N., & Sánchez, I. (2001). El discurso argumentativo de los escolares venezolanos [Venezuelan students' argumentative discourse]. *Letras*, 62, 81 – 96.

Amestoy, M. (1995). *Procesos básicos del pensamiento* [Basic processes of thinking]. Mexico: Instituto Tecnológico Autónomo de México.

Amgoud, L. (2009). Argumentation for decision making. In I. Rahwan & G. R. Simari (Eds.), *Argumentation in artificial intelligence* (pp. 301 – 320). Dordrecht: Springer.

Amgoud, L., Cayrol, C., Lagasquie-Schiex, M. C., & Livet, P. (2008). On bipolarity in argumentation frameworks. *International Journal of Intelligent Systems*, 23 (10), 1062 – 1093.

Amjarso, B. (2010). *Mentioning and then refuting an anticipated counterargument. A conceptual and empirical study of the persuasiveness of a mode of strategic manoeuvring*. Doctoral dissertation, University of Amsterdam.

Amossy, R. (1991). *Les idées reçues. Sémiologie du stereotype* [Generally accepted ideas. Semiology of the stereotype]. Paris: Nathan.

Amossy, R. (2001). Ethos at the crossroads of disciplines. Rhetoric, pragmatics, sociology. *Poetics Today*, 22 (1), 1 – 23.

Amossy, R. (2002). How to do things with doxa. Toward an analysis of argumentation in discourse. *Poetics Today*, 23 (3), 465 – 487.

Amossy, R. (2005). The argumentative dimension of discourse. In F. H. van Eemeren & P. Houtlosser (Eds.), *Argumentation in practice* (pp. 87 – 98). Amsterdam-Philadelphia: John Benjamins.

Amossy, R. (2006). *L'argumentation dans le discours* [Argumentation in discourse]. (2nd ed.). Paris: Colin.

Amossy, R. (2009a). Argumentation in discourse. A socio-discursive approach to arguments. *Informal Logic*, 29 (3), 252 – 267.

Amossy, R. (2009b). The new rhetoric's inheritance. Argumentation and discourse analysis. *Argumentation*, 23, 313 – 324.

Amossy, R. (2010). *La présentation de soi. Ethos et identité* [Self-presentation. Ethos and identity]. Paris: Colin.

Amossy, R. (Ed.). (1999). *Images de soi dans le discours. La construction de l'ethos* [Self-images in discourse. The construction of ethos]. Lausanne: Delachaux et Niestle.

Amossy, R. , & Herschberg Pierrot, A. (Eds.). (2011). *Stéréotypes et clichés. Langue, discours, société* [Stereotypes and clichés. *Language*, discourse, society] (3rd ed.). Paris: Colin.

Anderson, J. R. (1972). The audience as a concept in the philosophical rhetoric of Perelman, Johnstone and Natanson. *Southern Speech Communication Journal*, 38 (1), 39 – 50.

Andersson, J. , & Furberg, M. (1974). *Språk och påverkan. Om argumentationens semantic* [Language and practice. The semantics of argumentation]. Stockholm: Aldus/Bonnier. (1st ed. 1966).

Andone, C. (2010). *Maneuvering strategically in a political interview. Analyzing and evaluating responses to an accusation of inconsistency.* Doctoral dissertation, University of Amsterdam.

Andone, C. (2012). Review of Lilian Bermejo-Luque (2009) Giving reasons. A linguistic-pragmatic approach to argumentation theory. *Argumentation*, 26, 291 – 296.

Andone, C. (2013). *Argumentation in political interviews. Analyzing and evaluating responses to accusations of inconsistency.* Amsterdam-Philadelphia: John Benjamins. (Revised version of Andone, 2010).

Andriessen, J. E. B. , Baker, M. J. , & Suthers, D. (2003). *Argumentation*, computer-support, and the educational con tekst of confronting cognitions. In J. Andriessen, M. J. Baker, & D. Suthers (Eds.), *Arguing to learn. Confronting congnitions in computer-supported collaborative learning environments* (pp. 1 – 25). Dordrecht: Kluwer.

Andriessen, J. E. B., & Schwarz, B. B. (2009). Argumentative design. In N. W. Muller Mirza & A. – N. Perret-Clermont (Eds.), *Argumentation and education. The foundation and practices* (pp. 145 – 164). Berlin: Springer.

Angenot, M. (1982). *La parole pamphlétaire. Contributioná la typologie des discours modernes* [Contribution to the typology of modern discourses]. Paris: Payot.

Angenot, M. (2004). *Rhétorique de l'anti-socialisme* [Rhetoric of anti-socialism]. Québec: Presses de l'Université Laval.

Anscombre, J. C. (1994). La nature des topoï [The nature of the topoi]. In J. C. Anscombre (Ed.), *La théorie des topoï* [The theory of the topoi] (pp. 49 – 84). Paris: Kimé.

Anscombre, J. C., & Ducrot, O. (1983). *L'argumentation dans la langue* [Argumentation in language]. Brussels: Pierre Mardaga.

Anscombre, J. – C., & Ducrot, O. (1989). Argumentativity and informativity. In M. Meyer (Ed.), *From metaphysics to rhetoric* (pp. 71 – 87). Dordrecht: Kluwer.

Antonelli, G. A. (2010). Non-monotonic logic. In E. N. Zalta (Ed.), *The Stanford encyclopedia of philosophy*. Summer 2010 ed. http://plato.stanford.edu/archives/sum2010/entries/logic-nonmonotonic/.

Antoniou, G., Billington, D., Governatori, G., & Maher, M. (2001). Representation results for defeasible logic. *ACM Transactions on Computational Logic*, 2 (2), 255 – 287.

Apel, K. O. (1988). *Diskurs und Verantwortung* [Discourse and responsibility]. Frankfurt am Main: Suhrkamp.

Apeltauer, E. (1978). *Elemente und Verlaufsformen von Streitgesprächen* [Elements and proceedings of disputations]. Doctoral dissertation, Münster University.

Apostolova, G. (1994). Моделиране на диалога [Modelling the dialogue]. *Philosophski Alternativi*, 3, 112 – 122.

Apostolova, G. (1999). *Убеждаващата комуникация. Културната традиция и прагматичните императиви* [Persuasive discourse. Cultural tradition and pragmatic imperatives]. Sofia: Nauka i Izkustvo.

Apostolova, G. (2011). *Английският философски текст. интерпретация и превод* [The texts of English philosophy. Interpretation and translation]. Blagoevgrad: BON.

Apostolova, G. (2012). *Култури и текстове. Интернет, интертекст, интеркултура* [Cultures and texts. Internet, intertext, interculture]. Blagoevgrad: SWU Publishing House.

Apothéloz, D., Brandt, P. -Y., & Quiroz, G. (1991). Champ et effets de la négation argumentative. Contre-argumentation et mise en cause [Domain and effects of argumentative negation. Counterargumentation and calling into question]. *Argumentation*, 6 (1), 99-113.

Åqvist, L. (1965). *A new approach to the logical theory of interrogatives*, I: Analysis. Uppsala: Filosofiska föreningen.

Åqvist, L. (1975). *A new approach to the logical theory of interrogatives. Analysis and formalization.* Tübingen: Narr.

Aristote (1967). *Topiques. Tome I: Livres I-IV* [Topics. Vol. I: Books I-IV]. Text ed., trans., introd., and annotated by J. Brunschwig. Paris: Les belles lettres.

Aristote (1995). *Les réfutations sophistiques* [Sophistical refutations]. Trans., introd., and annotated by L. -A. Dorion. Paris: Vrin & Quebec City: Laval.

Aristote (2007). *Topiques. Tome II: Livres V-VIII* [Topics. Vol. II: Books V-VIII]. Text ed., trans., introd., and annotated by J. Brunschwig. Paris: Les belles lettres.

Aristotele (2007). *Le confutazioni sofistiche* [Sophistical refutations]. Trans., introd., and with comment by P. Fait. Rome: Laterza.

Aristoteles (2014). *Over drogredenen. Sofistische weerleggingen* [On fallacies. Sophistical refutations]. Trans., introd., and annotated by P. S. Hasper & E. C. W. Krabbe. Groningen: Historische uitgeverij. (To be published).

Aristotle (1984). *The complete works of Aristotle. The revised Oxford translation.* 2 volumes. J. Barnes (Ed.). Trans. a. o. by W. A. Pickard-Cambridge (Topics and Sophistical refutations, 1928), J. L. Ackrill (Categories and De interpretatione, 1963), A. J. Jenkinson (Prior analytics), and W. Rhys Roberts (Rhetoric, 1924). Princeton, NJ: Princeton University Press.

Aristotle (1997). *Topics. Books I and VIII with excerpts from related texts.* Trans. with acommentary by R. Smith. Oxford: Clarendon Press (Clarendon Aristotle Series).

Aristotle (2012). Aristotle's Sophistical refutations. A translation (P. S. Hasper trans.). *Logical Analysis and History of Philosophy/Philosophiegeschichte und Logische Analyse*, 15, 13 – 54.

Arnauld, A., & Nicole, P. (1865). *The Port-Royal logic* (T. S. Baynes Trans.) La logique ou l'art de penser (6th ed.). Edinburgh: Oliver and Boyd. (1st ed. 1662).

Arnold, C. C. (1986). Implications of Perelman's theory of argumentation for theory of persuasion. In J. L. Golden & J. J. Pilotta (Eds.), *Practical reasoning in human affairs. Studies in honor of Chaïm Perelman* (pp. 37 – 52). Dordrecht: Reidel.

Ashley, K. D. (1989). Toward a computational theory of arguing with precedents. Accommodating multiple interpretations of cases. In *Proceedings of the second international conference on Artificial Intelligence and Law* (pp. 93 – 102). New York: ACM Press.

Ashley, K. D. (1990). *Modeling legal argument. Reasoning with cases and hypotheticals.* Cambridge, MA: The MIT Press.

Atayan, V. (2006). *Makrostrukturen der Argumentation im Deutschen, Französischen und Italienischen. Mit einem Vorwort von Oswald Ducrot* [Macrostructures of argumentation in German, French and Italian. With a preface of Oswald Ducrot]. Frankfurt am Main: Peter Lang.

Atkin, A., & Richardson, J. E. (2007). Arguing about Muslims. (Un) reasonable argumentation in letters to the editor. *Text and Talk*, 27 (1), 1 – 25.

Atkinson, K. (2012). Introduction to special issue on modelling Popov v. Hayashi. *Artificial Intelligence and Law*, 20, 1-14.

Atkinson, K., & Bench-Capon, T. J. M. (2007). Practical reasoning as presumptive argumentation using action based alternating transition systems. *Artificial Intelligence*, 171, 855-874.

Atkinson, K., Bench-Capon, T. J. M., & McBurney, P. (2005). A dialogue game protocol for multiagent argument over proposals for action. *Autonomous Agents and Multi-Agent Systems*, 11, 153-171.

Atkinson, K., Bench-Capon, T. J. M., & McBurney, P. (2006). Computational representation of practical argument. *Synthese*, 152, 157-206.

Auchlin, A. (1981). Réflexions sur les marqueurs de structuration de la conversation [Reflections on markers of conversational structure]. *Études de Linguistique Appliquee*, 44, 88-103.

Ausín, T. (2006). The quest for rationalism without dogmas in Leibniz en Toulmin. In D. L. Hitchcock & B. Verheij (Eds.), *Arguing on the Toulmin model. New essays in argument analysis and evaluation* (pp. 261-272). Dordrecht: Springer.

Austin, J. L. (1975). *How to do things with words* (2nd ed.). In J. O. Urmson & M. Sbisá (Eds.). Oxford: Oxford University Press. (1st ed. 1962).

Azar, M. (1995). Argumentative texts in newspapers. In F. H. van Eemeren, R. Grootendorst, J. A. Blair, & C. A. Willard (Eds.), *Reconstruction and application. Proceedings of the third ISSA conference on argumentation (University of Amsterdam*, June 21-24, 1994), III (pp. 493-500). Amsterdam: Sic Sat.

Azar, M. (1999). Refuting counter-arguments in written essays. In F. H. van Eemeren, R. Grootendorst, J. A. Blair, & C. A. Willard (Eds.), *Proceedings of the fourth international conference of the International Society for the Study of Argumentation* (pp. 19-21). Amsterdam: Sic Sat.

Azzawi, A. B. (1990). *Quelques connecteurs pragmatiques en Arabe littéraire. Approche argumentaire et polyphonique* [Some pragmatic connectors in literary Arabic. An argumentative and polyphonic approach]. Lille: A. N. R.

T. Doctoral dissertation, Ecole des Hautes Etudes en Sciences Sociales.

Azzawi, A. B. (2006). *Al-Lugha wa al-Ḥijāj* [Language and argumentation]. Casablanca: al-Aḥ madiyya. Beirut: Mu'assast al-Riḥ āb al-Ḥadīthah). (2nd ed. 2009).

Azzawi, A. B. (2010). *Al-Khitāb wa al-Ḥ ijāj* [Discourse and argumentation]. Casablanca: Al-Aḥ madiyya. 2nd ed. Beirut: Mu'assasat al-Riḥāb al –Ḥ adīthah. (1st ed. 2007).

Bachman, J. (1995). Appeal to authority. In H. V. Hansen & R. C. Pinto (Eds.), *Fallacies. Classical and contemporary readings* (pp. 274 – 286). University Park: Pennsylvania State University Press.

Bacon, F. (1975). *The advancement of learning.* In W. A. Armstrong (Ed.). London: Athlone Press. (1st ed. 1605).

Baesler, J. E., & Burgoon, J. K. (1994). The temporal effects of story and statistical evidence on belief change. *Communication Research*, 21, 582 – 602.

Bakalov, G. (1924). *Ораторско изкуство за работници* [Public speaking for workers]. София: Edison. Library Nov Pat 8.

Baker, G. P. (1895). *The principles of argumentation.* Boston: Ginn.

Baker, G. P., & Huntington, H. B. (1905). *The principles of argumentation. Revised and augmented.* Boston: Ginn.

Baker, M. J. (2009). Argumentative interactions and the social construction of knowledge. In N. W. Muller Mirza & A. – N. Perret-Clermont (Eds.), *Argumentation and education. The foundation and practices* (pp. 127 – 144). Berlin: Springer.

Bakhtin, M. M. (1981). *The dialogic imagination. Four essays* (C. Emerson & M. Holquist, trans.). In M. Holquist (Ed.). Austin: University of Texas Press.

Bakhtin, M. M. (1986). *Speech genres and other late essays* (V. W. McGee, trans.). In C. Emerson & M. Holquist (Eds.). Austin: University of Texas Press.

Balthrop, V. W. (1989). Wither the public sphere? An optimistic reading. In B. E. Gronbeck (Ed.), *Spheres of argument. Proceedings of the sixth SCA/AFA conference on argumentation* (pp. 20 – 25). Annandale: Speech Communication Association.

Baranov, A. N. (1990). *Linguisticheskaya teoriya argumentatsii* (kognitivny podhod) [Linguistic theory of argumentation. A cognitive approach]. Doctoral dissertation, University of Moscow.

Barilli, R. (1969). *Poetica e retorica* [Poetics and rhetoric]. Milan: Mursia.

Barnes, J. (Ed.). (1995). *The Cambridge companion to Aristotle*. Cambridge: Cambridge University Press.

Barnes, J., Schofield, M., & Sorabji, R. (1995). Bibliography. In J. Barnes (Ed.), *The Cambridge companion to Aristotle* (pp. 295 – 384). Cambridge: Cambridge University Press.

Baroni, P., Caminada, M., & Giacomin, M. (2011). An introduction to argumentation semantics. *Knowledge Engineering Review*, 26 (4), 365 – 410.

de Barros, D. L. P. (2011). *Preconceito e intolerância. Reflexões linguístico-discursivas.* [Prejudice and intolerance. Linguistic-discursive reflections]. São Paulo: Editora Mackenzie.

Barth, E. M. (1972). *Evaluaties. Rede uitgesproken bij de aanvaarding van het ambt van gewoon lector in de logica met inbegrip van haar geschiedenis en de wijsbegeerte van de logica in haar relatie tot de wijsbegeerte in het algemeen aan de Rijksuniversiteit te Utrecht op vrijdag* 2 *juni* 1972 [Evaluations. Address given at the assumption of duties as profssor of logic including its history and philosophy of logic in relation to philosophy in general at the University of Utrecht on Friday, 2 June 1972]. Assen: van Gorcum.

Barth, E. M. (1978). *Arne Næss en de filosofische dialectiek* [Arne Næss and philosophical dialectics]. In A. Næss (Ed.), Elementaire argumentatieleer (pp. 145 – 166). Baarn: Ambo.

Barth, E. M. (1980). Prolegomena tot de studie van conceptuele structuren [Prolegomena to the study of conceptual structures]. *Algemeen Nederlands tijdschrift voor wijsbegeerte*, 72, 36 – 48.

Barth, E. M. (1982). A normative-pragmatical foundation of the rules of some systems of $formal_3$ dialectics. In E. M. Barth & J. L. Martens (Eds.), *Argumentation. Approaches to theory formation. Containing the contributions to the Groningen conference on the theory of argumentation, October* 1978 (pp. 159 - 170). Amsterdam: John Benjamins.

Barth, E. M., & Krabbe, E. C. W. (1982). *From axiom to dialogue. A philosophical study of logics and argumentation.* Berlin-New York: Walter de Gruyter.

Barth, E. M., & Martens, J. L. (1977). Argumentum ad hominem. From chaos to formal dialectic. The method of dialogue-tableaus as a tool in the theory of fallacy. *Logique et Analyse*, 20, 76 - 96.

Barth, E. M., & Martens, J. L. (Eds.). (1982). *Argumentation. Approaches to theory formation. Containing the contributions to the Groningen conference on the theory of argumentation, October* 1978. Amsterdam: John Benjamins.

Barthes, R. (1970). L'ancienne rhétorique. Aide mémoire [The old rhetoric. A compendium]. *Communications*, 16, 172 - 223.

Barthes, R. (1988). *The semiotic challenge* (trans.: R. Howard). New York: Hill and Wang.

Bartley, W. W., III (1984). *The retreat to commitment* (2nd ed.). La Salle: Open Court. (1st ed. 1962).

Bassano, D. (1991). Opérateurs et connecteurs argumentatifs. Une approche psycholinguistique [Operators and argumentative connectives. A psycholinguistic approach]. *Intellectia*, 11, 149 - 191.

Bassano, D., & Champaud, C. (1987a). Argumentative and informative functions of French intensity modifiers presque (almost), ά peine (just, barely) and ά peu près (about). An experimental study of children and adults. *Cahiers de Psychologie Cognitive*, 7, 605 - 631.

Bassano, D., & Champaud, C. (1987b). Fonctions argumentatives et informatives du langage. Le traitement des modificateurs d'intensité au moins, au plus et bien chez l'enfant et chez l'adulte [Argumentative and informative functions of language. The use of intensifiers (at least, at the most and well) by children and adults]. *Archives de Psychologie*, 55, 3–30.

Bassano, D., & Champaud, C. (1987c). La fonction argumentative des marques de la langue [The argumentative function of discourse markers]. *Argumentation*, 1 (2), 175–199.

Battersby, M. E. (1989). Critical thinking as applied epistemology. Relocating critical thinking in the philosophical landscape. *Informal Logic*, 11, 91–100.

Beardsley, M. C. (1950a). *Practical logic*. Englewood Cliffs: Prentice-Hall.

Beardsley, M. C. (1950b). *Thinking straight. Principles of reasoning for readers and writers*. Englewood Cliffs: Prentice-Hall.

Becker, C. (1983). The Japanese way of debate. *National Forensic Journal*, 1, 141–147.

Bench-Capon, T. J. M. (2003). Persuasion in practical argument using value-based argumentation frameworks. *Journal of Logic and Computation*, 13 (3), 429–448.

Bench-Capon, T. J. M., Araszkiewicz, M., Ashley, K., Atkinson, K., Bex, F., Borges, F., Bourcier, D., Bourgine, D., Conrad, J. G., Francesconi, E., Gordon, T. F., Governatori, G., Leidner, J. L., Lewis, D. D., Loui, R. P., McCarty, L. T., Prakken, H., Schilder, F., Schweighofer, E., Thompson, P., Tyrrell, A., Verheij, B., Walton, D. N., & Wyner, A. Z. (2012). A history of AI and Law in 50 papers. 25 years of the international conference on AI and Law. *Artificial Intelligence and Law*, *I*, 20 (3), 215–319.

Bench-Capon, T. J. M., & Dunne, P. E. (2007). *Argumentation in artificial intelligence. Artificial Intelligence*, 171, 619–641.

Bench-Capon, T. J. M., Freeman, J. B., Hohmann, H., & Prakken, H. (2004). Computational models, argumentation theories and legal practice. In C. A. Reed & T. J. Norman (Eds.), *Argumentation machines. New frontiers in argument and computation* (pp. 85–120). Dordrecht: Kluwer.

Bench-Capon, T. J. M., Geldard, T., & Leng, P. H. (2000). A method for the computational modelling of dialectical argument with dialogue games. *Artificial Intelligence and Law*, 8, 233 – 254.

Bench-Capon, T. J. M., Prakken, H., & Sartor, G. (2009). Argumentation in legal reasoning. In I. Rahwan & G. R. Simari (Eds.), *Argumentation in artificial intelligence* (pp. 363 – 382). Dordrecht: Springer.

Bench-Capon, T. J. M., & Sartor, G. (2003). A model of legal reasoning with cases incorporating theories and values. *Artificial Intelligence*, 150, 97 – 143.

Bengtsson, M. (2011). Defining functions of Danish political commentary. In F. Zenker (Ed.), Argumentation. Cognition and community. *Proceedings of the 9th international conference of the Ontario Society for the Study of Argumentation (OSSA)*, May 18 – 21 (pp. 1 – 11). Windsor, ON. (CD rom).

Benoit, P. J. (1981). The use of argument by preschool children. The emergent production of rules for winning arguments. In G. Ziegelmueller & J. Rhodes (Eds.), *Dimensions of argument. Proceedings of the second summer conference on argumentation* (pp. 624 – 642). Annandale: Speech Communication Association.

Benoit, P. J. (1983). Extended arguments in children's discourse. *Journal of the American Forensic Association*, 20, 72 – 89.

Benoit, P. J., & Benoit, W. E. (1990). To argue or not to argue. In R. Trapp & J. Schuetz (Eds.), *Perspectives on argumentation. Essays in honor of Wayne Brockriede* (pp. 43 – 54). Prospect Heights, IL: Waveland Press.

Bentancur, L. (2009). *El desarrollo de la competencia argumentativa* [The development of argumentative competence]. Montevideo: Quehacer Educativo.

van Benthem, J. (2009). One logician's perspective on argumentation. *Cogency*, 1 (2), 13 – 26.

Berger, F. R. (1977). *Studying deductive logic*. London: Prentice-Hall.

Berk, U. (1979). *Konstruktive Argumentationstheorie* [A constructive theory of argumentation]. Stuttgart-Bad Cannstatt: Frommann-Holzboog.

Berman, D., & Hafner, C. (1993). Representing teleological structure in case-based legal reasoning. The missing link. In *Proceedings of the fourth international conference on Artificial Intelligence and Law* (pp. 50 – 59). New York: ACM Press.

Bermejo-Luque, L. (2006). Toulmin's model of argument and the question of relativism. In D. L. Hitchcock & B. Verheij (Eds.), *Arguing on the Toulmin model. New essays in argument analysis and evaluation* (pp. 71 – 85). Dordrecht: Springer.

Bermejo-Luque, L. (2007). The justification of the normative nature of argumentation theory. In F. H. van Eemeren, J. A. Blair, C. A. Willard, & B. Garssen (Eds.), *Proceedings of the sixth conference of the International Society for the Study of Argumentation* (pp. 113 – 118). Amsterdam: Sic Sat.

Bermejo-Luque, L. (2011). *Giving reasons. A linguistic-pragmatic approach to argumentation theory.* Dordrecht: Springer.

Besedina, Y. V. (2011). *Argumentativnyj diskurs kognitivno-slozhnyh i kognitivno-prostyh lichnostej* [Argumentative discourse of cognitively-complex and cognitively-simple individuals]. Doctoral dissertation, Kaluga State University.

Besnard, P., & Hunter, A. (2008). *Elements of argumentation.* Cambridge, MA: The MIT Press.

Beth, E. W. (1955). Semantic entailment and formal derivability. Amsterdam: North-Holland, 1955 (Mededelingen der Koninklijke Nederlandse Akademie van Wetenschappen, afdeling letterkunde, nieuwe reeks, 18). Reprinted in J. Hintikka (Ed.) (1969), *The philosophy of mathematics* (pp. 9 – 41). London: Oxford University Press.

Beth, E. W. (1959). Considérations heuristiques sur les méthodes de déduction par sequences [Heuristic considerations concerning methods of deduction by sequents]. *Logique et Analyse*, 2, 153 – 159.

Beth, E. W. (1970). *Aspects of modern logic.* In E. M. Barth & J. J. A. Mooij (Eds.). (D. H. J. de Jongh & S. de Jongh-Kearl, trans.). Dordrecht: Reidel. [Trans. of Moderne logica, first published in 1967].

Bex, F. J. (2011). *Arguments, stories and criminal evidence. A formal hybrid theory*. Dordrecht: Springer.

Bex, F. J., van Koppen, P., Prakken, H., & Verheij, B. (2010). A hybrid formal theory of arguments, stories and criminal evidence. *Artificial Intelligence and Law*, 18 (2), 123–152.

Bex, F. J., Prakken, H., Reed, C., & Walton, D. N. (2003). Towards a formal account of reasoning about evidence. Argumentation schemes and generalisations. *Artificial Intelligence and Law*, 11, 125–165.

Bex, F. J., & Verheij, B. (2012). Solving a murder case by asking critical questions. An approach to fact-finding in terms of argumentation and story schemes. *Argumentation*, 26 (3), 325–353.

Biesecker, B. (1989). Recalculating the relation of the public and technical spheres. In B. E. Gronbeck (Ed.), *Spheres of argument. Proceedings of the sixth SCA/AFA conference on argumentation* (pp. 66–70). Annandale: Speech Communication Association.

Bigi, S. (2011). The persuasive role of ethos in doctor-patient interactions. *Communication and Medicine*, 8 (1), 67–76.

Bigi, S. (2012). Evaluating argumentative moves in medical consultations. *Journal of Argumentation in Context*, 1 (1), 51–65.

Bird, O. (1959). The uses of argument. *Philosophy of Science*, 9, 185–189.

Bird, O. (1961). The re-discovery of the topics: Professor Toulmin's inference warrants. *Mind*, 70, 534–539.

Birdsell, D. S. (1989). Critics and technocrats. In B. E. Gronbeck (Ed.), *Spheres of argument. Proceedings of the sixth SCA/AFA conference on argumentation* (pp. 16–19). Annandale: Speech Communication Association.

Birdsell, D. S., & Groarke, L. (1996). Toward a theory of visual argument. *Argumentation and Advocacy*, 33 (1), 1–10.

Biro, J. I., & Siegel, H. (1992). Normativity, argumentation and an epistemic theory of fallacies. In F. H. van Eemeren, R. Grootendorst, J. A. Blair, & C. A. Willard (Eds.), *Argumentation illuminated* (pp. 85–103). Amsterdam: Sic Sat.

Biro, J., & Siegel, H. (1995). Epistemic normativity, argumentation, and fallacies. In F. H. van Eemeren, R. Grootendorst, J. A. Blair & C. A. Willard (Eds.), *Analysis and evaluation. Proceedings of the third ISSA conference on argumentation* (University of Amsterdam, June 21 – 24, 1994), Vol. II (pp. 286 – 299). Amsterdam: Sic Sat.

Biro, J., & Siegel, H. (2006a). In defense of the objective epistemic approach to argumentation. *Informal Logic*, 26 (1), 91 – 101.

Biro, J., & Siegel, H. (2006b). Pragma-dialectic versus epistemic theories of arguing and arguments. Rivals or partners? In P. Houtlosser & A. van Rees (Eds.), *Considering pragmadialectics. A festschrift for Frans H. van Eemeren on the occasion of his 60th birthday* (pp. 1 – 10). Mahwah-London: Lawrence Erlbaum.

Biro, J., & Siegel, H. (2011). *Argumentation*, arguing, and arguments. Comments on giving reasons. *Theoria*, 72, 279 – 287.

Bitzer, L. (1968). The rhetorical situation. *Philosophy and Rhetoric*, 1, 1 – 14.

Bitzer, L. F. (1999). The rhetorical situation. In J. L. Lucaites, C. M. Condit, & S. Caudill (Eds.), *Contemporary rhetorical theory. A reader*. New York: Guilford Press.

Bizzell, P., & Herzberg, B. (1990). *The rhetorical tradition. Readings from classical times to the present.* Boston: Bedford Books of St. Martin's Press.

Björnsson, G., Kihlbom, U., & Ullholm, A. (2009). *Argumentationsanalys. Färdigheter för kritiskt tänkande* [Argumentation analysis. Dispositions for critical thinking]. Stockholm: Natur & kultur.

Black, M. (1952). *Critical thinking. An Introduction to logic and scientific method* (2nd ed.). Englewood Cliffs: Prentice-Hall. (1st ed. 1946).

Blair, J. A. (1987). Everyday argumentation from an Informal Logic perspective. In J. Wenzel (Ed.), Argument and critical practices. *Proceedings of the fifth SCA/AFA conference on argumentation* (pp. 177 – 183). Annandale: Speech Communication Association.

Blair, J. A. (1996). The possibility and actuality of visual arguments. *Argumentation and Advocacy*, 33 (1), 23 – 39.

Blair, J. A. (2000). Review of C. W. Tindale (1999), Acts of arguing. A rhetorical model of argument. *Informal Logic*, 20 (2), 190 – 201.

Blair, J. A. (2004). Argument and its uses. *Informal Logic*, 24 (2), 137 – 151.

Blair, J. A. (2006). Pragma-dialectics and *pragma-dialectics*. In P. Houtlosser & A. van Rees (Eds.), *Considering pragma-dialectics. A festschrift for Frans H. van Eemeren on the occasion of his 60th birthday* (pp. 11 – 22). Mahwah-London: Lawrence Erlbaum.

Blair, J. A. (2009). Informal Logic and logic. *Studies in Logic, Grammar and Rhetoric*, 16 (29), 47 – 67.

Blair, J. A. (2011a). *Groundwork in the theory of argumentation.* New York: Springer.

Blair, J. A. (2011b). Informal Logic and its early historical development. *Studies in Logic, Grammar and Rhetoric*, 4 (1), 1 – 16.

Blair, J. A. (2013). Govier's "Informal Logic". *Informal Logic*, 33 (2), 83 – 97.

Blair, J. A., & Johnson, R. H. (1987). Argumentation as dialectical. *Argumentation*, 1, 41 – 56.

Blair, J. A., & Johnson, R. H. (Eds.). (2011). *Conductive argument. An overlooked type of defeasible reasoning.* London: College Publications.

Bobzien, S. (1996). Stoic syllogistic. In C. C. W. Taylor (Ed.), *Oxford studies in ancient philosophy* (Vol. XIV, pp. 133 – 192). Oxford: Clarendon Press.

Boethius (1978). De topicis differentiis [On topical distinctions]. In E. Stump (Ed.), *Boethius's Detopicis differentiis* (pp. 159 – 261). Ithaca-London: Cornell University Press.

Boger, G. (2004). Aristotle's underlying logic. In D. M. Gabbay & J. Woods (Eds.), *The handbook of the history of logic* (*Greek, Indian and Arabic logic*, Vol. 1, pp. 101 – 246). Amsterdam: Elsevier.

Bolzano, B. (1837). *Wissenschaftslehre. Versuch einer ausführlichen und größtentheils neuen Darstellung der Logik mit steter Rucksicht auf deren bisherige*

Bearbeiter [Theory of science. Attempt at a detailed and in the main novel exposition of logic with constant attention to earlier authors writing on this subject], Vol. 4. Sulzbach: Seidel.

Bolzano, B. (1972). *Theory of science. Attempt at a detailed and in the main novel exposition of logic with constant attention to earlier authors.* (R. George, ed. & trans.). Oxford: Blackwell. (English trans. and summaries of selected parts of Wissenschaftslehre: Versuch einer ausführlichen und größtentheils neuen Darstellung der Logik mit steter Rucksicht auf deren bisherige Bearbeiter. (2nd ed.). Leipzig: Felix Meiner, 1929 – 1931.

Bondarenko, A., Dung, P. M., Kowalski, R. A., & Toni, F. (1997). An abstract, argumentation theoretic approach to default reasoning. *Artificial Intelligence*, 93, 63 – 101.

Bonevac, D. (1987). *Deduction. Introductory symbolic logic.* Mountain View: Mayfield.

Bonevac, D. (2003). Pragma-dialectics and beyond. *Argumentation*, 17 (4), 451 – 459.

Bonhomme, M. (1987). *Linguistique de la métonymie* [Linguistics of metonymy]. Bern: Peter Lang.

Bonhomme, M. (1998). *Les figures clés du discours* [The key discourse figures]. Paris: Le Seuil.

Bonhomme, M. (2005). *Pragmatique des figures du discours* [The pragmatics of discourse figures]. Paris: Champion.

Bonhomme, M. (2006). *Le discours métonymique* [Metonymical discourse]. Bern: Peter Lang.

Borel, M. – J. (1989). Norms in argumentation and natural logic. In R. Maier (Ed.), Norms in argumentation. *Proceedings of the conference on norms* 1988 (pp. 33 – 48). Dordrecht: Foris.

Borel, M. – J. (1991). Objets de discours et de représentation [Discourse and representation entities]. *Languages*, 25, 36 – 50.

Borel, M. – J. (1992). Anthropological objects and negation. *Argumentation*, 6 (1), 7 – 27.

Borel, M. – J. , Grize, J. – B. , & Miéville, D. (1983). *Essai de logique naturelle* [A treatise on natural logic]. Bern-Frankfurt-New York: Peter Lang.

Borges, H. F. (2005). *Vida, razão e justice. Racionalidade argumentativa namotivação judiciária* [Life, reason and justice. Argumentative rationality in judicial motivation]. Coimbra: Minerva Coimbra.

Borges, H. F. (2009). *Nova retórica e democratização da justiça* [New rhetoric and democratization of justice]. In H. J. Ribeiro (Ed.), *Rhetoric and argumentation in the beginning of the 21st Century* (pp. 297 – 308). Coimbra: Coimbra University Press.

Bose, I. , & Gutenberg, N. (2003). Enthymeme and prosody. A contribution to empirical research in the analysis of intonation as well as argumentation. In F. H. van Eemeren, J. A. Blair, C. A. Willard, & A. F. Snoeck Henkemans (Eds.), *Proceedings of the fifth conference of the International Society for the Study of Argumentation* (pp. 139 – 140). Amsterdam: Sic Sat.

Bostad, I. (2011). The life and learning of Arne Næss. Scepticism as a survival strategy. *Inquiry. An Interdisciplinary Journal of Philosophy*, 54 (1), 42 – 51.

Botha, R. P. (1970). *The methodological status of grammatical argumentation.* The Hague: Mouton.

Botting, D. (2010). A pragma-dialectical default on the question of truth. *Informal Logic*, 30 (4), 413 – 434.

Botting, D. (2012a). Pragma-dialectics epistemologized. A reply to Lumer. *Informal Logic*, 32 (2), 269 – 285.

Botting, D. (2012b). What is a sophistical refutation? *Argumentation*, 26 (2), 213 – 232.

Bowker, J. K. , & Trapp, R. (1992). Personal and ideational dimensions of good and poor arguments in human interaction. In F. H. van Eemeren & R. Grootendorst (Eds.), *Argumentation illuminated* (pp. 220 – 230). Amsterdam: Sic Sat.

van den Braak, S. W. , Vreeswijk, G. A. W. , & Prakken, H. (2007).

AVERs. An argument visualization tool for representing stories about evidence. In *Proceedings of the 11th international conference on Artificial Intelligence and Law* (pp. 11 – 15). New York: ACM Press.

Braet, A. (1979 – 1980). *Taaldaden. Een leergang schriftelijke taalbeheersing* [Speech acts. A curriculum on writing and reading]. Groningen: Wolters-Noordhoff.

Braet, A. (1987). The classical doctrine of status and rhetorical theory of argumentation. *Philosophy and Rhetoric*, 20, 79 – 93.

Braet, A. (1995). *Schrijfvaardigheid Nederlands* [Writing skills in Dutch]. Bussum: Coutinho.

Braet, A. (1996). On the origin of normative argumentation theory. The paradoxal case of the Rhetoric to Alexander. *Argumentation*, 10, 347 – 359.

Braet, A. (1999). *Argumentatieve vaardigheden* [Argumentative skills]. Bussum: Coutinho.

Braet, A. (2004). Hermagoras and the epicheireme. *Rhetorica*, 22, 327 – 347.

Braet, A. (2005). The common topic in Aristotle's Rhetoric. Precursor of the argumentation scheme. *Argumentation*, 19, 65 – 83.

Braet, A. (2007). *De redelijkheid van de klassieke retorica. De bijdrage van klassieke retorici aan de argumentatietheorie* [The reasonablenes of classical rhetoric. The contribution of classical rhetoricians to the theory of argumentation]. Leiden: Leiden University Press.

Braet, A., & Schouw, L. (1998). *Effectief debatteren. Argumenteren en presenteren over beleid* [Debating effectively. Policy argumentation and presentation]. Groningen: Wolters-Noordhoff.

Brandon, E. P. (1992). Supposition, conditionals and unstated premises. *Informal Logic*, 14 (2& 3), 123 – 130.

Branham, R. J. (1991). *Debate and critical analysis. The harmony of conflict.* Mahwah: Lawrence Erlbaum.

Branting, L. K. (1991). Building explanations from rules and structured cases. *International Journal of Man-Machine Studies*, 34, 797 – 837.

Branting, L. K. (2000). *Reasoning with rules and precedents. A computational model of legal analysis.* Dordrecht: Kluwer.

Bratko, I. (2001). *PROLOG. Programming for artificial intelligence* (3rd ed.). Harlow: Pearson. (1st ed. 1986).

Bregant, J., & Vezjak, B. (2007). *Zmote in napake v argumentaciji. Vodič po slabi argumentaciji v družbenem vsakdanu* [Fallacies in argumentation. A guide through bad argumentation in everyday life]. Maribor: Subkulturni azil.

Breivega, K. R. (2003). *Vitskaplege argumentasjonsstrategiar* [Scientific argumentation strategies]. Oslo: Norsk sakprosa.

Breton, P. (1996). *L'argumentation dans la communication* [Argumentation in communication], (Coll. Repères). Paris: La Découverte.

Breton, P., & Gauthier, G. (2011). *Histoire des théories de l'argumentation* [History of argumentation theory]. Paris: La Découverte.

Brewka, G. (2001). Dynamic argument systems. A formal model of argumentation processes based on situation calculus. *Journal of Logic and Computation*, 11, 257-282.

Brinton, A. (1995). The ad hominem. In H. V. Hansen & R. C. Pinto (Eds.), *Fallacies. Classical and contemporary readings* (pp. 213-222). University Park: The Pennsylvania State University Press.

Briushinkin, V. (2000). Sistemnaya model arguementacii [Systematic model of argumentation]. In *Trancendental anthropology and logic. The Proceeding of International worshop "Anthropology from a modern stand"* (pp. 133-155). 7th Kantian Symposium. Kaliningrad: Kaliningrad University Press.

Briushinkin, V. (2008). Argumentorika. Ishodnaya abstrakciya b metodologiya [Argumentoric. Initial concept and approach]. In V. Briushinkin (Ed.), *Modelling reasoning-2. Argumentation and rationality* (pp. 7-19). Kaliningrad: Kaliningrad University Press.

Briushinkin, V. (2010). *O dvoyakoi roli ritoriki v sistemnoi modeli argumentcii* [On twofold role of rhetorics in the systematic model of argumentation]. ratio. ru. [webjournal], 3, 3-14.

Brockriede, W. (1992a). The contemporary renaissance in the study of argument. In W. L. Benoit, D. Hample, & P. J. Benoit (Eds.), *Readings in argumentation* (pp. 33 – 45). Berlin-New York: Foris.

Brockriede, W. (1992b). Where is argument? In W. L. Benoit, D. Hample, & P. J. Benoit (Eds.), *Readings in argumentation* (pp. 73 – 78). Berlin-New York: Foris.

Brockriede, W., & Ehinger, D. (1960). Toulmin on argument. An interpretation and application. *Quarterly Journal of Speech*, 46, 44 – 53.

Browne, M. N., & Keeley, S. M. (2004). *Asking the right questions. A guide to critical thinking* (7th ed.). Boston: Prentice Hall/Pearson. Chinese trans. 2006.

Brumark, Å. (2007). Argumentation at the Swedish dinner table. In F. H. van Eemeren, J. A. Blair, C. A. Willard, & B. Garssen (Eds.), *Proceedings of the sixth conference of the International Society for the Study of Argumentation* (pp. 169 – 177). Amsterdam: Sic Sat.

Brummett, B. (1999). Some implications of "process" or "intersubjectivity". Postmodern rhetoric. In J. L. Lucaites, C. M. Condit, & S. Caudill (Eds.), *Contemporary rhetorical theory. A reader*. New York: Guilford Press.

Brutian, G. A. (1991). The architectonics of argumentation. In F. H. van Eemeren, R. Grootendorst, J. A. Blair, & C. A. Willard (Eds.), *Proceedings of the second international conference of argumentation organized by the International Society for the Study of Argumentation (ISSA) at the University of Amsterdam, June* 19 – 22, 1990, 1A (pp. 61 – 63). Amsterdam: Sic Sat.

Brutian, G. A. (1992). The theory of argumentation, its main problems and investigative perspectives. In J. Pietarinen (Ed.), Problems of philosophical argumentation (Reports from the Department of Practical Philosophy Kätytánnöllisen Filosofian Julkaisuja, Vol. 5, pp. 5 – 17). Turku: University of Turku.

Brutian, G. A. (1998). *Logic, language, and argumentation in projection of philosophical knowledge*. Lisbon: Grafica de Coimbra.

Brutian, G. A., & Markarian, H. (1991). The language of argumentation. In F. H. van Eemeren, R. Grootendorst, J. A. Blair, & C. A. Willard (Eds.), *Proceedings of the second international conference of argumentation organized by the International Society for the Study of Argumentation (ISSA) at the University of Amsterdam*, June 19 – 22, 1990, 1A (pp. 546 – 550). Amsterdam: Sic Sat.

Brutian, G. A., & Narsky, I. S. (Eds.). (1986). *Problemy filosofskoi argumentatsii* [Problems of philosophical argumentation]. Yerevan: Armenian SSR Publishing House.

Brutian, L. (1991). On the types of argumentative discourse. In F. H. van Eemeren, R. Grootendorst, J. A. Blair, & C. A. Willard (Eds.), *Proceedings of the second international conference of argumentation organized by the International Society for the Study of Argumentation (ISSA) at the University of Amsterdam, June* 19 – 22, 1990, 1A (pp. 559 – 563). Amsterdam: Sic Sat.

Brutian, L. (2003). On the pragmatics of argumentative discourse. In F. H. van Eemeren, J. A. Blair, C. A. Willard, & A. F. Snoeck Henkemans (Eds.), *Proceedings of the fifth conference of the International Society for the Study of Argumentation* (pp. 141 – 144). Amsterdam: Sic Sat.

Brutian, L. (2007). Arguments in child language. In F. H. van Eemeren, J. A. Blair, C. A. Willard, & B. Garssen (Eds.), *Proceedings of the sixth conference of the International Society for the Study of Argumentation* (pp. 179 – 183). Amsterdam: Sic Sat.

Brutian, L. (2011). Stylistic devices and argumentative strategies in public discourse. In F. H. van Eemeren, B. J. Garssen, D. Godden, & G. Mitchell (Eds.), *Proceedings of the 7th conference of the International Society for the Study of Argumentation* (pp. 162 – 169). Amterdam: Rozenberg/Sic Sat. (CD rom).

Buckingham Shum, S., & Hammond, N. (1994). Argumentation-based design rationale. What use at what cost? *International Journal of Human-Computer Studies*, 40 (4), 603 – 652.

Budzynska, K. (2011). Structure of persuasive communication and elaboration likelihood model. In F. Zenker (Ed.), *Proceedings of OSSA*

2011. *Argumentation, cognition & community.* (CD rom).

Budzynska, K. (2012). Circularity in ethotic structures. *Synthese.* doi: 10.1007/s11229-012-0135-6.

Budzynska, K., & Dębowska, K. (2010). Dialogues with conflict resolution. Goals and effects. In P. Łupkowski & M. Purver (Eds.), *Aspects of semantics and pragmatics of dialogue* (pp. 59-66). Poznań: Polish Society for Cognitive Science.

Budzynska, K., Dębowska-Kozłowska, K., Kacprzak, M., & Załeska, M. (2012). Interdyscyplinarność w badaniach nad argumentacją i perswazją [Interdisciplinarity in the studies on argumentation and persuasion]. In A. Chmielewski, M. Dudzikowa & A. Grobler (Eds.), Interdyscyplinarnie o interdyscyplinarności [Interdisciplinarity interdisciplinarily] (pp. 147-166). Kraków: Impuls.

Budzynska, K., & Kacprzak, M. (2008). A logic for reasoning about persuasion. *Fundamenta Informaticae*, 85, 51-65.

Budzynska, K., Kacprzak, M., & Rembelski, P. (2009). Perseus. Software for analyzing persuasion process. *Fundamenta Informaticae*, 93 (1-3), 65-79.

Budzynska, K., & Reed, C. (2012). The structure of ad hominem dialogues. In B. Verheij, S. Szeider, & S. Woltran (Eds.), *Frontiers in artificial intelligence and applications. Proceedings of 4th international conference on computational models of argument (COMMA 2012)* (pp. 410-421). Amsterdam: IOS Press.

Burger, M. (2005). Argumentative and hierarchical dimensions of a broadcast debate sequence. A micro analysis. In M. Dascal, F. H. van Eemeren, E. Rigotti, A. Rocci, & S. Stati (Eds.), *Argumentation in dialogic interaction* (Special issue Studies in Communication Sciences, pp. 249-264). Lugano: Universitá della Svizzera italiana.

Burger, M., Jacquin, J., & Micheli, R. (Eds.). (2011). *La parole politique en confrontation dans les médias* [Political language in confrontations in the media]. Brussels: de Boeck.

Burger, M., & Martel, G. (Eds.). (2005). *Argumentation et communication dans les medias* [Argumentation and communication in the media]. Québec: Nota Bene.

Burke, K. D. (1966). *Language as symbolic action. Essays on life, literature, and method.* Berkeley: University of California Press.

Burleson, B. R. (1979). On the analysis and criticism of arguments. Some theoretical and methodological considerations. *Journal of the American Forensic Association*, 15, 137 – 147.

Burleson, B. R. (1980). The place of nondiscursive symbolism, formal characterizations, and hermeneutics in argument analysis and criticism. *Journal of the American Forensic Association*, 16, 222 – 231.

Bustamante, T. R. (2012). *Teoria do precedente judicial. A justificação e a aplicação das regras jurisprudenciais* [Theory of judicial precedent. The justification and application of legal rules]. São Paulo: Noeses.

Butterworth, C. E. (1977). *Averroes' three short commentaries on Aristotle's "Topics", "Rhetoric", and "Poetics"*. Albany: State University of New York Press.

Caffi, C. I., & Janney, R. W. (1994). Toward a pragmatics of emotive communication. *Journal of Pragmatics*, 22, 325 – 373.

Calheiros, M. C. (2008). Verdade, prova e narração [Truth, proof and narration]. In *Revista do Centro de Estudos Judiciários*, 10, 281 – 296.

Camargo, M. M. L. (2010a). A prática institucional e a representação argumentativa no Caso Raposa Serra do Sol (primeira parte) [The institutional practice and argumentative representation in the Raposa Serra do Sol case (1st part)]. *Revista Forense*, 408, 02 – 19.

Camargo, M. M. L. (2010b). A prática institucional e a representação argumentativa no Caso Raposa Serra do Sol (segunda parte) [The institutional practice and argumentative representation in the Raposa Serra do Sol case (2nd part)]. *Revista Forense*, 409, 231 – 269.

Caminada, M. (2006). Semi-stable semantics. In P. E. Dunne & T. J. M. Bench-Capon (Eds.), *Computational models of argument Proceedings of COMMA* 2006, *September* 11 – 12, 2006, *Liverpool*, *UK* (Frontiers in artificial intelligence and applications, Vol. 144, pp. 121 – 130). Amsterdam: IOS Press.

Campbell, G. (1991). *The philosophy of rhetoric.* In L. Bitzer (Ed.). Carbondale & Edwardsville: Southern Illinois University Press. (1st ed. 1776).

Campbell, J. A. (1993). Darwin and The origin of species. The rhetorical ancestry of an idea. In T. W. Benson (Ed.), *Landmark essays on rhetorical criticism* (pp. 143 – 159). Davis: Hermagoras Press.

Campos, M. (2010). La schématisation dans des contexts en réseau [The schematization in network contexts]. In D. Miéville (Ed.), *La logique naturelle. Enjeux et perspectives* (pp. 215 – 258). Neuchâtel: Université de Neuchâtel.

Canale, D., & Tuzet, G. (2008). On the contrary. Inferential analysis and ontological assumptions of the a contrario argument. *Informal Logic*, 28 (1), 31 – 43.

Canale, D., & Tuzet, G. (2009). The a simili argument. An inferentialist setting. *Ratio Juris*, 22 (4), 499 – 509.

Canale, D., & Tuzet, G. (2010). What is the reason for this rule? An inferential account of the ratio legis. *Argumentation*, 24 (3), 197 – 210.

Canale, D., & Tuzet, G. (2011). The argument from legislative silence. In F. H. van Eemeren, B. Garssen, D. Godden, & G. Mitchell (Eds.), *Proceedings of the seventh international conference of the International Society for the Study of Argumentation* (pp. 181 – 191). Amsterdam: Sic Sat.

Canary, D. J., Brossman, B. G., & Seibold, D. R. (1987). Argument structures in decision-making groups. *Southern Speech Communication Journal*, 53, 18 – 38.

Canary, D. J., & Sillars, M. O. (1992). Argument in satisfied and dissatisfied married couples. In W. L. Benoit, D. Hample, & P. J. Benoit (Eds.), *Readings in argumentation* (pp. 737 – 764). Foris: Berlin-New York.

Canary, D. J., Weger, H., & Stafford, L. (1991). Couples' argument sequences and their associations in relational characteristics. *Western Journal of Speech Communication*, 55, 159 – 179.

Cantū, P., & Testa, I. (2006). *Teorie dell'argomentazione. Una introduzione alle logiche del dialogo* [Theories of argumentation. An introduction into the dialogue logics]. Milano: Bruno Mondadori.

Cantū, P., & Testa, I. (2011). Algorithms and arguments. The foundational role of the ATAIquestion. In F. H. van Eemeren, B. Garssen, D. Godden, & G. Mitchell (Eds.), *Proceedings of the seventh international conference of the International Society for the Study of Argumentation* (pp. 192 – 203). Amsterdam: Rozenberg/Sic Sat.

Carbonell, F. (2011). Reasoning by consequences. Applying different argumentation structures to the analysis of consequentialist reasoning in judicial decisions. *Cogency*, 3 (2), 81 – 104.

Cárdenas, A. (2005). *Patrones de argumentación en alumnos de enseñanza media superior* [Argumentative patterns of secondary school pupils]. Doctoral dissertation, National Autonomous University of Mexico.

Cardona, N. K. (2008). *Yo lo sabía cuando era pequeño. Discurso argumentativo en niños de dos a cuatro años* [I knew it when I was little. Argumentative discourse in children of two to four years old]. Doctoral dissertation, National Autonomous University of Mexico.

Carel, M. (1995). Pourtant: Argumentation by exception. *Journal of Pragmatics*, 24, 167 – 188.

Carel, M. (2001). Argumentation interne et argumentation externe au lexique. Despropriétés différentes [Argumentation that is internal and argumentation that is external to the lexicon. Different properties]. *Langages*, 35 (142), 10 – 21.

Carel, M. (2011). *L'entrelacement argumentatif. Lexique, discours et blocs sémantiques* [The argumentative interlacing. Lexicon, discourse and semantic blocks]. Paris: Honoré Champion.

Carel, M., & Ducrot, O. (1999). Le problème du paradoxe dans une sémantique argumentative [The problem of the paradox in argumentative semantics]. *Langue Française* 123, 6 –26.

Carel, M., & Ducrot, O. (2009). Mise au point sur la polyphonie [A clarification on polyphony]. *Langue Française* 4, 33 –43.

Carlson, L. (1983). *Dialogue games. An approach to discourse analysis.* Dordrecht: Reidel.

Carnap, R. (1950). *Logical foundations of probability.* Chicago: University of Chicago Press.

Carney, J. D., & Scheer, R. K. (1964). *Fundamentals of logic.* New York: Macmillan.

Carrascal, B., & Mori, M. (2011). Argumentation schemes in the process of arguing. In F. H. van Eemeren, B. Garssen, D. Godden, & G. Mitchell (Eds.), *Proceedings of the 7th conference on argumentation of the International Society for the Study of Argumentation* (pp. 225 –236). Amsterdam: Sic Sat.

Carrilho, M. M. (1990). *Verdade, suspeita e argumentação* [Truth, suspicion and argumentation]. Lisbon: Presença.

Carrilho, M. M. (1992). *Rhétoriques de la modernité* [Rhetorics and modernity]. Paris: Presses Universitaires de France.

Carrilho, M. M. (1995). *Aventuras da interpretação* [Adventures of interpretation]. Lisbon: Presença.

Carrilho, M. M. (Ed.). (1994). Retórica e comunicação [Retoric and communication]. Porto: Asa.

Carrilho, M. M., Meyer, M., & Timmermans, B. (1999). *Histoire de la rhétorique* [History of rhetoric]. Paris: Le Livre de Poche.

Carroll, L. (1894). What the tortoise said to Achilles. *Mind*, 4, 278 –280.

Carvalho, J. C., & Carvalho, A. (Eds.). (2006). *Outras retóricas* [Other rhetorics]. Lisbon: Colibri.

Castaneda, H. N. (1960). On a proposed revolution in logic. *Philosophy of Science*, 27, 279 –292.

Castelfranchi, C., & Paglieri, F. (2011). Why argue? Towards a cost-benefit analysis of argumentation. *Argument and Computation*, 1 (1), 71 –91.

Cattani, A [delino]. (1990). *Forme dell'argomentare. Il ragionamento tra logica e retorica* [Forms of arguing. Logical and rhetorical aspects of reasoning]. Padova: Edizioni GB.

Cattani, A [delino]. (1995). *Discorsi ingannevoli. Argomenti per difendersi, attaccare, divertirsi* [Deceitful reasoning. Arguments for defending, attacking and amusing]. Padova: Edizioni GB.

Cattani, A [delino]. (2001). *Botta e risposta. L'arte della replica* [Cut and thrust. The art of retort]. Bologna: Il Mulino.

Cattani, A [delino]., Cantū, P., Testa, I., & Vidali, P. (Eds.). (2009). *La svolta argomentativa. Cinquant' anni dopo Perelman e Toulmin* [The argumentative turn. Fifty years after Perelman and Toulmin]. Naples: Loffredo University Press.

Cattani, A [nnalisa]. (2003). Argumentative mechanisms in advertising. In F. H. van Eemeren, J. A. Blair, C. A. Willard & A. F. Snoeck Henkemans (Eds.), *Proceedings of the fifth conference of the International Society for the Study of Argumentation* (pp. 127 –133). Amsterdam: Sic Sat.

Cattani, A [nnalisa]. (2007). The power of irony in contemporary advertising. In F. H. van Eemeren, J. A. Blair, C. A. Willard & B. Garssen (Eds.), *Proceedings of the sixth conference of the International Society for the Study of Argumentation* (pp. 223 –231). Amsterdam: Sic Sat.

Cattani, A [nnalisa]. (2009). *Pubblicitá e retorica* [Advertising and rhetoric]. Milano: Lupetti.

Cavazza, N. (2006). *La persuasione* [Persuasion] (2nd ed.). Bologna: Il Mulino. (1st ed. 1996).

Cayrol, C., & Lagasquie-Schiex, M. C. (2005). On the acceptability of arguments in bipolar argumentation frameworks. In L. Godo (Ed.), *Symbolic and quantitative approaches to reasoning with uncertainty. 8th European conference, ECSQARU* 2005 (pp. 378 –389). Berlin: Springer.

Centre National Belge de Recherches de Logique (1963). *La théorie de l'argumentation. Perspectives et applications* [The theory of argumentation. Perspectives and applications]. Louvain-Paris: Nauwelaerts.

Charaudeau, P. (1992). Le mode d'organisation argumentatif [The argumentative way of organising]. In *Grammaire du sens et de l'expression* [A grammar of meaning and utterance] (pp. 779 – 833). Paris: Hachette.

Charaudeau, P. (2008). L'argumentation dans une problématique d'influence [Argumentation in a problematic case concerning influence]. *Argumentation et Analyse du Discours*, 1. [on line].

Chateauraynaud, F. (2011). *Argumenter dans un champ de forces. Essai de balistique sociologique* [Arguing in a field of force. Essay on sociological ballistics]. Paris: Pétra.

Cherkasskaya, N. (2009). *Strategii i taktiki v apelliativvnom rechevom zhanre* [Strategies and tactics in the appellative speech genre]. Doctoral dissertation, Udmurt State University.

Chesebro, J. W. (1968). The comparative advantages case. *Journal of the American Forensic Association*, 5, 57 – 63.

Chesebro, J. W. (1971). Beyond the orthodox. The criteria case. *Journal of the American Forensic Association*, 7, 208 – 215.

Chesñevar, C., McGinnis, J., Modgil, S., Rahwan, I., Reed, C., Simari, G., South, M., Vreeswijk, G. A. W., & Willmott, S. (2006). *Towards an argument interchange format. Knowledge Engineering Review*, 21 (4), 293 – 316.

Chesñevar, C. I., Simari, G. R., Alsinet, T., & Godo, L. (2004). A logic programming framework for possibilistic argumentation with vague knowledge. In *Proceedings of the 20th conference on uncertainty in artificial intelligence* (pp. 76 – 84). Arlington: AUAI.

Cicero, M. T. (1949). *De inventione. De optimo genere oratorum.* Topica. In H. M. Hubbell (Ed.). London: Heinemann.

Cicero, M. T. (2006). *On invention*, *Best kind of orator*, *Topics* (Trans.: H. H. Hubbel). Cambridge, MA-London: Harvard University Press.

Clark, H. (1979). Responding to indirect requests. *Cognitive Psychology*, 11, 430 – 477.

Coelho, A. (1989). *Desafio e refutação* [Challenge and refutation]. Lisbon: Livros Horizonte.

Cohen, H. (1994). *The history of speech communication. The emergence of a discipline*, 1914 – 1945. Annandale: Speech Communication Association.

Cohen, J. L. (1992). *An essay on belief and acceptance.* Oxford: Clarendon Press.

Cohen, M. R., & Nagel, E. (1964). *An Introduction to logic and scientific method.* London: Routledge & Kegan Paul. (1st ed. 1934).

Collin, F., Sandøe, P., & Stefansen, N. C. (1987). *Derfor. Bogen om argumentation* [Therefore. A book on argumentation]. Copenhagen: Hans Reitzel.

Collins, J. (1959). The uses of argument. *Cross Currents*, 9, 179.

Comesaña, J. (1998). *Lógica informal, falacias y argumentos* [Informal Logic, fallacies and arguments]. Buenos Aires: EUDEBA.

Conley, T. M. (1990). *Rhetoric in the European tradition.* Chicago-London: University of Chicago Press.

Constantinescu, M., Stoica, G., & Uţă Bărbulescu, O. (Eds.). (2012). *Modernitate şi interdisciplinaritate în cercetarea lingvistică. Omagiu doamnei profesor Liliana Ionescu-Ruxăndoiu* [Modernity and interdisciplinarity in linguistics. A festschrift in honour of Professor Liliana Ionexcu-Ruxăndoiu] (pp. 227 – 241). Bucharest: Editura Universităţii din Bucureşti.

Conway, D. (1991). On the distinction between convergent and linked arguments. *Informal Logic*, 13 (3), 145 – 158.

Cooley, J. C. (1959). On Mr. Toulmin's revolution in logic. *Journal of Philosophy*, 56, 297 – 319.

Copi, I. M. (1953). *Introduction to logic.* New York: Macmillan.

Copi, I. M. (1961). *Introduction to logic* (2nd ed.). New York: Macmillan. (1st ed. 1953).

Copi, I. M. (1972). *Introduction to logic* (4th ed.). New York: Macmillan. (1st ed. 1953).

Copi, I. M. (1982). *Introduction to logic* (6th ed.). New York: Macmillan. (1st ed. 1953).

Copi, I. M. (1986). *Introduction to logic* (7th ed.). New York: Macmillan. (1st ed. 1953).

Corcoran, J. (1972). Completeness of an ancient logic. *Journal of Symbolic Logic*, 37, 696 – 702.

Corcoran, J. (1974). Aristotle's natural deduction system. In J. Corcoran (Ed.), Ancient logic and its modern interpretations. *Proceedings of the Buffalo symposium on modernist interpretations of ancient logic*, 21 *and* 22 *April*, 1972. Dordrecht: Reidel.

Corgan, V. (1987). Perelman's universal audience as a critical tool. *Journal of the American Forensic Association*, 23, 147 – 157.

Cosoreci Mazilu, S. (2010). *Dissociation and persuasive definitions as argumentative strategies in ethical argumentation on abortion.* Doctoral dissertation, University of Bucharest.

Costello, H. T. (1934). Review of Ch. Perelman, De l'arbitraire dans la connaissance. *The Journal of Philosophy*, 31, 613.

Cowan, J. L. (1964). The uses of argument-An apology for logic. *Mind*, 73, 27 – 45.

Cox, J. R. (1989). The die is cast. Topical and ontological dimensions of the locus of the irreparable. In R. D. Dearin (Ed.), *The new rhetoric of Chaïm Perelman. Statement & response* (pp. 121 – 139). Lanham: University Press of America.

Crable, R. E. (1976). *Argumentation as communication. Reasoning with receivers.* Columbus: Charles E. Merill.

Craig, R. T., & Tracy, K. (2005). "The issue" in argumentation practice and theory. In F. H. van Eemeren & P. Houtlosser (Eds.), *Argumentation in practice* (pp. 11 – 28). Amsterdam: John Benjamins.

Craig, R. T., & Tracy, K. (2009). Framing discourse as argument in Appellate Courtrooms. Three cases on same-sex marriage. In D. S. Gouran (Ed.), *The functions of argument and social context. Selected paper from the* 16*th biennial conference on argumentation* (pp. 46 – 53). Washington, DC: NCA.

Craig, R. T., & Tracy, K. (Eds.). (1983). *Conversational coherence.* London: Sage.

Crawshay-Williams, R. (1946). The obstinate universal. *Polemic*, 2, 14–21.

Crawshay-Williams, R. (1947). *The comforts of unreason. A study of the motives behind irrational thought.* London: Routledge & Kegan Paul.

Crawshay-Williams, R. (1948). Epilogue. In A. Koestler et al. (Eds.), *The challenge of our time* (pp. 72–78). London: Routledge & Kegan Paul.

Crawshay-Williams, R. (1951). Equivocal confirmation. *Analysis*, 11, 73–79.

Crawshay-Williams, R. (1957). *Methods and criteria of reasoning. An inquiry into the structure of controversy.* London: Routledge & Kegan Paul.

Crawshay-Williams, R. (1968). Two intellectual temperaments. *Question*, 1, 17–27.

Crawshay-Williams, R. (1970). *Russell remembered.* London: Oxford University Press.

Crespo, C. (2005). La importancia de la argumentación matemática en el aula [The importance of mathematical argumentation in the classroom]. *Premisa. Revista de la Sociedad Argentina de Educación Matemática*, 7 (23), 23–29.

Crespo, C., & Farfán, R. (2005). Una visión de las argumentaciones por reducción al absurdo como construcción sociocultural [A vision of reduction to absurd argumentation as socio-cultural construction]. *Relime*, 8 (3), 287–317.

Crespo, N. (1995). El desarrollo ontogenético del argumento [The ontogenetic development of argument]. *Revista Signos*, 37, 69–82.

Cronkhite, G. (1969). *Persuasion. Speech and behavioral change.* Indianapolis: Bobbs Merrill.

Crosswhite, J. (1989). Universality in rhetoric. Perelman's universal audience. *Philosophy & Rhetoric*, 22, 157–173.

Crosswhite, J. (1993). Being unreasonable. Perelman and the problem of fallacies. *Argumentation*, 7, 385 –402.

Crosswhite, J. (1996). *The rhetoric of reason. Writing and the attractions of argument.* Madison: University of Wisconsin Press.

Crosswhite, J., Fox, J., Reed, C. A., Scaltsas, T., & Stumpf, S. (2004). Computational models of rhetorical argument. In C. A. Reed & T. J. Norman (Eds.), *Argumentation machines. New frontiers in argument and computation* (pp. 175 –209). Dordrecht: Kluwer.

Cuenca, M. J. (1995). Mecanismos lingüísticos y discursivos de la argumentación [Linguistic and discoursive mechanisms of argumentation]. *Comunicación, lenguaje y educación*, 25, 23 –40.

Culioli, A. (1990), *Pour une linguistique de l'énonciation. Opérations et représentation, tome* 1 [Towards a linguistics of the utterance: operations and representation, Vol. 1]. Paris: Ophrys.

Culioli, A. (1999), *Pour une linguistique de l'énonciation. Formalisation et opérationsde repé rage, tome* 2 [Towards a linguistics of the utterance. Formalisation and identification operations, Vol. 2]. Paris, Ophrys.

Cummings, L. (2002). Justifying practical reason. What Chaïm Perelman's new rhetoric can learn from Frege's attack on psychologism. *Philosophy & Rhetoric*, 35 (1), 50 –76.

Cummings, L. (2005). *Pragmatics. A multidisciplinary perspective.* Edinburgh: Edinburgh University Press.

Cunha, P. F., & Malato, M. L. (2007). *Manual de retórica & direito* [Handbook of rhetoric & law]. Lisbon: Quid Juris.

Cunha, T. C. (2004). *Argumentação e crítica* [Argumentation and criticism]. Coimbra: Minerva Coimbra.

D'Agostini, F. (2010). *Veritá avvelaneta. Buoni e cattivi argomenti nel dibattito publico* [Poisoned truth. Good and bad arguments in the public debate]. Torino: Bollati Boringhieri.

D'Agostini, F. (2011). Ad ignorantiam arguments, epistemicism and realism. In F. H. van Eemeren, B. Garssen, D. Godden, & G. Mitchell (Eds.), *Proceedings of the seventh international conference of the International Society for the Study of Argumentation.* Amsterdam: Sic Sat (edemo1@xs4all. nl CD rom).

D'Avila Garcez, A. S., Lamb, L. C., & Gabbay, D. M. (2009). *Neural-symbolic cognitive reasoning.* Berlin: Springer.

Damele, G. (2011). Rhetoric and persuasive strategies in High Courts' decisions. Some remarks on the Portuguese Tribunal Constitucional and the Italian Corte Costituzionale. In M. Araszkiewicz, M. Myška, J. Smejkalová, J. Šavelka, & M. Skop (Eds.), *Argumentation* 2011. *International conference on alternative methods of argumentation in law* (pp. 81 – 94). Brno: Masaryk University.

Damele, G. (2012). "A força das coisas". O argumento naturalista na jurisprudência constitucional, entre a impotência do legislador e a omnipotência do juiz ["The force of things". The naturalistic argument in constitutional case-law, between legislator's powerlessness and judge's omnipotence]. *Revista Brasileira de Filosofia*, 239, 11 – 34.

Damele, G., Dogliani, M., Matropaolo, A., Pallante, F., & Radicioni, D. P. (2011). On legal argumentation techniques. Towards a systematic approach. In M. A. Biasiotti & S. Faro (Eds.), *From information to knowledge. On line access to legal information. Methodologies, trends and perspectives* (pp. 105 – 118). Amsterdam: IOS Press.

Danblon, E. (2002). *Rhétorique et rationalité. Essai sur l'émergence de la critique et de la persuasion* [Rhetoric and rationality. Essay on the emergence of criticism and persuasion]. Brussels: Éditions de l'Université Libre de Bruxelle.

Danblon, E. (2004). *Argumenter en démocratie* [Arguing in democracy]. Brussels: Labor.

Danblon, E. (2005). *La function persuasive. Anthropologie du discours rhétorique. Origins et actualité* [The persuasive function. Anthropology of rhetorical discourse. Origins and actuality]. Paris: Armand Colin.

Danblon, E. (2009). The notion of pseudo-argument in Perelman's thought. *Argumentation*, 23, 351 – 359.

Danblon, E. (2013). *L'homme rhétorique. Culture, raison, action* [The rhetorical man. Culture, reason, action]. Paris: Éditions du Cerf.

Dascal, M. (1993). *Interpreting and understanding.* Amsterdam: John Benjamins. (Portuguese trans. as Interpretação e compreensão). São Leopoldo: Editora da Unisinos, 2006).

Dascal, M. (1994). Epistemology, controversies, and pragmatics. *Revista da Sociedade Brasileira de Historia da Ciência*, 12, 73 –98.

Dascal, M. (1998). Types of polemics and types of polemical moves. In S. Cmejrkova, J. Hoffmannova, O. Mullerova, & J. Svetla (Eds.), *Dialogue analysis*, *I* (pp. 15 –33). Tübingen: Niemeyer.

Dascal, M. (2001). How rational can a polemic across the analytic-continental 'divide' be? *International Journal of Philosophical Studies*, 9 (3), 313 –339.

Dascal, M. (2005). Debating with myself and debating with others. In P. Barrotta & M. Dascal (Eds.), *Controversies and subjectivity* (pp. 31 –73). Amsterdam: John Benjamins. (Portuguese trans. as 'O auto-debate é possível? Dissolvendo alguns de seus supostos paradoxos'. *Revista Internacional de Filosofia*, 29 (2), 319 –349, 2006).

Dascal, M. (2007). Traditions of controversy and conflict resolution. In M. Dascal & H. L. Chang (Eds.), *Traditions of controversy.* Amsterdam-Philadelphia: John Benjamins.

Dascal, M. (2008). Dichotomies and types of debate. In F. H. van Eemeren & B. Garssen (Eds.), *Controversy and confrontation. Relating controversy analysis with argumentation theory* (pp. 27 –49). Amsterdam-Philadelphia: John Benjamins.

Dascal, M. (2009). Dichotomies and types of debates. In F. H. van Eemeren & B. Garssen (Eds.), *Controversy and confrontation* (pp. 27 –49). Amsterdam-Philadelphia: John Benjamins.

Dascal, M., & Boantza, V. D. (Eds.). (2011). *Controversies in the scientific revolution.* Amsterdam: John Benjamins.

Dascălu Jinga, L. (2002). *Corpus de română vorbită (CORV). Eşantioane* [Corpus of spoken Romanian (CORV). Samples]. Bucharest: Oscar Print.

Dauber, C. E. (1988). Through a glass darkly. Validity standards and the debate over nuclearstrategic doctrine. *Journal of the American Forensic Association*, 24, 168 – 180.

Dauber, C. E. (1989). Fusion criticism. A call to criticism. In B. E. Gronbeck (Ed.), *Spheres of argument. Proceedings of the sixth SCA/AFA conference on argumentation* (pp. 33 – 36). Annandale: Speech Communication Association.

Dearin, R. D. (1982). Perelman's concept of "quasi-logical" argument. A critical elaboration. In J. R. Cox & C. A. Willard (Eds.), *Advances in argumentation theory and research* (pp. 78 – 94). Carbondale: Southern Illinois University Press.

Dearin, R. D. (1989). The philosophical basis of Chaïm Perelman's theory of rhetoric. In R. D. Dearin (Ed.), *The new rhetoric of Chaïm Perelman. Statement & response* (pp. 17 – 34). Lanham: University Press of America.

Dębowska, K. (2010). Model pragma-dialektyczny a rozumowanie abdukcyjne [The pragma-dialectical model and abductive reasoning]. *Forum Artis Rhetoricae*, 20 – 21 (1 – 2), 96 – 124.

Deimer, G. (1975). Argumentative Dialoge. *Ein Versuch zu ihrer sprachwissenschaftlichen Beschreibung* [Argumentative dialogue. An attempt at linguistic description]. Tübingen: Niemeyer.

Demaître-Lahaye, C. (2011). *De la représentation discursive á la communication dissuasive. Perspectives pragmatiques en matière de prévention du suicide* [From discursive representation to dissuasive communication. Pragmatic perspectives on the prevention of suicide]. Saarbrücken: Éditions Universitaires Européennes.

DeMorgan, A. (1847). *Formal logic.* London: Taylor & Walton.

Depperman, A., & Hartung, M. (2003). *Argumentieren in Gesprächen* [Argumentation in conversation]. Tübingen: Stauffenburg.

Dewey, J. (1916). *Democracy and education.* New York: Macmillan.

Dias, A. (2008). *O discurso da violência-As marcas da oralidade no jornalismo popular* [The discourse of violence-The tokens of violence in popular journalism]. São Paulo: Cortez Editora.

Dichy, J. (2003). Kinâya, a tropic device from medieval Arabic rhetoric, and its impact on discourse theory. In F. H. van Eemeren, J. A. Blair, C. A. Willard, & A. F. Snoeck Henkemans (Eds.), *Proceedings of the 5th conference of the International Society for the Study of Argumentation* (pp. 237 – 241). Amsterdam: Sic Sat.

Dignum, F., Dunin-Kęplicz, B., & Verbrugge, R. (2001). Creating collective intention through dialogue. *Logic Journal of the IGPL*, 9 (2), 305 – 319.

van Dijk, T. A. (2001). Multidisciplinary CDA. A plea for diversity. In R. Wodak & M. Meyer (Eds.), *Methods of critical discourse analysis* (pp. 95 – 120). London: Sage.

van Dijk, T. A., & Kintsch, W. (1983). *Strategies of discourse comprehension.* New York: Academic Press.

Dimiškovska Trajanoska, A. (2001). *Прагматиката и теоријата на аргументацијата* [Pragmatics and argumentation theory]. Skopje: Djurgja.

Dimiškovska Trajanoska, A. (2006). Логиката, аргументацијата и јазикот. Помеѓу аналитиката и дијалектиката [Logic, argumentation and language. Between analytics and dialectics], *Филологические заметки/Филолошки студии/Filološke pripombe*, 1 (4), Пермский государстевенный университет, Россия, Институт за македонска литература, Скопје, Македонија, Univerza v Ljubljani, Slovenija, Пермь-Skорье-Любляна, 103 – 119.

Dimiškovska [Trajanoska], A. (2009). Субверзијата во аргументативниот дискурс и стратегии за справување со неа [Subversion in argumentative discourse and strategies for dealing with it]. *Философија*, 26, 93 – 111.

Dimiškovska [Trajanoska], A. (2010). The logical structure of legal justification: Dialogue or "trialogue"? In D. M. Gabbay, P. Canivez, S. Rahman, & A. Thiercelin (Eds.), *Approaches to legal rationality* (pp. 265 – 280). Dordrecht: Springer.

Dimiškovska [Trajanoska], A. (2011). Truth and nothing but the truth? The argumentative use of fictions in legal reasoning. In F. H. van Eemeren, B. J. Garssen, D. Godden, & G. Mitchell (Eds.), *Proceedings of the 7th con-*

ference of the International Society for the Study of Argumentation (pp. 366 – 378). Amsterdam: Sic Sat. (CD rom).

Diogenes Laertius. (1925). *Diogenes Laertius. Lives of eminent philosophers, I: Books* 1 – 5, *II: Books* 6 – 10. (R. D. Hicks, trans.). London: William Heinemann. (Loeb classical library 184, 185).

Discini, N. (2008) Paixão e éthos [Passion and ethos]. In *Anais do III Simpósio Internacional sobre análise do discurso: emoções, éthos e argumentação*, III (pp. 1 –9). Belo Horizonte: Universidade Federal de Minas Gerais.

Djidjian, R. (1992). Transformational analysis and inner argumentation. In J. Pietarinen (Ed.), *Problems of philosophical argumentation*, II, special problems. Turku: Turun Yliopisto.

Dolinina, I. B. (1992). Change of scientific paradigms as an object of the theory of argumentation. In F. H. van Eemeren, R. Grootendorst, J. A. Blair, & C. A. Willard (Eds.), *Argumentation illuminated* (pp. 73 – 84). Amsterdam: Sic Sat.

Dolinina, I. B. (2007). Arguments against/pro directives. Taxonomy. In F. H. van Eemeren, J. A. Blair, C. A. Willard, & B. Garssen (Eds.), *Proceedings of the sixth conference of the International Society for the Study of Argumentation* (pp. 337 –342). Amsterdam: Sic Sat.

Douay-Soublin, F. (1990a). Non, la rhétorique française au 18e siècle n'est pas "restreinte" aux tropes [No, French rhetoric in the 18th century was not "restricted" to tropes]. *Histoire Episté mologie Langage*, 12 (1), 123 –132.

Douay-Soublin, F. (1990b). "Mettre dans le jour d'apercevoir ce qui est." Tropologie et argumentation chez Dumarsais ["Bring to light the world as it is." Dumarsais's tropology and argumentation]. In M. Meyer & A. Lempereur (Eds.), *Figures et conflits rhétoriques* [Figures and rhetorical conflicts] (pp. 83 – 102). Brussels: Éditions de l'Université de Bruxelles.

Douay-Soublin, F. (1994a). Y-a-t-il renaissance de la rhétorique en France au XIXe siècle? [Is there a revival of rhetoric in France in the 19th century?]. In S. IJsseling & G. Vervaecke (Eds.), *Renaissances of rhetoric* (pp. 51 – 154). Leuven: Leuven University Press.

Douay-Soublin, F. (1994b). Les figures de rhétorique. Actualité, reconstruction, remploi [Rhetorical figures. Topicality, redevelopment, re-use]. *Langue Française* 101, 13 – 25.

Doury, M. (1997). *Le débat immobile. L'argumentation dans le débat médiatique sur les parasciences* [The immobile debate. Argumentation in the media debate on the parasciences]. Paris; Kimé.

Doury, M. (2004a). La classification des arguments dans les discours ordinaires [The classification of arguments in ordinary discourse]. *Langage*, 154, 59 – 73.

Doury, M. (2004b). La position de l'analyste de l'argumentation [The position of the argumentation analyst] . *Semen*, 17, 143 – 163.

Doury, M. (2005). The accusation of amalgame as a meta-argumentative refutation. In F. H. van Eemeren & P. Houtlosser (Eds.), *The practice of argumentation* (pp. 145 – 161). Amsterdam-Philadelphia: John Benjamins.

Doury, M. (2006). Evaluating analogy. Toward a descriptive approach to argumentative norms. In P. Houtlosser & M. A. van Rees (Eds.), *Considering pragma-dialectics. A festschrift for Frans H. van Eemeren on the occasion of his 60th birthday* (pp. 35 – 49). Mahwah-London: Lawrence Erlbaum.

Doury, M. (2009). Argument schemes typologies in practice. The case of comparative arguments. In F. H. van Eemeren & B. Garssen (Eds.), *Pondering on problems of argumentation* (pp. 141 – 155). New York: Springer.

Doury, M., Plantin, C., & Traverso, V. (Eds.). (2000). *Les émotions dans les interactions* [Emotions in interactions]. Lyon: PUL/ARCI.

Doury M., & Traverso, V. (2000). Usage des énoncés généralisants dans la mise en scène de lignes argumentatives en situation d'entretien [The use of generalizing utterances in the production of lines of argument in a conversational context]. In G. Martel (Ed.), *Autour de l'argumentation. Rationaliser l'expérience quotidienne* [Around argumentation. Rationalising everyday experiences] (pp. 47 – 80). Québec: Editions Nota Bene.

Drop, W., & de Vries, J. H. L. (1974). *Taalbeheersing. Handboek voor taalhantering* [Speech communication. Handbook of speech management]. Groningen: Wolters-Noordhoff.

Ducrot, O. (1980). *Les échelles argumentatives* [Argumentative scales]. Paris: Minuit.

Ducrot, O. (1984). *Le dire et le dit* [The process and product of saying]. Paris: Minuit.

Ducrot, O. (1986). *Polifonía y argumentación* [Polyphny and argumentation]. Cali: Facultad de Humanidades, Universidad de Cali.

Ducrot, O. (1990). *Polifonia y argumentacion* [Polyphony and argumentation]. Cali: Universidad del Valle.

Ducrot, O. (2001). Critères argumentatifs et analyse lexicale. *Langages*, 35 (142), 22–40.

Ducrot, O. (2004). Argumentation rhétorique et argumentation linguistique [Rhetorical and linguistic argumentation]. In M. Doury & S. Moirand (Eds.), *L'Argumentation aujourd'hui. Positions theorique en confrontation* [Argumentation today. Confrontation of theoretical positions] (pp. 17–34). Paris: Presses Sorbonne Nouvelle.

Ducrot, O., Bourcier, D., Bruxelles, S., Diller, A.-M., Foucquier, E., Gouazé, J., Maury, L., Nguyen, T. B., Nunes, G., Ragunet de Saint-Alban, L., Rémis, A., & Sirdar-Iskander, C. (1980). *Les mots du discours* [The words of discourse]. Paris: Minuit.

Dufour, M. (2008). *Argumenter* [Arguing]. Paris: Armand Colin.

Dufour, M. (2010). Explication scientifique et explication non scientifique [Scientific and non-scientific explanation]. In E. Bour & S. Roux (Eds.), *Lambertiana* (pp. 411–435). Paris: Vrin.

Dumarsais, C. C. (1988). *Des tropes, ou des différents sens* [About tropes or about the different meanings]. In F. Douay-Soublin (Ed.). Paris: Flammarion.

Dunbar, N. R. (1986). Laetrile. A case study of a public controversy. *Journal of the American Forensic Association*, 22, 196–211.

Dung, P. M. (1995). On the acceptability of arguments and its fundamental role in non-monotonic reasoning, logic programming and n-person games. *Artificial Intelligence*, 77, 321 – 357.

Dung, P. M., & Thang, P. M. (2010). Towards (probabilistic) argumentation for jury-based dispute resolution. In P. Baroni, F. Cerutti, M. Giacomin, & G. R. Simari (Eds.), *Computational models of argument-Proceedings of COMMA* 2010 (pp. 171 – 182). Amsterdam: IOS Press.

Dunin-Kęplicz, B., Strachocka, A., Szałas, A., & Verbrugge, R. (2012). A paraconsistent approach to speech acts. In P. McBurney, S. Parsons & I. Rahwan (Eds.), *Proceedings workshop on argumentation in multi-agent systems*, (pp. 59 – 78). Valencia: IFAAMAS.

Dunin-Kęplicz, B., & Verbrugge, R. (2010). *Teamwork in multi-agent systems. A formal approach.* Chichester: Wiley.

Dunlap, D. D. (1993). The conception of audience in Perelman and Isocrates. Locating the ideal in the real. *Argumentation*, 7, 461 – 474.

Dunne, P. E. (2007). Computational properties of argument systems satisfying graph-theoretic constraints. *Artificial Intelligence*, 171 (10), 701 – 729.

Dunne, P. E., & Bench-Capon, T. J. M. (2003). Two party immediate response disputes. Properties and efficiency. *Artificial Intelligence*, 149 (2), 221 – 250.

Dutilh Novaes, C. (2005). Medieval obligationes as logical games of consistency maintenance. *Synthese*, 145 (3), 371 – 395.

Dutilh Novaes, C. (2012). Medieval theories of consequence. In: *Stanford encyclopedia of philosophy*. http://plato.stanford.edu/entries/consequence-medieval/

Dworkin, R. (1978). *Taking rights seriously. New impression with a reply to critics.* London: Duckworth.

Eabrasu, M. (2009). A reply to the current critiques formulated against Hoppe's argumentation ethics. *Libertarian Papers*, 1 (20), 1 – 29.

Eagly, A. H., & Chaiken, S. (1993). *The psychology of attitudes.* Fort Worth: Harcourt Brace Jovanovich.

Ebbesen, S. (1981). *Commentators and commentaries on Aristotle's So-*

phistici elenchi. A study of post-aristotelian ancient and medieval writings on fallacies, Vol. 3. Leiden: Brill.

Ebbesen, S. (1993). The theory of loci in Antiquity and the Middle Ages. In K. Jacobi (Ed.), *Argumentationstheorie. Scholastische Forschungen zu den logischen und semantischen Regeln korrekten Folgerns* [Theory of argumentation. Scholastic investigations of the logical and semantic rules of correct inference] (pp. 15 – 39). Leiden: Brill.

Eco, U. (1987). Il messaggio persuasivo [The persuasive message]. In E. Mattioli (Ed.), *Le ragioni della retorica* [The reasons of rhetoric] (pp. 11 – 27). Modena: Mucchi.

Ede, L. S. (1989). Rhetoric versus philosophy. The role of the universal audience in Chaïm Perelman's The new rhetoric. In R. D. Dearin (Ed.), *The new rhetoric of Chaïm Perelman. Statement & response* (pp. 141 – 151). Lanham: University Press of America.

van Eemeren, F. H. (1986). Dialectical analysis as a normative reconstruction of argumentative discourse. *Text*, 6 (1), 1 – 16.

van Eemeren, F. H. (1987a). Argumentation studies' five estates. In J. W. Wenzel (Ed.), Argument and critical practices. *Proceedings of the fifth SCA/AFA conference on argumentation* (pp. 9 – 24). Annandale: Speech Communication Association.

van Eemeren, F. H. (1987b). For reason's sake. Maximal argumentative analysis of discourse. In F. H. van Eemeren, R. Grootendorst, J. A. Blair, & C. A. Willard (Eds.), *Argumentation. Across the lines of discipline. Proceedings of the conference on argumentation*, 1986 (pp. 201 – 215). Dordrecht: Foris.

van Eemeren, F. H. (1990). The study of argumentation as normative pragmatics. Text. *An Interdisciplinary Journal for the Study of Discourse*, 10 (1/2), 37 – 44.

van Eemeren, F. H. (2001). Fallacies. In F. H. van Eemeren (Ed.), *Crucial concepts in argumentation theory* (pp. 135 – 164). Amsterdam: Amsterdam University Press.

van Eemeren, F. H. (2002). Democracy and argumentation. *Controver-*

sia, 1 (1), 69 -84.

van Eemeren, F. H. (2010). *Strategic maneuvering in argumentative discourse. Extending the pragma-dialectical theory of argumentation.* Amsterdam-Philadelphia: John Benjamins. [trans. into Chinese (in preparation), Italian (2014), Japanese (in preparation), & Spanish (2013b)].

van Eemeren, F. H. (2012). The pragma-dialectical theory of argumentation in discussion. *Argumentation*, 26 (4), 439 -457.

van Eemeren, F. H. (2013a). In what sense do modern argumentation theories relate to Aristotle? The case of pragma-dialectics. *Argumentation*, 27 (1), 49 -70.

van Eemeren, F. H. (2013b). *Maniobras estratégicas en el discurso argumentativo. Extendiendo la teoría pragma-dialéctica de la argumentación. Madrid/Mexico: Consejo Superior de Investigaciones Científicas (CSIC) /Plaza & Valdés. Theoria cum Praxi.* (Spanish transl. by C. Santibáñez Yáñez & M. E. Molina of F. H. van Eemeren (2010). Strategic maneuvering in argumentative discourse. Extending the pragma-dialectical theory of argumentation. Amsterdam/Philadelphia: John Benjamins).

van Eemeren, F. H. (2014). *Mosse e strategie tra retorica e argomentazione.* Naples: Loffredo. (Italian transl. by S. Bigi & A. Gilardoni of F. H. van Eemeren (2010). Strategic maneuvering in argumentative discourse. Extending the pragma-dialectical theory of argumentation. Amsterdam/Philadelphia: John Benjamins).

van Eemeren, F. H. (Ed.). (2009). *Examining argumentation in context. Fifteen studies on strategic maneuvering* (pp. 115 - 130). Amsterdam: John Benjamins.

van Eemeren, F. H., & Garssen, B. (2009). The fallacies of composition and division revisited. *Cogency*, 1 (1), 23 -42.

van Eemeren, F. H., & Garssen, B. (2010a). In varietate concordia-United in diversity. European parliamentary debate as an argumentative activity type. *Controversia*, 7 (1), 19 -37.

van Eemeren, F. H., & Garssen, B. (2010b). Linguistic criteria for judging composition and division fallacies. In A. Capone (Ed.), *Perspectives on language use and pragmatics. A volume in memory of Sorin Stati* (pp. 35 – 50). Munich: Lincom Europa.

van Eemeren, F. H., & Garssen, B. (2011). Exploiting the room for strategic maneuvering in argumentative discourse. Dealing with audience demand in the European Parliament. In F. H. van Eemeren & B. Garssen (Eds.), *Exploring argumentative contexts*. Amsterdam-Philadelphia: John Benjamins.

van Eemeren, F. H., & Garssen, B. (Eds.). (2008). *Controversy and confrontation. Relating controversy analysis with argumentation theory*. Amsterdam-Philadelphia: John Benjamins.

van Eemeren, F. H., Garssen, B., & Meuffels, B. (2009). *Fallacies and judgments of reasonableness. Empirical research concerning the pragma-dialectical discussion rules*. Dordrecht etc.: Springer.

van Eemeren, F. H., Garssen, B., & Meuffels, B. (2012a). Effectiveness through reasonableness. Preliminary steps to pragma-dialectical effectiveness research. *Argumentation*, 26 (1), 33 – 53.

van Eemeren, F. H., Garssen, B., & Meuffels, B. (2012b). The disguised abusive ad hominem empirically investigated. Strategic maneuvering with direct personal attacks. *Thinking & Reasoning*, 18 (3), 344 – 364.

van Eemeren, F. H., Garssen, B., & Wagemans, J. (2012). The pragma-dialectical method of analysis and evaluation. In R. C. Rowland (Ed.), *Reasoned argument and social change. Selected papers from the seventeenth biennial conference on argumentation sponsored by the National Communication Association and the American Forensic Association* (pp. 25 – 47). Washington, DC: National Communication Association.

van Eemeren, F. H., de Glopper, K., Grootendorst, R., & Oostdam, R. (1995). Identification of unexpressed premises and argumentation schemes by students in secondary school. *Argumentation and Advocacy*, 31, 151 – 162.

van Eemeren, F. H., & Grootendorst, R. (1984). *Speech acts in argumentative discussions. A theoretical model for the analysis of discussions directed towards solving conflicts of opinion.* Dordrecht-Cinnaminson: Foris & Berlin: de Gruyter (trans. into Russian (1994c) & Spanish (2013)).

van Eemeren, F. H., & Grootendorst, R. (1988). Rationale for a pragma-dialectical perspective. *Argumentation*, 2, 271 – 291.

van Eemeren, F. H., & Grootendorst, R. (1989). A transition stage in the theory of fallacies. *Journal of Pragmatics*, 13, 99 – 109.

van Eemeren, F. H., & Grootendorst, R. (1990). Analyzing argumentative discourse. In R. Trapp & J. Schuetz (Eds.), *Perspectives on argumentation. Essays in honor of Wayne Brockriede* (pp. 86 – 106). Prospect Heights: Waveland.

van Eemeren, F. H., & Grootendorst, R. (1991a). The study of argumentation from a speech act perspective. In J. Verschueren (Ed.), *Pragmatics at issue. Selected papers of the International Pragmatics Conference, Antwerp, August* 17 – 22, 1987, *I* (pp. 151 – 170). Amsterdam: John Benjamins.

van Eemeren, F. H., & Grootendorst, R. (1991b). [《论辩、交际、谬误》]. 北京：北京大学出版社 (chinese trans. of F. H. van Eemeren & R. Grootendorst (1992a). *Argumentation, communication, and fallacies. A pragma-dialectical perspective.* Hillsdale: Lawrence Erlbaum).

van Eemeren, F. H., & Grootendorst, R. (1992a). *Argumentation*, communication, and fallacies. A pragma-dialectical perspective. Hillsdale: Lawrence Erlbaum. (trans. into Bulgarian (2009), Chinese (1991b), French (1996), Romanian (2010), Russian (1992b), Spanish (2007)).

van Eemeren, F. H., & Grootendorst, R. (1992b). [Russian title]. St. Petersburg: St. Petersburg University Press. L. Chakoyah, V. Golubev & T. Tretyakova of F. H. van Eemeren & R. Grootendorst (1992a). *Argumentation, communication, and fallacies. A pragma-dialectical perspective.* Hillsdale, NJ: Lawrence Erlbaum.

van Eemeren, F. H., & Grootendorst, R. (1993). The history of the argumentum ad hominem since the seventeenth century. In E. C. W. Krabbe, R. J. Dalitz, & P. A. Smit (Eds.), *Empirical logic and public debate. Essays in honour of Else M. Barth* (pp. 49 – 68). Amsterdam-Atlanta: Rodopi.

van Eemeren, F. H. , & Grootendorst, R. (1994a). Argumentation theory. In J. Verschueren & J. Blommaert (Eds.), *Handbook of pragmatics* (pp. 55 –61). Amsterdam: John Benjamins.

van Eemeren, F. H. , & Grootendorst, R. (1994b). Rationale for a pragma-dialectical perspective. In F. H. van Eemeren & R. Grootendorst (Eds.), *Studies in pragma-dialectics* (pp. 11 –28). Amsterdam: Sic Sat.

van Eemeren, F. H. , & Grootendorst, R. (1994c). *Rechevye akty v argumentativnykh diskusiyakh. Teoreticheskaya model analiza diskussiy, napravlennyh na razresheniye konflikta mneniy.* (Russian transl. by E. Bogoyavlenskaya, Ed. L. Chakhoyan, of F. H. van Eemeren & R. Grootendorst (1984). Speech acts in argumentative discussions. A theoretical model for the analysis of discussions directed towards solving conflicts of opinion. Dordrecht/ Cinnaminson: Foris & Berlin: de Gruyter).

van Eemeren, F. H. , & Grootendorst, R. (1995). Perelman and the fallacies. *Philosophy & Rhetoric*, 28, 122 –133.

van Eemeren, F. H. , & Grootendorst, R. (1996). *La nouvelle dialectique. Paris: Kimé.* (French transl. by S. Bruxelles, M. Doury, V. Traverso & Chr. Plantin of F. H. van Eemeren & R. Grootendorst (1992a). *Argumentation, communication, and fallacies. A pragma-dialectical perspective.* Hillsdale, NJ: Lawrence Erlbaum.

van Eemeren, F. H. , & Grootendorst, R. (1999). From analysis to presentation. A pragma-dialectical approach to writing argumentative texts. In J. Andriessen & P. Coirier (Eds.), *Foundations of argumentative text processing* (pp. 59 –73). Amsterdam: Amsterdam University Press.

van Eemeren, F. H. , & Grootendorst, R. (2002). [《批判性论辩》]. 北京：北京大学出版社 Chinese trans. by Zhang Shuxue (张树学) of F. H. van Eemeren & R. Grootendorst (2004). A systematic theory of argumentation. The pragma-dialectical approach. Cambridge: Cambridge University Press.

van Eemeren, F. H. , & Grootendorst, R. (2004). A systematic theory of argumentation. The pragma-dialectical approach. Cambridge: Cambridge University Press. (trans. Into Bulgarian (2006), Chinese (2002), Italian (2008) & Spanish (2011)).

van Eemeren, F. H., & Grootendorst, R. (2006). *Системна теория на аргументацията* (*Прагматико-диалектически подход*), Sofia: Sofia University Press. (Bulgarian transl. by M. Pencheva of F. H. van Eemeren & R. Grootendorst (2004). A systematic theory of argumentation. The pragma-dialectical approach. Cambridge: Cambridge University Press).

van Eemeren, F. H., & Grootendorst, R. (2007). *Argumentación, comunicación y falacias. Una perspectiva pragma-dialéctica.* Santiago: Ediciones Universidad Católica de Chile. (1st ed. 2002). (Spanish transl. by C. López & A. M. Vicuña of F. H. van Eemeren & R. Grootendorst (1992a), *Argumentation, communication, and fallacies. A pragma-dialectical perspective.* Hillsdale, NJ: Lawrence Erlbaum).

van Eemeren, F. H., & Grootendorst, R. (2008). *Una teoria sistematica dell'argomentazione. L'approccio pragma-dialettico.* Milan: Mimesis. (Italian trans. by A. Gilardoni of F. H. van Eemeren & R. Grootendorst (2004). A systematic theory of argumentatin. The pragma-dialectical approach. Cambridge: Cambridge University Press).

van Eemeren, F. H., & Grootendorst, R. (2009). *Kak da pechelim debati* (*Argumentacia, komunikacia I greshki. Pragma-dialekticheski podhod*), *II.* Sofia: Sofia University Press. (Bulgarian transl. by D. Alexandrova of F. H. van Eemeren & R. Grootendorst (1992a). *Argumentation, communication, and fallacies. The pragma-dialectical approach.* Hillsdale, NJ: Lawrence Erlbaum).

van Eemeren, F. H., & Grootendorst, R. (2010). *Argumentare, comunicare şi sofisme. O perspectivă pragma-dialectică.* Galati: Galati University Press. (Rumanian transl. by C. Andone & A. Gâţă of F. H. van Eemeren & R. Grootendorst (1992a). *Argumentation, communication, and fallacies. A pragma-dialectical perspective.* Hillsdale, NJ: Lawrence Erlbaum).

van Eemeren, F. H., & Grootendorst, R. (2011). *Una teoría sistemática de la argumentación. La perspectiva pragmadialéctica.* Buenos Aires: Biblos

Ciencias del Lenguaje. (Spanish transl. by C. López & A. M. Vicuña of F. H. van Eemeren & R. Grootendorst (2004). A systematic theory of argumentation. The pragma dialectical approach. Cambridge: Cambridge University Press).

van Eemeren, F. H., & Grootendorst, R. (2013). *Los actos de habla en las discusiones argumentativas. Un modelo teórico para el análisis de discusiones orientadas hacia la resolución de diferencias de opinión.* Santiago, Chile: Ediciones Universidad Diego Portales. (Spanish transl. by Chr. Santibáñez Yáñez & M. E. Molina of F. H. van Eemeren & R. Grootendorst (1984). Speech acts in argumentative discussions. A theoretical model for the analysis of discussions directed towards solving conflicts of opinion. Dordrecht/Cinnaminson: Foris & Berlin: de Gruyter).

van Eemeren, F. H., Grootendorst, R., Jackson, S., & Jacobs, S. (1993). *Reconstructing argumentative discourse.* Tuscaloosa: University of Alabama Press.

van Eemeren, F. H., Grootendorst, R., & Kruiger, T. (1978). *Argumentatietheorie* [Argumentation theory]. Utrecht: Het Spectrum. (2nd enlarged ed. 1981; 3rd ed. 1986). (English transl. (1984, 1987)).

van Eemeren, F. H., Grootendorst, R., & Kruiger, T. (1981). *Argumentatietheorie* [Argumentation theory] (2nd enlarged ed.). Utrecht: Het Spectrum. (1st ed. 1978; 3rd ed. 1986). (English transl. (1984, 1987)).

van Eemeren, F. H., Grootendorst, R., & Kruiger, T. (1984). *The study of argumentation.* New York: Irvington. (Engl. trans. by H. Lake of F. H. van Eemeren, R. Grootendorst & T. Kruiger (1981). Argumentatietheorie (2nd ed). Utrecht: Het Spectrum. (1st ed. 1978)).

van Eemeren, F. H., Grootendorst, R., & Kruiger, T. (1986). *Argumentatietheorie* [Argumentation theory] (3rd ed.). Leiden: Martinus Nijhoff. (1st ed. 1978, Het Spectrum).

van Eemeren, F. H., Grootendorst, R., & Kruiger, T. (1987). *Handbook of argumentation theory. A critical survey of classical backgrounds and modern studies.* Dordrecht/Providence: Foris. (English transl. by H. Lake of

F. H. van Eemeren, R. Grootendorst & T. Kruiger (1981). Argumentatietheorie. Utrecht etc.: Het Spectrum).

van Eemeren, F. H., Grootendorst, R., & Meuffels, B. (1984). Het identificeren van enkelvoudige argumentatie [Identifying single argumentation]. *Tijdschrift voor Taalbeheersing*, 6 (4), 297 – 310.

van Eemeren, F. H., Grootendorst, R., & Meuffels, B. (1985). Gedifferentieerde replicaties van identificatieonderzoek [Differentiated replications of identification research]. *Tijdschrift voor Taalbeheersing*, 7 (4), 241 – 257.

van Eemeren, F. H., Grootendorst, R., & Meuffels, B. (1987). Identificatie van argumentatie als vaardigheid [Identifying argumentation as a skill]. *Spektator*, 16 (5), 369 – 379.

van Eemeren, F. H., Grootendorst, R., & Meuffels, B. (1989). The skill of identifying argumentation. *Journal of the American Forensic Association*, 25 (4), 239 – 245.

van Eemeren, F. H., Grootendorst, R., & Meuffels, B. (1990). Valkuilen achter een rookgordijn [Pitfalls behind a smokescreen]. *Tijdschrift voor Taalbeheersing*, 12 (1), 47 – 58.

van Eemeren, F. H., Grootendorst, R., & Snoeck Henkemans, A. F. (2002a). *Argumentation. Analysis, evaluation, presentation.* Mahwah: Routledge/Lawrence Erlbaum. (trans. into Albanian (2006a), Armenian (2004), Chinese (2006b), Italian (2011), Japanese (in preparation), Portuguese (in preparation), Russian (2002b), Spanish (2006c)).

van Eemeren, F. H., Grootendorst, R., & Snoeck Henkemans, A. F. (2002b). *Argumentaciya. Analiz, proverka, predstavleniye.* (L. Chakhoyan, T. Tretyakova & V. Goloubev, Trans.). St. Petersburg: Faculty of Philology, St. Petersburg State University. Student Library. (Russian trans. by L. Chakhoyan, T. Tretyakova & V. Goloubev of F. H. van Eemeren, R. Grootendorst & A. F. Snoeck Henkemans (2002a). *Argumentation. Analysis, evaluation, presentation.* Mahwah: Routledge/Lawrence Erlbaum).

van Eemeren, F. H., Grootendorst, R., & Snoeck Henkemans, A. F. (2004). [Armenian title]. Yerevan: Academy of Philosophy of Armenia.

(Armenian trans. by L. Brutian of F. H. van Eemeren, R. Grootendorst & A. F. Snoeck Henkemans (2002a). *Argumentation. Analysis, evaluation, presentation.* Mahwah: Routledge/Lawrence Erlbaum).

van Eemeren, F. H., Grootendorst, R., & Snoeck Henkemans, A. F. (2006a). *Argumentimi. Analiza, evaluimi, prezentimi. Tetovo, Macedonia: Forum for Society, Science and Culture 'Universitas'*. (Albanian trans. by V. Memedi of F. H. van Eemeren, R. Grootendorst & A. F. Snoeck Henkemans (2002a). *Argumentation. Analysis, evaluation, presentation.* Mahwah: Routledge/Lawrence Erlbaum).

van Eemeren, F. H., Grootendorst, R., & Snoeck Henkemans, A. F. (2006b). [《论辩巧智：有理说得清的技术》]. 北京：新世界出版社 (Chinsese trans. by Minghui Xiong (熊明辉) & Yi Zhao (赵艺) of F. H. van Eemeren, R. Grootendorst & A. F. Snoeck Henkemans (2002a). *Argumentation. Analysis, evaluation, presentation.* Mahwah: Routledge/Lawrence Erlbaum).

van Eemeren, F. H., Grootendorst, R., & SnoeckHenkemans, A. F. (2006c). *Argumentación. Análisis, evaluación, presentación.* Buenos Aires: Biblos Ciencias del Lenguaje. (Spanish trans. by R. Marafioti of F. H. van Eemeren, R. Grootendorst & A. F. Snoeck Henkemans (2002a). *Argumentation. Analysis, evaluation, presentation.* Mahwah: Routledge/Lawrence Erlbaum).

van Eemeren, F. H., Grootendorst, R., & Snoeck Henkemans, A. F. (2011). *Il galateo della discussione (Orale e scritta)*. Milan: Mimesis. (Italian trans. by A. Gilardoni of F. H. van Eemeren, R. Grootendorst & A. F. Snoeck Henkemans (2002a). *Argumentation. Analysis, evaluation, presentation.* Mahwah: Routledge/Lawrence Erlbaum).

van Eemeren, F. H., Grootendorst, R., Snoeck Henkemans, A. F., Blair, J. A., Johnson, R. H., Krabbe, E. C. W., Plantin, C., Walton, D. N., Willard, C. A., Woods, J., & Zarefsky, D. (1996). *Fundamentals of argumentation theory. Handbook of historical backgrounds and contemporary developments.* Mawhah: Lawrence Erlbaum. (transl. into Dutch (1997)).

van Eemeren, F. H., Grootendorst, R., & Snoeck Henkemans, A. F., with Blair, J. A., Johnson, R. H., Krabbe, E. C. W., Plantin, C., Walton, D. N., Willard, C. A., Woods, J., & Zarefsky, D. (1997). *Handboek Argumentatietheorie*. Groningen: Nijhoff. (trans. by F. H. van Eemeren & A. F. Snoeck Henkemans of F. H van Eemeren, R. Grootendorst & A. F. Snoeck Henkemans, with J. A. Blair, R. H. Johnson, E. C. W. Krabbe, C. Plantin, D. N. Walton, C. A. Willard, J. Woods, & D. Zarefsky (1996). *Fundamentals of argumentation theory. Handbook of historical backgrounds and contemporary developments*. Mawhah: Lawrence Erlbaum).

van Eemeren, F. H., & Houtlosser, P. (1999). William the silent's argumentative discourse. In F. H. van Eemeren, R. Grootendorst, J. A. Blair, & C. A. Willard (Eds.), *Proceedings of the fourth conference of the International Society for the Study of Argumentation* (pp. 168 – 171). Amsterdam: Sic Sat.

van Eemeren, F. H., & Houtlosser, P. (2000a). Rhetorical analysis within a pragma-dialectical framework. The case of R. J. Reynolds. *Argumentation*, 14 (3), 293 – 305.

van Eemeren, F. H., & Houtlosser, P. (2000b). The rhetoric of William the silent's apologie. A dialectical perspective. In T. Suzuki, Y. Yano, & T. Kato (Eds.), *Proceedings of the first Tokyo conference on argumentation* (pp. 37 – 40). Tokyo: Japan Debate Association.

van Eemeren, F. H., & Houtlosser, P. (2002a). Strategic maneuvering in argumentative discourse. Maintaining a delicate balance. In F. H. van Eemeren & P. Houtlosser (Eds.), *Dialectic and rhetoric. The warp and woof of argumentation analysis* (pp. 131 – 159). Dordrecht: Kluwer.

van Eemeren, F. H., & Houtlosser, P. (2002b). Strategic maneuvering with the burden of proof. In F. H. van Eemeren & P. Houtlosser (Eds.), *Advances in pragma-dialectics* (pp. 13 – 28). Amsterdam-Newport News: Sic Sat/Vale Press.

van Eemeren, F. H., & Houtlosser, P. (Eds.). (2002c). *Dialectic and rhetoric. The warp and woof of argumentation analysis*. Dordrecht: Kluwer Academic.

van Eemeren, F. H., & Houtlosser, P. (2003a). A pragmatic view of the burden of proof. In F. H. van Eemeren, A. F. Snoeck Henkemans, J. A. Blair, & C. A. Willard (Eds.), *Anyone who has a view. Theoretical contributions to the study of argumentation* (pp. 123 – 132). Dordrecht: Kluwer.

van Eemeren, F. H., & Houtlosser, P. (2003b). Strategic manoeuvring. William the silent's apologie. A case in point. In L. I. Komlósi, P. Houtlosser, & M. Leezenberg (Eds.), *Communication and culture. Argumentative, cognitive and linguistic perspectives* (pp. 177 – 185). Amsterdam: Sic Sat.

van Eemeren, F. H., & Houtlosser, P. (2007). Seizing the occasion. Parameters for analysing ways of strategic manoeuvring. In F. H. van Eemeren, J. A. Blair, C. A. Willard, & B. Garssen (Eds.), *Proceedings of the sixth conference of the International Society for the Study of Argumentation* (pp. 375 – 380). Amsterdam: Sic Sat.

van Eemeren, F. H., & Houtlosser, P. (2008). Rhetoric in a dialectical framework. Fallacies as derailments of strategic manoeuvring. In E. Weigand (Ed.), *Dialogue and rhetoric* (pp. 133 – 151). Amsterdam: John Benjamins.

van Eemeren, F. H., Houtlosser, P., Ihnen [Jory], C., & Lewiń ski, M. (2010). Contextual considerations in the evaluation of argumentation. In C. Reed & C. W. Tindale (Eds.), *Dialectics, dialogue and argumentation. An examination of Douglas Walton's theories of reasoning and argument* (pp. 115 – 132). London: King's College Publications.

van Eemeren, F. H., Houtlosser, P., & Snoeck Henkemans, A. F. (2007). *Argumentative indicators in discourse. A pragma-dialectical study.* Dordrecht: Springer.

van Eemeren, F. H., Jackson, S., & Jacobs, S. (2010). Argumentation. In T. A. van Dijk (Ed.), *Discourse as structure and process* (*Chapter* 5). London: Sage.

van Eemeren, F. H., Jackson, S., & Jacobs, S. (2011). Argumentation. In T. A. van Dijk (Ed.), *Discourse studies. A multidisciplinary introduction* (pp. 85 – 106). Los Angeles: Sage.

van Eemeren, F. H., & Kruiger, T. (1987). Identifying argumentation schemes. In F. H. van Eemeren, R. Grootendorst, J. A. Blair, & C. A. Willard

(*Eds.*), *Argumentation. Perspectives and approaches* (pp. 70 – 81). Dordrecht: Foris.

van Eemeren, F. H., Meuffels, B., & Verburg, M. (2000). The (un) reasonableness of the argumentum ad hominem. *Language and Social Psychology*, 19 (4), 416 – 435.

Egly, U., Gaggl, S. A., & Woltran, S. (2010). Answer-set programming encodings for argumentation frameworks. *Argument and Computation*, 1 (2), 147 – 177.

Ehninger, D. (1970). Argument as method. Its nature, its limitations, and its uses. *Communication Monographs*, 37, 101 – 110.

Ehninger, D., & Brockriede, W. (1963). *Decision by debate.* New York: Dodd, Mead & Company.

Eisenberg, A., & Ilardo, J. A. (1980). *Argument. A guide to formal and informal debate* (2nd ed.). Englewood Cliffs: Prentice-Hall. (1st ed. 1972).

Elder, L., & Paul, R. (2009). *The aspiring thinker's guide to critical thinking.* Dillon Beach: Foundation for Critical Thinking.

Elhadad, M. (1995). Using argumentation in text generation. *Journal of Pragmatics*, 24, 189 – 220.

Engdahl, E., Glang, M., & O'Brien, A. (2011). The rhetoric of store-window mannequins. In F. Zenker (Ed.), *Argumentation. Cognition and community. Proceedings of the 9th international conference of the Ontario Society for the Study of Argumentation (OSSA), May* 18 – 21. Windsor (CD rom).

Engelhardt, H. T., & Caplan, A. L. (Eds.). (1987). *Scientific controversies. Case studies in the resolution and closure of disputes in science and technology.* Cambridge: Cambridge University Press.

Ennis, R. H. (1962). A concept of critical thinking. *Harvard Educational Review*, 32, 81 – 111.

Ennis, R. H. (1982). Identifying implicit assumptions. *Synthese*, 51, 61 – 86.

Ennis, R. H. (1987). A taxonomy of critical thinking dispositions and abilities. In J. Baron & R. Sternberg (Eds.), *Teaching thinking skills. Theory and practice* (pp. 9 – 26). New York: W. H. Freeman.

Ennis, R. H. (1989). Critical thinking and subject specificity. Clarification and needed research. *Educational Researcher*, 18 (3), 4 – 10.

Ennis, R. H. (2006). "Probably". In D. L. Hitchcock & B. Verheij (Eds.), *Arguing on the Toulmin model. New essays in argument analysis and evaluation* (pp. 145 – 164). Dordrecht: Springer.

Eriksson, L. (1998). *Traditions of rhetorical proof. Pauline argumentation in 1 Corinthians.* Stockholm: Almqvist & Wiksell. Doctoral dissertation, University of Lund.

Eubanks, R. (1986). An axiological analysis of Chaïm Perelman's theory of practical reasoning. In J. L. Golden & J. J. Pilotta (Eds.), *Practical reasoning in human affairs. Studies in honor of Chaïm Perelman* (pp. 53 – 67). Dordrecht: Reidel.

Eveling, H. S. (1959). Methods and criteria of reasoning. *Philosophical Quarterly*, 9, 188 – 189.

Evers, J. (1970). *Argumentationsanalys för jurister* [Argumentation analysis for lawyers]. Lund: Gleerups.

Fadely, L. D. (1967). The validity of the comparative advantages case. *Journal of the American Forensic Association*, 4, 28 – 35.

Fahnestock, J. (1999). *Rhetorical figures in science.* New York: Oxford University Press.

Fahnestock, J. (2009). Quid pro nobis. Rhetorical stylistics for argument analysis. In F. H. van Eemeren (Ed.), *Examining argumentation in context. Fifteen studies on strategic maneuvering* (pp. 131 – 152). Amsterdam: John Benjamins.

Fahnestock, J. (2011). Rhetorical style. *The uses of language in persuasion.* Oxford: Oxford University Press.

Fairclough, I., & Fairclough, N. (2012). *Political discourse analysis. A method for advanced students.* London: Routledge.

Fairclough, N. (1995). *Critical discourse analysis. The critical study of language*. London: Longman Group Limited.

Fairclough, N. (2001). *Language and power* (2nd ed.). London: Longman. (1st ed. 1989).

Fairclough, N. (2003). *Analysing discourse. Textual analysis for social research*. London: Routledge.

Falappa, M. A., Kern-Isberner, G., & Simari, G. R. (2002). Explanations, belief revision and defeasible reasoning. *Artificial Intelligence*, 141 (1-2), 1-28.

Faria, A. A. M. (2001). Interdiscurso, intradiscurso e leitura. O caso de Germinal [Interdiscourse, intradiscourse and reading. The case of Germinal]. In H. Mari, R. de Mello & I. L. Machado (Eds.). *Análise do discurso. Fundamentos e práticas* [Discourse analysis. (Foundations and practices)]. Belo Horizonte: NÚcleo de Análise do discurso-Faculdade de Letras da UFMG.

Farrell, T. B. (1977). Validity and rationality. The rhetorical constituents of argumentative form. *Journal of the American Forensic Association*, 13, 142-149.

Farrell, T. B. (1986). Reason and rhetorical practice. The inventional agenda of Chaïm Perelman. In J. L. Golden & J. J. Pilotta (Eds.), *Practical reasoning in human affairs. Studies in honor of Chaïm Perelman* (pp. 259-286). Dordrecht: Reidel.

Farrell, T. B. (1999). Knowledge, consensus and rhetorical theory. In J. L. Lucaites, C. M. Condit, & S. Caudill (Eds.), *Contemporary rhetorical theory. A reader*. New York: Guilford Press.

Fearnside, W. W., & Holther, W. B. (1959). *Fallacy. The counterfeit of argument*. Englewood Cliffs: Prentice Hall.

Feldman, R. (1994). Good arguments. In F. F. Schmitt (Ed.), *Socializing epistemology. The social dimensions of knowledge* (pp. 159-188). Lanham: Rowman & Littlefield.

Feldman, R. (1999). *Reason and argument* (2nd ed.). Upper Saddle River: Prentice-Hall. (1st ed. 1993).

Fenton, N. E., Neil, M., & Lagnado, D. A. (2012). A general

structure for legal arguments using Bayesian networks. *Cognitive Science*, http: //dx. doi. org/10. 1111/cogs. 12004

Ferrari, A., & Manzin, M. (Eds.). (2004). *La retorica fra scienza e professione legale. Questioni di metodo* [Rhetoric between science and the legal profession. Methodological questions]. Milan: Guffrè.

Ferraz Jr., T. S. (1997a). *Direito, retórica e comunicação* [Law, rhetoric and communication] (2nd ed.). São Paulo: Saraiva.

Ferraz Jr., T. S. (1997b). *Teoria da norma juridical. Ensaio de pragmática da comunicação normativa* [Theory of legal norm. An essay on pragmatics of normative communication]. (3rd ed.). Rio de Janeiro: Forense.

Ferreira, A. (2008). On the role of pragmatics, rhetoric and dialectics in scientific controversies. In F. H. van Eemeren & B. Garssen (Eds.), *Controversy and confrontation. Relating controversy analysis with argumentation theory* (pp. 125 – 133). Amsterdam-Philadelphia: John Benjamins.

Ferreira, A. (2009). On the role of pragmatics, rhetoric and dialectic in scientific controversies. In F. H. van Eemeren & B. Garssen (Eds.), *Controversy and confrontation* (pp. 125 – 133). Amsterdam-Philadelphia: John Benjamins.

Ferreira, I., & Serra, P. (Eds.). (2011). Rhetoric and mediatisation, I. *Proceedings of the 1st meeting on rhetoric at UBI.* Covilhã: LabCom Books.

Ferreira, L. A. (2010). *Leitura e persuasão. Princípios de análise reórica* [Reading and persusasion. Principles of rhetorical analysis]. São Paul: Contexto.

Ferreira, L. A. (Ed.). (2012). *A retórica do medo* [The rhetoric of fear]. Franca: Cristal.

Feteris, E. T. (1989). *Discussieregels in het recht. Een pragma-dialectische analyse van het burgerlijk proces en het strafproces als kritische discussie* [Discussion rules in law. A pragma-dialectical analysis of civil lawsuits and criminal trials as a critical discussion]. Doctoral dissertation, University of Amsterdam.

Feteris, E. T. (1999). *Fundamentals of legal argumentation. A survey of theories on the justification of judicial decisions*. Dordrecht: Kluwer. (trans. into Chinese (2005), Spanish (2007)).

Feteris, E. T. (2002). A pragma-dialectical approach of the analysis and evaluation of pragmatic argumentation in a legal context. *Argumentation*, 16 (3), 349 – 367.

Feteris, E. T. (2005). [《法律论证原理》]. 北京: 商务印书馆 (Chinese trans. by Qishan Zhang et al., (张其山等) of E. T. Feteris (1999). Fundamentals of legal argumentation. A critical survey of theories on the justification of judicial decisions. Dordrecht etc.: Kluwer Academic).

Feteris, E. T. (2007). *Fundamentos de la argumentación jurídica.* Bogotá: Universidad Externado de Colombia. (Spanish trans. of Fundamentals of legal argumentation. A survey of theories on the justification of legal decisions. Dordrecht: Kluwer Academic).

Feteris, E. T. (2009). Strategic maneuvering in the justification of judicial decisions. In F. H. van Eemeren (Ed.), *Examining argumentation in context. Fifteen studies on strategic maneuvering* (pp. 93 – 114). Amsterdam: John Benjamins.

Filliettaz, L., & Roulet, E. (2002). The Geneva model of discourse analysis. An interactionist and modular approach to discourse organization. *Discourse Studies*, 4 (3), 369 – 393.

Finnegan, C. A. (2003). Image vernaculars. Photography, anxiety and public argument. In F. H. van Eemeren, J. A. Blair, A. C. Willard, & A. F. Snoeck Henkemans (Eds.), *Proceedings of the fifth conference of the International Society for the Study of Argumentation* (pp. 315 – 318). Amsterdam: Sic Sat.

Finocchiaro, M. A. (1974). The concept of ad hominem argument in Galileo and Locke. *The Philosophical Forum*, 5, 394 – 404.

Finocchiaro, M. A. (1980). *Galileo and the art of reasoning. Rhetorical foundations of logic and scientific method.* Dordrecht: Reidel.

Finocchiaro, M. A. (1987). Six types of fallaciousness. Toward a realistic theory of logical criticism. *Argumentation*, 1, 263 – 282.

Finocchiaro, M. A. (1989). *The Galileo affair. A documentary history*. Berkeley-Los Angeles: University of California Press.

Finocchiaro, M. A. (1996). Informal factors in the formal evaluation of arguments. In J. van Benthem, F. H. van Eemeren, R. Grootendorst, & F. Veltman (Eds.), *Logic and argumentation* (pp. 143 – 162). Amsterdam: North-Holland. (Koninklijke Nederlandse Akademie van Wetenschappen, verhandelingen, afd. letterkunde, nieuwe reeks, 170).

Finocchiaro, M. A. (2005a). *Arguments about arguments. Systematic, critical and historical essays in logical theory*. Cambridge: Cambridge University Press.

Finocchiaro, M. A. (2005b). *Retrying Galileo*, 1633 – 1992. Berkeley: University of California Press.

Finocchiaro, M. (2006). Reflections on the hyper dialectical definition of argument. In P. Houtlosser & A. van Rees (Eds.), *Considering pragma-dialectics. A festschrift for Frans H. van Eemeren on the occasion of his 60th birthday* (pp. 51 – 62). Mahwah-London: Lawrence Erlbaum.

Finocchiaro, M. A. (2010). *Defending Copernicus and Galileo. Critical reasoning in the two affairs*. Dordrecht: Springer.

Fisher, A. (1988). *The logic of real arguments*. Cambridge: Cambridge University Press.

Fisher, A. (2004). *The logic of real arguments* (2nd ed.). Cambridge: Cambridge University Press. (1st ed. 1988).

Fisher, W. R. (1986). Judging the quality of audiences and narrative rationality. In J. L. Golden & J. J. Pilotta (Eds.), *Practical reasoning in human affairs. Studies in honor of Chaïm Perelman* (pp. 85 – 103). Dordrecht: Reidel.

Fisher, W. R. (1987). *Human communication as narration*. Columbia: University of South Carolina Press.

Fitelson, B. (2010). Pollock on probability in epistemology. *Philosophical Studies*, 148, 455 – 465.

Focas, J. D. (2010). A ética do discurso como uma virada linguística [The ethics of discourse as a linguistic turn]. *Revista Litteris*, 4, 1 – 12.

Fogelin, R. J. (1985). The logic of deep disagreements. *Informal Logic*, 7 (1), 1 –8.

Fogelin, R. J., & Duggan, T. J. (1987). Fallacies. *Argumentation*, 1, 255 –262.

Føllesdal, D., Walloe L., & Elster J. (1986). *Rationale Argumentation. Ein Grundkurs in Argumentations-und Wissenschafstheorie* [Rational argumentation. An introduction in the theory of argumentation and science]. Berlin-New York: Walter de Gruyter.

Fontanier, P. (1968). *Les figures du discours* [The figures of discourse]. (Combined ed. of the Manuel classique pour l'étude des tropes, 1821 and Des Figures du discours autres que les tropes, 1827). Paris: Flammarion.

Forchtner, B., & Tominc, A. (2012). On the relation between the discourse-historical approach and pragma-dialectics. *Journal of Language and Politics*, 11 (1), 31 –50.

Foss, S. K., Foss, K., & Trapp, R. (2002). *Contemporary perspectives on rhetoric* (3rd ed.). Prospect Heights: Waveland Press. (1st ed. 1985).

Foster, W. T. (1908). *Argumentation and debating*. Boston: Houghton-Mifflin.

Fowler, R., & Kress, G. (1979). Critical linguistics. In R. Fowler, B. Hodge, G. Kress, & T. Trew (Eds.), *Language and control* (pp. 185 –214). London: Routledge.

Fox, J., & Das, S. (2000). *Safe and sound. Artificial intelligence in hazardous applications*. Cambridge, MA: The MIT Press.

Fox, J., & Modgil, S. (2006). From arguments to decisions. Extending the Toulmin view. In D. L. Hitchcock & B. Verheij (Eds.), *Arguing on the Toulmin model. New essays in argument analysis and evaluation* (pp. 273 –287). Dordrecht: Springer.

Frank, D. A. (2004). Argumentation studies in the wake of the new rhetoric. *Argumentation and Advocacy*, 40, 276 –283.

Frank, D. A., & Bolduc, M. K. (2003). Chaïm Perelman's First philosophies and regressive philosophy. Commentary and translation. *Philosophy & Rhetoric*, 36 (3), 177 – 188.

Frank, D. A., & Driscoll, W. (2010). A bibliography of the new rhetoric project. *Philosophy & Rhetoric*, 43 (4), 449 – 466.

Freeley, A. J. (1993). *Argumentation and debate. Critical thinking for reasoned decision making*. Belmont: Wadsworth.

Freeley, A. J., & Steinberg, D. L. (2009). *Argumentation and debate. Critical thinking for reasoned decision making*. Boston: Wadsworth.

Freeman, J. B. (1985). Dialectical situations and argument analysis. *Informal Logic*, 7, 151 – 162.

Freeman, J. B. (1988). *Thinking logically. Basic concepts for reasoning*. Englewood Cliffs: Prentice-Hall.

Freeman, J. B. (1991). *Dialectics and the macrostructure of arguments. A theory of argument structure*. Berlin-New York: Foris/de Gruyter.

Freeman, J. B. (1992). Relevance, warrants, backing, inductive support. *Argumentation*, 6, 219 – 235.

Freeman, J. B. (2005a). *Acceptable premises. An epistemic approach to an Informal Logic problem*. Cambridge: Cambridge University Press.

Freeman, J. B. (2005b). Systematizing Toulmin's warrants. An epistemic approach. *Argumentation*, 19, 331 – 346. (Also in D. L. Hitchcock & B. Verheij (Eds.). (2006). *Arguing on the Toulmin model. New essays in argument analysis and evaluation* (pp. 87 – 102). Dordrecht: Springer).

Freeman, J. B. (2006). Systematizing Toulmins warrants. An epistemic approach. In D. L. Hitchcock & B. Verheij (Eds.), *Arguing on the Toulmin model. New essays in argument analysis and evaluation* (pp. 87 – 101). Dordrecht: Springer.

Freeman, J. B. (2011a). *Argument structure. Representation and theory*. Dordrecht-New York: Springer.

Freeman, J. B. (2011b). The logical dimension of argumentation and its semantic appraisal in Bermejo-Luque's Giving reasons. *Theoria*, 72, 289 – 299.

Frege, G. (1879). *Begriffsschrift, eine der arithmetischen nachgebildete*

Formelsprache des reinen Denkens [Concept-script, a formalized language of pure thought, modelled upon that of arithmetic]. Halle: Nebert.

Fritz, G. (2008). Communication principles for controversies. A historical perspective. In F. H. van Eemeren & B. Garssen (Eds.), *Controversy and confrontation. Relating controversy analysis with argumentation theory* (pp. 109 – 124). Amsterdam-Philadelphia: John Benjamins.

Frixen, G. (1987). Struktur und Dynamik natürlichsprachlichen Argumentierens [Structure and dynamics of everyday argumentation]. *Papiere zur Linguistik*, 36, 45 – 111.

Frumeşelu, M. D. (2007). Linguistic and argumentative typologies of concession. An integrating approach. In F. H. van Eemeren, J. A. Blair, C. A. Willard, & B. Garssen (Eds.), *Proceedings of the sixth conference of the International Society for the Study of Argumentation* (pp. 425 – 431). Amsterdam: Sic Sat.

Frydman, B., & Meyer, M. (Eds.). (2012). *Chaïm Perelman* (1912 – 2012) – *De la nouvelle rhétorique á la logique juridique* [Chaïm Perelman (1912 – 2012) – From the new rhetoric to the legal logic]. Paris: Presses Universitaires de France.

Fuentes, C., & Kalawski, A. (2007). Toward a 'pragma-dramatic' approach to argumentation. In F. H. van Eemeren, J. A. Blair, C. A. Willard, & B. Garssen (Eds.), *Proceedings of the sixth conference of the International Society for the Study of Argumentation* (pp. 433 – 436). Amsterdam: Sic Sat.

Fuhrmann, M. (2008). *Die antike Rhetorik* [Antique rhetoric]. Düsseldorf: Patmos.

Gabbay, D. M., Hogger, C. J., & Robinson, J. A. (Eds.). (1994). *Handbook of logic in artificial intelligence and logic programming*, 3. *Non-monotonic reasoning and uncertain reasoning*. Oxford: Clarendon Press.

Gabbay, D., & Woods, J. (2001). Non-cooperation in dialogue logic. *Synthese*, 127, 161 – 186.

Gabrielsen, J. (2003). Is there a topical dimension to the rhetorical example? In F. H. van Eemeren, J. A. Blair, C. A. Willard, & A. F. Snoeck

Henkemans (Eds.), *Proceedings of the fifth conference of the International Society for the Study of Argumentation* (pp. 349 – 353). Amsterdam: Sic Sat.

Gabrielsen, J. (2008). *Topik. Ekskursioner i den retoriske toposlaere* [Topica. Excursions into the rhetorical doctrine of topos]. Åstorp: Retoriksforlaget.

Gabrielsen, J., Just, S. N., & Bengtsson, M. (2011). Concepts and contexts-Argumentative forms of framing. In F. H. van Eemeren, B. J. Garssen, D. Godden, & G. Mitchell (Eds.), *Proceedings of the 7th conference of the International Society for the Study of Argumentation* (pp. 533 – 543). Amsterdam: Sic Sat. (CD rom).

Gage, J. T. (Ed.). (2011). The promise of reason. *Studies in the new rhetoric*. Carbondale: Southern Illinois University Press.

Ganea, A. (2011). Strategically manoeuvring with reporting in the argumentation stage of a critical discussion. In F. H. van Eemeren, B. Garssen, D. Godden, & G. Mitchell (Eds.), *Proceedings of the 7th conference of the International Society for the Study of Argumentation* (pp. 544 – 552). Amsterdam: Rozenberg/Sic Sat.

Ganea, A. (2012). *Evidentialité et argumentation. L'expression de la source de l'information dans le discours* [Evidentiality and argumentation. Expressing the source of information in discourse]. Cluj-Napoca: Casa Cărţii de Ş tiinţă.

Ganea, A., & Gâţă, A. (2009). On the use of evidential strategies in Romanian. The case of *cum că*. *Interstudia* 2. *Language, Discourse, Society*, 2, 50 – 59.

Ganea, A., & Gâţă, A. (2010). Identification and terming. Dissociation as strategic maneuvering in the Romanian public space. In S. N. Osu, G. Col, N. Garric & F. Toupin (Eds.), *Construction d'identité et processus d'identification* [Identity building and process (es) of identification] (pp. 109 – 121). Bern: Peter Lang.

Garavelli, M. B. (1989). *Manuale di retorica* [Handbook of rhetoric]. Milan: Bompiani.

García, A. J., & Simari, G. R. (2004). Defeasible logic programming. An argumentative approach. *Theory and Practice of Logic Programming*, 4 (2), 95 – 138.

Gardner, A. (1987). *An artificial intelligence approach to legal reasoning*. Cambridge, MA: The MIT Press.

Garssen, B. J. (1997). *Argumentatieschema's in pragma-dialectisch perspectief. Een theoretisch en empirisch onderzoek* [Argument schemes in a pragma-dialectical perspective. A theoretical and empirical study]. Doctoral dissertation, University of Amsterdam. Amsterdam: IFOTT.

Garssen, B. J. (2001). Argument schemes. In F. H. van Eemeren (Ed.), *Crucial concepts in argumentation theory* (pp. 81 – 99). Amsterdam: Amsterdam University Press.

Garssen, B. J. (2002). Understanding argument schemes. In F. H. van Eemeren (Ed.), *Advances in pragma-dialectics* (pp. 93 – 104). Amsterdam-Newport News: Sic Sat & Vale Press.

Garssen, B. (2009). Book review of Dialog theory for critical argumentation by Douglas N. Walton (2007). *Journal of Pragmatics*, 41, 186 – 188.

Garssen, B., & van Laar, J. A. (2010). A pragma-dialectical response to objectivist epistemic challenges. *Informal Logic*, 30 (2), 122 – 141.

Garver, E. (2000). Comments on rhetorical analysis within a pragma-dialectical framework. *Argumentation*, 14, 307 – 314.

Gaspar, A. (1998). *Instituições da retórica forense* [Institutions of forensic rhetoric]. Coimbra: Minerva.

Gâţă, A. (2007). La dissociation argumentative. Composantes, mise en discours et ajustement stratégique [Argumentative dissociation. Constitutive elements, discourse structuring, and strategic maneuvering]. In V. Atayan & D. Pirazzini (Eds.), *Argumentation. théorie-langue-discours. Actes de la section Argumentation du XXX. Congrès des Romanistes Allemands Vienne, septembre* 2007 [Argumentation theory-language-discourse. Proceedings of the section Argumentation of the 30th Congress of German Romanists in Vienna, 3 – 18 September 2007] (pp. 3 – 18). Frankfurt am Main-Vienna: Peter Lang.

Gâţă, A. (2010). Identification, dissociation argumentative et construction notionnelle [Identification, argumentative dissociation, and notional construction]. In S. N. Osu, G. Col, N. Garric & F. Toupin (Eds.), *Construction d'identité et processusd' identification* [Identity building and process (es) of identification] (pp. 469 – 482). Bern: Peter Lang.

Gattico, E. (2009). *Communicazione, categorie e metafore. Elementi di analisi del Discorso* [Communication, categories and metaphors. Elements of discourse analysis]. Cagliari: CUEC Editrice.

Gauthier, G. (2004). L'argumentation autour de l'élection présidentielle française de 2002 dans la presse québécoise. L'application d'une approche analytique de l'argumentation [The argumentation concerning the French presidential elections of 2002 in the Quebec press. The application of an analytical approach to argumentation]. In P. Maarek (Ed.), *La communication politique française après le tournant de* 2002 [*French political communication after the turning-point of* 2002] (pp. 187 – 201). Paris: L'Harmattan.

Gelang, M., & Kjeldsen, J. E. (2011). Nonverbal communication as argumentation. In F. H. van Eemeren, B. J. Garssen, D. Godden, & G. Mitchell (Eds.), *Proceedings of the 7th conference of the International Society for the Study of Argumentation* (pp. 567 – 576). Amsterdam: Sic Sat. (CD rom).

van Gelder, T. (2007). The rationale for Rationale. *Law, Probability and Risk*, 6, 23 – 42.

Gelfond, M., & Lifschitz, V. (1988). The stable model semantics for logic programming. In R. A. Kowalski & K. A. Bowen (Eds.), Logic programming. *Proceedings of the fifth international conference and symposium* (pp. 1070 – 1080). Cambridge, MA: The MIT Press.

Gentner, D. (1983). Structure-mapping. A theoretical framework for analogy. *Cognitive Science*, 7, 155 – 170.

Gentzen, G. (1934). Untersuchungen über das logische Schließen [Investigations into logical deduction]. *Mathematische Zeitschrift*, 39, 176 – 210 and 405 – 431. English trans. in M. E. Szabo (Ed.), *The collected papers of Gerhard Gentzen* (pp. 68 – 131). Amsterdam: North-Holland, 1969.

Gerber, M. (2011). Pragmatism, pragma-dialectics, and methodology. Toward a more ethical notion of argument criticism. *Speaker and Gavel*, 48 (1), 21 – 30.

Gerhardus, D., Kledzig, S. M., & Reitzig, G. H. (1975). *Schlüssiges Argumentieren. Logisch Propädeutisches Lehr-und Arbeitsbuch* [Sound arguing. Logical pre-school text book]. Göttingen: Vandenhoeck & Ruprecht.

Gerlofs, J. M. (2009). *The use of conditionals in argumentation. A proposal for the analysis and evaluation of argumentatively used conditionals.* Doctoral dissertation, University of Amsterdam.

Gerritsen, S. (1999). *Het verband ontgaat me. Begrijpelijkheidsproblemen met verzwegen argumenten* [The connection escapes me. Problems of understanding with unexpressed premises]. Doctoral dissertation, University of Amsterdam. Amsterdam: Uitgeverij Nieuwezijds.

Gerritsen, S. (2001). Unexpressed premises. In F. H. van Eemeren (Ed.), *Crucial concepts in argumentation theory* (pp. 51 – 79). Amsterdam: Amsterdam University Press.

Gil, F. (Ed.). (1999). *A ciência tal qual se faz* [Science as it is made]. Lisbon: Ministério da Ciência e da Tecnologia/Edições Sá Costa.

Gilardoni, A. (2008). *Logica e argomentazione. Un prontuario* [Logic and argumentation. A handbook] (3rd ed.). Milan: Mimesis. (1st ed. 2005).

Gilbert, M. A. (1997). *Coalescent argumentation.* Mahwah: Lawrence Erlbaum.

Gilbert, M. A. (2001). Ideal argumentation. A paper presented at the 4th international conference of the Ontario Society for the Study of Argumentation. Windsor, Ontario.

Gilbert, M. A. (2005). Let's talk. Emotion and the pragma-dialectical model. In F. H. van Eemeren & P. Houtlosser (Eds.), *Argumentation in practice* (pp. 43 – 52). Amsterdam: John Benjamins.

Gill, M. L. (2012). *Philosophos. Plato's missing dialogue.* Oxford: Oxford University Press.

Ginsberg, M. L. (1994). AI and non-monotonic reasoning. In D. M.

Gabbay, C. J. Hogger, & J. A. Robinson (Eds.), *Handbook of logic in artificial intelligence and logic programming*, 3. *Non-monotonic reasoning and uncertain reasoning* (pp. 1 – 33). Oxford: Clarendon Press.

Girle, R., Hitchcock, D. L., McBurney, P., & Verheij, B. (2004). Decision support for practical reasoning. A theoretical and computational perspective. In C. A. Reed & T. J. Norman (Eds.), *Argumentation machines. New frontiers in argument and computation* (pp. 55 – 83). Dordrecht: Kluwer Academic.

Goagh, J., & Tindale, C. W. (1985). "Hidden" or "missing" premises. *Informal Logic*, 7 (2& 3), 99 – 107.

Godden, D. M. (2005). Deductivism as an interpretive strategy. A reply to Groarke's recent defense of reconstructive deductivism. *Argumentation and Advocacy*, 41 (3), 168 – 183.

Goddu, G. C. (2001). The "most important and fundamental" distinction in logic. *Informal Logic*, 22 (1), 1 – 17.

Goddu, G. C. (2003). Against the "ordinary summing" test for convergence. *Informal Logic*, 23, 215 – 256.

Golden, J. L. (1986). The universal audience revisited. In J. L. Golden & J. J. Pilotta (Eds.), *Practical reasoning in human affairs. Studies in honor of Chaïm Perelman* (pp. 287 – 304). Dordrecht: Reidel.

Golden, J. L., & Pilotta, J. J. (Eds.). (1986). *Practical reasoning in human affairs. Studies in honor of Chaïm Perelman.* Dordrecht: Reidel.

Goldman, A. I. (1994). Argumentation and social epistemology. *Journal of Philosophy*, 91, 27 – 49.

Goldman, A. I. (1999). *Knowledge in a social world.* Oxford: Clarendon.

Goloubev, V. (1999). Looking at argumentation through communicative intentions. Ways to define fallacies. In F. H. van Eemeren, R. Grootendorst, J. A. Blair, & C. A. Willard (Eds.), *Proceedings of the fourth international conference of the International Society for the Study of Argumentation* (pp. 239 – 245). Amsterdam: Sic Sat.

Golubev V. (2001). American print media persuasion dialogue. An argumentation recipient's perspective. In *Pragmatics in* 2000. *Selected papers from the seventh international pragmatics conference*, 2 (pp. 249 – 262). Antwerp: International Pragmatics Association.

Golubev, V. (2002a). The 2000 American Presidential TV debate. Dialogue or fight? In F. H. van Eemeren, J. A. Blair, C. A. Willard, & A. F. Snoeck Henkemans (Eds.), *Proceedings of the fifth conference of the International Society for the Study of Argumentation* (pp. 397 –402). Amsterdam: Sic Sat.

Golubev, V. (2002b). Argumentation dialogue in the American newspaper. An interdependence of discourse logical and communicative aspects. In G. T. Goodnight (Ed.), *Arguing communication and culture*, 2. *Selected papers from the twelfth NCA/AFA conference on argumentation* (pp. 75 – 83). Washington, DC: National Communication Association.

Golubev, V. (2007). Putin's terrorism discourse as part of democracy and governance debate in Russia. In F. H. van Eemeren, J. A. Blair, C. A. Willard, & B. Garssen (Eds.), *Proceedings of the sixth conference of the International Society for the Study of Argumentation* (pp. 471 – 477). Amsterdam: Sic Sat.

Gómez, A. L. (2003). *Argumentos y falacias* [Argumentation and fallacies]. Cali: Editorial Facultad de Humanidades Universidad de Valle.

Gómez, A. L. (2006). *Seis lecciones sobre teoría de la argumentación* [Six lectures on argumentation theory]. Cali: Editorial Alego.

Gomez Diaz, L. M. (1991). Remarks on Jean-Blaise Grize's logics of argumentation. In F. H. van Eemeren, R. Grootendorst, J. A. Blair, & C. A. Willard (Eds.), *Proceedings of the second international conference on argumentation organized by the International Society for the Study of Argumentation at the University of Amsterdam*, June 19 – 22, 1990, 1A/B (pp. 123 – 132). Amsterdam: Sic Sat.

Gómez Lucero, M., Chesñevar, C., & Simari, G. (2009). Modelling argument accrual in possibilistic defeasible logic programming. In *ECSQARU'09*

Proceedings of the 10th *European conference on symbolic and quantitative approaches to reasoning with uncertainty* (pp. 131 – 143). Springer: Berlin.

Gómez Lucero, M., Chesñevar, C., & Simari, G. (2013). Modelling argument accrual with possibilistic uncertainty in a logic programming setting. *Information Sciences*, 228, 1 – 25.

Goodman, N. (1976). *Languages of art. An approach to a theory of symbols* (2nd ed.). Indianapolis: Hackett. (1st ed. 1968).

Goodnight, G. T. (1980). The liberal and the conservative presumptions. On political philosophy and the foundation of public argument. In J. Rhodes & S. Newell (Eds.), *Proceedings of the [first] summer conference on argumentation* (pp. 304 – 337). Annandale: Speech Communication Association.

Goodnight, G. T. (1982). The personal, technical, and public spheres of argument. A speculative inquiry into the art of public deliberation. *Journal of the American Forensic Association*, 18, 214 – 227.

Goodnight, G. T. (1987a). *Argumentation*, criticism and rhetoric. A comparison of modern and post-modern stances in humanistic inquiry. In J. W. Wenzel (Ed.), *Argument and critical practices. Proceedings of the fifth SCA/AFA conference on argumentation* (pp. 61 – 67). Annandale: Speech Communication Association.

Goodnight, G. T. (1987b). Generational argument. In F. H. van Eemeren, R. Grootendorst, J. A. Blair, & C. A. Willard (Eds.), *Argumentation. Across the lines of discipline. Proceedings of the conference on argumentation 1986* (pp. 129 – 144). Dordrecht-Providence: Foris.

Goodnight, G. T. (1991). Controversy. In D. W. Parson (Ed.), *Argument in controversy. Proceedings of the seventh SCA/AFA conference on argumentation* (pp. 1 – 13). Annandale: Speech Communication Association.

Goodnight, G. T. (1993). Legitimation inferences. An additional component for the Toulmin model. *Informal Logic*, 15, 41 – 52.

Goodnight, G. T. (2006). Complex cases and legitimation inference. Extending the Toulmin model to deliberative argument in controversy. In

D. L. Hitchcock & B. Verheij (Eds.), *Arguing on the Toulmin model. New essays in argument analysis and evaluation* (pp. 39 – 48). Dordrecht: Springer.

Goodnight, G. T. (2012). The personal, technical, and public spheres. A note on 21st century critical communication inquiry. *Argumentation and Advocacy*, 48 (4), 258 – 267.

Goodnight, G. T., & Gilbert, K. (2012). Drug advertisement and clinical practice. Positing biopolitics in clinical communication. In F. H. van Eemeren & B. Garssen (Eds.), *Exploring argumentative contexts*. Amsterdam: John Benjamins.

Goodnight, G. T., & Pilgram, R. (2011). A doctor's ethos enhancing maneuvers in medical consultation. In E. Feteris, B. Garssen, & F. Snoeck Henkemans (Eds.), *Keeping in touch with pragma-dialectics In honor of Frans H. van Eemeren* (pp. 135 – 151). Amsterdam-Philadelphia: John Benjamins.

Goodwin, D. (1991). Distinction, argumentation, and the rhetorical construction of the real. *Argumentation and Advocacy*, 27, 141 – 158.

Goodwin, D. (1992). The dialectic of second-order distinctions. The structure of arguments about fallacies. *Informal Logic*, 14, 11 – 22.

Goodwin, J. (1999). Good argument without resolution. In F. H. van Eemeren, R. Grootendorst, J. A. Blair, & C. A. Willard (Eds.), *Proceedings of the fourth international conference of the International Society for the Study of Argumentation* (pp. 255 – 259). Amsterdam: Sic Sat.

Goodwin, J. (2005). Designing premises. In F. H. van Eemeren & P. Houtlosser (Eds.), *Argumentation in practice* (pp. 99 – 114). Amsterdam/Philadelphia: John Benjamins.

Goodwin, J. (2007). Argument has no function. *Informal Logic*, 27 (1), 69 – 90.

Gordon, T. F. (1993). The pleadings game. *Artificial Intelligence and Law*, 2 (4), 239 – 292.

Gordon, T. F. (1995). The pleadings game. *An artificial intelligence model of procedural justice*. Dordrecht: Kluwer.

Gordon, T. F., & Karacapilidis, N. (1997). The Zeno argumentation framework. In *Proceedings of the ICAIL 1997 conference* (pp. 10 – 18). New York: ACM Press.

Gordon, T. F., Prakken, H., & Walton, D. N. (2007). The Carneades model of argument and burden of proof. *Artificial Intelligence*, 171, 875 – 896.

Göttert, K. H. (1978). *Argumentation. Grundzüge ihrer Theorie im Bereich theoretischen Wissens und praktischen Handelns* [Argumentation. Theoretical and practical characteristics of argumentation theory]. Tübingen: Niemeyer.

Gottlieb, G. (1968). *The logic of choice. An investigation of the concepts of rule and rationality*. New York: Macmillan.

Goudkova, K. (2009). *Kognitivno-pragmatichesky analiz argumentatsii v analiticheskoy gazetnoy statye* [Cognitive-pragmatical analysis of argumentation of the analytical newspaper article]. Doctoral dissertation, St. Petersburg State University.

Goudkova, K. V., & Tretyakova, T. P. (2011). Binary oppositions in media argumentation. In F. H. van Eemeren, B. Garssen, D. Godden, & G. Mitchell (Eds.), *Proceedings of the 7th conference on argumentation of the International Society for the Study of Argumentation* (pp. 656 – 662). Amsterdam: Sic Sat.

Govier, T. (1980). Assessing arguments. What range of standards? *Informal Logic Newsletter*, 3 (1), 2 – 13.

Govier, T. (1985). *A practical study of argument*. Belmont: Wadsworth.

Govier, T. (1987). *Problems in argument analysis and evaluation*. Dordrecht/Providence: Foris.

Govier, T. (1992). *A practical study of argument* (2nd ed.). Belmont: Wadsworth. (1st ed. 1985).

Govier, T. (1999). *The philosophy of argument*. Ed. by J. Hoaglund with a preface by J. A. Blair. Newport News: Vale Press.

Govier, T. (2010). *A practical study of argument* (7th ed.). Belmont: Wadsworth. (1st ed. 1985).

Grabnar, B. (1991). *Retorika za vsakogar* [Rhetoric for everyone]. Ljubljana: Državna založba Slovenije.

Grácio, R. A. (1993). Perelman's rhetorical foundation of philosophy. *Argumentation*, 7, 439 – 449.

Grácio, R. A. (1998). *Consequências da retórica. Para uma revalorização do múltiplo e do controverso* [Consequences of rhetoric. Towards a revaluation of the multiple and the controversial]. Coimbra: Pé de Página.

Grácio, R. A. (2010). *A interacção argumentativa* [The argumentative interaction]. Coimbra: Grácio Editor.

Grácio, R. A. (2011). *Para uma teoria geral da argumentação. Questões teóricas e-aplicações didácticas* [Towards a general argumentation theory. Theoretical questions and didactic applications]. Braga: Universidade do Minho. Doctoral dissertation, University of Minho.

Grácio, R. A. L. M. (1993). Perelman's rhetorical foundation of philosophy. *Argumentation*, 7, 439 – 450.

Graff, R., & Winn, W. (2006). Presencing "communion" in Chaïm Perelman's new rhetoric. *Philosophy & Rhetoric*, 39 (1), 45 – 71.

Grasso, F. (2002). Towards computational rhetoric. *Informal Logic*, 22, 195 – 229.

Grasso, F., Cawsey, A., & Jones, R. (2000). Dialectical argumentation to solve conflicts in advice giving. A case study in the promotion of healthy nutrition. *International Journal of Human-Computer Studies*, 53 (6), 1077 – 1115.

Grasso, F., & Paris, C. (2011). Preface to the special issue on personalization for e-health. *User Modeling and User-Adapted Interaction*, 21, 333 – 340.

Graver, H. – P. (2010). *Rett, retorikk og juridisk argumentasjon. Keiserens garderobe og andre essays* [Justice, rhetoric, and judicial argumentation. The emperor's new clothes and other essays]. Oslo: Universitetsforlaget.

Gray, G. W. (1954). Some teachers and the transition to twentieth-century speech communication. In K. R. Wallace (Ed.), *History of speech education in America. Background studies* (pp. 422 – 446). New York: Appleton, Century, Crofts.

Greco Morasso, S. (2009). *Argumentation in dispute mediation. A reasonable way to handle conflict.* Amsterdam-Philadelphia: John Benjamins.

Greco Morasso, S. (2011). *Argumentation in dispute mediation. A reasonable way to handle conflict.* Amsterdam-Philadelphia: John Benjamins.

Green, N. (2007). A study of argumentation in a causal probabilistic humanistic domain. Genetic counseling. *International Journal of Intelligent Systems*, 22, 71-93.

Green-Pedersen, N. J. (1984). *The tradition of the topics in the Middle Ages. The commentaries on Aristotle's and Boethius' "Topics"*. Munich-Vienna: Philosophia.

Green-Pedersen, N. J. (1987). The topics in medieval logic. *Argumentation*, 1, 401-417.

Grennan, W. (1994). Are "gap-fillers" missing premises? *Informal Logic*, 16 (3), 185-196.

Grennan, W. (1997). *Informal Logic. Issues and techniques.* Montreal & Kinston: McGill-Queen's University Press.

Grewendorf, G. (1975). *Argumentation und Interpretation. Wissenschaftstheoretische Untersuchungen am Beispiel germanistischer Lyrikinterpretationen* [Argumentation and interpretation. Investigations in the philosophy of science on the basis of Germanistic interpretations of lyric poetry]. Kronberg: Scriptor.

Grewendorf, G. (1980). Argumentation in der Sprachwissenschaft [Argumentation in linguistics]. *Zeitschrift für Literaturwissenschaft und Linguistik*, 38 (39), 129-51.

Grice, H. P. (1975). Logic and conversation. In P. Cole & J. L. Morgan (Eds.), *Syntax and semantics*, *III* (pp. 41-58). New York: Academic Press.

Grice, H. P. (1989). *Studies in the way of words.* Cambridge, MA: Harvard.

Grinsted, A. (1991). Argumentative styles in Spanish and Danish negotiation interaction. In F. H. van Eemeren, R. Grootendorst, J. A. Blair, & C. A. Willard (Eds.), *Proceedings of the second international conference on argumentation* (organized by the International Society for the Study of Argumentation at the University of Amsterdam, June 19-22, 1990) (pp. 725-733).

Amsterdam: Sic Sat.

Grize, J. B. (1982). *De la logique á l'argumentation* [From logic to argumentation]. Geneva: Librairie Droz.

Grize, J. – B. (1986). Raisonner en parlant [Reasoning while speaking]. In M. Meyer (Ed.), *De la metaphysique á la rhétorique* (pp. 45 – 55). Brussels: Éditions de l'Université de Bruxelles.

Grize, J. – B. (1996). *Logique naturelle et communications* [Natural logic and communications]. Paris: Presses Universitaires de France.

Grize, J. – B. (2004). Le point de vue de la logique naturelle. Démontrer, prouver, argumenter [The point of view of natural logic. Demonstrating, proving, arguing]. In M. Doury & S. Moirand (Eds.), *L'Argumentation aujourd'hui. Positions théoriques en confrontation* [Argumentation today. Confrontation of theoretical positions] (pp. 35 – 44). Paris: Presses Sorbonne Nouvelle.

Groarke, L. (1992). In defense of deductivism. Replying to Govier. In F. H. van Eemeren, R. Grootendorst, J. A. Blair, & C. A. Willard (Eds.), *Argumentation illuminated* (pp. 113 – 121). Amsterdam: Sic Sat.

Groarke, L. (1995). What pragma-dialectics can learn from deductivism, and what deductivism can learn frompragma-dialectics. In F. H. van Eemeren, R. Grootendorst, J. A. Blair, & C. A. Willard (Eds.), Analysis and evaluation. *Proceedings of the third ISSA conference on argumentation* (*University of Amsterdam*, June 21 – 24, 1994), II (pp. 138 – 145). Amsterdam: Sic Sat.

Groarke, L., & Tindale, C. W. (2012). *Good reasoning matters*! (5th ed.). Toronto: Oxford University Press. (1st ed. 1997).

Gronbeck, B. E. (Ed.). (1989). *Spheres of argument. Proceedings of the sixth SCA/AFA conference on argumentation*. Annandale: SCA.

Grootendorst, R. (1978). Rationele argumentatie en drogredenen. Een formeel-dialectische analyse van het*argumentum ad hominem* [Rational argumentation and fallacies. A formal dialectical analysis of the *argumentum ad hominem*]. In *Verslagen van een symposium gehouden op* 13 *april* 1978 *aan de*

Katholieke Hogeschool te Tilburg [Proceedings of a symposium on April 13th 1978 at the Catholic University of Tilburg] (pp. 69 – 83). Enschede: VIOT/KH Tilburg.

Grootendorst, R. (1987). Some fallacies about fallacies. In F. H. van Eemeren, R. Grootendorst, J. A. Blair, & C. A. Willard (Eds.), *Argumentation. Across the lines of discipline. Proceedings of the conference on argumentation* 1986 (pp. 331 – 342). Dordrecht-Providence: Foris. Publications.

Gross, A. (1990). *The rhetoric of science.* Cambridge, MA: Harvard University Press.

Gross, A. G. (1999). A theory of the rhetorical audience. Reflections on Chaïm Perelman. *Quarterly Journal of Speech*, 85, 203 – 211.

Gross, A. G. (2000). Rhetoric as a technique and a mode of truth. Reflections on Chaïm Perelman. *Philosophy & Rhetoric*, 33 (4), 319 – 335.

Gross, A. G., & Dearin, R. D. (2003). *Chaïm Perelman.* Albany: State University of New York Press.

Groupe μ. (1970). *Rhétorique générale.* [A general rhetoric]. Paris: Éditions Larousse.

Groupe μ. (1981). *A general rhetoric* (English trans. of Rhétorique génerale 1970, Paris: Éditions Larousse). Baltimore: John Hopkins University Press.

Groupe μ. (1992). *Traité du signe visuel. Pour une rhétorique de l'image* [Treatise on the visual sign. Towards a rhetoric of the image]. Paris: Le Seuil.

Gruber, H. (1996). *Streitgespräche. Zur Pragmatik einer Diskursform* [Arguments. On the pragmatics of a form of discourse]. Opladen: Westdeutscher Verlag.

Guimarães, E. R. J. (1987). *Texto e argumentação, semántica do acontecimento e história da semántica* [Text and argumentation, semantic of the event and history of semantic]. Campinas: Pontes.

Gullvåg, I., & Wetlesen, J. (Eds.). (1982). In *skeptical wonder. Inquiries into the philosophy of Arne Næss on the occasion of his 70th birthday.* Oslo: Universitetsforlaget.

Gulotta, G., & Puddu, L. (2004). *La persuasione forense. Strategie e tattiche* [*Forensic persuasion.* Strategies and tactics]. Milan: Giuffrè.

Gunnarsson, M. (2006). *Group decision making. Language and interaction.* Gothenburg: Gothenburg Monographs in Linguistics, 32.

Guseva, O. A. (2006). *Ritoriko-argumentativnyje harakteristiki politicheskogo diskursa* [Rhetorical-argumentative characteristics of political discourse]. Doctoral dissertation, Kaluga State University.

Gutenberg, N. (1984). *Hören und Beurteilen* [Hearing and judging]. Frankfurt/Main: Scriptor.

Gutenberg, N. (1987). Argumentation and dialectical logic. In F. H. van Eemeren, R. Grootendorst, J. A. Blair, & C. A. Willard (Eds.), *Argumentation. Perspectives and approaches. Proceedings of the conference on argumentation* 1986 (pp. 397 – 403). Dordrecht-Providence: Foris.

Gutenplan, S. D., & Tamny, M. (1971). *Logic.* New York: Basic Books.

Guthrie, W. (1954). Rhetorical theory in colonial America. In K. R. Wallace (Ed.), *History of speech education in America. Background studies* (pp. 48 – 79). New York: Appleton-Century-Crofts.

de Haan, G. J., Koefoed, G. A. T., & des Tombe, A. L. (1974). *Basiskursus algemene taalwetenschap* [Basic course in general linguistics]. Assen: Van Gorcum.

Haarscher, G. (1986). Perelman and the philosophy of law. In J. L. Golden & J. J. Pilotta (Eds.), *Practical reasoning in human affairs. Studies in honor of Chaïm Perelman* (pp. 245 – 255). Dordrecht: Reidel.

Haarscher, G. (2009). Perelman's pseudo-argument as applied to the creationism controversy. *Argumentation*, 23, 361 – 373.

Haarscher, G. (Ed.). (1993). *Chaïm Perelman et la pensée contemporaine* [Chaïm Perelman and contemporary thought]. Brussels: Bruylant.

Haarscher, G., & Ingber, L. (Eds.). (1986). *Justice et argumentation. Autour de la pensée de Chaïm Perelman* [Justice and argumentation. On the philosophy of Chaïm Perelman]. Brussels: Éditions de Université de Bruxelles.

Habermas, J. (1971). Vorbereitende Bemerkungen zu einer Theorie der kommunikativen Kompetenz [Preparatory remarks on a theory of communicative competence]. In J. Habermas & H. Luhmann (Eds.), *Theorie der Gesellschaft oder Sozialtechnologie; Was leistet die Systemforschung?* [Theory of society or social technology. Where does system research lead to?] (pp. 107 – 141). Frankfurt: Suhrkamp.

Habermas, J. (1973). Wahrheitstheorien [Theories of truth]. In H. Fahrenbach (Ed.), *Wirklichkeit und Reflexion. Festschrift für Walter Schulz zum* 60. *Geburtstag* [*Reality and reflection. Festschrift for Walter Schulz in celebration of his* 60*th birthday*] (pp. 211 – 265). Pfullingen: Günther Neske.

Habermas, J. (1981). *Theorie des Kommunikativen Handelns* [A theory of communicative action] (Vols. I and II). Frankfurt am Main: Suhrkamp.

Habermas, J. (1984). *The theory of communicative action* (Vol. 1), *Reason and the rationalization of society*. Boston: Beacon. (English trans.; original work in German 1981).

Habermas, J. (1991). *Moral consciousness and communicative action.* (English trans. Of Moralbewusstsein un kommunikatives Handeln, 1983, Frankfurt am Main: Suhrkamp). Cambridge, MA: MIT Press.

Habermas, J. (1994). Postscript to Faktizität und Geltung [Postscript to between facts and norms]. *Philosophy & Social Criticism*, 20 (4), 135 – 150.

Habermas, J. (1996). *Between facts and norms* (W. Rehg, trans.). Cambridge, MA: MIT Press.

Hage, J. C. (1997). *Reasoning with rules. An essay on legal reasoning and its underlying logic.* Dordrecht: Kluwer.

Hage, J. C. (2000). Dialectical models in *Artificial Intelligence and Law. Artificial Intelligence and Law*, 8, 137 – 172.

Hage, J. C. (2005). *Studies in legal logic.* Berlin: Springer.

Hage, J. C., Leenes, R., & Lodder, A. R. (1993). Hard cases. A procedural approach. *Artificial Intelligence and Law*, 2 (2), 113 – 167.

Hahn, U., & Hornikx, J. (2012). Reasoning and argumentation. *Spe-*

cial issue Thinking and Reasoning, 18 (3), 225 – 416.

Hahn, U., Oaksford, M., Bonnefon, J. – F., & Harris, A. (2011). *Argumentation, fallacies and reasoning biases.* In B. Kokinov, A. Karmiloff-Smith, & N. J. Nersessian (Eds.), *European perspectives on cognitive science. Proceedings of the European conference on cognitive science.* Sofia: New Bulgarian University Press.

Haidar, J. (2010). La argumentación. Problemática, modelos operativos [Argumentation. Problems, operative models]. *Documentacion en Ciencias de la Comunicacion ITESOCONACYT*, 1, 67 – 98.

Hall, P. A., & Taylor, R. C. R. (1996). Political science and the three new institutionalisms. *Political Studies*, 44, 936 – 957.

Hall, R. (1967). Dialectic. In P. Edwards (Ed.), *The encyclopedia of philosophy*, 2 (pp. 385 – 388). New York: Macmillan.

Hamblin, C. L. (1970). *Fallacies.* London: Methuen. Reprinted in 1986, with a preface by J. Plecnik & J. Hoaglund. Newport News: Vale Press.

Hamblin, C. L. (1971). Mathematical models of dialogue. *Theoria: A Swedish Journal of Philosophy*, 37, 130 – 155.

Hamby, B. (2012). Toulmin's "Analytic Arguments". *Informal Logic*, 32 (1), 116 – 131.

Hample, D. (1977a). Testing a model of value argument and evidence. *Communication Monographs*, 44, 106 – 120.

Hample, D. (1977b). The Toulmin model and the syllogism. *Journal of the American Forensic Association*, 14, 1 – 9.

Hample, D. (1978). Predicting immediate belief change and adherence to argument claims. *Communication Monographs*, 45, 219 – 228.

Hample, D. (1979a). Motives in law. An adaptation of legal realism. *Journal of the American Forensic Association*, 15, 156 – 168.

Hample, D. (1979b). Predicting belief and belief change using a cognitive theory of argument and evidence. *Communication Monographs*, 46, 142 – 146.

Hample, D. (1980). A cognitive view of argument. *Journal of the American Forensic Association*, 16, 151 – 158.

Hample, D. (1981). The cognitive context of argument. *Western Journal of Speech Communication*, 45, 148 – 158.

Hample, D. (1992). A third perspective on argument. In W. L. Benoit, D. Hample, & P. J. Benoit (Eds.), *Readings in argumentation* (pp. 91 – 115). Berlin-New York: Foris.

Hample, D. (2003). Arguing skill. In J. O. Greene & B. R. Burleson (Eds.), *Handbook of communication and social interaction skills* (pp. 439 – 477). Mahwah: Lawrence Erlbaum.

Hample, D. (2005). *Arguing. Exchanging reasons face to face*. Mahwah: Lawrence Erlbaum.

Hample, D. (2007). The arguers. *Informal Logic*, 27 (2), 163 – 178.

Hample, D., & Benoit, P. (1999). Must arguments be explicit and violent? A study of naïve social actors' understandings. In F. H. van Eemeren, R. Grootendorst, J. A. Blair, & C. A. Willard (Eds.), *Proceedings of the fourth international conference of the International Society for the Study of Argumentation* (pp. 306 – 310). Amsterdam: Sic Sat.

Hample, D., & Dallinger, J. (1986). The judgment phase of invention. In F. H. van Eemeren, R. Grootendorst, J. A. Blair, & C. A. Willard (Eds.), *Argumentation. Across the lines of discipline. Proceedings of the conference on argumentation* 1986 (pp. 225 – 234). Dordrecht-Providence: Foris.

Hample, D., & Dallinger, J. M. (1987). Cognitive editing of argument strategies. *Human Communication Research*, 14, 123 – 144.

Hample, D., & Dallinger, J. M. (1991). Cognitive editing of arguments and interpersonal construct differentiation. Refining the relationship. In F. H. van Eemeren, R. Grootendorst, J. A. Blair, & C. A. Willard (Eds.), *Proceedings of the second international conference on argumentation organized by the International Society for the Study of Argumentation at the University of Amsterdam*, June, 19 – 22, 1990 (pp. 567 – 574). Amsterdam: Sic Sat.

Hample, D., Paglieri, F., & Na, L. (2011). The costs and benefits of arguing. Predicting the decision whether to engage or not. In F. H. van Eemeren, B. J. Garssen, D. Godden, & G. Mitchell (Eds.), *Proceedings of the 7th conference of the International Society for the Study of Argumentation* (pp. 718–732). Amsterdam: Rozenberg/Sic Sat. (CD rom).

Hample, D., Warner, B., & Young, D. (2009). Framing and editing interpersonal arguments. *Argumentation*, 23, 21–37.

Hannken-Illjes, K. (2006). In the field. The development of reasons in criminal proceedings. *Argumentation*, 20 (3), 309–325.

Hannken-Illjes, K. (2007). Undoing premises. The interrelation of argumentation and narration incriminal proceedings. In F. H. van Eemeren, J. A. Blair, C. A. Willard, & B. Garssen (Eds.), *Proceedings of the sixth conference of the International Society for the Study of Argumentation* (pp. 569–573). Amsterdam: Sic Sat.

Hannken-Illjes, K. (2011). The absence of reasons. In F. H. van Eemeren, B. Garssen, D. Godden, & G. Mitchell (Eds.), *Proceedings of the seventh conference of the International Society for the Study of Argumentation* (pp. 733–737). Amsterdam: Sic Sat.

Hansen, H. V. (1990). An Informal Logic bibliography. *Informal Logic*, 12 (3), 155–181.

Hansen, H. V. (2002a). An exploration of Johnson's sense of argument. *Argumentation*, 16 (3), 263–276.

Hansen, H. V. (2002b). The straw thing of fallacy theory. The standard definition of fallacy. *Argumentation*, 16 (2), 133–155.

Hansen, H. (2003). Theories of presumption and burden of proof. *Proceedings of the Ontario Society for the Study of Argumentation (OSSA)*. Windsor, ON: OSSA. (CD rom).

Hansen, H. V. (2006). Whately on arguments involving authority. *Informal Logic*, 26, 319–340.

Hansen, H. V. (2011a). Are there methods of *Informal Logic*? In F. Zenker (Ed.), Argumentation, cognition and community. *Proceedings of the 9th international conference of the Ontario Society for the Study of Argumentation (OSSA)*, May 18–21, 2011 (pp. 1–13). Windsor: OSSA. (CD rom).

Hansen, H. V. (2011b). Notes on balance-of-consideration arguments. In

J. A. Blair & R. H. Johnson (Eds.), *Conductive argument. An overlooked type of defeasible reasoning* (pp. 31 – 51). London: College Publications.

Hansen, H. V. (2011c). Using argument schemes as a method of *Informal Logic*. In F. H. van Eemeren, B. Garssen, D. Godden, & G. Mitchell (Eds.), *Proceedings of the seventh international conference of the International Society for the Study of Argumentation*. Amsterdam: Sic Sat. (CD-rom).

Hansen, H. V., & Pinto, R. C. (Eds.). (1995). *Fallacies. Classical and contemporary readings*. University Park: Penn State Press.

Hansen, H. V., & Walton, D. N. (2013). Argument kinds and argument roles in the Ontario provincial election, 2011. *Journal of Argumentation in Context*, 2 (2), 225 – 257.

Harada, E. (Ed.). (2011). *Pensar, razonar y argumentar* [Thinking, reasoning, and arguing]. Mexico: Universidad Nacional Autónoma de México.

Hardin, C. L. (1959). The uses of argument. *Philosophy of Science*, 26, 160 – 163.

Hardin, C. L. (1960). Methods and criteria of reasoning. *Philosophy of Science*, 27, 319 – 320.

Harman, G. (1986). *Change in view. Principles of reasoning*. Cambridge, MA: MIT Press.

Hart, H. L. A. (1951). The ascription of responsibility and rights. In A. Flew (Ed.), *Logic and language* (pp. 171 – 194). Oxford: Blackwell. [Originally Proceedings of the Aristotelian Society, 1948 – 1949].

Hasanbegović, J. (1988). *Perelmanova pravna logika kao nova retorika* [Perelman's legal logic as new rhetoric] (pp. 1 – 118). Beograd: Biblioteka Izazovi.

Hasper, P. S. (2013). The ingredients of Aristotle's theory of fallacy. *Argumentation*, 27 (1), 31 – 47.

Hastings, A. C. (1962). *A reformulation of the modes of reasoning in argumentation*. Doctoral dissertation, Northwestern University, Evanston.

Hatim, B. (1990). A model of argumentation from Arabic rhetoric. Insights for a theory of text types. *Bulletin (British Society for Middle Eastern Stud-*

ies), 17 (1), 47 –54.

Hatim, B. (1991). The pragmatics of argumentation in Arabic. The rise and fall of a text type. *Text-Interdisciplinary Journal for the Study of Discourse*, 11 (2), 189 –199.

Hazen, M. D. (1982). Report on the 1980 United States debate tour of Japan. *Journal of the American Forensic Association*, 5, 9 –26.

Hazen, M. D., & Hynes, T. J. (2011). An exploratory study of argument in the public and private domains of differing forms of societies. In F. H. van Eemeren, B. Garssen, D. Godden, & G. Mitchell (Eds.), *Proceedings of the 7th conference of the International Society for the Study of Argumentation* (pp. 750 –762). Amsterdam: Sic Sat.

Healy, P. (1987). Critical reasoning and dialectical argument. *Informal Logic*, 9, 1 –12.

Hegselmann, R. (1985). *Formale Dialektik. Ein Beitrag zu einer Theorie des rationale Argumentierens* [Formal dialectic. A contribution to a theory of rational arguing]. Hamburg: Felix Meiner.

Hendricks, V. F. (2007). *Tal en tanke* [Language and thought]. Copenhagen: Forlaget Samfundslitteratur.

Hendricks, V. F., Elvang-Gøransson, M., & Pedersen, S. A. (1995). Systems of argumentation. In F. H. van Eemeren, R. Grootendorst, J. A. Blair, & C. A. Willard (Eds.), *Reconstruction and application. Proceedings of the third international conference on argumentation*, *III* (pp. 351 –367). Amsterdam: Sic Sat.

Hepler, A. B., Dawid, A. P., & Leucari, V. (2007). Object-oriented graphical representations of complex patterns of evidence. *Law*, *Probability & Risk*, 6, 275 –293.

Herbig, A. F. (1992). '*Sie argumentieren doch scheinheilig!*' *Sprach- und sprechwissenschaftliche Aspekte einer Stilistik des Argumentierens* ["You are arguing hypocritically!" Linguistic aspects of a stylistics of argumentation]. Bern: Peter Lang.

Herman, T. (2005). L'analyse de l'ethos oratoire [The analysis of oratorical ethos]. In P. Lane (Ed.), *Des discours aux texte. Modèles d'analyse* [From discourse to text. Models of analysis] (pp. 157 - 182). Rouen-Le Havre: Presses Universitaires de Rouen et du Havre.

Herman, T. (2008a). Narratio et argumentation [Narratio and argumentation]. In E. Danblon (Ed), *Argumentation et narration* [Argumentation and narration]. Brussels: Université Libre de Bruxelles.

Herman, T. (2008b). *Au fil du discours. La rhétorique de Charles de Gaulle* (1940 - 1945) [As the discourse unfolds itself. The rhetoric of Charles deGaulle (1940 - 1945)]. Limoges: Lambert Lucas.

Herman, T. (2010). Linguistique textuelle et logique naturelle [Textual linguistics and natural logic]. In D. Miéville (Ed.), *La logique naturelle. Enjeux et perspectives.* (Actes du colloque Neuchâtel 12 - 13 septembre 2008) [Natural logic. Challenges and perspectives] (pp. 167 - 194). Neuchâtel: Université de Neuchâtel.

Herman, T. (2011). Le courant du Critical Thinking et l'évidence des normes. [The Critical Thinking movement and the self-evidence of norms]. *A Contrario*, 2 (16), 41 - 62.

Hess-Lüttich, E. W. B. (2007). (Pseudo -) argumentation in TV-debates. *Journal of Pragmatics*, 39, 1360 - 1370.

Hicks, D., & Eckstein, J. (2012). Higher order strategic maneuvering by shifting standards of reasonableness in cold-war editorial argumentation. In F. H. van Eemeren & B. Garssen (Eds.), *Exploring argumentative contexts* (pp. 321 - 339). Amsterdam: John Benjamins.

Hietanen, M. (2002). Profetian är primärt inte för de otrogna. En argumentationsanalys av 1 Kor 14: 22b [Prophecy is primarily not for the unbelievers. An argumentation analysis of 1 Corinthians 14: 22b]. *Svensk Exegetisk Årsbok*, 67, 89 - 104.

Hietanen, M. (2003). Paul's argumentation in Galatians 3. 6 - 14. In F. H. van Eemeren, J. A. Blair, C. A. Willard, & A. F. Snoeck Henkemans (Eds.), *Proceedings of the fifth conference of the International Society for the Study of Argumentation* (pp. 477 - 483). Amsterdam: Sic Sat.

Hietanen, M. (2005). *Paul's argumentation in Galatians. A pragma-dialectical analysis of Gal.* 3. 2 – 5. 12. Doctoral dissertation, Abo Akademi University.

Hietanen, M. (2007a). *Paul's argumentation in Galatians. A pragma-dialectical analysis.* London: T& T Clark.

Hietanen, M. (2007b). Retoriken vid Finlands universitet [Rhetoric in Finnish universities]. *Finsk tidskrift*, 9 – 10, 522 – 536.

Hietanen, M. (2007c). The gospel of Matthew as an argument. In F. H. van Eemeren, J. A. Blair, C. A. Willard, & B. Garssen (Eds.), *Proceedings of the sixth conference of the International Society for the Study of Argumentation* (pp. 607 – 613). Amsterdam: Sic Sat.

Hietanen, M. (2010). Suomalainen työläisretoriikka Kaurismäen mukaan-puhe-ja argumentaatiokulttuuri Varjoja paratiisissa [Finnish working-class rhetoric according to Kaurismäki. The culture of argumentation in Shadows in paradise]. *Lähikuva*, 23 (2), 68 – 82.

Hietanen, M. (2011a). 'Mull' on niinku viesti jumalalta' – Vakuuttamisen strategiat Nokia Missionherätysretoriikassa ["I have like a message from God". Persuasive strategies in the revival rhetoric of Nokia Missio]. *Teologinen aikakauskirja*, 116 (2), 109 – 122.

Hietanen, M. (2011b). The gospel of Matthew as a literary argument. *Argumentation*, 25 (1), 63 – 86.

Hintikka, J. (1968). Language-games for quantifiers. In N. Rescher (Ed.), *Studies in logical theory* (*American Philosophical Quarterly*: *Monograph series*, 2, pp. 46 – 72). Oxford: Basil Blackwell.

An expanded version was republished in J. Hintikka (1973), *Logic, language-games and information. Kantian themes in the philosophy of logic* (pp. 53 – 82). Oxford: Clarendon Press.

Hintikka, J. (1973). *Logic, language-games and information. Kantian themes in the philosophy of logic.* Oxford: Clarendon Press.

Hintikka, J. (1976). *The semantics of questions and questions of semantics. Case studies in the relations of logic, semantics, and syntax.* Amsterdam:

North-Holland.

Hintikka, J. (1981). The logic of information-seeking dialogues. A model. In W. Becker & W. K. Essler (Eds.), *Konzepte der Dialektik* [Concepts of dialectic] (pp. 212 – 231). Frankfurt am Main: Vittorio Klostermann.

Hintikka, J. (1985). A spectrum of logics of questioning. *Philosophica*, 35, 135 – 150. Reprinted in J. Hintikka (1999), *Inquiry as inquiry. A logic of scientific discovery* (pp. 127 – 142). Dordrecht: Kluwer (Jaakko Hintikka selected papers, 5).

Hintikka, J. (1987). The fallacy of fallacies. *Argumentation*, 1 (3), 211 – 238.

Hintikka, J. (1989). The role of logic in argumentation. *The Monist*, 72, 3 – 24. Reprinted in J. Hintikka (1999), *Inquiry as inquiry. A logic of scientific discovery* (pp. 25 – 46). Dordrecht: Kluwer (Jaakko Hintikka selected papers, 5).

Hintikka, J. (1997). What was Aristotle doing in his early logic, anyway? A reply to Woods and Hansen. *Synthese*, 113 (2), 241 – 249.

Hintikka, J. (1999). *Inquiry as inquiry. A logic of scientific discovery.* Dordrecht: Kluwer.

Hintikka, J., & Bachman, J. (1991). *What if...? Toward excellence in reasoning.* Mountain View: Mayfield Publishing Company.

Hintikka, J., & Hintikka, M. B. (1982). Sherlock Holmes confronts modern logic. Toward a theory of information-seeking through questioning. In E. M. Barth & J. L. Martens (Eds.), *Argumentation. Approaches to theory formation. Containing the contributions to the Groningen conference on the theory of argumentation*, October 1978 (pp. 55 – 76). Amsterdam: John Benjamins.

Hintikka, J., & Kulas, J. (1983). *The game of language. Studies in game-theoretical semantics and its applications.* Dordrecht: Reidel.

Hintikka, J., & Saarinen, E. (1979). Information-seeking dialogues. Some of their logical properties. *Studia Logica*, 38, 355 – 363.

Hirsch, R. (1987). Interactive argumentation. Ideal and real. In F. H. van Eemeren, R. Grootendorst, J. A. Blair, & C. A. Willard (Eds.), *Argu-*

mentation. Perspectives and approaches. Proceedings of the conference on argumentation 1986 (pp. 434 – 441). Dordrecht-Providence: Foris.

Hirsch, R. (1989). *Argumentation, information and interaction.* Gothenburg: Department of Linguistics, University of Göteborg.

Hirsch, R. (1991). Belief and interactive argumentation. In F. H. van Eemeren, R. Grootendorst, J. A. Blair, & C. A. Willard (Eds.), *Proceedings of the second international conference on argumentation* (*organized by the International Society for the Study of Argumentation at the University of Amsterdam*, June 19 – 22, 1990) (pp. 591 – 603). Amsterdam: Sic Sat.

Hirsch, R. (1995). Desiderata for the representation of process and product in face-to-face interactive argumentation. In F. H. van Eemeren, R. Grootendorst, J. A. Blair, & C. A. Willard (Eds.), *Analysis and evaluation. Proceedings of the third ISSA conference on argumentation* (University of Amsterdam, June 21 – 24, 1994), II (pp. 68 – 78). Amsterdam: Sic Sat.

Hitchcock, D. L. (1980a). Deduction, induction and conduction. *Informal Logic Newsletter*, 3 (2), 7 – 15.

Hitchcock, D. L. (1980b). Deductive and inductive. Types of validity, not of argument. *Informal Logic Newsletter*, 2 (3), 9 – 10.

Hitchcock, D. L. (1985). Enthymematic arguments. *Informal Logic*, 7 (2& 3), 84 – 97.

Hitchcock, D. L. (1998). Does the traditional treatment of enthymemes rest on a mistake? *Argumentation*, 12, 15 – 37.

Hitchcock, D. L. (2001). John L. Pollock's theory of rationality. In C. W. Tindale, H. V. Hansen & E. Sveda (Eds.), *Argumentation at the century's turn. Ontario Society for the Study of Argumentation.* (*Proceedings of the 3rd OSSA conference*, 1999). (CD rom).

Hitchcock, D. L. (2002a). Pollock on practical reasoning. *Informal Logic*, 22, 247 – 256.

Hitchcock, D. L. (2002b). The practice of argumentative discussion. *Argumentation*, 16, 287 – 298.

Hitchcock, D. L. (2002c). Sampling scholarly arguments. A test of a theory of good inference. In H. V. Hansen, C. W. Tindale, J. A. Blair, R. H. Johnson, & R. C. Pinto (Eds.), *Argumentation and its applications.* Windsor: OSSA (CD rom).

Hitchcock, D. L. (2002d). Stoic propositional logic. A new reconstruction. Presented at "Mistakes of Reason", a conference in honor of John Woods, University of Lethbridge, Alberta, 19 –21 April 2002. Accessible at the digital commons of McMaster University, Ontario (*Philosophy Publications*, Paper 2), http: //digitalcommons. mcmaster. ca/philosophy_ coll/2

Hitchcock, D. L. (2003). Toulmin's warrants. In F. H. van Eemeren, J. A. Blair, C. A. Willard, & A. F. Snoeck Henkemans (Eds.), *Anyone who has a view. Theoretical contributions to the study of argumentation* (pp. 69 – 82). Dordrecht: Kluwer.

Hitchcock, D. L. (2005a). Good reasoning on the Toulmin model. *Argumentation*, 19, 373 – 391. (Reprinted in D. L. Hitchcock & B. Verheij (Eds.). (2006), *Arguing on the Toulmin model. New essays in argument analysis and evaluation* (pp. 203 –218). Dordrecht: Springer).

Hitchcock, D. L. (2005b). The peculiarities of Stoic propositional logic. In K. A. Peacock & A. D. Irvine (Eds.), *Mistakes in reason. Essays in honour of John Woods* (pp. 224 –242). Toronto: University of Toronto Press.

Hitchcock, D. L. (2006a). Good reasoning on the Toulmin model. In D. L. Hitchcock & B. Verheij (Eds.), *Arguing on the Toulmin model. New essays in argument analysis and evaluation* (pp. 203 –218). Dordrecht: Springer.

Hitchcock, D. L. (2006b). *Informal Logic* and the concept of argument. In D. Jacquette, (Ed.), Philosophy of logic, 5 of D. M. Gabbay, P. Thagard, & J. Woods (Eds.), *Handbook of the philosophy of science* (pp. 101 –129). Amsterdam: Elsevier.

Hitchcock, D. L. (2011a). Arguing as trying to show that a target-claim is correct. *Theoria*, 72, 301 –309.

Hitchcock, D. L. (2011b). Inference claims. *Informal Logic*, 31 (3), 191 –228.

Hitchcock, D. L., & Verheij, B. (Eds.). (2006). *Arguing on the*

Toulmin model. New essays in argument analysis and evaluation. Dordrecht: Springer.

Hoaglund, J. (2004). *Critical thinking* (4th ed.). Newport News: Vale press. (1st ed. 1977).

Hodges, W. (2001). *Logic* (2nd ed.). London: Penguin Books. (1st ed. 1977).

Hoeken, H. (1999). The perceived and actual persuasiveness of different types of inductive arguments. In F. H. van Eemeren, R. Grootendorst, J. A. Blair, & C. A. Willard (Eds.), *Proceedings of the fourth international conference of the International Society for the Study of Argumentation* (pp. 353 – 357). Amsterdam: Sic Sat.

Hoeken, H. (2001). Anecdotal, statistical, and causal evidence. Their perceived and actual persuasiveness. *Argumentation*, 15, 425 – 437.

Hoeken, H., & Hustinx, L. (2009). When is statistical evidence superior to anecdotal evidence in supporting probability claims? The role of argument type. *Human Communication Research*, 35, 491 – 510.

Hoeken, H., Timmers, R., & Schellens, P. J. (2012). Arguing about desirable consequences. What constitutes a convincing argument? *Thinking & Reasoning*, 18 (3), 225 – 416.

Hoffnagel, J. C. (2010). *Temas em antropologia e linguística* [Topics in anthropology and linguistics]. Recife: Bagaço.

Hofstadter, D. (1996). *Metamagical themas. Questing for the essence of mind and pattern.* New York: Basic Books.

Hohmann, H. (2002). Rhetoric and dialectic. Some historical and legal perspectives. In F. H. van Eemeren & P. Houtlosser (Eds.), *Dialectic and rhetoric. The warp and woof of argumentation analysis* (pp. 41 – 52). Dordrecht: Kluwer.

Holmquest, A. H. (1989). Rhetorical gravity. In B. E. Gronbeck (Ed.), *Spheres of argument. Proceedings of the sixth SCA/AFA conference on argumentation* (pp. 37 – 41). Annandale: Speech Communication Association.

Holmström-Hintikka, G. (1993). Practical reason, argumentation, and law. In G. Haarscher (Ed.), *Chaïm Perelman et la pensée contemporaine* [Chaïm Perelman and contemporary thought] (pp. 179 – 194). Brussels: Bruylant.

Hołówka, T. (2005). *Kultura logiczna w przykładach* [Logical culture in examples]. Warsaw: PWN.

Hommerberg, C. (2011). *Persuasiveness in the discourse of wine. The rhetoric of Robert Parker*. Gothenburg: Linnaeus University Press. Linnaeus University dissertations 71/2011.

Hoppmann, M. (2012). Review of Harald Wohlrapp's "Der Begriff des Arguments". *Argumentation*, 26 (2), 297 – 304.

Hornikx, J. M. A. (2005). *Cultural differences in persuasiveness of evidence types in France and the Netherlands*. Doctoral dissertation, University of Nijmegen.

Hornikx, J., & de Best, J. (2011). Persuasive evidence in India. An investigation of the impact of evidence type and evidence quality. *Argumentation and Advocacy*, 47, 246 – 257.

Hornikx, J., & Hoeken, H. (2007). Cultural differences in the persuasiveness of evidence types and evidence quality. *Communication Monographs*, 74 (4), 443 – 463.

Houtlosser, P. (1995). *Standpunten in een kritische discussie. Een pragma-dialectisch perspectief op de identificatie en reconstructie van standpunten* [Standpoints in a critical discussion. A pragma-dialectical perspective on the identification and reconstruction of standpoints]. Doctoral dissertation, University of Amsterdam. Amsterdam: IFOTT.

Houtlosser, P. (1998). Points of view. *Argumentation*, 12, 387 – 405.

Houtlosser, P. (2001). Points of view. In F. H. van Eemeren (Ed.), *Crucial concepts in argumentation theory* (pp. 27 – 50). Amsterdam: Amsterdam University Press.

Houtlosser, P. (2003). Commentary on H. V. Hansen's "Theories of presumption and burden of proof". *Proceedings of the Ontario Society for the Study of Argumentation (OSSA)*, Windsor 2003. (CD rom).

van den Hoven, P. J. (1984). *Het formuleren van een formele kritiek op een betogende tekst. Een uitgewerkt voorbeeld van een procedureconstructie.* [Formulating a formal critique of an argumentative text. An elaborated example of the construction of a procedure]. Dordrecht: Foris.

van den Hoven, P. J. (2012). The narrator and the interpreter in visual and verbal argumentation. In F. H. van Eemeren & B. Garssen (Eds.), *Topical themes in argumentation theory. Twenty exploratory studies* (pp. 257 - 272). Dordrecht: Springer.

Hovhannisian, H. (2006). Yerevan School of Argumentation on the threshold of the 21st century. The problem of foundation. *News and Views*, 12.

Howell, W. S. (1940). The positions of argument An historical examination. In D. C. Bryant (Ed.), *Papers in rhetoric* (pp. 8 - 17). Saint Louis: Washington University.

Hu, Z. (1995). An evidentialistic analysis of reported argumentation. In F. H. van Eemeren, R. Grootendorst, J. A. Blair, & C. A. Willard (Eds.), *Perspectives and approaches. Proceedings of the third ISSA conference on argumentation* (University of Amsterdam, June 21 - 24, 1994), I (pp. 102 - 119). Amsterdam: Sic Sat.

Huerta, M. (2009). *Diagnóstico de las representaciones estudiantiles en textos escritos, construcción del otro en alumnos del Plantel Naucalpan del CCH. Propuesta didáctica para abordar el texto argumentativo* [Diagnosis of students' representations in written texts, construction of the Otherness in students of Plantel Naucalpan of CCH. Didactic proposal to analyze the argumentative text]. Doctoral dissertation, National Autonomous University of Mexico.

Hultén, P., Hultman, J., & Eriksson, L. T. (2009). *Kritiskt tänkande* [Critical thinking]. Malmö: Liber.

Hultzen, L. S. (1958). Status in deliberative analysis. In D. C. Bryant (Ed.), *The rhetorical idiom. Essays presented to Herbert A. Wichelns* (pp. 97 - 123). Ithaca: Cornell University Press.

Hunter, A. (2013). A probabilistic approach to modelling uncertain logical arguments. *International Journal of Approximate Reasoning*, 54 (1), 47 - 81.

Hunter, A. (Ed.). (1990). *The rhetoric of social research.* New Brunswick: Rutgers University Press.

Hunter, A., & Williams, M. (2010). Qualitative evidence aggregation using argumentation. In P. Baroni, F. Cerutti, M. Giacomin, & G. R. Simari (Eds.), *Computational models of argument-Proceedings of COMMA* 2010 (pp. 287 – 298). Amsterdam: IOS Press.

Huth, L. (1975). *Argumentationstheorie und Textanalyse* [Argumentation theory and text-analysis]. *Der Deutschunterricht*, 27, 80 – 111.

Hymes, D. (1972). *Foundations in sociolinguistics. An ethnographic approach.* Philadelphia: University of Pennsylvania Press.

Hynes, T. J. (1989). Can you buy cold fusion by the six pack? Or Bubba and Billy-Bob discover Pons and Fleischmann. In B. E. Gronbeck (Ed.), *Spheres of argument Proceedings of the sixth SCA/AFA conference on argumentation* (pp. 42 – 46). Annandale: Speech Communication Association.

Ieţcu, I. (2006). *Discourse analysis and argumentation theory. Analytical framework and applications.* Bucharest: Editura Universităţii din Bucureşti.

Ieţcu-Fairclough, I. (2008). Branding and strategic maneuvering in the Romanian presidential election of 2004. A critical discourse-analytical and pragma-dialectical perspective. *Journal of Language and Politics*, 7 (3), 372 – 390.

Ieţcu-Fairclough, I. (2009). Legitimation and strategic maneuvering in the political field. In F. H. van Eemeren (Ed.), *Examining argumentation in context. Fifteen studies on strategic maneuvering* (pp. 131 – 151). Amsterdam-Philadelphia: John Benjamins.

Ieţcu-Preoteasa, I. (2006). *Dialogue, argumentation and ethical perspective in the essays of H. – R. Patapievici.* Bucharest: Editura Universităţii din Bucureşti.

Ihnen Jory, C. (2010). The analysis of pragmatic argumentation in law-making debates. Second reading of the terrorism bill in the British House of Commons. *Controversia*, 7 (1), 91 – 107.

Ihnen Jory, C. (2012a). Instruments to evaluate pragmatic argumentation. A pragma-dialectical perspective. In F. H. van Eemeren & B. Garssen

(*Eds.*), *Topical themes in argumentation theory. Twenty exploratory studies* (pp. 143 – 159). Dordrecht: Springer.

Ihnen Jory, C. (2012b). *Pragmatic argumentation in law-making debates. Instruments for the analysis and evaluation of pragmatic argumentation at the Second Reading of the British parliament.* Amsterdam: Sic Sat/Rozenberg. Doctoral dissertation, University of Amsterdam.

Ihnen Jory, C., & Richardson, J. E. (2011). On combining pragma-dialectics with critical discourse analysis. In E. Feteris, B. Garssen, & F. Snoeck Henkemans (Eds.), *Keeping in touch with pragma-dialectics. In honor of Frans H. van Eemeren* (pp. 231 – 243). Amsterdam-Philadelphia: John Benjamins.

Ilie, C. (1994). *What else can I tell you? A pragmatic study of English rhetorical questions as discursive and argumentative acts.* Stockholm: Almqvist & Wiksell International.

Ilie, C. (1995). The validity of rhetorical questions as arguments in the courtroom. In F. H. van Eemeren, R. Grootendorst, J. A. Blair, & C. A. Willard (Eds.), *Special fields and cases. Proceedings of the third ISSA conference on argumentation* (University of Amsterdam, June 21 – 24, 1994), IV (pp. 73 – 88). Amsterdam: Sic Sat.

Ilie, C. (2007). Argument refutation through definitions and re-definitions. In F. H. van Eemeren, J. A. Blair, C. A. Willard, & B. Garssen (Eds.), *Proceedings of the sixth conference of the International Society for the Study of Argumentation* (pp. 667 – 674). Amsterdam: Sic Sat.

Ilie, C., & Hellspong, L. (1999). Arguing from clichés. Communication and miscommunication. In F. H. van Eemeren, R. Grootendorst, J. A. Blair, & C. A. Willard (Eds.), *Proceedings of the fourth international conference of the International Society for the Study of Argumentation* (pp. 386 – 391). Amsterdam: Sic Sat.

Inbar, M. (1999). Argumentation as rule-justified claims. Elements of a conceptual framework for the critical analysis of argument. *Argumentation*, 13 (1), 27 – 42.

Ionescu Ruxăndoiu, L. (2008). Discursive perspective and argumentation in the Romanian parliamentary discourse. *A cased study. L'analisi linguistica e letteraria*, 16, 435 –441.

Ionescu Ruxăndoiu, L. (2010). Straight forward vs. mitigated impoliteness in the Romanian parliamentary discourse. The case of in absentia impoliteness. *Revue Roumaine de Linguistique* [Romanian journal of linguistics], 4, 243 –351.

Ishii, D. (1992). Buddhist preaching. The persistent main undercurrent of Japanese traditional rhetorical communication. *Communication Quarterly*, 40, 391 –397.

Isocrates. (1929). *Isocrates*, *Volume II*: *On the peace*, *Aeropagiticus*, *Against the sophists*, *Antidosis*, *Panathenaicus.* Trans.: G. Norlin. Cambridge, MA: Harvard University Press.

Itaba, Y. (1995). Reconstructing Japanese rhetorical strategies. A study of foreign-policy discourse during the pre-Perry period, 1783 – 1853. Twin cities: University of Minnesota Press. Iten, C. (2000). The relevance of argumentation theory. *Lingua*, 110 (9), 665 –699.

Iversen, S. M. (2010). *Logik og argumentationsteori* [Logic and argumentation theory]. Aarhus: Systime.

Ivie, R. L. (1987). The ideology of freedom's "fragility" in American foreign policy argument. *Journal of the American Forensic Association*, 24, 27 –36.

Ivin, A. (1997). *Osnovy teorii argumentatsii* [The basics of argumentation theory]. Moscow: Vlados.

Iwashita, M. (1973). *The principles of debate.* Tokyo: Gakushobo.

Jackson, S. (1983). The arguer in interpersonal argument. Pros and cons of individual-level analysis. In D. Zarefsky, M. O. Sillars, & J. Rhodes (Eds.), *Argument in transition. Proceedings of the third summer conference on argumentation* (pp. 631 – 637). Annandale: Speech Communication Association.

Jackson, S. (1992). "Virtual standpoints" and the pragmatics of conversational argument. In F. H. van Eemeren, R. Grootendorst, J. A. Blair, &

C. A. Willard (Eds.), *Argumentation illuminated* (pp. 260 – 269). Amsterdam: Sic Sat.

Jackson, S. (1995). Fallacies and heuristics. In F. H. van Eemeren, R. Grootendorst, J. A. Blair, & C. A. Willard (Eds.), *Analysis and evaluation. Proceedings of the third ISSA conference on argumentation, II* (pp. 257 – 269). Amsterdam: Sic Sat.

Jackson, S., & Jacobs, S. (1980). Structure of conversational argument. Pragmatic bases for the enthymeme. *Quarterly Journal of Speech*, 66, 251 – 265.

Jackson, S., & Jacobs, S. (1982). The collaborative production of proposals in conversational argument and persuasion. A study of disagreement regulation. *Journal of the American Forensic Association*, 18, 77 – 90.

Jackson, S., & Jacobs, S. (2006). Derailments of argumentation. It takes two to tango. In P. Houtlosser & A. van Rees (Eds.), *Considering pragma-dialectics. A festschrift for Frans H. van Eemeren on the occasion of his 60th birthday* (pp. 121 – 133). Mahwah-London: Lawrence Erlbaum.

Jacobs, S. (1987). The managment of disagreement in conversation. In F. H. van Eemeren, R. Grootendorst, J. A. Blair, & C. A. Willard (Eds.), *Argumentation. Across the lines of discipline. Proceedings of the conference on argumentation* 1986 (pp. 229 – 239). Dordrecht-Providence: Foris.

Jacobs, S. (1989). Speech acts and arguments. *Argumentation*, 3, 345 – 365.

Jacobs, S. (1998). Argumentation as Normative Pragmatics. In F. H. van Eemeren, R. Grootendorst, J. A. Blair, & C. A. Willard (Eds.), *Proceedings of the fourth ISSA conference on argumentation* (pp. 397 – 403). Amsterdam: Sic Sat.

Jacobs, S. (2000). Rhetoric and dialectic from the standpoint of normative pragmatics. *Argumentation*, 14 (3), 261 – 286.

Jacobs, S., & Aakhus, M. (2002). How to resolve a conflict. Two models of dispute resolution. In F. H. van Eemeren (Ed.), *Advances in pragma-dialectics* (pp. 29 – 44). Amsterdam: Sic Sat.

Jacobs, S., & Jackson, S. (1981). Argument as a natural category. The routine grounds for arguing in natural conversation. *Western Journal of Speech Communication*, 45, 118 – 132.

Jacobs, S., & Jackson, S. (1982). Conversational argument. A discourse analytic approach. In J. R. Cox & C. A. Willard (Eds.), *Advances in argumentation theory and research* (pp. 205 – 237). Carbondale: Southern Illinois University Press.

Jacobs, S., & Jackson, S. (1983). Strategy and structure in conversational influence attempts. *Communication Monographs*, 50, 285 – 304.

Jacobs, S., & Jackson, S. (1989). Building a model of conversational argument. In B. Dervin, L. Grossberg, B. J. O'Keefe, & E. Wartella (Eds.), *Rethinking communication* (pp. 153 – 171). Newbury Park: Sage.

Jacquin, J. (2012). *L'argumentation de Georges Pompidou face á la crise. Une analyse textuelle des allocutions des* 11 *et* 16 *mai* 1968 [George Pompidou's argumentation during the crisis. A textual analysis of the speeches given between 11 and 16 May 1968]. Sahrbrücken: Éditions Universitaires européennes.

Jakobovits, H., & Vermeir, D. (1999). Robust semantics for argumentation frameworks. *Journal of Logic and Computation*, 9 (2), 215 – 261.

Jansen, H. (2003). *Van omgekeerde strekking. Een pragma-dialectische reconstructie van a contrario-argumentatie in het recht* [Inverted purpose. A pragma-dialectical reconstruction of e contrario argumentation in law]. Doctoral dissertation, University of Amsterdam. Amsterdam: Thela Thesis.

Jansen, H. (2005). *E* contrario reasoning. The dilemma of the silent legislator. *Argumentation*, 19 (4), 485 – 496.

Jaśkowski, S. (1934). On the rules of suppositions in formal logic. *Studia Logica*, 1, 5 – 32. Reprinted in S. McCall (Ed.), *Polish logic*, 1920 – 1939 (pp. 232 – 258). Oxford: Oxford University Press.

Jaśkowski, S. (1948). *Rachunek zdań dla systemów dedukcyjnych sprzecznych* [Propositional calculus for contradictory deductive systems]. Studia Societatis Scientiarum Torunensis, Sect. A. 1, 5, 57 – 77. [English trans. in Studia Logica, 24 (1969), pp. 143 – 160].

Jelvez, L. (2008). Esquemas argumentativos en textos escritos. Un estudio descriptivo en alumnus de tercero medio de dos establecimientos de Valparaíso [Argumentative schemes in written texts. A descriptive study of third-grade pupils of two Schools in Valparaíso]. *Cyber Humanitatis*, 45, http://www.cyberhumanitatis.uchile.cl/index.php/RCH/rt/printerFriendly/5951/5818.

Jenicek, M., Croskerry, P., & Hitchcock, D. L. (2011). Evidence and its uses in health care and research. The role of critical thinking. *Medical Science Monitor*, 17 (1), 12 – 17.

Jenicek, M., & Hitchcock, D. L. (2005). *Evidence-based practice. Logic and critical thinking in medicine*. Chicago: American Medical Association.

Jensen, F. V., & Nielsen, T. D. (2007). *Bayesian networks and decision graphs*. New York: Springer.

Johannesson, K. (1990). *Retorik-eller konsten att övertyga* [Rhetoric-or the art of persuasion]. Stockholm: Norstedts.

Johansen, A., & Kjeldsen, J. E. (2005). *Virksomme ord. Politiske taler 1814 – 2005* [Working word. Political speeches 1814 – 2005]. Oslo: Universitetsforlaget.

Johnson, K. L., & Roloff, M. E. (2000). The influence of argumentative role (initiator vs. resistor) on perceptions of serial argument resolvability and relational harm. *Argumentation*, 14 (1), 1 – 15.

Johnson, R. H. (1980). Toulmin's bold experiment. *Informal Logic Newsletter*, 3 (2), 16 – 27. (Part I), 3 (3), 13 – 19 (Part II).

Johnson, R. H. (1981). Charity begins at home. *Informal Logic Newsletter*, 3 (3), 4 – 9. Johnson, R. H. (1990). Acceptance is not enough. A critique of Hamblin. *Philosophy & Rhetoric*, 23, 271 – 287.

Johnson, R. H. (1992). Informal Logic and politics. In E. M. Barth & E. C. W. Krabbe (Eds.), *Logical and political culture*. Amsterdam: North Holland.

Johnson, R. H. (1995). Informal Logic and pragma-dialectics. Some differences. In F. H. van Eemeren, R. Grootendorst, J. A. Blair, & C. A. Willard (Eds.), *Analysis and evaluation. Proceedings of the third ISSA conference on argumentation*, 2 (pp. 237 – 245). Amsterdam: Sic Sat.

Johnson, R. H. (1996). *The rise of Informal Logic.* Newport News: Vale Press.

Johnson, R. H. (2000). *Manifest rationality. A pragmatic theory of argument.* Mahwah: Lawrence Erlbaum.

Johnson, R. H. (2003). The dialectical tier revisited. In F. H. van Eemeren, J. A. Blair, C. A. Willard, & A. F. Snoeck Henkemans (Eds.), *Anyone who has a view. Theoretical contributions to the study of argumentation.* Dordrecht-Boston-London: Kluwer.

Johnson, R. H. (2006). Making sense of Informal Logic. *Informal Logic*, 26 (3), 231 – 258.

Johnson, R. H., & Blair, J. A. (1977). *Logical self-defense.* Toronto: McGraw-Hill Ryerson.

Johnson, R. H., & Blair, J. A. (1980). The recent development of Informal Logic. In J. A. Blair & R. H. Johnson (Eds.), *Informal Logic. The first international symposium* (pp. 3 – 28). Inverness: Edgepress.

Johnson, R. H., & Blair, J. A. (1983). *Logical self-defense* (2nd ed.). Toronto: McGraw-Hill Ryerson. (1st ed. 1977).

Johnson, R. H., & Blair, J. A. (1991). Contexts of informal reasoning Commentary. In J. F. Voss, D. N. Perkins, & J. W. Segal (Eds.), *Informal reasoning and education* (pp. 131 – 150). Hillsdale: Lawrence Erlbaum.

Johnson, R. H., & Blair, J. A. (1994). *Logical self-defense* (U. S. edition). New York: McGraw-Hill.

Johnson, R. H., & Blair, J. A. (2000). Informal Logic. An overview. *Informal Logic*, 20 (2), 93 – 107.

Johnson, R. H., & Blair, J. A. (2006). *Logical self-defense* (reprint of Johnson & Blair, 1994). New York: International Debate Education Association. (1st ed. 1977).

Johnstone, Jr., H. W. (1957 – 1958). Methods and criteria of reasoning. *Philosophy and Phenomenological Review*, 18, 553 – 554.

Johnstone Jr., H. W. (1958 – 1959). New outlooks on controversy. *Review of Metaphysics*, 12, 57 – 67.

Johnstone, Jr. , H. W. (1959). *Philosophy and argument.* University Park: Pennsylvania State University Press.

Johnstone, Jr. , H. W. (1968). Theory of argumentation. In R. Klibansky (Ed.), *La philosophie contemporaine* [Contemporary philosophy] (pp. 177 – 184). Florence: La Nuova Italia Editrice.

Johnstone, Jr. , H. W. (1970). *The problem of the self.* University Park: Pennsylvania State University Press.

Johnstone, Jr. , H. W. (1983). Truth, anagnorisis, and argument. *Philosophy & Rhetoric*, 16, 1 – 15.

Johnstone, Jr. , H. W. (1993). Editor's introduction. *Argumentation*, 7, 379 – 384.

Jørgensen, C. (1995). Hostility in public debate. In F. H. van Eemeren, R. Grootendorst, J. A. Blair, & C. A. Willard (Eds.), *Special fields and cases. Proceedings of the third ISSA conference on argumentation* (University of Amsterdam, June 21 – 24, 1994), III (pp. 363 – 373). Amsterdam: Sic Sat.

Jørgensen, C. (2003). The Mytilene debate. A paradigm for deliberative rhetoric. In F. H. van Eemeren, J. A. Blair, C. A. Willard, & A. F. Snoeck Henkemans (Eds.), *Proceedings of the fifth conference of the International Society for the Study of Argumentation* (pp. 567 – 570). Amsterdam: Sic Sat.

Jørgensen, C. (2007). The relevance of intention in argume-ntation. *Argumentation*, 21 (2), 165 – 174.

Jørgensen, C. (2009). Interpreting Perelman's "universal audience". Gross versus Crosswhite. *Argumentation*, 23, 11 – 19.

Jørgensen, C. (2011). Fudging speech acts in political argumentation. In F. H. van Eemeren, B. J. Garssen, D. Godden, & G. Mitchell (Eds.), *Proceedings of the 7th conference of the International Society for the Study of Argumentation* (pp. 906 – 913). Amsterdam: Sic Sat. (CD rom).

Jørgensen, C. , & Kock, C. (1999). The rhetorical audience in public debate and the strategies of vote-gathering and vote-shifting. In F. H. van Eemeren, R. Grootendorst, J. A. Blair, & C. A. Willard (Eds.), *Proceedings of the fourth international conference of the International Society for the Study of Argumentation* (pp. 420 – 423). Amsterdam: Sic Sat.

Jørgensen, C., Kock, C., & Rørbach, L. (1994). *Retorik der flytter stemmer. Hvordan man overbeviser I offentlig debat* [Rhetoric that shifts votes. How to persuade in public debates]. Ödåkra: Retorikforlaget. (2nd ed. 2011).

Jørgensen, C., Kock, C., & Rørbach, L. (1998). Rhetoric that shifts votes. An exploratory study of persuasion in issue-oriented public debates. *Political Communication*, 15 (3), 283 – 299.

Josephson, J. R., & Josephson, S. G. (Eds.). (1996). *Abductive inference. Computation, philosophy, technology.* Cambridge: Cambridge University Press.

Journal of the American Forensic Association. (1982). 18, 133 – 160. (Special forum on debate paradigms).

Jovičić, T. (2003a). Evaluation of argumentative strategies. In F. H. van Eemeren, J. A. Blair, C. A. Willard, & A. F. Snoeck Henkemans (Eds.), *Proceedings of the fifth conference of the International Society for the Study of Argumentation* (pp. 571 – 580). Amsterdam: Sic Sat.

Jovičić, T. (2003b). New concepts for argument evaluation. In J. A. Blair, D. Farr, H. V. Hansen, R. H. Johnson, & C. W. Tindale (Eds.), *Informal Logic @ 25. Proceedings of the Windsor conference.* Windsor: Ontario Society for the Study of Argumentation.

Ju, S. (2010). The cultural relativity of logic. *Social sciences in China*, 31 (4), 73 – 89.

Jungslager, F. S. (1991). *Standpunt en argumentatie. Een empirisch onderzoek naar leerstrategieën tijdens het leggen van een argumentatief verband* [Standpoint and argumentation. An empirical research concerning learning strategies in making an argumentative connection]. Doctoral dissertation, University of Amsterdam.

Just, S. (2003). Rhetorical criticism of the debate on the future of the European Union Strategic options and foundational understandings. In F. H. van

Eemeren, J. A. Blair, C. A. Willard, & A. F. Snoeck Henkemans (Eds.), *Proceedings of the fifth conference of the International Society for the Study of Argumentation* (pp. 581 – 586). Amsterdam: Sic Sat.

Juthe, A. (2005). Argument by analogy. *Argumentation*, 19 (1), 1 – 27.

Juthe, A. (2009). Refutation by parallel argument. *Argumentation*, 23 (2), 133 – 169.

Kahane, H. (1969). *Logic and philosophy*. Belmont: Wadsworth.

Kahane, H. (1971). *Logic and contemporary rhetoric. The use of reasoning in everyday life.* Belmont: Wadsworth.

Kakkuri-Knuuttila, M. – L. (1993). *Dialectic and enquiry in Aristotle.* Doctoral dissertation, Helsinki School of Econmics.

Kakkuri-Knuuttila, M. – L. (Ed.). (1998). *Argumentti ja kritiikki. Lukemisen, keskustelun ja vakuuttamisen taidot* [Argument and critique. The skills of reading, discussing and persuading]. Helsinki: Gaudeamus. (7th ed. 2007).

Kalashnikova, S. (2007). *Lingvisticheskiye aspekty stiley myshleniya v argumentativnom diskurse* [Linguistic aspects of thinking styles in argumentative discourse]. Doctoral dissertation, Kaluga State University.

Kamiński, S. (1962). Systematyzacja typowych błędów logicznych [A classification of typical logical fallacies]. *Roczniki Filozoficzne*, 10 (1), 5 – 39.

Kamlah, W., & Lorenzen, P. (1967). *Logische Propädeutik oder Vorschule des vernünftigen Redens* [Logical propaedeutic or pre-school of reasonable discourse] (revised ed.). Mannheim: Bibliographisches Institut (Hochschultaschenbücher, 227).

Kamlah, W., & Lorenzen, P. (1973). *Logische Propädeutik. Vorschule des vernünftigen Redens* [Logical propaedeutic. Pre-school of reasonable discourse] (2nd improved and enlarged ed.). Mannheim: Bibliographisches Institut (Hochschultaschenbücher, 227). (1st ed 1967).

Kamlah, W., & Lorenzen, P. (1984). *Logical propaedeutic. Pre-school of reasonable discourse.* (H. Robinson, trans.) Lanham, MD: University Press of America (original work published in 1973). [Trans. of Logische Propä- deutik. Vorschule des vernünftigen Redens]

Kanke, T. (2007). Reshaping Emperor Hirohito's persona. A study of fragmented arguments in multiple texts. In F. H. van Eemeren, B. J. Garssen, J. A. Blair, & C. A. Willard (Eds.), *Proceedings of the 6th conference of the International Society for the Study of Argumentation* (pp. 733 – 738). Amsterdam: Sic Sat.

Kanke, T., & Morooka, J. (2011). Youth debates in early modern Japan. In F. H. van Eemeren, B. J. Garssen, D. Godden, & G. Mitchell (Eds.), *Proceedings of the 7th conference of the International Society for the Study of Argumentation* (pp. 914 – 926). Amsterdam: Sic Sat. (CD rom).

Kaplow, L. (1981). Rethinking counterplans. A reconciliation with debate theory. *Journal of the American Forensic Association*, 17, 215 – 226.

Karacapilidis, N., & Papadias, D. (2001). Computer supported argumentation and collaborative decision making. The HERMES system. *Information Systems*, 26, 259 – 277.

Karon, L. A. (1989). Presence in the new rhetoric. In R. D. Dearin (Ed.), *The new rhetoric of Chaïm Perelman. Statement & response* (pp. 163 – 178). Lanham: University Press of America.

Kasyanova, J. (2008). *Strukturno-semanticheskij analiz argumentatsii v monologicheskom diskurse* [A structural-semantic analysis of argumentation in a monological discourse]. Doctoral dissertation, Udmurt State University.

Kauffeld, F. J. (1998). Presumption and the distribution of argumentative burdens in acts of proposing and accusing. *Argumentation*, 12 (2), 245 – 266.

Kauffeld, F. (2006). Pragma-dialectic's appropriation of speech act theory. In P. Houtlosser & A. van Rees (Eds.), *Considering pragma-dialectics. A festschrift for Frans H. van Eemeren on the occasion of his 60th birthday* (pp. 149 – 160). Mahwah-London: Lawrence Erlbaum.

Kauffeld, F. J. (2009). What are we learning about the pragmatics of the arguer's obligations? In S. Jacobs (Ed.), *Concerning argument. Selected papers from the 15th biennial conference on argumentation* (pp. 1 – 31). Washington, DC: NCA.

Keith, W. (Ed.). (1993). Rhetoric in the rhetoric of science. *Southern Communication Journal*, 58, 4. (Special issue).

Kellner, H. (1989). *Language and historical representation.* Madison: University of Wisconsin Press.

Kennedy, G. A. (1994). *A new history of classical rhetoric.* Princeton: Princeton University Press.

Kennedy, G. A. (1999). *Classical rhetoric & its Christian and secular tradition. From ancient to modern times* (2nd revised & enlarged ed.). Chapel Hill-London: The University of North Carolina Press.

Kennedy, G. A. (2001). Historical survey of rhetoric. In S. E. Porter (Ed.), *Handbook of classical rhetoric in the Hellenistic Period* 330 *B. C.* – *A. D.* 400 (pp. 3 – 41). Brill: Leiden.

Kennedy, G. (2004). *Negotiation. An A Z guide.* The Economist.

Kertész, A., & Rákosi, C. (2009). Cyclic vs. circular argumentation in the conceptual metaphor theory. *Cognitive Linguistics*, 20, 703 – 732.

Kienpointner, M. (1983). *Argumentationsanalyse* [Argumentation analysis]. Innsbruck: Verlag des Instituts für Sprachwissenschaft der Universität Innsbruck. Innsbrucker Beiträge zur Kulturwissenschaft, Sonderheft 56.

Kienpointner, M. (1991). Argumentation in Germany and Austria. An overview of the recent literature. *Informal Logic*, 8 (3), 129 – 136.

Kienpointner, M. (1992). *Alltagslogik. Struktur und Funktion vom Argumentationsmustern* [Everyday logic. Structure and function of prototypes of argumentation]. Stuttgart-Bad Cannstatt: Frommann-Holzboog.

Kienpointner, M. (1993). The empirical relevance of Ch. Perelman's new rhetoric. *Argumentation*, 7 (4), 419 – 437.

Kienpointner, M. (1996). Whorf and Wittgenstein. *Language*, world view and argumentation. *Argumentation*, 10 (4), 475 – 494.

Kindt, W. (1988). *Zur Logik von Alltagsargumentationen* [On the logic of everyday argumentation]. Fachbericht 3 Erziehungswissenschaftliche Hochschule Koblenz.

Kindt, W. (1992a). *Organisationsformen des Argumentierens in natürlicher Sprache* [The organisation of argumentation in everyday speech]. In H. Paschen & L. Wigger (Eds.), Pädagogisches Argumentieren [Educational argumentation] (pp. 95 – 120). Weinheim: Deutscher Studienverlag.

Kindt, W. (1992b). Argumentation und Konfliktaustragung in Äusserungen über den Golfkrieg [Argumentation and conflict resolution in statements on the Gulf War]. *Zeitschrift für Sprachwissenschaft*, 11, 189 – 215.

King-Farlow, J. (1973). Toulmin's analysis of probability. *Theoria*, 29, 12 – 26.

Kirschner, P. A., Buckingham Shum, S. J., & Carr, C. S. (Eds.). (2003). *Visualizing argumentation. Software tools for collaborative and educational sense-making*. London: Springer.

Kiseliova, V. V. (2006). *Varyirovaniye verbalnyh reaktsij v argumentativnom diskurse* [Variability of verbal reactions in argumentative discourse]. Doctoral dissertation, Udmurt Statc University.

Kišiček, G., & Stanković, D. (2011). Analysis of fallacies in Croatian parliamentary debate. In F. H. van Eemeren, B. J. Garssen, D. Godden, & G. Mitchell (Eds.), *Proceedings of the 7th conference of the International Society for the Study of Argumentation* (pp. 939 – 948). Amsterdam: Sic Sat. (CD rom).

Kjaerulff, U. B., & Madsen, A. L. (2008). *Bayesian networks and influence diagrams*. New York: Springer.

Kjeldsen, J. E. (1999a). Visual rhetoric From elocutio to inventio. In F. H. van Eemeren, R. Grootendorst, J. A. Blair, & C. A. Willard (Eds.), *Proceedings of the fourth international conference of the International Society for the Study of Argumentation* (pp. 455 – 463). Amsterdam: Sic Sat.

Kjeldsen, J. E. (1999b). Retorik i Norge. Et retorisk øy-rike [Rhetoric in Norway. A rhetorical island-kingdom]. *Rhetorica Scandinavica*, 12, 63 – 72.

Kjeldsen, J. E. (2002). *Visual rhetoric*. Doctoral dissertation, University of Bergen. Bergen: Universitetet i Bergen.

Kjeldsen, J. E. (2007). Visual argumentation in Scandinavian political advertising. A cognitive, contextual, and reception oriented approach. *Argu-*

mentation & Advocacy, 42 (3/4), 124 - 132.

Kjeldsen, J. E. (2011a). Visual argumentation in an Al Gore keynote presentation on climate change. In F. Zenker (Ed.), Argumentation. Cognition and community. *Proceedings of the* 9th *international conference of the Ontario Society for the Study of Argumentation* (*OSSA*), May 18 - 21 (pp. 1 - 11). Windsor, ON. (CD rom).

Kjeldsen, J. E. (2011b). Visual tropes and figures as visual argumentation. In F. H. van Eemeren & B. Garssen (Eds.), *Topical themes in argumentation theory. Twenty exploratory studies*. Dordrecht: Springer.

Kjeldsen, J. E., & Grue, J. (2011). The study of rhetoric in the Scandinavian countries. In J. E. Kjeldsen & J. Grue (Eds.), *Scandinavian studies in rhetoric* (pp. 7 - 39). Ödåkra: Retorikförlaget.

Klein, J. (1987). *Die konklusiven Sprechhandlungen. Studien zur Pragmatik, Semantik, Syntax und exik von Begründen, Erklären-warum, Folgern und Rechtfertigen* [Conclusive speech acts. Studies of the pragmatic, semantic, syntactic and lexical aspects of supporting, explaining why, concluding, and justifying]. Tübingen: Niemeyer.

Kline, S. L. (1995). Influence opportunities and persuasive argument practices in childhood. In F. H. van Eemeren, R. Grootendorst, J. A. Blair, & C. A. Willard (Eds.), *Proceedings of the third ISSA conference on argumentation* (pp. 261 - 275). Amsterdam: Sic Sat.

Kloosterhuis, H. T. M. (2002). *Van overeenkomstige toepassing. De pragma-dialectische reconstructie van analogie-argumentatie in rechterlijke uitspraken* [Similar applications. The pragma-dialectical reconstruction of analogy argumentation in pronouncements of judges]. Doctoral dissertation, University of Amsterdam. Amsterdam: Thela Thesis.

Kloosterhuis, H. (2006). *Reconstructing interpretative argumentation in legal decisions. A pragma-dialectical approach*. Amsterdam: Rozenberg & Sic Sat.

Klopf, D. (1973). *Winning debate*. Tokyo: Gakushobo.

Kluback, W. (1980). The new rhetoric as a philosophical system. *Jour-*

nal of the American Forensic Association, 17, 73 – 79.

Kluev, E. (1999). *Ritorika. Inventsiya, dispozitsiya, elocutsiya* [Rhetoric. Invention, disposition, elocution]. Moscow: Prior.

Klujeff, M. L. (2008). Retoriske figurer og stil som argumentation [Rhetorical figures and style as argumentation]. *Rhetorica Scandinavica*, 45, 25 – 48.

Klumpp, J. F., Riley, P., & Hollihan, T. H. (1995). Argument in the post-political age. Emerging sites for a democratic lifeworld. In F. H. van Eemeren, R. Grootendorst, J. A. Blair, & C. A. Willard (Eds.), *Proceedings of the third ISSA conference on argumentation. Special fields and cases* (pp. 318 – 328). Amsterdam: Sic Sat.

Kneale, W. (1949). *Probability and induction.* Oxford: Clarendon Press.

Kneale, W., & Kneale, M. (1962). *The development of logic.* Oxford: Clarendon Press.

Kneupper, C. W. (1978). On argument and diagrams. *Journal of the American Forensic Association*, 14, 181 – 186.

Kneupper, C. W. (1979). Paradigms and problems. Alternative constructivist/interactionist implications for argumentation theory. *Journal of the American Forensic Association*, 15, 220 – 227.

Koch, I. G. V. (1984). Argumentação e linguagem [Argumentation and language]. São Paulo: Cortez. Kock, C. (2003a). Gravity too is relative: On the logic of deliberative debate. In F. H. van Eemeren, J. A. Blair, C. A. Willard, & A. F. Snoeck Henkemans (Eds.), *Proceedings of the fifth conference of the International Society for the Study of Argumentation* (pp. 628 – 632). Amsterdam: Sic Sat.

Kock, C. (2003b). Multidimensionality and non-deductiveness in deliberative argumentation. In F. H. van Eemeren, J. A. Blair, C. A. Willard, & A. F. Snoeck Henkemans (Eds.), *Anyone who has a view. Theoretical contributions to the study of argumentation* (pp. 157 – 171). Dordrecht: Kluwer.

Kock, C. (2006). Multiple warrants in practical reasoning. In D. L. Hitchcock & B. Verheij (Eds.), *Arguing on the Toulmin model. New essays in argument analysis and evaluation* (pp. 247 – 259). Dordrecht: Springer.

Kock, C. (2007a). Is practical reasoning presumptive? *Informal Logic*, 27, 91 – 108.

Kock, C. (2007b). Norms of legitimate dissensus. *Informal Logic*, 27 (2), 179 – 196.

Kock, C. (2007c). The domain of rhetorical argumentation. In F. H. van Eemeren, J. A. Blair, C. A.

Willard, & B. Garssen (Eds.), *Proceedings of the sixth conference of the International Society for the Study of Argumentation* (pp. 785 – 788). Amsterdam: Sic Sat.

Kock, C. (2009a). Arguing from different types of speech acts. In J. Ritola (Ed.), Argument cultures. *Proceedings of the 8th OSSA conference at the University of Windsor in* 2009. Windsor: University of Windsor. (CD rom).

Kock, C. (2009b). Choice is not true or false. The domain of rhetorical argumentation. *Argumentation*, 23 (1), 61 – 80.

Koetsenruijter, A. W. M. (1993). *Meningsverschillen. Analytisch en empirisch onderzoek naar de reconstructie en interpretatie van de confrontatiefase in discussies* [Differences of opinion. Analytical and empirical research concerning the reconstruction and interpretation of the confrontation stage in discussions]. Doctoral dissertation, University of Amsterdam. Amsterdam: IFOTT.

Kolflaath, E. (2004). *Språk og argumentasjon-med eksempler fra juss* [Language and argumentation-with examples from law]. Bergen: Fagbokforlaget.

Komlósi, L. I. (1990). The power and fallability of a paradigm in argumentation. A case study of subversive political discourse. In F. H. van Eemeren & R. Grootendorst (Eds.), *Proceedings of the second international conference on argumentation organized by the International Society for the Study of Argumentation at the University of Amsterdam*, June 19 – 22, 1990 (pp. 994 – 1005). Amsterdam: Sic Sat/ISSA.

Komlósi, L. I. (1997). *Inferential pragmatics and cognitive structures. Situated language use and cognitive linguistics.* Budapest: Nemzeti Tankönyvkiadó.

Komlósi, L. I. (2003). The conceptual fabric of argumentation and blended mental spaces. In F. H. van Eemeren, J. A. Blair, C. A. Willard, & A. F. Snoeck-Henkemans (Eds.), *Proceedings of the fifth conference of the International Society for the Study of Argumentation* (pp. 632 – 635). Amsterdam: Sic Sat.

Komlósi, L. I. (2006). Rhetorical effects of entrenched argumentation and presumptive arguments. A four-handed piece for George W. Bush and Tony Blair. In F. H. van Eemeren, M. D. Hazen, P. Houtlosser, & D. C. Williams (Eds.), *Contemporary perspectives on argumentation. Views from the Venice argumentation conference* (pp. 239 – 257). Amsterdam: Sic Sat.

Komlósi, L. I. (2007). Perelman's vision. Argumentation schemes as examples of generic conceptualization in everyday reasoning practices. In F. H. van Eemeren, J. A. Blair, C. A. Willard, & B. Garssen (Eds.), *Proceedings of the sixth conference of the International Society for the Study of Argumentation* (pp. 789 – 796). Amsterdam: Sic Sat.

Komlósi, L. I. (2008). From paradoxes to presumptive fallacies. The way we reason with counter-factual mental spaces. In J. Andor, B. Hollósy, T. Laczkó, & P. Pelyvás (Eds.), *When grammar minds language and literature* (pp. 285 – 292). Debrecen: Debrecen University Press.

Komlósi, L. I., & Knipf, E. (1987). Negotiating consensus in discourse interaction schemata. In F. H. van Eemeren, R. Grootendorst, J. A. Blair, & C. A. Willard (Eds.), *Argumentation. Perspectives and approaches* (pp. 82 – 89). Dordrecht: Foris.

Komlósi, L. I., & Tarrósy, I. (2010). Presumptive arguments turned into a fallacy of presumptuousness. Pre-election debates in a democracy of promises. *Journal of Pragmatics*, 42, 957 – 972.

Konishi, T. (2007). Conceptualizing and evaluating dissociation from an Informal Logical perspective. In F. H. van Eemeren, B. J. Garssen, J. A. Blair, & C. A. Willard (Eds.), *Proceedings of the 6th conference of the International Society for the Study of Argumentation* (pp. 797 – 802). Amsterdam: Sic Sat.

Kopperschmidt, J. (1975). Pro und Contra im Fernsehen [Pro and contra on television]. *Der Deutschunterricht*, 27, 42 – 62.

Kopperschmidt, J. (1976a). *Allgemeine Rhetorik. Einführung in die Theorie der persuasive Kommunikation* [General rhetoric. Introduction to the theory of persuasive communication]. Stuttgart: Kohlhammer.

Kopperschmidt, J. (1976b). Methode statt Appell. Versuch einer Argumentationsanalyse [Method instead of appeal. An attempt at argument analysis]. *Der Deutschunterricht*, 28, 37 – 58.

Kopperschmidt, J. (1977). Von der Kritik der Rhetorik zur kritischen Rhetorik [From criticism of rhetoric to a critical rhetoric]. In H. F. Plett (Ed.), *Rhetorik. Kritische Positionen zum Stand der Forschung* [Rhetoric. A critical survey of the state of the art] (pp. 213 – 29). Munich: Fink.

Kopperschmidt, J. (1978). *Das Prinzip vernünftiger Rede* [Principles of rational speech]. Stuttgart: Kohlhammer.

Kopperschmidt, J. (1980). *Argumentation. Sprache und Vernunft*, 2 [Argumentation. Language and reason]. Stuttgart: Kohlhammer.

Kopperschmidt, J. (1987). The function of argumentation. A pragmatic approach. In F. H. van Eemeren, R. Grootendorst, J. A. Blair, & C. A. Willard (Eds.), *Argumentation. Across the lines of discipline. Proceedings of the conference on argumentation* 1986 (pp. 179 – 188). Dordrecht-Providence: Foris.

Kopperschmidt, J. (1989a). *Methodik der Argumentationsanalyse* [Methodology of argumentation analysis]. Stuttgart: Frommann-Holzboog.

Kopperschmidt, J. (1989b). Öffentliche Rede in Deutschland [Public speaking in Germany]. *Muttersprache*, 99, 213 – 30.

Kopperschmidt, J. (1990). Gibt es Kriterien politischer Rhetorik? Versuch einer Antwort [Do criteria for political rhetoric exist? A tentative answer]. *Diskussion Deutsch*, 115, 479 – 501.

Kopperschmidt, J. (1995). Grundfragen einer allgemeinen Argumentationstheorie unter besonderer Berücksichtigung formaler Argumentationsmuster [Fundamental questions for a general theory of argumentation arising from an analysis of formal patterns of argumentation]. In H. Wohlrapp (Ed.), *Wege der Argumentationsforschung* [Roads of argumentation research] (pp. 50 – 73).

Stuttgart-Bad Cannstatt: Frommann-Holzboog.

Kopperschmidt, J. (Ed.). (1990). *Rhetorik*, 1. *Rhetorik als Texttheorie* [Rhetoric, 1. Rhetoric as a theory of text]. Darmstadt: Wiss. Buchgesellschaft.

Kopperschmidt, J. (Ed.). (1991). *Rhetorik*, 2. *Wirkungsgeschichte der Rhetorik* [Rhetoric, 2. A history of effective rhetoric]. Darmstadt: Wiss. Buchgesellschaft.

Kopperschmidt, J. (Ed.). (2006) *Die neue Rhetorik. Studien zu Chaim Perelman* [The new rhetoric. Studies on Chaim Perelman]. Paderborn-Munich: Fink.

Koren, R. (1993). Perelman et l'objectivité discursive. Le cas de l'écriture de presse en France [Perelman and discursive objectivity. The case of the French press]. In G. Haarscher (Ed.), *Chaïm Perelman et la pensée contemporaine* [Chaïm Perleman and contemporary thought] (pp. 469 – 487). Brussels: Bruylant.

Koren, R. (2009). Can Perelman's NR be viewed as an ethics of discourse? *Argumentation*, 23, 421 – 431.

Koren, R., & Amossy, R. (Eds.). (2002). Après Perelman. Quelles politiques pour les nouvelles rhé toriques? [After Perelman. Which policies for the new rhetorics?]. Paris: L'Harmattan. Körner, S. (1959). The uses of argument. *Mind*, 68, 425 – 427.

Korolko, M. (1990). *Sztuka retoryki* [The art of rhetoric]. Warsaw: Wiedza Powszechna.

Korta, K., & Garmendia, J. (Eds.). (2008). *Meaning, intentions and argumentation.* Stanford: CSLI Publications.

Koszowy, M. (2004). Methodological ideas of the Lvov-Warsaw School as a possible foundation for a fallacy theory. In T. Suzuki, Y. Yano, & T. Kato (Eds.), *Proceedings of the 2nd Tokyo conference on argumentation and social cognition* (pp. 125 – 130). Tokyo: Japan Debate Association.

Koszowy, M. (2011). Pragmatic logic. The study of argumentation in the Lvov-Warsaw School. In F. H. van Eemeren, B. Garssen, D. Godden, &

G. Mitchell (Eds.), *Proceedings of the 7th conference on argumentation of the International Society for the Study of Argumentation* (pp. 1010 – 1022). Amsterdam: Sic Sat.

Koszowy, M. (2013). The methodological approach to argument evaluation. Rules of defining as applied to assessing arguments. *Filozofia nauki*, 1 (81), 23 – 36.

Kowalski, R. A. (2011). *Computational logic and human thinking. How to be artificially intelligent.* Cambridge: Cambridge University Press.

Krabbe, E. C. W. (1978). The adequacy of material dialogue-games. *Notre Dame Journal of Formal Logic*, 19, 321 – 330.

Krabbe, E. C. W. (1982a). Essentials of the dialogical treatment of quantifiers. In E. C. W. Krabbe (Ed.), *Studies in dialogical logic* (pp. 249 – 257). Doctoral dissertation, University of Groningen.

Krabbe, E. C. W. (1982b). *Studies in dialogical logic.* Doctoral dissertation, University of Groningen.

Krabbe, E. C. W. (1985). Noncumulative dialectical models and formal dialectics. *Journal of Philosophical Logic*, 14, 129 – 168.

Krabbe, E. C. W. (1986). A theory of modal dialectics. *Journal of Philosophical Logic*, 15, 191 – 217.

Krabbe, E. C. W. (1987). Næss's dichotomy of tenability and relevance. In F. H. van Eemeren, R. Grootendorst, C. A. Willard, & J. A. Blair (Eds.), *Argumentation. Across the lines of discipline. Proceedings of the conference on argumentation* 1986 (pp. 307 – 316). Dordrecht: Foris.

Krabbe, E. C. W. (1988). Creative reasoning in formal discussion. *Argumentation*, 2, 483 – 498.

Krabbe, E. C. W. (1992). So what? Profiles of relevance criticism in persuasion dialogues. *Argumentation*, 6, 271 – 283.

Krabbe, E. C. W. (1993). Book review [Review of Woods & Walton (1989)]. *Argumentation*, 6, 475 – 479.

Krabbe, E. C. W. (1995). Appeal to ignorance. In H. V. Hansen & R. C. Pinto (Eds.), *Fallacies. Classical and contemporary readings* (pp. 251 –

264). University Park: Pennsylvania State University Press.

Krabbe, E. C. W. (1996). Can we ever pin one down to a formal fallacy? In J. van Benthem, F. H. van Eemeren, R. Grootendorst, & F. Veltman (Eds.), *Logic and argumentation* (pp. 129 – 141). Amsterdam: North-Holland. (Koninklijke Nederlandse Akademie van Wetenschappen, Verhandelingen, Afd. Letterkunde, Nieuwe Reeks, deel 170).

Krabbe, E. C. W. (1998). Who is afraid of figure of speech? *Argumentation*, 12, 281 –294.

Krabbe, E. C. W. (2001). The problem of retraction in critical discussion. *Synthese*, 127, 141 –159.

Krabbe, E. C. W. (2002). Profiles of dialogue as a dialectical tool. In F. H. van Eemeren (Ed.), *Advances in pragma-dialectics* (pp. 153 – 167). Amsterdam-Newport News: Sic Sat/Vale Press.

Krabbe, E. C. W. (2003). The pragmatics of deductive arguments. In J. A. Blair, D. Farr, H. V. Hansen, R. H. Johnson & C. W. Tindale (Eds.), *Informal Logic at* 25. *Proceedings of the Windsor conference.* (CD rom), Windsor: Ontario Society for the Study of Argumentation. (Proceedings of the 5th OSSA conference, 2003.)

Krabbe, E. C. W. (2006). Dialogue logic. In D. M. Gabbay & J. Woods (Eds.), *Handbook of the history of logic*, 7. *Logic and the modalities in the twentieth century* (pp. 665 –704). Amsterdam: Elsevier.

Krabbe, E. C. W. (2007). Review of Freeman (2005a). *Argumentation*, 21 (1), 101 –113.

Krabbe, E. C. W. (2008). Beth's impact on the theory of argumentation. In J. van Benthem, P. van Ulsen, & H. Visser (Eds.), *Logic and scientific philosophy. An E. W. Beth centenary celebration* (pp. 46 –49). Amsterdam: Evert Willem Beth Foundation.

Krabbe, E. C. W. (2009). Cooperation and competition in argumentative exchanges. In H. Jales Ribeiro (Ed.), *Rhetoric and argumentation in the beginning of the XXIst century* (pp. 111 – 126). Coimbra: Imprensa da Universidade de Coimbra.

Krabbe, E. C. W. (2010). Arne Næss (1912 – 2009). *Argumentation*, 24, 527 – 530.

Krabbe, E. C. W. (2012a). Aristotle's On sophistical refutations. *Topoi*, 31 (2), 243 – 248. doi: 10. 1007/s11245 – 012 – 9124 – 0.

Krabbe, E. C. W. (2012b). Formals and ties. Connecting argumentation studies with formal disciplines. In H. J. Ribeiro (Ed.), *Inside arguments. Logic and the study of argumentation* (pp. 169 – 187). Newcastle upon Tyne: Cambridge Scholars Publishing.

Krabbe, E. C. W., & van Laar, J. A. (2013). The burden of criticism. Consequences of taking a critical stance. *Argumentation*, 27, 201 – 224.

Krabbe, E. C. W., & Walton, D. N. (1994). It's all very well for you to talk! Situationally disqualifying ad hominem attacks. *Informal Logic*, 15, 79 – 91.

Krabbe, E. C. W., & Walton, D. N. (2011). Formal dialectical systems and their uses in the study of argumentation. In E. T. Feteris, B. J. Garssen, & A. F. Snoeck Henkemans (Eds.), *Keeping in touch with pragma-dialectics. In honor of Frans H. van Eemeren* (pp. 245 – 263). Amsterdam: John Benjamins.

Kraus, M. (2006). Arguing by question. A Toulminian reading of Cicero's account of the enthymeme. In D. L. Hitchcock & B. Verheij (Eds.), *Arguing on the Toulmin model. New essays in argument analysis and evaluation* (pp. 313 – 325). Dordrecht: Springer.

Kraus, M. (2007). From figure to argument. Contrarium in Roman rhetoric. *Argumentation*, 21 (1), 3 – 19.

Kraus, M. (2012). Cultural diversity, cognitive breaks, and deep disagreement. Polemic argument. In F. H. van Eemeren & B. Garssen (Eds.), *Topical themes in argumentation theory. Twenty exploratory studies*. Dordrecht: Springer.

Kraut, R. (1992). Introduction to the study of Plato. In R. Kraut (Ed.), *The Cambridge companion to Plato* (pp. 1 – 50). Cambridge: Cambridge University Press.

Kunz, W., & Rittel, H. (1970). *Issues as elements of information systems* (*Tech.* Rep. 0131). Universität Stuttgart, Institut für Grundlagen der Planung.

Kurki, L., & Tomperi, T. (2011). *Väittely opetusmenetelmänä-Kriittinen ajattelu, argumentaatio ja retoriikka käytännössä* [Debate as a teaching method. Critical thinking, argumentation and rhetorics in practice]. Tampere: Niin & Näin/Eurooppalaisen filosofian seura.

Kusch, M., & Schröder, H. (Eds.). (1989). *Text-Interpretation-Argumentation.* Hamburg: Helmut Buske.

Kutrovátz, G. (2008). Rhetoric of science, pragma-dialectics, and science studies. In F. H. van Eemeren & B. Garssen (Eds.), *Controversy and confrontation. Relating controversy analysis with argumentation theory* (pp. 231 – 247). Amsterdam-Philadelphia: John Benjamins.

Kutrovátz, G. (2010). Trust in experts. Contextual patterns of warranted epistemic dependence. *Balkan Journal of Philosophy*, 1, 57 – 68.

Kvernbekk, T. (2003a). Narratives as informal arguments. In J. A. Blair, D. Farr, H. V. Hansen, R. H. Johnson, & C. W. Tindale (Eds.), *Informal Logic @ 25: Proceedings of the Windsor conference.* Windsor: Ontario Society for the Study of Argumentation.

Kvernbekk, T. (2003b). On the argumentative quality of explanatory narratives. In F. H. van Eemeren, J. A. Blair, C. A. Willard, & A. F. Snoeck Henkemans (Eds.), *Proceedings of the fifth conference of the International Society for the Study of Argumentation* (pp. 651 – 657). Amsterdam: Sic Sat.

Kvernbekk, T. (2007a). Argumentation practice. The very idea. In J. A. Blair, H. Hansen, R. Johnson, & C. W. Tindale (Eds.), *OSSA Proceedings* 2007. Windsor: University of Windsor. (CD rom).

Kvernbekk, T. (2007b). Theory and practice. A metatheoretical contribution. In F. H. van Eemeren, J. A. Blair, C. A. Willard, & B. Garssen (Eds.), *Proceedings of the sixth conference of the International Society for the Study of Argumentation* (pp. 841 – 846). Amsterdam: Sic Sat.

Kvernbekk, T. (2009). Theory and practice. Gap or equilibrium. In

J. Ritola (Ed.), Argument cultures. *Proceedings of the 8th OSSA conference at the University of Windsor in 2009*. Windsor, ON: University of Windsor. (CD rom).

Kvernbekk, T. (2011). Evidence-based practice and Toulmin. In F. Zenker (Ed.), *Argumentation. Cognition and community. Proceedings of the 9th international conference of the Ontario Society for the Study of Argumentation (OSSA)*, May 18-21. Windsor, ON (CD rom).

Kyburg, H. E. (1994). Uncertainty logics. In D. M. Gabbay, C. J. Hogger, & J. A. Robinson (Eds.), *Handbook of logic in artificial intelligence and logic programming*, 3. *Non-monotonic reasoning and uncertain reasoning* (pp. 397-438). Oxford: Clarendon Press.

van Laar, J. A. (2003a). *The dialectic of ambiguity. A contribution to the study of argumentation.* Doctoral dissertation, University of Groningen.

van Laar, J. A. (2003b). The use of dialogue profiles for the study of ambiguity. In F. H. van Eemeren, J. A. Blair, C. A. Willard, & A. F. Snoeck Henkemans (Eds.), *Proceedings of the fifth conference of the International Society for the Study of Argumentation* (pp. 659-663). Amsterdam: Sic Sat.

van Laar, J. A. (2008). Pragmatic inconsistency and credibility. In F. H. van Eemeren & B. Garssen (Eds.), *Controversy and confrontation. Relating controversy analysis with argumentation theory* (pp. 163-179). Amsterdam-Philadelphia: John Benjamins.

Lambert, K., & Ulrich, W. (1980). *The nature of argument.* New York-London: Macmillan/ Collier-Macmillan.

Labrie, N. (2012). Strategic maneuvering in treatement decision-making discussions. Two cases in point. *Argumentation*, 26 (2), 171-199.

Lanzadera, M., García, F., Montes, S., & Valadés, J. (2007). *Argumentación y razonar. Cómo enseñar y evaluar la capacidad de argumentar* [Argumentation and reasoning. How to teach and evaluate the argumentative capacity]. Madrid: CCS.

Laughlin, S. K., & Hughes, D. T. (1986). The rational and the reasonable. Dialectical or parallel systems? In J. L. Golden & J. J. Pilotta (Eds.),

Practical reasoning in human affairs. Studies in honor of Chaïm Perelman (pp. 187 – 205). Dordrecht: Reidel.

Lausberg, H. (1960). *Handbuch der literarischen Rhetorik* [Handbook of literary rhetoric]. Munich: Max Hueber.

Lausberg, H. (1969). *Elementi di retorica* [Elements of rhetoric]. Bologna: Il Mulino.

Lausberg, H. (1998). *Handbook of literary rhetoric. A foundation for literary study. Forword by G. A. Kennedy.* (trans.: M. T. Bliss, A. Jansen, & D. E. Orton. Ed. by D. E. Orton & R. D. Anderson. Leiden-Boston-Köln: Brill. (1st ed. in German 1960 as Handbuch der literarischen Rhetorik)).

Laycock, C., & Scales, R. L. (1904). *Argumentation and debate.* New York: The Macmillan Company.

Lazerowitz, M. (1958 – 1959). Methods and criteria of reasoning. *British Journal for the Philosophy of Science*, 9, 68 – 70.

Leal Carretero, F., Ramírez González, C. F., & Favila Vega, V. M. (Eds.). (2010). *Introducción a la teoría de la argumentación* [Introduction to argumentation Theory]. Guadalajara: Editorial Universtaria.

Leeten, L. (2011). Moral argumentation from a rhetorical point of view. In F. H. van Eemeren, B. Garssen, D. Godden, & G. Mitchell (Eds.), *Proceedings of the seventh conference of the International Society for the Study of Argumentation* (pp. 1071 – 1075). Amsterdam: Sic Sat.

Leff, M. C. (2000). Rhetoric and dialectic in the twenty-first century. *Argumentation*, 14, 241 – 254.

Leff, M. (2003). Rhetoric and dialectic in Martin Luther King's 'Letter from Birmingham Jail'. In F. H. van Eemeren, J. A. Blair, C. A. Willard, & A. F. Snoeck Henkemans (Eds.), *Anyone who has a view. Theoretical contributions to the study of argumentation* (pp. 255 – 268). Dordrecht: Kluwer.

Leff, M. (2009). Perelman, ad hominem argument, and rhetorical ethos. *Argumentation*, 23, 301 – 311.

Leff, M. C., & Mohrmann, G. P. (1993). Lincoln at Cooper Union. A rhetorical analysis of the text. In T. W. Benson (Ed.), *Landmark essays on rhe-*

torical criticism (pp. 173 – 187). Davis: Hermagoras Press.

Leitão, S. (2000). The potential of argument in knowledge building. *Human Development*, 6, 332 – 360.

Lenk, H. (1970). Philosophische Logik begründung und rationaler Kritizismus [Philosophical justification of logic and rational criticalism]. *Zeitschrift für philosophische Forschung*, 24 (2), 183 – 205.

Leroux, N. R. (1994). Luther's "Am Neujahrstage". Style as argument. *Rhetorica*, 12 (1), 1 – 42.

Lessl, T. M. (2008). Scientific demarcation and metascience. The National Academy of Sciences on greenhouse warming and evolution. In F. H. van Eemeren & B. Garssen (Eds.), *Controversy and confrontation. Relating controversy analysis with argumentation theory* (pp. 77 – 91). Amsterdam-Philadelphia: John Benjamins.

Levi, D. S. (2000). *In defense of Informal Logic*. Dordrecht: Kluwer.

Levinson, S. C. (1992). Activity types and language. In P. Drew & J. Heritage (Eds.), *Talk at work. Interaction in institutional settings* (pp. 66 – 100). Cambridge: Cambridge University Press.

Lewinski, J. D., Metzler, B. R., & Settle, P. L. (1973). The goal case affirmative. An alternative approach to academic debate. *Journal of the American Forensic Association*, 9, 458 – 463.

Lewiński, M. (2010a). Collective argumentative criticism in informal online discussion forums. *Argumentation and Advocacy*, 47 (2), 86 – 105.

Lewiński, M. (2010b). *Internet political discussion forums as an argumentative activity type. A pragma-dialectical analysis of online forms of strategic manoeuvring with critical reactions*. Amsterdam: Sic Sat. Doctoral dissertation, University of Amsterdam.

Lewiński, M. (2013). Debating multiple positions in multi-party online deliberation. Sides, positions, and cases. *Journal of Argumentation in Context*, 2 (1), 151 – 177.

Lewiński, M., & Mohammed, D. (2013). Argumentation in political deliberation. *Journal of Argumentation in Context*, 2 (1), 1 – 9.

Liang, Q., & Xie, Y. (2011). How critical is the dialectical tier? Exploring the critical dimension in the dialectical tier. *Argumentation*, 25 (2), 229 – 242.

Lichański, J. Z. (1992). *Retoryka od średniowiecza do baroku.* Teoria i praktyka [Rhetoric from medival times to baroque. Theory and practice]. Warsaw: PWN.

Lichtman, A. J., Garvin, C., & Corsi, J. (1973). The alternative-justification affirmative. A new case form. *Journal of the American Forensic Association*, 10, 59 – 69.

Lichtman, A. J., & Rohrer, D. M. (1980). The logic of policy dispute. *Journal of the American Forensic Association*, 16, 236 – 247.

Lima, H. M. R. (2011). L'argumentation á la Cour d'Assises brésilienne. Les émotions dans le genre du rapport de police [Argumentation at the Brazilian trial court. Emotions in the genre of police report]. *Argumentation et Analyse du Discours*, 7, 57 – 79.

Lippert-Rasmussen, K. (2001). Are question-begging arguments necessarily unreasonable? *Philosophical Studies*, 104, 123 – 141.

Lisanyuk, E. (2008). Ad hominem in legal discourse. In T. Suzuki, T. Kato, & A. Kubota (Eds.), *Proceedings of the 3rd Tokyo conference on argumentation. Argumentation, law and justice* (pp. 175 – 181). Tokyo: Japanese Debate Association.

Lisanyuk, E. (2009). Silnykh argumentov net [There are no ad baculum arguments]. In V. Briushinkin (Ed.), *Modelling reasoning*, 3 (pp. 92 – 100). Kaliningrad: Baltic Federal University Press.

Lisanyuk, E. (2010). Pravila i oshibki argumentacii. [Argumentation. Rules and fallacies]. In A. Migounov, I. Mikirtoumov, & B. Fedorov (Eds.), *Logic* (pp. 588 – 658). Moscow: Prospect Publishers.

Lisanyuk, E. (2011). Formal'naya dialektika i ritorika [Formal dialectics and rhetoric]. In V. Briushinkin (Ed.), *Modelling reasoning*, 4. *Argumentation and rhetoric* (pp. 37 – 52). Kaliningrad: Baltic Federal University Press.

Lisanyuk, E. (2013). *Cognitivnye kharakteristiki agentov argumentacii* [Argumentation and cognitive agents]. Vestnik SPBGU, 6, 1. St. Petersburg: St. Petersburg University Press.

Little, J. F., Groarke, L. A., & Tindale, C. W. (1989). *Good reasoning matters.* Toronto: McLelland & Stewart.

Livnat, Z. (2009). The concept of "scientific fact". Perelman and beyond. *Argumentation*, 3 (2), 375 -386.

Livnat, Z. (2014). Negotiating scientific ethos in academic controversy. *Journal of Argumentation in Context*, 3 (2).

Lo Cascio, V. (1991). *Grammatica dell'argomentare. Strategie e strutture* [A grammar of arguing. Strategies and structures]. Florence: La Nuova Italia.

Lo Cascio, V. (1995). The relation between tense and aspect in Romance and other languages. In P. M. Bertinetto, V. Bianchi, I. Higginbotham, & M. Scartini (Eds.), *Temporal reference, aspect and actionality* (pp. 273 -293). Turin: Rosenberg & Sellier.

Lo Cascio, V. (2003). On the relationship between argumentation and narration. In F. H. van Eemeren, J. A. Blair, C. A. Willard, & A. F. Snoeck Henkemans (Eds.), *Proceedings of the fifth conference of the International Society for the Study of Argumentation* (pp. 695 -700). Amsterdam: Sic Sat.

Lo Cascio, V. (2009). *Persuadere e convincere oggi. Nuovo manuale dell'argomentazione* [Persuading and convincing nowadays. A new manual of argumentation]. Milan: Academia Universa Press.

Locke, J. (1961). Of reason. In: *An essay concerning human understanding*, *Book IV*, *Chapter XVII*, 1690. Ed. and with an introd. by J. W. Yolton. London: Dent. (1st ed. 1690).

Lodder, A. R. (1999). *DiaLaw. On legal justification and dialogical models of argumentation.* Dordrecht: Kluwer.

López de la Vieja, M. T. (2010). *La pendiente resbaladiza* [The slippery slope]. Madrid: Plaza y Valdés Editores.

López, C. (2007). The rules of critical discussion and the development of critical thinking. In F. H. van Eemeren, J. A. Blair, C. A. Willard, &

B. Garssen (Eds.), *Proceedings of the sixth conference of the International Society for the Study of Argumentation* (pp. 901 – 907). Amsterdam: Sic Sat.

López, C., & Vicuña, A. M. (2011). Improving the teaching of argumentation through pragma-dialectical rules and a community of inquiry. In F. H. van Eemeren, B. Garssen, D. Godden, & G. Mitchell (Eds.), *Proceedings of the 7th conference on argumentation of the International Society for the Study of Argumentation* (pp. 1130 – 1140). Amsterdam: Sic Sat.

Lorenz, K. (1961). *Arithmetik und Logik als Spiele* [Arithmetic and logic as games]. Doctoral dissertation, University of Kiel. Selections reprinted in P. Lorenzen & K. Lorenz (1978), *Dialogische Logik* [Dialogical logic] (pp. 17 – 95). Darmstadt: Wissenschaftliche Buchgesellschaft.

Lorenz, K. (1968). *Dialogspiele als semantische Grundlage von Logikkalkülen* [Dialogue games as semantic foundation of logical calculi]. Archiv für mathematische Logik und Grundlagenforschung, 11, 32 – 55 and 73 – 100. Reprinted in P. Lorenzen & K. Lorenz (1978), *Dialogische Logik* [Dialogical logic] (pp. 96 – 162). Darmstadt: Wissenschaftliche Buchgesellschaft.

Lorenz, K. (1973). Rules versus theorems. A new approach for mediation between intuitionistic and two-valued logic. *Journal of Philosophical Logic*, 2, 352 – 369.

Lorenzen, P. (1960). Logik und Agon [Logic and agon]. In *Atti del XII congresso internazionale di filosofia* (Venezia, 12 – 18 settembre 1958), 4: *Logica, linguaggio e comunicazione* [Proceedings of the 12th international conference of philosophy (Venice, 12 – 13 September 1958), 4: Logic, language and communication] (pp. 187 – 194). Florence: Sansoni. Reprinted in P. Lorenzen & K. Lorenz (1978), *Dialogische Logik* [Dialogical logic] (pp. 1 – 8). Darmstadt: Wissenschaftliche Buchgesellschaft.

Lorenzen, P. (1961). Ein dialogisches Konstruktivitätskriterium [A dialogical criterion for constructivity]. In *Infinitistic methods. Proceedings of the symposium on foundations of mathematics, Warsaw, 2 – 9 September* 1959 (pp. 193 – 200). Oxford: Pergamon Press. Reprinted in P. Lorenzen & K. Lorenz (1978), *Dialogische Logik* [Dialogical logic] (pp. 9 – 16), Darmstadt: Wissenschaftliche Buchgesellschaft.

Lorenzen, P. (1969). *Normative logic and ethics* (Hochschultaschenbücher, Vol. 236). Mannheim: Bibliographisches Institut.

Lorenzen, P. (1984). *Normative logic and ethics. 2nd annotated* ed. Mannheim: Bibliographisches Institut. (1st ed. 1969).

Lorenzen P. (1987). *Lehrbuch der konstruktiven Wissenschaftstheorie* [Textbook of constructive philosophy of science]. Mannheim: Bibliographisches Institut.

Lorenzen, P., & Lorenz, K. (1978). *Dialogische Logik* [Dialogic logic]. Darmstadt: Wissenschaftliche Buchgesellschaft.

Lorenzen, P., & Schwemmer, O. (1973). *Konstruktive Logik, Ethik und Wissenschaftstheorie* [Constructive logic, ethics, and philosophy of science]. Mannheim: Bibliographisches Institut.

Lorenzen, P., & Schwemmer, O. (1975). *Konstruktive Logik, Ethik und Wissenschaftstheorie* [Constructive logic, ethics, and philosophy of science]. 2nd improved ed. Mannheim: Bibliographisches Institut. (1st ed. 1973).

Loui, R. P. (1987). Defeat among arguments. A system of defeasible inference. *Computational Intelligence*, 2, 100 – 106.

Loui, R. P. (1995). Hart's critics on defeasible concepts and ascriptivism. *The fifth international conference on Artificial Intelligence and Law. Proceedings of the conference* (pp. 21 – 30). New York: ACM. Extended report available at http://www1.cse.wustl.edu/~loui/ail2.pdf, 10 July 2012.

Loui, R. P. (1998). Process and policy. Resource-bounded nondemonstrative reasoning. *Computational Intelligence*, 14, 1 – 38.

Loui, R. P. (2006). A citation-based reflection on Toulmin and argument. In D. L. Hitchcock & B. Verheij (Eds.), *Arguing on the Toulmin model. New essays in argument analysis and evaluation* (pp. 31 – 83). Dordrecht: Springer.

Loui, R., & Norman, J. (1995). Rationales and argument moves. *Artificial Intelligence and Law*, 3, 159 – 189.

Loui, R., Norman, J., Altepeter, J., Pinkard, D., Craven, D., Linsday, J., & Foltz, M. A. (1997). Progress on room 5. A testbed for public interactive semi-formal legal argumentation. In: *Proceedings of the sixth international conference on Artificial Intelligence and Law* (pp. 207 – 214). New York: ACM Press.

Łoziński, P. (2011). An algorithm for incremental argumentation analysis in Carneades. *Studies in Logic, Grammar and Rhetoric*, 23 (36), 155 – 171.

Łoziński, P. (2012), *Wnioskowanie w logikach argumentacyjnych zależne od kontekstu* [Context-dependent reasoning in argumentative logics]. Doctoral dissertation, Institute of Computer Science, Warsaw University of Technology.

Lucaites, J. L., & Condit, C. M. (1999). Introduction. In J. L. Lucaites, C. M. Condit, & S. Caudill (Eds.), *Contemporary rhetorical theory. A reader*. New York: Guilford Press.

Lüken, G. – L. (1991). Incommensurability, rules of argumentation, and anticipation. In F. H. van Eemeren, R. Grootendorst, J. A. Blair, & C. A. Willard (Eds.), *Proceedings of the second international conference on argumentation organized by the International Society for the Study of Argumentation at the University of Amsterdam, June* 19 – 22, 1990 (pp. 244 – 252). Amsterdam: Sic Sat.

Lüken, G. – L. (1992). *Inkommensurabilität als Problem rationalen Argumentierens* [Incommensurability as a problem of rational argumentation]. Stuttgart-Bad Cannstatt: Frommann-Holzboog.

Lüken, G. – L. (1995). Konsens, Widerstreit und Entscheidung. Überlegungen anlässlich Lyotards Herausforderung der Argumentationstheorie [Consensus, dissent, and decision. Thoughts on Lyotard's challenge to argumentation theory]. In H. Wohlrapp (Ed.), *Wege der Argumentationsforschung* [Roads of argumentation research] (pp. 358 – 385). Stuttgart-Bad Cannstatt: Frommann-Holzboog.

Łukasiewicz, J. (1957). *Aristotle's syllogistic from the standpoint of modern formal logic*. 2nd *enlarged edition*. Oxford: Oxford University Press. (1st ed. 1951).

Łukasiewicz, J. (1967). On the history of the logic of propositions. In S. McCall (Ed.), *Polish logic*: 1920 – 1939 (pp. 67 – 87). Oxford University Press: Oxford. (a German version appeared as "Zur Geschichte der Aussagenlogik" in *Erkenntnis*, 5 (1935), 111 – 131).

Lumer, C. (1988). The disputation. A special type of cooperative argumentative dialogue. *Argumentation*, 2, 441 – 464.

Lumer, C. (1990). *Praktische Argumentationstheorie. Theoretische Grundlagen, praktische Begründung und Regeln wichtiger Argumentationsarten* [Practical theory of arguments. Theoretical foundations, practical foundations, and rules of important argument types]. Braunschweig: Viehweg.

Lumer, C. (1991). Structure and function of argumentation-An epistemological approach to determining criteria for the validity and adequacy of argumentations. In F. H. van Eemeren, R. Grootendorst, J. A. Blair, & C. A. Willard (Eds.), *Proceedings of the second international conference on argumentation organized by the International Society for the Study of Argumentation at the University of Amsterdam, 19 – 22 June, 1990* (pp. 89 – 107). Amsterdam: Sic Sat.

Lumer, C. (2000). Reductionism in fallacy theory. *Argumentation*, 14, 405 – 423.

Lumer, C. (2003). Interpreting arguments. In F. H. van Eemeren, J. A. Blair, C. A. Willard, & A. F. Snoeck Henkemans (Eds.), *Proceedings of the fifth conference of the International Society for the Study of Argumentation* (pp. 715 – 719). Amsterdam: Sic Sat.

Lumer, C. (2005a). Introduction. The epistemological approach to argumentation. A map. *Informal Logic*, 25 (3), 189 – 212.

Lumer, C. (2005b). The epistemological theory of argument-how and why? *Informal Logic*, 25 (3), 214 – 232.

Lumer, C. (2010). Pragma-dialectics and the function of argumentation. *Argumentation*, 24 (1), 41 – 69.

Lumer, C. (2011). Probabilistic arguments in the epistemological approach to argumentation. In F. H. van Eemeren, B. Garssen, D. Godden, &

G. Mitchell (Eds.), *Proceedings of the 7th conference of the International Society for the Study of Argumentation* (pp. 1141 – 1154). Amsterdam: Sic Sat.

Lumer, C. (2012). The epistemic inferiority of pragma-dialectics. *Informal Logic*, 32 (1), 51 – 82.

Lundquist, L. (1980). *La cohérence textuelle. Syntaxe, sémantique, pragmatique* [Textual coherence. Syntax, semantics, and pragmatics]. Copenhagen: Arnold Busck, Nyt Nordisk Forlag.

Lundquist, L. (1983). *L'analyse textuelle. Méthode, exercises* [Textual analysis. Methods, exercises]. Paris: CEDIC.

Lundquist, L. (1987). Towards a procedural analysis of argumentative operators in texts. In F. H. van Eemeren, R. Grootendorst, J. A. Blair, & C. A. Willard (Eds.), *Argumentation. Perspectives and approaches. Proceedings of the conference on argumentation* 1986 (pp. 61 – 69). Dordrecht-Providence: Foris.

Lundquist, L. (1991). How and when are written texts argumentative? In F. H. van Eemeren, R. Grootendorst, J. A. Blair, & C. A. Willard (Eds.), *Proceedings of the second international conference on argumentation (organized by the International Society for the Study of Argumentation at the University of Amsterdam, June* 19 – 22, 1990) (pp. 639 – 646). Amsterdam: Sic Sat.

Lunsford, A., Wilson, K., & Eberly, R. (2009). Introduction. Rhetorics and roadmaps. In A. Lunsford, K. Wilson, & R. Eberly (Eds.), *The Sage handbook of rhetorical studies* (pp. xi – xxix). Los Angeles: Sage.

Łuszczewska-Romahnowa, S. (1966). Pewne pojęcie poprawnej inferencji i pragmatyczne pojęcie wynikania [A notion of valid inference and a pragmatic notion of entailment]. In T. Pawłowski (Ed.), *Logiczna teoria nauki* [Logical theory of science] (pp. 163 – 167). Warsaw: PWN.

Lyne, J. (1983). Ways of going public. The projection of expertise in the sociobiology controversy. In D. Zarefsky, M. O. Sillars, & J. Rhodes (Eds.), *Argument in transition. Proceedings of the third summer conference on argumentation* (pp. 400 – 415). Annandale: Speech Communication Association.

Macagno, F., & Walton, D. (2010). Dichotomies and oppositions in legal argumentation. *Ratio Juris*, 23 (2), 229 – 257.

Machamer, P., Pera, M., & Baltas, A. (Eds.). (2000). *Scientific controversies. Philosophical and historical perspectives.* New York: Oxford University Press.

Mack, P. (1993). *Renaissance argument. Valla and Agricola in the traditions of rhetoric and dialectic.* Leiden-New York-Köln: Brill.

Mack, P. (2011). *A history of Renaissance rhetoric* 1380 – 1620. Oxford: Oxford University Press.

Mack, P. (Ed.). (1994). *Renaissance rhetoric.* New York: St. Martin's Press.

Mackenzie, J. D. (1979a). Question-begging in non-cumulative systems. *Journal of Philosophical Logic*, 8, 117 – 133.

Mackenzie, J. D. (1979b). How to stop talking to tortoises. *Notre Dame Journal of Formal Logic*, 20, 705 – 717.

Mackenzie, J. D. (1984). Begging the question in dialogue. *Australasian Journal of Philosophy*, 62, 174 – 181.

Mackenzie, J. D. (1985). No logic before friday. *Synthese*, 63, 329 – 341.

Mackenzie, J. D. (1987). I guess. *Australasian Journal of Philosophy*, 65, 290 – 300.

Mackenzie, J. D. (1988). Distinguo. The response to equivocation. *Argumentation*, 2, 465 – 482.

Mackenzie, J. D. (1989). Reasoning and logic. *Synthese*, 79, 99 – 117.

Mackenzie, J. D. (1990). Four dialogue systems. *Studia Logica*, 49, 567 – 583.

Mackenzie, J. D. (2007). Equivocation as a point of order. *Argumentation*, 21, 223 – 231.

Mackenzie, J. D. (2011). WhatHamblin's book Fallacies was about. *Informal Logic*, 31 (4), 262 – 278.

Macoubrie, J. (2003). Logical argument structures in decision-making. *Argumentation*, 17, 291 – 313.

Maier, R. (1989). Natural logic and norms in argumentation. In R. Maier

(Ed.), *Norms in argumentation. Proceedings of the conference on norms* 1988 (pp. 49 –65). Dordrecht: Foris.

Maillat, D. , & Oswald, S. (2009). Defining manipulative discourse. The pragmatics of cognitive illusions. *International Review of Pragmatics*, 1 (2), 348 –370.

Maillat, D. , & Oswald, S. (2011). Constraining context. A pragmatic account of cognitive manipulation. In C. Hart (Ed.), *Critical discourse studies in context and cognition* (pp. 65 –80). Amsterdam: John Benjamins.

Maingueneau, D. (1994). Argumentation et Analyse du Discours. L'exemple des Provinciales [Argumentation and discourse analysis. The example of the Provinciales] . *L'Année Sociologique*, 3 (44), 263 –280.

Maingueneau, D. (1996). Ethos et argumentation philosophique. Le cas du Discours de la method [Ethos and philosophical argumentation. The case of the Discours de la methode]. In: F. Cossutta (Ed.), *Descartes et l'argumentation philosophique* [Descartes and philosophical argumentation] (pp. 85 – 110). Paris: PUF.

Makau, J. M. (1984). The Supreme Court and reasonableness. *Quarterly Journal of Speech*, 70, 379 –396.

Makau, J. M. (1986). The contemporary emergence of the jurisprudential model. Perelman in the information age. In J. L. Golden & J. J. Pilotta (Eds.), *Practical reasoning in human affairs. Studies in honor of Chaïm Perelman* (pp. 305 –319). Dordrecht: Reidel.

Makinson, D. (1994). General patterns in non-monotonic reasoning. In D. M. Gabbay, C. J. Hogger, & J. A. Robinson (Eds.), *Handbook of logic in artificial intelligence and logic programming*, 3. *Non-monotonic reasoning and uncertain reasoning* (pp. 35 – 110). Oxford: Clarendon Press.

Malink, M. (2006). A reconstruction of Aristotle's modal syllogistic. *History and Philosophy of Logic*, 27 (2), 95 –141.

Malink, M. (2013). *Aristotle's modal syllogistic.* Cambridge, MA: Harvard University Press.

Mandziuk, R. M. (2011). Commemoration and controversy. Negotiating public memory through counter memorials. In F. H. van Eemeren, B. Garssen, D. Godden, & G. Mitchell (Eds.), *Proceedings of the 7th conference of the International Society for the Study of Argumentation* (pp. 1155 – 1164). Amsterdam: Sic Sat.

Maneli, M. (1978). The new theory of argumentation and American jurisprudence. *Logique et Analyse*, 21, 19 – 50.

Maneli, M. (1994). *Perelman's new rhetoric as philosophy and methodology for the next century*. Dordrecht: Kluwer.

Manfrida, G. (2003). *La narrazione psicoterapeutica. Invenzione, persuasione e tecniche retoriche in terapia relazionale* [Pyschotherapeutic narration. Invention, persuasion and rhetorical techniques in relation therapy]. (2nd ed.). Milan: Franco Angeli. (1st ed. 1998).

Manicas, P. T. (1966). On Toulmin's contribution to logic and argumentation. *Journal of the American Forensic Association*, 3, 83 – 94.

Mann, W. C., & Thompson, S. A. (1988). Rhetorical structure theory. Toward a functional theory of text organization. *Text*, 8, 243 – 281.

Manolescu, B. I. (2006). A normative pragmatic perspective on appealing to emotions in argumentation. *Argumentation*, 20 (3), 327 – 43.

Manzin, M. (2012a). A rhetorical approach to legal reasoning. The Italian experience of CERMEG. In F. H. van Eemeren & B. Garssen (Eds.), *Exploring argumentative contexts* (pp. 135 – 148). Amsterdam: John Benjamins.

Manzin, M. (2012b). Vérité et logos dans la perspective de la rhétorique judiciaire. Contributions perelmaniennes ά la culture juridique du troisième millénaire [Truth and logos from the perspective of legal rhetoric. Perelmanian contributions to the legal culture of the third millenium]. In B. Frydman & M. Meyer (Eds.), *Chaïm Perelman. De la nouvelle rhétorique ά la logique juridique* [Chaïm Perelman. From new rhetoric to legal logic] (pp. 261 – 288). Paris: Presses universitaires de France.

Manzin, M., & Puppo, F. (Eds.). (2008). *Audiatur et altera pars. Il contraddittorio fra principioe regola* [Hear the other side too. The cross-examination between principle and rule]. Milano: Giuffrè.

Marafioti, R. (2003). *Los patrones de la argumentación* [The patterns of argumentation]. Buenos Aires: Biblos.

Marafioti, R. (2007). Argumentation in debate. The parliamentary speech in critical contexts. In F. H. van Eemeren, J. A. Blair, C. A. Willard, & B. Garssen (Eds.), *Proceedings of the sixth conference of the International Society for the Study of Argumentation* (pp. 929 – 932). Amsterdam: Sic Sat.

Marafioti, R., Dumm, Z., & Bitonte, M. E. (2007). Argumentation and counter-argumentation using a diaphonic appropriation in a parliamentary debate. In F. H. van Eemeren, J. A. Blair, C. A. Willard, & B. Garssen (Eds.), *Proceedings of the sixth conference of the International Society for the Study of Argumentation* (pp. 933 – 937). Amsterdam: Sic Sat.

Marafioti, R., Pérez de Medina, E., & Balmayor, E. (Eds.). (1997). *Recorridos semiológicos. Signos, enunciación y argumentación* [Semiological paths. Signs, cnunciation and argumentation]. Buenos Aires: Eudeba.

Marciszewski, W. (1969). *Sztuka dyskutowania* [The art of discussing]. Warsaw: Iskry.

Marga, A. (1992). *Introducere în metodologia şi argumentarea filosofică* [An introduction to philosophical methodology and argumentation]. Cluj-Napoca: Editura Dacia.

Marga, A. (2009). *Raţionalitate, comunicare, argumentare* [Rationality, communication, argumentation]. 2nd enlarged and revised ed. Cluj-Napoca: Editura Grinta.

Marga, A. (2010). *Argumentarea* [Argumentation]. Bucharest: Editura Academiei.

Margitay, T. (2004). Az érvelés mestersége [The art of reasoning]. Budapest: Typotex.

Marinkovich, J. (2000). Un intento de evaluar el conocimiento acerca de la escritura en estudiantes de enseñanza básica [An attempt to evaluate the knowledge about writing among primary school students]. *Revista Signos*, 33 (47), 101 – 110.

Marinkovich, J. (2007). La interacción argumentativa en el aula. Fases de la argumentación y estrategias de cortesía verbal [Argumentative interaction in the classroom. Stages of argumentation and verbal courtesy strategies]. In C. Santibáñez Yáñez & B. Riffo (Eds.), *Estudios en argumentación y retórica. Teorías contemporáneas y aplicaciones* [Studies in argumentation and rhetoric. Contemporary theories and applications] (pp. 227 - 252). Concepción: Editorial Universidad de Concepción.

Marques, C. M. (2010). *A argumentação oral formal em contexto escolar* [The formal oral argumentation in school context]. Doctoral dissertation, University of Coimbra.

Marques, M. A. (2007a). Discordar no parlamento. Estratégias de argumentação. [Disagreement in parliament. Argumentation strategies]. *Revista Galega de Filoloxía*, 8, 99 - 124.

Marques, M. A. (2007b). Narrativa e discurso político. Estratégias argumentativas [Narrative and political discourse. Argumentative strategies]. In A. G. Macedo & E. Keating (Eds.), *O poder das narrativas, as narrativas do poder. Actas dos Colóquios de Outono* 2005 - 2006 [The power of narratives, the narratives of power. Proceedings of the 2005 - 2006 autumn colloquium] (pp. 303 - 316). Braga: Universidade do Minho.

Marques, M. A. (2011). Argumentação e (m) discursos [Argumentation in/and discourse (s)]. In I. Duarte & O. Figueiredo (Eds.), *Português, língua e ensino* [Portuguese, language and teaching] (pp. 267 - 310). Porto: Porto Editorial.

Marras, C., & Euli, E. (2008). A "dialectic ladder" of refutation and dissuasion. In F. H. van Eemeren & B. Garssen (Eds.), *Controversy and confrontation. Relating controversy analysis with argumentation theory* (pp. 135 - 147). Amsterdam-Philadelphia: John Benjamins.

Marraud, H. (2013). *¿Es lógic@? Análisis y evaluación de argumentos* [Is it logic (al)? Analysis and evaluation of arguments]. Madrid: Cátedra.

Martel, G. (2008). Performance... et contre-performance communicationnelles. Des strategies argumentatives pour le débat politique télévisé [Communicational performance and counterperformance. Argumentative strategies in political television debate]. *Argumentation et analyse du discours*, 1 [on line] http: www. revues. org/index2422. html.

Martin, J. (1974). *Antike Rhetorik. Technik und Methode.* [Antique rhetoric. Technique and method]. Munich Beck.

Martínez Solis, M. C. (2005). *La construcción del proceso argumentativo en el discurso* [The construction of the argumentative process in discourse]. Cali: Artes gráficas, Facultad de Humanidades, Universidad del Valle.

Martínez [Solis], M. C. (2006). *Las dimensiones del sujeto discursivo. Prácticas en Módulos* 1, 2 *y* 3 *del curso virtual para el desarrollo de estrategias de comprensión y producción de textos* [The dimensions of the discursive subject. Practices in modules 1, 2 and 3 of the virtual course for the development of comprehension strategies and text production]. Cali: Education for All section of www. unesco-lectura. univalle. edu. co, Universidad del Valle.

Martínez [Solis], M. C. (2007). *La orientación social de la argumentación en el discurso. Una propuesta integrativa* [The social orientation of argumentation in discourse. An integrative approach]. In R. Marafioti (Ed.), Parlamentos. Teoría de la argumentación y debate parlamentario [Parliaments. Argumentation theory and parliamentary debate]. Buenos Aires: Biblos.

Marttunen, M. (1995). Practicing argumentation through computer conferencing. In F. H. van Eemeren, R. Grootendorst, J. A. Blair, & C. A. Willard (Eds.), *Reconstruction and application. Proceedings of the third ISSA conference on argumentation* (*University of Amsterdam*, June 21 – 24), III (pp. 337 – 340). Amsterdam: Sic Sat.

Marttunen, M. (1997). *Studying argumentation in higher education by electronic mail. Jyväskylä Studies in Education*, *Psychology and Social Research.* Doctoral dissertation, University of Jyväskylä.

Marttunen, M., & Laurinen, L. (1999). Learning of argumentation in face-to-face and e-mail environments. In F. H. van Eemeren, R. Grootendorst, J. A. Blair, & C. A. Willard (Eds.), *Proceedings of the fourth international conference of the International Society for the Study of Argumentation* (pp. 552 –

558). Amsterdam: Sic Sat.

Marttunen, M., & Laurinen, L. (2007). Collaborative learning through chat discussions and argument diagrams in secondary school. *Journal of Research on Technology in Education*, 40 (1), 109–126.

Marttunen, M., Laurinen, L., Hunya, M., & Litosseliti, L. (2003). Argumentation skills of secondary school students in Finland, Hungary and the United Kingdom. In F. H. van Eemeren, J. A. Blair, C. A. Willard, & A. F. Snoeck Henkemans (Eds.), *Proceedings of the fifth conference of the International Society for the Study of Argumentation* (pp. 733–739). Amsterdam: Sic Sat.

Maslennikova, A. A., & Tretyakova, T. P. (2003). The rhetorical shift in interviews. New features in Russian political discourse. In F. H. van Eemeren, J. A. Blair, C. A. Willard, & A. F. Snoeck Henkemans (Eds.), *Proceedings of the fifth conference of the International Society for the Study of Argumentation* (pp. 741–745). Amsterdam: Sic Sat.

Mason, D. (1961). The uses of argument. *Augustinianum*, 1, 206–209.

Massey, G. J. (1975a). Are there any good arguments that bad arguments are bad? *Philosophy in Context*, 4, 61–77.

Massey, G. J. (1975b). In defense of the asymmetry. Questions for Gerald J. Massey. *Philosophy in Context*, 4 (Supplement), 44–56.

Massey, G. J. (1981). The fallacy behind fallacies. *Midwest Studies in Philosophy*, 6, 489–500.

Mates, B. (1961). *Stoic logic* (2nd ed.). Berkeley: University of California Press (1st ed. 1953).

Mates, B. (1967). Communication and argument. *Synthese*, 17, 344–355.

Mates, B. (1972). *Elementary logic* (2nd ed.). New York: Oxford University Press. (1st ed. 1965).

Matlon, R. J. (1978). Report on the Japanese debate tour, May and June 1978. *JEFA Forensic Journal*, 2, 25–40.

Mavrodieva, I. (2010). *Виртуална реторика. От дневниците до социалните мрежи* [Virtual rhetoric. From the diary to the social web]. Sofia: Sofia University Press.

Mazilu, S. (2010). *Dissociation and persuasive definitions as argumentative strategies in ethical argumentation on abortion.* Doctoral dissertation, University of Bucharest.

Mazzi, D. (2007a). The construction of argumentation in judicial texts. Combining a genre and a corpus perspective. *Argumentation*, 21 (1), 21 - 38.

Mazzi, D. (2007b). *The linguistic study of judicial argumentation. Theoretical perspectives, analytical insights.* Modena: Il Fiorino.

McBurney, J. H. (1994). The place of the enthymeme in rhetorical theory. In E. Schiappa (Ed.), *Landmarks essays on classical Greek rhetoric.* Davis: Hermagoras Press.

McBurney, P., Hitchcock, D. L., & Parsons, S. (2007). The eightfold way of deliberation dialogue. *International Journal of Intelligent Systems*, 22, 95 - 132.

McBurney, P., & Parsons, S. (2001). Chance discovery using dialectical argumentation. In T. Terano, T. Nishida, A. Namatame, S. Tsumoto, Y. Ohsawa, & T. Washio (Eds.), *New frontiers in artificial intelligence* (pp. 414 - 424). Berlin: Springer.

McBurney, P., & Parsons, S. (2002a). Games that agents play. A formal framework for dialogues between autonomous agents. *Journal for Logic, Language and Information*, 11, 315 - 334.

McBurney, P., & Parsons, S. (2002b). Dialogue games in multi-agent systems. *Informal Logic*, 22, 257 - 274.

McBurney, P., & Parsons, S. (2009). Dialogue games for agent argumentation. In I. Rahwan & G. R. Simari (Eds.), *Argumentation in artificial intelligence* (pp. 261 - 280). Dordrecht: Springer.

McCarty, L. (1977). Reflections on TAXMAN. An experiment in artificial intelligence and legal reasoning. *Harvard Law Review*, 90, 89 - 116.

McCarty, L. (1995). An implementation of Eisner v. Macomber. In *Pro-*

ceedings of the fifth international conference on Artificial Intelligence and Law (pp. 276 – 286). New York: ACM Press.

McCloskey, D. N. (1985). *The rhetoric of economics.* Madison: University of Wisconsin Press.

McKeon, R. (1987). Rhetoric in the Middle Ages. In M. Backman (Ed.), *Rhetoric Essays in invention and discovery* (pp. 121 – 166). Woodbridge: Ox Bow.

McKerrow, R. E. (1977). Rhetorical validity. An analysis of three perspectives on the justification of rhetorical argument. *Journal of the American Forensic Association*, 13, 133 – 141.

McKerrow, R. E. (1982). Rationality and reasonableness in a theory of argument. In J. R. Cox & C. A. Willard (Eds.), *Advances in argumentation theory and research* (pp. 105 – 122). Carbondale: Southern Illinois University Press.

McKerrow, R. E. (1986). Pragmatic justification. In J. L. Golden & J. J. Pilotta (Eds.), *Practical reasoning in human affairs. Studies in honor of Chaïm Perelman* (pp. 207 – 223). Dordrecht: Reidel.

McPeck, J. (1981). *Critical thinking and education.* Oxford: Martin Robertson.

McPeck, J. (1990). *Teaching critical thinking. Dialogue and dialectic.* New York: Routledge, Chapman & Hall.

Measell, J. S. (1985). Perelman on analogy. *Journal of the American Forensic Association*, 22, 65 – 71.

Melin, L. (2003). *Manipulera med språket* [Manipulate with speech]. Stockholm: Nordstedts ordbok.

Melo Souza Filho, O. (2011). From polemical exchanges to dialogue. Appreciations about an ethics of communication. In F. H. van Eemeren, B. Garssen, D. Godden, & G. Mitchell (Eds.), *Proceedings of the seventh conference of the International Society for the Study of Argumentation* (ISSA) (pp. 1248 – 1258). Amsterdam: Sic Sat.

Memedi, V. (2007). Resolving deep disagreement. A case in point.

SEEU Review, 3 (2), 7 – 18.

Memedi, V. (2011). Intractable disputes. The development of attractors. In F. H. van Eemeren, B. J. Garssen, D. Godden, & G. Mitchell (Eds.), *Proceedings of the 7th conference of the International Society for the Study of Argumentation* (pp. 1259 – 1265). Amsterdam: Sic Sat. (CD rom).

Mendelson, M. (2002). *Many sides. A Protagorean approach to the theory, practice, and pedagogy of argument.* Dordrecht: Kluwer.

Mengel, P. (1991). The peculiar inferential force of analogical arguments. In F. H. van Eemeren, R. Grootendorst, J. A. Blair, & C. A. Willard (Eds.), *Proceedings of the second international conference on argumentation organized by the International Society for the Study of Argumentation at the University of Amsterdam*, June 19 – 22, 1990 (pp. 422 – 428). Amsterdam: Sic Sat.

Mengel, P. (1995). *Analogien als Argumente* [Analogies as arguments]. Frankfurt am Main, Peter Lang.

Mercier, H. (2011). Looking for arguments. *Argumentation*, 26 (3), 305 – 324.

Mercier, H. (2012). Some clarifications about the argumentative theory of reasoning. A reply to Santibáñez Yáñez (2012). *Informal Logic*, 32 (2), 259 – 268.

Mercier, H., & Sperber, D. (2011). Why do humans reason? Arguments for an argumentative theory. *Behavioral and Brain Sciences*, 34, 57 – 111.

Metzing, D. W. (1976). *Argumentationsanalyse* [Analysis of argumentation]. Studium Linguistik, 2, 1 – 23.

Meyer, M. (1976). *De la problématologie. Philosophie, science et langage* [On problematology. *Philosophy*, science, and language]. Brussels: Pierre Mardaga.

Meyer, M. (1982a). *Logique, langage et argumentation* [Logic, language, and argumentation]. Paris: Hachette. (English trans. 1995).

Meyer, M. (1982b). Argumentation in the light of a theory of questioning. *Philosophy and Rhetoric*, 15 (2), 81 – 103.

Meyer, M. (1986a). *De la problématologie. Philosophie, science et lan-*

gage [On problematology: Philosophy, science, and language]. Brussels: Pierre Mardaga.

Meyer, M. (1986b). *From logic to rhetoric. Amsterdam: John Benjamins.* (trans. of M. Meyer. 1982a. Logique, langage et argumentation. Paris: Hachette, 1982).

Meyer, M. (1988). The rhetorical foundation of philosophical argumentation. *Argumentation*, 2 (2), 255 – 270.

Meyer, M. (Ed.). (1989). *From metaphysics to rhetoric* (Trans. of De la métaphysique á la rhé torique. Brussels: Éditions de l'Université de Bruxelles, 1986). Dordrecht: Kluwer.

Meyer, M. (2008). *Principia rhetorica. Une théorie générale de l'argumentation.* [Principia Rhetorica. A general theory of argumentation]. Paris: Fayard.

Meyer, M. (2000). *Questionnement et historicité.* Paris: Puf.

Meza, P. (2009). *Las interacciones argumentativas orales en la sala de clases. Un análisis dialéctico y retórico* [Oral argumentative interactions in the classroom. A dialectic and rhetorical analysis]. Doctoral dissertation, Pontificia Universidad Católica de Valparaíso.

Michalos, A. C. (1970). *Improving your reasoning.* Englewood Cliffs: Prentice-Hall.

Micheli, R. (2010). *L'émotion argumentée. L'abolition de la peine de mort dans le débat parlementaire français* [Well-argued emotion. The abolition of the death penalty in French parliamentary debate]. Paris: Le Cerf.

Micheli, R. (2012). Arguing without trying to persuade? Elements for a non-persuasive definition of argumentation. *Argumentation*, 26 (1), 115 – 126.

Mickunas, A. (1986). Perelman on justice and political institutions. In J. L. Golden & J. J. Pilotta (Eds.), *Practical reasoning in human affairs. Studies in honor of Chaïm Perelman* (pp. 321 – 339). Dordrecht: Reidel.

Migunov, A. I. (2002). Analitika i dialektika. Dva aspekta logiki [Analytics and dialectics. Two aspects of logic]. In Y. A. Slinin and us. *To the 70th anniversary of Professor Yaroslav Anatolyevich Slinin.* St. Petersburg: St. Petersburg University Press, St. Petersburg Philosophical Society Publication

Migunov, A. I. (2004). *Teoriia argumentatcii kak logiko-pragmaticheskoe issledovanie argumentativnoi, kommunikatcii* [Theory of argumentation as logical-pragmatic research of argumentative communication]. In S. I. Dudnik (Ed.), Communication and education. The collection of articles. St. Petersburg: St. Petersburg University Press.

Migunov, A. I. (2005). *Kommunikativnaia priroda istiny i argumentatcia* [Communicative nature of truth and argumentation (Logical-philosophical studies, Vol. 3). St. Petersburg: St. Petersburg University Press.

Migunov, A. I. (2007a). *Entimema v argumentativnom diskurse* [Enthymeme in an argumentative discourse] (Logical-philosophical studies, Vol. 4). St. Petersburg: St. Petersburg University Press. St. Petersburg Philosophical Society Publication.

Migunov, A. I. (2007b). *Semantika argumentativnogo rechevogo akta* [Semantics of the argumentative speech act] (Thought. The yearbook of the Petersburg Philosophical Society, Vol. 6). St. Petersburg: St. Petersburg University Press.

Migunov, A. I. (2009). *Argumentologiia v kontekste prakticheskogo povorota logiki* [Argumentology in a context of the practical turn of logic] (Logical-philosophical studies, Vol. 7). St. Petersburg: St. Petersburg University Press.

Migunov, A. I. (2011). Sootnoshenie ritoricheskikh i argumentativnykh aspektov diskursa [A relationship of discourse rhetorical and argumentative aspects]. In V. I. Bryushinkin (Ed.), *Models of reasoning*, 4. *Argumentation and rhetoric.* Kaliningrad: Kaliningrad University Press.

Mill, J. S. (1970). *A system of logic ratiocinative and inductive, being a connected view of the principles of evidence and the methods of scientific investigation.* London: Longman. (1st ed. 1843).

Miller, J. M., Prosser, M. H., & Benson, T. W. (Eds.). (1973). *Readings in medieval rhetoric.* Bloomington: Indiana University Press.

Mills, G. E. (1964). *Reason in controversy. An introduction to general argumentation.* Boston: Allyn and Bacon.

Miovska-Spaseva, S., & Ačkovska-Leškovska, E. (2010). *Критичкото мислење во универзи-тетската настава* [Critical thinking in university education]. Skopje: Foundation Open Society Institute-Macedonia.

Miranda, T. (1998). *El juego de la argumentación* [The game of argumentation]. Madrid: Ediciones de la Torre.

Miranda, T. (2002). *Argumentos* [Arguments]. Alcoy: Editorial Marfil.

Mitchell, G. (1998). Pedagogical possibilities for argumentative agency in academic debate. *Argumentation and Advocacy*, 35 (4), 41 – 60.

Mochales Palau, R., & Moens, S. (2009). Argumentation mining. The detection, classification and structure of arguments in text. In *Proceedings of the 12th international conference on artificial intelligence and law* (*ICAIL* 2009) (pp. 98 – 107). New York: ACM Press.

Modgil, S. (2005). Reasoning about preferences in argumentation frameworks. *Artificial Intelligence*, 173 (9 – 10), 901 – 934.

Moeschler, J. (1985). *Argumentation et conversation* [Argumentation and conversation]. Paris: Hatier.

Moeschler, J., & de Spengler, N. (1982). La concession ou la réfutation interdite. Approche argumentative et conversationelle [Concessions or the prohibition of refutations. An argumentative and conversational approach]. In *Concession et consécution dans le discours. Cahiers de Linguistique Française*, 4 (pp. 7 – 36). Geneva: Université de Genève.

Mohammed, D. (2009). "*The honourable gentleman should make up his mind*". *Strategic manoeuvring with accusations of inconsistency in Prime Minister's Question Time.* Doctoral dissertation, University of Amsterdam.

Mohammed, D. (2011). Strategic manoeuvring in simultaneous discussions. In F. Zenker (Ed.), *Argumentation. Cognition and community. Prodeedings of the 9th international conference of the Ontario Society for the Study of Argumentation* (*OSSA*), *May* 18 – 21, 2011. Windsor. (CD rom).

Mohammed, D. (2013). Pursuing multiple goals in European parliamentary debates. EU immigration policies as a case in point. *Journal of Argumenta-*

tion in Context, 2 (1), 47 – 74.

Monteiro, C. S. (2006). *Teoria da argumentação jurídica e nova retórica.* [Theory of legal argumentation and new rhetoric] (3rd ed.). Rio de Janeiro: Lumen Juris.

Monzón, L. (2011). Argumentación. Objeto olvidado para la investigación en México [Argumentation. The forgotten object in Mexican research]. *REDIE*, 13 (2), 41 – 54.

Moore, B. N., & Parker, R. (2009). *Critical thinking* (9th ed.). New York: McGraw-Hill. (Chinese trans. 2007).

Moraux, P. (1968). La joute dialectique d'après le huitième livre des Topiques [The dialectical joust according to the eighth book of the Topics]. In G. E. L. Owen (Ed.), *Aristotle on dialectic: The Topics. Proceedings of the third symposium aristotelicum* (pp. 277 – 311). Oxford: Clarendon Press.

Morresi, R. (2003). La "Nouvelle rhétorique" tra dialettica aristotelica e dialettica hegeliana [The "new rhetoric" between Aristotelian dialectic and Hegelian dialectic]. *Rhetorica*, 21 (1), 37 – 54. Morrison, J. L. (1972). The absence of a rhetorical tradition in Japanese culture. *Western Speech*, 36, 89 – 102.

Mosca, L. L. S. (Ed.). (2006). *Discurso, argumentação e produção de sentido* [Discourse, argumentation and making sense] (4th ed.). São Paulo: Associação Editorial Humanitas.

Moss, J. D., & Wallace, W. A. (2003). *Rhetoric & dialectic in the time of Galileo.* Washington, DC: Catholic University of America Press.

Mral, B., Borg, N., & Salazar, P. – J. (Eds.). (2009). *Women's rhetoric. Argumentative strategies of women in public life. Sweden & South Africa.* Åstorp: Retoriksförlaget.

Muraru, D. (2010). *Mediation and diplomatic discourse. The strategic use of dissociation and definitions.* Doctoral dissertation, University of Bucharest.

Murphy, J. J. (2001). *Rhetoric in the Middle Ages. A history of the rhetorical theory from Saint Augustine to the Renaissance* (Medieval and renaissance texts and studies, Vol. 227; MRTS reprint series, Vol. 4). Tempe: Arizona Center for Medieval and Renaissance Studies.

Murphy, J. J. (Ed.). (1983). *Renaissance eloquence. Studies in the theory and practice of Renaissance rhetoric.* Berkeley: University of California Press.

Nadeau, R. (1958). Hermogenes on "stock issues" in deliberative speaking. *Speech Monographs*, 25, 62.

Næss, A. (1947). *En del elementære logiske emner* [Some elementary logical topics]. Oslo: Universitetsforlaget. (1st published 1941 (mimeographed). Oslo).

Næss, A. (1953). *Interpretation and preciseness. A contribution to the theory of communication.* Oslo: Skrifter utgitt ar der norske videnskaps academie.

Næss, A. (1966). *Communication and argument. Elements of applied semantics.* (A. Hannay, trans.). London: Allen and Unwin. (English trans. of En del elementære logiske emner. Oslo: Universitetsforlaget, 1947).

Næss, A. (1968). *Scepticism.* Oslo: Universitetsforlaget.

Næss, A. (1978). *Elementaire argumentatieleer. Met een inleiding in de filosofie van Næss door E. M. Barth* [Elementary theory of argumentation: With an introduction into Næss's philosophy by E. M. Barth]. (S. Ubbink, Trans.). Baarn: Ambo (Dutch trans. of the 11th ed. of En del elementære logiske emner. Oslo: Universitetsforlaget, 1976).

Næss, A. (1992a). Arguing under deep disagreement. (E. M. Barth, trans.). In E. M. Barth, & E. C. W. Krabbe (Eds.), *Logic and political culture* (pp. 123 – 131). Amsterdam: North-Holland (English trans. selections from Wie fördert man heute die empirische Bewegung? Eine Auseinandersetzung mit dem Empirismus von Otto Neurath und Rudolph Carnap [How can the empirical movement be promoted today? A discussion of the empiricism of Otto Neurath and Rudolph Carnap] (mimeographed). Oslo: Institute for Philosophy and History of Ideas, Oslo University & Universitetsforlaget, 1956.).

Næss, A. (1992b). How can the empirical movement be promoted today? A discussion of the empiricism of Otto Neurath and Rudolph Carnap. (E. M. Barth, trans.). In E. M. Barth, J. Van Dormael, & F. Vandamme (Eds.), *From an empirical point of view. The empirical turn in logic* (pp. 107 – 155). Gent: Communication & Cognition (English trans. of Wie fördert man heute die empirische Bewegung? Eine Auseinandersetzung mit dem Empirismus von Otto Neurath und Rudolph Carnap (mimeographed). Oslo: Institute for Philosophy and History of Ideas, Oslo University & Universitetsforlaget, 1956.).

Næss, A. (1993). "You assert this?" An empirical study of weight-expressions. In E. C. W. Krabbe, R. J. Dalitz, & P. A. Smit (Eds.), *Empirical logic and public debate. Essays in honour of Else M. Barth* (pp. 121 – 132). Amsterdam-Atlanta: Rodopi.

Næss, A. (2005). The selected works of Arne Næss. In H. Glasser (Ed.), (Vols. 1 – 10). Dordrecht: Springer Naqqari, H. (Ed.). (2006). *Al-Taḥ ājuj. Tabī 'atuh wa Majālātuh wa Waż ā' ifuh* [Argumentation. Its nature, contexts and functions]. Rabat: Faculty of Arts and Humanities, Mohammed V University.

Natanson, M., & Johnstone, H. W., Jr. (1965). *Philosophy, rhetoric, and argumentation.* University Park: Pennsylvania State University Press.

Navarro, M. G. (2009). *Interpretar y Argumentar* [Interpreting and arguing]. Madrid: Plaza y Valdes Editores.

Navarro, M. G. (2011). Elements for an argumentative method of interpretation. In F. H. van Eemeren, B. Garssen, D. Godden, & G. Mitchell (Eds.), *Proceedings of the 7th conference on argumentation of the International Society for the Study of Argumentation* (pp. 1347 – 1356). Amsterdam: Sic Sat.

Nelson, J. S., Megill, A., & McCloskey, D. N. (Eds.). (1987). *The rhetoric of the human sciences. Language and argument in scholarship and public affairs.* Madison: University of Wisconsin Press.

Nettel, A. N. (2011). The enthymeme between persuasion and argumentation. In F. H. van Eemeren, B. Garssen, D. Godden, & G. Mitchell (Eds.), *Proceedings of the 7th conference on argumentation of the International Society for the Study of Argumentation* (pp. 1359 – 1365). Amsterdam: Sic Sat. (CD rom).

Nettel, A. N., & Roque, G. (2012). Persuasive argumentation versus manipulation. *Argumentation*, 26 (1), 55 – 69.

Newell, S. E., & Rieke, R. D. (1986). A practical reasoning approach to legal doctrine. *Journal of the American Forensic Association*, 22, 212 – 222.

Newman, R. P. (1961). *Recognition of communist China? A study in argument.* New York: Macmillan.

Nielsen, F. S. (1997). *Alfred Sidgwicks argumentationsteori* [Alfred Sidgwick's argumentation theory]. Copenhagen: Museum Tusculanums forlag.

Nikolić, D., & Tomić, D. (2011). Employing the Toulmin model in rhetorical education. In F. H. van Eemeren, B. Garssen, D. Godden, & G. Mitchell (Eds.), *Proceedings of the 7th conference on argumentation of the International Society for the Study of Argumentation* (pp. 1366 – 1380). Amsterdam: Sic Sat.

Nimmo, D., & Mansfield, M. W. (1986). The teflon president. The relevance of Chaïm Perelman's formulations for the study of political communication. In J. L. Golden & J. J. Pilotta (Eds.), *Practical reasoning in human affairs. Studies in honor of Chaïm Perelman* (pp. 357 – 377). Dordrecht: Reidel.

Noemi, C. (2011). Intertextualidad a partir del establecimiento de status. Alcances sobre la relación entre contenido y superestructura en los discursos de juicios orales. [Intertextuality from status. Notes about the relationship between content and superstructure in oral trial discourses]. *Signos*, 44 (76), 118 – 131.

Nølke, H. (1992). Semantic constraints on argumentation. From polyphonic microstructure to argumentative macro-structure. In F. H. van Eemeren, R. Grootendorst, J. A. Blair, & C. A. Willard (Eds.), *Argumentation illuminated* (pp. 189 – 200). Amsterdam: Sic Sat.

Nosich, G. (1982). *Reasons and arguments.* Belmont: Wadsworth.

Nosich, G. (2012). *Learning to think things through. A guide to critical thinking across the curriculum* (4th ed.). Upper Saddle River: Prentice Hall. (1st ed. 2001).

Novani, S. (2011a). *Thought experiments in criminal trial.* Available at SSRN: http://ssrn.com/abstract ¼ 1782748 or http://dx.doi.org/

10. 2139/ssrn. 1782748.

Novani, S. (2011b). *The testimonial argumentation.* Available at SSRN: http: //ssrn. com/abstract ¼ 1785266 or http: //dx. doi. org/10. 2139/ssrn. 1785266.

Nuchelmans, G. (1973). *Theories of the proposition. Ancient and medieval conceptions of the bearers of truth and falsity* (North-Holland linguistic series, Vol. 8). Amsterdam: North-Holland.

Nuchelmans, G. (1976). *Wijsbegeerte en taal. Twaalf studies* [Philosophy and language. Twelve studies]. Meppel: Boom.

Nuchelmans, G. (1993). On the fourfold root of the argumentum ad hominem. In E. C. W. Krabbe, R. J. Dalitz, & P. A. Smit (Eds.), *Empirical logic and public debate. Essays in honour of Else M. Barth* (pp. 37 – 47). Amsterdam-Atlanta: Rodopi.

Nute, D. (1994). Defeasible logic. In D. M. Gabbay, C. J. Hogger, & J. A. Robinson (Eds.), *Handbook of logic in artificial intelligence and logic programming*, 3. *Non-monotonic reasoning and uncertain reasoning* (pp. 353 – 395). Oxford: Clarendon Press.

Oakley, T. V. (1997). "The new rhetoric" and the construction of value. Presence, the universal audience, and Beckett's "Three dialogues". *Rhetoric Society Quarterly*, 27 (1), 47 – 68.

O'Connor, D. J. (1959). The uses of argument. *Philosophy*, 34, 244 – 245.

Oesterle, J. A. (1952). Logic. *The art of defining and reasoning.* Englewood Cliffs: Prentice-Hall.

Ogden, C. K., & Richards, I. A. (1949). *The meaning of meaning. A study of the influence of language upon thought and of the science of symbolism* (10th ed.). London: Routledge & Kegan Paul. (1st ed. 1923).

Öhlschläger, G. (1979). *Linguistische Überlegungen zu einer Theorie der Argumentation* [Linguistic considerations concerning a theory of argumentation]. Tübingen: Niemeyer.

Okabe, R. (1986 – 1988). *Research conducted by grant of the Japanese Government* [An analysis of the influence of Western rhetorical theory on the early Meiji era speech textbooks in Japan]. http://kaken.nii.ac.jp/d/r/40065462.ja.html

Okabe, R. (1989). Cultural assumptions of East and West. Japan and the United States. In J. L. Golden, G. F. Berquist, & W. E. Coleman (Eds.), *The rhetoric of Western thought* (4th ed., pp. 546 – 565). Dubuque: Kendall/Hunt Publishing.

Okabe, R. (1990). The impact of Western rhetoric on the east. The case of Japan. *Rhetorica*, 8 (4), 371 – 388.

Okabe, R. (2002). Japan's attempted enactments of Western debate practice in the 16th and the 19th centuries. In R. T. Donahue (Ed.), *Exploring Japaneseness. On Japanese enactments of culture and consciousness* (pp. 277 – 291). Westport-London: Ablex.

O'Keefe, B. J., & Benoit, P. J. (1982). Children's arguments. In J. R. Cox & C. A. Willard (Eds.), *The field of argumentation. Advances in argumentation theory and research* (pp. 154 – 183). Carbondale: Southern Illinois University Press.

O'Keefe, D. J. (1992). Two concepts of argument. In W. L. Benoit, D. Hample, & P. J. Benoit (Eds.), *Readings in argumentation* (pp. 79 – 90). Berlin-New York: Foris.

O'Keefe, D. J. (2002). *Persuasion. Theory and research* (2nd ed.). Thousand Oaks: Sage (1st ed. 1990).

O'Keefe, D. J. (2006). Pragma-dialectics and persuasion effects research. In P. Houtlosser & M. A. van Rees (Eds.), *Considering pragma-dialectics. A festschrift for Frans H. van Eemeren on the occasion of his* 60*th birthday* (pp. 235 – 243). Mahwah-London: Lawrence Erlbaum.

O'Keefe, D. J., & Jackson, S. (1995). Argument quality and persuasive effects. A review of current approaches. In S. Jackson (Ed.), *Argumentation and values. Proceedings of the ninth Alta conference on argumentation* (pp. 88 – 92). Annandale: Speech Communication Association.

Okuda, H. (2007). Prime Minister Mori's controversial "Divine Nation" remarks. A case study of Japanese political communication strategies. In F. H.

van Eemeren, B. J. Garssen, J. A. Blair, & C. A. Willard (Eds.), *Proceedings of the 6th conference of the International Society for the Study of Argumentation* (pp. 1003 – 1009). Amsterdam: Sic Sat.

Okuda, H. (2011). Obama's rhetorical strategy in presenting "A world without nuclear weapons". In F. H. van Eemeren, B. J. Garssen, D. Godden, & G. Mitchell (Eds.), *Proceedings of the 7th conference of the International Society for the Study of Argumentation* (pp. 1396 – 1404). Amsterdam: Sic Sat. (CD rom).

Olbrechts-Tyteca, L. (1963). Rencontre avec la rhétorique [Encounter with rhetoric]. In *Centre National Belge de Recherches de Logique*, *La théorie de l'argumentation. Perspectives et application* [The theory of argumentation. Perspectives and applications] (pp. 3 – 18). Louvain-Paris: Editions Nauwelaerts.

Oliver, J. W. (1967). Formal fallacies and other invalid arguments. *Mind*, 76, 463 – 478.

Olmos, P., & Vega, L. (2011). The use of the script concept in argumentation theory. In F. H. van Eemeren, B. Garssen, D. Godden, & G. Mitchell (Eds.), *Proceedings of the 7th conference on argumentation of the International Society for the Study of Argumentation* (pp. 1405 – 1414). Amsterdam: Sic Sat.

Omari, M. el (1986). *Fī Balāghat al-Khiṭāb al-Iqnā'ī. Madkhal Naẓarī wa Taṭbīqī Li Dirāsat a-Khiṭābah al-' Arabīyah: al-Khiṭābah fī al-Qarn al-Awwal Namūdhajan* [The rhetoric of argumentative discourse. A preface to the theoretical and applied study of Arabic oration. Oration in the first Hijra Century as an example]. Rabat, Morocco: Dār al-Thaqāfah. (2nd ed. 2002. Casablanca: Ifrīqiya-al-Sharq).

Ong, W. J. (1958). *Ramus, method, and the decay of dialogue. From the art of discourse to the art of reason.* Cambridge, MA-London: Harvard University Press.

Oostdam, R. J. (1991). *Argumentatie in de peiling. Een aanbod-en pres-*

tatiepeiling van argumentatievaardigheden in het voortgezet onderwijs [Argumentation to the test. A test of material and achievements relating to argumentative skills in secondary education]. Doctoral dissertation, University of Amsterdam.

Orlandi, E. (2000). *Análise do discurso. Princípios e procedimentos* [Discourse analysis. Principles and procedures]. Campinas: Pontes.

Orlandi, E., & Lagazzi-Rodrigues, S. (2006). *Discurso e textualidade* [Discourse and textuality]. Campinas: Pontes.

Ortega de Hocevar, S. (2003). Los niños y los cuentos. La renarración como actividad de comprensión y producción discursiva [Children and tales. Renarration as an activity for discoursive comprehension and production]. In *Niños, cuentos y palabras. Colección 0 a 5. La educación en los primeros años.* [Children, tales and words. 0 to 5 Series. Education in the first years.] Buenos Aires: Ediciones Novedades Educativas.

Ortega de Hocevar, S. (2008). In M. Castilla (Ed.), *¿Cómo determinar la competencia argumentativa de alumnos del primer ciclo de la Educación básica?* [How to determine argumentative competence in primary school students?]. Mendoza: Universidad Nacional de Cuyo.

Oshchepkova, N. (2004). *Strategii i taktiki v argumentativnom diskurse. Pragmalingvisticheskij analiz ubeditelnosti rassuzhdeniya* [Strategies and tactics in argumentative discourse. A pragmalinguistic analysis of the persuasiveness of reasoning]. Doctoral dissertation, Kaluga State University.

Osorio, J. (2006). Estructura conceptual metafórica y práctica argumentativa. [Metaphorical conceptual structure and argumentative practice]. *Praxis*, 8 (9), 121–136.

Oswald, S. (2007). Towards an interface between pragma-dialectics and relevance theory. *Pragmatics and Cognition*, 15 (1), 179–201.

Oswald, S. (2010). *Pragmatics of uncooperative and manipulative communication.* Doctoral dissertation, University of Neuchâtel, Switzerland.

Oswald, S. (2011). From interpretation to consent. Arguments, beliefs and meaning. *Discourse Studies*, 13 (6), 806–814.

O'Toole, R. R., & Jennings, R. E. (2004). The Megarians and the Stoics. In D. M. Gabbay & J. Woods (Eds.), *The handbook of the history of logic* (*Greek, Indian and Arabic logic*, Vol. 1, pp. 397 – 522). Amsterdam: Elsevier.

Paavola, S. (2006). *On the origin of ideas. An abductivist approach to discovery. Philosophical Studies from the University of Helsinki*, 15. Doctoral dissertation, University of Helsinki.

Padilla, C. (1997). *Lectura y escritura: Adquisición y proyecciones pedagógicas* [Reading and writing. Acquisition and pedagogical projections]. San Miguel de Tucumán: Universidad Nacional de Tucumán.

Padilla, C., & López, E. (2011). Grados de complejidad argumentativa en escritos de estudiantes universitarios de humanidades [Degrees of argumentative complexity in written texts of humanities college students]. *Revista Praxis*, 13 (20), 61 – 90.

Paglieri, F., & Castelfranchi, C. (2006). Arguments as belief structures Towards. a Toulmin layout of doxastic dynamics? In D. L. Hitchcock & B. Verheij (Eds.), *Arguing on the Toulmin model. New essays in argument analysis and evaluation* (pp. 356 – 367). Dordrecht: Springer.

Paiva, C. G. (2004). *Discurso parlamentar. Bases para elaboração ou como é que se começa?* [Parliamentary discourse. Basis for the elaboration, or how we start it?]. Brasília: Aslegis.

Pajunen, J. (2011). Acceptance. Epistemic concepts, and argumentation theory. In F. H. van Eemeren, B. J. Garssen, D. Godden, & G. Mitchell (Eds.), *Proceedings of the 7th conference of the International Society for the Study of Argumentation* (pp. 1428 – 1437). Amsterdam: Sic Sat. (CD rom).

Palczewski, C. (1989). Parallels between Japanese and American debate. A paper presented at the Central States Communication Association Annual Conferecen in Kansas City, Missouri, April 14.

Palczewski, C. H. (2002). Argument in an off key. Playing with the productive limits of argument. In G. T. Goodnight (Ed.), *Arguing communication and culture* (pp. 1 – 23). Washington, DC: NCA.

Palczewski, C. H. , Fritch, J. , & Parrish, N. C. (Eds.). (2012). Forum. Argument scholars respond to Mercier and Sperber's argumentative theory of human reason. *Argumentation and Advocacy*, 48 (3), 174 - 193.

Paliewicz, N. S. (2012). Global warming and the interaction between the public and technical spheres of argument. When standards for expertise really matter. *Argumentation and Advocacy*, 48 (2), 231 - 242.

Palmieri, R. (2009). Regaining trust through argumentation in the context of the current financial economic crisis. *Studies in Communication Sciences*, 9 (2), 59 - 78.

Parodi, G. (2000). La evaluación de la producción de textos escritos argumentativos. Una alternancia cognitivo/discursiva [The evaluation of written argumentative texts production. A cognitive/discoursive alternation]. *Revista Signos*, 33 (47), 151 - 16.

Parsons, S. , Sierra, C. , & Jennings, N. R. (1998). Agents that reason and negotiate by arguing. *Journal of Logic and Computation*, 8, 261 - 292.

de Pater, W. A. (1965). Les topiques d'Aristote et la dialectique platonicienne. La méthodologie de la definition [Aristotle's Topics and platonic dialectic. The methodology of definition] (Etudes thomistiques, Vol. 10). Fribourg: Editions St. Paul.

de Pater, W. A. (1968). La fonction du lieu et de l'instrument dans les Topiques [The function of commonplace (topos) and instrument in the Topics]. In G. E. L. Owen (Ed.), *Aristotle on dialectic: The Topics. Proceedings of the third symposium aristotelicum* (pp. 164 - 188). Oxford: Clarendon Press.

Patterson, J. W. , & Zarefsky, D. (1983). *Contemporary debate.* Boston: Houghton Mifflin.

Paul, R. (1982). Teaching critical thinking in the strong sense. *Informal Logic Newsletter*, 4, 2 - 7.

Paul, R. (1989). Critical thinking in North America. A new theory of knowledge, learning, and literacy. *Argumentation*, 3, 197 - 235.

Paul, R. (1990). *Critical thinking.* Rohnert Park: Center for Critical Thinking and Moral Critique.

Paul, R., & Elder, L. (2002). *Critical thinking. Tools for taking charge of your professional and personal life.* Upper Saddle River: Financial Times Press. (Chinese trans. 2010).

Pavčnik, M. (1993). The value of argumentation theory for the quality of reasoning in law. In G. Haarscher (Ed.), *Chaïm Perelman et la pensée contemporaine* [Chaïm Perelman and comtemporary thought] (pp. 237 – 244). Brussels: Bruylant.

Pearce, K. C., & Fadely, D. (1992). Justice, sacrifice, and the universal audience. George Bush's "Address to the nation announcing allied military action in the Persian Gulf". *Rhetoric Society Quarterly*, 22 (2), 39 – 50.

Pearl, J. (1988). *Probabilistic reasoning in intelligent systems. Networks of plausible inference.* San Francisco: Morgan Kaufmann Publishers.

Pearl, J. (2000/2009). *Causality. Models, reasoning, and inference* (2nd ed.). Cambridge: Cambridge University Press. (1st ed. 2000).

Pedersen, S. H. (2011). Reasonable non-agreement in discussions. In F. H. van Eemeren, B. J. Garssen, D. Godden, & G. Mitchell (Eds.), *Proceedings of the 7th conference of the International Society for the Study of Argumentation* (pp. 1486 – 1495). Amsterdam: Sic Sat. (CD rom).

Peón, M. (2004). *Habilidades argumentativas de alumnos de primaria y su fortalecimiento* [Argumentative skills and their reinforcement in primary school students]. Doctoral dissertation, National Autonomous University of Mexico.

Pera, M. (1991). *Scienza e retorica* [Science and rhetoric]. Bari: Laterza.

Pera, M. (1994). *The discourses of science* (trans. of Scienza e retorica. Bari: Laterza, 1991). Chicago-London: The University of Chicago Press.

Perdue, D. E. (1992). *Debate in Tibetan Buddhism.* New York: Snow Lion Publications.

Pereda, C. (1992a). *Razón e incertidumbre* [Reason and uncertainty]. México: Siglo XXI.

Pereda, C. (1992b). *Vértigos argumentales. Una ética de la disputa* [Argumentative Vertigos: An ethics of dispute]. Barcelona: Anthropos.

Perelman, C. (1933). *De l'arbitraire dans la connaissance* [On the arbitrary in knowledge]. Brussels: Archives de la Societé Belge de Philosophie.

Perelman, C. (1963). *The idea of justice and the problem of argument.* London: Routledge & Kegan Paul.

Perelman, C. (1968). Recherches interdisciplinairs sur l'argumentation [Interdisciplinary research on argumentation]. *Logique et Analyse*, 11 (44), 502 – 511.

Perelman, C. (1969). *Le champ de l'argumentation* [The field of argumentation]. Brussels: Presses Universitaires de Bruxelles.

Perelman, C. (1970). *The new rhetoric. A theory of practical reasoning. The great ideas today. Part 3: The contemporary status of a great idea* (pp. 273 – 312). Chicago: Encyclopedia Britannica.

Perelman, C. (1971). The new rhetoric. In L. F. Bitzer & E. Black (Eds.), *The prospect of rhetoric* (pp. 115 – 122). Englewood Cliffs: Prentice Hall.

Perelman, C. (1974). Perspectives rhétoriques sur les problemes sémantiques [Rhetorical perspectives on semantic problems]. *Logique et Analyse*, 17 (67 – 68), 241 – 252.

Perelman, C. (1976). *Logique juridique, nouvelle rhétorique* [Judicial logic, new rhetoric]. Paris: Dalloz.

Perelman, C. (1977). *L'empire rhétorique. Rhétorique et argumentation* [The realm of rhetoric. Rhetoric and argumentation]. Paris: Librairie Philosophique J. Vrin. (Portuguese trans.: R. A. Grácio and F. Trindade as O império retórico. Retórica e argumentação, 1992. Porto: Asa.). (Spanish trans.: A. L. Gómez as El imperio retórico. Retórica y argumentación. Bogota: Norma, 1997).

Perelman, C. (1979a). La philosophie du pluralisme et la nouvelle rhétorique [The philosophy of pluralism and the new rhetoric]. *Revue Internationale de Philosophie*, 127 (128), 5 – 17.

Perelman, C. (1979b). *The New Rhetoric and the humanities.* Dordrecht: Reidel.

Perelman, C. (1979c). The rational and the reasonable. In C. Perelman (Eds.), *The new rhetoric and the humanities. Essays on rhetoric and its applications* (pp. 117 – 123). With an introduction by Harold Zyskind. Dordrecht: Reidel.

Perelman, C. (1980). *Justice, law, and argument. Essays on moral and legal reasoning.* Dordrecht: Reidel.

Perelman, C. (1982). *The realm of rhetoric.* Trans.: W. Kluback. Introduction by C. C. Arnold. Notre Dame: University of Notre Dame Press.

Perelman, C. (1984). The new rhetoric and the rhetoricians. (trans.: R. D. Dearin) *Quarterly Journal of Speech*, 70, 199 – 196.

Perelman, C. (1992). O império retórico. Retórica e argumentação, 1992. Porto: Asa. (Portuguese trans. by R. A. Grácio and F. Trindade of C. Perelman (1977). *L'empire rhétorique. Rhétorique et argumentation.* Paris: Librairie Philosophique J. Vrin).

Perelman, C. (1997). El imperio retórico. Retóricay argumentación. Bogota: Norma. (Spanish trans. by A. León Gómez of C. Perelman (1977). *L'empire rhétorique. Rhétorique et argumentation.* Paris: Librairie Philosophique J. Vrin).

Perelman, C., & Olbrechts-Tyteca, L. (1958). *La nouvelle rhétorique. Traité de l'argumentation* [The new rhetoric. Treatise on argumentation]. Paris: Presses Universitaires de France. (3rd ed. Brussels: Éditions de l'Université de Bruxelles). (trans. into Italian (1966), English (1969), Portuguese (1996), Romanian (2012), Spanish (1989)).

Perelman, C., & Olbrechts-Tyteca, L. (1966). *Trattato dell'argomentazione. La nuova retorica* [Treatise on argumentation. The new rhetoric]. Turin: Einaudi. (Italian trans. of C. Perelman & L. Olbrechts-Tyteca (1958). La nouvelle rhétorique. Traité de l'argumentation. Paris: Presses Universitaires de France. (3rd ed. Brussels: Éditions de l'Université de Bruxelles)).

Perelman, C., & Olbrechts-Tyteca, L. (1969). *The new rhetoric. A treatise on argumentation* (Trans.). Notre Dame: University of Notre Dame Press. (English trans. by J. Wilkinson & P. Weaver of C. Perelman & L. Olbrechts-Tyteca (1958). La nouvelle rhétorique. Traité de l'argumentation. Paris: Presses Universitaires de France. (3rd ed. Brussels: Éditions de l'Université de Bruxelles)).

Perelman, C., & Olbrechts-Tyteca, L. (1989). *Tratado de la argumentación. La nueva retórica. Madrid: Gredos.* (Spanish trans. by J. Sevilla of C. Perelman & L. Olbrechts-Tyteca (1958). La nouvelle rhétorique. Traité de l'argumentation. Paris: Presses Universitaires de France. (3rd ed. Brussels: Éditions de l'Université de Bruxelles)).

Perelman, C., & Olbrechts-Tyteca, L. (1996). *Tratado da argumentação. A nova retórica. São Paulo: Martins Fontes.* (Portugese trans. by M. E. G. G. Pereira of C. Perelman & L. Olbrechts-Tyteca (1958). La nouvelle rhétorique. Traité de l'argumentation. Paris: Presses Universitaires de France. (3rd ed. Brussels: Éditions de l'Université de Bruxelles)).

Perelman, C., & Olbrechts-Tyteca, L. (2008). *Traité de l'argumentation* [Treatise on argumentation]. Preface by Michel Meyer. Brussels: Éditions de Université libre de Bruxelles.

Perelman, C., & Olbrechts-Tyteca, L. (2012). *Tratat de argumentare. Noua Retorică. Iaşi: Editura Universităţii "Alexandru Ioan Cuza"*. (Romanian trans. by A. Stoica of C. Perelman & L. Olbrechts-Tyteca (1958). La nouvelle rhétorique. Traité de l'argumentation. Paris: Presses Universitaires de France. (3rd ed. Brussels: Éditions de l'Université de Bruxelles)).

Perelman, C., Zyskind, H., Kluback, W., Becker, M., Jacques, F., Barilli, R., Olbrechts-Tyteca, L., Apostel, L., Haarscher, G., Robinet, A., Meyer, M., Van Noorden, S., Vasoli, C., Griffin-Collart, E., Maneli, M., Gadamer, H. -G., Raphael, D. D., Wroblewski, J., Tarello, G., & Foriers, P. (1979). La nouvelle rhétorique-The new rhetoric. Essais en hommage á Chaïm Perelman. *Special issue Revue Internationale de Philosophie*, 33, 127-128.

Pernot, L. (2005). *Rhetoric in antiquity* (W. E. Higgins, trans.). Washington, DC: Catholic University of America Press.

Pery-Borissov, V., & Yanoshevsky, G. (2011). How authors justify their participation in literary interviews. In F. H. van Eemeren, B. J. Garssen, D. Godden, & G. Mitchell (Eds.), *Proceedings of the 7th conference of the International Society for the Study of Argumentation* (pp. 1504 – 1514). Amsterdam: Rozenberg/Sic Sat. (CD rom).

Peters, T. N. (1989). On the natural development of public activity. A critique of Goodnight's theory of argument. In B. E. Gronbeck (Ed.), *Spheres of argument. Proceedings of the sixth SCA/AFA conference on argumentation* (pp. 26 – 32). Annandale: Speech Communication Association.

Petty, R. E., & Cacioppo, J. T. (1986a). *Communication and persuasion. Central and peripheral routes to attitude change.* New York: Springer.

Petty, R. E., & Cacioppo, J. T. (1986b). The elaboration likelihood model of persuasion. In L. Berkowitz (Ed.), *Advances in experimental social psychology*, 19, pp (123 – 205). San Diego: Academic Press.

Piaget, J. (1923). *Le langage et la pensée chez l'enfant* [Language and thinking of children]. Neuchâtel: Delachaux et Niestlé.

Piaget, J., & Beth, E. W. (1961). *Epistémologie mathématique et psychologie. Essai sur les relations entre la logique formelle et la pensée réelle* [Mathematical epistemology and psychology. Study on the relation between formal logic and natural thought] Paris: PUF, EEG XIV.

Piazza, F. (2004). *Linguaggio, persuasione e veritá. La retorica del Novecento* [Language, persuasion and truth. The rhetoric of the twentieth century]. Rome: Carocci.

Piazza, F. (2008). *La retorica di Aristotele. Introduzione alla lettura.* [The rhetoric of Aristotle. An introduction]. Rome: Carocci.

Pietarinen, J. (Ed.). (1992). *Problems of argumentation, I & II* (p. 5). Turku: Reports from the Department of Practical Philosophy.

Pike, K. L. (1967). Etic and emic standpoints for the description of behavior. In D. C. Hildum (Ed.), *Language and thought. An enduring problem in psychology* (pp. 32 – 39). Princeton: Van Norstrand.

Pilotta, J. J. (1986). The concrete-universal. A social science foundation. In J. L. Golden & J. J. Pilotta (Eds.), *Practical reasoning in human affairs. Studies in honor of Chaïm Perelman* (pp. 379 – 392). Dordrecht: Reidel.

Pinborg, J. (1969). Topik und Syllogistik im Mittelalter. [Topics and syllogistic in the Middle Ages]. In F. Hoffmann, L. Scheffczyk, & K. Feiernis (Eds.), *Sapienter ordinare. Festgabe für Erich Kleineidam* [Sapienter ordinare. Present for Erich KLeineidam] (Ehrfurter Theologischen Studien, Vol. 24, pp. 157 – 178). Leipzig: St. Benno.

Pineda, O. (2004). *Propuesta metodológica para la enseñanza de la redacción de textos argumentativos. Revisión del programa de taller de lectura y redacción II del Colegio de Bachilleres* [A methodological proposal for teaching argumentative texts writing skills. A revision of the program of the workshop on reading and writing II of Colegio de Bachilleres]. Doctoral dissertation, National Autonomous University of Mexico.

Pinto, R. (2006). *Argumentação em géneros persuasivos-um estudo contrastivo* [Argumentation in persuasive genres-a contrastive study]. Lisbon: Universidade Nova de Lisbon. Doctoral dissertation, New University of Lisbon.

Pinto, R. (2010). *Como argumentar e persuadir? Prática política, jurídica, jornalistica* [How to argue and persuade? Political, legal and journalistic practice]. Lisbon: Quid Juris.

Pinto, R. C. (1994). Logic, epistemology and argument appraisal. In R. H. Johnson & J. A. Blair (Eds.), *New essays in Informal Logic* (pp. 116 – 124). Windsor: Informal Logic.

Pinto, R. C. (2001). *Argument, inference and dialectic. Collected papers on Informal Logic with an introduction by Hans V Hansen.* Dordrecht-Boston-London: Kluwer.

Pinto, R. C. (2006). Evaluating inferences. The nature and role of warrants. *Informal Logic*, 26 (3), 287 – 327. Reprinted in D. L. Hitchcock & B. Verheij (Eds.), *Arguing on the Toulmin model. New essays on argument analysis and evaluation* (pp. 115 – 144). Dordrecht: Springer.

Pinto, R. C. (2007). Review of Maurice Finocchiaro, Arguments about arguments. *Argumentation*, 21, 93 – 100.

Pinto, R. C. (2009). Argumentation and the force of reasons. *Informal Logic*, 29 (3), 263 – 297.

Pinto, R. C. (2010). The uses of argument in communicative contexts. *Argumentation*, 24 (2), 227 – 252.

Pinto, R. C. (2011). The account of warrants in Bermejo-Luque's Giving reasons. *Theoria*, 72, 311 – 320.

Pinto, R. C., & Blair, J. A. (1989). *Information, inference and argument. A handbook of critical thinking.* Internal publication University of Windsor.

Pinto, R. C., & Blair, J. A. (1993). *Reasoning. A practical guide.* Englewood Cliffs: Prentice Hall.

Plantin, C. (1990). *Essais sur l'argumentation. Introduction á l'étude linguistique de la parole argumentative* [Essays on argumentation. Introduction to the linguistic study of argumentative speech]. Paris: Éditions Kimé, Argumentation et sciences du langage.

Plantin, C. (1995). L'argument du paralogisme [The fallacy argument]. *Hermes*, 15, 245 – 262.

Plantin, C. (1996). *L'argumentation* [Argumentation]. Paris: Le Seuil.

Plantin, C. (1997). L'argumentation dans l'émotion [Argumentation in the emotion]. *Pratiques*, 96, 81 – 99.

Plantin, C. (2002). Argumentation studies and discourse analysis. The French situation and global perspectives. *Discourse Studies*, 4 (3), 343 – 368.

Plantin, C. (2003). Argumentation studies in France. A new legitimacy. In F. H. van Eemeren, J. A. Blair, C. A. Willard, & A. F. Snoeck Henkemans (Eds.), *Anyone who has a view. Theoretical contributions to the study of argumentation* (pp. 173 – 187). Dordrecht: Kluwer.

Plantin, C. (2004a). On the inseparability of emotion and reason in argumentation. In E. Weigand (Ed.), *Emotions in dialogic interactions* (pp. 265 –

275). Paris: Presses Sorbonne Nouvelle.

Plantin, C. (2004b). Situation des études d'argumentation. De délégitimations en réinventions [The situation of argumentation studies. From de-authorization to reinvention]. In M. Doury & S. Moirand (Eds.), *L'Argumentation aujourd'hui. Positions théoriques en confrontation* [Argumentation today. Confrontation of theoretical positions] (pp. 160 – 181). Paris: Presses Sorbonne Nouvelle.

Plantin, C. (2005). *L'argumentation. Histoire, théories, perspectives* [Argumentation. History, theories, perspectives]. Paris: Presses Universitaires de France. (transl. into Portuguese (2008)).

Plantin, C. (2008). *A argumentação. História, teorias, perspectivas.* São Paulo: Parábola. (Portuguese trans. by M. Marcionilo of C. Plantin (2005). L'argumentation. Histoire, théories, perspectives. Paris: Presses Universitaires de France).

Plantin, C. (2009a). Critique de la parole. Les fallacies dans le procès argumentatif [Criticism of what is said. The fallacies in the argumentative process]. In V. Atayan & D. Pirazzini (Eds.), *Argumentation. Théorie-Langue-Discours. Actes de la section "Argumentation" du XXX. Deutscher Romanistentag, Vienne, Septembre* 2007 [Argumentation. Theory-language-discourse] (pp. 51 – 70). Frankfurt: Peter Lang.

Plantin, C. (2009b). A place for figures of speech in argumentation theory. *Argumentation*, 23 (3), 325 – 337.

Plantin, C. (2010). Les instruments de structuration des séquences argumentatives Argumentatives [Instruments for the structuring of argumentative sequences]. *Verbum*, 32 (1), 31 – 51.

Plantin, C. (2011). *Les bonnes raisons des émotions. Arguments, fallacies, affects* [The good reasons of emotions. Arguments, fallacies, affects]. Bern: Peter Lang.

Plantin, C., Doury, M., & Traverso, V. (2000). *Les émotions dans les interactions* [Emotions in interactions]. Lyon: Presses Universitaires de Lyon.

Plantinga, A. (1993). *Warrant and proper function.* Oxford: Oxford University Press.

Plato. (1997). *Complete Works.* Ed. by J. M. Cooper & D. S. Hutchinson. Indianapolis-Cambridge, MA: Hackett.

Plug, H. J. (1999). Evaluating tests for reconstructing the structure of legal argumentation. In F. H. van Eemeren, R. Grootendorst, J. A. Blair, & C. A. Willard (Eds.), *Proceedings of fourth international conference of the International Society for the Study of Argumentation* (pp. 639 –643). Amsterdam: Sic Sat.

Plug, H. J. (2000a). Indicators of obiter dicta. A pragma-dialectical analysis of textual clues for the reconstruction of legal argumentation. *Artificial Intelligence and Law*, 8, 189 –203.

Plug, H. J. (2000b). *In onderlinge samenhang bezien. De pragma-dialectische reconstructive van complexe argumentatie in rechterlijke uitspraken* [Considered in mutual interdependence. The pragma-dialectical reconstruction of complex argumentation in pronouncements of judges. Amsterdam: Thela Press. Doctoral dissertation, University of Amsterdam.

Plug, H. J. (2002). Maximally argumentative analysis of judicial argumentation. In F. H. van Eemeren (Ed.), *Advances in pragma-dialectics* (pp. 261 –270). Amsterdam-Newport News: Sic Sat/Vale Press.

Plug, H. J. (2010). Ad-hominem arguments in Dutch and European parliamentary debates. Strategic manoeuvring in an institutional context. In C. Ilie (Ed.), *Discourse and metadiscourse in parliamentary debates* (pp. 305 – 328). Amsterdam: John Benjamins.

Plug, H. J. (2011). Parrying ad-hominem arguments in parliamentary debates. In F. H. van Eemeren, B. J. Garssen, D. Godden, & G. Mitchell (Eds.), *Proceedings of the 7th conference of the International Society for the Study of Argumentation* (pp. 1570 – 1578). Amsterdam: Rozenberg/Sic Sat. (CD rom).

Poblete, C. (2003). *Relación entre competencia textual argumentativa y metacognición* [The relationship between textual argumentative competence and metacognition]. Doctoral dissertation, Pontificia Universidad Católica de Valparaíso.

Pollock, J. L. (1987). Defeasible reasoning. *Cognitive Science*, 11, 481 – 518.

Pollock, J. L. (1989). *How to build a person. A prolegomenon.* Cambridge, MA: The MIT Press.

Pollock, J. L. (1994). Justification and defeat. *Artificial Intelligence*, 67, 377 – 407.

Pollock, J. L. (1995). *Cognitive carpentry. A blueprint for how to build a person.* Cambridge, MA: The MIT Press.

Pollock, J. L. (2006). *Thinking about acting. Logical foundations for rational decision making.* New York: Oxford University Press.

Pollock, J. L. (2010). Defeasible reasoning and degrees of justification. *Argument & Computation*, 1 (1), 7 – 22.

Polya, G. (1968). *Mathematics and plausible reasoning*, 2, *Patterns of plausible inference.* Princeton: Princeton University Press.

Poole, D. L. (1985). On the comparison of theories. Preferring the most specific explanation. In *Proceedings of the ninth international joint conference on artificial intelligence* (pp. 144 – 147). San Francisco: Morgan Kaufmann.

van Poppel, L. (2011). Solving potential disputes in health brochures with pragmatic argumentation. In F. H. van Eemeren, B. J. Garssen, D. Godden, & G. Mitchell (Eds.), *Proceedings of the 7th conference of the International Society for the Study of Argumentation* (pp. 1559 – 1570). Amsterdam: Rozenberg/Sic Sat. (CD rom).

van Poppel, L. (2013). *Getting the vaccine now will protect you in the future! A pragma-dialectical analysis of strategic maneuvering with pragmatic argumentation in health brochures.* Doctoral dissertation, University of Amsterdam.

van Poppel, L., & Rubinelli, S. (2011). "Try the smarter way". On the claimed efficacy of advertised medicines. In E. Feteris, B. Garssen, & F. Snoeck Henkemans (Eds.), *Keeping in touch with pragma-dialectics. In honor of Frans H. van Eemeren* (pp. 153 – 163). Amsterdam-Philadelphia: John Benjamins.

Popper, K. R. (1972). *Objective knowledge. An evolutionary approach.* Oxford: Clarendon Press.

Popper, K. R. (1974). *Conjectures and refutations. The growth of scientific knowledge.* London: Routledge & Kegan Paul.

Posada, P. (2010). *Argumentación, teoría y práctica. Manual introductorio a las teorías de la argumentación* [Argumentation, theory and practice. Introductory handbook of argumentation theories] (2nd ed.). Cali: Programa Editorial Univalle.

Povarnin, S. I. (1923). *Iskusstvo spora. O teorii i praktike spora* [The art of argument. On the theory and practice of arguing]. Petrograd: Nachatki znanii.

Prakken, H. (1993). *Logical tools for modelling legal argument.* Doctoral dissertation, Free University Amsterdam.

Prakken, H. (1997). *Logical tools for modelling legal argument. A study of defeasible reasoning in law.* Dordrecht: Kluwer.

Prakken, H. (2005a). A study of accrual of arguments, with applications to evidential reasoning. In *Proceedings of the tenth international conference on Artificial Intelligence and Law* (pp. 85 – 94). New York: ACM Press.

Prakken, H. (2005b). Coherence and flexibility in dialogue games for argumentation. *Journal of Logic and Computation*, 15, 1009 – 1040.

Prakken, H. (2006a). Artificial intelligence & law, logic and argument schemes. In D. L. Hitchcock & B. Verheij (Eds.), *Arguing on the Toulmin model. New essays in argument analysis and evaluation* (pp. 231 – 245). Dordrecht: Springer.

Prakken, H. (2006b). Formal systems for persuasion dialogue. *The Knowledge Engineering Review*, 21 (2), 163 – 188.

Prakken, H. (2009). Models of persuasion dialogue. In I. Rahwan & G. R. Simari (Eds.), *Argumentation in artificial intelligence* (pp. 281 – 300). Dordrecht: Springer.

Prakken, H. (2010). An abstract framework for argumentation with structured arguments. *Argument and Computation*, 1, 93 – 124.

Prakken, H. (2013). *Argumentación jurídica, derrotabilidad e Inteligencia artificial* [Legal argumentation, defeasibility and artificial intelligence]. Santiago: Universidad Diego Portales.

Prakken, H., & Sartor, G. (1996). A dialectical model of assessing conflicting arguments in legal reasoning. *Artificial Intelligence and Law*, 4, 331 – 368.

Prakken, H., & Sartor, G. (1998). Modelling reasoning with precedents in a formal dialogue game. *Artificial Intelligence and Law*, 6, 231 – 287.

Prakken, H., & Sartor, G. (2007). Formalising arguments about the burden of persuasion. In *Proceedings of the eleventh international conference on Artificial Intelligence and Law* (pp. 97 – 106). New York: ACM Press.

Prakken, H., & Sartor, G. (2009). A logical analysis of burdens of proof. In H. Kaptein, H. Prakken, & B. Verheij (Eds.), *Legal evidence and proof. Statistics, stories, logic* (pp. 223 – 253). Farnham: Ashgate.

Prakken, H., & Vreeswijk, G. A. W. (2002). Logics for defeasible argumentation. In D. Gabbay & F. Guenthner (Eds.), *Handbook of philosophical logic* (2nd ed., Vol. IV, pp. 219 – 318). Dordrecht: Kluwer.

Pratt, J. M. (1970). The appropriateness of a Toulmin analysis of legal argumentation. *Speaker and Gavel*, 7, 133 – 137.

Prelli, L. J. (1989). *A rhetoric of science. Inventing scientific discourse.* Columbia: University of South Carolina Press.

Prian, J. (2007). *Didáctica de la argumentación. Su enseñanza en la Escuela Nacional Preparatoria* [Argumentation didactics. Its teaching in the Escuela Nacional Preparatoria]. Doctoral dissertation, National Autonomous University of Mexico.

Pseudo-Scotus. (2001). Questions on Aristotle's Prior analytics. In Yrjönsuuri (Ed.), *Medieval formal logic* (pp. 225 – 234). Dordrecht: Kluwer.

Puchkova, A. (2011). *Rechevoj zhanr "kantseliarskaya otpiska". Lingvo-argumentativnyj analiz* [The speech genre "bureaucratic runaround". A linguo-argumentative analysis]. Doctoral dissertation, Kaluga State University.

Puckova, Y. V. (2006). *Argumentativno-lingvisticheskij analiz diskursa oproverzhenij* [*An-argumentative-linguistic analysis of refutation discourse*]. *Doctoral dissertation*, *Kaluga State University.*

Puig, L. (2012). Doxa and persuasion in lexis. *Argumentation*, 26 (1), 127 - 142.

Purtill, R. L. (1972). *Logical thinking.* New York: Harper.

Putnam, L. L., Wilson, S. R., Waltman, M. S., & Turner, D. (1986). The evolution of case arguments in teachers' bargaining. *Journal of the American Forensic Association*, 23, 63 - 81.

Quine, W. V. (1970). *Philosophy of logic.* Englewood Cliffs: Prentice-Hall.

Quintrileo, C. (2007). Análisis como reconstrucción en la discusión parlamentaria. Una aproximación desde el enfoque de la pragma-dialéctica [Analysis as reconstruction in parliamentarian discussion. An approach from the pragma-dialectical perspective]. In C. Santibáñez Yáñez & B. Riffo (Eds.), *Estudios en argumentación y retórica. Teorías contemporáneas y aplicaciones* [Studies in argumentation and rhetoric. Contemporary theories and applications] (pp. 253 - 272.). Concepción: Editorial Universidad de Concepción.

Quiroz, G., Apothéloz, D., & Brandt, P. - Y. (1992). How counter-argumentation works. In F. H. van Eemeren, R. Grootendorst, J. A. Blair, & C. A. Willard (Eds.), *Argumentation illuminated* (pp. 172 - 177). Amsterdam: Sic Sat.

Raccah, P - Y. (2006). Polyphonie et argumentation. Des discours á la langue (et retour) [Polyphony and argumentation. From discourse to language (and back)]. In Z. Simonffy (Ed.), *L'un et le multiple* [The one and the multiple] (pp. 120 - 152). Budapest: Tinta Könyvkiadó.

Raccah, P. - Y. (2011). Racines lexicales de l'argumentation [The lexical roots of argumentation] . *Verbum*, 32 (1), 119 - 141.

Radeva, V. (2000). *Реторика* [Rhetoric]. Sofia: Sofia University Press.

Radeva, V. (2006). *Реторика и аргументация* [Rhetoric and argumentation]. Sofia: Sofia University Press.

Radi, R. al (2010). *Al-Ḥijā j wa Almughālatah. Min al-Ḥiwār Fī Al ʻAkl ilā Al ʻAkl fī al-Ḥiwār* [From dialogue to reason to reason in dialogue]. Beirut: Dar al-Kitāb al-jadīd.

Rahwan, I., & McBurney, P. (2007). Argumentation technology. Guest editors' introduction. *IEEE Intelligent Systems*, 22 (6), 21 – 23.

Rahwan, I., Ramchurn, S. D., Jennings, N. R., McBurney, P., Parsons, S., & Sonenberg, E. (2003). Argumentation-based negotiation. *Knowledge Engineering Review*, 18 (4), 343 – 375.

Rahwan, I., & Simari, G. R. (Eds.). (2009). *Argumentation in artificial intelligence*. Dordrecht: Springer.

Rahwan, I., Zablith, F., & Reed, C. (2007). Laying the foundations for a world wide argument web. *Artificial Intelligence*, 171 (10 – 15), 897 – 921.

Rambourg, C. (2011). *Les topoi d'Aristote, Rhetorique II*, 23. *Enquête sur les origins de la notion de lieu rhétorique* [The topoi in Aristotle, Rhetoric II, 23. An examination of the origins of the notion of a rhetorical topic]. Unpublished doctoral dissertation, Université Paris XII.

Rao, A., & Georgeff, M. (1995). BDI agents. From theory to practice. In *Proceedings of the 1st international conference on multi-agent systems* (pp. 312 – 319). San Francisco: AAAI Press/ Cambridge, MA: MIT Press.

Rapp, C. (2002). *Aristoteles. Rhetorik* [Aristotle. Rhetoric]. (trans. with a commentary by C. Rapp). 2 Volumes. Berlin: Akademie Verlag.

Rapp, C. (2010). Aristotle's rhetoric. In E. N. Zalta (Ed.), *The Stanford encyclopedia of philosophy* (Spring 2010 Edition). http://plato.stanford.edu/archives/spr2010/entries/aristotlerhetoric/

Ray, J. W. (1978). Perelman's universal audience. *Quarterly Journal of Speech*, 64, 361 – 375.

Reboul, O. (1988). Can there be non-rhetorical argumentation? *Philosophy & Rhetoric*, 21, 220 – 223.

Reboul, O. (1990). Rhétorique et dialectique chez Aristote [Aristotle's views on rhetoric and dialectic]. *Argumentation*, 4, 35 – 52.

Reboul, O. (1991). *Introduction á la rhétorique. Théorie et pratique* [Introduction to rhetoric. Theory and practice]. Paris: Presses Universitaires de France.

Reed, C. A. (1997). Representing and applying knowledge for argumentation in a social context. *AI and Society*, 11 (3 – 4), 138 – 154.

Reed, C. A. (1999). The role of saliency in generating natural language arguments. In: *Proceedings of the 16th international joint conference on AI* (*IJCAI' 99*) (pp. 876 – 881). San Francisco: Morgan Kaufmann.

Reed, C. A., & Grasso, F. (2007). Recent advances in computational models of natural argument. *International Journal of Intelligent Systems*, 22, 1 – 15.

Reed, C. A., & Norman, T. J. (2003). A roadmap of research in argument and computation. In C. A. Reed & T. J. Norman (Eds.), *Argumentation machinescv. New frontiers in argument and computation* (pp. 1 – 12). Dordrecht: Kluwer.

Reed, C. A., & Norman, T. J. (2004). A roadmap of research in argument and computation. In C. A. Reed & T. J. Norman (Eds.), *Argumentation machines. New frontiers in argument and computation* (pp. 1 – 13). Dordrecht: Kluwer.

Reed, C. A., & Norman, T. J. (Eds.). (2004). *Argumentation machines. New frontiers in argument and computation.* Dordrecht: Kluwer.

Reed, C. A., & Rowe, G. W. A. (2004). Araucaria. Software for argument analysis, diagramming and representation. *International Journal on Artificial Intelligence Tools*, 13 (4), 961 – 979.

Reed, C. A., & Rowe, G. W. A. (2006). Translation Toulmin diagrams. Theory neutrality in argumentation representation. In D. L. Hitchcock & B. Verheij (Eds.), *Arguing on the Toulmin model. New essays in argument analysis and evaluation* (pp. 341 – 358). Dordrecht: Springer.

Reed, C. A., & Tindale, C. W. (Eds.). (2010). *Dialectics, dialogue and argumentation. An examination of Douglas Walton's theories of* reasoning. London: College Publications.

van Rees, M. A. (1989). Het kritische gehalte van probleemoplossende discussies [The critical quality of problem-solving discussions]. In M. M. H. Bax & W. Vuijk (Eds.), *Thema's in de taalbeheersing* [Themes in speech communication research] (pp. 29 – 36). Dordrecht: ICG Publications.

van Rees, M. A. (1991). Problem solving and critical discussion. In F. H. van Eemeren, R. Grootendorst, J. A. Blair, & C. A. Willard (Eds.), *Argumentation illuminated* (pp. 281 – 291). Amsterdam: Sic Sat.

van Rees, M. A. (1992a). The adequacy of speech act theory for explaining conversational phenomena. A response to some conversation analytical critics. *Journal of Pragmatics*, 17, 31 – 47.

van Rees, M. A. (1992b). Problem solving and critical discussion. In F. H. van Eemeren, R. Grootendorst, J. A. Blair, & C. A. Willard (Eds.), *Argumentation illuminated* (pp. 281 – 291). Amsterdam: Sic Sat.

van Rees, M. A. (1994a). Analysing and evaluating problem-solving discussions. In F. H. van Eemeren & R. Grootendorst (Eds.), *Studies in pragma-dialectics* (pp. 197 – 217). Amsterdam: Sic Sat.

van Rees, M. A. (1994b). Functies van herhalingen in informele discussies [Functions of repetitions in informal discussions]. In A. Maes, P. van Hauwermeiren & L. van Waes (Eds.), *Perspectieven in taalbeheersingsonderzoek* [Perspectives in speech communication research] (pp. 44 – 56). Dordrecht: ICG.

van Rees, M. A. (1995a). Argumentative discourse as a form of social interaction. Implications for dialectical reconstruction. In F. H. van Eemeren, R. Grootendorst, J. A. Blair, & C. A. Willard (Eds.), *Reconstruction and application. Proceedings of the third international conference on argumentation*, *III* (p. 159/167). Amsterdam: Sic Sat.

van Rees, M. A. (1995b). Functions of repetition in informal discussions. In C. Bazanella (Ed.), *Repetition in dialogue* (pp. 141 – 155). Berlin-New York: Walter de Gruyter.

van Rees, M. A. (2001). Review of R. H. Johnson, Manifest rationality. A pragmatic theory of argument. *Argumentation*, 15, 231 –237.

van Rees, M. A. (2003). Within pragma-dialectics. Comments on Bonevac. *Argumentation*, 17 (4), 461 –464.

van Rees, M. A. (2005). Dissociation. A dialogue technique. In M. Dascal, F. H. van Eemeren, E. Rigotti, S. Stati & A. Rocci (Eds.), *Argumentation in dialogic interaction* (pp. 35 – 50). Special issue of Studies in Communication Sciences.

van Rees, M. A. (2006). Strategic maneuvering with dissociation. *Argumentation*, 20, 473 –487.

van Rees, M. A. (2009). *Dissociation in argumentative discussions. A pragma-dialectical perspective.* Dordrecht: Springer.

Regner, A. C. (2007). The polemical interaction between Darwin and Mivart. A lesson on refuting objections. In F. H. van Eemeren, J. A. Blair, C. A. Willard, & B. Garssen (Eds.), *Proceedings of the sixth conference of the International Society for the Study of Argumentation* (pp. 1119 –1126). Amsterdam: Sic Sat.

Regner, A. C. (2008). The polemical interaction between Darwin and Mivart. A lesson on refuting objection. In F. H. van Eemeren & B. Garssen (Eds.), *Controversy and confrontation. Relating controversy analysis with argumentation theory* (pp. 51 –75). Amsterdam-Philadelphia: John Benjamins.

Regner, A. C. (2009). Charles Darwin versus George impart. The role of polemic in science. In F. H. van Eemeren & B. Garssen (Eds.), *Controversy and confrontation. Relating controversy analysis with argumentation theory* (pp. 51 –75). Amsterdam: John Benjamins.

Regner, A. C. (2011). Three kinds of polemical interaction. In F. H. van Eemeren, B. Garssen, D. Godden, & G. Mitchell (Eds.), *Proceedings of the seventh conference of the International Society for the Study of Argumentation* (ISSA) (pp. 1646 –1657). Amsterdam: Sic Sat.

Rehbein, J. (1995). Zusammengesetzte Verweiswörter in argumentativer Rede [Composite anaphora in argumentative speech]. In H. Wohlrapp (Ed.), *Wege der Argumentationsforschung* [Roads of argumentation research] (pp. 166 –

197). Stuttgart-Bad Cannstatt: Frommann-Holzboog.

Reidhav, D. (2007). Reasoning by analogy. A study on analogy-based arguments in law. Lund: Lund University.

Reinard, J. C. (1984). The role of Toulmin's categories of message development in persuasive communication. Two experimental studies on attitude change. *Journal of the American Forensic Association*, 20, 206 – 223.

Reisigl, M., & Wodak, R. (2001). *Discourse and discrimination. Rhetorics of racism and antisemitism.* London: Routledge.

Reisigl, M., & Wodak, R. (2009). The discourse-historical approach. In R. Wodak & M. Meyer (Eds.), *Methods of critical discourse analysis* (2nd ed., pp. 87 – 121). London: Sage. (1st ed. 2001).

Reiter, R. (1980). A logic for default reasoning. *Artificial Intelligence*, 13, 81 – 132.

Renko, T. (1995). Argument as a scientific notion. Problems of interpretation and identification. In F. H. van Eemeren, R. Grootendorst, J. A. Blair, & C. A. Willard (Eds.), *Reconstruction and application. Proceedings of the third ISSA conference on argumentation* (University of Amsterdam, June 21 – 24, 1994, III (pp. 177 – 182). Amsterdam: Sic Sat.

Rescher, N. (1959). *Methods and criteria of reasoning.* Modern Schoolman, 36, 237 – 238.

Rescher, N. (1964). *Introduction to logic.* New York: St Martin's Press.

Rescher, N. (1977). *Dialectics. A controversy-oriented approach to the theory of knowledge.* Albany: State University of New York Press.

Rescher, N. (2007). *Dialectics. A classical approach to inquiry.* Ontos: Frankfurt am Main.

van het Reve, K. (1977). Hoe anders is de Sowjetmens [How different, these people from the Soviet Union]. *NRC Handelsblad*, 11 – 3 – 1977, 8.

Reygadas, P. (2005). El arte de argumentar [The art of arguing]. Mexico: Universidad Autónoma de la Ciudad de México. Reygadas, P., & Guzman, J. (2007). Visual schematization. Advertising and gender in Mexico. In F. H. van Eemeren, J. A. Blair, C. A. Willard, & B. Garssen

(*Eds.*), *Proceedings of the sixth conference of the International Society for the Study of Argumentation* (pp. 1135 – 1139). Amsterdam: Sic Sat.

Ribak, R. (1995). Divisive and consensual constructions in the political discourse of Jews and Palestinians in Israel. Dilemmas and constructions. In F. H. van Eemeren, R. Grootendorst, J. A. Blair, & C. A. Willard (Eds.), *Special fields. Proceedings of the third ISSA conference on argumentation* (University of Amsterdam, June 21 – 24, 1994), IV (pp. 205 – 215). Amsterdam: Sic Sat.

Ribeiro, H. J. (Ed.). (2009). *Rhetoric and argumentation in the beginning of the XXIst century.* Coimbra: Coimbra University Press.

Ribeiro, H. J. (Ed.). (2012). *Inside arguments. Logic and the study of argumentation.* Newcastle upon Tyne: Cambridge Scholars Publishing.

Ribeiro, H. J. (Ed.). (2013). Aristotle and contemporary argumentation theory. *Argumentation*, 27 (1), 1 – 6.

Ribeiro, H. J., & Vicente, J. N. (2010). *O lugar da lógica e da argumentation no ensino filosofia* [The place of logic and argumentation in the teaching of philosophy]. Coimbra: Unidade de I& D LIF.

Rieke, R. D. (1986). The evolution of judicial justification. Perelman's concept of the rational and the reasonable. In J. L. Golden & J. J. Pilotta (Eds.), *Practical reasoning in human affairs. Studies in honor of Chaïm Perelman* (pp. 227 – 244). Dordrecht: Reidel.

Rieke, R. D., & Sillars, M. O. (1975). *Argumentation and the decision-making process.* New York: Wiley.

Rieke, R. D., & Stutman, R. K. (1990). *Communication in legal advocacy.* Columbia: University of South Carolina Press.

Rigotti, E. (2009). Whether and how classical topics can be revived within contemporary argumentation theory. In F. H. van Eemeren & B. Garssen (Eds.), *Pondering on problems of argumentation* (pp. 157 – 178). New York: Springer.

Rigotti, E., & Greco [Morasso], S. (2006). *Topics. The argument generator.* Argumentum e-learning Module. www. argumentum. ch

Rigotti, E., & Greco Morasso, S. (2009). Argumentation as an object of interest and as a social and cultural resource. In N. Muller-Mirza & A. N. Perret-Clermont (Eds.), *Argumentation and education* (pp. 9 – 66). New York: Springer.

Rigotti, E., & Greco Morasso, S. (2010). Comparing the argumentation model of topics to other contemporary approaches to argument schemes. The procedural and material components. *Argumentation*, 24 (4), 489 – 512.

Rigotti, E., & Rocci, A. (2005). From argument analysis to cultural keywords (and back again). In F. H. van Eemeren & P. Houtlosser (Eds.), *Argumentation in practice* (pp. 125 – 142). Amsterdam-Philadelphia: John Benjamins.

Rigotti, E., & Rocci, A. (2006). Towards a definition of communicative context. Foundations of an interdisciplinary approach to communication. *Studies in Communication Sciences*, 6 (2), 155 – 180.

Rissland, E. L., & Ashley, K. D. (1987). A case-based system for trade secrets law. In *Proceedings of the first international conference on Artificial Intelligence and Law* (pp. 60 – 66). New York: ACM Press.

Rissland, E. L., & Ashley, K. D. (2002). A note on dimensions and factors. *Artificial Intelligence and Law*, 10, 65 – 77.

Ritola, J. (1999). Wilson on circular arguments. In F. H. van Eemeren, R. Grootendorst, J. A. Blair, & C. A. Willard (Eds.), *Proceedings of the fourth international conference of the International Society for the Study of Argumentation* (pp. 705 – 708). Amsterdam: Sic Sat.

Ritola, J. (2003). On reasonable question-begging arguments. In F. H. van Eemeren, J. A. Blair, C. A. Willard, & A. F. Snoeck Henkemans (Eds.), *Proceedings of the fifth conference of the International Society for the Study of Argumentation* (pp. 913 – 917). Amsterdam: Sic Sat.

Ritola, J. (2004). *Begging the question. A study of a fallacy.* Turku: Paino-Salama. Reports from the Department of Philosophy, 13. Doctoral dissertation, University of Turku.

Ritola, J. (2007). Irresolvable conflicts and begging the question. In

J. A. Blair, H. Hansen, R. Johnson, & C. W. Tindale (Eds.), *OSSA Proceedings* 2007. Windsor: University of Windsor. (CD rom).

Ritola, J. (2009). Two accounts of begging the question. In J. Ritola (Ed.), Argument cultures. *Proceedings of the 8th OSSA conference at the University of Windsor in* 2009. Windsor: University of Windsor. (CD rom).

Ritola, J. (Ed., 2012). *Tutkimuksia argumentaatiosta* [Studies on argumentation]. Turku: Paino-Salama. Reports from the Department of Philosophy, 24.

Ritoók, Z. (1975). Zur Geschichte des Topos-Begriffes [On the history of the concept of topos]. In *Actes de la XIIe conférence internationale d'études classiques* [Proceedings of the 12th international conference on classical studies] "Eirene," Cluj-Napoca, 2 – 7 October 1972 (pp. 111 – 114). Bucharest: Ed. Academiei Republicii Socialiste România.

Rittel, H., & Webber, M. (1973). Dilemmas in a general theory of planning. *Policy Sciences*, 4, 155 – 169.

Rivano, E. (1999). *De la argumentación* [On argumentation]. Santiago: Bravo y Allende Editores.

Rivano, J. (1984). *El modelo de Toulmin* [The Toulmin model]. Manuscript.

Riveret, R., Rotolo, A., Sartor, G., Prakken, H., & Roth, B. (2007). Success chances in argument games. A probabilistic approach to legal disputes. In A. R. Lodder & L. Mommers (Eds.), *Legal knowledge and information systems* (*JURIX* 2007) (pp. 99 – 108). Amsterdam: IOS Press.

Rocci, A. (2008). Modality and its conversational backgrounds in the reconstruction of argumentation. *Argumentation*, 22, 165 – 189.

Rocci, A. (2009a). Manoeuvring with tropes. The case of the metaphorical polyphonic and framing of arguments. In F. H. van Eemeren (Ed.), *Examining argumentation in context. Fifteen studies on strategic maneuvering* (pp. 257 – 282). Amsterdam-Philadelphia: John Benjamins.

Rocci, A. (2009b). Manoeuvring with voices. The polyphonic framing of arguments in an institutional advertisement. In F. H. van Eemeren (Ed.), *Ex-*

amining argumentation in context. Fifteen studies on strategic maneuvering (pp. 257 – 283). Amsterdam-Philadelphia: Benjamins.

Rodrigues, S. G. C. (2010). *Questões de dialogismo. O discurso científico, o eu e os outros* [Questions of dialogue. The scientific discourse, the I and the others]. Recife: Editora Universitária da UFPE.

Roesler, C. (2004). *Theodor Viehweg e a ciência do direito* [Theodor Viehweg and legal science]. Florianópolis: Momento Atual.

Roesler, C., & Senra, L. (2012). Lei de anistia e justiça de transição. A releitura da ADPF 153 sob o viés argumentativo e principiológico [Amnesty law and transitional justice. Re-reading the ADPF 153 from an argumentative and principiological point of view]. *Seqüência*, 64, 131 – 160.

Roesler, C., & Tavares da Silva, P. (2012). Argumentação jurídica e direito antitruste. Analise de casos [Legal argumentation and antitrust law. Analysis of cases]. *Revista Jurídica da Presidência da Republica*, 14 (102), 13 – 43.

Rogers, K. (2009). *Tibetan logic.* New York: Snow Lion Publications.

Rolf, B., & Magnusson, C. (2003). Developing the art of argumentation. A software approach. In F. H. van Eemeren, J. A. Blair, C. A. Willard, & A. F. Snoeck Henkemans (Eds.), *Proceedings of the fifth conference of the International Society for the Study of Argumentation* (pp. 919 – 925). Amsterdam: Sic Sat.

Roque, G. (2008). Political rhetoric in visual images. In E. Weigand (Ed.), *Dialogue and rhetoric* (pp. 185 – 193). Amsterdam-Philadelphia: John Benjamins.

Roque, G. (2010). What is visual in visual argumentation? In J. Ritola (Ed.), Argument cultures. *Proceedings of the 8th OSSA conference at the University of Windsor in 2009.* Windsor: University of Windsor. (CD rom).

Roque, G. (2011a). Rhétorique visuelle et argumentation visuelle [Visual rhetoric and visual argumentation]. *Semen*, 32, 91 – 106.

Roque, G. (2011b). Visual argumentation. A reappraisal. In F. H. van Eemeren, B. Garssen, D. Godden, & G. Mitchell (Eds.), *Proceedings of the*

7th conference on argumentation of the International Society for the Study of Argumentation (pp. 1720 – 1734). Amsterdam: Sic Sat. (CD rom).

Roth, B. (2003). *Case-based reasoning in the law. A formal theory of reasoning by case comparison.* Doctoral dissertation, University of Maastricht.

Roulet, E. (1989). De la structure de la conversation á la structure d'autres types de discours [From the structure of conversation to the structure of other types of discourse]. In C. Rubattel (Ed.), *Modè les du discours. Recherches actuelles en Suisse romande* (pp. 35 – 60). Bern: Peter Lang.

Roulet, E. (1999). *La description de l'organisation du discours* [The description of the organization of discourse]. Paris: Didier.

Roulet, E., Auchlin, A., Moeschler, J., Rubattel, C., & Schelling, M. (1985). *L'articulation du discours en français contemporain* [The organization of discourse in contemporary French]. Bern: Peter Lang.

Roulet, E., Filliettaz, L., Grobet, A., & Burger M. (2001). *Un modèle et un instrument d'analyse du discours* [A model and an instrument for the analysis of discourse]. Bern: Peter Lang.

Rowell, E. Z. (1932). Prolegomena to argumentation, II. *Quarterly Journal of Speech*, 18, 238 – 248.

Rowland, R. C. (1992). Argument fields. In W. L. Benoit, D. Hample, & P. J. Benoit (Eds.), *Readings in argumentation* (pp. 469 – 504). Berlin-New York: Foris.

Rowland, R. C. (2012). Spheres of argument. 30 years of influence. *Argumentation and Advocacy*, 48 (2), 195 – 197.

Rozhdestvensky, Y. (2000). *Prinzipy sovremennoy ritoriki* [The principles of modern rhetoric]. Moscow: Flinta, Nauka.

Ruan, S. (1991 – 1992a). Lectures on *Informal Logic*. (1) The rise of Informal Logic. *Logic and Language Learning*, 10 (4), 9 – 11.

Ruan, S. (1991 – 1992b). Lectures on *Informal Logic*. (2) The evaluation of argument. *Logic and Language Learning*, 10 (5), 7 – 10.

Ruan, S. (1991 – 1992c). Lectures on *Informal Logic*. (3) Presupposition. Cooperative principle and implicit premises. *Logic and Language Learn-*

ing, 10 (6), 9 – 10.

Ruan, S. (1991 – 1992d). Lectures on *Informal Logic*. (4) Informal fallacies. *Logic and Language Learning*, 11 (3), 8 – 11.

Ruan, S. (1991 – 1992e). Lectures on *Informal Logic*. (5) Constructing argument. *Logic and Language Learning*, 11 (5), 7 – 9.

Rubinelli, S. (2009). *Ars topica. The classical technique of constructing arguments from Aristotle to Cicero* (Argumentation library, Vol. 15). Dordrecht-Boston: Springer.

Rubinelli, S., Nakamoto, K., & Schulz, P. J. (2008). The rabbit in the hat. Dubious argumentation and the persuasive effects of direct-to-consumer advertising of prescription medicines. *Communication and Medicine*, 5 (1), 49 – 58.

Rubinelli, S., & Zanini, C. (2012). Using argumentation theory to identify the challenges of shared decision-making when the doctor and the patient have a difference of opinion. *Journal of Public Health Research*, 2 (1), e26.

Ruchkina, Y. (2009). *Linvo-argumentativnyye osobennosti strategij vezhlivosti v rechevom konflikte* [Linguo-argumentative peculiarities of politeness in speech conflict]. Doctoral dissertation, Kaluga State University.

Rudanko, J. (2009). Reinstating and defining ad socordiam as an informal fallacy. A case study from a political debate in the early American republic. In J. Ritola (Ed.), Argument cultures. *Proceedings of the 8th OSSA conference at the University of Windsor in 2009*. Windsor: University of Windsor. (CD rom).

Rühl, M. (2001). Emergent vs. dogmatic arguing. Starting points for a theory of the argumentative process. *Argumentation*, 15, 151 – 171.

Russell, B. (1956). On denoting. In B. Russell, *Logic and knowledge. Essays 1901 – 1950 (R. C. Marsh, Ed.)* (pp. 41 – 56). London: Allen & Unwin. (Rirst published in Mind, n. s. 14 (1905), 79 – 493).

Russell, B. (1961). *History of western philosophy and its connection with political and social circumstances from the earliest times to the present day*. London: Allen & Unwin. (1st ed. 1946).

Ryle, G. (1954). *Dilemmas*. Cambridge: Cambridge University Press.

Ryle, G. (1976). *The concept of mind* (5th ed.). Harmondsworth: Penguin. (1st ed. 1949).

Saarinen, E. (Ed.). (1979). *Game-theoretical semantics: Essays on semantics by Hintikka, Carlson, Peacocke, Rantala, and Saarinen.* Dordrecht: Reidel.

Sacks, H., Schegloff, E. A., & Jefferson, G. (1974). A simplest systematics of the organization of turn-taking in conversation. *Language*, 50 (4), 696 - 735.

Saim, M. (2008). Reforming the Jews, rejecting marginalization. The 1799 German debate on Jewish emancipation in its controversy context. In F. H. van Eemeren & B. Garssen (Eds.), *Controversy and confrontation. Relating controversy analysis with argumentation theory* (pp. 93 - 108). Amsterdam-Philadelphia: John Benjamins.

Sainati, V. (1968). *Storia dell' 'organon' aristotelico I: Dai 'Topici' al 'De interpretatione'* [History of the Aristotelian Organon I: From the Topics to De interpretatione]. Florence: Le Monnier.

Sajama, S. (2012). Mikä on oikeudellisen argumentaation ja tulkinnan ero? [What is the difference between judicial argumentation and interpretation?]. In R. Ritola (Ed.), *Tutkimuksia argumentaatiosta* [Studies on argumentation] (pp. 83 - 97). Turku: Paino-Salama. Reports from the Department of Philosophy, 24.

Sălăvăstru, C. (2003). *Teoria şi practica argumentării* [Theory and practice of argumentation]. Iaşi: Polirom.

Salminen, T., Marttunen, M., & Laurinen, L. (2003). Grounding and counter-argumentation during face-to-face and synchronous network debates in secondary school. In F. H. van Eemeren, J. A. Blair, C. A. Willard, & A. F. Snoeck Henkemans (Eds.), *Proceedings of the fifth conference of the International Society for the Study of Argumentation* (pp. 933 - 936). Amsterdam: Sic Sat.

Salminen, T., Marttunen, M., & Laurinen, L. (2010). Visualising knowledge from chat debates in argument diagrams. *Journal of Computer Assisted*

Learning, 26 (5), 379 –391.

Salminen, T., Marttunen, M., & Laurinen, L. (2012). Argumentation in secondary school students' structured and unstructured chat discussions. *Journal of Educational Computing Research*, 47 (2), 175 –208.

Salmon, W. C. (1963). *Logic*. Englewood Cliffs: Prentice-Hall.

Saltykova, Y. A. (2011). *Funktsionirovaniye inoskazatelnyh frazeologicheskih yedinits v argumentativnom diskurse* [Functioning of allegorical phrasal units in argumentative discourse]. Doctoral dissertation, Kaluga State University.

Sammoud, H. (Ed.). (1999). *Ahamm Nathariyyāt al-Ḥijāj fī Attaqālīd al-Gharbiyya min Aristu ilā al-Yawm* [The main theories of argumentation in the Western tradition from Aristotle until today]. Tunis: Manouba University.

Sanders, J. A., Gass, R. H., & Wiseman, R. L. (1991). The influence of type of warrant and receivers' ethnicity on perceptions of warrant strength. In F. H. van Eemeren, R. Grootendorst, J. A. Blair, & C. A. Willard (Eds.), *Proceedings of the second international conference on argumentation organized by the International Society for the Study of Argumentation at the University of Amsterdam*, June 19 –22, 1990, 1B (pp. 709 –718). Amsterdam: Sic Sat.

Sandig, B., & Püschel, U. (Eds., 1992). *Stilistik, III. Argumentationsstile. Germanistische Linguistik* [Stylistics, III. Styles of argumentation. German linguistics]. Hildesheim: Olms.

Sandvik, M. (1995). Methodological implications of the integration of pragma-dialectics and conversation analysis in the study of interactive argumentation. In F. H. van Eemeren, R. Grootendorst, J. A. Blair, & C. A. Willard (Eds.), *Reconstruction and application. Proceedings of the third international conference on argumentation*, *III* (pp. 455 –467). Amsterdam: Sic Sat.

Sandvik, M. (1999). Criteria for winning and losing a political debate. In F. H. van Eemeren, R. Grootendorst, J. A. Blair, & C. A. Willard (Eds.), *Proceedings of the fourth international conference of the International Society for the Study of Argumentation* (pp. 715 – 719). Amsterdam: Sic Sat.

Sandvik, M. (2007). The rhetoric of emotions in political argumentation. In F. H. van Eemeren, J. A. Blair, C. A. Willard, & B. Garssen (Eds.), *Proceedings of the sixth conference of the International Society for the Study of Argumentation* (pp. 1223 – 1226). Amsterdam: Sic Sat.

Santibáñez Yáñez, C. (2010a). ¿Retórica, dialéctica o pragmática? A 50 años de Los usos de la argumentación de Stephen Toulmin [Rhetoric, dialectics or pragmatics? 50 years of The uses of argument of Stephen Toulmin]. *Revista Círculo de Lingüística Aplicada a la Comunicación*, 42, 91 – 125.

Santibáñez Yáñez, C. (2010b). La presunción como acto de habla en la argumentación [Presumption as speech act in argumentation]. *Revista de Lingüística Teórica y Aplicada RLA*, 48 (1), 133 – 152.

Santibáñez Yáñez, C. (2010c). Metaphors and argumentation. The case of Chilean parliamentarian media participation. *Journal of Pragmatics*, 42 (4), 973 – 989.

Santibáñez Yáñez, C. (2012a). Mercier and Sperber's argumentative theory of reasoning. From the psychology of reasoning to argumentation studies. *Informal Logic*, 32 (1), 132 – 159.

Santibáñez Yáñez, C. (2012b). Relevancia, cooperación e intención [Relevance, cooperation and intention]. *Onomazein. Revista de Lingüística y Filología*, 25, 181 – 204.

Santibáñez Yáñez, C. (2012c). Teoría de la argumentación como epistemología aplicada [Argumentation theory as applied epistemology]. *Cinta de Moebio*, 43, 24 – 39.

Santos, C. M. M., Mafaldo, M. P., & Marreiros, A. C. (2003). Dealing with alternative views. The case of the Big Bad Wolf and the Three Little Pigs. In F. H. van Eemeren, J. A. Blair, C. A. Willard, & A. F. Snoeck Henkemans (Eds.), *Proceedings of the fifth conference of the International Society for the Study of Argumentation* (pp. 937 – 941). Amsterdam: Sic Sat.

Sartor, G. (2005). *Legal reasoning. A cognitive approach to the law*, 5. *Treatise on legal philosophy and general jurisprudence*. Berlin: Springer.

de Saussure, L. (2010). L'étrange cas de puis en usages discursifs et argumentatifs [The strange case of "puis" [next, moreover] in discursive and argumentative uses]. In C. Vetters & E. Moline (Eds.), *Temps, aspect et modalité en français* (pp. 261 – 275). Amsterdam: Rodopi.

de Saussure, L., & Oswald, S. (2009). Argumentation et engagement du locuteur. Pour un point de vue subjectiviste [Argumentation and speaker's commitment. Towards a subjectivist point of view]. *Nouveaux Cahiers de Linguistique Française*, 29, 215 – 243.

Schank, G., & Schwittala, J. (1987). *Konflikte in Gesprächen* [Conflicts in conversation]. Tübingen: Narr.

Schanze, H. (Ed.). (1974). *Rhetorik. Beiträge zu ihrer Geschichte in Deutschland vom* 16. – 20. *Jahrhundert* [Rhetoric. Contribution to its history in Germany from the 16th to the 20th century]. Frankfurt am Main: Athenäum Fischer.

Schellens, P. J. (1979). Vijf bezwaren tegen het Toulmin-model [Five objections to the Toulmin model]. *Tijdschrift voor Taalbeheersing* [Journal of speech communication], 1, 226 – 246.

Schellens, P. J. (1985). *Redelijke argumenten. Een onderzoek naar normen voor kritische lezers* [Reasonable arguments. A study of norms for critical readers]. Dordrecht-Cinnaminson: Foris.

Schellens, P. J. (1991). De argumenten ad verecundiam en ad hominem. Aanvaardbare drogredenen? [The ad verecundiam and the ad hominem argument. Acceptable fallacies?]. *Tijdschrift voor Taalbeheersing*, 13, 134 – 144.

Schellens, P. J., & de Jong, M. (2004). Argumentation schemes in persuasive brochures. *Argumentation*, 18, 295 – 323.

Schellens, P. J., & Verhoeven, G. (1988). *Argument en tegenargument. Een inleiding in de analyse en beoordeling van betogende teksten* [Argument and counter-argument. An introduction to the analysis and evaluation of argumentative texts]. Leiden: Martinus Nijhoff.

Scherer, K. R. (1984). Les émotions. Fonctions et composantes [Emotions. Functions and components]. *Cahiers de Psychologie Cognitive*, 4, 9 – 39.

Scheuer, O., Loll, F., Pinkwart, N., & McLaren, B. M. (2010). Computer-supported argumentation. A review of the state of the art. *Computer-Supported Collaborative Learning*, 5, 43 – 102.

Schiappa, E. (1985). Dissociation in the arguments of rhetorical theory. *Journal of the American Forensic Association*, 22, 72 – 82.

Schiappa, E. (1989). "Spheres of argument" as topoi for the critical study of power/knowledge. In B. E. Gronbeck (Ed.), *Spheres of argument. Proceedings of the sixth SCA/AFA conference on argumentation* (pp. 47 – 56). Annandale: Speech Communication Association.

Schiappa, E. (1990). Did Plato coin the term rhêtorikê? *American Journal of Philology*, 111, 460 – 473.

Schiappa, E. (1993). Arguing about definitions. *Argumentation*, 7, 403 – 418.

Schiappa, E. (2001). Second thoughts on critiques of Big Rhetoric. *Philosophy and Rhetoric*, 34 (3), 260 – 274.

Schiappa, E. (2002). Evaluating argumentative discourse from a rhetorical perspective. Defining "person" and "human life" in constitutional disputes over abortion. In F. H. van Eemeren & P. Houtlosser (Eds.), *Dialectic and rhetoric. The warp and woof of argumentation analysis* (pp. 65 – 80). Dordrecht: Kluwer.

Schiappa, E. (2012). Defining marriage in California. An analysis of public and technical argument. *Argumentation and Advocacy*, 48 (2), 211 – 215.

Schiappa, E., & Swartz, O. (1994). Introduction. In E. Schiappa (Ed.), *Landmarks essays on classical Greek rhetoric*. Davis: Hermagoras Press.

Schiffrin, D. (1990). The management of a co-operative self during argument. The role of opinions and stories. In A. D. Grimshaw (Ed.), *Conflict talk* (pp. 241 – 259). Cambridge – New York: Cambridge University Press.

Schipper, E. W., & Schuh, E. (1960). *A first course in modern logic*. London: Routledge & Kegan Paul.

Schmidt, S. J. (1977). Argumentationstheoretische aspekte einer rationalen Literaturwissenschaft [Argumentation theoretical aspects of a rational theory of literature]. In M. Schecker (Ed.), *Theorie der Argumentation* [Theory of argumentation] (pp. 171 – 200). Tübingen: Tübinger Beiträge zur Linguistik, 76.

Scholz, H. (1967). *Abriss der Geschichte der Logik* [Outline of the history of logic]. (3rd ed.). Munich: Karl Alber. (1st ed., Geschichte der Logik [History of logic] 1931).

Schopenhauer, A. (1970). Eristische Dialektik [Eristic dialectic]. In A. Hübscher (Ed.), *Der Handschriftliche Nachlass, III: Berliner Manuskripte* (1818 – 1830) (pp. 666 – 695). Frankfurt am Main: Berliner Manuskripte. (1st ed. 1818 – 1930).

Schreiber, S. G. (2003). *Aristotle on false reasoning. Language and the world in the Sophistical refutations.* Albany: State University of New York Press.

Schreier, M. N., Groeben, N., & Christmann, U. (1995). That's not fair! Argumentative integrity as an ethics of argumentative communication. *Argumentation*, 9 (2), 267 – 289.

Schuetz, J. (1991). Perelman's rule of justice in Mexican appellate courts. In F. H. van Eemeren, R. Grootendorst, J. A. Blair, & C. A. Willard (Eds.), *Proceedings of the second international conference on argumentation organized by the International Society for the Study of Argumentation at the University of Amsterdam*, June 19 – 22, 1990 (pp. 804 – 812). Amsterdam: Sic Sat.

Schulz, P. (2006). Comment on "Constrained maneuvering. rhetoric as a rational enterprise". *Argumentation*, 20 (4), 467 – 471.

Schulz, P. J., & Rubinelli, S. (2008). Arguing "for" the patient. Informed consent and strategic maneuvering in doctor-patient interaction. *Argumentation*, 22 (3), 423 – 432.

Schwarz, B. B., Neuman, Y., & Biezuner, S. (2000). Two wrongs may make a right...If they argue together! *Cognition and Instruction*, 18 (4), 461 – 494.

Schwarz, B. B., Neuman, Y., Gil, J., & Ilya, M. (2003). Construction of collective and individual knowledge in argumentative activity. *Journal of the Learning Sciences*, 12 (2), 219 – 256.

Schwed, M. (2003). "I see your point" – On visual arguments. In F. H. van Eemeren, R. Grootendorst, J. A. Blair, C. A. Willard, & A. F. Snoeck Henkemans (Eds.), *Proceedings of the fifth conference of the International Society for the Study of Argumentation* (pp. 949 – 951). Amsterdam: Sic Sat.

Schwed, M. (2005). On the philosophical preconditions for visual arguments. In D. L. Hitchcock (Ed.) *The uses of argument. Proceedings of a conference at McMaster University* (pp. 403 – 412). Hamilton: Ontario Society for the Study of Argumentation.

Schwemmer, O., & Lorenzen, P. (1973). *Konstruktive Logik, Ethik und Wissenschaftstheorie* [Constructive logic, ethics and theory of science]. Mannheim: Bibliographisches Institut.

Schwitalla, J. (1976). Zur Einführung in die Argumentationstheorie. Begründung durch Daten und Begründung durch Handlungsziele in der Alltagsargumentation [Introduction in the theory of argumentation. Foundation based on data and foundation based on action goals in everyday argumentation]. *Der Deutschunterricht*, 28, 22 – 36.

Schwitalla, J. (1987). Common argumentation and group identity. In F. H. van Eemeren, R. Grootendorst, J. A. Blair, & C. A. Willard (Eds.), *Argumentation. Perspectives and approaches. Proceedings of the conference on argumentation* 1986 (pp. 119 – 126). Dordrecht-Providence: Foris.

Scott, R. L. (1967). On viewing rhetoric as epistemic. *Central States Speech Journal*, 18, 9 – 16.

Scott, R. L. (1999). On viewing rhetoric as epistemic. In J. L. Lucaites, C. M. Condit, & S. Caudill (Eds.), *Contemporary rhetorical theory. A reader*. New York: Guilford Press.

Scripnic, G. (2011). Strategic manoeuvring with direct evidential strategies. In F. H. van Eemeren, B. Garssen, D. Godden, & G. Mitchell (Eds.), *Proceedings of the 7th conference of the International Society for the Study of Argumentation* (pp. 1789 – 1798). Amsterdam: Rozenberg/Sic Sat.

Scripnic, G. (2012a). *Communication, argumentation et médiativité.*

Aspects de l'évidentialité en français et en roumain [Communication, argumentation, and evidentiality. Aspects of evidentiality in French and Romanian]. Cluj-Napoca: Casa Cărţii de Ş tiinţă.

Scripnic, G. (2012b). Médiativité, mirativité et ajustement stratégique [Evidentiality, mirativity, and strategic maneuvering]. In G. Hassler (Ed.), *Locutions et phrases. Aspects de la pré dication* [Phrases and sentences. Aspects of predication] (pp. 108 –116). Münster: Nodus Publikationen.

Scriven, M. (1976). *Reasoning*. New York: McGraw Hill.

Scult, A. (1976). Perelman's universal audience. One perspective. *Central States Speech Journal*, 27, 176 –180.

Scult, A. (1985). A note on the range and utility of the universal audience. *Journal of the American Forensic Association*, 22, 84 –87.

Scult, A. (1989). Perelman's universal audience. One perspective. In R. D. Dearin (Ed.), *The new rhetoric of Chaïm Perelman. Statement & response* (pp. 153 –162). Lanham: University Press of America.

Seara, I. R. (2010a). L'épistolaire de condoléances. Une rhétorique de la consolation [The epistolary art of condolences. A rhetoric of comfort]. In L. – S. Florea, C. Papahagi, L. Pop, & A. Curea (Eds.), *Directions actuelles en linguistique du texte. Actes du colloque international "Le texte: modèles, méthodes, perspectives", II* [Current trends in linguistics. Proceedings of the international colloquium "The text: models, methods, perspectives, II"] (pp. 213 –222). Cluj-Napoca: Casa Cărţii de Ştiinţă.

Seara, I. R. (2010b). Le blog: Frontières d'un nouveau genre [The blog: borders of a new genre]. In *Actes du XXVe Congrès international de linguistique et philologie romanes* (Innsbruck, 3 –8 septembre 2007) [Proceedings of the XXVth international conference on romance linguistics and philology (Innsbruck, September 3 –8, 2007)] (pp. 243 –252). Tübingen: Niemeyer.

Seara, I. R., & Pinto, R. (2011). Communication and argumentation in the public sphere. *Discursul specializat-teorie şi practică*, 5 (1), 56 –66.

Searle, J. R. (1969). *Speech acts. An essay in the philosophy of* language. Cambridge: Cambridge University Press.

Searle, J. R. (1979). *Expression and meaning. Studies in the theory of speech acts.* Cambridge: Cambridge University Press.

Searle, J. R. (1995). *The construction of social reality.* London: Penguin.

Seech, Z. (1993). *Open minds and everyday reasoning.* Belmont: Wadsworth.

Segre, C. (1985). *Avviamento all'analisi del testo letterario* [Introduction to the analysis of literary texts]. Torino: Einaudi.

Seibold, D. R., McPhee, R. D., Poole, M. S., Tanita, N. E., & Canary, D. J. (1981). Argument, group influence, and decision outcomes. In G. Ziegelmueller & J. Rhodes (Eds.), *Dimensions of argument. Proceedings of the second summer conference on argumentation* (pp. 663 – 692). Annandale: Speech Communication Association.

Seigel, J. E. (1968). *Rhetoric and philosophy in Renaissance humanism. The union of eloquence and wisdom, Petrarch to Valla.* Princeton: Princeton University Press.

Selinger, M. (2005) Dwa pojęcia prawdy wświetle logiki i erystyki [Two notions of truth in logic and eristics]. In B. Sierocka (Ed.), *Aspekty kompetencji komunikacyjnej* [The aspects of communicative competence]. Wrocław: Atut.

Selinger, M. (2010). Ogólna forma argumentu [General form of argument]. In W. Suchoń, I. – Trzcieniecka-Schneider & D. Kowalski (Eds.), *Argumentacja i racjonalna zmiana przekonań* [Argumentation and the rational change of beliefs] (pp. 101 – 117) (DiaLogikon, Vol. XV). Kraków: Jagiellonian University Press.

Selinger, M. (2012). Formalna ocena argumentacji [Formal evaluation of arguments]. *Przegląd Filozoficzny-Nowa Seria*, 1 (81), 89 – 109.

Sentenberg, I. V. & Karasic, V. I. (1993). Psevdoargumentatsia. Nekotorye vidy rechevykh manipulyatsii [Pseudo-argumentation. Some types of speech manipulations]. *Journal of Speech Communication and Argumenta-*

tion, 1 (pp. 30 – 39). St. Petersburg: Ecopolis and Culture.

Seppänen, M. (2007). The quality of argumentation in masters theses. In F. H. van Eemeren, J. A. Blair, C. A. Willard, & B. Garssen (Eds.), *Proceedings of the sixth conference of the International Society for the Study of Argumentation* (pp. 1257 – 1264). Amsterdam: Sic Sat.

Serra, J. P. (2009). Persuasão e propaganda. Os limites da retórica na sociedade mediatizada [Persuasion and propaganda. The limits of rhetoric in the mediatised society]. *Comunicação e sociedade*, 16, 85 – 100.

Sextus Empiricus (1933 – 1949). Sextus Empiricus, I: *Outlines of Pyrrhonism* (1933), II: *Against logicians* [Adversus mathematicos VII, VIII] (1935), III: *Against physicists* [Adversus mathematicos IX, X], *Against ethicists* [Adversus mathematicos XI] (1936), IV: *Against professors* [Adversus mathematicos I – VI] (1949) (R. G. Bury, trans.). London: William Heinemann (*Loeb classical library* 273, 291, 311, 382).

Shaw, W. C. (1916). Systematic analysis of debating problems. *Journal of Speech Education*, 2, 344 – 351.

Shi, Xu. (1995). Beyond argument and explanation. Analyzing practical orientations of reasoned discourse. In F. H. van Eemeren, R. Grootendorst, J. A. Blair, & C. A. Willard (Eds.), *Perspectives and approaches. Proceedings of the third ISSA conference on argumentation* (University of Amsterdam, June 21 – 24, 1994), I (pp. 16 – 29). Amsterdam: Sic Sat.

Shi, Xu., & Kienpointner, M. (2001). The reproduction of culture through argumentative discourse. Studying the contested nature of Hong Kong in the international media. *Pragmatics*, 11 (3), 285 – 307.

Siegel, H. (1988). *Educating reason. Rationality, critical thinking and education.* New York: Routledge.

Siegel, H., & Biro, J. I. (1997). Epistemic normativity, argumentation, and fallacies. *Argumentation*, 11, 277 – 292.

Siegel, H., & Biro, J. I. (2008). Rationality, reasonableness, and critical rationalism. problems with the pragma-dialectical view. *Argumentation*, 22 (2), 191 – 202.

Siegel, H., & Biro, J. I. (2010). The pragma-dialectician's dilemma. Reply to Garssen and van Laar. *Informal Logic*, 30 (4), 457 – 480.

Sigrell, A. (1995). The persuasive effect of implicit arguments in discourse. In F. H. van Eemeren, R. Grootendorst, J. A. Blair & C. A. Willard (Eds.), *Analysis and Evaluation. Proceedings of the third ISSA conference on argumentation* (*University of Amsterdam*, June 21 – 24, 1994), II (pp. 151 – 157). Amsterdam: Sic Sat.

Sigrell, A. (1999). *Att övertyga mellan raderna. En retorisk studie om underförstå ddheter I modern politisk argumentation* [To convince between the lines. A rhetorical study of the implicit in modern political argumentation]. Åstiro: Rhetor förlag. Doctoral dissertation, University of Umeå. (2nd ed. 2001).

Sigrell, A. (2003). Progymnasmata, pragmadialectics and pedagogy. In F. H. van Eemeren, J. A. Blair, C. A. Willard, & A. F. Snoeck Henkemans (Eds.), *Proceedings of the fifth conference of the International Society for the Study of Argumentation* (pp. 965 – 968). Amsterdam: Sic Sat.

Sigrell, A. (2007). The normativity of the progymnasmata exercises. In F. H. van Eemeren, J. A. Blair, C. A. Willard, & B. Garssen (Eds.), *Proceedings of the sixth conference of the International Society for the Study of Argumentation* (pp. 1285 – 1289). Amsterdam: Sic Sat.

Siitonen, A., & Halonen, I. (1997). *Ajattelu ja argumentointi* [Thinking and argumentation]. Porvoo Helsinki Juva: WSOY.

Sikora, J. J. (1959). The uses of argument. *New Scholasticism*, 33, 373 – 374.

Sillars, M. O. (1981). Investigating religious argument as a field. In G. Ziegelmueller & J. Rhodes (Eds.), *Dimensions of argument. Proceedings of the second summer conference on argumentation* (pp. 143 – 151). Annandale: Speech Communication Association.

Silva, J. V. (2004). *Comunicação, lógica e retórica forenses* [Communication, logic and forensic rhetoric]. Porto: Unicepe.

da Silva, V. A. (2007). Legal argumentation, constitutional interpretation, and presumption of constitutionality. In F. H. van Eemeren, J. A. Blair, C. A. Willard, & B. Garssen (Eds.), *Proceedings of the sixth conference of the International Society for the Study of Argumentation* (pp. 1291 – 1294). Amsterdam: Sic Sat.

da Silva, V. A. (2009). O STF e o controle de constitucionalidade. Deliberação, diálogo e razão pública [The Supreme Federal Court and judicial review. Deliberation, dialogue and public reason]. *Revista de Direito Administrativo*, 250, 197 – 227.

da Silva, V. A. (2011). Comparing the incommensurable. Constitutional principles, balancing and rational decision. *Oxford Journal of Legal Studies*, 31, 273 – 301.

Simari, G. R., & Loui, R. P. (1992). A mathematical treatment of defeasible reasoning and its applications. *Artificial Intelligence*, 53, 125 – 157.

Simmons, E. D. (1959). Methods and criteria of reasoning. *New Scholasticism*, 32, 526 – 530.

Simonffy, Z. (2010). *Vue. De la sémantique á la pragmatique et retour. Pour une approche argumentative des rapports entre langue et culture. From semantics to pragmatics and back.* [Towards an argumentative approach of the relationships between language and culture]. Saarbrücken: Éditions universitaires européennes.

Simons, H. W. (1990). The rhetoric of inquiry as an intellectual movement. In H. W. Simons (Ed.), *The rhetorical turn. Invention and persuasion in the conduct of inquiry.* Chicago-London: University of Chicago Press.

Simpson, P. (1993). *Langage, ideology and point of view.* London: Routledge.

Sitri, F. (2003). *L'objet du débat. La construction des objets de discours dans des situations argumentatives orales* [The subject of the debate. The construction of discourse entities in oral argumentative situations]. Paris: Presses de la Sorbonne Nouvelle.

Sivilov, L. (1981). Споровете за предмета на диалектическата логика [The disputes on the subject of dialectical logic]. *Filosofska misal*, 1,

30 – 43.

Sivilov, L. (1993). Новата реторика (Програма за обучението по реторика) [The new rhetoric (training program in rhetoric)]. *Philosophy*, 3, 55 – 58.

Škarić, I. (2011). *Argumentacija* [Argumentation]. Zagreb: Nakladni zavod Globus.

Skouen, T. (2009). *Passion and persuasion. John Dryden's The hind and the panther* (1687). Saarbrücken: VDM Verlag Dr. Müller.

Skulska, J. (2013). *Schematy argumentacji Douglasa Waltona w świetle toposów w retoryce Arystotelesa* [Walton's argumentation schemes and topoi in Aristotelian rhetoric]. Doctoral dissertation, Cardinal Stefan Wyszyński University in Warsaw.

Slomkowski, P. (1997). *Aristotle's Topics.* Leiden: Brill.

Slot, P. (1993). *How can you say that? Rhetorical questions in argumentative texts.* Doctoral dissertation, University of Amsterdam. Amsterdam: IFOTT.

Smirnova, A. V. (2007). Why do journalists quote other people, or on the functions of reported speech in argumentative newspaper discourse. In F. H. van Eemeren, J. A. Blair, C. A. Willard, & B. Garssen (Eds.), *Proceedings of the sixth conference of the International Society for the Study of Argumentation* (pp. 1305 – 1307). Amsterdam: Sic Sat.

Smith, E. E., & Medin, D. L. (1981). *Categories and concepts.* Cambridge, MA: Harvard University Press.

Smith, R. (1995). Logic. In J. Barnes (Ed.), *The Cambridge companion to Aristotle* (c. 2, pp. 27 – 65). Cambridge: Cambridge University Press.

Snoeck Henkemans, A. F. (1992). *Analysing complex argumentation. The reconstruction of multiple and coordinatively compound argumentation in a critical discussion.* Amsterdam: Sic Sat.

Snoeck Henkemans, A. F. (1994). Review of Freeman (1991). *Argumentation*, 8, 319 – 321.

Snoeck Henkemans, A. F. (1995a). Anyway and even as indicators of argumentative structure. In F. H. van Eemeren, R. Grootendorst, J. A. Blair, & C. A. Willard (Eds.), *Reconstruction and application. Proceedings of the third international conference on argumentation* (Vol. III, pp. 183 – 191). Amsterdam: Sic Sat.

Snoeck Henkemans, A. F. (1995b). But as an indicator of counter-arguments and concessions. *Leuvense Bijdragen*, 84, 281 – 294.

Snoeck Henkemans, A. F. (2001). Argumentation structures. In F. H. van Eemeren (Ed.), *Crucial concepts in argumentation theory* (pp. 101 – 134). Amsterdam: Amsterdam University Press.

Snoeck Henkemans, A. F. (2005). What's in a name? The use of the stylistic device metonymy as a strategic manoeuvre in the confrontation and argumentation stages of a discussion. In D. L. Hitchcock (Ed.), *The uses of argument. Proceedings of a conference at McMaster University* 18 – 21 May 2005 (pp. 433 – 441). Hamilton: Ontario Society for the Study of Argumentation.

Snoeck Henkemans, A. F. (2009a). Manoeuvring strategically with rhetorical questions. In F. H. van Eemeren & B. Garssen (Eds.), *Pondering on problems of argumentation.* Twenty essays on theoretical issues (pp. 15 – 23). Dordrecht: Springer.

Snoeck Henkemans, A. F. (2009b). The contribution of praeteritio to arguers' confrontational strategic manoeuvres. In F. H. van Eemeren (Ed.), *Examining argumentation in context. Fifteen studies on strategic maneuvering* (pp. 241 – 255). Amsterdam-Philadelphia: John Benjamins.

Snoeck Henkemans, A. F. (2011). Shared medical decision-making. Strategic maneuvering by doctors in the presentation of their treatment preferences to patients. In F. H. van Eemeren, B. J. Garssen, D. Godden, & G. Mitchell (Eds.), *Proceedings of the 7th conference of the International Society for the Study of Argumentation* (pp. 1811 – 1818). Amsterdam: Rozenberg/Sic Sat. (CD rom).

Solmsen, F. (1929). *Die Entwicklung der aristotelischen Logik and Rhetorik* [The development of Aristotelian logic and rhetoric]. Berlin: Weidmannsche Buchhandlung.

Sorm, E., Timmers, R., & Schellens, P. J. (2007). Determining laymen criteria. Evaluating methods. In F. H. van Eemeren, J. A. Blair, C. A. Willard, & B. Garssen (Eds.), *Proceedings of the sixth conference of the International Society for the Study of Argumentation* (pp. 1321–1328). Amsterdam: Sic Sat.

de Souza, W. E., & Machado, I. L. (Eds.). (2008). *Análise do discurso. Ethos, emoções, ethos e argumentação* [Discourse analysis. Ethos, emotions and argumentation]. Belo Horizonte: UFMG.

Spade, P. V. (1982). Obligations: B. Developments in the Fourteenth Century. In N. Kretzmann, A. Kenny, & J. Pinborg (Eds.), *The Cambridge history of later medieval philosophy* (pp. 335–341). Cambridge: Cambridge University Press.

Spassov, D. (1980). *Символна логика* [Symbolic logic]. Sofia: Nauka i Izkustvo.

Sperber, D. (2000). Metarepresentations in an evolutionary perspective. In D. Sperber (Ed.), *Metarepresentations. A multidisciplinary perspective* (pp. 117–137). Oxford: Oxford University Press.

Sperber, D. (2001). An evolutionary perspective on testimony and argumentation. *Philosophical Topics*, 29, 401–413.

Sperber, D., & Wilson, D. (1986). *Relevance. Communication and cognition.* Cambridge: Harvard University Press.

Spranzi, M. (2004a). *Le "Dialogue sur les deux grands systèmes du monde" de Galilée. Dialectique, rhétorique et démonstration* [The "Dialogue concerning the two Chief world systems" of Galileo. Dialectics, rhetoric, and demonstration]. Paris: PUF.

Spranzi, M. (2004b). Galileo and the mountains of the moon. Analogical reasoning, models and metaphors in scientific discovery. *Journal of Cognition and Culture*, 4, 451–484.

Spranzi, M. (2011). *The art of dialectic between Dialogue and rhetoric. The Aristotelian tradition* (Controversies, Vol. 9). Amsterdam-Philadelphia: Benjamins.

Stati, S. (2002). *Principi di analisi argomentativa: Retorica, logica, linguistica* [*Principles of argumentation analysis*. Rhetoric, logic, linguistics]. Bologna: Pátron.

Stcherbatsky, F. T. (2011a). *Buddhist logic*, *I*. Whitefish: Kessinger Publishing. (original ed. published in 1930).

Stcherbatsky, F. T. (2011b). *Buddist logic*, *II*. Whitefish: Kessinger Publishing. (original ed. published in 1930).

Stefanov, V. (2001). Доказателство и аргументация [Evidence and argumentation]. *Philosophy*, 2, 22-29.

Stefanov, V. (2003). *Логика* [Logic]. Sofia: Sofia University Press. Stefanova, N. (2012). Реторическа аргументация в италианския политически дебат от края на XX век [Rhetorical argumentation in the Italian political debate since the end of the twentieth century]. The transition from first to second Italian republic. Doctoral dissertation, University of Sofia, Faculty of Philosophy, Department of Rhetoric.

Strecker, B. (1976). *Beweisen. Eine praktisch-semantische Untersuchung* [Prove. A practicalsemantic examination]. Tübingen: Niemeyer.

Stump, E. (1982). Obligations: A. From the beginning to the early Fourteenth Century. In N. Kretzmann, A. Kenny, & J. Pinborg (Eds.), *The Cambridge history of later medieval philosophy* (pp. 315-334). Cambridge: Cambridge University Press.

Stump, E. (1989). *Dialectic and its place in the development of medieval logic*. Ithaca: Cornell University Press.

Suchoń, W. (2005). *Prolegomena do retoryki logicznej* [Prolegomena to logical rhetoric]. Kraków: Jagiellonian University Press.

Sukhareva, O. (2010). *Zapadnaya ritoricheskaya traditsiya i problema ubeditelnosti monologa* [Western rhetorical tradition and the problem of monologue persuasiveness]. Doctoral dissertation, Kaluga State University.

Suthers, D. (1999). Representational support for collaborative inquiry. In *Proceedings of the* 32nd *Hawaii international conference on the system sciences* (*HICSS*-32). Institute of Electrical and Electronics Engineers (IEEE).

Suthers, D., Weiner, A., Connelly, J., & Paolucci, M. (1995). Belvedere. Engaging students in critical discussion of science and public policy issues. In *Proceedings of the* 7th *world conference on artificial intelligence in education* (*AIED* '95) (pp. 266 – 273). Washington.

Suzuki, M., Hasumi, J., Yano, Y., & Sakai, K. (2011). Adaptation to adjudication styles in debates and debate education. In F. H. van Eemeren, B. J. Garssen, D. Godden, & G. Mitchell (Eds.), *Proceedings of the 7th conference of the International Society for the Study of Argumentation* (pp. 1841 – 1848). Amsterdam: Sic Sat. (CD rom).

Suzuki, T. (1989). *Japanese debating activities. A comparison with American debating activities and a rationale for the improvement.* An MA thesis submitted to the Graduate School and Department of Communication Studies, University of Kansas, Lawrence.

Suzuki, T. (2001). The cardinal principles of the national entity of Japan. A rhetoric of ideological pronouncement. *Argumentation*, 15, 251 – 266.

Suzuki, T. (2007). A fantasy theme analysis of Prime Minister Koizumi's "Structural reform without sacred cows". In F. H. van Eemeren, B. J. Garssen, J. A. Blair, & C. A. Willard (Eds.), *Proceedings of the 6th conference of the International Society for the Study of Argumentation* (pp. 1345 – 1351). Amsterdam: Sic Sat.

Suzuki, T. (2008). Japanese argumentation. Vocabulary and culture. *Argumentation and Advocacy*, 45, 49 – 53.

Suzuki, T. (2012). Why do humans reason sometimes and avoid doing it other times? Kotodama in Japanese culture. *Argumentation and Advocacy*, 48, 178 – 180.

Suzuki, T., & van Eemeren, F. H. (2004). "This painful chapter". An analysis of Emperor Akihito's apologia in the context of Dutch old sores. *Argumentation and Advocacy*, 41, 102 – 111.

Suzuki, T., & Kato, T. (2011). An analysis of tv debate. Democratic Party of Japan leadership between Hatoyama and Okada. In F. H. van Eemeren, B. J. Garssen, D. Godden, & G. Mitchell (Eds.), *Proceedings of the 7th con-*

ference of the International Society for the Study of Argumentation (pp. 1849 – 1859). Amsterdam: Sic Sat. (CD rom).

Suzuki, T., & Matsumoto, S. (2002). English-language debate as business communication training in Japan. In J. E. Rogers (Ed.), *Transforming debate. The best of the International Journal of Forensics* (pp. 51 – 70). New York-Amsterdam-Brussels: International Debate Education Association.

Swearingen, C. J., & Schiappa, E. (2009). Historical studies in rhetoric. Revisionist methods and new directions. In A. A. Lunsford, K. H. Wilson, & R. A. Eberly (Eds.), *The Sage handbook of rhetorical studies* (pp. 1 – 12). Los Angeles: Sage.

Sycara, K. (1989). Argumentation. Planning other agents' plans. In *Proceedings of the eleventh international joint conference on artificial intelligence* (pp. 517 – 523). Detroit: Morgan Kaufmann.

Szymanek, K. (2001). *Sztuka argumentacji. Słownik terminologiczny* [The art of argument. A terminological dictionary]. Warsaw: PWN.

Szymanek, K. (2009). *Argument z podobieństwa* [Argument by similarity (analogy)]. Katowice: University of Silesia Press.

Szymanek, K., Wieczorek, K., & Wójcik, A. S. (2004). *Sztuka argumentacji. Ćwiczenia w badaniu argumentów* [The art of argument. Exercises in argument analysis]. Warsaw: PWN.

Talbott, W. (2011). Bayesian epistemology. In E. N. Zalta (Ed.), The Stanford encyclopedia of philosophy. Summer 2011 ed. http://plato. stanford. edu/archives/sum2011/entries/epistemol ogy-bayesian/

Tans, O. (2006). The fluidithy of warrants. Using the Toulmin model to analyse practical discourse. In D. L. Hitchcock & B. Verheij (Eds.), *Arguing on the Toulmin model. New essays in argument analysis and evaluation* (pp. 219 – 230). Dordrecht: Springer.

Tarnay, L. (1982). A game-theoretical analysis of riddles. *Studia Poetica*, 4, 99 – 169.

Tarnay, L. (1986). On dialogue games, argumentation, and literature. In F. H. van Eemeren, R. Grootendorst, J. A. Blair, & C. A. Willard

(*Eds.*), *Proceedings of the first international conference on argumentation*, 3*B*. *Argumentation. Analysis and practice* (pp. 209 –216). Dordrecht: Foris.

Tarnay, L. (1990). Az irodalmi interpretáció argumentatív szerkezete [The argumentative structure of literary interpretation]. *Studia Poetica*, 9, 67 –86.

Tarnay, L. (1991). On vagueness, truth, and argumentation. In F. H. van Eemeren, R. Grootendorst, J. A. Blair, & C. A. Willard (Eds.), *Proceedings of the second international conference on argumentation organized by the International Society for the Study of Argumentation at the University of Amsterdam*, June 19 –22, 1990 (pp. 506 –514). Dordrecht: Foris.

Tarnay, L. (2003). On visual argumentation. In F. H. van Eemeren, J. A. Blair, & C. A. Willard (Eds.), *Proceedings of the fifth international conference of the International Society for the Study of Argumentation* (pp. 1001 – 1006). Amsterdam: Sic Sat.

Taroni, F., Aitken, C., Garbolino, P., & Biedermann, A. (2006). *Bayesian networks and probabilistic inference in forensic science.* Chichester: Wiley.

Tarski, A. (1995). *Introduction to logic and to the methodology of deductive sciences.* New York: Dover Publications.

Tarski, A. (2002). On the concept of following logically (M. Stroińska Aristotle (1965). On sophistical refutations. (E. S. Forster, trans.)). In Aristotle, On sophistical refutations. *On coming-to-be and passing-away*; *On the cosmos.* Cambridge, MA: Harvard University Press & London 1965. (1st ed. 1955).

Tchouechov, V. (1993). *Teoretiko-istoricheskie osnovania argumentologii* [Theoretical historical foundations of argumentology]. St. Petersburg: St. Petersburg State University Press.

Tchouechov, V. (1999). Totalitarian argumentation. Theory and practice. In F. H. van Eemeren, R. Grootendorst, J. A. Blair, & C. A. Willard (Eds.), *Proceedings of the fourth international conference of the International Society for the Study of Argumentation* (pp. 784 –785). Amsterdam: Sic Sat.

Tchouechov, V. (2011). Argumentology about the possibility of dialogue between new logic, rhetoric, dialectics. In F. H. van Eemeren, B. Garssen, D. Godden, & G. Mitchell (Eds.), *Proceedings of the 7th conference on argumentation of the International Society for the Study of Argumentation* (pp. 1860 – 1869). Amsterdam: Sic Sat.

Teufel, S. (1999). *Argumentative zoning. Information extraction from scientific articles.* Doctoral dissertation, University of Edinburgh.

Thagard, P. (1992). *Conceptual revolutions.* Princeton: Princeton University Press.

Thomas, S. N. (1973). *Practical reasoning in natural language.* Englewood Cliffs: Prentice-Hall.

Thomas, S. N. (1986). Practical reasoning in natural language (3rd ed.). Englewood Cliffs: Prentice-Hall. (1st ed. 1973).

Thurén, L. (1995). *Argument and theology in* 1 *Peter. The origins of Christian paraenesis.* Sheffield: Sheffield Academic Press.

Tindale, C. W. (1996). From syllogisms to audiences. The prospects for logic in a rhetorical model of argumentation. In D. M. Gabbay & H. J. Ohlbach (Eds.), *Practical reasoning. Proceedings of FAPR* 1996 (pp. 596 – 605). Berlin: Springer.

Tindale, C. W. (1999). *Acts of arguing. A rhetorical model of argument.* Albany: State University of New York Press.

Tindale, C. W. (2004). *Rhetorical argumentation. Principles of theory and practice.* Thousand Oaks: Sage.

Tindale, C. W. (2006). Constrained maneuvering. Rhetoric as a rational enterprise. *Argumentation*, 20 (4), 447 – 466.

Tindale, C. W. (2010a). *Reason's dark champions. Constructive strategies of sophistic argument.* Columbia: South Carolina Press. (in tekst als 2010).

Tindale, C. W. (2010b). Ways of being reasonable. Perelman and the philosophers. *Philosophy & Rhetoric*, 43 (4), 337 – 361.

Tirkkonen-Condit, S. (1985). *Argumentative text structure and translation* (Studia Philologica Jyväskyläensia, Vol. 18). Jyväskylä: University of Jyväskylä.

Tirkkonen-Condit, S. (1987). Argumentation in English and Finnish editorials. In F. H. van Eemeren, R. Grootendorst, J. A. Blair, & C. A. Willard (Eds.), *Argumentation. Across the lines of discipline. Proceedings of the conference on argumentation* 1986 (pp. 373 –378). Dordrecht-Providence: Foris.

Titscher, S., Meyer, M., Wodak, R., & Vetter, E. (2000). *Methods of text and discourse analysis.* London: Sage.

Tokarz, M. (1987). Persuasion. *Bulletin of the Section of Logic*, 16, 46 –50.

Tokarz, M. (1993). *Elementy pragmatyki logicznej* [Elements of logical pragmatics]. Warsaw: PWN.

Tokarz, M. (2006). *Argumentacja. Perswazja. Manipulacja* [Argumentation. Persuasion. Manipulation]. Gdańsk: Gdańskie Towarzystwo Psychologiczne. Warsaw: PWN.

Tomasi, S. (2011). Adversarial principle and argumentation. An outline of Italian criminal trial. In F. H. van Eemeren, B. Garssen, D. Godden, & G. Mitchell (Eds.), *Proceedings of the seventh international conference of the International Society for the Study of Argumentation* (pp. 1870 –1879). Amsterdam: Sic Sat.

Tomic, T. (2002). *Authority-based argumentative strategies. Three models for their evaluation.* Uppsala: Uppsala University. Doctoral dissertation, Uppsala University.

Tomic, T. (2007a). Communicative freedom and evaluation of argumentative strategies. In F. H. van Eemeren, J. A. Blair, C. A. Willard, & B. Garssen (Eds.), *Proceedings of the sixth conference of the International Society for the Study of Argumentation* (pp. 1365 –1372). Amsterdam: Sic Sat.

Tomic, T. (2007b). Information seeking processes in evaluating argumentation. In J. A. Blair, H. Hansen, R. Johnson, & C. W. Tindale (Eds.), *OSSA Proceedings* 2007. Windsor: University of Windsor. (CD rom).

Tonnard, Y. M. (2011). *Getting an issue on the table. A pragma-dialectical study of presentational choices in confrontational strategic maneuvering in Dutch parliamentary debate.* Doctoral dissertation University of Amsterdam.

Tordesillas, A. (1990). Chaïm Perelman. Justice, argumentation and ancient rhetoric. *Argumentation*, 4, 109 – 124.

Torkki, J. (2006), *Puhevalta. Kuinka kuulijat vakuutetaan* [Power of speech. How the listener is convinced]. Helsinki: Otava.

Toshev, A. (1901). *Ръководство по риторика и красноречие* [Guide of rhetoric and eloquence]. Plovdiv: Hr. G. Danov.

Toulmin, S. E. (1950). *An examination of the place of reason in ethics*. Cambridge, UK: Cambridge University Press.

Toulmin, S. E. (1958). *The uses of argument*. Cambridge, UK: Cambridge University Press. (Updated ed. 2003).

Toulmin, S. E. (1972). *Human understanding*. Princeton: Princeton University Press.

Toulmin, S. E. (1976). *Knowing and acting. An invitation to philosophy*. New York: Macmillan.

Toulmin, S. E. (1990). *Cosmopolis. The hidden agenda of modernity*. New York: Free Press.

Toulmin, S. E. (1992). Logic, rhetoric and reason. Redressing the balance. In F. H. van Eemeren, R. Grootendorst, J. A. Blair, & C. A. Willard (Eds.), *Argumentation illuminated* (pp. 3 – 11). Amsterdam: Sic Sat.

Toulmin, S. E. (2001a). Os usos do argumento. São Paulo: Martins Fontes. (Portuguese trans. By R. Guarany of S. E. Toulmin (1958). *The uses of argument*. Cambridge: Cambridge University Press. (Updated ed. 2003)).

Toulmin, S. E. (2001b). *Return to reason*. Cambridge: Harvard University Press.

Toulmin, S. E. (2003). *The uses of argument* (Updated ed.). Cambridge, UK: Cambridge University Press. (1st ed. 1958; paperback ed. 1964).

Toulmin, S. E. (2006). Reasoning in theory and practice. In D. L. Hitchcock & B. Verheij (Eds.), *Arguing on the Toulmin model. New essays in argument analysis and evaluation* (pp. 25 – 29). Dordrecht: Springer.

Toulmin, S. E., & Janik, A. (1973). *Wittgenstein's Vienna*. New York: Simon & Schuster.

Toulmin, S. E., Rieke, R. D., & Janik, A. (1979). *An introduction to reasoning*. New York: Macmillan. (2nd ed. 1984).

Trapp, R. (1990). Arguments in interpersonal relationships. In R. Trapp & J. Schuetz (Eds.), *Perspectives on argumentation. Essays in honor of Wayne Brockriede* (pp. 43 – 54). Prospect Heights: Waveland Press.

Trent, J. D. (1968). Toulmin's model of an argument: An examination and extension. *Quarterly Journal of Speech*, 54, 252 – 259.

Tseronis, A. (2009). *Qualifying standpoints. Stance adverbs as a presentational device for managing the burden of proof.* Utrecht: LOT. Doctoral dissertation Leiden University.

Tuominen, M. (2001). *Ancient philosophers on the principles of knowledge and argumentation*. Reports from the Department of Philosophy, University of Helsinki, 2.

Tuţescu, M. (1986). *L'argumentation* [Argumentation]. Bucharest: Tipografia Universităţii din Bucureşti.

Tuţescu, M. (1998). *L'Argumentation. Introduction á l'étude du discours* [Argumentation. Introduction into the study of discourse]. Bucharest: Editura Universităţii din Bucureşti.

Üding, G., & Jens, W. (Eds.). (1992). *Historisches Wörterbuch der Rhetorik*, 1 [Historical dictionary of rhetoric, 1]. Tübingen: Niemeyer/Berlin-Boston: Walter de Gruyter.

Üding, G., & Jens, W. (Eds.). (1994). *Historisches Wörterbuch der Rhetorik*, 2 [Historical dictionary of rhetoric, 2]. Tübingen: Niemeyer.

Ungerer, F. (1997). Emotions and emotional language in English and German newsstories. In S. Niemeier & R. Dirven (Eds.), *The language of emotions. Conceptualization, expression, and theoretical foundation* (pp. 307 – 328). Amsterdam-Philadelphia: John Benjamins.

Urbieta, L., & Carrascal, B. (2007). Circular arguments analysis. In F. H. van Eemeren, J. A. Blair, C. A. Willard, & B. Garssen (Eds.), *Proceedings of the sixth conference of the International Society for the Study of Argumentation* (pp. 1395 – 1400). Amsterdam: Sic Sat.

Valenzuela, R. (2009). *Retórica. Un ensayo sobre tres dimensiones de la argumentación* [*Rhetoric*. An essay concerning three dimensions of argumentation]. Santiago: Editorial Jurídica de Chile.

Valesio, P. (1980). *Novantiqua. Rhetorics as a contemporary theory.* Bloomington: Indiana University Press.

Vapalahti, K., Marttunen, M., & Laurinen, L. (2013). Online and face-to-face role-play simulations in promoting social work students' argumentative problem-solving. *International Journal of Comparative Social Work*, 1, 1 – 35.

Vasilyanova, I. M. (2007). *Osobennosti argumentatsii v sudebnom diskurse* [Peculiarities of argumentation in court discourse]. Doctoral dissertation, Kaluga State University.

Vasilyeva, A. L. (2011). Argumentation in the context of mediation activity. In F. H. van Eemeren, B. Garssen, D. Godden, & G. Mitchell (Eds.), *Proceedings of the 7th conference on argumentation of the International Society for the Study of Argumentation* (pp. 1905 – 1921). Amsterdam: Sic Sat.

Vasilyeva, A. L. (2012). Shaping disagreement space in dispute mediation. In T. Suzuki, T. Kato, A. Kubota, & S. Murai (Eds.), *Proceedings of the 4th Tokyo conference on argumentation. The role of argumentation in society* (pp. 120 – 127). Tokyo: Japan Debate Association.

Vas(s)il(i)ev, K. (1989). *Красноречието. Аспекти на реторикаmа* [Eloquence. Aspects of rhetoric]. Sofia: Sofia University Press.

Vassiliev, L. (1994). *Argumentativnyje aspekty ponimanija* [Argumentation aspects of comprehension]. Moscow: Institute of Psychology of the Russian Academy of Sciences Press.

Vassiliev, L. G. (1999). Rational comprehension of argumentative texts. In F. H. van Eemeren, R. Grootendorst, J. A. Blair, & C. A. Willard (Eds.), *Proceedings of the fourth international conference of the International Society for the Study of Argumentation* (pp. 811 – 801). Amsterdam: Sic Sat.

Vassiliev, L. G. (2003). A semio-argumentative perspective on enthymeme reconstruction. In F. H. van Eemeren, J. A. Blair, C. A. Willard, & A. F. Snoeck Henkemans (Eds.), *Proceedings of the fifth conference of the In-*

ternational Society for the Study of Argumentation (pp. 1029 – 1031). Amsterdam: Sic Sat.

Vas (s) ili/yev, L. G. (2007). Understanding argument. The sign nature of argumentative functions. In F. H. van Eemeren, J. A. Blair, C. A. Willard, & B. Garssen (Eds.), *Proceedings of the sixth conference of the International Society for the Study of Argumentation* (pp. 1407 – 1409). Amsterdam: Sic Sat.

Vaz Ferreira, C. (1945). *Lógica viva* [Living logic]. Buenos Aires: Losada. (1st ed. 1910).

Vedar, J. (2001). *Реторика* [Rhetoric]. Sofia: Sofia University Press.

Vega, L. (2005). *Si de argumentar se trata* [*If it is about arguing*]. Madrid: Montesinos.

Vega, L., & Olmos, P. (2007). Enthymemes. The starting of a new life. In F. H. van Eemeren, J. A. Blair, C. A. Willard, & B. Garssen (Eds.), *Proceedings of the sixth conference of the International Society for the Study of Argumentation* (pp. 1411 – 1417). Amsterdam: Sic Sat.

Vega, L., & Olmos, P. (Eds.). (2011). *Compendio de lógica, argumentación y retórica* [Handbook of logic, argumentation, and rhetoric]. Madrid: Trotta. (2nd ed. 2012).

Verbiest, A. E. M. (1987). *Confrontaties in conversaties. Een analyse op grond van argumentatie-en gesprekstheoretische inzichten van het ontstaan van meningsverschillen in informele gesprekken* [Confrontations in conversations. An analysis based on insights from argumentation theory and conversation theory about the origin of differences of opinion in informal conversations]. Doctoral dissertation, University of Amsterdam.

Verbiest, A. E. M. (1994). A new source of argumentative indicators? In F. H. van Eemeren & R. Grootendorst (Eds.), *Studies in pragma-dialectics* (pp. 180 – 187). Amsterdam: Sic Sat.

Verhagen, A. (2007). *Constructions of intersubjectivity*. Oxford: Oxford University Press.

Verheij, B. (1996a). *Rules, reasons, arguments. Formal studies of argumentation and defeat.* Doctoral dissertation, University of Maastricht.

Verheij, B. (1996b). Two approaches to dialectical argumentation. Admissible sets and argumentation stages. In J. – J. C. Meyer & L. C. van der Gaag (Eds.), *NAIC' 96. Proceedings of the eighth Dutch conference on artificial intelligence* (pp. 357 – 368). Utrecht: Utrecht University.

Verheij, B. (1999). Automated argument assistance for lawyers. *Proceedings of the seventh international conference on Artificial Intelligence and Law* (pp. 43 – 52). New York: ACM.

Verheij, B. (2003a). DefLog. On the logical interpretation of prima facie justified assumptions. *Journal of Logic and Computation*, 13 (3), 319 – 346.

Verheij, B. (2003b). Dialectical argumentation with argumentation schemes. An approach to legal logic. *Artificial Intelligence and Law*, 11 (1 – 2), 167 – 195.

Verheij, B. (2005a). Evaluating arguments based on Toulmin's scheme. *Argumentation*, 19, 347 – 371. [Reprinted in D. L. Hitchcock & B. Verheij (Eds.). (2006), *Arguing on the Toulmin model. New essays in argument analysis and evaluation* (pp. 181 – 202). Dordrecht: Springer].

Verheij, B. (2005b). *Virtual arguments. On the design of argument assistants for lawyers and other arguers.* The Hague: T. M. C. Asser Press.

Verheij, B. (2006). Evaluating arguments based on Toulmin's scheme. In D. L. Hitchcock & B. Verheij (Eds.), *Arguing on the Toulmin model. New essays in argument analysis and evaluation* (pp. 181 – 202). Dordrecht: Springer.

Verheij, B. (2007). A labeling approach to the computation of credulous acceptance in argumentation. In M. M. Veloso (Ed.), IJCAI 2007, *Proceedings of the 20th international joint conference on artificial intelligence* (pp. 623 – 628). Hyderabad, India.

Verheij, B. (2012). Jumping to conclusions. A logico-probabilistic foundation for defeasible rulebased arguments. In L. Fariñas del Cerro, A. Herzig & J. Mengin (Eds.), *Logics in artificial intelligence. 13th European conference*,

JELIA 2012. *Toulouse*, *France*, *September* 2012. *Proceedings* (*LNAI* 7519) (pp. 411 –423). Springer, Berlin.

Verheij, B., Hage, J. C., & van den Herik, H. J. (1998). An integrated view on rules and principles. *Artificial Intelligence and Law*, 6 (1), 3 – 26.

Vicente, J. N. (2009). *Educação*, *retórica e filosofia a partir de Olivier Reboul. Subsídios para uma filosofia da educação escolar* [Education, rhetoric and philosophy according to Olivier Reboul. Contributions to a philosophy of school education]. Coimbra: Universidade de Coimbra. Doctoral dissertation, University of Coimbra.

Vicuña Navarro, A. M. (2007). An ideal of reasonableness for a moral community. In F. H. van Eemeren, J. A. Blair, C. A. Willard, & B. Garssen (Eds.), *Proceedings of the sixth conference of the International Society for the Study of Argumentation* (pp. 1419 –1423). Amsterdam: Sic Sat.

Vignaux, G. (1976). *L'argumentation. Essai d'une logique discursive* [Argumentation. Essay on discursive logic]. Geneva: Droz.

Vignaux, G. (1988). *Le discours*, *acteur du monde. Argumentation et énonciation* [Discourse, actor in the world. Argumentation and utterance]. Paris: Ophrys.

Vignaux, G. (1999). *L'argumentation* [Argumentation]. Paris: Hatier.

Vignaux, G. (2004). Une approche cognitive de l'argumentation [A cognitive approach to argumentation]. In M. Doury & S. Moirand (Eds.), *L'Argumentation aujourd'hui. Positions théoriques en confrontation* [Argumention today. Confrontation of theoretical positions] (pp. 103 – 124). Paris: Presses Sorbonne Nouvelle.

Vincent, D. (2009). Principes rhétoriques et réalité communicationnelle. Les risques de la concession [Rhetorical principles and communicative reality. The risks of concessions]. In V. Atayan & D. Pirazzini (Eds.), *Argumentation. Théorie-langue-discours* [Argumentation. Theory-language-discourse] (pp. 79 –91). Berlin: Peter Lang.

Vincze, L. (2010). *La persuasione nelle parole e nel corpo. Communicaz-*

ione multimodale e argomentatione ragionevole e fallace nel discorso politico e nel linguaggio quotidiano [Persuasion by means of words and the body. Multimodal communication and reasonable and fallacious argumentation in political discourse and in everyday language]. Doctoral dissertation, University of Rome.

Viskil, E. (1994). *Definiëren. Een bijdrage aan de theorievorming over het opstellen van definities* [Defining. A contribution to the theorizing about the construction of definitions]. Doctoral dissertation, University of Amsterdam.

Višković, N. (1997). *Argumentacija i pravo* [Argumentation and law]. Split: Pravni fakultet u Splitu.

Volkova, N. (2005). *Vysmeivanie i argumentirovanie. Problema vzaimodeystvia rechevyh zhanrov* [Mocking and argument. The problem of interaction of speech genres]. Doctoral dissertation, Kaluga State University.

Volquardsen, B. (1995). *Argumentative Arbeitsteilung und die Versuchungen des Expertenwesens* [The division of argumentative labour and the trial of experts]. In H. Wohlrapp (Ed.), *Wege der Argumentationsforschung* [Roads of argumentation research] (pp. 339 – 350). Stuttgart-Bad Cannstatt: Frommann Hozboog.

Vorobej, M. (1995). Hybrid arguments. *Informal Logic*, 17 (2), 289 – 296.

Voss, J. F. (2006). Toulmin's model and the solving of ill-structured problems. In D. L. Hitchcock & B. Verheij (Eds.), *Arguing on the Toulmin model. New essays in argument analysis and evaluation* (pp. 303 – 311). Dordrecht: Springer.

Voss, J. F., Fincher-Kiefer, R., Wiley, J., & Ney Silfies, L. (1993). On the processing of arguments. *Argumentation*, 7 (2), 165 – 181.

Vreeswijk, G. A. W. (1993). *Studies in defeasible argumentation.* Doctoral dissertation, Free University Amsterdam.

Vreeswijk, G. A. W. (1995a). *Formalizing nomic. Working on a theory of communication with modifiable rules of procedure* (Tech. Rep. CS 95 – 02), *Vakgroep Informatica (FdAW)*, *Rijksuniversiteit Limburg*, Maastricht. http: // arno. unimaas. nl/show. cgi? fid¼126

Vreeswijk, G. A. W. (1995b). The computational value of debate in defeasible reasoning. *Argumentation*, 9, 305 – 342.

Vreeswijk, G. A. W. (1997). Abstract argumentation systems. *Artificial Intelligence*, 90, 225 – 279.

Vreeswijk, G. A. W. (2000). Representation of formal dispute with a standing order. *Artificial Intelligence and Law*, 8, 205 – 231.

Wagemans, J. H. M. (2009). *Redelijkheid en overredingskracht van argumentatie. Een historischfilosofische studie over d combinatie van het dialectische en het retorische perspectief op argumentatie in de pragma-dialectische argumentatietheorie* [Reasonableness and persuasiveness of argumentation. A historical-philosophical study on the combination of the dialectical and the rhetorical perspective on argumentation in the pragma-dialectical theory of argumentation]. Doctoral dissertation, University of Amsterdam.

Wagemans, J. H. M. (2011a). Review of M. A. Finocchiaro, Defending Copernicus and Galileo. Critical reasoning in the two affairs. *Argumentation*, 25, 271 – 274.

Wagemans, J. H. M. (2011b). The assessment of argumentation from expert opinion. *Argumentation*, 25 (3), 329 – 339.

Walker, G. B., & Sillars, M. O. (1990). Where is argument? Perelman's theory of fallacies. In R. Trapp & J. Schuetz (Eds.), *Perspectives on argumentation. Essays in honor of Wayne Brockriede* (pp. 134 – 150). Prospect Heights: Waveland Press.

Wallace, K. R. (1989). Topoi and the problem of invention. In R. D. Dearin (Ed.), *The new rhetoric of Chaïm Perelman. Statement & response* (pp. 107 – 119). Lanham: University Press of America.

Wallgren-Hemlin, B. (1997). *Att övertyga från predikstolen. En retorisk studie av* 45 *predikningar hållna den* 17: *e söndagen efter trefaldighet* 1990 [Persuading from the pulpit. A rhetorical study of 45 sermons given on the 17th Sunday after Trinity]. Gothenburg: Göteborg Universitet. Doctoral dissertation, University of Gothenburg.

Walton, D. N. (1985). *Arguer's position. A pragmatic study of ad homi-*

nem attack, *criticism*, *refutation*, *and fallacy*. Westport: Greenwood.

Walton, D. N. (1987). *Informal fallacies. Towards a theory of argument criticisms.* Amsterdam: John Benjamins.

Walton, D. N. (1989a). *Informal Logic. A handbook for critical argumentation.* Cambridge: Cambridge University Press.

Walton, D. N. (1989b). *Question-reply argumentation.* New York: Greenwood Press.

Walton, D. N. (1991a). *Begging the question. Circular reasoning as a tactic of argumentation.* New York: Greenwood Press.

Walton, D. N. (1991b). Hamblin and the standard treatment of fallacies. *Philosophy and Rhetoric*, 24, 353 –61.

Walton, D. N. (1992a). *Plausible argument in everyday conversation.* Albany: State University of New York Press.

Walton, D. N. (1992b). Rules for plausible reasoning. *Informal Logic*, 14 (1), 33 –51.

Walton, D. N. (1992c). *Slippery slope arguments.* Oxford: Oxford University Press.

Walton, D. N. (1992d). Types of dialogue, dialectical shifts and fallacies. In F. H. van Eemeren, R. Grootendorst, J. A. Blair, & C. A. Willard (Eds.), *Argumentation illuminated* (pp. 133 –147). Amsterdam: Sic Sat.

Walton, D. N. (1996a). *Argumentation schemes for presumptive reasoning.* Mahwah: Lawrence Erlbaum.

Walton, D. N. (1996b). *Arguments from ignorance.* University park: Pennsylvania State University Press.

Walton, D. N. (1996c). *Argument structure. A pragmatic theory.* Toronto: University of Toronto Press.

Walton, D. N. (1997). *Appeal to expert opinion. Arguments from authority.* University park: Pennsylvania State University Press.

Walton, D. N. (1998a). *Ad hominem arguments.* Tuscaloosa: University of Alabama Press.

Walton, D. N. (1998b). *The new dialectic. Conversational contexts of ar-*

gument. Toronto: University of Toronto Press.

Walton, D. N. (1999). Profiles of dialogue for evaluating arguments from ignorance. *Argumentation*, 13 (1), 53 – 71.

Walton, D. N. (2002a). [*Russian title*] . Moscow: Institute of Sociology of the Russian Academy of Sciences. (Russian trans. of D. N. Walton (1998a). *Ad hominem arguments*. Tuscaloosa, AL: University of Alabama Press).

Walton, D. N. (2002b). *Legal argumentation and evidence*. University Park: Pennsylvania State University Press.

Walton, D. N. (2006). *Fundamentals of critical argumentation*. Cambridge: Cambridge University Press.

Walton, D. N. (2007a). *Dialog theory for critical argumentation*. Amsterdam-Philadelphia: John Benjamins.

Walton, D. N. (2007b). Evaluating practical reasoning. *Synthese*, 157, 197 – 240.

Walton, D. N. (2008a). *Informal Logic. A pragmatic approach* (2nd ed.). Cambridge: Cambridge University Press. (1st ed. 1989).

Walton, D. N. (2008b). *Witness testimony evidence. Argumentation, Artificial Intelligence and Law*. Cambridge: Cambridge University Press.

Walton, D. N. (2010). Types of dialogue and burden of proof. In P. Baroni, F. Cerutti, M. Giacomin, & G. R. Simari (Eds.), *Computational models of argument. Proceedings of COMMA* 2010 (pp. 13 – 24). Amsterdam: IOS Press.

Walton, D. N., & Krabbe, E. C. W. (1995). *Commitment in dialogue. Basic concepts of interpersonal reasoning*. Albany: State University of New York Press.

Walton, D. N., & Krabbe, E. C. W. (2013). *Compromisos en los diálogos. Conceptos básicos del razonamiento interpersonal*. Santiago: Universidad Diego Portales. (Spanish trans. of D. N. Walton & E. C. W. Krabbe (1995), *Commitments in dialogues. Basic concepts of interpersonal reasoning* by M. E. Molina, C. Santibáñez Yáñez & C. Fuentes. Albany: State University of

New York Press).

Walton, D. N., Reed, C. A., & Macagno, F. (2008). *Argumentation schemes.* Cambridge: Cambridge University Press.

Walton, P. –A. (1970). *ABC om argumentation* [*The ABC of argumentation*]. Stockholm: Almqvist & Wiksell.

Walzer, A., Secor, M., & Gross, A. G. (1999). The uses and limits of rhetorical theory. Campbell, Whately, and Perelman and Olbrechts-Tyteca on the Earl of Spencer's "Address to Diana". *Rhetoric Society Quarterly*, 21, 41–62.

Wansing, H. (2010). Connexive Logic. In E. N. Zalta (Ed.), *The Stanford encyclopedia of philosophy* (Fall 2010 edition). http://plato.stanford.edu/archives/fall2010/entries/logicconnexive/

Warnick, B. (1981). Arguing value propositions. *Journal of the American Forensic Association*, 18, 109–119.

Warnick, B. (1997). Lucie Olbrechts-Tyteca's contribution to the new rhetoric. In M. Meijer Wertheimer (Ed.), *Listening to their voices. The rhetorical activities of historical women* (pp. 69–85). Columbia: University of South Carolina Press.

Warnick, B. (2001). Conviction. In T. Sloane (Ed.), *The encyclopedia of rhetoric* (pp. 171–175). New York: Oxford University Press.

Warnick, B. (2004). Rehabilitating AI. Argument loci and the case for artificial intelligence. *Argumentation*, 18, 149–170.

Warnick, B., & Inch, E. S. (1989). *Critical thinking and communication. The use of reason in argument.* New York: Macmillan.

Warnick, B., & Kline, S. L. (1992). The new rhetoric's argument schemes. A rhetorical view of practical reasoning. *Argumentation and Advocacy*, 29, 1–15.

Wasilewska-Kamińska, E. (2013). *Myślenie krytyczne jako cel kształcenia w USA i Kanadzie* [Critical thinking as an educational goal in the USA and Canada]. Doctoral dissertation University of Warsaw.

Weddle, P. (1979). Inductive, deductive. *Informal Logic Newsletter*, 2

(1), 1-5.

Weger, H. (2001). Pragma-dialectical theory and interpersonal interaction outcomes. Unproductive interpersonal behavior as violations of rules for critical discussion. *Argumentation*, 15 (3), 313-329.

Weger, H. (2002). The relational consequences of violating pragma-dialectical rules during arguments between intimates. In F. H. van Eemeren (Ed.), *Advances in pragma-dialectics* (pp. 197-214). Newport News: Vale.

Weger, H. (2013). Engineering argumentation in marriage. Pragma-dialectics, strategic maneuvering, and the "fair fight for change" in marriage education. *Journal of Argumentation in Context*, 2 (3), 279-298.

Weinstein, M. (1990a). Towards an account of argumentation in science. *Argumentation*, 4, 269-298.

Weinstein, M. (1990b). Towards a research agenda for Informal Logic and critical thinking. *Informal Logic*, 2, 121-143.

Weinstein, M. (1994). Informal Logic and applied epistemology. In R. H. Johnson & J. A. Blair (Eds.), *New essays in Informal Logic* (pp. 140-161). Windsor: Informal Logic.

Weinstein, M. (2002). Exemplifying an internal realist theory of truth. *Philosophica*, 69 (1), 11-40.

Weinstein, M. (2006). Three naturalistic accounts of the epistemology of argument. *Informal Logic*, 26 (1), 63-89.

Wellman, C. (1971). *Challenge and response. Justification in ethics*. Carbondale: Southern Illinois University Press.

Wenzel, J. W. (1987). The rhetorical perspective on argument. In F. H. van Eemeren, R. Grootendorst, J. A. Blair, & C. A. Willard (Eds.), *Argumentation. Across the lines of discipline. Proceedings of the conference on argumentation* 1986 (pp. 101-109). Dordrecht-Providence: Foris.

Wenzel, J. W. (1990). Three perspectives on argument. Rhetoric, dialectic, logic. In R. Trapp & J. Schuetz (Eds.), *Perspectives on argumentation. Essays in the honor of Wayne Brockriede* (pp. 9-26). Prospect Heights: Waveland.

Wenzel, J. W. (1992) Perspectives on argument. In W. L. Benoit, D. Hample & P. J. Benoit (Eds.), *Readings in argumentation* (pp. 121 – 143). Berlin-New York: Foris.

Whately, R. (1936). *Elements of logic. Comprising the substance of the article in the Encyclopedia Metropolitana. With additions* & c, New York: W. Jackson. (1st ed. 1826).

Whately, R. (1963). *Elements of rhetoric. Comprising an analysis of the laws of moral evidence and of persuasion, with rules for argumentative composition and elocution.* (D. Ehninger, Ed.). Carbondale & Edwardsville: Southern Illinois University Press. (1st ed. published in 1846).

Widdowson, H. G. (1998). The theory and practice of critical discourse analysis. *Applied Linguistics*, 19, 136 – 151.

Wieczorek, K. (2007). Dlaczego wnioskujemy niepoprawnie? Teoria modeli mentalnych P. N. Johnsona-Lairda [Why do we reason incorrectly? The theory of mental models by P. N. Johnson-Laird]. *Filozofia nauki*, 70.

Wierzbicka, A. (1997). *Emotions across languages and cultures. Diversity and universals.* Cambridge: Cambridge University Press.

Wiethoff, W. E. (1985). Critical perspectives on Perelman's philosophy of legal argument. *Journal of the American Forensic Association*, 22, 88 – 95.

Wigmore, J. H. (1931). *The principles of judicial proof* (2nd ed.). Boston: Little Brown & Company. (1st ed. 1913).

Wilkins, R., & Isotalus, P. (Eds.). (2009). *Speech culture in Finland* (2009). Lanham: University Press of America.

Will, F. L. (1960). The uses of argument. *Philosophical Review*, 69, 399 – 403.

Willard, C. A. (1976). On the utility of descriptive diagrams for the analysis and criticism of arguments. *Communication Monographs*, 43, 308 – 319.

Willard, C. A. (1983). *Argumentation and the social grounds of knowledge.* Tuscaloosa: The University of Alabama Press.

Willard, C. A. (1989). *A theory of argumentation.* Tuscaloosa: The University of Alabama Press.

Willard, C. A. (1992). Field theory. A Cartesian meditation. In W. L. Benoit, D. Hample, & P. J. Benoit (Eds.), *Readings in argumentation* (pp. 437 – 467). Berlin-New York: Foris.

Willard, C. A. (1996). *Liberalism and the problem of knowledge.* Chicago: University of Chicago Press.

Willard, C. A. (Guest Ed.). (1982). Special issue, symposium on argument fields. *Journal of the American Forensic Association*, 18, 191 – 257.

Williams, D. C., Ishiyama, J. T., Young, M. J., & Launer, M. K. (1997). The role of public argument in emerging democracies. A case study of the 12 December 1993 elections in the Russian Federation. *Argumentation*, 11 (2), 179 – 194.

Winans, J. A., & Utterback, W. E. (1930). *Argumentation.* New York: Century.

Windes, R. R., & Hastings, A. C. (1969). *Argumentation and advocacy.* New York: Random House. (1st ed. 1965).

Wintgens, L. J. (1993). Rhetoric, reasonableness and ethics. An essay on Perelman. *Argumentation*, 7, 451 – 460.

Wisdom, J. (1991). *Proof and explanation. The Virginia lectures.* Ed. by S. F. Barker. Lanham: University Press of America.

Wittgenstein, L. (1922). *Tractatus logico-philosophicus.* London: Routledge & Kegan Paul.

Wlodarczyk, M. (2000). Aristotelian dialectic and the discovery of truth. *Oxford Studies in Ancient Philosophy*, 18, 153 – 210.

Wodak, R. (2009). *The discourse of politics in action. Politics as usual.* Basingstoke: Palgrave.

Woerther, F. (2012). *Hermagoras. Fragments et témoignages* [Hermagoras. Fragments and testimonies]. Paris: Les belles lettres.

Wohlrapp, H. (1977). Analytische und konstruktive Wissenschaftstheorie. Zwei Thesen zur Klärung der Fronten [An analytic and constructive theory of science. Two theses to clarify the positions]. In G. Patzig, E. Scheibe &

W. Wieland (Eds.), *Logik, Ethik, Theorie der Geisteswissenschaften* [Logic, ethics, theory of the humanities]. Hamburg: Meiner.

Wohlrapp, H. (1987). Toulmin's theory and the dynamics of argumentation. In F. H. van Eemeren, R. Grootendorst, J. A. Blair, & C. A. Willard (Eds.), *Argumentation. Perspectives and approaches. Proceedings of the conference on argumentation* 1986 (pp. 327–335). Dordrecht-Providence: Foris.

Wohlrapp, H. (1990). Über nicht-deduktive Argumente [On non-deductive arguments]. In P. Klein (Ed.), *Praktische Logik. Traditionen und Tendenzen* [Practical logic. Traditions and trends] (pp. 217–235). Göttingen: Van den Hoeck & Ruprecht.

Wohlrapp, H. (1991). Argumentum ad baculum and ideal speech situation. In F. H. van Eemeren, R. Grootendorst, J. A. Blair, & C. A. Willard (Eds.), *Proceedings of the second international conference on argumentation organized by the International Society for the Study of Argumentation at the University of Amsterdam*, June 19–22, 1990 (pp. 397–402). Amsterdam: Sic Sat.

Wohlrapp, H. (1995). Argumentative Geltung [Argumentative validity]. In H. Wohlrapp (Ed.), *Wege der Argumentationsforschung* [Directions of argumentation research] (pp. 280–297). Stuttgart-Bad Cannstatt: Frommann-Holzboog.

Wohlrapp, H. (2009). *Der Begriff des Arguments. Über die Beziehungen zwischen Wissen, Forschen, Glauben, Subjektivität and Vernunft* [The notion of argument. On the relations between knowing, inquiry, believing, subjectivity and rationality]. 2n ed. supplemented with a subject index. Würzburg: Königshausen & Neumann.

Wolf, S. (2010). A system of argumentation forms in Aristotle. *Argumentation*, 24 (1), 19–40.

Wolrath Söderberg, M. (2012). *Topos som meningsskapare. Retorikens topiska perspektiv på tänkande och lärande genom argumentation* [Topoi as meaning makers. Thinking and learning through argumentation-a rhetorical perspective]. Ödåkra: Retorikförlaget.

Woods, J. (1980). What is Informal Logic? In J. A. Blair &

R. H. Johnson (Eds.), *Informal Logic. The first international symposium* (pp. 57 – 68). Inverness: Edgepress. Reprinted in J. Woods & D. N. Walton (1989), *Fallacies: Selected papers* 1972 – 1982 (pp. 221 – 232). Dordrecht: Foris.

Woods, J. (1991). Pragma-dialectics. A radical departure in fallacy theory. *Communication and Cognition*, 24 (1), 43 –54.

Woods, J. H. (1992). Public policy and standoffs of force five. In E. M. Barth & E. C. W. Krabbe (Eds.), *Logic and political culture* (pp. 9 – 108). Amsterdam: KNAW.

Woods, J. (1993). Secundum quid as a research programme. In E. C. W. Krabbe, R. J. Dalitz, & P. A. Smit (Eds.), *Empirical logic and public debate. Essays in honour of Else M. Barth* (pp. 27 – 36). Amsterdam-Atlanta: Rodopi.

Woods, J. (1994). Sunny prospects for relevance? In R. H. Johnson & J. A. Blair (Eds.), *New essays in Informal Logic* (pp. 82 – 92). Newport News: Vale Press.

Woods, J. (1995). Fearful symmetry. In H. V. Hansen & R. C. Pinto (Eds.), *Fallacies. Classical and contemporary readings* (pp. 274 – 286). University Park: Pennsylvania State University Press.

Woods, J. (1999a). Files of fallacies: Aristotle (384 –322 B. C.). *Argumentation*, 13 (2), 203 –220.

Woods, J. (1999b). File of fallacies. John Stuart Mill (1806 – 1873). *Argumentation*, 13, 317 –334.

Woods, J. (2004). *The death of argument. Fallacies in agent based reasoning.* Dordrecht: Kluwer.

Woods, J. (2006). Pragma-dialectics. A retrospective. In P. Houtlosser & A. van Rees (Eds.), *Considering pragma-dialectics. A festschrift for Frans H. van Eemeren on the occasion of his 60th birthday* (pp. 301 – 311). Mahwah-London: Lawrence Erlbaum.

Woods, J. (2008). Book review Arguments about arguments by Maurice A. Finocchiaro. *Informal Logic*, 28 (2), 193 –202.

Woods, J., & Hansen, H. V. (1997). Hintikka on Aristotle's fallacies. *Synthese*, 113 (2), 217 – 239.

Woods, J., & Hudak, B. (1989). By parity of reasoning. *Informal Logic*, 11, 125 – 140.

Woods, J., & Irvine, A. D. (2004). Aristotle's early logic. In D. M. Gabbay & J. Woods (Eds.), *The handbook of the history of logic* (Greek, Indian and Arabic logic, Vol. 1, pp. 27 – 99). Amsterdam: Elsevier.

Woods, J., & Walton, D. N. (1978). Arresting circles in formal dialogues. *Journal of Philosophical Logic*, 7, 73 – 90. Reprinted in J. Woods & D. N. Walton (1989), *Fallacies. Selected papers* 1972 – 1982 (pp. 143 – 159). Dordrecht: Foris.

Woods, J., & Walton, D. N. (1982). Question-begging and cumulativeness in dialectical games. *Noûs*, 16, 585 – 606. Reprinted in J. Woods & D. N. Walton (1989), *Fallacies. Selected papers* 1972 – 1982 (pp. 253 – 272). Dordrecht: Foris.

Woods, J., & Walton, D. N. (1989). *Fallacies. Selected papers* 1972 – 1982. Berlin-Dordrecht-Providence: de Gruyter/Foris.

Woods, J., & Walton, D. N. (1992). *Critique de l'argumentation. Logique des sophisms ordinaires.* [Critique of argumentation. The logic of ordinary fallacies]. Paris: Kimé. (trans. into French by M. – F. Antona, M. Doury, M. Marcoccia & V. Traverso, coordinated by Chr. Plantin of various papers published by Woods & Walton in English between 1974 and 1981).

Wooldridge, M. (2009). *An introduction to multiagent systems.* Chichester: Wiley.

Wreen, M. J. (1994). Look, Ma! No Frans! *Pragmatics & Cognition*, 2 (2), 285 – 306.

Wu, H. (2009). *An introduction to Informal Logic.* Beijing: People's Publishing House.

Wunderlich, D. (1974). *Grundlagen der Linguistik* [Foundations of linguistics]. Reinbek bei Hamburg: Rowohlt Taschenbuch.

Xie, Y. (2008). Dialectic within pragma-dialectics and Informal Logic. In T. Suzuki, T. Kato, & A. Kubota (Eds.), *Proceedings of the 3rd Tokyo conference on argumentation. Argumentation, the law and justice* (pp. 280 - 286). Tokyo: Japan Debate Association.

Xie, Y. (2012). Book review Giving reasons. A linguistic-pragmatic approach to argumentation theory by Lilian Bermejo-Luque. *Informal Logic*, 32 (4), 440 -453.

Xie, Y., & Xiong, M. (2011). Whose Toulmin, and which logic? A response to van Benthem. In F. Zenker (Ed.), *Argumentation. Cognition and community. Proceedings of the 9th international conference of the Ontario Society for the Study of Argumentation (OSSA), May* 18 - 21. Windsor, ON. (CD rom).

Xiong, M. (2010). *Litigational argumentation. A logical perspective on litigation games*. Beijing: China University of Political Science and Law Press.

Xiong, M., & Zhao, Y. (2007). A defeasible pragma-dialectical model of argumentation. In F. H. van Eemeren, J. A. Blair, C. A. Willard, & B. Garssen (Eds.), *Proceedings of the sixth conference of the International Society for the Study of Argumentation* (pp. 1541 - 1548). Amsterdam: International Center for the Study of Argumentation.

Yanal, R. J. (1991). Dependent and independent reasons. *Informal Logic*, 13 (3), 137 - 144.

Yanoshevsky, G. (2009). Perelman's audience revisited. Towards the construction of a new type of audience. *Argumentation*, 23, 409 - 419.

Yanoshevsky, G. (2011). Construing trust in scam letters using ethos and ad hominem. In F. H. van Eemeren, B. J. Garssen, D. Godden, & G. Mitchell (Eds.), *Proceedings of the 7th conference of the International Society for the Study of Argumentation* (pp. 2017 - 2031). Amsterdam: Rozenberg/Sic Sat. (CD rom).

Yaskevich, Y. S. (1993). Nauchnaia argumentatciia. Logiko-kommunikativnye parametry [Scientific argumentation. Logical and communicative aspects]. *Journal of Speech Communication and Argumentation*, 1, 93 - 102.

Yaskevich, Y. (1999). On the role of ethical and axiological arguments in the modern science. In F. H. van Eemeren, R. Grootendorst, J. A. Blair, & C. A. Willard (Eds.), *Proceedings of the fourth international conference of the International Society for the Study of Argumentation* (pp. 900 – 902). Amsterdam: Sic Sat.

Yaskevich, Y. (2003). Political risk and power in the modern world. Moral arguments and priorities. In F. H. van Eemeren, J. A. Blair, C. A. Willard, & A. F. Snoeck Henkemans (Eds.), *Proceedings of the fifth conference of the International Society for the Study of Argumentation* (pp. 1101 – 1104). Amsterdam: Sic Sat.

Yaskevich, Y. (2007). Moral and legal arguments in modern bioethics. In F. H. van Eemeren, J. A. Blair, C. A. Willard, & B. Garssen (Eds.), *Proceedings of the sixth conference of the International Society for the Study of Argumentation* (pp. 1549 – 1552). Amsterdam: Sic Sat.

Yaskorska, O., Kacprzak, M., & Budzynska, K. (2012). Rules for formal and natural dialogues in agent communication. In *Proceedings of the international workshop on concurrency, specification and programming* (pp. 416 – 427). Berlin: Humboldt-Universität zu Berlin.

Yates, F. A. (1966). *The art of memory.* London: Routledge & Kegan Paul.

Yost, M. (1917). Argument from the point of view of sociology. *Quarterly Journ al of Public Speaking*, 3, 109 – 127.

Young, M. J., & Launer, M. K. (1995). Evaluative criteria for conspiracy arguments. The case of KAL 007. In E. Schiappa (Ed.), *Warranting assent. Case studies in argument evaluation* (pp. 3 – 32). Albany: State University of New York Press.

Yrjönsuuri, M. (1993). Aristotle's Topics and medieval obligational disputations. *Synthese*, 96, 59 – 82.

Yrjönsuuri, M. (1995). *Obligationes. 14th century logic of disputational duties* (Acta Philosophica Fennica, Vol. 55). Helsinki: Societas Philosophica Fennica.

Yrjönsuuri, M. (Ed.). (2001). *Medieval formal logic. Consequences, obligations and insoluble.* Dordrecht: Kluwer.

Yunis, H. (Ed.). (2011). *Plato. Phaedrus.* Cambridge: Cambridge University Press.

Zafiu, R. (2003). Valori argumentative în conversaţia spontană [Argumentative values in spontaneous conversation]. In L. Dascălu Jinga & L. Pop (Eds.), *Dialogul în romăna vorbită* [Dialogue in spoken Romanian] (pp. 149 – 165). Bucharest: Oscar Print.

Zafiu, R. (2010). Ethos, pathos şi logos în textul predicii [Ethos, pathos, and logos in othodoxsermons]. In A. Gafton, S. Guia & I. Milică (Eds.), *Text şi discurs religios* [Religious text and discourse], II (pp. 27 – 38). Iaşi: Editura Universităţii "Al. I. Cuza".

Žagar, I. Ž. (1991). Argumentacija v jeziku proti argumentaciji z jezikom [Argumentation in the language vs. argumentation with thc languagc]. *Anthropos*, 23 (4/5), 172 – 185.

Žagar, I. Ž. (1995a). Argumentation in language and the Slovenian connective pa. Antwerp: IPrA Research Center. [in tekst als 1995, net als volgende].

Žagar, I. Ž. (1995b). Argumentation in language opposed to argumentation with language. Some problems. In F. H. van Eemeren, R. Grootendorst, J. A. Blair, & C. A. Willard (Eds.), *Reconstruction and application. Proceedings of the third international conference on argumentation* (IIIth ed., pp. 200 – 218). Amsterdam: Sic Sat.

Žagar, I. Ž. (1999). Argumentation in the language-system or why argumentative particles and polyphony are important for education. *The School Field*, 10 (3/4), 159 – 172.

Žagar, I. Ž. (2000). Argumentacija v jeziku. Med argumentativnimi vezniki in polifonijo: Esej iz intiuitivne epistemologije [Argumentation in the language. Between argumentative connectives and polyphony. An essay in intuitive epistemology]. *Anthropos*, 32 (1/2), 81 – 92.

Žagar, I. Ž. (2002). *Argumentation*, cognition, and context. Can we know that we know what we (seem to) know? *Anthropological Notebebooks*, 8 (1), 82 – 91.

Žagar, I. Ž. (2008). Topoi. Argumentation's black box. In F. H. van Eemeren, D. C. Williams, & I. Ž. Žagar (Eds.), *Understanding argumentation. Work in progress* (pp. 145 – 164). Amsterdam: Sic Sat.

Žagar, I. Ž. (2010). Pa, a modifier of connectives. An argumentative analysis. In M. N. Dedaič & M. Miškovič-Lukovič (Eds.), *South Slavic discourse particles* (pp. 133 – 162). Amsterdam-Philadelphia: John Benjamins.

Žagar, I. Ž. (2011). *Argument moči ali moč argumenta? Argumentiranje v Državnem zboru Republike Slovenije* [Argument of power or power of argument? Argumentation in the National Assembly of the Republic of Slovenia]. Ljubljana: Pedagoški inštitut/Digital Library. http: //193. 2. 222. 157/Sifranti/StaticPage. aspx? id¼103.

Žagar, I. Ž. (Ed.). (1996). *Slovenian lectures. Introduction into argumentative semantics.* Ljubljana: ISH.

Žagar, I. Ž., & Grgič, M. (2011). *How to do things with tense and aspect. Performativity before Austin.* Newcastle upon Tyne: Cambridge Scholars Publishing.

Žagar, I. Ž., & Schlamberger Brezar, M. (2009). *Argumentacija v jeziku* [Argumentation in the language-system]. Ljubljana: Pedagoški inštitut/ Digital Library. http: //www. pei. si/Sifranti/StaticPage. aspx? id¼67

Załęska, M. (2011). Ad hominem in the criticisms of expert argumentation. In F. H. van Eemeren, B. Garssen, D. Godden, & G. Mitchell (Eds.), *Proceedings of the 7th conference on argumentation of the International Society for the Study of Argumentation* (pp. 2047 – 2057). Amsterdam: Sic Sat.

Załęska, M. (2012). Rhetorical patterns of constructing the politician's ethos. In M. Załęska (Ed.), *Rhetoric and politics. Central/Eastern European perspectives* (pp. 20 – 50). Cambridge: Cambridge Scholars Publishing.

Załęska, M. (Ed.). (2012). *Rhetoric and politics. Central/Eastern European perspectives.* Cambridge: Cambridge Scholars Publishing.

Zanini, C., & Rubinelli, S. (2012). Teaching argumentation theory to doctors. Why and what. *Journal of Argumentation in Context*, 1 (1), 66 – 80.

Zarefsky, D. (1969). The "traditional case" – "comparative advantage case" dichotomy: Another look. *Journal of the American Forensic Association*, 6, 12 – 20.

Zarefsky, D. (1980). Lyndon Johnson redefines "equal opportunity". The beginnings of affirmative action. *Central States Speech Journal*, 31, 85 – 94.

Zarefsky, D. (1982). Persistent questions in the theory of argument fields. *Journal of the American Forensic Association*, 18, 191 – 203.

Zarefsky, D. (1986). *President Johnson's war on poverty*. Tuscaloosa: University of Alabama Press.

Zarefsky, D. (1990). *Lincoln, Douglas, and slavery. In the crucible of public debate.* Chicago: University of Chicago Press.

Zarefsky, D. (1992). Persistent questions in the theory of argument fields. In W. L. Benoit, D. Hample, & P. J. Benoit (Eds.), *Readings in argumentation* (pp. 417 – 436). Berlin-New York: Foris.

Zarefsky, D. (1995). Argumentation in the tradition of speech communication studies. In F. H. van Eemeren, R. Grootendorst, J. A. Blair, & C. A. Willard (Eds.), *Perspectives and approaches. Proceedings of the third international conference on argumentation*, *I* (pp. 32 – 52). Amsterdam: Sic Sat.

Zarefsky, D. (2006). Strategic maneuvering through persuasive definitions. Implications for dialectic and rhetoric. *Argumentation*, 20 (4), 399 – 416.

Zarefsky, D. (2009). Strategic maneuvering in political argumentation. In F. H. van Zarefsky, D. (2012). *Goodnight's "speculative inquiry" in its intellectual context. Argumentation and Advocacy*, 48 (2), 211 – 215.

Zeleznikow, J. (2006). Using Toulmin argumentation to support dispute settlement in discretionary domains. In D. L. Hitchcock & B. Verheij (Eds.), *Arguing on the Toulmin model. New essays in argument analysis and evaluation* (pp. 289 – 301). Dordrecht: Springer.

Zemplén, G. A. (2008). Scientific controversies and the pragma-dialectical model. Analysing a case study from the 1670s, the published part of the

Newton-Lucas correspondence. In F. H. van Eemeren & B. Garssen (Eds.), *Controversy and confrontation. Relating controversy analysis with argumentation theory* (pp. 249 – 273). Amsterdam-Philadelphia: John Benjamins.

Zemplén, G. A. (2009). Scientific controversies and the pragma-dialectical model. Analysing a case study from the 1670s, the published part of the Newton-Lucas correspondence. In F. H. van Eemeren & B. Garssen (Eds.), *Controversy and confrontation. Relating controversy analysis with argumentation theory* (pp. 249 – 273). Amsterdam-Philadelphia: John Benjamins.

Zemplén, G. A. (2011). The argumentative use of methodology. Lessons from a controversy following Newton's first optical paper. In M. Dascal & V. D. Boantza (Eds.), *Controversies in the scientific revolution* (pp. 123 – 147). Amsterdam: John Benjamins.

Zenker, F. (2007a). Changes in conduct-rules and ten commandments. Pragma-dialectics 1984 vs. 2004. In F. H. van Eemeren, J. A. Blair, C. A. Willard, & B. Garssen (Eds.), *Proceedings of the sixth conference of the International Society for the Study of Argumentation* (pp. 1581 – 1589). Amsterdam: Sic Sat.

Zenker, F. (2007b). Pragma-dialectic's necessary conditions for a critical discussion. In J. A. Blair, H. Hansen, R. Johnson, & C. W. Tindale (Eds.), *Proceedings of the Ontario Society for the Study of Argumentation (OSSA)*. Windsor: OSSA. (CD rom).

Zidar Gale, T. , Žagar, Ž. I. , & Žmavc, J. (2006). *Retorika. Uvod v govorniško veščino. Učbenik za retoriko kot izbirni predmet v* 9. *razredu devetletnega osnovnošolskega izobraževanja* [Rhetoric. An introduction to the art of oratory. A textbook for rhetoric lessons in the ninth grade of elementary school education]. Ljubljana: i2.

Ziembiński, Z. (1955). *Logika praktyczna* [Practical logic]. Warsaw. PWN: Polish Scientific Publishers.

Zillig, W. (1982). *Bewerten. Sprechakttypen der bewertenden Rede* [Asserting. Speech act types of the assertive mode]. Tübingen: Niemeyer.

Ziomek, J. (1990). *Retoryka opisowa* [Descriptive rhetoric]. Wroclaw:

Ossolineum.

Žmavc, J. (2008a). Ethos and pathos in Anaximenes' Rhetoric to Alexander. A conflation of rhetorical and argumentative concepts. In F. H. van Eemeren, D. C. Williams, & I. Ž. Žagar (Eds.), *Understanding argumentation. Work in progress* (pp. 165–179). Amsterdam: Sic Sat.

Žmavc, J. (2008b). Sofisti in retorična sredstva prepričevanja [The Sophists and rhetorical means of persuasion]. *Časopis za kritiko znanosti, domišljijo in novo antropologijo*, 36 (233), 23–37.

Žmavc, J. (2012). The ethos of classical rhetoric. From epieikeia to auctoritas. In F. H. van Eemeren & B. Garssen (Eds.), *Topical themes in argumentation theory. Twenty exploratory studies* (pp. 181–191). Dordrecht: Springer.

de Zubiria, J. (2006). *Las competencias argumentativas. Una visión desde la educación* [Argumentative competences. A vision from education]. Bogota: Magisterio.

Zukerman, I., McConachy, R., & Korb, K. (1998). Bayesian reasoning in an abductive mechanism for argument generation and analysis. In *Proceedings of the fifteenth national conference on artificial intelligence (AAAI–98, Madison)* (pp. 833–838). Menlo Park: AAAI Press.

人名索引

A

B

C

D

E

F

G

H

I

J

K

L

M

N

O

P

Q

R

S

T

U

V

W

X

Y

Z

关键词索引

A

B

C

D

E

F

G

H

I

J

L

M

N

O

P

Q

R

S

T

U

V

W